W0416005

			Hauptgruppen					
	I	II	III	IV	V	VI	VII	VIII
								4,0 **He** Helium **2**
			10,8 **B** Bor **5**	12,0 **C** Kohlenstoff **6**	14,0 **N** Stickstoff **7**	16,0 **O** Sauerstoff **8**	19,0 **F** Fluor **9**	20,2 **Ne** Neon **10**
			27,0 **Al** Aluminium **13**	28,1 **Si** Silicium **14**	31,0 **P** Phosphor **15**	32,1 **S** Schwefel **16**	35,5 **Cl** Chlor **17**	39,9 **Ar** Argon **18**
,7 **Ni** Nickel **8**	63,5 **Cu** Kupfer **29**	65,4 **Zn** Zink **30**	69,7 **Ga** Gallium **31**	72,6 **Ge** Germanium **32**	74,9 **As** Arsen **33**	79,0 **Se** Selen **34**	79,9 **Br** Brom **35**	83,8 **Kr** Krypton **36**
5,4 **Pd** Palladium **6**	107,9 **Ag** Silber **47**	112,4 **Cd** Cadmium **48**	114,8 **In** Indium **49**	118,7 **Sn** Zinn **50**	121,8 **Sb** Antimon **51**	127,6 **Te** Tellur **52**	126,9 **I** Iod **53**	131,3 **Xe** Xenon **54**
5,1 **Pt** Platin **8**	197,0 **Au** Gold **79**	200,6 **Hg** Quecksilber **80**	204,4 **Tl** Thallium **81**	207,2 **Pb** Blei **82**	209,0 **Bi** Bismut **83**	[209] **Po*** Polonium **84**	[210] **At*** Astat **85**	[222] **Rn*** Radon **86**
71] **Ds*** rmstadtium **0**	[272] **Rg*** Roentgenium **111**	[277] **Cn*** Copernicium **112**	[284] **Nh*** Nihonium **113**	[289] **Fl*** Flerovium **114**	[288] **Mc*** Moscovium **115**	[293] **Lv*** Livermorium **116**	[293] **Ts*** Tennessine **117**	[294] **Og*** Oganesson **118**

2,0 **Eu** Europium **3**	157,3 **Gd** Gadolinium **64**	158,9 **Tb** Terbium **65**	162,5 **Dy** Dysprosium **66**	165,0 **Ho** Holmium **67**	167,3 **Er** Erbium **68**	168,9 **Tm** Thulium **69**	173,0 **Yb** Ytterbium **70**	175,0 **Lu** Lutetium **71**
43] **Am*** mericium **5**	[247] **Cm*** Curium **96**	[247] **Bk*** Berkelium **97**	[251] **Cf*** Californium **98**	[252] **Es*** Einsteinium **99**	[257] **Fm*** Fermium **100**	[258] **Md*** Mendelevium **101**	[259] **No*** Nobelium **102**	[262] **Lr*** Lawrencium **103**

ÜBERSICHT: LABORGERÄTE

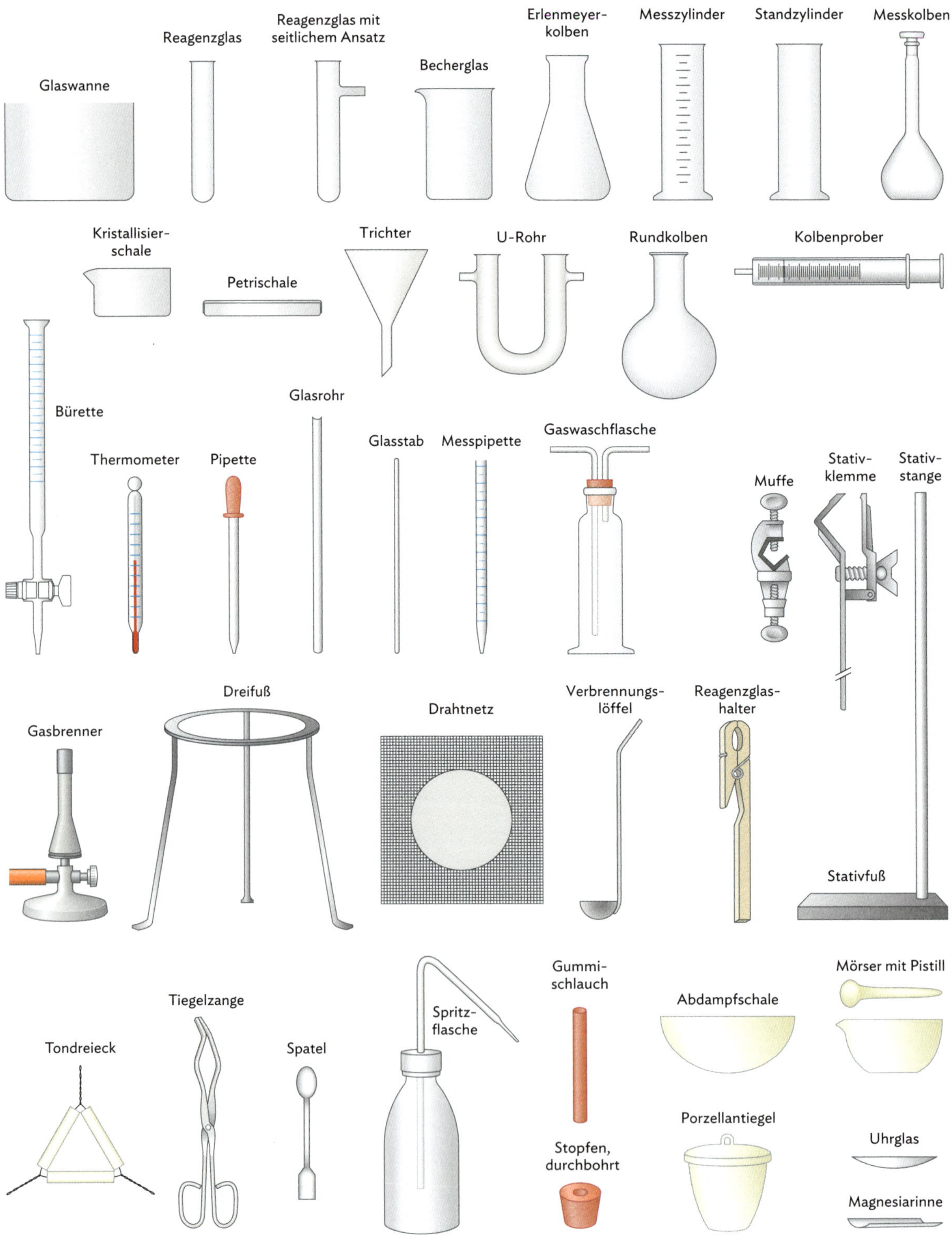

Chemie

Gesamtband
8–10

Baden-Württemberg

C.C.Buchner

Chemie
Baden-Württemberg
Herausgegeben von Claudia Bohrmann-Linde, Jochen Krüger und Klaus Schneiderhan

Chemie Gesamtband 8 – 10
Bearbeitet von Claudia Bohrmann-Linde, Frank Colberg, Thomas Degner, Sandra Eberhardt, Stefanie Faas, Georg Goltz, Hans-Jürgen Jäger, Thomas Kohn, Jochen Krüger, Miriam Lässle, Eberhard Matt, Michaela Maucher, Nico Meuter, Wolfgang Schmitz und Klaus Schneiderhan unter Beratung von Antje Hoffmann und Michael Tausch

Zu diesem Lehrwerk sind erhältlich:
· Digitales Lehrermaterial **click & teach** Einzellizenz, WEB 050391
· Digitales Lehrermaterial **click & teach** Box (Karte mit Freischaltcode), ISBN 978-3-661-05039-8
· Lösungsband mit Gefährdungsbeurteilungen, ISBN 978-3-661-05038-6
Weitere Materialien finden Sie unter www.ccbuchner.de.

Dieser Titel ist auch als digitale Ausgabe **click & study** (WEB 050371) unter www.ccbuchner.de erhältlich.

1. Auflage, 1. Druck 2019
Alle Drucke dieser Auflage sind, weil untereinander unverändert, nebeneinander benutzbar.

Dieses Werk folgt der reformierten Rechtschreibung und Zeichensetzung. Ausnahmen bilden Texte, bei denen künstlerische, philologische oder lizenzrechtliche Gründe einer Änderung entgegenstehen.

Die Mediencodes enthalten zusätzliche Unterrichtsmaterialien, die der Verlag in eigener Verantwortung zur Verfügung stellt. An keiner Stelle im Schülerbuch dürfen Eintragungen vorgenommen werden. Haftungshinweis: Die Versuchsvorschriften in diesem Buch wurden sorgfältig, auf praktischen Erfahrungen beruhend, entwickelt. Da Fehler aber nie ganz ausgeschlossen werden können, übernehmen der Verlag und die Autoren keine Haftung für Folgen, die auf beschriebene Experimente zurückzuführen sind. Mitteilungen über eventuelle Fehler und Vorschläge zur Verbesserung werden dankbar angenommen.

© 2019 C.C. Buchner Verlag, Bamberg
Das Werk und seine Teile sind urheberrechtlich geschützt. Jede Nutzung in anderen als den gesetzlich zugelassenen Fällen bedarf der vorherigen schriftlichen Einwilligung des Verlags. Das gilt insbesondere auch für Vervielfältigungen, Übersetzungen und Mikroverfilmungen. Hinweis zu § 52 a UrhG: Weder das Werk noch seine Teile dürfen ohne eine solche Einwilligung eingescannt und in ein Netzwerk eingestellt werden. Dies gilt auch für Intranets von Schulen und sonstigen Bildungseinrichtungen.

Redaktion: Theresa Brückner, Carolin Ratzka
Layout und Umschlag: Petra Michel, Essen
Gestaltung: mgo360 GmbH & Co. KG, Bamberg
Illustrationen: Helmut Holtermann, Dannenberg
Stelzner Illustration & Grafikdesign, Frankfurt
Stefan Dangl, München
Manfred Koch, Oberweißbach
Druck und Bindung: Mohn Media Mohndruck GmbH, Gütersloh

www.ccbuchner.de

ISBN 978-3-661-**05037**-9

Liebe Schülerin, lieber Schüler,

mit diesem Buch wirst du im kommenden Schuljahr in die Welt eines neuen Unterrichtsfaches eintauchen: die Chemie. Womit beschäftigt man sich eigentlich in der Chemie? In deinem Alltag hast du vielleicht schon einmal Sprüche wie diese gehört:

- „Alles Chemie!“,
- „Garantiert ohne chemische Zusätze“,
- „Chemie ist, wenn es stinkt und kracht“ oder
- „In meinen Garten kommt keine Chemie!“

Tatsächlich läuft ohne Chemie gar nichts, tatsächlich stinkt und knallt es nur manchmal und tatsächlich ist Chemie um uns und in uns. Viele technische Anwendungen, Hightechprodukte, aber auch Alltagsprodukte gäbe es ohne chemische Herstellungsverfahren nicht. Kunststoffe, Textilien, Reinigungsmittel, Kraftstoffe, Akkus, Dünger, Baustoffe – ohne chemische Industrie gäbe es sie nicht.

Dein Körper ist ein großes Wunderwerk, das aus chemischen Verbindungen zusammengesetzt ist. Auch das Essen, das wir zu uns nehmen, die Kleidung, die uns wärmt oder schmückt, die Medikamente, die uns heilen, sind aus chemischen Verbindungen zusammengesetzt. Wenn wir wachsen, essen oder Gefühle empfinden, laufen im Körper chemische Reaktionen ab. Denn Stoffveränderungen wie die Bildung von Zellen, das Heilen von Wunden oder das Verdauen von Essen sind chemische Reaktionen. Wenn wir kochen oder eine Kerze entzünden, führen wir chemische Reaktionen durch, meist ohne genauer darüber nachzudenken.

Da Chemie eine experimentelle Wissenschaft ist, wirst du – wie auch die Wissenschaftlerinnen und Wissenschaftler früher und in der aktuellen Forschung – neues Wissen aus naturwissenschaftlichen Experimenten gewinnen. Dafür wirst du im Chemieunterricht selbst viele chemische Experimente machen und dabei lernen, verantwortungsvoll mit Chemikalien umzugehen und die Experimente sicher durchzuführen. Durch genaues Beobachten und Auswerten wirst du neues Wissen über die Welt der Chemie gewinnen und damit auch deine Welt genauer verstehen. An verschiedenen Stellen in diesem Buch findest du **QR-Codes** bzw. **Mediencodes**, die zu Arbeitsblättern, Animationen, Videos u. a. führen. **Die Mediencodes kannst du in das Suchfeld auf www.ccbuchner.de/medien** eingeben. Durch Nachlesen und durch das Lösen vieler Aufgaben kannst du chemische Fachinhalte verstehen und dich selbst testen. Deine Lehrkraft und dieses Buch helfen dir dabei.

Viel Spaß und Erfolg!
Die Herausgeber

So kannst du mit diesem Buch arbeiten …

Dein neues Chemiebuch enthält zwölf Kapitel. Jedes Kapitel ist in mehrere Untereinheiten unterteilt und enthält eine Reihe verschiedener Seitentypen. Hier erfährst du, wie du mit diesen Seitentypen arbeiten kannst.

1. Los geht's

Um festzustellen, ob du fit für ein Kapitel bist, kannst du dich auf den Seiten **Startklar?** zunächst selbst einschätzen und anschließend deine Einschätzung anhand von Aufgaben überprüfen. Die passenden Arbeitsblätter kannst du unter dem jeweiligen QR-Code bzw. Mediencode abrufen (vgl. Tipp unten). Die Lösungen findest du im Anhang des Buches. Schneidest du in einem Bereich nicht so gut ab, bekommst du im Auswertungskasten Informationen, wo du noch einmal nachlesen solltest.

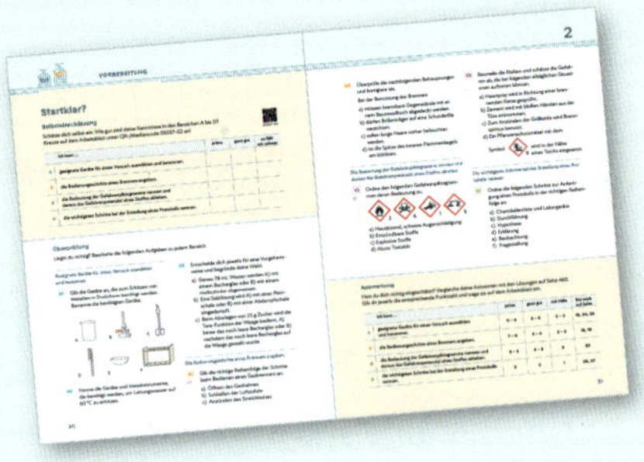

2. Die Untereinheiten

Die Seiten **Versuche und Material** sind der Ausgangspunkt für deinen Erkenntnisgewinn. Wie alle Wissenschaftlerinnen und Wissenschaftler führst du Versuche durch, um neues Wissen zu erlangen. Kleinschrittige Auswertungsaufgaben helfen dir dabei. Gefahrenpiktogramme (vgl. S. 482) sowie Entsorgungshinweise (vgl. S. 485) unterstützen dich und deine Lehrkraft bei der sicheren Durchführung der Experimente.

- **V** Schülerversuch
- **LV** Lehrerversuch
- **M** alternative Arbeitsmaterialien

Tipp

Im Buch findest du **QR-Codes** und **Mediencodes**, die zu Videos, Animationen, Arbeitsblättern u. ä. führen.
Die QR-Codes kannst du direkt mit deinem Smartphone einscannen. Alternativ kannst du den jeweils darunter stehenden Mediencode auf www.ccbuchner.de/medien eingeben.

05037-01

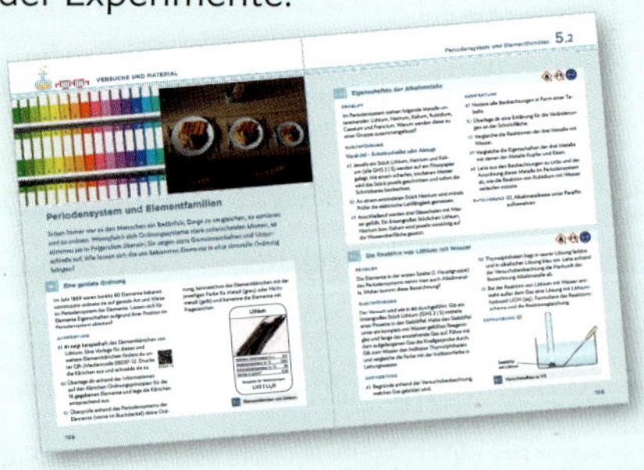

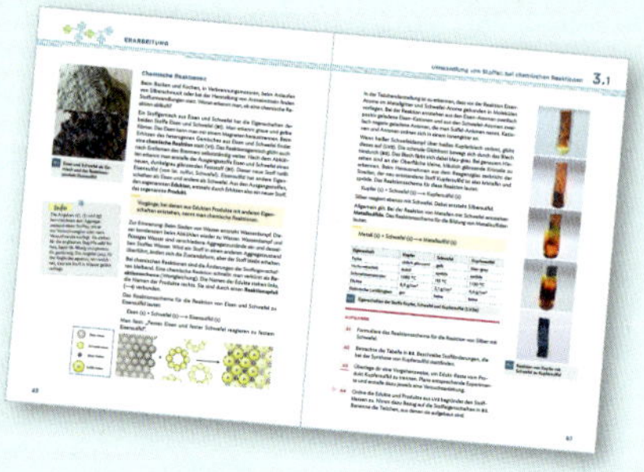

Auf den Seiten **Erarbeitung** kannst du Neues in leicht verständlichen Texten nachlesen. Ausgehend von experimentellen Befunden werden die neuen Inhalte aufgearbeitet und erklärt.

Das Wichtigste findest du in gelb hinterlegten Merksätzen. Kleine Infokästen bieten Zusatzinformationen zum Text. Zudem gibt es auf jeder Doppelseite passende Aufgaben. Am Ende jeder Untereinheit sind die neuen Fachbegriffe in einem Kasten zusammengestellt.

3. Am Ende des Kapitels

Am Kapitelende warten auf den Seiten **Zum Üben und Weiterdenken** eine große Anzahl bunt gemischter Aufgaben darauf, gelöst zu werden.

- A anspruchsvolle Aufgabe
- ◇ Aufgabe zur Förderung der Fachsprache

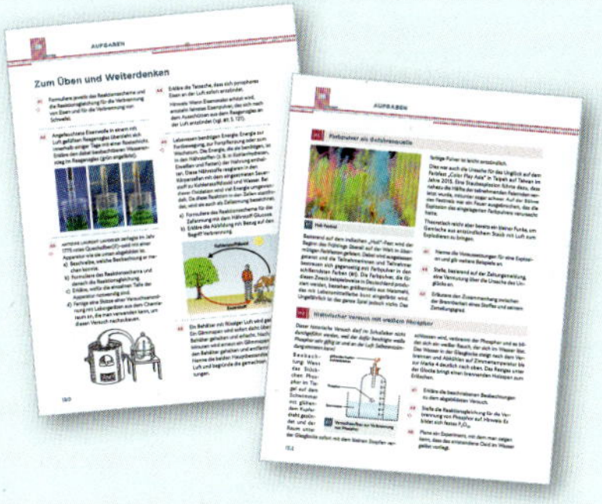

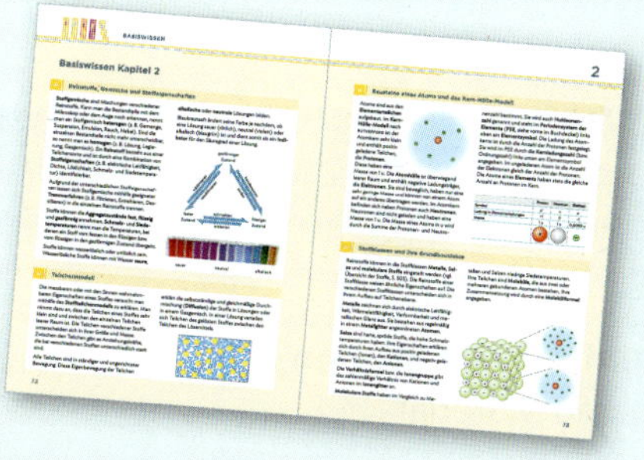

Die wichtigsten Inhalte aus jedem Kapitel werden im **Basiswissen** kompakt zusammengefasst. Damit kannst du dich gut auf einen Test vorbereiten.

Mit den Seiten **Ziel erreicht?** kannst du überprüfen, ob du die neuen Inhalte des Kapitels verstanden hast. Das entsprechende Arbeitsblatt kannst du unter dem QR-Code bzw. Mediencode herunterladen und deine Antworten mit den Lösungen im Anhang abgleichen. Wenn du in einem Bereich noch nicht so gut bist, kannst du auf den angegebenen Seiten noch einmal nachlesen.

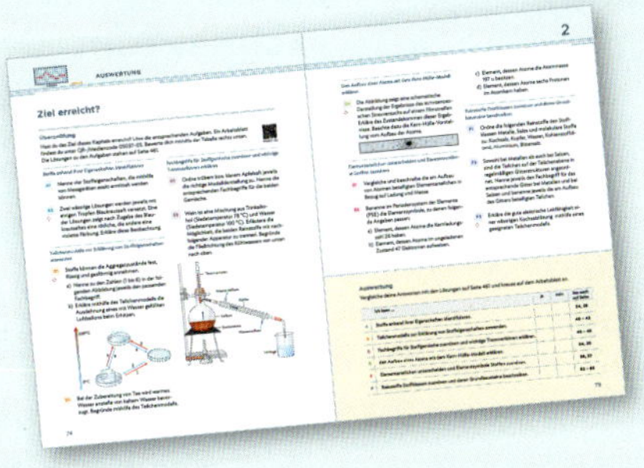

Sonderseiten

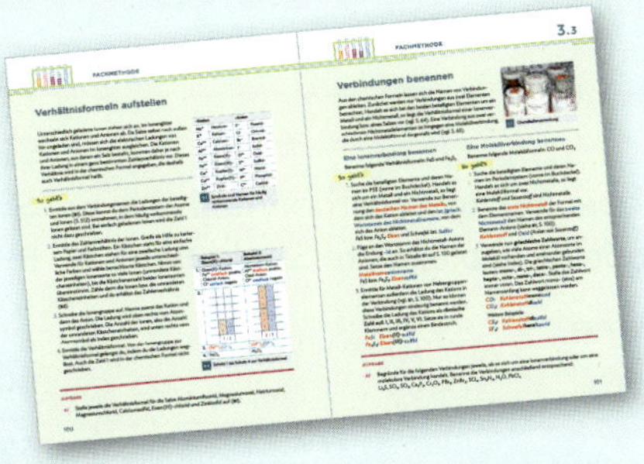

Fachmethoden der Chemie sind Werkzeuge, deren Handhabung gelernt sein will. Auf den Seiten **Fachmethode** wird Schritt für Schritt erklärt, wofür eine Methode gut ist und wie man sie anwendet.

Info
Hier und da findest du kleine Methoden-Kästen FM und Exkurs-Kästen EK auch auf anderen Seitentypen.

Keine Wissenschaft kommt heute noch ohne andere Wissenschaften aus. Auf den Seiten **Exkurs** kannst du „über den Tellerrand blicken“. Spannende Themen, z. B. aus Biologie, Physik, Medizin, Technik oder Geschichte, werden wie in einer Zeitschrift vorgestellt.

INHALT

1 Chemie –
eine Naturwissenschaft

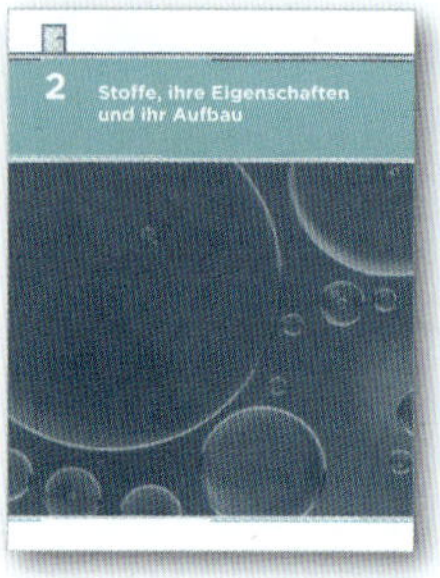
2 Stoffe, ihre Eigenschaften
und ihr Aufbau

INHALT

6
Ionische Verbindungen

7
Das Mol –
auf die Menge kommt es an

INHALT

8
Molekulare Verbindungen

9
Saure und alkalische Lösungen

10
Organische Chemie
und Kohlenwasserstoffe

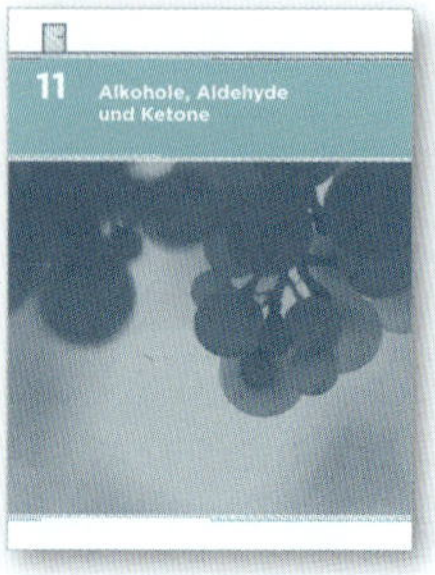
11
Alkohole, Aldehyde und Ketone

12 Carbonsäuren und Ester 430

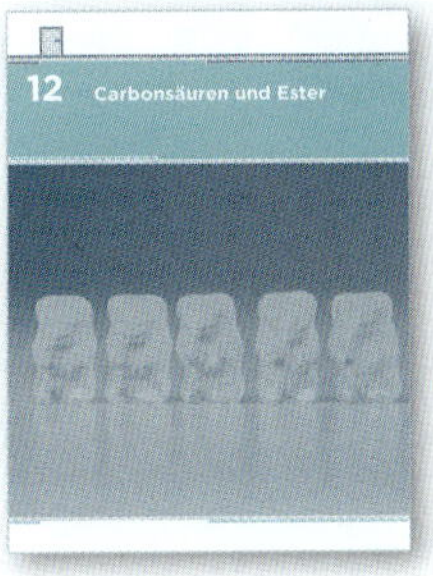

Anhang

1 Chemie – eine Naturwissenschaft

LABORGERÄTE

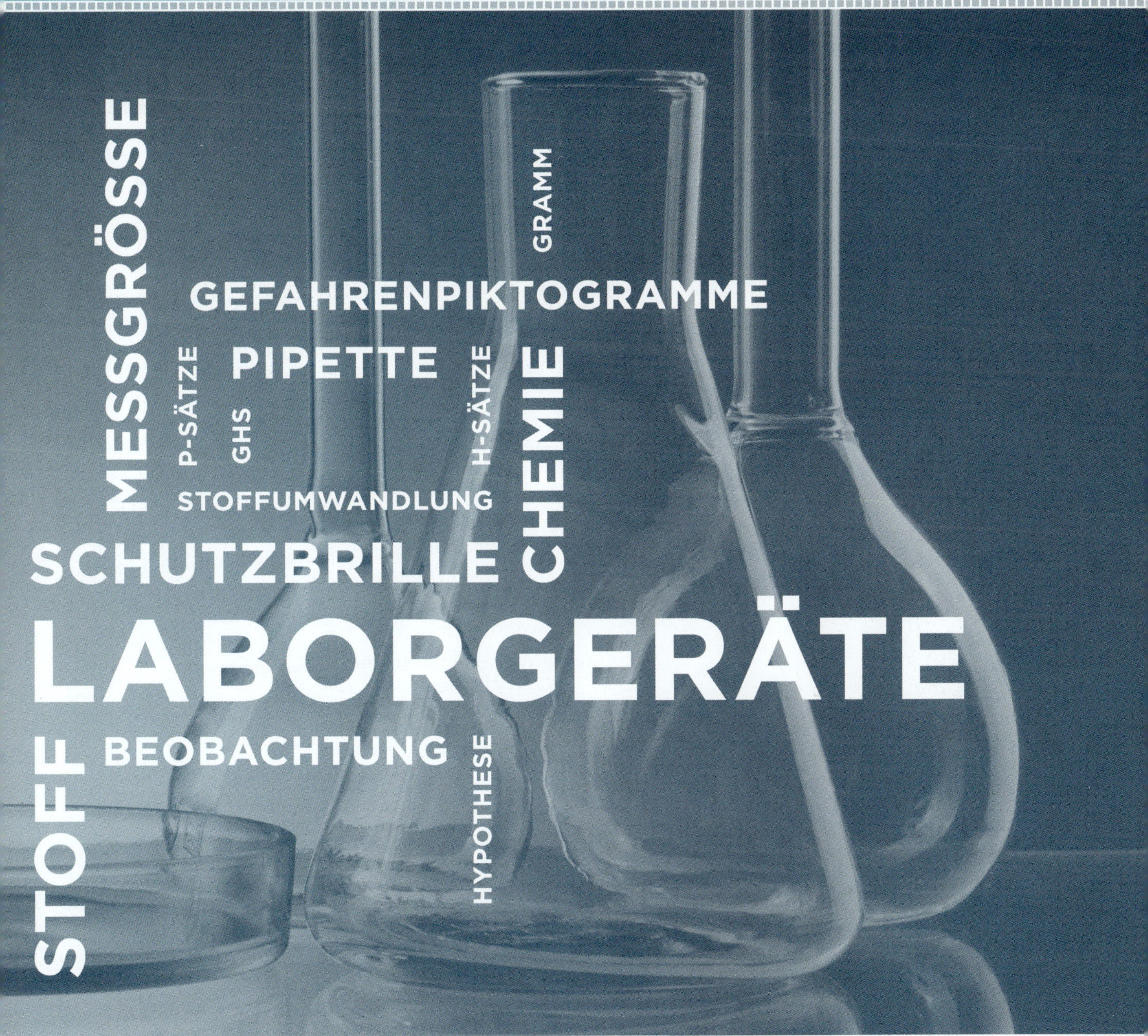

Sicher experimentieren im Chemieunterricht

Meldungen über Unfälle im Chemieunterricht gibt es zum Glück nur selten. Das ist bemerkenswert, denn in keinem anderen Schulfach werden so gefährliche Substanzen benutzt wie im Chemieunterricht. Der Grund für diese funktionierende Sicherheit sind die **Sicherheitsvorkehrungen**, die für den Chemieunterricht gelten, um Unfälle zu vermeiden.
Werden diese grundsätzlichen Regeln eingehalten, kann nicht nur erfolgreich und sicher, sondern auch mit Spaß experimentiert werden!

B1 Schulklasse beim sicheren Experimentieren

So geht's

Die 10 „goldenen Regeln" für die Sicherheit im Chemieunterricht

1. Chemielehrerinnen und -lehrer erkennen viele Gefahren, die von Gegenständen oder Stoffen im Chemieraum ausgehen. Darum: **Betritt Chemieräume nur nach der Lehrkraft!**

2. Einer Verunreinigung im Chemieraum kannst du nicht ansehen, ob sie gesundheitsschädlich oder gar giftig ist. Damit sie nicht mit Nahrung in Kontakt kommen kann, lass Getränke und Pausenbrot in der Tasche:
Iss und trink nicht im Chemieraum!
Um einen Kontakt mit den Verunreinigungen auch nach der Chemiestunde zu verhindern:
Wasch dir nach dem Experimentieren die Hände!

3. Besonders gefährdet beim Umgang mit Chemikalien sind die Augen. Du musst sie gut vor Spritzern, Stichflammen und spitzen Gegenständen schützen:
Trage beim Experimentieren immer eine Schutzbrille!
Augenverletzungen können bereits beim Holen der Chemikalien und auch beim Aufräumen entstehen, darum setze die Schutzbrille als erstes auf und als letztes ab!

4. Um Augenverletzungen oder Verbrennungen möglichst zu vermeiden:
Richte Reagenzglasöffnungen niemals auf Personen!
Sollte trotzdem einmal etwas ins Auge gehen, spüle das Auge sofort gründlich mit der Augendusche. So kannst du größere Augenschäden vermeiden.

5. Manche Stoffe können menschliches Gewebe verätzen oder durch Schleimhäute in den Körper gelangen, daher:
Berühre niemals Chemikalien mit den Händen!

6. Viele Materialien, etwa Papier, Haare und Textilien, können leicht brennen. Um ein Feuerfangen zu vermeiden:
Lass nichts Unnötiges auf dem Tisch liegen, wenn du mit Feuer (offenen Flammen) umgehst!
Binde lange Haare zu einem Zopf zusammen!
Zieh Kleidung an, die aus Baumwolle besteht und nicht zu weit ist!

7. In der Chemie hängt das Verhalten von Stoffen davon ab, in welchen Verhältnissen sie zusammengegeben und wie sie gehandhabt werden:
Halte dich genau an die Versuchsvorschriften!
Wenn einmal etwas unklar ist, frage nach.

8. Chemikalien dürfen nicht verunreinigt werden:
Entnimm Chemikalien immer nur in kleinen Mengen mit einem sauberen Spatel oder einer Pipette!
Hast du einmal zu viel entnommen: gib den Rest nicht zurück in die Vorratsflasche!

9. Fehler passieren allen – trotz größter Sicherheitsvorkehrungen:
Informiere die Chemielehrkraft, wenn du etwas verschüttet hast oder wenn du dich verletzt hast!
Sie entscheidet, wie die Verunreinigung beseitigt oder die Verletzung weiter behandelt wird.

10. Personen und die Umwelt dürfen auch nach dem Experimentieren nicht gefährdet werden:
Reinige die Arbeitsflächen und entsorge die Chemikalien vorschriftsmäßig (vgl. Entsorgungshinweise auf S. 485)!

AUFGABEN

A1 Beschreibe mindestens zehn Punkte, die die „Amateure beim Experimentieren“ falsch machen.

A2 Erläutere, wie sie es richtig machen können, und begründe die Maßnahmen.

B2 Amateure beim Experimentieren

Erhitzen mit dem Gasbrenner

Der Gasbrenner

Der Gasbrenner ist ein wichtiges Arbeitsmittel im Labor. Egal welcher Brennertyp benutzt wird, er hat immer eine Gas- und eine Luftregulierung (**B2**). Damit kann je nach Bedarf eine **leuchtende**, eine **nicht leuchtende** oder eine **rauschende** Flamme eingestellt werden (**B1**). Die Flammentypen unterscheiden sich in den Temperaturen, die sie erreichen. Die leuchtende Flamme rußt sehr stark und die rauschende Flamme ist unter Umständen zu heiß. Daher wird meist eine nicht leuchtende, nicht rauschende Flamme durch Regulierung der Luftzufuhr eingestellt.

Beim direkten Erhitzen wird das Gefäß mit den zu erwärmenden Stoffen direkt mit der Brennerflamme in Berührung gebracht. Das ist die einfachste und schnellste Art, Stoffe zu erhitzen. Nur Gefäße mit Rundungen (Reagenzgläser, Rundkolben, Porzellanschalen) dürfen direkt erhitzt werden. Andere Gefäße können durch die ungleichmäßige Wärmeverteilung zerspringen. Brennbare und leicht entzündliche Flüssigkeiten dürfen nie direkt erhitzt werden. Um solche Stoffe nur langsam und/oder nur mäßig zu erhitzen, wird z. B. eine Heizplatte anstelle eines Gasbrenners verwendet.

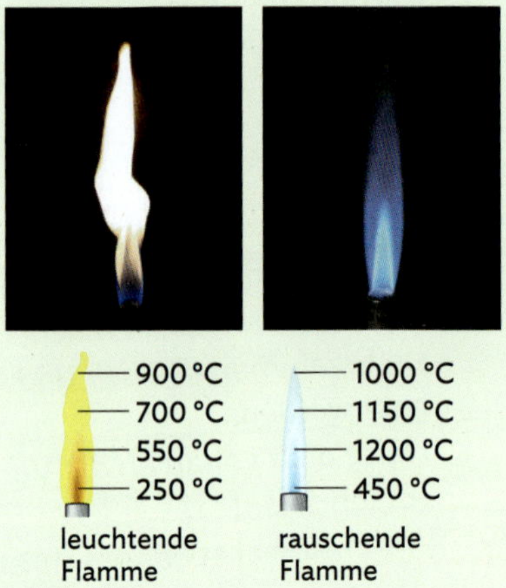

B1 Leuchtende Brennerflamme (links); rauschende Brennerflamme (rechts) und Flammentemperaturen

Entzünden des Gasbrenners

So geht's Setze die Schutzbrille auf, entferne alle brennbaren Gegenstände vom Tisch und binde lange Haare am Hinterkopf zusammen. Prüfe vor dem Entzünden des Brenners zunächst, ob die Luft- und Gaszufuhr am Brenner geschlossen sind (**B2**) und öffne dann den Gashahn am Experimentiertisch. Halte ein brennendes Feuerzeug oder Streichholz bereit, bevor du schließlich die Gaszufuhr am Brenner öffnest. Entzünde sofort das ausströmende Gas mit der Feuerzeug- bzw. Streichholzflamme und reguliere die Flammengröße. Öffne bei Bedarf die Luftzufuhr. Blicke niemals von oben in den entzündeten Gasbrenner.

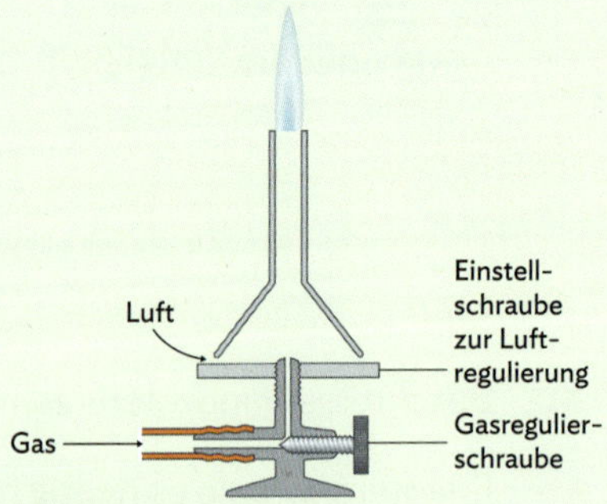

B2 Bestandteile eines Teclu-Brenners

Erhitzen von Feststoffen direkt in der Flamme

So geht's Lege eine feuerfeste Unterlage auf den Labortisch. Nun halte den Stoff z. B. mit einer Tiegelzange direkt in die Flamme. Spanne den Gasbrenner schräg in ein Stativ, damit keine abfallenden Partikel in das Brennerrohr fallen (**B3**).

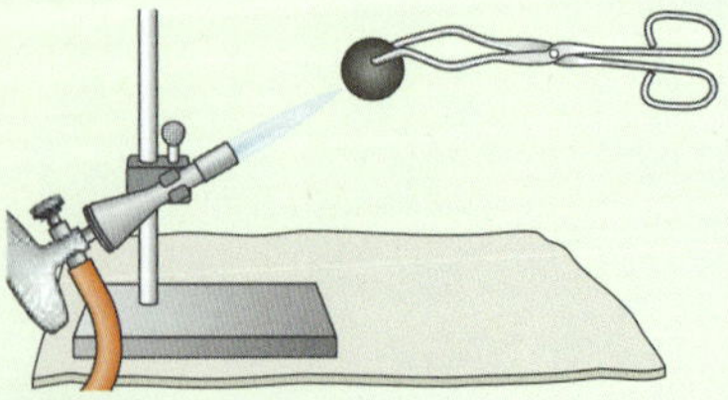

B3 Erhitzen von Feststoffen

Erhitzen von kleineren Flüssigkeitsmengen im Reagenzglas

So geht's Fülle das Reagenzglas zu höchstens einem Drittel. Klemme die Reagenzglasklammer so weit wie möglich oben an das Reagenzglas (**B4**). Stelle eine nicht leuchtende, nicht rauschende Flamme ein und beginne mit dem Erhitzen oben an der Flüssigkeit. Bewege dann das Reagenzglas in der Flamme langsam nach unten. Schüttle das Reagenzglas dabei immer leicht, um die Wärme besser zu verteilen. Zur Regulierung der Temperatur halte das Reagenzglas in unterschiedlicher Höhe über die Brennerflamme.
Damit die Flüssigkeit nicht plötzlich herausspritzt, gib ein paar Siedesteinchen zu (vgl. Info).

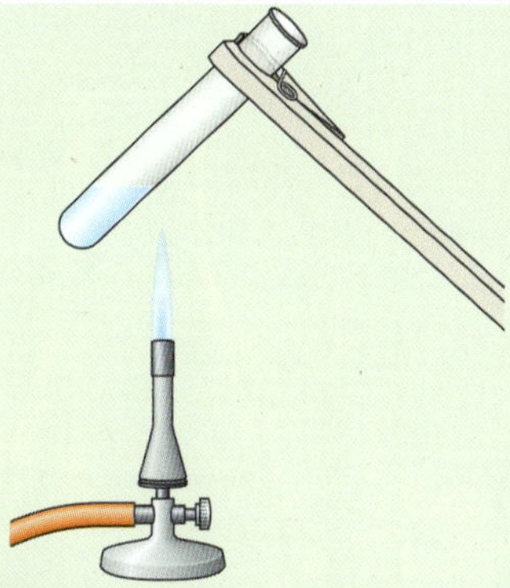

B4 Erhitzen im Reagenzglas

Eindampfen von Flüssigkeiten

So geht's Nimm einen Dreifuß, ein Drahtnetz und eine Abdampfschale. Baue die Apparatur wie in **B5** auf. Achte auf einen ausreichenden Abstand des Gasbrenners zur Abdampfschale. Wähle die Flamme so, dass die einzudampfende Flüssigkeit nur leicht köchelt. Kurz bevor die Flüssigkeit völlig verdampft ist, entferne den Brenner. Die noch vorhandene Hitze in der Abdampfschale reicht oft aus, damit der Rest der Flüssigkeit verdunstet. Zurück bleibt der vorher gelöste Feststoff.

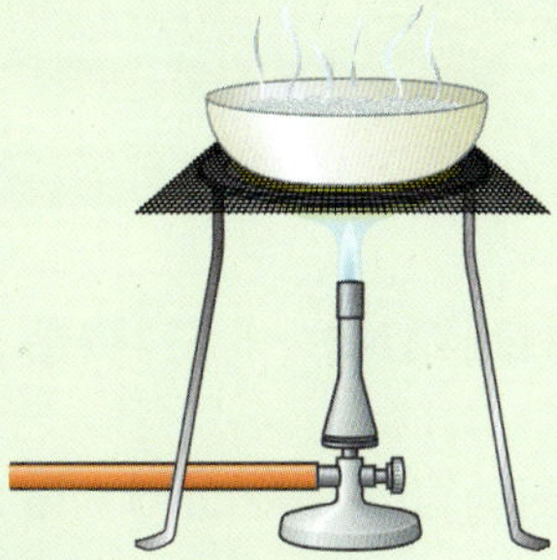

B5 Eindampfen

Erhitzen von größeren Flüssigkeitsmengen im Becherglas

So geht's Baue den Brenner, das Becherglas, einen Dreifuß und ein Drahtnetz wie in **B6** auf. Zur Vermeidung von Siedeverzügen gib einige Siedesteine in die Flüssigkeit.

Info
Durch Zugabe von Siedesteinchen kann man einen Siedeverzug verhindern. Das ist ein plötzlich einsetzendes Sieden der Flüssigkeit, bei dem die heiße Flüssigkeit aus dem Gefäß spritzen kann.

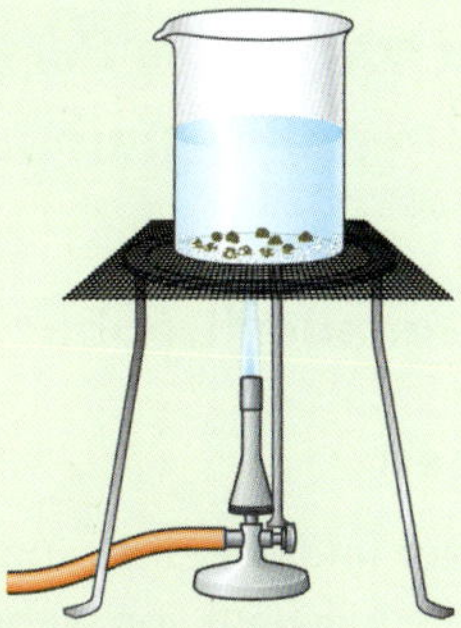

B6 Erhitzen im Becherglas

AUFGABEN

A1 Du sollst a) einen Eisennagel und b) eine Salzlösung erhitzen. Gib jeweils die Flamme an, die du am Gasbrenner einstellen musst, und begründe deine Wahl.

A2 Schlage eine Methode vor, mit der du im Chemieunterricht 200 mL Wasser auf 60 °C erhitzen kannst. Nenne alle notwendigen Arbeitsschritte.

A3 Beurteile die folgenden Aussagen und schlage gegebenenfalls sichere Alternativen vor.
a) „Die Siedesteine sind weg ... Egal, dann rühre ich die Flüssigkeit beim Erhitzen im Becherglas vorsichtig mit einem Glasstab."
b) „Lass uns den Spiritus schnell erhitzen. Dreh mal die Gas- und die Luftzufuhr am Brenner ganz auf und erhitze das Reagenzglas kräftig von unten."
c) „Ich habe meinen Haargummi vergessen. Dann klemme ich die Haare eben hinter die Ohren."

Chemie – eine Naturwissenschaft

Was ist Chemie und wie arbeiten die Chemikerinnen und Chemiker? Im Labor werden Versuche durchgeführt. Wenn man dabei systematisch vorgeht und genau beobachtet, können aus den Beobachtungen neue Erkenntnisse gewonnen werden. Im Labor tragen alle Personen eine Schutzbrille und auf manchen Vorratsgefäßen ist ein Gefahrenpiktogramm aufgedruckt. Was bedeutet es?

V1 Genaues Beobachten und Beschreiben von Vorgängen

PROBLEM

Im Labor finden beim Experimentieren Vorgänge statt, die teilweise von wahrnehmbaren Veränderungen begleitet sind. Damit man diese erkennen und später erklären kann, ist es erst notwendig, genau zu beobachten und zu beschreiben.

DURCHFÜHRUNG

a) Löse einen Spatellöffel Kochsalz in einer Abdampfschale, die zu einem Viertel mit Wasser gefüllt ist. Erhitze anschließend die Abdampfschale bis alles Wasser verdampft ist (vgl. **FM** Erhitzen mit dem Gasbrenner, S. 18).

b) Nimm ein 100 mL Becherglas und fülle ca. 50 mL Wasser hinein. Gib einen Spatellöffel Backpulver hinzu. Rühre mit einem Glasstab, bis sich das Backpulver gelöst hat.

AUSWERTUNG

a) Beschreibe das Aussehen von Kochsalz und Backpulver vor ihrer Zugabe ins Wasser und während des gesamten Lösevorgangs.

b) „Das Kochsalz verschwindet, wenn es ins Wasser kommt". Bewerte diese Aussage mithilfe deiner Beobachtung aus Versuch **V1a**.

c) Vergleiche das jeweilige Verhalten von Kochsalz und Backpulver in Wasser.

d) Dampft man die Lösung aus **V1b** ein, erhält man einen weißen Feststoff, der anders aussieht als das ursprünglich eingesetzte Backpulver. Begründe anhand einer weiteren Beobachtung, dass neue Stoffe entstanden sein müssen.

ENTSORGUNG A, R

V2 Systematisch experimentieren

PROBLEM

Einige Teetrinker verfeinern ihren schwarzen Tee gerne mit etwas Zitronensaft, andere lieber mit Milch. Aber es gibt wohl kaum jemanden, der beides, Zitronensaft und Milch, in seinen schwarzen Tee gibt. Warum eigentlich?

DURCHFÜHRUNG

Nimm einen Reagenzglasständer mit sechs leeren Reagenzgläsern. Fülle je ein Reagenzglas zu einem Drittel mit schwarzem Tee (RG 1), mit Milch (RG 2) und mit Zitronensaft (RG 3). Fülle die drei leeren Reagenzgläser mit einer Pipette wie folgt:

RG 4: 2 mL Tee mit 1 mL Milch

RG 5: 2 mL Tee mit 1 mL Zitronensaft

RG 6: 1 mL Zitronensaft mit 1 mL Milch

AUSWERTUNG

a) Halte die Beobachtungen in einer Tabelle mit dem Tabellenkopf „RG Nr.“, „Inhalt“ und „Aussehen“ fest. Notiere bei „Aussehen“ die Farben und, ob der Inhalt klar, trüb oder anders beschaffen ist.

b) Vergleiche das Aussehen der Inhalte in RG 4 – 6 mit den ursprünglich eingesetzten Flüssigkeiten in RG 1 – 3 sowie das Aussehen der Inhalte in RG 4 – 6 untereinander.

c) Begründe, dass in einem Reagenzglas ein neuer Stoff entstanden sein muss.

d) Begründe, dass man durch das Vorgehen in **V2** ermitteln kann, warum sich niemand zugleich Milch und Zitronensaft in den Tee gibt.

LV3 Sicheres Arbeiten mit Gefahrstoffen

PROBLEM

Reinigungsmittel sind Chemikalien, mit denen wir im Alltag umgehen. Auf den Verpackungen entdeckt man Hinweise in Form von Gefahrenpiktogrammen (**B1**). Was bedeuten sie?

DURCHFÜHRUNG

a) Ein Teelöffel Rohrreiniger (GHS 5) wird in ein Reagenzglas gegeben und so viel Wasser hinzugefügt, dass der Feststoff bedeckt ist. Das Reagenzglas wird mit einem Stopfen verschlossen und geschüttelt. Die Temperatur des Reagenzglasbodens wird vorsichtig mit der Hand gefühlt.

b) Das Reagenzglas mit dem Teelöffel Rohrreiniger (GHS 5) wird zur Hälfte mit Wasser gefüllt und es werden einige Haare hinzugegeben. Außerdem werden ein paar Siedesteinchen hinzugefügt, um einen Siedeverzug zu vermeiden (vgl. **FM**, S. 19). Das Reagenzglas mit der Mischung wird vorsichtig für ca. 10 min in Intervallen erhitzt.

AUSWERTUNG

a) Liste die Maßnahmen auf, die ergriffen werden, um **LV3** sicher durchzuführen.

b) Notiere die Beobachtungen aus **LV3** und ordne den Versuchsteilen begründet die Begriffe „Lösevorgang“ und „Stoffumwandlung“ zu.

c) Leite aus deinen Beobachtungen zu **LV3** Sicherheitsmaßnahmen zum Umgang mit Rohrreiniger im Alltag ab.

d) Suche weitere Gefahrenpiktogramme auf den Verpackungen verschiedener Haushaltsprodukte und recherchiere deren Bedeutung.

ENTSORGUNG G1

B1 Rohrreiniger mit Gefahrenpiktogramm

B1 Salzgewinnung durch Verdunstung von Meerwasser

Was beobachtet man in chemischen Experimenten?

Im Chemielabor führt man Versuche durch und beobachtet diese genau. Aus den Beobachtungen lassen sich dann neue Erkenntnisse ableiten. Bei den Versuchen beobachtet man **Stoffe** und deren Verhalten unter bestimmten Bedingungen. Die Stoffe sind in diesem Fall keine Textilien, wie man vermuten könnte. In der Chemie verwendet man das Wort Stoff anders als in der Alltagssprache. Alle Gegenstände bestehen aus Stoffen. Aus einem Stoff können verschiedene Gegenstände hergestellt werden. So gibt es aus dem Stoff Kupfer Münzen, Kabel oder Dächer. Lebensmittel bestehen aus einem Stoff wie z. B. Zucker oder aus einem Gemisch aus mehreren Stoffen wie z. B. Brausepulver. Um einen Kuchen zu backen, braucht man vielerlei Zutaten: Zucker, Salz, Eier und Mehl. Jede Zutat für sich ist ein Stoff oder wiederum ein Stoffgemisch.

Veränderungen von Stoffen

Der Stoff Kochsalz verhält sich im Labor genauso wie in der Küche. Wenn man es in Wasser gibt, ist das Salz nach einiger Zeit nicht mehr zu sehen, da es sich gelöst hat. Es liegt eine Salzlösung vor. Wenn man sie verdunsten lässt oder eindampft (**V1a**), erhält man wieder das ursprünglich eingesetzte Salz. Das nutzt man auch bei der Gewinnung von Salz aus Meerwasser (**B1**). Das Lösen des Salzes und die Rückgewinnung sind physikalische Prozesse.

Beim Backen verwendet man Backpulver, damit der Teig schön locker wird. Wenn man ein Päckchen Backpulver in Wasser gibt und rührt, löst sich der weiße Feststoff im Wasser (**V1b**). Dabei entwickeln sich kleine, farblose Gasbläschen, die an die Oberfläche steigen. Die Gasblasen zerplatzen und das Gas entweicht. Das Gas muss aus dem Backpulver und dem Wasser entstanden sein. In diesem Fall hat eine **Stoffumwandlung** stattgefunden, denn ein neuer Stoff hat sich aus den Ausgangsstoffen gebildet. So eine Stoffumwandlung nennt man **chemische Reaktion**. Die Änderungen von Stoffeigenschaften bei chemischen Reaktionen sind nicht nur vorübergehend, sondern bleibend.

Schwarztee wird oft mit Milch oder Zitronensaft verfeinert. Eine unerwartete optische Veränderung ist dabei nicht zu beobachten. Anders ist es, wenn Milch und Zitronensaft zusammen kommen. Es bilden sich weiße Flocken. Die Milch gerinnt und „wird sauer" (**B2**). Auch hier findet eine bleibende Stoffumwandlung statt. Es hat sich ein neuer Feststoff gebildet.

Die Chemie ist eine Naturwissenschaft, die sich mit dem Aufbau, den Eigenschaften und der Umwandlung von Stoffen beschäftigt. Stoffumwandlungen nennt man chemische Reaktionen.

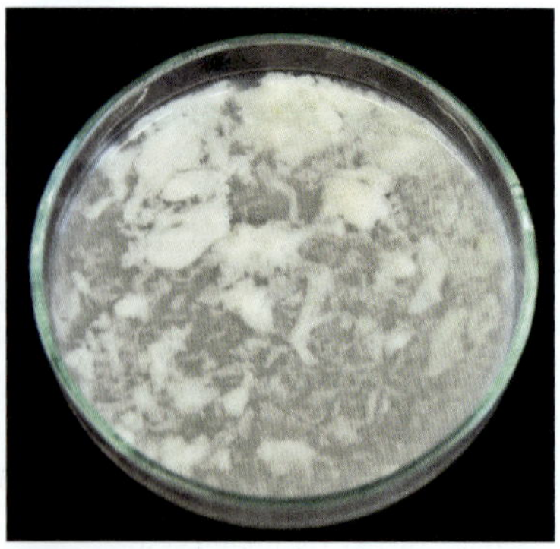

B2 geronnene Milch

Bevor wir uns mit weiteren Stoffumwandlungen beschäftigen, betrachten wir im Kapitel 2 zunächst Eigenschaften verschiedener Stoffe.

Umgang mit Gefahrstoffen

Nicht jeder Stoff, mit dem wir im Alltag oder im Labor zu tun haben, ist harmlos. Daher muss man sich vorher über den Umgang mit diesem Stoff informieren. Hinweise für die möglichen Gefahren liefern **Gefahrenpiktogramme** (**B4**), die auf den Verpackungen (**B3**) abgebildet sind.

B3 Handelsübliche Produkte mit Gefahrenpiktogrammen

Gibt man handelsüblichen Rohrreiniger in Wasser, so kann sich das Gemisch bis ca. 90 °C erwärmen. Es besteht Verbrennungsgefahr. Man sollte das Gefäß also nur mit großer Vorsicht berühren (**LV3**). Es entsteht eine ätzende Flüssigkeit (vgl. **B4**, GHS 5), die Haut und Augen schädigen kann. Die Flüssigkeit sollte also keinesfalls in Berührung mit der Haut oder den Augen kommen.

Damit beim Umgang (Herstellung, Lagerung, Transport, Nutzung) mit Gefahrstoffen mögliche Schäden für Gesundheit und Umwelt verringert werden, gibt es das sogenannte global harmonisierte System zur Einstufung und Kennzeichnung von Gefahrstoffen GHS (Globally Harmonised System of Classification and Labelling of Chemicals). Es beinhaltet einheitlich aussehende Gefahrenpiktogramme (**B4**) und Texte. Das System ist international gültig. Besondere Gefahren werden durch H-Sätze (engl. *hazard*: Gefahr), Sicherheitsratschläge durch P-Sätze (engl. *precaution*: Sicherheit) angegeben. Auf S. 482-484 sind alle Gefahrenpiktogramme, H- und P-Sätze nochmals zusammengestellt. Hinweise zur Entsorgung von Gefahrstoffabfällen finden sich auf S. 485.

B4 Gefahrenpiktogramme und deren Bezeichnung nach GHS (die Ziffer ist eine Kurzform: GHS 1 = GHS01)

AUFGABEN

A1 Stelle alle benutzen Laborgeräte aus **V1** in einer Tabelle zusammen und beschreibe den Zweck, für den du sie gebraucht hast.

A2 Recherchiere im Chemiebuch auf S. 482 die genaue Bedeutung der Gefahrenpiktogramme und auf S. 485 die Bedeutung der Kürzel zur Entsorgung von Gefahrstoffabfällen.

A3 Blättere im Chemiebuch und suche weitere Glasgeräte. Notiere dir die Namen dieser Glasgeräte.

A4 Recherchiere im Internet Berufe, die sich mit dem Thema Chemie beschäftigen.

FACHBEGRIFFE

Stoff, Stoffumwandlung, chemische Reaktion, Gefahrenpiktogramm

Mit Laborgeräten richtig umgehen

Im Laufe der Zeit haben Chemiker viele Geräte entwickelt, die beim Experimentieren hilfreich sind. Damit sie sinnvoll eingesetzt werden, muss man ihre Namen und Funktionen kennen. Eine Übersicht zu wichtigen Laborgeräten befindet sich ganz vorne im Buch.

Laborgeräte und deren Verwendung kennen

In Kochrezepten liest man oft die Formulierung „eine Prise Salz". Wie viel das dann genau ist, ist nicht so wichtig. Für solche Mengen verwendet man in der Chemie die Bezeichnung „eine Spatelspitze". Die Spitze des Spatels ist dann zu etwa einem Zentimeter bedeckt (**B1**).

B1 Eine Spatelspitze

Zwei Geräte, die ähnlich aussehen aber nicht verwechselt werden sollten, sind die Abdampfschale und der Mörser. Die Abdampfschale wird zum Abdampfen von Flüssigkeiten verwendet. Sie darf mit dem Brenner vorsichtig erhitzt werden. Die Abdampfschale hat immer eine glatte Oberfläche. Der Mörser ist viel dicker und dient dem Zerkleinern von festen Stoffen wie z. B. Salz, Schwefel oder Pflanzenteilen. Er verfügt im Gegensatz zur Abdampfschale über eine gerade Standfläche.

Flüssigkeiten müssen oft umgerührt werden, z. B. wenn sie mit dem Brenner erhitzt oder mit Eis gekühlt werden. Zum Umrühren muss ein Glasstab verwendet werden. Ein Thermometer ist dafür ungeeignet. Es hat nur eine dünne Glaswand und die Bruchgefahr ist zu groß. Ein Thermometer ist ausschließlich zum Bestimmen der Temperatur gedacht!

Die Masse mit einer Laborwaage bestimmen

Die Tara-Funktion einer Laborwaage kann genutzt werden, um die Masse einer Stoffportion zu bestimmen, ohne deren Verpackung bzw. das Aufbewahrungsgefäß mit zu wiegen.

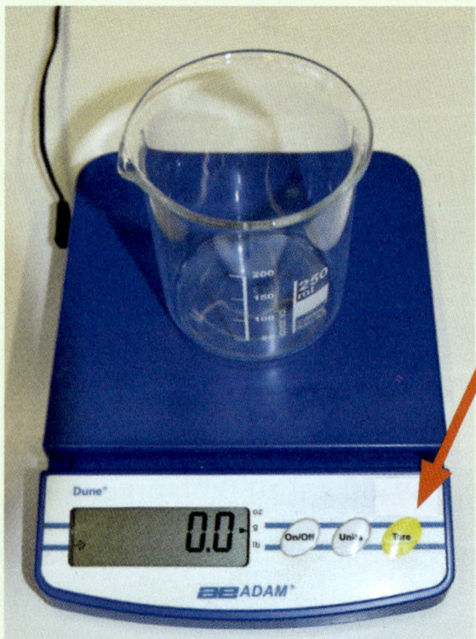

B2 Tara-Funktion einer Waage

So geht's Schalte die Waage ein. Es wird eine Masse von Null Gramm angezeigt. Stelle nun zunächst ein leeres Gefäß zum Abwiegen auf den Wägeteller (z. B. ein Becherglas, eine Wägeschale bzw. Wägeschiffchen oder ein Filterpapier). Drücke dann den Knopf Tara (T) auf der Waage. Auf der Anzeige liest du nun wieder Null Gramm ab (**B2**), da das Gerät jetzt die Masse des Behältnisses mit einrechnet. Gib dann den Stoff, dessen Masse du ermitteln möchtest, in das Gefäß auf der Waage bzw. wiege die gewünschte Menge an Stoff ab. Durch die Tara-Funktion kannst du dich auf die zu wiegende Stoffportion konzentrieren und ihre Masse direkt ablesen.

Das Volumen einer Flüssigkeit messen

Bechergläser haben zwar eine Skala, kleinere Volumina wie z. B. 100 mL kann man mit ihnen aber nur sehr ungenau ablesen. Wenn das Volumen einer Flüssigkeit genauer bestimmt werden soll, kann ein Messzylinder verwendet werden. Für kleinere Flüssigkeitsmengen eignet sich eine Pipette (Messpipette oder Vollpipette).

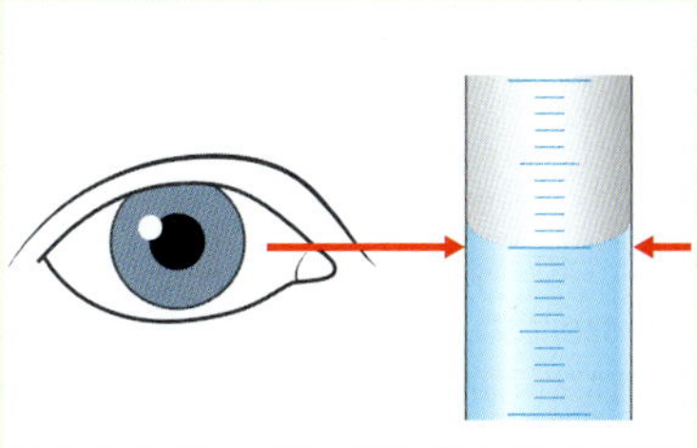

B3 Ablesen der Füllmenge

Ablesen einer Füllmenge

So geht's Betrachte den Flüssigkeitsstand im Messzylinder auf Augenhöhe. Die Oberfläche der Flüssigkeit im Messzylinder ist außen leicht nach oben gewölbt. Visiere den unteren Rand dieser Wölbung (Meniskus) in Augenhöhe an und lies die Füllmenge an diesem Punkt ab (**B3**).

Pipettieren einer Flüssigkeit

So geht's Mithilfe eines Peleusballs (**B4**) kannst du die Flüssigkeit in einer Pipette ansaugen. Stecke dazu den Ball auf die Pipette und drücke ihn zusammen, während du die Stelle A (Auslass) mit den Fingern zusammenpresst. Drücke nun die Stelle S (Saugen) zusammen, um die Flüssigkeit anzusaugen. Durch Zusammenpressen der Stelle E (Entleeren) kannst du sie wieder ablaufen lassen. Halte dabei die Pipette mit der Spitze schräg an den Rand des Gefäßes. Die Flüssigkeit läuft aus und ein kleiner Tropfen bleibt in der Pipettenspitze zurück. Dieser Tropfen ist bereits mit eingerechnet und muss in der Pipette verbleiben! Es läuft genau die Menge aus, die du zuvor abgemessen hast.

B4 Peleusball

Die elektrische Leitfähigkeit prüfen

Ob ein Stoff elektrisch leitfähig ist oder nicht, kann mit einem Leitfähigkeitsprüfer getestet werden. Eine einfache Variante besteht aus einem 9-Volt-Block als Stromquelle, an dem eine Leuchtdiode und ein Widerstand befestigt sind (**B5**). Eine Bauanleitung findest du unter QR-/Mediencode 05037-01.

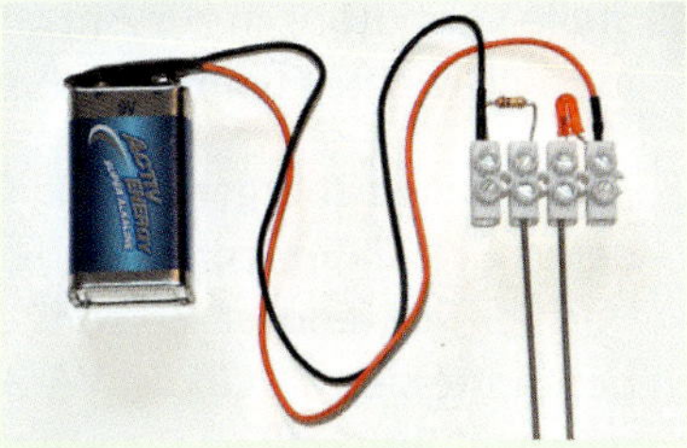

B5 Leitfähigkeitsprüfer

So geht's Halte die beiden Metallstäbe an den zu untersuchenden Feststoff oder in die zu untersuchende Flüssigkeit. Ist der Stoff elektrisch leitfähig, so leuchtet die Leuchtdiode.

05037-01

AUFGABEN

A1 Versuch: Fülle eine beliebige Menge Wasser in ein Becherglas und versuche das Volumen abzulesen. Bestimme das genaue Volumen mit einem Messzylinder und fülle das Wasser wieder zurück in das Becherglas. Gib das Becherglas an die nächste Gruppe weiter, die wieder das Volumen bestimmt. Vergleicht eure Ergebnisse und diskutiert Ursachen für unterschiedliche Messergebnisse.

A2 Versuch: Gib 1,5 g Kochsalz in 20 mL Wasser. Prüfe die Leitfähigkeit der Lösung und dampfe sie wieder ein. Wiege das erhaltene Salz. Vergleiche die Massen des Salzes zu Anfang und am Ende.

Ein Protokoll zu einem Versuch erstellen

In der Chemie gelangt man durch Experimente zu neuen Erkenntnissen. Ein Protokoll zu einem Versuch ist notwendig, um den Versuch auswerten, wiederholen, die Ergebnisse überprüfen, oder aber auch, den Versuch abwandeln zu können. Im **Versuchsprotokoll** werden alle wichtigen Versuchsschritte festgehalten:

- Datum, Überschrift, Aufgabe bzw. Fragestellung
- Vermutung bzw. Hypothese
- Material und Versuchsdurchführung
- Beobachtungen
- Auswertung und Erklärung

Bei der Herstellung von Trinkbrause aus Brausepulver (**B1**) beobachtet man ein Sprudeln. Mit einem Versuch soll herausgefunden werden, welche der Bestandteile des Brausepulvers das Sprudeln in Wasser hervorrufen. Die Hauptbestandteile von Brausepulver sind Zucker, Citronensäure und Natron (Natriumhydrogencarbonat).

B1 Brausepulvertütchen, Brausepulver und fertige Trinkbrause

So geht's

1. Notiere das Datum und die Überschrift des Versuchs und / oder die **Aufgabe bzw. Fragestellung**, die der Versuch beantworten soll.

2. Stelle Vermutungen zur Antwort auf die Fragestellung auf bzw. formuliere eine **Hypothese** (vgl. Info).

3. Notiere alle **Laborgeräte** und **Chemikalien** (und gegebenenfalls deren GHS-Nummer(n) und Entsorgungen), die du für den Versuch verwendest. Zeichne eine Skizze des Versuchsaufbaus und beschrifte sie vollständig. Wird der Versuch in mehreren Schritten durchgeführt, solltest du entsprechend auch mehrere Zeichnungen anfertigen. Protokolliere die **Durchführung des Versuchs** in der richtigen Reihenfolge, inklusive z. B. Mengen- und Zeitangaben, in der du ihn durchgeführt hast.

4. Notiere die **Beobachtungen**, die du bei der Durchführung des Versuchs machen kannst, inhaltlich richtig, in der korrekten Reihenfolge, vollständig und präzise ohne Ausschmückung. Die Beobachtungen kannst du in einem Text oder in Tabellen festhalten.

5. **Werte** die Beobachtungen mit Blick auf die Aufgabe bzw. Fragestellung **aus** und beantworte die Aufgabe bzw. Frage. Erkläre die Beobachtungen. Interpretiere mögliche Diagramme aus Messwerten und achte auf Abweichungen oder Unstimmigkeiten. Später können die Vorgänge in Formeln und Gleichungen ausgedrückt werden.

Info
Eine Hypothese ist eine Aussage, die mit geeigneten Versuchen überprüfbar sein sollte und durch das Versuchsergebnis bestätigt oder widerlegt wird.

Untersuchung von Brausepulver

Alltagsbeobachtung

Brausepulver sprudelt, wenn man es in Wasser gibt. 27.02.2018

1. Fragestellung

Welche Bestandteile (Stoffe) des Brausepulvers bewirken das Sprudeln von Brausepulver in Wasser?

Überlegung

Natriumhydrogencarbonat ist auch in Backpulver enthalten, das einen Kuchenteig aufgehen lässt.

2. Hypothese

Das Natriumhydrogencarbonat bewirkt das Sprudeln.

3. Durchführung

Material: sechs Reagenzgläser, Reagenzglasständer, Spatel, Zucker, Citronensäure (GHS 7), Natriumhydrogencarbonat (kurz: Natron)

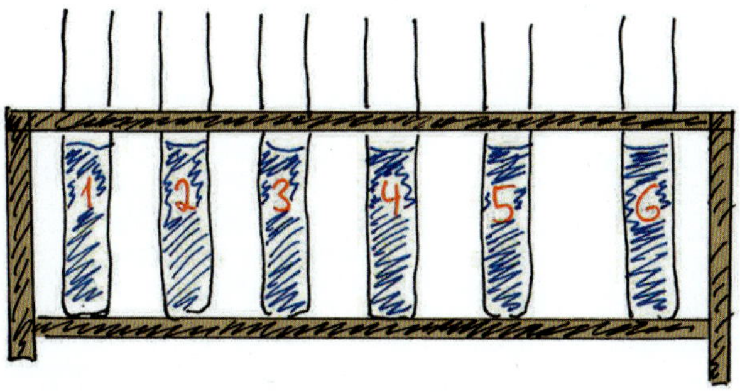

Man füllt sechs Reagenzgläser etwa halbvoll mit Wasser und beschriftet sie mit den Ziffern 1 bis 6. Dann gibt man in die Reagenzgläser 1 bis 3 je eine Spatelspitze Zucker, Citronensäure bzw. Natron. In die Reagenzgläser 4 bis 6 füllt man je eine Spatelspitze von zwei Stoffen: in Glas 4 Zucker und Citronensäure, in Glas 5 Zucker und Natron, in Glas 6 Citronensäure und Natron.

Entsorgung: In den Ausguss geben.

4. Beobachtungen

1 Wasser + Zucker	2 Wasser + Citronensäure	3 Wasser + Natron	4 Wasser + Zucker + Citronensäure	5 Wasser + Zucker + Natron	6 Wasser + Citronensäure + Natron
keine Gasentwicklung	keine Gasentwicklung	keine Gasentwicklung	keine Gasentwicklung	keine Gasentwicklung	Gasentwicklung

5. Erklärung

Die aufgestellte Hypothese wurde widerlegt. Nur wenn man die beiden Bestandteile Citronensäure und Natron zusammen in Wasser gibt, kommt es zur Gasentwicklung.

B2 Protokoll zur Untersuchung von Brausepulver

AUFGABE

A1 Fertige zu den Versuchen **V1** und **V2** auf S. 20, 21 jeweils ein vollständiges Versuchsprotokoll an.

2 Stoffe, ihre Eigenschaften und ihr Aufbau

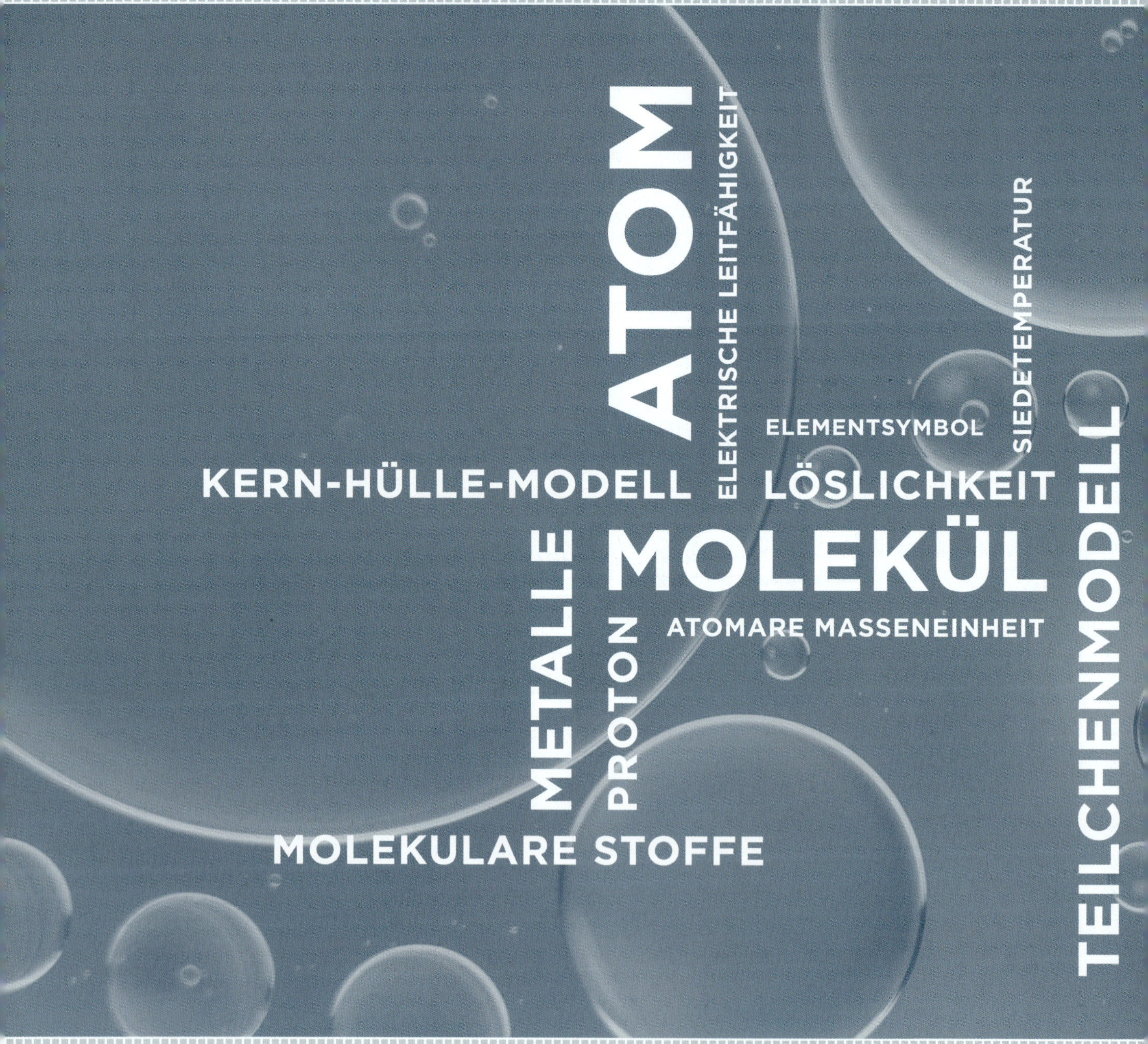

NEUTRON
AGGREGATZUSTÄNDE
ERKENNTNISGEWINNUNG
ION
GEMISCHE
SALZE
REINSTOFFE
ELEKTRON
STOFFEIGENSCHAFTEN
SCHMELZTEMPERATUR
DIFFUSION

Startklar?

Selbsteinschätzung

Schätze dich selbst ein: Wie gut sind deine Kenntnisse in den Bereichen A bis D? Kreuze auf dem Arbeitsblatt unter QR-/Mediencode 05037-02 an!

05037-02

	Ich kann ...	prima	ganz gut	es fällt mir schwer
A	geeignete Geräte für einen Versuch auswählen und benennen.			
B	die Bedienungsschritte eines Brenners angeben.			
C	die Bedeutung der Gefahrenpiktogramme nennen und daraus das Gefahrenpotenzial eines Stoffes ableiten.			
D	die wichtigsten Schritte bei der Erstellung eines Protokolls nennen.			

Überprüfung

Liegst du richtig? Bearbeite die folgenden Aufgaben zu jedem Bereich.

Geeignete Geräte für einen Versuch auswählen und benennen

A1 Gib die Geräte an, die zum Erhitzen von Metallen in Drahtform benötigt werden. Benenne die benötigten Geräte.

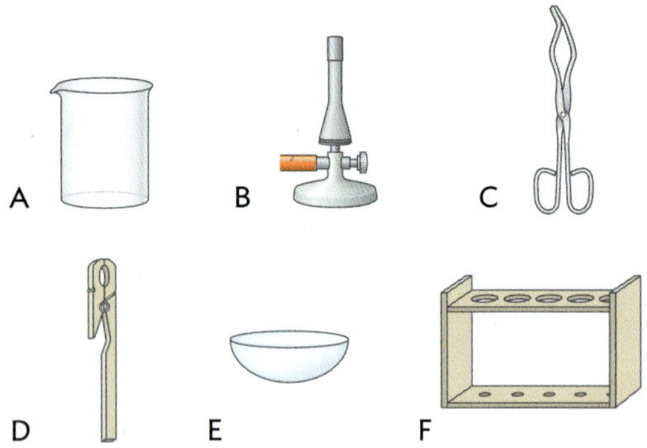

A2 Nenne die Geräte und Messinstrumente, die benötigt werden, um Leitungswasser auf 60 °C zu erhitzen.

A3 Entscheide dich jeweils für eine Vorgehensweise und begründe deine Wahl:

a) Genau 78 mL Wasser werden A) mit einem Becherglas oder B) mit einem Meßzylinder abgemessen.
b) Eine Salzlösung wird A) mit einer Petrischale oder B) mit einer Abdampfschale eingedampft.
c) Beim Abwiegen von 25 g Zucker wird die Tara-Funktion der Waage bedient, A) bevor das noch leere Becherglas oder B) nachdem das noch leere Becherglas auf die Waage gestellt wurde.

Die Bedienungsschritte eines Brenners angeben

B1 Gib die richtige Reihenfolge der Schritte beim Bedienen eines Gasbrenners an:

a) Öffnen des Gashahnes
b) Schließen der Luftzufuhr
c) Anzünden des Streichholzes

B2 Überprüfe die nachfolgenden Behauptungen und korrigiere sie.

Bei der Benutzung des Brenners

a) müssen brennbare Gegenstände mit einem Baumwolltuch abgedeckt werden.
b) dürfen Brillenträger auf eine Schutzbrille verzichten.
c) sollen lange Haare vorher befeuchtet werden.
d) ist die Spitze des inneren Flammenkegels am kühlsten.

Die Bedeutung der Gefahrenpiktogramme nennen und daraus das Gefahrenpotenzial eines Stoffes ableiten

C1 Ordne den folgenden Gefahrenpiktogrammen deren Bedeutung zu.

2

6

1

5

a) Hautätzend, schwere Augenschädigung
b) Entzündbare Stoffe
c) Explosive Stoffe
d) Akute Toxizität

C2 Beurteile die Risiken und schätze die Gefahren ab, die bei folgenden alltäglichen Situationen auftreten können.

a) Haarspray wird in Richtung einer brennenden Kerze gesprüht.
b) Zement wird mit bloßen Händen aus der Tüte entnommen.
c) Zum Anzünden der Grillkohle wird Brennspiritus benutzt.
d) Ein Pflanzenschutzmittel mit dem Symbol  9 wird in der Nähe eines Teichs eingesetzt.

Die wichtigsten Schritte bei der Erstellung eines Protokolls nennen

D1 Ordne die folgenden Schritte zur Anfertigung eines Protokolls in der richtigen Reihenfolge an:

a) Chemikalienliste und Laborgeräte
b) Durchführung
c) Hypothese
d) Erklärung
e) Beobachtung
f) Fragestellung

Auswertung

Hast du dich richtig eingeschätzt? Vergleiche deine Antworten mit den Lösungen auf Seite 460. Gib dir jeweils die entsprechende Punktzahl und trage sie auf dem Arbeitsblatt ein.

	Ich kann ...	prima	ganz gut	mit Hilfe	lies nach auf Seite
A	geeignete Geräte für einen Versuch auswählen und benennen.	11 - 9	8 - 6	5 - 3	18, 24, 25
B	die Bedienungsschritte eines Brenners angeben.	7 - 6	5 - 4	3 - 2	18, 19
C	die Bedeutung der Gefahrenpiktogramme nennen und daraus das Gefahrenpotenzial eines Stoffes ableiten.	6 - 5	4 - 3	2	23
D	die wichtigsten Schritte bei der Erstellung eines Protokolls nennen.	3	2	1	26, 27

Eigenschaften von Stoffen

Die Identifizierung von unbekannten Stoffen anhand ihrer Eigenschaften ist eine Standardaufgabe von Chemikern. Lebensmittelchemiker untersuchen die Zusammensetzung von Lebensmitteln. Food-Designer kreieren täglich neue Lebensmittel, indem sie beispielsweise deren Zusammensetzung ändern. Denn Lebensmittel enthalten meist viele verschiedene Stoffe. Aber welche Eigenschaften hat jeder einzelne Stoff für sich?

V1 Aussehen von Stoffen

PROBLEM

Auf allen Lebensmittelverpackungen findet man Hinweise über deren Zusammensetzung. Kann man die einzelnen Stoffe auch ohne diese Hinweise anhand ihrer Stoffeigenschaften identifizieren?

DURCHFÜHRUNG

a) Gib je eine kleine Portion Kochsalz, Mehl, Natron (Backpulver), Citronensäure (GHS 7), Zucker und Brausepulver auf je ein Filterpapier. Vergleiche das Aussehen der Stoffe. Verwende dazu auch eine Lupe.

b) Gib eine kleine Portion Brausepulver auf ein Filterpapier und versuche mit einem Zahnstocher in verschiedene Stoffe zu sortieren.

AUSWERTUNG

a) Beschreibe das Aussehen aller Stoffe aus **V1a**. Achte besonders auf Unterschiede bei der Farbe und Form, die man gut unter der Lupe oder dem Mikroskop erkennen kann.

b) Zeichne die Tabelle (**B1**, S. 33) über eine ganze Seite in dein Heft. Ergänze sie mit Informationen über die sechs Stoffe aus **V1a**.

c) Versuche mithilfe der Lupe oder des Mikroskops die sortierten Stoffe aus dem Brausepulver den in **V1a** benutzten Stoffen zuzuordnen.

ENTSORGUNG A, R

V2 Erhitzen und Lösen von Stoffen und Eigenschaften der Lösungen

PROBLEM

Können sich alle Stoffe in Wasser lösen? Können die wässrigen Lösungen der Stoffe unterschieden werden? Wie verhalten sich verschiedene Stoffe beim Erhitzen?

DURCHFÜHRUNG

a) Gib jeweils eine Spatelspitze der Stoffe aus Tabelle **B1** in je ein Reagenzglas und fülle 3 cm hoch mit Wasser auf. Verschließe die Reagenzgläser mit einem Stopfen und schüttle.

b) Gib zu den fünf wässrigen Lösungen sowie zu einem weiteren Reagenzglas nur mit Wasser jeweils 5 Tropfen Blaukrautsaft.

c) Gib jeweils eine Spatelspitze der Stoffe aus Tabelle **B1** in je ein Reagenzglas. Stülpe beim Reagenzglas mit Natron und Kochsalz einen Luftballon auf die Öffnung. Erhitze die mit den einzelnen Stoffen befüllten Reagenzgläser jeweils vorsichtig in der nicht leuchtenden Brennerflamme. Beende das Erhitzen, sobald du keine Veränderung im Reagenzglas mehr beobachtest. Nimm eine Geruchsprobe durch Zufächeln.

AUSWERTUNG

a) Ergänze deine Beobachtungen aus **V2a** bis **c** in der Tabelle.

b) Vergleiche die Farben der wässrigen Lösungen bei **V2b** und trage diese in die Tabelle ein.

ENTSORGUNG A, R

Eigenschaft	Kochsalz	Mehl	Natron	Citronensäure*	Zucker
Farbe					
Geruch					
Kristallform					
Aggregatzustand					
Löslichkeit in Wasser					
Farbe der Lösung mit Blaukrautsaft					
Verhalten bei Erhitzen					
Geruch nach Erhitzen					

B1 Tabelle zu Stoffeigenschaften (*Citronensäure: GHS 7)

V3 Eigenschaften von Metallen

PROBLEM

Zwei Schüler betrachten einen Teelichtbecher. Sie streiten, ob er aus Eisen oder Aluminium ist. Wie kann man das prüfen?

DURCHFÜHRUNG

Prüfe ein Stück Eisen, ein Stück Aluminiumfolie und einen Teelichtbecher auf ihre elektrische Leitfähigkeit (vgl. **FM**, S. 25), ihre Verformbarkeit und ihr magnetisches Verhalten.

AUSWERTUNG

a) Vergleiche das Verhalten der drei Proben in **V3**.

b) Ordne begründet das Material dem Teelichtbecher zu.

ENTSORGUNG R

B1 Weiße Stoffe – gleiche Stoffe?

Info
In manchen Fällen kommt es zu einem „Hüpfen" der Kochsalzkristalle und zur Bildung von Kondenswasser. Hierbei findet keine Stoffumwandlung statt. Eingelagertes Wasser verdampft lediglich und kondensiert an der Reagenzglaswand.

Stoffe und Stoffeigenschaften

Kochsalz, Zucker, Citronensäure, Natron (Backpulver) oder Mehl sind weiße Feststoffe und auf den ersten Blick nicht leicht auseinanderzuhalten (B1).

Mit der Lupe oder mit dem Mikroskop kann man erkennen, dass Kochsalz, Zucker, Citronensäure und Natron aus Kristallen bestehen. Die **Kristallform** der Citronensäure weicht deutlich von der des Kochsalzes und des Zuckers ab, während Kochsalz- und Zuckerkristalle kaum zu unterscheiden sind. Beim Mehl kann man dagegen keine Kristalle erkennen.

Bei genauer Untersuchung entdeckt man im Brausepulver neben Farbstoffen auch Kristalle der Stoffe Zucker, Citronensäure und Natron.

Manche Stoffe haben auch einen typischen Geschmack oder Geruch. Geschmacksproben sind aber im Chemieunterricht verboten, da ein Stoff gesundheitsschädigend oder verunreinigt sein kann.

Beim Erhitzen von Zucker schmilzt dieser, wird braun und duftet nach Karamell. Erhitzt man weiter, wird der Feststoff schwarz und riecht verbrannt. Citronensäure schmilzt unter Blasenbildung. Bei stärkerem Erhitzen entwickelt sich ein leicht stechender Geruch. Bei sehr starker Hitzeeinwirkung zersetzt sich die Citronensäure. Mehl hingegen wird schwarz ohne zu schmelzen und riecht verbrannt. Beim Erhitzen von Natron bilden sich eine farblose Flüssigkeit am oberen Reagenzglasrand und ein Gas. Im Reagenzglas bleibt ein weißer Feststoff zurück. Es hat eine Stoffumwandlung stattgefunden. Im Gegensatz dazu verändert sich das Kochsalz beim Erhitzen nicht.

Beim Erhitzen eines Gemisches aus verschiedenen Stoffen, z. B. Brausepulver treten die Eigenschaften aller Inhaltsstoffe zusammen auf und lassen keine Identifizierung einzelner Stoffe zu.

Bei der Identifizierung eines Stoffes helfen bestimmte Eigenschaften, die für den Stoff typisch sind und immer gleich bleiben. Diese Eigenschaften nennt man die **Stoffeigenschaften** eines Stoffes.

> Die charakteristischen Stoffeigenschaften kennzeichnen einen Stoff und können daher zu seiner Identifizierung genutzt werden.

Eigenschaften von wässrigen Lösungen

Manche Stoffe lösen sich in Wasser. Dazu gehören Kochsalz, Zucker, Citronensäure oder Natron. Mehl hingegen lässt sich in Wasser nicht lösen. Oftmals sieht man den Lösungen nicht mehr an, welcher Stoff im Wasser gelöst wurde. Gibt man jedoch einige Tropfen Blaukrautsaft zu den Lösungen von Kochsalz, Citronensäure, Zucker und Natron, so zeigen sich unterschiedliche Farben (B2). Die Citronensäurelösung wird rötlich. Zucker- und Kochsalzlösung werden violett und haben die gleiche Farbe wie reines Wasser mit Blaukrautsaft. Die Natronlösung zeigt eine blaugrüne Verfärbung an. Der Blaukrautsaft ändert seine Farbe je nachdem, ob eine Lösung **sauer** (Citronensäurelösung), **neutral** (Kochsalz- und Zuckerlösung) oder **alkalisch** (Natronlösung) ist (vgl. **FM**, S. 36, 37). Einen solchen Stoff, der durch Farbänderung den Säuregrad einer Lösung anzeigt, nennt man **Indikator** (lat. *indicare*: anzeigen).

Stoffe verhalten sich bei Zugabe von Wasser unterschiedlich. Sie sind in Wasser löslich oder unlöslich. Lösliche Stoffe können mit Wasser saure, neutrale oder alkalische Lösungen bilden.

B2 Farben von Blaukrautindikator in sauren, neutraler und alkalischen Lösungen

Messbare Stoffeigenschaften

Manche Stoffeigenschaften kann man auf den ersten Blick erkennen. Andere können mit geeigneten Hilfsmitteln gemessen werden. Dazu gehören z. B. **elektrische Leitfähigkeit**, **Wärmeleitfähigkeit**, **Schmelz-** und **Siedetemperatur**, **Magnetisierbarkeit**, **Löslichkeit**, **Härte** und **Dichte**. In einem **Steckbrief** fasst man die wichtigsten Eigenschaften eines Stoffes zusammen (**B3**). Mithilfe einer Tabelle kann man die Stoffeigenschaften von verschiedenen Stoffen gut miteinander vergleichen. Auch einen unbekannten Stoff kann man leichter identifizieren, wenn man seine Eigenschaften den Stoffeigenschaften verschiedener bekannter Stoffe in einer Tabelle gegenüberstellt. Stimmen alle untersuchten Stoffeigenschaften des unbekannten Stoffes mit denen eines bekannten Stoffes überein, kann man annehmen, dass es sich um den gleichen Stoff handelt.

STECKBRIEF

Natron

- chemischer Name: Natriumhydrogencarbonat
- Farbe: farblos bei großen Kristallen, weiß bei zermahlenem Natriumhydrogencarbonat
- Aggregatzustand bei 25 °C: fest
- Verhalten bei Erhitzen: Zersetzung ab 50 °C
- Löslichkeit in Wasser: mäßig (96 g/L)

B3 Steckbrief von Natron

Info

Die Dichte ρ („Rho“) ist der Quotient aus Masse m und Volumen V:
$\rho = \frac{m}{V}$
Sie ist eine charakteristische Stoffeigenschaft, die von der Temperatur und vor allem bei Gasen vom Druck abhängig ist.

AUFGABEN

A1 Erstelle je einen Steckbrief von Kochsalz und Haushaltszucker.

A2 Versuch: Fülle exakt 50 mL und 100 mL Wasser in je ein Becherglas. Bestimme die beiden Massen (vgl. **FM** Mit Laborgeräten richtig umgehen, S. 24, 25). Berechne nun aus der jeweiligen Masse und dem Volumen die Dichte von Wasser (vgl. Info). Vergleiche und erläutere deine beiden Ergebnisse.

FACHBEGRIFFE

Stoffeigenschaften, Kristallform, sauer, neutral, alkalisch, Indikator, elektrische Leitfähigkeit, Wärmeleitfähigkeit, Siedetemperatur, Schmelztemperatur, Magnetisierbarkeit, Löslichkeit, Härte, Dichte, Steckbrief

Der Weg der naturwissenschaftlichen Erkenntnisgewinnung

Naturwissenschaftler versuchen einerseits schon bekannte Sachverhalte zu erklären und andererseits auch Vermutungen zur Vorhersage noch unbekannter Phänomene aufzustellen. Ihre Erkenntnisse sowie die entsprechenden Regeln und Gesetzmäßigkeiten gewinnen sie auf einem bestimmten Weg. Dieser **naturwissenschaftliche Erkenntnisweg** läuft in fünf Schritten ab.

„Bleibt Blaukraut immer Blaukraut?“

In Teilen Württembergs sagt man Blaukraut, in Baden dagegen Rotkohl bzw. Rotkraut. In beiden Fällen handelt es sich jedoch um das gleiche Kohlgemüse, das kleingeschnitten in Wasser mit Zucker und weiteren Zutaten gekocht wird. Bei der Zubereitung von Rotkraut kommen eher säuerliche Zutaten wie Zitronensaft oder Essig zum Einsatz, während bei Blaukrautrezepten häufig Backpulver (Natron) verwendet wird.
Die Frage aus der Überschrift lässt sich anhand der folgenden fünf Schritte beantworten.

B1 Rotkraut (links) und Blaukraut (rechts)

So geht's

1. Die **Fragestellung** / Aufgabe:
   Formuliere die Problemstellung, die mithilfe der Versuchsergebnisse beantwortet werden soll, in einer möglichst präzisen Frage oder einer passenden Überschrift.
   Welche der Zutaten sind für die beiden Farben des Krauts verantwortlich?

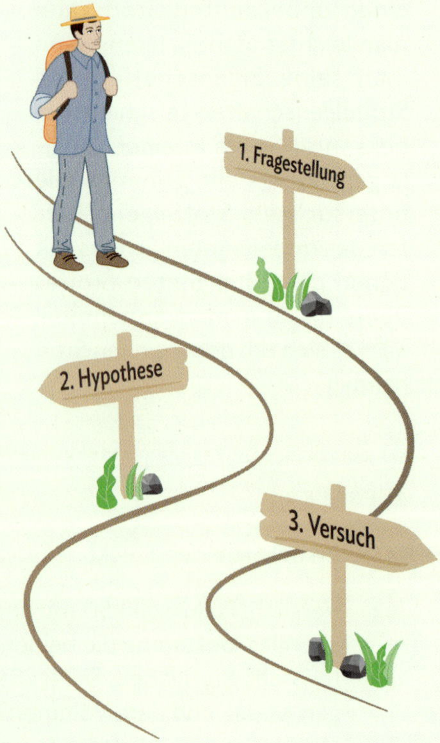

2. Das Aufstellen der **Hypothese** (= Vermutung):
   Stelle aus deinen bisherigen Kenntnissen und Erfahrungen eine Vermutung auf. Diese Hypothese wird aufgrund der Versuchsergebnisse entweder bestätigt (verifiziert) oder sie stellt sich als falsch heraus (falsifiziert).
   Saure Zutaten bewirken eine rote, alkalische eine blaue Farbe des Krauts.

3. Das **Material** und die **Versuchsdurchführung:**
   Plane den Versuch möglichst genau. Überlege dir, wie du die Richtigkeit der aufgestellten Vermutung überprüfen kannst. Denke an einen Kontrollversuch! Notiere die Versuchsdurchführung, so dass jemand anderes den Versuch jederzeit wiederholen und deine Ergebnisse überprüfen kann. Achte hierbei immer auf die Sicherheitsbestimmungen und Entsorgungshinweise.
   Laborgeräte: Reagenzglashalter mit fünf Reagenzgläsern

Chemikalien: reines Wasser, Zucker, Essig, Zitronensaft, Backpulver (Natron), Blaukrautsaft
Bereite je 3 mL folgender Lösungen in den Reagenzgläsern vor:
RG 1: Essig in Wasser, RG 2: Zitronensaft, RG 3: Wasser,
RG 4: Backpulver in Wasser, RG 5: Zucker in Wasser
Gib jeweils 3 mL Blaukrautsaft in die fünf Reagenzgläser.

4. Die **Beobachtungen:**
Du kannst entweder direkt mit den Sinnen (alles, was du siehst, riechst, hörst) oder indirekt mit Messgeräten (z. B. Strommesser) beobachten. Beschränke dich auf die Beobachtungen, formuliere noch keine Erklärungen.
Bei den Lösungen mit Essig bzw. Zitronensaft ergibt sich eine rote Farbe, die Lösung mit Backpulver ist grünblau. In den Reagenzgläsern mit reinem Wasser und Zuckerwasser ergibt sich die gleiche violette Farbe.

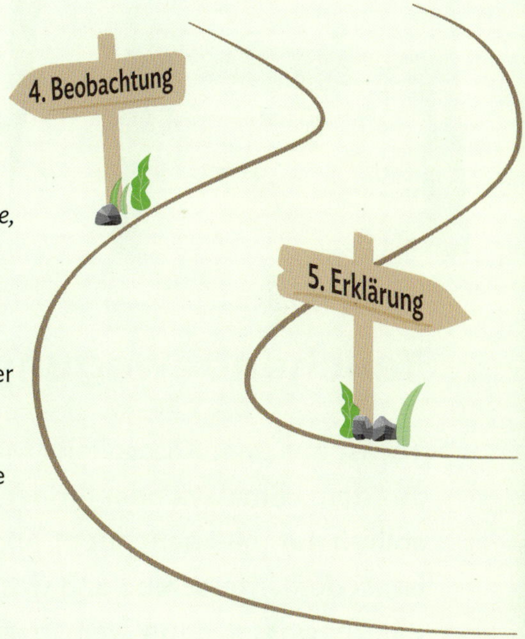

5. Die **Auswertung / Erklärung:** Werte nun deine Beobachtungen oder erhobenen Daten geeignet aus, beispielsweise als Tabelle oder Diagramm. Interpretiere die Daten, d. h. überlege dir, welche Bedeutung die Daten haben. Entscheide, ob deine Hypothese durch die Daten bestätigt oder widerlegt wird. Leite eine allgemeingültige Regel ab oder stelle eine neue Vermutung auf. Diese kannst du dann in weiteren Experimenten überprüfen.
Der Blaukrautsaft färbt sich in sauren Lösungen rötlich und in alkalischen Lösungen grünblau. Die Hypothese ist somit bestätigt. Beim reinen Wasser ist die Lösung violett. Bei Zugabe von Zucker verändert sich die Farbe nicht. Eine Zuckerlösung ist demnach neutral, also weder sauer noch alkalisch.

Verallgemeinerung: Beim Blaukraut handelt es sich um einen sogenannten Indikator, d. h. um einen Stoff, der durch seine Farbe anzeigt wie sauer bzw. alkalisch eine Lösung ist.

Farbe des Blaukrautsafts	rot bis rotviolett	blauviolett bis blau	blaugrün über grün bis gelb
Säuregrad der Lösung	sauer	neutral	alkalisch

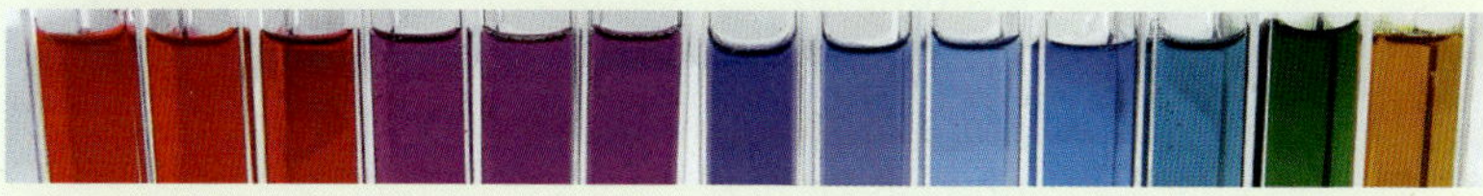

AUFGABEN

A1 Begründe, warum man den Versuch auch mit Wasser und mit Zucker durchführt.

A2 Entwickle ein Experiment, mit dem du prüfen kannst, ob Himbeersaft genauso gut als Indikator eingesetzt werden kann wie Blaukrautsaft.

Teilchenbewegung und Aggregatzustände

Tee ist aus dem Alltag vieler Menschen nicht mehr wegzudenken. Ob Schwarztee aus dem Himalaya oder grüner Tee aus Japan, die Vielfalt ist groß. Manche Teesorten sollten nur mit kochendem, andere nur mit heißem Wasser aufgegossen werden. Wo ist da der Unterschied und was geschieht dann in der Teetasse? Gibt man Zucker in das Teewasser, dann „verschwindet" dieser scheinbar – oder doch nicht? Was passiert mit dem Zucker, wenn er ins Wasser gelangt?

V1 Modellversuch zum Wasserkocher

PROBLEM

Erhitzt man zur Teezubereitung Wasser in einem Wasserkocher, kann man nach kurzer Zeit ein typisches Rauschen hören. Der Wasserkocher beginnt leicht zu wackeln. Warum ist das so?

DURCHFÜHRUNG

Fülle ein Reagenzglas etwa einen Zentimeter hoch mit Wasser und verschließe es mit einem Luftballon, den du vorher einmal aufgeblasen hast (**B1**). Erhitze das Reagenzglas vorsichtig mit dem Gasbrenner und lasse es anschließend wieder abkühlen.

AUSWERTUNG

a) Beschreibe deine Beobachtungen im Reagenzglas und am Luftballon.

b) Erkläre deine Beobachtung am Luftballon. Vergleiche dazu die Aggregatzustände flüssig und gasförmig.

c) Erkläre anhand der Beobachtungen das Wackeln eines Wasserkochers beim Kochvorgang.

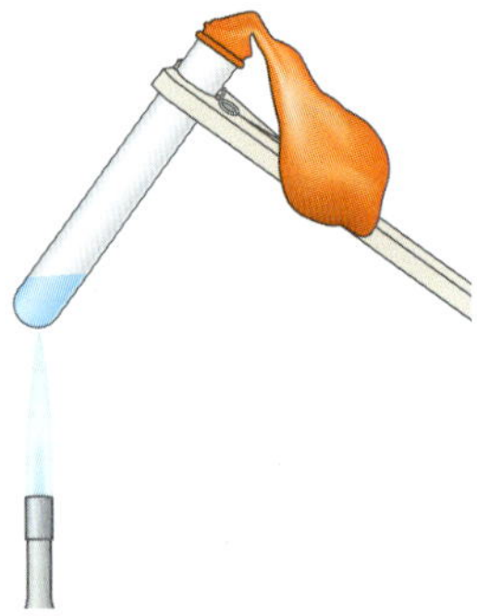

B1 Versuchsaufbau zu **V1**

ENTSORGUNG A, R

V2 Mit oder ohne Zucker?

PROBLEM

Gibt man etwas Zucker in (Tee-)Wasser, so ist er nach einiger Zeit nicht mehr zu erkennen. Kann man nachweisen, dass der Zucker noch vorhanden ist, ohne die Lösung zu verändern?

DURCHFÜHRUNG

Fülle in einen 100 mL Messzylinder genau 100 mL Wasser und bestimme dessen Gesamtmasse mit einer Waage (vgl. **FM** Mit Laborgeräten richtig umgehen, S. 24, 25). Wiege auf einem Filterpapier genau 5 g Haushaltszucker ab und gib diesen in den soeben vorbereiteten Messzylinder. Setze einen Stopfen auf den Zylinder und schüttle, bis kein Zucker mehr zu sehen ist. Entferne den Stopfen und bestimme erneut die Gesamtmasse. Lies das Volumen der Lösung ab.

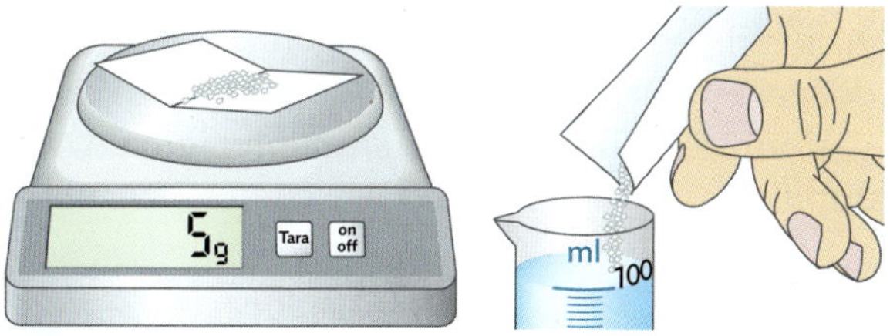

B2 Durchführung zu **V2**

AUSWERTUNG

a) Fasse die Beobachtungen von Volumen *V* und Masse *m* vor und nach Zugabe des Zuckers zusammen. Ergänze dazu folgende Angaben in deinem Heft:

m(Wasser) = ___ g V(Wasser) = ___ mL

m(Zucker) = ___ g

m(Lösung) = ___ g V(Lösung) = ___ mL

b) Vergleiche deine Beobachtungen und Ergebnisse mit denen deiner Mitschüler/-innen und diskutiert über die Ursachen möglicher Abweichungen.

ENTSORGUNG A, R

V3 Teezubereitung einmal anders

PROBLEM

Beim Aufbrühen des Tees kann man erkennen, wie aus farblosem Wasser Tee entsteht. Kann man einen Tee auch ohne Aufgießen zubereiten?

DURCHFÜHRUNG

Befülle je eine Porzellanschale mit etwas heißem und kaltem Wasser. Stelle jeweils einen Teebeutel in die Mitte jeder Schale.

B3 Versuchsaufbau zu **V3**

AUSWERTUNG

a) Dokumentiere deine Beobachtungen zu **V3**, indem du jeweils alle 3 Minuten Skizzen von der Aufsicht der Porzellanschale mit Bleistift anfertigst und die vergangene Zeit mit angibst.

b) Begründe die unterschiedlichen Beobachtungen bei der Verwendung von heißem und kaltem Wasser.

ENTSORGUNG A, R

B1 Cola mit Eiswürfeln

Info
Geht ein Stoff unterhalb seiner Siedetemperatur vom flüssigen in den gasförmigen Zustand über, spricht man von **Verdunstung**.

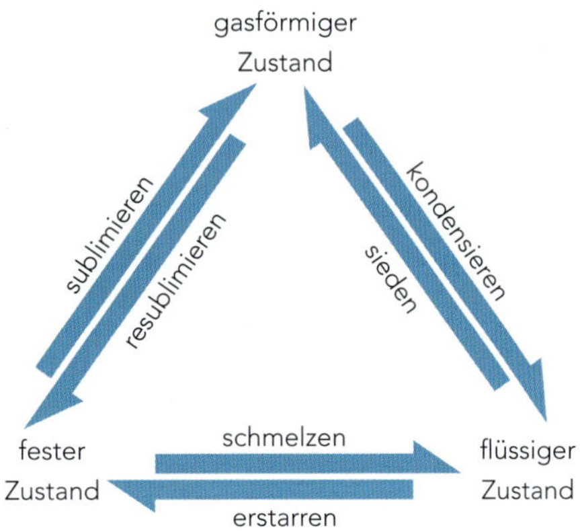

B2 Aggregatzustände und Übergänge

Info
Modelle sind Hilfen zur Darstellung und Veranschaulichung von Dingen und Prozessen aus der Wirklichkeit. Modelle bilden die Wirklichkeit aber nie vollständig ab.

Stoffe ändern ihren Aggregatzustand

An einem heißen Tag sind Eiswürfel in einem Getränk schnell geschmolzen. Im Winter dient ein Schälchen mit Wasser zur Befeuchtung der trockenen Luft. Das Wasser darin verdunstet. Mit einem Wasserkocher wird Wasser mit elektrischer Energie solange erhitzt, bis Wasserdampf aufsteigt. Das gasförmige Wasser steigt vom Boden des Kochers in Form von Blasen durch das flüssige Wasser nach oben. In **V1** erfolgt dies durch Erhitzen des Wassers im Reagenzglas mit der Brennerflamme. Wasser **siedet** bei 100 °C und geht dabei in den **gasförmigen** Zustand über, es **verdampft**. Wird ein bestimmtes Volumen flüssigen Wassers verdampft, nimmt es im gasförmigen Zustand ein Vielfaches des Ursprungsvolumens ein. Daher bläht sich der darüber gestülpte Luftballon auf. Ein Eiswürfel **schmilzt** bei Temperaturen oberhalb 0 °C. Dabei geht Wasser vom **festen** in den **flüssigen** Zustand über. Viele bekannte Stoffe liegen bei bestimmten Temperaturen fest, flüssig oder gasförmig vor. Diese Zustände bezeichnet man als **Aggregatzustände**. Einen großen Einfluss, bei welcher Temperatur ein Stoff den Aggregatzustand wechselt, hat der Druck. **Schmelz-** und **Siedetemperatur** eines Stoffes werden deshalb mit Bezug auf den Normaldruck (= mittlerer Luftdruck an der Erdoberfläche) angegeben. Einige Stoffe gehen direkt vom festen in den gasförmigen Zustand über, sie **sublimieren**. Dazu gehört z. B. Kohlenstoffdioxid.

Stoffe können die Aggregatzustände fest, flüssig und gasförmig annehmen. Schmelz- und Siedetemperatur kennzeichnen die Temperaturen, bei denen ein Stoff vom festen in den flüssigen bzw. vom flüssigen in den gasförmigen Zustand übergeht.

Das Teilchenmodell

Um die Beobachtungen zu den Aggregatzuständen von Stoffen zu erklären, kann man sich vorstellen, dass alle Stoffe aus unzähligen kleinen, für das menschliche Auge unsichtbaren Teilchen aufgebaut sind. Mit dieser Vorstellung begibt man sich in die Welt der **Modelle** (vgl. Info). Ein gutes Werkzeug zur Erklärung der Vorgänge bei Änderungen der Aggregatzustände ist das **Stoffteilchenmodell**. Es gelten folgende Annahmen:

1. Alle Stoffe bestehen aus sehr kleinen Teilchen und zwischen den Teilchen ist leerer Raum.
2. Die Teilchen verschiedener Stoffe unterscheiden sich in der Größe, Masse und Form. Daher werden sie modellhaft durch unterschiedliche Symbole, z. B. Dreiecke oder Sechsecke, dargestellt.
3. Alle Teilchen sind ständig in Bewegung.
4. Zwischen den Teilchen gibt es Anziehungskräfte, die bei verschiedenen Stoffen unterschiedlich stark sind.

Stoff- und Teilchenebene

Auf der **Stoffebene** werden die sichtbaren Eigenschaften eines Stoffes beschrieben. Im flüssigen Zustand nimmt eine bestimmte Menge Wasser ein viel kleineres Volumen ein als im gasförmigen Zustand.

Mit der Modellvorstellung vom Aufbau der Stoffe aus kleinen Teilchen kann dies auf der **Teilchenebene** erklärt werden. Im gasförmigen Zustand bewegen sich die Teilchen schneller und haben einen viel größeren Abstand voneinander. Dadurch überwinden sie die gegenseitigen Anziehungskräfte und verteilen sich über ein größeres Raumvolumen. In einem Feststoff befinden sich die Teilchen dagegen dicht und geordnet beieinander.

Auf der Stoffebene beschreibt man die mit den Sinnen wahrnehmbaren Eigenschaften eines Stoffes. Auf der Teilchenebene beschreibt oder erklärt man mithilfe geeigneter Modelle die wahrgenommenen Eigenschaften.

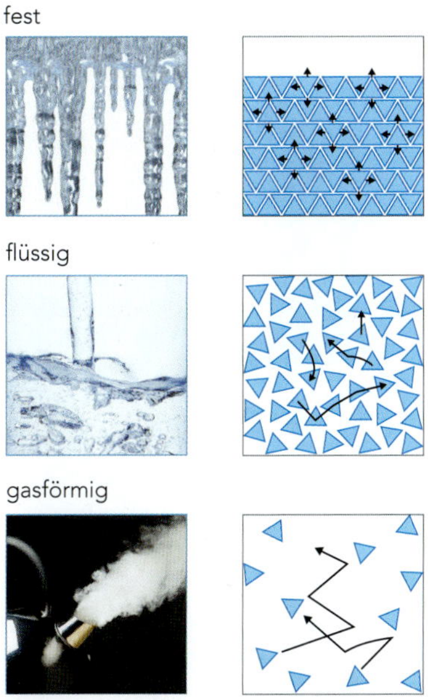

B3 Aggregatzustände von Wasser auf Stoff- und Teilchenebene

Lösen von Stoffen in einer Flüssigkeit

Im Alltag werden oft feste Stoffe aus unterschiedlichen Gründen in Flüssigkeiten gegeben. Ob man Salz ins Kochwasser gibt, seinen Tee mit Zucker süßt oder einen Badezusatz ins Badewasser streut – nach einiger Zeit ist der zugegebene Feststoff nicht mehr zu sehen. Er hat sich gelöst. Bestimmt man anschließend die Gesamtmasse von Flüssigkeit und Feststoff, so hat sich die Masse der Flüssigkeit exakt um die Masse des Feststoffes erhöht (**V2**). Das Gesamtvolumen bleibt jedoch nahezu unverändert.

Diese Beobachtung lässt sich mithilfe des Teilchenmodells erklären. Beim Lösevorgang verteilen sich die Teilchen des Feststoffes zwischen den Wasser-Teilchen und nehmen die Lücken ein, die sich zwischen den Wasser-Teilchen befinden (**B4**).

B4 Gelöster Stoff auf Teilchenebene

AUFGABEN

A1 Im Winter beschlagen Brillen, wenn man von draußen einen warmen Raum betritt. Erkläre dieses Phänomen auf Stoff- und Teilchenebene.

A2 Mischt man 50 mL Wasser mit 50 mL Trinkalkohol (Ethanol), so stellt man fest, dass die entstandene Lösung ein Volumen von nur ca. 96 mL – und nicht 100 mL – aufweist.
Entwickle eine Erklärung auf Teilchenebene, indem du dir die Wasser-Teilchen als Senfkörner und die Alkohol-Teilchen als Erbsen vorstellst. Begründe damit die Volumenverringerung.

B5 Diffusion eines Farbstoffs: Stoffebene (links) und Vorstellung auf Teilchenebene (rechts)

Diffusion – Teilchen bewegen sich

Bringt man einen Teebeutel in die Mitte eines mit Wasser gefüllten Tellers, so breiten sich die Farbstoffe aus dem Teebeutel von der Mitte ausgehend in wenigen Minuten bis an den Rand aus (**V3**), ohne dass man rührt oder schüttelt.

Alle Teilchen befinden sich in einer ständigen ungerichteten Bewegung und stoßen auch sehr oft gegeneinander. Auf diese Weise können sich die unterschiedlichen Farbstoff- und Wasser-Teilchen vermischen. Am Ende kommt es zu einer gleichmäßigen Verteilung der Farbstoff-Teilchen und der Wasser-Teilchen. Dieser Vorgang heißt **Diffusion**.

In heißem Wasser breitet sich der Farbstoff aus dem Teebeutel wesentlich schneller aus als in kaltem Wasser. Die Diffusionsgeschwindigkeit eines Stoffes ist demnach temperaturabhängig. Je höher die Temperatur ist, desto schneller verteilt sich der Stoff in der Flüssigkeit oder im Raum. Dies kann auf Teilchenebene mit einer schnelleren Geschwindigkeit der Teilchen bei erhöhter Temperatur erklärt werden.

ROBERT BROWN machte im Jahre 1827 eine außergewöhnliche Entdeckung. Er beobachtete mit einem Mikroskop Pollenkörner in einem Wassertropfen. Es überraschte ihn, dass auch nach langer Beobachtungszeit diese ständig in zittriger Bewegung blieben, obwohl es sich nicht um Lebewesen handelte. Diese Entdeckung wird bis heute auch **BROWNsche Bewegung** genannt.

Die Teilchen von Stoffen in allen Aggregatzuständen sind in ständiger Bewegung, wobei die Geschwindigkeit der Teilchen in einem Gas am größten ist.

> Diffusion ist der Vorgang, bei dem sich Teilchen aufgrund der BROWNschen Bewegung ausbreiten. Die Geschwindigkeit der Bewegung ist u. a. abhängig von der Temperatur.

FACHBEGRIFFE

Aggregatzustand, gasförmig, flüssig, fest, Sieden, Verdampfen, Verdunsten, Kondensieren, Erstarren, Sublimieren, Resublimieren, Schmelztemperatur, Siedetemperatur, Modelle, Stoffteilchenmodell, Stoffebene, Teilchenebene, Diffusion, BROWNsche Bewegung

AUFGABEN

A1 Schälst du eine Orange im Zimmer, bleibt dieser Vorgang anderen Personen nicht lange verborgen, auch wenn sie es nicht sehen. Erkläre diese Tatsache.

A2 Die Diffusion spielt eine lebenswichtige Rolle bei der Lungenatmung. Informiere dich über die beteiligten Stoffe und veranschauliche den Vorgang mit einer einfachen Skizze.

Eine Temperaturkurve aufnehmen

Die Schmelz- und Siedetemperatur sind charakteristische Eigenschaften eines Stoffes. Sie lassen sich im Schullabor auf einfache Weise z. B. mit nachstehender Versuchsanordnung ermitteln (**B1**).

Bestimme experimentell die Schmelztemperatur von Stearinsäure.

So geht's

1. Stimme mit deiner Lehrkraft ab, welche Geräte dir zur Bestimmung der Temperaturkurve zur Verfügung stehen. Grundsätzlich kann man mit oder ohne automatische Messwerterfassung arbeiten.
2. Entscheide, in welchen Zeitabständen du die Temperatur messen willst. Gib diesen Zeitschritt z. B. in der App auf dem Tablet oder Smartphone ein.
3. Starte den Messvorgang und erhitze den Feststoff oder die Flüssigkeit unter ständigem Rühren bis zum Schmelzen bzw. Sieden. Du kannst auch einen Magnetrührer benutzen, der das Rühren für dich übernimmt. Protokolliere die Temperaturen nach jedem Zeitschritt, falls du nicht mit einer automatischen Messwerterfassung arbeitest.
4. Stelle die Messwerte in einem Diagramm dar und interpretiere den Kurvenverlauf. Der Temperaturkurve (**B2**) kannst du entnehmen, dass bis zum Erreichen der Schmelz- bzw. Siedetemperatur die Temperatur des Stoffes kontinuierlich ansteigt. Ist die Schmelz- bzw. Siedetemperatur des Stoffes erreicht, findet trotz weiterer Wärmezufuhr keine Temperaturerhöhung mehr statt bis der Stoff (hier Stearinsäure) vollständig flüssig bzw. ein anderer Stoff völlig verdampft ist.

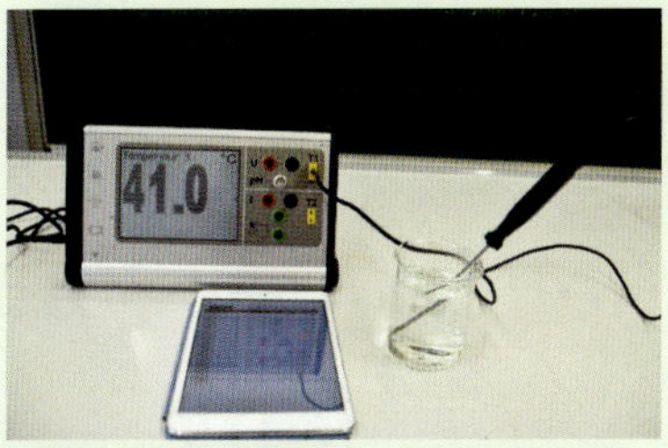

B1 Messwerterfassung zur Bestimmung der Schmelz- bzw. Siedetemperatur mit Sensor und Tablet

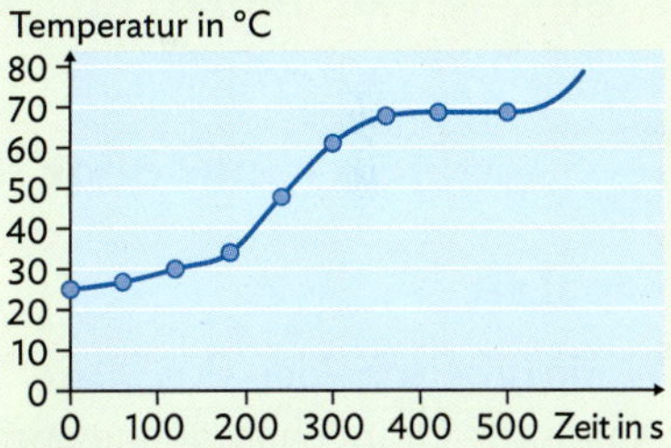

B2 Temperaturkurve beim Schmelzen von Stearinsäure (eine Art Wachs zur Kerzenherstellung)

AUFGABEN

A1 Versuch: Nimm eine Temperaturkurve für das Sieden von Wasser auf. Protokolliere dein Vorgehen.

A2 Stelle Vor- und Nachteile zur Bestimmung der Siedetemperatur mit und ohne automatische Messwerterfassung zusammen.

A3 Die Messwerte der Temperaturkurve können bei verschiedenen Gruppen voneinander abweichen. Auch die ermittelte Schmelz- oder Siedetemperatur weicht oftmals vom tatsächlichen Wert ab. Erkläre mögliche Gründe für solch unterschiedliche Messergebnisse.

Stoff	Siedetemperatur
Butan	-1 °C
Pentan	36 °C
Aceton	56 °C
Ethanol (Trinkalkohol)	78 °C
Wasser	100 °C
Stearinsäure	370 °C

B3 Siedetemperaturen einiger Stoffe

Reinstoffe, Gemische und Gemischtrennung

Der Blick auf die Liste der Inhaltsstoffe verrät: Bei den Produkten im Supermarkt handelt es sich meist um Gemische aus mehreren Stoffen. Bei einigen, z. B. bei verschiedenen Getränken, erkennt man dies nicht auf den ersten Blick. Mit welchen Methoden kann man die enthaltenen Zutaten voneinander trennen?

V1 Getränke – klar oder trüb?

PROBLEM

Worin unterscheiden sich „klarer" und „trüber" Apfelsaft? Orangenlimonade enthält den gelben Farbstoff Betacarotin. Wie kann man sie entfärben?

DURCHFÜHRUNG

a) Fülle in ein Reagenzglas etwa drei Zentimeter hoch klaren Apfelsaft, in ein zweites Reagenzglas trüben Apfelsaft. Halte die beiden Reagenzgläser jeweils in den Strahlengang einer Taschenlampe.

b) Gib jeweils einen Tropfen von klarem bzw. trübem Apfelsaft auf einen Objektträger und betrachte diese unter einem Mikroskop. Mikroskopiere ebenso einen Tropfen reines Wasser.

c) Zentrifugiere jeweils die gleiche Menge von trübem und klarem Apfelsaft.

d) Gib 3 mL Orangenlimonade in ein Reagenzglas und überschichte diese mit 3 mL Rapsöl. Verschließe das Reagenzglas mit einem Stopfen und schüttle für 20 Sekunden. Lasse den Ansatz ca. fünf Minuten stehen.

AUSWERTUNG

a) Beschreibe und vergleiche die Beobachtungen bei **V1a** und **V1b**. Notiere alle Unterschiede.

b) Informiere dich über die Funktions- und Wirkungsweise einer Zentrifuge und begründe damit die Versuchsergebnisse von **V1c**.

c) Beschreibe die Farbe der Lösung im Reagenzglas in **V1d** vor und nach dem Versuch.

d) Plane eine Vorgehensweise zum „Herausziehen" des Farbstoffes Betacarotin aus Karotten.

ENTSORGUNG A, R

V2 Gemüsebrühe – viele Stoffe in der Suppe

PROBLEM

Mit Gemüsebrühepulver lässt sich durch Auflösen in Wasser im Handumdrehen eine schmackhafte Zwischenmahlzeit herstellen. Aus welchen Bestandteilen besteht Gemüsebrühepulver?

DURCHFÜHRUNG

a) Gib etwas Gemüsebrühepulver auf ein Filterpapier und betrachte es mit einer Lupe. Trenne mithilfe eines Zahnstochers das Pulver in seine Bestandteile.

b) Gib einen Spatellöffel Brühpulver in 40 mL kaltes Wasser und rühre mit einem Glasstab ca. eine Minute. Filtriere nach einer weiteren Minute diese Mischung in ein Becherglas.

c) Gib einen Teil des Filtrats in eine Porzellanschale und erhitze vorsichtig die Mischung mit dem Gasbrenner, bis dieser Teil des Filtrats vollständig eingedampft ist.

AUSWERTUNG

a) Notiere die Anzahl der Bestandteile, die du ermitteln kannst. Tausche dein Ergebnis mit anderen Schülern aus. Identifiziere mit den Angaben auf der Verpackung die gefundenen Inhaltsstoffe.

b) Beschreibe deine Beobachtungen in den Versuchen **V2b** und **V2c**.

c) Nenne die Eigenschaften der Stoffe, die zur Trennung genutzt werden.

d) Plane ein Experiment zur Trennung eines Gemisches aus Sand und Kochsalz. Beschreibe dein Vorgehen und führe den Versuch nach Rücksprache mit deiner Lehrkraft durch. Erstelle ein Protokoll.

ENTSORGUNG A, R

V3 Destillation von Cola

PROBLEM

Cola-Getränke sind Mixturen aus unterschiedlichen Stoffen wie Zucker, Kohlenstoffdioxid, Koffein, Farbstoffen und Wasser als Hauptbestandteil. Wie kann man aus Cola reines Wasser erhalten?

DURCHFÜHRUNG

a) Gib in einen Erlenmeyerkolben ca. 80 mL Cola.

b) Baue die Versuchsapparatur wie in der Abbildung (**B1**) auf oder verwende eine Mikrodestillationsapparatur. Eine Bauanleitung findest du unter QR-/Mediencode 05037-03.

c) Erhitze das Cola-Getränk und notiere alle 20 Sekunden die Temperaturwerte und fertige ein Temperatur-Zeit-Diagramm an.

d) Beende den Versuch, nachdem sich ca. 1 mL Flüssigkeit abgetrennt hat.

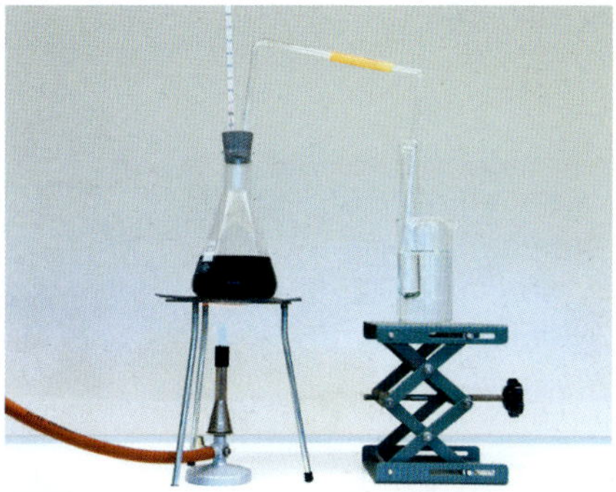

05037-03

B1 Vereinfachte Destillationsapparatur

AUSWERTUNG

a) Vergleiche das Cola-Getränk und die abgetrennte Flüssigkeit. Prüfe die Flüssigkeit auf Wasserlöslichkeit.

b) Beschreibe und begründe den Kurvenverlauf des Temperatur-Zeit-Diagramms.

ENTSORGUNG A, R

B1 Apfelsaft – klar und trüb

„Stoffe“ des Alltags – meist Gemische, selten rein

Die meisten Alltagsprodukte bestehen aus mehreren Bestandteilen. Bei Lebensmitteln wie z. B. Cola, Apfelsaft (B1) und Gemüsebrühepulver (B2) kann man sich mit einem Blick auf das Etikett über die Inhaltsstoffe informieren. Zu Beginn der Zutatenliste werden stets die Hauptbestandteile des Lebensmittels angegeben. Bestandteile wie Wasser, Zucker und Salz bestehen nur aus einer Teilchensorte. In der Chemie bezeichnet man solche Stoffe als **Reinstoffe** und eine Mischung mehrerer Reinstoffe als ein **Stoffgemisch**.

Reinstoffe bestehen aus einer Teilchensorte und sind durch ihre spezifischen Eigenschaften gekennzeichnet. Stoffgemische bestehen aus mindestens zwei Reinstoffen und damit zwei Teilchensorten. Ihre Eigenschaften sind vom Mischungsverhältnis der Komponenten abhängig.

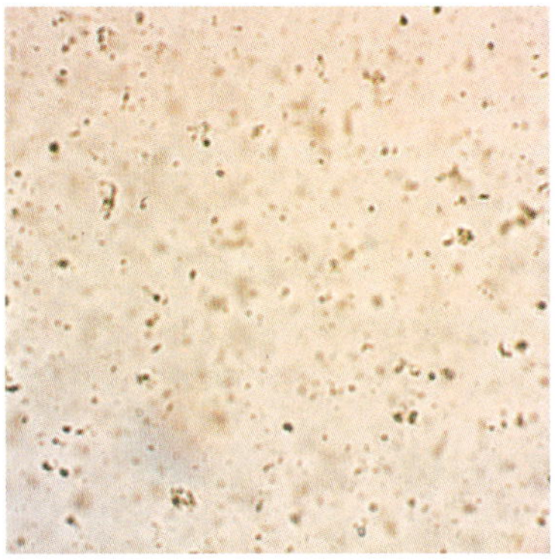

B2 Mikroskopisches Bild von naturtrübem Apfelsaft – eine Suspension

Homogene und heterogene Stoffgemische

Vergleicht man klaren mit naturtrübem Apfelsaft, kann man bereits mit bloßem Auge feststellen, dass trüber Apfelsaft uneinheitlich aussieht (V1). Einige feste Bestandteile im naturtrüben Apfelsaft lassen sich mit einem Mikroskop noch besser erkennen als mit dem Auge (B2). Bei längerem Stehen setzen sich diese festen Bestandteile aufgrund ihrer größeren Dichte am Flaschenboden ab. Das „Absetzen“ kann man mit einer **Zentrifuge** beschleunigen (V1c).

In klarem Apfelsaft sind die verschiedenen Teilchensorten der einzelnen Reinstoffe (z. B. Wasser-Teilchen und Zucker-Teilchen) so fein verteilt, dass man sie selbst mit dem Mikroskop nicht mehr erkennen kann: er erscheint „klar“.

Stoffgemische, deren Bestandteile auch mit dem Mikroskop nicht unterscheidbar sind, heißen **homogen** (einheitlich).

B3 Gemüsebrühepulver – ein heterogenes Gemisch

In Gemüsebrühepulver kann man auch ohne Lupe verschiedene feste Bestandteile und somit die uneinheitliche Zusammensetzung erkennen (V2a). In diesem Gemisch liegen die gleichen Teilchensorten der vorhandenen Reinstoffe in größeren Teilchenverbänden zusammen vor.

Stoffgemische, deren Bestandteile man mit dem Auge oder Mikroskop unterscheiden kann, heißen **heterogen** (uneinheitlich).

Homogene Flüssigkeits- und Gasgemische sind durchsichtig und klar, heterogene undurchsichtig und trüb. Je nach Aggregatzustand des Haupt- und Nebenbestandteils erhalten heterogene und homogene Gemische unterschiedliche Bezeichnungen.

Homogene Stoffgemische		Hauptbestandteil fest	Hauptbestandteil flüssig	Hauptbestandteil gasförmig
Nebenbestandteil	fest in	**Legierung** z. B. Messing, Bronze, Stahl 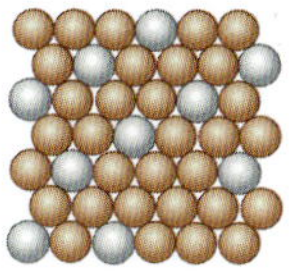	**Lösung** z. B. Meerwasser, klarer Apfelsaft, Speiseessig, Wein, Sprudelwasser 	–
	flüssig in	–		–
	gasförmig in	–		**Gasgemisch** z. B. Luft 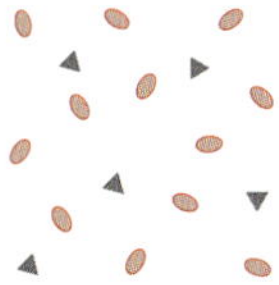

Heterogene Stoffgemische		Hauptbestandteil fest	Hauptbestandteil flüssig	Hauptbestandteil gasförmig
Nebenbestandteil	fest in	**Gemenge** z. B. Gemüsebrühepulver, Müsli 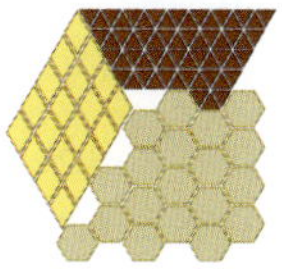	**Suspension** z. B. trüber Apfelsaft 	**Rauch** z. B. Staub/Ruß in Luft 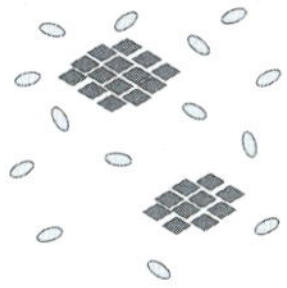
	flüssig in	–	**Emulsion** z. B. Milch, Creme 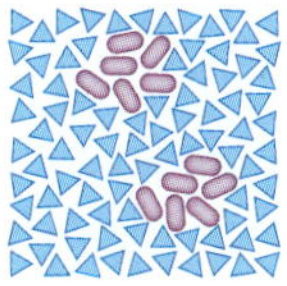	**Nebel** z. B. Wolken 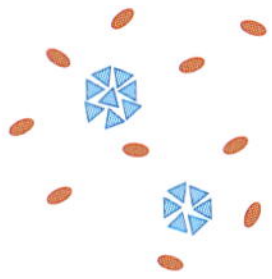
	gasförmig in	**poröser Stoff** z. B. trockener Tafelschwamm, Bimsstein 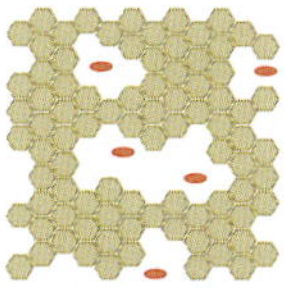	**Schaum** z. B. Schaumbad 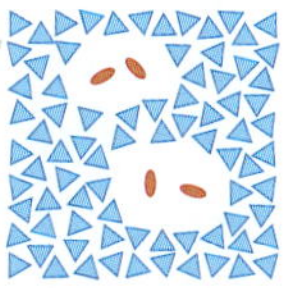	–

AUFGABE

A1 Begründe, ob es sich um Reinstoffe oder Gemische handelt: Eisen, Haushaltsessig, Brausepulver, Milch, Bronze, Orangensaft, Sprudelwasser, Zucker, Salatsoße, Leitungswasser. Gib für die Stoffgemische die korrekten Fachbegriffe an.

B4 Dekantieren einer Suspension

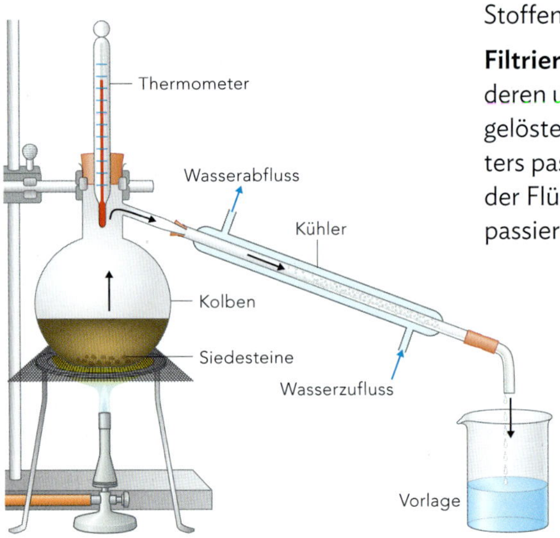

B5 Destillationsapparatur

Trennen von Gemischen

Die verschiedenen Reinstoffe eines Gemisches unterscheiden sich in ihren Eigenschaften. Auf diesen unterschiedlichen Eigenschaften der Reinstoffe beruhen die verschiedenen Verfahren zur Trennung eines Stoffgemisches in seine Reinstoffe. Die jeweilige Trennmethode hängt dabei von der Zusammensetzung des Gemisches ab.

> Stoffgemische können aufgrund der Stoffeigenschaften der Reinstoffe mithilfe geeigneter Verfahren getrennt werden.

Sedimentieren: Bei dieser einfachen Trennmethode nutzt man die unterschiedlichen Dichten der Reinstoffe aus. Unlösliche Bestandteile sinken infolge ihrer größeren Dichte in einem Becherglas nach unten und sammeln sich am Glasboden als Sediment (**V2b**).

Dekantieren (**B4**): Die überstehende Flüssigkeit kann von den festen Stoffen des Sediments durch vorsichtiges Abgießen getrennt werden.

Filtrieren: Die Trennung der Reinstoffe einer Suspension beruht auf deren unterschiedlichen Partikelgrößen. Die Teilchenverbände der ungelösten Feststoffe sind so groß, dass sie nicht durch die Poren des Filters passen und verbleiben als Rückstand im Filterpapier. Die Teilchen der Flüssigkeit und der gelösten Stoffe sind so klein, dass sie die Poren passieren können und bilden das Filtrat (**V2b**).

Extrahieren: Einige Reinstoffe eines Gemisches sind in einem bestimmten Lösemittel besser löslich als andere. Die gut löslichen Reinstoffe lassen sich daher mit diesem Lösemittel aus dem Gemisch herauslösen, die schlecht löslichen bleiben zurück (**V1d**).

Destillieren (**B5**): Die Destillation eignet sich als Trennverfahren, wenn die Reinstoffe unterschiedliche Siedetemperaturen aufweisen. Das Stoffgemisch wird erhitzt. Der Stoff mit der niedrigsten Siedetemperatur verdampft zuerst, wird durch Kühlung wieder verflüssigt (kondensiert) und als Destillat in der Vorlage aufgefangen. Besteht eine Lösung aus Reinstoffen mit ähnlichen Siedetemperaturen, bildet das Destillat ein Gemisch mit einem höheren Anteil des Reinstoffes mit der niedrigeren Siedetemperatur (**V3**).

Eindampfen (vgl. **FM**, S. 19): Der Stoff mit der niedrigen Siedetemperatur geht im Unterschied zur Destillation verloren, der Stoff mit der höheren Siedetemperatur bleibt erhalten (**V2c**).

FACHBEGRIFFE

Reinstoff, Stoffgemisch, Zentrifuge, homogen, heterogen, Legierung, Lösung, Gasgemisch, Gemenge, poröser Stoff, Suspension, Emulsion, Schaum, Rauch, Nebel, Sedimentieren, Dekantieren, Filtrieren, Extrahieren, Destillieren, Eindampfen

AUFGABE

A1 Erkläre für folgende Stoffgemische geeignete Verfahren zur Trennung in die Reinstoffe: a) Wein (Gemisch aus Alkohol und Wasser) b) Gemisch aus Sand, Zucker und Sägespänen.

Experimente planen

Damit ein Experiment gelingt und es sicher durchgeführt werden kann, bedarf es einer gründlichen Vorbereitung. Dazu ist es wichtig, dass die Aufgabenstellung genau erfasst und verstanden worden ist.

So geht's Plane einen Versuch zur Gewinnung des Reinstoffes Kochsalz aus einem Kochsalz-Sand-Gemisch.

1. Lies die Aufgabenstellung durch und überlege dir das Ziel des Experiments.
   Nach Durchführung des Experiments sollen die Stoffe Sand und Kochsalz getrennt voneinander vorliegen.
2. Überlege, welche Prinzipien und Gesetzmäßigkeiten beachtet werden müssen.
   Um die Stoffe zu trennen, müssen zur Trennung geeignete Unterschiede in den Stoffeigenschaften ermittelt werden: Kochsalz ist wasserlöslich, Sand nicht. Gibt man Wasser zum Kochsalz-Sand-Gemisch, entsteht eine Salzlösung mit einem unlöslichen Bestandteil (Sand).
3. Lege den Ablauf der einzelnen Arbeitsschritte fest.
   Die Trennung der Salzlösung vom Sand erfolgt zunächst durch Dekantieren, dann durch Filtrieren. Anschließend wird das Salz durch Eindampfen des Wassers in reiner Form gewonnen.
4. Erstelle eine Liste benötigter Geräte, Materialien und Stoffe.
   a) Wasser, Filterpapier, Trichter, Becherglas zum Auffangen des Filtrats,
   b) Abdampfschale, Gasbrenner, Vierbein mit Ceranfeld
5. Durchdenke den Aufbau der Apparatur und die Durchführung des Experiments anhand einer Versuchsskizze (**B1**).
6. Führe eine Gefahrstoffprüfung durch und beachte die Sicherheitsregeln beim Experimentieren (vgl. **FM** S. 16, 17).
   Sand, Kochsalz und Wasser sind keine Gefahrstoffe. Der Umgang mit dem Gasbrenner sollte bekannt und geübt sein. Im Zweifelsfall Rücksprache mit der Lehrkraft halten. Mit einer Schutzbrille wird grundsätzlich gearbeitet.
7. Regle die Entsorgung (vgl. S. 485) der verwendeten Stoffe.
   Da keine Gefahrstoffe eingesetzt werden, können die Stoffe in den Ausguss bzw. in den Restmüll gegeben werden.

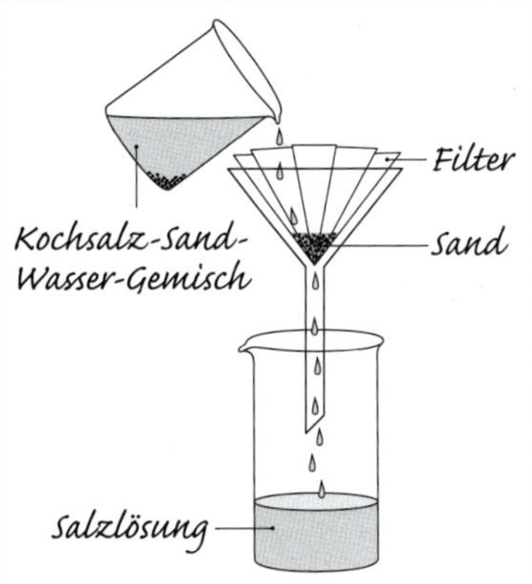

B1 Skizze zum Filtrieren des Sand/Salz-Gemisches

AUFGABEN

A1 Fertige eine Versuchsskizze zur Abtrennung des Kochsalzes aus der Salzlösung an.

A2 Erstelle ein Ablaufschema zur Trennung des Stoffgemisches aus Sand, Zucker und Sägespänen.

Atome und deren Aufbau

Der Begriff Atom ist vermutlich jedem bekannt. Doch was bedeutet er eigentlich bzw. was ist ein Atom? Wie muss man sich den Aufbau von Atomen vorstellen? Gibt es noch kleinere Teilchen als Atome? Diese Fragen sind schwierig zu beantworten, da Atome nicht sichtbar sind. Versuche, die mit elektrisch geladenen Teilchen durchgeführt wurden, geben wichtige Hinweise.

V1 Stoffe können „Kräfte" zeigen

PROBLEM

Beim Abziehen einer Mütze ist die Frisur dahin. Welche „Kräfte" wirken hier? Man sagt: Die Haare sind „geladen". Sie kleben an der Mütze bzw. stehen zu Berge. Wie kann etwas „aufgeladen" sein?

DURCHFÜHRUNG

Verteile gemahlenen Pfeffer gleichmäßig auf einem Uhrglas.

a) Nähere einen Magneten mit einem Ende, dann mit dem anderen Ende dem Pfeffer auf dem Uhrglas.

b) Reibe anschließend einen aufgeblasenen Luftballon kräftig an einem Stück Wolle und halte den Ballon anschließend ebenfalls über den Pfeffer auf dem Uhrglas.

c) Untersuche die Hülle des Luftballons, indem du abwechselnd mit beiden Seiten einer Glimmlampe (vgl. Info) die Hülle berührst.

AUSWERTUNG

a) Notiere und vergleiche die Beobachtungen der Versuche **V1a** und **V1b**.

b) Formuliere eine Begründung über die Art der Kräfte, die den Beobachtungen der Versuche **V1a** und **V1b** zugrunde liegen. Beachte dabei die Ergebnisse von **V1c**.

c) Atome sind die Grundbausteine von Stoffen. Leite Eigenschaften ab, die ein Atom aufweisen muss, damit der Stoff elektrisch aufgeladen werden kann.

V2 Elektrische Ladungen

PROBLEM

Im Alltag bekommt man oft „eine gewischt", wenn z. B. nach dem Gang mit Gummistiefeln über einen Teppichboden eine Türklinke angefasst wird. Wie verhalten sich „elektrisch aufgeladene" Stoffe zueinander? Wie ist eine elektrische Aufladung von Stoffen ohne Spannungsquelle möglich?

DURCHFÜHRUNG

a) Reibe eine Kunststofffolie kräftig mit einem gleich großen Blatt Papier. Versuche anschließend die Folie vom Papier zu trennen.

b) Reibe zwei Kunststofffolien jeweils kräftig mit je einem dicht anliegenden Blatt Papier. Halte anschließend beide Folien in senkrechter Lage und nähere die beiden einander an.

c) Untersuche nach dem Reiben sowohl die beiden Kunststofffolien als auch das Papier mit einer Glimmlampe (vgl. Info).

AUSWERTUNG

a) Skizziere deine Beobachtungen und beschrifte mit den Begriffen Anziehung und Abstoßung.

b) Ordne den Kunststofffolien und dem Papier die elektrischen Aufladungen „Plus" und „Minus" zu.

c) Erläutere deine Beobachtungen unter Beachtung der elektrischen Aufladungen.

Info
Hält man eine Glimmlampe an einen negativ geladenen Stoff, so leuchtet das dem Stoff zugewandte Ende der Glimmlampe auf, bei einen positiv geladenen Stoff leuchtet das entgegengesetzte Ende.

M3 RUTHERFORDscher Streuversuch

1911 berichtet ERNEST RUTHERFORD von der Bestrahlung von 0,004 mm dicken Goldfolien mit α-Strahlen: diese bestehen aus sehr schnell fliegenden, positiv geladenen Teilchen. Die α-Strahlen werden von dem radioaktiven Stoff Radium (Strahlungsquelle) erzeugt. Nur durch ein kleines Loch kann Radium einen scharf begrenzten und gerichteten Strahl von positiv geladenen α-Teilchen nach außen senden. Dieser Strahl trifft in einer Vakuumkammer senkrecht auf die Goldfolie. Die Versuchsapparatur ist kreisförmig von einem fotografischen Film umgeben.

Auftreffende α-Teilchen führen zu einer Schwärzung des Filmstreifens genau an der Stelle, wo die α-Strahlung auftrifft (**B1**).

Rufe die Animation unter QR-/Mediencode 05037-04 auf.

05037-04

B1 Aufbau des RUTHERFORDschen Streuversuchs in der Animation

AUSWERTUNG

a) Fertige eine Skizze des Versuchs an. Beschrifte wichtige Teile der Versuchsanordnung.

b) Beschreibe die unterschiedlichen Flugbahnen der α-Teilchen und erkläre damit die Schwärzungen auf dem Filmstreifen.

c) Beschreibe Bedingungen, unter denen positiv geladene α-Teilchen abgelenkt werden können.

B1 Gemahlener Pfeffer „klebt“ an einem Luftballon

B2 JOHN DALTON (1766 – 1844)

Info
Ein **Element** ist ein Reinstoff, der nur aus eine Sorte von Atomen aufgebaut ist. Derzeit sind 118 verschiedene Elemente bekannt (vgl. Periodensystem der Elemente (PSE) vorne im Buchdeckel).

Stoffe zeigen elektrische Ladungen

Viele kennen das: man geht mit Gummisohlen über einen Teppichboden und berührt anschließend eine Türklinke – und bekommt „eine gewischt“ bzw. man erhält „einen Schlag“. Oder: Die Haare stehen einem nach dem Absetzen einer Wollmütze „zu Berge“.

Solche Phänomene lassen sich ebenso beobachten, wenn man zwei Kunststofffolien aneinander hält, die zuvor kräftig mit Papier gerieben worden sind: die Folien stoßen sich voneinander ab (**V2**). Dagegen wird gemahlener Pfeffer von der Hülle eines aufgeblasenen Luftballons, der an einem Stück Wolle gerieben worden ist, angezogen und bleibt auf der Oberfläche des Ballons haften (**V1**, **B1**). Auch die Kunststofffolie bleibt, nachdem sie an dem Papier gerieben wurde, an diesem Papierblatt haften und bei der Trennung der beiden hört man ein leises Knistern.

Magnetische Kräfte verursachen diese Erscheinungen nicht. Dies zeigt sich, wenn man beispielsweise einen Magneten über ein Uhrglas mit gemahlenem Pfeffer hält. Anziehungs- und Abstoßungskräfte wie in **V1** und **V2** sind vielmehr von Erscheinungen bekannt, die auf elektrische Aufladung von Stoffen zurück zu führen sind.

Mithilfe einer Glimmlampe (vgl. Info, S. 51) lässt sich feststellen, dass die mit Papier geriebenen Kunststofffolien (**V2**) und die an Wolle geriebene Hülle des Luftballons (**V1**) elektrische Ladungen tragen (je nach verwendetem Material lässt sich eine negative oder positive Ladung nachweisen).

Stoffe können positive und/oder negative Ladungen aufweisen. Gleichnamige Ladungen stoßen sich ab, ungleichnamige ziehen sich an.

Stoffe lassen sich ohne den Einsatz einer Spannungsquelle elektrisch aufladen. Dies erfolgt in den genannten Beispielen durch einen engen Kontakt und Reibung mit anderen Stoffen. Wie müssen Stoffe aufgebaut sein, damit sie elektrisch aufgeladen werden können?

Vor über 2000 Jahren nahmen die griechischen Philosophen LEUKIPP und DEMOKRIT an, dass Materie aus kleinen nicht weiter teilbaren Teilchen, den **Atomen**, besteht. Die Bezeichnung Atome leitet sich von dem griechischen Wort „atomos“ ab: Dies bedeutet unteilbar.

Der Engländer JOHN DALTON (**B2**) entwickelte eine Atomtheorie, nach der ein Element ein Reinstoff ist, der aus extrem kleinen, unzerstörbaren Teilchen, den Atomen, aufgebaut ist. Nach DALTON sind alle Atome eines Elements gleich und die Atome verschiedener Elemente unterscheiden sich in Größe und Masse.

Ein Kuchen als Modell für ein Atom

Am Ende des 19. Jahrhunderts erkannte man, dass die DALTONsche Vorstellung von Atomen als kleinstmögliche Teilchen unmöglich stimmen konnte. Experimente zu den elektrischen Erscheinungen führten zu der Erkenntnis, dass Atome aus noch kleineren Teilchen, den sogenannten **Elementarteilchen**, aufgebaut sind. Da die elektrische Aufladung eines Stoffes durch Wechselwirkung (z. B. beim Reiben) mit anderen Stoffen möglich ist, müssen die Ladungen bereits in den Atomen, aus denen die Stoffe aufgebaut sind, vorhanden sein. Der Engländer JOSEPH JOHN THOMSON (**B3**) konnte 1897 experimentell nachweisen, dass negative Ladungsträger von einem Atom abgetrennt werden können – und damit (negative) Ladungen von einem Stoff bzw. den Atomen dieses Stoffes auf einen anderen Stoff bzw. dessen Atome übertragbar sind. Diese negativen Ladungsträger nennt man **Elektronen**. Die Elektronen haben eine äußerst geringe Masse, sind sehr klein und beweglich. THOMSON entwickelte 1904 eine Atomvorstellung, in der die Elektronen über das ganze Atom hinweg verstreut sind (**B4**). Nach THOMSON besteht das Atom aus einer kugelförmigen positiv geladenen Masse, wobei diese Masse gleichmäßig über das ganze Atom hinweg verteilt ist. Die Elektronen des Atoms stoßen sich zwar gegenseitig ab, sie sind aber in die positive Masse des Atoms eingebettet und werden dadurch im Atom festgehalten. Das Atom weist ebenso viele positive wie negative Ladungen auf, da das Atom nach außen ungeladen ist.

Elektronen sind negative Ladungsträger, haben eine sehr geringe Masse und können von einem Atom auf ein anderes übertragen werden.
Ein Atom besteht aus den negativ geladenen Elektronen und einem positiven Rest.

Da die Vorstellungen von THOMSON vom Aufbau eines Atoms einem Rosinenkuchen ähneln, in dem die Elektronen wie kleine Rosinen in einem Kuchen gleichmäßig verteilt sind, bezeichnete man dieses auch als **„Plumpudding"-Modell** (**B4**) – nach einem traditionellen englischen Weihnachtsdessert (**B5**).

B3 JOSEPH JOHN THOMSON (1856 – 1940)

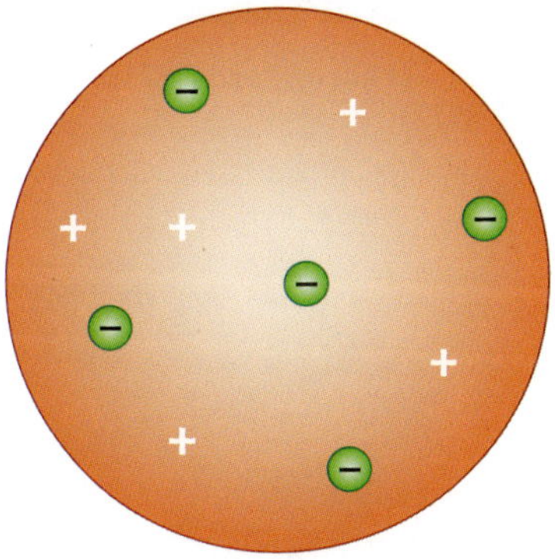

B4 Das Plumpudding-Modell nach THOMSON

B5 Ein englisches Weihnachtsdessert: der Plumpudding

AUFGABEN

A1 Recherchiere die Herkunft des Wortes „Elektron".

A2 Der Begriff „Atom" stammt aus dem Griechischen und bedeutet „unteilbar". Begründe die Tatsache, dass die Übersetzung „unteilbar" heute nicht mehr passend ist.

B6 ERNEST RUTHERFORD (1871 bis 1937)

RUTHERFORD entwickelte eine neue Idee zum Atombau

In den Jahren 1910 bis 1911 führte ERNEST RUTHERFORD (**B6**) seinen berühmten Streuversuch durch. Er beschoss sehr dünne Goldfolien (0,004 mm, dies sind ungefähr 2 000 Gold-Atome hintereinander) mit α-Strahlen. Bei der α-Strahlung handelt es sich um sehr schnell fliegende, positiv geladene Teilchen mit vergleichsweise großer Masse, die von radioaktiven Elementen ausgestrahlt werden. Um die Versuchsapparatur herum war ein fotografischer Film kreisförmig angeordnet, der jedes Mal, sobald ein α-Teilchen auftraf, eine Schwärzung des Treffers hervorrief (**B7**).

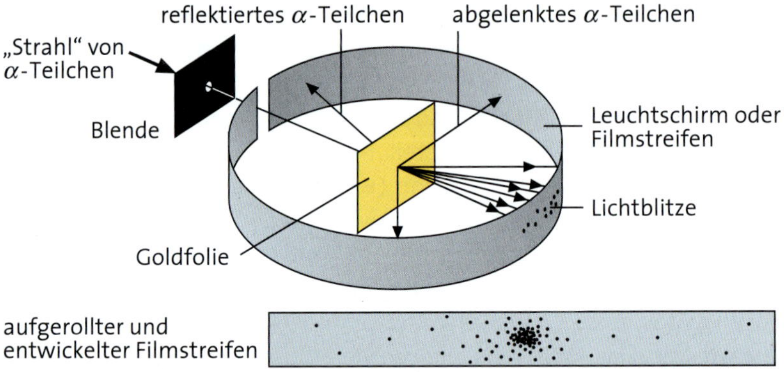

B7 Schema zum Aufbau des Streuversuchs und Ergebnis auf dem Filmstreifen

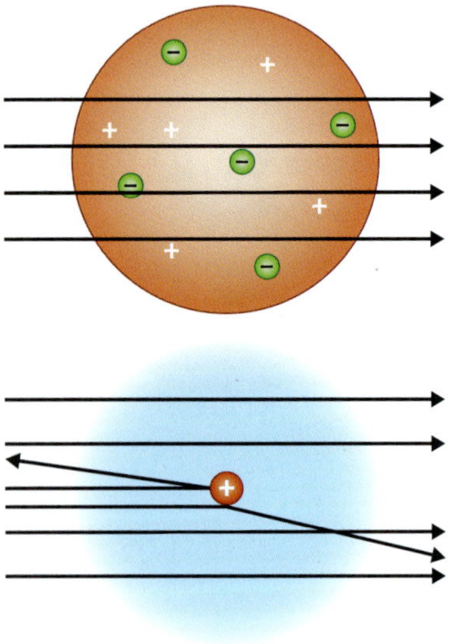

B8 Das RUTHERFORD-Experiment: oben: erwartetes Ergebnis nach den Atomvorstellungen von THOMSON unten: Erklärung nach RUTHERFORD

Welches Ergebnis wurde erwartet? Nach den Vorstellungen von THOMSON sind die negativen und positiven Ladungsträger völlig gleichmäßig über das ganze Atom verteilt. Diese gleichmäßige Verteilung der Ladungen bildet ein viel zu schwaches elektrisches Feld, um ein so schnell fliegendes positiv geladenes α-Teilchen auf seiner Bahn zu beeinflussen oder gar aufzuhalten. Daher dachte man, dass die α-Teilchen die Folien ungehindert durchdringen und kaum von ihrer geradlinigen Bahn abgelenkt werden sollten(**B8 oben**).

Doch die Überraschung war groß: RUTHERFORD stellte bei seinen Versuchen fest, dass sich zwar die meisten Schwärzungen auf den fotografischen Filmen direkt hinter den Goldfolien befanden, aber auch an den Rändern der Filme waren schwarze Punkte zu erkennen (**B7**). Das bedeutete, dass der Großteil der positiv geladenen α-Teilchen ungehindert die Goldfolien durchdrangen, aber völlig unerwartet doch einige α-Teilchen (von ca. 8 000 Teilchen ein einziges) abgelenkt oder gar zurückgeworfen wurden! Diese α-Teilchen mussten auf etwas „sehr Kompaktes, sehr Winziges und etwas Positives" aufgeprallt sein (**B8 unten**).

Damit war THOMSONS Atomvorstellung von der gleichförmigen Verteilung der Masse innerhalb eines Atoms nicht länger haltbar. RUTHERFORD erklärte die experimentellen Ergebnisse durch folgende Vorstellung vom Aufbau der Atome (B9):

Fast die gesamte Masse und die ganze positive Ladung eines Atoms befinden sich in einem sehr kleinen, sehr kompakten Raum, der **Atomkern** genannt wird. Dieses Massezentrum ist von einer **Hülle** umgeben, die 100 000-mal größer als der Kern ist und die die fast masselosen Elektronen enthält, die sich um den Atomkern herum bewegen. Diese Hülle ist bis auf die Elektronen leer, d. h. der größte Teil eines Atoms ist leerer Raum. Die meisten α-Teilchen durchquerten ihn ungehindert. Die wenigen abgelenkten positiv geladenen α-Teilchen trafen auf die positiven Kerne und wurden abgestoßen und abgelenkt.

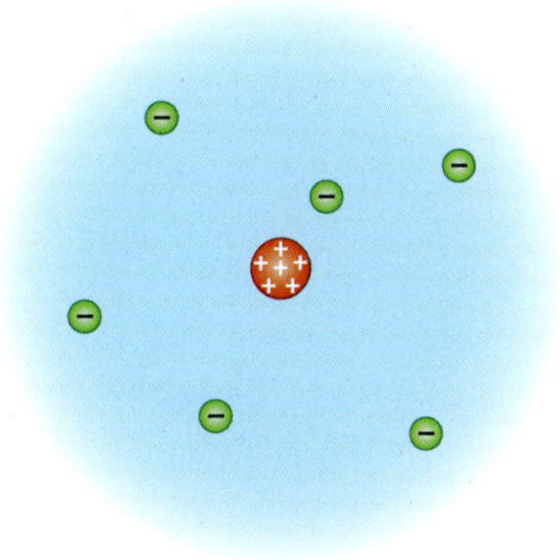

B9 Das Kern-Hülle-Modell eines Atoms nach RUTHERFORD

Das Kern-Hülle-Modell nach RUTHERFORD: Ein Atom besteht aus einer Hülle und einem Kern. Ein Atomkern ist sehr klein und vereint fast die gesamte Masse und die ganze positive Ladung des Atoms. Die Atomhülle ist überwiegend leerer Raum und enthält die fast masselosen Elektronen, die um den Atomkern kreisen.

Hätte ein Atomkern die Größe eines Streichholzkopfes (Durchmesser ca. 2 mm), dann hätte dieses Atom als Ganzes einen Durchmesser von 200 m (B10). Das entspricht ungefähr der Höhe eines Fernsehturms.

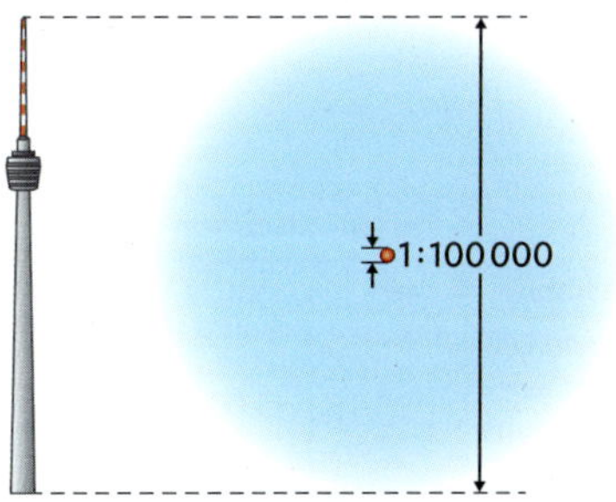

B10 Größenverhältnisse in einem Atom: Atomkern/Hülle = 1/100 000.

AUFGABEN

A1 Das Atommodell nach RUTHERFORD wird als Kern-Hülle-Modell bezeichnet. Erläutere diesen Namen unter Berücksichtigung der Versuchsergebnisse von RUTHERFORD.

A2 Vergleiche die Verteilung der positiven und negativen Ladungen im THOMSONschen und im RUTHERFORDschen Atommodell. Nenne die wichtigsten Unterschiede und begründe, warum man heute die RUTHERFORDsche Vorstellung bevorzugt.

A3 ERNEST RUTHERFORD soll bei der Bewertung seines Streuversuchs folgende Aussage getroffen haben:
„Es war beinahe so unglaublich, als ob Sie mit einem 15-Zoll-Geschoss auf ein Stück Seidenpapier schießen und das Geschoss kommt zurück und trifft Sie selbst.“
Erläutere diese Aussage.

Atome sind aus Elementarteilchen aufgebaut

Atome sind aus kleineren Teilchen, den **Elementarteilchen,** aufgebaut: **Elektronen, Protonen** und **Neutronen**. Sie unterscheiden sich in ihrer Masse und ihrer Ladung (**B11**):

Ein Proton trägt die positive Elementarladung von +1. Ein einzelnes Proton hat eine Masse von:
$m(p^+)$ = 0,000 000 000 000 000 000 000 001 673 g

Da man mit einer Zahl mit 23 Nullen nach dem Komma schlecht rechnen kann, hat man zur Erleichterung der Berechnungen der Masse einer Anzahl von Protonen die **atomare Masseneinheit** *u* (von unit, engl. = Einheit) eingeführt und wie folgt definiert:
Die Masse eines Protons beträgt $m(p^+)$ = 1 u.

Elektronen haben eine negative Elementarladung von -1. Die Masse eines Elektrons beträgt nur $m(e^-)$ = 0,0005 u. Für ein elektrisch neutrales (ungeladenes) Atom gilt: Die Anzahl der Elektronen und Protonen ist gleich.

Neutronen sind ungeladene Teilchen, die sich im Atomkern befinden und die gleiche Masse $m(n)$ = 1 u wie Protonen aufweisen.

	Proton	Neutron	Elekton
Symbol	p^+	n	e^-
Ladung in Elementarladungen	+1	0	-1
Masse	1 u	1 u	0,0005 u
	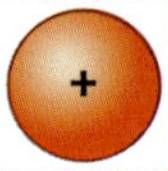		

B11 Elementarteilchen eines Atoms

Atome sind aus folgenden Elementarteilchen aufgebaut: Protonen p^+, Neutronen n und Elektronen e^-.
Protonen und Neutronen haben jeweils eine Masse von 1 u und bilden zusammen den Atomkern.
Elektronen haben eine sehr geringe Masse von 0,0005 u und befinden sich in der Atomhülle.

Das Zentrum des Atoms besteht aus einem Kern, in dem die positive Ladung und die Masse konzentriert sind. Das beruht darauf, dass im Kern alle Protonen und Neutronen enthalten sind. Man bezeichnet Protonen und Neutronen auch als **Nukleonen** (Kernteilchen).

Die Ladung des Kerns wird durch die Zahl der Protonen im Kern bestimmt, im Falle des Sauerstoff-Atoms beträgt die Kernladung +8. Die Protonenzahl wird daher auch **Kernladungszahl** genannt.

Im Atomkern des Sauerstoff-Atoms sind 8 Protonen, die zusammen eine Masse von 8 u besitzen. Zudem sind ebenfalls 8 Neutronen enthalten, die je eine Masse von 1 u haben. Ein Proton bzw. ein Neutron weist eine 1836-mal größere Masse als ein Elektron auf. Elektronen werden daher bei der Berechnung der Masse eines Atoms vernachlässigt. Demnach hat ein Sauerstoff-Atom die Masse 16 u.

Die Masse eines Atoms in u entspricht der Anzahl der Nukleonen (**Nukleonenzahl**) im Kern, also der Summe aus Protonenzahl und Neutronenzahl.

Elementsymbole

Elemente sind Reinstoffe, die nur aus einer Atomart aufgebaut sind. Um die Atomarten der verschiedenen Elemente zu unterscheiden, haben die Chemiker **Elementsymbole** für die Atome der verschiedenen Elemente definiert. Man nennt sie deshalb auch Atomsymbole. Diese haben ihren Ursprung in der lateinischen oder griechischen Sprache (**B12**), z. B. O für ein Sauerstoff-Atom („oxys" und „gennan": griechisch für Säure-Erzeuger) oder Fe für ein Eisen-Atom („ferrum": lateinisch für Eisen). Für jedes der heute bekannten 118 Elemente gibt es ein eigenes Elementsymbol.

deutscher Elementname	lat. / griech. Name	Element-symbol	Atommasse in u gerundet	Kernladungs-zahl
Wasserstoff	Hydrogenium	H	1	1
Kohlenstoff	Carbonium	C	12	6
Sauerstoff	Oxygenium	O	16	8
Schwefel	Sulfur	S	32	16
Eisen	Ferrum	Fe	56	26
Kupfer	Cuprum	Cu	63	29
Silber	Argentum	Ag	107	47
Gold	Aurum	Au	197	79
Blei	Plumbum	Pb	208	82

B12 Namen, Elementsymbole und Atommassen einiger Elemente

Im **Periodensystem der Elemente** (**PSE**, siehe vorne im Buchdeckel) sind die Elementsymbole aller Elemente aufgelistet und jeweils mit Angaben zur Atommasse (in u) und zur Kernladungszahl versehen. Die Atommasse (in u) ist jeweils als hochgestellte Zahl links oben am Elementsymbol angegeben. Die Kernladungszahl wird auch **Ordnungszahl** genannt und findet sich links unten am Elementsymbol (**B13**).

Die Atome ein- und desselben Elements haben stets die gleiche Anzahl an Protonen im Kern, können aber eine unterschiedliche Anzahl von Neutronen aufweisen (vgl. Exkurs, S. 58). Daher sind die Mittelwerte der Atommassen im PSE oft nicht ganzzahlig.

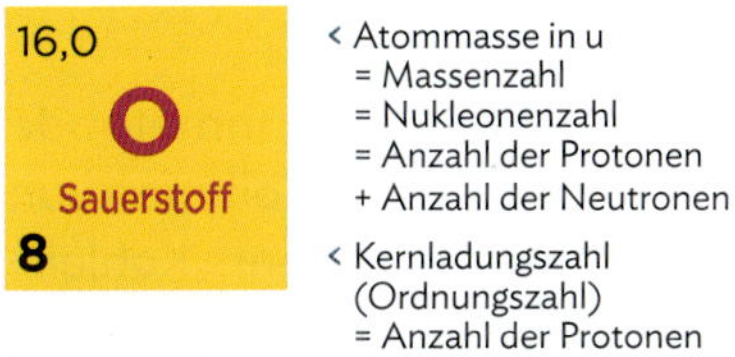

B13 Die Ziffern zum Elementsymbol im PSE geben Informationen zu den Elementarteilchen der Atome.

AUFGABEN

A1 Nenne für die Elemente Fluor, Kohlenstoff und Natrium das entsprechende Elementsymbol und gib für die Atome dieser Elemente jeweils die Anzahl der verschiedenen Elementarteilchen an.

A2 Die Kernladungszahl gibt nicht nur die Anzahl der Protonen eines Atoms an, sondern auch die Anzahl der Elektronen. Erkläre diesen Sachverhalt.

A3 Die Atome eines bestimmten Elements haben 79 Protonen im Atomkern, die Atome eines anderen Elements haben 17. Ermittle die gesuchten Elemente.

A4 Die Atome des Elements Beryllium haben die Masse 9 u. Gib die Anzahl der Protonen und Neutronen an. Berechne die Masse eines Beryllium-Atoms in Gramm.

FACHBEGRIFFE

Atom, Elektronen, Atommodell von DALTON, Plumpudding-Modell, Protonen, Atomkern, Atomhülle, Kern-Hülle-Modell, Elementarteilchen, Protonen, Neutronen, atomare Masseneinheit, Nukleonen, Nukleonenzahl, Kernladungszahl, Ordnungszahl, Elementsymbol, Periodensystem der Elemente (PSE)

Moorleichen, Isotope und die Radiocarbonmethode

„4.000 Jahre alte Leiche im Moor gefunden". Über solche Meldungen freuen sich Archäologen. Aber woher wissen sie, dass die Moorleiche 4.000 Jahre alt ist? Selten findet man datierte Münzen oder Ähnliches bei einer Leiche, die Hinweise liefern. In den anderen Fällen hilft die Radiocarbonmethode weiter. Mit ihr kann das Alter von archäologischen Funden bestimmt werden.

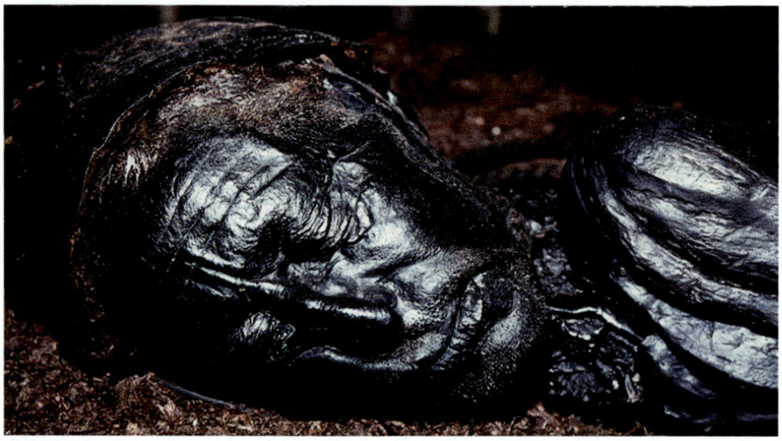

B1 Das Rätsel der Moorleiche: Wie alt ist sie nur?

Bei der Radiocarbonmethode nutzt man das Vorkommen von Isotopen des Elements Kohlenstoff C.
Als Isotope eines Elements bezeichnet man Atome mit unterschiedlich vielen Neutronen im Kern.
Beim Element Kohlenstoff C gibt es außer Kohlenstoff-Atomen mit sechs Protonen und sechs Neutronen im Kern auch Kohlenstoff-Atome mit sechs Protonen und sieben Neutronen bzw. mit sechs Protonen und acht Neutronen. Die Isotope werden als ^{12}C, ^{13}C und ^{14}C bezeichnet. Die Zahl oben links am Elementsymbol gibt die Masse des Atomkerns an. Sie entspricht der Summe der Massen der sechs Protonen und sechs, sieben bzw. acht Neutronen.
Diese drei Isotope des Kohlenstoffs kommen unterschiedlich häufig in der Natur vor. Am häufigsten ist das Isotop ^{12}C, 98,89 % der Kohlenstoff-Atome sind ^{12}C-Atome. Das Isotop ^{13}C kommt zu 1,11 % vor und das Isotop ^{14}C gibt es unter einer Billion Kohlenstoff-Atomen nur einmal.

Entsprechend ihrer Häufigkeit werden die Kohlenstoff-Isotope in Kohlenstoffdioxid-Teilchen CO_2 eingebaut. Über die Fotosynthese und die Nahrungskette gelangen die Isotope in Menschen, Tiere und Pflanzen und werden dort über den Stoffwechsel verarbeitet.

Nach dem Tod z. B. eines Menschen oder Tieres hört der Einbau von ^{14}C-Atomen in den Körper auf. Das Kohlenstoff-Atom ^{14}C ist nicht stabil, sondern zerfällt langsam. Dabei wird radioaktive Strahlung freigesetzt. Nach 5.730 Jahren ist nur noch die Hälfte der ^{14}C-Atome vorhanden. Diese Zeit nennt man die Halbwertszeit des Isotops. In einer Probe kann die ^{14}C-Konzentration sehr genau bestimmt werden. Aus dem Ergebnis kann man zurückrechnen und das Alter der Probe ermittelt. Heute ist es möglich, das Alter von Gegenständen zu bestimmen, die bis zu 75.000 Jahre alt sind.

AUFGABEN

A1 Erkläre die Bedeutungen der einzelnen Wortteile in dem zusammengesetzten Wort „Radiocarbonmethode".

A2 Begründe, ob sich die Radiocarbonmethode a) zur Altersbestimmung von Kupfergefäßen aus der Kupferzeit und b) zur Bestimmung von Saurierknochen eignet.

Super-Lichtmikroskope für molekulare Strukturen

Atome sind winzig klein und mit dem bloßen Auge nicht zu sehen. Die Entwicklung superauflösender Lichtmikroskope macht es möglich, Moleküle in lebenden Zellen scharf abzubilden. Moleküle, das sind Teilchen, die aus wenigen Atomen bestehen (vgl. S. 65). Der deutsche Forscher STEFAN HELL erhielt für die Entwicklung der sog. STED-Mikroskopie 2014 zusammen mit anderen Wissenschaftlern den Nobelpreis für Chemie.

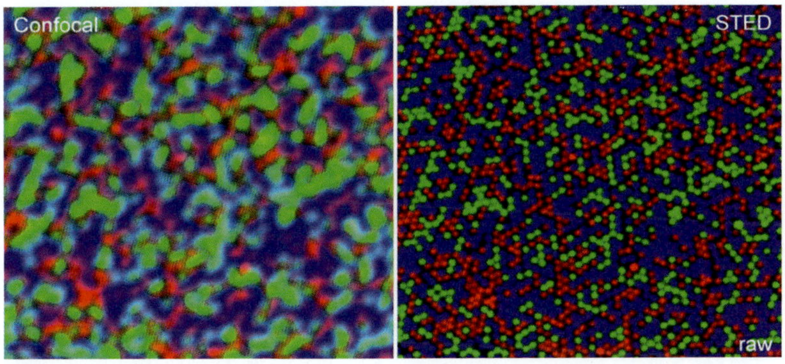

B1 An Farbstoffkügelchen lässt sich das Auflösungsvermögen eines normalen Lichtmikroskops (links) mit einem STED-Mikroskop (rechts) vergleichen

Lichtmikroskope liefern ein vergrößertes Abbild von Strukturen zum Beispiel einer Gewebeprobe. Dazu werden Linsen eingesetzt, die Lichtstrahlen auseinander und dann wieder zusammen führen. Ähnlich wie bei einem Brennglas (Lupe) ist die Vergrößerung der Abbildung begrenzt. Ein weiteres Problem ist, dass die erhaltenen Bilder nicht beliebig scharf gestellt werden können. Deshalb sind sie in ihren Details unterhalb von etwa 200 Nanometern (ein Nanometer entspricht einem milliardstel Meter) verwaschen, die Auflösung ist begrenzt.
Ein großer Teil der modernen biologischen Forschung basiert auf sogenannter Fluoreszenzmikroskopie. Hier leuchten („fluoreszieren") Moleküle, nachdem sie mit Licht dazu gebracht werden. Für ein scharfes Bild dürfen nur nicht alle Moleküle gleichzeitig leuchten, denn dann kann man sie nicht unterscheiden. Der Trick für eine neue Generation von sogenannten optischen STED-Nanoskopen (STED = englisch „**St**imulated **E**mission **D**epletion") ist es, Moleküle für eine kurze Zeit nicht leuchten zu lassen, sodass man sie von denen unterscheiden kann, die gerade leuchten dürfen.
Ein Beispiel (**B1**) veranschaulicht dies optisch. Wenige zehn Nanometer große Farbstoffkügelchen in drei Farben sitzen dicht gepackt auf einem Deckgläschen. Die besten bisherigen Lichtmikroskope geben nur ein verwaschenes Bild (**B1** links). Man erkennt nicht genau, wo diese Nanoteilchen sitzen, wer ihre Nachbarn sind und wie groß die Teilchen selbst eigentlich sind. Das STED-Nanoskop liefert ein scharfes Bild (**B1** rechts).
Das STED-Nanoskop ermöglicht es, auch die Strukturen in Zellen sichtbar zu machen. In der Membran (Hülle) um einen Zellkern sitzen eine große Zahl von „Nanomaschinen", sogenannte Kernporen. Hier spielen mehrere Eiweißmoleküle zusammen, um kleinere Moleküle durch einen Kanal in den Kern hinein zu lassen oder ihren Austritt ins umgebende Zellinnere zu ermöglichen. Nur mit dem STED-Nanoskop sieht man die Details (**B2**).

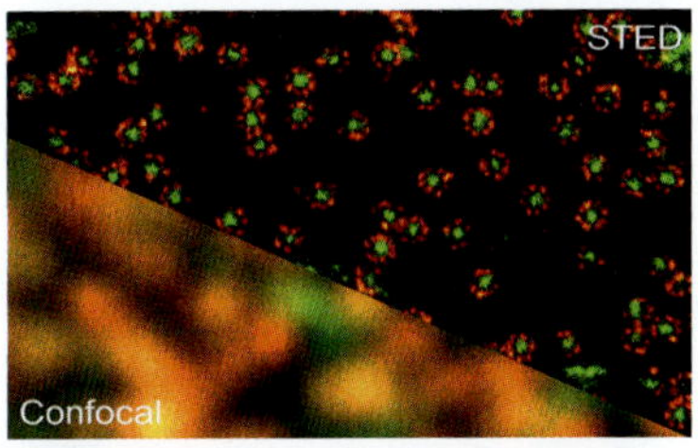

B2 Jeder der roten Punkte besteht jeweils nur aus zwei Molekülen. Diese sitzen in acht Gruppen um das Zentrum der Pore einer Kernmembran herum.

AUFGABE

A1 Beschreibe das Muster der Nanokügelchen in **B1** rechts. Zähle die Anzahl der Nanokügelchen, die sich direkt um ein einzelnes herum gruppieren.

Stoffklassen und ihre Grundbausteine

Im Badezimmer findet man viele verschiedene Stoffe mit unterschiedlichen Eigenschaften, wie z. B. glänzende Metallarmaturen, flüssiges Badewasser und kristalline Badesalze. Moderne Badewannen oder Duschkabinen besitzen sogar selbstreinigende Oberflächen. Warum weisen Stoffe verschiedene Eigenschaften auf? Gibt es auch Unterschiede im Aufbau und in der Anordnung der Teilchen?

V1 Eigenschaften von Metallen

PROBLEM

Metalle und ihre Legierungen erfreuen sich im Bad wachsender Beliebtheit. Sie bestechen unter anderem durch ihren Glanz. Welche anderen gemeinsamen Eigenschaften weisen Metalle auf?

DURCHFÜHRUNG

a) Putze einige schmutzige oder angelaufene Metallstücke (z. B. Kupferblech, Eisenblech) mit feinem Schmirgelpapier.

b) Fülle jeweils 200 mL heißes Wasser (ca. 70 °C) in einen leeren Metallbecher (z. B. Konservendose), in ein leeres Glas und in einen leeren Kunststoffbecher vergleichbarer Größe und Form. Stelle alle drei Becher auf ein Backblech. Miss über einen Zeitraum von 30 min alle 5 min die Temperatur des Wassers in allen Gefäßen.

c) Untersuche die elektrische Leitfähigkeit einiger Metallproben mit dem Leitfähigkeitsprüfer (vgl. **FM** Leitfähigkeit prüfen, S. 25). Vergleiche mit einem Stück Gummischlauch oder Glas.

d) Lege ein Stück Kupfer-, Aluminium- oder Eisenblech auf eine widerstandsfähige Unterlage und schlage mehrmals mit einem Hammer darauf.

AUSWERTUNG

a) Vergleiche deine Beobachtungen bei **V1a-d**. Leite allgemeine Eigenschaften der Metalle ab.

b) Stelle deine Messwerte aus **V1b** in einem geeigneten Diagramm dar. Begründe anhand der Messwerte einen Vorteil einer Badewanne aus Kunststoff im Vergleich zu einer aus Metall.

ENTSORGUNG A, R, Metallbleche sammeln

V2 Föhnen in der Badewanne verboten!

PROBLEM

Warum darf man nicht während des Badens die Haare föhnen? Weil man einen lebensgefährlichen Stromstoß bekommen könnte, sollte der Föhn im Badewasser versinken. Denn das (Bade-)Wasser leitet den elektrischen Strom. Diese Begründung hört man häufig. Chemisch gesehen ist Badewasser kein Reinstoff, zumal es z. B. Badesalz enthalten kann. Welcher Bestandteil des Badewassers ist für die elektrische Leitfähigkeit verantwortlich?

DURCHFÜHRUNG

Gib in vier Bechergläser jeweils

a) reines Wasser

b) reines Kochsalz (Hauptbestandteil von Badesalz)

c) reines Wasser mit zwei Spatelspitzen Kochsalz

d) Leitungswasser.

Prüfe die Stoffe in den Bechergläsern (a-d) auf elektrische Leitfähigkeit (vgl. **FM** Leitfähigkeit prüfen, S. 25).

AUSWERTUNG

a) Vergleiche die Leitfähigkeit der Stoffe in den Bechergläsern bei **V2a-d**.

b) Leite anhand deiner Beobachtungen eine Voraussetzung ab, die vorliegen muss, damit Wasser elektrisch leitfähig ist.

c) Stelle eine Vermutung zum Unterschied zwischen reinem Wasser und Leitungswasser auf. Recherchiere dann die Bestandteile von Leitungswasser und überprüfe deine Vermutung.

ENTSORGUNG A, R

V3 Selbstreinigende Oberflächen

PROBLEM

Je glatter eine Oberfläche ist, desto leichter lässt sie sich reinigen – denkt man. Schaut man sich aber mit einem hochauflösenden Mikroskop die Oberfläche von Blättern bestimmter Pflanzen an, findet man dort kleinste Unebenheiten (**B1**). Hängen damit das Abperlen von Wassertropfen und der Selbstreinigungseffekt dieser Pflanzen zusammen?

DURCHFÜHRUNG

a) Tauche Blätter von Kohlrabi, Kapuzinerkresse oder Blütenblätter von Tulpen in Wasser ein und ziehe sie wieder heraus. Bringe einen Tropfen fließenden Honig auf die Blattoberfläche auf und halte das Blatt senkrecht.

b) Halte einen Objektträger knapp über eine Kerzenflamme, bis sich die halbe Oberfläche schwärzt. Lass ihn kurz abkühlen. Tropfe auf beide Objektträgerhälften je einen möglichst kleinen Wassertropfen aus ca. 5 cm Höhe auf.

AUSWERTUNG

a) Beschreibe deine Beobachtungen zu **V3a**.

b) Vergleiche das Verhalten der beiden Tropfen bei **V3b**.

c) Beschreibe die Oberflächenstruktur eines Lotusblattes (**B1**). Leite davon ausgehend Vermutungen zur Oberflächenstruktur des unbehandelten und geschwärzten Objektträgers bei **V3b** ab. Triff eine Aussage über die Benetzbarkeit der beiden Objektträgerhälften.

ENTSORGUNG R

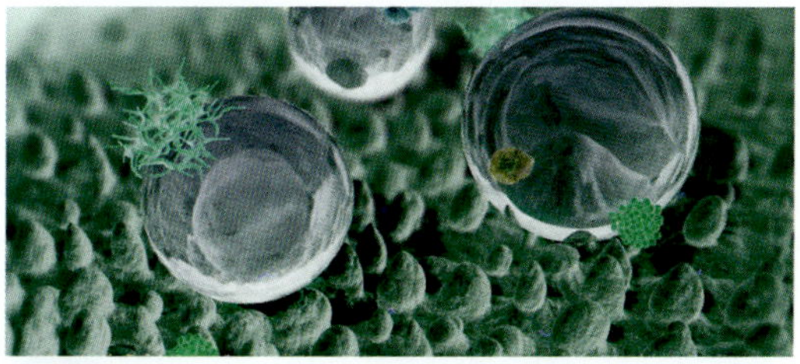

B1 Oberflächenstruktur eines Lotusblattes

B1 Stoffklassen im Badezimmer: Metallarmaturen (oben), Badesalze (mittig) und Badewasser (unten).

Die Stoffklassen

Die Vielzahl unterschiedlicher Stoffe zu ordnen, ist wie das Aufräumen im eigenen Zimmer. Ordnung halten erfordert Regeln, nach denen sortiert werden kann. Viele Materialien bestehen nicht aus Reinstoffen, sondern aus Stoffgemischen. Um aber eindeutige und messbare Eigenschaften eines Stoffes zu finden, nach denen Stoffe geordnet werden können, ist zunächst eine Betrachtung der Reinstoffe wichtig. Reinstoffe lassen sich in **Stoffklassen** mit ähnlichen Eigenschaften zusammenfassen. Dazu gehören die Metalle, die Salze und die molekularen Stoffe.

Metalle besitzen eine glänzende Oberfläche (**V1**). Daran sind sie oft leicht zu erkennen. Glänzende Armaturen wirken hochwertig, deshalb werden Wasserhähne und Duschköpfe gerne mit Metallen wie Chrom überzogen (**B1 oben**). Metalle leiten den elektrischen Strom.

Neben der Stoffklasse der Metalle gibt es die **Salze**. Sie leiten den elektrischen Strom nur im geschmolzenen oder gelösten Zustand (**V2**). Kochsalz ist z. B. ein Bestandteil von Badesalzen (**B1 mittig**) und wird chemisch als Natriumchlorid bezeichnet. Es dient zum Würzen von Speisen.

Die **molekularen Stoffe** bilden die dritte Stoffklasse. Viele von ihnen haben relativ niedrige Schmelz- und Siedetemperaturen und sind bei Raumtemperatur flüssig, wie z. B. Wasser (**B1 unten**), oder gasförmig, wie z. B. Sauerstoff. Diese Stoffe werden aufgrund ihrer Eigenschaften auch flüchtige Stoffe genannt.

Reinstoffe können in folgende Stoffklassen eingeteilt werden: Metalle, Salze und molekulare Stoffe.

Die Vertreter der verschiedenen Stoffklassen unterscheiden sich auch in ihrem Aufbau auf Teilchenebene (**B2**).

Als Bausteine der Materie wurden bereits die Atome beschrieben. Atome können Elektronen abgeben oder aufnehmen. Sie erhalten dadurch eine elektrische Ladung und werden dann **Ionen** genannt. Atome können auch miteinander verknüpft sein: es entstehen mehratomige Teilchen, die man **Moleküle** nennt.

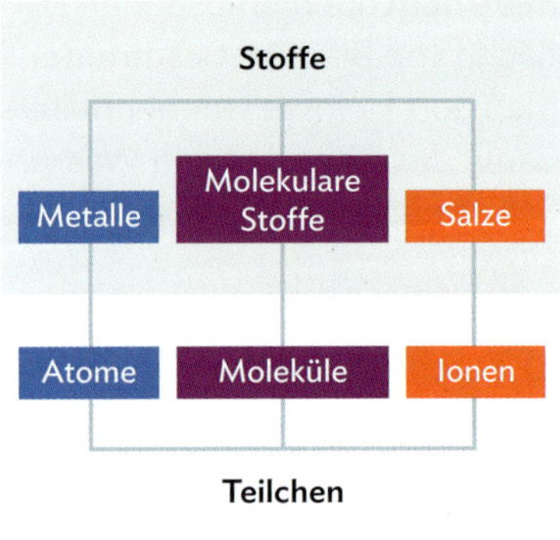

B2 Übersicht über die Stoffklassen und ihre Teilchen

Atome, Ionen und Moleküle sind die Teilchen, aus denen Stoffe zusammengesetzt sein können (vgl. Info Stoffteilchen).

Info

Als **Stoffteilchen** bezeichnet man die Baueinheiten, aus denen ein Stoff besteht. Baueinheiten sind entweder Atome, aus Atomen bestehende Moleküle oder aus Ionen (geladenen Atomen) zusammengesetzte Ionengruppen (vgl. S. 64).

Eigenschaften und Aufbau der Metalle

Viele Metalle sind wichtige Werkstoffe. Unsere moderne Welt wäre ohne Metalle nicht möglich. Im polierten Zustand verfügen sie über eine glänzende Oberfläche. Sie leiten den elektrischen Strom und die Wärme gut. Sie sind dehnbar und plastisch verformbar bzw. duktil (**V1**).

Metalle können aufgrund ihrer Dichte unterteilt werden. Metalle mit einer Dichte über 5 g/cm³ werden als **Schwermetalle** bezeichnet, die anderen als **Leichtmetalle**. Bekannte Vertreter der Schwermetalle sind Gold und Quecksilber, Vertreter der Leichtmetalle sind Magnesium und Aluminium.

B3 Badewanne aus verzinktem Blech

Früher wurden Badewannen aus verzinktem Eisenblech hergestellt (**B3**). Seit über 100 Jahren gibt es Wannen aus Stahl, einer Eisenlegierung. Sie sind sehr stabil und belastbar. Stahl ist so duktil, dass er sich gut zur Herstellung von Badewannen eignet. Als Schutz gegen das Rosten ist die Oberfläche mit einer weißen Emailleschicht überzogen. Die gute Wärmeleitfähigkeit von Metallen hat hier Nachteile. Die Badewanne fühlt sich eher kalt an, auch das Badewasser kühlt schneller ab (**V1b**).

Die Atome der Metalle ordnen sich im festen Aggregatzustand in großen Atomverbänden an, die aufgrund ihrer regelmäßigen Struktur auch **Metallgitter** genannt werden (**B4**).

Die Eigenschaften der Metalle sind: elektrische Leitfähigkeit, Wärmeleitfähigkeit, Verformbarkeit und metallischer Glanz. Sie bestehen aus Atomen, die im festen Zustand regelmäßig in einem Metallgitter angeordnet sind.

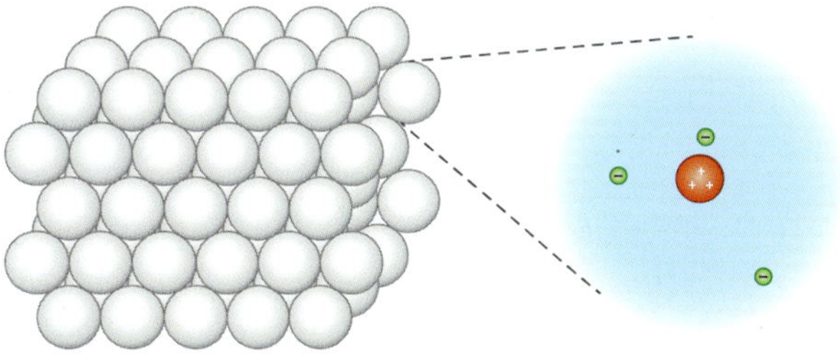

B4 Links: Im festen Metall sind die Atome regelmäßig in einem Metallgitter angeordnet.
Rechts: Darstellung eines Metall-Atoms im Kern-Hülle-Modell

AUFGABEN

A1 Ordne folgende Metalle nach ihrer Dichte: Blei, Aluminium, Kupfer, Quecksilber, Titan, Platin, Lithium, Nickel, Silber (Angaben zur Dichte findest du im Internet).

A2 Teile die Metalle aus A1 in Leicht- und Schwermetalle ein und suche nach den Elementsymbolen (Atomsymbolen) für diese Metalle im Periodensystem (vorne im Buchdeckel).

A3 Nenne fünf Alltagsprodukte, die aus Metallen bestehen. Recherchiere jeweils, aus welchen Metallen diese hergestellt werden.

B5 Kochsalzkristalle

Info
Elemente bilden jeweils typische Ionen. Diese können auch mehrfach positiv bzw. negativ geladen sein (vgl. Periodensystem der Ionen, S. 512)

Eigenschaften und Aufbau der Salze

Salze bilden im festen Aggregatzustand Kristalle (**B5**). Die Salzkristalle sind hart und spröde. Sie lassen sich nicht verformen, man kann sie aber in einer Salzmühle oder mit einem Hammer zerbrechen. Salze haben sehr hohe Schmelztemperaturen. Natriumchlorid (Kochsalz) schmilzt erst bei einer Temperatur von 801 °C. Salze sind aus Ionen aufgebaut.

Ein Ion ist ein elektrisch geladenes Teilchen, das sich jeweils aus einem Atom durch die Aufnahme oder Abgabe eines oder mehrerer Elektronen bildet.

Gibt z. B. ein Natrium-Atom ein Elektron ab, bildet sich ein Natrium-Ion. Während das Natrium-Atom genauso viele positiv geladene Protonen wie negativ geladene Elektronen besitzt, hat das Natrium-Ion ein Proton mehr als Elektronen. Es ist daher positiv geladen. Diese positive Ladung wird oben rechts am Elementsymbol durch ein + gekennzeichnet. Ein positiv geladenes Ion heißt **Kation**. Aus einem Natrium-Atom Na entsteht ein Natrium-Kation Na^+. Im Symbol wird die Zahl 1 nicht geschrieben.

Andere Atome nehmen bevorzugt Elektronen auf. In diesem Fall besitzen sie mehr Elektronen als Protonen und sind deshalb negativ geladen. Ein negativ geladenes Ion heißt **Anion**. Zum Beispiel entsteht durch die Aufnahme eines Elektrons aus einem ungeladenen Chlor-Atom Cl ein negativ geladenes Chlorid-Anion Cl^-.

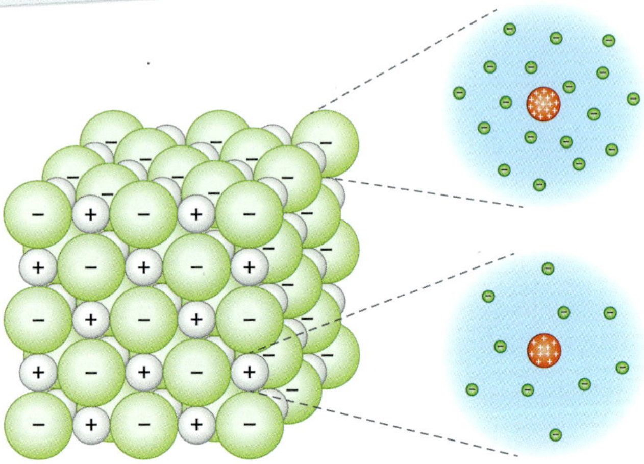

B6 Links: Ionengitter von Natriumchlorid. Natrium-Kationen und Chlorid-Anionen wechseln sich regelmäßig ab. Rechts: Darstellung im Kern-Hülle-Modell: Chlorid-Anion (oben): 18 Elektronen, 17 Protonen; Natrium-Kation (unten): 10 Elektronen, 11 Protonen

Unterschiedlich geladene Ionen ziehen sich an. In einer Stoffportion von festem Natriumchlorid liegen Ionenverbände aus Natrium-Kationen und Chlorid-Anionen vor (**B6**). Sie sind in einem regelmäßigen Gitter, einem **Ionengitter**, angeordnet. Darin setzen sich die Ionen in einem bestimmten Verhältnis zusammen, so dass ihre Ladungen sich ausgleichen. Bei Kochsalz, Natriumchlorid, ist es das Verhältnis 1:1, die **Ionengruppe** heißt also Na^+Cl^-. Daraus leitet sich die **chemische Formel** ab, die hier auch als **Verhältnisformel** bezeichnet wird. Die Verhältnisformel von Natriumchlorid ist NaCl.

Salze sind hart, spröde und besitzen hohe Schmelztemperaturen. Sie bestehen aus positiv geladenen Kationen und negativ geladenen Anionen, die in einem Ionengitter regelmäßig angeordnet sind. Das zahlenmäßige Verhältnis von Kationen zu Anionen wird durch die Ionengruppe bzw. Verhältnisformel angegeben.

Molekulare Stoffe, Moleküle und Molekülformeln

Molekulare Stoffe haben im Vergleich zu den meisten Metallen und Salzen niedrige Schmelz- und Siedetemperaturen. Beispiele für molekulare Stoffe sind Sauerstoff und Wasser. Bei den Teilchen molekularer Stoffe handelt es sich um Moleküle, die aus zwei oder mehreren aneinander gebundenen Atomen bestehen (**B7**).

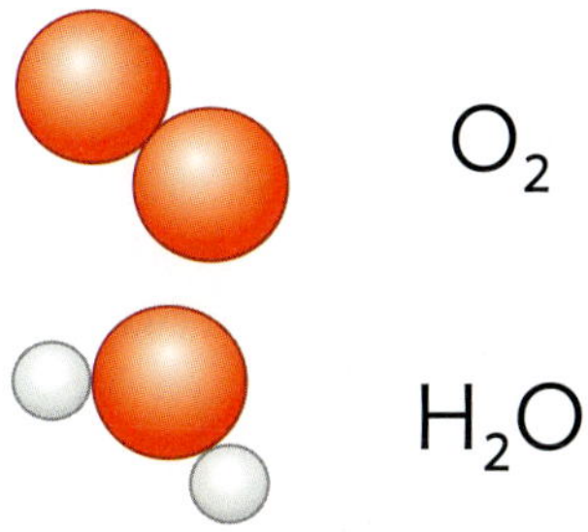

B7 Sauerstoff-Molekül O_2 und Wasser-Molekül H_2O

Es gibt Moleküle, die aus einer einzigen Atomart aufgebaut sind. Zum Beispiel bestehen Sauerstoff-Moleküle nur aus Sauerstoff-Atomen. Die **Molekülformel** lautet O_2. Der Index 2 hinter dem Atomsymbol gibt an, dass zwei Sauerstoff-Atome verbunden sind. Die meisten anderen Moleküle bestehen aber aus mehreren unterschiedlichen Atomarten.

Das Wasser-Molekül besteht aus drei aneinander gebundenen Atomen, einem Sauerstoff-Atom und zwei Wasserstoff-Atomen (**B8**). Seine Molekülformel lautet H_2O_1. In der chemischen Formel wird die Zahl 1 nicht geschrieben. Deshalb schreibt man korrekt H_2O. In einer Stoffportion Wasser sind die Anziehungskräfte zwischen den Wasser-Molekülen geringer als die Anziehungskräfte zwischen entgegengesetzt geladenen Ionen in einer Stoffportion Kochsalz. Daraus resultieren die im Vergleich zu Salzen oder Metallen niedrigen Schmelz- und Siedetemperaturen der Stoffe.

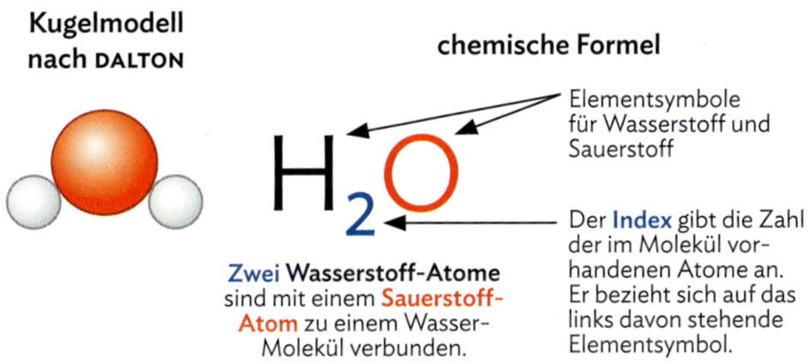

B8 Darstellung eines Wasser-Moleküls im DALTON-Kugelmodell und als chemische Formel (vgl. auch **FM**, S. 66)

> Molekulare Stoffe haben im Vergleich zu Metallen und Salzen niedrige Siedetemperaturen. Ihre Teilchen sind Moleküle, deren Zusammensetzung durch die Molekülformel dargestellt wird.

Elektrische Leitfähigkeit einer Salzlösung

Kochsalz ist gut in Wasser löslich. Während des Lösevorgangs verlassen die Ionen ihre Gitterplätze und verteilen sich zwischen den Wasser-Molekülen. Sie können sich nun frei bewegen. Wenn Ladungsträger sich in die gleiche Richtung bewegen, fließt ein elektrischer Strom. Moleküle wie Wasser sind ungeladene Teilchen. Sie leiten den elektrischen Strom nicht, die Ionen einer Salzlösung hingegen schon (**V2**).

AUFGABEN

A1 Ermittle für Sauerstoff, Eisen, Magnesiumoxid, Wasser, Kochsalz, Schwefel, Kohlenstoffdioxid und Kupfer die Schmelztemperaturen und ordne diese Stoffe einer Stoffklasse zu.

A2 Haushaltszucker, ein molekularer Stoff, und Kochsalz können im Alltag leicht verwechselt werden. Unterscheide die Stoffe, ohne zu kosten. Gib dazu zwei experimentelle Möglichkeiten an.

FACHBEGRIFFE

Stoffklasse, Metalle, Salze, molekulare Stoffe, Stoffteilchen, Atome, Moleküle, Ionen, Schwermetalle, Leichtmetalle, Metallgitter, Kation, Anion, Ionengitter, chemische Formel, Ionengruppe, Verhältnisformel, Molekülformel

Mit Modellen arbeiten

In der Wissenschaft sind Modelle verbreitet. Man verwendet Modelle, um Vorhersagen zu treffen (**B1**) oder sich den Aufbau von Stoffen vorstellen zu können (**B2**). Stoffe kann man sehen, deren Teilchen nicht. Ein Modell, das möglichst vieles erklären kann, muss nicht kompliziert sein. Neue Erkenntnisse erfordern aber wieder neue Modelle. Welches Teilchenmodell kann welchen Sachverhalt erklären?

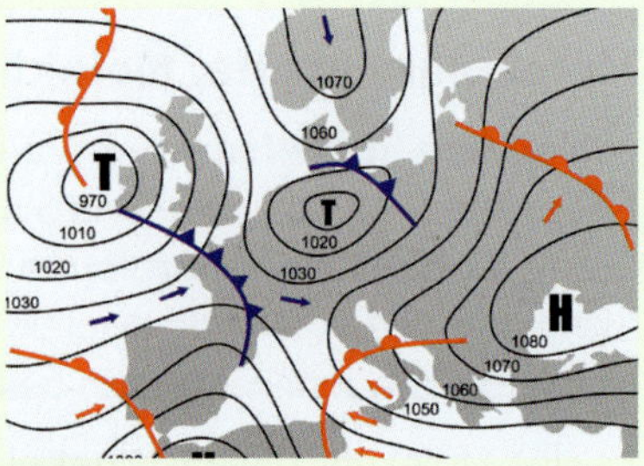

B1 Wettermodell

Im Stoffteilchenmodell sind Teilchen geometrische Körper, rund, eckig oder länglich, alles ist möglich (**B2**). Genauer ist da schon das DALTONsche Atommodell, das Atome als Kugeln beschreibt, wobei sich diese je nach Atomsorte in Größe und Masse unterscheiden. In Molekülen sind die Atomkugeln miteinander verknüpft. Das Kern-Hülle-Modell erlaubt uns einen Blick in diese Kugeln, die wiederum aus den Elementarteilchen Protonen, Neutronen und Elektronen bestehen.

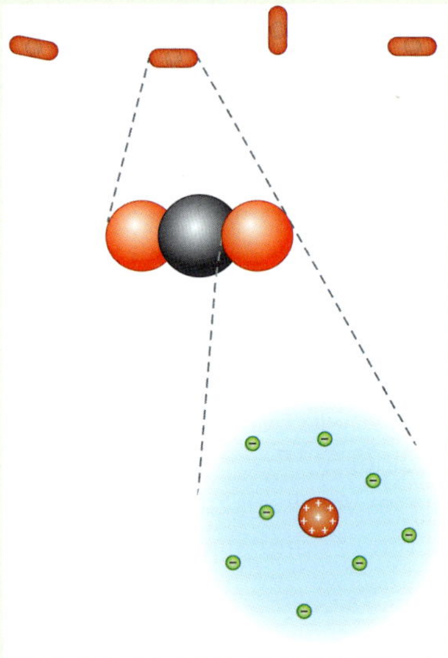

B2 Verschiedene Teilchendarstellungen

Wähle jeweils das Teilchenmodell, das am geeignetsten ist, um ...

So geht's

1. ... die Aggregatzustände eines Reinstoffes zu beschreiben.
   *Die Aggregatzustände eines Stoffes lassen sich mit den geometrischen Körpern des Stoffteilchenmodells am übersichtlichsten darstellen (**B2 oben**).*
2. ... die Zusammensetzung von Gemischen darzustellen.
   Naturtrüber Apfelsaft ist eine Suspension. Dieses Gemisch setzt sich aus Feststoff- und Flüssigkeitsanteilen zusammen. Um ein Schaubild zu zeichnen, reicht auch hier das Stoffteilchenmodell (vgl. S. 47) aus.
3. ... die Anzahl der Atome in einem Molekül zu erkennen.
   *Die Anzahl der Kohlenstoff- und Sauerstoff-Atome im Kohlenstoffdioxid-Molekül lassen sich in der Darstellung des DALTON-Kugelmodells gut zählen (**B2 mittig**). Es ergibt sich die Molekülformel CO_2.*
4. ... die Ladung eines Ions zu erklären.
   *Um die Ladung eines Ions zu bestimmen, müssen die Protonen und Elektronen im Kern-Hülle-Modell gezählt und verglichen werden (S. 64 **B6 rechts**).*

AUFGABEN

A1 Wähle ein geeignetes Modell, um den Trennvorgang einer Salzlösung durch Eindampfen auf Teilchenebene darstellen zu können. Begründe deine Wahl und fertige eine Skizze an.

A2 Ermittle die Molekülformeln für die in **B3** dargestellten Moleküle und recherchiere im Internet die zugehörigen Stoffnamen.

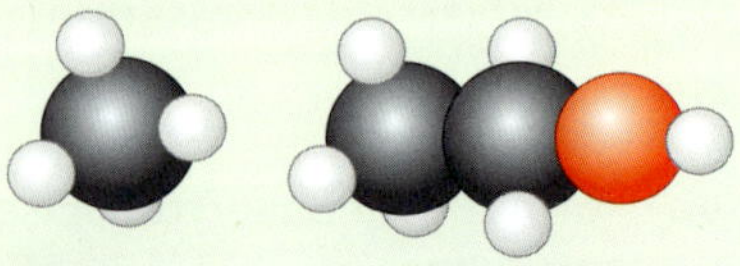

B3 Kugelmodelle nach DALTON: weiße Kugeln: Wasserstoff-Atome, schwarze Kugeln: Kohlenstoff-Atome, rote Kugeln: Sauerstoff-Atome

Selbstreinigende Oberflächen dank Nanostrukturen

Heute gibt es Waschbecken, Badewannen, Badfliesen oder Duschkabinen, die den sogenannten Lotuseffekt aufweisen. Dieser wurde nach der Lotuspflanze benannt und bezieht sich auf die äußerst geringe Benetzbarkeit und hohe Selbstreinigung von Oberflächen. Wasser perlt in Tropfen ab und nimmt dabei auch alle Schmutzpartikel auf der Oberfläche mit.

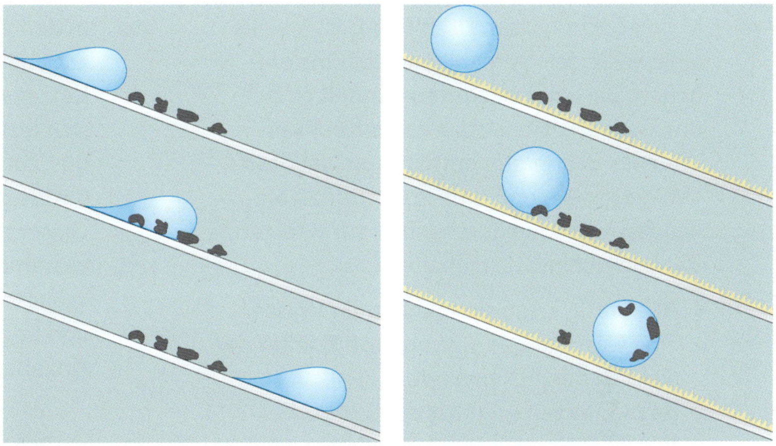

B1 Auf der glatten Oberfläche nehmen Wassertropfen die Schmutz-Teilchen nicht mit (links). Auf der unregelmäßigen Oberfläche perlen die Wassertropfen hingeben ab und nehmen Schmutzreste mit (rechts).

Der Lotuseffekt beruht auf Nanostrukturen der Oberfläche. Die Vorsilbe „*nano*“ ist vom griechischen Wort nanos (Zwerg) abgeleitet. In physikalischen Maßeinheiten bezeichnet nano den milliardstel Teil. Ein Millimeter (mm) entspricht z. B. einem tausendstel, ein Mikrometer (μm) einem millionstel und ein Nanometer (nm) einem milliardstel Meter. Nanoteilchen sind in einer oder mehreren Dimensionen (Höhe, Breite, Länge) bis zu 100 nm groß. Man kann zwischen atomarer Welt, Nanowelt, Mikrowelt und Makrowelt unterscheiden. Ein Atom hat etwa einen Durchmesser von einem zehntel Nanometer (0,1 nm). Die Dimension Makrowelt bezieht sich auf die Welt der mit bloßem Auge sichtbaren Objekte.

Wassertropfen haben die Tendenz zur Minimierung ihrer Oberfläche und nehmen daher möglichst eine Kugelform ein. Die Ursache der Selbstreinigung liegt in einer wasserabweisenden Oberfläche. Dadurch wird der Kontakt und damit die Anziehung zwischen Oberfläche und den auf ihr liegenden Partikeln und Wassertropfen so stark verringert, dass es zur Selbstreinigung kommt.

Beim Verbrennen einer Kerze entweichen Paraffindämpfe, die sich am Glas eines Objektträgers als Nanopartikel absetzen, vergleichbar den Noppen am Blatt (**V3**). Paraffin ist wasserabweisend. Rußpartikel werden an der Oberfläche des Wassertropfens festgehalten und abgespült (**B1**). Glaswände von Duschkabinen oder Fließen können mit einer wasser- und schmutzabweisenden Nanobeschichtung versehen werden und erhalten dadurch einen Selbstreinigungseffekt.

B2 Wassertropfen auf einem Blatt mit Lotuseffekt.

AUFGABEN

A1 Suche im Internet für folgende Objekte Längenangaben heraus und ordne diese einem Größenbereich zu: Durchmesser eines Grippevirus, Durchmesser eines menschlichen Haares, Durchmesser eines roten Blutkörperchens, Höhe einer 1 €-Münze, Größe eines Wasser-Moleküls, Durchmesser einer CD-ROM, Breite des Darmbakteriums Escherichia coli, Dicke einer Zellmembran, Durchmesser einer 1 €-Münze.

Zum Üben und Weiterdenken

A1 In drei Bechergläsern A, B und C ist jeweils eine weiße, fein gemahlene Substanz enthalten. Bei den Feststoffen handelt es sich um Zucker, Citronensäure und Kochsalz. Welches Becherglas enthält welchen Stoff? Um die jeweiligen Stoffe zu identifizieren, wurden Versuche durchgeführt und folgende Beobachtungen festgehalten:

- Alle Stoffe lösen sich sehr gut in Wasser.
- Eine wässrige Lösung von Stoff B leitet den elektrischen Strom nicht.
- Beim Erhitzen schmilzt der Stoff C bei 153 °C, B zersetzt sich bei 186 °C und bildet eine braun werdende, nach Karamell duftende Schmelze. A schmilzt erst bei 801 °C.
- Die Zugabe von Blaukrautsaft färbt wässrige Lösungen von A und B violett und von C rot.

Ordne den Bechergläsern den jeweiligen Stoff zu. Begründe deine Zuordnung anhand der oben beschriebenen Stoffeigenschaften.

A2 Selbst bei Minusgraden trocknet auf der Leine hängende Wäsche.

a) Benenne die Aggregatzustandsänderung, die hier vorliegt.
b) Erkläre den Trocknungsvorgang mit der Vorstellung, dass Stoffe aus kleinen Teilchen aufgebaut sind.

A3 Parfüm wird versprüht. Erkläre die Tatsache, dass man es riechen, aber nicht sehen kann.

A4 Flüssigkeiten und Gase passen sich der Form eines Gefäßes an, Festkörper jedoch nicht. Erläutere mithilfe des Teilchenmodells.

A5 Erkläre die Tatsache, dass die Siedetemperatur vom Druck abhängig ist.

A6 In den beiden unten abgebildeten Erlenmeyerkolben befindet sich jeweils 150 mL reines Kerzenwachs. In einem Behälter befindet sich festes Wachs und in dem anderen flüssiges.
Ordne die beiden Gläser bzw. Aggregatzustände den beiden Waagschalenseiten zu und begründe deine Angabe.

A7 a) Ordne die Begriffe Emulsion, Suspension, Gasgemisch und Lösung den folgenden Modelldarstellungen: Begründe deine Zuordnung.

A:
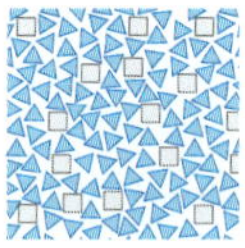

B:

C:

D:
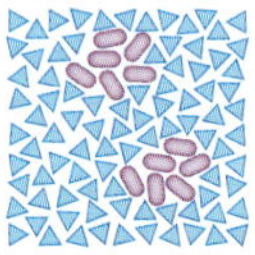

b) Benenne das Modell, das in der Aufgabe verwendet wird, sowie die vier wesentlichen Annahmen, die dem Modell zugrunde liegen.

A8 Ein Zuckerwürfel wird mit wasserlöslicher Lebensmittelfarbe beträufelt und auf einen mit kaltem Wasser gefüllten Teller gelegt. Anschließend wiederholt man das Experiment mit warmem Wasser.

a) Beschreibe die zu erwartenden Beobachtungen und begründe diese unter Verwendung von Fachbegriffen.
(Hinweis: Das Experiment lässt sich leicht zu Hause durchführen.)
b) Benenne die Art des entstehenden Stoffgemisches und skizziere auf Teilchenebene.

A9 Erläutere die Trennverfahren, die bei der Zubereitung von Tee aus getrockneten Teeblättern angewandt werden.

A10 Salz, lösliches Kaffeepulver, Sand, Öl werden in je ein Becherglas mit Wasser gegeben.

a) Benenne die entstehenden Gemische und ordne sie den folgenden Abbildungen zu.

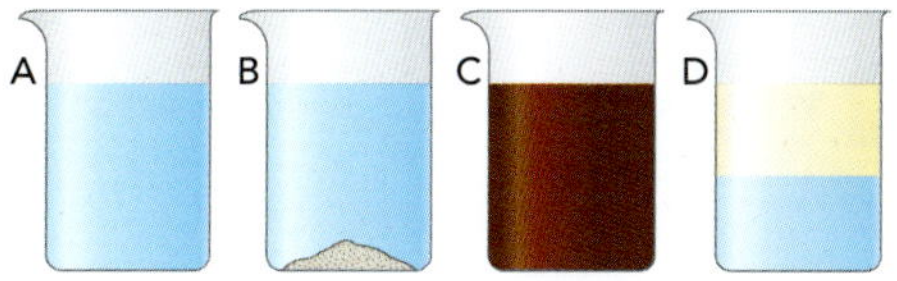

b) Skizziere das Gemisch A auf Teilchenebene.

c) Plane einen Versuch, um Gemisch C zu trennen. Gib die Stoffeigenschaften an, die du dabei ausnutzt.

A11 Vergleiche die drei Elementarteilchen, aus denen ein Atom aufgebaut ist, untereinander. Gib hierzu zwei Gemeinsamkeiten und zwei Unterschiede an.

A12 Beschreibe und begründe Beobachtungen, die man nach DALTONS Atomvorstellung beim RUTHERFORDschen Streuversuch erwartet hätte.

A13 In einigen Tabellenwerken findet man für Chlor-Atome folgende Angabe:

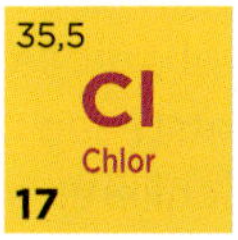

a) Bestimme die Anzahl an Protonen und Elektronen, die in jedem Chlor-Atom vorliegen.

b) Benenne den Widerspruch, der sich ergibt, wenn man die Anzahl der Neutronen in einem Chlor-Atom berechnen möchte.

A14 Die unten stehende Darstellung soll als Merkhilfe („Eselsbrücke") dienen:

Kation

Anion

a) Beschreibe den Zusammenhang, der hier deutlich gemacht wird.

b) Ergänze den Satz:
Ein Kation hat weniger... in der ... als ... im Atomkern.

c) Formuliere einen vergleichbaren Satz für Anionen.

A15 Nachfolgend sind die Moleküle einiger Stoffe mit Kugelmodell-Darstellungen nach DALTON abgebildet:
(graue Kugeln: Wasserstoff-Atome, gelbe Kugeln: Schwefel-Atome, rote Kugeln: Sauerstoff-Atome, grüne Kugeln: Chlor-Atome)

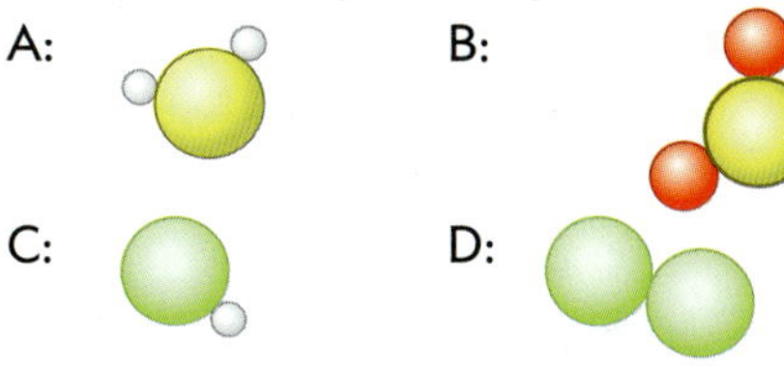

a) Bestimme die Molekülformel für das jeweilig dargestellte Molekül.

b) Recherchiere im Internet den zugehörigen Stoffnamen und ermittle wichtige Eigenschaften der dargestellten Stoffe.

A16 In einer Concept-Map werden Begriffe mittels Pfeilen zueinander in Beziehung gesetzt, so dass Zusammenhänge visuell dargestellt werden. Die Pfeile können dabei beschriftet werden. Erstelle eine Concept-Map aus folgenden Begriffen:
Anionen, Atome, Duktilität (Verformbarkeit), Verhältnisformel, elektrische Leitfähigkeit, molekulare (flüchtige) Stoffe, Ionen, Ionengitter, Ionengruppe, Kationen, Metalle, Metallgitter, Moleküle, Molekülformel, Reinstoff, relativ niedrige Schmelz- und Siedetemperaturen, Salze, Sprödigkeit

M1 Teilchen sieben

Methylenblau ist ein Farbstoff, der schon in geringster Menge in Wasser eine Blaufärbung erzeugt. In der Mikroskopie ist Methylenblau ein weit verbreiteter Farbstoff zum Anfärben von lebendem Material. Meist wird eine 0,5 %-ige Lösung in Wasser, z. B. zum Färben von Bakterien, Pilzen und Blutparasiten, eingesetzt. Früher wurde Methylenblau in blauer Tinte verwendet.

Tropft man Iod-Kaliumiodidlösung in eine wässrige Stärkelösung, erfolgt eine Blaufärbung. Vereinfachend nennt man sie Iod-Stärkelösung und erklärt die Blaufärbung durch die Einlagerung von Iod-Molekülen in die langen Stärke-Moleküle (**B1**). Diese Farbreaktion wird oft zum Nachweis von Stärke verwendet.

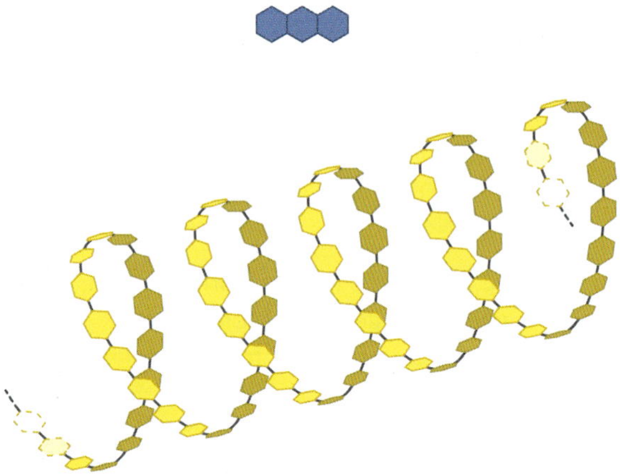

B1 Vereinfachte Modell-Darstellung eines Methylenblau-Teilchens (oben) und eines Stärke-Moleküls (unten)

Die beiden blauen Farbstofflösungen werden in folgendem Versuch näher untersucht:

Man füllt je ein Rollrandglas zur Hälfte mit einer Methylenblaulösung und einer Jod-Stärkelösung und verschließt die Gläser mit einer Cellophanfolie, die mit einem Gummiring fixiert wird. Beide Rollrandgläser werden mit der so verschlossenen Öffnung nach unten in ein Becherglas mit Wasser getaucht. Nach einiger Zeit beobachtet man blaue Schlieren unter einem der beiden Rollrandgläser (**B2**).

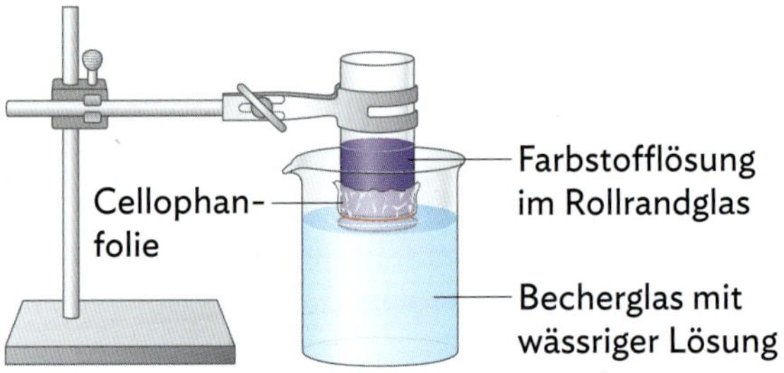

B2 Versuchsanordnung zum „Teilchen sieben“

A1 Formuliere eine Vermutung zur Erklärung der im Text beschriebenen Beobachtung.

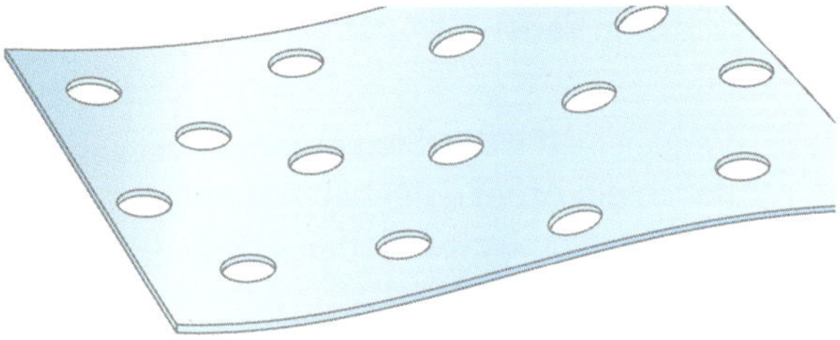

B3 Modelldarstellung von Cellophanfolie auf Teilchenebene

A2 Leite anhand der Modelldarstellung in **B1** und **B3** begründet ab, bei welcher der beiden Farbstofflösungen blaue Schlieren im Becherglas zu beobachten sind.

A3 Wenn man anstelle von Cellophanfolie Frischhaltefolie verwendet, entstehen bei keiner der blauen Lösungen Schlieren im Wasser. Schließe auf die Beschaffenheit der Frischhaltefolie im Vergleich zur Cellophanfolie.

A4 Erkläre den Titel des Versuchs „Teilchen sieben“ und stelle einen Bezug zum Teilchenmodell her.

M2 Kochsalz – aus dem Meer in die Küche

Beim Schwimmen im Meer kann man feststellen, dass das Meerwasser sehr salzig schmeckt. Neben anderen Salzen, Sand und Schlamm sind ca. 50 Billionen Tonnen Kochsalz in allen Weltmeeren zusammen gelöst. An den Mittelmeerküsten von Spanien, Frankreich, Portugal und Italien nutzt man die Kraft der Sonne zur Gewinnung von Kochsalz. Dazu wird das Meerwasser in flache Betonbecken gepumpt, die als Salzgärten bezeichnet werden. Durch die Sonneneinstrahlung verdunstet ein Teil des Wassers, sodass der Salzgehalt im verbleibenden Wasser ansteigt. In diesen Becken sinken wasserunlösliche Stoffe wie Sand und Schlamm nach unten. Anschließend wird das überstehende salzige Wasser in noch flachere Becken geleitet. Durch weitere Verdunstung erhöht sich der Salzgehalt noch mehr. Andere Salze, die schlechter löslich in Wasser sind, kristallisieren jetzt aus und sinken zu Boden. Durch mehrfache Weiterleitung in immer flacher werdende Becken und fortlaufende Verdunstung steigt der Salzgehalt immer weiter an, bis schließlich die Grenze der Löslichkeit von Kochsalz erreicht ist. In den letzten Becken, Salzbeete genannt, kristallisiert das Salz aus und wird nun mit Maschinen oder von Hand zusammen geschoben und weiter getrocknet. Das so gewonnene Salz wird gemahlen, von verbleibenden Verunreinigungen (z. B. durch Sieben) gereinigt und anschließend zum Verkauf verpackt.

B1 Salzgewinnung in Südeuropa (oben) und Salzbeet (unten)

A1 Erkläre die Vorgänge bei der Gewinnung von Kochsalz, die auf den Fotos in **B1** dargestellt sind.

A2 Nenne die verschiedenen Trennverfahren, die bei der Gewinnung von Kochsalz aus Meerwasser zum Einsatz kommen, in der Reihenfolge ihrer Anwendung.

A3 Erkläre für jedes in Aufgabe 2 genannte Trennverfahren das Prinzip seiner Wirkungsweise.

A4 Plane einen Versuch, mit dem die Gewinnung von Kochsalz aus Meerwasser im Schullabor nachgestellt werden kann. Der Versuch sollte in einer Schulstunde durchführbar sein und nicht mehrere Tage dauern. Fertige ein vollständiges Versuchsprotokoll an.

A5 Der Versuch aus Aufgabe 4 soll nun so abgewandelt werden, dass aus dem Salzwasser reines Wasser gewonnen wird. Beschreibe eine mögliche Vorgehensweise.

A6 Mithilfe des Watercone® kann aus Salzwasser reines Wasser gewonnen werden. Salzwasser wird dazu in die dunkle Bodenwanne gefüllt, der Kunststoffkegel aufgesetzt und die Apparatur der Sonne ausgesetzt. Erläutere die Wirkungsweise des Watercone® und gib die Stoffeigenschaften an, auf denen dieses Trennverfahren beruht.

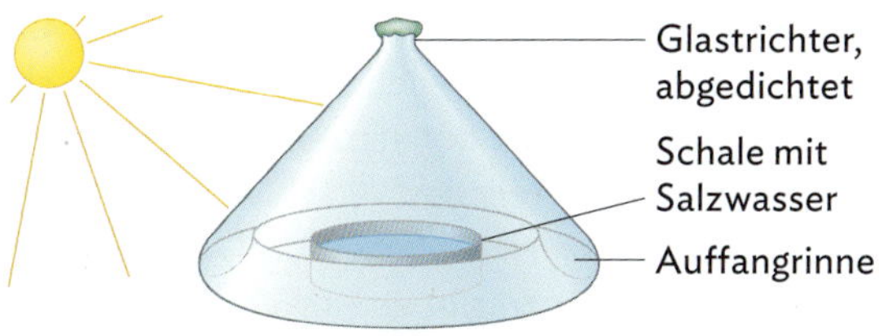

B2 Darstellung der Wirkungsweise des Watercone für die Trinkwassergewinnung aus Salzwasser

Basiswissen Kapitel 2

W Reinstoffe, Gemische und Stoffeigenschaften

Stoffgemische sind Mischungen verschiedener Reinstoffe. Kann man die Bestandteile mit dem Mikroskop oder dem Auge noch erkennen, nennt man ein Stoffgemisch **heterogen** (z. B. Gemenge, Suspension, Emulsion, Rauch, Nebel). Sind die einzelnen Bestandteile nicht mehr unterscheidbar, so nennt man es **homogen** (z. B. Lösung, Legierung, Gasgemisch). Ein **Reinstoff** besteht aus einer Teilchensorte und ist durch eine Kombination von **Stoffeigenschaften** (z. B. elektrische Leitfähigkeit, Dichte, Löslichkeit, Schmelz- und Siedetemperatur) identifizierbar.

Aufgrund der unterschiedlichen Stoffeigenschaften lassen sich Stoffgemische mithilfe geeigneter **Trennverfahren** (z. B. Filtrieren, Extrahieren, Destillieren) in die einzelnen Reinstoffe trennen.

Stoffe können die **Aggregatzustände fest**, **flüssig** und **gasförmig** annehmen. **Schmelz-** und **Siedetemperaturen** nennt man die Temperaturen, bei denen ein Stoff vom festen in den flüssigen bzw. vom flüssigen in den gasförmigen Zustand übergeht.

Stoffe können wasserlöslich oder unlöslich sein. Wasserlösliche Stoffe können mit Wasser **saure**, **alkalische** oder **neutrale** Lösungen bilden.

Blaukrautsaft ändert seine Farbe je nachdem, ob eine Lösung sauer (rötlich), neutral (violett) oder alkalisch (blaugrün) ist und dient somit als ein **Indikator** für den Säuregrad einer Lösung.

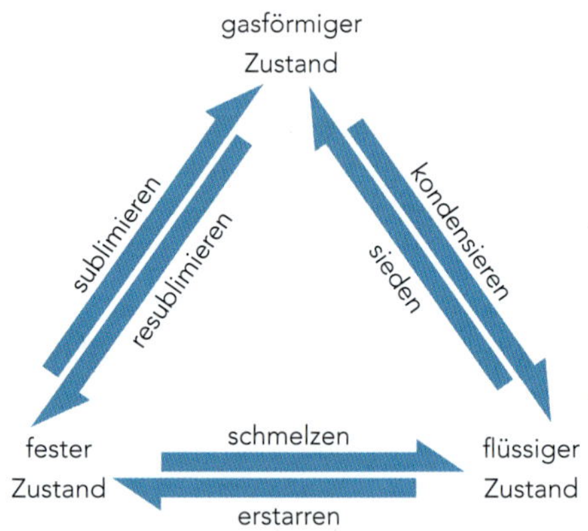

sauer neutral alkalisch

W Teilchenmodell

Die messbaren oder mit den Sinnen wahrnehmbaren Eigenschaften eines Stoffes versucht man mithilfe des **Stoffteilchenmodells** zu erklären. Man nimmt dazu an, dass die Teilchen eines Stoffes sehr klein sind und zwischen den einzelnen Teilchen leerer Raum ist. Die Teilchen verschiedener Stoffe unterscheiden sich in ihrer Größe und Masse. Zwischen den Teilchen gibt es Anziehungskräfte, die bei verschiedenen Stoffen unterschiedlich stark sind.

Alle Teilchen sind in ständiger und ungerichteter Bewegung. Diese Eigenbewegung der Teilchen erklärt die selbstständige und gleichmäßige Durchmischung (**Diffusion**) der Stoffe in Lösungen oder in einem Gasgemisch. In einer Lösung verteilen sich Teilchen des gelösten Stoffes zwischen den Teilchen des Lösemittels.

W Bausteine eines Atoms und das Kern-Hülle-Modell

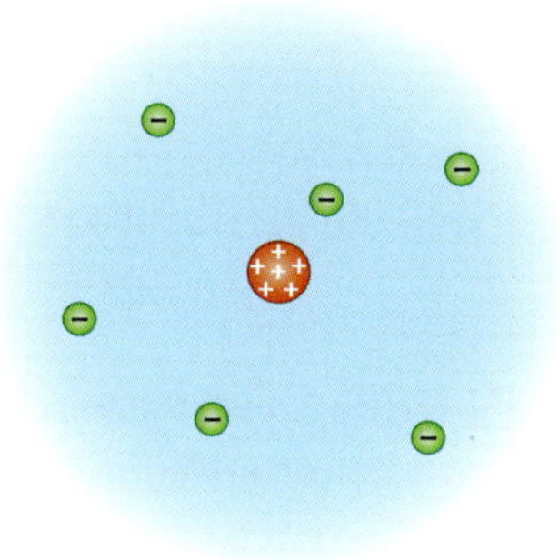

Atome sind aus den **Elementarteilchen** aufgebaut. Im **Kern-Hülle-Modell** nach RUTHERFORD ist der Atomkern sehr klein und enthält positiv geladene Teilchen, die **Protonen**. Diese haben eine Masse von 1 u. Die **Atomhülle** ist überwiegend leerer Raum und enthält negative Ladungsträger, die **Elektronen**. Sie sind beweglich, haben nur eine sehr geringe Masse und können von einem Atom auf ein anderes übertragen werden. Im Atomkern befinden sich neben Protonen auch **Neutronen**. Neutronen sind nicht geladen und haben eine Masse von 1 u. Die Masse eines Atoms in u wird durch die Summe der Protonen- und Neutronenzahl bestimmt. Sie wird auch **Nukleonenzahl** genannt und steht im **Periodensystem der Elemente** (**PSE**, siehe vorne im Buchdeckel) links oben am **Elementsymbol**. Die Ladung des Atomkerns ist durch die Anzahl der Protonen festgelegt. Sie wird im PSE durch die **Kernladungszahl** (bzw. Ordnungszahl) links unten am Elementsymbol angegeben. Im ungeladenen Atom ist die Anzahl der Elektronen gleich der Anzahl der Protonen. Die Atome eines **Elements** haben stets die gleiche Anzahl an Protonen im Kern.

	Proton	Neutron	Elekton
Symbol	p^+	n	e^-
Ladung in Elementarladungen	+1	0	-1
Masse	1 u	1 u	0,0005 u
	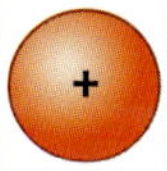		

W Stoffklassen und ihre Grundbausteine

Reinstoffe können in die Stoffklassen **Metalle**, **Salze** und **molekulare Stoffe** eingeteilt werden (vgl. Übersicht der Stoffe, S. 505). Die Reinstoffe einer Stoffklasse weisen ähnliche Eigenschaften auf. Die verschiedenen Stoffklassen unterscheiden sich in ihrem Aufbau auf Teilchenebene.

Metalle zeichnen sich durch elektrische Leitfähigkeit, Wärmeleitfähigkeit, Verformbarkeit und metallischen Glanz aus. Sie bestehen aus regelmäßig in einem **Metallgitter** angeordneten **Atomen**.

Salze sind harte, spröde Stoffe, die hohe Schmelztemperaturen haben. Ihre Eigenschaften erklären sich durch ihren Aufbau aus positiv geladenen Teilchen (Ionen), den **Kationen**, und negativ geladenen Teilchen, den **Anionen**.

Die **Verhältnisformel** bzw. die **Ionengruppe** gibt das zahlenmäßige Verhältnis von Kationen und Anionen im **Ionengitter** an.

Molekulare Stoffe haben im Vergleich zu Metallen und Salzen niedrige Siedetemperaturen. Ihre Teilchen sind **Moleküle**, die aus zwei oder mehreren gebundenen Atomen bestehen. Ihre Zusammensetzung wird durch eine **Molekülformel** angegeben.

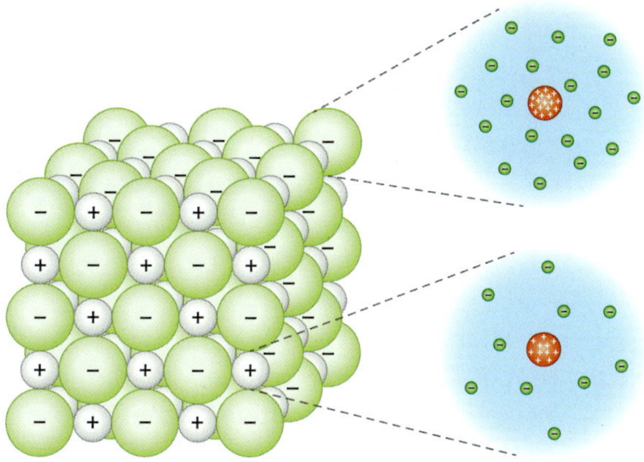

Ziel erreicht?

Überprüfung

Hast du das Ziel dieses Kapitels erreicht? Löse die entsprechenden Aufgaben. Ein Arbeitsblatt findest du unter QR-/Mediencode 05037-05. Bewerte dich mithilfe der Tabelle rechts unten. Die Lösungen zu den Aufgaben stehen auf Seite 461.

05037-05

Stoffe anhand ihrer Eigenschaften identifizieren

A1 Nenne vier Stoffeigenschaften, die mithilfe von Messgeräten exakt ermittelt werden können.

A2 Zwei wässrige Lösungen werden jeweils mit einigen Tropfen Blaukrautsaft versetzt. Eine der Lösungen zeigt nach Zugabe des Blaukrautsaftes eine rötliche, die andere eine violette Färbung. Erkläre diese Beobachtung.

Teilchenmodelle zur Erklärung von Stoffeigenschaften anwenden

B1 Stoffe können die Aggregatzustände fest, flüssig und gasförmig annehmen.

a) Nenne zu den Zahlen (1 bis 6) in der folgenden Abbildung jeweils den passenden Fachbegriff.

b) Erkläre mithilfe des Teilchenmodells die Ausdehnung eines mit Wasser gefüllten Luftballons beim Erhitzen.

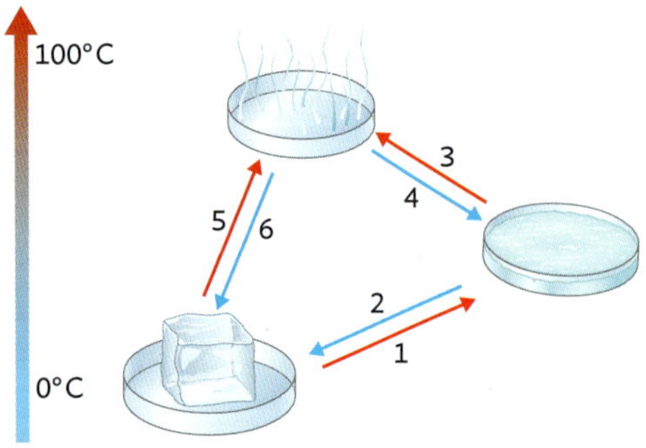

B2 Bei der Zubereitung von Tee wird warmes Wasser anstelle von kaltem Wasser bevorzugt. Begründe mithilfe des Teilchenmodells.

Fachbegriffe für Stoffgemische zuordnen und wichtige Trennverfahren erklären

C1 Ordne trübem bzw. klarem Apfelsaft jeweils die richtige Modelldarstellung zu. Nenne die entsprechenden Fachbegriffe für die beiden Gemische.

C2 Wein ist eine Mischung aus Trinkalkohol (Siedetemperatur 78 °C) und Wasser (Siedetemperatur 100 °C). Erläutere die Möglichkeit, die beiden Reinstoffe mit nachfolgender Apparatur zu trennen. Begründe die Fließrichtung des Kühlwassers von unten nach oben.

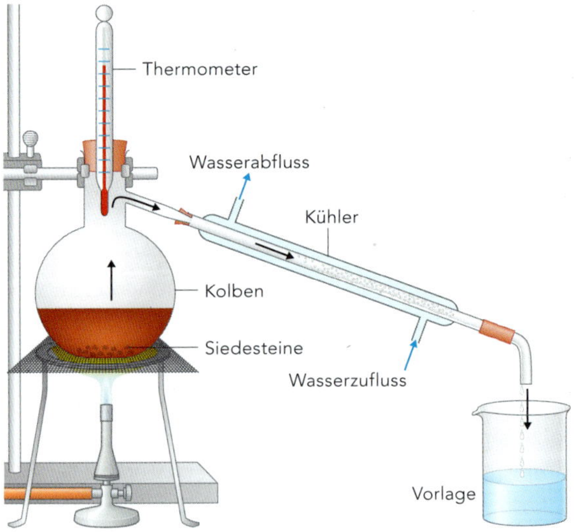

Den Aufbau eines Atoms mit dem Kern-Hülle-Modell erklären

D1 Die Abbildung zeigt eine schematische Darstellung der Ergebnisse des RUTHERFORDschen Streuversuchs auf einem Filmstreifen. Erkläre das Zustandekommen dieser Ergebnisse. Beachte dazu die Kern-Hülle-Vorstellung vom Aufbau der Atome.

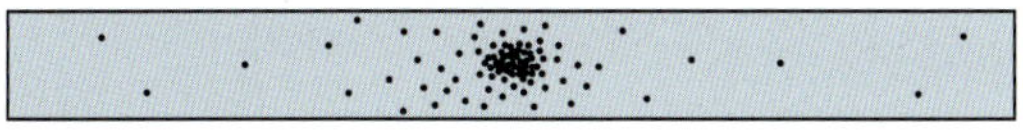

Elementarteilchen unterscheiden und Elementsymbole Stoffen zuordnen

E1 Vergleiche und beschreibe die am Aufbau von Atomen beteiligten Elementarteilchen in Bezug auf Ladung und Masse.

E2 Benenne im Periodensystem der Elemente (PSE) die Elementsymbole, zu denen folgende Angaben passen:

a) Element, dessen Atome die Kernladungszahl 26 haben.
b) Element, dessen Atome im ungeladenen Zustand 47 Elektronen aufweisen.
c) Element, dessen Atome die Atommasse 197 u besitzen.
d) Element, dessen Atome sechs Protonen im Atomkern haben.

Reinstoffe Stoffklassen zuordnen und deren Grundbausteine beschreiben

F1 Ordne die folgenden Reinstoffe den Stoffklassen Metalle, Salze und molekulare Stoffe zu: Kochsalz, Kupfer, Wasser, Kohlenstoffdioxid, Aluminium, Bittersalz.

F2 Sowohl bei Metallen als auch bei Salzen, sind die Teilchen auf der Teilchenebene in regelmäßigen Gitterstrukturen angeordnet. Nenne jeweils den Fachbegriff für das entsprechende Gitter bei Metallen und bei Salzen und benenne jeweils die am Aufbau des Gitters beteiligten Teilchen.

F3 Erkläre die gute elektrische Leitfähigkeit einer wässrigen Kochsalzlösung mithilfe eines geeigneten Teilchenmodells.

Auswertung

Vergleiche deine Antworten mit den Lösungen auf Seite 461 und kreuze auf dem Arbeitsblatt an.

	Ich kann ...	ja	nein	lies nach auf Seite
A	Stoffe anhand ihrer Eigenschaften identifizieren.			34, 35
B	Teilchenmodelle zur Erklärung von Stoffeigenschaften anwenden.			40 - 42
C	Fachbegriffe für Stoffgemische zuordnen und wichtige Trennverfahren erklären.			46 - 48
D	den Aufbau eines Atoms mit dem Kern-Hülle-Modell erklären.			54, 55
E	Elementarteilchen unterscheiden und Elementsymbole Stoffen zuordnen.			56, 57
F	Reinstoffe Stoffklassen zuordnen und deren Grundbausteine beschreiben.			62 - 65

3 Die chemische Reaktion

ENERGIEUMWANDLUNG
CHEMISCHE ENERGIE
REAKTIONSENERGIE
IONENVERBINDUNG
ENDOTHERM
VERHÄLTNISFORMEL
VERBINDUNG
EDUKT
MASSENERHALT
AKTIVIERUNGSENERGIE
PERIODENSYSTEM DER ATOME UND IONEN
ELEMENT
MOLEKÜLVERBINDUNG

Startklar?

Selbsteinschätzung

Schätze dich selbst ein: Wie gut sind deine Kenntnisse in den Bereichen A bis D?
Kreuze auf dem Arbeitsblatt unter QR-/Mediencode 05037-06 an!

05037-06

	Ich kann ...	prima	ganz gut	es fällt mir schwer
A	Stoffe anhand ihrer Stoffeigenschaften erkennen.			
B	Aggregatzustandsänderungen benennen und im einfachen Teilchenmodel darstellen.			
C	das Kern-Hülle-Modell erklären und wichtige Elementarteilchen beschreiben.			
D	Stoffklassen beschreiben und deren Aufbau aus ihren Grundbausteinen erklären.			

Überprüfung

Liegst du richtig? Bearbeite die folgenden Aufgaben zu jedem Bereich.

Stoffe anhand ihrer Stoffeigenschaften erkennen

A1 Zucker und Kochsalz können anhand ihrer Eigenschaften unterschieden werden. Kreuze auf dem Arbeitsblatt die Eigenschaften an, die für den jeweiligen Stoff charakteristisch sind.

Eigenschaft	Zucker	Kochsalz
farblose Kristalle		
wasserlöslich		
schmilzt beim Erwärmen im Reagenzglas		
Lösung leitet den elektrischen Strom		

Aggregatzustandsänderungen benennen und im einfachen Teilchenmodell darstellen

B1 Nenne die Fachbegriffe für die Zustandsänderungen der angeführten Beispiele.

a) Metall wird in einer Eisengießerei erhitzt.
b) Eiszapfen an der Dachrinne bilden sich aus Schmelzwasser.
c) Wäsche trocknet auf der Wäscheleine.
d) Beim Ausatmen an kalten Wintertagen bildet sich Nebel.

B2 Ordne die Aussagen dem passenden Aggregatzustand zu.

a) Die Teilchen sind frei beweglich.
b) Der Stoff hat eine feste Form.
c) Die Teilchen sind dicht gepackt.
d) Der Stoff ist komprimierbar.

B3 Die drei Abbildungen stellen Modelldarstellungen von Teilchen in verschiedenen Aggregatzuständen dar. Ordne jedem Bild einen Aggregatzustand zu und beschreibe die Anordnung der Teilchen.

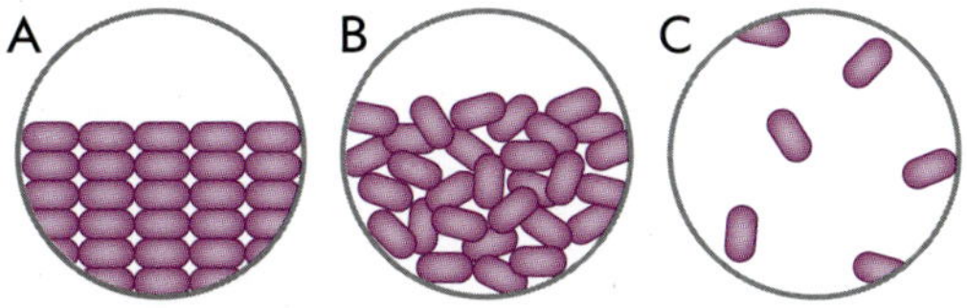

Das Kern-Hülle-Modell erklären und wichtige Elementarteilchen beschreiben

C1 Aufgrund der Ergebnisse seines Streuversuchs entwickelte RUTHERFORD eine neue Vorstellung vom Aufbau der Atome.

a) Erläutere die Verteilung der Elementarteilchen in einem Atom nach dem Kern-Hülle-Modell.

b) RUTHERFORD stellte fest, dass der Atomkern sehr klein und positiv geladen ist und fast die ganze Masse eines Atoms enthält. Nenne und erkläre seine Versuchsergebnisse, die ihn zu dieser Schlussfolgerung gebracht haben.

C2 Atome sind aus Protonen, Elektronen und Neutronen aufgebaut. Ergänze die folgende Tabelle mit den Merkmalen dieser Elementarteilchen.

	Proton	Neutron	Elektron
Symbol			
Elementarladung			
Masse in u			

Stoffklassen beschreiben und deren Aufbau aus ihren Grundbausteinen erklären

D1 Nenne wichtige Eigenschaften von Vertretern der Stoffklassen Metalle, Salze und molekulare Stoffe und ordne die Teilchen zu, aus denen Vertreter der drei Stoffklassen aufgebaut sind.

D2 Ionen sind elektrisch geladene Teilchen. Erkläre die Begriffe Kation und Anion und deren jeweilige Entstehung aus einem Atom.

D3 Vergleiche die Teilchen, aus denen Salze und molekulare Stoffe jeweils aufgebaut sind, miteinander und beschreibe die Begriffe Verhältnis- und Molekülformel.

Auswertung

Hast du dich richtig eingeschätzt? Vergleiche deine Antworten mit den Lösungen auf Seite 462. Gib dir jeweils die entsprechende Punktzahl und trage sie auf dem Arbeitsblatt ein.

	Ich kann ...	prima	ganz gut	mit Hilfe	lies nach auf Seite
A	Stoffe anhand ihrer Stoffeigenschaften erkennen.	4	3 - 2	1	34, 35
B	Aggregatzustandsänderungen benennen und im einfachen Teilchenmodel darstellen.	14 - 11	10 - 8	7 - 3	40, 41
C	das Kern-Hülle-Modell erklären und wichtige Elementarteilchen beschreiben.	9 - 8	7 - 5	4 - 2	54 - 56
D	Stoffklassen beschreiben und deren Aufbau aus ihren Grundbausteinen erklären.	16 - 12	11 - 8	7 - 4	62 - 66

Umwandlung von Stoffen bei chemischen Reaktionen

Die Umwandlung von Stoffen in andere Stoffe ist allgegenwärtig. Beim Anlaufen von Silberschmuck entsteht schwarzes Silbersulfid, in der Natur bildet sich gelber Schwefel aus vulkanischen Gasen. Es entstehen neue Stoffe mit neuen Eigenschaften. Woran kann man das erkennen? Experimente mit Schwefel helfen, diese Frage zu beantworten.

V1 Erhitzen eines Eisen-Schwefel-Gemisches

2 7

PROBLEM

Will man ein Gemisch aus Eisen und Schwefel durch Erhitzen trennen, funktioniert dies nicht. Was passiert?

DURCHFÜHRUNG

Zerreibe in einem Mörser 2 g Schwefel (GHS 7) und 3,5 g Eisenpulver (GHS 2). Fülle die Hälfte des Gemisches in ein Reagenzglas und verschließe dieses mit einem Luftballon. Befestige das Reagenzglas schräg an einem Stativ und erhitze dann das Gemenge mit der rauschenden Brennerflamme. Entferne den Brenner sofort, wenn das Gemenge aufglüht. **Vorsicht! Lass das Reagenzglas abkühlen. Es kann zerspringen! Ziehe den Luftballon unter dem Abzug vom Reagenzglas ab.**

AUSWERTUNG

a) Vergleiche die einzelnen Stoffe Eisenpulver und Schwefel und das Eisen-Schwefel-Gemenge vor dem Erhitzen miteinander.

b) Vergleiche das Eisen-Schwefel-Gemenge mit dem Rückstand im Reagenzglas nach dem Erhitzen. Umwickle das abgekühlte Reagenzglas mit Papier und zerschlage es auf dem Labortisch. Begründe, ob es sich beim Inhalt des Reagenzglases noch um Schwefel und Eisen handelt. Untersuche die Stoffe mit der Lupe.

c) Formuliere eine Versuchsvorschrift für ein Experiment, mit dem man überprüfen kann, ob es sich beim erhaltenen Reagenzglasrückstand noch um die Ausgangsstoffe handelt.

ENTSORGUNG G2

LV2 Metalle reagieren mit Schwefel

PROBLEM

Reagieren auch andere Metalle mit Schwefel?

DURCHFÜHRUNG

a) In ein großes, schwer schmelzbares Reagenzglas, das fast waagerecht eingespannt ist, wird eine Spatelspitze Schwefel gefüllt und ein geknickter Kupferstreifen bis etwa zur Mitte des Glases geschoben. Das Reagenzglas wird mit einem Aktivkohlestopfen oder einem Luftballon verschlossen (**B1**).

Zunächst werden das Kupferblech und dann der Schwefel (GHS 7) erhitzt, bis der Schwefeldampf über das heiße Kupferblech strömt. Wenn das Kupferblech aufglüht, wird der Schwefel wieder erhitzt, damit weitere Schwefeldämpfe entstehen. Gegen Ende wird der obere Teil des Reagenzglases noch etwa 1 min weiter erhitzt, um überschüssigen Schwefel, der noch anhaftet, zu entfernen.

b) Entsprechend **LV2a** wird der Versuch mit einem kleinen Silberblech durchgeführt.

AUSWERTUNG

a) Protokolliere alle Beobachtungen aus den durchgeführten Versuchen.

b) Vergleiche die Ausgangsstoffe (Edukte) mit den Endstoffen (Produkten) bei **LV2a** und **b**.

c) Vergleiche die Heftigkeit der Reaktion bei **V1** und **LV2a** und **b**.

ENTSORGUNG G2

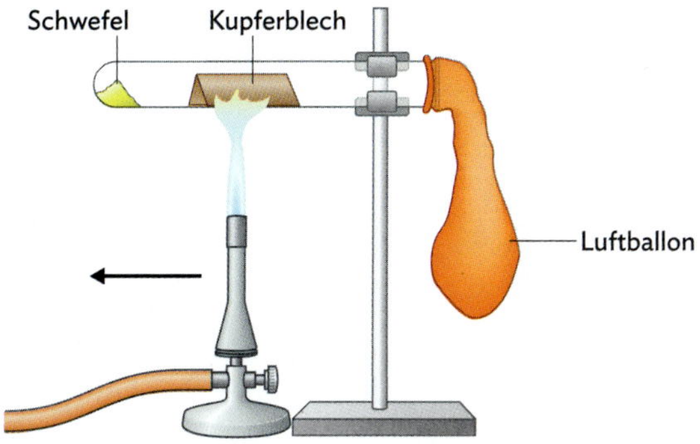

B1 Versuchsaufbau zu **LV2**.

LV3 Zerlegung von Metallsulfiden

PROBLEM

Metalle reagieren in mehr oder weniger heftigen Reaktionen mit Schwefel und bilden dabei Metallsulfide. Kann man die Reaktionen wieder rückgängig machen?

DURCHFÜHRUNG

Das in **V2b** erhaltende Silbersulfid wird in einem Reagenzglas, das locker mit einem Aktivkohlestopfen verschlossen wird, kräftig erhitzt. Nach dem Abkühlen wird der obere Rand betrachtet und der Feststoff vom Boden des Reagenzglases abgekratzt und mit einem Spatel auf ein Stück Papier gepresst. Der gleiche Versuch wird auch mit den Produkten aus **V1** (Eisensulfid) und **LV2a** (Kupfersulfid) durchgeführt.

AUSWERTUNG

a) Vergleiche die Ausgangsstoffe (Edukte) mit den Endstoffen (Produkten) bei **LV3**. Beschreibe und benenne die jeweiligen Stoffe.

b) Vergleiche **LV3** mit **LV2b**.

c) Auch die Produkte aus **V1** und **LV2a** werden kräftig erhitzt. Formuliere vor der Versuchsdurchführung eine Vermutung zum Versuchsergebnis. Beschreibe anschließend deine Beobachtungen.

ENTSORGUNG G2

B1 Eisen und Schwefel als Gemisch und das Reaktionsprodukt Eisensulfid

Chemische Reaktionen

Beim Backen und Kochen, in Verbrennungsmotoren, beim Anlaufen von Silberschmuck oder bei der Herstellung von Arzneimitteln finden Stoffumwandlungen statt. Woran erkennt man, ob eine chemische Reaktion abläuft?

Ein Stoffgemisch aus Eisen und Schwefel hat die Eigenschaften der beiden Stoffe Eisen und Schwefel (**B1**). Man erkennt graue und gelbe Körner. Das Eisen kann man mit einem Magneten heraustrennen. Beim Erhitzen des heterogenen Gemisches aus Eisen und Schwefel findet eine **chemische Reaktion** statt (**V1**). Das Reaktionsgemisch glüht auch nach Entfernen des Brenners selbstständig weiter. Nach dem Abkühlen erkennt man anstelle der Ausgangsstoffe Eisen und Schwefel einen neuen, dunkelgrau glänzenden Feststoff (**B1**). Dieser neue Stoff heißt Eisensulfid (von lat. sulfur, Schwefel). Eisensulfid hat andere Eigenschaften als Eisen und andere als Schwefel. Aus den Ausgangsstoffen, den sogenannten **Edukten**, entsteht durch Erhitzen also ein neuer Stoff, das sogenannte **Produkt**.

> Vorgänge, bei denen aus Edukten Produkte mit anderen Eigenschaften entstehen, nennt man chemische Reaktionen.

Info
Die Angaben (s), (l) und (g) kennzeichnen den Aggregatzustand eines Stoffes, wie er vor Versuchsbeginn oder nach Versuchsende vorliegt. Sie stehen für die englischen Begriffe *solid* für fest, *liquid* für flüssig und *gaseous* für gasförmig. Die Angabe (aq), für das Englische *aqueous*, kennzeichnet, dass ein Stoff in Wasser gelöst vorliegt.

Zur Erinnerung: Beim Sieden von Wasser entsteht Wasserdampf. Dieser kondensiert beim Abkühlen wieder zu Wasser. Wasserdampf und flüssiges Wasser sind verschiedene Aggregatzustände ein und desselben Stoffes Wasser. Wird ein Stoff in einen anderen Aggregatzustand überführt, ändert sich die Zustandsform, aber der Stoff bleibt erhalten.

Bei chemischen Reaktionen sind die Änderungen der Stoffeigenschaften bleibend. Eine chemische Reaktion schreibt man verkürzt als **Reaktionsschema** (Wortgleichung). Die Namen der Edukte stehen links, die Namen der Produkte rechts. Sie sind durch einen **Reaktionspfeil** ($\longrightarrow$) verbunden.

Das Reaktionsschema für die Reaktion von Eisen und Schwefel zu Eisensulfid lautet:

Eisen (s) + Schwefel (s) $\longrightarrow$ Eisensulfid (s)

Man liest: „Festes Eisen und fester Schwefel reagieren zu festem Eisensulfid".

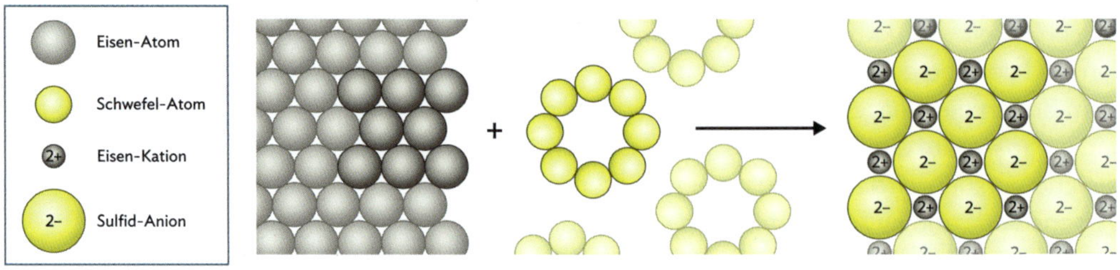

In der Teilchendarstellung ist zu erkennen, dass vor der Reaktion Eisen-Atome im Metallgitter und Schwefel-Atome gebunden in Molekülen vorliegen. Bei der Reaktion entstehen aus den Eisen-Atomen zweifach positiv geladene Eisen-Kationen und aus den Schwefel-Atomen zweifach negativ geladene Anionen, die man Sulfid-Anionen nennt. Kationen und Anionen ordnen sich in einem Ionengitter an.

Wenn heißer Schwefeldampf über heißes Kupferblech strömt, glüht dieses auf (**LV2**). Die schmale Glühfront bewegt sich durch das Blech hindurch (**B2**). Das Blech färbt sich dabei blau-grau. Bei genauem Hinsehen sind an der Oberfläche kleine, bläulich glänzende Kristalle zu erkennen. Beim Herausnehmen aus dem Reagenzglas zerbricht der Streifen, der neu entstandene Stoff Kupfersulfid ist also kristallin und spröde. Das Reaktionsschema für diese Reaktion lautet:

Kupfer (s) + Schwefel (s) ⟶ Kupfersulfid (s)

Silber reagiert ebenso mit Schwefel. Dabei entsteht Silbersulfid.

Allgemein gilt: Bei der Reaktion von Metallen mit Schwefel entstehen **Metallsulfide**. Das Reaktionsschema für die Bildung von Metallsulfiden lautet:

Metall (s) + Schwefel (s) ⟶ Metallsulfid (s)

Eigenschaft	Kupfer	Schwefel	Kupfersulfid
Farbe	rötlich glänzend	gelb	blau-grau
Verformbarkeit	duktil	spröde	spröde
Schmelztemperatur	1085 °C	115 °C	1130 °C
Dichte	8,9 g/cm³	2,1 g/cm³	4,6 g/cm³
Elektrische Leitfähigkeit	gut	keine	keine

B3 Eigenschaften der Stoffe Kupfer, Schwefel und Kupfersulfid (**LV2a**)

B2 Reaktion von Kupfer mit Schwefel zu Kupfersulfid

AUFGABEN

A1 Formuliere das Reaktionsschema für die Reaktion von Silber mit Schwefel.

A2 Betrachte die Tabelle in **B3**. Beschreibe Stoffänderungen, die bei der Synthese von Kupfersulfid stattfinden.

A3 Überlege dir eine Vorgehensweise, um Edukt-Reste vom Produkt Kupfersulfid zu trennen. Plane entsprechende Experimente und erstelle dazu jeweils eine Versuchsanleitung.

A4 Ordne die Edukte und Produkte aus **LV2** begründet den Stoffklassen zu. Nimm dazu Bezug auf die Stoffeigenschaften in **B3**. Benenne die Teilchen, aus denen sie aufgebaut sind.

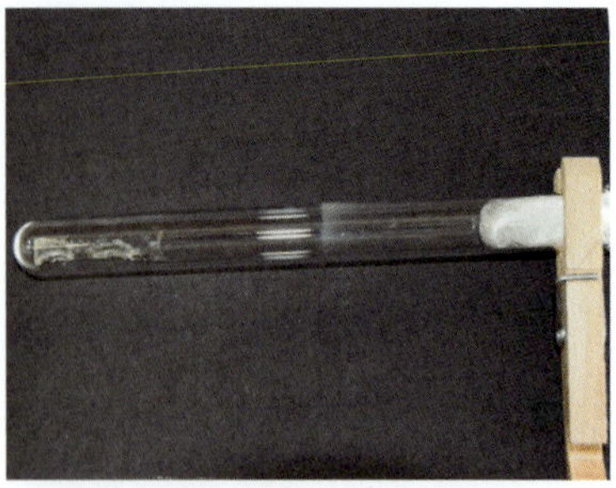

B4 Bei starkem Erhitzen wird Silbersulfid in Silber und Schwefel zerlegt.

Bildung und Zerlegung von Silbersulfid

Mit Stofftrennungsverfahren wie bei Stoffgemischen (vgl. Kap. 2.3) lassen sich die Metalle nicht mehr aus Metallsulfiden zurückgewinnen. Beim kräftigen Erhitzen von schwarzem Silbersulfid erhält man jedoch Silber und Schwefel wieder zurück (**LV3**, **B4**). Das Produkt Schwefel ist im Reagenzglas an seiner gelben Farbe erkennbar. Das zweite Produkt sieht zunächst dunkel aus. Wenn man es fest zusammenpresst, wird der typische Glanz von Silber sichtbar.

Festes Silbersulfid reagiert beim Erhitzen zu festem Silber und festem Schwefel. Das Reaktionsschema für diese Reaktion lautet:

Silbersulfid (s) ⟶ Silber (s) + Schwefel (s)

In diesem Fall entstehen aus einem Edukt zwei Produkte. Der Reinstoff Silbersulfid wird durch eine chemische Reaktion in die Reinstoffe Silber und Schwefel zerlegt.

Silbersulfid kann also aus Silber und Schwefel gebildet und wieder in diese Stoffe zerlegt werden. In der Teilchendarstellung (**B5**) ist zu erkennen, dass sich dabei die Stoffklassen ändern. Ein Metall und ein molekularer Stoff reagieren zu einem Salz. Diese Reaktion kann umgekehrt werden.

Nicht alle Metallsulfide können wieder durch einfaches Erhitzen zerlegt werden. Bei Eisensulfid und Kupfersulfid ist das nicht möglich (**LV3**).

In der Chemie bezeichnet man die Bildung eines Stoffes aus den Elementen als **Synthese** und seine Zerlegung in die Elemente als **Analyse** (vgl. Info).

Info

Im weiteren Sinne versteht man in der Chemie unter Analyse die Bestimmung der Art und der Menge der Bestandteile eines Stoffes oder Stoffgemisches. Als Synthese bezeichnet man außerdem die Bildung eines Stoffes aus einfach aufgebauten Edukten.

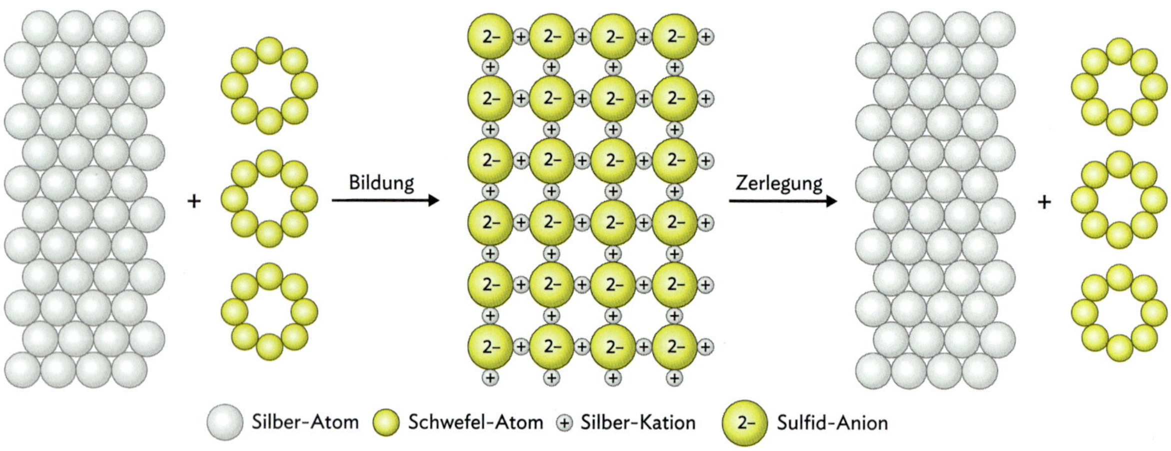

B5 Darstellung der Bildung und Zerlegung von Silbersulfid auf Teilchenebene

Elemente und Verbindungen

Silbersulfid ist ein Reinstoff, der sich in Silber und Schwefel zerlegen lässt. Silber und Schwefel sind Reinstoffe, die nicht weiter in andere Stoffe zerlegbar sind. Man unterscheidet daher zwischen zwei Arten von Reinstoffen:

Reinstoffe, die durch eine chemische Reaktion in andere Reinstoffe zerlegt werden können, sind **Verbindungen**.
Reinstoffe, die durch chemische Reaktion nicht in andere Reinstoffe zerlegt werden können, sind **Elemente**.

Info
Auf Teilchenebene bestehen die Baueinheiten (Stoffteilchen) der Elemente aus einer Atomsorte, die Baueinheiten der Verbindungen aus mindestens zwei Atomsorten (bzw. Ionensorten).

Derzeit sind 118 verschiedene Elemente und mehrere Millionen Verbindungen bekannt. Die Elemente sind im Periodensystem zu finden (vorne im Buchdeckel). Links unten im Periodensystem der Elemente stehen die **Metalle**, rechts oben die **Nichtmetalle**, dazwischen die **Halbmetalle**.

Info
Halbmetalle sind Elemente, die sowohl Eigenschaften von Metallen als auch von Nichtmetallen aufweisen. Sie können nicht eindeutig zugeordnet werden.

Verbindungen können nur durch **chemische Reaktionen** in Elemente zerlegt werden. Manchmal reicht es aus, eine Verbindung zu erhitzen. Die gebildeten Elemente sind neue Stoffe mit neuen Eigenschaften.

Gemische lassen sich durch **physikalische Trennverfahren** in Reinstoffe trennen. Das kann man z. B. durch Filtrieren und Destillieren erreichen. Für die Trennung eines Gemisches nutzt man die unterschiedlichen Eigenschaften der Reinstoffe (vgl. Kap. 2.3).

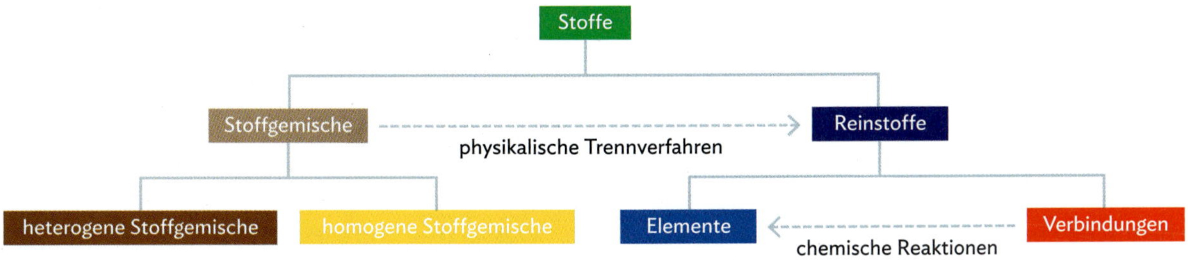

B6 Schema zur Einteilung von Stoffen (siehe auch S. 504)

AUFGABEN

A1 Teile die in Kapitel 2.5 vorkommenden Stoffe in Elemente und Verbindungen ein.

A2 Ordne die Begriffe aus dem Schema (**B6**) den Stoffen der Versuche von S. 80 und 81 zu.

A3 „Silbersulfid besteht aus Silber und Schwefel.“ Begründe, dass diese Aussage falsch ist. Formuliere eine zutreffende Aussage und benenne die Teilchen, aus denen die genannten Stoffe aufgebaut sind.

FACHBEGRIFFE

chemische Reaktion, Edukt, Produkt, Reaktionsschema, Reaktionspfeil, Metallsulfide, Synthese, Analyse, Verbindung, Element, Metalle, Nichtmetalle, Halbmetalle, physikalische Trennverfahren

Energieumwandlungen bei chemischen Reaktionen

Mit einem zischenden, pfeifenden Geräusch steigt der Feuerwerkskörper in den Himmel. Lichtgarben in allen Farben erleuchten den Himmel der Silvesternacht taghell. Ein ohrenbetäubender Donnerschlag folgt dem nächsten. Einmal gezündet wird viel Energie freigesetzt. Ist das bei allen chemischen Reaktionen der Fall?

V1 Geht's beim Hinweg bergab, geht's beim Rückweg ...

5 7 9

PROBLEM

Eine Wunderkerze muss gezündet werden, damit sie abbrennt. Ist die Startenergie notwendig für die chemische Reaktion? Und wie kann man eine chemische Reaktion umkehren?

DURCHFÜHRUNG

a) Gib zwei Spatel weißes Kupfersulfat (GHS 5 | 7 | 9) in ein Reagenzglas. Miss die Temperatur des Pulvers. Gib mit einer Pipette tropfenweise Wasser hinzu und beobachte dabei die Temperatur. Beende die Wasserzugabe, bevor das Produkt feucht erscheint.

b) Verteile das Reaktionsprodukt aus **V1a** großflächig im Reagenzglas. Befestige dieses waagerecht an einem Stativ. Erhitze mit der rauschenden Brennerflamme. Halte an die Reagenzglasöffnung ein Stück Watesmo-Papier.

AUSWERTUNG

a) Beschreibe deine Beobachtungen bei **V1a, b** und schließe auf die Reaktionsprodukte. (Hinweis: Watesmo-Papier färbt sich in Gegenwart von Wasser blau und eignet sich daher zum Nachweis von Wasser.)

b) Nenne die Energieform, in der die Energie in **V1a** freigesetzt wird.

c) Deine Mitschülerinnen und Mitschüler haben im Hinblick auf die Temperatur vielleicht andere Werte gemessen. Diskutiert gemeinsam mögliche Gründe für abweichende Messwerte.

ENTSORGUNG G2

V2 Eine Kühlmethode

PROBLEM

Beim Abbrennen von Feuerwerk oder beim Verbrennen von Holz wird Energie in Form von thermischer Energie und Lichtenergie freigesetzt. Bei welchen chemischen Reaktionen wird Energie aus der Umgebung aufgenommen?

DURCHFÜHRUNG

Gib in ein Reagenzglas 2 Spatelspitzen Natriumcarbonat-Decahydrat (GHS 7) und miss die Temperatur. Gib eine Spatelspitze Citronensäure (GHS 7) hinzu, mische die Reaktionspartner (Edukte) und miss die Temperatur erneut.

AUSWERTUNG

a) Notiere die Werte für die Temperatur.

b) Leite anhand der Beobachtungen einen Unterschied im Energiegehalt der Edukte und der Produkte der Reaktion ab.

c) Vergleiche die Beobachtungen von **V2** mit denen von **V1a**.

ENTSORGUNG A, R

LV3 Der „zündende Funke“

PROBLEM

Warum muss man einen Feuerwerkskörper zünden? Ist bei verschiedenen Reaktionen auch unterschiedlich viel Energie im Spiel?

DURCHFÜHRUNG

a) **Abzug!** Auf eine Magnesiarinne wird ein Gemisch aus 4,2 g Eisenpulver (GHS 2) und 2,5 g Schwefelpulver (GHS 7) gegeben. Das Gemisch wird an einem Ende der Magnesiarinne nur so lange mit einem Brenner erhitzt, bis die Reaktion einsetzt (**B1**).

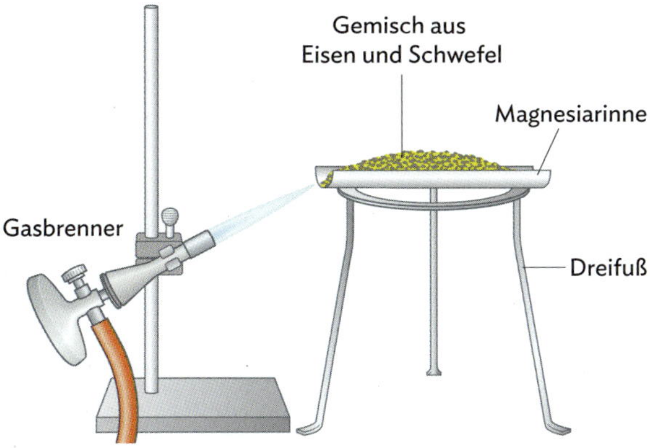

B1 Aufbau von **LV3**

b) Der Versuch wird mit 5 g Zinkpulver (GHS 2 | 9) und 2,5 g Schwefel (GHS 7) wiederholt.

c) Der Versuch wird nochmals mit 4,8 g Kupferpulver (GHS 2 | 9) und 2,5 g Schwefel (GHS 7) durchgeführt.

AUSWERTUNG

a) Beschreibe die Veränderungen des Eisen-Schwefel-Gemisches nach dem Zünden.

b) Erkläre die Funktion der Brennerflamme bei **LV3**.

c) Beschreibe und vergleiche deine Beobachtungen bei **LV3a**, **b** und **c**.

d) Formuliere für **LV3a-c** jeweils das Reaktionsschema.

e) Bei **LV3** wird mit dem Brenner zunächst Energie zugeführt. Während der Reaktion wird schließlich Energie freigesetzt. Man bezeichnet eine chemische Reaktion als exotherm, wenn bei der Reaktion insgesamt Energie abgegeben wird. Diskutiere, ob es sich bei **LV3a-c** um exotherme Reaktionen handelt.

ENTSORGUNG G2

B1 Bei der Verbrennung von Holz werden thermische Energie und Lichtenergie freigesetzt.

Energieträger – chemische Energie

Beim Abbrennen von Feuerwerkskörpern stehen die Lichteffekte und die Geräusche im Vordergrund und nicht die Produkte der jeweiligen chemischen Reaktionen. Wie die Stoffe in den Feuerwerkskörpern, so sind auch Holz, Kohle, Erdöl, Erdgas und Wasserstoff energiereiche Stoffe. Man nennt sie Energieträger. Sie „tragen Energie mit sich". In ihnen ist viel Energie chemisch gespeichert. Die in den Stoffen auf diese Art gespeicherte Energie nennt man **chemische Energie**. Beim Verbrennen der Energieträger entstehen aus energiereichen Stoffen energieärmere Stoffe wie zum Beispiel Wasser und Kohlenstoffdioxid. Die Differenz der chemischen Energie der Edukte (Ausgangsstoffe) und der Produkte (Endstoffe) wird während der chemischen Reaktion an die Umgebung abgegeben, meist in Form von thermischer Energie und Lichtenergie (**B2**). Energieformen werden bei einer chemischen Reaktion zwar ineinander umgewandelt, die Gesamtenergie bleibt aber konstant (Energieerhaltung).

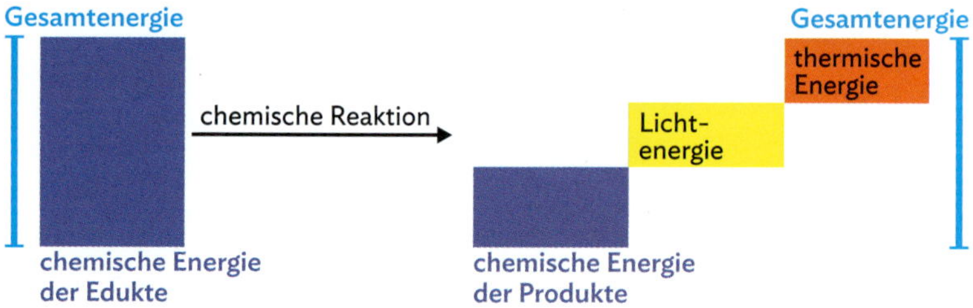

B2 Schema zur Energieumwandlung bei einer Verbrennung.

Energie wird weder erzeugt noch vernichtet. Stattdessen finden Energieumwandlungen von chemischer, in Stoffen gespeicherter Energie in andere Energieformen oder umgekehrt statt. Die bei einer chemischen Reaktion abgegebene oder aufgenommene Energie nennt man **Reaktionsenergie**.

Exotherme und endotherme Reaktionen

Gibt man zu weißem Kupfersulfat etwas Wasser, entsteht blaues Kupfersulfat-Pentahydrat und man kann einen beachtlichen Temperaturanstieg feststellen (**V1a**). Aus dem Reaktionsgefäß wird Wärme an die Umgebung abgegeben.

Die gesamte in den Edukten Kupfersulfat und Wasser gespeicherte chemische Energie ist größer als die Energie des Produkts Kupfersulfat-Pentahydrat (**B3**). Bei dieser chemischen Reaktion wird also ein Teil der in den Edukten gespeicherten chemischen Energie in thermische Energie umgewandelt und freigesetzt. Solche Reaktionen, die unter Abgabe von Energie verlaufen, bezeichnet man als **exotherme Reaktionen**. Die Energie wird meist in Form von thermischer Energie freigesetzt, kann aber auch in Lichtenergie, Bewegungsenergie oder elektrische Energie umgewandelt werden.

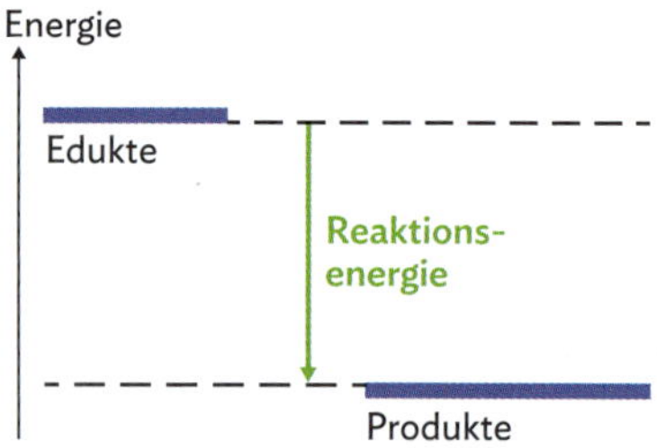

B3 Energiediagramm einer exothermen Reaktion: Die chemische Energie der Edukte ist größer als die der Produkte. Die Reaktionsenergie wird freigesetzt.

Um blaues Kupfersulfat-Pentahydrat in Wasser und weißes Kupfersulfat zu zerlegen, muss man während der gesamten Reaktion erhitzen, also Wärme zuführen. Eine solche Reaktion, die nur stattfindet, wenn man dem System Energie aus der Umgebung zuführt, nennt man **endotherme Reaktion**.

Bei einer chemischen Reaktion findet neben der Stoffumwandlung auch immer ein Energieumsatz statt. Bei einer exothermen Reaktion wird vom reagierenden System Energie abgegeben, bei einer endothermen Reaktion wird Energie vom reagierenden System aufgenommen.

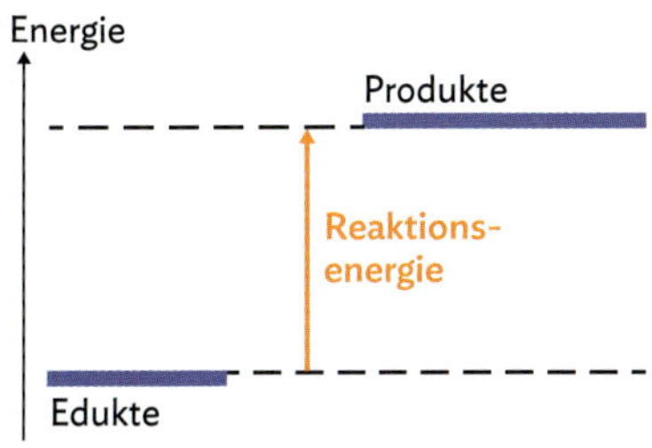

B4 Energiediagramm einer endothermen Reaktion: Die chemische Energie der Edukte ist kleiner als die der Produkte. Die Reaktionsenergie wird aufgenommen.

Der Energieumsatz bei einer chemischen Reaktion lässt sich in einem **Energiediagramm** veranschaulichen (**B3**, **B4**), das den Energiegehalt der Edukte bzw. der Produkte als Balken in einem Koordinatensystem darstellt.

Im Reaktionsschema einer chemischen Reaktion wird auf der Seite der Produkte angegeben, ob Energie aufgenommen bzw. abgegeben wird.

Beispiel:

Kupfersulfat (s) + Wasser (l) ⟶ Kupfersulfat-Pentahydrat (s) | exotherm

Die Bildung und Zerlegung von Kupfersulfat-Pentahydrat kann man in einem Diagramm als Kreisprozess darstellen (**B5**).

Ist die Bildung eines Stoffes exotherm, so ist seine Zerlegung endotherm. Ist die Zerlegung endotherm, so ist die Bildung exotherm.

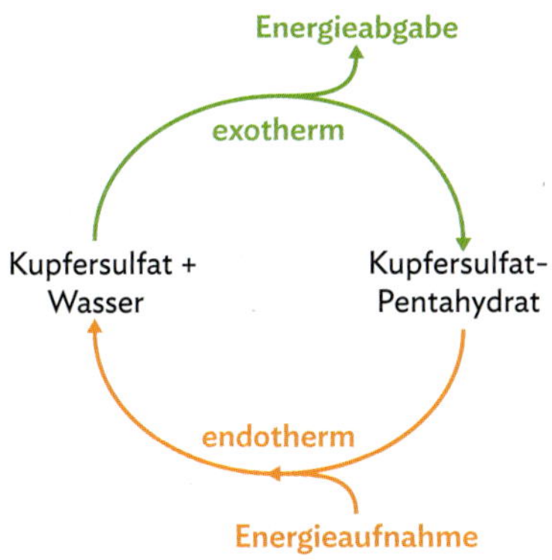

B5 Schema zur Bildung und Zerlegung von Kupfersulfat-Pentahydrat

AUFGABEN

A1 Formuliere das Reaktionsschema für die Zerlegung von Kupfersulfat-Pentahydrat. Berücksichtige dabei den Energieaspekt der Reaktion.

A2 Das Schema **B2** stellt die Energieumwandlung für eine exotherme Reaktion dar. Zeichne eine entsprechende Darstellung für eine endotherme Reaktion, die durch Zufuhr von Licht ausgelöst wird.

A3 Wenn fossile Energieträger wie Erdgas, Erdöl oder Kohle bzw. die darin enthaltenen Stoffe verbrannt werden, wird thermische Energie und Lichtenergie frei. Recherchiere, über welche Prozesse die Energie in diese Stoffe gelangt ist. Stelle die Energieaufnahme und die Energieabgabe in einem Kreisprozess dar.

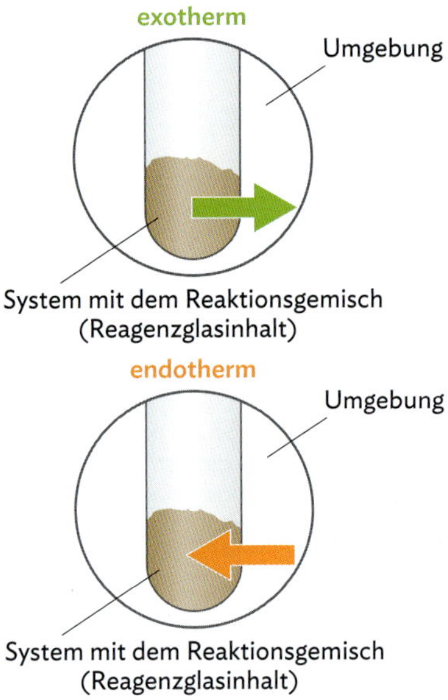

B6 Schemata zum Energiefluss zwischen reagierendem System und Umgebung bei einer exothermen (oben) und einer endothermen Reaktion (unten)

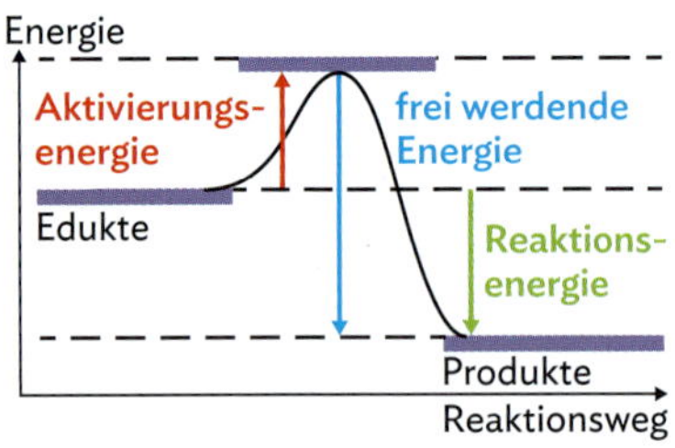

B7 Energiediagramm einer exothermen Reaktion mit Aktivierungsenergie

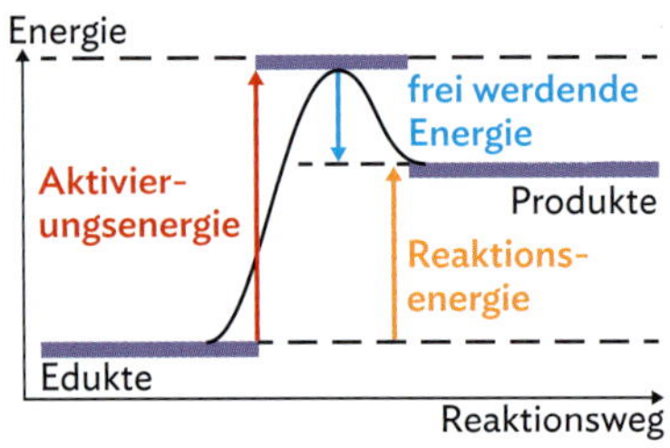

B8 Energiediagramm einer endothermen Reaktion mit Aktivierungsenergie

Reagierendes System und Umgebung

Mischt man Citronensäure mit Natriumcarbonat-Decahydrat, so wird es in der Umgebung des Reaktionsgefäßes kalt (**V2**). Wärme ist aus der Umgebung in das System geflossen. Als **System** bezeichnet man in der Chemie die Edukte und Produkte, also die Chemikalien, eines Versuchs. Alles andere (z. B. Gasbrenner und Reagenzglas) nennt man **Umgebung**. Die Reaktion läuft nur ab, wenn beständig Energie zugeführt wird, sie ist also endotherm. Die Energie, die aus der Umgebung abgezogen wird, führt dort zum Absinken der Temperatur. Man kann mit dieser Reaktion also die Umgebung kühlen.

Bei exothermen Reaktionen wie z. B. bei der Verbrennung von Holz fließt Energie aus dem System in die Umgebung. Die Umgebung erwärmt sich, Licht gelangt zum Beobachter. Den Energiefluss bei chemischen Reaktionen kann man durch Schemata veranschaulichen (**B6**).

Die Aktivierungsenergie

Eine Wunderkerze beginnt erst zu brennen, wenn man sie z. B. mit einem Feuerzeug anzündet. Vorher fehlt der „zündende Funke" für diese exotherme Reaktion. Man muss also zunächst dem System eine bestimmte Energieportion hinzufügen, um insgesamt Energie bei der Reaktion freizusetzen. Auch im Fall der Bildung von Zinksulfid setzt die Reaktion nicht bereits beim Kontakt der Reaktionspartner ein; das Metall Zink und das Nichtmetall Schwefel können gemischt werden, ohne dass eine Reaktion stattfindet (**LV3**). Um die Reaktion in Gang zu bringen, muss man die Reaktionspartner durch Zuführen von **Aktivierungsenergie** in den reaktionsfähigen Zustand bringen. Hat die Reaktion von Zink und Schwefel aber einmal eingesetzt, so läuft sie selbsttätig weiter ab. Das erkennt man daran, dass sich das Glühen durch das gesamte Gemisch aus Zink und Schwefel von alleine fortsetzt.

Die Aktivierungsenergie für Reaktionen sowie der Energiegehalt der Stoffe im reaktionsfähigen Zustand werden in Energiediagrammen dargestellt (**B7**, **B8**). Bei einer exothermen Reaktion wird mehr Energie freigesetzt als Aktivierungsenergie zugeführt wurde. Zieht man von der **frei werdenden Energie** die **zugeführte Aktivierungsenergie** ab, so erhält man die **Reaktionsenergie einer exothermen Reaktion** (**B7**).

Bei endothermen Reaktionen, wie z. B. der Zerlegung von Kupfersulfat-Pentahydrat, muss sehr viel Aktivierungsenergie zugeführt werden (**B8**). Ist die Aktivierungsenergie für die Reaktion vorhanden, so wird jedoch ein kleiner Energiebetrag wieder frei. Die **Reaktionsenergie einer endothermen Reaktion** ist gleich der **zugeführten Aktivierungsenergie** abzüglich der **frei werdenden Energie** (**B8**). Insgesamt nimmt das Reaktionssystem Energie auf. Im Energiediagramm zeigt deshalb der Pfeil für die Reaktionsenergie von unten nach oben (**B8**, **orangefarbener Pfeil**).

Im Fall der exothermen Reaktion zeigt der Pfeil der Reaktionsenergie hingegen von oben nach unten (**B7**, **grüner Pfeil**), da insgesamt Energie an die Umgebung abgeben wird.

Die Aktivierungsenergie ist die Energie, die zunächst zugeführt werden muss, damit eine chemische Reaktion abläuft. Sie ist nötig, um die Edukte in den reaktionsfähigen Zustand bringen.

Unterschiedlich stark exotherme Reaktionen

Einmal gezündet, glüht das Eisen-Schwefel-Gemisch mit kräftiger Licht- und Wärmefreisetzung vollständig und ohne weitere Energiezufuhr durch (**LV3a**). Bei vergleichbaren Mengen an Zink und Schwefel beobachtet man einen grellen Lichtblitz und eine explosionsartige Verpuffung (**LV3b**). Im Gegensatz dazu erkennt man nach dem Zünden eines Kupfer-Schwefel-Gemisch nur ein schwaches Glühen (**LV3c**). Wie kann man sich diesen Unterschied erklären?

Bei der Bildung der drei Metallsulfide (Eisensulfid, Zinksulfid, Kupfersulfid) wird unterschiedlich viel Energie freigesetzt. Die Bildung von Kupfersulfid setzt am wenigsten Energie frei, die Bildung von Zinksulfid am meisten. Die Bildung von Eisensulfid liegt im Hinblick auf die Freisetzung von Energie zwischen diesen beiden Reaktionen.

Kupfer (s) + Schwefel (s) ⟶ Kupfersulfid (s) | schwach exotherm

Eisen (s) + Schwefel (s) ⟶ Eisensulfid (s) | exotherm

Zink (s) + Schwefel (s) ⟶ Zinksulfid (s) | stark exotherm

Bei der Synthese der Metallsulfide wird chemische Energie der Edukte in unterschiedlichem Ausmaß in thermische Energie und Lichtenergie umgewandelt. Die Unterschiede in der freigesetzten Energiemenge werden im Energiediagramm durch unterschiedliche Pfeillängen veranschaulicht (**B10**).

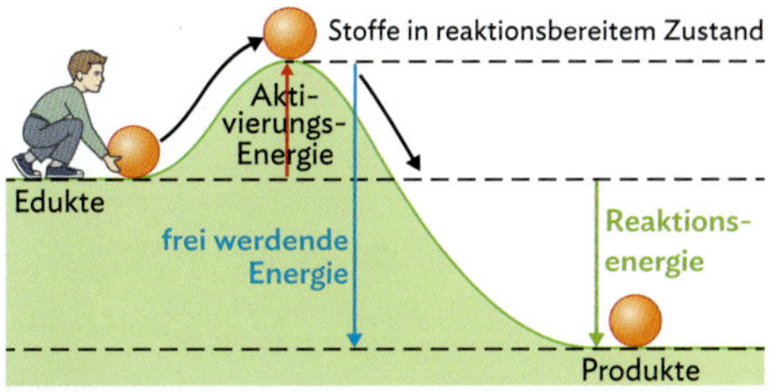

B9 Analogie zur Überwindung der Aktivierungsenergie

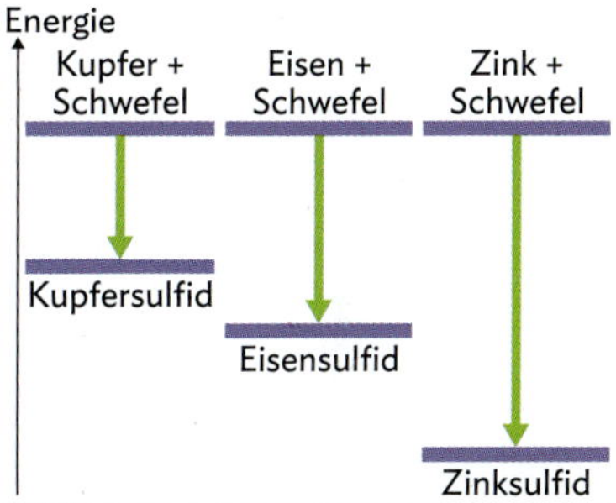

B10 Unterschiedlich stark exotherme Reaktionen: Die chemische Energie der Edukte ist jeweils größer als die der Produkte.

AUFGABEN

A1 Formuliere das Reaktionsschema für die Zerlegung der Verbindung Kupfersulfid in die Elemente. Zeichne das zugehörige Energiediagramm.

A2 **B9** zeigt eine modellhafte Analogie zur Überwindung der Aktivierungsenergie. Erläutere und diskutiere die Darstellungsweise.

FACHBEGRIFFE

chemische Energie, Reaktionsenergie, exotherm, endotherm, Energiediagramm, System, Umgebung, Aktivierungsenergie, frei werdende Energie

Ein Energiediagramm beschreiben

Ein Energiediagramm zu einer chemischen Reaktion zeigt, ob die Reaktion exotherm oder endotherm ist und wie viel Aktivierungsenergie für den Ablauf der Reaktion aufgewendet werden muss. Das Energiediagramm zu einer chemischen Reaktion kann man wie folgt beschreiben.

So geht's

1. Lies aus dem Energiediagramm das Reaktionsschema ab. Die Edukte der Reaktion stehen links an der Kurve des Reaktionsweges, der x-Achse. Folge dem Kurvenverlauf bis zu den Produkten der Reaktion.
2. Beschreibe den Kurvenverlauf von den Edukten bis zu den Produkten. Gib an, ob Energie zugeführt werden muss oder frei wird. Wenn der Kurvenverlauf ansteigt, muss den Stoffen Energie zugeführt werden. Fällt der Kurvenverlauf ab, wird Energie frei.
3. Vergleiche den Energiegehalt der Edukte mit dem Energiegehalt der Produkte. Stelle damit fest, ob die Reaktion exotherm oder endotherm ist.

Beispiel:

(1) Eisen (s) + Schwefel (s) ⟶ Eisensulfid (s)

(2) Der Kurvenverlauf steigt zunächst an. Den Edukten Eisen und Schwefel wird Energie, die Aktivierungsenergie, zugeführt. Die Edukte liegen jetzt im reaktionsbereiten Zustand vor. Nun fällt der Kurvenverlauf ab. Die Stoffe im reaktionsbereiten Zustand reagieren unter Energieabgabe zu dem Produkt Eisensulfid.

(3) Der Energiegehalt des Produkts ist geringer als der Energiegehalt der Edukte, die Reaktion verläuft exotherm.

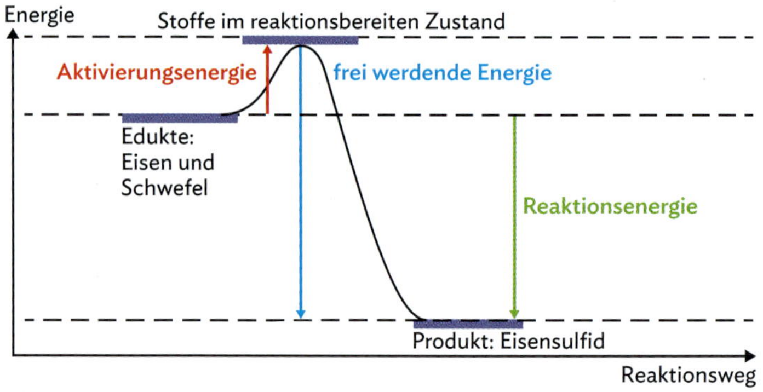

AUFGABE

A1 Beschreibe das Energiediagramm für die Reaktion von Silbersulfid zu Silber und Schwefel. Nutze die Formulierungen aus der Fachmethode und Fachbegriffe.

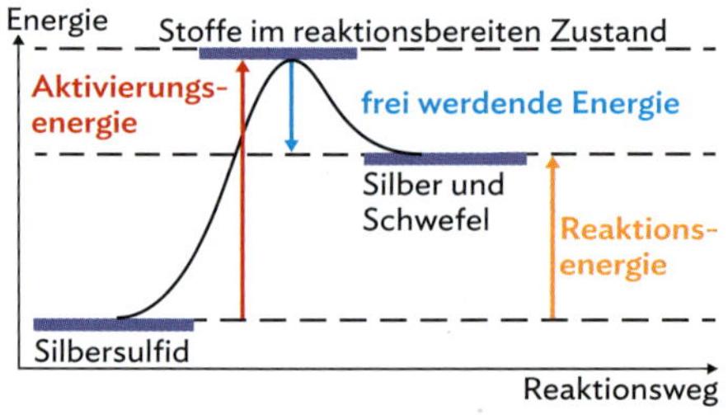

Das kalte Leuchten

Eine Glühlampe wird warm, wenn sie leuchtet. „Geknickte" Knicklichter und manche Insekten, Pilze und Meerestiere leuchten – und bleiben kalt. Kaltes Leuchten nennt man Lumineszenz. Und dahinter steckt Chemie.

Bei chemischen Reaktionen kann Wärme oder auch Licht frei werden.

Für das Leuchten von Knicklichtern nutzt man eine chemische Reaktion, bei der die Reaktionsenergie nicht als thermische Energie, sondern ausschließlich als Lichtenergie abgegeben wird. Solch eine Reaktion, die sogenanntes „kaltes Licht" abstrahlt, nennt man **Chemolumineszenz**-Reaktion.

Und so funktioniert's:
Ein Knicklicht besteht aus einem äußeren, flexiblen Kunststoffschlauch (1), der eine nicht leuchtende Farbstofflösung (3) enthält. Im Inneren des Schlauchs befindet sich ein kleines Glasröhrchen mit einer reaktionsbereiten Chemikalie (2), häufig Wasserstoffperoxid. Auch dieser Stoff leuchtet nicht. Wenn man das Knicklicht knickt und etwas schüttelt, zerbricht das Glasröhrchen (4). Beide Stoffe können sich nun vermischen und miteinander reagieren und bei dieser Reaktion wird kaltes Licht abgegeben (5).

Auch in der Natur laufen chemische Reaktionen ab, bei denen kaltes Licht entsteht, man spricht von **Biolumineszenz**.

B1 Auch in der Natur leuchtet es kalt: Leuchtqualle und Glühwürmchen

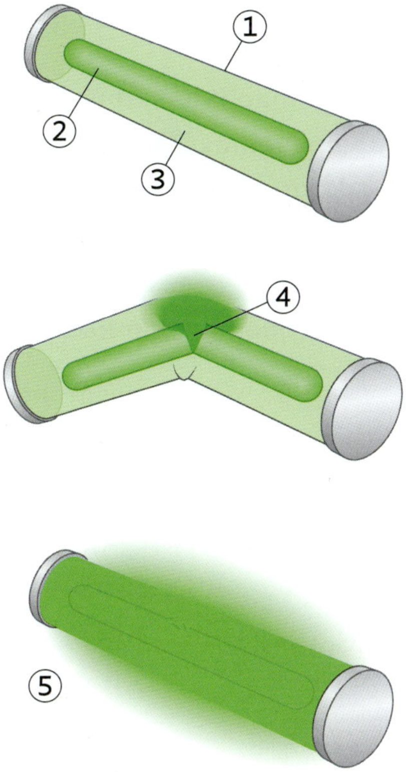

Und wer kann's?
Bestimmte *Insekten*, z. B. Glühwürmchen, und *Meeresbewohner* wie einige Leuchtquallen, Korallen und Tiefseefische, aber auch *Pilze* wie der Hallimasch. Das Leuchten dient ihnen zur Kommunikation, zum Anlocken von Beute oder Partnern oder zur Abwehr von Feinden. Ruderfußkrebse z. B. stoßen bei Gefahr durch spezielle Drüsen leuchtende Wolken aus. Das blendet den Angreifer und ermöglicht die Flucht.
Das Meeresleuchten an vielen Küsten wird von *Einzellern* (Plankton) hervorgerufen. Auch bestimmte *Bakterien* leuchten: Lässt man einen (toten) Salzhering liegen, beginnt er im Dunkeln zu leuchten – dank eines Bakteriums, das sich auf ihm vermehrt.

AUFGABEN

A1 Beschreibe, was man unter Chemolumineszenz versteht.

A2 Recherchiere verschiedene Bereiche, in denen Knicklichter eingesetzt werden. Bereite ein Kurzreferat zu einem Beispiel vor.

Grundgesetze bei chemischen Reaktionen

Wer schon einmal ein Lagerfeuer gemacht hat, kennt das Phänomen: Von dem großen Stapel Brennholz bleibt nur ein kleines Häufchen Asche übrig. Was geschieht während dieser exothermen Reaktion? Geht die Masse des Brennholzes verloren? Beim Abbrennen einer Wachskerze bleibt nichts mehr übrig. Oder vielleicht doch?

V1 Untersuchungen zur Masse bei chemischen Reaktionen

PROBLEM

Ein abgebranntes Streichholz scheint leichter zu sein als vorher. Direkt nach dem Auspusten sieht man aber noch Rauch aufsteigen. Kann es sein, dass ein Teil der Masse „in die Luft gegangen ist"?

DURCHFÜHRUNG

a) Gib vier Streichhölzer mit dem Kopf nach unten in ein Reagenzglas. Wiege und notiere die Masse. Erhitze das Reagenzglas mit dem Brenner, bis die Hölzchen zünden. Lass das Reagenzglas abkühlen und bestimme erneut die Masse.

b) Wiederhole den obigen Versuch. Nur verschließe vorher die Öffnung des Reagenzglases mit einem Luftballon. Bestimme ebenfalls jeweils vor und nach der Reaktion die Masse.

AUSWERTUNG

a) Vergleiche deine Messungen der Massen in **V1a** und **b**.

b) Begründe die unterschiedlichen Messergebnisse bei **V1a** und **b**. Nimm Bezug auf die Reaktionspartner und den Versuchsaufbau.

B1 Versuchsaufbau zu **V1b**

ENTSORGUNG R

LV2 Reaktion von Aktivkohle mit Sauerstoff

PROBLEM

Wo ist die Masse geblieben, wenn ein Stoff nach einer Reaktion nicht mehr zu sehen ist?

DURCHFÜHRUNG

Ein Rundkolben mit 200 mg Aktivkohle wird mit Sauerstoff (GHS 3 | 4) gespült und fest mit Lochstopfen und einem Ballon (**B2**) verschlossen. Der Kolben wird genau gewogen und die Gesamtmasse notiert.
Der Kolben wird mit einer Stativklemme gefasst und gleichmäßig über der Brennerflamme erwärmt. Anschließend wird der Bereich mit den Kohlestückchen stark erhitzt bis alle glühen. Nun wird der Kolbeninhalt so lange im Kreis geschwenkt, bis alle Kohlestückchen verglüht sind (evtl. vorher verdunkeln). Nachdem der Kolben abgekühlt ist, wird erneut gewogen.

AUSWERTUNG

a) Formuliere das Reaktionsschema zu **LV2** unter Berücksichtigung des Energieumsatzes.

b) Bei chemischen Reaktionen in einem geschlossenen System findet kein Stoffaustausch mit der Umgebung statt. Vergleiche anhand dieser Tatsache die Messergebnisse bei **V1b** und **LV2**.

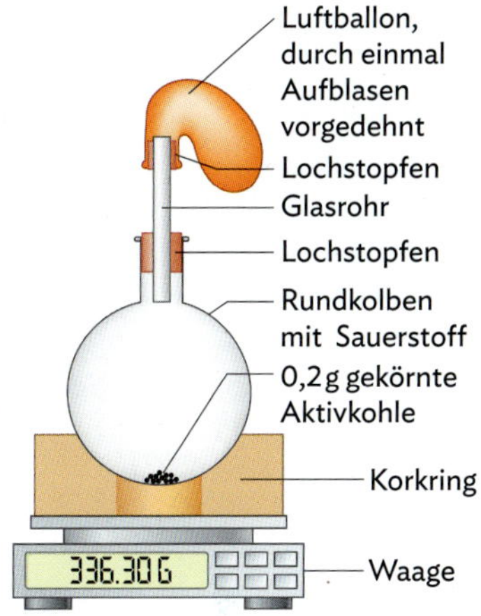

B2 Versuchsaufbau zu **LV2**

ENTSORGUNG R

LV3 Reaktion von Kupfer mit Schwefel

PROBLEM

Ähnlich wie die Zutaten bei einem Backrezept, können die Edukte bei chemischen Reaktionen in unterschiedlichen Mengen eingesetzt werden. Wie wirkt sich das auf die gebildeten Produkte aus?

DURCHFÜHRUNG

Es werden drei dünne Kupferstücke im Massenbereich 0,4 bis 1,0 Gramm abgeschnitten und gewogen. Die Massen m_1(Kupfer) bis m_3(Kupfer) werden notiert (siehe nebenstehende Tabelle). In drei markierte Reagenzgläser wird jeweils ein gehäufter Spatel Schwefel (GHS 7) eingefüllt.

Im Abzug wird jeweils ein Kupferblechstreifen ins Reagenzglas gegeben und das Gemisch mit dem Brenner erhitzt, bis der Streifen vollständig durchgeglüht ist. Aus dem flüssigen Schwefel wird der Streifen auf eine feuerfeste Unterlage ausgegossen. Eventuell noch anhaftender Schwefel kann durch Verbrennen mit der Tiegelzange im Brenner entfernt werden. Das abgekühlte Produkt wird dann erneut gewogen.

AUSWERTUNG

m(Kupfer)	*m*(Kupfersulfid)	*m*(Schwefel)	Verhältnis *m*(Kupfer) zu *m*(Schwefel)

a) Bei der Reaktion wird das Produkt Kupfersulfid gebildet. Formuliere das Reaktionsschema.

b) Berechne die Masse des umgesetzten Schwefels *m*(Schwefel) durch Subtraktion der Massen von Kupfersulfid und Kupfer.

c) Berechne das jeweilige Verhältnis der umgesetzten Massen von Kupfer und Schwefel.

d) Fasse die Versuchsergebnisse in einer allgemeinen Aussage zusammen.

ENTSORGUNG G2

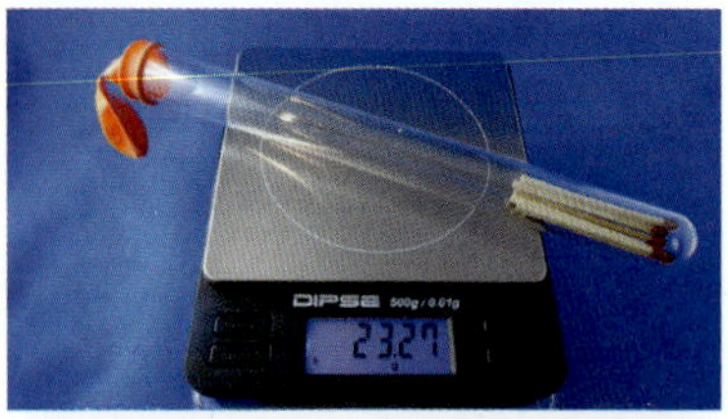

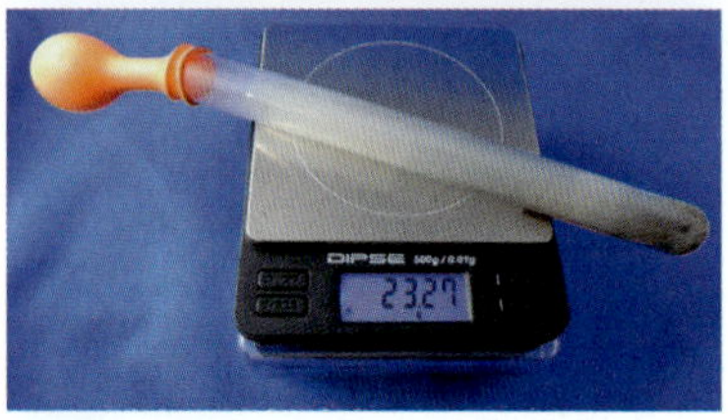

B1 Streichhölzer im geschlossenen System vor und nach der Verbrennung

Das Gesetz von der Erhaltung der Masse

Wenn ein Streichholz brennt, findet eine chemische Reaktion statt. Im Verlauf der Reaktion wird der Stoff Holz umgewandelt, bis nur noch Aschereste übrig sind. Diese haben eine geringere Masse als das ursprüngliche Streichholz (**V1a**). Warum ist das so?

Eine erste Erklärung liefert der Blick auf die Produkte der Reaktion. Neben einigen Metallsalzen, die als weiße Asche zurückbleiben, entstehen vor allem die Stoffe Kohlenstoffdioxid und Wasserdampf.

Das entstehende Kohlenstoffdioxid ist ein Gas, das im **offenen System** entweicht und schließlich auf der Waage nicht mitgewogen wird. Das Gleiche gilt für den gasförmigen Wasserdampf.

Eine Lösung des Problems versuchte bereits ANTOINE LAVOISIER im 18. Jahrhundert zu finden. Er untersuchte die Massenverhältnisse bei Verbrennungsreaktionen und führte dazu Untersuchungen in **geschlossenen Systemen** durch. Verbrennt man Streichhölzer in einem Reagenzglas, das mit einem Luftballon verschlossen ist, so bläht sich der Ballon auf und verhindert, dass Gase austreten. Bei genauer Beobachtung kann man auch kondensiertes Wasser am Reagenzglasrand erkennen. Die Waage dagegen zeigt keinerlei Veränderung der Masse an (**B1**, **V1b**). LAVOISIER erhielt dasselbe Ergebnis und formulierte das **Gesetz von der Erhaltung der Masse**:

> Bei chemischen Reaktionen im geschlossenen System bleibt die Gesamtmasse unverändert. Die Massen der Edukte entsprechen den Massen der Produkte.

B2 Aktivkohle glüht bei ihrer Reaktion in reinem Sauerstoff auf.

In einem geschlossenen Versuchsaufbau wird Aktivkohle (reiner Kohlenstoff) mit Sauerstoff zur Reaktion gebracht (**B2**, **V2**). Der Kolben wird vorher und nachher gewogen. Nach der Reaktion beobachtet man, dass die Aktivkohle im Kolben verschwunden und die Masse unverändert ist. Das Gas im Kolben kann man als Kohlenstoffdioxid nachweisen.

Folgendes Reaktionsschema beschreibt die Reaktion:

Kohlenstoff (s) + Sauerstoff (g) $\longrightarrow$ Kohlenstoffdioxid (g) | exotherm

Man liest: „Fester Kohlenstoff und gasförmiger Sauerstoff reagieren zu gasförmigem Kohlenstoffdioxid".

Auf der Teilchenebene kann der Massenerhalt so erklärt werden: Vor der Reaktion liegen Kohlenstoff-Atome im Feststoffverband vor. Sauerstoff-Moleküle bestehen jeweils aus zwei aneinander gebundenen Sauerstoff-Atomen. Bei der Reaktion bilden sich Kohlenstoffdioxid-Moleküle, die aus drei aneinander gebundenen Atomen zusammengesetzt sind: einem Kohlenstoff-Atom und zwei Sauerstoff-Atomen. Dabei bleibt die Gesamtzahl der Atome eines Elements vor und nach der Reaktion gleich und die Masse erhalten.

EK Das Forscherpaar LAVOISIER

ANTOINE LAVOISIER (1743 – 1794) war Rechtsanwalt und Chemiker. Seine experimentellen Arbeiten zu chemischen Reaktionen, an denen Gase beteiligt sind, sind der Beginn der modernen Chemie. Mit 28 Jahren heiratete ANTOINE LAVOISIER die erst dreizehnjährige ANNE PIERETTE PAULZE, die sich später MARIE LAVOISIER nannte. Das Ehepaar LAVOISIER richtete sich ein großes Labor ein und experimentierte gemeinsam. ANTOINE LAVOISIER ließ Apparaturen bauen, mit denen man genauer als je zuvor Gasvolumina messen und wiegen konnte. MARIE LAVOISIER führte das gemeinsame Laborbuch und übersetzte wissenschaftliche Werke. Auf das Forscherpaar LAVOISIER geht auch die methodische Aufteilung der Dokumentation der Laborversuche in Versuchsbeschreibung (*préparation de l'expérience*), Versuchsergebnis (*effet*) und Schlussfolgerung (*réflexions*) zurück.

B3 Das Ehepaar LAVOISIER in dem gemeinsamen Labor

AUFGABE

A1 Betrachte in **B4** die folgenden Darstellungen der Teilchenebene a) bis d) für die Reaktion von Kohlenstoff C mit Sauerstoff O_2 zu Kohlenstoffdioxid CO_2 (**V2**). Entscheide und begründe jeweils, ob die Darstellung korrekt ist oder nicht.

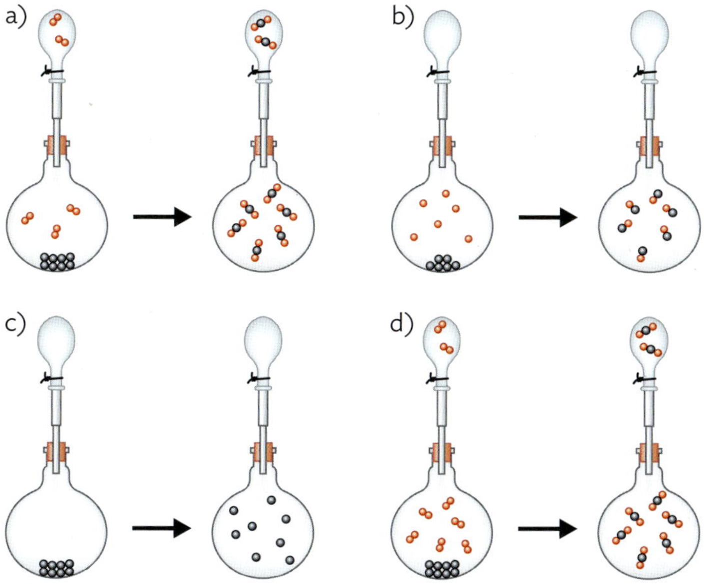

B4 Modelldarstellungen der Teilchenebene zu **A1**

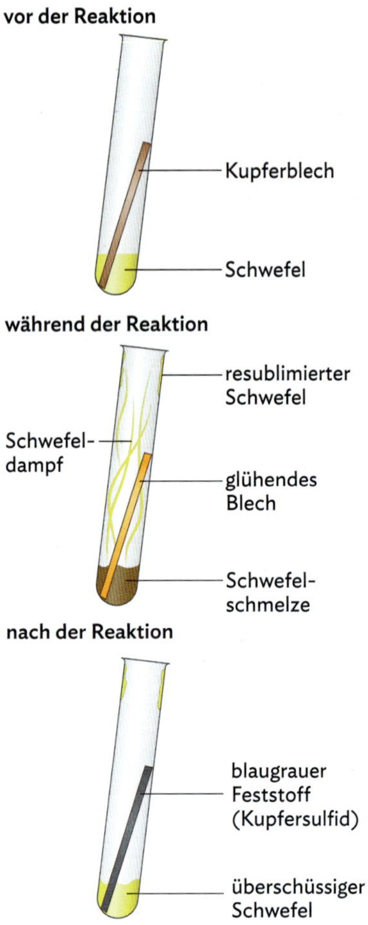

B5 Reaktion von Kupfer mit Schwefel in verschiedenen Stadien

Das Gesetz der konstanten Massenverhältnisse

Betrachtet man z. B. die Reaktion zwischen Kupfer und Schwefel, so stellt sich die Frage, ob die beiden Reaktionspartner immer im selben Verhältnis zu Kupfersulfid reagieren oder ob die Zusammensetzung dieses Produkts immer unterschiedlich ist:

Kupfer (s) + Schwefel (s) ⟶ Kupfersulfid (s) | exotherm

Diese Frage kann mit einer Versuchsreihe beantwortet werden, bei der Kupferstückchen unterschiedlicher Masse jeweils mit einem Überschuss an Schwefel (**B5**) zur Reaktion gebracht werden (**LV3**). Wenn man von der Masse des gebildeten Kupfersulfids die Masse des eingesetzten Kupfers abzieht, erhält man die Masse des reagierenden Schwefels, z. B.:

m(Kupfer)	*m*(Kupfersulfid)	*m*(Schwefel)	Verhältnis *m*(Kupfer) zu *m*(Schwefel)
0,56 g	0,70 g	0,14 g	4
0,72 g	0,90 g	0,18 g	4
0,97 g	1,21 g	0,24 g	4,04

Wie man sieht, ist das Massenverhältnis der Reaktionspartner Kupfer und Schwefel praktisch konstant, nämlich 4 : 1. Es ist also kein Zufall, welche Massen miteinander reagieren. Entsprechende Ergebnisse lassen sich auch für alle anderen chemischen Reaktionen erzielen. Man erhält stets konstante Verhältnisse, allerdings mit anderen Verhältniszahlen. Es gilt daher das **Gesetz der konstanten Massenverhältnisse**:

Elemente reagieren immer in einem ganz bestimmten (konstanten) Massenverhältnis zu einer Verbindung.

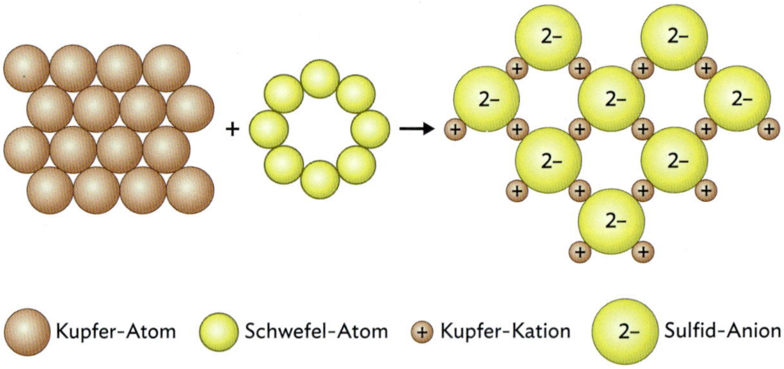

B6 Die Reaktion von Kupfer und Schwefel auf Teilchenebene: Kupfer-Atome sind in einem Metallgitter angeordnet und reagieren mit Schwefel-Molekülen zur einer Ionenverbindung. Kupfersulfid setzt sich aus einfach positiv geladenen Kupfer-Kationen und zweifach negativ geladenen Sulfid-Anionen im Verhältnis 2 : 1 zusammen.

Von den Massenverhältnissen zur Verhältnisformel

Die Atome eines Elements besitzen eine für sie typische Masse (vgl. S. 57). Diese entspricht der Massenzahl, die im Periodensystem der Elemente oben links angegeben wird. Demnach hat ein Kupfer-Atom ungefähr die doppelte Atommasse wie ein Schwefel-Atom (**B7**).
Bei der Reaktion entstehen Kupfer-Kationen und Sulfid-Anionen (**B6**). Da die Massen der beteiligten Elemente immer in einem bestimmten Verhältnis zueinander stehen, muss dies auf Teilchenebene auch für die Ionen gelten. Die **Verhältnisformel** von Kupfersulfid kann daher aus den Messergebnissen ermittelt werden:
Das gemessene Massenverhältnis von Kupfer zu Schwefel beträgt 4 zu 1. Ein Kupfer-Atom hat ungefähr die doppelte Masse eines Schwefel-Atoms. Da der Atomkern die gesamte Masse enthält, gilt die doppelte Masse demnach auch für ein Kupfer-Kation im Vergleich zu einem Sulfid-Anion. Das bedeutet, dass sich die Ionen im Anzahlverhältnis 2:1 verbinden. Dieses Verhältnis lässt sich auch mit den Ladungen der Ionen erklären. Die hier gebildeten Kupfer-Kationen Cu^+ sind einfach positiv geladen und Sulfid-Anionen S^{2-} zweifach negativ. Damit das gebildete Salz elektrisch neutral ist, müssen sich die Ionen im Verhältnis 2:1 verbinden (**B6**). Dieses Verhältnis wird symbolisch durch eine Ziffer rechts unten am Elementsymbol ausgedrückt (Index). Die **Ionengruppe** des gebildeten Kupfersulfids lautet demnach $(Cu^+)_2(S^{2-})_1$, wobei die Ziffer 1 weggelassen werden kann: $(Cu^+)_2S^{2-}$. Lässt man in dieser Formel die Ladungen der Ionen weg, so erhält man die Verhältnisformel von Kupfersulfid:

$$\mathbf{Cu_2S}$$

Solche Verhältnisformeln können demnach auch für unbekannte Ionenverbindungen vorhergesagt werden, wenn die Ladungen der beteiligten Kationen und Anionen bekannt sind (vgl. **FM** Verhältnisformeln aufstellen S. 100). Die Benennung von chemischen Verbindungen erfolgt ebenso nach bestimmten Regeln (vgl. **FM** Verbindungen benennen S. 101). So wird z. B. die Ladung des Kations häufig als römische Ziffer in Klammern angegeben: Kupfer(I)-sulfid.

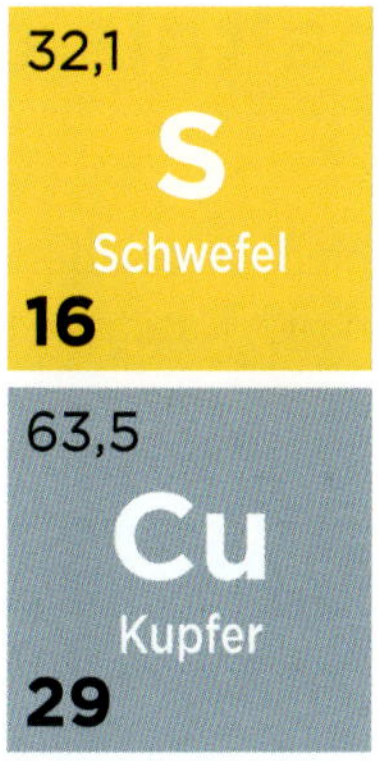

B7 Elementsymbole und Atommassen von Kupfer und Schwefel

Info
Die Verhältnisformel gibt die Zahlenverhältnisse der Ionen in einer Ionenverbindung wieder.

AUFGABE

A1 Zink und Schwefel reagieren miteinander im Massenverhältnis 2:1.
a) Formuliere das Reaktionsschema der Reaktion.
b) Leite aus dem Massenverhältnis die Verhältnisformel des entstehenden Zinksulfids ab. Suche dazu die Atommasse von Zink im Periodensystem der Elemente (vorne im Buchdeckel).
c) Das Sulfid-Anion ist zweifach negativ geladen. Ermittle die Ladung des Zink-Kations.

FACHBEGRIFFE

Offenes und geschlossenes System, Gesetz von der Erhaltung der Masse, Gesetz der konstanten Massenverhältnisse, Verhältnisformel, Ionengruppe

Verhältnisformeln aufstellen

Unterschiedlich geladene Ionen ziehen sich an. Im Ionengitter wechseln sich Kationen und Anionen ab. Da Salze selbst nach außen hin ungeladen sind, müssen sich die elektrischen Ladungen von Kationen und Anionen im Ionengitter ausgleichen. Die Kationen und Anionen, aus denen ein Salz besteht, kommen daher je nach ihrer Ladung in einem ganz bestimmten Zahlenverhältnis vor. Dieses Verhältnis wird in der chemischen Formel angegeben, die deshalb auch Verhältnisformel heißt.

-Kation		-Anion	
Na^{+}	Natrium-	F^{-}	Fluorid-
K^{+}	Kalium-	Cl^{-}	Chlorid-
Ca^{2+}	Calcium-	Br^{-}	Bromid-
Al^{3+}	Aluminium-	I^{-}	Iodid-
Fe^{2+}	Eisen(II)-	O^{2-}	Oxid-
Fe^{3+}	Eisen(III)-	S^{2-}	Sulfid-
Cu^{+}	Kupfer(I)-	N^{3-}	Nitrid-
Cu^{2+}	Kupfer(II)-	P^{3-}	Phosphid-
Zn^{2+}	Zink-	C^{4-}	Carbid-

B1 Symbole und Namen für häufig vorkommende Kationen und Anionen

So geht's

1. Ermittle aus dem Verbindungsnamen die Ladungen der beteiligten Ionen (**B1**). Diese kannst du dem Periodensystem der Atome und Ionen (S. 512) entnehmen, in dem häufig vorkommende Ionen gelistet sind. Bei einfach geladenen Ionen wird die Zahl 1 nicht dazu geschrieben.
2. Ermittle das Zahlenverhältnis der Ionen. Greife als Hilfe zu kariertem Papier und Farbstiften. Ein Kästchen steht für eine einfache Ladung, zwei Kästchen stehen für eine zweifache Ladung usw. Verwende für Kationen und Anionen jeweils unterschiedliche Farben und wähle benachbarte Kästchen. Nimm von der jeweiligen Ionensorte so viele Ionen (umrandete Kästcheneinheiten), bis die Kästchenanzahl beider Ionensorten übereinstimmt. Zähle dann die Ionen bzw. die umrandeten Kästcheneinheiten und du erhältst das Zahlenverhältnis (**B2**).
3. Schreibe die Ionengruppe auf. Nenne zuerst das Kation und dann das Anion. Die Ladung wird oben rechts vom Atomsymbol geschrieben. Die Anzahl der Ionen, also die Anzahl der umrandeten Kästcheneinheiten, wird unten rechts vom Atomsymbol als Index geschrieben.
4. Ermittle die Verhältnisformel. Von der Ionengruppe zur Verhältnisformel gelangst du, indem du die Ladungen weglässt. Auch die Zahl 1 wird in der chemischen Formel nicht geschrieben.

	Beispiel 1: Eisen(II)-chlorid	Beispiel 2: Aluminiumoxid
1.	Eisen(II)-Kation: Fe^{2+} **zweifach** positiv; Chlorid-Anion: Cl^{-} **einfach** negativ	Aluminium-Kation: Al^{3+} **dreifach** positiv; Oxid-Anion: O^{2-} **zweifach** negativ
2.	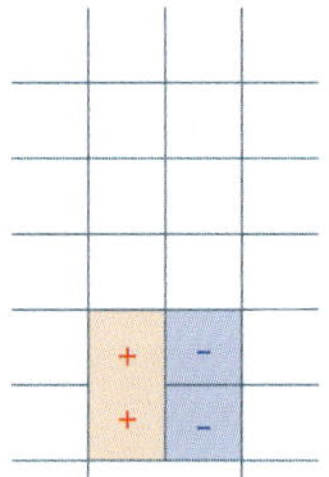 1 : 2	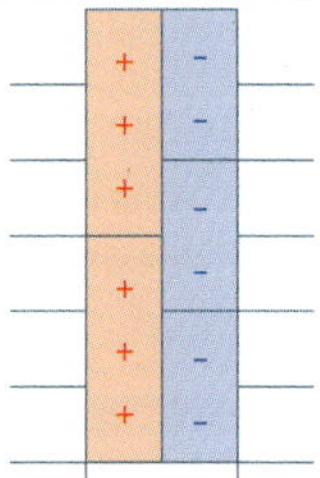 2 : 3
3.	$(Fe^{2+})_1(Cl^{-})_2$	$(Al^{3+})_2(O^{2-})_3$
4.	$FeCl_2$	Al_2O_3

B2 Schritt 1 bis Schritt 4 zur Verhältnisformel

AUFGABE

A1 Stelle jeweils die Verhältnisformel für die Salze Aluminiumfluorid, Magnesiumoxid, Natriumoxid, Magnesiumchlorid, Calciumsulfid, Eisen(III)-chlorid und Zinkiodid auf (**B1**).

Verbindungen benennen

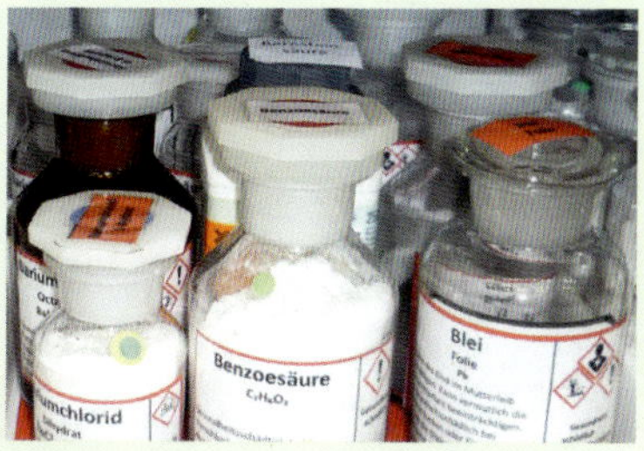

B1 Chemikaliensammlung

Aus den chemischen Formeln lassen sich die Namen von Verbindungen ableiten. Zunächst werden nur Verbindungen aus zwei Elementen betrachtet. Handelt es sich bei den beiden beteiligten Elementen um ein Metall und ein Nichtmetall, so liegt die Verhältnisformel einer Ionenverbindung bzw. eines Salzes vor (vgl. S. 64). Eine Verbindung aus zwei verschiedenen Nichtmetallelementen ist hingegen eine Molekülverbindung, die durch eine Molekülformel dargestellt wird (vgl. S. 65).

Eine Ionenverbindung benennen

Benenne folgende Verhältnisformeln: FeS und Fe_2S_3

So geht's

1. Suche die beteiligten Elemente und deren Namen im PSE (vorne im Buchdeckel). Handelt es sich um ein Metall und ein Nichtmetall, so liegt eine Verhältnisformel vor. Verwende zur Benennung den **deutschen Namen des Metalls**, von dem sich das Kation ableitet und den **lat./griech. Wortstamm des Nichtmetallnamens**, von dem sich das Anion ableitet.
   *FeS bzw. Fe_2S_3: **Eisen** und Schwefel: lat. **Sulfur***
2. Füge an den Wortstamm des Nichtmetall-Anions die Endung **-id** an. So erhältst du die Namen der Anionen, die auch in Tabelle B1 auf S. 100 gelistet sind. Setze den Namen zusammen:
   Metallnameanionname
   *FeS bzw. Fe_2S_3: **Eisensulfid***
3. Ermittle für Metall-Kationen von Nebengruppenelementen außerdem die Ladung des Kations in der Verbindung (vgl. B1, S. 100). Nur so können diese Verbindungen eindeutig benannt werden. Schreibe die Ladung des Kations als **römische Zahl auf: I, II, III, IV, V, VI**. Setze sie in runde Klammern und ergänze einen Bindestrich.
   FeS: Eisen(II)-sulfid
   Fe_2S_3: Eisen(III)-sulfid

Eine Molekülverbindung benennen

Benenne folgende Molekülformeln: CO und CO_2

So geht's

1. Suche die beteiligten Elemente und deren Namen im Periodensystem (vorne im Buchdeckel). Handelt es sich um zwei Nichtmetalle, so liegt eine Molekülformel vor.
   Kohlenstoff und Sauerstoff sind Nichtmetalle.
2. Benenne das **erste Nichtmetall** der Formel mit dem Elementnamen. Verwende für das **zweite Nichtmetall** den Namen des entsprechenden Element-Anions (siehe B1, S. 100).
   ***Kohlenstoff** und **Oxid** (Anion von Sauerstoff)*
3. Verwende nun **griechische Zahlworte**, um anzugeben, wie viele Atome einer Atomsorte im Molekül vorhanden und aneinander gebunden sind (siehe Index). Die griechischen Zahlworte lauten: **mono-, di-, tri-, tetra-, penta-, hexa-, hepta-, octa-, nona-, deca-**. Stelle das Zahlwort immer voran. Das Zahlwort mono- (eins) am Namensanfang kann weggelassen werden.
   CO: Kohlenstoffmonooxid
   CO_2: Kohlenstoffdioxid

   Weitere Beispiele:
   CS_2: Kohlenstoffdisulfid
   SF_6: Schwefelhexafluorid

AUFGABE

A1 Begründe für die folgenden Verbindungen jeweils, ob es sich um eine Ionenverbindung oder um eine molekulare Verbindung handelt. Benenne die Verbindungen anschließend entsprechend:
Li_2S, SO_2, SO_3, Ca_3P_2, Cr_2O_3, PBr_3, $ZnBr_2$, SCl_4, Sn_3N_4, N_2O, $PbCl_4$

Zum Üben und Weiterdenken

A1 Beschreibe unter Verwendung von Beispielen, wie die genannten Begriffe zueinander in Beziehung stehen.

A2 Erläutere den Unterschied zwischen einer Destillation und einer endothermen Reaktion.

A3 Entscheide und begründe, bei welchen Vorgängen es sich um chemische Reaktionen handelt:

- Verbrennen von Holz
- Gären von Traubensaft zu Wein
- Lösen von Zucker in Wasser
- Rosten eines Autos
- Schmelzen von Eis
- Kochen eines Hühnereies
- Eindampfen von Salzwasser

A4 Formuliere die Reaktionsschemata für die Reaktionen von Aluminium, Magnesium bzw. Calcium mit Schwefel.

A5 Zinksulfid wird als Nachtleuchtpigment in den Zeigern von Uhren eingesetzt. Formuliere die Reaktionsschemata für die Synthese und die Analyse der Verbindung Zinksulfid.

A6 Die Abbildung visualisiert Prozesse bei der Synthese von Zinksulfid.
Nenne und erkläre die Unterschiede zwischen der linken und der rechten Bildhälfte.

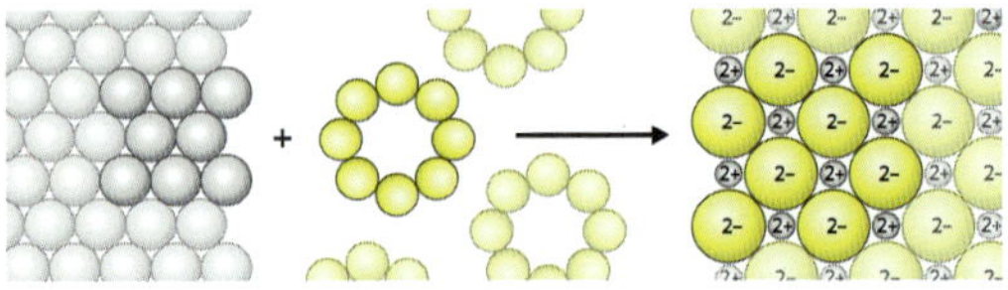

A7 Formuliere das Reaktionsschema, das in folgendem historischen Text beschrieben ist.

„Zum Arzneygebrauch erzeugt man sich jetzt das schwarze doppelt Schwefelquecksilber, gemengt mit überschüssigem Schwefel, durch Zusammenreiben von Schwefel und Quecksilber bey gewöhnlicher Temperatur, als sogenannten Quecksilbermohr…“

(Quelle: Franz Hruschauer, Elemente der medizinischen Chemie und Botanik, Gräz, 1839, S. 160)

A8 Die Fotos zeigen Prozesse (Fotosynthese bzw. Kochen), bei denen Energieumwandlungen stattfinden. Beschreibe, welche Energieformen in welche anderen Energieformen umgewandelt werden.

A9 An Silvester werden u. a. sogenannte Chinaböller gezündet.

a) Beschreibe mit Fachbegriffen, was aus energetischer Sicht geschieht, wenn du einen Böller zum Explodieren bringst.

b) Nenne die Energieformen, die bei dieser chemischen Reaktion ineinander umgewandelt werden.

A10 Die Synthesen von Kupfersulfid und Magnesiumsulfid aus ihren Elementen sind exotherme Reaktionen. Bei der Bildung von Magnesiumsulfid wird mehr Energie frei als bei der von Kupfersulfid. Stelle dies in einem Energiediagramm dar.

A11 Lavoisier formulierte in einer seiner Schriften: *„... denn nichts wird neu erschaffen, weder in den künstlichen Operationen noch in den natürlichen."*
Suche nach Gemeinsamkeiten dieser Formulierung mit dem Gesetz von der Erhaltung der Masse.

A12 Beschreibe die Diagramme A und B. Vergleiche sie hinsichtlich ihrer jeweiligen Aussagekraft.

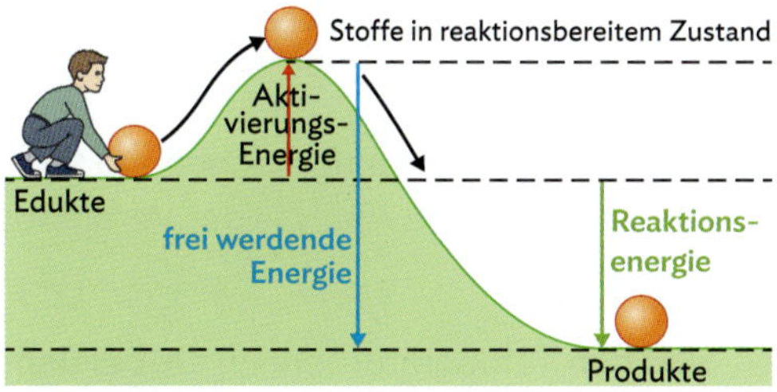

Diagramm A

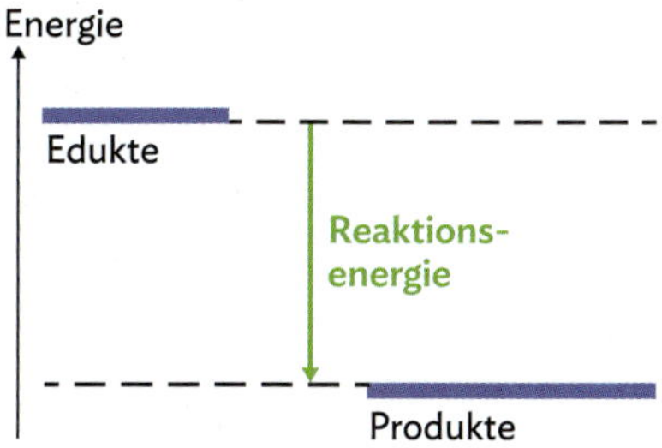

Diagramm B

A13 Beschreibe das folgende Energiediagramm und erläutere auf der Basis der Informationen aus dem Diagramm, wie man experimentell vorgehen muss, um Kupfersulfat herzustellen.

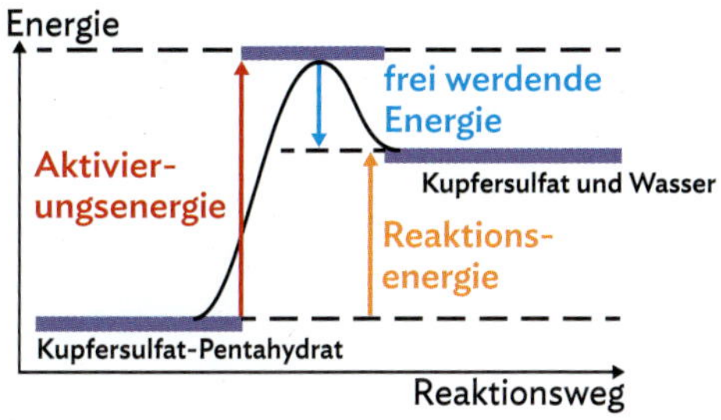

A14 Neben Kupfer(I)-sulfid existiert auch die Verbindung Kupfer(II)-sulfid. Leite die Verhältnisformel von Kupfer(II)-sulfid aus dem Namen ab und skizziere diesen Stoff ausschnittsweise auf Teilchenebene.

A15 Aus 65 Gramm Zink lassen sich durch Reaktion mit einem Überschuss an Schwefel 97 Gramm Zinksulfid gewinnen.

a) Berechne die Masse an Zinksulfid in Gramm, die aus 5 Tonnen Zink gewonnen werden kann.

b) Berechne die Masse an Schwefel, die bei der Herstellung von einem Kilogramm Zinksulfid umgesetzt wird.

A16 Stelle folgende Verhältnisformeln auf:

a) Natriumnitrid

b) Aluminiumsulfid

c) Kupfer(II)-chlorid

d) Magnesiumphosphid

A17 Benennen die folgenden Verbindungen:
NO, N_2O_4, Al_4C_3, PCl_5, $FeCl_2$, Cu_3P

M1 Der angelaufene Silberlöffel

Wenn man einen glänzenden Silberlöffel einige Minuten lang in ein hart gekochtes Ei steckt und ihn dann wieder herauszieht, kann man an dem Löffel Veränderungen sehen. Er ist an der Stelle dunkel angelaufen, die im Ei steckte. Dort ist der Löffel mit einer Silbersulfid-Schicht bedeckt. In gekochten Eiern befindet sich kein elementarer Schwefel, sondern eine Schwefelverbindung.

B1 Das Ei und der angelaufene Löffel

A1 Erkläre die Merkmale, die darauf hinweisen, dass eine chemische Reaktion abgelaufen ist.

A2 Begründe, ob sich die Masse des Löffels verändert hat.

A3 Stelle die Vorgänge beim „Anlaufen" eines Silberlöffels im Ei auf Teilchenebene bildlich dar. Die Schwefelverbindung im Ei ist im Teilchenmodell bereits abgebildet. Übernimm die Tabelle in dein Heft.

Vor der Reaktion	Nach der Reaktion
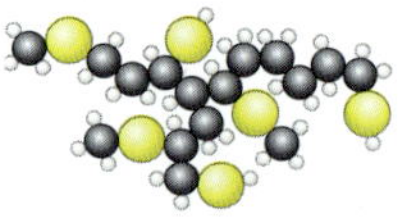 +	
Schwefelverbindung im Ei	Silbersulfid

A4 Mache einen Vorschlag, wie man den Silberlöffel wieder glänzend bekommt, ohne die obere Schicht einfach abzureiben.

M2 Aufarbeitung von Silberabfällen

Silberverbindungen sind wertvolle Abfälle, aus denen sich auf verschiedene Weise das Silber rückgewinnen lässt. Eine Methode ist die Thermolyse im Muffelofen, bei der Silbersulfide in die Elemente zerfallen. Die Schmelztemperatur von Silbersulfid beträgt 825 °C, während die Schmelztemperatur von Silber bei 1235 °C liegt. Geschmolzenes Silbersulfid kann nicht verdampft werden, da es vorher zerfällt.

B2 Silberrückgewinnung im Tiegel

A1 Stelle aufgrund des Namens eine Vermutung auf, welcher Prozess bei einer „Thermolyse" stattfindet.

A2 Formuliere die Reaktionsschemata für die Synthese und die Analyse der Verbindung Silbersulfid.

A3 Gib den Temperaturbereich an, bei dem die Aufarbeitung im Muffelofen stattfinden sollte. Begründe.

A4 Die Thermolyse von Silbersulfid ist eine endotherme Reaktion. Zeichne dafür ein entsprechendes Energiediagramm.

M3 Zinnober

Bei Zinnober (als Mineral auch Cinnabarit genannt) handelt es sich um die chemische Verbindung Quecksilbersulfid. Im Gegensatz zum sehr giftigen Quecksilber ist diese Verbindung ungiftig. Durch seine scharlachrote Farbe eignet es sich als Farbpigment und wurde seit der Antike bis ins 20. Jahrhundert in der Malerei verwendet.

Theoretisch könnte man es auch aus den Elementen herstellen. In nachstehender Tabelle sind die Angaben für einige Syntheseversuche von Quecksilbersulfid unvollständig.

m(Quecksilber)	*m*(Quecksilbersulfid)	*m*(Schwefel)	Verhältnis *m*(Quecksilber) zu *m*(Schwefel)
5,0 g	5,8 g		
7,2 g	8,4 g		
9,6 g	11,1 g		

B3 Zinnober: als Mineral (links) und als Pigment (rechts)

A1 Übertrage die Tabelle in dein Heft. Berechne die fehlenden Werte und vervollständige die Angaben.

A2 Erläutere mit den Tabellendaten das Gesetz der konstanten Massenverhältnisse.

A3 Ermittle mithilfe der Angaben am Elementsymbol Hg und den Werten der vervollständigten Tabelle die Verhältnisformel von Quecksilbersulfid.

200,6
Hg
Quecksilber
80

M4 Verbrennung von Eisenwolle

Betrachte unter QR-/Mediencode 05037-07 die Bilderfolge zur Verbrennung von Eisenwolle.

05037-07

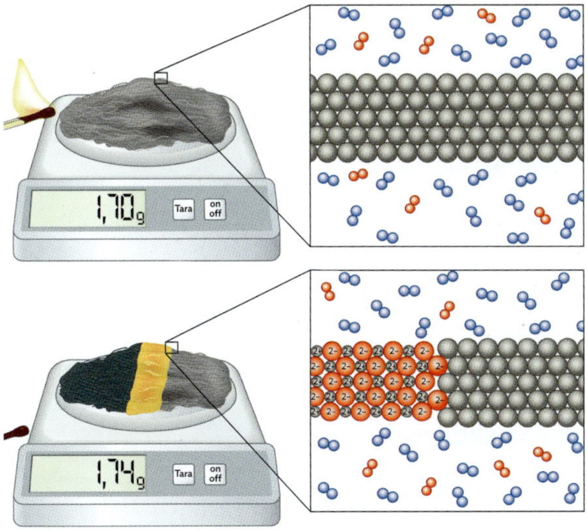

B4 Verbrennung von Eisenwolle

A1 Übertrage die Darstellungen auf Teilchenebene in dein Heft. Beschrifte die abgebildeten verschiedenen Teilchenarten. Benenne auch Teilchen, die nicht an der Reaktion beteiligt sind.
(Hinweis: Luft besteht zu ca. 78 % aus Stickstoff und zu ca. 21 % aus Sauerstoff. Weitere Bestandteile sind nicht abgebildet.)

A2 Formuliere ein Reaktionsschema zur dargestellten Reaktion.

A3 Begründe die unterschiedlichen Massen, die auf der Waage angezeigt werden.

A4 Begründe, ob bzw. inwiefern auch für diese Reaktion das Gesetz von der Erhaltung der Masse gilt.

Basiswissen Kapitel 3

W Chemische Reaktionen

Stoffumwandlungen, bei denen aus Edukten Produkte mit anderen Eigenschaften entstehen, nennt man **chemische Reaktionen**. Die Produkte haben bleibende Eigenschaften, die sich von den Eigenschaften der Edukte unterscheiden.

Edukte: Eisen und Schwefel

Produkt: Eisensulfid

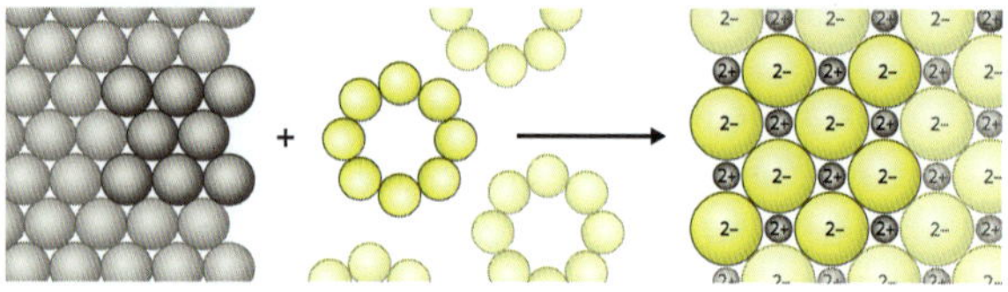

Eine chemische Reaktion schreibt man verkürzt als Reaktionsschema. Die Namen der Edukte stehen links, die Namen der Produkte rechts. Sie sind durch einen Reaktionspfeil (⟶) verbunden.

Beispiel:

Reaktion von Eisen und Schwefel zu Eisensulfid

Eisen (s) + Schwefel (s) ⟶ Eisensulfid (s)

Man liest: „Festes Eisen und fester Schwefel reagieren zu festem Eisensulfid."

Hinter den Stoffnamen wird in Klammern angegeben, ob es sich um einen Feststoff (s), eine Flüssigkeit (l), ein Gas (g) oder um einen gelösten Stoff (aq) handelt.

W Element und Verbindung

Elemente sind Reinstoffe, die sich nicht weiter zerlegen lassen. Sie bestehen nur aus einer Atomsorte. Zurzeit sind 118 verschiedene Elemente bekannt (vgl. Periodensystem der Elemente vorne im Buchdeckel). Aus Elementen kann man eine Vielzahl von Verbindungen herstellen.

Verbindungen sind Reinstoffe, die durch eine chemische Reaktion in andere Reinstoffe zerlegt werden können.

Beispiel: Die Elemente Silber und Schwefel reagieren und bilden die Verbindung Silbersulfid.

Die Verbindung Silbersulfid kann in einer chemischen Reaktion in die Elemente Silber und Schwefel zerlegt werden.

W Energiebeteiligung an chemischen Reaktionen

Energie wird weder erzeugt noch vernichtet. Energie kann von einer Energieform in andere Energieformen umgewandelt werden. Bei einer chemischen Reaktion findet neben der Stoffumwandlung auch immer ein Energieumsatz statt. Die dabei abgegebene oder aufgenommene Energie nennt man **Reaktionsenergie**.

W Exotherme und endotherme Reaktionen

Bei **exothermen Reaktionen** wird Energie abgegeben.

Bei **endothermen Reaktionen** muss ständig Energie zugeführt werden, um den Ablauf der Reaktion zu ermöglichen.

Die Begriffe exotherm oder endotherm schreibt man hinter das Reaktionsschema:

Eisen (s) + Schwefel (s) ⟶ Eisensulfid (s) | exotherm

Silbersulfid (s) ⟶ Silber (s) + Schwefel (s) | endotherm

Die meisten chemischen Reaktionen laufen nicht von selbst ab. Auch bei exothermen Reaktionen muss man häufig einen Energiebetrag, die **Aktivierungsenergie**, aufwenden, um die Reaktion zu starten.

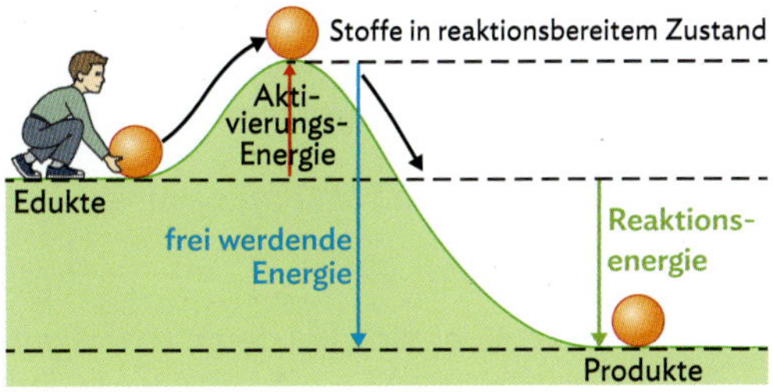

W Grundgesetze bei chemischen Reaktionen

Gesetz von der Erhaltung der Masse:

Bei chemischen Reaktionen in geschlossenen Systemen ändert sich die Gesamtmasse aller beteiligten Stoffe nicht. Die Massen der Edukte entsprechen den Massen der Produkte.

Gesetz der konstanten Massenverhältnisse:

Reaktionspartner reagieren immer in einem bestimmten Massenverhältnis miteinander. Da jedes Atom eine typische Masse hat, stehen auch die Massen der Elemente, aus denen eine Verbindung gebildet wird, in einem konstanten Verhältnis.

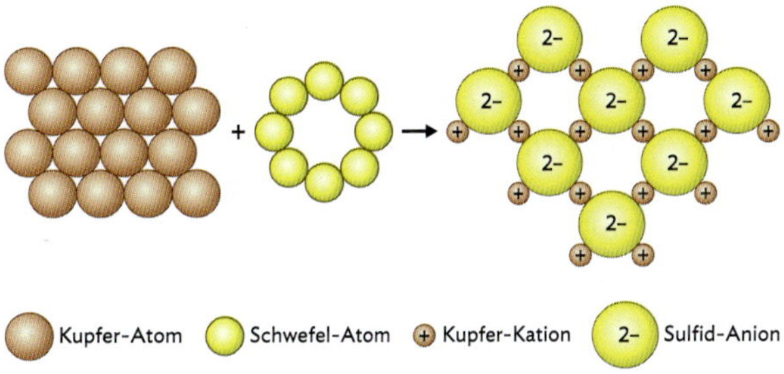

W Verhältnisformel und Molekülformel

Aus dem Verhältnis der Massen der Elemente, die eine Verbindung bilden, lässt sich die **Verhältnisformel** ableiten. Sie gibt die Zahlenverhältnisse der Ionen in einer salzartigen Verbindung wieder.

Beispiele:

$FeCl_2$: Im Eisen(II)-chlorid sind Eisen(II)-Kationen Fe^{2+} und Chlorid-Anionen Cl^- im Verhältnis 1 : 2 enthalten.

Al_2O_3: Im Aluminiumoxid sind Aluminium-Kationen Al^{3+} und Oxid-Anionen O^{2-} im Verhältnis 2 : 3 enthalten.

Die **Molekülformel** gibt die Zahlenverhältnisse der Atome in einer molekularen Verbindung wieder.

Beispiele:

H_2O: In einem Wasser-Molekül sind zwei Wasserstoff-Atome und ein Sauerstoff-Atom gebunden.

CO_2: In einem Kohlenstoffdioxid-Molekül sind ein Kohlenstoff-Atom und zwei Sauerstoff-Atome gebunden.

Ziel erreicht?

Überprüfung

Hast du das Ziel dieses Kapitels erreicht? Löse die entsprechenden Aufgaben. Ein Arbeitsblatt findest du unter QR-/Mediencode 05037-08. Bewerte dich mithilfe der Tabelle rechts unten. Die Lösungen zu den Aufgaben stehen auf Seite 463.

05037-08

Chemische Reaktionen erkennen und beschreiben

A1 Nenne die typischen Merkmale einer chemischen Reaktion.

A2 Entscheide, ob es sich bei den nachfolgenden Beobachtungen um chemische Reaktionen handeln kann und begründe deine Entscheidungen.

a) Beim Brennen einer Kerze schmilzt das Wachs.
b) Zucker karamellisiert beim Erhitzen.
c) Milch wird sauer.
d) Silberbesteck läuft schwarz an.
e) Ein Autoreifen platzt beim Fahren.

A3 Formuliere die Reaktionsschemata für folgende chemische Reaktionen:

a) Eisen reagiert mit Schwefel zu Eisensulfid.
b) Schwefel reagiert mit Sauerstoff zu Schwefeldioxid.

Teilchenmodelle anwenden

B1 Es wird die Reaktion von Eisen mit Schwefel zu Eisensulfid betrachtet: Stelle den Aufbau der Edukte und des Produkts mithilfe eines geeigneten Teilchenmodells dar und beschreibe die Vorgänge, die zur Bildung von Eisensulfid führen, auf Teilchenebene.

B2 Gib für die Reaktion, die hier auf der Teilchenebene dargestellt ist, das Reaktionsschema an.

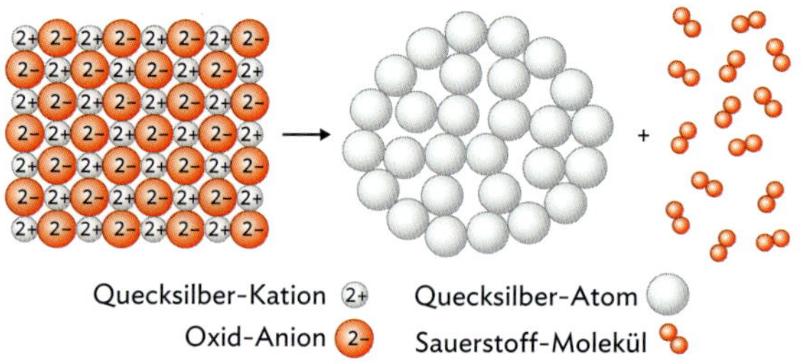

Reinstoffe in Elemente und Verbindungen einteilen

C1 Entscheide, ob es sich bei den folgenden Stoffen um ein Element oder eine Verbindung handelt. Ein Beispiel passt nicht in diese Reihe. Begründe deine Entscheidungen.

a) Eisen
b) Brausepulver
c) Kohlenstoffdioxid
d) Natriumchlorid
e) Schwefel

C2 Der griechische Naturphilosoph Empedokles (490 – 430 v. Chr.) bezeichnete Wasser als ein Element.

Beurteile diese Bezeichnung des Stoffes Wasser unter dem Aspekt des heutigen naturwissenschaftlichen Elementbegriffs.

C3 Erkläre den Unterschied zwischen einer Verbindung und einem Stoffgemisch.

C4 Alchemisten haben versucht, z. B. aus Quecksilber und Schwefel Gold herzustellen. Begründe die Tatsache, dass dies nicht gelingen konnte.

Energieumwandlungen bei chemischen Reaktionen charakterisieren

D1 Erkläre die folgenden Begriffe:

a) exotherme Reaktion
b) endotherme Reaktion
c) Aktivierungsenergie

D2 Nenne ein Beispiel für:

a) eine exotherme Reaktion
b) eine endotherme Reaktion

D3 Bei der Reaktion von Eisen mit Schwefel wird viel chemische Energie in thermische Energie und Lichtenergie umgewandelt. Vor Beginn der Reaktion muss das Eisen-Schwefel-Gemisch jedoch zunächst erhitzt werden. Erkläre diesen Sachverhalt.

Die Massengesetze und eine Verhältnisformel aus einem Experiment ableiten

E1 In einem Versuch reagieren 6,92 g Kupfer und 1,74 g Schwefel zu Kupfersulfid.

a) Gib die Masse des Reaktionsproduktes Kupfersulfid an. Begründe dein Ergebnis.
b) Erläutere, wie sich aus den Messdaten die Verhältnisformel Cu_2S für Kupfersulfid ableiten lässt.

Verhältnis- und Molekülformeln aufstellen und Verbindungen benennen

F1 Stelle die Verhältnisformeln für die folgenden Verbindungen auf:
Natriumchlorid, Calciumphosphid, Aluminiumsulfid

F2 Gib die Molekülformeln für folgende molekulare Verbindungen an: Schwefeltrioxid und Heptaschwefeldioxid.

F3 Benenne die folgenden Verbindungen und begründe, ob es sich um eine Verhältnis- oder um eine Molekülformel handelt:
$AlCl_3$; MgS; N_2O_5; SO_2; ZnO

Auswertung

Vergleiche deine Antworten mit den Lösungen auf Seite 463 und kreuze auf dem Arbeitsblatt an.

	Ich kann ...	ja	nein	lies nach auf Seite
A	chemische Reaktionen erkennen und beschreiben.			82, 83
B	Teilchenmodelle anwenden.			82 - 84
C	Reinstoffe in Elemente und Verbindungen einteilen.			85
D	Energieumwandlungen bei chemischen Reaktionen charakterisieren.			88 - 92
E	die Massengesetze und eine Verhältnisformel aus einem Experiment ableiten.			96 - 99
F	Verhältnis- und Molekülformeln aufstellen und Verbindungen benennen.			100, 101

4 Luft und Reaktionen mit Sauerstoff

REAKTIONSGLEICHUNG
ROSTEN
REDOXREAKTION
EDLES METALL
EISEN
CHEMISCHE REAKTION
STICKSTOFF
LUFT
BRANDDREIECK
EDELGASE
REDUKTION
SAUERSTOFFAFFINITÄT
BRENNSTOFF
KOHLENSTOFFDIOXID

Startklar?

Selbsteinschätzung

Schätze dich selbst ein: Wie gut sind deine Kenntnisse in den Bereichen A bis D? Kreuze auf dem Arbeitsblatt unter QR-/Mediencode 05037-09 an!

05037-09

	Ich kann ..	prima	ganz gut	es fällt mir schwer
A	chemische Reaktionen erkennen und mit einem Reaktionsschema beschreiben.			
B	die Begriffe Element und Verbindung richtig verwenden.			
C	den Ablauf exothermer und endothermer Reaktionen erklären.			
D	den Zusammenhang von Verhältnisformel und Massenverhältnis erklären.			

Überprüfung

Liegst du richtig? Bearbeite die folgenden Aufgaben zu jedem Bereich.

Chemische Reaktionen erkennen und mit einem Reaktionsschema beschreiben

A1 Ein schwarzgelbes Eisen-Schwefel-Gemisch glüht nach dem Erhitzen selbständig weiter. Nach dem Abkühlen liegt ein blaugrau glänzender Feststoff vor. Nenne alle beobachtbaren Merkmale, die darauf hinweisen, dass eine chemische Reaktion stattgefunden hat.

A2 Gib für folgende chemische Reaktionen jeweils das Reaktionsschema an. Ordne den Reaktionen die Begriffe exotherm und endotherm zu.

a) Fester Kohlenstoff und gasförmiger Sauerstoff reagieren unter Wärmeentwicklung zu gasförmigem Kohlenstoffdioxid.

b) Aus festem Kupfersulfat-Pentahydrat entstehen durch ständiges Erhitzen festes Kupfersulfat und Wasserdampf.

c) Das Metall Zink reagiert mit Schwefel zu festem Zinksulfid. Dabei sind ein greller Lichtblitz und eine Verpuffung beobachtbar.

Die Begriffe Element und Verbindung richtig verwenden

B1 Ordne folgende Begriffe richtig in das Schema ein: Kupfersulfid, Reinstoffe, Elemente, Schwefel, Verbindungen, Kupfer.

B2 Ordne den Begriffen Element und Verbindung folgende Reinstoffe zu: Eisen, Wasser, Silbersulfid, Kohlenstoffdioxid, Sauerstoff. Begründe deine Zuordnung.

B3 Der Elementbegriff wird auf der Stoff- und auf der Teilchenebene verwendet.

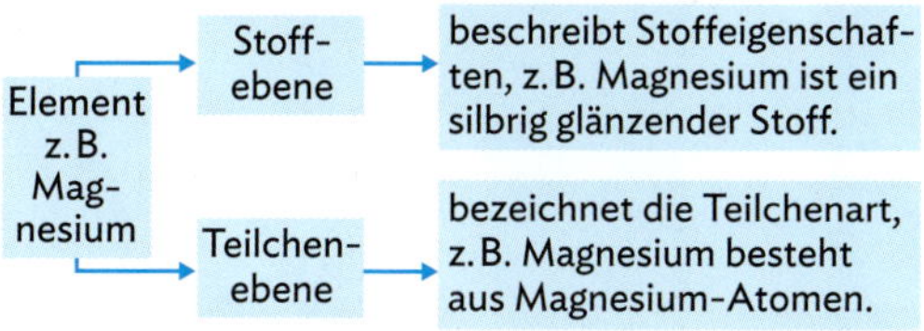

Kreuze in der Tabelle an, ob die Aussagen fachsprachlich richtig oder falsch sind. Berichtige die falschen Aussagen mit vollständigen Sätzen in deinem Heft. Gib für jede Aussage an, ob sie sich auf die Stoffebene oder auf die Teilchenebene bezieht.

Aussage	richtig	falsch
Kohlenstoff ist ein Element, das nur aus Kohlenstoff-Atomen besteht.		
Das Element Schwefel ist ein gelber Feststoff.		
Kupfersulfid ist ein Element.		
Kupfer-Atome sind rotbraun.		

Den Ablauf exothermer und endothermer Reaktionen erklären

C1 Festes Silbersulfid reagiert unter ständigem Erhitzen zu festem Silber und festem Schwefel. Zeichne für diese Reaktion das Energiediagramm.

C2 Die Reaktionen von Metallen mit Schwefel sind exotherme Reaktionen.

a) Begründe, dass ein Metall-Schwefel-Gemisch zu Beginn der Reaktion erhitzt werden muss.

b) Veranschauliche die heftigere Reaktion eines Zink-Schwefel-Gemisches im Vergleich zur Reaktion eines Eisen-Schwefel-Gemisches durch ein Energiediagramm.

Den Zusammenhang von Verhältnisformel und Massenverhältnis erklären

D1 Die Verhältnisformel von Magnesiumbromid lautet $MgBr_2$. Ermittle das Teilchen- und Massenverhältnis zwischen den Magnesium-Kationen und Bromid-Anionen.

Auswertung

Hast du dich richtig eingeschätzt? Vergleiche deine Antworten mit den Lösungen auf Seite 464. Gib dir jeweils die entsprechende Punktzahl und trage sie auf dem Arbeitsblatt ein.

	Ich kann ..	prima	ganz gut	mit Hilfe	lies nach auf Seite
A	chemische Reaktionen erkennen und mit einem Reaktionsschema beschreiben.	11 - 9	8 - 6	5 - 3	82, 83
B	die Begriffe Element und Verbindung richtig verwenden.	14 - 11	10 - 8	7 - 3	85
C	den Ablauf exothermer und endothermer Reaktionen erklären.	11 - 9	8 - 6	5 - 3	88 - 92
D	den Zusammenhang von Verhältnisformel und Massenverhältnis erklären.	3	2	1	98 - 100

Verbrennungen als chemische Reaktionen

Ein flackerndes Kaminfeuer oder auch ein Lagerfeuer spenden Wärme und Licht. Eine Kerze brennt ab und das Wachs verschwindet. Als Brennstoffe nutzen wir zum Beispiel Holz, Erdgas, Erdöl oder Kohle. Was geschieht während der Verbrennung? Welche Verbrennungsprodukte entstehen?

V1 Verbrennung an der Luft

PROBLEM

Der Begriff Verbrennung ist aus dem Alltag bekannt. Was bedeutet er? Was versteht man in der Chemie unter einer Verbrennung?

DURCHFÜHRUNG

a) Halte ein Stück Kohle mit einer Tiegelzange in die Brennerflamme, bis es anfängt zu brennen. Nimm die Kohle dann aus der Flamme und beobachte sie.

b) Wiederhole den Versuch mit jeweils einigen Tropfen Ethanol (Brennspiritus) (GHS 2 | 7), Octan (im Benzin) (GHS 2 | 7 | 8 | 9) und Speiseöl in einem Verbrennungslöffel.

c) Wiederhole den Versuch mit einem kleinen Büschel Eisenwolle und einem kleinen Stück Platindraht.

AUSWERTUNG

a) Trage die Beobachtungen zu **V1** in eine Tabelle ein.

Stoff und Aggregatzustand	Beobachtungen bei der Verbrennung, auch nach Entfernen des Brenners	Was bleibt übrig?

b) Vergleiche bei **V1c** die Eigenschaften der Stoffe bevor und nachdem du sie in die Flamme gehalten hast. Begründe jeweils, ob eine chemische Reaktion stattgefunden hat.

ENTSORGUNG R

V2 Verbrennungen von Eisen in verschiedener Form

PROBLEM

Gefahrstoffschränke, in denen entzündbare Stoffe gelagert werden, sind mit dicken Stahltüren (Eisen) gesichert. Bei einer Wunderkerze verbrennt Eisenpulver im Funkenregen. Unter welchen Bedingungen ist Eisen brennbar?

DURCHFÜHRUNG

a) Schmirgle ein Stück Eisenblech. Halte es mit einer Tiegelzange in die Brennerflamme und erhitze es.

b) Halte ein Knäuel aus entfetteter Eisenwolle mithilfe einer Tiegelzange solange in eine Brennerflamme, bis es glüht. Nimm es dann heraus und puste vorsichtig in die glühende Eisenwolle (**B1**)

c) Feuerfeste Unterlage! Spanne einen Gasbrenner schräg ein und entzünde ihn. Lass mithilfe eines Spatels etwas Eisenpulver (GHS 2) durch die blaue Brennerflamme auf die feuerfeste Unterlage rieseln (**B2**).

AUSWERTUNG

a) Notiere die Beobachtungen zu den Versuchen **V2a** bis **c**.

b) Vergleiche die Beschaffenheit der drei Eisenproben in **V2a** bis **c**. Stelle einen Zusammenhang zur Heftigkeit der Reaktion her.

ENTSORGUNG R

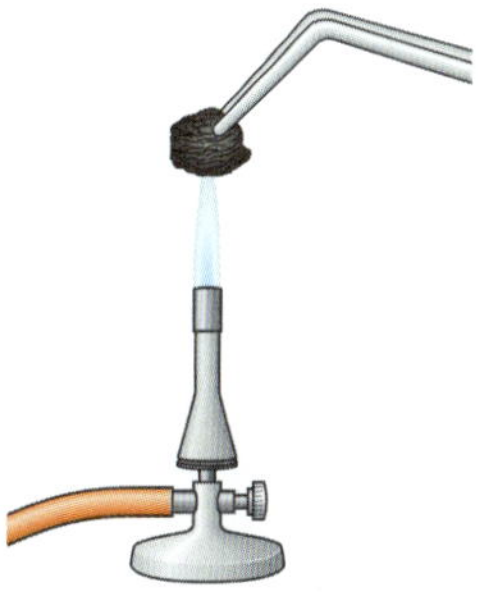

B1 Versuchsaufbau zu **V2b**

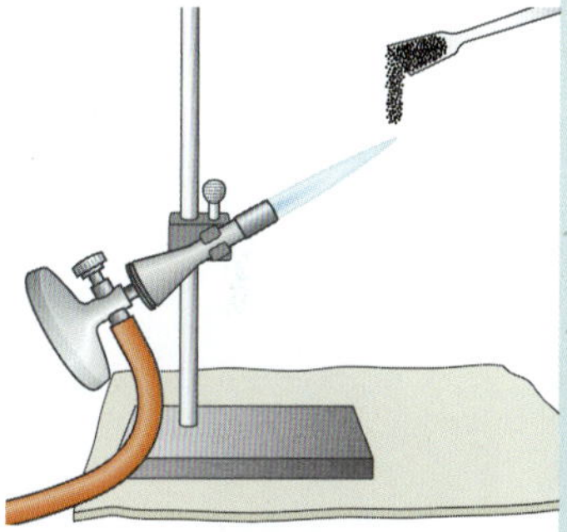

B2 Versuchsaufbau zu **V2c**

LV3 Verbrennung in reinem Sauerstoff

PROBLEM

Verbrennungsreaktionen von Stoffen an der Luft wurden in **V1** und **V2** untersucht. Wie reagieren Metalle und Nichtmetalle in reinem Sauerstoff?

DURCHFÜHRUNG

In drei Standzylinder, deren Boden mit Sand bedeckt ist, wird Sauerstoff (GHS 3 | 4) aus der Gasdruckflasche eingeleitet. Die folgenden Stoffe werden dann nacheinander in der Brennerflamme entzündet und brennend in je einen der mit Sauerstoff gefüllten Standzylinder gehalten (**B3**): Eisenwolle, Magnesiumband, Holzkohle (Kohlenstoff).

Hinweis: Nicht direkt in die Magnesiumflamme sehen!

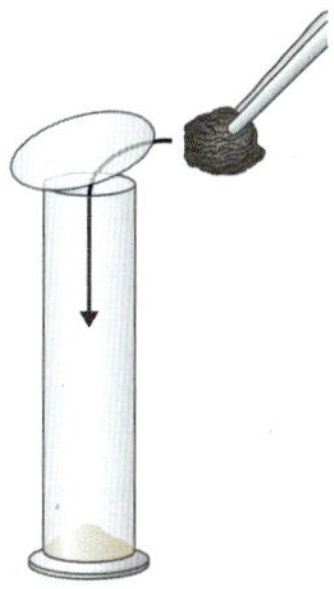

B3 Versuchsaufbau zu **LV3**

AUSWERTUNG

a) Beschreibe für die Stoffe aus **LV3** jeweils das Aussehen der Edukte und Produkte.

b) Vergleiche das Brennverhalten der drei Stoffe in Luft und in reinem Sauerstoff. Stelle jeweils einen Zusammenhang zur Heftigkeit der Reaktion her.

c) Aus den Elementen Eisen, Magnesium und Kohlenstoff bilden sich die jeweiligen Oxide (Eisen(II)-oxid, Magnesiumoxid, Kohlenstoffdioxid). Formuliere die Reaktionsschemata. Gib jeweils die chemischen Formeln der Produkte und Edukte an.

ENTSORGUNG R

B1 Grillkohle

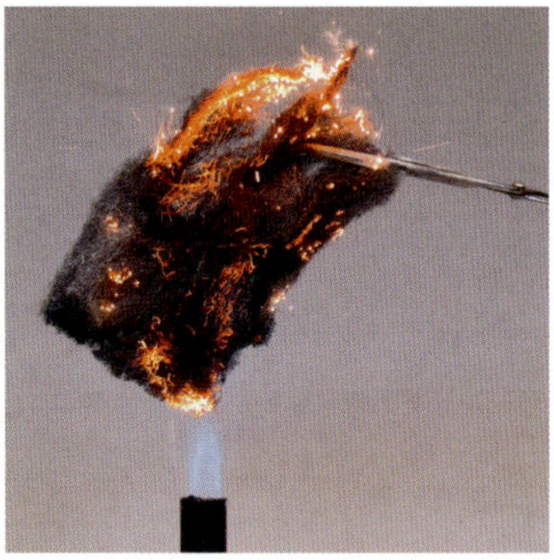

B2 Brennende Eisenwolle

Verbrennungen sind chemische Reaktionen mit Sauerstoff

Wenn eine Kerze abbrennt, verschwindet sie langsam. Dabei werden aber keine Stoffe vernichtet, sondern es entstehen neue gasförmige Stoffe. Kerzenwachs ist ein Brennstoff, genauso wie auch Holz, Grillkohle, Brennspiritus und Benzin. Die in den Brennstoffen gespeicherte Energie wird bei ihrer Verbrennung nutzbar gemacht (**B1**).
Verschiedene Stoffe sind unterschiedlich gut brennbar. Hält man Kohle in die Brennerflamme, so beginnt sie zu glühen und brennt dann auch außerhalb der Flamme weiter (**V1a**). Bei der Verbrennung von Brennspiritus (Ethanol), Benzin (mit dem Bestandteil Octan) bzw. Speiseöl verdampft die Flüssigkeit und die entstehenden Gase verbrennen mit einer leuchtenden Flamme (**V1b**). Bei diesen Verbrennungen werden hauptsächlich gasförmiges Kohlenstoffdioxid und Wasserdampf als Verbrennungsprodukte gebildet. Beide Produkte entstehen aus den Edukten Brennstoff und Sauerstoff. Sauerstoff ist ein Bestandteil der Luft, ohne den keine Verbrennung stattfinden kann. In reinem Sauerstoff verläuft die Verbrennung besonders heftig (**LV3**).
Das Metall Platin glüht in der Flamme. Nach dem Abkühlen ist keine Veränderung am Metall feststellbar (**V1c**). Es findet keine chemische Reaktion statt. Auch Eisen glüht auf. Dieser Feststoff verändert seine Eigenschaften und wird schwarz. Eisen reagiert mit Sauerstoff, d. h. es verbrennt. Wenn die Fäden von Eisenwolle entzündet werden, brennen sie selbstständig weiter (**B2**). Bei der Verbrennung von Eisen entstehen keine gasförmigen Produkte, sondern es entsteht festes Eisen(II)-oxid. Auch andere Metalle wie Magnesium und Aluminium können brennen und bilden Oxide.

Verbrennungen sind exotherme chemische Reaktionen mit Sauerstoff, bei denen Wärme und Licht frei werden.
Als Produkte entstehen Stoffe, die **Oxide** genannt werden, z. B. Kohlenstoffdioxid oder Eisen(II)-oxid.
Eine chemische Reaktion mit Sauerstoff unter Bildung von Oxiden nennt man **Oxidation**.
Die Verbrennung ist eine Oxidation.

Für die Oxidation von Elementen gilt: Nichtmetalle reagieren mit Sauerstoff zu Nichtmetalloxiden (molekularen Stoffen), Metalle zu Metalloxiden (Salzen):

Nichtmetall + Sauerstoff ⟶ Nichtmetalloxid

Metall + Sauerstoff ⟶ Metalloxid

Für die Reaktionen von Kohlenstoff bzw. Eisen mit Sauerstoff kann man die Reaktionsschemata leicht formulieren:

Kohlenstoff (s) + Sauerstoff (g) ⟶ Kohlenstoffdioxid (g) | exotherm

Eisen (s) + Sauerstoff (g) ⟶ Eisen(II)-oxid (s) | exotherm

Auf Teilchenebene kann man diese beiden Oxidationen folgendermaßen darstellen:

Oxidation von Kohlenstoff:

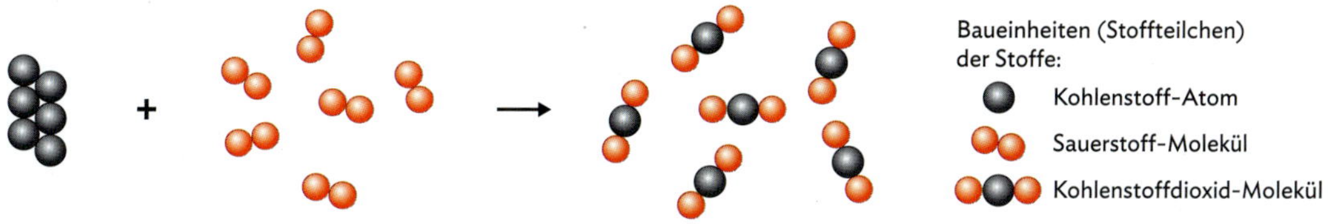

Vor der Oxidation von Kohlenstoff liegen Kohlenstoff-Atome im Feststoffverband vor. Der Sauerstoff aus der Luft besteht aus Sauerstoff-Molekülen. Jedes Sauerstoff-Molekül ist aus zwei miteinander verbundenen Sauerstoff-Atomen aufgebaut. Bei der Reaktion ordnen sich die Atome um und es bilden sich Kohlenstoffdioxid-Moleküle. Ihre Molekülformel lautet CO_2. Ein Kohlenstoffdioxid-Molekül besteht aus einem Kohlenstoff-Atom und zwei Sauerstoff-Atomen, die jeweils an das Kohlenstoff-Atom gebunden sind.

Oxidation von Eisen:

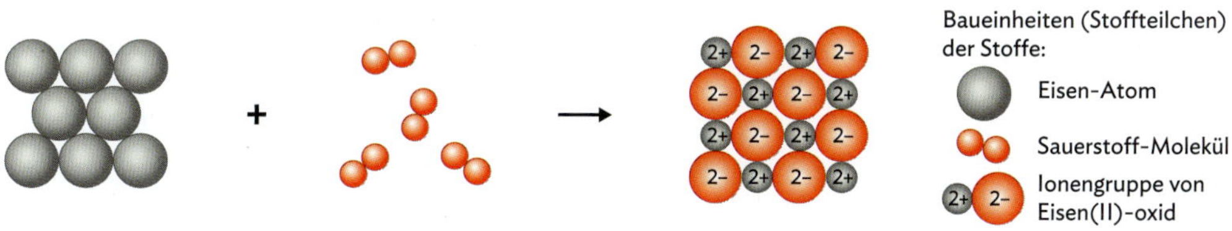

Vor der Oxidation von Eisen liegen Eisen-Atome in einem Metallgitter vor. Der Sauerstoff der Luft enthält Sauerstoff-Moleküle. Bei der chemischen Reaktion ordnen sich die Atome um und bilden Ionen. Im festen Produkt sind die Eisen(II)-Kationen Fe^{2+} und die Oxid-Anionen O^{2-} abwechselnd in einem regelmäßigen Ionengitter angeordnet. Baueinheit ist die Ionengruppe $Fe^{2+}O^{2-}$ und die Verhältnisformel ist FeO. Mit Kenntnis der chemischen Formeln von Edukten und Produkten kann man eine Reaktionsgleichung aufstellen (vgl. **FM**, S. 118, 119).

AUFGABEN

A1 Beim Anzünden eines Grillfeuers pustet man Luft in die Glut. Begründe dieses Vorgehen.

A2 Das Mädchen aus **B3** sagt zu seiner älteren Schwester: „Wenn eine Kerze verbrennt, wird das Wachs gasförmig und gelangt in die Luft. Wenn wir die Luft einatmen, wird das Wachs in der Lunge wieder fest." Beurteile die Aussage. Formuliere eine Antwort der Schwester, die über die tatsächlich ablaufenden Vorgänge aufklärt.

B3 Wird das Kerzenwachs in der Lunge wieder fest?

Reaktionsgleichungen aufstellen

Kennt man die Formeln der Edukte und Produkte einer chemischen Reaktion, so lässt sich diese symbolisch durch eine **Reaktionsgleichung** darstellen. Sie ist international verständlich (**B1**).

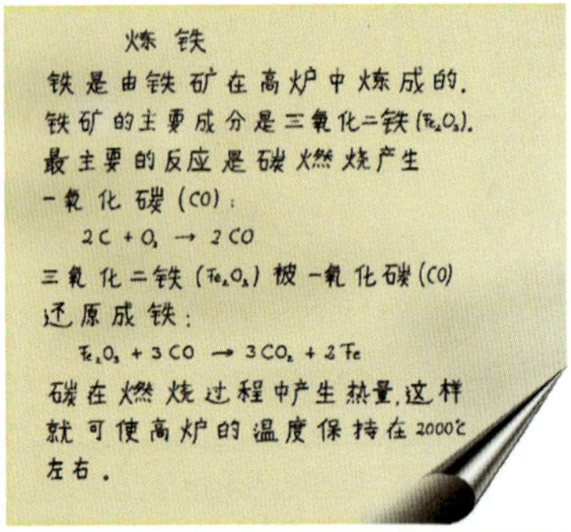

B1 Text aus einem chinesischen Chemieheft.

So geht's

Beispiel 1: Stelle die Reaktionsgleichung für die Bildung von Eisen(II)-oxid aus den Elementen Eisen und Sauerstoff Schritt für Schritt auf.

1. Formuliere das Reaktionsschema der Reaktion. Gib dabei auch die Aggregatzustände (g, l, s) der beteiligten Stoffe an:
   Eisen (s) + Sauerstoff (g) ⟶ Eisen(II)-oxid (s)
2. Schreibe die chemischen Formeln der Edukte und Produkte mit Platzhaltern davor auf. Beachte dabei, dass einige Elemente als zweiatomige Moleküle vorliegen (vgl. Info 2). Leite bei Verbindungen die Formel vom Namen des Stoffes ab (vgl. **FM** S. 101).
   $\_\_\_ Fe + \_\_\_ O_2 \longrightarrow \_\_\_ FeO$
3. Setze schrittweise **Koeffizienten** (vgl. Info 1) zum Ausgleich der Zahl der angegebenen Atome bzw. Ionen vor den Formeln ein. Da das Gesetz von der Erhaltung der Masse gilt, muss die Anzahl der Atome bzw. Ionen eines bestimmten Elements auf beiden Seiten des Reaktionspfeils gleich sein. Zum Ausgleichen der Reaktionsgleichung ist es hilfreich nur die Baueinheiten (Stoffteilchen) der Stoffe (vgl. S. 117) zu betrachten und durch Änderung der Koeffizienten anzupassen. **Die Indizes der Formeln dürfen nicht geändert werden!**
   a) Auf der Eduktseite steht ein Sauerstoff-Molekül O_2, in dem zwei Sauerstoff-Atome gebunden sind (vgl. Info 2). Betrachte nun die Produktseite. In der Ionengruppe von Eisen(II)-oxid $Fe^{2+}O^{2-}$ ist nur ein Oxid-Ion gebunden. Setze daher vor die Verhältnisformel des Eisen(II)-oxids den Koeffizienten „2" ein:
   $\_\_\_ Fe + \_\_\_ O_2 \longrightarrow \underline{\mathbf{2}} FeO$
   b) Nun liegen auf der Produktseite zwei Ionengruppen vor, also zwei Eisen(II)-Ionen und zwei Oxid-Ionen. Auf der Eduktseite stehen ebenfalls zwei gebundene Sauerstoff-Atome im Sauerstoff-Molekül O_2, aber nur ein Eisen-Atom Fe. Setze daher vor das Elementsymbol des Eisen-Atoms den Koeffizienten „2" ein:
   $\underline{\mathbf{2}} Fe + \_\_\_ O_2 \longrightarrow \underline{\mathbf{2}} FeO$
4. Kontrolliere, ob die Atombilanz ausgeglichen ist: Auf beiden Seiten des Reaktionspfeils liegen zwei Eisen-Atome bzw. Eisen(II)-Ionen und zwei Sauerstoff-Atome bzw. Oxid-Ionen gebunden vor.

Info 1

Als Koeffizient bezeichnet man die Zahl vor einer chemischen Formel. Diese bezieht sich auf die gesamte, dahinter stehende Formel und gibt an, wie oft die Baueinheit vorkommt. Der Koeffizient 1 wird weggelassen.

Info 2

Die folgenden Elemente kommen in der Natur in Form von zweiatomigen Molekülen vor: Wasserstoff $\mathbf{H_2}$, Sauerstoff $\mathbf{O_2}$, Stickstoff $\mathbf{N_2}$, Chlor $\mathbf{Cl_2}$, Brom $\mathbf{Br_2}$, Iod $\mathbf{I_2}$, Fluor $\mathbf{F_2}$.
Als Merkhilfe dient folgendes „Wort", das aus den Elementsymbolen gebildet ist: „HONClBrIF".

So geht's

Beispiel 2: Stelle die Reaktionsgleichung für die Bildung von Aluminiumoxid aus den Elementen Aluminium und Sauerstoff Schritt für Schritt auf.

1. Reaktionsschema der Reaktion:
   Aluminium (s) + Sauerstoff (g) ⟶ Aluminiumoxid (s)
2. Chemische Formeln der Edukte und Produkte mit Platzhaltern:
   $\_\_\_ Al + \_\_\_ O_2 \longrightarrow \_\_\_ Al_2O_3$
3. Ausgleichen der Reaktionsgleichung:
   a) Ausgleichen der Bilanz des Elements Sauerstoff:
   Eduktseite: zwei gebundene Sauerstoff-Atome
   Produktseite: drei Oxid-Ionen in der Ionengruppe $(Al^{3+})_2(O^{2-})_3$
   kleinstes gemeinsames Vielfaches: $2 \cdot 3 = 6$
   Ausgleichen: $\_\_\_ Al + \underline{3}\, O_2 \longrightarrow \underline{2}\, Al_2O_3$
   b) Ausgleichen der Bilanz des Elements Aluminium:
   Eduktseite: ein Aluminium-Atom
   Produktseite: vier Aluminium-Ionen (Produkt aus Koeffizient vor der Ionengruppe und Index des Symbols Al)
   Ausgleichen: $\underline{4}\, Al + \underline{3}\, O_2 \longrightarrow \underline{2}\, Al_2O_3$
4. Kontrolle der Atombilanz:
   Eduktseite: vier Aluminium-Atome, sechs gebundene Sauerstoff-Atome (in drei Sauerstoff-Molekülen)
   Produktseite: vier Aluminium-Ionen, sechs Oxid-Ionen
   Die Bilanz ist ausgeglichen.

In Wirklichkeit reagieren natürlich nicht nur vier Aluminium-Atome mit drei Sauerstoff-Molekülen, sondern viele Milliarden von Atomen bzw. Molekülen. Die Reaktionsgleichung verdeutlicht das Anzahlverhältnis, in dem die Atomsorten miteinander reagieren.

Info 3

Interpretiert man eine Reaktionsgleichung auf der Ebene von Teilchen, entfällt die Angabe des Aggregatzustands, da der Aggregatzustand eine Stoffeigenschaft ist.

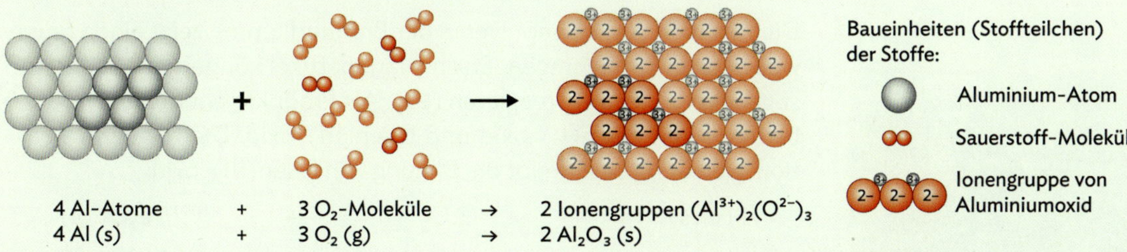

AUFGABEN

A1 Stelle jeweils die Reaktionsgleichung für die Verbrennung von Kohlenstoff mit Sauerstoff zu Kohlenstoffdioxid sowie für die Verbrennung zu Kohlenstoffmonooxid auf. Erstelle für beide Reaktionen eine Skizze auf Teilchenebene und benenne die Baueinheiten aller beteiligten Stoffe.

A2 Stelle die Reaktionsgleichung für die Verbrennung von Wolfram mit Sauerstoff zu Wolfram(VI)-oxid schrittweise auf.

B4 Feuerspucker

Info
Im Fernsehen werden oft Autos gezeigt, die nach einem Unfall explodieren. Aber Achtung, die Bilder täuschen! Wenn ein Auto bei einem Unfall in Brand gerät, kann sich auslaufendes Öl oder Benzin zwar am heißen Motor entzünden, es kommt aber nicht zu einer Explosion.

Oxidationen mit unterschiedlicher Heftigkeit

Oxidationen können wie alle chemischen Reaktionen ganz unterschiedlich verlaufen. Sie können sehr schnell oder langsam sowie heftig oder träge ablaufen. Wovon ist das abhängig?
Wenn ein Feuerspucker eine brennbare Flüssigkeit in eine brennende Fackel pustet, entsteht eine sehr große, helle und heiße Flamme (**B4**). Die Flamme entsteht bei der Verbrennung der kleinen Flüssigkeitströpfchen in Gegenwart von Sauerstoff aus der Luft.
Während flüssiges Benzin in einer Porzellanschale ruhig mit heller Flamme verbrennt (**V1b**), explodiert ein fein verteiltes Gasgemisch aus Benzin und Luft nach der Zündung. Im Gasgemisch sind die beiden Edukte Benzin und Sauerstoff gut durchmischt. Obwohl sie vollkommen unterschiedlich heftig ablaufen, ist für beide Reaktionen dasselbe Reaktionsschema zu formulieren:

Octan (l) + Sauerstoff (g) ⟶ Kohlenstoffdioxid (g) + Wasser (g)

$$2\,C_8H_{18}\,(l) + 25\,O_2\,(g) \longrightarrow 16\,CO_2\,(g) + 18\,H_2O\,(g)$$

Bei einer **Explosion** findet eine sehr **schnelle Oxidation** statt. Diese erfolgt unter einer starken Wärmeentwicklung sowie der Bildung gasförmiger Reaktionsprodukte. Der begleitende Knall ist auf eine Druckwelle zurückzuführen, die während der Explosion entsteht.
Wie die Verbrennung ist auch das **Rosten** (**B5**) von Eisen in feuchter Luft eine Oxidation. Es kann allerdings lange dauern, mitunter Jahre, bis ein Eisenteil an der Luft rostet. Das Rosten ist dementsprechend eine **langsame Oxidation**.

Oxidationen können je nach Reaktionsbedingungen unterschiedlich schnell ablaufen.

Der Einfluss des Zerteilungsgrades eines Stoffes

Die Reaktion von Eisenpulver in der Brennerflamme zeigt einen feuerwerkartigen Funkenregen. Eisen-Nanopartikel können mit Sauerstoff sogar explosionsartig reagieren (**B7**). Als Produkte entstehen wie auch beim Rosten Eisen(II)-oxid und Eisen(III)-oxid. Die folgende Reaktionsgleichung beschreibt die Bildung von Eisen(III)-oxid:

$$4\,Fe\,(s) + 3\,O_2\,(g) \longrightarrow 2\,Fe_2O_3\,(s)$$

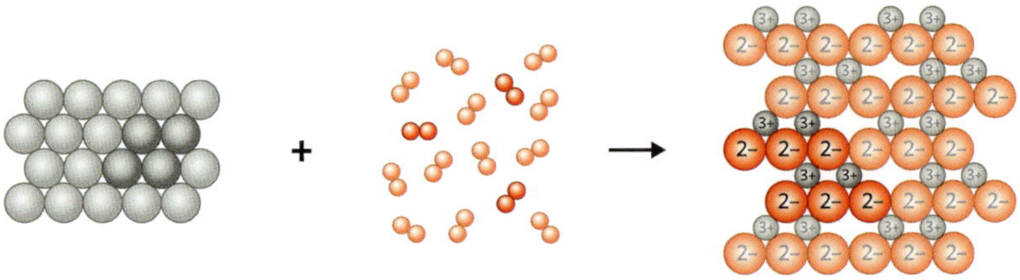

B5 Nägel vor und nach der Rostbildung

In **V2** zeigt sich der Einfluss des **Zerteilungsgrades**, das heißt der Zerteilung eines Stoffes (Eisenblech, Eisenwolle, Eisenpulver, Eisen-Nanopartikel), auf den Verlauf einer Reaktion.
Dies kann folgendermaßen erklärt werden (**B6**): Die Eisen-Atome, aus denen der Feststoff besteht und die Sauerstoff-Moleküle müssen zusammenstoßen, damit es zu einer Reaktion kommt. Die Oxidation von Eisen in Pulverform verläuft deutlich heftiger, weil gleichzeitig mehr Eisen-Atome mit Sauerstoff-Molekülen Kontakt haben, als wenn Eisen als Blech oder Wolle vorliegt. Es befinden sich immer wesentlich mehr Eisen-Atome an der Oberfläche, wenn die Feststoffportion Eisen, die verbrannt wird, fein zerteilt ist, als wenn die Feststoffportion Eisen in einem Stück vorliegt (**B6**). Daher gilt:

Eine Oxidation verläuft umso heftiger, je größer der **Zerteilungsgrad** des brennbaren Stoffes ist. Bei einer feinen Zerteilung ist die Oberfläche größer, an der die chemische Reaktion mit Sauerstoff stattfinden kann.

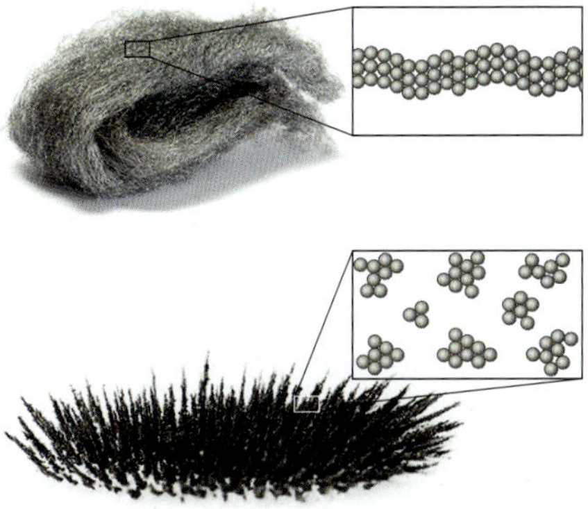

B6 Feststoffportion Eisenwolle und Eisenpulver sowie Darstellung im Teilchenmodell

Der Einfluss des Sauerstoffanteils

Die Heftigkeit einer Verbrennung hängt auch davon ab, wie viel Sauerstoff für die Reaktion zur Verfügung steht. Eisenwolle glüht in der Flamme an der Luft nur leicht. In einem mit Sauerstoff gefüllten Standzylinder glüht sie deutlich heller sowie heftiger und länger. Auch das ist auf Teilchenebene zu erklären:

Für eine Verbrennungsreaktion müssen die Atome des Brennstoffs Eisen mit den Sauerstoff-Molekülen zusammenstoßen. Je mehr Sauerstoff-Moleküle vorhanden sind, desto mehr Zusammenstöße können erfolgen und desto heftiger verläuft die Reaktion.

Sauerstoff ist nur ein Bestandteil der Luft. In einem Standzylinder mit reinem Sauerstoff brennt die Eisenwolle viel heller und länger als an der Luft (**LV3**). Allgemein gilt:

Eine Verbrennung ein und desselben Brennstoffs verläuft umso heftiger, je höher der Anteil des Sauerstoffs im Reaktionsraum ist, in dem die Verbrennung erfolgt.

B7 Feinst verteiltes, pyrophores Eisen, das aus Eisenoxalat gewonnen wurde, entzündet sich an der Luft.

AUFGABEN

A1 Stelle die Reaktionsgleichung für die Verbrennung von Schwefel mit Sauerstoff zu Schwefeldioxid auf. Erstelle dazu eine Skizze auf Teilchenebene. Beschreibe zu erwartende Unterschiede bei der Verbrennung von einer Schwefelstange und von Schwefelpulver.

FACHBEGRIFFE

Verbrennung, Oxide, Oxidation, Reaktionsgleichung, Explosion, Rosten, langsame bzw. schnelle Oxidation, Zerteilungsgrad eines Stoffes

Energiefreisetzung durch Atmung

Vermutlich hat sich jeder beim Sport schon einmal so richtig verausgabt. Während der Anstrengung muss man viel häufiger und tiefer einatmen. Hinterher hat man großen Durst und Hunger. Woran liegt das?

B1 Sauerstoffarmes (links) und sauerstoffreiches Blut (rechts) kann man an der Farbe unterscheiden.

Wir atmen etwa 20 000-mal am Tag, ganz automatisch. Selbst gut trainierte Taucher können die Luft maximal wenige Minuten anhalten, sonst verlieren sie das Bewusstsein und sterben. Vor allem unser Gehirn, aber auch jede einzelne Zelle des Körpers muss ständig mit Sauerstoff versorgt werden. Der Sauerstoff wird in den Körperzellen bei der sog. **Zellatmung** für Verbrennungsreaktionen benötigt. Das sind Oxidationen, wie auch andere Verbrennungen außerhalb des Körpers. Sie liefern Energie. Als Hauptbrennstoff dient Glucose $C_6H_{12}O_6$, auch bekannt als Traubenzucker:

$$C_6H_{12}O_6 + 6\,O_2 \longrightarrow 6\,CO_2 + 6\,H_2O \quad | \text{ exotherm}$$

Die Versorgung der Zellen mit den benötigten Stoffen und der Abtransport der Abfallstoffe wird durch das Transportsystem Blut gewährleistet. In den feinen Haargefäßen, den Kapillaren, kommt es zum Gasaustausch. Diese befinden sich z. B. in der Lunge, wo Sauerstoff aufgenommen und Kohlenstoffdioxid abgegeben wird. Umgekehrtes geschieht in den Körperkapillaren.
Dort wird der Sauerstoff an die Zellen abgegeben und Kohlenstoffdioxid ins Blut aufgenommen. Das Transportmolekül, an das die Sauerstoff-Moleküle binden, heißt Hämoglobin und befindet sich in den roten Blutkörperchen. Es ist auch für die rote Farbe des Bluts verantwortlich. Frisches, sauerstoffreiches Blut ist viel heller als sauerstoffarmes (**B1**). Das Transportsystem Blut wird angetrieben durch eine Pumpe, das Herz. Das Herz muss ein Leben lang ununterbrochen schlagen, eine phantastische Leistung. Es treibt den Blutkreislauf an, so dass jede einzelne Zelle des Körpers erreicht wird und ständig neuer Nachschub an Sauerstoff erfolgt. Die Brennstoffe für die Oxidation werden ebenfalls mit dem Blut transportiert. Sie stammen aus der Nahrung. Da die Nahrungsteilchen zu groß und oft wasserunlöslich sind, können sie nicht direkt mit dem Blutstrom fließen. Sie müssen erst durch Verdauungsprozesse mechanisch zerkleinert (Kauen) und chemisch (durch sogenannte Enzyme) zersetzt werden. Im Dünndarm gelangen die transportablen Teilchen, wie z. B. Glucose, dann ins Blut. In den Zellen findet schließlich die Oxidation in winzigen „Kraftwerken", den sogenannten Mitochondrien, statt.
Mit Hunger signalisiert der Körper, dass Nährstoffnachschub erfolgen sollte. Durst zeigt an, dass Flüssigkeit nachgefüllt werden muss, denn die Reaktionen im Körper laufen in wässrigen Lösungen ab.

AUFGABE

A1 Vergleiche die Verbrennung in den Zellen mit der Verbrennung von Eisen und der Verbrennung von Kohlenstoff.

A2 Miss eine Minute die Zahl deiner Herzschläge. Berechne daraus die Anzahl an Herzschlägen in einem 80-jährigen Leben.

Die „Bio"-Solarzelle

Solarenergie ist eine umweltfreundliche Alternative zu Energie aus fossilen Brennstoffen. Das Sonnenlicht muss aber erst „eingefangen" und energetisch nutzbar gemacht werden. Das gelingt in Solarzellen. Auch grüne Pflanzen nutzen das Sonnenlicht. Sind sie die „natürlichen" Solarzellen?

B1 Energie des Sonnenlichts – technisch und natürlich genutzt

Eine (technische) Solarzelle und das grüne Blatt einer Pflanze haben tatsächlich etwas gemeinsam: Beide wandeln die Lichtenergie der Sonne in eine andere Energieform um.
Es gibt aber Unterschiede:
In der *Solarzelle* wird die Energie der Sonnenstrahlung (Lichtenergie) in elektrische Energie umgewandelt. Die kann dann z. B. zum Antrieb eines Motors oder zur Versorgung eines Haushalts mit Strom genutzt werden. In einer Solarzelle wird die elektrische Energie aber nicht gespeichert.
In einem *grünen Blatt* wird Lichtenergie der Sonne in chemische Energie umgewandelt. Dabei entstehen aus Wasser und Kohlenstoffdioxid Glucose (Traubenzucker) und Sauerstoff. Im Zucker ist die Energie als chemische Energie gespeichert.

Den Prozess der Umwandlung von Lichtenergie in chemische Energie in grünen Pflanzen nennt man **Fotosynthese**.
Das Wasser für die Fotosynthese nimmt die Pflanze über die Wurzeln auf, das Kohlenstoffdioxid stammt aus der Luft und wird über die Spaltöffnungen der Blätter aufgenommen.

Als wichtiges Nebenprodukt der Fotosynthese entsteht Sauerstoff, der an die Luft abgegeben wird. Er ermöglicht Menschen, Tieren und Pflanzen das Atmen.
Das Produkt Glucose nutzt eine Pflanze sowohl zur Zellatmung als auch zum Aufbau der Verbindungen Stärke (= Speicherstoff) und Cellulose (= Gerüststoff). Cellulose ist der Hauptbestandteil der pflanzlichen Zellwand und damit der mengenmäßig wichtigste Naturstoff auf der Erde.
Wenn trockene Zweige oder Äste verbrannt werden, wird die in Zucker, Stärke und Cellulose gespeicherte chemische Energie erneut umgewandelt, diesmal in thermische Energie und in Lichtenergie.

Das folgende Schema stellt den Zusammenhang zwischen Fotosynthese und Zellatmung (Oxidation) modellhaft und vereinfacht dar:

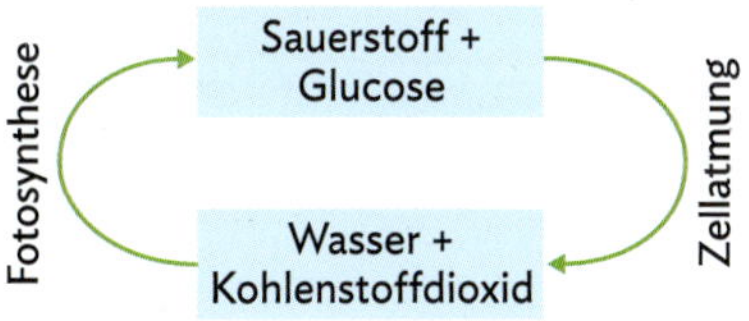

Die Fotosynthese findet nicht im gesamten Blatt einer Pflanze statt, sondern nur in den Chloroplasten, die den grünen Blattfarbstoff Chlorophyll enthalten. Chloroplasten kann man sich vereinfacht als Zuckerfabrik der Blattzellen in den Blättern vorstellen: Die Edukte Wasser und Kohlenstoffdioxid gelangen hinein und Glucose und Sauerstoff als Produkte wieder hinaus.

AUFGABEN

A1 Ordne die Begriffe exotherm und endotherm begründet der Fotosynthese bzw. Zellatmung zu.

A2 Erkläre, worin ein Blatt einer Solarzelle überlegen ist.

Bestandteile der Luft

Die Luftqualität wird in Deutschland ständig überwacht. Experten führen bundesweit regelmäßig Messungen durch und veröffentlichen Karten zur Luftqualität. Der Anteil einiger Luftbestandteile hat sich über die Jahrzehnte verändert – mit fatalen Auswirkungen. Aber was ist Luft eigentlich?

V1 Sauerstoffanteil in der Luft

7 9

PROBLEM

Im Alltag spricht man oft von „verbrauchter Luft“ und meint damit, dass sie wenig Sauerstoff enthält. Doch wie hoch ist der Anteil dieses Gases normalerweise?

DURCHFÜHRUNG

Baue die Apparatur aus **B1** zusammen. Fülle in das Quarzrohr mittig etwas Kupferwolle. Ziehe zu Beginn in eine Spritze 50 mL Luft. Anschließend erhitze mit dem Brenner die Kupferwolle und bewege die Spritzen mehrmals hin- und her. Lass die Apparatur abkühlen und lies die Gasmenge in der Spritze ab.

AUSWERTUNG

a) Halte deine Beobachtungen im Quarzrohr und zur Veränderung des Gasvolumens während des Versuchs fest.
b) Erläutere die Beobachtungen, indem du die Reaktionsgleichung für die Oxidation von Kupfer aufstellst.
c) Bestimme das Volumen des verbrauchten Luftanteils.
d) Das Restgas aus der Spritze soll langsam auf einen glimmenden Holzspan gedrückt werden. Stelle eine Hypothese zur Versuchsbeobachtung auf und führe den Versuch dann durch.

ENTSORGUNG G2

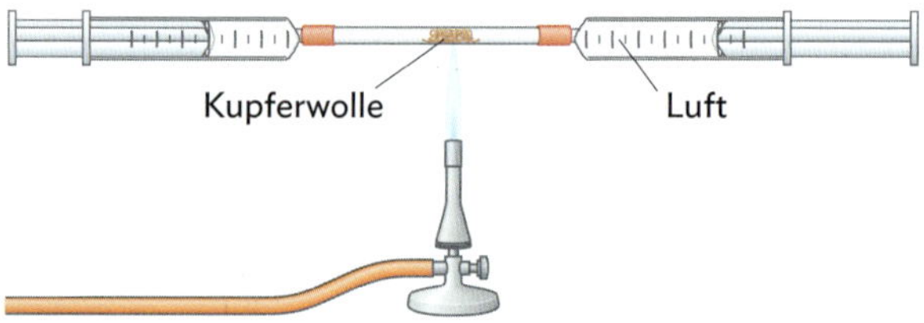

B1 Versuchsaufbau zu V1

FM Sauerstoff nachweisen – die Glimmspanprobe

Chemiker benötigen einfache und schnelle Methoden um bestimmte Stoffe nachzuweisen. Die Glimmspanprobe ist eine einfache Methode, um Sauerstoff nachzuweisen.

So geht's Entzünde einen langen Holzspan und puste ihn sogleich aus. Führe den noch glimmenden Holzspan in ein mit Sauerstoff gefülltes Reagenzglas. Ist Sauerstoff im Reagenzglas vorhanden, flammt der Span wieder auf: Die Glimmspanprobe verläuft positiv.

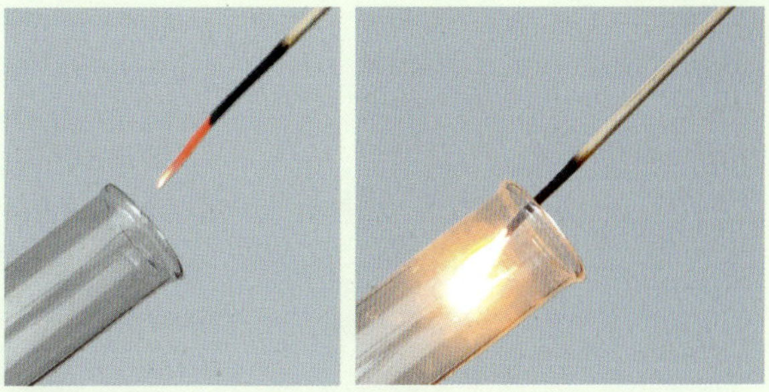

B2 Positiv verlaufende Glimmspanprobe

V2 Bestimmung der Dichte von Gasen

PROBLEM

Ein mit Helium gefüllter Ballon steigt aufgrund seiner geringen Dichte nach oben. Wie kann man die Dichte eines Gases experimentell bestimmen?

DURCHFÜHRUNG

Verschließe eine 50 mL Spritze mit einem Blindstopfen. Ziehe sie bis auf 50 mL heraus und fixiere den Stempel mit einem Nagel (**B3**) (zuvor wurde schon ein Loch mit einem heißen Nagel in den Stempel geschmolzen). Lege die luftleere Spritze auf eine Waage mit einer Genauigkeit von 0,001 g. Danach wird die Spritze mit je 50 mL des zu untersuchenden Gases (z. B. Helium (GHS 4), Sauerstoff (GHS 3 | 4), Kohlenstoffdioxid (GHS 4), Stickstoff (GHS 4)) gefüllt und die Masse erneut bestimmt.

AUSWERTUNG

a) Stelle mithilfe der Messergebnisse Aussagen zur Dichte der untersuchten Gase auf.
b) Die Dichte wird oft in der Einheit g/L angegeben. Ermittle die Dichten der untersuchten Gase.

ENTSORGUNG –

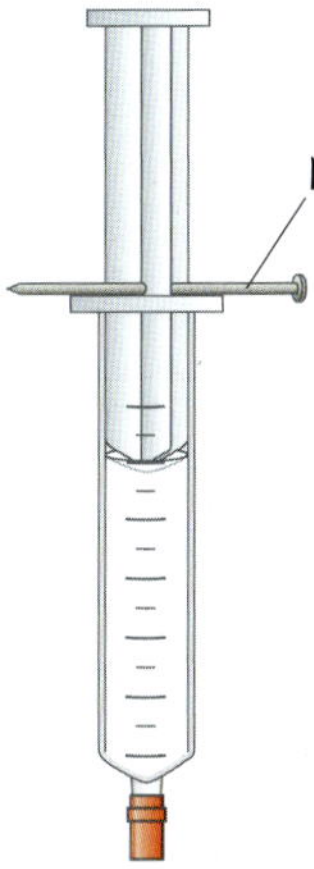

B3 Versuchsaufbau zu **V2**

V3 Die Kalkwasserprobe

PROBLEM

In der Ausatemluft ist Kohlenstoffdioxid enthalten. Wie lässt sich dieses Gas identifizieren?

DURCHFÜHRUNG

Drücke eine mit Kohlenstoffdioxid (GHS 4) gefüllte Spritze langsam in ein mit Kalkwasser ($w < 1\,\%$) gefülltes Becherglas. Wiederhole das Experiment mit Sauerstoff (GHS 3 | 4) und Stickstoff (GHS 4).

AUSWERTUNG

a) Recherchiere die chemische Zusammensetzung von Kalkwasser.
b) Begründe, dass Kalkwasser zum Nachweis von Kohlenstoffdioxid geeignet ist.
c) Entwirf einen Versuch zum Nachweis von Kohlenstoffdioxid in der Ausatemluft.

ENTSORGUNG A

Bestandteil	Volumenanteil
Stickstoff	78,08 %
Sauerstoff	20,95 %
Argon	0,93 %
Kohlenstoffdioxid	0,038 %
Neon	0,0018 %
Helium	0,0005 %
Methan	0,00018 %
Krypton	0,00014 %
Wasserstoff	0,00005 %
Distickstoffmonooxid	0,00003 %
Kohlenstoffmonooxid	0,00002 %
Xenon	0,000009 %

B1 Bestandteile trockener Luft in Meereshöhe, geordnet nach Volumenanteilen

Die Zusammensetzung von Luft

Nach einem langen Schultag ist die Luft im Klassenzimmer oft „verbraucht" und man muss lüften, um „frische" Luft reinzulassen. Die Alltagsbegriffe „verbraucht" und „frisch" beziehen sich hauptsächlich auf den Sauerstoffanteil der Luft.
Um den Anteil von **Sauerstoff** in der Luft zu bestimmen, oxidiert man Kupfer mit Luftsauerstoff in einer geschlossenen Apparatur, in der sich 50 mL Luft befinden (**V1**):

Kupfer (s) + Sauerstoff (g) ⟶ Kupfer(II)-oxid (s)
$2\,Cu\,(s) + O_2\,(g) \longrightarrow 2\,CuO\,(s)$

Sobald der gesamte Sauerstoff in der Apparatur verbraucht ist, stoppt die Reaktion. Von den 50 mL Luft bleiben nach der Reaktion noch ca. 40 mL übrig. Mit dem Experiment lässt sich somit ermitteln, dass der Sauerstoffanteil in der Luft ca. 20 % (**B1**) beträgt. Das Restvolumen besteht vor allem aus einem Gas, das aufgrund seiner erstickenden Wirkung den Namen **Stickstoff** erhielt. Drückt man es auf einen glimmenden Holzspan, so geht dieser aus.
Allerdings ist das Restgas kein reiner Stickstoff, sondern immer noch ein Gasgemisch (**B1**). Mit schulischen Mitteln können weitere Gase jedoch nicht nachgewiesen werden. In geringer Menge sind zum Beispiel **Kohlenstoffdioxid** (die Menge reicht für eine Kalkwasserprobe nicht aus), Argon, weitere **Edelgase** und in feuchter Luft Wasserdampf enthalten, jeweils in unterschiedlichen Volumenanteilen.

Luft ist kein Reinstoff, sondern ein homogenes Stoffgemisch aus Stickstoff, Sauerstoff und anderen Gasen.

Trennung der Luft in ihre Bestandteile

Viele Bestandteile der Luft werden für Industrie, Medizin und Forschung in reiner Form benötigt. Dazu muss man die Luft zunächst verflüssigen und anschließend durch Destillation trennen.

CARL VON LINDE entwickelte im Jahr 1876 ein Verfahren zur Luftverflüssigung, das nach ihm benannt wurde:
Ein Kompressor drückt die Luft zusammen. Die komprimierte (zusammengedrückte) Luft erwärmt sich dabei. Die warme Luft wird durch einen Kühler geleitet. Dabei nimmt das Kühlmittel die Wärme auf. Anschließend lässt man die komprimierte, abgekühlte Luft sich wieder ausdehnen. Dabei kühlt sie sich noch weiter ab. Das Zusammendrücken, Abführen der Wärme und Ausdehnen wird einige Male hintereinander durchgeführt, bis schließlich eine Temperatur von ca. –200 °C erreicht ist. Bei dieser Temperatur kondensiert die Luft und wird flüssig.

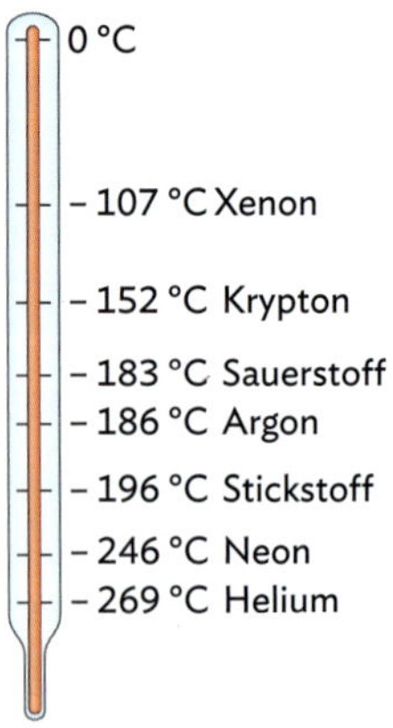

B2 Siedetemperaturen einiger Gase der Luft

Bestandteile der Luft und ihre Eigenschaften

Luft ist ein Stoffgemisch und die Stoffe, aus denen das Gemisch besteht, haben verschiedene Stoffeigenschaften. Diese Eigenschaften kann man experimentell bestimmen und untersuchen.

Bestimmt man zunächst die Masse einer leeren Spritze, zieht dann 50 mL Stickstoff auf und bestimmt danach die Masse mit einer Präzisionswaage erneut, beträgt die Massendifferenz ca. 0,06 g (**V2**). Aus dem physikalischen Zusammenhang $\rho = \frac{m}{V}$ errechnet (vgl. Info, S. 35) sich dann eine Dichte ρ von 1,2 g/L für den Stickstoff bei Zimmertemperatur. Gleiches Vorgehen kann für andere Gase der Luft wiederholt werden.

Stickstoff

Der Hauptbestandteil der Luft ist Stickstoff. Stickstoff ist ein farb- und geruchloses, ungiftiges Gas. Lebewesen ersticken darin, da Stickstoff die Atmung nicht unterstützt. Bei -196 °C kondensiert Stickstoff zu einer farblosen Flüssigkeit (**B4**). Er ist nicht brennbar und erstickt Flammen. Stickstoff ist reaktionsträge und reagiert bei Raumtemperatur nur mit wenigen Stoffen. Bei 0 °C beträgt die Dichte von Stickstoff 1,25 g/L. Einen Hinweis auf das Vorhandensein von Stickstoff liefert ein glimmender Holzspan, der erlischt, wenn er in das Gas gehalten wird.

STECKBRIEF

Stickstoff

- geruchloses, geschmackloses, farbloses Gas; Dichte bei 0 °C: ρ = 1,25 g/L
- Siedetemperatur T= –196 °C
- Schmelztemperatur T= –210 °C
- brennt nicht, unterhält die Verbrennung nicht; ist bei Raumtemperatur sehr reaktionsträge
- Wichtige Stickstoffverbindungen sind Ammoniak und Salpetersäure

B3 Eigenschaften von Stickstoff

B4 Flüssiger Stickstoff

AUFGABEN

A1 Beschreibe und erkläre ein Experiment, mit dem man nachweisen kann, dass Luft kein Reinstoff ist.

A2 Stelle die Anteile der Luftbestandteile Stickstoff, Sauerstoff, Kohlenstoffdioxid und Edelgase in einem Kreisdiagramm dar.

A3 Beim Aufpumpen eines Fahrradreifens spürt man eine deutliche Erwärmung der Luftpumpe. Erkläre diese Analogie zum Linde-Verfahren.

STECKBRIEF

Sauerstoff

- geruchloses, geschmackloses, farbloses Gas; Dichte bei 0 °C: ρ = 1,43 g/L
- Siedetemperatur T= –183 °C
- Schmelztemperatur T= –219 °C
- brennt nicht, unterhält die Verbrennung; bildet mit fast allen Elementen Verbindungen
- Nachweis: Glimmspanprobe

B5 Eigenschaften von Sauerstoff

Sauerstoff

Sauerstoff ist ein farb- und geruchloses, ungiftiges Gas. Sauerstoff ist lebensnotwendig. Menschen und Tiere benötigen ihn für die Atmung. Bei -183 °C kondensiert Sauerstoff zu einer bläulichen Flüssigkeit. Jede Verbrennung benötigt Sauerstoff. Man sagt, er unterhält die Verbrennung. Bei Reaktionen mit Sauerstoff entstehen Oxide. Die Dichte beträgt bei 0 °C 1,43 g/L. Sauerstoff kann mit der **Glimmspanprobe** nachgewiesen werden. Hierzu hält man einen glimmenden Holzspan in das zu untersuchende Gas. Glüht der Holzspan hell auf, so ist dies ein Nachweis für das Vorhandensein von Sauerstoff (vgl. **FM**, S. 125).

Edelgase

Edelgase sind zu weniger als 1 % in der Luft enthalten. Argon hat mit 0,934 % den größten Volumenanteil. Helium, Neon, Krypton, Xenon und Radon machen zusammen etwa 0,003 % aus. Die Edelgase sind farb- und geruchlos. Da sie reaktionsträge sind, wurden sie erst spät entdeckt. Es gibt nur sehr wenige Verbindungen mit Edelgasen.

Kohlenstoffdioxid

Die Atemluft von Menschen und Tieren enthält das farb-und geruchlose Gas Kohlenstoffdioxid. Pflanzen benötigen es für die Fotosynthese (vgl. S. 123). Das Gas kann für Menschen und Tiere gefährlich werden. Schon ab einem Volumenanteil von 8 % Kohlenstoffdioxid in der Luft können Menschen bewusstlos werden. Die Dichte von Kohlenstoffdioxid beträgt 1,98 g/L bei 0 °C. Kohlenstoffdioxid kann durch die **Kalkwasserprobe** (vgl. **FM** links) nachgewiesen werden. Hierbei wird etwas Kalkwasser (eine Lösung von Calciumhydroxid in Wasser) in ein Reagenzglas gegeben. Leitet man dann Kohlenstoffdioxidgas hindurch, bildet sich der weiße Feststoff Calciumcarbonat und die Lösung wird trüb (**V3**). In der normalen Raumluft sind etwa 0,04 % Kohlenstoffdioxid enthalten, in ausgeatmeter Luft sind es 4 %.

FM Kohlenstoffdioxid nachweisen - die Kalkwasserprobe

Die Kalkwasserprobe wird zum Nachweis von Kohlenstoffdioxid durchgeführt.

So geht's Nimm eine frisch hergestellte, gesättigte und dekantierte Lösung von Calciumhydroxid (Kalkwasser) und leite das Gas vorsichtig ein. Wenn sich das Kalkwasser weiß trübt, ist der Nachweis positiv: Das eingeleitete Gas ist Kohlenstoffdioxid.

B6 Kalkwasser vor und nach dem Einleiten von Kohlenstoffdioxid

Globale Auswirkungen des veränderten Kohlenstoffdioxid-Anteils

Durch Menschen verursachte Kohlenstoffdioxid-Emissionen verändern in zunehmendem Maße unser Klima. Der **Klimawandel** zeigt sich dabei sowohl in langfristigen Klimaänderungen wie in langsam steigenden Durchschnittstemperaturen, als auch in stärkeren Klimaschwankungen und häufigeren Extremwetterereignissen wie Stürmen, Dürren oder Hitzesommern. Die Folge sind ein Ansteigen der Meeresspiegel sowie ein Rückgang von Schnee- und Eisvorkommen.

Der Treibhauseffekt

Von der Sonne erreichen Licht und Wärmestrahlung die Erdoberfläche. Ein Teil der Wärmestrahlung wird von der Erde reflektiert. Nur ein Teil davon kann ins Weltall entweichen, der Rest wird von atmosphärischen Gasen, den sogenannten Treibhausgasen, absorbiert und wiederum in Richtung Erdoberfläche reflektiert. Die Atmosphäre wärmt sich auf. Da dies ganz ähnlich auch in einem Treibhaus geschieht, nennt man den Effekt Treibhauseffekt. Man unterscheidet zwischen dem **natürlichen** und dem von Menschen hervorgerufenen (**anthropogenen**) **Treibhauseffekt**. Ohne den natürlichen Treibhauseffekt wäre auf der Erde kein Leben möglich, da die Temperatur auf der Erde bei durchschnittlich -18 °C liegen würde. Die Erde wäre regelrecht eingefroren. Die Treibhausgase der Atmosphäre sind u. a. Kohlenstoffdioxid, Methan und Wasserdampf.

Durch menschlichen Einfluss, vor allem durch die Verbrennung fossiler Energieträger (Kohle, Erdöl und Erdgas) und eine veränderte Landnutzung (wie die Rodung von Wäldern) erhöhte sich die Konzentration der Treibhausgase wie z. B. Kohlenstoffdioxid in der Atmosphäre in den letzten 150 Jahren sehr stark: Die Atmosphäre speichert jetzt zu viel Wärme und die durchschnittliche Temperatur steigt an.

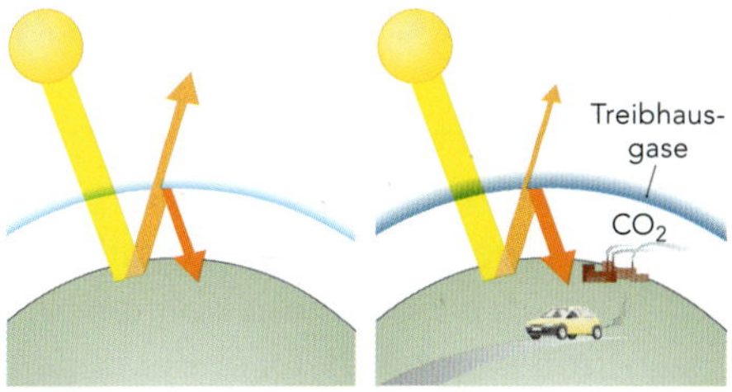

B7 Treibhauseffekt: natürlich (links) und anthropogen (rechts)

Zeitliche Entwicklung der Kohlenstoffdioxid-Konzentration in der Luft

Den Anstieg der Kohlenstoffdioxid-Konzentration belegt am besten die sogenannte KEELING-Kurve (**B8**), die auf Hawaii gemessen wurde. 1960 lag die Kohlenstoffdioxid-Konzentration in der Luft im Mittel noch bei ca. 312 ppm und stieg bis 2017 auf ca. 405 ppm.

Dabei ist die Kohlenstoffdioxid-Konzentration regelmäßigen Schwankungen während eines Jahres unterworfen. Von Mai bis Oktober sinken die Werte auf der Nordhalbkugel. Pflanzen benötigen Kohlenstoffdioxid für die Fotosynthese (vgl. S. 123). Den Rest des Jahres steigen die Werte wieder.

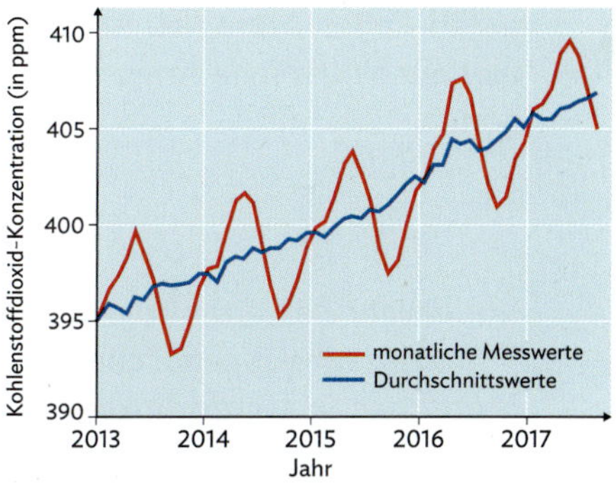

B8 Anstieg der gemessenen Kohlenstoffdioxid-Konzentration auf dem Mauna Loa (Hawaii) von 2013 bis 2017

Info

Die Einheit ppm bedeutet „parts per million". 1 ppm entspricht einem Teilchen aus einer Millionen Teilchen.

AUFGABEN

A1 Erstelle einen Steckbrief für Kohlenstoffdioxid.

A2 Viele Pflanzen werden in einem Glashaus, auch „Treibhaus" genannt, kultiviert. Erkläre den Begriff „Treibhaus" in diesem Zusammenhang.

A3 Stelle die Ursachen und Folgen des vermehrten Kohlenstoffdioxid-Ausstoßes der letzten Jahrzehnte zusammen.
Überlege dir Maßnahmen, mit denen du zur Vermeidung unnötigen Kohlenstoffdioxid-Ausstoßes beitragen kannst.

FACHBEGRIFFE

Sauerstoff, Stickstoff, Kohlenstoffdioxid, Edelgase, Glimmspanprobe, Kalkwasserprobe, Klimawandel, natürlicher und anthropogener Treibhauseffekt

Kohlenstoffmonooxid – eine unsichtbare Gefahr

Kohlenstoffmonooxid (CO) ist neben Kohlenstoffdioxid (CO_2) ein weiteres Nichtmetalloxid aus den Elementen Kohlenstoff und Sauerstoff. Es findet in den Medien hauptsächlich im Zusammenhang mit tragischen Unfällen Erwähnung. Kohlenstoffmonooxid ist ein äußerst gefährliches Atemgift. Aber es gibt auch nützliche Anwendungen.

B1 Ein Holzkohle-Grill gehört ins Freie

Vor einiger Zeit erschütterte der Tod von sechs Jugendlichen die Menschen in Unterfranken. Sie hatten in einem Gartenhaus eine Party gefeiert. Todesursache war eine Kohlenstoffmonooxid-Vergiftung, verursacht durch ein Stromaggregat, das mit Benzin betrieben wurde und eigentlich nicht in Innenräumen verwendet werden durfte. Kohlenstoffmonooxid kann schnell zur tödlichen Gefahr werden. Besonders von alten, schlecht gewarteten Heizanlagen und Kaminöfen geht ein unmittelbares Risiko aus. Auch ein Holzkohlegrill hat in geschlossenen Räumen nichts zu suchen (**B1**).

Das Gas Kohlenstoffmonooxid entsteht zum Beispiel bei unvollständigen Verbrennungen von fossilen Brennstoffen. Neben Auspuffgasen enthält auch der Rauch von Tabak Kohlenstoffmonooxid. Das Gas ist farblos, geruchlos und geschmacklos und damit für die menschlichen Sinne nicht wahrnehmbar.

Kohlenstoffmonooxid ist giftig beim Einatmen, da es viel stärker an das Transportmolekül Hämoglobin bindet als Sauerstoff (vgl. S. 122). Kohlenstoffmonooxid verdrängt den Sauerstoff vom Hämoglobin, was zu einem verminderten Sauerstoffgehalt im Blut führt. Bereits ab einer Kohlenstoffmonooxid-Konzentration von nur 0,0035 % (35 ppm) kann es innerhalb von 6 bis 8 Stunden zu ersten Symptomen kommen. Eine Konzentration von 0,08 % führt innerhalb von zwei Stunden zur Bewusstlosigkeit. Bei einem Atemluftanteil von 1,28 % tritt innerhalb weniger Minuten der Tod ein.

Die Todes- und Unfallzahlen mit Kohlenstoffmonooxid konnten durch die Einführung von Detektoren deutlich reduziert werden. Obschon so giftig, produziert unser Körper selbst geringe Mengen an Kohlenstoffmonooxid. Er reguliert mit dem Gas den Kontakt unter den Nervenzellen und den Durchmesser von Blutgefäßen.

Eine technische Anwendung ist die Herstellung von Synthesegas. Die Edukte Kohlenstoff und Wasser reagieren dabei zu den Produkten Kohlenstoffmonooxid und Wasserstoff.

Synthesegas wird u. a. zur Herstellung von künstlichem Benzin oder Methanol verwendet.

AUFGABE

A1 Recherchiere die Zusammensetzung von Stadtgas und seine historische Bedeutung. Begründe, warum Stadtgas inzwischen durch Erdgas ersetzt wurde.

Stickstoffoxide – Schadstoffe und Helfer

Die Sammelbezeichnung Stickstoffoxide steht für verschiedene gasförmige Verbindungen aus den Elementen Stickstoff und Sauerstoff. Dazu zählen die beiden Verbindungen Stickstoffmonooxid (NO) und Stickstoffdioxid (NO_2), zusammen als NO_X bezeichnet. Sie sind als Luftschadstoffe bekannt. Ein weiteres Stickstoffoxid spielt eine wichtige Rolle in der Narkosemedizin. Sein chemischer Name lautet Distickstoffmonooxid (N_2O).

B1 Verkehrsstau in einer Großstadt

Schon die Hitze einer Kerzenflamme reicht zur Bildung von sehr geringen Mengen Stickstoffmonooxid aus. Mit weiterem Sauerstoff und noch höherer Temperatur reagiert dieses weiter zu Stickstoffdioxid. Die bedeutendste Quelle dieser sogenannten „Stickoxide" sind Verbrennungsmotoren von Kraftfahrzeugen im Straßenverkehr (**B1**). Der Einsatz von Katalysatoren soll den Ausstoß von Stickoxiden vermeiden, da an der Katalysatoroberfläche u. a. Stickoxide in Stickstoff umgewandelt werden. Vor allem in Großstädten und Ballungsgebieten kann es durch Stickoxide zur Beeinträchtigung der Gesundheit kommen. Stickoxide dringen beim Einatmen tief in die Lungenbläschen ein und greifen die Schleimhäute an. Darüber hinaus sorgen sie für die Bildung von gesundheitsschädlichem, bodennahem Ozon. Bei Pflanzen führen sie zum Gelbwerden der Blätter und Kümmerwuchs.

Eine weitere Stickstoff-Sauerstoff-Verbindung ist Distickstoffmonooxid, auch unter dem Namen Lachgas bekannt. Patienten, die normalerweise große Angst vor dem Zahnarzt haben, können damit gelassener auf dem Behandlungsstuhl liegen. Die Anwendung von Lachgas ermöglicht eine entspannte und angstfreie Behandlung, wobei der Patient die ganze Zeit ansprechbar bleibt. Die Patienten inhalieren ein Gemisch aus Sauerstoff und Lachgas (**B2**). Bei fachgerechter Anwendung gilt Lachgas als nebenwirkungsfrei, da das Gas wieder abgeatmet wird. Lachgas wirkt beruhigend und schmerzreduzierend. Außerdem unterdrückt es den Würgereiz und reduziert die Zeitwahrnehmung des Patienten.

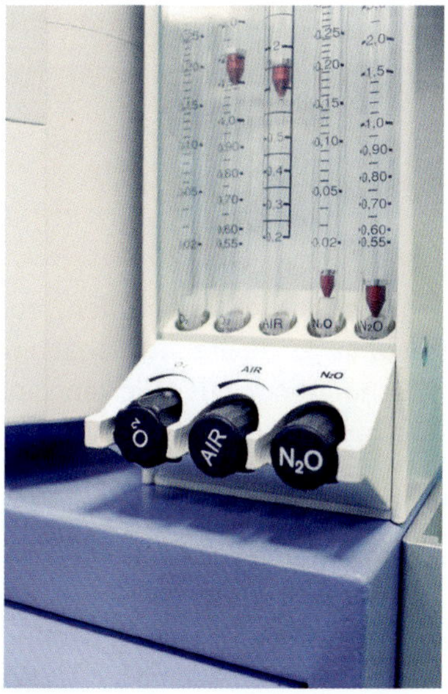

B2 Steuerung eines Narkosegeräts

AUFGABE

A1 Informiere dich in den Medien über Möglichkeiten und Maßnahmen, die zur Verminderung der Stickstoffoxide beitragen und finde weitere Einsatzmöglichkeiten für Lachgas.

Brandursachen und Brandbekämpfung

Pressemitteilung: Feueralarm in Backnang. Am Freitagabend ist es in den Räumen eines Metallrecyclingbetriebs zu einer Selbstentzündung gekommen. Ein Haufen Metallschleifspäne hatte Feuer gefangen. Welche Umstände führten zu diesem Brand? Wie löscht man richtig?

V1 Löschmethoden

PROBLEM

Um ein Feuer zu bekämpfen, muss man wissen, was genau brennt. Danach wählt man eine Löschmethode aus. Wie kann solch ein Löschversuch aussehen?

DURCHFÜHRUNG

a) Befülle den Erlenmeyerkolben mit zwei Spatel Natriumhydrogencarbonat, die Spritze mit 10 mL Essig. Stelle nun die Apparatur wie in **B1** zusammen. Drücke den Inhalt der Spritze in den Kolben und halte das Glasrohr in ein Becherglas, in dem ein brennendes Teelicht steht.

b) Führe das Experiment nun mit einem brennenden Papierknäuel in einer Porzellanschale (**B1**), einer Lösung von Natriumhydrogencarbonat, Essig und einigen Tropfen Spülmittel durch.

AUSWERTUNG

a) Begründe mithilfe der Versuchsbeobachtungen die unterschiedlichen Löschmethoden.

b) Nenne das Gas, das in **V1** zum Löschen eingesetzt wird.

ENTSORGUNG A, R

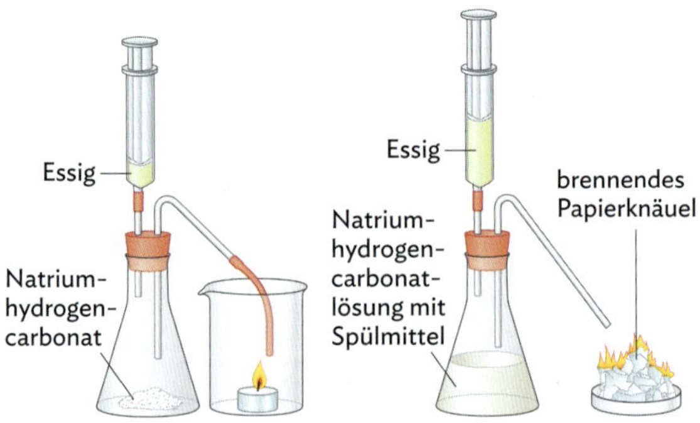

B1 Skizze zur Durchführung von **V1a** und **V1b**

LV2 Brennstoff kalt gestellt

PROBLEM

Auf brennbaren Stoffen findet man häufig den Sicherheitshinweis „Kühl lagern". Wozu das?

DURCHFÜHRUNG

a) Etwa 20 mL Aceton (GHS 2 | 7) werden in eine Porzellanschale gefüllt und die Temperatur der Flüssigkeit gemessen. Ein brennendes Holzstäbchen wird von oben genähert, bis sich das Aceton entzündet. Anschließend wird die Porzellanschale mit einem Deckel abgedeckt und längere Zeit in eine Schale mit Kältemischung (aus 100 g Eis und 33 g Kochsalz) gestellt. Die Temperatur wird erneut gemessen und das Aceton (GHS 2 | 7) nochmals wie oben beschrieben entzündet.

b) Der Versuch wird mit Brennspiritus (GHS 2 | 7) und mit Octan (GHS 2 | 7 | 8 | 9) wiederholt.

B2 Skizze zur Durchführung von **LV2**

AUSWERTUNG

a) Vergleiche die Entzündbarkeit von raumtemperiertem Aceton und von gekühltem Aceton (**LV2a**).

b) Vergleiche die Beobachtungen bei **LV2a** und **b**.

c) Recherchiere den Fachbegriff Flammtemperatur. Erkläre damit deine Versuchsbeobachtungen bei **LV2a** und **b**.

d) Stelle in einer Tabelle weitere Stoffe und deren Flammtemperatur zusammen.

ENTSORGUNG G3

LV3 Löschen eines Metallbrands

PROBLEM

Bleistiftanspitzer werden oft aus Magnesium hergestellt. Kommt es dabei zu einem Brand, so ist Vorsicht geboten. Wie löscht die Feuerwehr einen Metallbrand?

DURCHFÜHRUNG

a) Auf einer feuerfesten Unterlage wird ein Spitzer aus Magnesium (GHS 2) entzündet. Anschließend wird versucht, den Brand aus sicherer Entfernung mit Wasser aus einer Spritzflasche zu löschen. **Hinweis: Nicht direkt in die Flamme sehen!**

b) Ein brennendes Magnesiumband wird in einen mit Kohlenstoffdioxid (GHS 4) gefüllten Standzylinder gegeben.

AUSWERTUNG

a) Ein Magnesiumbrand sollte weder mit Wasser noch mit Kohlenstoffdioxid gelöscht werden. Begründe anhand der Beobachtungen bei **LV3a** und **b**, dass diese Löschmittel nicht geeignet sind.

b) Magnesium brennt an der Luft und reagiert mit dem darin enthaltenen elementaren Sauerstoff. Magnesium ist aber auch in der Lage, mit gebundenem Sauerstoff zu reagieren.
Erkläre die Beobachtungen bei **LV3a** und **b** unter Zuhilfenahme eines entsprechenden Reaktionsschemas.

c) Recherchiere die Vorgehensweise der Feuerwehr zur Löschung eines Metallbrands.

ENTSORGUNG R

B1 Überspringen der Streichholzflamme auf das gasförmige Aceton

Ermittlung der Brandursache

Das Ermitteln einer Brandursache gehört zu den schwierigsten Bereichen in der Kriminalistik. Die Entstehung eines Brandes kann verschiedener Natur sein: elektrischer Kurzschluss mit Funkenbildung, aber auch elektrostatische Entladungen, Selbstentzündung z. B. eines Leinöllappens, Blitzschlag, Überhitzung elektrischer Geräte, Sonneneinstrahlung, achtlos weggeworfene Zigarettenkippen, Feuerwerkskörper oder auch „vergessene" Grills. Grundsätzlich müssen jedoch für die Entstehung eines jeden Brandes bestimmte Voraussetzungen erfüllt sein.
Um einen Brand zu vermeiden, muss man wissen, unter welchen Bedingungen Feuer überhaupt entstehen kann. Zwei Voraussetzungen für einen Brand sind schon bekannt (vgl. S. 116): Für eine Verbrennung müssen ein **Brennstoff** und **Sauerstoff** vorhanden sein.

Nähert man einen brennenden Holzstab einer mit Aceton gefüllten Schale, so entflammt dieser Brennstoff schon weit bevor man die Flüssigkeitsoberfläche erreicht hat (**B1**), da sich ein Teil des Acetons im gasförmigen Zustand über der Flüssigkeit befindet.

Ähnlich ist es beim Entzünden von Brennspiritus und Holz. Erwärmt man im Reagenzglas wenige Milliliter Brennspiritus, kann man am oberen Rand die Brennspiritusdämpfe entzünden. Ein Stück Holz brennt erst dann mit einer Flamme, wenn Bestandteile aus dem Holz gasförmig geworden sind.

Brennstoffe können fest wie Holz, flüssig wie Brennspiritus und Benzin oder gasförmig wie Erdgas sein. Vor der Verbrennung entstehen durch Erhitzen der festen und flüssigen Brennstoffe brennbare Gase (Ausnahme: Metalle).

Man spricht von **Feuer**, wenn bei der Reaktion Flammen beobachtet werden. Manche Stoffe brennen nicht unter Flammenerscheinung, sondern glühen wie z. B. ein Kupferblech oder ein Büschel Eisenwolle.

Einfluss der Temperatur auf das Entstehen von Bränden

Das Vorhandensein von Brennstoff und Sauerstoff reicht allerdings nicht für das Entstehen eines Feuers aus. Kalter Brennspiritus lässt sich nicht entzünden, bis seine **Flammtemperatur** erreicht ist. Bei der Flammtemperatur eines Brennstoffs lässt sich der Teil des Stoffes, der gasförmig ist, mit einer Flamme oder einem Funken entzünden. Daher lässt sich durch Kühlen des Brennstoffs unter die Flammtemperatur auch ein Brand verhindern (**LV2**).

Von **Selbstentzündung** spricht man, wenn der Brennstoff an der Luft ohne weiteres Zutun, also ohne Zündquelle, zu brennen beginnt. Dazu muss eine bestimmte Temperatur, die **Zündtemperatur** (B2) des Brennstoffs erreicht werden.

Die Voraussetzungen für das Entstehen von Bränden sind

- das Vorhandensein von Sauerstoff
- das Vorhandensein eines Brennstoffs
- das Erreichen der Zündtemperatur des Brennstoffs oder das Erreichen der Flammtemperatur bei Vorhandensein einer Zündquelle

Die drei Bedingungen für das Entstehen von Bränden werden in einem **Branddreieck** (B3) dargestellt.

Brennbarer Stoff	Flammtemperatur in °C	Zündtemperatur in °C
Streichholzkopf	-	ca. 60
Benzin	-45 bis 10	220 bis 300
Diesel	>55	ca. 220
Paraffin (Kerzenwachs)	150	250
Papier	-	ca. 250
Trockenes Holz	-	ca. 300
Butangas (Flüssiggas für Feuerzeuge)	-60	400
Spiritus (Ethanol)	13	425
Propangas	-42	460
Aceton	-18	540

B2 Stoffe haben unterschiedliche Flamm- und Zündtemperaturen.

B3 Das Branddreieck zeigt die Voraussetzungen für das Entstehen von Bränden.

AUFGABEN

A1 Ordne die im Branddreieck angegebenen Bedingungen für die Entstehung eines Brands den entsprechenden Textstellen zum „Feuerbohren“ (B4) zu. Stelle deine Ergebnisse in einer Tabelle dar.

„Feuer bohren“ – statt zünden mit dem Streichholz!

Man nimmt zwei Hölzer und reibt sie unter großem Druck aneinander. Es entsteht Holzstaub. Die Reibung wird erhöht, wenn etwas Sand auf die Reibfläche gegeben wird. Je länger und intensiver man die Hölzer aneinander reibt, desto wärmer wird der Holzstaub. Dieser Holzstaub glimmt zunächst und entzündet sich dann durch Anblasen. In Verbindung mit einem leicht brennbaren Material wie trockenem Heu entstehen dann irgendwann Flammen.

A2 Bei Feueralarm in der Schule sind vor dem zügigen Verlassen des Klassenraumes Fenster und Türen zu schließen (nicht abzuschließen). Begründe diese Anweisung.

B4 Hier wird Feuer „gebohrt“.

Brennbarer Stoff	Feste, glutbildende Stoffe, z. B. Holz, Textilien	Flüssige oder flüssig werdende Stoffe, z. B. Benzin, Öle	Gasförmige, auch unter Druck stehende Stoffe, z. B. Propan	Brennbare Metalle wie z. B. Aluminium, Magnesium	Speiseöle und -fette (pflanzlich oder tierisch)
Brandklassen	A	B	C	D	F
Pulverlöscher mit Glutbrandpulver	✓	✓	✓		
Pulverlöscher mit Metallbrandpulver				✓	
Schaumlöscher	✓	✓			
Wasserlöscher	✓				
Kohlenstoffdioxidlöscher		✓			
Fettbrandlöscher	✓	✓			✓

B5 Kennbuchstaben verweisen auf die Brennstoffe, die mit geeigneten Feuerlöschern zu löschen sind.

Löschen von Bränden

Wenn ein Feuer ausgebrochen ist, muss man schnell handeln, damit es sich nicht ausbreitet. Das Branddreieck (**B3**, S. 135) zeigt nicht nur die Bedingungen für das Entstehen eines Brandes. Aus dem Branddreieck lassen sich auch die Möglichkeiten ablesen, ein Feuer zu löschen:

1. Entfernen des Brennstoffs
2. Entzug des Sauerstoffs
3. Kühlung des Brennstoffs unter die Flammtemperatur

Das Löschen eines kleinen Brands kann in einem einfachen Modellexperiment (**V1a**) demonstriert werden:
Versetzt man Natriumhydrogencarbonat mit Essig, entsteht gasförmiges Kohlenstoffdioxid. Es hat eine größere Dichte als Luft und erstickt z. B. das Feuer einer brennenden Kerze. Bei dieser Art des Löschens wird dem Feuer also der Sauerstoff entzogen. Zusätzliches Wasser („Schaumlöscher") (**V1b**) kühlt den Brand unter die Zündtemperatur des Brennstoffs.
In öffentlichen Gebäuden, in Zügen und Bussen und auch im Chemieraum müssen Feuerlöscher vorhanden sein (**B5**). Große Gebäude wie Flughäfen sind mit Löschsystemen in den Decken ausgestattet. Häufig wird als Löschmittel das Gas Kohlenstoffdioxid eingesetzt. In Feuerlöschern mit Kohlenstoffdioxid befindet sich das Gas in einem Druckgasbehälter. Durch das Aktivieren des Löschers kann es ausströmen.

Kohlenstoffdioxid oder Wasser sind als Löschmittel jedoch nicht immer die richtige Wahl. Gibt man ein brennendes Stück Magnesium in einen Standzylinder, der vollständig mit Kohlenstoffdioxid gefüllt ist, so brennt dieses weiter (**LV3b**). An der Glaswand des Standzylinders sind nach der Reaktion schwarze Körnchen aus Kohlenstoff sichtbar (**B6**). Das Bestreben von Magnesium, sich mit Sauerstoff zu verbinden, ist so hoch, dass es mit dem im Kohlenstoffdioxid gebundenen Sauerstoff reagiert und weiter brennt.

$$2\,Mg\,(s) + CO_2\,(g) \longrightarrow 2\,MgO\,(s) + C\,(s) \qquad |\ \text{exotherm}$$

Auch mit Wasser lässt sich brennendes Magnesium nicht löschen (**LV3a**). Im Gegenteil, Wasser fördert die Verbrennung sogar noch. Durch die hohen Temperaturen reagiert das Magnesium mit dem Wasserdampf und entzieht diesem den gebundenen Sauerstoff, so dass brennbarer Wasserstoff entsteht.

$$Mg\,(s) + H_2O\,(g) \longrightarrow MgO\,(s) + H_2\,(g) \qquad |\ \text{exotherm}$$

B6 Verbrennung von Magnesium in Kohlenstoffdioxid; nach dem Versuch kann man Kohlenstoff von der Gefäßwand abwischen.

Allgemein dürfen Metallbrände nicht mit Kohlenstoffdioxid oder Wasser gelöscht werden. Sie werden mit Sand oder mit Pulverfeuerlöschern (**B5**) bekämpft.

Der Versuch, einen Fettbrand mit Wasser zu löschen, kann gefährlich werden (**B7**). Das Wasser verdampft explosionsartig und reißt brennende Fetttröpfchen mit. Verheerende Brände mit riesigen Flammen sind die Folge. Einen Fettbrand löscht man durch Abdecken mit einem Deckel oder mit einer dicken Feuerlöschdecke bzw. mit einem Fettbrandlöscher (**B5**).

B7 Versuch, einen Fettbrand mit Wasser zu löschen

Metallbrände und Fettbrände müssen durch Sauerstoffentzug gelöscht werden, z. B. mit Sand oder durch Abdecken. Wasser darf dafür nicht eingesetzt werden.

Kennzeichnung von feuergefährlichen Stoffen

Feuergefährliche Stoffe werden durch verschiedene Piktogramme gekennzeichnet. Dabei werden drei verschiedene Klassen unterschieden:

1. **Entzündbare Stoffe** wie Benzin, Aceton, Brennspiritus oder Erdgas werden mit einem Flammensymbol gekennzeichnet.
2. **Brandfördernde Stoffe** wie Sauerstoff, Lachgas, Peroxide oder Fluor brennen selbst nicht, wirken aber brandfördernd oder oxidierend.
3. **Explosive Stoffe** oder Stoffgemische wie TNT (Trinitrotoluol), TATP (Triacetontriperoxid) oder Schwarzpulver setzen durch eine enorme Oxidationsgeschwindigkeit des Brennstoffs viel Energie und Gase frei.

2

3

1

AUFGABEN

A1 Begründe die Aussage: „Fettbrände dürfen nicht mit Wasser gelöscht werden."

A2 Sucht in kleinen Teams in der Schule einen Feuerlöscher und beschreibt seinen Standort. Stellt fest, um welche Art von Feuerlöscher es sich handelt und diskutiert seine Einsatzmöglichkeit.

A3 Eine Brandschneise (**B8**) ist ein kaum bewachsener Streifen in Vegetationsflächen wie Wäldern oder anderen brandgefährdeten Anlagen. Bewerte das Anlegen einer solchen Schneise im Vorfeld und bei Ausbruch eines Brandes.

A4 Die ersten Zündhölzer um 1830 konnten durch Reiben auf beliebigen Flächen entzündet werden. Sowohl die Herstellung der Zündmasse, als auch der Umgang mit den ersten Streichhölzern erforderte höchste Vorsicht. Beurteile die Risiken der damaligen Hölzer im Vergleich zu den heutigen Sicherheitsstreichhölzern.

B8 Brandschneise

FACHBEGRIFFE

Brennstoff, Sauerstoff, Feuer, Flammtemperatur, Selbstentzündung, Zündtemperatur, Branddreieck

Gewinnung von Metallen aus Metalloxiden

Ein Meteorit aus Eisen ist ein echter Alien. Das Eisen solcher Funde nutzten schon die Sumerer und Ägypter etwa 4000 v. Chr. zur Herstellung von Schmuck und Speerspitzen. Aufgrund der vielen Anwendungen ist der Bedarf an Eisen heute sehr groß. Da reichen die Meteoriten längst nicht, man muss Eisen noch auf andere Weise gewinnen können. Wie erhält man Eisen aus seinen Verbindungen?

V1 Untersuchung von Metallen

2 9

PROBLEM

Die meisten Metalle kommen in der Natur gebunden in Erzen, z. B. als Oxidverbindungen, vor. Wie reagieren unterschiedliche Metalle mit Sauerstoff?

DURCHFÜHRUNG

Feuerfeste Unterlage! Nimm jeweils eine Probe eines Metallpulvers (Eisen- (GHS 2), Magnesium- (GHS 2), Kupferpulver (GHS 2 | 9)) mit einer gegebenenfalls abgeschnittenen Plastikpipette auf. Drücke die Pulver nacheinander mit Sicherheitsabstand in die rauschende Brennerflamme.

AUSWERTUNG

a) Ordne die getesteten Metalle nach zunehmender Heftigkeit der Verbrennung.

b) Ein aussagekräftiger Vergleich der Heftigkeit der Verbrennung ist nur möglich, wenn die Metallpulver mit gleicher Korngröße eingesetzt werden. Erkläre diese Notwendigkeit.

c) Formuliere für die Reaktionen in **V1** die Reaktionsschemata und die Reaktionsgleichungen. (*Hinweis*: Es entsteht Kupfer(II)-oxid bzw. Eisen(II)-oxid).

d) Nimm an, der Versuch würde nochmals mit Goldstaub durchgeführt. Beschreibe die erwartete Beobachtung und begründe diese.

ENTSORGUNG G2

V2 Erhitzen von Silberoxid

PROBLEM

Können Metalloxide wieder zerlegt werden?

DURCHFÜHRUNG

Gib in ein Reagenzglas eine Spatelspitze Silberoxid (GHS 3 | 5 | 9) und verschließe mit einem durchbohrten Stopfen mit gebogenem Glasrohr, das in eine Wasserwanne taucht. Erhitze das Reagenzglas schwach mit der Brennerflamme und fange entstehendes Gas pneumatisch auf (vgl. **FM**). Führe mit dem Gas die Glimmspanprobe durch. Entnimm den Feststoff nach dem Abkühlen aus dem Reagenzglas und drücke ihn mit einem Spatel fest auf ein Stück Papier.

AUSWERTUNG

a) Schließe aus den Beobachtungen auf gebildete Produkte und formuliere eine Reaktionsgleichung.

b) Ordne den Reaktionen in **V1** und **V2** die Begriffe *Synthese* und *Analyse* zu.

ENTSORGUNG G2

FM Gase pneumatisch auffangen

Eine Methode, wasserunlösliche Gase einzufüllen, ist das pneumatische Auffangen.

So geht's Hänge ein Gasableitungsrohr (1) in eine mit Wasser gefüllte pneumatische Wanne (2) ein. Stelle einen Gummistopfen auf den Boden neben das Rohrende (3). Lass zunächst so viel Gas entweichen, bis die Luft aus der Apparatur verdrängt ist. Setze dann ein komplett mit Wasser gefülltes Reagenzglas (4) auf das Rohr. Leite das gewünschte Gas in das Reagenzglas ein. Wenn das Wasser vollständig durch das Gas aus dem Reagenzglas verdrängt ist, verschließe das Reagenzglas unter Wasser mit dem Stopfen.

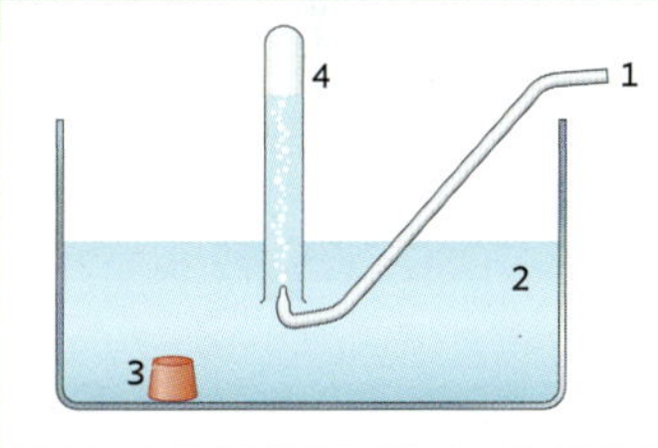

V3 Gewinnung von Metallen

PROBLEM

Kupfer und Eisen reagieren beide mit Sauerstoff zu Metalloxiden. Was passiert, wenn man ein Metall mit dem Metalloxid eines anderen Metalls erhitzt?

DURCHFÜHRUNG

a) Vermische in einer Porzellanschale einen Spatel Kupfer(II)-oxid (GHS 7 | 9) und einen halben Spatel Eisenpulver (GHS 2). Fülle das Gemenge mithilfe eines einmal gefalteten Filterpapiers in ein Reagenzglas. Erhitze das Reagenzglas an einem Punkt bis zum Aufglühen des Gemisches und entferne dann den Brenner. Gib den Inhalt des Reagenzglases nach dem Abkühlen auf ein Uhrglas.

b) Vermische einen halben Spatel Eisen(II)-oxid und einen halben Spatel Kupferpulver (GHS 2 | 9), fülle das Gemisch in ein Reagenzglas und erhitze kräftig. Gib den Inhalt des Reagenzglases nach dem Abkühlen auf ein Uhrglas.

AUSWERTUNG

a) Vergleiche das Aussehen aller Feststoffe vor und nach dem Erhitzen.

b) Entscheide jeweils, ob eine chemische Reaktion stattgefunden hat. Stelle gegebenenfalls das entsprechende Reaktionsschema und die Reaktionsgleichung auf.

c) Formuliere eine Aussage, die beide Versuchsergebnisse zusammenfasst.

ENTSORGUNG G2

B1 Ein Zeuge aus der Vergangenheit

Metalle und ihre Affinität zu Sauerstoff

Manche Metalle wie z. B. Eisen rosten (**B1**) bzw. verlieren ihren Glanz und laufen an. Andere Metalle dagegen behalten ihren Glanz dauerhaft wie z. B. Gold. Dies hat dazu geführt, dass die Metalle in zwei Gruppen eingeteilt wurden: in **unedle Metalle**, die ihren Glanz verlieren, und in **edle Metalle**, die ihren Glanz behalten. Doch warum ist das so?

Unterschiede in der Oxidierbarkeit

Bringt man verschiedene Metallpulver wie Eisen, Magnesium oder Kupfer in die Brennerflamme, kann man Funkenbildung beobachten (**V1**, **B2**). Allerdings nicht in gleichem Maße: Bei Magnesium ist der Funkenschlag am heftigsten und grellsten, während er beim Kupfer kaum erfolgt. Die Funken zeigen an, dass eine exotherme chemische Reaktion stattfindet. Es handelt sich dabei jeweils um eine Oxidation des Metalls. Die Oxidationen verlaufen von Kupfer über Eisen nach Magnesium immer heftiger. Das liegt daran, dass Magnesium eine hohe Affinität zu Sauerstoff besitzt. Unter der **Affinität zu Sauerstoff** versteht man das Bestreben eines Stoffes, sich mit Sauerstoff zu einem Oxid zu verbinden. Unedle Metalle wie Magnesium oder Aluminium haben im Gegensatz zu Edelmetallen wie Kupfer oder Silber eine besonders hohe Sauerstoffaffinität. Unedle Metalle verlieren durch Oxidation ihren Glanz, während edle Metalle **inert** (reaktionsträge) sind und ihn behalten.

Je leichter ein Metall mit Sauerstoff reagiert, desto größer ist die Affinität des Metalls zu Sauerstoff und desto unedler ist das Metall.

B2 Metallfunken in der Gasbrennerflamme

Aus der Heftigkeit der Verbrennung kann man schließen, dass bei der Reaktion von Magnesium mit Sauerstoff viel mehr Energie freigesetzt wird als bei der Verbrennung von Kupfer.

$$2\,Mg\,(s) + O_2\,(g) \longrightarrow 2\,MgO\,(s) \quad | \text{ (stärker) exotherm}$$

$$2\,Cu\,(s) + O_2\,(g) \longrightarrow 2\,CuO\,(s) \quad | \text{ (schwächer) exotherm}$$

Die Menge an Energie, die bei der Verbrennung von Metallpulvern gleicher Korngrößen freigesetzt wird, liefert also einen Hinweis auf die Affinität des Metalls zu Sauerstoff. Bei der Reaktion entsteht aus einem Metall (Atome) und Sauerstoff (Moleküle) ein Metalloxid (Ionen) (vgl. S. 117).

Reduktion

Erhitzt man schwarzes Silberoxid (**V2**), entstehen während des Erhitzens ein farbloses Gas und ein grauer Feststoff. Drückt man diesen mit einem Spatel fest auf eine Unterlage, ist ein silberner Glanz erkennbar. Fängt man das Gas pneumatisch auf (**B3**, vgl. **FM** S. 139) und hält einen Glimmspan hinein, glüht der Span deutlich und flammt auf. In einer endothermen Reaktion entstehen aus Silberoxid elementares Silber und Sauerstoff.
Durch Erwärmen kann also Silberoxid in die Elemente Silber und Sauerstoff zerlegt werden. Da Silber zu den Edelmetallen zählt und keine hohe Affinität zu Sauerstoff hat, kann der Sauerstoff recht leicht abgespalten werden. Die im Silberoxid gebundenen Silber-Kationen werden bei der Reaktion wieder in den elementaren Zustand „zurückgeführt", also in Silber-Atome umgewandelt. Eine solche Reaktion bezeichnet man als **Reduktion** (von lat. reducere = zurückführen):

$$2\,Ag_2O\,(s) \longrightarrow 4\,Ag\,(s) + O_2\,(g) \quad |\ \text{endotherm}$$

Reduktion

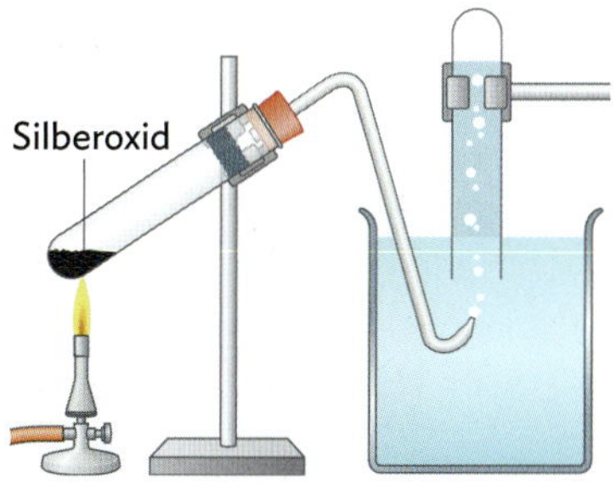

B3 Silberoxid lässt sich durch Erwärmen in Silber und Sauerstoff zerlegen.

Eine chemische Reaktion, bei der ein Metalloxid unter Sauerstoffabgabe zum Metall zurückgeführt wird, bezeichnet man als Reduktion.

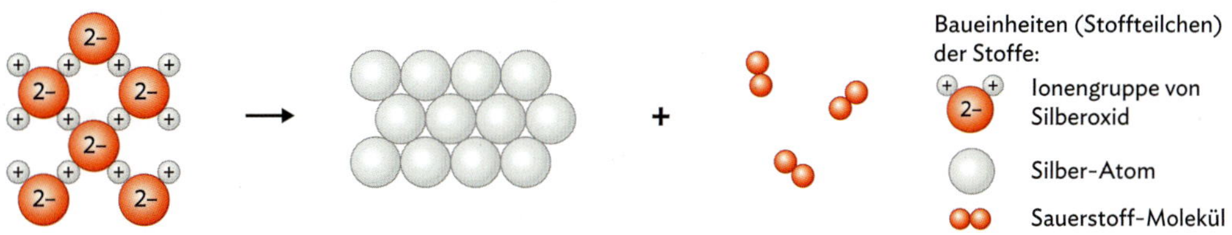

Bei dieser Reaktion werden Silber-Kationen Ag^+ in ungeladene Silber-Atome Ag umgewandelt. Aus jeweils zwei Oxid-Anionen O^{2-} entstehen Sauerstoff-Moleküle O_2.

AUFGABEN

A1 Man sagt, Kleinkinder besitzen eine Affinität für Süßigkeiten. Erkläre die Bedeutung des Begriffs Affinität an diesem Alltagsbeispiel sowie an einem Beispiel aus der Chemie.

A2 Aluminium ist ein Element, das fast so unedel ist wie Magnesium. Beschreibe die zu erwartende Beobachtung, wenn man Aluminiumpulver in die Brennerflamme pustet.

A3 Kupfer ist ein Halbedelmetall. Entscheide und begründe, ob Kupferoxid oder Silberoxid leichter zum entsprechenden Metall reduziert werden kann.

B4 Ein Gemisch von Kupfer(II)-oxid und Eisen glüht während der Reaktion auf.

Info
Nach einer erweiterten Definition geben Teilchen bei einer Oxidation Elektronen ab und nehmen bei einer Reduktion Elektronen auf. Im Beispiel geben Eisen-Atome Elektronen ab und bilden Eisen(II)-Ionen. Kupfer(II)-Ionen nehmen Elektronen auf und bilden Kupfer-Atome.
Entsprechend kann eine Redoxreaktion als Reaktion definiert werden, bei der Elektronen zwischen Reaktionspartnern übertragen werden.
Diese Definition ist weitgreifender und lässt sich auch auf Reaktionen anwenden, an denen kein Sauerstoff beteiligt ist.

Redoxreaktionen

Mischt man Kupfer(II)-oxid mit Eisenpulver und erhitzt das grauschwarze Feststoffgemisch (**V3a**), glüht es auf und reagiert selbsttätig weiter (**B4**). Anschließend befindet sich im Reagenzglas ein schwarzrotes Gemenge, das teilweise glänzt. Der Glanz ist ein Hinweis dafür, dass Kupfer entstanden ist. Dieses muss aus dem Kupferoxid stammen. Kupferoxid hat Sauerstoff abgegeben, ist also **reduziert** worden. Gleichzeitig ist auch die graue Farbe des Eisens verschwunden. Bei der Reaktion ist schwarzes Eisen(II)-oxid entstanden. Da Eisen mit Sauerstoff reagiert hat, ist es **oxidiert** worden.

Bei der Reaktion zwischen Kupferoxid und Eisen finden gleichzeitig eine Oxidation und eine Reduktion statt. Dabei geht gebundener Sauerstoff vom Kupferoxid auf das Eisen über. Solche Sauerstoffübertragungsreaktionen nennt man **Redoxreaktionen**.

Bei einer **Redoxreaktion** finden gleichzeitig eine Oxidation und eine Reduktion statt.

Reduktion

$$CuO\,(s) + Fe\,(s) \longrightarrow Cu\,(s) + FeO\,(s)$$

Oxidation

Führt man die umgekehrte Reaktion durch und erhitzt ein Eisenoxid-Kupfer-Gemisch (**V3b**), so beobachtet man weder Stoff- noch Energieumsatz – es findet keine chemische Reaktion statt.

Eisen kann Kupferoxid reduzieren, wohingegen Kupfer aber das Eisenoxid nicht reduzieren kann. Eisen hat demnach ein stärkeres Reduktionsvermögen als Kupfer. Der Grund dafür ist die höhere Affinität des Eisens zu Sauerstoff. Aus Eisenoxid wird nicht so leicht Sauerstoff abgespalten wie aus Kupferoxid.

Entsprechende Versuche können mit allen denkbaren Kombinationen von unterschiedlichen Metallen und Metalloxiden durchgeführt werden. Als Ergebnis einer solchen Versuchsreihe erhält man die folgende Rangfolge zum Reduktionsvermögen wichtiger Metalle.

Reduktionsvermögen nimmt zu ←

Magnesium	Aluminium	Zink	Eisen	Kupfer	Silber	Gold
Mg	**Al**	**Zn**	**Fe**	**Cu**	**Ag**	**Au**

Je weiter links ein Metall in dieser Reihe steht, desto
- unedler ist es,
- höher ist seine Affinität zu Sauerstoff
- größer ist sein Reduktionsvermögen.

Reduktionsmittel

In der Redoxreaktion aus **V3a** entzieht das Eisen dem Kupfer(II)-oxid den gebundenen Sauerstoff. Eisen bewirkt also, dass Kupferoxid reduziert wird. Stoffe, die andere Stoffe reduzieren, heißen **Reduktionsmittel**. Sie werden dabei selbst oxidiert.

Bei der Gewinnung von Eisen aus Eisenoxid ist der Einsatz eines geeigneten Reduktionsmittels unerlässlich. Im Gegensatz zu Silberoxid kann Eisenoxid nämlich nicht durch bloßes Erhitzen in die Elemente zerlegt werden. Als Reduktionsmittel kommen Stoffe infrage, die unedler als Eisen sind. Deshalb findet beim Erhitzen eines Gemisches von Eisenoxid und Kupfer (**V3b**) keine Reaktion statt. Die unedlen Metalle Zink, Aluminium und Magnesium mit größerem Reduktionsvermögen als Eisen sind hingegen als Reduktionsmittel geeignet.

Auch bei der großtechnischen Gewinnung von Metallen aus ihren oxidischen Erzen werden Reduktionsmittel eingesetzt (vgl. S. 147).

Oxidationsmittel

Während der Redoxreaktion von Eisen und Kupferoxid liefert das Kupferoxid den Sauerstoff, der für die Oxidation des Eisens nötig ist. Stoffe, die andere Stoffe oxidieren können, heißen **Oxidationsmittel**. Sie werden dabei selbst reduziert.

Oxidationen werden im Alltag z. B. für das Bleichen von Papier, Haaren (**B5**) und Zähnen oder bei der Wasseraufbereitung unter Beteiligung von Oxidationsmitteln durchgeführt. In ihren Molekülen ist gebundener Sauerstoff enthalten, der bei der jeweiligen Redoxreaktion übertragen wird. Beispiele für Oxidationsmittel sind Wasserstoffperoxid H_2O_2, Ozon O_3, Salpetersäure HNO_3 oder Kaliumpermanganat $KMnO_4$.

B5 Oxidationsmittel werden auch zum Bleichen von Haaren eingesetzt.

AUFGABEN

A1 Vervollständige die Reaktion nur, wenn sie tatsächlich stattfindet. Kennzeichne Oxidation und Reduktion und benenne jeweils das Oxidations- und das Reduktionsmittel:

a) Aluminiumoxid + Magnesium   b) Eisen(II)-oxid + Zink
c) Zinkoxid + Silber   d) Kupfer(II)-oxid + Gold

A2 Formuliere für die möglichen Reaktionen aus **A1** die Reaktionsgleichungen.

A3 Beschreibe eine experimentelle Vorgehensweise, um für das Element Blei die Stellung in der Rangfolge des Reduktionsvermögens zu bestimmen.

FACHBEGRIFFE

edles Metall, unedles Metall, Affinität zu Sauerstoff, inert, Reduktion, reduzieren, oxidieren, Redoxreaktion, Reduktionsmittel, Oxidationsmittel

Gewinnung von Eisen und Stahl – der Hochofenprozess

Ohne die massenhafte Herstellung von Eisen und Stahl wäre die industrielle Revolution undenkbar gewesen. Doch was ist eigentlich der Unterschied zwischen den beiden? – Welche Rohstoffe und chemischen Reaktionen nutzt man, um sie herzustellen?

LV1 Modellversuch zum Thermit-Verfahren

PROBLEM

Zum Verschweißen von Eisenbahnschienen wird Eisenoxid mit Aluminium umgesetzt. Was passiert bei diesem sogenannten Thermit-Verfahren?

DURCHFÜHRUNG

Gemisch im Freien zünden!

30 g fein gemahlenes Eisen(III)-oxid, 10 g Aluminiumgrieß (GHS 2) und 1,3 g Aluminiumpulver (GHS 2) werden in einer Schale vermischt (Thermit-Gemisch) und in die Apparatur aus **B1** gegeben.

Mit dem notwendigen Sicherheitsabstand der Beobachter wird das Magnesiumband bzw. das Zündstäbchen entzündet.

Die erhaltene Schlackekugel kann nach dem Erkalten aufgeschlagen und der darin enthaltene Feststoff mit einem Magneten geprüft werden.

AUSWERTUNG

a) Vergleiche das Aussehen des Thermit-Gemisches und des Stoffes, der in den Sand tropft.

b) Schließe aus den Beobachtungen auf Reaktionsprodukte und entwickle die Reaktionsgleichung.

c) Formuliere eine Vermutung über Bedeutung des Magnesiums für den Versuch.

d) Recherchiere die Schmelztemperatur von Eisen.

ENTSORGUNG

G2

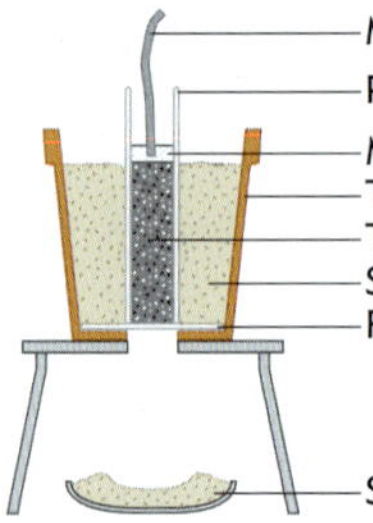

B1 Thermit-Schweißen **LV1**

V2 Reaktion von Metalloxid und Nichtmetall

PROBLEM

Die meisten Metalle kommen in der Natur gebunden in Erzen vor, z. B. als Oxidverbindungen. Für die Reduktion benötigt man kostengünstige Reduktionsmittel. Was eignet sich dafür?

DURCHFÜHRUNG

Wiege 0,3 g feines Holzkohlepulver und etwa 2 g schwarzes Kupfer(II)-oxidpulver (GHS 7 | 9) ab und vermische die Substanzen gründlich im Mörser. Fülle das Gemisch mithilfe eines einmal gefalteten Filterpapiers in ein dickwandiges Reagenzglas. Verschließe dieses mit einem durchbohrten Stopfen, in dem ein gebogenes Glasrohr steckt. Erhitze das Gemisch in der rauschenden Brennerflamme. Fängt es an zu glühen, entferne die Flamme und halte das Ende des Glasrohrs in Kalkwasser. Entferne das Gasrohr wieder aus dem Kalkwasser (w < 1 %), wenn das Gemisch durchgeglüht ist. Lass danach das Gemisch abkühlen und schütte es auf ein Filterpapier.

AUSWERTUNG

a) Begründe, dass eine chemische Reaktion stattgefunden hat.

b) Leite aus deinen Beobachtungen ab, welche Produkte sich gebildet haben.

c) Formuliere für die Reaktion das Reaktionsschema und die Reaktionsgleichung.

d) Begründe, dass es sich um eine Redoxreaktion handelt.

e) Nimm an, man würde einen glimmenden Holzspan während der Reaktion in das Reagenzglas halten. Stelle eine begründete Vermutung über das zu erwartende Ergebnis auf.

ENTSORGUNG G2

M3 Der Rennofen

Seit der Eisenzeit haben Menschen Werkzeuge und Waffen aus Eisen verwendet. Das Eisen mussten sie aber erst aus Eisenerzen gewinnen. Schon die Kelten, Römer und Germanen bauten sogenannte „Rennöfen" für die Verarbeitung von Eisenerz. Sie verwendeten Materialien, die sie in der Natur finden konnten und kombinierten sie in geschickter Weise. Der Rennofen war bis ca. 2 m hoch und bestand aus Lehm oder Steinen (**B2**). Er wurde schichtweise mit Holzkohle und zerkleinertem Eisenerz befüllt. Über Löcher im unteren Bereich konnte Luft in den Ofen gelangen. Während des Betriebs musste der Rennofen immer wieder mit Kohle und Eisenerz nachgefüllt werden. Die Ausbeute war relativ gering und betrug maximal 50 %.

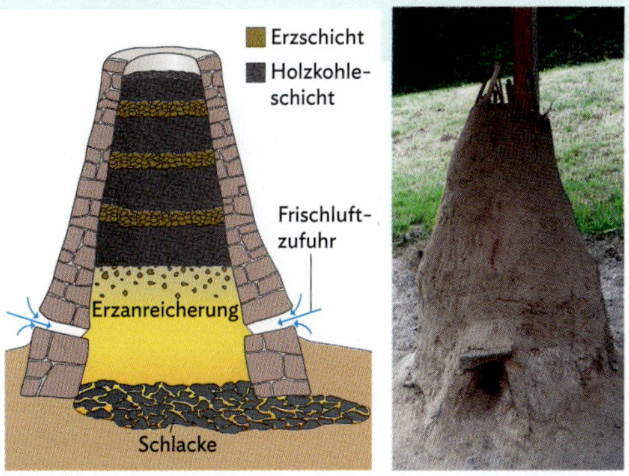

B2 Schema eines Rennofens und nachgebautes Modell

AUSWERTUNG

a) Erkläre die Funktion der Holzkohle und stelle eine Vermutung zu den Produkten beim Betrieb des Rennofens auf.

b) Erkläre den Vorteil der schichtweisen Einfüllung von Erz und Holzkohle.

c) Begründe, dass Erze und Holzkohle im Betrieb nachgefüllt werden mussten.

B1 Verschweißen von Bahngleisen

Thermit-Verfahren zur Eisengewinnung

In manchen Fällen benötigt man kleine Mengen Eisen, um z. B. Eisenbahnschienen zu verschweißen. Dafür wird Eisen(III)-oxid mit Aluminium als Reduktionsmittel umgesetzt. In einer Redoxreaktion entsteht dann direkt vor Ort flüssiges Eisen (**B1**), das man in die gewünschte Form gießt.

$$Fe_2O_3\,(s) + 2\,Al\,(s) \longrightarrow 2\,Fe\,(l) + Al_2O_3\,(s) \qquad |\ \text{exotherm}$$

Man nennt das Verfahren **Thermit-Verfahren** oder aluminothermisches Schweißen. Die Reaktion von Eisenoxid mit Aluminium verläuft sehr heftig und es entstehen Temperaturen von über 2 400 °C. Da Eisen bei 1 538 °C schmilzt, ist es möglich, dass Eisenbahnschienen mit dem flüssigen Eisen verschmolzen werden können. Um das unedlere Aluminium herzustellen, wird sehr viel Energie benötigt. Deshalb ist die Gewinnung von Eisen mit Aluminium im großen Maßstab unwirtschaftlich.

Metallgewinnung mit Nichtmetallen

Erhitzt man ein schwarzes Feststoffgemisch aus feinem Kohlenstoffstaub und Kupfer(II)-oxid (**V2**), entsteht unter Durchglühen ein rötlicher Feststoff. Außerdem entsteht ein farbloses Gas, das Kalkwasser trübt (**B2**). Die typische rote Farbe zeigt entstandenes Kupfer an, während die Kalkwassertrübung Kohlenstoffdioxid nachweist. Das Kupfer(II)-oxid ist also zum Kupfer reduziert worden, während der Kohlenstoff zum Kohlenstoffdioxid oxidiert worden ist.

$$2\,CuO\,(s) + C\,(s) \longrightarrow 2\,Cu\,(s) + CO_2\,(g)$$

Bei dieser Redoxreaktion hat das Nichtmetall Kohlenstoff das Metalloxid reduziert. Man kann daher auch Nichtmetalle in die Rangfolge des Reduktionsvermögens aufnehmen. Kohlenstoff findet sich hierbei zwischen Aluminium und Zink (vgl. S. 142). Auch mit Wasserstoffgas kann man Kupferoxid zu Kupfer reduzieren.

> Die Nichtmetalle Kohlenstoff und Wasserstoff reagieren mit vielen Metalloxiden in einer Redoxreaktion und reduzieren diese zum elementaren Metall.

Der Vorteil der Verwendung dieser Nichtmetalle als **Reduktionsmittel** ist, dass deren Oxidationsprodukte keine Feststoffe sind und so nicht aufwändig vom entstandenen Metall getrennt werden müssen. Kohlenstoff ist wesentlich preiswerter als Wasserstoff und wird darum für großtechnische Prozesse bevorzugt eingesetzt.

B2 Reaktion von schwarzem Kupfer(II)-oxid mit Kohlenstoff (oben) und Produkt (unten)

Der Hochofen

Weltweit ist Eisen das wichtigste Gebrauchsmetall. In Hochöfen werden jährlich mehr als zwanzig Millionen Tonnen Roheisen produziert. Ein Hochofen ist ein 20 – 30 m hohes Bauwerk (**B3**), das von innen mit Schamottesteinen ausgemauert ist. Der **Hochofen** kann auch nicht einfach ein- oder ausgeschaltet werden, sondern läuft kontinuierlich für etwa 10 – 20 Jahre, bis er gewartet werden muss. Während des Betriebs müssen ständig Eisenerz und Koks zugeführt und Eisen entfernt werden. Weiterhin sind eine stabile Energieversorgung und ausreichend Kühlwasser notwendig. Um Verunreinigungen zu binden, wird Kalkstein beigemengt, der als Schlacke auf dem flüssigen Eisen schwimmt und sich leicht abtrennen lässt. Gigantische Winderhitzer führen Heißluft zu. In ihnen wird auch die Abluft zum Heizen der Luft verwendet.

B3 Hochofen in der Industrie

Gewinnung von Eisen im Hochofenprozess

Als Rohstoffe werden im Hochofen Eisenerze, die vor allem Eisen(III)-oxid enthalten, und Koks (Kohlenstoff) eingesetzt. Das Eisenoxid lässt sich aber nicht direkt mit dem Kohlenstoff reduzieren. Der Kohlenstoff wird bei hohen Temperaturen (**B4**) über den „Umweg" der Bildung von Kohlenstoffdioxid in Kohlenstoffmonooxid überführt.

(1) Kohlenstoff (s) + Sauerstoff (g) ⟶ Kohlenstoffdioxid (g)

$C\,(s) + O_2\,(g) \longrightarrow CO_2\,(g)$ | exotherm

(2) Kohlenstoff (s) + Kohlenstoffdioxid (g) ⟶ Kohlenstoffmonooxid (g)

$C\,(s) + CO_2\,(g) \longrightarrow 2\,CO\,(g)$ | endotherm

Das gasförmige Kohlenstoffmonooxid steigt dann im Hochofen auf und reduziert das von oben nach unten sackende Eisen(III)-oxid zu flüssigem Eisen. Dabei spielt sich unter anderem folgende Reaktion ab:

(3) Eisen(III)-oxid (s) + Kohlenstoffmonooxid (g) ⟶ Eisen (l) + Kohlenstoffdioxid (g)

$Fe_2O_3\,(s) + 3\,CO\,(g) \longrightarrow 2\,Fe\,(l) + 3\,CO_2\,(g)$ | exotherm

Das gewonnene Roheisen enthält zu ca. 95 % elementares Eisen. Es wird in regelmäßigen Abständen „abgestochen" und kann dann weiter verarbeitet und veredelt werden.

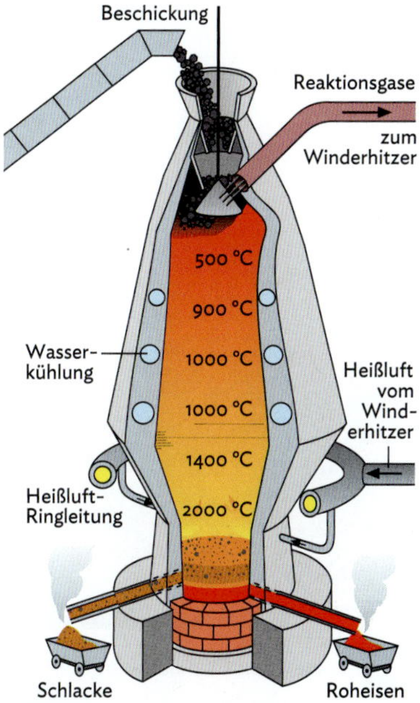

B4 Schema eines Hochofens zur Roheisenherstellung

AUFGABEN

A1 Erkläre, welcher Stoff beim Hochofenprozess das Reduktionsmittel ist.

A2 Vergleiche die Eisenherstellung im Hochofen mit der im Rennofen (**M3**, S. 145).

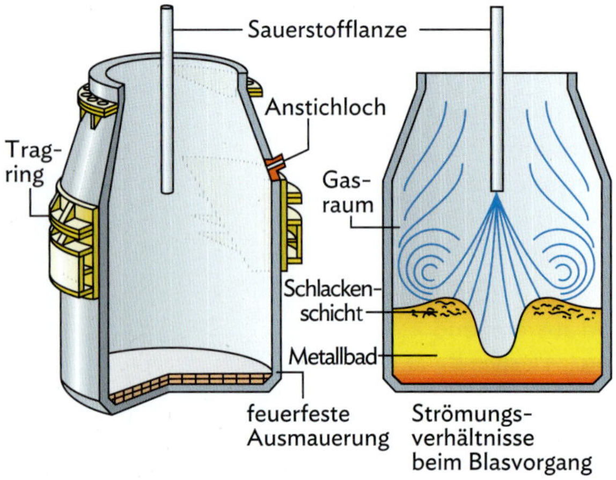

B5 Stahlherstellung nach dem Sauerstoff-Aufblasverfahren

Vom Roheisen zum Stahl

Ganz selbstverständlich verwenden wir die Begriffe Eisen, Stahl und Edelstahl, oft sogar synonym. Doch worin unterscheiden sie sich?

Das **Roheisen** aus dem Hochofen ist noch verunreinigt, vor allem mit Kohlenstoff (ca. 4 %). Es hat noch nicht die Eigenschaften, die man sich für zahlreiche Anwendungen wünscht. Es rostet schnell, ist spröde und schwer zu verarbeiten. Darum wird **Stahl** hergestellt. Bei der Stahlherstellung werden überschüssiger Kohlenstoff und andere störende Elemente wie Phosphor, Schwefel, Silizium und Mangan aus dem Roheisen entfernt. Stahl ist eine schmiedbare **Legierung**, die weniger als 2 % Kohlenstoff enthält. Durch Zugabe verschiedener Zusätze wie z. B. Chrom, Nickel, Molybdän oder Vanadium lassen sich verschiedenste Stahlvarianten mit einer für den jeweiligen Verwendungszweck abgestimmten Rezeptur erzeugen. Die Atome der zugesetzten Metalle lagern sich auf Gitterplätzen im Eisengitter ein.

Das gezielte Verringern des Kohlenstoffgehalts von Roheisen gelang erst Mitte des 19. Jahrhunderts. Der britische Ingenieur HENRY BESSEMER blies in einem von ihm erfundenen Verfahren Luft in das noch flüssige Roheisen. Er stellte fest, dass bei seinem **Sauerstoff-Aufblasverfahren** (**B5**) fast nur der Kohlenstoff und die anderen Begleitelemente, nicht aber das Eisen oxidiert wurden.

Stahl ist einer der ganz wenigen Werkstoffe, die sich unbegrenzt oft einschmelzen lassen. Dies macht man sich beim **Recycling** von Stahlschrott zunutze. Entweder wird Schrott beim Sauerstoff-Aufblasverfahren zugesetzt oder direkt im Lichtbogen eingeschmolzen. Der Anteil von Stahlschrott bei der Stahlerzeugung in Deutschland beträgt heute fast 50 %.

Edelstähle sind Stähle, deren Schwefel- und Phosphorgehalt (sogenannte Eisenbegleiter) 0,025 % nicht überschreitet. Sie werden für rostfreie Anwendungsprodukte verwendet.

B6 Messer aus Damaszener-Stahl

FACHBEGRIFFE

Thermit-Verfahren, Reduktionsmittel, Hochofen, Roheisen, Stahl, Legierung, Sauerstoff-Aufblasverfahren, Recycling, Edelstahl

AUFGABEN

A1 Informiere dich über die Stahlsorten, die für Besteck bzw. Werkzeug verwendet werden. Suche dazu nach Angaben auf den Objekten.

A2 Es gibt viele Legenden über besondere Schwerter. Eine davon ist die über die Schwerter aus Damaszener Stahl (**B6**). Angeblich wurden sie aus Gänsekot geschmiedet und mit Blut gehärtet. Eine weitere Legende rankt sich um das Samurai-Schwert. Es wird angeblich beim Schmieden gefaltet. Recherchiere jeweils den Hintergrund dieser Legenden.

Geschichte der Metallgewinnung

Bronzezeit, Eisenzeit – sicher hast du diese Begriffe schon einmal gehört. Doch wann war das genau und warum werden Zeiten überhaupt nach Metallen benannt? Welche Bedeutung kommt diesen Metallen zu und lassen sich Zeugen dieser Zeiten auch in der Nähe deiner Heimat finden?

B1 Die Himmelsscheibe von Nebra besteht aus einer Bronzeplatte und Einlegearbeiten aus Gold.

B2 Kupferbeil der Gletschermumie aus den Ötztaler Alpen

Im Städchen Nebra in Sachsen-Anhalt war im Juli 1999 die Begeisterung groß, als dort die Himmelsscheibe (**B1**) als zweitälteste Himmelsdarstellung überhaupt gefunden wurde. Man schätzt ihr Alter auf etwa 4000 Jahre. Damit ist sie das wichtigste Fundstück aus der frühen Bronzezeit in Mitteleuropa.
Gold und Kupfer sind Metalle, die an wenigen Stellen elementar in der Natur auffindbar sind. Gebunden kommen Kupfer und andere unedlere Metalle in Erzen vor. Die Gewinnung von Kupfer aus oxidischen Erzen wie Malachit oder Cuprit und aus sulfidischen Erzen wie Kupferkies und Kupferglanz waren die ersten Verhüttungen. Neben dem bislang verwendeten Stein wurde Kupfer bereits gegen Ende der Steinzeit für die Herstellung von Werkzeugen verwendet. Das berühmteste Beispiel ist das Beil von „Ötzi" (**B2**).
Bedeutend härter als Kupfer ist Bronze. Bronze ist eine Legierung aus 90 % Kupfer und 10 % Zinn. Sie wurde vor allem für Waffen und Schmuck verwendet. Die zur Bronzeherstellung benötigten Kupfer- und Zinnerze kommen im Gestein nicht zusammen vor. Während das Kupfer der Himmelsscheibe aus den Ostalpen stammt, kommen das Zinn und das Gold vermutlich aus Südengland. Um Rohstoffe zu erhalten, mussten Handel betrieben und Handelswege organisiert werden. Es entwickelten sich erste Zahlungssysteme und es war so erstmals möglich, Reichtum anzuhäufen.
Eisenerze waren dagegen leichter verfügbar und mit sog. Rennöfen (vgl. S. 145) konnte Eisen gewonnen werden. Mit Entwicklung der Schmiedekunst und besserer Formbarkeit setzte sich das Eisen als Werkstoff durch, der durch die Kelten weit verbreitet wurde.

Steinzeit	Bronzezeit	Eisenzeit
mehr als 3 Millionen Jahre	2200 – 800 v. Chr.	800 – 15 v. Chr. in Mitteleuropa

AUFGABE

A1 Recherchiere und erkläre folgende Begriffe:
Mineral, Erz, Kupferglanz, Cuprit, Rennofen, Kelten

A2 Nebra liegt im Osten Deutschlands. Recherchiere die Bedeutung folgender Orte in deinem Bundesland: Hohenasperg, Heuneburg, Hochdorf/Enz, Magdalenenberg, Unteruhldingen

A3 Beim Einsatz von sulfidischen Erzen für die Metallgewinnung müssen die Erze zunächst in Oxide umgewandelt werden (Rösten). Dies geschieht durch Erhitzen an der Luft, wobei Schwefeldioxid freigesetzt wird. Dann erfolgt die Reduktion mit Kohlenstoff. Formuliere für ein selbst gewähltes Beispielerz die Reaktionsgleichung zum Röstvorgang.

Zum Üben und Weiterdenken

A1 Formuliere jeweils das Reaktionsschema und die Reaktionsgleichung für die Verbrennung von Eisen und für die Verbrennung von Schwefel.

A2 Angefeuchtete Eisenwolle in einem mit Luft gefüllten Reagenzglas überzieht sich innerhalb einiger Tage mit einer Rostschicht. Erkläre den dabei beobachtbaren Wasseranstieg im Reagenzglas (grün angefärbt).

A3 ANTOINE LAURENT LAVOISIER zerlegte im Jahr 1775 rotes Quecksilber(II)-oxid mit einer Apparatur wie sie unten abgebildet ist.

a) Beschreibe, welche Beobachtung er machen konnte.
b) Formuliere das Reaktionsschema und danach die Reaktionsgleichung.
c) Erkläre, wofür die einzelnen Teile der Apparatur notwendig sind.
d) Fertige eine Skizze einer Versuchsanordnung mit Laborgeräten aus dem Chemieraum an, die man verwenden kann, um diesen Versuch nachzubauen.

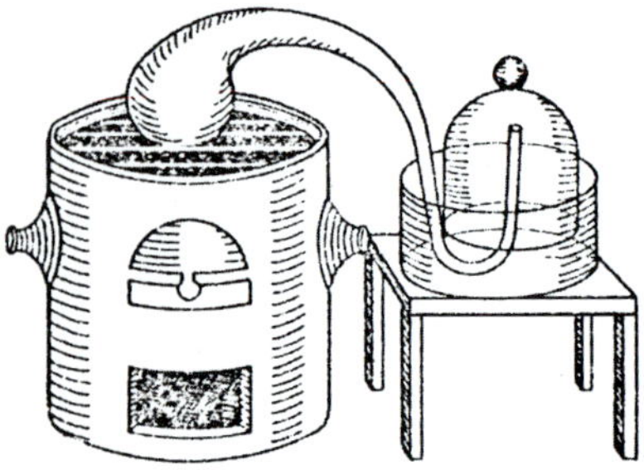

A4 Erkläre die Tatsache, dass sich pyrophores Eisen an der Luft sofort entzündet.

Hinweis: Wenn Eisenoxalat erhitzt wird, entsteht feinstes Eisenpulver, das sich nach dem Ausschütten aus dem Reagenzglas an der Luft entzündet (vgl. **B7**, S. 121).

A5 Lebewesen benötigen Energie: Energie zur Fortbewegung, zur Fortpflanzung oder zum Wachstum. Die Energie, die sie benötigen, ist in den Nährstoffen (z. B. in Kohlenhydraten, Eiweißen und Fetten) der Nahrung enthalten. Diese Nährstoffe reagieren in den Körperzellen mit dem eingeatmeten Sauerstoff zu Kohlenstoffdioxid und Wasser. Bei dieser Oxidation wird viel Energie umgewandelt. Da diese Reaktion in den Zellen stattfindet, wird sie auch als Zellatmung bezeichnet.

a) Formuliere das Reaktionsschema für die Zellatmung mit dem Nährstoff Glucose.
b) Erkläre die Abbildung mit Bezug auf den Begriff Verbrennung.

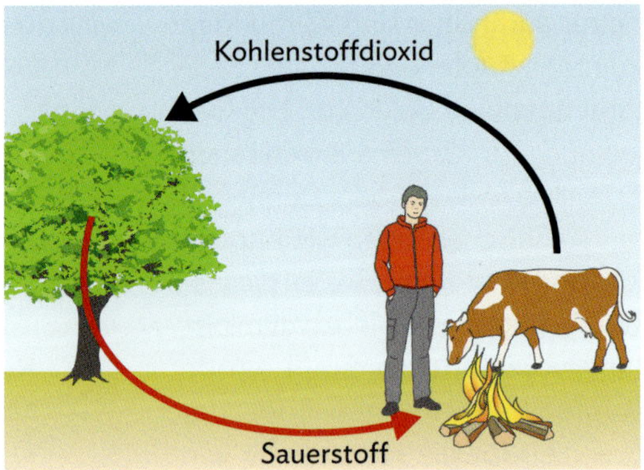

A6 Ein Behälter mit flüssiger Luft wird geöffnet. Ein Glimmspan wird sofort dicht über den Behälter gehalten und erlischt. Nach einigen Minuten wird erneut ein Glimmspan über den Behälter gehalten und entflammt. Nenne die beiden Hauptbestandteile der Luft und begründe die gemachten Beobachtungen.

A7 Recherchiere die Bedeutung des Namens Argon und erkläre damit die späte Entdeckung der Edelgase.

A8 Verwende die folgenden Satzteile, um eine Beschreibung der Durchführung der Glimmspanprobe zu formulieren.

Sauerstoff vorhanden – nimm einen Holzspan – puste den Holzspan aus – in das Gas – der Holzspan glimmt – der Holzspan flammt auf – entzünde ihn – fülle Gas in ein Gefäß – die Glimmspanprobe verläuft positiv – halte den glimmenden Holzspan

A9 Erkläre, bei welchen Wetterverhältnissen ein Waldbrand besonders schwer zu bekämpfen ist.

A10 Im Handel sind Magnesiumfackeln erhältlich, die auch unter Wasser „brennen". Für die Bildung von Magnesiumoxid aus Magnesium steht dabei nicht freier Sauerstoff wie an der Luft zur Verfügung, sondern ausschließlich Wasser. Formuliere zunächst ein Reaktionsschema und entwickle danach die Reaktionsgleichung.

A11 Die Metalle Zink und Blei werden durch Reduktion ihrer Oxide hergestellt.

a) Gib geeignete Reduktionsmittel für Zinkoxid ZnO und Bleioxid PbO an.
b) Entwickle für beide Redoxreaktionen die Reaktionsgleichung.
c) Nenne einen Stoff, mit dem nur eines der beiden Oxide reduziert werden kann. Begründe deine Entscheidung. Hinweis: Blei steht in der Rangfolge zum Reduktionsvermögen wichtiger Metalle zwischen Eisen und Kupfer.

A12 In einen Tiegel wurden Holzkohlepulver (Kohlenstoff) und gelbes Blei(II)-oxid übereinander geschichtet. Erhitzt man diesen einige Zeit in der Brennerflamme, so bildet sich im Tiegel ein blaugrauer, metallisch glänzender, flüssiger Stoff, der beim Abkühlen erstarrt.

a) Benenne den gebildeten Stoff im Tiegel.
b) Formuliere die Reaktionsgleichung.
c) Kennzeichne Oxidation und Reduktion innerhalb der Reaktionsgleichung.

A13 Lies die folgenden Begriffsreihen. Jeweils ein Begriff passt nicht. Finde ihn und begründe deine Entscheidung.

a) Gold – Eisen – Silber – Platin
b) Rost – Zinkoxid – Magnesiumoxid – Silber
c) Stahl – Aluminium – Bronze – Messing
d) Blei – Eisen – Magnesium – Quecksilber
e) Silber – Zink – Magnesium – Eisen

A14 Koks (Kohlenstoff) und das Gas Kohlenstoffmonooxid sind beide geeignete Reduktionsmittel für die Reduktion von Eisenoxiden. Mit Kohlenstoffmonooxid verläuft die Reduktion von Eisenoxiden jedoch schneller. Begründe diesen Sachverhalt.

A15 Die nachfolgende Tabelle enthält unvollständige Reaktionsgleichungen. Ergänze die fehlenden Angaben mithilfe der Rangfolge zum Reduktionsvermögen wichtiger Metalle. Kontrolliere jeweils die Atombilanz auf der Edukt- und der Produktseite und gleiche gegebenenfalls aus.

Oxidationsmittel	+	Reduktionsmittel	→	Reduktionsprodukt	+	Oxidationsprodukt
CuO	+		→		+	ZnO
	+		→	Zn	+	
	+	Al	→	Fe	+	
PbO	+		→		+	CO_2

M1 Farbpulver als Gefahrenquelle

B1 Holi-Festival

Basierend auf dem indischen „Holi"-Fest wird der Beginn des Frühlings überall auf der Welt in übermütigen Farbfesten gefeiert. Dabei wird ausgelassen getanzt und die Teilnehmerinnen und Teilnehmer bestreuen sich gegenseitig mit Farbpulver in den schillerndsten Farben (B1). Die Farbpulver, die für diesen Zweck beispielsweise in Deutschland produziert werden, bestehen größtenteils aus Maismehl, das mit Lebensmittelfarbe bunt eingefärbt wird. Ungefährlich ist das ganze Spiel jedoch nicht: Das farbige Pulver ist leicht entzündlich.

Dies war auch die Ursache für das Unglück auf dem Farbfest „Color Play Asia" in Taipeh auf Taiwan im Jahre 2015. Eine Staubexplosion führte dazu, dass nahezu die Hälfte der teilnehmenden Feiernden verletzt wurde, mitunter sogar schwer. Auf der Bühne des Festivals war ein Feuer ausgebrochen, das die Explosion des eingelagerten Farbpulvers verursacht hatte.

Theoretisch reicht aber bereits ein kleiner Funke, um Gemische aus entzündlichem Staub mit Luft zum Explodieren zu bringen.

A1 Nenne die Voraussetzungen für eine Explosion und gib weitere Beispiele an.

A2 Stelle, basierend auf der Zeitungsmeldung, eine Vermutung über die Ursache des Unglücks an.

A3 Erläutere den Zusammenhang zwischen der Brennbarkeit eines Stoffes und seinem Zerteilungsgrad.

M2 Historischer Versuch mit weißem Phosphor

Dieser historische Versuch darf im Schullabor nicht durchgeführt werden, weil der dafür benötigte weiße Phosphor sehr giftig ist und an der Luft Selbstentzündung eintreten kann!

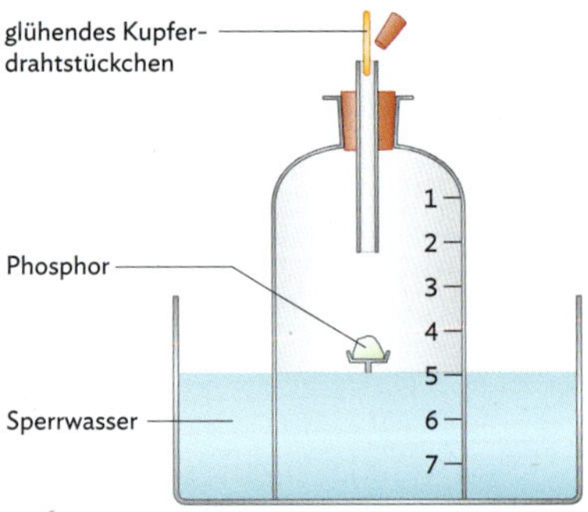

B2 Versuchsaufbau zur Verbrennung von Phosphor

Beobachtung: Wenn das Stückchen Phosphor im Tiegel auf dem Schwimmer mit glühendem Kupferdraht gezündet und der Raum unter der Glasglocke sofort mit dem kleinen Stopfen verschlossen wird, verbrennt der Phosphor und es bildet sich ein weißer Rauch, der sich im Wasser löst. Das Wasser in der Glasglocke steigt nach dem Verbrennen und Abkühlen auf Zimmertemperatur bis zur Marke 4 deutlich nach oben. Das Restgas unter der Glocke bringt einen brennenden Holzspan zum Erlöschen.

A1 Erkläre die beschriebenen Beobachtungen zu dem abgebildeten Versuch.

A2 Stelle die Reaktionsgleichung für die Verbrennung von Phosphor auf. Hinweis: Es bildet sich festes P_4O_{10}.

A3 Plane ein Experiment, mit dem man zeigen kann, dass das entstandene Oxid im Wasser gelöst vorliegt.

M3 Die schwere Kerzenflamme – Widerspruch zur Massenerhaltung?

Versuchsdurchführung:

a) Ein brennendes Teelicht wird auf die Waage gestellt und die Massenveränderung über einen kurzen Zeitraum beobachtet.

b) Anschließend wird das Teelicht mit einem „Gasfang“ (**B3**) versehen, der Ätznatron (Natriumhydroxid) als Absorptionsmittel enthält. Dieses dient dazu, die Verbrennungsprodukte aufzufangen. Auf der Waage ist nun eine kontinuierliche Massenzunahme zu beobachten.

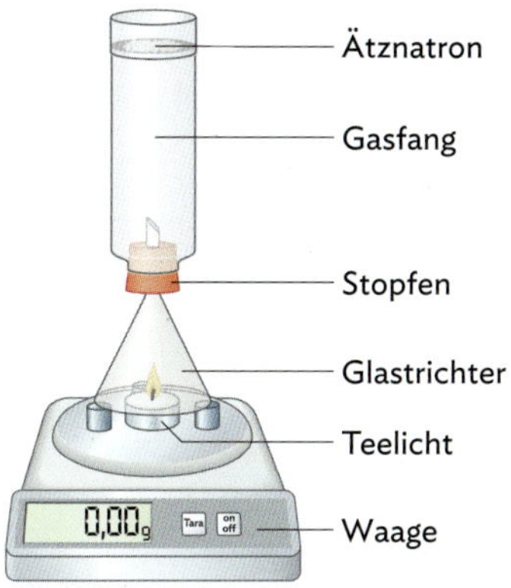

B3 Versuchsaufbau b)

A1 Bei der Verbrennung von Kerzenwachs entstehen Kohlenstoffdioxid und Wasser. Stelle eine Vermutung über die bei **a)** zu erwartende Massenveränderung auf und begründe diese.

A2 Die Versuchsdurchführung **b)** wird auch als „schwere Kerzenflamme“ bezeichnet. Erkläre die Massenzunahme.

A3 Recherchiere nach weiteren Produkten aus dem Alltag, die als Absorptionsmittel Verwendung finden.

A4 Verbrennt man Eisenwolle auf einer Waage, so ist ebenfalls eine Massenzunahme festzustellen. Stelle die Reaktionsgleichung zu dieser Reaktion auf und erkläre davon ausgehend die Massenzunahme bei der Verbrennung.

M4 Aluminium – ein vielseitiges Metall

Überall, wo Gewichtsersparnis, Schutzfunktion, Stabilität, Korrosionsbeständigkeit und Langlebigkeit erforderlich sind, ist Aluminium ein geeigneter Werkstoff. Es ist weich, besitzt eine hohe thermische und elektrische Leitfähigkeit und zählt aufgrund seiner geringen Dichte (2,71 g/cm^3) zu den leichtesten Werkstoffen. Insbesondere im Fahrzeug- und Flugzeugbau wird immer mehr Aluminium eingesetzt.

Die vielseitige Verwendung von Aluminium, auch als Verpackungsfolie für Lebensmittel oder Getränkedosen, ist darauf zurückzuführen, dass Aluminium sich „scheinbar“ wie ein edles Metall verhält. Grund dafür ist der äußerst stabile und durchsichtige Belag aus Aluminiumoxid, der sich auf der Oberfläche in Gegenwart von Sauerstoff bildet. Er stellt eine Art Schutzschicht für das darunterliegende Aluminium gegen weitere Oxidation dar. Wird die schützende Oxidschicht „verletzt“, schreitet die Oxidation rasch voran.

A1 Erkläre die Tatsache, dass ein Stück Aluminiumfolie auch nach längerer Lagerung nicht rostet.

A2 Aluminium wird meist durch Reaktion einer Schmelze aus Aluminiumoxid mit Kohlenstoff hergestellt. Die Redoxreaktion wird folgendermaßen zusammengefasst:

$$2\,Al_2O_3\,(s) + 3\,C\,(s) \longrightarrow 4\,Al\,(s) + 3\,CO_2\,(g)$$

Kennzeichne die Oxidation und die Reduktion und benenne die Funktion des Kohlenstoffs.

A3 Informiere dich über die benötigte Energie zur Herstellung von Aluminium sowie über die Vor- und Nachteile des Aluminium-Recyclings. Bewerte deine Ergebnisse.

Basiswissen Kapitel 4

W Verbrennungen – Oxidationen

Verbrennungen sind exotherme chemische Reaktionen mit Sauerstoff, bei denen Wärme und Licht frei werden.

Als Produkte entstehen **Oxide**, z. B. Kohlenstoffdioxid oder Eisen(II)-oxid.

Eine chemische Reaktion mit Sauerstoff unter Bildung von Oxiden nennt man **Oxidation**.

Beispiel 1: Oxidation von Eisen

$2\ Fe\ (s) \quad + \quad O_2\ (g) \longrightarrow 2\ FeO\ (s)$

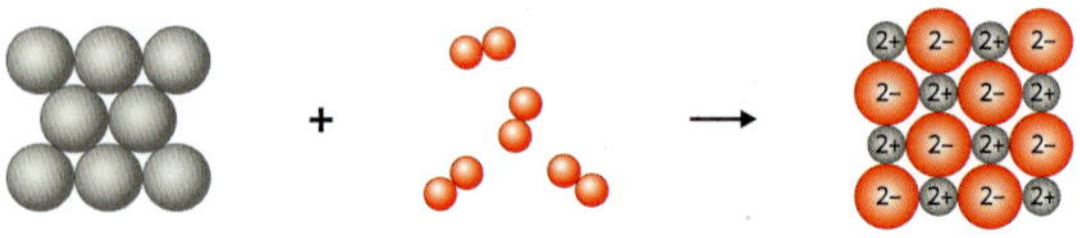

Verbrennungen sind Oxidationen.
Für den Verlauf einer Oxidation gilt:
Sie verläuft umso heftiger,

- je größer der Zerteilungsgrad des brennbaren Stoffes ist
- je höher der Anteil des Sauerstoffs im Reaktionsraum ist.

Beispiel 2: Oxidation von Kohlenstoff

$C\ (s) \quad + \quad O_2\ (g) \longrightarrow CO_2\ (g)$

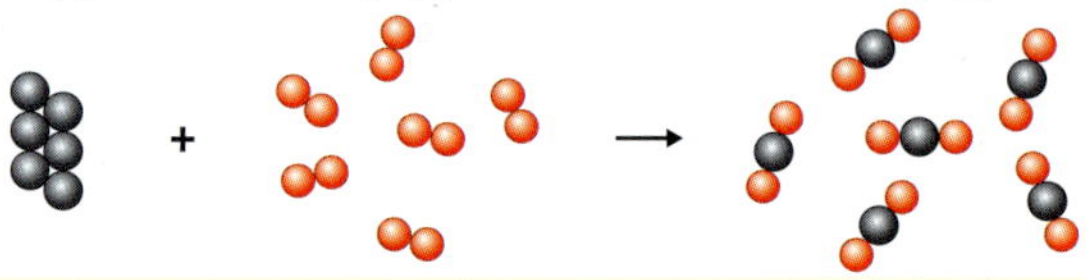

W Luft und Brände

Luft ist kein Reinstoff, sondern ein homogenes Stoffgemisch aus Stickstoff, Sauerstoff und anderen Gasen.

Die Hauptbestandteile der Luft sind:

Bestandteil	Volumenanteil
Stickstoff	78,08 %
Sauerstoff	20,95 %
Argon	0,93 %
Kohlenstoffdioxid	0,038 %

Die Voraussetzungen für **das Entstehen von Bränden** sind

- das Vorhandensein von Sauerstoff
- das Vorhandensein eines Brennstoffs
- das Erreichen der Zündtemperatur des Brennstoffs oder das Erreichen der Flammtemperatur bei Vorhandensein einer Zündquelle

W Affinität zu Sauerstoff und Reduktion

Je heftiger ein Metall mit Sauerstoff reagiert, desto größer ist die **Affinität** des Metalls **zu Sauerstoff** und desto unedler ist das Metall.

Edle Metalle wie Gold oder Platin sind sehr reaktionsträge.

Edle Metalle können durch Erhitzen aus Metalloxiden gewonnen werden. Diese Reaktion, die durch Sauerstoffabgabe erfolgt, wird als **Reduktion** bezeichnet.

Beispiele: Reaktionen von unedlem Magnesium und edlerem Kupfer mit Sauerstoff (Oxidationen):

$2\ Mg\ (s) + O_2\ (g) \longrightarrow 2\ MgO\ (s)$ | (stärker) exotherm

$2\ Cu\ (s) + O_2\ (g) \longrightarrow 2\ CuO\ (s)$ | (schwächer) exotherm

Reduktion von Silberoxid:

$2\ Ag_2O\ (s) \longrightarrow 4\ Ag\ (s) + O_2\ (g)$

W Redoxreaktionen

Bei einer **Redoxreaktion** finden gleichzeitig eine Oxidation und eine Reduktion statt.

Beispiel: Bei der Redoxreaktion von Kupferoxid mit Zink wird Kupferoxid reduziert und Zink oxidiert.

Reduktion

$CuO\ (s) + Zn\ (s) \longrightarrow Cu\ (s) + ZnO\ (s)$

Oxidation

Nach einer erweiterten Definition sind Redoxreaktionen Elektronenübertragungsreaktionen.

Stoffe, die andere Stoffe oxidieren können, heißen **Oxidationsmittel**. Sie werden dabei selbst reduziert.

Stoffe, die andere Stoffe reduzieren können, heißen **Reduktionsmittel**. Sie werden dabei selbst oxidiert.

Reduktionsmittel setzt man ein, um ein Metalloxid zum Metall zu reduzieren.

Reduktionsvermögen nimmt zu ←						
Magnesium	Aluminium	Zink	Eisen	Kupfer	Silber	Gold
Mg	**Al**	**Zn**	**Fe**	**Cu**	**Ag**	**Au**

Je weiter links ein Metall in dieser Reihe steht, desto

- unedler ist es,
- höher ist seine Affinität zu Sauerstoff,
- größer ist sein Reduktionsvermögen.

Auch die Nichtmetalle Kohlenstoff und Wasserstoff reagieren mit vielen Metalloxiden in einer Redoxreaktion und reduzieren diese zum elementaren Metall.

W Gewinnung von Eisen und Stahl

Beim aluminothermischen Schweißen, dem **Thermit-Verfahren**, wird Eisen(III)-oxid mit Aluminium als Reduktionsmittel zur Reaktion gebracht.

$Fe_2O_3\ (s) + 2\ Al\ (s) \longrightarrow 2\ Fe\ (l) + Al_2O_3\ (s)$

Dieses Verfahren dient zur Gewinnung kleinerer Mengen Eisen. Großtechnisch wird Koks verwendet. Es ist das kostengünstigere Reduktionsmittel.

Beim **Hochofenprozess** wird aus Eisenerzen, die vor allem Eisen(III)-oxid enthalten, und Kohlenstoff zunächst flüssiges Eisen gewonnen.

(1) Kohlenstoff (s) + Sauerstoff (g) ⟶ Kohlenstoffdioxid (g)
$C\ (s) + O_2\ (g) \longrightarrow CO_2\ (g)$ | exotherm

(2) Kohlenstoff (s) + Kohlenstoffdioxid (g) ⟶ Kohlenstoffmonooxid (g)
$C\ (s) + CO_2\ (g) \longrightarrow 2\ CO\ (g)$ | endotherm

(3) Eisen(III)-oxid (s) + Kohlenstoffmonooxid (g) ⟶ Eisen (l) + Kohlenstoffdioxid (g)
$Fe_2O_3\ (s) + 3\ CO\ (g) \longrightarrow 2\ Fe\ (l) + 3\ CO_2\ (g)$ | exotherm

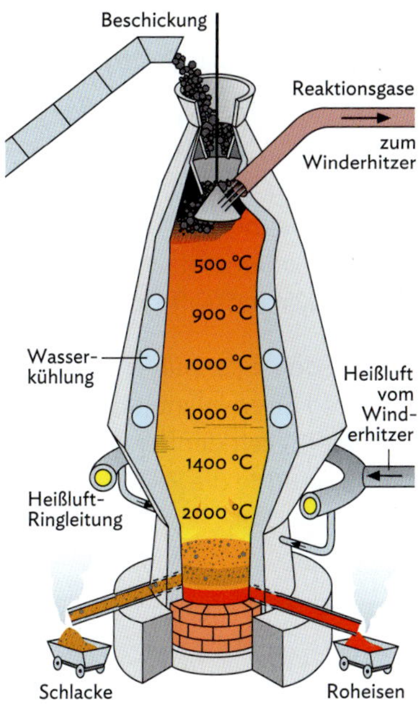

Aus Roheisen wird durch weitere Verfahren Stahl hergestellt.

Ziel erreicht?

Überprüfung

Hast du das Ziel dieses Kapitels erreicht? Löse die entsprechenden Aufgaben. Ein Arbeitsblatt findest du unter QR-/Mediencode 05037-10. Bewerte dich mithilfe der Tabelle rechts unten. Die Lösungen zu den Aufgaben stehen auf Seite 465.

05037-10

Für Reaktionen mit Sauerstoff die Reaktionsgleichungen aufstellen und den Einfluss des Zerteilungsgrads erklären

A1 Formuliere für die Reaktion, die hier auf Teilchenebene dargestellt ist, das Reaktionsschema und die Reaktionsgleichung.

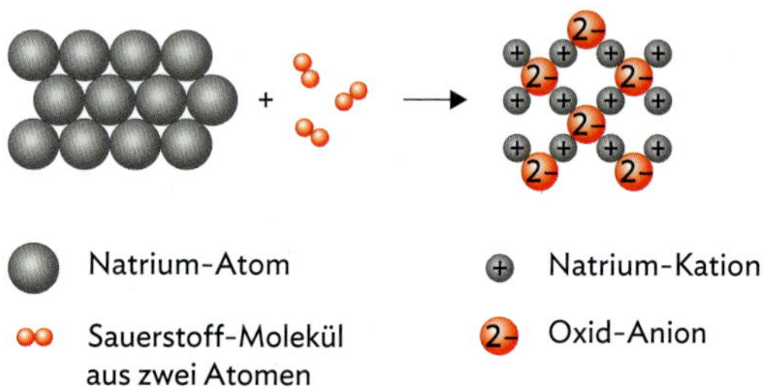

A2 Stelle zu folgenden chemischen Reaktionen die Reaktionsgleichungen auf:

a) Eisen reagiert mit Sauerstoff zu Eisen(III)-oxid.
b) Magnesium und Sauerstoff reagieren zu Magnesiumoxid.
c) Kohlenstoff reagiert mit Sauerstoff zu Kohlenstoffmonooxid.

A3 Ordne Eisenpulver, Eisennagel, Eisenwolle, und Eisen-Nanopartikel nach zunehmender Heftigkeit der Reaktionen mit Sauerstoff und begründe die Reihenfolge.

Die Zusammensetzung, Eigenschaften und Nachweisreaktionen der Luftbestandteile sowie den Treibhauseffekt beschreiben

B1 Einige wichtige Bestandteile der Luft sind: Sauerstoff, Stickstoff, Argon und Kohlenstoffdioxid.
Ordne diese Luftbestandteile den Abschnitten des Kreisdiagramms zu und beschrifte es.

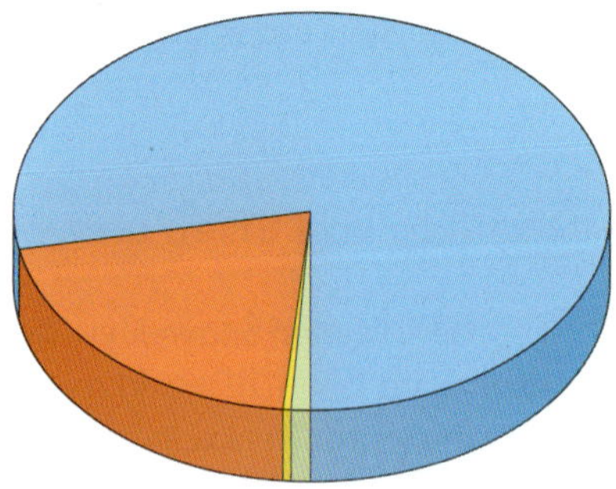

B2 Nenne die Luftbestandteile, die für das Leben von Pflanzen und Tieren notwendig sind.

B3 Die Gase Sauerstoff und Kohlenstoffdioxid sollen experimentell unterschieden werden. Beschreibe ein Vorgehen. Erkläre die Auswahl deiner Untersuchungsmethode/n.

B4 Beschreibe das Zustandekommen des Treibhauseffekts und dessen Auswirkungen durch

a) natürliche Ursachen
b) anthropogene Ursachen

Mit Feuer umgehen und sich bei einem Brand richtig verhalten

C1 Beschreibe mindestens zwei verschiedene Möglichkeiten, wie ein brennendes Stück Papier gelöscht werden kann. Begründe die Vorschläge.

C2 Bei einem Feueralarm soll man die Fenster des Klassenraums schließen. Begründe diese Maßnahme.

C3 Nenne Möglichkeiten, eine Verbrennung zu unterbinden.

C4 Erkläre, welche Gefahr besteht, wenn zum Löschen von a) Fettbränden und b) Metallbränden Wasser verwendet wird.

Merkmale von Redoxreaktionen erklären und anwenden

D1 Vergleiche Oxidation und Reduktion miteinander.

D2 Erläutere die Kennzeichen einer Redoxreaktion an einem selbst gewählten Beispiel.

D3 Entwickle für folgende Reaktionen die Reaktionsgleichungen. Kennzeichne die ablaufende Oxidation und die Reduktion.

a) Magnesium reagiert mit Kohlenstoffdioxid.
b) Kupfer(II)-oxid reagiert mit Zink.
c) Aluminium reagiert mit Eisen(III)-oxid.

D4 Gib die Reduktionsmittel an, die aus der folgenden Auswahl für die Bildung von Zink aus Zinkoxid in Frage kommen: Magnesium, Kupfer, Silber, Aluminium. Begründe die Auswahl und formuliere die Reaktionsgleichungen.

An einem ausgewählten Metall den Weg der industriellen Metallgewinnung darstellen

E1 Nenne die wichtigsten am Hochofenprozess beteiligten Stoffe zur Roheisenherstellung.

E2 Stelle die Reaktionsgleichung zur Bildung von gasförmigem Kohlenstoffmonooxid aus festem Kohlenstoff und gasförmigem Kohlenstoffdioxid auf sowie die Reaktionsgleichung für die Reduktion von Eisen(III)-oxid mit Kohlenstoffmonooxid.

Auswertung

Vergleiche deine Antworten mit den Lösungen auf Seite 465 und kreuze auf dem Arbeitsblatt an.

	Ich kann ...	ja	nein	lies nach auf Seite
A	für Reaktionen mit Sauerstoff die Reaktionsgleichungen aufstellen und den Einfluss des Zerteilungsgrads erklären.			118 - 121
B	die Zusammensetzung, Eigenschaften und Nachweisreaktionen der Luftbestandteile sowie den natürlichen und durch den Menschen verursachten Treibhauseffekt beschreiben.			126 - 129
C	mit Feuer umgehen und mich bei einem Brand richtig verhalten.			134 - 137
D	Merkmale von Redoxreaktionen erklären und anwenden.			140 - 143
E	an einem ausgewählten Metall den Weg von der industriellen Gewinnung aus Rohstoffen bis zur Verwendung darstellen.			146 - 148

5 Elemente und Periodensystem

ELEKTRONENVOLT
IONISIERUNG
AUSSENELEKTRONEN
HAUPTGRUPPE
EDELGASE
DER ELEMENTE
SCHALENMODELL
WATESMO-PAPIER
EDELGASREGEL
AKTIVIERUNGSENERGIE
FLAMMENFÄRBUNG
LEITFÄHIGKEIT
ALKALIMETALLE
WASSERSTOFF
ELEMENTFAMILIE

Startklar?

Selbsteinschätzung

Schätze dich selbst ein: Wie gut sind deine Kenntnisse in den Bereichen A bis D? Kreuze auf dem Arbeitsblatt unter QR-/Mediencode 05037-11 an!

05037-11

	Ich kann ...	prima	ganz gut	es fällt mir schwer
A	die Begriffe Element, Verbindung und Stoffgemisch richtig anwenden.			
B	Stoffe und Stoffeigenschaften den Stoffklassen zuordnen und deren Grundbausteine benennen.			
C	Mit Informationen zum Kern-Hülle-Modell und aus dem Periodensystem der Elemente (PSE) arbeiten.			
D	Reaktionsgleichungen für chemische Reaktionen formulieren und diese energetisch betrachten.			

Überprüfung

Liegst du richtig? Bearbeite die folgenden Aufgaben zu jedem Bereich.

Die Begriffe Element, Verbindung und Stoffgemisch richtig anwenden

A1 Entscheide, ob es sich bei folgenden Stoffen um ein Element oder eine Verbindung handelt. Begründe deine Entscheidungen.

a) Zink
b) Natron
c) Helium
d) Kohlenstoffmonooxid
e) Phosphor

A2 Erkläre auf Teilchenebene den Unterschied zwischen einer Verbindung und einem Stoffgemisch.

A3 Erkläre die Begriffe Nebel, Lösung und Rauch auf Stoffebene und nenne jeweils ein Beispiel. Zeichne die Stoffgemische ausschnittsweise auf Teilchenebene.

Stoffe und Stoffeigenschaften den Stoffklassen zuordnen und deren Grundbausteine benennen

B1 Ordne die folgenden Stoffe den Stoffklassen Metalle, molekulare Stoffe und Salze zu und benenne die Teilchen, aus denen sie bestehen: Wasser, Silbersulfid, Messing, Distickstoffmonooxid, Aluminium, Sauerstoff.

B2 Erstelle eine Tabelle und ordne den drei Stoffklassen die folgenden Eigenschaften zu: *duktil, vergleichsweise niedrige Schmelztemperaturen, hohe Schmelztemperaturen, leiten den elektrischen Strom im festen Zustand, spröde, Vertreter bei Raumtemperatur in allen drei Aggregatzuständen vorkommend, leiten den elektrischen Strom im gelösten Zustand.*

B3 Stelle Ausschnitte aus einer Stoffportion Kupfer(I)-sulfid, Wasser und Magnesium jeweils in einem Teilchenmodell dar.

Mit Informationen zum Kern-Hülle-Modell und aus dem Periodensystem der Elemente (PSE) arbeiten

C1 a) Nenne die wichtigsten Beobachtungen und Erkenntnisse des RUTHERFORDschen Streuversuchs, die zum unten dargestellten Modell geführt haben.

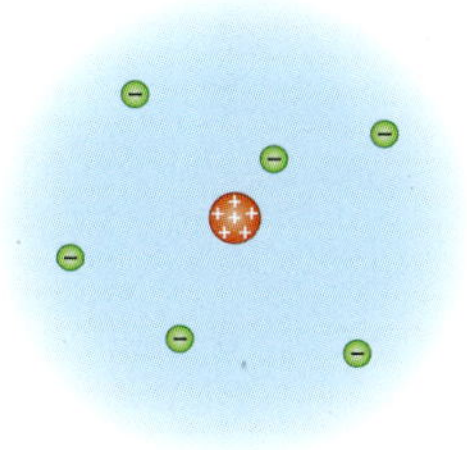

b) Stelle die drei Elementarteilchen, aus denen Atome aufgebaut sind, in einer Tabelle zusammen und gib darin Folgendes an: Elementarladung, Symbol und Masse.

C2 Ergänze mithilfe des Periodensystems der Elemente (PSE) die folgende Tabelle.

Element	Ordnungszahl	Anzahl Protonen	Anzahl Neutronen
Fluor			
Gold			
Kohlenstoff			
Helium			

Reaktionsgleichungen für chemische Reaktionen formulieren und diese energetisch betrachten

D1 Gib für die folgenden chemischen Reaktionen jeweils die Reaktionsgleichung an.

a) Kohlenstoff und Sauerstoff reagieren zu Kohlenstoffmonooxid.
b) Quecksilber(II)-oxid wird in seine Elemente zerlegt.
c) Kupfer(II)-oxid und Eisen reagieren in einer Redoxreaktion miteinander.

D2 Zeichne unter die Reaktionsgleichung aus **D1a** eine Skizze auf Teilchenebene.

D3 a) Verwende zur Beschriftung der nachfolgenden Energiediagramme die Begriffe *exotherm, stark exotherm, endotherm, Edukt, Produkt, Reaktionsenergie, Aktivierungsenergie, frei werdende Energie, Reaktionsweg* und *Energie*.

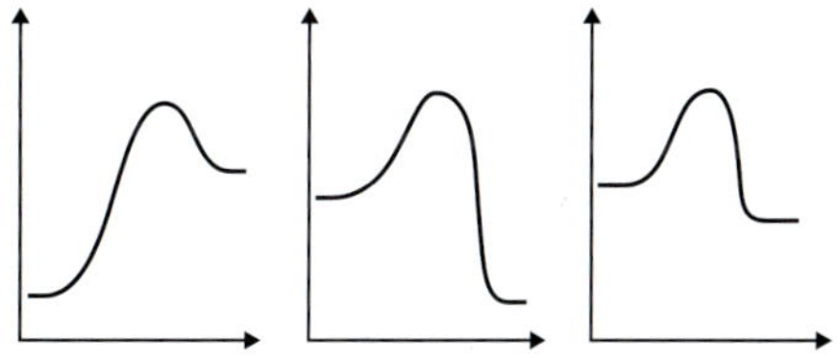

b) Gib zu jedem Energiediagramm ein Beispiel in Form einer Reaktionsgleichung an.

Auswertung

Hast du dich richtig eingeschätzt? Vergleiche deine Antworten mit den Lösungen auf Seite 466.
Gib dir jeweils die entsprechende Punktzahl und trage sie auf dem Arbeitsblatt ein.

	Ich kann ...	prima	ganz gut	mit Hilfe	lies nach auf Seite
A	die Begriffe Element, Verbindung und Stoffgemisch richtig anwenden.	16 - 12	11 - 8	7 - 4	46, 47, 85
B	Stoffe und Stoffeigenschaften den Stoffklassen zuordnen und deren Grundbausteine benennen.	12 - 9	8 - 6	5 - 3	62 - 66
C	Mit Informationen zum Kern-Hülle-Modell und aus dem Periodensystem der Elemente (PSE) arbeiten.	13 - 10	9 - 6	5 - 3	54 - 57
D	Reaktionsgleichungen für chemische Reaktionen formulieren und diese energetisch betrachten.	15 - 11	10 - 7	6 - 3	88 - 92, 116 - 119

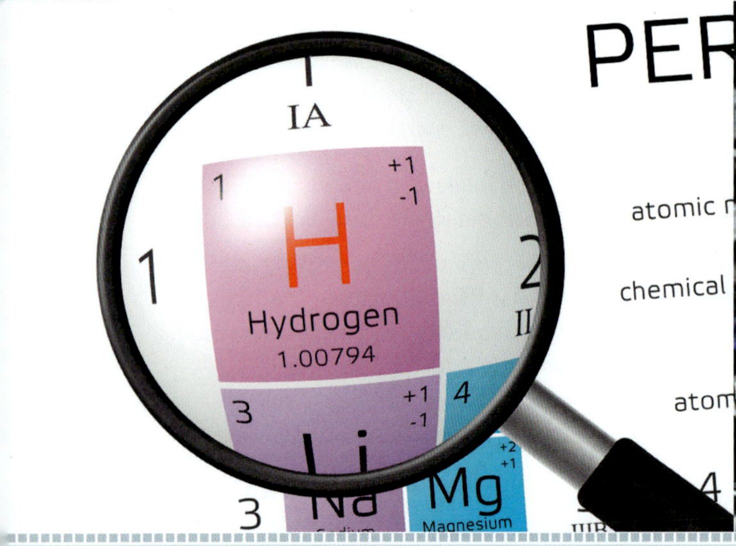

Wasserstoff - ein besonderes Element

Wasserstoff ist das häufigste Element im Universum. Das Gas, das Luftschiffe schweben ließ, Raumschiffe ins Weltall transportiert und Fahrzeuge antreibt, ist Ausgangsstoff für die Herstellung vieler Alltagsprodukte. Es könnte unser Energieproblem lösen, ist aber schwierig in seiner Handhabung. Wie passt das alles zusammen?

LV1 Zerlegung von Wasser

PROBLEM

Wie kann man aus der Verbindung Wasser das Element Wasserstoff gewinnen?

DURCHFÜHRUNG

Ein schwer schmelzbares Reagenzglas (**B1**) wird ca. 2 cm hoch mit Sand gefüllt und mit etwas Wasser angefeuchtet, dass ein Brei entsteht. In die Mitte des Reagenzglases wird ein spiralförmiges, blank geschmirgeltes Magnesiumband geschoben und das Glas dann mit einem Stopfen mit Gasableitungsrohr (Stahlwollesicherung!) verschlossen. Zur Luftverdrängung wird der feuchte Sand etwas erwärmt. Das Magnesium wird bis zur beginnenden Rotglut erhitzt.

Wenn das Metall aufglüht, wird nur noch die Wasserdampfentwicklung behutsam fortgesetzt. An der Spitze des Gasableitungsrohres wird das austretende Gas (GHS 2) entzündet.

AUSWERTUNG

a) Beschreibe die Beobachtungen v. a. in Hinblick auf die Eigenschaften der Produkte.

b) Die weiße Schicht auf dem Magnesiumband ist Magnesiumoxid. Erläutere dessen Bildung anhand einer Reaktionsgleichung mit Wasser als Reaktionspartner.

ENTSORGUNG R

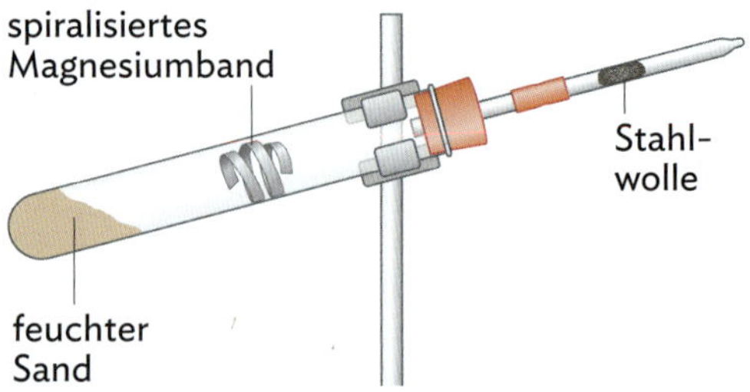

B1 Versuchsaufbau zu **LV1**

LV2 Eigenschaften von Wasserstoff

PROBLEM

Unterhält Wasserstoffgas eine Verbrennung oder ist es selbst brennbar?

DURCHFÜHRUNG

a) Ein Ballon wird mit Wasserstoff (GHS 2 | 4) gefüllt und an einen langen Faden gebunden. Wenn er etwas aufgestiegen ist, wird eine brennende Kerze an einem langen Stiel an den Ballon gehalten.

b) Ein Standzylinder wird mit Wasserstoff gefüllt und mit der Öffnung nach unten an einem Stativ befestigt. Eine brennende Kerze wird in die untere Hälfte des Standzylinders eingeführt und dann langsam wieder herausgezogen. Das Einführen der Kerze wird mehrmals wiederholt. Im Anschluss wischt man mit einem Streifen Watesmo-Papier (zum Nachweis von Wasser) über die Innenwand des Zylinders.

AUSWERTUNG

a) Begründe das Aufsteigen und das weitere Verhalten des Wasserstoff-Ballons in **LV2a**.

b) Beschreibe die Beobachtungen in **LV2b** beim Einführen der Kerze in den Standzylinder und beim Herausziehen, sowie die Veränderung des Watesmo-Papierstreifens.

c) Stelle die Reaktionsgleichung für die Reaktion von Wasserstoff mit Sauerstoff auf.

d) Der Standzylinder bei **LV2b** erwärmt sich im Bereich der Öffnung. Begründe diese Tatsache.

e) Sauerstoff unterhält die Verbrennung, brennt aber selbst nicht. Begründe anhand der Versuchsbeobachtungen, ob diese Tatsache auch für Wasserstoff zutrifft.

ENTSORGUNG R

LV3 Knallgasgemisch lässt Becher hüpfen

PROBLEM

Ein Knallgasgemisch lässt sich mit einer Flamme leicht entzünden. Wie kann man ein Knallgasgemisch bei Raumtemperatur ohne eine Zündquelle in Brand setzen?

DURCHFÜHRUNG

Auf einen Stopfen, der sich auf einer glatten Unterlage befindet, wird eine frisch ausgeglühte Platin-/Palladiumperle gelegt (**B2**). Darüber wird ein durchsichtiger 20 mL Kunststoffbecher gestülpt. Eine 100 mL Spritze wird nun über einen Dreiwegehahn zunächst mit 20 mL Sauerstoff (GHS 3 | 4) und danach mit 40 mL Wasserstoff (GHS 2 | 4) befüllt. Eine Kanüle wird auf den Hahn aufgesetzt. Durch Verschieben des Bechers bis über den Rand kann nun über diese Spritze das Knallgasgemisch von unten eingespritzt werden und die darin befindliche Luft verdrängen.

AUSWERTUNG

a) Beschreibe die Zusammensetzung eines Knallgasgemisches.

b) Ein Katalysator verringert die Aktivierungsenergie. Begründe anhand der Beobachtung, welcher Stoff in diesem Versuch als Katalysator fungiert.

c) Zeichne in ein Diagramm den Energieverlauf für die Reaktion von Wasserstoff mit Sauerstoff mit und ohne Katalysator. Vergleiche die beiden Energieverläufe.

ENTSORGUNG –

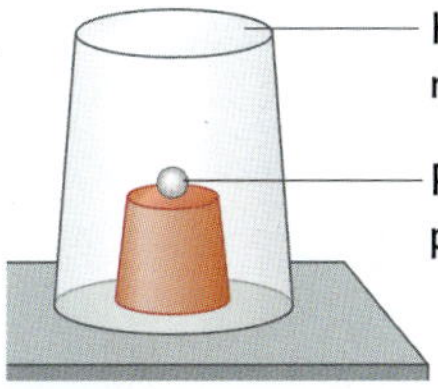

B2 Versuchsaufbau zu **LV3**

STECKBRIEF

Wasserstoff

- geruchloses, geschmackloses, farbloses Gas; Dichte bei 0 °C: ρ = 0,09 g/L
- Siedetemperatur T = –253 °C
- Schmelztemperatur T = –259 °C
- brennbar mit fast farbloser Flamme; unterhält die Verbrennung nicht; kommt in der Natur nur gebunden vor
- Nachweis: Knallgasprobe (vgl. **FM** S. 165)

B1 Eigenschaften von Wasserstoff

Vorkommen von Wasserstoff

Wasserstoff ist das häufigste Element des Universums und macht ca. 75 % der Masse und 90 % aller Atome aus. Es kommt in der Sonne und in den Planeten Jupiter, Saturn, Uranus und Neptun am häufigsten vor. Auf der Erde sind nur 15 % aller Atome der Erdkruste, Ozeane und Atmosphäre Wasserstoff-Atome. Diese sind in Molekülen gebunden, vor allem in der Verbindung Wasser. Aber auch die Stoffe, aus denen Pflanzen und Tiere aufgebaut sind, enthalten gebundenen Wasserstoff.

Herstellung von Wasserstoff aus Wasser

Kann man gebundenen Wasserstoff in elementaren Wasserstoff überführen? Lässt man im Labor Wasserdampf über glühendes Magnesium streichen (**LV1**), bilden sich ein weißer Feststoff und ein farbloses, brennbares Gas. Es handelt sich um Magnesiumoxid und Wasserstoff. Die Reaktion von Wasser mit Magnesium ist eine Redoxreaktion. Dabei wird der im Wasser gebundene Sauerstoff auf das Magnesium übertragen. Zurück bleibt elementarer Wasserstoff.

$$Mg\,(s) + H_2O\,(g) \longrightarrow MgO\,(s) + H_2\,(g)$$

Baueinheiten (Stoffteilchen) der Stoffe:

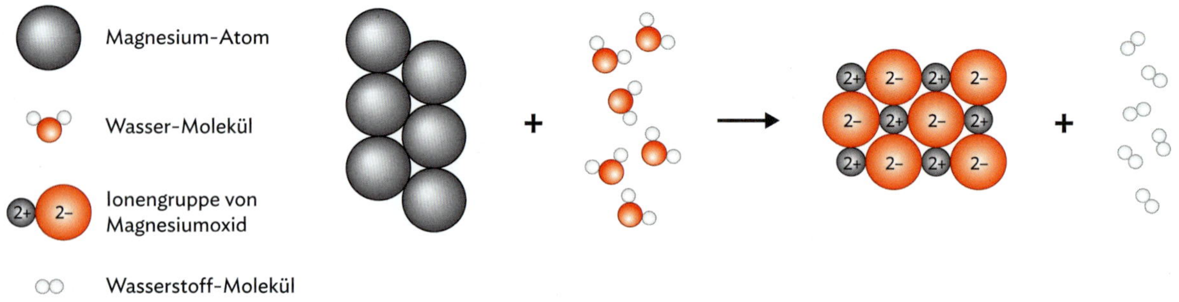

Eigenschaften von Wasserstoff

Wasserstoff ist bei Raumtemperatur gasförmig und hat von allen Stoffen die geringste Dichte (**B1**). Deshalb steigt ein Ballon, der mit Wasserstoff gefüllt ist, nach oben (**LV2**). Mit Wasserstoff befüllte Gefäße muss man mit der Öffnung nach unten halten, da der Wasserstoff sonst entweicht.

Führt man eine brennende Kerze von unten in einen mit Wasserstoff gefüllten Standzylinder ein, entzündet sich der Wasserstoff an der Öffnung des Gefäßes (**LV2**, **B2**). Die Flamme des brennenden Wasserstoffs ist fast farblos und nur schwach erkennbar. Wird die Kerze weiter in den Standzylinder eingeführt, erlischt sie: Wasserstoff unterhält die Verbrennung nicht. Zieht man die Kerze wieder heraus, entflammt sie erneut am brennenden Wasserstoff. Die Innenwand des Zylinders beschlägt leicht. Wischt man mit **Watesmo-Papier** darüber, zeigt dieser Indikator durch Blaufärbung das Vorhandensein von Wasser an.

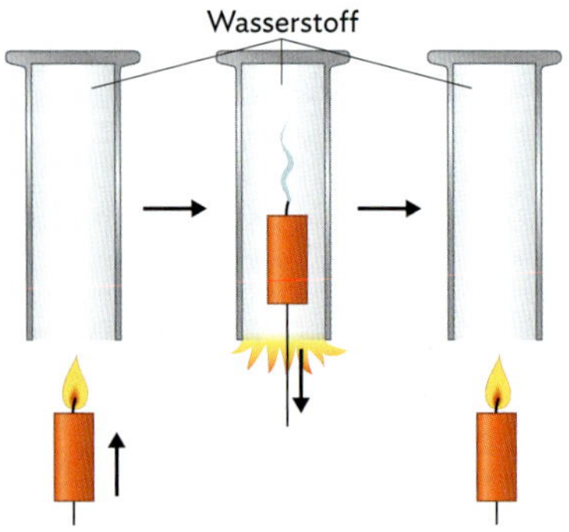

B2 Brennbarkeit von Wasserstoff

Wasserstoff reagiert also mit Sauerstoff zu Wasser.

$$2\,H_2\,(g) \quad + \quad O_2\,(g) \quad \longrightarrow \quad 2\,H_2O\,(g)$$

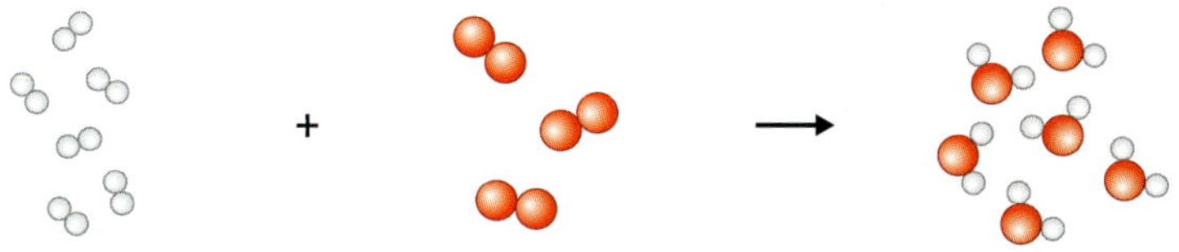

Wasserstoff erfordert einen besonderen Umgang

Wasserstoff ist ein hochentzündliches Gas. Ein mit Wasserstoff gefüllter Ballon lässt sich mit einer brennenden Kerze in ausreichend großem Abstand unter Erscheinung eines Feuerballs entzünden (**B3**). Noch heftiger verläuft die Reaktion, wenn Wasserstoff mit Sauerstoff vermischt ist. Liegt dabei der Volumenanteil des Wasserstoffs zwischen 4 und 77 %, kommt es zu einer Explosion, die große Schäden zur Folge haben kann. Man bezeichnet deshalb ein Gemisch von Wasserstoff und Sauerstoff als **Knallgas**. Die Detonationsgeschwindigkeit beträgt bis zu 2820 m/s. Bei Arbeiten mit Wasserstoff im Labor muss daher immer eine **Knallgasprobe** (vgl. **FM**) durchgeführt werden, bevor die Apparatur in Betrieb genommen wird.

B3 Entzündung von Wasserstoff, der in einem Ballon abgefüllt ist

Wasserstoffgas ist brennbar, unterhält die Verbrennung aber nicht. Es bildet mit Sauerstoff ein hoch explosives Gasgemisch (Knallgas), welches mit der Knallgasprobe nachgewiesen werden kann.

AUFGABEN

A1 Erkläre den Unterschied der folgenden Schreibweisen:
a) H_2O b) 2 H und O

A2 Als Antrieb für die europäische Trägerrakete Ariane 5 wird flüssiger Wasserstoff mit flüssigem Sauerstoff zur Reaktion gebracht. Nenne die Eigenschaften von Wasserstoff, die dabei ausgenutzt, aber auch gefürchtet werden.

FM Wasserstoff nachweisen – die Knallgasprobe

Mit der Knallgasprobe kann man testen, ob in einem Gefäß ein explosives Wasserstoff-Sauerstoff-Gemisch oder reiner Wasserstoff enthalten ist.

So geht's Fange das unbekannte, farblose Gas in einem Reagenzglas auf und halte dabei die Öffnung nach unten. Verdecke dann die Reagenzglasöffnung mit dem Daumen und führe das Reagenzglas in dieser Position bis an die Flamme eines Feuerzeugs oder Brenners (1). Ziehe kurz vor der Flamme den Daumen weg (2) und neige gleichzeitig die Reagenzglasöffnung zur Flamme.

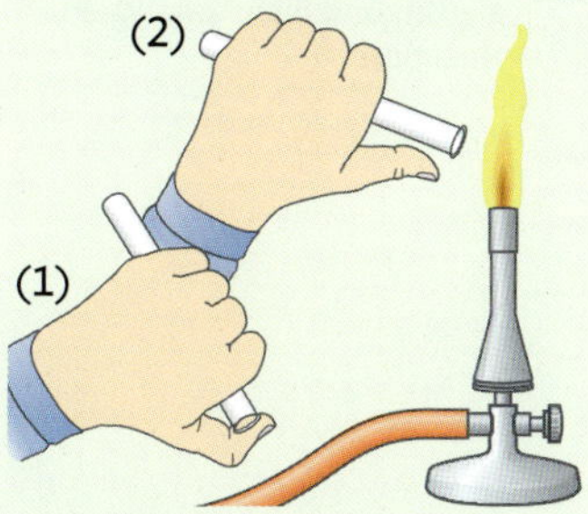

Wenn ein explosives Wasserstoff-Sauerstoff-Gemisch, das Knallgas, vorliegt, hört man ein lautes Pfeifen oder einen Knall: Die Knallgasprobe ist positiv. Wenn reiner Wasserstoff vorliegt, hört man nur ein leises „Plopp".

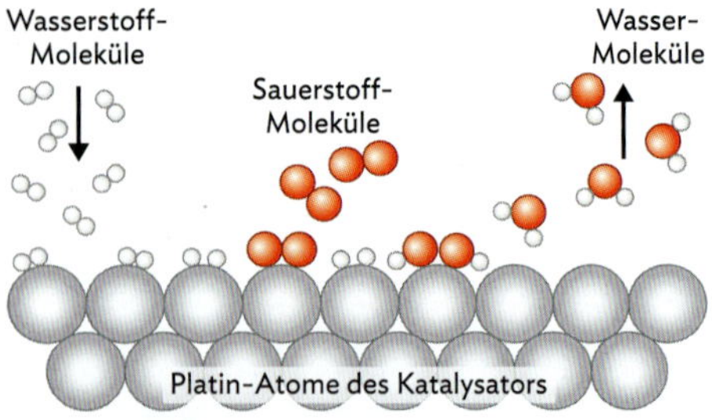

B4 Wirkungsweise des Platinkatalysators

Der Katalysator setzt die Aktivierungsenergie herab

Strömt Wasserstoffgas über eine mit Platin beschichtete Kugel, beginnt diese nach kurzer Zeit zu glühen. Schließlich entzündet sich das Wasserstoffgas (**LV3**), ohne dass es erhitzt wurde. Die Wasserstoff-Moleküle treten mit den Platin-Atomen in Wechselwirkung (**B4**). Dadurch wird die Bindung zwischen den Wasserstoff-Atomen eines Moleküls gelockert. Es entstehen einzelne Wasserstoff-Atome, die eine höhere Energie besitzen als die Wasserstoff-Moleküle. Diese Energie reicht aus, um die Reaktion mit den Sauerstoff-Molekülen aus der Luft auszulösen. Das Platin liegt nach der Reaktion unverändert vor. Platin wirkt als **Katalysator**. Das Produkt ist Wasser, genau wie bei der nicht katalysierten Reaktion.

Ein Katalysator ermöglicht eine chemische Reaktion, die ohne Katalysator wegen einer hohen Aktivierungsenergie nicht oder sehr langsam ablaufen würde. In Gegenwart des Katalysators verläuft die Reaktion über einen anderen Reaktionsweg mit niedrigerer Aktivierungsenergie (**B5**). Der Katalysator liegt nach der Reaktion wieder unverändert vor.

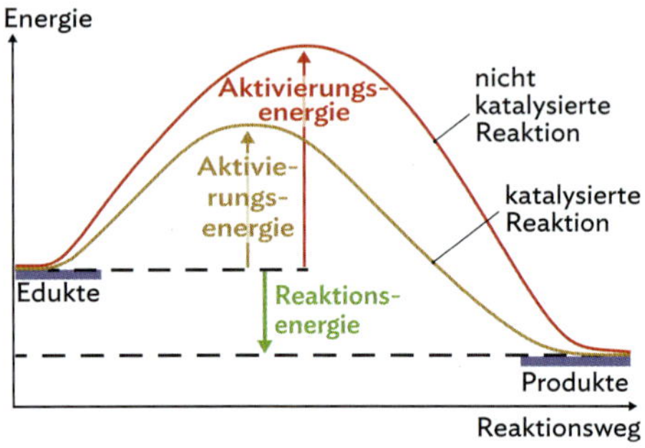

B5 Energiediagramm einer katalysierten und nicht katalysierten Reaktion

Durch die Herabsetzung der Aktivierungsenergie und den schnelleren Ablauf der Reaktion durch den Katalysator ist eine erhebliche Energieeinsparung bei industriellen Prozessen möglich.

In Lebewesen finden die meisten chemischen Reaktionen katalysiert statt. Die Katalysatoren im Organismus sind Eiweißmoleküle und werden als **Enzyme** bezeichnet. Die Körpertemperatur kann nur begrenzt erhöht werden, sodass die Aktivierungsenergie für manche Reaktionen selbst bei Fieber nicht ausreicht. Enzyme können diese Reaktionen bereits bei normaler Körpertemperatur ermöglichen. Menschen nutzen seit mehreren tausend Jahren die Wirkung von Enzymen, zum Beispiel zum Bierbrauen, Brotbacken und bei der Käseherstellung.

AUFGABEN

A1 Legt man eine Platinperle in eine Lösung aus Wasserstoffperoxid (H_2O_2), so zersetzt sich dieses bereits bei Raumtemperatur in Wasser und ein Gas, bei dem die Glimmspanprobe positiv ausfällt. Stelle die Reaktionsgleichung für diese Reaktion auf. Zeichne je ein Energiediagramm für diese Reaktion mit und ohne die Anwesenheit von Platin und erkläre den Unterschied.

A2 Beschreibe eine Reaktion zur Entfernung eines Schadstoffs aus dem Abgas, die durch einen Autokatalysator ermöglicht wird. Recherchiere notwendige Informationen.

FACHBEGRIFFE

Wasserstoff, Watesmo-Papier, Knallgas, Knallgasprobe, Katalysator, Enzyme

Brennstoffzelle – ein alternatives Antriebskonzept

Wasserstoff ist kein natürlich vorkommender Energieträger wie Erdöl, Kohle, Erdgas, Wind und Sonne. Wasserstoff muss aus Wasser hergestellt werden. Eine Brennstoffzelle kann diesen Wasserstoff zusammen mit dem Luftsauerstoff wieder zu Wasser reagieren lassen. Sie wandelt gleichsam die Reaktionsenergie dieser kontrollierten Knallgasreaktion direkt in elektrische Energie um. Wofür werden Brennstoffzellen verwendet und wie funktionieren sie?

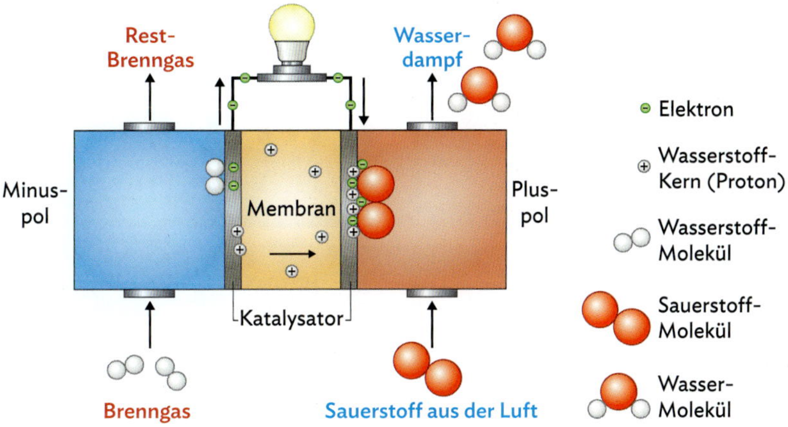

B1 Funktionsprinzip einer Brennstoffzelle für Fahrzeugantriebe (Skizze nicht maßstabsgetreu)

Brennstoffzellen können als Energiewandler eingesetzt werden. Dabei bildet sich als Abgas Wasserdampf. In Kombination mit einem Elektromotor entsteht ein Hybrid-Antrieb, der sehr effizient und nahezu ohne Abgabe von Schadstoffen arbeitet. Nicht nur Pkws und Lkws können mit Brennstoffzellen angetrieben werden, auch Boote, Züge, Gabelstapler oder Caravans beziehen so mobilen Strom, z. B. in Gebieten ohne Stromnetz.

Es gibt auch standortgebundene Brennstoffzellen, die zur Sicherung der Stromversorgung, zum Beispiel bei einem Netzausfall dienen.

Die Brennstoffzelle verfügt wie eine Batterie über zwei Pole und erzeugt ebenso wie diese Gleichstrom. Ein Brenngas, in unserem Beispiel Wasserstoff, wird dem Minuspol zugeführt. Am Minuspol wird den im Wasserstoff-Molekül H_2 miteinander verbundenen Wasserstoff-Atomen jeweils ihr Elektron entzogen. Es bleiben Wasserstoff-Kerne, also Protonen, zurück. Bei zwei Wasserstoff-Molekülen entstehen vier Protonen H^+ und vier Elektronen e^-:

$$2\,H_2 \longrightarrow 4\,H^+ + 4\,e^-$$

Die Protonen werden nun durch eine Membran transportiert. Die Elektronen nehmen einen Umweg und werden über einen metallischen Leiter befördert. Dadurch entsteht ein elektrischer Strom. Am Pluspol treffen die Protonen und die Elektronen auf Sauerstoff-Moleküle O_2 und reagieren zu Wasser-Molekülen H_2O:

$$4\,H^+ + 4\,e^- + O_2 \longrightarrow 2\,H_2O$$

Der Luftsauerstoff stellt hier das Oxidationsmittel dar. Der Wasserstoff des Brenngases wird am Pluspol zu Wasser oxidiert. Die Reaktion verläuft exotherm. Die in den Edukten gebundene chemische Energie wird vor allem in elektrische, aber auch in thermische Energie umgewandelt. Um den Energiebetrag zu erhöhen, werden mehrere Brennstoffzellen in Reihe geschaltet. Man spricht von einem Brennstoffzellenstack (Stapel).

AUFGABEN

A1 Die beiden Reaktionsgleichungen im oberen Text sind Teilgleichungen. Fasse beide zu einer Reaktionsgleichung zusammen.

A2 Recherchiere in aktuellen Pressemeldungen nach den Zukunftschancen der Antriebskonzepte für Brennstoffzelle und Elektromotor.

Periodensystem und Elementfamilien

Schon immer war es den Menschen ein Bedürfnis, Dinge zu vergleichen, zu sortieren und zu ordnen. Wenngleich sich Ordnungssysteme stark unterscheiden können, so stimmen sie in Folgendem überein: Sie zeigen stets Gemeinsamkeiten und Unterschiede auf. Wie lassen sich die uns bekannten Elemente in eine sinnvolle Ordnung bringen?

M1 Eine geniale Ordnung

Im Jahr 1869 waren bereits 60 Elemente bekannt. MENDELEJEW ordnete sie auf geniale Art und Weise im Periodensystem der Elemente. Lassen sich für Elemente Eigenschaften aufgrund ihrer Position im Periodensystem ableiten?

AUSWERTUNG

a) **B1** zeigt beispielhaft das Elementkärtchen von Lithium. Eine Vorlage für dieses und weitere Elementkärtchen findest du unter QR-/Mediencode 05037-12. Drucke die Kärtchen aus und schneide sie zu.

05037-12

b) Überlege dir anhand der Informationen auf den Kärtchen Ordnungsprinzipien für die 16 gegebenen Elemente und lege die Kärtchen entsprechend aus.

c) Überprüfe anhand des Periodensystems der Elemente (vorne im Buchdeckel) deine Ordnung, kennzeichne das Elementkärtchen mit der jeweiligen Farbe für Metall (grau) oder Nichtmetall (gelb) und benenne die Elemente mit Fragezeichen.

Lithium

mittlere Atommasse in u	6,9
Siedetemperatur in °C	1330
Schmelztemperatur in °C	181
Dichte in g/cm³	0,53

Beispiele für Verbindungen

$LiCl$ | Li_2O

B1 Elementkärtchen von Lithium

LV2 Eigenschaften der Alkalimetalle

PROBLEM

Im Periodensystem stehen folgende Metalle untereinander: Lithium, Natrium, Kalium, Rubidium, Caesium und Francium. Warum werden diese zu einer Gruppe zusammengefasst?

DURCHFÜHRUNG

Vorsicht! – Schutzscheibe oder Abzug!

a) Jeweils ein Stück Lithium, Natrium und Kalium (alle GHS 2 | 5) werden auf ein Filterpapier gelegt. Mit einem scharfen, trockenen Messer wird das Stück jeweils geschnitten und sofort die Schnittkante beobachtet.

b) An einem entrindeten Stück Natrium wird mittels Prüfer die elektrische Leitfähigkeit gemessen.

c) Anschließend werden drei Glasschalen mit Wasser gefüllt. Ein linsengroßes Stückchen Lithium, Natrium bzw. Kalium wird jeweils vorsichtig auf die Wasseroberfläche gesetzt.

AUSWERTUNG

a) Notiere alle Beobachtungen in Form einer Tabelle.

b) Überlege dir eine Erklärung für die Veränderungen an der Schnittfläche.

c) Vergleiche die Reaktionen der drei Metalle mit Wasser.

d) Vergleiche die Eigenschaften der drei Metalle mit denen der Metalle Kupfer und Eisen.

e) Leite aus den Beobachtungen zu **LV2c** und der Anordnung dieser Metalle im Periodensystem ab, wie die Reaktion von Rubidium mit Wasser verlaufen müsste.

ENTSORGUNG G1, Alkalimetallreste unter Paraffin aufbewahren

V3 Die Reaktion von Lithium mit Wasser

PROBLEM

Die Elemente in der ersten Spalte (I. Hauptgruppe) des Periodensystems nennt man auch Alkalimetalle. Woher kommt diese Bezeichnung?

DURCHFÜHRUNG

Der Versuch wird wie in **B2** durchgeführt. Gib ein linsengroßes Stück Lithium (GHS 2 | 5) mithilfe einer Pinzette in den Sieblöffel. Halte den Sieblöffel unter ein komplett mit Wasser gefülltes Reagenzglas und fange das entstehende Gas auf. Führe mit dem aufgefangenen Gas die Knallgasprobe durch. Gib zum Wasser den Indikator Thymolphthalein und vergleiche die Farbe mit der Indikatorfarbe in Leitungswasser.

AUSWERTUNG

a) Begründe anhand der Versuchsbeobachtung, welches Gas gebildet wird.

b) Thymolphthalein liegt in saurer Lösung farblos und in alkalischer Lösung blau vor. Leite anhand der Versuchsbeobachtung die Herkunft der Bezeichnung Alkalimetalle ab.

c) Bei der Reaktion von Lithium mit Wasser entsteht außer dem Gas eine Lösung mit Lithiumhydroxid LiOH (aq). Formuliere das Reaktionsschema und die Reaktionsgleichung.

ENTSORGUNG G1

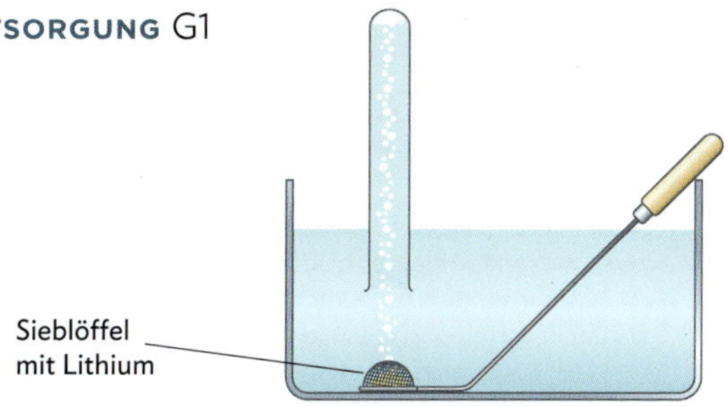

B2 Versuchsaufbau zu **V3**

Element	Atommasse in u	Mittelwert der Atommassen
Lithium	6,9	
Natrium	23,0	(6,9 + 39,1) : 2 = 23,0
Kalium	39,1	

B1 Ordnungskriterium von DÖBEREINER für die Triaden am Beispiel Lithium-Natrium-Kalium

D. MENDELEJEW (1834 bis 1907) L. MEYER (1830 bis 1895)

B2 Die Entdecker des Periodensystems der Elemente

1287 °C 1,85 g/cm³ Be 9,0 u	2076 °C 2,46 g/cm³ B 10,8 u	sublimiert 2,25 g/cm³ C 12,0 u	-210 °C 1,25 g/L N 14,0 u
649 °C 1,74 g/cm³ Mg 24,3 u	660 °C 2,70 g/cm³ Al 27,0 u	1410 °C 2,33 g/cm³ Si 28,1 u	44 °C 1,82 g/cm³ P 31,0 u
842 °C 1,55 g/cm³ Ca 40,1 u	?	?	sublimiert 5,72 g/cm³ As 74,9 u
777 °C 2,63 g/cm³ Sr 87,6 u	157 °C 7,30 g/cm³ In 114,8 u	232 °C 7,30 g/cm³ Sn 118,7 u	631 °C 6,70 g/cm³ Sb 121,8 u

B3 Ausschnitt aus dem PSE mit zwei Lücken für Elemente, die im 19. Jahrhundert noch nicht entdeckt waren und die MENDELEJEW vorhersagte. Angegeben sind Schmelztemperatur, Dichte, Elementsymbol und Atommasse der Elemente.

Die Geschichte des Periodensystems der Elemente

Das **Periodensystem der Elemente** (**PSE**, siehe vorne im Buchdeckel) ist zunächst einmal eine Anordnung von Spalten und Reihen, in denen so viele Zahlen und Buchstaben stehen, dass es wie ein Rätsel aussieht. Diese Anordnung an Symbolen, Größen und Zahlenwerten ist nicht zufällig gewählt (**M1**). Dahinter steckt ein ausgefeiltes System an Zusammenhängen, das über mehrere Jahrhunderte entdeckt und verstanden wurde, sozusagen ein erlaubter Spickzettel zur Lösung von Aufgabenstellungen der Chemie. Seine Grundlagen wurden im 19. Jahrhundert gelegt.

JOHANN WOLFGANG DÖBEREINER war einer der ersten Forscher, der bestimmte Elemente in Gruppen zusammenfasste und dabei die Atommasse der Elemente berücksichtigte. Zunächst stellte er fest, dass sich je drei Elemente bei chemischen Reaktionen sehr ähnlich verhalten. Diese Elemente fasste er zu **Triaden**, Dreiergruppen, zusammen (**B1**). Ihm gelang es, von damals 53 bekannten Elementen dreißig zu systematisieren. Dabei bemerkte er, dass der Mittelwert der Massen des leichtesten und des schwersten der drei Elemente der Masse des mittleren Elements entsprach (**B1**). Damit konnte er erfolgreich die Masse des damals noch unbekannten Elements Brom aus den Massen von Chlor und Iod vorhersagen. Seine Triadentheorie wurde 1829 veröffentlicht.

MENDELEJEW und MEYER finden eine Ordnung

Die Triadentheorie war zwar ein Fortschritt, konnte aber keineswegs auf alle betrachteten Elemente angewendet werden. An einer einheitlichen Systematisierung der Elemente versuchte sich eine Vielzahl von Wissenschaftlern auf der ganzen Welt, doch es dauerte bis zum Jahr 1869, bis DIMITRIJ MENDELEJEW und JULIUS LOTHAR MEYER (**B2**) unabhängig voneinander die ersten Periodensysteme veröffentlichten. MENDELEJEW war dabei der schnellere von beiden. Seine Veröffentlichung trug den Titel „Die Abhängigkeit der Eigenschaften der Elemente vom Atomgewicht“. In ausführlicher Form gelang ihm damit 1871 international der Durchbruch. Inzwischen waren 60 Elemente bekannt.

Der Gedanke, die Elemente gemäß ihrer Masse fortlaufend anzuordnen, war naheliegend. Auch die Idee, chemisch ähnliche Elemente untereinander zu schreiben, war nicht neu. Der geniale Trick bestand darin, beides zu kombinieren und Lücken zu lassen. Damit konnte man damals unbekannte Elemente samt ihrer Eigenschaften vorhersagen (**B3**). Weiterhin ließ MENDELEJEW zunächst alle diejenigen Elemente weg, die nicht als ähnliche Elemente dazu passten. Auch gab er der chemischen Ähnlichkeit größeres Gewicht als der Masse, sodass er beispielsweise die Positionen von Iod und Tellur vertauschte. Nach der Masse wäre zunächst Iod (Atommasse ca. 127 u) vor Tellur (Atommasse ca. 128 u) erschienen.

Anhand seiner aufgestellten Ordnung gelang es ihm aber erstaunlich genau, die Eigenschaften der „vermissten“ Elemente vorherzusagen. Er vermutete, dass es ein Element geben müsse, das in seinen Eigenschaften dem Element Silicium ähnelt und eine Atommasse von 72 u hat. Dieses Element nannte er „Eka-Silicium“. Noch zu seinen Lebzeiten wurde dieses Element von CLEMENS WINKLER tatsächlich entdeckt und Germanium (für Deutschland) genannt (**B4**).

MENDELEJEW folgerte daraus, dass die Eigenschaften der Elemente periodisch mit ihren Atommassen zusammenhängen.

Die Elemente wurden von links nach rechts gemäß steigender Masse und übereinander gemäß chemisch ähnlicher Eigenschaften geordnet. Im Periodensystem der Elemente stehen chemisch verwandte Elemente in einer Spalte.

Im Jahr 1870 vorausgesagt: Eka-Silicium	Im Jahr 1886 gefunden: Germanium
Atommasse ca. 72 u	Atommasse 72,6 u
Dichte ca. 5,5 g/cm³	Dichte 5,4 g/cm³
schwer schmelzbar	schmilzt nicht, sondern sublimiert
dunkelgraues Metall	graues bis silberweißes Metall
Das Element kann aus dem Oxid gewonnen werden.	Germanium wurde durch Reaktion des Oxids mit Wasserstoff gewonnen.

B4 Vorhergesagte Eigenschaften des noch unbekannten Elements Eka-Silicium und Eigenschaften des Elements Germanium

Das heutige Periodensystem der Elemente (PSE)

Inzwischen ist das Periodensystem bis zu seiner heutigen Form, die im Buchdeckel abgedruckt ist, weiterentwickelt worden. Es umfasst derzeit 118 Elemente. Die Nr. 101 heißt zu Ehren MENDELEJEWs Mendelevium. Die Elemente des modernen PSE sind nach fortlaufender **Ordnungszahl** in waagerechten Zeilen, den **Perioden**, geordnet. Die Ordnungszahl entspricht dabei der Anzahl der Protonen im Atomkern. Die periodisch wiederkehrenden chemisch ähnlichen Elemente stehen in den **Hauptgruppen** untereinander. Zwischen der II. und III. Hauptgruppe finden sich ab der 4. Periode die **Nebengruppen**, zu deren Elementen z. B. Eisen oder Gold gehören. Oberhalb des Elementsymbols steht im PSE die Gruppennummer als römische Ziffer, seitlich links die Periodennummer (**B5**).

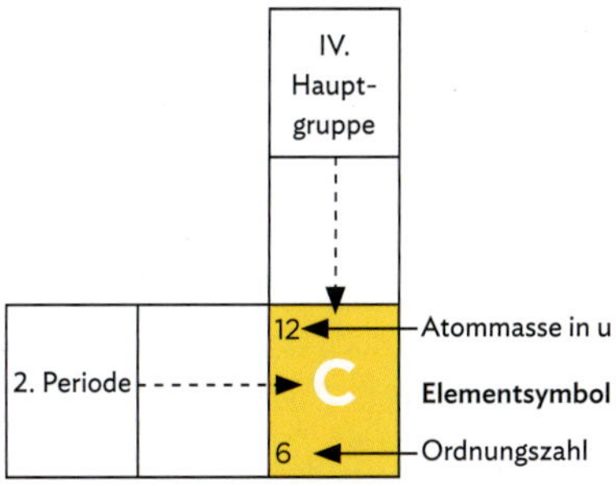

B5 Informationen zum Element Kohlenstoff aus dem PSE

Im PSE sind die Elemente nach steigender Ordnungszahl in Perioden (Zeilen) und nach ihrer chemischen Ähnlichkeit in Hauptgruppen (Spalten) geordnet.

AUFGABEN

A1 MENDELEJEW sagte zwischen Aluminium und Indium ein „Eka-Aluminium“ voraus. Benenne das Element aus heutiger Sicht.

A2 Erkläre die Tatsache, dass Iod in der VII. Hauptgruppe steht und nicht etwa in der VI. Hauptgruppe.

A3 Im ersten Periodensystem fehlte die VIII. Hauptgruppe vollständig. Informiere dich über diese Hauptgruppe und finde eine Erklärung.

A4 Das Element Nr. 110 wurde nach einer deutschen Stadt benannt. Recherchiere, wie es dazu kam.

B6 Die frische Schnittfläche von Natrium glänzt kurzzeitig, bevor sie sich mit einer weißen Schicht überzieht.

Info

Im Periodensystem der Elemente findet man noch oberhalb vom Lithium das Element Wasserstoff. Es hat andere Eigenschaften und wird darum nicht zu den Alkalimetallen gerechnet. Wasserstoff nimmt eine Sonderstellung im Periodensystem ein (vgl. S. 164, 165).

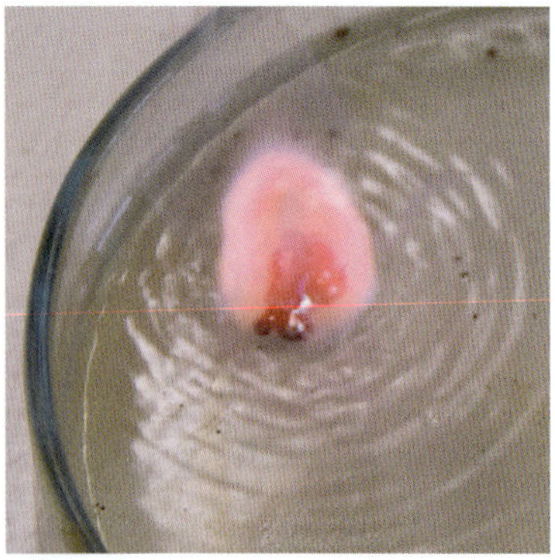

B7 Kalium auf Wasser

Die Alkalimetalle - eine Elementfamilie

Die I. Hauptgruppe im PSE enthält die sogenannten **Alkalimetalle**. Zu diesen zählen die Elemente Lithium (Li), Natrium (Na), Kalium (K), Rubidium (Rb), Caesium (Cs) und Francium (Fr). Dass es sich um Metalle handelt, sieht man nicht auf den ersten Blick. Auch eine Ähnlichkeit oder Verwandtschaft zu klassischen Gebrauchsmetallen lässt sich nicht sofort erkennen.

Untersucht und vergleicht man die drei häufigsten Alkalimetalle Lithium, Natrium und Kalium, so fällt zunächst auf, dass sie unter flüssigem Paraffin aufbewahrt werden. Lithium schwimmt sogar auf dem Paraffin (Dichte Lithium ρ = 0,53 g/cm^3, Dichte Paraffin ρ = 0,8 – 0,9 g/cm^3).

Alle drei Elemente lassen sich schneiden (**B6**, **LV2**), wobei an der Schnittkante metallischer Glanz sichtbar wird, der aber schnell anläuft und verschwindet. Dies deutet darauf hin, dass die Metalle sehr unedel sind und sofort mit dem Luftsauerstoff reagieren. Die schwarzen bzw. weißen Krusten an der Oberfläche sind also nicht das eigentliche Metall, sondern eine Oxidschicht. Die Kationen der Alkalimetalle sind einfach positiv geladen. Das gebildete Oxid hat demnach die Formel Me_2O (Me = Metall), z. B.:

$$4\ Li\ (s) + O_2\ (g) \longrightarrow 2\ Li_2O\ (s)$$

Nach Entrindung der oberflächlich oxidierten Alkalimetalle misst man eine sehr gute elektrische Leitfähigkeit, wie sie für Metalle typisch ist. Aufgrund ihrer ähnlichen chemischen Eigenschaften lassen sich die Alkalimetalle einer **Elementfamilie** zuordnen.

Bei den Alkalimetallen handelt es sich um eine Gruppe unedler, weicher Leichtmetalle, die aufgrund ihrer ähnlichen Eigenschaften als Elementfamilie bezeichnet werden. Im Periodensystem der Elemente bilden sie die I. Hauptgruppe (vgl. Info).

Reaktion der Alkalimetalle mit Wasser

Gibt man ein Stück Lithium auf Wasser, bewegt es sich auf der Wasseroberfläche unter Zischen hin und her, wobei es kleiner wird und schließlich nicht mehr zu sehen ist. Bei Natrium macht man ähnliche Beobachtungen, nur formt es eine metallisch glänzende Kugel und manchmal explodiert es ganz zum Schluss. Kalium formt ebenfalls eine metallisch glänzende Kugel, entzündet sich aber von selbst. Es bewegt sich mit blassvioletter Flamme hin und her, bis es explodiert (**B7**, **LV2**). Die Selbstentzündung kann man auch bei Natrium erreichen, indem man es fixiert, zum Beispiel auf einem Stück feuchten Filterpapier. Es brennt mit gelber Flamme. Bei allen drei Reaktionen ist ein zischendes Geräusch wahrzunehmen, das auf eine Gasfreisetzung hindeutet. Fängt man das Gas auf (**V3**) und führt die Knallgasprobe durch, kann man Wasserstoff nachweisen.

Bei der Reaktion entsteht eine Lösung, die den Indikator **Thymolphthalein** blau färbt (B8), was anzeigt, dass eine **alkalische Lösung** vorliegt (V3). Alkalische Lösungen enthalten **Hydroxid-Ionen** OH^- (vgl. Info). Bei der Reaktion der Alkalimetalle mit Wasser bilden sich zudem die gut in Wasser löslichen Alkalimetallhydroxide Lithiumhydroxid LiOH, Natriumhydroxid NaOH und Kaliumhydroxid KOH.

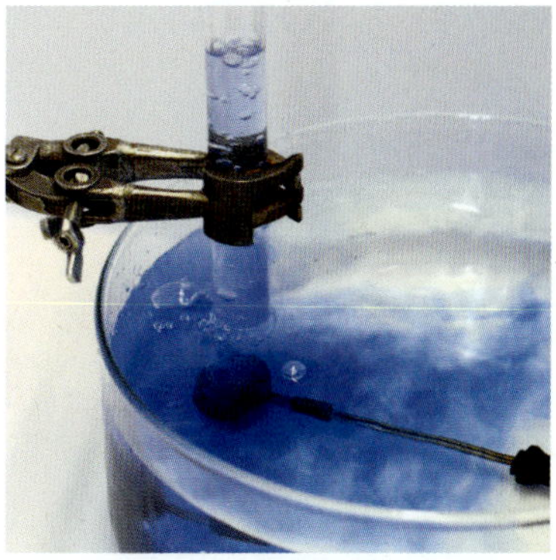

B8 Reaktion von Lithium mit Wasser, das mit einigen Tropfen Thymolphthalein-Indikator versetzt wurde.

Alkalimetalle reagieren mit Wasser zu Wasserstoff und der entsprechenden Lösung des Alkalimetallhydroxids, z. B.:

$$2\,Li\,(s) + 2\,H_2O\,(l) \longrightarrow H_2\,(g) + 2\,LiOH\,(aq)$$

Die Heftigkeit der Reaktion mit Wasser oder Sauerstoff nimmt dabei von Lithium zu Caesium so stark zu, dass Rubidium und Caesium in luftleeren Ampullen aus Glas aufbewahrt werden müssen.

Die Elementfamilie der Erdalkalimetalle

Die Elemente Beryllium (Be), Magnesium (Mg), Calcium (Ca), Strontium (Sr), Barium (Ba) und Radium (Ra) finden sich in der II. Hauptgruppe des Periodensystems. Wie der Name andeutet, sind sie in ihren Eigenschaften verwandt mit den Alkalimetallen. Auch die Metalle aus der Familie der **Erdalkalimetalle** sind unedel und zeigen eine entsprechende Reaktion mit Wasser, nur weniger heftig. Beryllium und Magnesium bilden an der Oberfläche eine dünne, wasserunlösliche Hydroxidschicht und reagieren dadurch nicht mehr weiter mit Wasser. Calcium, Strontium und Barium reagieren deutlich mit Wasser zu ihren Hydroxiden. Dabei bilden sich alkalische Lösungen, z. B.:

$$Ca\,(s) + 2\,H_2O\,(l) \longrightarrow H_2\,(g) + Ca(OH)_2\,(aq)$$

Die Ionen der Erdalkalimetalle sind zweifach positiv geladen. Daher liegen pro Metall-Ion immer zwei Hydroxid-Ionen vor und die Erdalkalimetallhydroxide haben die allgemeine Formel $Me(OH)_2$.

Info

Neben den einfachen Kationen und Anionen der Elemente gibt es auch Molekül-Ionen, die aus verschiedenen Elementen bestehen. Ein Beispiel dafür ist das Hydroxid-Ion OH^-. Hydroxid-Ionen sind in allen alkalischen Lösungen enthalten.

Bei der Reaktion eines Erdalkalimetalls mit Wasser entsteht eine Lösung des entsprechenden Erdalkalimetallhydroxids und Wasserstoff.

AUFGABEN

A1 Begründe, dass sich Natrium entzündet, wenn es unbeweglich auf einem feuchten Stück Filterpapier liegt.

A2 Fertige eine Tabelle mit den Eigenschaften von Lithium, Natrium, Kalium, Magnesium, Calcium und Barium an. Recherchiere jeweils die Werte für die Dichte und die Schmelztemperatur und beschreibe erkennbare Tendenzen.

FACHBEGRIFFE

Periodensystem der Elemente (PSE), Triaden, Ordnungszahl, Periode, Hauptgruppe, Nebengruppe, Elementfamilie, Alkalimetalle, Erdalkalimetalle, alkalische Lösung, Hydroxid-Ion, Thymolphthalein

Verteilung der Elektronen in der Atomhülle

Der Gasherd ist bereits in Betrieb und das Nudelwasser soll endlich zum Kochen gebracht werden. Da kippt aus Versehen der Salzstreuer um und eine Ladung Kochsalz landet in der Brennerflamme. Diese leuchtet plötzlich gelb-orange auf. Woher kommt die Färbung der Flamme?

V1 Flammenfärbungen

PROBLEM

In der Chemie kennt man nicht nur Kochsalz (Natriumchlorid), sondern auch zahlreiche andere Salze. Erzeugen alle Salze Flammenfärbungen?

DURCHFÜHRUNG

Gib je eine kleine Menge der nachfolgenden acht Salze in die Felder einer Tüpfelplatte:

a) Lithiumchlorid (GHS 7), **b)** Kaliumchlorid, **c)** Natriumchlorid, **d)** Lithiumbromid (GHS 7), **e)** Magnesiumchlorid, **f)** Natriumbromid, **g)** Bariumsulfat, **h)** Strontiumchlorid (GHS 5 | 7)

Spanne den Gasbrenner am Brennerrohr schräg in das Stativ ein. Tauche ein Magnesiastäbchen in verdünnte Salzsäure (GHS 5 | 7) und glühe es in der nicht leuchtenden Flamme so lange aus, bis die Flamme keine Färbungen mehr zeigt.

Feuchte das Stäbchen erneut etwas mit verdünnter Salzsäure an und nimm einige Kristalle eines der zu untersuchenden Salze auf. Halte das Stäbchen oberhalb des Innenkegels in die Brennerflamme.

Für jede neue Substanz muss die verunreinigte Spitze des Magnesiastäbchens vorsichtig mit der Tiegelzange abgebrochen werden. **Achtung heiß!** Betrachte die Flammenfärbungen bei **V1b** und **V1c** durch ein Cobaltglas.

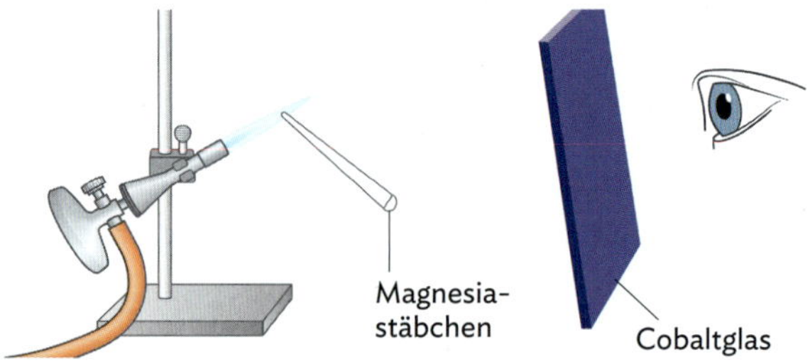

B1 Verwendung eines Cobaltglases

AUSWERTUNG

a) Fasse die Beobachtungen in einer Tabelle zusammen, die auch die Namen und Verhältnisformeln der Salze enthält. (Hinweis: Die Formel des Sulfat-Ions ist SO_4^{2-}.)

b) Begründe anhand der Versuchsbeobachtungen, ob Salze allgemein Flammenfärbungen verursachen.

c) Vergleiche die unterschiedlichen Salze hinsichtlich ihrer Flammenfärbung. Leite daraus eine Vermutung ab, welcher Bestandteil der getesteten Salze jeweils für die charakteristische Färbung verantwortlich ist.

d) Stelle aus deinen Beobachtungen bei der Verwendung von Cobaltglas eine Vermutung über dessen Eigenschaften auf und recherchiere, ob du richtig liegst.

ENTSORGUNG R, G2

M2 Ionisierungsenergien

Durch Zufuhr von Energie können Elektronen aus einem Atom herausgelöst werden. In **B2** ist dieser Vorgang, den man als Ionisierung bezeichnet, exemplarisch an einem Natrium-Atom dargestellt. Die dafür erforderliche Energie nennt man Ionisierungsenergie. Sie wird in der Einheit Elektronenvolt (eV) angegeben.

In einem Experiment wurden die Ionisierungsenergien für die elf Elektronen eines Natrium-Atoms ermittelt. **B3** stellt die dabei erhobenen Messdaten dar.

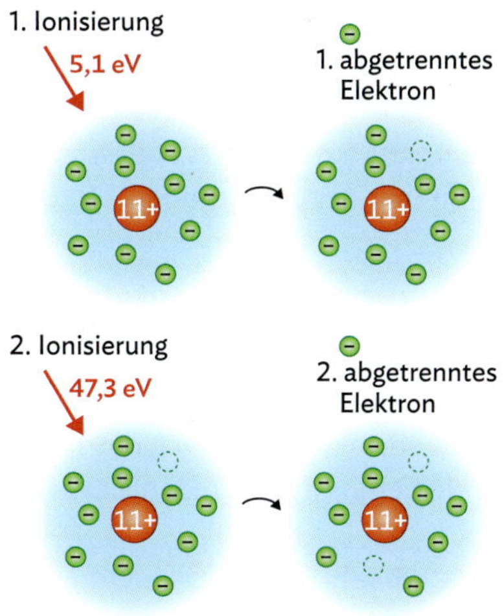

B2 Zweifache Ionisierung eines Natrium-Atoms

AUSWERTUNG

a) Beschreibe **B2** in eigenen Worten.

b) Leite anhand des Informationstextes und mithilfe von **B2** eine allgemeine Definition für den Begriff Ionisierung ab und formuliere diese.

c) Das Diagramm in **B3** zeigt die Ionisierungsenergien für alle elf Elektronen eines Natrium-Atoms. Beschreibe das Diagramm und stelle einen Bezug zur Abbildung **B2** her.

d) Begründe den Anstieg der Ionisierungsenergien vom 1. bis zum 11. Elektron. Diskutiere, inwiefern der sprunghafte Anstieg vom 9. zum 10. Elektron nicht mit dem Kern-Hülle-Modell erklärt werden kann.

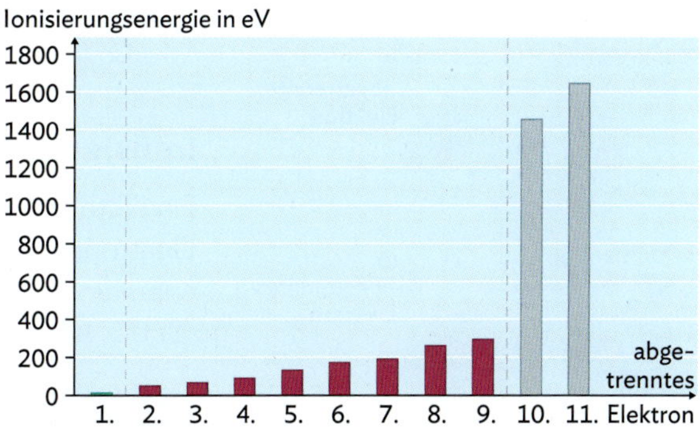

B3 Ionisierungsenergien für die Elektronen in einem Natrium-Atom

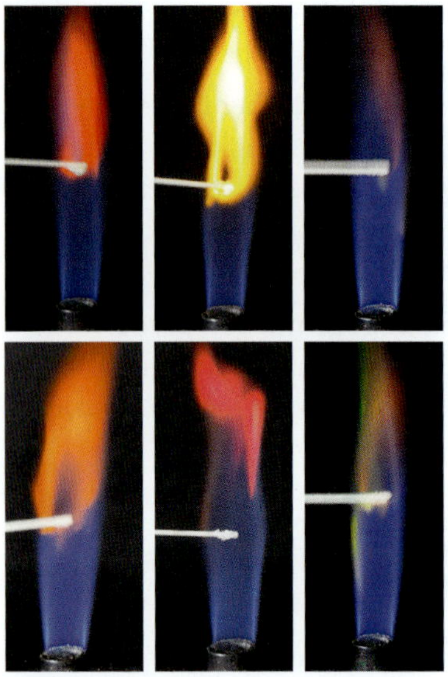

B1 Flammenfärbungen einiger Salze (von links oben nach rechts unten): Lithiumsalz, Natriumsalz, Kaliumsalz, Calciumsalz, Strontiumsalz, Bariumsalz

Flammenfärbung

Was passiert, wenn Kochsalz (Natriumchlorid) aus Versehen in die Flamme eines Gasherds gerät? Die Flamme leuchtet hell-orange auf! Wie lässt sich diese Lichterscheinung erklären?
Nicht nur Natriumchlorid, sondern auch viele andere Salze verursachen Flammenfärbungen. Hält man z. B. ein Lithiumsalz wie Lithiumchlorid in die rauschende, farblose Brennerflamme, so leuchtet diese rot auf. Bei einem Bariumsalz wie Bariumsulfat zeigt sich eine grüne Färbung (**V1**, **B1**). Bei Magnesiumsalzen zeigt sich keine Flammenfärbung. Unterschiedliche Salze erzeugen also unterschiedliche Flammenfärbungen.

Bestimmte Metalle bzw. die entsprechenden Metall-Kationen erzeugen atomartspezifische Flammenfärbungen.

Zur Erklärung der Flammenfärbung muss man sich mit dem Aufbau der Atome befassen. Nach dem Kern-Hülle-Modell befinden sich alle Elektronen in der Hülle und werden gleich stark vom Atomkern angezogen. Mithilfe dieses Modells kann man die Flammenfärbungen nicht erklären, es muss weiterentwickelt werden. Die Betrachtung der **Ionisierungsenergien** eines Atoms hilft, die Verteilung der Elektronen in der Hülle und die Anordnung der Elemente im PSE besser zu verstehen.

Vom Atom zum Ion

Durch eine entsprechend hohe Energiezufuhr können einzelne Elektronen ihre Energie so stark erhöhen, dass sie die Anziehungskraft des Atomkerns überwinden und sich so aus dem Atom entfernen. Zurück bleibt ein positiv geladenes Ion, ein Kation. Die Ladung des entstandenen Kations hängt von der Anzahl der abgespaltenen Elektronen ab (**B2** sowie S. 175, **B2**).

Den Vorgang der Bildung eines Ions durch Abspaltung eines Elektrons aus einem Atom bezeichnet man als **Ionisierung**. Die dafür erforderliche Energie nennt man Ionisierungsenergie. Sie wird in der Einheit Elektronenvolt (eV) angegeben.

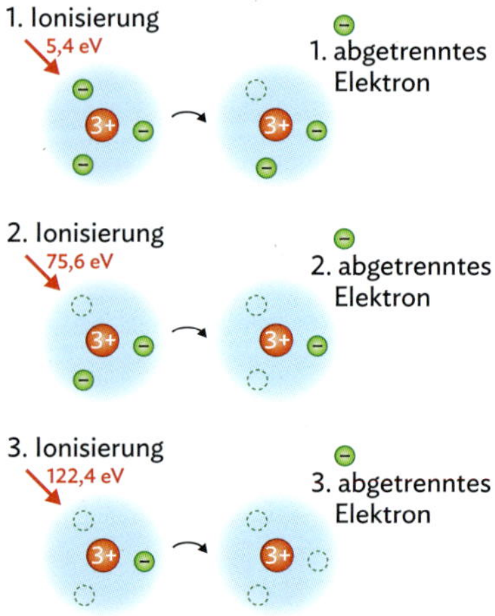

B2 Ionisierung eines Lithium-Atoms bis zum dreifach positiv geladenen Lithium-Ion

Ionisierungsenergien genauer betrachtet

Ein Natrium-Atom besitzt insgesamt elf Elektronen. Trennt man alle elf Elektronen nacheinander ab und misst die dazu nötigen Ionisierungsenergien, so kann man die Messwerte in einem Diagramm vergleichen (S. 175, **B3**) und daraus folgende Schlussfolgerungen ziehen:

1. Die erste Ionisierungsenergie ist sehr klein. Das erste Elektron lässt sich also mit wenig Energieaufwand abtrennen.
2. Die Ionisierungsenergie nimmt mit jedem weiteren Elektron, das abgetrennt wird, zu.

3. Die Ionisierungsenergien der letzten beiden Elektronen sind vergleichsweise hoch. Diese Elektronen sind demnach besonders schwer aus der Atomhülle zu entfernen.

Das Energiestufenmodell

Die unterschiedlichen Ionisierungsenergien der Elektronen eines Atoms deuten darauf hin, dass es energetische Unterschiede zwischen den Elektronen gibt. Die Darstellung dieser Energieunterschiede erfolgt über das sogenannte **Energiestufenmodell**. Beim Natrium-Atom sind es elf Elektronen, die im Energiestufenmodell auf drei Stufen verteilt sind (**B3**). Dabei besitzen die Elektronen auf der niedrigsten Energiestufe den geringsten Abstand zum Kern. Sie benötigen die größte Ionisierungsenergie und werden als letzte abgetrennt (S. 175, **B3**).
Der energetische Zustand eines Elektrons entspricht stets einer klar definierten Energiestufe n in der Atomhülle. Ausgehend von der energieärmsten Stufe werden diese mit 1, 2, 3 usw. gekennzeichnet. Die Energiestufen können jeweils nur eine bestimmte Anzahl an Elektronen insgesamt aufnehmen. Die maximale Anzahl an Elektronen erhält man rechnerisch aus der Energiestufe über die Formel $2 \cdot n^2$ (**B4**). Die Elektronen der höchsten Energiestufe einer Atomart werden auch als **Außenelektronen** oder **Valenzelektronen** bezeichnet.

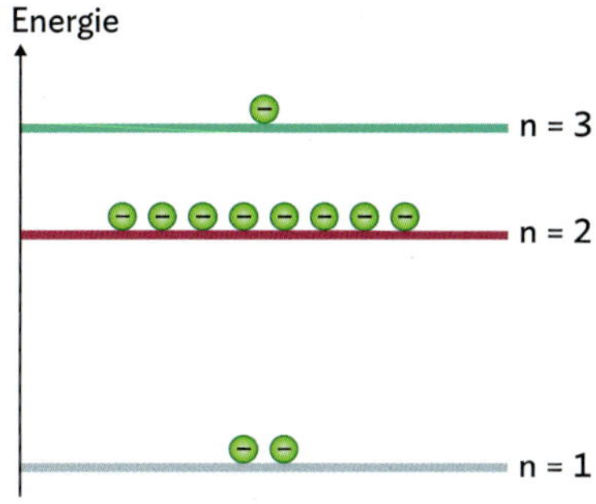

B3 Energiestufenmodell der elf Elektronen eines Natrium-Atoms

> Nach dem Energiestufenmodell lassen sich die Elektronen der Atomhülle gemäß ihres Energiegehalts bestimmten Energiestufen zuordnen. Die Elektronen der höchsten Energiestufe nennt man Außen- oder Valenzelektronen.

Energiestufe	Maximale Anzahl an Elektronen
$n = 1$	2
$n = 2$	8
$n = 3$	18
$n = 4$	32

B4 Maximale Besetzung der Energiestufen mit Elektronen

Die Verteilung der Elektronen eines Atoms auf die verschiedenen Energiestufen bezeichnet man als **Elektronenkonfiguration**. Für Natrium lautet diese:

$1^2\ 2^8\ 3^1$ (**Energiestufe, Anzahl an Elektronen**)

AUFGABEN

A1 Vergleiche das Diagramm der Ionisierungsenergien für ein Natrium-Atom (S. 175, **B3**) mit dem Diagramm für ein Lithium-Atom (**B5**) und gehe auf die in beiden Diagrammen verwendeten Farben ein. Beschreibe dazu Gemeinsamkeiten und Unterschiede.

A2 Gib jeweils die Elektronenkonfiguration für ein Aluminium-Atom und ein Schwefel-Atom an und zeichne jeweils das passende Energiestufenmodell.

A3 Skizziere den erwarteten Verlauf der Ionisierungsenergien für ein Neon-Atom und leite daraus das entsprechende Energiestufenmodell ab.

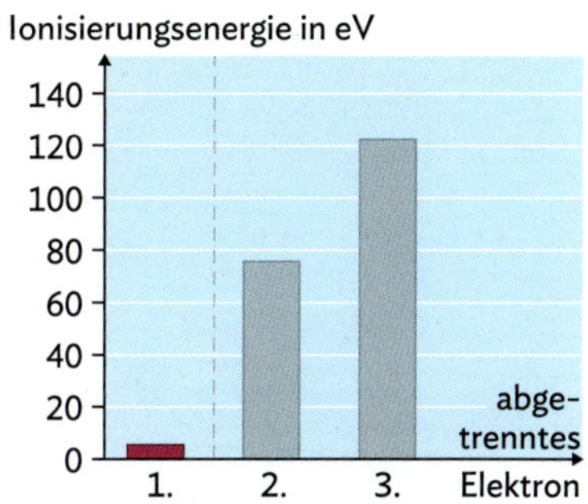

B5 Ionisierungsenergien für die Elektronen in einem Lithium-Atom

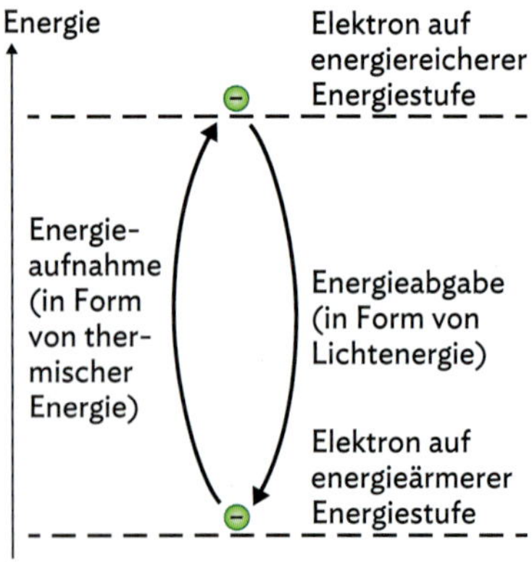

B6 Wechsel eines Elektrons zwischen Energiestufen durch Energieaufnahme

B7 Die Lichteffekte beim Feuerwerk sind u. a. auf die Flammenfärbung zurückzuführen, die einige Alkali- und Erdalkalimetalle hervorrufen.

B8 Schalenmodell

Energiestufen und Flammenfärbung

Mithilfe des Energiestufenmodells lässt sich nun auch das eingangs beschriebene Phänomen der Flammenfärbung darstellen. Zwischen den festgelegten Energiestufen können Elektronen unter Energieaufnahme bzw. -abgabe kurzzeitig wechseln (**B6**).
Am Beispiel von Natriumchlorid kann man die Flammenfärbung folgendermaßen erklären: Durch die im Brenner exotherm verlaufende Verbrennungsreaktion wird thermische Energie auf die Natrium-Ionen des Salzkristalls übertragen. Diese Energiezufuhr bewirkt, dass bestimmte Elektronen der Natrium-Ionen kurzzeitig an Energie zunehmen und auf eine höhere Energiestufe gelangen. Die Energie reicht aber zur Abtrennung des Elektrons nicht aus. Stattdessen fällt das Elektron auf die niedrige Energiestufe zurück. Die zuvor aufgenommene Energie wird wieder frei und nicht in thermische Energie, sondern in Lichtenergie umgewandelt.

Die Tatsache, dass die Flammenfärbung atomartspezifisch ist, hängt mit den unterschiedlich großen Energiedifferenzen zwischen den Energiestufen zusammen. Beim Natrium-Atom wird das äußerste Elektron von der 3. auf die 4. Energiestufe angehoben. Dagegen findet beispielsweise beim Lithium-Atom eine Anhebung des äußersten Elektrons von der 2. auf die 3. Energiestufe statt. Aus den unterschiedlichen Energiesprüngen ergeben sich dann die charakteristischen Farben des emittierten Lichts. Dies macht man sich z. B. bei einem Feuerwerk zunutze (**B7**).

Das Schalenmodell

Das Energiestufenmodell beschreibt die energetische Verteilung der Elektronen auf Energiestufen. Räumlich kann man sich die Verteilung der Elektronen in der Atomhülle besser mithilfe des **Schalenmodells** (auch Elektronenschalenmodell) (**B8**) vorstellen. Dieses besagt, dass um den Atomkern verschiedene Elektronenschalen existieren, die als Aufenthaltsraum für jeweils eine bestimmte Anzahl an Elektronen dienen. Die Schalen werden ausgehend von der innersten Schale mit den Buchstaben K, L, M usw. benannt. Die maximale Besetzung der Schalen mit Elektronen entspricht dabei der maximalen Besetzung der Energiestufen des Energiestufenmodells (S. 177, **B4**). Die äußerste mit Elektronen besetzte Schale (**Außenschale**, **Valenzschale**) nimmt in der Regel maximal acht Elektronen (Außenelektronen, Valenzelektronen) auf.

Die Verteilung der Elektronen auf die Energiestufen bzw. Schalen erfolgt stets von innen nach außen, ausgehend von der ersten Energiestufe ($n = 1$) bzw. Schale (K-Schale). Die äußerste Schale kann maximal acht Elektronen enthalten und wird als Außenschale oder Valenzschale bezeichnet.

Schalen und Ionisierungsenergien

Die unterschiedlichen Ionisierungsenergien können mithilfe des Schalenmodells über den Abstand der Elektronen zum Atomkern erklärt werden.

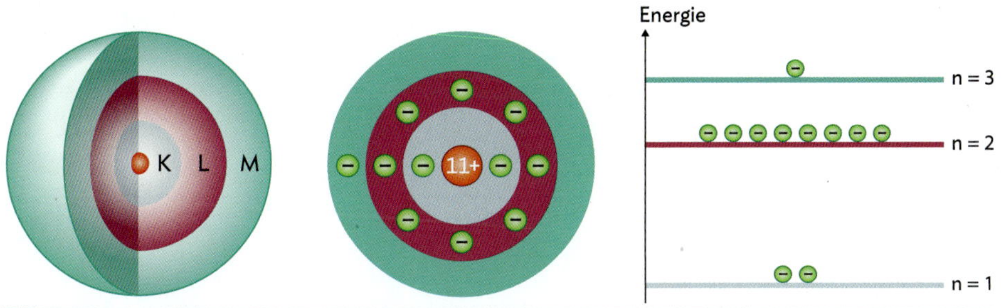

B9 Schalenmodelle und Energiestufenmodell eines Natrium-Atoms

Beispielsweise besitzt das erste abgespaltene Elektron des Natrium-Atoms (Energiestufe n = 3) eine niedrige Ionisierungsenergie. Nach dem Schalenmodell befindet sich dieses Elektron in der äußersten Schale (M-Schale) (**B9**). Da es relativ weit vom Atomkern entfernt ist, kann es leicht abgespalten werden. Die beiden Elektronen der innersten K-Schale werden dagegen sehr stark vom Kern angezogen. Sie sind energiearm und können nur unter hohem Energieaufwand abgetrennt werden. Daher werden sie unter Einsatz hoher Ionisierungsenergie als letzte abgespalten (**B10**).

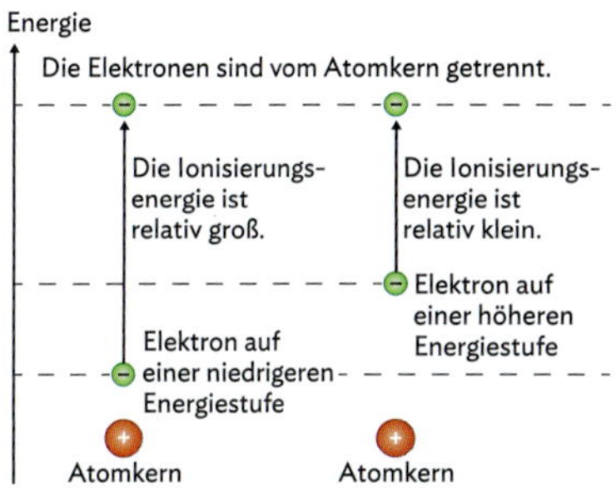

B10 Zusammenhang zwischen dem Energiegehalt eines Elektrons und seinem Abstand zum Kern

Je größer die Entfernung eines Elektrons vom Atomkern ist, umso kleiner ist die Energie zur Abspaltung des Elektrons. Die Elektronen in der Außenschale lassen sich am leichtesten abtrennen.

Der sprunghafte Anstieg der Ionisierungsenergien des Natrium-Atoms, z. B. vom 9. zum 10. Elektron, kann mit dem Schalenmodell durch die unterschiedlichen Schalen (L- bzw. K-Schale), auf denen sich die Elektronen befinden, veranschaulicht werden. Die Ionisierungsenergien nehmen jedoch auch innerhalb einer Schale (z. B. vom 2. zum 9. Elektron in der L-Schale) stetig zu (S. 175, **B3**). Dies lässt sich dadurch erklären, dass sich durch die fortschreitende Abspaltung von Elektronen die gleiche Anziehungskraft des Atomkerns auf immer weniger Elektronen verteilt und sich damit pro Elektron erhöht.

AUFGABEN

A1 Beurteile folgende Aussage: „Lithiumchlorid und Natriumchlorid weisen die gleiche Flammenfärbung auf, da sie beide Chlorid-Ionen enthalten."

A2 Zeichne das Energiestufen- und das Schalenmodell eines Magnesium-Atoms.

Periode (Elektronen-schalen)	Hauptgruppe							
	I	II	III	IV	V	VI	VII	VIII
1 (K-Schale)	H							He
2 (K-, L-Schale)	Li	Be	B	C	N	O	F	Ne
3 (K-, L-, M-Schale)	Na	Mg	Al	Si	P	S	Cl	Ar

B11 Schalenmodelle der Atome der ersten drei Perioden

Schalenmodelle der ersten drei Perioden

Für die Elemente der ersten drei Perioden erfolgt die Besetzung der Elektronenschalen von innen nach außen, wobei die K-Schale maximal zwei und die L-Schale maximal acht Elektronen aufnehmen kann. Die Anzahl der Elektronen nimmt dabei von links nach rechts um je ein Elektron zu (**B11**). Ein Lithium-Atom hat ein Elektron in der Außenschale, ein Beryllium-Atom zwei, ein Bor-Atom drei usw., bis die L-Schale beim Neon-Atom mit acht Außenelektronen voll besetzt ist. Danach beginnt eine neue Periode bzw. die neue M-Schale, die für die Atome der 3. Periode die Außenschale darstellt. Die Gesamtzahl der Elektronen aller Schalen eines ungeladenen Atoms entspricht der Protonenzahl im Kern und wird durch die Ordnungszahl wiedergegeben.

Die Atome der Elemente einer Hauptgruppe haben die gleiche Anzahl an Elektronen in der Außenschale (Valenzschale). Die Hauptgruppennummer entspricht der Anzahl der Außenelektronen (Valenzelektronen).

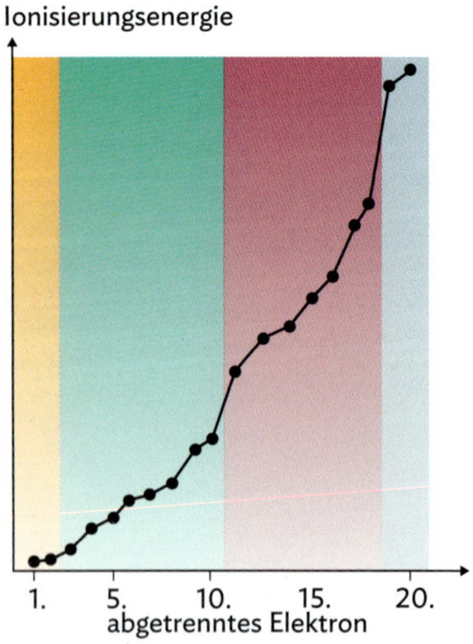

B12 Ionisierungsenergien für die Abspaltung von Elektronen in einem Calcium-Atom

Energiestufen und Schalenmodelle weiterer Elemente

Ein Atom des Elements Calcium besitzt 20 Elektronen. Das Diagramm in **B12** zeigt die Ionisierungsenergien für alle 20 Elektronen eines Calcium-Atoms. Ein sprunghafter Anstieg der Ionisierungsenergien und somit eine Änderung des Energiegehalts der entsprechenden Elektronen tritt jeweils zwischen dem 2. und 3., dem 10. und 11. sowie dem 18. und 19. Elektron des Calcium-Atoms auf. Demnach lassen sich die Elektronen des Calcium-Atoms auf insgesamt vier Energiestufen (**B13**) bzw. Schalen aufteilen. Die K-Schale (n = 1) enthält zwei Elektronen, die L-Schale (n = 2) und die M-Schale (n = 3) enthalten jeweils acht Elektronen, und die N-Schale (n = 4) enthält zwei Elektronen.

Die Elektronenkonfiguration lautet: $1^2\ 2^8\ 3^8\ 4^2$.
Die N-Schale ist beim Calcium-Atom auch die Außenschale und die beiden Elektronen sind die Außenelektronen. Die nächste, weiter innen liegende M-Schale ist mit acht Elektronen besetzt.

> Die Außenschale kann acht Elektronen aufnehmen. Deshalb wird nach Vollbelegung der äußersten Schale wieder eine neue Elektronenschale (Energiestufe) mit Elektronen besetzt.

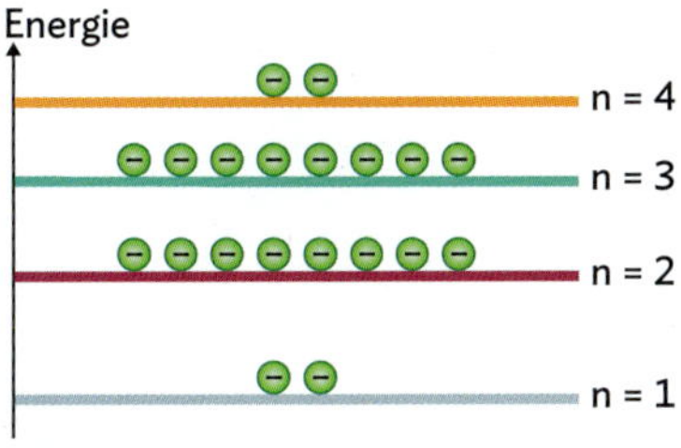

B13 Energiestufenmodell der 20 Elektronen des Calcium-Atoms

Dem Calcium-Atom mit zwei Außenelektronen müsste im Periodensystem eigentlich das Gallium-Atom mit drei Außenelektronen folgen. Dieses hat aber insgesamt 31 Elektronen und damit die Ordnungszahl 31 (**B14**). Die Lücke füllen die 10 Nebengruppenelemente mit den Ordnungszahlen 21 bis 30. Die 1 – 10 Elektronen, die die Atome dieser Elemente zusätzlich zum Calcium-Atom erhalten, werden in die M-Schale bis zu ihrer maximalen Besetzung von 18 Elektronen eingeordnet. Weitere „Lücken" zwischen den Hauptgruppenelementen finden sich im Periodensystem nach den Elementen Strontium, Barium und Radium. Das Periodensystem hinten im Buchdeckel erleichtert aufgrund seiner Farbgebung die Zuordnung der Elektronen auf die Schalen (**B15**).

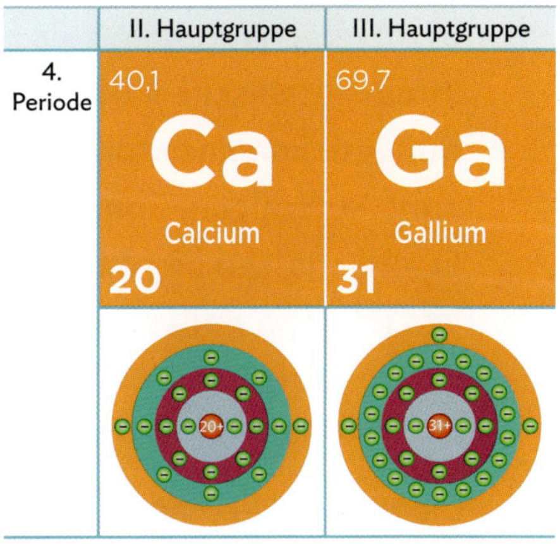

B14 Vergleich von Calcium und Gallium

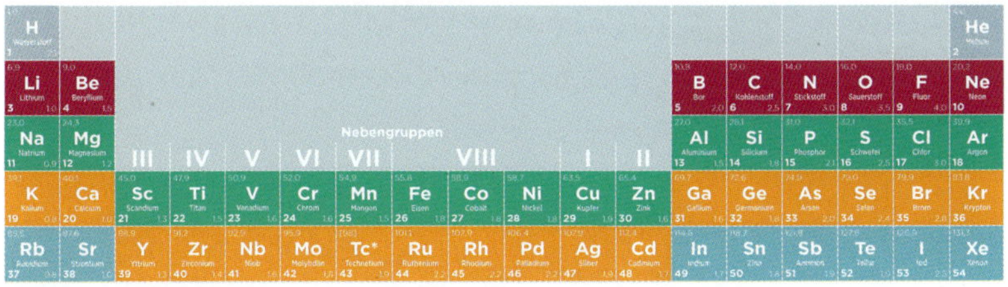

B15 Ausschnitt aus dem PSE mit Farbcode für die vereinfachte Zuordnung der Elektronen auf die Schalen K (grau), L (rot), M (grün), N (orange), O (blau) usw.

AUFGABEN

A1 Formuliere in eigenen Worten die Regeln für die Besetzung der Schalen.

A2 Nenne für ein Brom-Atom und ein Strontium-Atom die Elektronenkonfiguration und zeichne ihre Schalenmodelle.

A3 Erläutere an zwei Beispielen, wann die M-Schale mit maximal acht und wann sie mit mehr als acht Elektronen besetzt sein kann.

A4 Nenne bei den Lanthanoiden die Elektronenschale, die von Lanthan bis Ytterbium nachträglich aufgefüllt wird. Verwende zur Beantwortung das Periodensystem hinten im Buchdeckel.

FACHBEGRIFFE

Ionisierungsenergie, Ionisierung, Energiestufenmodell, Elektronenkonfiguration, Schalenmodell, Außenschale, Valenzschale, Außenelektron, Valenzelektron

Die Bedeutung der Außenelektronen

In unserer Welt fallen als Elemente zunächst die Metalle auf. Nicht nur aufgrund ihres metallischen Glanzes und ihrer Schmiedbarkeit finden sie zahlreiche Anwendungen. Edelgase führen ein eher „verstecktes Leben“. Helium bringt Luftballons zum Aufsteigen. Sonst sind sie oft unbekannt. Edelgase und Metalle sind sich in ihren Eigenschaften nicht besonders ähnlich. Dennoch gibt es einen Zusammenhang. Wo ist er zu finden?

M1 Periodische Eigenschaften

Die Energie, die benötigt wird, um das erste Elektron aus der Atomhülle zu entfernen, heißt erste Ionisierungsenergie. Es entsteht ein einfach positiv geladenes Kation. Führt man die ersten Ionisierungsenergien der Elemente nach der Ordnungszahl auf, entsteht das Diagramm in **B1**.

AUSWERTUNG

a) Beschreibe die Entwicklung der ersten Ionisierungsenergien innerhalb der 2. Periode von Lithium (Li) bis Neon (Ne).

b) Ordne die Elemente mit den jeweils niedrigsten und höchsten ersten Ionisierungsenergien den Hauptgruppen zu.

c) Beschreibe die allgemeine Entwicklung der ersten Ionisierungsenergien innerhalb der II. Hauptgruppe von Beryllium (Be) über Magnesium (Mg) zu Calcium (Ca).

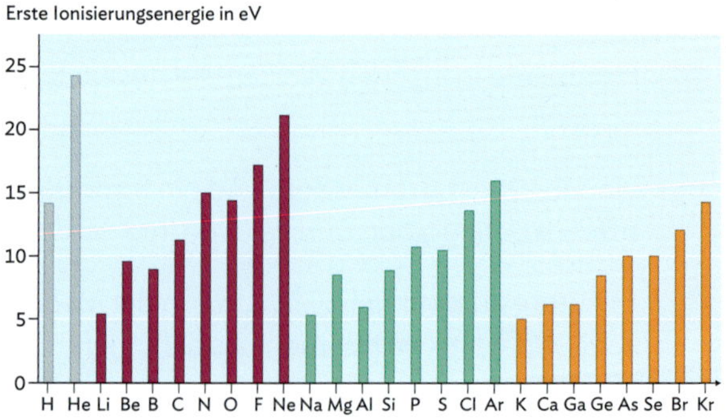

B1 Erste Ionisierungsenergien für die Elemente Wasserstoff (H) bis Krypton (Kr)

V2 Wärmeleitfähigkeit von Metallen

PROBLEM

Wer seinen Metalllöffel in einem heißen Getränk stehen lässt, stellt fest, dass dieser viel schneller heiß werden kann als ein Plastiklöffel. Welches Metall leitet die Wärme am besten?

DURCHFÜHRUNG

Nimm zwei gleich lange und gleich dicke Bleche von zwei verschiedenen Metallen. Halte jedes Blech an einem Ende zwischen Daumen und Zeigefinger. Halte die anderen Enden der Metallbleche gleichzeitig in die Flamme eines Teelichts. **Vorsicht! – Lass das Metallblech fallen, bevor es zu heiß wird!** Wiederhole den Versuch mit anderen Paaren von Metallen.

AUSWERTUNG

a) Ordne die untersuchten Metalle nach ihrer Fähigkeit, Wärme zu leiten.

b) Erkläre die Tatsache, dass die Metallbleche, die bei der Untersuchung der Wärmeleitfähigkeit verglichen werden, möglichst gleich lang und gleich dick sein sollten.

ENTSORGUNG R

V3 Elektrische Leitfähigkeit von Metallen

PROBLEM

Stromkabel sind mit einem Isoliermaterial ummantelt, damit man keinen Stromschlag bekommt, doch welches Material in ihrem Inneren leitet den elektrischen Strom? Leiten die Kabel überall gleich gut, egal ob sie in der Wüste oder im Polargebiet verlegt sind?

DURCHFÜHRUNG

a) Prüfe die elektrische Leitfähigkeit verschiedener Materialien: Kupfer, Zink, Holz, Aluminium, Glas, Kunststoff, Eisen (Stahl). Verwende dazu den Versuchsaufbau aus **B2**.

b) Spanne zuerst einen Eisendraht und dann einen Kupferdraht zwischen die Klemmen ein. Lege eine geringe Spannung an, sodass das Glühlämpchen gerade leuchtet. Erhitze jeweils mit dem Brenner und beobachte das Lämpchen. Besprühe dann den eingespannten Draht mit einem Kältespray und beobachte das Lämpchen erneut.

AUSWERTUNG

a) Skizziere deinen Versuchsaufbau zu **V3a** und **V3b** und beschrifte die einzelnen Bauteile des Versuchsaufbaus.

b) Ordne die untersuchten Metalle aus **V3a** nach ihrer Fähigkeit, den elektrischen Strom zu leiten. Nenne das Kriterium, nach dem du geordnet hast.

c) Beschreibe die Veränderung im Leuchtverhalten des Lämpchens beim Erhitzen und Abkühlen. Stelle eine Beziehung zwischen Temperatur und elektrischer Leitfähigkeit her.

ENTSORGUNG R

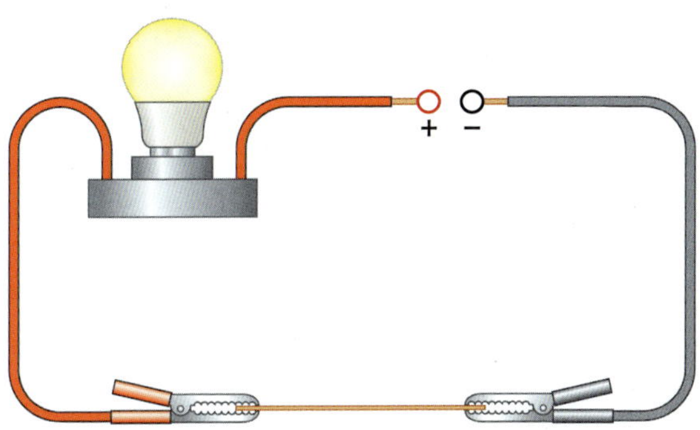

B2 Versuchsaufbau zu **V3a**

Trends der ersten Ionisierungsenergien

Metalle und Edelgase unterscheiden sich stark in ihren Eigenschaften. Dies fällt auch bei der Betrachtung der Energien für die Abtrennung eines Elektrons aus den entsprechenden Atomen auf. Allgemein kann man beim Vergleich dieser **ersten Ionisierungsenergien** der Atome verschiedener Elemente Folgendes feststellen (**M1**):

1. Innerhalb einer Periode steigen die ersten Ionisierungsenergien an, z. B. von Lithium (Li) bis Neon (Ne), von Natrium (Na) bis Argon (Ar) und von Kalium (K) bis Krypton (Kr).
2. Die Atome der Alkalimetalle Lithium (Li), Natrium (Na) und Kalium (K) haben besonders niedrige erste Ionisierungsenergien.
3. Die Atome der Edelgase Helium (He), Neon (Ne), Argon (Ar) und Krypton (Kr) haben besonders hohe erste Ionisierungsenergien
4. Die ersten Ionisierungsenergien nehmen innerhalb einer Hauptgruppe von oben nach unten ab, z. B. hat Magnesium (Mg) eine kleinere Ionisierungsenergie als Beryllium (Be), Calcium (Ca) eine kleinere Ionisierungsenergie als Magnesium (Mg), usw.
5. Das Wasserstoff-Atom (H) hat eine Sonderstellung in der I. Hauptgruppe. Seine erste Ionisierungsenergie ist fast dreimal so hoch wie die des Lithium-Atoms.

Periodische Eigenschaften

Der Verlauf der ersten Ionisierungsenergien lässt sich mit dem Schalenmodell erklären:

Je mehr Protonen ein Atom besitzt, desto stärker werden die Elektronen vom Kern angezogen. Im Lithium-Atom wird jedes Elektron in der Atomhülle von drei Protonen angezogen, im Neon-Atom wird jedes Elektron von zehn Protonen angezogen. Deshalb ist bei einem Edelgas-Atom viel mehr Energie notwendig, um das erste Elektron der Außenschale abzuspalten, als bei einem Alkalimetall-Atom. Gleichzeitig nehmen die Atomradien innerhalb einer Periode ab, da bei gleicher Anzahl der Schalen und steigender Kernladung die Elektronenschalen näher an der Atomkern rücken. Innerhalb einer Hauptgruppe nehmen die Atomradien von oben nach unten zu (**B1**), da immer eine neue Schale hinzukommt und die Anziehung zum Kern geringer wird. Ein Atom ist umso größer, je mehr besetzte Schalen vorhanden sind.
Positiv geladene Kationen haben kleinere Radien als die Atome desselben Elements. Umgekehrt haben negativ geladene Anionen größere Radien als deren ungeladene Atome (**B1**). Viele Kationen haben eine besetzte Schale weniger als ihre Atome. Anionen besitzen bei gleicher Protonenzahl mehr Elektronen als ihre Atome. Diese stoßen sich gegenseitig ab und beanspruchen dadurch mehr Raum.
Da sich diese Besonderheiten in jeder Periode bzw. Hauptgruppe wiederholen, spricht man von periodischen (= regelmäßig wiederkehrenden) Eigenschaften.

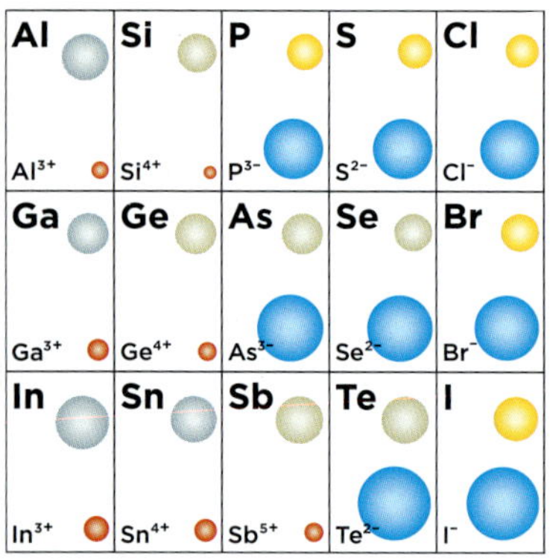

B1 Ausschnitt aus dem Periodensystem der Atome und Ionen (S. 512)

Je weiter ein Außenelektron vom Kern entfernt ist und je geringer die Kernladung ist, von der es angezogen wird, desto niedriger ist die Ionisierungsenergie und desto leichter kann es abgespalten werden.

Welcher Zusammenhang besteht zwischen der Anzahl an Außenelektronen eines Elements und seiner Position im Periodensystem?

Hauptgruppe und Außenelektronen

Die Atome der Elemente einer bestimmten Hauptgruppe enthalten alle gleich viele Elektronen in ihrer Außenschale. Die Anzahl dieser Elektronen entspricht der Nummer der Hauptgruppe, die als römische Zahl geschrieben wird (**B2**). Die Atome der Alkalimetalle besitzen z. B. je ein Außenelektron und Alkalimetalle bilden die I. Hauptgruppe. Erdalkalimetall-Atome verfügen über zwei Außenelektronen. Die Erdalkalimetalle bilden die II. Hauptgruppe. Die Elemente einer Elementfamilie, also die Elemente einer bestimmten Hauptgruppe, haben ähnliche Eigenschaften. Gibt es einen Zusammenhang zwischen der Zahl der Außenelektronen und den Eigenschaften der Elemente? Gibt es weitere Beziehungen, die eine Aussage über das chemische Verhalten der Elemente zulassen?

Die Elementfamilie der Edelgase

Eine mit acht Elektronen besetzte Außenschale liegt bei der VIII. Hauptgruppe vor (Ausnahme: Helium). Elemente dieser Hauptgruppe bilden die Elementfamilie der **Edelgase**. Dazu gehören Helium (He), Neon (Ne), Argon (Ar), Krypton (Kr), Xenon (Xe), Radon (Rn) und Oganesson (Og). Diese Elemente sind inert (lateinisch für untätig, unbeteiligt) und gehen nur unter ganz besonderen Bedingungen chemische Reaktionen mit anderen Elementen ein. Von Helium und Neon sind gar keine Verbindungen bekannt. Dieses Verhalten bezeichnet man als „edel". Daher erhielt diese Elementfamilie ihren Namen Edelgase.
Aufgrund ihres chemischen Verhaltens wurden die Edelgase erst spät entdeckt, wobei das Edelgas Argon 1894 zuerst identifiziert und nach dem griechischen Wort „argos" für träge benannt wurde.

AUFGABEN

A1 Argon wird bei bestimmten Schweißverfahren als Schutzgas eingesetzt. Begründe, welche Reaktion des zu schmelzenden Metalls verhindert werden soll.

A2 Anna experimentiert mit Luftballons, die mit verschiedenen Edelgasen gefüllt sind. Beschreibe die Beobachtungen, die sie dabei macht (**B3**) und ordne den Ballons Edelgase zu. Begründe deine Zuordnung. Recherchiere notwendige Daten.

Hauptgruppe I	
Li	$1^2 2^1$
Na	$1^2 2^8 3^1$
K	$1^2 2^8 3^8 4^1$
Rb	$1^2 2^8 3^{18} 4^8 5^1$
Cs	$1^2 2^8 3^{18} 4^{18} 5^8 6^1$
Fr	$1^2 2^8 3^{18} 4^{32} 5^{18} 6^8 7^1$
Hauptgruppe II	
Be	$1^2 2^2$
Mg	$1^2 2^8 3^2$
Ca	$1^2 2^8 3^8 4^2$
Sr	$1^2 2^8 3^{18} 4^8 5^2$
Ba	$1^2 2^8 3^{18} 4^{18} 5^8 6^2$
Ra	$1^2 2^8 3^{18} 4^{32} 5^{18} 6^8 7^2$

B2 Elektronenkonfigurationen für die Atome der Alkali- und Erdalkalimetalle

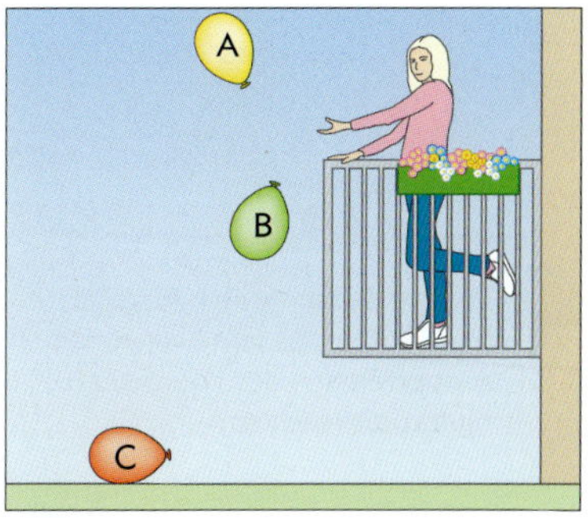

B3 Ballon-Experiment

B4 Schweißen unter Schutzgas

Technische Verwendung

Die wichtigste Verwendung für verschiedene Edelgase wie Krypton, Argon und Xenon ist der Einsatz als Schutzgas (**B4**). Überall, wo Reaktionen verschiedener chemischer Substanzen vermieden werden sollen, füllt man die Apparaturen mit Edelgasen.
Helium hat eine sehr geringe Dichte von 0,18 g/L und eignet sich als Traggas für Ballons und Luftschiffe oder als Inertgas für Atemgasgemische. Auch als Leuchtmittel in Leuchtstoffröhren finden Edelgase Verwendung.

Die Edelgaskonfiguration

Die Antwort für das reaktionsträge Verhalten der Edelgase liegt in der Besetzung der Außenschale bzw. höchsten Energiestufe ihrer Atome. Diese können in der ersten Periode maximal zwei und in allen anderen Perioden maximal acht Elektronen aufnehmen. Eine „Vollbesetzung" mit acht Außenelektronen (bzw. zwei Außenelektronen bei Helium), die bei Edelgasen vorliegt, bezeichnet man als **Edelgaskonfiguration**. Diese Elektronenverteilung ist besonders stabil bzw. energetisch günstig. Daher benötigt man eine sehr hohe Ionisierungsenergie, um ein Elektron von einem Edelgas-Atom abzuspalten (**M1**).

Elektronenabgabe beim Natrium-Atom
$Na \rightarrow Na^+ + e^-$

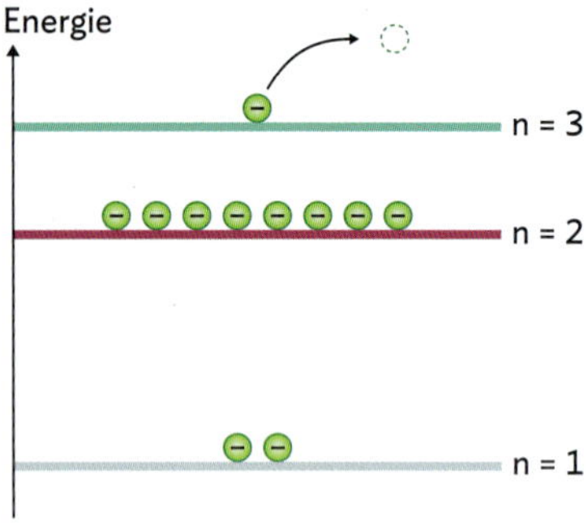

Elektronenaufnahme beim Fluor-Atom
$F + e^- \rightarrow F^-$

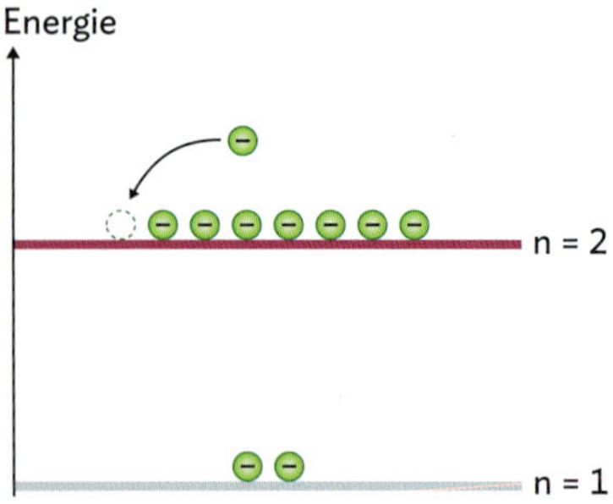

B5 Energiestufenmodell: Abgabe bzw. Aufnahme von Elektronen zum Erreichen der Edelgaskonfiguration von Neon

Die Edelgasregel

Atome, die keinem Edelgaselement zuzuordnen sind, können die stabile Edelgaskonfiguration durch die Aufnahme oder Abgabe von einem oder mehreren Elektronen erreichen. Voraussetzung dafür ist allerdings, dass ihnen die notwendige Energie zugeführt wird. Bei Alkalimetall-Atomen ist die erste Ionisierungsenergie besonders niedrig, da durch die Abspaltung eines Elektrons die Edelgaskonfiguration erreicht wird (**M1**).

> Die **Edelgasregel** besagt, dass Atome und Ionen besonders stabil sind, wenn sie die Edelgaskonfiguration, also die gleiche Elektronenanordnung wie Edelgas-Atome, besitzen.

Werden zum Erreichen der Edelgaskonfiguration Elektronen abgespalten, so erhält man positiv geladene Ionen (Kationen). Durch die Aufnahme von Elektronen entstehen negativ geladene Ionen (Anionen).

Ob und wie viele Elektronen ein Atom abgibt oder aufnimmt, hängt von der Stellung im Periodensystem ab, z. B. gibt ein Natrium-Atom ein Elektron ab und ein Fluor-Atom nimmt ein Elektron auf. Es entstehen ein Natrium-Kation und ein Fluorid-Anion, jeweils mit der Edelgaskonfiguration des Neon-Atoms (**B5**, **B6**).

Verschiedene Wege zur Edelgaskonfiguration

Um zu erkennen, ob ein Atom zum Erreichen der Edelgaskonfiguration Elektronen aufnehmen oder abgeben wird, muss man die Elektronenkonfiguration bzw. die Stellung des Elements im PSE kennen. Das Periodensystem der Atome und Ionen (S. 512) gibt die Einteilung in Metall-, Nichtmetall- und Halbmetall-Atome vor. Metall-Atome geben Elektronen ab, Nichtmetall-Atome nehmen Elektronen auf. Anhand der dort genannten Ionenladungen kann die Edelgaskonfiguration des Ions ermittelt werden. Umgekehrt kann aus der Edelgaskonfiguration des nächstgelegenen Edelgas-Atoms auch die Ladung des stabilen Ions ermittelt werden (**B7**). Halbmetalle haben eine Sonderstellung.

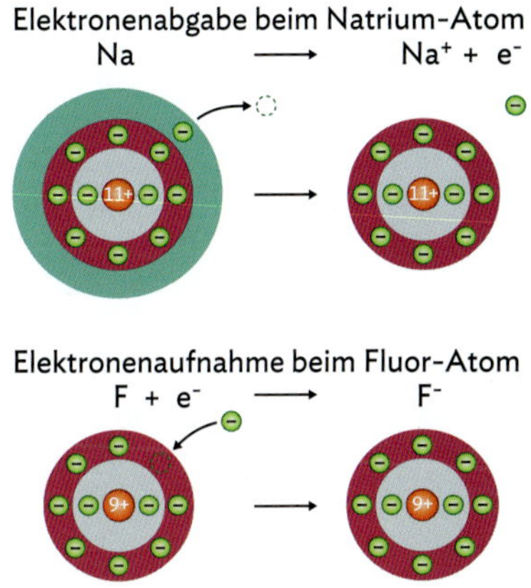

B6 Schalenmodell: Abgabe bzw. Aufnahme von Elektronen zum Erreichen der Edelgaskonfiguration von Neon

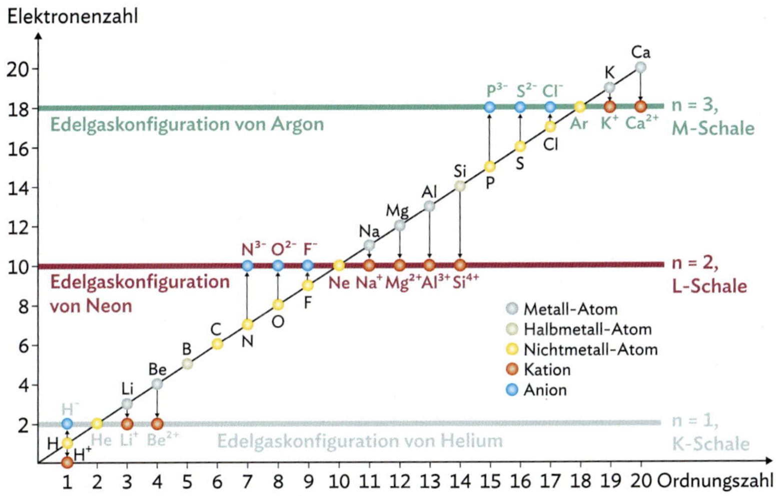

B7 Bildung von Ionen mit Edelgaskonfiguration

AUFGABEN

A1 Zur spielerischen Bestimmung von Ionenladungen kann man sich das PSE auch als ein Spielbrett vorstellen. Betrachte **B8** und formuliere dann eine Anleitung zur Bestimmung der Ionenladung. Gehe dabei auf die Bedeutung der Zugrichtung und der Schrittanzahl einer Spielfigur ein.

A2 Zeichne das jeweilige Schalenmodell der stabilen Ionen von Lithium, Magnesium, Brom und Sauerstoff. Nenne die Edelgas-Atome mit der gleichen Elektronenkonfiguration. Formuliere entsprechende Gleichungen der Ionenbildung (vgl. **B6**).

A3 Gib für Cl^-, He, N^{2-}, K^+ und Ca^+ die Zahl an Außenelektronen an und wähle die Teilchen mit einer stabilen Edelgaskonfiguration aus. Wandle „instabile" Teilchen durch Änderung der Ladung in Teilchen mit einer stabilen Edelgaskonfiguration um.

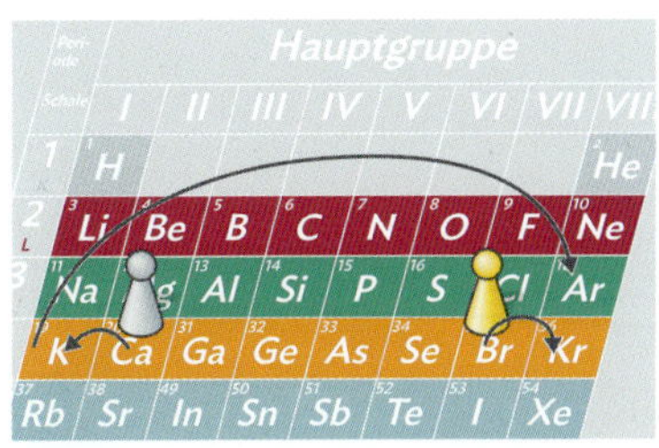

B8 Das PSE als Spielbrett zur Bestimmung der Ionenladung

Metalle und Metallbindung

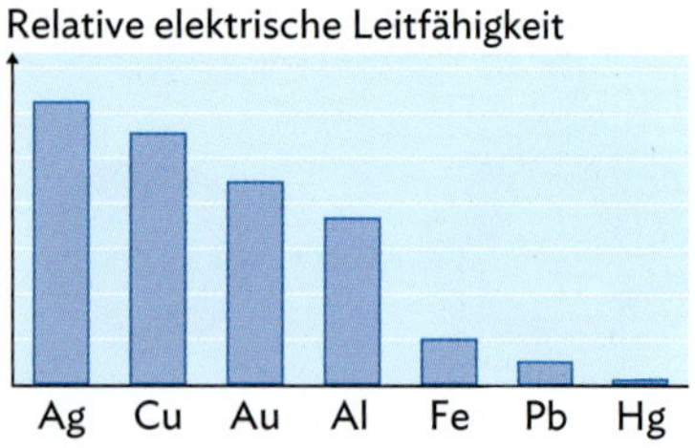

B9 Relative elektrische Leitfähigkeiten einiger Metalle im Vergleich

Die meisten Elemente des Periodensystems sind Metalle. Metalle haben typische Eigenschaften wie ihren Glanz oder ihre plastische Verformbarkeit (**Duktilität**). Sie sind mit Ausnahme des flüssigen Quecksilbers bei Raumtemperatur fest. Einige wenige Metalle sind magnetisch. Aufgrund ihrer guten Wärmeleitfähigkeit nehmen die Metalle thermische Energie schnell auf und transportieren sie weiter. Ein Metallblech, das man an eine Wärmequelle wie z. B. eine Kerzenflamme hält, wird so heiß, dass man es schließlich nicht mehr in der Hand halten kann (**V2**). Metalle leiten nicht nur Wärme, sie sind auch sehr gute Leiter für den elektrischen Strom. Die elektrische Leitfähigkeit von Metallen ist dabei von der Metallsorte (**B9**) und der Temperatur (**V3**) abhängig. Sie sinkt bei allen Metallen mit steigender Temperatur. Bei sehr niedrigen Temperaturen kann die elektrische Leitfähigkeit theoretisch unendlich groß werden.

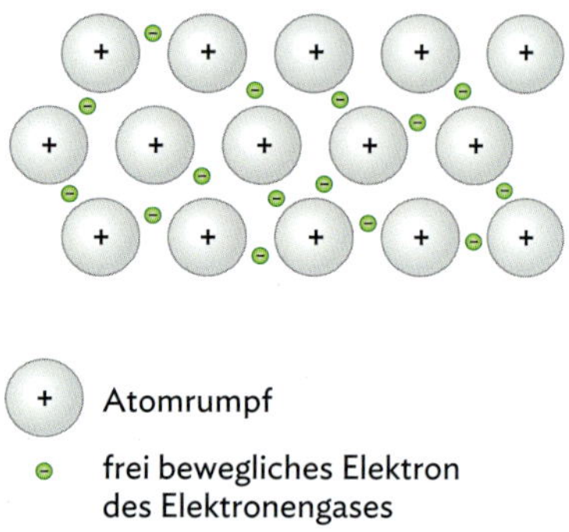

B10 Elektronengasmodell zur Darstellung der Metallbindung

Typische Eigenschaften von Metallen, wie ihre Verformbarkeit, Wärmeleitfähigkeit und elektrische Leitfähigkeit lassen sich erklären, wenn man sich mit dem Aufbau von Metallen befasst. Metall-Atome haben wenige Außenelektronen, die nur schwach gebunden sind, was man an den geringen Ionisierungsenergien erkennen kann. Im Metallgitter liegen positiv geladene **Atomrümpfe** vor. Diese sind nicht frei beweglich, sondern besetzen Gitterplätze in einem regelmäßigen dreidimensionalen Gitter. Im Gegensatz zu den Salzen sind im Metallgitter alle Gitterplätze von den positiv geladenen Atomrümpfen des gleichen Elements besetzt.
Nach außen sind die Metalle ungeladen. Demnach müssen auch negativ geladene Teilchen vorhanden sein. Das sind die Außenelektronen (Valenzelektronen) der einzelnen Metall-Atome. Sie können keinem bestimmten Atomrumpf zugeordnet werden und bewegen sich frei zwischen den Atomrümpfen hin und her und um sie herum. Da die Elektronen um die Atomrümpfe „herumschwirren" wie die Atome oder Moleküle in einem Gas, nennt man diese freien Elektronen im Metallgitter in ihrer Gesamtheit **Elektronengas** (**B10**).

Eigentlich müssten sich die gleich geladenen Atomrümpfe gegenseitig abstoßen. Das ist wegen der Elektronen zwischen den Atomrümpfen aber nicht der Fall. Zwischen den Atomrümpfen und den Elektronen wirken starke Anziehungskräfte. Diese Anziehungskräfte sind die Ursache für die **Metallbindung**.

> Die Anziehungskräfte zwischen den positiv geladenen Atomrümpfen und dem Elektronengas halten das Metall zusammen. Dieser Zusammenhalt der Teilchen im Metallgitter wird als Metallbindung bezeichnet.

Erklärung der Eigenschaften von Metallen mit dem Elektronengasmodell

Das **Elektronengasmodell** ist eine Hilfe zum Verständnis typischer Eigenschaften von Metallen wie der elektrischen Leitfähigkeit, der Wärmeleitfähigkeit und der plastischen Verformbarkeit.

Elektrische Leitfähigkeit: Für die elektrische Leitfähigkeit ist die Teilchenbewegung in einem Metall verantwortlich. Die Atomrümpfe und die Elektronen befinden sich auch bei Raumtemperatur in ständiger Bewegung, wobei die Atomrümpfe nur an ihren Gitterplätzen schwingen. Die Elektronen bewegen sich deutlich schneller und in alle Richtungen. Legt man eine elektrische Spannung an, so werden die Bewegungen der negativ geladenen Elektronen gerichtet. Sie bewegen sich dann an den Atomrümpfen vorbei in Richtung Pluspol. Wenn der Stromkreis geschlossen ist, gelangen neue Elektronen über den Minuspol in die Metallportion und bewegen sich ebenfalls zum Pluspol (**B11**). Wird ein Metall stark erhitzt, werden die Bewegungen der Elektronen durch die nun stärkeren Schwingungen der Atomrümpfe gestört – die elektrische Leitfähigkeit nimmt ab.

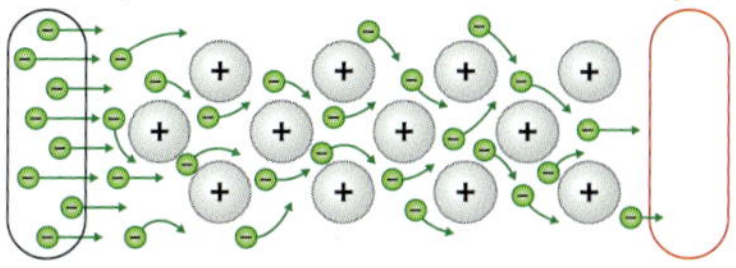

B11 Bewegung der Elektronen durch ein Metall bei angelegter Spannung

Wärmeleitfähigkeit: Beim Erhitzen eines Metalls schwingen die Atomrümpfe stärker an ihren Gitterplätzen. Dabei können sie überschüssige thermische Energie durch Stöße auf die Elektronen des Elektronengases übertragen. Die frei beweglichen Elektronen wiederum geben diese Energie an Atomrümpfe des Metallgitters ab, die weiter von der Erwärmungsstelle entfernt liegen. Dieser Prozess setzt sich durch die gesamte Metallportion fort.

Plastische Verformbarkeit (Duktilität): Die metallische Bindung ist auch die Ursache für die Verformbarkeit von Metallen. Beim Hämmern oder Schmieden werden die Atomrümpfe über das gesamte Metall aneinander vorbeigeschoben (**B12**). Da das Elektronengas wie eine Art Klebstoff zwischen ihnen ist, stoßen sich die Atomrümpfe auch in der neuen Anordnung nicht ab und das Metallstück bleibt als Ganzes erhalten.

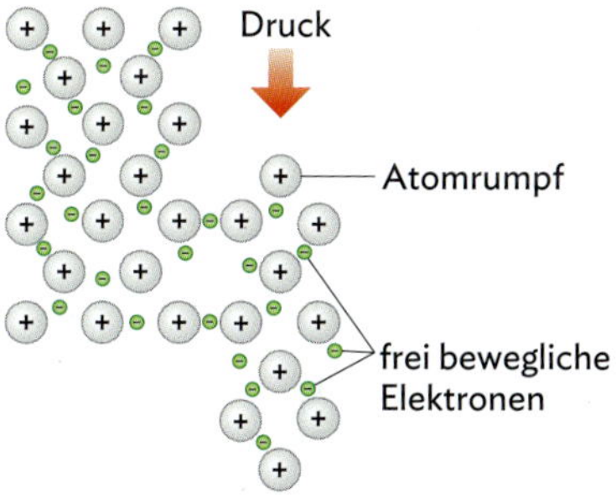

B12 Modelldarstellung auf Teilchenebene zur Druckeinwirkung auf ein Stück Metall

AUFGABEN

A1 Begründe die Abnahme bzw. Zunahme der elektrischen Leitfähigkeit von Metallen bei hohen bzw. niedrigen Temperaturen.

A2 Erkläre, dass Kochtöpfe oft Kunststoffgriffe haben.

A3 Goldene Schmuckstücke sind häufig mit einer Zahl wie 585 oder 333 gestempelt. Diese Zahlen sind ein Hinweis auf Legierungen aus Gold und mindestens einem anderen Metall. Informiere dich im Internet über Goldlegierungen und erläutere die Bedeutung dieser Zahlen. Versuche, den Aufbau einer Legierung mit dem Elektronengasmodell darzustellen.

FACHBEGRIFFE

erste Ionisierungsenergie, Edelgase, Edelgaskonfiguration, Edelgasregel, Duktilität, Atomrümpfe, Elektronengas, Metallbindung, Elektronengasmodell

Es ist nicht alles Gold, was glänzt – Legierungen

In ihrer Freizeit spielen viele Menschen ein Instrument. Blechblasinstrumente wie Tuba, Posaune oder Trompete stechen bei Orchesteraufführungen durch ihren goldenen Glanz hervor. Aus Gold können die Instrumente nicht gefertigt sein, da sie sonst sehr teuer wären. Stattdessen werden solche Blasinstrumente z. B. aus Messing hergestellt, einem eigentlich schon seit mehr als 2 000 Jahren bekannten Material, welches aus Kupfer und Zink zusammengesetzt ist. Es handelt sich um eine Legierung. Was genau versteht man unter Legierungen und wozu werden sie verwendet?

B1 Blechblasinstrumente werden typischerweise aus Messing hergestellt.

Legierungen erhält man, wenn man verschiedene Metallsorten schmilzt und miteinander mischt. Die Atome eines Metalls sind in einer regelmäßigen Struktur, dem Metallgitter, angeordnet. Diese Struktur wird durch den Einbau der Fremdatome gestört, wodurch die Legierung andere Eigenschaften aufweist, als die reinen Metalle.
Dies ist sogar erwünscht: In der Regel besitzen Legierungen zwar eine niedrigere Schmelztemperatur als die reinen Metalle, dafür aber auch bessere mechanische Eigenschaften. Im Falle des Messings wirkt der Kupferanteil sogar antibakteriell.
Legierungen werden mit einer Legierungsformel bezeichnet. Vorne steht das Hauptmetall, daran schließen sich die Beigaben mit ihren Prozentzahlen an. Das für Musikinstrumente verwendete Messing hat z. B. die Formel CuZn15, d. h. es besteht zu 85 % aus Kupfer und zu 15 % aus Zink. Neben Messing zählen Bronze (Kupfer, Zinn), Neusilber (Kupfer, Nickel, Zink) und Amalgam (Quecksilber, Gold, Silber, Zink u. a.) zu den bekanntesten Legierungen (**B2**).

Name	Bestandteile	Eigenschaften	Verwendung
Messing	Kupfer, Zink	Mechanisch stabil und antibakteriell	Schmuck, Kult- und Kunstgegenstände, Armaturen, Musikinstrumente
Bronze	Kupfer, Zinn	Korrosionsbeständig, hohe Festigkeit	Glocken, Kunstgegenstände, Musikinstrumente
Neusilber	Kupfer, Nickel, Zink	Korrosionsbeständig, hart, silbernes Aussehen	Besteck, Musikinstrumente, Schmuck
Amalgam	Quecksilber, Silber, Gold, Zink, Zinn	Kostengünstig, widerstandsfähig, leicht zu verarbeiten, unempfindlich gegenüber Feuchtigkeit	Zahnfüllung, Goldgewinnung, früher: Spiegel

B2 Bestandteile, Eigenschaften und Verwendung bekannter Legierungen. Das Hauptmetall wird unter den Bestandteilen jeweils zuerst aufgeführt.

AUFGABEN

A1 Manchmal spricht man bei Legierungen von „festen Lösungen". Bewerte diesen scheinbaren Widerspruch.

A2 Nitinol ist eine Formgedächtnislegierung. Recherchiere notwendige Informationen und erkläre die Bedeutung dieses Begriffs.

A3 Recherchiere die Zusammensetzung von Stahlbeton und begründe, ob es sich um eine Legierung handelt.

Die Nebengruppenelemente

Nebengruppenelemente – sind das nebensächliche Elemente? Weit gefehlt! Sie sind in vielen Gebrauchsgegenständen oder in der Nahrung zu finden und können je nach Element lebensnotwendig, aber auch gefährlich sein.

B1 Eisen-Kationen enthaltende Nahrungsmittel sichern die Zufuhr dieses lebensnotwendigen Spurenelements.

In den Nebengruppen des Periodensystems der Elemente befinden sich ausschließlich Metalle, davon einige der wichtigsten Gebrauchsmetalle wie Eisen, Kupfer, Silber, Gold und Platin. Die Nebengruppenelemente findet man im PSE ab der 4. Periode.
Die Eigenschaften der Nebengruppenelemente einer Periode unterscheiden sich untereinander nicht so stark wie die der Hauptgruppenelemente einer Periode. Durch Abgabe von Elektronen aus einer inneren Schale bilden Nebengruppenelemente meist Metall-Ionen mit verschiedenen Ladungen.
Nebengruppenelemente wie z. B. Eisen, Mangan und Zink sind auch für den menschlichen Körper lebensnotwendig und können über die Nahrung aufgenommen werden (**B1**). Dabei liegen sie nicht elementar, sondern gebunden vor. Wegen ihrer niedrigen Konzentration zählen sie zu den „Spurenelementen".
Eisen bildet überwiegend nur zwei verschiedene Ionen in Lösung, Eisen(II)- und Eisen(III)-Kationen. Eisen(II)-Kationen sichern beispielsweise als Bestandteil der roten Blutkörperchen die Sauerstoffversorgung bis in die kleinsten Kapillaren.
Die verschiedenen Ionen von Mangan sind Bestandteil vieler Enzyme und an der Blutgerinnung beteiligt. Durch Schwarztee, Vollkornbrot oder Nüsse kann ihre Zufuhr gesichert werden.
Zink-Ionen sind im Körper bedeutsam für den Zucker-, Fett- und Eiweißstoffwechsel. Zudem sind sie am Aufbau der Erbsubstanz und beim Zellwachstum beteiligt und spielen für das Immunsystem und die Wirkung von Hormonen eine Rolle.
Es gibt jedoch auch schädliche Nebengruppenelemente. Quecksilber ist ein Zellgift. Vergiftungen können durch Verzehr von mit Quecksilber belastetem Fisch oder durch Aufnahme von Quecksilberverbindungen über die Haut verursacht werden. Die Verbindungen können in der Leber, den Nieren und im Gehirn gespeichert werden.
Früher nutzte man Quecksilber in Thermometern und als Amalgam (Legierung z. B. mit Silber) für Zahnfüllungen. Heute wird Quecksilber kaum noch verwendet, befindet sich aber noch in kleinen Mengen in Energiesparlampen, die daher speziell entsorgt werden müssen. Durch die Verbrennung von Steinkohle gelangen auch heute noch größere Mengen von Quecksilber in die Umwelt.

AUFGABEN

A1 Bei den Nebengruppenelementen einer Periode erfolgt eine Auffüllung der nächst inneren Schale mit Elektronen. Beim Scandium befinden sich zwei Elektronen in der N-Schale und 9 Elektronen in der M-Schale. Zeichne die Schalenmodelle für Titan, Eisen und Zink.

A2 Informiere dich über akute und chronische Quecksilbervergiftungen. Schätze das Gefährdungspotenzial für Menschen ein.

Zum Üben und Weiterdenken

A1 Die untenstehende Abbildung zeigt den DANIELLschen Hahn, der beim Schweißen von Eisenteilen eingesetzt wird. Zuerst lässt man Wasserstoffgas für kurze Zeit ausströmen, bevor man es entzündet. Anschließend wird Sauerstoff zugemischt.

a) Die höchste Schneidtemperatur erreicht man, wenn Wasserstoff-Moleküle und Sauerstoff-Moleküle in einem Mischungsverhältnis von 2 : 1 reagieren. Stelle eine Vermutung über die Ursache der maximalen Schneidtemperatur unter Verwendung der Reaktionsgleichung auf.

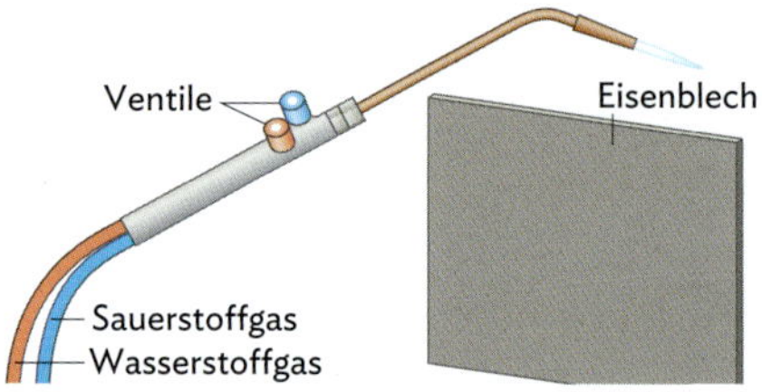

b) Nach einem ähnlichen Prinzip wird mit dem DÖBEREINER Feuerzeug ein Gasgemisch entzündet. Der im Feuerzeug gebildete Wasserstoff wird bei Betätigung des Ventils über einen Platinschwamm (fein verteiltes Platin) geleitet und reagiert dort mit Sauerstoff aus der Luft. Erkläre die Funktion des Platinschwamms.

A2 Finde im untenstehenden Fehlertext zum PSE die falschen Aussagen und stelle sie richtig.

Das heute gültige Periodensystem der Elemente wurde von MENDELEJEW eingeführt und beruht auf Vorarbeiten von DÖBEREINER, der jeweils vier Elemente zu Gruppen zusammenfasste. MENDELEJEW ordnete die Elemente nach ihrer Masse und ihrer chemischen Ähnlichkeit. Auch heute noch sind die aktuell 117 Elemente nach fortlaufender Masse in den Perioden geordnet. Chemisch verwandte Elemente stehen in insgesamt sieben Perioden nebeneinander.

A3 Das Zeitalter der Zeppeline, benannt nach ihrem Erfinder FERDINAND GRAF VON ZEPPELIN, begann im Jahr 1900. Als Traggas wurde Wasserstoff eingesetzt, das dem bekanntesten Luftschiff Hindenburg zum Verhängnis wurde.

a) Nur wenige Gase wie Wasserstoff, Helium und Heißluft eignen sich als Traggase für Zeppeline. Begründe diese Tatsache anhand von Vor- und Nachteilen der möglichen Gase.

b) Im Bild erkennt man, dass Wasserstoff nach oben abbrennt. Informiere dich über das Unglück der Hindenburg am 06. Mai 1937 beim Landeanflug auf Lakehurst (New York) und beurteile die damaligen Risiken.

A4 Das letzte offiziell im PSE registrierte Element trägt den Namen Oganesson.

a) Recherchiere, woher der Name stammt.

b) Oganesson zählt zur Elementfamilie der Edelgase. Beschreibe Eigenschaften, die du für dieses Element erwartest.

A5 Das Element Bor steht im PSE in der 2. Periode und der III. Hauptgruppe, das Element Schwefel steht in der 3. Periode und VI. Hauptgruppe. Leite aus diesen Angaben die Anzahl an besetzten Schalen und die Anzahl an Außenelektronen in einem Bor- bzw. Schwefel-Atom ab.

A6 Formuliere die Reaktionsgleichung zur Herstellung von Germanium aus Germanium(IV)-oxid und Wasserstoff.

A7 Feuerwerkskörper sind für feierliche Anlässe sehr beliebt. Entscheidend für das Farbspektakel sind sogenannte Farbgeber, die eine Färbung der Flamme verursachen. „Rotfeuer" besteht aus Strontiumsalz, Holzkohlepulver, Schwefelpulver und Kaliumnitrat. „Grünfeuer" besteht aus Bariumsalz, Holzkohlepulver, Schwefelpulver und Kaliumnitrat.

a) Wähle begründet diejenigen Bestandteile aus, die du als Farbgeber charakterisieren würdest.

b) Recherchiere die Funktionen der anderen Bestandteile.

A8 Stelle für die Reaktion von Natrium bzw. Kalium die Reaktionsgleichung auf, wenn

a) diese Alkalimetalle an der Luft verbrennen.

b) diese Alkalimetalle jeweils auf einem feuchten Stück Filterpapier liegen.

A9 In untenstehender Tabelle sind die Ionisierungesenergien des Kohlenstoff-Atoms und des Magnesium-Atoms in eV aufgeführt.

	1.	2.	3.	4.	5.	6.
C	11	24	48	99	138	173
Mg	8	15	80	109	141	187
	7.	**8.**	**9.**	**10.**	**11.**	**12.**
C	/	/	/	/	/	/
Mg	225	266	328	367	1762	1963

a) Fertige aus den Ionisierungsenergien der beiden Elemente ein Säulendiagramm an. Verwende für die Säulen die Farben des Periodensystems hinten im Buchdeckel.

b) Vergleiche die Säulen für die beiden Elemente miteinander.

c) Zeichne für das Kohlenstoff-Atom das Energiestufen- und das Schalenmodell.

A10 Die meisten Atome bilden aufgrund ihres Bestrebens nach der Edelgaskonfiguration Ionen mit voll besetzter Außenschale.

a) Formuliere die Elektronenkonfiguration für folgende Teilchen:
- ein Aluminium-Atom
- ein Aluminium-Kation
- ein Sauerstoff-Atom
- ein Oxid-Anion

b) Zeichne jeweils das Schalenmodell für die unter a) genannten Teilchen.

A11 Betrachte die beiden Schalenmodelle.

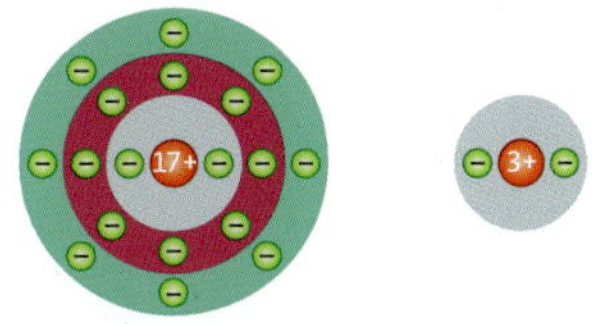

a) Ordne die Schalenmodelle begründet je einem bestimmten Ion zu.

b) Zeichne jeweils das zugehörige Energiestufenmodell.

c) Gib für beide Ionen an, von welchem Edelgas die Elektronenkonfiguration erreicht wurde und formuliere diese aus.

A12 Vergleiche die Eigenschaften von Edelgasen und Metallen. Begründe die Unterschiede mithilfe der Edelgasregel.

A13 Kupfer ist ein vielseitiger Werkstoff.

a) Beschreibe die Eigenschaft des Kupfers bei Verwendung in der Elektroindustrie.

b) Gib Verwendungsmöglichkeiten an, die auf die gute Wärmeleitfähigkeit des Kupfers zurückzuführen sind.

A14 Erstelle eine grafische Übersicht (z. B. eine Concept-Map), die die wichtigsten Inhalte zu Metallen, Metallbindung und Eigenschaften von Metallen übersichtlich darstellt (vgl. S. 188, 189).

M1 Wasserstoff, ein „sauberer" Energieträger?

Unsere Energieträger Kohle, Erdöl und Erdgas (fossile Brennstoffe) werden knapper. Bei ihrer Verbrennung entsteht Kohlenstoffdioxid, ein Treibhausgas. Als ein Ersatz-Energieträger erscheint Wasserstoff sinnvoll, denn bei seiner Verbrennung wird thermische Energie frei und das Verbrennungsprodukt Wasser ist umweltfreundlich. Außerdem lässt sich Wasserstoff mithilfe von elektrischem Strom aus Meerwasser leicht herstellen. Ein wirklich umweltfreundlicher Vorgang ist das nur, wenn der Strom für die Gewinnung von Wasserstoff mit erneuerbaren Energien, wie z. B. Sonnenenergie oder Windenergie gewonnen wird.

A1 Recherchiere eine Möglichkeit zur großtechnischen Gewinnung von Wasserstoff. Diskutiere auf dieser Basis die Aussage: „Wasserstoff ist ein sauberer Energieträger."

A2 Nenne die Vorteile und Nachteile, die der Energieträger Wasserstoff mit sich bringt.

A3 Zeichne ein Fließschema, das den „sauberen" Einsatz des Energieträgers Wasserstoff zum Betreiben eines Autos mit Brennstoffzellen abbildet.

M2 Die Chalkogene

Das Element Schwefel kommt elementar auf der Erde vor. Noch häufiger allerdings findet man es in chemischen Verbindungen wie Pyrit (Eisen(II)-disulfid), Bleiglanz (Blei(II)-sulfid) oder Zinkblende (Zinksulfid). Zusammen mit anderen Elementen der VI. Hauptgruppe bildet Schwefel die Elementfamilie der Chalkogene, deren Bezeichnung aus dem Griechischen stammt und Erzbildner bedeutet.

B1 Schwefel- (links) und Pyrit-Kristalle (rechts)

A1 Liste die Elemente der Gruppe der Chalkogene auf und teile sie in Metalle, Halbmetalle und Nichtmetalle ein.

A2 Informiere dich über häufige Verbindungen der Chalkogene und deren Eigenschaften.

A3 Nenne ein Beispiel, das zeigt, dass Chalkogene auch untereinander Verbindungen eingehen.

A4 Von besonderer Bedeutung sind die Verbindungen der Chalkogene mit Wasserstoff. Benenne die entsprechenden Verbindungen aller Elemente der VI. Hauptgruppe und ermittle deren chemische Formel.

A5 Skizziere ein Säulendiagramm mit den ungefähr zu erwartenden Ionisierungsenergien für ein Schwefel-Atom und begründe den Verlauf.

A6 Zeichne das Schalenmodell eines Schwefel-Atoms.

M3 Ionisierungsenergien im Vergleich

Eine der vier Grafiken a) bis d) (**B2**) aus einem englischsprachigen Schulbuch stellt die ersten Ionisierungsenergien für die ersten 18 Elemente des PSE dar.

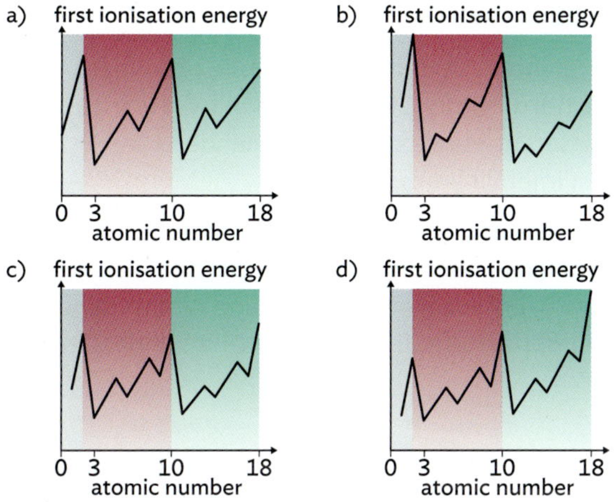

B2 Ausschnitt aus einem englischsprachigen Schulbuch

A1 Wähle anhand der Angaben in Tabelle **B3** das korrekte Diagramm in **B2** aus.

A2 Beschreibe und erkläre den Kurvenverlauf im richtigen Diagramm.

A3 Wähle ein unzutreffendes Diagramm und beschreibe einen Fehler.

Element	IE in eV	Element	IE in eV
H	13,6	Ne	21,6
He	24,6	Na	5,1
Li	5,4	Mg	7,6
Be	9,3	Al	6,0
B	8,3	Si	8,1
C	11,3	P	11,0
N	14,5	S	10,4
O	13,6	Cl	13,0
F	17,4	Ar	15,8

B3 Erste Ionisierungsenergien (IE) verschiedener Elemente

M4 Tendenzen im Periodensystem der Elemente

Im Periodensystem der Elemente verändern sich innerhalb der Perioden und Gruppen die Radien der Atome (**B4**).

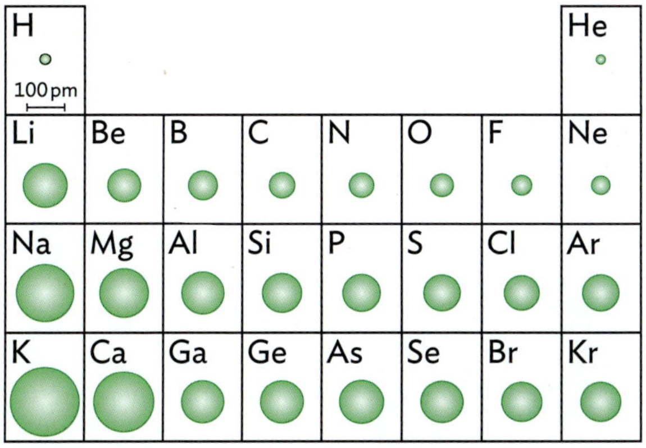

B4 Atomgrößen der Elemente der ersten vier Perioden

A1 Beschreibe und erläutere, wie sich die Atomradien innerhalb einer Hauptgruppe von oben nach unten entwickeln.

A2 Erkläre die Entwicklung der Atomradien in der I. Hauptgruppe mithilfe des Schalenmodells.

A3 Vergleiche die Schalenmodelle der Elemente innerhalb der 2. Periode. Nimm dabei Bezug auf die Anzahl an Schalen, die Anzahl an Protonen im Kern und die Anzahl an Elektronen.

A4 Erkläre die Abnahme der Atomradien innerhalb einer Periode von links nach rechts.

Basiswissen Kapitel 5

W Periodensystem und Elementfamilien

Das **Periodensystem der Elemente** umfasst derzeit 118 Elemente.

Diese sind nach fortlaufender Ordnungszahl in waagrechten Zeilen, den **Perioden** geordnet.

Die Ordnungszahl entspricht dabei der Anzahl der Protonen im Kern.

Elemente mit ähnlichen chemischen Eigenschaften stehen in senkrechten Spalten, den **Hauptgruppen**, untereinander.

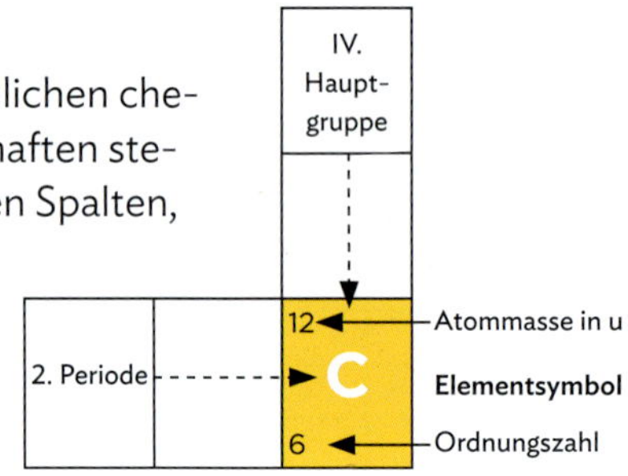

Daher nennt man die Elemente einer Hauptgruppe auch **Elementfamilie**. Die **Alkalimetalle**, die **Erdalkalimetalle** und die **Edelgase** sind Beispiele für Elementfamilien.

Unter ihnen sind die Alkalimetalle besonders reaktionsfreudig. Sie reagieren mit Wasser zu Wasserstoff und der entsprechenden Lösung des Alkalimetallhydroxids.

Wasserstoff steht zwar gemeinsam mit den Alkalimetallen in der I. Hauptgruppe, ist aber im Gegensatz zu ihnen ein Nichtmetall und nimmt daher im Periodensystem der Elemente eine Sonderstellung ein.

W Ionisierungsenergien, Energiestufen und Schalen

Die Ionisierung ist die Bildung eines Ions durch Abspaltung eines Elektrons von einem Atom. Die dazu erforderliche Energie heißt **Ionisierungsenergie**. Die Ionisierungsenergien für die schrittweise Abspaltung von Elektronen aus einem Atom nehmen ungleichmäßig zu. Je nach Atomart kommt es an einer bestimmten Stelle zu einem sprunghaften Anstieg. Auf dieser Grundlage wurde das **Energiestufenmodell** entwickelt, bei dem sich die Elektronen der Hülle aufgrund ihres Energiegehalts bestimmten Energiestufen zuordnen lassen. Räumlich kann man sich die Verteilung der Elektronen besser mithilfe des **Schalenmodells** vorstellen.

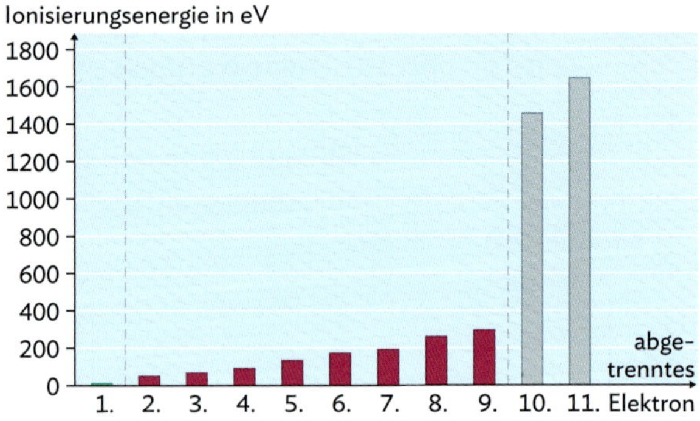

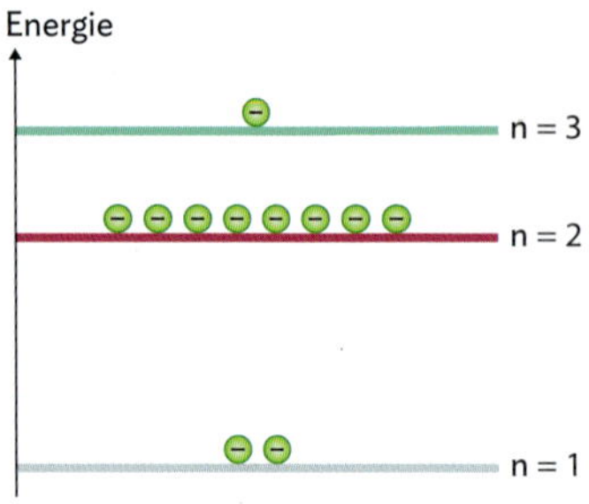

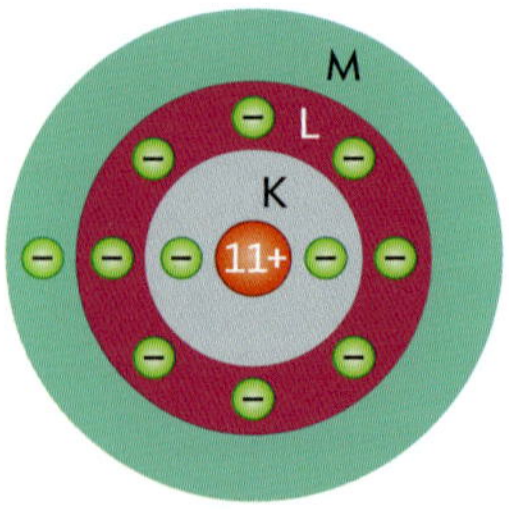

Die Energiestufen werden ausgehend von der energieärmsten Stufe mit *n* = 1, 2, 3 usw. bezeichnet, die Schalen von innen nach außen mit K, L, M usw.

W Außenelektronen und Edelgasregel

Die äußerste mit Elektronen besetzte Schale ist die **Außenschale**. Sie kann in der Regel mit maximal acht Elektronen, den **Außenelektronen**, besetzt werden. Die Außenschalen der Edelgas-Atome (außer Helium) enthalten acht Elektronen. Hierbei handelt es sich um eine besonders stabile Elektronenverteilung, die **Edelgaskonfiguration**. Atome anderer Elemente können diese stabile Elektronenkonfiguration durch Aufnahme oder Abgabe von einem oder mehreren Außenelektronen erreichen (**Edelgasregel**). Metalle geben Elektronen ab, Nichtmetalle nehmen Elektronen auf.

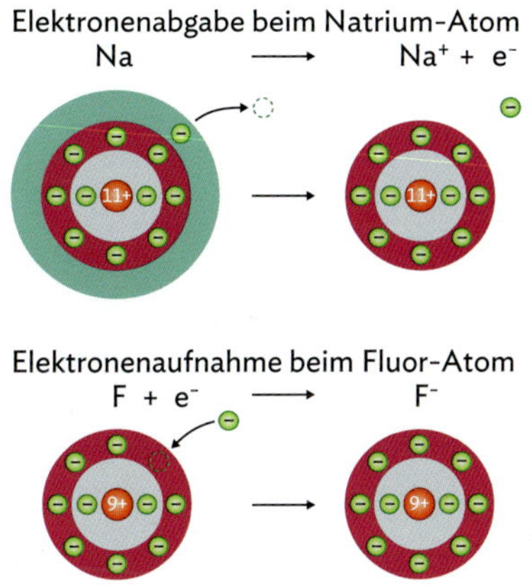

W Metallbindung

Die typischen Eigenschaften von Metallen wie Verformbarkeit, Wärmeleitfähigkeit und elektrische Leitfähigkeit lassen sich mit dem **Elektronengasmodell** erklären. Metall-Atome haben wenige Außenelektronen, die aufgrund ihrer geringen Ionisierungsenergien nur schwach gebunden sind.

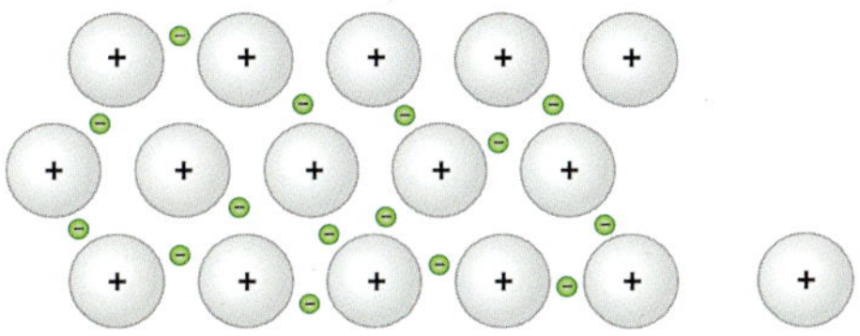

Diese negativ geladenen Elektronen sind im Metallgitter frei beweglich, während die positiv geladenen **Atomrümpfe** an festen Gitterplätzen sitzen. Dadurch sind die Metalle nach außen ungeladen. Die freien Elektronen, die man in ihrer Gesamtheit als **Elektronengas** bezeichnet, „schwirren" um die Atomrümpfe herum und sorgen daher im Metallgitter für starke Anziehungskräfte: Dieser Zusammenhalt der Teilchen wird als **Metallbindung** bezeichnet. Die ständige Bewegung der freien Elektronen im Metallgitter ist die Ursache für die charakteristischen Eigenschaften von Metallen.

W Katalysator

Ein **Katalysator** beschleunigt eine chemische Reaktion oder macht sie überhaupt erst möglich. In Anwesenheit eines Katalysators findet die Stoffumwandlung der Edukte in die Produkte über einen anderen Reaktionsweg statt, bei dem weniger **Aktivierungsenergie** aufgebracht werden muss. Die Reaktionsenergien der katalysierten und der nicht katalysierten Reaktion unterscheiden sich jedoch nicht und der Katalysator liegt nach der Reaktion wieder unverändert vor.

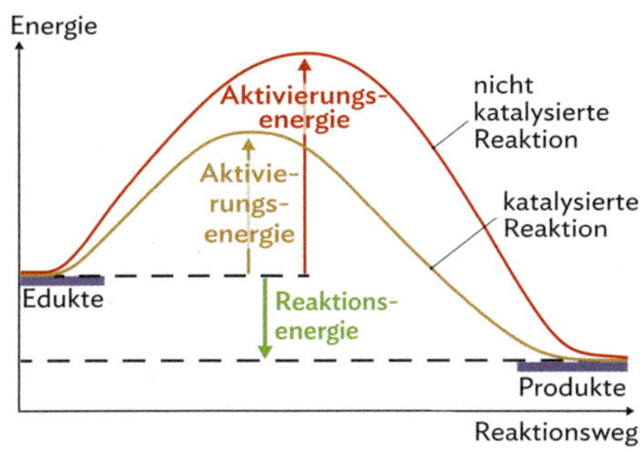

Ziel erreicht?

Überprüfung

Hast du das Ziel dieses Kapitels erreicht? Löse die entsprechenden Aufgaben. Ein Arbeitsblatt findest du unter QR-/Mediencode 05037-13. Bewerte dich mithilfe der Tabelle rechts unten. Die Lösungen zu den Aufgaben stehen auf Seite 467.

05037-13

Die Funktion eines Katalysators beschreiben

A1 Prüfe die folgenden Aussagen und formuliere Falschaussagen in richtige Aussagen um.

a) Die Reaktionsenergie wird bei Einsatz eines Katalysators kleiner.
b) Ein Katalysator liegt nach der Reaktion unverändert vor.
c) Knallgas kann nur durch eine Zündquelle zur Reaktion gebracht werden.

Die Ordnung im PSE erklären

B1 Entscheide, nach welchen Kriterien die Elemente im Periodensystem geordnet sind:

a) Ordnungszahl, b) Masse, c) ähnliche Eigenschaften, d) Anzahl der Protonen, e) Anzahl der Elektronen.

B2 Nenne vier Eigenschaften, in denen sich die Elemente der I. Hauptgruppe ähneln.

B3 Vergleiche mithilfe des PSE die folgenden Atompaare: H und Li, F und Cl, K und Ge. Ordne nachfolgende Aussagen einem, mehreren oder keinem dieser Atompaare zu.

a) Die Atome weisen eine unterschiedliche Anzahl an besetzten Energiestufen auf.
b) Die Ordnungszahl des einen Atoms ist mindestens um vier größer.
c) Die Atome unterscheiden sich in der Anzahl der Protonen um zwei.
d) Die Atome besitzen die gleiche Anzahl an Elektronen.
e) Die Atome besitzen die gleiche Anzahl an Außenelektronen.

Modelle zum Atombau vergleichen und bewerten

C1 Weise den Energiestufenmodellen a) und b) jeweils eine Hauptgruppe zu und begründe, welches Atom die niedrigere erste Ionisierungsenergie hat.

a)
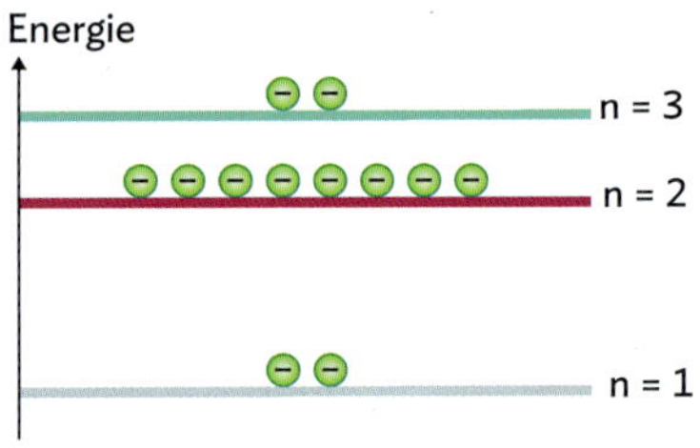

b)
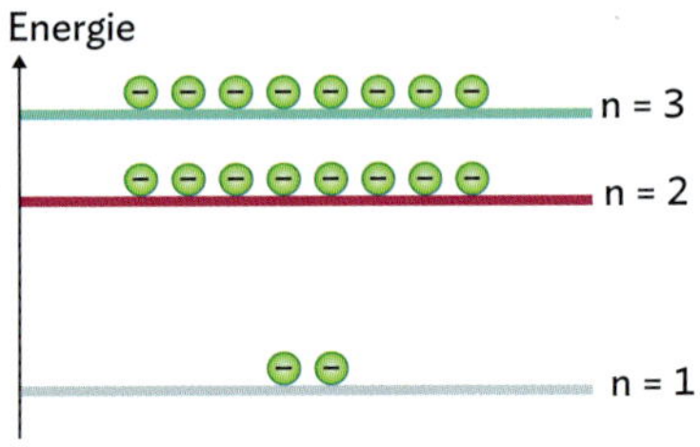

C2 Beurteile mit „ja" oder „nein", ob die in der Tabelle angegebenen Modelle Aussagen zu folgenden Aspekten ermöglichen.

Aspekt	Kern-Hülle-Modell	Energiestufenmodell	Schalenmodell
Anzahl der Protonen			
Anzahl der Elektronen			
Energiegehalt der Elektronen			
Aufteilung in Atomkern und Atomhülle			
Anzahl der Außenelektronen			

C3 Zeichne das Kern-Hülle-Modell, das Energiestufenmodell und das Schalenmodell für das Element Lithium.

Mithilfe der Edelgasregel die Ladung stabiler Ionen ermitteln

D1 Gib die Anzahl an Außenelektronen für alle nachfolgenden Teilchen an und wähle aus, welche davon die stabile Edelgaskonfiguration aufweisen: Mg^{2+}, Br^{-}, Ar, Al^{2+}, Kr^{+}, Sr^{+}.

D2 Wandle die „instabilen" Teilchen aus **D1** durch Änderung der Ladung so um, dass sie die Edelgasregel einhalten.

D3 Ergänze auf dem Arbeitsblatt sinnvoll alle Lücken in der Tabelle mithilfe der Angaben der Periodensysteme auf S. 512 und hinten im Buchdeckel. Ein Beispiel ist angegeben.

	Elementsymbol	EK* des Atoms	stabiles Ion	EK des Ions	Edelgas mit derselben EK
a)	Li	$1^2 2^1$	Li^{+}	1^2	He
b)	Al			$1^2 2^8$	
c)	Cl				Ar
d)	Ca	$1^2 2^8 3^8 4^2$			
e)	Xe				

* EK: Elektronenkonfiguration

Die Eigenschaften der Metalle mit dem Elektronengasmodell erklären

E1 *„Ein Stoff ist elektrisch leitfähig, wenn er frei bewegliche geladene Teilchen enthält."* Nimm Stellung zu dieser Aussage.

E2 Begründe die Abnahme der elektrischen Leitfähigkeit bei steigender Temperatur mit dem Elektronengasmodell.

E3 Erkläre mithilfe folgender Teilchendarstellung die plastische Verformbarkeit von Metallen. Verwende dazu folgende Begriffe: *Klebstoff, Atomrümpfe, Druckeinwirkung, Abstoßung, Elektronengas.*

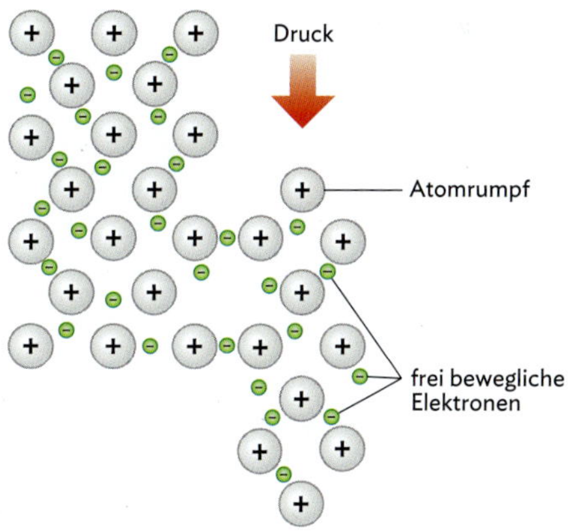

Auswertung

Vergleiche deine Antworten mit den Lösungen auf Seite 467 und kreuze auf dem Arbeitsblatt an.

	Ich kann ...	ja	nein	lies nach auf Seite
A	die Funktion eines Katalysators beschreiben.			166
B	die Ordnung im PSE erklären.			170 – 177
C	Modelle zum Atombau vergleichen und bewerten.			176 – 181
D	mithilfe der Edelgasregel die Ladung stabiler Ionen ermitteln.			186, 187
E	die Eigenschaften der Metalle mit dem Elektronengasmodell erklären.			188, 189

6 Ionische Verbindungen

SALZBILDUNG
ELEKTRONENÜBERTRAGUNG
BATTERIE
REDOXREAKTION
REDOXREIHE
ANODE
ELEKTRONENDONATOR
GALVANISCHE ZELLE
ELEKTRISCHE LEITFÄHIGKEIT
OXIDATION
ELEKTRONENAKZEPTOR
OKTAEDER
ANALYSE
VERHÄLTNISFORMEL

Startklar?

Selbsteinschätzung

Schätze dich selbst ein: Wie gut sind deine Kenntnisse in den Bereichen A bis E? Kreuze auf dem Arbeitsblatt unter QR-/Mediencode 05037-14 an!

05037-14

	Ich kann …	prima	ganz gut	es fällt mir schwer
A	den Aufbau und die Eigenschaften von Salzen beschreiben.			
B	Verhältnisformeln aufstellen und Ionenverbindungen benennen.			
C	unterschiedliche Ionisierungsenergien mithilfe des Schalenmodells erklären und die Elektronenkonfiguration von Elementen aus dem PSE ableiten.			
D	die Bildung stabiler Ionen anhand der Edelgasregel erklären.			
E	Redoxreaktionen als Sauerstoffübertragungsreaktionen beschreiben.			

Überprüfung

Liegst du richtig? Bearbeite die folgenden Aufgaben zu jedem Bereich.

Den Aufbau und die Eigenschaften von Salzen beschreiben

A1 Beschreibe den Aufbau von Kochsalz (Natriumchlorid) und benenne die Teilchen, aus denen es besteht.

A2 Nenne drei typische Stoffeigenschaften von Salzen.

Verhältnisformeln aufstellen und Ionenverbindungen benennen

B1 Stelle die Verhältnisformeln der folgenden Ionenverbindungen auf.

a) Magnesiumnitrid
b) Natriumsulfid
c) Calciumoxid
d) Eisen(III)-iodid
e) Aluminiumchlorid

B2 Benenne die folgenden Ionenverbindungen.

a) NaBr b) $MgCl_2$ c) FeO
d) K_2O d) Al_2S_3

Unterschiedliche Ionisierungsenergien mithilfe des Schalenmodells erklären und die Elektronenkonfiguration von Elementen aus dem PSE ableiten

C1 Benenne das Element des Atoms, dessen Ionisierungsenergien im Diagramm dargestellt sind und zeichne das zugehörige Energiestufenmodell.

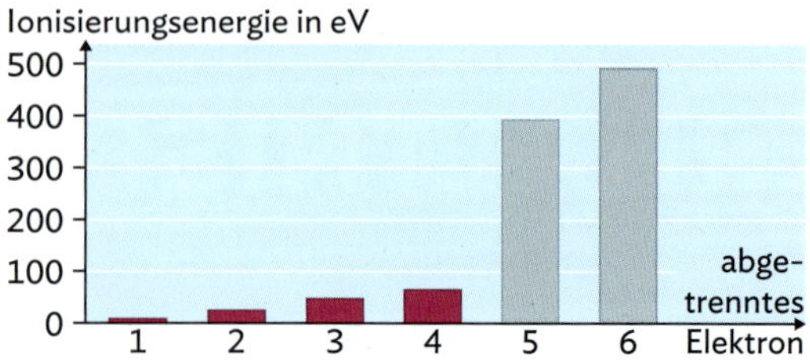

C2 Erkläre mithilfe des Schalenmodells den sprunghaften Anstieg der Ionisierungsenergien zwischen dem 4. und dem 5. Elektron des Atoms in Aufgabe **C1**.

C3 Gib die Elektronenkonfiguration der folgenden Elemente an.

a) Natrium
b) Aluminium
c) Chlor
d) Argon

Die Bildung stabiler Ionen anhand der Edelgasregel erklären

D1 Begründe mithilfe der Edelgasregel, dass es sich bei K^{2+} nicht um ein stabiles Ion handeln kann. Nenne und begründe die Ladung des stabilen Kalium-Ions.

D2 Nimm zu der folgenden Aussage Stellung:

„Nimmt ein Brom-Atom ein Elektron auf, so bildet sich ein Krypton-Atom."

D3 Erläutere ein Element, dessen Atome durch die Aufnahme von jeweils zwei Elektronen eine stabile Edelgaskonfiguration erreichen.

Redoxreaktionen als Sauerstoffübertragungsreaktionen beschreiben

E1 Ordne den folgenden Begriffen die entsprechende Definition a) bis d) zu: Oxidation, Reduktion, Oxidationsmittel und Reduktionsmittel.

a) Stoff, der einen anderen Stoff reduziert und dabei selbst oxidiert wird
b) Reaktion unter Abgabe von Sauerstoff
c) Stoff, der einen anderen Stoff oxidiert und dabei selbst reduziert wird
d) Reaktion unter Aufnahme von Sauerstoff

E2 a) Nenne ein Metall, mit dem Eisen(III)-oxid zu Eisen reduziert werden kann.
b) Erkläre, dass sich Silber hierfür nicht eignet.

E3 Formuliere die Reaktionsgleichung für die Redoxreaktion von Kupfer(II)-oxid mit Kohlenstoff zu Kupfer und Kohlenstoffdioxid. Markiere den Vorgang der Oxidation und der Reduktion durch Pfeile und benenne das Reduktionsmittel und das Oxidationsmittel.

Auswertung

Hast du dich richtig eingeschätzt? Vergleiche deine Antworten mit den Lösungen auf Seite 468. Gib dir jeweils die entsprechende Punktzahl und trage sie auf dem Arbeitsblatt ein.

	Ich kann ...	prima	ganz gut	mit Hilfe	lies nach auf Seite
A	den Aufbau und die Eigenschaften von Salzen beschreiben.	6 - 5	4 - 3	2	64, 65
B	Verhältnisformeln aufstellen und Ionenverbindungen benennen.	10 - 8	7 - 5	4 - 2	100, 101
C	unterschiedliche Ionisierungsenergien mithilfe des Schalenmodells erklären und die Elektronenkonfiguration von Elementen aus dem PSE ableiten.	8 - 6	5 - 4	3 - 2	176 - 181
D	die Bildung stabiler Ionen anhand der Edelgasregel erklären.	7 - 6	5 - 4	3 - 2	186 - 187
E	Redoxreaktionen als Sauerstoffübertragungsreaktionen beschreiben.	9 - 8	7 - 5	4 - 2	142, 143

Bildung von Salzen

Meerwasser hat einen Salzgehalt von etwa 3,5 %. Teilweise hat sich das Salz im Laufe der Erdgeschichte durch Verdunstung des Meerwassers und durch geologische Veränderungen am Festland abgelagert. Heute gewinnt man Kochsalz durch Abbau der Salzlagerstätten oder aus dem Meerwasser. Gibt es neben den Trennvorgängen bei der industriellen Gewinnung auch chemische Reaktionen, um im Labor Salze herzustellen?

LV1 Herstellung von Kochsalz

2 3 5 6 7 9

PROBLEM

Kochsalz lässt sich aus den Elementen Natrium und Chlor herstellen. Wie geht man dabei vor?

DURCHFÜHRUNG

a) In einem Gasentwickler werden etwa 20 mL Chlorgas (GHS 3 | 6 | 9) hergestellt (Anleitung unter QR-/Mediencode 05037-15). Ein stecknadelkopfgroßes Stück Natrium (GHS 2 | 5) wird entrindet und in einem Glühröhrchen geschmolzen. Man lässt solange Chlorgas auf die Kugel aus geschmolzenem Natrium strömen, bis dieses sichtbar abreagiert hat.

b) Das Produkt wird mit einem Holzstab von der Reagenzglaswand abgekratzt und in Wasser gelöst. Die elektrische Leitfähigkeit der Lösung wird geprüft. Die Lösung wird mit Silbernitratlösung (GHS 5 | 9) versetzt, die bei Anwesenheit von Chlorid-Ionen einen weißen Niederschlag bildet. Dann wird getestet, ob die Lösung eine Flammenfärbung erzeugt.

AUSWERTUNG

a) Begründe anhand der Beobachtungen, dass bei **LV1a** Kochsalz gebildet wurde.

b) Stelle die Gleichungen zur Bildung von Natrium- und Chlorid-Ionen auf.

c) Chlor-Atome nehmen je ein Elektron auf, um die Edelgaskonfiguration zu erreichen. Stelle eine Vermutung auf, woher sie dieses Elektron bekommen.

ENTSORGUNG G2

05037-15

V2 Reaktion von Magnesium mit Iod

PROBLEM

Braune Iodlösungen werden in der Medizin zur Desinfektion von Hautflächen im Vorfeld von Operationen verwendet. Danach ist die Haut oft lange Zeit braun verfärbt. Was passiert mit dem gelösten Iod bei Zugabe eines unedlen Metalls?

DURCHFÜHRUNG

Löse wenige Iodkristalle (GHS 7 | 8 | 9) in einigen Tropfen Ethanol (GHS 2 | 7) und versetze die braune Lösung in einem Becherglas mit ca. 50 mL Wasser. Überprüfe die elektrische Leitfähigkeit. Füge nun eine Spatelspitze Magnesiumpulver (GHS 2) hinzu und rühre vorsichtig um. Warte kurz und prüfe erneut die elektrische Leitfähigkeit.

AUSWERTUNG

a) Erläutere das Ergebnis der Prüfung der elektrischen Leitfähigkeit der Lösung vor und nach der Reaktion.

b) Stelle die Gleichungen zur Bildung von Magnesium- und Iodid-Ionen auf.

c) Gib die Elektronenkonfiguration eines Magnesium- und eines Iodid-Ions an. Begründe die Stabilität dieser Ionen anhand der Edelgasregel.

d) Beim Eindampfen der Lösung bleibt ein weißer Feststoff zurück. Benenne ihn und ermittle seine Verhältnisformel.

ENTSORGUNG G4

M3 Reaktion von Aluminium mit Brom

Das Element Brom zählt, wie Chlor oder Iod, zu den Halogenen (VII. Hauptgruppe) und sollte daher ähnliche chemische Eigenschaften aufweisen. Ist Brom ebenfalls zur Salzbildung z. B. mit einem Metall aus der III. Hauptgruppe, wie Aluminium, geeignet?

Das Video unter QR-/Mediencode 05037-16 zeigt hierzu einen Versuch.

05037-16

AUSWERTUNG

a) Beschreibe die Versuchsbeobachtungen.

b) Vergleiche die Heftigkeit dieser Reaktion mit den Reaktionen aus **LV1** und **V2**.

c) Recherchiere Sicherheitsmaßnahmen, die beim Umgang mit dem Stoff Brom angewendet werden müssen.

M4 Wirkung von Chlorgas

Auf vielen Schulheften ist der Vermerk „chlorfrei gebleicht" aufgedruckt. Was bedeutet das?

AUSWERTUNG

a) **B1** zeigt eine Rose vor und nach der Behandlung mit Chlor. Beschreibe die Wirkung von Chlorgas und überlege, inwiefern dieses für die Papierherstellung genutzt werden kann.

b) Recherchiere im Internet die Gefahren, die von Chlorgas ausgehen. Finde Bleichmittel, die heute verwendet werden, und nenne deren Wirkstoffe.

B1 Bleichende Wirkung von Chlor

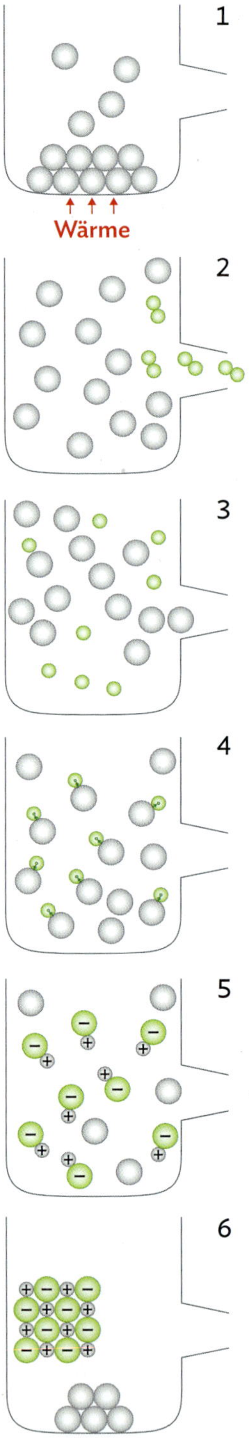

B1 Synthese von Natriumchlorid auf Teilchenebene (Natrium-Teilchen grau und Chlor-Teilchen grün)

Salzbildung aus einem Metall und einem Nichtmetall

Viele Salze, wie z. B. das als Kochsalz bekannte Natriumchlorid, kommen in der Natur vor. Sie können aber auch aus einem Metall und einem Nichtmetall hergestellt werden. Leitet man Chlorgas über geschmolzenes Natrium, so tritt eine heftige Reaktion ein (**LV1**). Es entsteht ein spröder, weißer Feststoff, der sich in Wasser löst und dessen Lösung den elektrischen Strom leitet. Dies deutet auf die Anwesenheit von Ionen hin.

Durch Zugabe von **Silbernitratlösung** entsteht ein charakteristischer weißer Niederschlag, wodurch Chlorid-Anionen identifiziert werden können. Für deren Bildung müssen die Chlor-Atome jeweils ein Elektron aufgenommen haben. Doch woher stammen diese Elektronen?

Die wässrige Lösung des Produkts zeigt eine charakteristische gelbe Flammenfärbung, die bei der Untersuchung von Salzlösungen auf Natrium-Kationen hinweist. Aus den Natrium-Atomen sind demnach durch Elektronenabgabe Natrium-Kationen entstanden. Es liegt nahe, dass die Chlor-Atome die Elektronen aufnehmen, die von den Natrium-Atomen abgegeben wurden. Zum besseren Verständnis wird die Gesamtreaktion nochmals im Detail betrachtet (**B1**):

Durch die Zufuhr von Wärme wird Natrium zum Teil gasförmig. Es liegen einzelne Natrium-Atome vor (Schritt 1). Dann wird Chlorgas eingeleitet, das aus zweiatomigen Molekülen besteht (Schritt 2). Bei den hohen Temperaturen werden diese Moleküle in einzelne Atome gespalten (Schritt 3), die dann an der eigentlichen Reaktion beteiligt sind.

Salzbildung anhand von Reaktionsgleichungen

Die Vorgänge der Salzbildung können mithilfe von sogenannten **Teilgleichungen** veranschaulicht werden. Zunächst geben die Natrium-Atome jeweils ein Elektron ab (Schritt 4).

Elektronenabgabe: $Na \longrightarrow Na^{+} + e^{-}$ (Teilchenebene)

Gleichzeitig zur Bildung der Natrium-Kationen werden Chlorid-Anionen gebildet, d. h. jedes Chlor-Atom nimmt ein Elektron auf. Formuliert wird die Teilgleichung ausgehend vom elementaren Chlor-Molekül.

Elektronenaufnahme: $Cl_2 + 2\,e^{-} \longrightarrow 2\,Cl^{-}$ (Teilchenebene)

Insgesamt findet bei dieser Reaktion also eine **Elektronenübertragung** von Natrium- auf Chlor-Atome statt. Die Zahl der abgegebenen und aufgenommenen Elektronen ist dabei stets gleich. Schließlich lässt sich mithilfe obiger Teilgleichungen auch die Gesamtreaktion darstellen. Damit die Elektronenbilanz ausgeglichen ist, müssen zwei Natrium-Atome mit einem Chlor-Molekül reagieren:

Gesamtgleichung: $2\,Na + Cl_2 \longrightarrow 2\,Na^{+} + 2\,Cl^{-}$ (Teilchenebene)
Und: $2\,Na\,(s) + Cl_2\,(g) \longrightarrow 2\,NaCl\,(s)$ (Stoffebene)

Durch die unterschiedlichen Ladungen ziehen sich die so gebildeten Ionen an und lagern sich zu einem **Ionengitter** zusammen (Schritt 6).

Die Gitterenergie

Alle bisher betrachteten Reaktionen (**LV1**, **V2**, **M3**), bei denen Elektronen übertragen wurden, finden unter Energiefreisetzung in Form von Wärme und Licht statt. Woher stammt diese Energie?

Bei der Bildung von Natriumchlorid aus festem Natrium und gasförmigem Chlor muss zunächst Energie aufgebracht werden. Chlor-Moleküle werden dadurch in Atome gespalten und Natrium-Atome aus dem Feststoffverband gelöst. Auch die Ionisierung von Natrium ist endotherm. Die Aufnahme von Elektronen durch Chlor-Atome und die damit verbundene Bildung von Chlorid-Ionen ist zwar ein exothermer Vorgang, es wird allerdings bei dieser Ionisierung weniger Energie freigesetzt als bei der Ionisierung von Natrium-Atomen benötigt wird.

Bei der Zusammenlagerung der Ionen zum Ionengitter wird ein besonders großer Energiebetrag, die **Gitterenergie**, freigesetzt. Die frei werdende Gitterenergie ist dabei so groß, dass in der Summe die Bildung des festen Salzes Natriumchlorid aus festem Natrium und gasförmigem Chlor exotherm verläuft (**B2**). Dieser hohe Betrag der Gitterenergie muss umgekehrt aufgebracht werden, wenn man die Anziehungskräfte der Ionen im Kristallgitter bei der Trennung der Ionen überwinden will.

Die Höhe des Betrags der Gitterenergie hängt von den Ionengrößen und der Ladungszahl der Ionen (rechte Hochzahl beim Symbol für ein Ion) ab. So können sich die kleineren Ionen von Lithiumfluorid viel näher kommen als die großen Ionen von Caesiumiodid, was zu einer stärkeren Anziehung und daher zu einer höheren Gitterenergie führt. Noch größer ist die Gitterenergie bei Calciumoxid oder Magnesiumoxid, da sowohl die Kationen als auch die Anionen zweifach geladen sind und somit eine stärkere Anziehung verursachen (**B3**).

Die Energie, die bei der Bildung eines Ionengitters freigesetzt wird, nennt man Gitterenergie. Sie ist umso größer, je kleiner die Ionen sind und je höher die Ionenladungszahl ist.

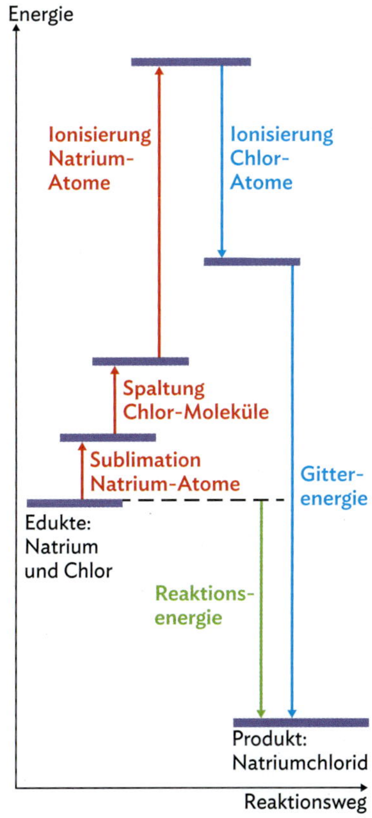

B2 Energiebilanz bei der Herstellung von Natriumchlorid aus den Elementen.

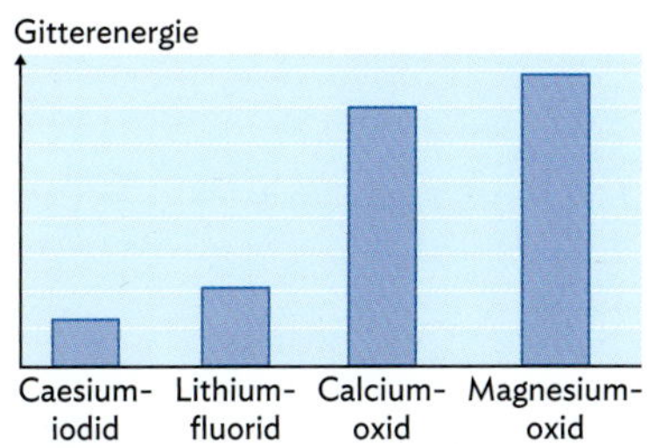

B3 Gitterenergien verschiedener Salze im Vergleich

AUFGABEN

A1 Vergleiche die Eigenschaften von Natriumchlorid mit denen der Elemente Natrium und Chlor und begründe, dass die Synthese von Natriumchlorid eine chemische Reaktion ist.

A2 Gib jeweils das Salz mit der höheren Gitterenergie an:
a) Natriumchlorid, Natriumiodid
b) Kaliumbromid, Natriumbromid

Wie viele Elektronen werden übertragen?

Bei der Reaktion von Natrium mit Chlor geben Natrium-Atome ihr einziges Außenelektron ab. Dabei wird die L-Schale zur äußersten Schale. Sie ist mit acht Elektronen voll besetzt. Chlor-Atome nehmen ein Elektron auf und erhalten ebenfalls eine voll besetzte Außenschale. Beide Ionen erfüllen damit die Edelgasregel.

> Bei der Bildung von Salzen geben Metall-Atome Elektronen ab, Nichtmetall-Atome nehmen diese Elektronen auf. Es handelt sich um Elektronenübertragungsreaktionen.

Info

Damit die Reaktion von Magnesium mit Iod in Wasser gut verläuft, muss die Löslichkeit von Iod in Wasser verbessert werden. Dazu löst man das Iod zunächst in etwas Ethanol.

Chlor steht im Periodensystem der Elemente in der VII. Hauptgruppe und zählt somit zur Elementfamilie der **Halogene** bzw. Salzbildner. Auch bei anderen Elementen dieser Familie wie z. B. Iod oder Brom sind Salzbildungsreaktionen mit Metallen möglich.

Gibt man Magnesiumpulver zu einer Lösung aus Iod in Wasser, so entsteht eine elektrisch leitfähige Lösung (**V2**, vgl. Info). Folglich werden auch hier Ionen durch eine Elektronenübertragung gebildet. Magnesium-Atome besitzen zwei Außenelektronen, die sie abgeben, während Iod-Atome sieben Außenelektronen aufweisen und jeweils nur ein Elektron aufnehmen (**B4**). In beiden Fällen ist somit die Edelgasregel erfüllt. Damit die Elektronenbilanz ausgeglichen ist, d. h. damit die Zahl der abgegebenen Elektronen der Zahl der aufgenommenen Elektronen entspricht, muss ein Magnesium-Atom mit zwei Iod-Atomen reagieren. Folglich lautet die Verhältnisformel von Magnesiumiodid MgI_2. Unter Berücksichtigung der Tatsache, dass es sich bei Iod um ein zweiatomiges Molekül handelt, gilt:

Elektronenabgabe: $Mg \longrightarrow Mg^{2+} + 2\,e^-$
Elektronenaufnahme: $I_2 + 2\,e^- \longrightarrow 2\,I^-$
Gesamtgleichung: $Mg + I_2 \longrightarrow Mg^{2+} + 2\,I^-$
$Mg\,(s) + I_2\,(aq) \longrightarrow MgI_2\,(s)$

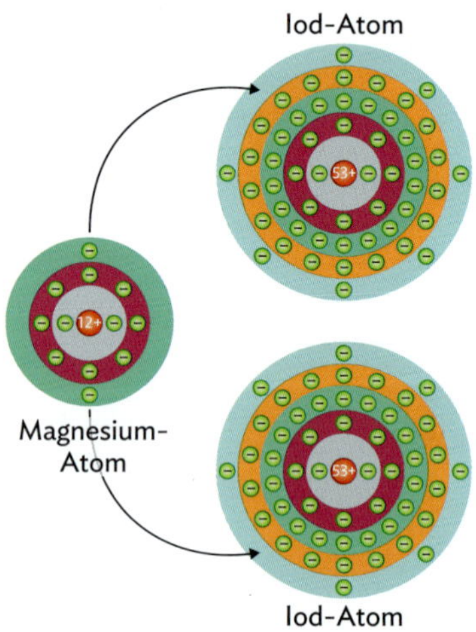

B4 Elektronenübertragung im Schalenmodell bei der Bildung von Magnesiumiodid

Die Reaktion von Aluminium mit Brom ist ebenfalls eine Elektronenübertragungsreaktion (**M3**). Um die Edelgaskonfiguration zu erreichen, geben Aluminium-Atome jeweils drei Elektronen ab, Brom-Atome nehmen jeweils ein Elektron auf, die Verhältnisformel von Aluminiumbromid lautet $AlBr_3$.

Elektronenabgabe: $Al \longrightarrow Al^{3+} + 3\,e^-$ $\quad | \cdot 2$
Elektronenaufnahme: $Br_2 + 2\,e^- \longrightarrow 2\,Br^-$ $\quad | \cdot 3$

Berücksichtigt man, dass Brom ebenfalls als zweiatomiges Molekül vorliegt und die Elektronenbilanz ausgeglichen sein muss, erhält man:

Gesamtgleichung: $2\,Al + 3\,Br_2 \longrightarrow 2\,Al^{3+} + 6\,Br^-$
$2\,Al\,(s) + 3\,Br_2\,(l) \longrightarrow 2\,AlBr_3\,(s)$

Eigenschaften der Halogene

Neben Chlor, Iod und Brom zählen auch Fluor, Astat und Tenness zur Elementfamilie der Halogene. Alle Halogene bestehen aus zweiatomigen Molekülen, sind äußerst reaktiv und kommen daher in der Natur nicht elementar vor. Ausgewählte Halogene sind in **B5** gezeigt.

Fluor (F_2, „fluere“: lateinisch für fließen) ist gasförmig, extrem giftig, stark ätzend und das reaktivste aller Elemente. Es kann bereits in geringen Konzentrationen am Geruch bemerkt werden. In Pfannen und Töpfen dient der Kunststoff Polytetrafluorethen (PTFE), eine Fluorverbindung, als Antihaftbeschichtung.

Chlor (Cl_2) ist ein giftiges, die Schleimhäute angreifendes, äußerst reaktionsfähiges, gelbgrünes Gas („chloros“: griechisch für hellgrün). Wegen seiner keimtötenden Wirkung wird Chlor in Schwimmbädern dem Badewasser und in kleineren Mengen auch dem Trinkwasser zugesetzt. Chlor hat eine bleichende Wirkung (**M4**) und wird bei der Herstellung vieler anderer Industriechemikalien eingesetzt. Der Kunststoff Polyvinylchlorid (PVC) ist eine Chlorverbindung.

Brom (Br_2) ist neben dem Metall Quecksilber das einzige bei Raumtemperatur flüssige Element. Die rotbraune Flüssigkeit bildet stechend riechende, sehr giftige Dämpfe und ist stark ätzend („bromos“: griechisch für Gestank). Bromsalze wie z. B. Kaliumbromid sind im Meerwasser enthalten. In der Fotoindustrie dient Silberbromid zur Herstellung von Fotopapier.

Iod (I_2) kommt wie die anderen Halogene in der Natur nicht elementar, sondern nur gebunden in Mineralien vor. Das grauschwarze, metallisch glänzende, bei Raumtemperatur feste Iod bildet bereits bei leichter Erwärmung violette Dämpfe („ioeides“: griechisch für violett). Alkoholische Iodlösungen werden als Desinfektionsmittel verwendet.

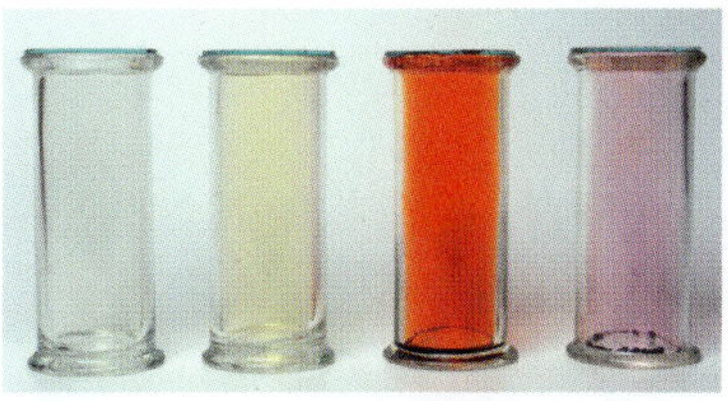

B5 Fluor, Chlor, Brom und Iod

Die Elementfamilie der Halogene steht in der VII. Hauptgruppe des PSE. Die Halogene bestehen aus zweiatomigen Molekülen und sind sehr reaktive Elemente, die mit Metallen ionische Verbindungen (Salze) bilden.

AUFGABEN

A1 Formuliere für die Bildung von Calciumoxid und Magnesiumnitrid aus den Elementen jeweils die Teilgleichungen und eine Gesamtgleichung.

A2 Nenne zwei Anionen und zwei Kationen mit der Elektronenkonfiguration von Argon.

A3 Recherchiere, weshalb Speisesalz oft fluoriert und iodiert wird.

FACHBEGRIFFE

Silbernitratlösung, Teilgleichung, Elektronenübertragung, Ionengitter, Gitterenergie, Ionenladungszahl, Halogene

Aufbau von Salzen und Ionenbindung

Salze können wunderschöne Kristalle bilden, die man als Einschlüsse in Gesteinsschichten finden kann. Sie entstanden wie z. B. unser Steinsalz in Epochen des Erdzeitalters, die Millionen Jahre zurückliegen. Einige von ihnen gelten als wertvolle Schmucksteine, da sie durch ihren Glanz oder ihre regelmäßigen Formen bestechen. Wie sind Salze aufgebaut und welche Kräfte halten die Teilchen in ihnen zusammen?

V1 Salzkristalle unter dem Mikroskop

PROBLEM

In der Küche werden sehr unterschiedliche Salze verwendet, wie z. B. das Steinsalz, das Meersalz oder das Himalayasalz. Lassen sich diese Salzsorten mikroskopisch unterscheiden und gibt es Unterschiede im Aufbau von grobem und feinem Salz?

DURCHFÜHRUNG

Gib wenige Salzkristalle eines groben Meersalzes und eines Steinsalzes auf einen Objektträger und vergleiche sie unter dem Mikroskop mit verschiedenen Vergrößerungen.

Verreibe einige der Kristalle vorsichtig mit Mörser und Pistill und betrachte sie erneut unter dem Mikroskop.

AUSWERTUNG

a) Vergleiche die Form und die Größe der verschiedenen Speisesalze vor und nach dem Zerkleinern.

b) Beschreibe das Bruchverhalten der Kristalle, wenn sie mit dem Mörser verrieben werden.

ENTSORGUNG R

B1 Himalayasalz vor und nach dem Mörsern

V2 Kristallformen verschiedener Salze

PROBLEM

Gibt es Unterschiede zwischen Speisesalzen und Salzen aus der Chemiesammlung?

DURCHFÜHRUNG

Betrachte Kristalle verschiedener Salze mit der Lupe oder dem Mikroskop. Hier eignen sich vor allem Kupfer(II)-sulfat (GHS 5 | 7 | 9), Magnesiumsulfat, Kaliumaluminiumsulfat, Calciumcarbonat, Natriumacetat, Kaliumnatriumtartrat und Kaliumhexacyanoferrat(III).

AUSWERTUNG

a) Beschreibe die Farben und die Formen der Kristalle der verschiedenen Salze und gib ihre Größe an.

b) Manche Salze wie z. B. Kaliumaluminiumsulfat bilden Kristalle in Form von Oktaedern (siehe Foto auf S. 210 oben rechts: lilafarbener Kristall). Beschreibe einen Oktaeder und nenne die Anzahl der Ecken, Kanten und Flächen.

c) Betrachte die Gittermodelle für die Salze Natriumchlorid und Calciumfluorid (S. 212, **B2** und S. 213, **B3**). Bestimme für jede Ionensorte die Anzahl der benachbarten Ionen.

ENTSORGUNG Kupfer(II)-sulfat in G2, übrige Salze: A oder R

M3 Vergleich verschiedener Modelle

In der Chemie verwendet man Modelle, um einen Sachverhalt zu veranschaulichen. Warum gibt es unterschiedliche Modelle, die ein und denselben Kristall beschreiben?

Baue Ausschnitte aus dem Gittermodell und dem Kugelpackungsmodell eines Natriumchloridkristalls (**B2**). Verwende dafür Zahnstocher und Knete zweier unterschiedlicher Farben.

AUSWERTUNG

a) Beschreibe, was durch die Zahnstocher bzw. Knetmassekugeln jeweils dargestellt wird.

b) Betrachte deine Modelle und **B2** und gib die Anzahl der Natrium-Ionen an, die ein Chlorid-Ion umgeben und umgekehrt.

c) Vergleiche die Aussagekraft des Gittermodells mit der des Kugelpackungsmodells. Gehe hierbei auf folgende Aspekte ein:
Ionenradius, Abstand der Ionen, Darstellung der Anziehung zwischen den Ionen, Übersichtlichkeit der Ionenanordnung.

B2 Gittermodell (oben) und Kugelpackungsmodell (unten) von Natriumchlorid

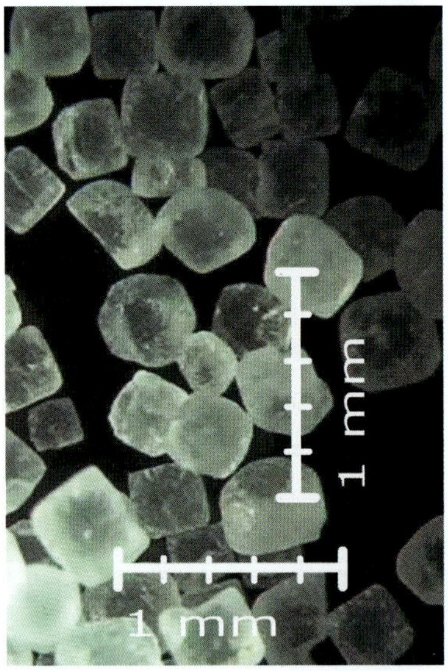

B1 Natriumchloridkristalle unter dem Mikroskop

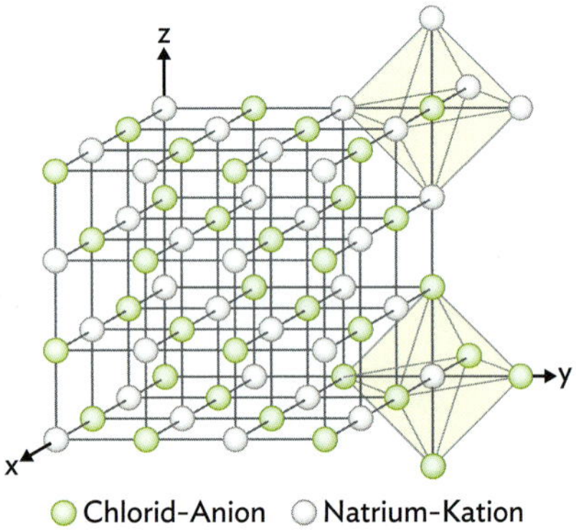

B2 Gittermodell von Natriumchlorid

Zusammenhalt im Salzkristall

Lässt man eine Kochsalzlösung lange genug stehen, so verdunstet das Wasser und es bilden sich schöne, würfelförmige Kristalle (B1). Sie sind hart und brechen spröde, wenn man sie z. B. mit einem Mörser zerkleinert (V1). Natriumchlorid ist, wie andere Salze auch, aus positiv geladenen Kationen und negativ geladenen Anionen aufgebaut. Aufgrund der unterschiedlichen Ladung wirken zwischen den Ionen **elektrostatische Anziehungskräfte** in alle Raumrichtungen. Wenn eine Salzlösung verdunstet, ordnen sich die Ionen von alleine regelmäßig in einem Ionengitter an. Jedes Ion hat einen festen Platz im Gitter. Diese Art des Zusammenhalts der Ionen nennt man **Ionenbindung**.

Elektrostatische Anziehungskräfte zwischen den verschieden geladenen Teilchen eines Ionengitters wirken in alle Raumrichtungen. Sie sind der Grund für den starken Zusammenhalt zwischen den Anionen und Kationen. Dieser wird als Ionenbindung bezeichnet.

Das Gittermodell des Natriumchlorids

Natriumchlorid bildet würfelförmige Kristalle, die man unter einem Mikroskop gut erkennen kann (V1). Mithilfe von Röntgenstrahlung erforschte MAX LAUE den Aufbau der Kristalle und erhielt dafür 1914 den Nobelpreis für Physik. Er fand heraus, dass jedes Natrium-Kation von sechs Chlorid-Anionen umgeben ist. Die Chlorid-Ionen bilden dabei einen **Oktaeder**, in dessen Mittelpunkt sich ein Natrium-Ion befindet. Umgekehrt sind auch alle Chlorid-Ionen oktaedrisch von sechs Natrium-Ionen umgeben (V2). Dadurch ergibt sich die **Koordinationszahl** 6.

Die Koordinationszahl gibt an, von wie vielen entgegengesetzt geladenen Ionen ein zentrales Ion umgeben ist.

Welches Modell ist am besten?

Salzkristalle können durch verschiedene Modelle dargestellt werden. Im **Gittermodell** sind alle Ionen durch gleich große Kugeln veranschaulicht und über Linien miteinander verbunden (M3, B2, B3). Aufgrund der Verbindungslinien und den Zwischenräumen ist das Modell sehr übersichtlich und man kann leicht erkennen, dass die Kationen von Anionen umgeben sind und umgekehrt. Die tatsächlichen Ionenradien sowie die Abstände werden in diesem Modell jedoch nicht richtig wiedergegeben.

Die Größe der Ionen wird dagegen im **Kugelpackungsmodell** gut veranschaulicht. Die Abstände zwischen den einzelnen Kugeln sind minimal, sodass dieses Modell eher unübersichtlich wirkt. Es zeigt aber die Raumausfüllung im Salzkristall besser.

Andere Gittertypen

Der Natriumchloridkristall ist sehr einfach aufgebaut. In einer oktaedrischen Anordnung wechseln sich Natrium-Ionen und Chlorid-Ionen ab (**B2**), sodass im Ionengitter gleich viele Kationen und Anionen vorliegen. Das Ionenverhältnis ist 1 : 1 und spiegelt sich auch in der Verhältnisformel wider.

Anders ist es z. B. bei Calciumfluorid. Mit einer Verhältnisformel von CaF_2 liegt ein Ionenverhältnis von 1 : 2 vor. Dabei bilden jeweils ein Calcium-Kation und zwei Fluorid-Anionen eine Ionengruppe. Jedes Calcium-Ion ist würfelförmig (**kubisch**) von acht Fluorid-Ionen umgeben, jedes Fluorid-Ion ist **tetraedrisch** von vier Calcium-Ionen umgeben (**B3**). Die Calcium-Kationen haben demnach die Koordinationszahl 8, die Fluorid-Anionen die Koordinationszahl 4. Dennoch ist der Calciumfluoridkristall insgesamt elektrisch neutral.

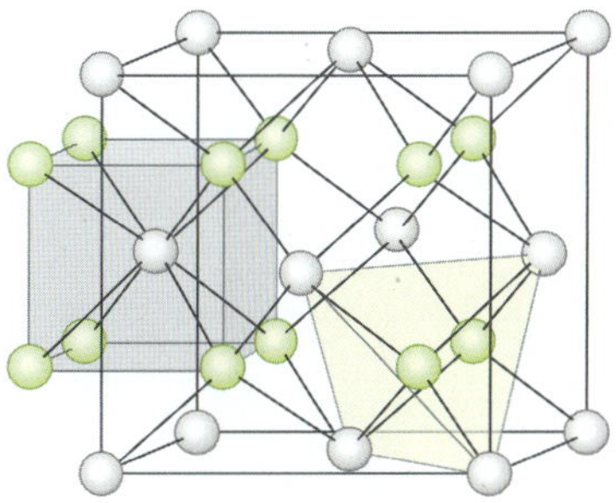

B3 Gittermodell von Calciumfluorid

Anzahl an Ionen in einem Salzkristall

Die Modelle für verschiedene Gittertypen stellen immer nur einen Ausschnitt aus dem Kristall dar. Im Falle des Natriumchloridkristalls sind beispielsweise nur wenige Natrium-Kationen und Chlorid-Anionen gezeichnet (**B2**). In einem kleinen würfelförmigen Salzkristall aus dem Salzstreuer sind jedoch viel mehr Ionen enthalten. Ein Salzkristallwürfel aus Natriumchlorid mit einer Kantenlänge von 0,4 mm besteht aus 1 425 000 000 000 000 000 Natrium-Kationen und ebenso vielen Chlorid-Anionen.

AUFGABEN

A1 Salzkristalle können mit dem Gittermodell oder dem Kugelpackungsmodell dargestellt werden. Erstelle eine Liste mit Vor- und Nachteilen der beiden Modelle.

A2 „Jedes Natrium-Kation ist über eine Ionenbindung mit einem Chlorid-Anion verbunden". Beurteile diese Aussage und korrigiere sie gegebenenfalls.

A3 Begründe, dass Aluminiumchlorid nicht das gleiche Ionengitter wie Natriumchlorid bilden kann.

A4 Beim Züchten von möglichst großen Kristallen hängt man einen kleinen Kristall (Impfkristall) in eine gesättigte (sehr stark konzentrierte) Lösung des entsprechenden Salzes. In der Lösung dürfen sich keine weiteren Kristalle befinden. Dann lässt man die Lösung mit dem Impfkristall mehrere Tage stehen, bis der Kristall auf die gewünschte Größe gewachsen ist. Stelle Überlegungen zu den Vorgängen auf Teilchenebene an, die zum Wachstum des Kristalls führen.

FACHBEGRIFFE

elektrostatische Anziehungskräfte, Ionenbindung, Oktaeder, Koordinationszahl, Kugelpackungsmodell, Gittermodell, kubisch, tetraedrisch

Eigenschaften von Salzen

Der menschliche Körper benötigt pro Tag etwa 5 g Kochsalz. Salze sind lebensnotwendig für die Regulation unseres Wasserhaushalts und die Aufrechterhaltung aller Körperfunktionen. Im Nervensystem sind sie beispielsweise für die Weiterleitung von elektrischen Impulsen verantwortlich. Diese Funktion können Salze aufgrund ihrer Stoffeigenschaften erfüllen. Welche Eigenschaften haben Salze und wie hängen diese mit ihrem Aufbau zusammen?

V1 Elektrische Leitfähigkeit von Salzen

PROBLEM

Unter welchen Bedingungen leiten Salze elektrischen Strom?

DURCHFÜHRUNG

a) Gib auf ein Uhrglas etwas Kochsalz und prüfe die Leitfähigkeit der Salzportion mit einem Leitfähigkeitsprüfer (QR-/Mediencode 05037-01).

05037-01

b) Löse das Kochsalz in etwas Wasser und prüfe die Leitfähigkeit der Kochsalzlösung.

c) Schmelze in einem Porzellanschiff mit dem Brenner zwei Spatel Kaliumnitrat (GHS 3). Überprüfe die Leitfähigkeit des Feststoffs und der Schmelze.

AUSWERTUNG

a) Benenne die Teilchen in der wässrigen Lösung, die für die Leitfähigkeit verantwortlich sind. Beschreibe, wie sie in der Lösung vorliegen und vergleiche mit dem Vorliegen der Teilchen im festen Kochsalz und in einer Salzschmelze. Erkläre die Beobachtungen bei **V1a-c**.

b) Der Leitfähigkeitsprüfer ist mit einer Spannungsquelle verbunden, die einen Plus- und einen Minuspol hat. Formuliere eine Hypothese, wie sich die Teilchen in der Lösung bzw. der Schmelze bewegen, wenn der Leitfähigkeitsprüfer in die Lösung bzw. Schmelze gehalten wird.

ENTSORGUNG A, G2

V2 Löslichkeit von Salzen

PROBLEM

Salze gelten allgemein als gut wasserlöslich. Lösen sich alle Salze gleich gut? Ist ihre Löslichkeit temperaturabhängig?

DURCHFÜHRUNG

Fülle mit einem Messzylinder jeweils 25 mL raumtemperiertes Wasser in zwei Bechergläser. Wiege 30 g Natriumchlorid und 30 g Kaliumnitrat (GHS 3) ab und gib die Salzportionen in je eines der beiden Bechergläser. Rühre die Stoffgemische zunächst mit einem Glasstab um und beobachte, ob sich die Salze lösen. Erhitze anschließend über einem Brenner auf 80 °C und rühre dann nochmals intensiv um.

AUSWERTUNG

a) Beschreibe das Löseverhalten beider Salze in **V2**.

b) Beantworte die eingangs gestellten Problemfragen und beziehe dich dabei auf die in **V2** verwendeten Salze.

c) Bei Raumtemperatur können nicht mehr als 316 g Kaliumnitrat in 1 L Wasser gelöst werden. Berechne die maximale Menge an Kaliumnitrat, die sich auch ohne Erhitzen vollständig in 25 mL Wasser löst.

ENTSORGUNG A, R

M3 Schmelztemperaturen von Salzen

Salze haben im Vergleich zu molekularen Stoffen hohe Schmelztemperaturen. Auch die Schmelztemperaturen verschiedener Salze unterscheiden sich voneinander (**B1**). Wie hängt die Schmelztemperatur mit dem Aufbau von Salzen zusammen?

Salz	Formel	Schmelztemperatur in °C	Gitterenergie in kJ
Natriumchlorid	NaCl	800	778
Natriumbromid	NaBr	747	737
Natriumiodid	NaI	662	695
Kaliumchlorid	KCl	770	718
Kaliumbromid	KBr	742	674
Kaliumiodid	KI	682	636
Magnesiumoxid	MgO	2642	3920
Calciumoxid	CaO	2570	3513
Strontiumoxid	SrO	2430	3283

B1 Schmelztemperaturen und Gitterenergien verschiedener Salze. Die Gitterenergie bezieht sich jeweils auf die gleiche Anzahl an Teilchen.

AUSWERTUNG

a) Betrachte die Werte in **B1** und leite eine Erklärung für die unterschiedlichen Schmelztemperaturen ab. Beziehe dich dabei auf die jeweiligen Gitterenergien.

b) Stelle einen Zusammenhang zwischen der Schmelztemperatur und der Ionengröße her. Formuliere jeweils eine Je-desto-Beziehung. Die Ionengrößen kannst du dem Periodensystem der Atome und Ionen (S. 512) entnehmen.

c) Stelle einen Zusammenhang zwischen der Schmelztemperatur und der Ionenladung (siehe Periodensystem der Atome und Ionen auf S. 512) her. Formuliere jeweils eine Je-desto-Beziehung.

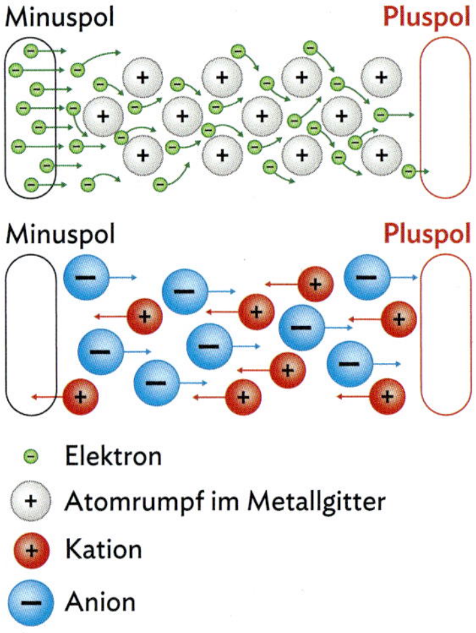

B1 Ladungstransport in einem Metall und in einer Salzlösung bzw. Salzschmelze

Info

Der Name „Ion“ stammt vom griechischen Wort Ionos und bedeutet Wanderer.

Die elektrische Leitfähigkeit von Salzen

Damit ein Stoff **elektrisch leitend** sein kann, müssen bewegliche Ladungsträger vorhanden sein. In Metallen sind es die negativ geladenen Elektronen, die sich frei bewegen können (**B1**). In einem Salzkristall liegen Ionen als Ladungsträger vor. Diese können sich jedoch nicht frei bewegen, da jedes Ion durch die Ionenbindung an seinem Platz im Ionengitter gehalten wird. Daher leiten Salze im festen Zustand den Strom nicht (**V1a**).

Diese Eigenschaft ändert sich, sobald das Salz in Wasser gelöst ist. Die Ionen haben ihre Gitterplätze verlassen und sind von Wasser-Molekülen umgeben. Sie können sich in der Lösung frei bewegen. Legt man eine elektrische Spannung an, werden die negativ geladenen Anionen vom Pluspol und die positiv geladenen Kationen vom Minuspol angezogen (**B1**).

Frei bewegliche Ionen liegen nicht nur in einer **Salzlösung** vor. Erhitzt man ein Salz so stark, dass eine **Salzschmelze** entsteht, können die Ionen ihre Gitterplätze verlassen. Dies hat zur Folge, dass das Salz in diesem Aggregatzustand ebenfalls den Strom leitet (**V1**).

Salzkristalle leiten keinen elektrischen Strom, da die Ionen feste Plätze im Ionengitter einnehmen. Salzlösungen oder Salzschmelzen enthalten frei bewegliche Ionen und sind daher elektrisch leitfähig.

Die Schmelztemperatur von Salzen

Im Natriumchloridkristall ist jedes Natrium-Ion von sechs Chlorid-Ionen umgeben und umgekehrt. Da Natrium-Ionen positiv und Chlorid-Ionen negativ geladen sind, wirken elektrostatische Anziehungskräfte zwischen ihnen. Beim Schmelzen müssen diese Anziehungskräfte und damit die **Gitterenergie** überwunden werden. Aus diesem Grund haben nicht nur Natriumchlorid (800 °C), sondern Salze im Allgemeinen eine hohe **Schmelztemperatur**.

Im Vergleich zu Natriumchlorid ist die Schmelztemperatur von Kaliumchlorid (770 °C) etwas niedriger. Die Kalium-Ionen sind größer als die Natrium-Ionen. Somit ist der Abstand eines Kalium-Kations zu einem Chlorid-Anion auch größer, was eine schwächere Anziehung der Ionen zur Folge hat. Auch die Größe der Anionen spielt eine Rolle. Natriumbromid und Natriumiodid haben beide eine niedrigere Schmelztemperatur als Natriumchlorid. Bromid-Ionen sind größer als Chlorid-Ionen und Iodid-Ionen größer als Bromid- und Chlorid-Ionen. (**M3**, **B2**).

Die Ionenladungszahl hat ebenfalls einen Einfluss auf die Schmelztemperatur. Die Schmelztemperaturen der Erdalkalimetalloxide sind mit über 2 400 °C besonders hoch, da die Ionen zweifach geladen

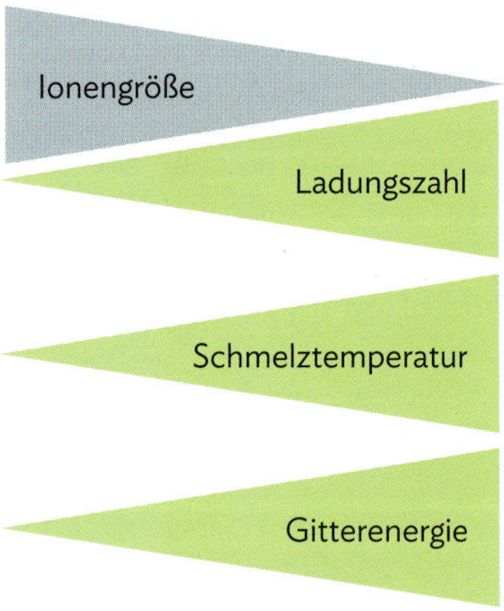

B2 Einfluss von Ionengröße und Ladungszahl auf Schmelztemperatur und Gitterenergie

sind. Dies führt zu einer stärkeren Anziehung und folglich zu hohen Schmelztemperaturen bzw. Gitterenergien.

Je kleiner die Größen der beteiligten Ionen und je höher deren Ladungszahlen sind, umso größer ist die Gitterenergie und umso höher ist die Schmelztemperatur eines Salzes.

Die Löslichkeit von Salzen

Sehr viele Salze, wie z. B. Kaliumnitrat (vgl. Info) lösen sich bei höherer Temperatur besser als bei Raumtemperatur. Bei anderen, wie z. B. Natriumchlorid, ändert sich die **Löslichkeit** bei Temperaturerhöhung nur geringfügig. Bei allen Salzen ist die Löslichkeit begrenzt und für jedes Salz spezifisch. Ist sie überschritten, bildet sich ein Bodensatz (**V2**). Eine solche Lösung wird als **gesättigt** bezeichnet.

Der Wert für die Löslichkeit eines Salzes in Wasser gibt die maximale Masse eines Salzes an, die sich in 1 L Wasser bei einer bestimmten Temperatur lösen lässt. Eine gesättigte Lösung liegt vor, wenn dieser Wert erreicht wurde. Gibt man weiter Salz hinzu, bildet sich ein Bodensatz.

Info

Nitrat-Ionen NO_3^- zählen zu den Molekül-Ionen.

Nitrate wie z. B. Kaliumnitrat (KNO_3) werden in der Landwirtschaft in Form von Dünger eingesetzt, da sie den Pflanzen als Stickstofflieferant dienen.

Die Verformbarkeit von Salzen

Salzkristalle sind spröde und hart. Sie können nicht verformt werden, sondern zerspringen bei einem kräftigen Hammerschlag in kleinere Kristallstücke mit glatten Bruchstellen. Im Ionengitter wechseln sich positive und negative Ladungen ab, was zu einer elektrostatischen Anziehung der Ionen führt. Bei Krafteinwirkung auf Salzkristalle können sich Ionenschichten so verschieben, dass gleichnamig geladene Ionen direkt nebeneinander liegen und sich folglich abstoßen. Der Salzkristall zerbricht daher entlang dieser Ionenschichten (**B3**).

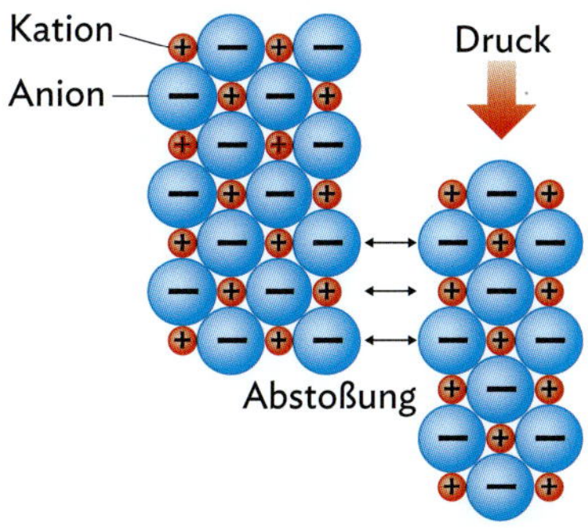

B3 Modelldarstellung zur Druckeinwirkung auf einen Salzkristall

AUFGABEN

A1 Erkläre die elektrische Leitfähigkeit einer Salzschmelze.

A2 Ordne die folgenden Salze aufsteigend nach ihren Schmelztemperaturen und begründe deine Entscheidung: Bariumoxid, Strontiumoxid, Natriumfluorid, Kaliumfluorid.

A3 Die Gitterenergie von Aluminiumoxid beträgt 15157 kJ. Begründe diesen hohen Wert (vgl. S. 215, **B1**).

A4 Erläutere die unterschiedlichen mechanischen Eigenschaften von Salzen und Metallen.

FACHBEGRIFFE

elektrische Leitfähigkeit, Salzlösung, Salzschmelze, Schmelztemperatur, Löslichkeit, gesättigte Lösung, Ionengröße, Ladungszahl, Gitterenergie

Elektronenübergänge und Elektrolyse

„And the Oscar goes to …“ Jährlich wird die begehrte Goldstatue in über 20 Kategorien verliehen. Sie wiegt etwa 3,8 kg. Beim aktuellen Goldpreis würden allein für die Trophäen Kosten in Millionenhöhe auf die Veranstalter zukommen. Daher besteht der Oscar hauptsächlich aus einer günstigeren Legierung und ist nur mit einer sehr dünnen Goldschicht überzogen. Doch wie werden solche dünnen Metallschichten aufgetragen?

LV1 Metalle reagieren mit Sauerstoff und Chlor

3 4 5 6 7 9

PROBLEM

Unedle Metalle wie Magnesium verbrennen in Sauerstoffgas mit heller Flamme. Reagiert Magnesium auch in Chlorgas?

DURCHFÜHRUNG

a) Die Böden zweier Standzylinder werden mit Sand bedeckt. Einer der Standzylinder wird mit Sauerstoffgas (GHS 3 | 4), der andere mit Chlorgas (GHS 3 | 6 | 9) gefüllt (Herstellung unter QR-/Mediencode 05037-15). In der Brennerflamme werden zwei 5 cm lange Stücke blankes Magnesiumband entzündet und jeweils in einen der Standzylinder gegeben.
Hinweis: Nicht direkt in die Magnesiumflamme sehen!

05037-15

b) Die Reaktionsprodukte aus **LV1a** werden jeweils in etwas Wasser gelöst und die Lösungen mit einem Leitfähigkeitsprüfer untersucht.

c) Analog zu **LV1a** wird ein erhitzter Kupferdraht in einen Standzylinder mit Chlor gegeben.

AUSWERTUNG

a) Vergleiche das Aussehen der Edukte und der Produkte aus **LV1a** und **LV1c**.

b) Stelle eine Vermutung auf, um welche Produkte es sich dabei jeweils handelt.

c) Erkläre die Ergebnisse der Messung der Leitfähigkeiten in **LV1b**.

ENTSORGUNG R bzw. G2

LV2 Elektrolyse einer Kupferchloridlösung

PROBLEM

Vergoldete Oscar-Trophäen, verchromte Autofelgen oder versilbertes Besteck haben eine Gemeinsamkeit: Ihre Oberflächen bestehen jeweils aus einer dünnen Metallschicht. Wie erhält man solche dünnen Metallschichten?

DURCHFÜHRUNG

Ein U-Rohr mit seitlichen Ansätzen wird etwa zur Hälfte mit einer Kupfer(II)-chloridlösung (GHS 5 | 7 | 9) gefüllt. In die Lösung werden zwei Grafitstäbe, die mittels Stopfen am U-Rohr befestigt sind, getaucht. Man bezeichnet diese Grafitstäbe auch als Grafitelektroden. Sie werden mithilfe von Kabeln und Krokodilklemmen mit einer Gleichspannungsquelle verbunden. Für etwa 5 Minuten wird nun eine Gleichspannung von etwa 10 V angelegt.

AUSWERTUNG

a) Notiere die Beobachtungen am Pluspol und am Minuspol.

b) Bei der Elektrolyse handelt es sich um die Zerlegung einer chemischen Verbindung mithilfe von elektrischer Spannung. Stelle, basierend auf deinen Beobachtungen aus **LV2a**, eine Vermutung darüber auf, welche Produkte an den beiden Polen entstehen.

c) Stelle die Teilgleichungen und die Gesamtgleichung für die Zerlegung von Kupfer(II)-chlorid auf.

ENTSORGUNG G2

V3 Elektrolyse einer Zinkiodidlösung

PROBLEM

„Bei der Elektrolyse einer Kupferchloridlösung handelt es sich um eine durch Zufuhr von elektrischer Energie erzwungene Redoxreaktion." Lässt sich diese Aussage für andere Elektrolysen verallgemeinern?

DURCHFÜHRUNG

a) Fülle eine Petrischale zur Hälfte mit destilliertem Wasser und löse darin eine Spatelspitze Zinkiodid (GHS 5 | 9). Tauche zwei Grafitelektroden so in die Lösung, dass sie sich nicht berühren. Verbinde die Elektroden mithilfe von Kabeln und Krokodilklemmen mit einer Gleichspannungsquelle oder einer 4,5 V- oder 9 V-Batterie und warte einige Minuten.

b) Ersetze die Gleichspannungsquelle durch einen Motor (mit niedriger Anlaufspannung) mit Propeller oder eine LED.

AUSWERTUNG

a) Notiere deine Beobachtungen an beiden Elektroden bei **V3a**.

b) Stelle eine Vermutung zu den Stoffumwandlungen bei der Elektrolyse einer Zinkiodidlösung auf. Gehe dabei speziell auf deine Beobachtungen am Plus- und am Minuspol ein und benenne die Produkte.

c) Formuliere zu der Reaktion aus **V3a** die Teilgleichungen und die Gesamtgleichung.

d) Beschreibe die Beobachtungen bei **V3b**.

ENTSORGUNG G2

B1 Magnesium reagiert mit Chlor.

Elektronenübergänge

Magnesium reagiert sowohl mit Sauerstoff als auch mit Chlor sehr heftig (**LV1a**). Bei den Reaktionen entstehen jeweils weiße, spröde Feststoffe, die sich in Wasser lösen. Die Untersuchung mit dem Leitfähigkeitsprüfer zeigt, dass beide Lösungen elektrisch leitfähig sind. Analog zu der Reaktion von Natrium mit Chlor zu Natriumchlorid (vgl. S. 206) reagiert Magnesium mit Chlor zu Magnesiumchlorid. Mit Sauerstoff reagiert Magnesium zu Magnesiumoxid.

$Mg\ (s) + Cl_2\ (g) \longrightarrow MgCl_2\ (s)$ | exotherm

$2\ Mg\ (s) + O_2\ (g) \longrightarrow 2\ MgO\ (s)$ | exotherm

Bei Magnesiumchlorid und Magnesiumoxid handelt es sich wie bei Natriumchlorid um Salze, die in Wasser löslich sind. Die Lösungen enthalten frei bewegliche Ionen und sind daher elektrisch leitfähig (**LV1b**). Eine chemische Reaktion mit Sauerstoff unter Bildung von Oxiden ist bereits als Oxidation bekannt. Bei der **Oxidation** von Magnesium zu Magnesiumoxid geben Magnesium-Atome je zwei Elektronen ab und erreichen somit die Edelgaskonfiguration von Neon. Magnesium wirkt als **Elektronendonator** (lat. donare: schenken).

Teilgleichung für die Elektronenabgabe: $Mg \longrightarrow Mg^{2+} + 2\ e^-$

Info

Eselsbrücke

Ich alter Ox habe Elektronen abgegeben.

⟶ Oxidation: Elektronenabgabe

Bei der Reaktion von Magnesium mit Chlor werden ebenfalls Magnesium-Kationen (**B2**) gebildet. Da die Teilgleichung für die Bildung der Magnesium-Kationen bei beiden Reaktionen identisch ist, erweitert man den Oxidationsbegriff: Gibt ein Teilchen Elektronen ab, so wird es oxidiert.

Die abgegebenen Elektronen werden durch einen **Elektronenakzeptor** (lat. accipere: aufnehmen) wieder aufgenommen. Bei **LV1** wirkt entweder Chlor (**B3**) oder Sauerstoff als Elektronenakzeptor. Da Chlor elementar nur als zweiatomiges Molekül vorkommt, werden zwei Elektronen pro Chlor-Molekül benötigt. Durch die Elektronenaufnahme entstehen dabei je zwei einfach negativ geladene Chlorid-Anionen, die je ein Elektron aufgenommen haben und somit die Edelgasregel erfüllen. Entsprechend gilt für Sauerstoff, der ebenfalls nur als zweiatomiges Molekül vorkommt, dass je Sauerstoff-Molekül vier Elektronen aufgenommen werden müssen, damit sich zwei zweifach negativ geladene Oxid-Anionen mit der Elektronenkonfiguration des Edelgases Neon bilden:

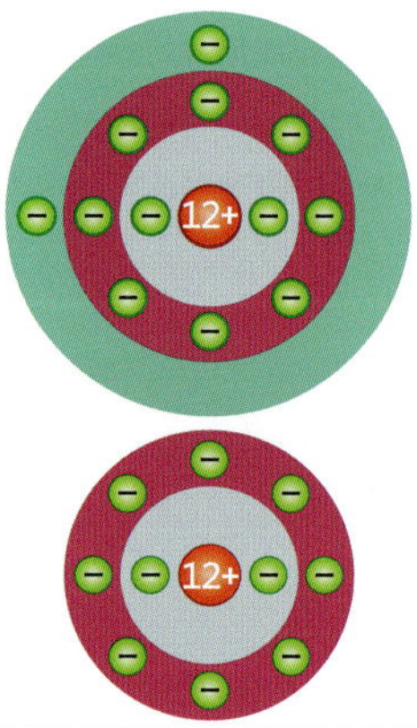

B2 Schalenmodell eines Magnesium-Atoms (oben) und eines Magnesium-Kations Mg^{2+} (unten)

Teilgleichungen für die Elektronenaufnahme:

$Cl_2 + 2\ e^- \longrightarrow 2\ Cl^-$ bzw.

$O_2 + 4\ e^- \longrightarrow 2\ O^{2-}$

Es ist bereits bekannt, dass man die Sauerstoffabgabe als Reduktionsreaktion bezeichnet. Wendet man den erweiterten Oxidationsbegriff an, d. h. die Oxidation als Elektronenabgabe, so wird der umgekehrte Vorgang der Elektronenaufnahme als **Reduktion** bezeichnet.

Durch die Elektronenaufnahme werden die Chlor- bzw. Sauerstoff-Atome reduziert. Das gleichzeitige Auftreten von Oxidation und Reduktion wird als **Redoxreaktion** bezeichnet. Da bei diesem Prozess Elektronen abgegeben (Oxidation) bzw. aufgenommen (Reduktion) werden, handelt es sich um eine **Elektronenübertragungsreaktion**.

Reduktion

Gesamtgleichung für die Redoxreaktion: $Mg (s) + Cl_2 (g) \longrightarrow MgCl_2 (s)$

Oxidation

Magnesium reduziert Chlor (bzw. Sauerstoff) und wird dabei selbst oxidiert. Es wirkt hier als **Reduktionsmittel**. Gleichzeitig oxidiert Chlor (bzw. Sauerstoff) als **Oxidationsmittel** das Magnesium und wird dabei selbst reduziert.

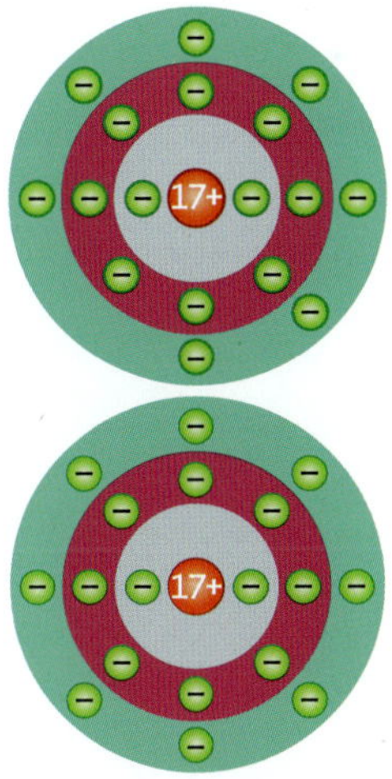

B3 Schalenmodell eines Chlor-Atoms (oben) und eines Chlorid-Anions Cl^- (unten)

> Redoxreaktionen sind Elektronenübertragungsreaktionen. Die Elektronenabgabe bzw. Oxidation erfolgt durch den Elektronendonator und die Elektronenaufnahme bzw. Reduktion durch den Elektronenakzeptor.
>
> Ein Stoff, der einen anderen Stoff reduziert und selbst oxidiert wird, ist ein Reduktionsmittel. Einen Stoff, der einen anderen Stoff oxidiert und selbst reduziert wird, bezeichnet man als Oxidationsmittel.

Info

Merkhilfe zur Bedeutung des Begriffs „Mittel“

Ein Wasch-„mittel“ ist ein Mittel, um Wäsche zu waschen, es wird selbst nicht gewaschen.

Analog reagiert Kupfer mit Chlor zu Kupfer(II)-chlorid, das aus Kupfer-Kationen und Chlorid-Anionen aufgebaut ist (**LV1c**):

Teilgleichung für die Oxidation: $Cu \longrightarrow Cu^{2+} + 2\,e^-$

Teilgleichung für die Reduktion: $Cl_2 + 2\,e^- \longrightarrow 2\,Cl^-$

Reduktion

Gesamtgleichung für die Redoxreaktion: $Cu (s) + Cl_2 (g) \longrightarrow CuCl_2 (s)$

Oxidation

AUFGABEN

A1 Erkläre die folgenden Fachbegriffe: Elektronendonator, Elektronenakzeptor, Oxidationsmittel und Reduktionsmittel.

A2 Stelle für die Redoxreaktion von Magnesium mit Sauerstoff die Gesamtgleichung auf. Ordne zudem den Edukten die Fachbegriffe aus **A1** zu und begründe, dass es sich auch nach der erweiterten Definition um eine Redoxreaktion handelt.

Elektrolyse einer Kupferchloridlösung

Info

Das A und O der Elektrochemie:

An der Anode findet die Oxidation statt.

Bei der **Elektrolyse** (griech.: mit Elektrizität trennen) werden zwei Grafitelektroden, die in diese Lösung eintauchen, mit einer Gleichspannungsquelle verbunden (**LV2**). Dabei wird die **Elektrode** am Pluspol als **Anode** (griech.: Aufstieg) und die Elektrode am Minuspol als **Kathode** (griech.: Hinabweg) bezeichnet. Die Kupfer(II)-chloridlösung nennt man **Elektrolyt**. Wird nun eine Spannung von etwa 10 Volt angelegt, so sind nach kurzer Zeit Gasbläschen an der Anode zu erkennen. An der Kathode bildet sich langsam ein rötlicher Überzug (**B4**).

Eine Kupfer(II)-chloridlösung enthält Kupfer-Kationen und Chlorid-Anionen. Die Kupfer-Kationen wandern zur Kathode und werden dort zu Kupfer-Atomen reduziert, indem sie je zwei Elektronen aufnehmen. Das Kupfer scheidet sich dabei als rötliche Schicht an der Kathode ab.

Teilgleichung der Reduktion (Kathode): $Cu^{2+} + 2e^- \longrightarrow Cu$

Die Chlorid-Anionen wandern zur Anode und werden zu Chlor-Atomen oxidiert, indem sie je ein Elektron abgeben. Es bildet sich elementares Chlor (Cl_2), welches bei Raumtemperatur gasförmig ist. Bei den Gasbläschen an der Anode handelt es sich also um Chlorgas (**B4**).

Teilgleichung der Oxidation (Anode): $2\,Cl^- \longrightarrow Cl_2 + 2e^-$

Bei einer Elektrolyse wandern die Kationen stets zur Kathode und die Anionen stets zur Anode. An der Kathode findet immer die Reduktion und an der Anode immer die Oxidation statt.

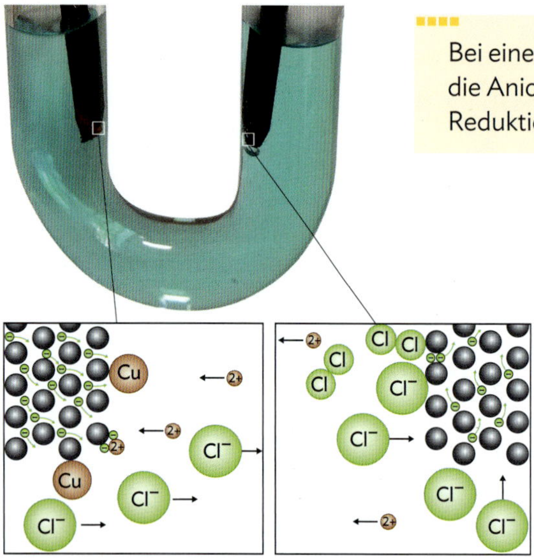

B4 Elektrolyse einer Kupfer(II)-chloridlösung und schematische Darstellung auf Teilchenebene (Wasser-Moleküle der Lösung nicht berücksichtigt). Bei den zweifach positiv geladenen Teilchen handelt es sich um Kupfer(II)-Kationen.

Aus gelöstem Kupfer(II)-chlorid werden bei der Elektrolyse demnach die Elemente Kupfer und Chlor gebildet. Die Elektrolyse ist somit eine Sonderform der **Analyse**, unter der man im Allgemeinen die Zerlegung einer chemischen Verbindung in ihre Elemente versteht.

Reduktion

Redoxreaktion: $Cu^{2+}(aq) + 2\,Cl^-(aq) \longrightarrow Cu(s) + Cl_2(g)$

Oxidation

Im Gegensatz zur Rückreaktion, d.h. **Synthese** von Kupfer(II)-chlorid aus Kupfer und Chlor (**LV1**) läuft diese Redoxreaktion nicht freiwillig ab.

Eine Elektrolyse ist eine durch elektrische Spannung erzwungene Redoxreaktion. Dabei wird eine chemische Verbindung zerlegt.

Abscheidung von dünnen Metallschichten

Unter Galvanotechnik versteht man das Abscheiden von metallischen Schichten aus Metallsalzlösungen durch Anlegen einer elektrischen Spannung. Mit dieser Methode stellt man z. B. verchromte Autoteile, versilberten Schmuck und auch die vergoldete Oscar-Trophäe her. Solche Überzüge dienen neben einer optischen Aufwertung auch als Schutz vor Korrosion (Rosten). Beim Galvanisieren wird das Werkstück in eine wässrige Metallsalzlösung (Elektrolyt) getaucht und an den Minuspol einer Gleichspannungsquelle angeschlossen. Das Metall, das abgeschieden werden soll, wird mit dem Pluspol verbunden.

Umkehrbarkeit der Elektrolyse

Bei der Elektrolyse einer Zinkiodidlösung sind schon nach kurzer Zeit braune Schlieren an der Anode zu erkennen. An der Kathode dagegen bildet sich langsam ein grauer Belag (**V3a**, **B5**). Die Zink-Kationen der Lösung werden an der Kathode zu Zink-Atomen reduziert, indem sie je zwei Elektronen aufnehmen. Das elementare Zink scheidet sich als grauer Feststoff ab. Die Iodid-Anionen der Lösung werden an der Anode zu Iod-Atomen oxidiert, indem sie je ein Elektron abgeben. Es bildet sich elementares Iod (I_2), das an den braunen Schlieren erkennbar ist.

Teilgleichung für die Reduktion (Kathode): $Zn^{2+} + 2e^- \longrightarrow Zn$

Teilgleichung für die Oxidation (Anode): $2\,I^- \longrightarrow I_2 + 2e^-$

Reduktion

Redoxreaktion: $Zn^{2+}\,(aq) + 2\,I^-\,(aq) \longrightarrow Zn\,(s) + I_2\,(aq)$

Oxidation

Für die Analyse von Zinkiodid muss elektrische Energie zugeführt werden. Die Rückreaktion, d. h. die Bildung (Synthese) von Zinkiodidlösung, verläuft unter Energieabgabe. Diese Energie kann man „sichtbar" machen, wenn man einen Verbraucher in den Stromkreis einbaut. Ein Motor mit Propeller dreht sich oder eine LED leuchtet (**V3b**).

B5 Abscheidung bzw. Schlierenbildung an den Grafitelektroden bei der Elektrolyse einer Zinkiodidlösung

AUFGABEN

A1 Erstelle für die Elektrolyse von Kupfer(II)-bromidlösung eine beschriftete Skizze auf Teilchenebene. Notiere die Beobachtungen, die du bei diesem Versuch erwartest. Gib die Teilgleichungen und die Gesamtgleichung an.

A2 Recherchiere das Verfahren der Schmelzflusselektrolyse und vergleiche es mit der Elektrolyse einer Salzlösung.

FACHBEGRIFFE

Oxidation, Reduktion, Redoxreaktion, Elektronenübertragungsreaktion, Elektronendonator, Elektronenakzeptor, Reduktionsmittel, Oxidationsmittel, Anode, Kathode, Elektrode, Elektrolyt, Elektrolyse, Analyse, Synthese

Redoxreaktionen in Batterien

Der Traum jedes Tauchers ist es, einen verborgenen Schatz aus einem versunkenen Schiff zu bergen. Schiffwracks auf dem Meeresgrund sind oft von einer dicken Rostschicht überzogen und verwittern mit der Zeit. Oft ist man unterwegs und der Akku des Handys ist „leer". Zum Glück ist die Power-Bank aufgeladen! Doch was haben ein rostendes Schiff und eine Power-Bank gemeinsam?

V1 Eisennagel in Kupfersulfatlösung

GHS 5 | 7 | 9

PROBLEM

Bei Kupfer und Eisen handelt es sich jeweils um Metalle, die in unserem Alltag häufig Anwendung finden. So werden z. B. Schiffe, Werkzeuge oder Brücken aus Eisen und seinen Legierungen hergestellt. Kupfer findet man aufgrund seiner sehr guten elektrischen Leitfähigkeit in Stromkabeln. In ihren Eigenschaften unterscheiden sich die beiden Metalle in vielen Punkten. Während es sich bei Eisen um ein unedles Metall handelt, ist Kupfer ein edles Metall. Beeinflusst der edle Charakter eines Metalls seine Reaktivität?

DURCHFÜHRUNG

Stelle für einige Minuten einen Eisennagel in eine Kupfer(II)-sulfatlösung (GHS 5 | 7 | 9) und einen Kupferstreifen in eine Eisen(II)-sulfatlösung (GHS 7). Spüle sie danach mit destilliertem Wasser ab.

AUSWERTUNG

a) Beschreibe die Beobachtungen am Eisennagel und am Kupferblech.

b) Leite aus der Beobachtung am Eisennagel den stattfindenden Vorgang ab. Formuliere dazu eine Teilgleichung.

c) Formuliere eine Hypothese, die erklärt, dass sich die Vorgänge am Eisennagel und am Kupferblech unterscheiden.

ENTSORGUNG G2

V2 Redoxreihe der Metalle

PROBLEM

Würde ein Schiffsrumpf auch rosten, wenn er aus Silber oder Gold hergestellt werden würde?

DURCHFÜHRUNG

Auf vier Metallstreifen (Silber, Kupfer, Zink und Magnesium) wird jeweils ein Tropfen folgender Metallsalzlösungen gegeben: Silbernitratlösung (GHS 5 | 9), Kupfer(II)-sulfatlösung (GHS 5 | 7 |9), Zinksulfatlösung (GHS 5 | 7 | 9) und Magnesiumchloridlösung. Achte darauf, dass sich die Tropfen nicht berühren. Spüle nach etwa 5 Minuten die Salzlösungen mit destilliertem Wasser ab.

AUSWERTUNG

a) Übertrage die folgende Tabelle in dein Heft, halte deine Beobachtungen darin fest und entscheide jeweils, ob eine Reaktion stattgefunden hat.

Metallsteifen:	Silbernitrat	Kupfer(II)-sulfat	Zinksulfat	Magnesiumchlorid
Ag				
Cu				
Zn				
Mg				

b) Ordne die getesteten Metalle nach ihrem edlen Charakter und finde einen Zusammenhang zur Beobachtung auf dem Metallstreifen.

c) Stelle eine Vermutung über mögliche Beobachtungen auf, wenn der Versuch zusätzlich mit einem Goldstreifen und einer Goldsalzlösung durchgeführt werden würde.

ENTSORGUNG G2

V3 DANIELL-Element

PROBLEM

Wir finden sie im Handy, in der Taschenlampe oder in einer TV-Fernbedienung: Batterien und Akkus erleichtern unseren Alltag! Wie sieht eine einfache Version einer Batterie aus?

DURCHFÜHRUNG

a) Fülle in ein 100 mL Becherglas (BG 1) etwa 70 mL Kupfer(II)-sulfatlösung (c = 1 mol/L, GHS 5 | 7 | 9) und in ein weiteres Becherglas (BG 2) 70 mL Zinksulfatlösung (c = 1 mol/L, GHS 5 | 7 | 9). Tauche in BG 1 einen Kupferstreifen und in BG 2 einen Zinkstreifen. Verbinde die Streifen mittels Krokodilklemmen und Kabeln so mit einem Voltmeter, dass das Kabel am Zinkblech mit dem Minuspol und das Kabel am Kupferblech mit dem Pluspol des Messgeräts verbunden ist. Miss die Spannung.

b) Tränke einen Filterpapierstreifen mit einer gesättigten Kaliumchloridlösung und hänge je ein Ende des Streifens in je eines der beiden Bechergläser, sodass sie in die Lösungen eintauchen. Miss die Spannung erneut.

c) Ersetze das Spannungsmessgerät (Voltmeter) durch einen Motor (mit niedriger Anlaufspannung).

AUSWERTUNG

a) Beschreibe deine Beobachtungen aus **V3a** und **V3b**.

b) Erkläre die Funktion des getränkten Filterpapierstreifens.

ENTSORGUNG G2

Redoxreaktionen von Metallen in Salzlösungen

Der Lack am Stahlboot ist abgeplatzt – bald zeigen sich braune Stellen (vgl. S. 224). Das Rosten von eisenhaltigen Bauteilen in Schiffsrümpfen ist für Schiffsbesitzer stets mit Ärger verbunden, da der Rostvorgang bis zur Lochbildung fortschreiten kann. Das Eisen wird hierbei oxidiert. Im Meerwasser wird dieser Prozess durch das darin enthaltene Salz verstärkt, da die Ionen die Leitfähigkeit des Wassers erhöhen. Metalle unterscheiden sich in ihrem Bestreben, mit Sauerstoff zu reagieren (vgl. S. 142). Besteht auch ein Unterschied in dem Bestreben, Elektronen abzugeben bzw. aufzunehmen?

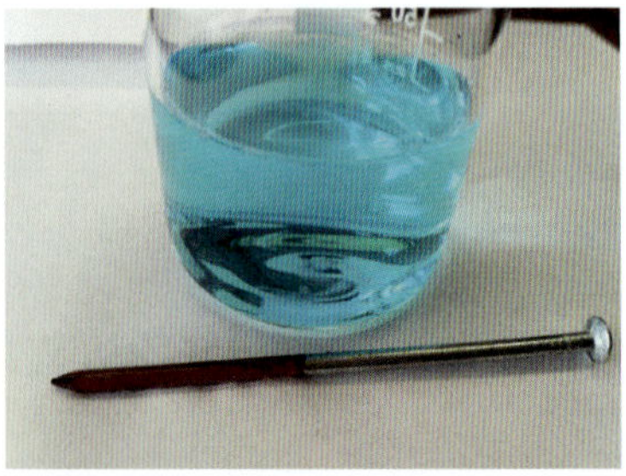

B1 Eisennagel nach dem Eintauchen in eine Kupfer(II)-sulfatlösung

Taucht man einen Eisennagel in eine Kupfer(II)-sulfatlösung, so ist das eingetauchte Stück nach nur kurzer Zeit von einer rötlichen Schicht (**B1**, **V1**) überzogen. Taucht man hingegen ein Kupferblech in eine Eisen(II)-sulfatlösung, so stellt man keine Veränderung fest (**V1**). Auf dem Eisennagel hat sich eine dünne Schicht aus elementarem Kupfer abgelagert. Zwischen den Kupfer-Kationen der Kupfer(II)-sulfatlösung und den Eisen-Atomen des Nagels hat eine Redoxreaktion stattgefunden. Die Kupfer-Kationen wirken hierbei als Elektronenakzeptoren und werden durch die Aufnahme von je zwei Elektronen zu Kupfer-Atomen reduziert. Die Elektronen hierfür stammen aus der Oxidation der Eisen-Atome zu Eisen-Kationen. Die Eisen-Atome wirken somit als Elektronendonatoren.

Info

Die Sulfat-Anionen der Kupfer(II)-sulfatlösung sind hier nicht an der Redoxreaktion beteiligt und werden daher sowohl in den Teilgleichungen als auch der Gesamtgleichung nicht aufgeführt.

Reduktion (Elektronenaufnahme): $Cu^{2+} + 2\,e^- \longrightarrow Cu$

Oxidation (Elektronenabgabe): $Fe \longrightarrow Fe^{2+} + 2\,e^-$

Gesamtgleichung: $Fe\,(s) + Cu^{2+}\,(aq) \longrightarrow Fe^{2+}\,(aq) + Cu\,(s)$

Eisen ist im Vergleich zu Kupfer ein unedleres Metall. Eisen-Atome besitzen daher im Gegensatz zu Kupfer-Atomen ein höheres Bestreben, ihre Außenelektronen abzugeben und somit oxidiert zu werden. Gleichzeitig weisen Kupfer-Ionen gegenüber Eisen-Ionen ein höheres Bestreben auf, Elektronen aufzunehmen und somit reduziert zu werden (**B2**).

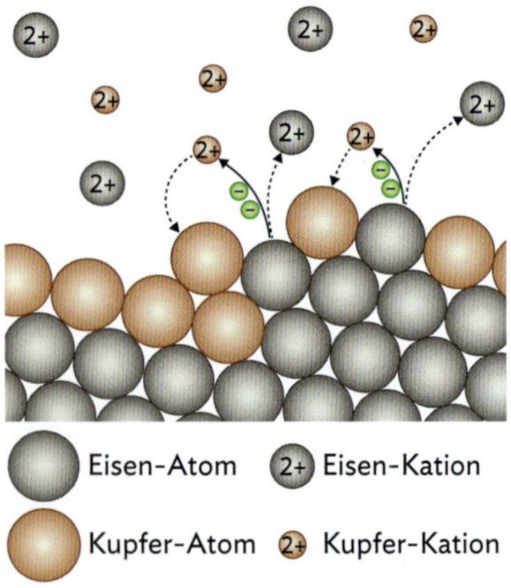

B2 Elektronenübertragung zwischen den Eisen-Atomen des Nagels und den Kupfer-Kationen der Metallsalzlösung (Wasser-Moleküle der Lösung nicht berücksichtigt)

Reaktivität verschiedener Metalle

Wird auf einen Silber-, Kupfer-, Zink- und Magnesiumstreifen jeweils ein Tropfen einer Silber-, Kupfer-, Zink- und Magnesiumsalzlösung gegeben, so beobachtet man nach dem Abspülen am Silberstreifen keine Veränderung (**V2**). Beim Kupferstreifen hinterlässt die farblose Silbernitratlösung nach dem Abspülen einen schwarzen Fleck (**B3**). Die Silber-Kationen wurden zu Silber-Atomen reduziert und die Kupfer-Atome des Streifens zu Kupfer-Kationen oxidiert. Bei den schwarzen Rückständen handelt es sich um fein verteiltes Silber. Zink zeigt eine Reaktion mit den Metall-Ionen der Silbernitrat- und der Kupfer(II)-sulfatlösung. Magnesium, als unedelstes der vier untersuchten Metalle, reagiert in Redoxreaktionen mit den Silber-, Kupfer- und Zink-Ionen der Lösungen (**B3**). Die Magnesium-Atome dienen hierbei jeweils als

Elektronendonatoren und die Metall-Kationen der drei Lösungen als Elektronenakzeptoren.

Metalle reagieren nur mit Metallsalzlösungen, wenn das eingetauchte Metall unedler ist als das Metall, dessen Ionen die Metallsalzlösung enthält.

Redoxreihe der Metalle

In der **Redoxreihe** der Metalle sind die Metalle nach ihrem Bestreben, Elektronen abzugeben, angeordnet. Je unedler ein Metall ist, desto höher ist sein Bestreben, als Elektronendonator zu wirken und somit oxidiert zu werden. Das Bestreben der Metall-Kationen, reduziert zu werden, steigt, je edler das Metall des entsprechenden Metall-Kations ist.

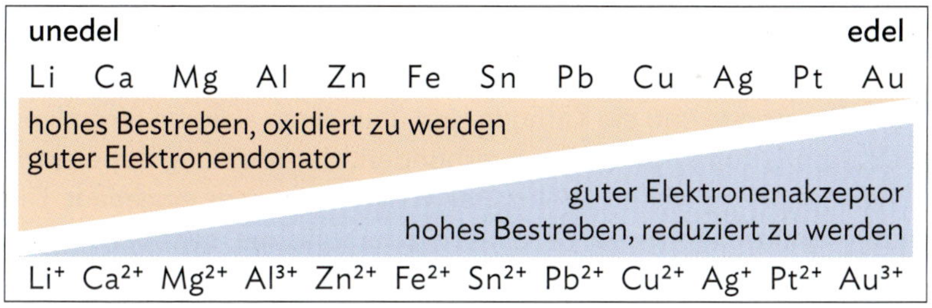

Je unedler ein Metall ist, desto leichter lassen sich seine Atome oxidieren. Je edler ein Metall ist, desto leichter lassen sich seine Kationen reduzieren.

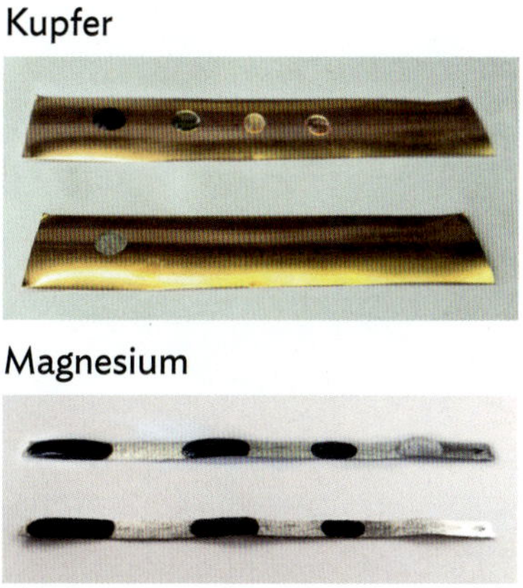

B3 Kupfer- und Magnesiumstreifen mit Metallsalzlösungen (von links nach rechts: Silbernitrat-, Kupfer(II)-sulfat-, Zinksulfat- und Magnesiumchloridlösung) vor und nach dem Abspülen mit destilliertem Wasser

AUFGABEN

A1 Entscheide, ob jeweils eine Redoxreaktion möglich ist und begründe deine Entscheidung. Wenn eine Reaktion möglich ist, stelle die Teilgleichungen und die Gesamtgleichung der Redoxreaktion auf.

a) Ein Aluminiumblech wird in eine Kupfer(II)-chloridlösung gegeben.
b) Ein Bleiblech wird in eine Magnesiumchloridlösung gegeben.
c) Ein Zinnblech wird in eine Zinnsulfatlösung gegeben.

A2 Ein altes Hausmittel besagt, dass sich angelaufenes Silberbesteck reinigen lässt, indem es in Alufolie eingewickelt und dann in eine Kochsalzlösung gelegt wird. Tipp: Silber läuft mit der Zeit an, da sich an der Oberfläche Silbersulfid bildet. Erkläre, was beim Reinigungsprozess chemisch gesehen passiert.

B4 Das Anwendungsspektrum von Batterien ist groß. Sie werden z. B. in Kraftfahrzeugen eingesetzt.

Batterien

In Batterien laufen Redoxreaktionen freiwillig ab. In einigen Zellen sind die ablaufenden chemischen Reaktionen reversibel (umkehrbar) und die Produkte lassen sich durch Zufuhr von Energie wieder in ihre Ausgangsstoffe überführen. Solche wieder aufladbaren Batterien nennt man **Akkumulatoren**, kurz Akkus. Sie finden breite Anwendung, z. B. in Kraftfahrzeugen (**B4**, Bleiakkumulator), Laptops oder Handys. Batterien, in denen chemische Reaktionen irreversibel (unumkehrbar) verlaufen, sind Einwegprodukte. Wie funktioniert eine Batterie?

Galvanische Zellen

Heutige Batterien zählen zu den **galvanischen Zellen**. Diese sind nach dem Naturwissenschaftler LUIGI GALVANI benannt. GALVANI legte durch seine Experimente die Grundlage für die Entwicklung von Strom liefernden Redoxsystemen.
Galvanische Zellen sind aus zwei Halbzellen aufgebaut. In jeder Halbzelle taucht jeweils eine Elektrode in eine entsprechende Metallsalzlösung. Die Anode und die Kathode sind über einen äußeren Stromkreis elektrisch leitend miteinander verbunden. Zur Messung der elektrischen Spannung wird ein Voltmeter in den Stromkreis eingebaut. Die beiden Halbzellen trennt oft eine halbdurchlässige, **semipermeable Membran** voneinander. Diese Membran ermöglicht einen Ionenaustausch zwischen den beiden Halbzellen. Alternativ können zwei räumlich getrennte Halbzellen auch über eine **Salzbrücke** verbunden werden. Hierfür wird häufig ein Filterpapierstreifen, der mit einer Salzlösung getränkt wurde, verwendet (**V3b**). Erst bei Verbindung der beiden Halbzellen durch eine semipermeable Membran oder eine Salzbrücke kann eine elektrische Spannung gemessen werden, da hierfür der Stromkreis geschlossen sein muss.

In einer galvanischen Zelle laufen die Oxidation und die Reduktion in räumlich getrennten Halbzellen ab. Diese räumliche Trennung des Elektronenübergangs führt zum Stromfluss zwischen den Halbzellen.

	Anode Oxidation	Kathode Reduktion
Elektrolyse	+Pol	-Pol
galvanische Zelle	-Pol	+Pol

B5 Polung bei Elektrolyse und galvanischer Zelle

Wie bei der Elektrolyse findet bei einer galvanischen Zelle an der Anode immer die Oxidation und an der Kathode immer die Reduktion statt. Allerdings unterscheidet sich die Polung (**B5**).

Das DANIELL-Element

Die bekannteste galvanische Zelle ist das sogenannte **DANIELL-Element** (**B6**). Es besteht aus einer Kupfer-Halbzelle mit einer Kupferelektrode und einer Kupfersalzlösung (z. B. Kupfer(II)-sulfatlösung) als Elektrolyt sowie einer Zink-Halbzelle mit einer Zinkelektrode und einer Zinksalzlösung (z. B. Zinksulfatlösung) als Elektrolyt (**V3**).

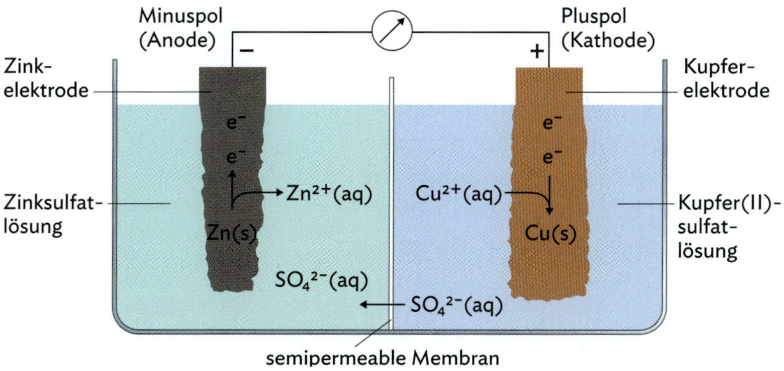

B6 Schematische Darstellung des DANIELL-Elements

Da Zink unedler als Kupfer ist, hat es ein größeres Bestreben, oxidiert zu werden. Die Zink-Atome der Elektrode geben jeweils zwei Elektronen ab und bilden somit Zink-Kationen. Dadurch liegt an der Zinkelektrode ein Elektronenüberschuss vor, diese Elektrode bildet den Minuspool. Die abgegebenen Elektronen wandern über den äußeren Stromkreis zum Pluspol. Am Pluspol nehmen Kupfer-Kationen aus dem Elektrolyt je zwei Elektronen auf und werden zu Kupfer-Atomen reduziert.

Oxidation (Elektronenabgabe): $Zn \longrightarrow Zn^{2+} + 2\,e^-$
Reduktion (Elektronenaufnahme): $Cu^{2+} + 2\,e^- \longrightarrow Cu$
Gesamtgleichung: $Zn\,(s) + Cu^{2+}\,(aq) \longrightarrow Zn^{2+}\,(aq) + Cu\,(s)$

Die Zink-Elektrode löst sich langsam auf und die Kupfer-Elektrode wird schwerer, da sich zusätzliches Kupfer aus der Reduktion an ihr abscheidet. Entsprechend nimmt die Anzahl der positiv geladenen Kationen in der Zink-Halbzelle zu und in der Kupfer-Halbzelle ab. Durch die semipermeable Membran oder über die Salzbrücke können Sulfat-Anionen (vgl. Info) die Ladungen in den beiden Halbzellen ausgleichen.

Galvanische Zellen wandeln chemische in elektrische Energie um. Die Redoxreaktionen in galvanischen Zellen laufen freiwillig ab. Sie bilden somit die Umkehrung zu Elektrolysen. Jedoch findet hier die Oxidation am Minuspol und die Reduktion am Pluspol statt.

Info

Das Sulfat-Anion SO_4^{2-} besteht aus verschiedenen Elementen und zählt somit zu den Molekül-Ionen. Sulfat-Anionen wandern von der Kupfer-Halbzelle in die Zink-Halbzelle und gleichen so den Überschuss an positiven Ladungen in der Zink-Halbzelle aus.

AUFGABEN

A1 Erstelle eine beschriftete Skizze einer galvanischen Zelle mit einer Eisenelektrode in Eisen(II)-sulfatlösung ($FeSO_4$) und einer Silberelektrode in Silber(I)-nitratlösung ($AgNO_3$). Notiere die Teilgleichungen sowie die Gesamtgleichung.

A2 Begründe, ob eine Batterie ohne Elektrolyt funktionieren kann.

FACHBEGRIFFE

Redoxreihe, Akkumulator, galvanische Zelle, semipermeable Membran, Salzbrücke, DANIELL-Element

Oxidationszahlen ermitteln und anwenden

Oxidationszahlen sind Hilfsgrößen. Bei einem Ion entspricht die Oxidationszahl der Ladungszahl. Bei Molekülverbindungen wird ein Trick angewendet: Man behandelt ein Molekül formal so, als wäre es aus Ionen aufgebaut. Die hypothetischen Ladungen, die sich daraus ergeben, bilden die Oxidationszahlen der Atome des Moleküls. Oxidationszahlen werden in römischen Ziffern angegeben.

Ändern sich bei einer Reaktion die Oxidationszahlen, handelt es sich um eine Redoxreaktion. Mithilfe der Oxidationszahlen lässt sich genau ermitteln, welche Teilchen der Edukte oxidiert und welche reduziert werden:

- Bei einer Oxidation erhöht sich die Oxidationszahl eines Atoms.
- Bei einer Reduktion erniedrigt sich die Oxidationszahl eines Atoms.

Oxidationszahlen ermitteln

So geht's

Die folgenden Regeln helfen bei der Bestimmung der Oxidationszahlen:

Teilchenart	Regel zur Bestimmung der Oxidationszahl	Beispiele
Elemente	1. *Elemente erhalten immer die Oxidationszahl 0.* Hierzu zählen auch die Molekülformeln H_2, N_2, O_2, F_2, Cl_2, Br_2 und I_2.	$\overset{0}{C}$, $\overset{0}{N_2}$, $\overset{0}{Li}$
Verbindungen	2. Die *Summe der Oxidationszahlen* aller Atome in einer neutralen Verbindung ergibt *immer 0*. Bei der Bestimmung der Oxidationszahlen muss Folgendes beachtet werden: a) Metalle haben in Verbindungen stets positive Oxidationszahlen. b) Fluor-Atome erhalten in Verbindungen immer die Oxidationszahl -I. c) Wasserstoff-Atome erhalten in Verbindungen die Oxidationszahl +I, wenn dadurch a) nicht verletzt wird. d) Sauerstoff-Atome erhalten in Verbindungen die Oxidationszahl -II, wenn dadurch b) oder c) nicht verletzt werden.	$\overset{+I}{H}\overset{-I}{F}$; Summe: + I + (-I) = 0 $\overset{-III}{N}\overset{+I}{H_3}$; Summe: -III + 3 · (+I) = 0 $\overset{+I}{Na_2}\overset{-II}{O}$; Summe: 2 · (+I) + (-II) = 0 $\overset{+I}{H_2}\overset{-I}{O_2}$; Summe: 2 · (+I) + 2 · (-I) = 0 (In H_2O_2 hat jedes Sauerstoff-Atom die Oxidationszahl -I, da die Summe 0 ergeben muss und c) nicht verletzt werden darf!)
einfache Ionen	3. Bei einfachen Ionen entspricht die *Oxidationszahl* der *Ionenladungszahl.*	$\overset{-I}{I^-}$, $\overset{+II}{Ca^{2+}}$, $\overset{+III}{Al^{3+}}$; $\overset{-II}{O^{2-}}$
Molekül-Ionen	4. Die Summe *aller Oxidationszahlen* eines Molekül-Ions ist stets gleich der *Ionenladungszahl.*	$\overset{-II}{O}\overset{+I}{H^-}$; Summe: -II+I= -1 $\overset{+VI}{S}\overset{-II}{O_4^{2-}}$; Summe: + VI + 4 · (-II) = -2

Redoxreaktionen anhand von Oxidationszahlen erkennen

So geht's

Beispiel 1: Reaktion von Kupfer(II)-oxid mit Wasserstoff

1. Formuliere die Reaktionsgleichung:
   $CuO + H_2 \longrightarrow Cu + H_2O$
2. Bestimme alle Oxidationszahlen:
   $\overset{+II\,-II}{CuO} + \overset{0}{H_2} \longrightarrow \overset{0}{Cu} + \overset{+I\,-II}{H_2O}$
3. Vergleiche bei jeder Atomsorte die Oxidationszahlen auf der Eduktseite mit denen auf der Produktseite.
   Die Oxidationszahl +II der Kupfer-Ionen in Kupfer(II)-oxid erniedrigt sich bei den Kupfer-Atomen auf der Produktseite auf 0. Die Kupfer-Ionen wurden somit zu Kupfer-Atomen reduziert. Die Oxidationszahl 0 der Elementverbindung Wasserstoff erhöht sich bei den Wasserstoff-Atomen im Wasser-Molekül auf +I. Der Wasserstoff wurde somit oxidiert.
   Da sich Oxidationszahlen von Atomsorten beim Vergleich der Edukt- mit der Produktseite verändert haben, handelt es sich bei der Reaktion um eine Redoxreaktion.
4. Veranschauliche die Reduktion und die Oxidation mit Pfeilen:
   $\overset{+II\,-II}{CuO} + \overset{0}{H_2} \longrightarrow \overset{0}{Cu} + \overset{+I\,-II}{H_2O}$

Beispiel 2: Reaktion von Eisen(III)-oxid mit Chlorwasserstoff (HCl) zu Eisen(III)-chlorid und Wasser

1. $Fe_2O_3 + 6\,HCl \longrightarrow 2\,FeCl_3 + 3\,H_2O$
2. $\overset{+III\,-II}{Fe_2O_3} + 6\,\overset{+I\,-I}{HCl} \longrightarrow 2\,\overset{+III\,-I}{FeCl_3} + 3\,\overset{+I\,-II}{H_2O}$
3. *Die Oxidationszahlen der beteiligten Atomsorten ändern sich nicht. Es handelt sich somit nicht um eine Redoxreaktion.*

$\overset{0}{Cl_2}$	$\overset{+I-I}{HCl}$	$\overset{+I-I}{KCl}$
$\overset{0}{Fe}$	$\overset{+II}{Fe^{2+}}$	$\overset{+III}{Fe^{3+}}$
$\overset{0}{S}$	$\overset{-II}{S^{2-}}$	$\overset{+I-II}{H_2S}$
$\overset{+IV-II}{SO_2}$	$\overset{+I-II}{H_2O}$	$\overset{+VI-II}{SO_4^{2-}}$

B1 Beispiele für Oxidationszahlen

AUFGABEN

A1 Bestimme jeweils die Oxidationszahlen: C, O_2, OF_2, CF_4, K^+, LiH.

A2 Notiere die chemischen Formeln von Kohlenstoffdioxid, Calciumchlorid, Distickstoffpentaoxid und Aluminiumfluorid. Bestimme jeweils die Oxidationszahlen.

A3 Stelle für die Reaktion von Kupfer(II)-oxid mit Kohlenstoff zu Kupfer und Kohlenstoffdioxid eine Reaktionsgleichung auf. Entscheide mithilfe von Oxidationszahlen, ob es sich bei der Reaktion um eine Redoxreaktion handelt. Begründe deine Antwort.

Reaktionsgleichungen für Redoxreaktionen aufstellen

Ein Gemisch aus rotem Eisen(III)-oxid und Aluminiumgrieß dient zum Verschweißen von Eisenbahnschienen. In einer heftigen Reaktion wird das Eisen(III)-oxid zu flüssigem Eisen reduziert. Damit können beim Abkühlen die Eisenteile verbunden werden. Auch mit Zink lässt sich Eisen(III)-oxid zu Eisen reduzieren. Um solche Redoxreaktionen besser verstehen zu können, formuliert man für die Oxidation und Reduktion zunächst Teilgleichungen.

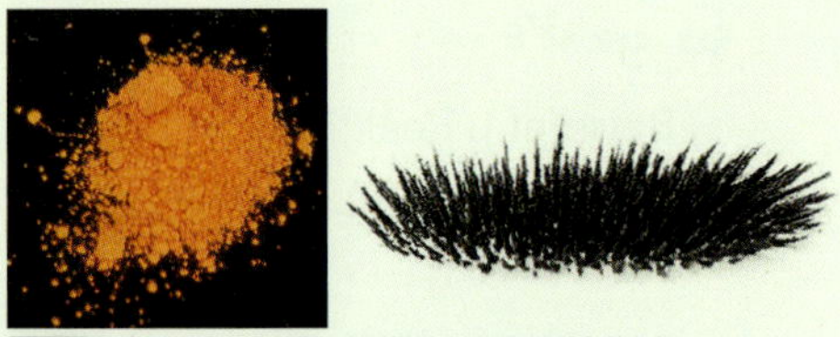

B1 Aus Eisenoxid (links) kann man in einer Redoxreaktion Eisen (rechts) gewinnen.

So geht's

1. Schreibe die chemischen Formeln der Edukte und der Produkte mit Platzhaltern davor auf.

   $$\_\_\ Fe_2O_3 + \_\_\ Zn \longrightarrow \_\_\ Fe + \_\_\ ZnO$$

2. Bestimme alle Oxidationszahlen und markiere die Oxidation und die Reduktion. *Man sieht hier, dass sich beim Sauerstoff die Oxidationszahl nicht ändert. Er wird daher für die Teilgleichungen im folgenden Schritt nicht berücksichtigt (vgl. Info).*

   $$\_\_\ \overset{+III\ -II}{Fe_2O_3} + \_\_\ \overset{0}{Zn} \longrightarrow \_\_\ \overset{0}{Fe} + \_\_\ \overset{+II\ -II}{ZnO}$$

3. Stelle Teilgleichungen für die Oxidation und die Reduktion auf. *Geben Zink-Atome zwei Elektronen ab, entstehen Zn^{2+}-Ionen, nehmen Fe^{3+}-Ionen drei Elektronen auf, entstehen Eisen-Atome.*

   Oxidation (Elektronenabgabe): $Zn \longrightarrow Zn^{2+} + 2\ e^-$
   Reduktion (Elektronenaufnahme): $Fe^{3+} + 3\ e^- \longrightarrow Fe$

4. Gleiche durch Multiplikation die Elektronenbilanz aus. *Die Anzahl abgegebener und aufgenommener Elektronen muss gleich sein. Multipliziere die Teilgleichungen entsprechend.*

   Oxidation (Elektronenabgabe): $Zn \longrightarrow Zn^{2+} + 2\ e^-$ | ·3
   Reduktion (Elektronenaufnahme): $Fe^{3+} + 3\ e^- \longrightarrow Fe$ | ·2

5. Fasse die Teilgleichungen zu einer Gesamtgleichung zusammen. *Ergänze unbeteiligte Oxid-Ionen und Aggregatzustände.*

   $$2\ Fe^{3+} + 3\ Zn \longrightarrow 2\ Fe + 3\ Zn^{2+}$$
   Gesamtgleichung: $Fe_2O_3\ (s) + 3\ Zn\ (s) \longrightarrow 2\ Fe\ (s) + 3\ ZnO\ (s)$

Info

In manchen Fällen ändert sich die Oxidationszahl eines Atoms oder Ions nicht (hier: Sauerstoff), Sauerstoff-Atome werden in dieser Reaktion weder oxidiert noch reduziert. Dennoch findet insgesamt eine Redoxreaktion statt, wobei man nur die an der Reaktion beteiligten Teilchen (hier: Eisen und Zink) näher betrachtet.

AUFGABE

A1 Formuliere schrittweise die Reaktionsgleichung für die Redoxreaktion von a) Eisen(III)-oxid mit Aluminium zu Eisen und Aluminiumoxid und von b) Zinnoxid mit Magnesium zu Zinn und Magnesiumoxid.

Elektromobilität

„Auch heute werden wieder sehr hohe Feinstaubwerte erwartet. Die Stadt Stuttgart bittet die Bevölkerung, auf das Fahrrad oder öffentliche Verkehrsmittel umzusteigen und Kaminöfen nicht unnötig anzufeuern."

B1 Parken und zugleich den Akku des Elektroautos laden – immer mehr Städte und Gemeinden bieten solche Sonderparkplätze an.

Zu solchen Radiomeldungen kommt es nicht nur in Stuttgart immer häufiger. Auch die stets knapper werdenden Ressourcen an fossilen Brennstoffen tragen zum dringenden Bedarf an Alternativen für den Verbrennungsmotor bei. Eine mögliche Option stellen Elektroautos dar. Jedoch sind Elektrofahrzeuge keine neue Erfindung. Im Jahre 1881 präsentierte der französische Erfinder, Elektroingenieur und Chemiker GUSTAVE TROUVÉ das erste Elektroauto für den Straßenverkehr. Es handelte sich hierbei um ein dreirädriges Fahrzeug, das er „Trouvé Tricycle" nannte. In der Entwicklungsgeschichte des Automobils wurden zunächst sogar mehr Autos elektrisch angetrieben als durch einen Verbrennungsmotor. Im 20. Jahrhundert rückten Elektrofahrzeuge jedoch in den Hintergrund. Einen Aufschwung erlebte das Elektroauto dank des *California Air Resources Board* – der Emissionsschutzbehörde von Kalifornien ab 1990. Sie forderte die schrittweise Erhöhung des Anteils an emissionsfreien Autos. Dies zwang die Hersteller zur Entwicklung zahlreicher Modelle. Sie stecken dabei viel Arbeit und Geld in die Entwicklung und Produktion von Elektroautos. Die größte Herausforderung ist der Energiespeicher. Hierfür werden meist Lithium-Ionen-Akkumulatoren verwendet. Diese sind aktuell noch vergleichsweise teuer und müssen in ihrer Lebensdauer optimiert werden, um mit Verbrennungsmotoren mithalten zu können. Vorteile eines Elektromotors sind, dass es keinen Schadstoffausstoß und kaum Fahrgeräusche gibt. Außerdem werden etwa 90 % der eingespeisten Energie in Bewegungsenergie umgesetzt, während es beim Verbrennungsmotor nur rund 40 % sind und ein weitaus größerer Teil der Energie als thermische Energie ungenutzt bleibt. Deutliche Nachteile für den Kunden sind heute noch der Zeitaufwand beim Aufladen des Akkus, wenige Ladestationen und hohe Anschaffungskosten. Hybrid-Antriebe, also die Kombination von Akku und Verbrennungsmotor, sind eine Alternative zu reiner Elektromobilität. Die Luftverschmutzung vieler Ballungszentren in China ist sehr groß. Deshalb soll dort der Anteil an Elektrofahrzeugen deutlich erhöht werden.

AUFGABE

A1 „Elektroautos sind nur so sauber wie der Strom, mit dem sie betrieben werden." Bewerte diese Aussage und fertige eine Liste mit Vor- und Nachteilen von Elektroautos an. Recherchiere notwendige Informationen.

Zum Üben und Weiterdenken

A1 Nenne zwei typische Stoffeigenschaften von Salzen und begründe auf Teilchenebene, dass sich diese Eigenschaften durch den Aufbau der Salze erklären lassen.

A2 Formuliere die Teilgleichungen und die Gesamtgleichung für die Bildung folgender Salze aus ihren Elementen:

a) Calciumnitrid

b) Magnesiumoxid

c) Aluminiumoxid

A3 Übertrage die folgenden Reaktionsgleichungen in dein Heft, vervollständige sie und nenne jeweils die Anzahl der bei der Reaktion übertragenen Elektronen.

a) ___ K + ___ $O_2 \longrightarrow$ ________

b) ___ Ca + ___ $Br_2 \longrightarrow$ ________

c) ___ Al + ___ $I_2 \longrightarrow$ ________

d) ___ Li + ___ $Cl_2 \longrightarrow$ ________

e) ___ Sr + ___ $O_2 \longrightarrow$ ________

A4 Zum Nachweis von Chlorid-Ionen in einer wässrigen Lösung wird Silbernitratlösung $AgNO_3$ zugegeben. Beim Vorhandensein von Chlorid-Ionen entsteht ein charakteristischer weißer Niederschlag des Salzes Silberchlorid.

a) Formuliere für diese Reaktion eine Reaktionsgleichung.

b) Neben Chlorid-Ionen bilden auch Bromid- und Iodid-Ionen mit Silbernitratlösung einen charakteristischen Niederschlag. Es handelt sich dabei um die Salze Silberbromid und Silberiodid. Recherchiere die Farbe und die Löslichkeit dieser beiden Salze.

A5 Die Salzbildung bei der Reaktion von Metallen mit Halogenen ist ein exothermer Vorgang. Erläutere diesen Sachverhalt.

A6 Beschreibe den Einfluss zweier Merkmale der Ionen eines Ionengitters auf die Gitterenergie.

A7 Gib anhand der Ionenverhältnisse für die folgenden Salze an, ob ihr Gittertyp dem Gittermodell von Natriumchlorid oder dem Gittermodell von Calciumfluorid entspricht und nenne jeweils die Koordinationszahlen der beteiligten Ionen:

a) Lithiumchlorid

b) Strontiumchlorid

c) Magnesiumoxid

A8 Das untenstehende Diagramm zeigt die Schmelztemperaturen einiger Alkalimetallhalogenide.

a) Begründe die unterschiedlichen Schmelztemperaturen von Natriumchlorid, Kaliumchlorid und Rubidiumchlorid.

b) Erläutere die im Vergleich zu den Alkalimetallchloriden niedrigeren Schmelztemperaturen der Alkalimetallbromide.

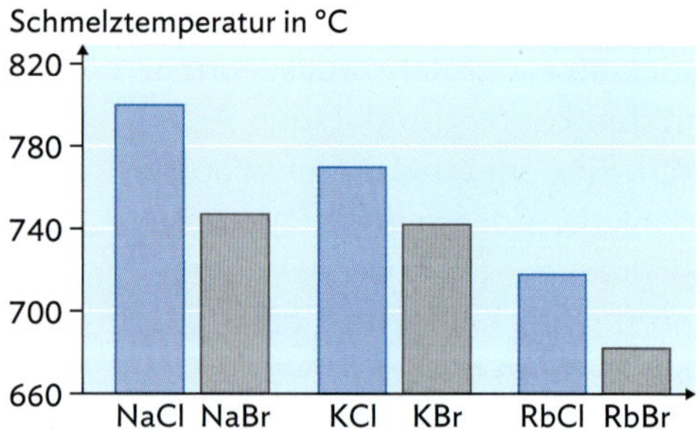

A9 Die Abbildung zeigt das Etikett einer Mineralwasserflasche.

a) Bewerte die Richtigkeit der Stoffnamen auf dem Etikett aus chemischer Sicht und verbessere gegebenenfalls.

b) Gib sechs Namen und Formeln von Salzen an, die beim Verdunsten des Wassers aus dem Mineralwasser mit dem abgebildeten Ettikett auskristallisieren können.

Zusammensetzung in mg/L	
Natrium	91
Kalium	22
Calcium	85
Magnesium	25
Chlorid	37
Sulfat	54
Hydrogencarbonat	510

Analyseauszug durch laufende Kontrollanalysen bestätigt.

A10 Begründe, welche der beiden folgenden Aussagen falsch ist.

a) Kupfer-Ionen stellen starke Oxidationsmittel dar.

b) Magnesium ist ein schwaches Reduktionsmittel.

A11 Erläutere, dass zur Reduktion von Kupferoxid statt Magnesium häufig Eisen verwendet wird, obwohl Magnesium eine höhere Affinität zu Sauerstoff besitzt.

A12 Notiere die chemischen Formeln von Zink, Wasserstoff, Sauerstoffdifluorid, Kaliumbromid, Galliumoxid und Lithiumoxid. Bestimme die Oxidationszahlen aller Teilchen.

A13 Stelle für die Reaktion von Kupfer(II)-oxid mit Magnesium zu Kupfer und Magnesiumoxid eine Reaktionsgleichung auf. Entscheide mithilfe von Oxidationszahlen, ob es sich bei der Reaktion um eine Redoxreaktion handelt.

A14 Vergleiche anhand eines selbst gewählten Beispiels die Synthese eines Salzes mit der Analyse eines Salzes durch Elektrolyse. Gehe dabei insbesondere auf die jeweils stattfindenden Elektronenübertragungen ein. Formuliere die Teilgleichungen und die Gesamtgleichungen beider Reaktionen.

A15 Beschreibe die Vorgänge beim Eintauchen eines Eisennagels in eine Lösung, die Gold(III)-Kationen enthält. Notiere die Gesamtgleichung der Reaktion und kennzeichne die Elektronenabgabe und die Elektronenaufnahme mit Angabe der Zahl der jeweils übertragenen Elektronen.

A16 Vergleiche die Vorgänge, die bei einer Elektrolyse ablaufen, mit denen, die bei einer galvanischen Zelle ablaufen. Nenne Gemeinsamkeiten und Unterschiede und verwende chemische Fachbegriffe.

A17 Die Skizze stellt ein Bad zur Versilberung eines Werkstücks durch Galvanisieren dar.

a) Übertrage die Skizze in dein Heft und ordne ihr folgende Begriffe zu: *zu versilbernder Gegenstand, Silberblech, Pluspol, Minuspol, Anode, Kathode.*

b) Erkläre die Herkunft der Silber-Ionen, die am zu versilbernden Gegenstand reduziert werden und stelle die Teilgleichung der Reduktion auf.

c) Kennzeichne in deiner Skizze die Bewegungsrichtung der Silber-Ionen und der Elektronen mit verschiedenfarbigen Pfeilen.

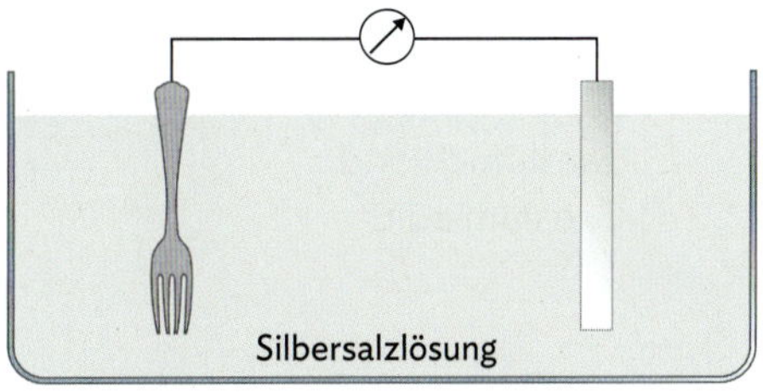

M1 Lebensnotwendige Salze

Marathonläufer stirbt im Ziel

Bei einem Marathonlauf in Frankfurt am Main ist ein 30-jähriger im Ziel zusammengebrochen, weil er während des Laufs sehr viel Wasser getrunken hatte. „Offenbar hatte der Mann zu viel salzarmes Wasser getrunken und dabei keine nennenswerten Mengen an Mineralsalzen zu sich genommen. Man spricht dann von einer Wasservergiftung", so ein Sprecher des Veranstalters. An den Verpflegungsstationen seien genügend isotonische Getränke oder „Salzsticks", also Salze in Pulverform angeboten worden.

Ausdauersportler verlieren über den Schweiß während eines Wettkampfs ein bis zwei Liter Wasser und scheiden damit auch etwa 2 g Natrium-Ionen, 0,5 g Kalium-Ionen, 0,05 g Calcium-Ionen und kleinere Mengen an Magnesium-, Zink- und Eisen-Ionen in Form von gelösten Salzen aus. Während eines Wettkampfs muss dieser Verlust wieder ausgeglichen werden, da es sonst zu lebensbedrohlichen Folgen kommen kann. Isotonische Getränke enthalten die benötigten Salze in geeigneter Konzentration.

A1 Recherchiere die Funktion der oben genannten Ionen im menschlichen Körper. Nenne die zwei wichtigen Eigenschaften von Ionen, die für die Reizweiterleitung im Körper verantwortlich sein könnten.

A2 Erläutere, dass Mineralwasser neben Wasser nicht nur Kationen enthalten kann.

A3 Bewerte die Aufnahme von Salz während eines Marathonlaufs in Form von Salzsticks im Vergleich zu einem isotonischen Getränk.

A4 Recherchiere die Inhaltsstoffe von isotonischen Getränken.

M2 Gittertypen

In einem Natriumchloridkristall ist jedes Natrium-Ion von sechs Chlorid-Ionen umgeben und umgekehrt. Silberchlorid bildet die gleiche Gitterstruktur. Anders ordnen sich die Ionen im Caesiumchloridgitter an: Da die Caesium-Ionen relativ groß sind, können acht Chlorid-Ionen ein Caesium-Ion umgeben. Caesiumiodid liegt in der gleichen Kristallstruktur vor wie Caesiumchlorid. In welchem Gittertyp sich die Ionen anordnen, hängt vom Verhältnis der Ionenradien ab.

A1 Berechne mithilfe von **B1** das Verhältnis der Ionenradien für
a) Natriumchlorid
b) Silberchlorid
c) Caesiumchlorid
d) Caesiumiodid

A2 Berechne das Verhältnis der Ionenradien für Magnesiumoxid und Caesiumbromid und vergleiche mit **A1**. Entscheide, in welchem Gittertyp diese Salze vermutlich kristallisieren.

A3 Fertige eine beschriftete Skizze eines Caesiumchloridkristalls an, aus der die Koordinationszahlen der Ionen ersichtlich sind.

Ion	Ionenradius in 10^{-10} m
Na^+	0,95
Mg^{2+}	0,65
Ag^+	1,26
Cs^+	1,69
Cl^-	1,81
Br^-	1,95
I^-	2,16
O^{2-}	1,45

B1 Ionenradien verschiedener Ionen

M3 Babyschuhe für die Ewigkeit

Selbst Erinnerungsstücke wie Schnuller, die ersten Babyschuhe, Kleidung, Blumen oder Schultaschen können mittels Galvanotechnik erhalten werden. Dabei wird zunächst ein elektrisch leitender Lack auf den Gegenstand aufgetragen und im Anschluss wird dieser mithilfe eines galvanotechnischen Prozesses beispielsweise mit Gold, Silber oder Chrom überzogen. Auch Beschichtungen aus Legierungen wie Messing oder Bronze sind möglich.

B2 Die ersten Babyschuhe wurden als Andenken mit Kupfer überzogen.

A1 Begründe, dass der Schuh nur dann galvanisiert werden kann, wenn er zuvor mit einem elektrisch leitenden Lack beschichtet wurde.

A2 Skizziere einen beschrifteten Versuchsaufbau für das Überziehen eines Schuhs mit Kupfer. Der Schuh wurde bereits mit einem elektrisch leitenden Lack überzogen.

A3 Erkläre das Verfahren des Galvanisierens mithilfe deiner Skizze und verwende Fachbegriffe. Stelle jeweils eine Teilgleichung von der Reaktion an der Anode und der Reaktion an der Kathode auf.

A4 Überlege dir weitere Bereiche, in denen die Galvanotechnik angewendet wird.

M4 Die Voltasäule

Im 18. Jahrhundert machte der italienische Arzt und Naturwissenschaftler LUIGI GALVANI bei der Präparation von Froschschenkeln eine bahnbrechende Entdeckung:
Er stellte fest, dass sich die Muskeln in den präparierten Froschschenkeln zusammenzogen und zuckten, sobald sie von zwei verschiedenen Metallen berührt wurden. Er benutzte damals die Metalle Kupfer und Eisen. Dies funktionierte jedoch nur, wenn sich die beiden Metalle auch berührten, also elektrisch leitend miteinander verbunden waren.

Der italienische Physiker ALESSANDRO VOLTA nutzte diese Erkenntnisse und entwickelte die sogenannte Voltasäule (**B3**) – den Vorläufer der heutigen Batterien.

A1 Beschreibe die einzelnen Bestandteile und den Aufbau der Voltasäule (**B3**).

A2 Finde eine Erklärung dafür, dass VOLTA die Lederscheiben zunächst mit einer Salzlösung tränkte.

A3 Vergleiche den Aufbau der Voltasäule mit dem Aufbau des DANIELL-Elements und notiere Gemeinsamkeiten und Unterschiede.

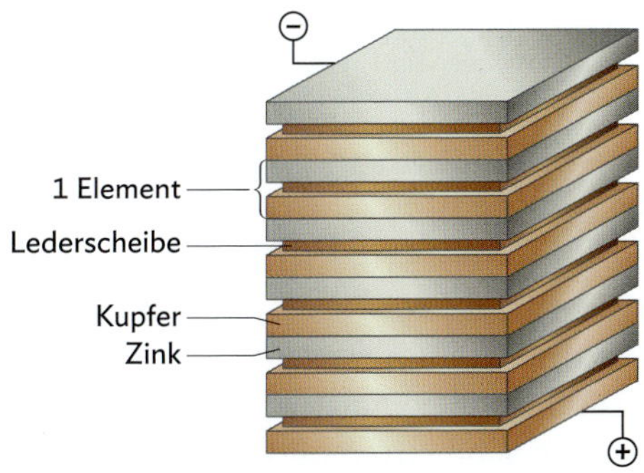

B3 Schematischer Aufbau der Voltasäule

Basiswissen Kapitel 6

W Bildung von Salzen

Salze können aus einem Metall und einem Nichtmetall hergestellt werden. Die Elemente der VII. Hauptgruppe, die **Halogene**, sind bekannte Salzbildner. Bei der Salzbildung finden **Elektronenübertragungsreaktionen** statt: Metall-Atome geben Elektronen ab, Nichtmetall-Atome nehmen Elektronen auf.

Die so gebildeten Ionen lagern sich zu einem **Ionengitter** zusammen. Die bei der Bildung des Gitters freiwerdende **Gitterenergie** ist umso größer, je kleiner die Ionen sind und je höher die Ionenladungszahl ist.

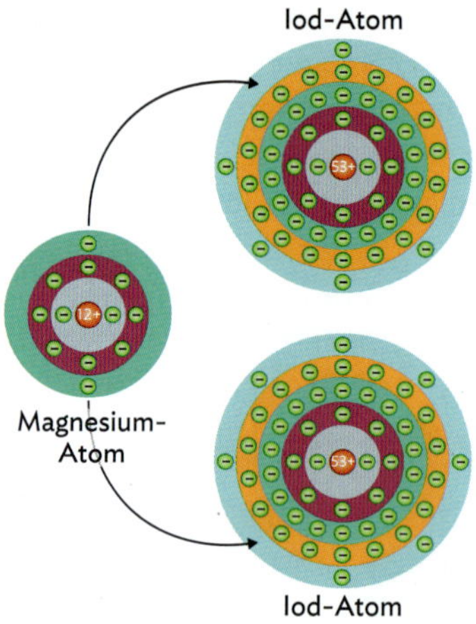

W Ionenbindung und Gitterstrukturen

In einem Ionengitter verursachen elektrostatische Anziehungskräfte zwischen den Anionen und Kationen einen starken Zusammenhalt. Dieser Zusammenhalt wird als **Ionenbindung** bezeichnet. Die Anziehungskräfte zwischen den verschieden geladenen Ionen wirken in alle Raumrichtungen.

Die Struktur eines Ionengitters ist sowohl abhängig vom Anzahlverhältnis der Anionen und Kationen als auch vom Verhältnis der Ionenradien zueinander. Das zahlenmäßige Verhältnis der Ionen ergibt sich aus der Verhältnisformel (**Ionengruppe**). Die **Koordinationszahl** eines Ionengitters gibt an, von wie vielen entgegengesetzt geladenen Ionen ein zentrales Ion umgeben ist.

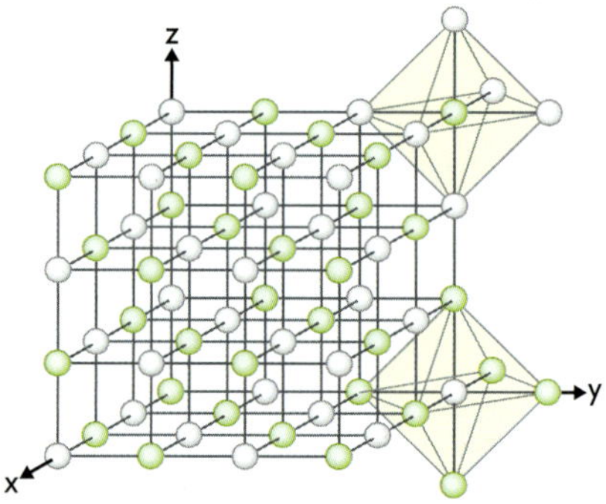

W Eigenschaften von Salzen

Salze sind in Wasser löslich, wobei ihre **Löslichkeit** begrenzt ist. **Salzlösungen**, aber auch **Salzschmelzen** enthalten frei bewegliche Ionen und sind daher elektrisch leitfähig. Salze haben im Allgemeinen eine hohe Schmelztemperatur, die mit der Gitterenergie zusammenhängt. Je kleiner die Ionen und je größer deren Ladungszahl, desto höher sind Gitterenergie und Schmelztemperatur eines Salzes. Salzkristalle sind **spröde**, d. h. sie können nicht verformt werden, sondern zerspringen bei Druckeinwirkung.

W Elektronenübergänge und Elektrolyse

Bei **Redoxreaktionen** finden gleichzeitig eine **Oxidation** und eine **Reduktion** statt. Der **Elektronendonator** gibt Elektronen ab (Oxidation) und der **Elektronenakzeptor** nimmt Elektronen auf (Reduktion). Dabei reduziert der Elektronendonator einen anderen Stoff und ist daher das **Reduktionsmittel**, der Elektronenakzeptor oxidiert einen anderen Stoff und ist folglich das **Oxidationsmittel**.

Die **Elektrolyse** ist eine Redoxreaktion, bei der die Elektronenübertragung durch Anlegen einer elektrischen Spannung erzwungen wird. Dabei wird eine Verbindung mithilfe von elektrischer Energie zerlegt. Bei der Elektrolyse einer Salzlösung oder Salzschmelze wandern die Kationen zum Minuspol (**Kathode**) und werden dort reduziert. Die Anionen wandern zum Pluspol (**Anode**) und werden dort oxidiert.

Beispiel: Kupfer (Reduktionsmittel) reagiert mit Chlor (Oxidationsmittel) zu Kupfer(II)-chlorid.

Oxidation: $Cu \longrightarrow Cu^{2+} + 2\,e^-$

Reduktion: $Cl_2 + 2\,e^- \longrightarrow 2\,Cl^-$

Redoxreaktion: $Cu + Cl_2 \longrightarrow CuCl_2$

Beispiel: Elektrolyse einer Kupfer(II)-chlorid-Lösung:

Oxidation (Pluspol): $2\,Cl^- \longrightarrow Cl_2 + 2\,e^-$

Reduktion (Minuspol): $Cu^{2+} + 2\,e^- \longrightarrow Cu$

Redoxreaktion: $CuCl_2 \longrightarrow Cu + Cl_2$

W Redoxreihe und galvanische Zellen

In der **Redoxreihe** der Metalle sind die Metalle nach ihrem Bestreben, Elektronen abzugeben, angeordnet. Je unedler ein Metall ist, desto leichter lassen sich seine Atome oxidieren. Je edler ein Metall ist, desto leichter lassen sich seine Kationen reduzieren. Metalle reagieren daher nur mit anderen Metallsalzlösungen, wenn das eingetauchte Metall unedler ist als das Metall, dessen Kationen die Metallsalzlösung enthält.

Galvanische Zellen zählen zu den heutigen Batterien. In einer galvanischen Zelle wird durch eine Redoxreaktion freiwillig chemische Energie in elektrische Energie umgewandelt. Die Vorgänge in galvanischen Zellen bilden daher die Umkehrung zur Elektrolyse. In galvanischen Zellen laufen die Oxidation und die Reduktion in räumlich getrennten Halbzellen ab. Die räumliche Trennung der Elektronenübertragung führt zum Stromfluss zwischen den Halbzellen. Im Gegensatz zur Elektrolyse findet die Oxidation am Minuspol und die Reduktion am Pluspol statt.

	Anode Oxidation	Kathode Reduktion
Elektrolyse	+Pol	-Pol
galvanische Zelle	-Pol	+Pol

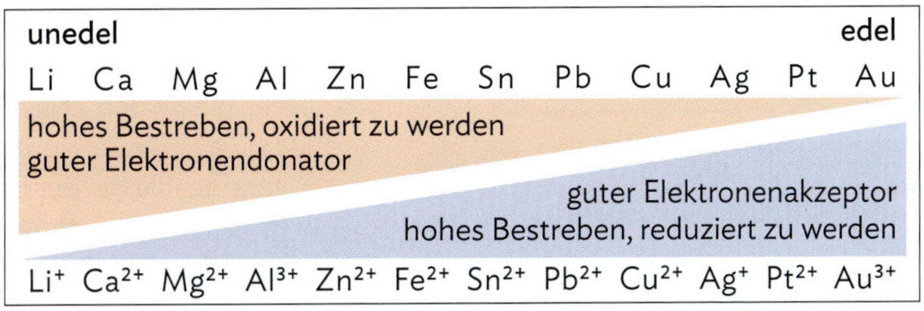

Ziel erreicht?

Überprüfung

Hast du das Ziel dieses Kapitels erreicht? Löse die entsprechenden Aufgaben. Ein Arbeitsblatt findest du unter QR-/Mediencode 05037-17. Bewerte dich mithilfe der Tabelle rechts unten. Die Lösungen zu den Aufgaben stehen auf Seite 469.

05037-17

Die Bildung von Salzen aus den Elementen erklären

A1 Bei der Reaktion von Calcium mit Brom findet eine Elektronenübertragung statt. Gib das Element an, das bei dieser Reaktion die Elektronen abgibt, und formuliere sowohl jeweils die Teilgleichung der Elektronenabgabe und der Elektronenaufnahme als auch eine Gesamtgleichung.

Den Aufbau von Salzen beschreiben

B1 Begründe den Zusammenhalt der Teilchen in einem Ionengitter.

B2 Der Aufbau der Salzkristalle des Salzes Lithiumoxid (Li_2O) lässt sich mit dem sogenannten Antifluorit-Gittertyp darstellen. Ordne den Lithium- und den Oxid-Ionen die entsprechenden Farben der Abbildung zu und ermittle die jeweiligen Koordinationszahlen. Vergleiche diesen Gittertyp mit dem Gittermodell von Calciumfluorid (**B3**, S. 213) und nenne Unterschiede und Gemeinsamkeiten.

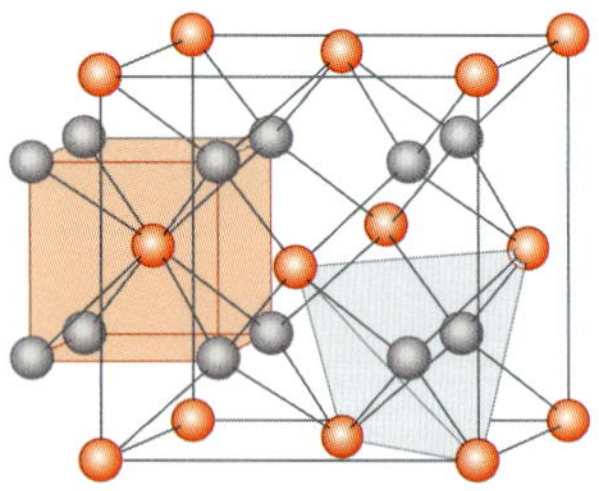

Typische Eigenschaften von Salzen begründen

C1 Zeichne eine schematische Darstellung auf Teilchenebene, die die Anordnung der Ionen vor und nach dem Schlag mit einem Hammer auf einen Salzkristall erklärt.

C2 Erkläre auf Teilchenebene, dass eine Salzschmelze sowie Salzlösungen den elektrischen Strom leiten, Salzkristalle dagegen nicht.

C3 Gib an, welches der beiden Salze jeweils die höhere Schmelztemperatur hat und begründe deine Entscheidung.

a) Kaliumiodid und Kaliumbromid

b) Natriumbromid und Kaliumbromid

Redoxreaktionen als Elektronenübertragungsreaktionen charakterisieren

D1 Notiere die Reaktionsgleichungen der folgenden Reaktionen und kennzeichne jeweils die Oxidation und die Reduktion.

a) Magnesium reagiert mit Wasser.

b) Kupfer(II)-oxid reagiert mit Zink.

c) Natrium reagiert mit Eisen(II)-oxid.

D2 Die Bildung von Kupfer aus Kupfer(II)-sulfid und Aluminium wird durch folgende Reaktionsgleichung beschrieben:

$$3\ CuS\ (s) + 2\ Al\ (s) \longrightarrow 3\ Cu\ (s) + Al_2S_3\ (s)$$

a) Bestimme alle Oxidationszahlen und entscheide begründet, ob es sich um eine Redoxreaktion handelt.

b) Stelle die beiden Teilgleichungen der Reaktion auf. Berücksichtige nur diejenigen Elemente, die bei der Reaktion oxidiert bzw. reduziert werden und begründe, bei welcher Teilgleichung es sich um die Oxidation bzw. die Reduktion handelt.

Eine Elektrolyse unter Verwendung von Reaktionsgleichungen erläutern

E1 Fertige eine beschriftete Skizze für die Elektrolyse einer Zinkiodidlösung an.

E2 Vervollständige den folgenden Lückentext:

Bei einer Elektrolyse handelt es sich um eine (...) Reaktion. Mithilfe von elektrischem Strom wird dabei eine Verbindung (...). Bei der Elektrolyse einer Kupferchloridlösung wandern die Chlorid-Ionen zum (...)pol und werden dort (...). Die Kupfer-Ionen wandern zum (...)pol und werden dort (...). Bei der Elektrolyse einer Kupferchloridlösung erhält man (...) und (...) als Produkte.

E3 Stelle die Reaktionsgleichungen zu den unter **E1** und **E2** beschriebenen Reaktionen auf.

Fachbegriffe zur Redoxreaktion erklären und das Reaktionsverhalten von Metallen mit Sauerstoff ableiten

F1 Definiere die Begriffe Elektronendonator, Elektronenakzeptor, Oxidationsmittel und Reduktionsmittel.

F2 Zink soll mithilfe eines Reduktionsmittels aus Zinkoxid hergestellt werden. Zur Auswahl stehen Magnesium, Kupfer, Silber und Aluminium.

a) Gib an, welche der aufgezählten Metalle als Reduktionsmittel für die genannte Reaktion in Frage kommen und begründe.

b) Formuliere die Reaktionsgleichungen der entsprechenden Reaktionen.

c) Benenne zwei Salze, deren Kationen durch Zink-Atome reduziert werden können.

Das Prinzip der galvanischen Zelle erklären und als Umkehrung der Elektrolyse darstellen

G1 Liste die benötigten Materialien und Chemikalien für den Bau einer galvanischen Zelle mit einer Silber- und einer Kupferhalbzelle auf. Fertige eine beschriftete Skizze dieser galvanischen Zelle an und notiere die Teilgleichungen für die Oxidation und die Reduktion sowie die Gesamtgleichung.

G2 Erkläre mithilfe der Elektrolyse und der galvanischen Zelle den Begriff „umkehrbare Reaktion".

Auswertung

Vergleiche deine Antworten mit den Lösungen auf Seite 469 und kreuze auf dem Arbeitsblatt an.

	Ich kann ...	ja	nein	lies nach auf Seite
A	die Bildung von Salzen aus den Elementen erklären.			206
B	den Aufbau von Salzen beschreiben.			212, 213
C	typische Eigenschaften von Salzen begründen.			216, 217
D	Redoxreaktionen als Elektronenübertragungsreaktionen charakterisieren.			220 – 231
E	eine Elektrolyse unter Verwendung von Reaktionsgleichungen erläutern.			222, 223
F	Fachbegriffe zur Redoxreaktion erklären und das Reaktionsverhalten von Metallen mit Sauerstoff ableiten.			226, 227
G	das Prinzip der galvanischen Zelle erklären und als Umkehrung der Elektrolyse darstellen.			228, 229

7 Das Mol – auf die Menge kommt es an

RECHNEN MIT GRÖSSEN

STOFFUMSATZ

AVOGADRO-KONSTANTE

MOLARES VOLUMEN

GESETZ DER KONSTANTEN MASSENVERHÄLTNISSE

SI-BASISEINHEITEN

MOL

EUDIOMETER

Startklar?

Selbsteinschätzung

Schätze dich selbst ein: Wie gut sind deine Kenntnisse in den Bereichen A bis E? Kreuze auf dem Arbeitsblatt unter QR-/Mediencode 05037-18 an!

05037-18

	Ich kann ...	prima	ganz gut	es fällt mir schwer
A	beim Experimentieren Stoffe genau einwiegen.			
B	mathematische Gleichungen umstellen.			
C	mit Verhältnis- und Molekülformeln chemischer Verbindungen umgehen.			
D	Gesetze zu Massen von Edukten und Produkten bei chemischen Reaktionen beschreiben und auf chemische Reaktionen anwenden.			
E	Reaktionsgleichungen interpretieren und korrekt formulieren.			

Überprüfung

Liegst du richtig? Bearbeite die folgenden Aufgaben zu jedem Bereich.

Beim Experimentieren Stoffe genau einwiegen

A1 Beschreibe das Vorgehen beim genauen Einwiegen von 0,85 g Kochsalz.

A2 Es sollen genau 3,20 g Schwefel in ein Gefäß abgewogen werden. Beurteile, welche der folgenden Tätigkeiten dafür sinnvoll sind und welche nicht. Begründe:
Verwendung einer Waage mit passender Wägegenauigkeit – Nutzung eines großen Esslöffels – portionsweises Einwiegen in kleinen Portionen – Nutzung der Tara-Funktion der Waage – Verwendung eines kleinen Reagenzglases als Gefäß zum Einfüllen – Arbeiten im Abzug

A3 Wasserstoff soll für eine Reaktion abgefüllt werden. Erkläre, dass es sinnvoller ist, ein bestimmtes Volumen einzufüllen und nicht eine bestimmte Masse.

Mathematische Gleichungen umstellen

B1 Stelle $A = B \cdot C$ nach B und nach C um.

B2 Ermittle durch Umstellen der Gleichungen den Wert für m: $86 = \frac{m}{0{,}2}$ bzw. n: $16 = \frac{5}{n}$

B3 a) Vereinfache $2x + 3x$ und $\frac{2x}{4y}$.

b) Ordne einen der beiden Rechentypen aus a) einer Dichteberechnung zu.

Mit Verhältnis- und Molekülformeln chemischer Verbindungen umgehen

C1 Gib die Verhältnisformeln für folgende Salze an: Natriumchlorid, Eisen(II)-sulfid und Kupfer(II)-oxid. Nenne die darin enthaltenen Teilchen.

C2 Gegeben sind die folgenden Molekülformeln: H_2O, H_2O_2, O_2, CO_2, P_2O_5.

Gib an, welche und wie viele Atome in den jeweiligen Molekülen gebunden sind.

C3 Erkläre den Unterschied zwischen einer Verhältnisformel und einer Molekülformel.

Gesetze zu Massen von Edukten und Produkten bei chemischen Reaktionen beschreiben und auf chemische Reaktionen anwenden

D1 Es reagieren verschiedene Massen Kupfer und Schwefel vollständig miteinander zu Kupfer(II)-sulfid.

m(Kupfer)	*m*(Schwefel)	*m*(Kupfer(II)-sulfid)
0,56 g	0,14 g	0,70 g
0,72 g	0,18 g	0,90 g
0,97 g	0,24 g	1,21 g

a) Erläutere, welcher Zusammenhang zwischen den Massen der Stoffe besteht.

b) Berechne das Massenverhältnis der Edukte bei der Bildung von Kupfer(II)-sulfid.

c) Ermittle die Masse an Produkt, wenn 1,8 g Kupfer mit Schwefel umgesetzt werden.

Reaktionsgleichungen interpretieren und korrekt formulieren

E1

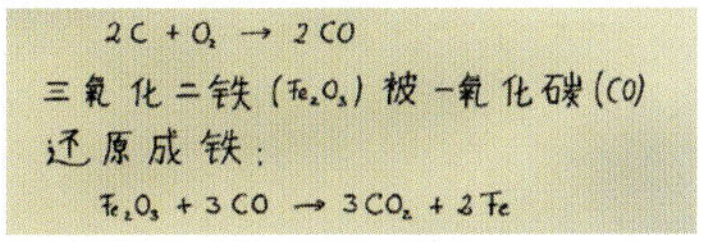

Im obigen Auszug aus einer chinesischen Quelle geht es um zwei chemische Reaktionen. Beschreibe, um welche es sich handelt.

E2 Übertrage das folgende Reaktionsschema in eine Reaktionsgleichung:

Kupfer (s) + Schwefel (s) ⟶ Kupfer(II)-sulfid (s)

E3 Beschreibe die einzelnen Schritte zum Aufstellen einer Reaktionsgleichung anhand des folgenden Beispiels:

Silberoxid (s) ⟶ Silber (s) + Sauerstoff (g)

__ Ag_2O (s) ⟶ __ Ag (s) + __ O_2 (g)

2 Ag_2O (s) ⟶ 4 Ag (s) + O_2 (g)

Auswertung

Hast du dich richtig eingeschätzt? Vergleiche deine Antworten mit den Lösungen auf Seite 470.
Gib dir jeweils die entsprechende Punktzahl und trage sie auf dem Arbeitsblatt ein.

	Ich kann ...	prima	ganz gut	mit Hilfe	lies nach auf Seite
A	beim Experimentieren Stoffe genau einwiegen.	11 - 9	8 - 6	5 - 3	24, 25
B	mathematische Gleichungen umstellen.	7 - 6	5 - 4	3 - 2	-
C	mit Verhältnis- und Molekülformeln chemischer Verbindungen umgehen.	12 - 9	8 - 6	5 - 3	100, 101
D	Gesetze zu Massen von Edukten und Produkten bei chemischen Reaktionen beschreiben und auf chemische Reaktionen anwenden.	4	3	2	96 - 99
E	Reaktionsgleichungen interpretieren und korrekt formulieren.	6 - 5	4 - 3	2	118, 119

Das Mol – auf die Menge kommt es an

Beim Kochen, beim Bauen oder im Labor – will man etwas zubereiten oder herstellen, so muss man wissen, welche Mengen der benötigten Zutaten oder Stoffe verwendet werden müssen, damit das gewünschte Ergebnis entsteht. Das hilft Kosten zu sparen, schont Ressourcen und dient der Sicherheit. Stoffe, die miteinander reagieren sollen, müssen in einem ganz bestimmten Verhältnis vorliegen. Woher weiß man, wann die richtige Menge vorliegt? Wie berechnet man die Mengen sich bildender Produkte?

V1 Reaktion von Eisen mit Schwefel

2 7

PROBLEM

Will man eine Verbindung herstellen, ohne dass Reste der Edukte übrig bleiben, sollte man neben den Ausgangsstoffen auch deren benötigte Mengen kennen. Andernfalls verschwendet man Chemikalien. Gibt es ein „richtiges" Mischungsverhältnis?

DURCHFÜHRUNG

Mische jeweils 5,6 g Eisenpulver (GHS 2) mit **a)** 1,6 g, **b)** 3,2 g und **c)** 6,4 g Schwefelpulver (GHS 7). Verreibe die Gemische in je einem Mörser sehr gründlich und fülle sie dann in je ein Reagenzglas. Verschließe die Reagenzgläser mit einem Luftballon oder einer Spritze. Erhitze, bis die Gemische aufglühen.

AUSWERTUNG

a) Notiere die Beobachtungen in Form einer Tabelle. Berücksichtige dabei die Heftigkeit der Reaktionen bzw. die Stärke des Aufglühens, die Zeitdauer der Reaktionen und die Farben der Ergebnisse.

b) Vergleiche die Ergebnisse der drei Teilversuche.

c) Formuliere die Reaktionsgleichung für die Bildung von Eisen(II)-sulfid.

d) Beschreibe, wie man untersuchen kann, dass Eisen und Schwefel im Verhältnis $m(\text{Fe}) : m(\text{S}) = 5{,}6\ \text{g} : 3{,}2\ \text{g}$ vollständig miteinander reagieren.

ENTSORGUNG R

V2 Herstellung von Kupferoxid

PROBLEM

Lässt man Kupfer mit Luftsauerstoff reagieren, wird das Blech schwerer. Das Metall und der Luftsauerstoff reagieren miteinander und bilden ein festes Metalloxid. Woher weiß man, wie viel Sauerstoff reagiert hat, wenn man nicht sieht, wie viel weniger Sauerstoff in der Luft enthalten ist?

DURCHFÜHRUNG

Wiege einen Porzellantiegel möglichst genau ab. Fülle dann eine ebenfalls genau gewogene Menge Kupferpulver (GHS 2 | 9) hinein, die 0,5 g nicht übersteigen sollte. Erhitze den Tiegel mindestens zehn Minuten auf dem Tondreieck in der Gasbrennerflamme. Ist der Inhalt vollständig schwarz geworden, kannst du ihn abkühlen lassen. Wiege anschließend den Tiegel samt Inhalt erneut genau ab.

AUSWERTUNG

a) Im Versuch reagiert Kupfer mit Luftsauerstoff zu schwarzem Kupfer(II)-oxid. Ermittle aus den Wägeergebnissen die Masse an Sauerstoff, der mit dem Kupfer reagiert hat und nun als Oxid gebunden vorliegt.

b) Ermittle das Verhältnis der Massen der Edukte Kupfer und Sauerstoff. Vergleiche mit den Ergebnissen anderer Mitschüler/-innen.

c) Begründe, dass eine zu große Menge Kupfer zu einem verfälschten Massenverhältnis führt, wenn du das Kupfer nur sehr kurz erhitzt.

ENTSORGUNG R

LV3 Der Eudiometer-Versuch

PROBLEM

Wasserstoff und Sauerstoff bilden zusammen ein explosives Knallgasgemisch. Je nach Zusammensetzung reagieren sie vollständig zu Wasser, oder es können Sauerstoff oder Wasserstoff übrig bleiben. Wie ist die Mischung zusammengesetzt, die vollständig reagiert?

DURCHFÜHRUNG

Das Eudiometer-Rohr wird mit den in der Tabelle genannten Volumenteilen an Wasserstoff (GHS 2 | 4) und Sauerstoff (GHS 3 | 4) befüllt (Versuchsanleitung unter QR-/Mediencode 05037-19). Das jeweilige Gemisch wird gezündet. Die Volumina eventuell übrig bleibender Gase werden notiert.

05037-19

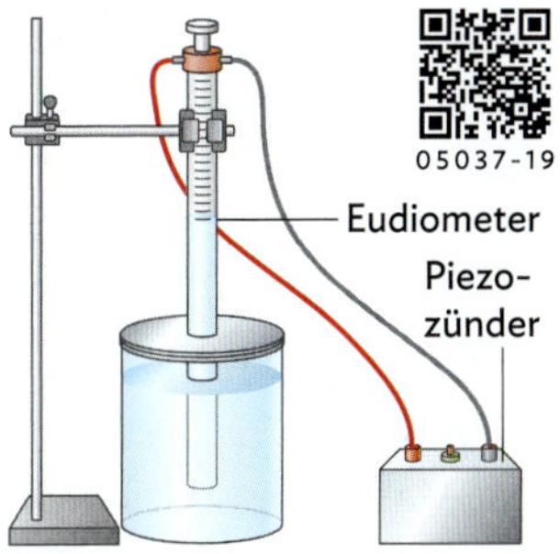

B1 Versuchsaufbau zu **LV3**

AUSWERTUNG

Nr.	Volumenteile Wasserstoff	Volumenteile Sauerstoff	Volumenteile Restgas nach Zündung	Name des Restgases
1	4	4		
2	4	2		
3	2	4		
4	2	3		

a) Übernimm die Tabelle in dein Heft und notiere den Volumenteil des Restgases nach der Zündung.

b) Benenne das Mischungsverhältnis, in dem Wasserstoff und Sauerstoff vollständig miteinander reagieren.

c) Vervollständige die Tabelle, indem du das jeweilige Restgas benennst.

d) Gib die Menge an Wasserstoffgas an, die jeweils benötigt wird, wenn 18 L, 0,4 L und 120 L Sauerstoff vollständig mit Wasserstoff reagieren sollen.

ENTSORGUNG –

B1 5,6 g Eisen mit unterschiedlichen Massen an Schwefel nach der Reaktion

Auf das richtige Verhältnis kommt es an

Ein Kuchen mit zu wenig Zucker, aber zu viel Butter, wird eine schmierige Angelegenheit und schmeckt nicht. Wenn man im Chemielabor die falschen Massen an Edukten einsetzt, kann es zu unerwünschten Ergebnissen kommen oder man verschwendet Chemikalien.

Zur Herstellung von Eisen(II)-sulfid braucht man Eisen und Schwefel. Gibt man zu viel Schwefel zu einer bestimmten Menge Eisen, bleibt unverbrauchter Schwefel übrig. Umgekehrt bleibt ein Teil des Eisens übrig, wenn man zu wenig Schwefel eingesetzt hat (**V1**, **B1**). Das richtige Massenverhältnis kann man in einer Versuchsreihe ermitteln. Lässt man jeweils 5,6 g Eisen mit verschiedenen Massen Schwefel reagieren (**V1**), stellt man fest, dass Eisen und Schwefel nur dann komplett umgesetzt werden, wenn man 3,2 g Schwefel verwendet. Es bilden sich 8,8 g Eisen(II)-sulfid passend zum **Gesetz von der Erhaltung der Masse**. Mit dieser Vorgehensweise lässt sich das optimale Verhältnis der einzusetzenden Massen der Edukte experimentell ermitteln. Es gilt das **Gesetz der konstanten Massenverhältnisse** (vgl. S. 98), d. h. auch 2,8 g Eisen und 1,6 g Schwefel oder 56 g Eisen und 32 g Schwefel würden vollständig miteinander reagieren.

Von den Atommassen zum richtigen Verhältnis

Sparsamer ist es, benötigte oder entstehende Massen vorher rechnerisch zu ermitteln. Dazu kann man die Angaben aus dem Periodensystem der Elemente nutzen. Dort wird für jedes Element die Atommasse in der Einheit Unit (u) angegeben. Die Masse von einem Unit lässt sich in Gramm umrechnen. Es entspricht der winzigen Masse von etwa einem 600 Trilliardstel Gramm:

1 u = 0,000 000 000 000 000 000 000 001 66 g

Die durchschnittliche Masse von Wasserstoff-Atomen beträgt 1,0 u, von Kohlenstoff-Atomen 12,0 u, von Eisen-Atomen 55,8 u und von Schwefel-Atomen 32,1 u.

Ist die Verhältnisformel oder die Molekülformel eines Stoffes bekannt, kann man nun unter Berücksichtigung der Atommassen Aussagen zu den reagierenden Massen bei der Synthese des Stoffes aus den Elementen treffen: Eine Ionengruppe FeS des Eisen(II)-sulfids enthält ein Eisen-Ion mit der Masse 55,8 u und ein Sulfid-Ion mit der Masse 32,1 u (vgl. Info). Daraus kann man folgern, dass Eisen und Schwefel im Massenverhältnis 55,8 g zu 32,1 g zu Eisen(II)-sulfid reagieren. Das deckt sich recht gut mit dem Versuchsergebnis aus **V1**.

Umgekehrt kann man vom Experiment auf die Verhältnisformel FeS des Produkts schließen, denn 55,8 u entspricht der Masse eines Eisen-Ions und 32,1 u der Masse eines Sulfid-Ions.

Info

Warum verwendet man im PSE die Einheit Unit und nicht Gramm? Im PSE sind die Elemente nach steigenden durchschnittlichen Massen ihrer Atome geordnet. Da diese sehr klein sind, ist die Verwendung von u hier „handlicher“. Es wäre genauso unsinnig, die Masse eines Flohs in der Einheit Kilogramm oder Tonne anzugeben.

Info

Da die Masse eines Elektrons verschwindend klein ist, kann man die Angaben zu den Atommassen auch auf die Ionen übertragen.

Das Mol als Zählmaß für die Stoffmenge in der Chemie

Beim Experimentieren wiegt man meist Massen von Edukten oder Produkten in Gramm g oder in Milligramm mg ab. Es gibt allerdings keine Waage, die in der Lage ist, in Größenordnungen von wenigen u zu wiegen. Außerdem wären derart kleine Stoffportionen nicht handhabbar. Wägbare Massen von Stoffen enthalten also eine riesige Anzahl von Teilchen. Die Masse von einem Schwefel-Atom beträgt nur m(1 S) = 0,000 000 000 000 000 000 000 053 333 g. Umgekehrt sind in nur einem Gramm Schwefel 18 760 124 000 000 000 000 000 Schwefel-Atome enthalten. Es ist sehr umständlich, mit diesen großen Zahlen umzugehen. Zur Vereinfachung wurde die **Stoffmenge *n*** mit dem Einheitszeichen **mol** eingeführt (vgl. Info).

Info

Mol und mol: Nicht durcheinander kommen, auch wenn sie fast gleich geschrieben werden!

Die Einheit Mol (mit dem Großbuchstaben M) wird wie Meter oder Kilogramm verwendet und das Einheitszeichen mol (klein geschrieben) wie m oder kg.

> Die Stoffmenge n ist eine Größe mit der Einheit Mol.
> Sie beschreibt die Anzahl der Stoffteilchen in einer Stoffportion.
> Eine Stoffportion der Stoffmenge n = 1 mol enthält $6{,}022 \cdot 10^{23}$ Stoffteilchen bzw. über 602 Trilliarden Stoffteilchen.

Ob es sich bei den betrachteten Stoffteilchen um Atome, Moleküle oder Ionengruppen handelt, ist unwichtig, es geht einzig um ihre Anzahl. 1 mol Eisen entspricht der Zahl von $6{,}022 \cdot 10^{23}$ Eisen-Atomen, 1 mol Wasser enthält $6{,}022 \cdot 10^{23}$ Wasser-Moleküle und in 1 mol Eisen(II)-sulfid befinden sich $6{,}022 \cdot 10^{23}$ Ionengruppen FeS. Der Zahlenwert des Mols wird zu Ehren des italienischen Naturwissenschaftlers AMEDEO AVOGADRO als die **AVOGADRO-Konstante N_A = $6{,}022 \cdot 10^{23}$ /mol** bezeichnet. Diese Konstante zählt zu den Naturkonstanten, auf denen das neue SI-System basiert (vgl. S. 255). Bei bekannter Stoffmenge n lässt sich nun auch die **Teilchenzahl *N*** bestimmen. Da z. B. 1 mol Wasser $6{,}022 \cdot 10^{23}$ Wasser-Moleküle enthält, gilt:

- 2 mol Wasser enthalten $2 \cdot 6{,}022 \cdot 10^{23}$ Wasser-Moleküle,
- 3 mol Wasser enthalten $3 \cdot 6{,}022 \cdot 10^{23}$ Wasser-Moleküle usw.

Das Mol als Vertreter für eine Zahl Teilchen lässt sich ähnlich wie die Bezeichnung „Paar" für die Zahl 2 oder „Dutzend" für die Zahl 12 verwenden. Auch wenn die Zahl der Teilchen sehr groß ist, so ist die Größe der Teilchen verschwindend klein. Bereits in der Portion Wasser aus **B2** beträgt die Anzahl an Wasser-Molekülen über 600 Trilliarden. Das ist 60 mal mehr als die geschätzte Anzahl an Sternen im Universum.

B2 Ein Paar Würste, ein Dutzend Eier und ein Mol Wasser mit $6{,}022 \cdot 10^{23}$ Wasser-Molekülen

AUFGABEN

A1 Erkläre, dass es notwendig ist, für Berechnungen zu Massenverhältnissen bei chemischen Reaktionen die korrekte Verhältnis- oder Molekülformel der Reaktionspartner zu kennen.

$Fe (s) + S (s) \longrightarrow FeS (s)$

1 mol   1 mol   1 mol

B3 1 mol Eisen (oben) und 1 mol Schwefel (mittig) reagieren zu 1 mol Eisen(II)-sulfid (unten).

Die molare Masse

Wird die Masse eines einzelnen Teilchens mit der Teilchenzahl N_A multipliziert, erhält man die Masse einer Stoffportion, die genau die Stoffmenge 1 mol enthält. Diese Masse wird als **molare Masse *M*** bezeichnet. Sie wird in der Einheit g/mol angegeben. Die molare Masse von Eisen(II)-sulfid bestimmt man, indem man die Atommassen der in der Verbindung enthaltenen Atome im Periodensystem abliest. Die Masse eines Atoms in u entspricht der Masse von $6{,}022 \cdot 10^{23}$ Atomen in Gramm. Man kann also die molare Masse z. B. von Silber direkt am PSE ablesen. Der Zahlenwert ist identisch mit der Atommasse, nur ist die Einheit g/mol statt u. Bei Sauerstoff ist die molare Masse das Doppelte des Zahlenwertes, da Sauerstoff-Moleküle zweiatomig vorliegen (vgl. **FM**).

Die molare Masse *M* eines Stoffes ist die Masse einer Stoffportion, die die Stoffmenge $n = 1$ mol und damit $6{,}022 \cdot 10^{23}$ Teilchen enthält.

$M = \frac{m}{n}$ mit der Einheit g/mol

Von der Reaktionsgleichung zum „Kochrezept" im Chemielabor

Für die Bildung von Eisen(II)-sulfid werden als „Zutaten" die Elemente Eisen und Schwefel benötigt. Die Verhältnisformel FeS sagt aus, dass in festem Eisen(II)-sulfid gleich viele Eisen-Ionen wie Sulfid-Ionen vorhanden sind. Die für die Reaktion benötigte Stoffmenge des Eisens $n(Fe)$ ist gleich der benötigten Stoffmenge des Schwefels $n(S)$. Mithilfe der molaren Masse und der Reaktionsgleichung kann man nun ermitteln, welche Massen an Edukten notwendig sind, um eine bestimmte Masse an Produkt zu gewinnen (vgl. **FM**, S. 251). Man erhält 55,8 g Eisen und 32,1 g Schwefel für die Bildung von 87,9 g Eisen(II)-sulfid (**B3**).

FM Bestimmung der molaren Masse einer Verbindung

Bestimme die molare Masse von Eisen(II)-sulfid.

So geht's

1. Lies die Atommasse eines Eisen-Atoms $m(1\,Fe)$ aus dem PSE ab.
   $m(1\,Fe) = 55{,}8\,u$
2. Übertrage den Zahlenwert auf ein Mol Eisen.
   $M(Fe) = 55{,}8\,g/mol$
3. Wiederhole Schritt 1 und 2 für Schwefel.
   $m(1\,S) = 32{,}1\,u$
   $M(S) = 32{,}1\,g/mol$
4. Addiere alle an der Verbindung beteiligten Teilchen gemäß der Formel der Verbindung.
   $M(FeS) = 1 \cdot M(Fe) + 1 \cdot M(S) =$
   $1 \cdot 55{,}8\,g/mol + 1 \cdot 32{,}1\,g/mol = 87{,}9\,g/mol$

Hinweis: Kommt in einer Formel eine Teilchensorte mehrfach vor, wie z. B. beim Ag_2S, ist die Masse mehrfach zu berücksichtigen:

$M(Ag_2S) = 2 \cdot M(Ag) + 1 \cdot M(S) =$
$2 \cdot 107{,}9\,g/mol + 1 \cdot 32{,}1\,g/mol = 247{,}9\,g/mol$

Zur Orientierung beim chemischen Rechnen sollte der Stoff, auf den sich eine Größe bezieht, in Klammern mit angegeben werden, z. B. $M(FeS)$ bei der Berechnung der molaren Masse von Eisen(II)-sulfid (vgl. **FM**, S. 250).

FM Rechenbeispiel zu V1

Ermittle die Massen der Edukte für die Herstellung von 5 g Eisen(II)-sulfid aus den Elementen.

So geht's

1. Stelle die Reaktionsgleichung auf.
   Fe (s) + S (s) ⟶ FeS (s)
2. Ermittle die Stoffmenge des Produkts $n(FeS)$ mit einer Masse von 5 g Eisen(II)-sulfid.
   Gegeben: $m(FeS) = 5\,g$, $M(FeS) = 87{,}9\,g/mol$ *und* $n = \frac{m}{M}$
   Einsetzen in die Größengleichung ergibt: $n(FeS) = \frac{m(FeS)}{M(FeS)} = \frac{5\,g}{87{,}9\,g/mol} = 0{,}057\,mol$
3. Ermittle die benötigten Stoffmengen der Edukte $n(Fe)$ und $n(S)$ mit Bezug auf die Reaktionsgleichung. Die Zahlen vor den Formeln in einer Reaktionsgleichung können als Stoffmengen interpretiert werden.
   Gemäß der Reaktionsgleichung reagieren die Edukte im Stoffmengenverhältnis 1 : 1 und die Stoffmengen der Edukte sind gleich der Stoffmenge des Produkts: $n(Fe) = n(S) = n(FeS)$.
   Somit sind für die Bildung von 0,057 mol Eisen(II)-sulfid auch 0,057 mol Eisen bzw. 0,057 mol Schwefel nötig.
4. Berechne die Massen der Edukte.
   Gegeben: $M(Fe) = 55{,}8\,g/mol$, $M(S) = 32{,}1\,g/mol$, $n(Fe) = n(S) = 0{,}057\,mol$ *und* $m = M \cdot n$
   $m(Fe) = M(Fe) \cdot n(Fe) = 55{,}8\,g/mol \cdot 0{,}057\,mol = 3{,}2\,g$ *und*
   $m(S) = M(S) \cdot n(S) = 32{,}1\,g/mol \cdot 0{,}057\,mol = 1{,}8\,g$
   Für die Herstellung von 5 g Eisen(II)-sulfid benötigt man 3,2 g Eisen und 1,8 g Schwefel.

AUFGABEN

A1 Berechne die Masse folgender Teilchenzahlen bzw. Stoffportionen:
a) 3 mol Eisen(II)-oxid, b) $12 \cdot 10^{23}$ Wasser-Moleküle,
c) 0,001 mol Gold, d) 5 mol Zinn, e) $1{,}2 \cdot 10^{24}$ Helium-Atome.

A2 Ermittle die molaren Massen von Kupfer(II)-sulfid, Silberoxid, Wasser und Eisen(III)-oxid.

A3 Kupfer(II)-sulfid kommt in der Natur als Erz vor. Berechne die Masse an Kupfer, das in 2,8 mol Kupfer(II)-sulfid gebunden vorliegt.

A4 Berechne die Massen (in g) von Eisen und Schwefel, die nötig sind, um 315 g Eisen(II)-sulfid herzustellen.

Info

Beim chemischen Rechnen ist die folgende Beziehung wichtig:

$M = \frac{m}{n}$ in g/mol

Daraus kann abgeleitet werden:

$m = M \cdot n$ in g $n = \frac{m}{M}$ in mol

B4 Kupfer (oben) reagiert zu Kupfer(II)-oxid (unten).

Berechnungen zur Oxidation von Kupfer

Erhitzt man Kupferpulver an der Luft, verfärbt sich der Feststoff im Tiegel von rotbraun nach schwarz. Bei der Reaktion von Kupfer mit Luftsauerstoff bildet sich Kupfer(II)-oxid (**B4**).

Kupfer (s)	+	Sauerstoff (g)	⟶	Kupfer(II)-oxid (s)
2 Cu	+	O_2	⟶	2 CuO
$2 \cdot 6{,}022 \cdot 10^{23}$ Kupfer-Atome	+	$1 \cdot 6{,}022 \cdot 10^{23}$ Sauerstoff-Moleküle	⟶	$2 \cdot 6{,}022 \cdot 10^{23}$ Ionengruppen Kupfer(II)-oxid
2 mol Kupfer	+	1 mol Sauerstoff	⟶	2 mol Kupfer(II)-oxid

Experimentell kann man die Masse der reagierenden Stoffe durch Abwiegen der Feststoffe vor und nach der Reaktion ermitteln. Die Masse an Sauerstoff entspricht der Differenz (**V2**). Rechnerisch lässt sich über die Reaktionsgleichung und mit Größengleichungen ermitteln, wie viel Kupfer(II)-oxid aus einer bestimmten Menge Kupfer gebildet wird. Die Koeffizienten in einer Reaktionsgleichung können dabei als Stoffmengen interpretiert werden.

FM Rechenbeispiel zu V2

Berechne die Masse von Kupfer(II)-oxid, die man aus der Oxidation von 10 g Kupfer erhält.

So geht's

1. Stelle die Reaktionsgleichung auf.

   2 Cu (s) + O_2 (g) ⟶ 2 CuO (s)

2. Vergleiche die Stoffmengen in der Reaktionsgleichung.

2 Cu (s)	+	*O_2 (g)*	⟶	*2 CuO (s)*
2 mol Kupfer		*1 mol Sauerstoff*		*2 mol Kupfer(II)-oxid*

   Die Stoffmengen des Edukts Kupfer und des Produkts Kupfer(II)-oxid sind identisch: n(Cu) = n(CuO).

3. Ermittle die Stoffmenge n(Cu) in 10 g Kupfer.

   Gegeben: m(Cu) = 10 g, M(Cu) = 63,5 g/mol und $n = \frac{m}{M}$

   Einsetzen in die Größengleichung ergibt: $n(\mathrm{Cu}) = \frac{m(\mathrm{Cu})}{M(\mathrm{Cu})} = \frac{10\,\mathrm{g}}{63{,}5\,\mathrm{g/mol}} = 0{,}16\,\mathrm{mol}$

4. Ermittle die Masse des Produkts m(CuO).

   Aus den Schritten 2 und 3 folgt, dass aus 0,16 mol Kupfer 0,16 mol Kupfer(II)-oxid gebildet werden.

   Gegeben: n(CuO) = 0,16 mol, M(CuO) = 79,5 g/mol und $m = M \cdot n$

   $m(\mathrm{CuO}) = M(\mathrm{CuO}) \cdot n(\mathrm{CuO}) = 79{,}5\,\mathrm{g/mol} \cdot 0{,}16\,\mathrm{mol} = 12{,}72\,\mathrm{g}$

   Aus 10 g Kupfer kann man 12,72 g Kupfer(II)-oxid herstellen.

Einfacher geht es mit Gasen

Bei Reaktionen, an denen nur Gase beteiligt sind, ist es einfacher, nicht Massen, sondern Volumina zu betrachten. Beim Eudiometerversuch (**LV3**) reagieren Wasserstoffgas und Sauerstoffgas unter Bildung von flüssigem Wasser. Die Edukte reagieren vollständig miteinander, wenn das Volumen an Wasserstoffgas doppelt so groß ist wie das Volumen an Sauerstoffgas. Auch für die Stoffmengen in der Reaktionsgleichung gilt ein entsprechendes Zahlenverhältnis:

$$2\,H_2\,(g) \quad + \quad O_2\,(g) \quad \longrightarrow \quad 2\,H_2O\,(l)$$

2 mol Wasserstoff + 1 mol Sauerstoff ⟶ 2 mol Wasser

Der Satz von AVOGADRO und das molare Volumen

Reagieren Wasserstoff und Sauerstoff bei hohen Temperaturen miteinander, entspricht das Volumen an gebildetem Wasserdampf dem Volumen des eingesetzten Wasserstoffs und dem Doppelten des eingesetzten Sauerstoffs. 1811 formulierte AMEDEO AVOGADRO den nach ihm benannten **Satz von AVOGADRO**.

> Gleiche Volumina verschiedener Gase enthalten bei gleicher Temperatur und gleichem Druck gleich viele Teilchen.

Obwohl die Teilchen verschiedener gasförmiger Stoffe sich in ihren Größen voneinander unterscheiden, sind in einem Liter z. B. der Gase Sauerstoff, Wasserstoff, Argon und Wasserdampf immer gleich viele Teilchen (Moleküle oder Atome) enthalten.

Wenn gleiche Volumina verschiedener Gase gleich viele Teilchen und damit auch gleiche Stoffmengen enthalten, ist das Volumen von 1 mol eines Stoffes immer gleich. Das Volumen von einem Mol Gas beträgt bei 25 °C und 1 bar 24,5 L. Bei 0 °C und 1,013 bar sind es 22,4 L. Man spricht vom **molaren Volumen V_m** (Einheit L/mol). Wenn man bei 25 °C 1 mol Wasser herstellen will, muss man 24,5 L Wasserstoff und 12,25 L Sauerstoff zur Reaktion bringen.

In **B5** sind die wichtigen Größen und Formeln zum chemischen Rechnen abschließend zusammengefasst.

AUFGABEN

A1 Ermittle das Volumen von 0,3 mol Argon und 0,3 mol Kohlenstoffdioxid bei Raumtemperatur (25 °C). Begründe die Ergebnisse.

A2 Übernimm die Zeichnung zur Bildung von Wasserdampf aus Wasserstoff und Sauerstoff (**B6**) in dein Heft und ergänze sie. Erläutere die Zeichnung unter Verwendung von Fachbegriffen.

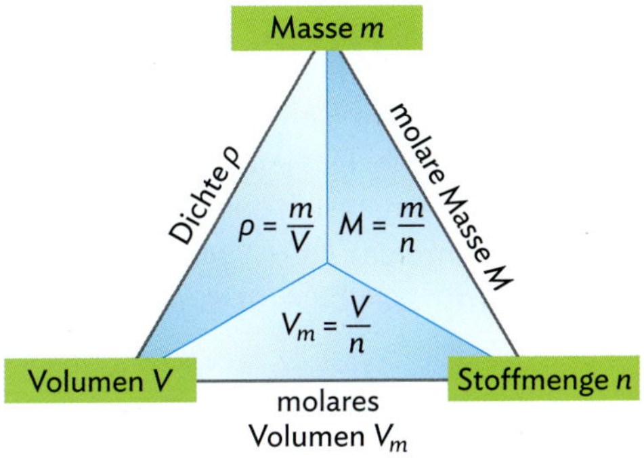

B5 Beim chemischen Rechnen sind diese Beziehungen wichtig.

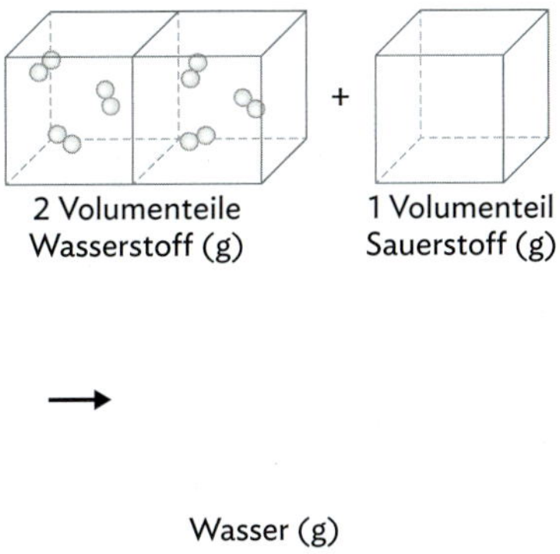

B6 Zeichenvorlage zu **A2**. Zwei Volumenteile Wasserstoff reagieren mit einem Volumenteil Sauerstoff zu Wasser.

FACHBEGRIFFE

Gesetz von der Erhaltung der Masse, Gesetz der konstanten Massenverhältnisse, Stoffmenge n, AVOGADRO-Konstante N_A, Teilchenzahl N, molare Masse M, Satz von AVOGADRO, das Mol, molares Volumen V_m

Chemisches Rechnen mit Dreisatz

Beim chemischen Rechnen kann man die Mengen der Edukte und Produkte einer chemischen Reaktion ermitteln. Das Aufstellen einer korrekten Reaktionsgleichung bildet die Grundlage solcher Berechnungen. Wenn man sich beim Friseur die Haare färben lässt, kann es eigentümlich riechen: Das leicht flüchtige Ammoniak (NH_3) wird aus der Haarfarbe freigesetzt. Wie sehen die chemischen Berechnungen zur Synthese von Ammoniak aus den Elementen aus?

So geht's

1. Ermittle aus den Koeffizienten der Reaktionsgleichung das Anzahlverhältnis der reagierenden Stoffteilchen. Die Gesamtzahl aller Atome verändert sich nicht.
2. Berechne die Teilchenzahl, indem du die Koeffizienten auf beiden Seiten der Reaktionsgleichung mit dem dem Faktor $6{,}022 \cdot 10^{23}$ multiplizierst.
3. Ermittle die Stoffmenge. Aus $6{,}022 \cdot 10^{23}$ Teilchen wird auf der Stoffebene 1 mol des Stoffes. Die Stoffmenge entspricht den Koeffizienten in der Reaktionsgleichung.
4. Berechne die Massen der Stoffportionen mithilfe der molaren Massen (**FM**, S. 250). Es gilt das Gesetz von der Erhaltung der Masse.
5. Berücksichtige das molare Volumen z. B. bei 25 °C und 1 bar, wenn du die Volumina der beteiligten Gase berechnest.
6. Formuliere den Dreisatz für die Berechnung z. B. der Masse an Ammoniak, die bei der Reaktion von a) 1 kg bzw. b) 5 L Wasserstoff entsteht.

Reaktionsschema	Stickstoff (g)	+	Wasserstoff (g)	→	Ammoniak (g)
Reaktionsgleichung	N_2	+	$3\ H_2$	→	$2\ NH_3$
Darstellung auf Teilchenebene	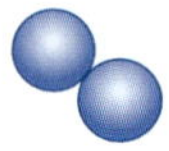	+	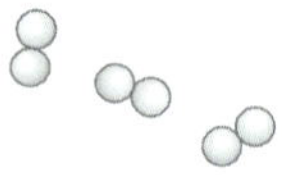	→	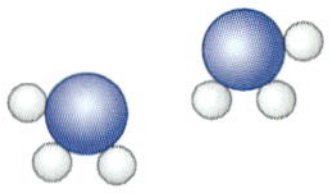
1. Anzahlverhältnis	1 Stickstoff-Molekül	+	3 Wasserstoff-Moleküle	→	2 Ammoniak-Moleküle
2. Teilchenzahl	$1 \cdot 6{,}022 \cdot 10^{23}$ Stickstoff-Moleküle	+	$3 \cdot 6{,}022 \cdot 10^{23}$ Wasserstoff-Moleküle	→	$2 \cdot 6{,}022 \cdot 10^{23}$ Ammoniak-Moleküle
3. Stoffmenge	1 mol Stickstoff	+	3 mol Wasserstoff	→	2 mol Ammoniak
4. Masse	m(Stickstoff) $= m(N_2)$ $= M(N_2) \cdot n(N_2)$ = 28 g/mol · 1 mol = 28 g	+	m(Wasserstoff) $= m(H_2)$ $= M(H_2) \cdot n(H_2)$ = 2 g/mol · 3 mol = 6 g	→	m(Ammoniak) $= m(NH_3)$ $= M(NH_3) \cdot n(NH_3)$ = 17 g/mol · 2 mol = 34 g
5. Gasvolumen	$V(N_2)$ $= V_m \cdot n(N_2)$ = 24,5 L/mol · 1 mol = 24,5 L	+	$V(H_2)$ $= V_m \cdot n(H_2)$ = 24,5 L/mol · 3 mol = 73,5 L	→	$V(NH_3)$ $= V_m \cdot n(NH_3)$ = 24,5 L/mol · 2 mol = 49 L
6. Dreisatz	a) Bei der Reaktion von 6 g Wasserstoff entsteht 34 g Ammoniak. Bei der Reaktion von 1 g Wasserstoff entsteht $\frac{34}{6}$ g Ammoniak. Bei der Reaktion von 1000 g (= 1 kg) Wasserstoff entsteht $\frac{1000 \cdot 34}{6}$ g = 5666,67 g = 5,67 kg Ammoniak. b) Bei der Reaktion von 73,5 L Wasserstoff entsteht 34 g Ammoniak. Bei der Reaktion von 1 L Wasserstoff entsteht $\frac{34}{73{,}5}$ g Ammoniak. Bei der Reaktion von 5 L Wasserstoff entsteht $\frac{5 \cdot 34}{73{,}5}$ g = 2,31 g Ammoniak.				

AUFGABE

A1 Berechne für die Reaktion von 100 g Kupfer(II)-oxid mit Kohlenstoff zu Kupfer und Kohlenstoffdioxid die Massen der Produkte und das Volumen von Kohlenstoffdioxid.

SI-Basiseinheiten oder das Système International d'Unités

Die Maße eines Raumes lassen sich z. B. in Schritten ermitteln. Je nachdem, wie lang die Schritte einer Person sind, werden dabei sehr unterschiedliche Werte erhalten.

Bereits Ende des 17. Jahrhunderts wurde in Frankreich die Notwendigkeit zur Vereinheitlichung von Maßen erkannt, damit diese vergleichbar und überall verständlich sind. Daraufhin wurde im Jahr 1799 der Meter als zehnmillionster Teil der Entfernung zwischen Nordpol und Äquator eingeführt. Die Definition eines Meters hat sich in den letzten 200 Jahren mehrfach geändert, der Meter als Basiseinheit zum Messen einer Länge ist jedoch geblieben. Das heute international gebräuchliche Système International d'Unités weist sieben Basiseinheiten, kurz SI-Einheiten aus: Das Meter m zur Angabe der Länge *l*, das Kilogramm kg zur Angabe der Masse *m*, die Sekunde s zur Angabe der Zeit *t*, das Ampère A zur Angabe der Stromstärke *I*, Kelvin K zur Angabe der Temperatur *T*, das Mol mol zur Angabe der Stoffmenge *n* und das Candela cd zur Angabe der Lichtstärke I_v. Bei der seit 2019 geltenden Neudefinition der SI-Einheiten werden Naturkonstanten wie die Ladung des Elektrons oder die Lichtgeschwindigkeit zugrunde gelegt. Zu den neu festgelegten SI-Werten gehört auch die AVOGADRO-Konstante N_A mit $N_A = 6{,}02214067 \cdot 10^{23}$/mol. Für Berechnungen im Unterricht genügt jedoch der vereinfachte Zahlenwert von $6{,}022 \cdot 10^{23}$.

Mithilfe der sogenannten SI-Vorsätze ist es möglich, die gesetzlichen Einheiten an die zu messenden Größen anzupassen. Hierzu kann der Name eines Vorsatzes vor die Einheit gestellt werden. Ein Kilometer entspricht also tausend Meter und eine Nanosekunde sind 10^{-9} Sekunden.

Name	Zeichen	Potenz	Faktor
Giga	G	10^9	1 000 000 000
Mega	M	10^6	1 000 000
Kilo	k	10^3	1 000
Hekto	h	10^2	100
Deka	da	10^1	10
Dezi	d	10^{-1}	0,1
Zenti	c	10^{-2}	0,01
Milli	m	10^{-3}	0,001
Mikro	µ	10^{-6}	0,000 001
Nano	n	10^{-9}	0,000 000 001

B1 SI-Vorsätze

Basiseinheiten		
Größe	**Zeichen**	**Einheit**
Länge	*l*	Meter m
Masse	*m*	Kilogramm kg
Zeit	*t*	Sekunden s
Stromstärke	*I*	Ampère A
Temperatur	*T*	Kelvin K
Stoffmenge	*n*	Mol mol
Lichtstärke	I_v	Candela cd

AUFGABEN

A1 a) Rechne folgende Stoffmengen in Kilomol um: *n* = 1 570 mol, *n* = 2 000 000 000 mmol. b) Berechne die Teilchenzahl für ein Nanomol.

A2 Kopfschmerztabletten enthalten häufig den Wirkstoff Acetylsalicylsäure, kurz ASS. Auf den Verpackungen findet sich zum Beispiel folgende Angabe: ASS-500. Das bedeutet, dass eine Tablette 500 mg Acetylsalicylsäure enthält. Die Molekülformel von ASS lautet $C_9H_8O_4$. Berechne die Stoffmenge in mmol und die Teilchenzahl des in einer Tablette ASS-500 enthaltenen Wirkstoffs. Dazu kannst du die molare Masse von ASS in der Einheit mg/mmol verwenden.

Zum Üben und Weiterdenken

M1 Analogien herstellen (Teil I) – Rechnen mit Bauklötzen

Aus den in **B1** gezeigten Steinen soll ein Turm mit dem dargestellten Muster zusammengebaut werden. Hierzu steht ein Eimer mit den blauen Steinen und eine Tabelle mit Wiegeergebnissen als Material zur Verfügung.

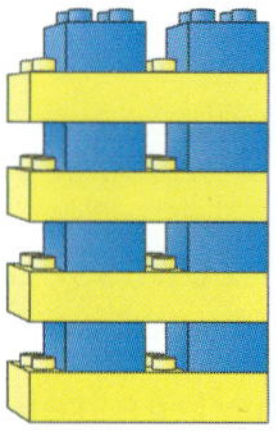

Masse des Eimers	200 g
Masse des Eimers mit blauen Steinen	1000 g
Masse eines blauen Steins	2 g
Masse eines gelben Steins	5 g

B1 Muster aus Bauklötzen und Massen der zur Verfügung stehenden Materialien

A1 Beschreibe die Zusammensetzung der kleinsten sich wiederholenden Einheit im dargestellten Muster.

A2 Berechne die Zahl der blauen Steine, die dir zur Verfügung stehen.

A3 Berechne die Zahl der gelben Steine, die du benötigst, um alle vorhandenen blauen Steine zu dem dargestellten Muster zu verbauen.

A4 Berechne die Masse an gelben Steinen, die du abwiegen musst.

A5 Es stehen 500 g blaue Steine und 500 g gelbe Steine zur Verfügung. Berechne die Masse, die der Turm mit dem gezeigten Muster haben wird.

M2 Analogien herstellen (Teil II) – Kupfersulfidsynthese

Kupfer reagiert mit Schwefel zu Kupfer(I)-sulfid (Cu_2S, **B2**). In einen Porzellantiegel wurde bereits Kupferpulver eingewogen (**B3**). Es soll nun gerade so viel Schwefelpulver hinzugegeben werden, dass das vorhandene Kupfer vollständig reagieren kann.

Masse des Tiegels	22 g
Masse des Tiegels mit Kupferportion	24 g
Masse eines Kupfer-Atoms	64 u
Masse eines Schwefel-Atoms	32 u

B3 Zu berücksichtigende Massen

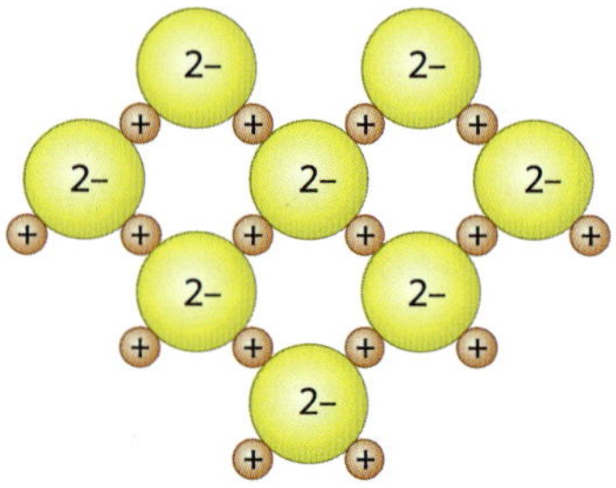

B2 Ausschnitt aus Kupfer(I)-sulfid

A1 Formuliere eine Reaktionsgleichung zur beschriebenen Reaktion.

A2 Berechne die Masse an Schwefel, die zugegeben werden muss.

Du kannst hier wie bei **M1**, **A2** bis **A4** vorgehen. Überlege dir dabei zunächst, welche Teilchen(gruppen) den blauen und gelben Steinen bzw. der kleinsten sich wiederholenden Einheit entsprechen.

M3 Experimentelle Bestimmung der Verhältnisformel von Wolframoxid

Die Verhältnisformel von gelbem Wolframoxid soll experimentell ermittelt werden. Aus der Erfahrung mit anderen Wolframverbindungen geht man davon aus, dass sich bei der Oxidation von Wolfram Wolfram(VI)-oxid bildet. Zur Überprüfung der Vermutung sind mehrere Arbeitsschritte nötig.

A1 Bringe die folgenden unsortierten Arbeitsschritte in eine sinnvolle Reihenfolge:

Der Tiegel wird über der Brennerflamme stark erhitzt, bis das Wolfram zu glühen beginnt und ein gelber Feststoff entsteht.

Die Masse eines leeren Porzellantiegels wird bestimmt.

Es wird eine Stoffportion Wolfram in einen Porzellantiegel eingewogen.

Der Tiegel wird gemeinsam mit dem Produkt gewogen.

Es wird nochmals Sauerstoffgas in den Tiegel eingeleitet.

A2 Formuliere ein Reaktionsschema für die ablaufende Reaktion.

A3 Übertrage die Tabelle in dein Heft und berechne die fehlenden Tabellenwerte. Bilde aus den Angaben das Stoffmengenverhältnis n(W) zu n(O).

A4 Bestimme die Verhältnisformel von Wolframoxid aus dem experimentellen Ergebnis.

A5 Bestimme die Verhältnisformel von Wolfram(VI)-oxid auf Basis der Ionenladungen (siehe Periodensystem der Atome und Ionen auf S. 512) und nimm Stellung zu der eingangs geäußerten Vermutung.

Masse des Tiegels m(Tiegel)	**Masse des eingesetzten Wolframs** m(Wolfram)	**Masse des Sauerstoffs im entstandenen Wolframoxid** m(Sauerstoff)	**Masse des Tiegels mit dem Produkt** m(Tiegel mit Produkt)	**Stoffmenge des eingesetzten Wolframs** n(Wolfram)	**Stoffmenge des Sauerstoffs im entstanden Wolframoxid** n(Sauerstoff)
50 g	0,4 g		50,504 g		

M4 Was uns die Reaktionsgleichung der Fotosynthese verrät

Bei der Fotosynthese entstehen formal aus Kohlenstoffdioxid und Wasser Traubenzucker ($C_6H_{12}O_6$) und Sauerstoff. Hierzu lässt sich folgende Reaktionsgleichung formulieren:

	$6\,CO_2$	+ $6\,H_2O$	⟶ $C_6H_{12}O_6$	+ $6\,O_2$
Stoffmenge n	6 mol			
Masse von einem Mol		18 g		
Masse m			180 g 1 g	
Gasvolumen V				

A1 Übertrage die Tabelle und die Sätze unter **A2** und **A3** mit großen Lücken in dein Heft. Ergänze zunächst die ersten drei Zeilen der Tabelle.

A2 Vervollständige: *Für 1* ***mol*** *Traubenzucker benötigt man ___. Mit 1* ***mol*** *Kohlenstoffdioxid und ___ können ___ gebildet werden.*

A3 Gib für I, II und III (blaue Pfeile) die Rechenoperation an und ergänze: *Um 180* ***g*** *Traubenzucker herstellen zu können, benötigt man ___. Um 1* ***g*** *Traubenzucker herstellen zu können, benötigt man ___ Wasser und ___ Kohlenstoffdioxid.*

A4 Berechne mithilfe der roten Pfeile das Volumen an Sauerstoff, welches bei der Bildung von 1 g Traubenzucker bei Raumtemperatur entsteht.

Basiswissen Kapitel 7

W Die Stoffmenge *n* und das Mol

Die **Stoffmenge *n*** beschreibt die Anzahl der Teilchen in einer Stoffportion.

Die Stoffmenge *n* zählt zu den Stoffgrößen und hat die Einheit **Mol**.

1 mol eines Stoffes entspricht der riesigen Zahl von **$6{,}022 \cdot 10^{23}$ Stoffteilchen**.

Es ist unerheblich, ob es sich um Atome, Moleküle oder Ionengruppen handelt.

W Die molare Masse

Jedes Teilchen hat eine für diese Teilchenart typische Masse. Daher haben auch viele Teilchen eine entsprechend ihrer Anzahl und Art typische Masse. →

- 1 mol Eisen (links) hat die Masse 55,8 g.
- 1 mol Schwefel (rechts) hat die Masse 32,1 g.

Die **molare Masse M** eines Stoffes entspricht der Masse einer Stoffportion, die $6{,}022 \cdot 10^{23}$ Teilchen enthält. Die molare Masse ist der Quotient aus der Masse und der Stoffmenge:

$$M = \frac{m}{n}$$ mit der Einheit **g/mol**. →

- Die molare Masse von Eisen ist 55,8 g/mol.
- Die molare Masse von Schwefel ist 32,1 g/mol.

Bei Verbindungen addiert man die molaren Massen der gebundenen Elemente gemäß ihrer Formel.

- Die molare Masse von Eisen(II)-sulfid: $M(FeS) = 55{,}8\ g/mol + 32{,}1\ g/mol = 87{,}9\ g/mol$
- Die molare Masse von Sauerstoff: $M(O_2) = 2 \cdot 16\ g/mol = 32\ g/mol$
- Die molare Masse von Eisen(III)-oxid: $M(Fe_2O_3) = 2 \cdot 55{,}8\ g/mol + 3 \cdot 16\ g/mol = 159{,}6\ g/mol$

W Satz von AVOGADRO

Gleiche Volumina verschiedener **Gase** enthalten bei gleicher Temperatur und gleichem Druck gleich viele Teilchen. Die Art der Teilchen (Atome, Moleküle) ist dabei unerheblich.

Da gleiche Volumina verschiedener Gase gleich viele Teilchen und damit auch gleiche Stoffmengen enthalten, ist das Volumen von 1 mol eines Stoffes bei gleichem Druck und gleicher Temperatur gleich.

Der Quotient aus Volumen und Stoffmenge ist das **molare Volumen V_m**. Bei 25 °C und 1 bar beträgt das molare Volumen 24,5 L/mol.

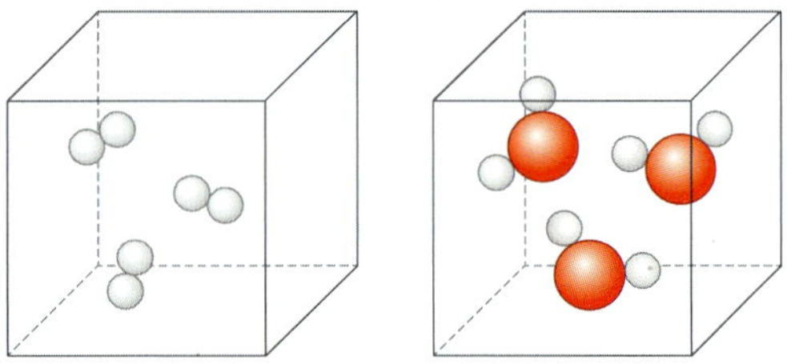

W Beziehungen zwischen Größen

Zur Orientierung beim chemischen Rechnen sollte die Formel des Stoffes, auf den sich eine Größe bezieht, in Klammern mit angegeben werden, z. B. $M(H_2O)$ für die molare Masse von Wasser.

Aus der molaren Masse *M* kann die Berechnung der Masse *m* und schließlich die Berechnung der Stoffmenge *n* eines Stoffes abgeleitet werden. Ebenso können die Masse *m*, die Stoffmenge *n* und das Volumen *V* über die gezeigten Größengleichungen ineinander überführt werden.

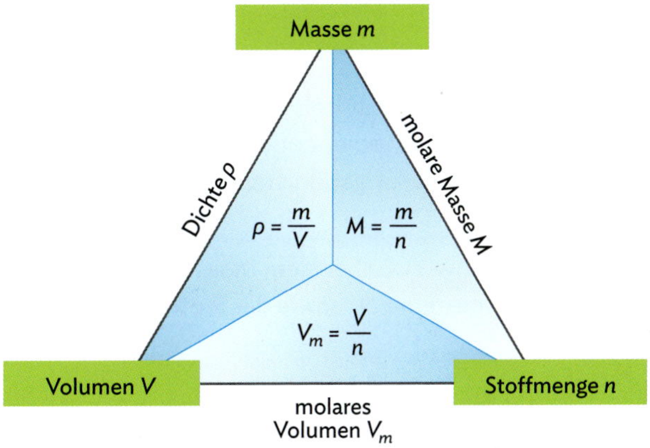

W Rechnen mit Größengleichungen

Beim Rechnen mit Größengleichungen sollten die folgenden Schritte beachtet werden:

1. Als Grundlage dient die korrekt formulierte Reaktionsgleichung. Sie enthält die richtigen Formeln und eine ausgeglichene Atombilanz.
2. Bekannte Werte wie Massen oder Stoffmengen sowie die gesuchten Größen werden notiert.
3. Das Stoffmengenverhältnis der reagierenden Stoffe gemäß Reaktionsgleichung ist zu beachten.
4. Die gesuchte Größe kann durch Verwendung und gegebenenfalls Umstellen von Größengleichungen ermittelt werden.

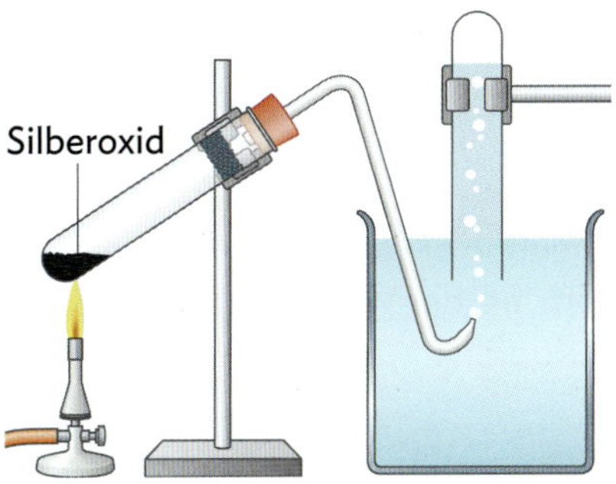

Beispiel: Es sollen 3 g Silber durch Erhitzen von Silberoxid hergestellt werden. Gesucht wird die Masse des benötigten Silberoxids.

1. $2\,Ag_2O\,(s) \longrightarrow 4\,Ag\,(s) + O_2\,(g)$
2. Gegeben: $m(Ag) = 3\,g$
   $M(Ag) = 107{,}9\,g/mol$
   $M(Ag_2O) = 231{,}8\,g/mol$
   Gesucht: $m(Ag_2O)$
3. Silberoxid und Silber reagieren im Stoffmengenverhältnis 2 : 4 bzw 1 : 2.
4. Um die Masse an Silberoxid zu berechnen, muss zunächst dessen Stoffmenge $n(Ag_2O)$ bestimmt werden. Diese lässt sich a) aus der Stoffmenge an Silber $n(Ag)$ und b) dem Verhältnis der reagierenden Stoffmengen ermitteln.
   a) $n(Ag) = \frac{m(Ag)}{M(Ag)} = \frac{3\,g}{107{,}9\,g/mol} = 0{,}03\,mol$
   b) Da aus 1 mol Silberoxid 2 mol Silber gebildet werden, gilt:
   $n(Ag_2O) = 0{,}03\,mol : 2 = 0{,}015\,mol$
   c) Die Masse an Silberoxid ermittelt man unter Verwendung der Größengleichung:
   $m(Ag_2O) = M(Ag_2O) \cdot n(Ag_2O) =$
   $231{,}8\,g/mol \cdot 0{,}015\,mol = 3{,}5\,g$

Ziel erreicht?

Überprüfung

Hast du das Ziel dieses Kapitels erreicht? Löse die entsprechenden Aufgaben. Ein Arbeitsblatt findest du unter QR-/Mediencode 05037-20. Bewerte dich mithilfe der Tabelle rechts unten. Die Lösungen zu den Aufgaben stehen auf Seite 470 und 471.

05037-20

Die Zusammenhänge zwischen dem Mol-Begriff, der AVOGADRO-Konstante N_A sowie der Stoffmenge *n* beschreiben

A1 Lisa hat für die Reaktion von Magnesium mit Luftsauerstoff zu Magnesiumoxid bereits die Reaktionsgleichung aufgestellt.

$$2\,Mg\,(s) \;+\; O_2\,(g) \longrightarrow 2\,MgO\,(s)$$

Berechne die Teilchenzahl *N* der jeweiligen Edukte, wenn 2 mol Magnesiumoxid entstehen.

Die molare Masse *M* von Elementen und Verbindungen anhand des PSE ableiten

B1 Ermittle die molare Masse der Gase Stickstoff, Sauerstoff und Kohlenstoffdioxid.

B2 Berechne die molare Masse von Kochsalz (NaCl) und Traubenzucker ($C_6H_{12}O_6$).

Die Größengleichung zur Berechnung der molaren Masse umformen und anwenden

C1 1 L Wasser hat die Masse 1 kg. Berechne die Stoffmenge $n(H_2O)$ von 1 L Wasser.

C2 Berechne die Masse von 5 mol Magnesium.

C3 18 mol eines Metalls haben die Masse 1539 g. Bestimme das gesuchte Metall.

Mithilfe des Satzes von AVOGADRO Berechnungen zu Gasen durchführen

D1 Beschreibe den gasförmigen Aggregatzustand auf Teilchenebene und zeichne gleiche Volumina an Sauerstoffgas und Kohlenstoffdioxidgas auf Teilchenebene.

D2 Berechne die Volumina an Wasserstoffgas und Sauerstoffgas, die bei Raumtemperatur aus 5 mol Wasser hergestellt werden können.

D3 Berechne die Stoffmenge an Edelgasen in 100 L Luft (25 °C, 1 bar; Edelgase machen ca. 1 Volumenprozent der Luft aus).

D4 Wasserstoffperoxid (H_2O_2) zersetzt sich unter Bildung von Wasser und Sauerstoff. Formuliere die Reaktionsgleichung und berechne, wie viele Liter Sauerstoff bei Raumtemperatur aus 34 g Wasserstoffperoxid entstehen.

D5 Die Masse von 50 mL eines Edelgases beträgt 0,008 g (25 °C, 1 bar). Bestimme das gesuchte Edelgas.

Anhand einer Reaktionsgleichung die Massen der beteiligten Stoffe für einen vollständigen Umsatz berechnen

E1 Berechne die Masse des reagierenden Sauerstoffs bei der Verbrennung von 8,2 g Kupfer zu Kupfer(II)-oxid.

E2 Aluminium wird durch Reduktion von Aluminiumoxid (Al_2O_3) mit Magnesium gewonnen. Stelle die Reaktionsgleichung auf und berechne die Masse an Aluminiumoxid, die zur Herstellung von einer Tonne Aluminium benötigt wird.

E3 Für die Reaktion von Natrium mit Wasser lässt sich folgende Reaktionsgleichung formulieren:

$$2\,Na\,(s) + 2\,H_2O\,(l) \longrightarrow H_2\,(g) + 2\,NaOH\,(aq)$$

a) Berechne die Masse an Wasser, die für die Umsetzung von 1 g Natrium benötigt wird.

b) Berechne das Volumen an Wasserstoff, das bei Raumtemperatur bei der Umsetzung von 1 g Natrium entsteht.

E4 Silbersulfid wird durch Erhitzen in Silber und Schwefel zerlegt. Stelle die Reaktionsgleichung auf und berechne die Masse $m(Ag)$, die bei der Reaktion von 74,4 g Silbersulfid entsteht.

E5 Zum Verschweißen von Bahnschienen wird mittels des Thermit-Verfahrens flüssiges Eisen hergestellt, welches man in die gewünschte Form gießt. Das Eisen entsteht hierbei in einer chemischen Reaktion von Eisen(III)-oxid mit Aluminium.

a) Formuliere die Reaktionsgleichung für die Bildung von Eisen im Thermit-Verfahren. Übertrage die untenstehende Tabelle in dein Heft, schreibe die Reaktionsgleichung hinein und ergänze auch die restlichen Felder analog zu **B2**, S. 254.

Reaktionsgleichung	
Anzahlverhältnis	
Teilchenzahl	
Stoffmenge	
Masse	

b) Berechne z. B. mithilfe des Dreisatzes die Masse an Aluminium, die zur Herstellung von 1 kg Eisen benötigt wird.

c) Berechne die einzusetzende Gesamtmasse der benötigten Edukte, wenn man für eine Schweißnaht 2 kg Eisen benötigt.

Auswertung

Vergleiche deine Antworten mit den Lösungen auf Seite 470 und 471 und kreuze auf dem Arbeitsblatt an.

	Ich kann ...	ja	nein	lies nach auf Seite
A	die Zusammenhänge zwischen dem Mol-Begriff, der AVOGADRO-Konstante N_A sowie der Stoffmenge n beschreiben.			**248, 249**
B	die molare Masse M von Elementen und Verbindungen anhand des PSE ableiten.			**250**
C	die Größengleichung zur Berechnung der molaren Masse umformen und anwenden.			**250 - 252, 254**
D	mithilfe des Satzes von AVOGADRO Berechnungen zu Gasen durchführen.			**253**
E	anhand einer Reaktionsgleichung die Massen der beteiligten Stoffe für einen vollständigen Umsatz berechnen.			**251 - 254**

8 Molekulare Verbindungen

TETRAEDERWINKEL
WASSERSTOFFBRÜCKE
KUGELWOLKENMODELL
HYDRATATIONSENERGIE
LÖSEN VON SALZEN
LÖSEN VON GASEN
LÖSEENERGIE
DIPOL
DICHTEANOMALIE
OBERFLÄCHENSPANNUNG
SALZHYDRATE
ABSTOSSUNGS-MODELL
ELEKTRONEGATIVITÄT

Startklar?

Selbsteinschätzung

Schätze dich selbst ein: Wie gut sind deine Kenntnisse in den Bereichen A bis D? Kreuze auf dem Arbeitsblatt unter QR-/Mediencode 05037-21 an!

05037-21

	Ich kann ..	prima	ganz gut	es fällt mir schwer
A	Zusammenhänge zwischen den Aggregatzuständen von Stoffen und den Anziehungskräften von Teilchen erklären.			
B	Atommodelle vergleichen und anwenden.			
C	Ionenverbindungen und Molekülverbindungen unterscheiden und benennen.			
D	den Begriff der Gitterenergie und seine Bedeutung für die Salzbildung erklären.			

Überprüfung

Liegst du richtig? Bearbeite die folgenden Aufgaben zu jedem Bereich.

Zusammenhänge zwischen den Aggregatzuständen von Stoffen und den Anziehungskräften von Teilchen erklären

A1 Ordne den Abbildungen a) – c) die Aggregatzustände fest, flüssig und gasförmig zu und begründe die Unterschiede in der Anordnung und der Bewegung der Teilchen.

a)

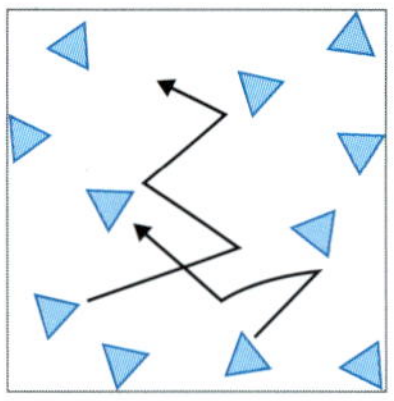

b)

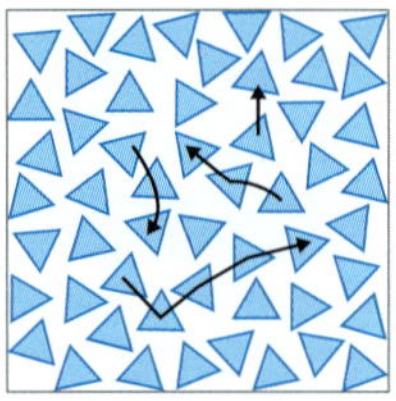

c)

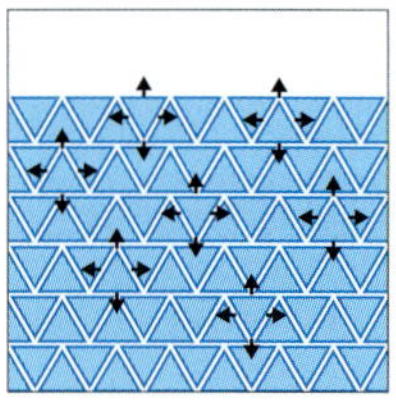

Atommodelle vergleichen und anwenden

B1 Nenne für die Elemente Helium, Phosphor und Sauerstoff jeweils das Elementsymbol und bestimme für die Atome dieser Elemente die Anzahl der Elektronen, Protonen und Neutronen.

B2 Vergleiche und bewerte die beiden abgebildeten Atommodelle des Schwefel-Atoms.

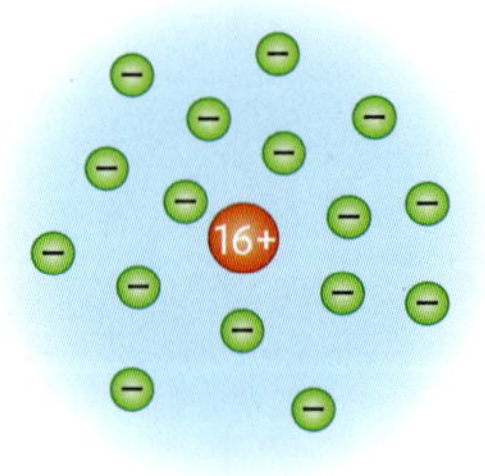

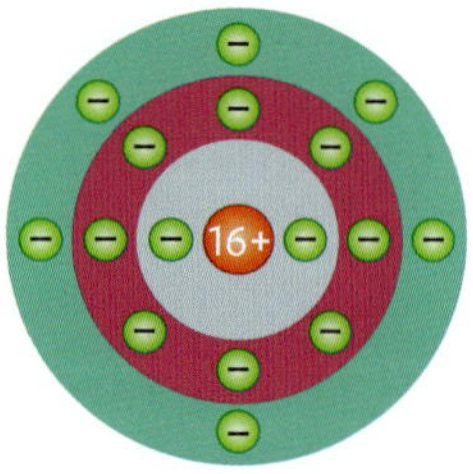

B3 Prüfe die folgenden Aussagen und formuliere Falschaussagen in richtige Aussagen um.

a) Die Außenelektronen befinden sich in der äußersten, besetzten Schale eines Atoms.

b) Die Anzahl der Außenelektronen ist innerhalb einer Periode gleich.

c) Ein Ion besitzt dann eine Edelgaskonfiguration, wenn es genauso viele Protonen wie ein Edelgas-Atom besitzt.

d) Innerhalb einer Hauptgruppe nehmen die Atomradien von oben nach unten zu, da mit jeder Periode eine neue besetzte Schale hinzukommt.

Ionenverbindungen und Molekülverbindungen unterscheiden und benennen

C1 Begründe für die folgenden Verbindungen jeweils, ob es sich um eine Ionenverbindung oder um eine Molekülverbindung handelt. Benenne die Verbindungen:

Li_2S, HCl, CO_2, CaF_2, Br_2

Den Begriff der Gitterenergie und seine Bedeutung für die Salzbildung erklären

D1 Vergleiche mithilfe des Diagramms die Gitterenergien folgender Salzpaare: CaO und MgO, NaCl und $CaCl_2$, NaCl und NaI. Ordne die Energieunterschiede für die Bildung eines Ionengitters nach folgenden Kriterien begründet zu:

a) Die Ladung der Ionen unterscheidet sich.

b) Die Größe der Ionen unterscheidet sich.

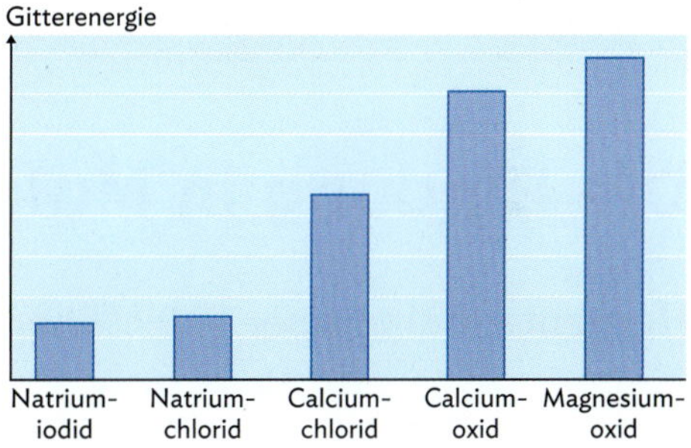

D2 Die Gitterenergie wird in der zusammengesetzten Einheit kJ/mol angegeben. Nenne die Größen, denen die Einheiten J und mol jeweils zuzuordnen sind.

Auswertung

Hast du dich richtig eingeschätzt? Vergleiche deine Antworten mit den Lösungen auf Seite 472. Gib dir jeweils die entsprechende Punktzahl und trage sie auf dem Arbeitsblatt ein.

	Ich kann ..	prima	ganz gut	mit Hilfe	lies nach auf Seite
A	Zusammenhänge zwischen den Aggregatzuständen von Stoffen und den Anziehungskräften von Teilchen erklären.	9 - 8	7 - 5	4 - 2	40, 41
B	Atommodelle vergleichen und anwenden.	15 - 11	10 - 7	6 - 3	56, 57, 178 - 187
C	Ionenverbindungen und Molekülverbindungen unterscheiden und benennen.	9 - 8	7 - 5	4 - 2	100, 101
D	den Begriff der Gitterenergie und seine Bedeutung für die Salzbildung erklären.	10 - 8	7 - 5	4 - 2	207, 216, 217

Die Bindung in Molekülen

Heutzutage sind über 100 Millionen Verbindungen bekannt. Ein Großteil davon sind molekulare Stoffe, die eine enorme Vielfalt aufweisen. Dazu zählen z. B. so unterschiedliche Stoffe wie Wasserstoff, Wasser, Haushaltszucker oder Kohlenstoffdioxid. Allen ist gemeinsam, dass sie aus Molekülen aufgebaut sind, die aus miteinander verbundenen Atomen bestehen. Was hält die Atome eines Moleküls zusammen?

M1 Die Bindung in einem Wasserstoff-Molekül – Ein Gedankenexperiment

Neulich im Unterricht ...

Lehrkraft: *„Die Metallbindung hält Metall-Atome im Metallgitter zusammen. Im Ionengitter von Salzen kommt es zur Ionenbindung zwischen positiv geladenen Kationen und negativ geladenen Anionen. Welcher Bindungstyp liegt bei der Stoffklasse der molekularen Stoffe vor? Wie sind z. B. die beiden Atome in einem Wasserstoff-Molekül miteinander verbunden?"*

Stefan: *„Eine Metallbindung kann nicht vorliegen, da Wasserstoff zu den Nichtmetallen gehört."*

Anna: *„Ein Wasserstoff-Atom könnte sein Elektron an ein zweites Wasserstoff-Atom abgeben. Dann läge eine Ionenverbindung vor, bei der ein Wasserstoff-Ion eine negative und das andere eine positive Ladung hätte."*

Lara: *„Beide Wasserstoff-Atome streben als Nichtmetalle danach, Elektronen aufzunehmen. Die beiden Wasserstoff-Atome im Molekül könnten die zwei Elektronen gemeinsam verwenden und hätten jeweils die Edelgaskonfiguration von Helium."*

AUSWERTUNG

a) Diskutiere die Möglichkeiten, die zum Aufbau des Wasserstoff-Moleküls vorgeschlagen werden.

b) Entscheide dich für diejenige Hypothese zum Aufbau des Wasserstoff-Moleküls, die du für am wahrscheinlichsten erachtest. Begründe deine Entscheidung.

M2 Die Bildung eines Wasserstoff-Moleküls

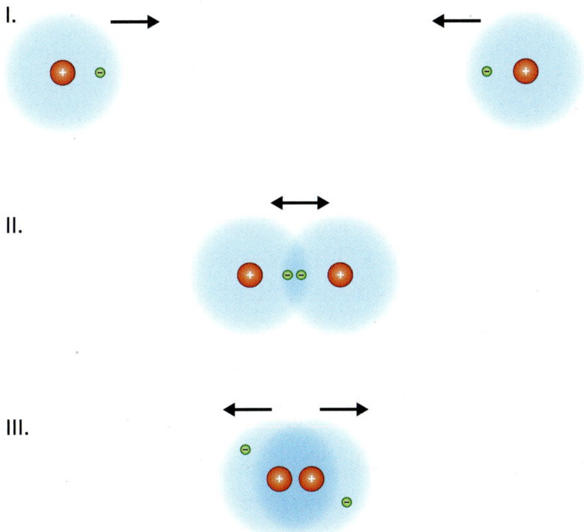

B1 Modelldarstellung zur Bildung eines Wasserstoff-Moleküls aus zwei Wasserstoff-Atomen

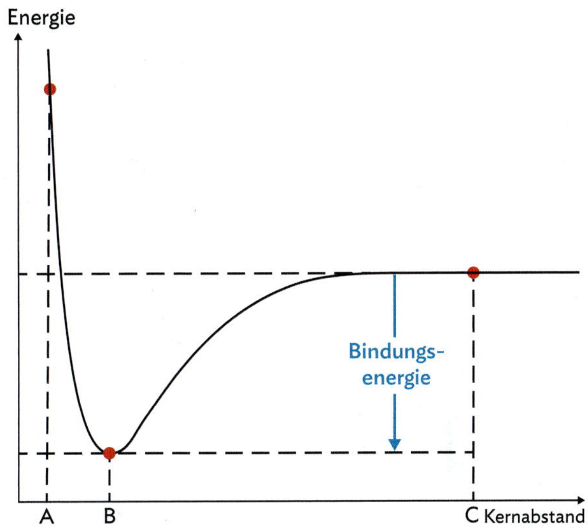

B2 Energiegehalt zweier Wasserstoff-Atome in Abhängigkeit vom Abstand der Atomkerne

Elementarer Wasserstoff besteht aus zweiatomigen Molekülen. Wie kommen diese Moleküle zustande und warum sind sie so stabil?

Bewegen sich zwei Wasserstoff-Atome aufeinander zu (**B1**, I.), kommt es bei einem gewissen Abstand zum Kontakt der beiden Atomhüllen. Dabei treten schwache elektrostatische Abstoßungskräfte zwischen den negativ geladenen Elektronen in den Atomhüllen auf. Bei der Annäherung der beiden Atome überwiegen jedoch die starken Anziehungskräfte zwischen dem negativ geladenen Elektron des einen Wasserstoff-Atoms und dem positiv geladenen Proton im Atomkern des anderen Wasserstoff-Atoms. Aufgrund dieser Anziehungskräfte nähern sich die Atome noch weiter an und die Atomhüllen durchdringen sich schließlich, wobei Energie freigesetzt wird.

Bei einem bestimmten Abstand der beiden Atomkerne zueinander ist der Energiegehalt minimal (**B1**, II.) und die Elektronen werden von beiden Atomkernen gleichermaßen angezogen. Es hat sich ein Wasserstoff-Molekül gebildet, das bei diesem Kernabstand sehr stabil ist.

Würde der Abstand zwischen den Atomkernen noch weiter verringert werden (**B1**, III.), so käme es zu starken Abstoßungskräften zwischen den beiden gleichnamig geladenen Atomkernen.

AUSWERTUNG

a) In **B2** ist der Energiegehalt zweier Wasserstoff-Atome in Abhängigkeit des Abstands ihrer Atomkerne dargestellt. Ordne den markierten Abständen der Atomkerne (A, B, C) in **B2** jeweils begründet eine der Darstellungen (I., II., III.) aus **B1** zu.

b) Beschreibe den Energieverlauf bei der Bildung des Wasserstoff-Moleküls in **B2** in eigenen Worten.

c) Erkläre den Begriff Bindungsenergie anhand von **B2** und begründe damit die Stabilität des Wasserstoff-Moleküls.

d) Ein Wasserstoff-Molekül wird in zwei Wasserstoff-Atome zerlegt. Erläutere, ob dies ein exothermer oder ein endothermer Vorgang ist.

Das Wasserstoff-Molekül

Moleküle bestehen aus zwei oder mehreren miteinander verbundenen Atomen. Was hält die Atome in einem Molekül zusammen?
Im Wasserstoff-Atom befindet sich in der Atomhülle ein einziges Elektron, das zugleich das Außenelektron des Wasserstoff-Atoms ist. Um die Elektronenkonfiguration von Helium und damit einen nach der Edelgasregel (vgl. S. 186) energetisch stabilen Zustand zu erreichen, wird ein zweites Elektron benötigt. Die Wasserstoff-Atome im Wasserstoff-Molekül verwenden ihre beiden Elektronen gemeinsam (**M1**).
Bei der Bildung des Wasserstoff-Moleküls überlappen die Atomhüllen der Wasserstoff-Atome und es kommt zur elektrostatischen Anziehung zwischen dem Elektron des einen Wasserstoff-Atoms und dem Proton des anderen Wasserstoff-Atoms. Bei diesem Vorgang wird Energie frei (vgl. Bindungsenergie, S. 267, **B2**) und das gebildete Wasserstoff-Molekül hat einen geringeren Energiegehalt und ist damit stabiler als die einzelnen Wasserstoff-Atome. Die zwei Elektronen befinden sich im Wasserstoff-Molekül vor allem zwischen den positiv geladenen Atomkernen und werden von diesen elektrostatisch angezogen (**M2**, **B1**). Da die beiden Elektronen die Wasserstoff-Atome verbinden, werden sie auch **bindendes Elektronenpaar** genannt. Zwischen den Wasserstoff-Atomen liegt eine sogenannte **Elektronenpaarbindung** vor, die das Wasserstoff-Molekül zusammenhält. Da das bindende Elektronenpaar aufgrund der elektrostatischen Anziehung beiden Wasserstoff-Atomen zugeordnet werden kann, erreicht jedes Wasserstoff-Atom durch sein Außenelektron und das Außenelektron seines Bindungspartners die Elektronenkonfiguration des Edelgases Helium.

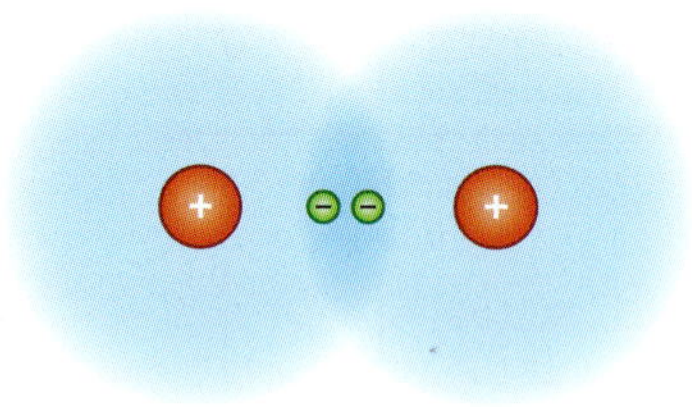

B1 Das Wasserstoff-Molekül im Kern-Hülle-Modell

> Bei der Elektronenpaarbindung in Molekülen werden die Atome durch gemeinsame Elektronenpaare zusammengehalten. Dadurch erreichen die Atome die stabilere Edelgaskonfiguration.

LEWIS-Schreibweise und Strukturformel

Da für die Bindungseigenschaften von Molekülen die Außenelektronen bestimmend sind, benötigt man bei der Darstellung von Atomen und Molekülen vor allem die Information über die Anzahl der Außenelektronen. Eine vereinfachte Darstellungsweise dafür ist die **LEWIS-Schreibweise**. Bei dieser Schreibweise wird stellvertretend für den Atomkern und alle inneren Schalen das Elementsymbol notiert, ein Außenelektron als Punkt und ein Elektronenpaar als Strich dargestellt.
Ein Wasserstoff-Atom besitzt ein Außenelektron, das in der LEWIS-Schreibweise durch einen Punkt wiedergegeben wird. In der **Strukturformel** (vgl. **FM**, S. 271) des Wasserstoff-Moleküls wird zwischen den Wasserstoff-Atomen ein Strich gezeichnet, der das **bindende Elektronenpaar** repräsentiert (**B2**). Das Elektronenpaar kann jedem der beiden Bindungspartner zugeordnet werden.

H· ·H ⟶ H–H

B2 LEWIS-Schreibweise von zwei Wasserstoff-Atomen und Strukturformel des Wasserstoff-Moleküls

Bei Elementen mit mehr als einem Außenelektron werden in der LEWIS-Schreibweise bis zu vier Elektronen der Reihe nach um das Elementsymbol gezeichnet. Ist die Anzahl der Außenelektronen größer als vier, so wird die Anzahl der Punkte um das Elementsymbol nach und nach verdoppelt. Elektronenpaare werden schließlich durch einen Strich symbolisiert (**B3**), wenn je zwei Punkte auf der gleichen Seite des Elementsymbols stehen.

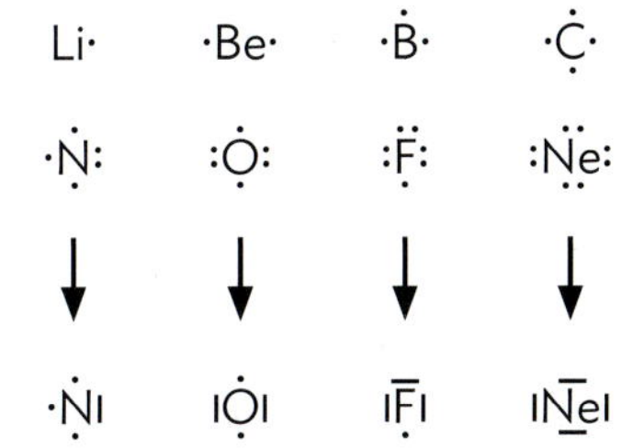

B3 LEWIS-Schreibweise der Elemente der 2. Periode

Weitere Moleküle aus einer Atomsorte

Wie erklärt man, dass auch die Halogene (VII. Hauptgruppe) sowie Sauerstoff und Stickstoff aus zweiatomigen Molekülen bestehen?
Alle Halogen-Atome haben sieben Außenelektronen. Somit fehlt z. B. dem Fluor-Atom ein Elektron, um die Elektronenkonfiguration des Edelgases derselben Periode (Neon) zu erreichen. Durch das gemeinsame Elektronenpaar im Fluor-Molekül F_2 können jedem Fluor-Atom formal acht Außenelektronen zugeordnet werden. Zwischen den beiden Fluor-Atomen im Fluor-Molekül liegt ein **bindendes Elektronenpaar** vor, das als **Einfachbindung** bezeichnet wird. Neben dem bindenden Elektronenpaar hat jedes Fluor-Atom drei weitere Elektronenpaare, die durch Striche um das Atom dargestellt sind. Diese Elektronenpaare sind an der chemischen Bindung nicht beteiligt und werden als **nichtbindende** oder **freie Elektronenpaare** bezeichnet (**B4**).
Das Sauerstoff-Atom befindet sich in der VI. Hauptgruppe und besitzt sechs Außenelektronen. Zum Erreichen der Edelgaskonfiguration von Neon muss ein Sauerstoff-Atom zwei Elektronenpaarbindungen eingehen. Dies kann entweder durch zwei Einfachbindungen zu zwei anderen Atomen oder durch eine **Doppelbindung** (mit zwei bindenden Elektronenpaaren) zu einem anderen Atom erfolgen. Im Sauerstoff-Molekül O_2 liegt somit eine Doppelbindung vor (**B5**). Jedes Sauerstoff-Atom hat zudem zwei nichtbindende Elektronenpaare. Stickstoff steht in der V. Hauptgruppe. Ein Stickstoff-Atom hat demnach fünf Außenelektronen und benötigt drei Elektronen zur Edelgaskonfiguration von Neon. Daher bildet Stickstoff Moleküle aus zwei Stickstoff-Atomen, die über eine **Dreifachbindung** miteinander verbunden sind (**B5**).

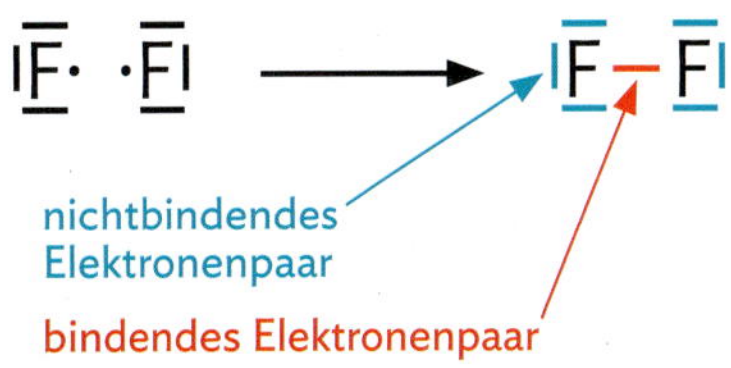

B4 LEWIS-Schreibweise von zwei Fluor-Atomen und Strukturformel des Fluor-Moleküls

Bindungsart	Atom	Molekül	Energie
Einfachbindung	|F·	|F–F|	159
Doppelbindung	|O|	⟨O=O⟩	498
Dreifachbindung	|N·	|N≡N|	945

B5 Die Bindungsenergien in kJ/mol müssen jeweils aufgebracht werden, um die verschiedenen Bindungsarten bei Molekülen aus einer Atomsorte zu spalten.

Um die Edelgaskonfiguration zu erreichen, können auch Doppel- oder Dreifachbindungen zwischen zwei Atomen ausgebildet werden.

Info

Beim Aufstellen der Strukturformel (vgl. auch **FM**, S. 271) muss man die Striche um das Elementsymbol manchmal etwas anders anordnen, sodass sich die bindenden Elektronenpaare zwischen den beteiligten Atomen befinden (vgl. **B5**).

AUFGABEN

A1 Vergleiche den Aufbau der Teilchen von Sauerstoffgas und Argongas und begründe Unterschiede.

A2 Begründe die Anzahl bindender Elektronenpaare, die Atome aus **B5** in Molekülen typischerweise ausbilden.

Moleküle aus verschiedenen Atomsorten

Elektronenpaarbindungen treten nicht nur bei Molekülen aus einer Atomsorte auf, sondern auch bei Molekülen aus verschiedenen Atomsorten. Bei Molekülen der Halogenwasserstoffe sind die Atome mit einer Einfachbindung verbunden. Das Fluorwasserstoff-Molekül HF besteht aus einem Wasserstoff-Atom mit einem Außenelektron und einem Fluor-Atom, das sieben Außenelektronen besitzt. Durch das bindende Elektronenpaar zwischen diesen Atomen wird beim Wasserstoff-Atom die Edelgaskonfiguration von Helium und beim Fluor-Atom die Edelgaskonfiguration von Neon erreicht (**B6**).
Im Kohlenstoffdioxid-Molekül CO_2 liegt zwischen dem Kohlenstoff-Atom und den beiden benachbarten Sauerstoff-Atomen jeweils eine Doppelbindung vor. Bei jedem bindenden Elektronenpaar stammt ein Elektron vom Kohlenstoff-Atom, das andere von einem Sauerstoff-Atom (**B7**). Auf diese Weise erhalten alle an der Bindung beteiligten Atome die Edelgaskonfiguration von Neon.
Allgemein können die zur Edelgaskonfiguration fehlenden Elektronen eines Atoms durch Ausbildung von Elektronenpaarbindungen zu einem oder mehreren anderen Atomen erhalten werden (**B8**). Dabei entspricht die Anzahl der bindenden Elektronenpaare, die von einem Atom ausgehen, den fehlenden Elektronen.

B6 Strukturformel von Fluorwasserstoff

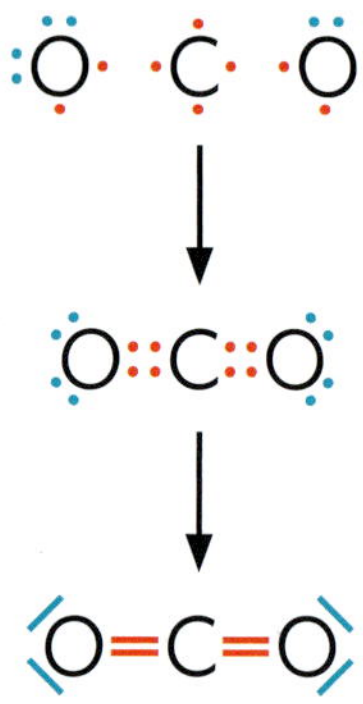

B7 Darstellung von Kohlenstoff und Sauerstoff in der LEWIS-Schreibweise und Strukturformel von Kohlenstoffdioxid

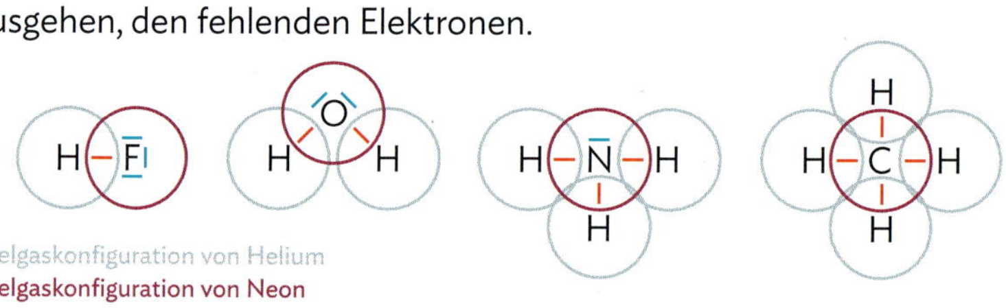

B8 Strukturformel und Edelgasregel. Elektronenpaare, die einem Atom zugeordnet werden können, sind jeweils eingekreist.

> In einem Molekül erreicht jedes Atom durch seine Außenelektronen und die zusätzlichen Elektronen der Bindungspartner die stabile Elektronenkonfiguration des Edelgases, das in der gleichen Periode des PSE steht.

Info

Die Edelgasregel findet insbesondere bei der Molekülbildung von Elementen der 1. und 2. Periode Anwendung. Es gibt Beispiele, bei der sie nicht eingehalten werden kann, wie u. a. bei den Molekülen SF_6 und PCl_5.

Für das Aufstellen von korrekten Strukturformeln muss u. a. die Edelgasregel beachtet werden (vgl. Info und **FM**, S. 271).

FACHBEGRIFFE

bindendes Elektronenpaar, Elektronenpaarbindung, LEWIS-Schreibweise, Strukturformel, Einfachbindung, Doppelbindung, Dreifachbindung, nichtbindendes bzw. freies Elektronenpaar

AUFGABEN

A1 Erkläre die Ursache dafür, dass es in der Regel keine Moleküle mit Edelgas-Atomen gibt.

A2 Überprüfe und begründe die Gültigkeit der Edelgasregel bei folgenden Molekülen: HI, CF_4, H_2S, PH_3.

Strukturformeln aufstellen

Eine Molekülformel gibt nur an, welche und wie viele Atome in einem Molekül gebunden sind. Mit der **Strukturformel** nach GILBERT NEWTON LEWIS wird die Anordnung der Atome und ihrer Bindungen in einem Molekül deutlich. Für die Strukturformel eines Moleküls werden die Elementsymbole stellvertretend für Atomkerne und alle inneren Schalen geschrieben. Nichtbindende Elektronenpaare werden als Striche am Elementsymbol und bindende Elektronenpaare als Striche zwischen zwei Elementsymbolen dargestellt. Dabei muss die Edelgasregel beachtet werden.

So geht's

1. Bestimme die Oxidationszahlen der Atome in der Molekülformel.
2. Ordne die Elementsymbole der Atome eines Moleküls entsprechend der Verknüpfung im Molekül an. Bei mehr als zwei Atomen setze das Zentralatom (mit der betraglich größten Oxidationszahl) in die Mitte und die anderen Atome ringsherum.
3. Stelle die Außenelektronen aller Atome als Punkte zunächst einzeln über, unter, rechts und links neben die Elementsymbole. Der fünfte bis achte Punkt wird neben einen schon vorhandenen Punkt gesetzt.
4. Zeichne so viele bindende Elektronenpaare als farbige Striche zwischen die Atome, dass für alle Atome die Edelgasregel erfüllt ist. Jeweils zwei der restlichen, nebeneinander sitzenden Punkte bilden ein nichtbindendes Elektronenpaar. Zeichne diese in einer zweiten Farbe an die Elementsymbole.
5. *Kontrollschritt:* Zeichne um jedes Elementsymbol einen Kreis in der Farbe des Edelgases derselben Periode (siehe das Periodensystem hinten im Buchdeckel). Dieser Kreis soll alle an diesem Element befindlichen bindenden und freien Elektronenpaare einschließen. Überprüfe damit, ob die Edelgasregel für das jeweilige Element erfüllt ist.

	Beispiel 1: Chlor Cl_2	Beispiel 2: Ammoniak NH_3
1.	$\overset{0}{Cl_2}$	$\overset{-III}{N}\overset{+I}{H_3}$
2.	Cl Cl	H N H H
3.	:Cl· ·Cl: (mit Punkten oben und unten)	H· ·N· ·H (mit Punkten) H
4.	$|\overline{\underline{Cl}} - \overline{\underline{Cl}}|$	$H - \overline{N} - H$ | H
5.	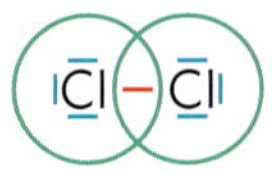 Mit formal acht Außenelektronen erreichen beide Chlor-Atome die Edelgaskonfiguration von Argon-Atomen (grün).	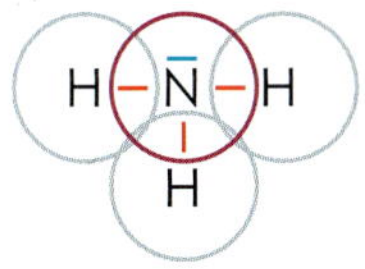 Mit formal acht Außenelektronen erreicht das Stickstoff-Atom die Edelgaskonfiguration des Neon-Atoms (rot). Die Wasserstoff-Atome haben mit je zwei Außenelektronen die Edelgaskonfiguration von Helium-Atomen (grau).

B1 Schritt 1 bis Schritt 5 zur Strukturformel

AUFGABE

A1 a) Zeichne schrittweise die Strukturformeln für folgende Moleküle: HCl, H_2O, PBr_3, CF_4, CS_2.
b) Kennzeichne die bindenden und die nichtbindenden Elektronenpaare in den richtigen Farben.
c) Recherchiere die Namen der Verbindungen, die den Molekülen entsprechen.

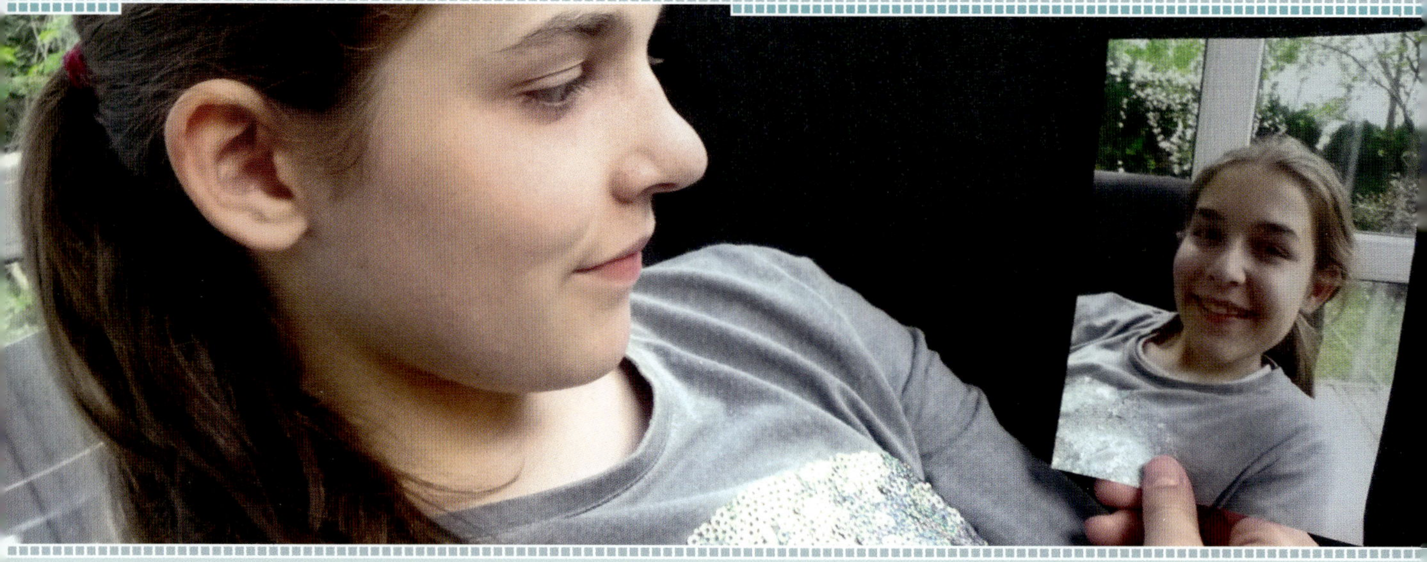

Räumlicher Bau von Molekülen

Ein Foto von dir ist schön, bildet dich aber nur zweidimensional ab. Eine Skulptur ist realer, denn sie zeigt dich in drei Dimensionen. Bei einem Molekül ist es ähnlich: Die Strukturformel gibt es nur zweidimensional. Ein Molekül ist in Wirklichkeit dreidimensional. Wie sieht seine räumliche Struktur aus und wie kann man sie mithilfe von verschiedenen Modellen darstellen?

M1 Das Knetmodell

Was ändert sich, wenn man Moleküle nicht mehr nur auf dem Papier, sondern im Raum betrachtet?

Baue aus Knete und Holzstäbchen Knetmodelle für folgende Moleküle: HCl, CO_2, CH_2O und CH_4. Dabei werden den Atomen verschiedenfarbige Knetkugeln zugeordnet: Kohlenstoff (schwarz), Wasserstoff (weiß), Sauerstoff (rot) und Chlor (grün). Die Holzstäbchen symbolisieren bindende Elektronenpaare. Gehe folgendermaßen vor:

a) Formuliere die Strukturformeln der Moleküle und bestimme so auch die Anzahl der bindenden Elektronenpaare.

b) Verbinde die verschiedenen Knetkugeln mit der zuvor bestimmten Anzahl an Holzstäbchen miteinander und nutze die Strukturformeln als Vorlage.

c) Ordne die Holzstäbchen (bzw. Einfach- und Doppelbindungen) so an, dass sie den größtmöglichen Abstand zueinander haben. Berücksichtige, dass die Kugeln des Modells im Raum angeordnet werden können und behandle Einfach- und Doppelbindungen gleich.

AUSWERTUNG

a) Vergleicht eure Modelle und diskutiert, ob sie die vorgegebenen Anforderungen erfüllen.

b) Vergleiche für jedes Molekül die Strukturformel mit dem Knetmodell.

c) Überlege dir den Grund dafür, dass die Holzstäbchen den größtmöglichen Abstand zueinander aufweisen sollen.

M2 Modellversuch mit Luftballons

Welche Rolle spielen nichtbindende Elektronenpaare bei der räumlichen Anordnung der Atome eines Moleküls?

Stelle mit Luftballons den räumlichen Aufbau folgender Moleküle modellhaft dar: CH_4, NH_3 und H_2O. Dabei symbolisieren kleinere rote Luftballons die bindenden Elektronenpaare und größere blaue Luftballons die nichtbindenden Elektronenpaare.

a) Formuliere die Strukturformeln der Moleküle und bestimme so auch die Anzahl der bindenden und nichtbindenden Elektronenpaare, die vom Zentralatom (C, N bzw. O) ausgehen.

b) Stelle die bindenden und nichtbindenden (freien) Elektronenpaare, die vom Zentralatom ausgehen, durch verschiedenfarbige Ballons dar. Halte diese Ballons an ihren Knoten fest. Deine Finger symbolisieren das Atom (C, N bzw. O) im Zentrum des Moleküls.

c) Ordne mit deiner freien Hand die Luftballons so um deine Finger an, dass sie den größtmöglichen Abstand zueinander haben.

AUSWERTUNG

a) Beschreibe die räumliche Anordnung der Elektronenpaare um die Zentralatome bei den von dir erstellten Modellen.

b) Den Winkel zwischen den Bindungen eines Atoms zu zwei Nachbaratomen nennt man Bindungswinkel. Er beträgt 109,5° bei CH_4, 107° bei NH_3 und 104,5° bei H_2O. Begründe die abnehmenden Bindungswinkel in diesen Molekülen mithilfe der Modelle aus **M2**.

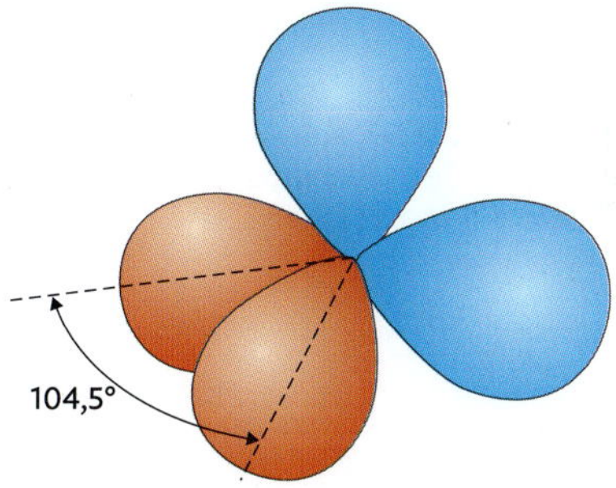

B1 Beispiel der Anordnung der bindenden und nichtbindenden Elektronenpaare am zentralen Atom im Luftballonmodell

M3 Der Molekülbaukasten

Ein Molekülbaukasten berücksichtigt bereits viele Aspekte der räumlichen Orientierung, die mit dem Knetmodell (**M1**) oder dem Ballonmodell (**M2**) nicht automatisch richtig dargestellt werden. Welche Unterschiede zu den einfacheren Modellen kannst du feststellen?

Erstelle mit einem Molekülbaukasten Modelle der Moleküle CH_4, H_2O und CO_2.

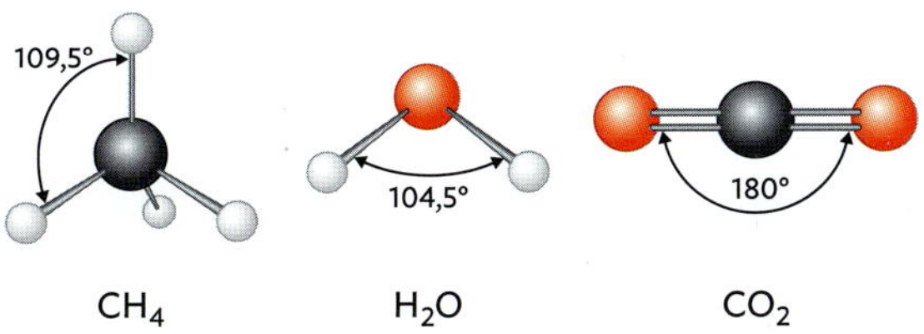

B2 Darstellung der Moleküle mit dem Kugelstabmodell

AUSWERTUNG

a) Vergleiche den Aufbau der drei von dir gebauten Moleküle mit der jeweiligen Strukturformel.

b) Mit dem Kugelstabmodell (**B2**) können Moleküle ebenfalls räumlich veranschaulicht werden. Stelle Unterschiede und Gemeinsamkeiten des verwendeten Baukastenmodells und des Kugelstabmodells heraus.

c) Vergleiche das Baukastenmodell von CH_4 aus **M3** mit dem Knetmodell aus **M1** und dem Ballonmodell aus **M2**. Diskutiere mögliche Fehlerquellen bei den einfacheren Modellen.

d) Stelle die Vor- und Nachteile der drei verwendeten Modelle tabellarisch gegenüber. Erläutere fehlende Aspekte und solche, die besonders gut gezeigt werden.

Das Elektronenpaarabstoßungsmodell (EPA-Modell)

Im Methan-Molekül mit der Formel CH_4 liegen vier bindende Elektronenpaare vor, die das zentrale Kohlenstoff-Atom mit je einem Wasserstoff-Atom verbinden (**M1**). Diese Elektronenpaare haben den größtmöglichen Abstand zueinander, da sie sich aufgrund ihrer negativen Ladungen gegenseitig abstoßen. Das **Elektronenpaarabstoßungsmodell (EPA-Modell)** basiert auf dieser Annahme.

> Nach dem Elektronenpaarabstoßungsmodell (EPA-Modell) haben alle Elektronenpaare am Zentralatom den größtmöglichen Abstand zueinander.

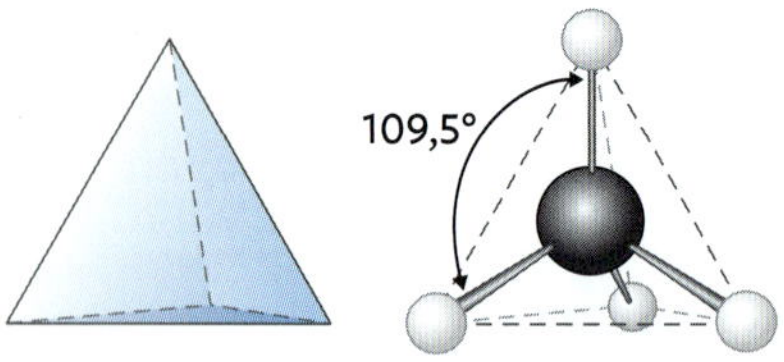

B1 Geometrischer Körper eines Tetraeders und Tetraederstruktur des Methan-Moleküls im Kugelstabmodell

Dadurch bilden die vier Wasserstoff-Atome des Methan-Moleküls die Ecken eines sogenannten **Tetraeders**, welches aus vier gleichseitigen Dreiecken besteht und in dessen Zentrum das Kohlenstoff-Atom ist. Der H–C–H-**Bindungswinkel**, d. h. der Winkel zwischen zwei Bindungen, beträgt jeweils 109,5° (**M2**, **B1**, **B2**). Er wird auch als **Tetraederwinkel** bezeichnet.

Mehrfachbindungen im EPA-Modell

Beim Formaldehyd-Molekül (CH_2O) bildet der Kohlenstoff das zentrale Atom. Dieses ist über eine Doppelbindung mit dem Sauerstoff-Atom und über je eine Einfachbindung mit den beiden Wasserstoff-Atomen verbunden (**M1**). Doppelbindungen haben nur einen geringfügig größeren Platzbedarf als Einfachbindungen und werden daher formal wie Einfachbindungen behandelt. Diese „drei“ Bindungen ordnen sich zueinander im größtmöglichen Abstand an und bilden die Form eines gleichseitigen Dreiecks mit einem H–C–O-Bindungswinkel von 120°. Man spricht von einer **trigonal planaren** Struktur (**B2**).

> Im EPA-Modell werden Mehrfachbindungen formal wie Einfachbindungen behandelt.

Beispielmolekül	Methan	Formaldehyd	Kohlenstoffdioxid
Strukturformel	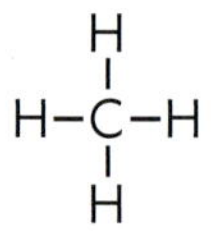	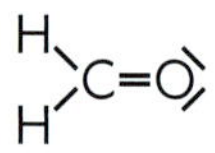	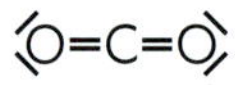
Kugelstabmodell mit Bindungswinkel	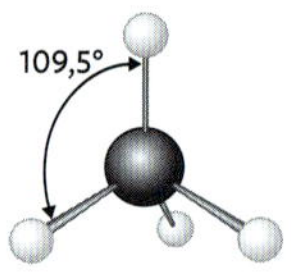	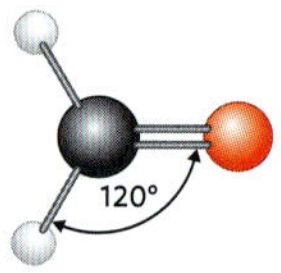	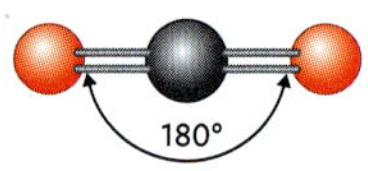
Strukturbezeichnung	tetraedrisch	trigonal planar	linear

B2 Räumlicher Bau von Molekülen ohne freie Elektronenpaare am Zentralatom

Im Kohlenstoffdioxid-Molekül verbinden zwei Doppelbindungen das zentrale Kohlenstoff-Atom mit den zwei Sauerstoff-Atomen (**M1**). Bei einem maximalen Abstand der Doppelbindungen liegt ein O-C-O-Bindungswinkel von 180° und somit ein **linearer** Bau vor (**M3**, **B2**).

Raumbedarf der nichtbindenden Elektronenpaare

Das Stickstoff-Atom im Ammoniak-Molekül NH_3 ist über drei bindende Elektronenpaare mit je einem Wasserstoff-Atom verbunden und besitzt ein nichtbindendes (freies) Elektronenpaar. Bei vier Elektronenpaaren würde man eine Tetraederstruktur mit einem H-N-H-Bindungswinkel von 109,5° erwarten. Der tatsächliche Bindungswinkel von 107° ist allerdings kleiner. Das freie Elektronenpaar kann einen größeren Raum einnehmen als die bindenden Elektronenpaare. Die bindenden Elektronenpaare rücken näher zusammen und die Struktur ist **pyramidal** (**M2**, **B3**). Das freie Elektronenpaar nimmt mehr Platz ein, da es hauptsächlich der Anziehung eines einzigen Kerns unterliegt.

> Im EPA-Modell haben nichtbindende (freie) Elektronenpaare einen größeren Raumbedarf als bindende Elektronenpaare.

Das Wasser-Molekül H_2O hat am zentralen Sauerstoff-Atom zwei bindende und zwei freie Elektronenpaare. Durch den größeren Platzbedarf der freien Elektronenpaare liegt hier mit 104,5° ein kleinerer Bindungswinkel als beim NH_3-Molekül mit nur einem freien Elektronenpaar vor. Das Wasser-Molekül ist **gewinkelt** (**M3**, **B3**).

AUFGABEN

A1 Beschreibe den räumlichen Bau des Fluorwasserstoff-Moleküls (HF) unter Berücksichtigung der nichtbindenden Elektronenpaare.

A2 Entscheide begründet, ob Kohlenstoffdisulfid (CS_2) oder Tetrafluormethan (CF_4) den größeren Bindungswinkel aufweist.

Ammoniak	Wasser	Chlorwasserstoff	Beispielmolekül
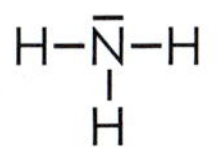	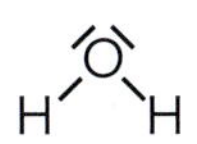	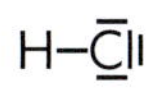	Strukturformel
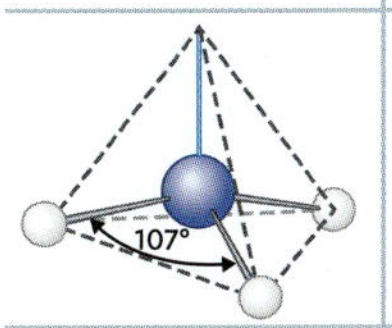	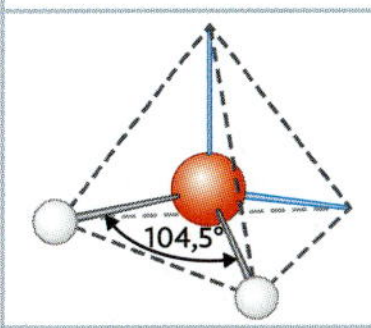	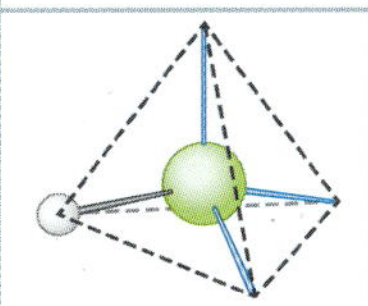	Kugelstabmodell mit Bindungswinkel
pyramidal	gewinkelt		Strukturbezeichnung

B3 Räumlicher Bau von Molekülen mit freien Elektronenpaaren am Zentralatom

FACHBEGRIFFE

Elektronenpaarabstoßungsmodell (EPA-Modell), Tetraeder, Bindungswinkel, Tetraederwinkel, trigonal planar, linear, pyramidal, gewinkelt

Das Kugelwolkenmodell

Ein geeignetes Modell zur Erklärung der Bindungsverhältnisse in Molekülen geht auf GEORGE EDWARD KIMBALL (1906 – 1967) zurück. Sein Kugelwolkenmodell stellt die Elektronen von Atomen und Molekülen als kugelförmige Aufenthaltsbereiche dar. Wie kommt es zu der Vorstellung von Kugelwolken?

Das Elektron eines Wasserstoff-Atoms bewegt sich frei in der Atomhülle. Würde man in kurzen Zeitabständen hintereinander Bilder des Wasserstoff-Atoms im Kern-Hülle-Modell aufnehmen und sie übereinanderlegen, so wäre das Elektron nicht mehr als einzelner Punkt, sondern als nahezu kugelförmiger Raum zu sehen. Dieser Aufenthaltsraum, in dem sich das Elektron bewegt, wird Elektronen- oder Kugelwolke genannt.

Ableitung aus dem Schalenmodell

Kugelwolkenmodelle verschiedener Atome können mithilfe folgender Regeln aus dem Schalenmodell abgeleitet werden:

- Eine Kugelwolke kann maximal mit zwei Elektronen besetzt werden.
- In der K-Schale, die mit maximal zwei Elektronen besetzt ist, gibt es daher nur eine Kugelwolke. In der darauf folgenden L-Schale, die maximal acht Elektronen enthält, gibt es bis zu vier Kugelwolken.
- Bei der Verteilung der Elektronen darf jede Kugelwolke zunächst mit nur einem Elektron besetzt werden.
- Aufgrund der Abstoßung der negativ geladenen Kugelwolken ordnen sie sich im größtmöglichen Abstand zueinander an.

Das Elektron des Wasserstoff-Atoms wird demnach als Kugelwolke um den Kern dargestellt. Beim Helium-Atom wird diese Kugelwolke mit einem zweiten Elektron aufgefüllt (**B1**).

Besetzung der Kugelwolken

Ab der 2. Periode werden insbesondere die Kugelwolken der Außenelektronen betrachtet, da diese für die chemische Bindung wichtig sind. Dies zeigt auch der Vergleich mit der LEWIS-Schreibweise der Atome (**B1**).

Beispielsweise besitzt das Stickstoff-Atom fünf Außenelektronen in der L-Schale. Im Kugelwolkenmodell sind diese fünf Außenelektronen auf vier Kugelwolken verteilt. Eine der vier Kugelwolken ist mit zwei Elektronen voll besetzt, die restlichen sind mit je einem Elektron nur halb besetzt (**B1**).

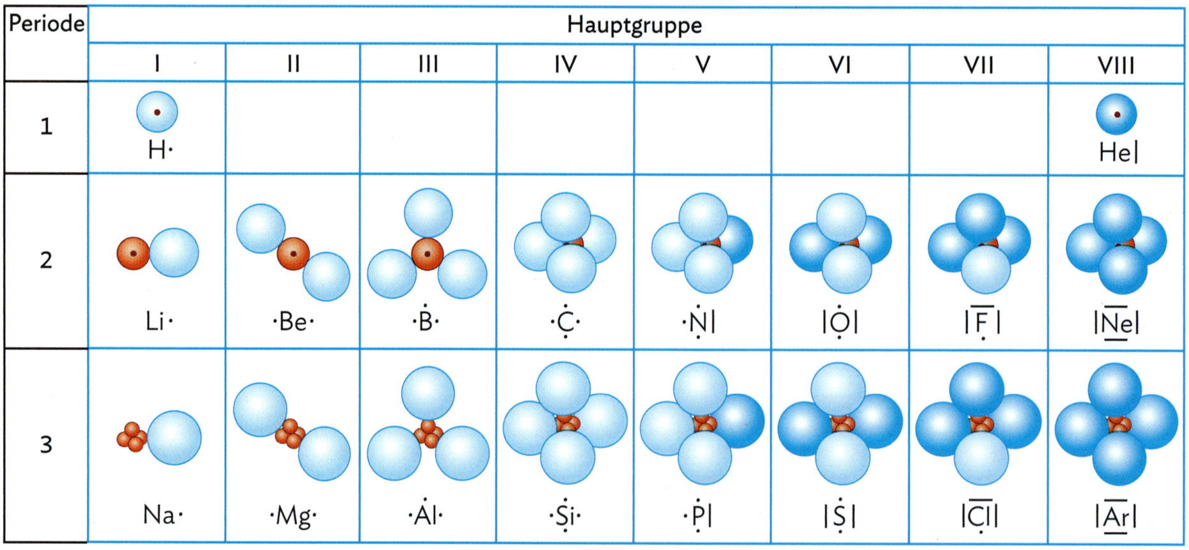

B1 Kugelwolkenmodelle der Atome der ersten drei Perioden des PSE. Rot = Kugelwolken der inneren, vollbesetzten Schalen; Hellblau = halbbesetzte bzw. Dunkelblau = vollbesetzte Kugelwolken der Außenschale

Elektronenpaarbindungen im Kugelwolkenmodell

Das Kugelwolkenmodell ist auch dazu geeignet, die Bindung von Atomen in einem Molekül zu beschreiben.

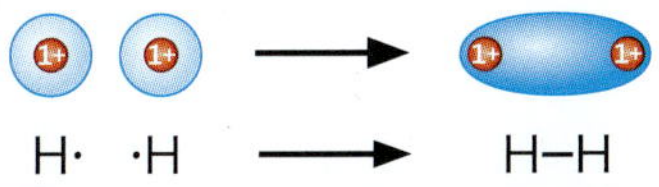

B2 Bildung eines Wasserstoff-Moleküls mit dem Kugelwolkenmodell und in der LEWIS-Schreibweise bzw. als Strukturformel

In Molekülen werden die Atome über gemeinsame Elektronenpaare bzw. Elektronenpaarbindungen zusammengehalten. Bei der Bildung einer Elektronenpaarbindung durchdringen sich zwei einfach besetzte Kugelwolken und verschmelzen miteinander: Die zwei Elektronen einer Elektronenpaarbindung bilden eine gemeinsame Kugelwolke. Daher ist das Wasserstoff-Molekül über nur eine Kugelwolke darstellbar, die beide Kerne umgibt und die die zwei Elektronen des Moleküls enthält (**B2**).

Fluor-Atome haben sieben Außenelektronen. Drei der vier Kugelwolken sind mit je zwei Elektronen voll besetzt: Das sind die nichtbindenden Elektronenpaare. Im zweiatomigen Fluor-Molekül durchdringen sich jeweils die einfach besetzten Kugelwolken der Fluor-Atome und es bildet sich eine gemeinsame doppelt besetzte Kugelwolke zwischen den Fluor-Atomen aus (**B3**).

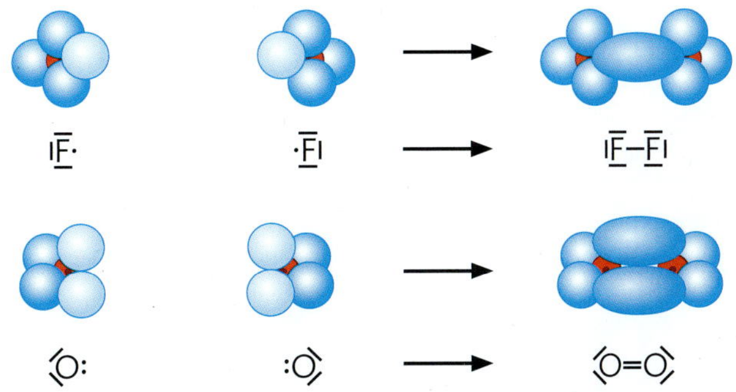

B3 Bildung eines Fluor- und Sauerstoff-Moleküls mithilfe des Kugelwolkenmodells und in der LEWIS-Schreibweise bzw. Strukturformel

Mehrfachbindungen

Die Bildung von Mehrfachbindungen erfolgt nach dem gleichen Prinzip: Bei der Verteilung der sechs Außenelektronen des Sauerstoff-Atoms auf vier Kugelwolken sind je zwei Kugelwolken doppelt und zwei Kugelwolken einfach mit Elektronen besetzt. Im Sauerstoff-Molekül durchdringen sich jeweils zwei einfach besetzte Kugelwolken und es bilden sich zwei doppelt besetzte Kugelwolken aus (**B3**). Zwischen den Sauerstoff-Atomen im Sauerstoff-Molekül liegt eine Doppelbindung vor.
Im Stickstoff-Molekül bilden die drei einfach besetzten Kugelwolken von zwei Stickstoff-Atomen drei doppelt besetzte Kugelwolken aus. Zwischen den beiden Stickstoff-Atomen liegt eine Dreifachbindung vor (**B4**).
Da sich vier Kugelwolken aufgrund der Tetraederstruktur (z. B. des Wasser-Moleküls, **B5**) räumlich nicht überlappen können, sind Vierfachbindungen äußerst selten.

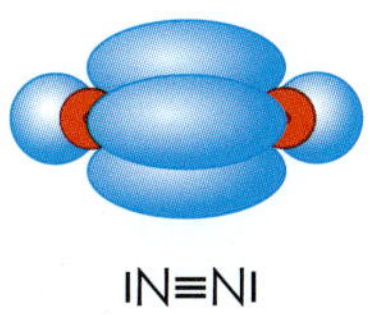

B4 Kugelwolkenmodell und Strukturformel des Stickstoff-Moleküls

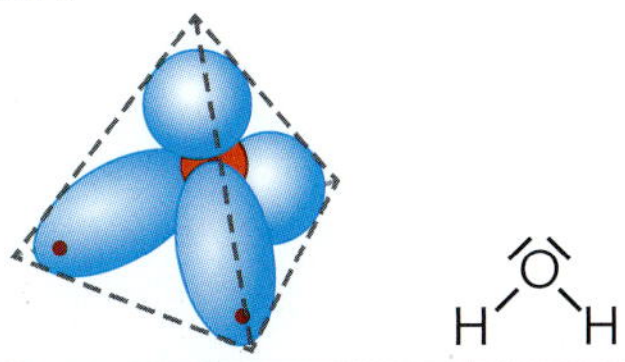

B5 Kugelwolkenmodell und Strukturformel des Wasser-Moleküls

AUFGABEN

A1 Erläutere für folgende Atome die Verteilung der Außenelektronen im Kugelwolkenmodell: Kohlenstoff, Helium, Schwefel, Phosphor und Argon.

A2 Recherchiere die Bindungswinkel eines Kohlenstoff-Atoms im Diamant und erkläre mit dem Kugelwolkenmodell.

A3 Beschreibe und skizziere mithilfe des Kugelwolkenmodells den räumlichen Bau der Moleküle HCl, CH_4 und CO_2.

Polare und unpolare Elektronenpaarbindungen

Tauziehen ist eine Form des Kräftemessens. Dabei geht es darum, die Mitte des Seils stärker auf seine Seite zu ziehen. Wer kräftiger zieht, gewinnt. Bei gleich starken Konkurrenten verharrt die Mitte des Seils mehr oder weniger auf der Stelle. Auch bei Molekülen gibt es ein „Kräftemessen" zwischen den Atomen. Wer wird hierbei wohl gewinnen?

V1 Ladungsverteilung in Wasser- und Heptan-Molekülen

2 7 8 9

PROBLEM

Bei einigen chemischen Synthesen wird Heptan (C_7H_{16}) als Lösemittel eingesetzt. Die Stoffe Wasser und Heptan sind rein optisch kaum zu unterscheiden. Ein Wasser-Molekül weist im Gegensatz zu einem Heptan-Molekül allerdings zwei unterschiedlich geladene Pole auf. Wie kann man dies experimentell nachweisen?

DURCHFÜHRUNG

a) Fülle eine Bürette mit destilliertem Wasser. Reibe einen aufgeblasenen Luftballon an einem Wolltuch, sodass sich dieser elektrisch auflädt. Lass einen Wasserstrahl aus der Bürette fließen und halte den Luftballon neben den Strahl.

b) Wiederhole den Versuch mit Heptan (GHS 2 | 7 | 8 | 9).

AUSWERTUNG

a) Beschreibe die Ergebnisse von **V1a** und **V1b**.

b) Wasser-Moleküle kann man sich modellhaft wie kleine Stäbchen vorstellen, die ein negativ und ein positiv geladenes Ende besitzen.

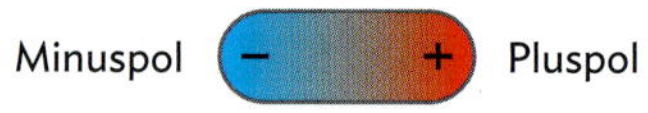

Überlege dir, wie sich solche (frei beweglichen) Stäbchen in der Nähe eines aufgeblasenen Luftballons, dessen Oberfläche elektrisch geladen ist, verhalten würden und erstelle eine Skizze zur Erklärung der Beobachtung bei **V1a**.

c) Zeichne die Strukturformel des Wasser-Moleküls. Stelle eine begründete Vermutung darüber auf, welches Atom im Molekül den Minuspol des Stäbchens im Modell darstellt.

ENTSORGUNG A, G3

M2 Die polare Elektronenpaarbindung – ein „Verhaltensexperiment"

In einem Molekül sind zwei Atome durch ein Elektronenpaar oder mehrere Elektronenpaare miteinander verbunden. Was passiert, wenn eines dieser Atome die Elektronen stärker anzieht?

Stellt in der Klasse folgende Situationen nach:

a) Zwei ungleich starke Schüler/-innen stellen sich einander gegenüber. Sie halten mit beiden Händen jeweils das Ende eines Seils fest, müssen auf ihrer Position stehen bleiben und dürfen das Seil nicht los lassen. Beide versuchen, das Seil zu sich zu ziehen.

b) Stellt diese Situation erneut nach, dieses Mal sollten die beiden Kontrahenten jedoch gleich stark sein.

AUSWERTUNG

a) Übertrage die nachgestellten Szenen auf die Situation zwischen den Atomen des Sauerstoff-Moleküls und des Chlorwasserstoff-Moleküls. Erkläre mit chemischen Fachbegriffen, welche Rolle die Schüler/-innen und das Seil dabei übernommen haben.

b) Bindungselektronen zwischen zwei Atomen können stärker zu einem der Atome verschoben sein. Leite die Auswirkungen auf das Molekül ab, das aus diesen Atomen aufgebaut ist.

c) Überlege dir, wie die Situation zwischen den Atomen im Wasser-Molekül mit einer vergleichbaren Anordnung in der Klasse nachgestellt werden kann. Nutze hierbei deine Vorkenntnisse aus **V1c** über den „Minuspol" im Wasser-Molekül.

V3 Besonderheiten des Wassers

PROBLEM

Wasser verhält sich im Alltag nicht wie die meisten anderen Stoffe. Welche „ungewöhnlichen" Eigenschaften weist der Stoff Wasser auf?

DURCHFÜHRUNG

a) Tropfe mit einer Pipette solange Wasser auf eine Münze, bis es überläuft.

b) Fülle eine Petrischale mit Wasser und lege eine Büroklammer auf die Wasseroberfläche.

c) Fülle ein Becherglas zur Hälfte mit Wasser und gib zwei bis drei Eiswürfel hinzu.
Schmilz auf einer Heizplatte in einem zweiten Becherglas vorsichtig ein großes Stück Wachs. Gib mit einer Tiegelzange ein kleines Stück Wachs in das flüssige Wachs hinein.

d) Fülle ein Trinkglas bis zur Hälfte mit Eiswürfeln und gieße bis zum Rand Wasser nach. Beobachte das Eis beim Schmelzen.

e) Fülle eine Plastikspritze mit 15 mL Wasser. Lege die Spritze ins Gefrierfach und notiere das Volumen, wenn das Wasser gefroren ist.

f) Wiederhole **V3a** und **V3e** mit Speiseöl.

AUSWERTUNG

a) Beschreibe die Form und das Verhalten des Wassers auf der Münze (**V3a**). Stelle Bezüge zu deinen Beobachtungen aus **V3b** her.

b) Stelle auf Basis deiner Beobachtungen von **V3c** und **V3d** einen Zusammenhang zwischen der Volumenänderung und der Dichte von Wasser in Abhängigkeit des Aggregatzustands her. Vergleiche mit Wachs.

c) Vergleiche deine Beobachtungen aus **V3d** und **V3e** und erläutere die Unterschiede.

d) Erkläre, dass Wasser als Stoff mit „ungewöhnlichen" Eigenschaften bezeichnet wird, und begründe, dass man dies nicht von Speiseöl sagt.

ENTSORGUNG A, R

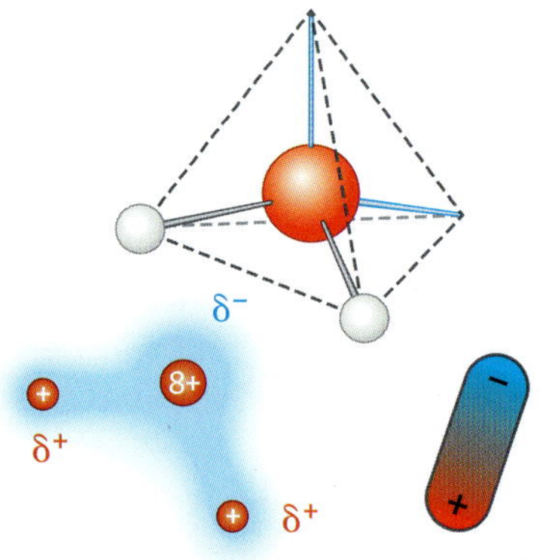

B1 Verschiedene Modelldarstellungen des Wasser-Moleküls

Info

Bei Teilladungen halten sich die Elektronen bevorzugt in einem bestimmten Teil des Moleküls auf, man bezeichnet diesen Molekülteil mit „delta minus". Im Gegensatz dazu wurden bei Anionen dauerhaft Elektronen auf ein Atom übertragen, was man durch ein Minus kenntlich macht.

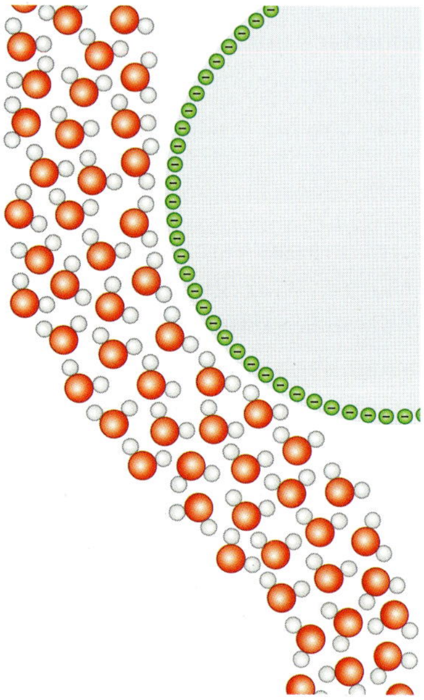

B2 Ablenkung eines Wasserstrahls durch einen geladenen Luftballon im Modell

Elektrische Ladungen im Wasser-Molekül?

Bringt man in die Nähe eines dünnen Wasserstrahls einen durch Reiben elektrisch negativ geladenen Luftballon, so wird das Wasser von diesem angezogen (**V1a**). Wasser-Moleküle tragen also eine positive Ladung. Da reines Wasser jedoch nicht elektrisch leitfähig ist, müssen im Wasser-Molekül die positiven durch negative Ladungen ausgeglichen werden. Wie ist es möglich, dass ein neutrales Molekül gleichzeitig eine positive und eine negative Ladung trägt?

Polare Elektronenpaarbindung

In einem Wasser-Molekül befinden sich die Bindungselektronen der O–H-Bindung näher beim Sauerstoff-Atom, da dieses die Elektronen mit seinen acht Protonen stärker zu sich ziehen kann, als die beiden Wasserstoff-Atome, welche jeweils nur ein Proton besitzen. Da sich die Elektronen bevorzugt in der Nähe des Sauerstoff-Atoms aufhalten, überwiegt in diesem Bereich des Moleküls die negative **Ladung** (= **negative Teilladung**), was man mit dem griechischen Buchstaben **δ^-** („delta minus") kennzeichnet. Bei den Wasserstoff-Atomen überwiegt jeweils, durch die weiter entfernten Elektronen, die positive Ladung des Kerns, wodurch diese Seite des Moleküls eine **positive Teilladung δ^+** („delta plus") erhält (**B1**). Die Bindung zwischen dem Sauerstoff-Atom und den Wasserstoff-Atomen nennt man **polare Elektronenpaarbindung**.

Da die beiden polaren O–H-Bindungen im Wasser-Molekül einen Winkel bilden (vgl. S. 275), können sich die unterschiedlichen Teilladungen der Bindungspartner nicht ausgleichen und man erhält einen negativen **Ladungsschwerpunkt** beim Sauerstoff-Atom und einen positiven Ladungsschwerpunkt zwischen den beiden Wasserstoff-Atomen. Die freien Elektronenpaare am Sauerstoff-Atom verstärken diesen Effekt zusätzlich. Man kann sich die Verteilung der Ladungsschwerpunkte im Wasser-Molekül dadurch wie ein kleines Stäbchen vorstellen, dessen Enden unterschiedlich geladen sind (**B1**). Da das Molekül zwei Pole mit jeweils unterschiedlichem Ladungsschwerpunkt besitzt, ist es ein **Dipol**.

Bei einer polaren Elektronenpaarbindung sind die Bindungselektronen zu einem Atom hin verschoben. Dadurch erhalten die Bindungspartner eine negative (δ^-) bzw. positive (δ^+) Teilladung. Dipole sind Moleküle mit zwei unterschiedlichen Ladungsschwerpunkten.

Im Wasserstrahl ziehen sich die Moleküle aufgrund ihrer Dipoleigenschaft gegenseitig an, sind aber ungeordnet. Nähert man dem Strahl einen negativ geladenen Ballon, richten sich die Moleküle so aus, dass sie mit ihrem positiven Ladungsschwerpunkt zum Ballon zeigen. Der Strahl wird vom Ballon angezogen (**V1a**, **B2**).

Unpolare Elektronenpaarbindung

Im Gegensatz zum Wasserstrahl lässt sich der dünne Heptanstrahl nicht ablenken (**V1b**). Das lässt vermuten, dass Heptan-Moleküle keine unterschiedlichen Teilladungen tragen. Wie erklärt man das?
Die Bindungselektronen von zwei gleichen Atomen (z. B. bei O_2, **M2b**) halten sich genau zwischen den Atomen bevorzugt auf, da sie von beiden Atomkernen gleich stark angezogen werden. Es liegt eine **unpolare Elektronenpaarbindung** vor. Im Heptan-Molekül C_7H_{16} (**B3**) gibt es Elektronenpaarbindungen zwischen Kohlenstoff-Atomen (C–C) und zwischen Kohlenstoff- und Wasserstoff-Atomen (C–H). Obwohl es sich um unterschiedliche Atome handelt, stehen sich auch hier annähernd gleichstarke Partner gegenüber. Woher weiß man, wie stark ein Atom im „Wettbewerb um die Bindungselektronen" ist?

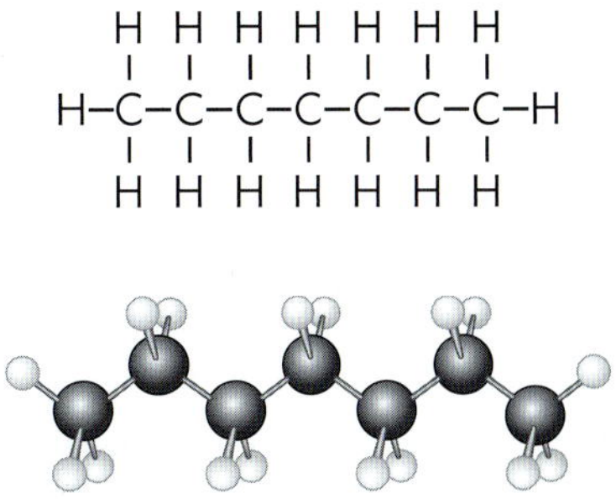

B3 Strukturformel und Kugelstabmodell eines Heptan-Moleküls

Die Elektronegativität

Wie stark ein Atom seine Bindungselektronen anzieht, hängt von der Protonenzahl und vom Abstand der Bindungselektronen zum Kern ab. Die Anziehungskraft vom Kern auf die Elektronen nimmt mit zunehmender Protonenzahl zu und sinkt mit zunehmendem Abstand. Um eine Voraussage über die Anziehung von Bindungselektronen treffen zu können, legte der Chemiker LINUS PAULING anhand von Messdaten Werte fest, die als Maß für die Stärke der Anziehung herangezogen werden können (**B4**). Er bezeichnete sie als die **Elektronegativität** (EN).

Die Differenz zwischen den Elektronegativitäten zweier Bindungspartner ist die **Elektronegativitätsdifferenz** (ΔEN). Vereinfachend kann man die Art der Bindung wie folgt abschätzen (vgl. **FM**, S. 284):

- ΔEN ≤ 0,4 ⟶ unpolare Bindung wie im Heptan-Molekül
  ΔEN(C–H) = EN(C) – EN(H) = 2,5 – 2,1 = 0,4
- ΔEN > 0,4 ⟶ polare Bindung wie im Wasser-Molekül
  ΔEN(O–H) = EN(O) – EN(H) = 3,5 – 2,1 = 1,4

Die Elektronegativität ist ein Maß für die Stärke eines Atoms in einem Molekül, bindende Elektronenpaare an sich zu ziehen. Je größer die Elektronegativitätsdifferenz zwischen zwei miteinander verbundenen Atomen ist, desto polarer ist die Bindung.

H 2,1							He –
Li 1,0	Be 1,5	B 2,0	C 2,5	N 3,0	O 3,5	F 4,0	Ne –
Na 0,9	Mg 1,2	Al 1,5	Si 1,8	P 2,1	S 2,5	Cl 3,0	Ar –
K 0,8	Ca 1,0	Ga 1,6	Ge 1,8	As 2,0	Se 2,4	Br 2,8	Kr –
Rb 0,8	Sr 1,0	In 1,7	Sn 1,8	Sb 1,9	Te 1,9	I 2,5	Xe –
Cs 0,7	Ba 0,9	Tl 1,8	Pb 1,8	Bi 1,9	Po 2,0	At 2,2	Rn –
Fr 0,7	Ra 0,9						

B4 Elektronegativitätswerte nach PAULING. Im PSE besitzt Fluor mit 4,0 die größte Elektronegativität.

AUFGABEN

A1 Entscheide, ob folgende Bindungen polar oder unpolar sind und kennzeichne die Teilladungen: H–H, C–H, N–H, F–H, P–O.

A2 Beschreibe und erkläre die Veränderung der EN-Werte im PSE innerhalb einer Periode und innerhalb einer Hauptgruppe.

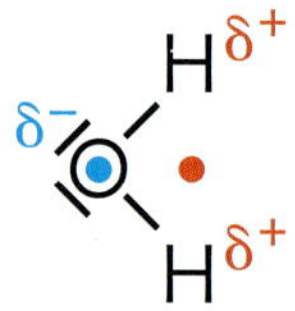

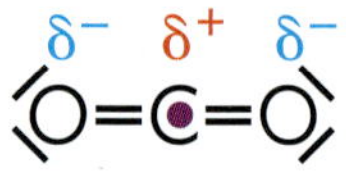

B5 Verteilung der Ladungsschwerpunkte im gewinkelten Wasser-Molekül und im linearen Kohlenstoffdioxid-Molekül

Permanente Dipole

Nicht alle Moleküle, die polare Elektronenpaarbindungen besitzen, sind automatisch Dipole. Im Wasser-Molekül bilden die beiden O–H-Bindungen einen Winkel. Durch die Teilladungen der Atome treten ein negativer Ladungsschwerpunkt beim Sauerstoff-Atom und ein positiver Ladungsschwerpunkt bei den Wasserstoff-Atomen auf (**B5**), es liegt ein dauerhafter, d. h. **permanenter Dipol** vor. Bei mehratomigen Molekülen kann es aber vorkommen, dass die Ladungsschwerpunkte zusammenfallen. Beispielsweise ist die C–O-Bindung im Kohlenstoffdioxid-Molekül polar mit EN(O) - EN(C) = 1,0. Durch den linearen Bau des Moleküls sind die negativen Teilladungen aber symmetrisch um die positive Teilladung am zentralen Kohlenstoff-Atom angeordnet und beide Ladungsschwerpunkte fallen direkt aufeinander (**B5**), die Ladungen gleichen sich aus.

Damit ein Molekül als permanenter Dipol vorliegt, muss das Molekül eine polare Elektronenpaarbindung aufweisen und die Ladungsschwerpunkte dürfen nicht zusammenfallen.

VAN-DER-WAALS-Wechselwirkungen zwischen permanenten Dipolen

Die Dipoleigenschaften eines Moleküls haben große Auswirkungen auf die Stoffeigenschaften. Beispielsweise besitzen das Sauerstoff-Molekül O_2 und das Chlorwasserstoff-Molekül HCl zwar vergleichbare Molekülmassen, trotzdem unterscheiden sich die Siedetemperaturen von Sauerstoff und Chlorwasserstoff erheblich. Während Sauerstoff bereits bei -183 °C siedet, liegt die Siedetemperatur von Chlorwasserstoff mit -85 °C bedeutend höher. Wie lässt sich dieser Unterschied erklären?

Das Chlorwasserstoff-Molekül liegt aufgrund seiner polaren Elektronenpaarbindung als permanenter Dipol vor. Die positive Teilladung und die negative Teilladung zwischen zwei Molekülen ziehen sich gegenseitig an (**B6**). Diese zwischenmolekularen Wechselwirkungen halten die Moleküle zusammen. Chlorwasserstoff befindet sich im festen oder im flüssigen Aggregatzustand.

Zu Ehren des niederländischen Physikers JOHANNES VAN DER WAALS werden die Wechselwirkungen zwischen Dipolen als **VAN-DER-WAALS-Wechselwirkungen** bezeichnet.

Erwärmt man festen oder flüssigen Chlorwasserstoff, wird thermische Energie zugeführt und die Moleküle bewegen sich schneller. Reicht die Energie aus, um die VAN-DER-WAALS-Wechselwirkungen zwischen den Molekülen zu überwinden, wird Chlorwasserstoff gasförmig. In Sauerstoff-Molekülen dagegen liegen unpolare Bindungen vor. Die VAN-DER-WAALS-Wechselwirkungen sind schwächer als bei Chlorwasserstoff-Molekülen. Hier erfolgt der Übergang in die Gasphase bei niedrigeren Temperaturen.

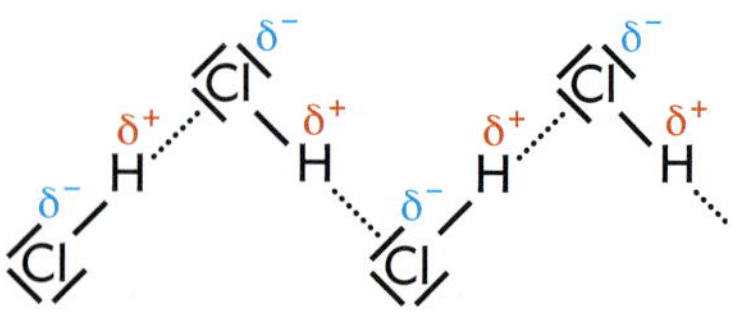

B6 Anziehende Wechselwirkungen zwischen permanenten Dipolen am Beispiel Chlorwasserstoff

Je stärker die anziehenden VAN-DER-WAALS-Wechselwirkungen zwischen den Molekülen eines Stoffes sind, desto höher sind seine Schmelz- und Siedetemperatur.

VAN-DER-WAALS-Wechselwirkungen zwischen temporären Dipolen

Bei Sauerstoff-Molekülen liegen aufgrund ihrer unpolaren Elektronenpaarbindungen keine permanenten Dipole vor. Dennoch existieren (schwache) anziehende Wechselwirkungen zwischen den Molekülen. Sauerstoff-Moleküle bilden spontan Dipole aus. Woran liegt das?

Die Elektronen der Atomhülle sind in ständiger Bewegung und verteilen sich nicht immer gleichmäßig. Dadurch können sich in einem Bereich des Moleküls zufällig mehr Elektronen aufhalten, während woanders Elektronenmangel herrscht. Diese kurzfristige, ungleiche Verteilung führt dazu, dass auch das Sauerstoff-Molekül vorübergehend als Dipol mit verschiedenen Teilladungen vorliegt, den man **temporären Dipol** nennt.

Ein temporärer Dipol kann bei einem Nachbarmolekül durch VAN-DER-WAALS-Wechselwirkungen zu einer Verschiebung der Elektronen in der Hülle führen. Das Nachbarmolekül liegt dann ebenfalls als temporärer Dipol vor (**B7**). Die Wahrscheinlichkeit für einen temporären Dipol steigt mit zunehmender Elektronenzahl und Teilchenoberfläche.

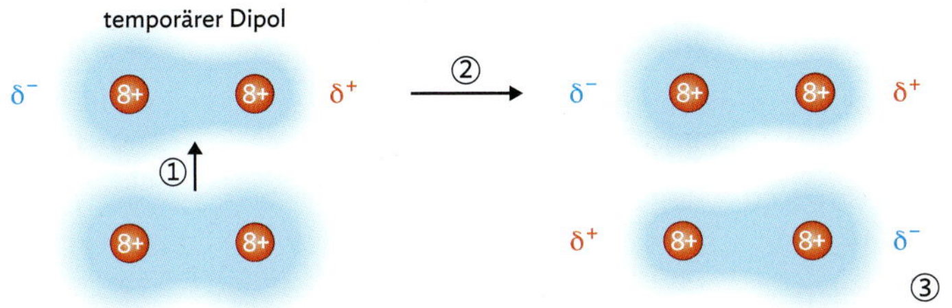

B7 Wechselwirkungen zwischen Sauerstoff-Molekülen:
① Durch eine ungleiche, kurzfristige Verteilung der Elektronen liegt das Sauerstoff-Molekül zeitweise als Dipol vor und
② kann bei einem Nachbarmolekül zu einer Verschiebung der Elektronen in der Hülle führen.
③ Die Sauerstoff-Moleküle ziehen sich entsprechend ihrer verschobenen Elektronen gegenseitig an.

VAN-DER-WAALS-Wechselwirkungen sind die anziehenden Wechselwirkungen zwischen permanenten und temporären Dipolen. Die Wechselwirkungen zwischen temporären Dipolen sind schwächer als die Wechselwirkungen zwischen permanenten Dipolen.

AUFGABEN

A1 Die Schmelztemperatur nimmt bei den Elementen der VII. Hauptgruppe von oben nach unten zu. Erkläre diesen Sachverhalt.

A2 In einem Mikrowellenherd wird ein elektrisches Feld erzeugt, das dauernd sehr schnell seine Polung umkehrt. Formuliere eine Vermutung zur Funktionsweise des Garvorgangs wasserhaltiger Speisen in der Mikrowelle.

Die Dipoleigenschaften eines Moleküls ableiten

Die Dipoleigenschaften von Molekülen bestimmen maßgeblich deren physikalische und chemische Eigenschaften. Mithilfe der Elektronegativität und der räumlichen Struktur kann der Grad der Polarität vorausgesagt werden. Hierzu benötigt man die Elektronegativitätswerte (siehe PSE hinten im Buchdeckel).

So geht's

1. Stelle die Strukturformel (vgl. **FM**, S. 271) für das Molekül auf, dessen Polarität du untersuchen möchtest.
2. Bestimme nun alle unterschiedlichen Bindungen, die in deinem Molekül vorhanden sind.
3. Schlage für jedes Atom dieser Bindungen die EN-Werte im Periodensystem nach und bestimme jeweils die Elektronegativitätsdifferenz ΔEN. Es gilt:
   - ΔEN ≤ 0,4 ⟶ unpolare Bindung
   - ΔEN > 0,4 ⟶ polare Bindung
4. Schreibe bei polaren Bindungen jeweils über das Atom mit der niedrigeren Elektronegativität ein δ^+. Das Atom mit der höheren Elektronegativität kennzeichnest du mit einem δ^-. Unpolare Elektronenpaarbindungen werden nicht beschriftet.
5. Die Strukturformel gibt die zu untersuchende Verbindung nur zweidimensional wieder. Überführe die Strukturformel des Moleküls in eine dreidimensionale Form, indem du die Regeln des EPA-Modells berücksichtigst (vgl. S. 274-275).
6. Ergänze in der dreidimensionalen Form die positiven (●) und negativen (●) Ladungsschwerpunkte.
   - Beispiel 1: Alle Fluor-Atome ziehen gleich stark an den Bindungen in die Ecken des Tetraeders. Die Ladungsschwerpunkte fallen zusammen und das Molekül liegt in seiner Gesamtheit nicht als permanenter Dipol vor.
   - Beispiel 2: Im Fluormethan-Molekül sind die Teilladungen δ^+/δ^- räumlich getrennt. Es handelt sich deshalb um eine polare Elektronenpaarbindung und bei Fluormethan um einen permanenten Dipol.

	Beispiel 1: Tetrafluormethan (CF_4)	Beispiel 2: Fluormethan (CH_3F)
1.	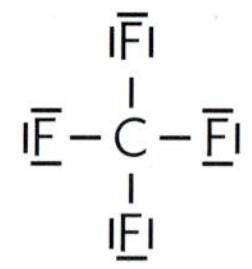	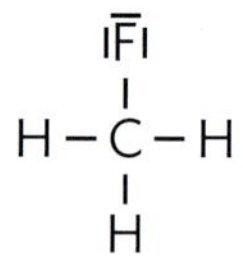
2.	C–F-Bindung	C–H-Bindung C–F-Bindung
3.	ΔEN(C–F) = 4 – 2,5 = 1,5 ⟶ polar	ΔEN(C–H) = 2,5 – 2,1 = 0,4 ⟶ unpolar ΔEN(C–F) = 4,0 – 2,5 = 1,5 ⟶ polar
4.	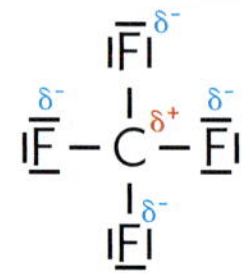	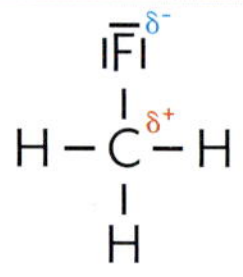
5.	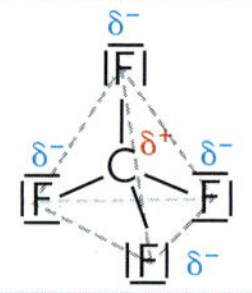	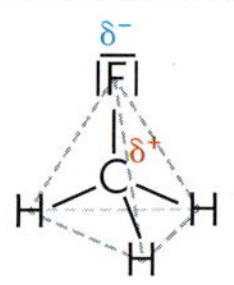
6.	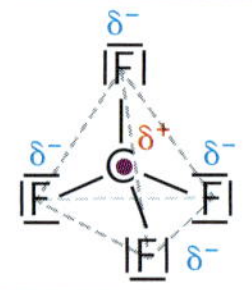	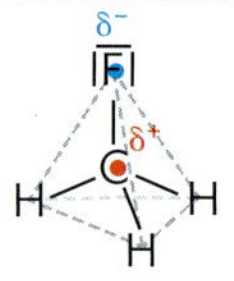

B1 Ermittlung der Polarität eines Moleküls

AUFGABE

A1 a) Ordne die Bindungen P–Cl, O–Cl und S–I nach steigender Polarität und b) leite für die Verbindungen HBr, C_2H_4, HCN, CH_4, CF_2H_2, NH_3 und H_2O_2 die Polarität ab.

Wie Geckos an Wänden und Glasscheiben haften

Geckos laufen an glatten Wänden hoch und haften kopfüber an Glasscheiben. Im Gegensatz zu Fliegen, die ein klebriges Sekret absondern, hinterlassen Geckos keinerlei Spuren. Wie gelingt es dem Gecko, ohne Kleber so stark zu haften und dabei immer saubere Füße zu behalten? Kann die Chemie dieses unglaubliche Phänomen erklären?

B1 Hafthaare des Geckofußes

Betrachtet man Geckofüße genauer, erkennt man, dass diese aus kleinen Flächen bestehen, die wiederum aus sehr dicht nebeneinander sitzenden, ultrafeinen Härchen zusammengesetzt sind. Diese Härchen sind sehr klein: Sie sind weniger als ein Zehntel so dick wie ein menschliches Haar. Dennoch trennt sich jedes dieser Härchen an seiner Spitze noch in 100 weitere spatelförmigen Blättchen auf, die jeweils nur eine Breite und Länge von 200 Nanometern und eine Dicke von 15 Nanometern besitzen. Diese winzigen Härchen sind für die Haftung des Geckos entscheidend, denn sie ermöglichen eine sehr große Kontaktfläche des Geckofußes mit jeder noch so glatten Oberfläche (**B1**).

Auch eine glatte Oberfläche sieht unter dem Mikroskop wie ein Gebirge mit vielen Hügeln und Tälern aus. Drückt man zwei dieser Oberflächen gegeneinander, so berühren sich nur die Spitzen der Hügel und die Kontaktfläche ist sehr gering. Bei einem Geckofuß tritt dieses Problem nicht auf: Die feinen Härchen können diese Unebenheiten perfekt ausfüllen und dadurch eine sehr große Kontaktoberfläche erzeugen.

Wie kann man nun die Haftung an dieser Kontaktoberfläche erklären? Durch die rein zufällige Bewegung von Elektronen entstehen temporäre Dipole, die zwischen den Molekülen auf der Oberfläche und den Molekülen in den Härchen des Geckofußes VAN-DER-WAALS-Wechselwirkungen erzeugen. Obwohl diese Wechselwirkungen vergleichsweise schwach sind, summieren sie sich aufgrund der großen Kontaktoberfläche so stark auf, dass der Gecko auch kopfüber daran haften bleibt.

Nutzt man die relativ schwachen VAN-DER-WAALS-Wechselwirkungen zwischen temporären Dipolen richtig, können diese große Lasten tragen. So haben Bioniker nach dem Vorbild des Geckofußes bereits eine Folie entwickelt, die ohne die Verwendung von Klebstoff unglaubliche zehn Kilogramm pro Quadratzentimeter tragen kann. Dabei verwendeten die Wissenschaftler Nanoröhrchen aus Kohlenstoff. Diese sind extrem reißfest und bilden sehr gut VAN-DER-WAALS-Wechselwirkungen mit verschiedensten Materialien aus: Ein DIN A5 kleines Stück Folie reicht bereits aus, um ein Mittelklasseauto in der Luft zu halten.

AUFGABE

A1 Erläutere in eigenen Worten, wie es dem Gecko möglich ist, auch auf einer glatten Wand nach oben zu laufen.

A2 Erkläre mithilfe von Internetrecherchen, dass a) der Gecko seinen Fuß ohne Kraftanstrengung wieder vom Untergrund lösen kann und b) kein Schmutz an den Füßen des Geckos haften bleibt.

B8 Wasserläufer und Büroklammer gehen auf der Wasseroberfläche nicht unter und auch ein Eisberg schwimmt im Wasser.

Das besondere Verhalten von Wasser

Wasser ist ein alltäglicher Stoff, aber beim genauen Hinsehen zeigt es viele ungewöhnliche Eigenschaften. Es besteht aus sehr kleinen Molekülen mit geringer Masse, siedet aber erst bei 100 °C. Kleine Insekten oder Büroklammern gehen auf der Oberfläche nicht unter. Im festen Aggregatzustand ist seine Dichte geringer als im flüssigen Zustand, sodass selbst Eisberge an der Oberfläche schwimmen (**V3**, **B8**).

Die Wasserstoffbrücke

Die für ein so kleines Molekül extrem hohe Siedetemperatur von 100 °C deutet darauf hin, dass die Wechselwirkungen zwischen den Wasser-Molekülen von besonderer Art und besonderer Stärke sein müssen. Das Wasser-Molekül bildet einen permanenten Dipol mit zwei polaren Elektronenpaarbindungen und einer gewinkelten Struktur (vgl. S. 282). Die O–H-Bindung ist aufgrund der hohen Elektronegativitätsdifferenz von ΔEN(O–H) = 1,4 stark polar. Durch die zwei nichtbindenden Elektronenpaare am Sauerstoff-Atom ist dieses stark negativ **polarisiert** und kann besonders gut mit dem stark positiv polarisierten Wasserstoff-Atom eines Nachbarmoleküls wechselwirken (**B9**, oben). Diese Wechselwirkung nennt man **Wasserstoffbrücke** bzw. **H-Brücke**.

Jedes Wasser-Molekül kann maximal vier Wasserstoffbrücken ausbilden, wodurch ein starker Zusammenhalt entsteht (**B9**, unten). Wasserstoffbrücken sind die Ursache für die vergleichsweise hohe Siedetemperatur von Wasser. Wasserstoffbrücken sind auch bei Molekülen mit einer F–H- oder N–H-Bindung möglich.

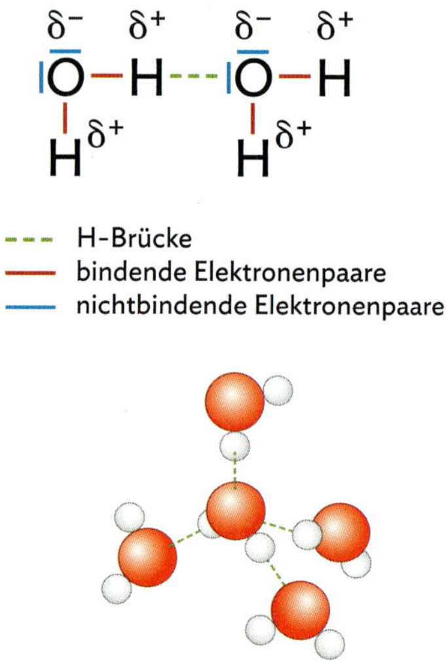

B9 Wasserstoffbrücken zwischen Wasser-Molekülen

> Als Wasserstoffbrücken (H-Brücken) bezeichnet man die zwischenmolekularen Wechselwirkungen zwischen einem stark positiv polarisierten Wasserstoff-Atom, das direkt an ein Sauerstoff-, Stickstoff- oder Fluor-Atom gebunden ist, und dem nichtbindenden Elektronenpaar eines stark negativ polarisierten Sauerstoff-, Stickstoff- oder Fluor-Atoms eines Nachbarmoleküls.

Die Stärke der Wasserstoffbrücke

Wie stark die Wasserstoffbrücke tatsächlich im Vergleich zu anderen Wechselwirkungen und den Bindungstypen ist, zeigt **B10**.

Bindungen	Ionenbindung	600 – 2 000 kJ/mol
	Elektronenpaarbindung	150 – 1 000 kJ/mol
	Metallbindung	100 – 500 kJ/mol
Wechsel-wirkungen	**Wasserstoffbrücken**	**10 – 100 kJ/mol**
	VAN-DER-WAALS (permanente Dipole)	5 – 10 kJ/mol
	VAN-DER-WAALS (temporäre Dipole)	0,1 – 6 kJ/mol

B10 Energien verschiedener Bindungsarten und Arten von Wechselwirkungen

Die Oberflächenspannung

Im flüssigen Wasser entstehen und wechseln die Wasserstoffbrücken ständig, sodass im Inneren die Kräfte nach allen Seiten gleichmäßig wirken. Die Anziehungskräfte von den Molekülen der Luft sind im Vergleich dazu sehr gering. An der Oberfläche können sich also nur Wasserstoffbrücken nach innen ausbilden. Es entsteht eine ins Flüssigkeitsinnere gerichtete Kraft, die **Oberflächenspannung** (B11). Sie ist so stark, dass eine flach aufgelegte Büroklammer auf der Wasseroberfläche schwimmt (V3b). Da an der Oberfläche befindliche Moleküle nach innen gezogen werden, wölbt sich diese Oberfläche. Eine Wasserkuppe auf einer Münze kann sich sogar über den Rand hinausschieben. Erst wenn die Schwerkraft stärker ist als die nach innen wirkenden Kräfte, läuft das Wasser über den Münzrand (V3a).

Die Oberflächenspannung ist eine nach innen gerichtete Anziehungskraft auf die Teilchen einer Flüssigkeit. Sie ist bei Wasser aufgrund der Wasserstoffbrücken besonders hoch.

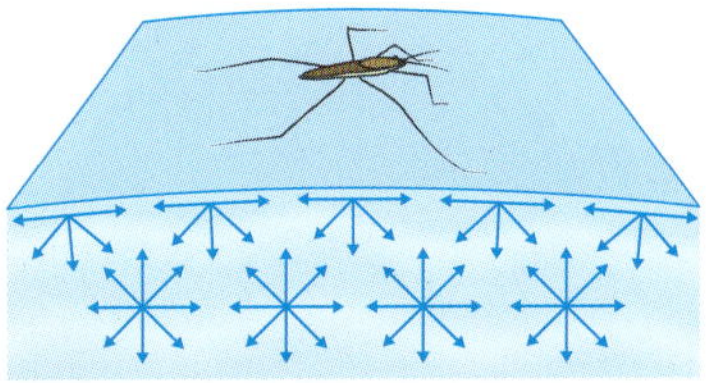

B11 Kraftverteilung an der Wasseroberfläche

Die Dichteanomalie des Wassers

Bei sinkenden Temperaturen bewegen sich die Teilchen eines Stoffes immer weniger. Bei den meisten Stoffen nehmen dabei die Abstände zwischen den Teilchen ab, sodass die gleiche Teilchenzahl weniger Raum beansprucht: Die Dichte nimmt zu. Wasser bildet hier eine Ausnahme: Es hat seine größte Dichte bei 4 °C und die Dichte nimmt wieder ab, wenn die Temperatur weiter sinkt, so auch im festen Aggregatzustand (V3c – e). Man nennt dies die **Dichteanomalie des Wassers**. Sie ist eine Folge der stabilen Wasserstoffbrücken. Da beim Erstarren aufgrund der geringen Teilchenbewegung die maximale Anzahl an Wasserstoffbrücken gebildet wird, ist jedes Molekül tetraedrisch von vier weiteren Molekülen umgeben. Diese regelmäßige, stabile Anordnung bezeichnet man als **Molekülgitter** (B12).

Festes Wasser (Eis) hat eine geringere Dichte als flüssiges Wasser, da sich aufgrund der Wasserstoffbrücken ein regelmäßiges Molekülgitter bildet.

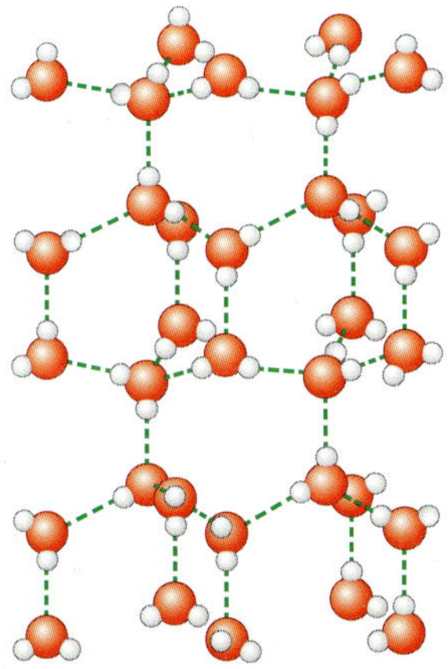

B12 Anordnung der Wasser-Moleküle im Eiskristall. Die gebildeten Hohlräume haben einen sechseckigen Querschnitt.

AUFGABEN

A1 Beschreibe die Wechselwirkungen in flüssigem Ammoniak (NH_3) und zeichne einen Ausschnitt unter Zuhilfenahme der Strukturformel von Ammoniak.

A2 Erkläre die Beobachtung, dass Wasser auf manchen Oberflächen kugelige Tropfen bildet.

FACHBEGRIFFE

negative Teilladung δ^-, positive Teilladung δ^+, polare und unpolare Elektronenpaarbindung, Ladungsschwerpunkt, permanenter und temporärer Dipol, Elektronegativität, Elektronegativitätsdifferenz, VAN-DER-WAALS-Wechselwirkungen, polarisiert, Wasserstoffbrücke bzw. H-Brücke, Oberflächenspannung, Dichteanomalie des Wassers, Molekülgitter

Wasser als Lösemittel

Unterwegs zu einem Outdoor-Abenteuer: Im Gepäck ist ein Erste-Hilfe-Set mit selbstkühlenden Kompressen. Auch gegen kalte Hände sollte man gewappnet sein und nimmt daher einen Klickhandwärmer mit. Für den prickelnden Geschmack sorgt frisches Sprudelwasser. Bei all diesen Dingen spielt das Lösemittel Wasser eine besondere Rolle. Was passiert eigentlich, wenn ein Stoff in Wasser gelöst wird und welchen Einfluss hat dabei die Temperatur?

V1 Die Löseenergie

3 5 7 9

PROBLEM

Welche Salze eignen sich, um ein selbsterwärmendes oder selbstkühlendes Produkt herzustellen?

DURCHFÜHRUNG

a) Gib in je ein Reagenzglas folgende Salze je 5 mm hoch: Natriumchlorid, Kaliumchlorid, Magnesiumchlorid-Hexahydrat, Calciumchlorid (wasserfrei, GHS 7), Kupfer(II)-sulfat (wasserfrei, GHS 5 | 7 | 9), Kaliumnitrat (GHS 3), Ammoniumchlorid (GHS 7) und Ammoniumnitrat (GHS 3 | 7). Fülle die Reagenzgläser zu einem Drittel mit raumtemperiertem Wasser und schüttle, sodass sich die Salze im Wasser lösen. Teste die Temperatur, indem du den Boden des Reagenzglases auf die Vertiefung am Handrücken zwischen Daumen und Zeigefinger hältst.

b) Bei **V1a** nutzt du dein persönliches Temperaturempfinden. Plane ein Experiment, bei dem die genaue Temperaturänderung verschiedener Salze beim Lösen in Wasser untersucht werden kann. Führe den Versuch nach Absprache mit der Lehrkraft durch.

AUSWERTUNG

a) Ordne die Salze in **V1a** danach, ob sich das Wasser beim Lösen der Salzportion erwärmt, abkühlt oder unverändert bleibt.

b) Stelle Vermutungen über die Ursachen der beobachteten Temperaturänderungen an.

c) Beschreibe, worauf man bei der Durchführung der Experimentierreihe in **V1b** besonders achten muss, damit die Ergebnisse vergleichbar sind.

ENTSORGUNG G2

V2 Das Prinzip des Handwärmers

PROBLEM

Um sich unterwegs die Hände zu wärmen, gibt es Handwärmer. In diesen befindet sich auch ein in Wasser gelöstes Salz. Welche Gemeinsamkeiten und Unterschiede gibt es zwischen der Funktionsweise des Handwärmers und dem Lösevorgang verschiedener Salze in Wasser?

B1 Handwärmer

DURCHFÜHRUNG

Knicke das Metallplättchen in einem Handwärmer und beobachte die Prozesse genau. Erhitze den Handwärmer anschließend in einem Wasserbad und beobachte abermals, was passiert.

AUSWERTUNG

a) Beschreibe die Beobachtungen zu **V2**. Verwende dazu folgende Begriffe: Energiezufuhr, Energieabgabe, Kristallbildung, Schmelzen.
b) Erkläre, dass man den Handwärmer durch Erhitzen in einem Wasserbad für den nächsten Einsatz regenerieren kann. Verwende die Begriffe endotherm und exotherm.
c) Plane ein Experiment, um die Menge der abgegebenen Energie eines Handwärmers zu untersuchen.

ENTSORGUNG –

V3 Lösemittel für Gase

PROBLEM

Beim Lösen einer Brausetablette entsteht Kohlenstoffdioxid. Was passiert, wenn man gleich mehrere Brausetabletten in Wasser löst?

DURCHFÜHRUNG

Stelle einen randvoll mit Wasser gefüllten 500 mL Messzylinder mit der Öffnung nach unten auf einen umgestülpten Trichter in eine mit Wasser gefüllte Wanne (**B2**). Schiebe eine Brausetablette unter den Trichter. Achte darauf, dass das gesamte Gas, das sich entwickelt, im Messzylinder aufgefangen wird. Notiere den Wasserstand im Messzylinder, wenn die Brausetablette gelöst ist.

Schiebe anschließend eine zweite Brausetablette unter den Messzylinder und notiere nach deren Lösen erneut den Wasserstand.

AUSWERTUNG

a) Beim Lösen einer Brausetablette wird im Mittel immer die gleiche Stoffmenge Kohlenstoffdioxid frei. Vergleiche das jeweils verdrängte Wasservolumen in **V3** und diskutiere den Unterschied.
b) Gib das Volumen an Gas in mL an, das beim Lösen einer dritten Brausetablette freigesetzt würde.

ENTSORGUNG A

B2 Versuchsaufbau zu **V3**

Temperaturänderung beim Lösen von Salzen

Jedes Lebewesen ist auf Wasser angewiesen, denn Wasser ist ein sehr gutes Lösemittel für die meisten lebensnotwendigen Stoffe. Das Lösen von Stoffen ist ein alltäglicher Vorgang, bei dem man allerdings erstaunliche Phänomene beobachten kann. Was geschieht beim Lösen von Stoffen in Wasser?

Löst man verschiedene Salze in Wasser, stellt man Folgendes fest: Bei Kaliumchlorid, Kaliumnitrat, Ammoniumchlorid und Ammoniumnitrat erniedrigt sich die Wassertemperatur durch den Lösevorgang (**V1**), der Lösevorgang ist **endotherm**. Bei Magnesiumchlorid, wasserfreiem Calciumchlorid und wasserfreiem Kupfer(II)-sulfat erhöht sich die Temperatur des Wassers (**V1**), der Lösevorgang ist **exotherm**. Im Gegensatz dazu ist beim Lösevorgang von Natriumchlorid keine Änderung der Temperatur feststellbar. Zur Erklärung dieser Phänomene muss der Lösevorgang auf Teilchenebene betrachtet werden.

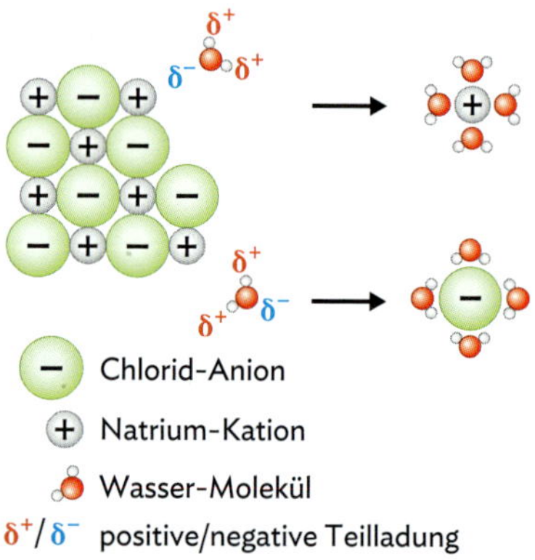

B1 Modell zum Lösevorgang von Natriumchlorid

Lösevorgang eines Salzkristalls auf Teilchenebene

Viele Salze sind gut in Wasser löslich, eine erstaunliche Eigenschaft, da ihre Anionen und Kationen durch starke Ionenbindungen zusammenhalten. Wie ist es möglich, dass die Wasser-Moleküle die Ionen aus ihrem festen Ionengitter herauslösen?

Beim Lösevorgang lagern sich die beweglichen Wasser-Moleküle zunächst an der Oberfläche des Salzkristalls an. Dabei spielen die Eigenschaften des permanenten Dipols eine entscheidende Rolle: Die positiv polarisierten Wasserstoff-Atome (δ^+) der Wasser-Moleküle werden aufgrund von **Ionen-Dipol-Wechselwirkungen** elektrostatisch von den negativ geladenen Anionen des Ionengitters angezogen, während die negativ polarisierten Sauerstoff-Atome (δ^-) von den Kationen angezogen werden. Die Wasser-Moleküle umgeben durch diese Anziehungskräfte die Ionen am Rande des Kristalls und lösen sie aus dem Gitter heraus (**B1**). Die Ionen werden von außen nach innen aus dem Kristall gelöst. Die äußeren Ionen sind für die Wasser-Moleküle leichter zugänglich. Außerdem werden sie aufgrund der fehlenden Nachbarionen weniger stark durch entgegengesetzt geladene Ionen angezogen und können leichter aus dem Gitter entfernt werden. Rund um das jeweilige Ion lagern sich Wasser-Moleküle an, bis das Ion vollständig vom Ionengitter abgetrennt wird. Die Wasser-Moleküle umhüllen dann das Ion komplett: Sie bilden eine **Hydrathülle**. Dieser Vorgang wird als **Hydratation** bezeichnet.

Info

Der Wortteil „Hydro-“ stammt von dem griechischen Wort „hýdor“ ab und bedeutet „Wasser“.

Beim Lösevorgang eines Salzes in Wasser bilden die Wasser-Moleküle aufgrund ihrer Dipol-Eigenschaft eine Hydrathülle um die Ionen des Salzes. Dabei kommt es zwischen den Teilladungen der Atome in den Wasser-Molekülen und den Ionen zu Ionen-Dipol-Wechselwirkungen.

Die Löseenergie

Um die Ionen aus dem Kristallgitter zu lösen, muss zunächst die Energie aufgewendet werden, die bei der Bildung des Ionengitters als Gitterenergie frei wurde (vgl. S. 207). Dieser Teilprozess des Lösevorgangs ist immer endotherm. Beim Bilden der Hydrathülle wird allerdings Energie (**Hydratationsenergie**) frei. Die Hydratation ist immer ein exothermer Vorgang.

Stellt man beide Teilprozesse in einem Energiediagramm getrennt dar, wird ersichtlich, warum es während des Lösevorgangs zu einer Temperaturabnahme oder -zunahme kommen kann. Ist der Betrag der Gitterenergie kleiner als der Betrag der Hydratationsenergie, wird die Differenz als **Löseenergie** frei und die Lösung erwärmt sich. Ist der Betrag der Gitterenergie größer als der Betrag der Hydratationsenergie, wird dem Wasser die fehlende Löseenergie in Form von thermischer Energie entzogen, die Lösung kühlt sich ab (**B2**, **B3**). Dies nutzt man beispielsweise bei selbstkühlenden Kompressen, wie sie vor allem bei akuten Sportverletzungen eingesetzt werden. Selbstkühlende Kompressen bestehen aus zwei Bestandteilen: Wasser und z. B. dem Salz Ammoniumnitrat. Diese liegen in zwei Kammern getrennt voneinander vor. Erst durch Kneten des Beutels lösen sich die Salzkristalle im Wasser und die Temperatur sinkt.

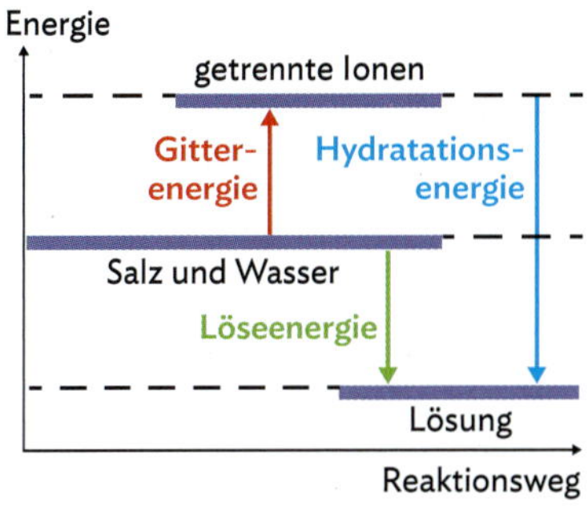

B2 Energiediagramm zu einem exothermen Lösevorgang

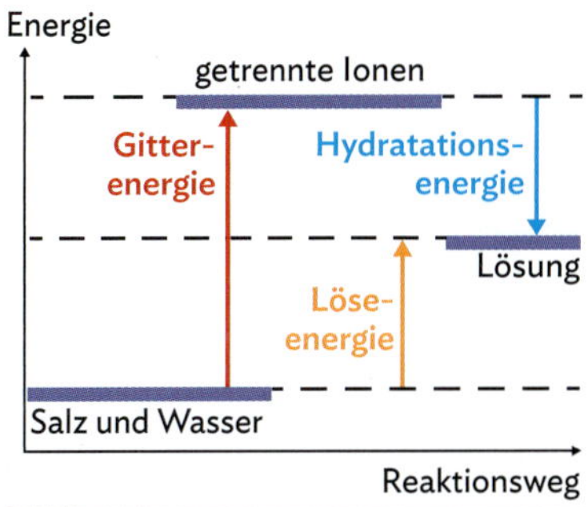

B3 Energiediagramm zu einem endothermen Lösevorgang

> Beim Lösevorgang muss Gitterenergie aufgewendet werden und Hydratationsenergie wird frei. Ist der Betrag der Gitterenergie kleiner als der Betrag der Hydratationsenergie, wird Löseenergie frei und der Lösevorgang ist exotherm. Ist der Betrag der Gitterenergie größer als der Betrag der Hydratationsenergie, ist der Lösevorgang endotherm.

Bei schwerlöslichen Salzen ist der Betrag der Gitterenergie bedeutend größer als der Betrag der Hydratationsenergie.

AUFGABEN

A1 Beschreibe den Lösevorgang von Kaliumchlorid in Wasser.

A2 Betrachte die Animation unter QR-/Mediencode 05037-22 und erkläre den Lösevorgang von Natriumchlorid auf Teilchenebene in eigenen Worten.

05037-22

A3 Gib für die Salze in **B4** an, ob sie sich endotherm oder exotherm in Wasser lösen und begründe anhand der Energiewerte.

	Betrag der Gitterenergie	Betrag der Hydratationsenergie
Kaliumchlorid	718 kJ/mol	705 kJ/mol
Magnesiumchlorid	2 502 kJ/mol	2 662 kJ/mol

B4 Gitter- und Hydratationsenergie von Kaliumchlorid und Magnesiumchlorid

Der Kristallisationsvorgang im Handwärmer

Knickt man das Metallplättchen in einem Handwärmer, kann man beobachten, dass darin ein Stoff kristallisiert (**V2**). Es bildet sich ein Ionengitter aus, die Gitterenergie wird frei. Warum entsteht das Gitter erst durch die Aktivierung?

Im Handwärmer ist das Salz Natriumacetat-Trihydrat enthalten. Es liegt in einem besonderen Zustand, der **unterkühlten Schmelze**, vor. Das Salz wurde zuvor bei über 58 °C erhitzt und geschmolzen. Wenn man das Salz wieder abkühlen lässt, müsste es unter seiner Schmelztemperatur von 58 °C wieder fest werden. Hierfür benötigt es aber einen **Kristallisationskeim**, an dem sich die Ionen anlagern können, um ein Gitter auszubilden. Erst beim Knicken des Plättchens entsteht ein solcher Kristallisationkeim, was schlagartig die Ausbildung des Ionengitters zur Folge hat.

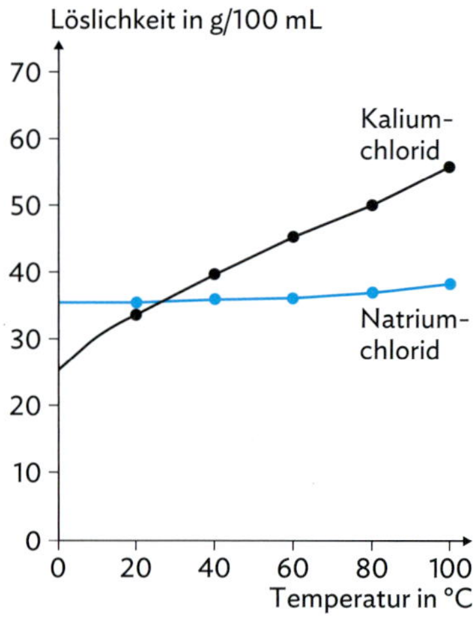

B5 Löslichkeit von Kaliumchlorid und Natriumchlorid bei verschiedenen Temperaturen

Die Temperatur beeinflusst die Löslichkeit

Der Lösevorgang von Salzen in Wasser kann nicht nur die Temperatur des Wassers verändern, umgekehrt kann auch die Wassertemperatur einen Einfluss auf den Lösevorgang und die Löslichkeit von Stoffen haben. Möchte man z. B. einen Tee durch Zugabe von Zucker süßen, gelingt dies umso schneller, je heißer der Tee ist. Es löst sich deutlich mehr Zucker in heißem Wasser als in kaltem. Die zu lösenden Teilchen können durch die Temperaturzufuhr besser aus ihrem Feststoffverband gelöst werden und sich dann im Lösemittel verteilen, da sich die Teilchen schneller bewegen. Für Salze trifft dies beispielsweise auf Kaliumchlorid (**B5**) zu.

Eine Ausnahme bildet Kochsalz (Natriumchlorid): Im Gegensatz zu den meisten anderen löslichen Feststoffen ist die Löslichkeit von Natriumchlorid bei verschiedenen Temperaturen fast gleich (**B5**, vgl. S. 217).

B6 Mineralwasser kann unterschiedlich viel gelöstes Kohlenstoffdioxid enthalten.

Löslichkeit von Gasen

Ist die Löslichkeit von Gasen ebenfalls temperaturabhängig? Wenn es richtig heiß ist, freuen wir uns über ein kühles Glas „Sprudelwasser“. Dessen leicht säuerlicher Geschmack kommt daher, dass Kohlenstoffdioxidgas in Wasser gelöst wird und eine saure Lösung bildet (**B6**). Dass sich Kohlenstoffdioxid in Wasser löst, kann man durch ein einfaches Experiment zeigen: Fängt man das gesamte Kohlenstoffdioxidgas, das beim Lösen einer Brausetablette entsteht, in einem Messzylinder pneumatisch auf, misst man ein bestimmtes Gasvolumen V_1. Löst man eine zweite Brausetablette und fängt das gesamte entstehende Gasvolumen V_2 in demselben Messzylinder auf, stellt man fest, dass das beim Lösen der zweiten Tablette aufgefangene Gasvolumen größer ist als das Gasvolumen bei der ersten Tablette: $V_2 > V_1$. Der Unterschied entspricht dem Volumen an Gas, das sich im Wasser gelöst hat (**V3**).

Führt man das gleiche Experiment mit warmem Wasser durch, fängt man deutlich größere Gasvolumina pneumatisch auf, da sich Kohlenstoffdioxid in warmem Wasser schlechter löst als in kaltem (**B7**). Das macht sich auch im Alltag bemerkbar: Wenn man ein Glas mit kaltem „Sprudelwasser“ längere Zeit offen an der warmen Luft stehen lässt, „sprudelt“ es immer weniger und schmeckt fade. Das bei niedrigerer Temperatur gelöste Kohlenstoffdioxid perlt beim Erwärmen des Getränks aus.

Die Löslichkeit von Gasen ist temperaturabhängig. Im Gegensatz zur Löslichkeit von Feststoffen wird die Löslichkeit von Gasen geringer, je wärmer das Wasser ist.

Temperatur in °C	0	20	25	30	35	40
Sauerstoff in g/L	0,0694	0,0434	0,0393	0,0359	0,0332	0,0308
Stickstoff in g/L	0,0294	0,0190	0,0175	0,0162	0,0150	0,0139
Kohlenstoffdioxid in g/L	3,35	1,69	1,45	1,26	1,10	0,970

B7 Wasserlöslichkeit von Sauerstoff, Stickstoff und Kohlenstoffdioxid bei verschiedenen Temperaturen und 1,013 bar

Leben im Wasser

Die Löslichkeit von Sauerstoff und Kohlenstoffdioxid bei verschiedenen Temperaturen spielt vor allem für unter Wasser lebende Organismen eine große Rolle. Während die Unterwasserpflanzen das Kohlenstoffdioxid für die Fotosynthese benötigen, nehmen Tiere wie z. B. Fische den im Wasser enthaltenen Sauerstoff für die Zellatmung auf. Sie müssen aber nicht extra an die Luft kommen, um zu atmen. Fische sind in der Lage, Sauerstoff, der im Wasser gelöst vorliegt, über ihre Kiemen (**B8**) aufzunehmen. Die Kiemen haben eine sehr dünne Haut und in ihrem Inneren zirkuliert das Blut. Ähnlich wie in der Lunge der Menschen kommt es zum Gasaustausch von Sauerstoff aus dem Wasser gegen Kohlenstoffdioxid aus dem Blut.

B8 Aufgeklappte Kiemen eines Fisches

AUFGABEN

A1 Begründe, dass schlagartig „Blitzeis“ entstehen kann, wenn Regenwasser mit einer Temperatur unter der Gefriertemperatur auf den Boden auftrifft.

A2 Zeichne ein Löslichkeits-Temperatur-Diagramm, das die Werte für die Löslichkeit von Sauerstoff, Stickstoff und Kohlenstoffdioxid aus **B7** wiedergibt.

A3 Berechne die Stoffmengen der Gase aus **B7**, die bei 0 °C und 1,013 bar in einem Liter Wasser gelöst werden können.

FACHBEGRIFFE

endotherm, exotherm, Ionen-Dipol-Wechselwirkung, Hydrathülle, Hydratation, Hydratationsenergie, Löseenergie, unterkühlte Schmelze, Kristallisationskeim

Zum Üben und Weiterdenken

A1 Beschreibe die Bildung eines Wasserstoff-Moleküls aus zwei Wasserstoff-Atomen.

A2 Begründe das Fehlen der Elektronegativitätswerte für die Elemente der VIII. Hauptgruppe.

A3 Chlor und Wasserstoff reagieren unter UV-Licht explosionsartig zu Chlorwasserstoff (HCl).

a) Formuliere die Reaktionsgleichung.
b) Ermittle anhand der Reaktionsgleichung die Volumina an Wasserstoff und Chlor zur Herstellung von 6 Liter Chlorwasserstoff.
c) Vergleiche die Elektronenpaarbindung im Chlor-Molekül Cl_2 mit der Elektronenpaarbindung im Chlorwasserstoff-Molekül HCl und ordne der jeweiligen Bindung die Begriffe „polar“ bzw. „unpolar“ zu.

A4 Zeichne jeweils die Strukturformel für die Moleküle von Bromwasserstoff (HBr), Sauerstoffdifluorid (OF_2), Schwefeldioxid (SO_2) und Ethen (C_2H_4) und prüfe, ob die Edelgasregel für jedes Atom erfüllt ist. Beschreibe den räumlichen Bau der Moleküle.

A5 Diskutiere die Vor- und Nachteile der verschiedenen Darstellungsweisen von Atomen bzw. Molekülen.

a) LEWIS-Schreibweise:
H··H   :Cl··Cl: O::O   :N:::N:
b) Strukturformel:
H–H |Cl–Cl| ⟨O=O⟩ |N≡N|
c) Molekülformel:
H_2 Cl_2 O_2 N_2

A6 Skizziere den Lösevorgang von Kaliumchlorid in Wasser auf Teilchenebene.

A7 Begründe, dass Wasserstoff aus zweiatomigen und nicht aus dreiatomigen Molekülen besteht.

A8 Zeichne ein Energiediagramm für ein Wasserstoff-Molekül, das in seine Elemente zerlegt wird, und beschreibe den Verlauf (vgl. S. 267, **B2**).

A9 Entscheide, ob es sich bei einer Bindung zwischen folgenden Elementen um unpolare oder polare Elektronenpaarbindungen oder um Ionenbindungen handelt und kennzeichne dies: Cl und Cl, K und Cl, C und S, H und I.

A10 Erkläre, dass selbst sehr große Eisberge nicht untergehen.

A11 Begründe, dass das Gas Chlor aus Molekülen und das Gas Argon aus Atomen aufgebaut ist.

A12 Entscheide, ob es sich bei folgenden Molekülen um permanente Dipole handelt und begründe deine Entscheidung mithilfe der Strukturformel:
H_2S, $SiCl_4$, C_2H_2, CH_3Cl, CS_2.

A13 Unter dem Sauerstoffsättigungswert versteht man die maximale Löslichkeit von Sauerstoff in Wasser (in mg/L). Beschreibe und bewerte das folgende Diagramm:

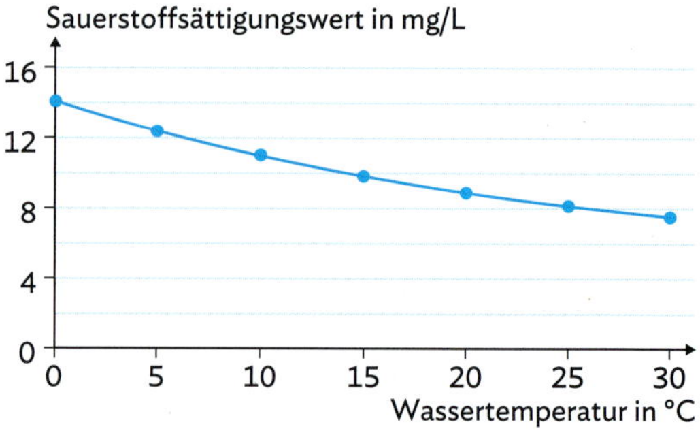

A14 Veranschauliche das Zustandekommen der VAN-DER-WAALS-Wechselwirkungen zwischen temporären Dipolen am Beispiel Wasserstoff:

a) Zeichne ein Wasserstoff-Molekül (H_2) im Kern-Hülle-Modell.
b) Zeichne eine Momentaufnahme eines Wasserstoff-Moleküls, bei dem gerade ein temporärer Dipol entstanden ist.
c) Zeichne ebenso die Entstehung eines temporären Dipols, wenn sich diesem Wasserstoff-Molekül ein weiteres Wasserstoff-Molekül nähert.

A15 Übertrage folgende Übersicht in dein Heft und ergänze:

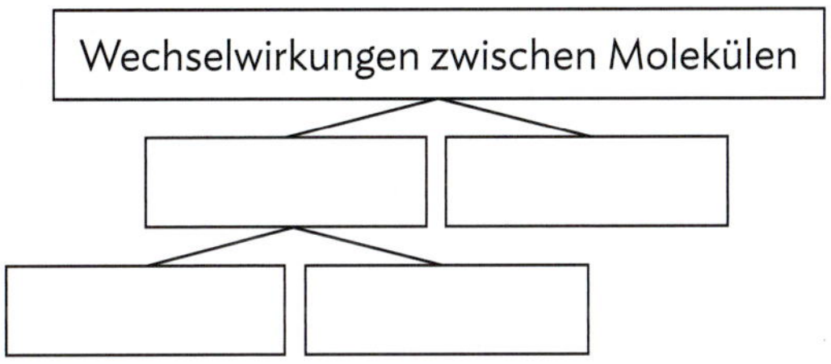

A16 Salze lösen sich in flüssigem Ammoniak (NH_3) ähnlich gut wie in Wasser. Erläutere dies mithilfe einer Zeichnung auf Teilchenebene mit Ammoniak-Molekülen und Salz-Ionen.

A17 Auf der internationalen Raumstation ISS stellt der durch die Atmung der Astronauten zunehmende Kohlenstoffdioxidgehalt der Luft ein Problem dar. In einem Modul der Raumstation wird das Kohlenstoffdioxid deshalb chemisch gebunden. Dazu wird in einer Reaktion Kohlenstoffdioxid mit Wasserstoff zu Wasserdampf und Methan (CH_4) umgewandelt.

a) Formuliere die Reaktionsgleichung für diesen Entsorgungsprozess.
b) Ein Astronaut atmet pro Tag ca. 3 kg Kohlenstoffdioxid aus. Berechne die Masse an Wasser, die dabei entsteht.
c) Aus diesem Wasser wird durch Elektrolyse wieder Sauerstoff gewonnen. Ermittle das erhaltene Sauerstoffvolumen.

A18 Eine feuchte Baumwollsocke lässt sich nur mit großem Kraftaufwand anziehen, vor allem wenn der Fuß noch nass ist. Erkläre dieses Phänomen auf Teilchenebene.

A19 Lithiumchlorid hat eine Gitterenergie von + 849 kJ/mol und eine Hydratationsenergie von – 888 kJ/mol.

a) Zeichne zur Darstellung der Gitter- und Hydratationsenergie für Lithiumchlorid ein passendes Energiediagramm. Achte dabei auf eine sinnvolle Achsenskalierung.
b) Erkläre anhand des Diagramms, welche Art der Temperaturänderung beim Lösevorgang zu erwarten ist.

A20 Erkläre die sechseckige Symmetrie des unten abgebildeten Eiskristalls auf Teilchenebene.

A21 Sortiere die dir bekannten Bindungstypen und zwischenmolekularen Wechselwirkungen nach ihrer Stärke.

A22 Wenn du den Satz „Wasser gefriert schlagartig“ in deine Suchmaschine im Internet eingibst, findest du Videos, bei denen das Wasser in einer Flasche abrupt gefriert. Erkläre diese plötzliche Kristallisation und beschreibe, wie dieser Trick vorbereitet wird.

A23 Wird Leitungswasser langsam erwärmt, kann man lange vor dem Erreichen der Siedetemperatur von Wasser beobachten, dass kleine Bläschen aufsteigen. Stelle eine Vermutung auf, um welches Gas oder Gasgemisch es sich handelt.

M1 Moleküle im Raum – weitere Beispiele

Erinnere dich mithilfe des untenstehenden Schaubilds an die verschiedenen Raumstrukturen, die von Molekülen ausgebildet werden können.

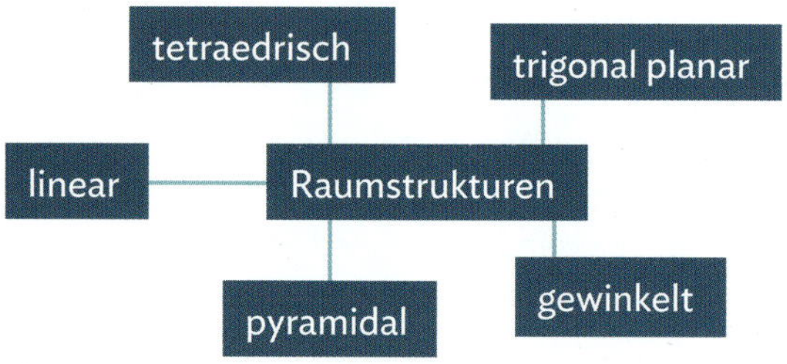

B1 Vorlage für eine Concept-Map zu Raumstrukturen

Die Moleküle der Fluorverbindungen NF_3, SF_2, CF_4 und COF_2 unterscheiden sich ebenfalls in ihrem räumlichen Bau.

A1 Zeichne die Strukturformeln der Moleküle und prüfe bei allen Molekülstrukturen für jedes Atom die Einhaltung der Edelgasregel.

A2 Beschreibe den räumlichen Bau für jedes Molekül der vier Fluorverbindungen und ordne jedem Molekül eine der nebenstehenden Raumstrukturen zu.

A3 Ordne die Verbindungen begründet nach steigendem Bindungswinkel und kontrolliere durch Recherche.

A4 Übertrage das Schaubild in dein Heft und ergänze die Bindungswinkel und Verbindungen aus **M1**. Finde Beispiele für Raumstrukturen, die durch die untersuchten Fluorverbindungen nicht abgedeckt sind.

M2 Die „übervolle“ Tonne

B2 Im Winter quillt die Regentonne über.

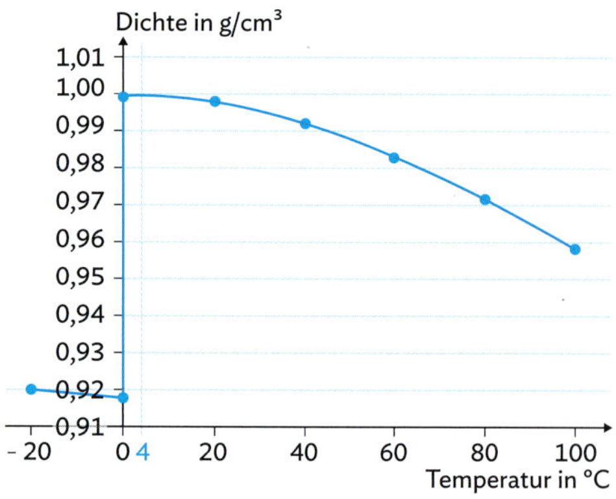

B3 Dichte von Wasser in Abhängigkeit von der Temperatur

A1 Beschreibe die Dichte von Wasser in Abhängigkeit von der Temperatur (**B3**).

A2 Stelle eine Vermutung darüber auf, ob das Wasser der Tonne (**B2**) überläuft, wenn die Außentemperaturen wieder steigen.

A3 Zeichne wenige Wasser-Moleküle innerhalb der Eisschicht und innerhalb der flüssigen Phase.

A4 Erkläre, warum man im Winter Regentonnen und Wasserrohre entleeren sollte.

A5 Begründe folgende Phänomene:
a) Ein Eiswürfel schwimmt auf Wasser.
b) Eine Pfütze friert im Winter von oben nach unten zu.
c) Fische können in den unteren Wasserschichten eines Sees überwintern.

M3 Vergleich der Siedetemperaturen verschiedener Wasserstoff-Verbindungen

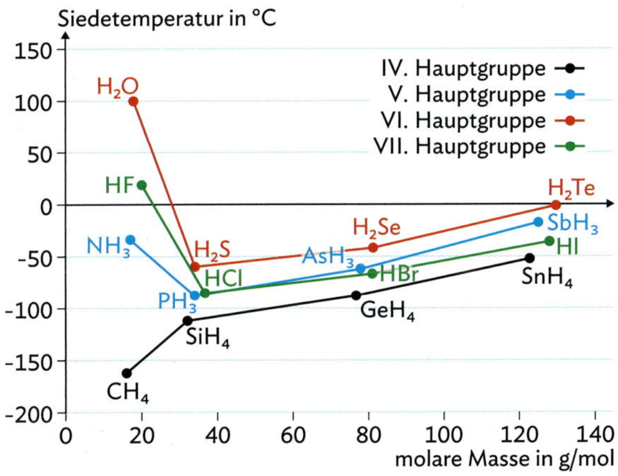

B4 Siedetemperaturen verschiedener Wasserstoffverbindungen

A1 Beschreibe und vergleiche für jede Hauptgruppe die Siedetemperaturen der Wasserstoff-Verbindungen (**B4**).

A2 Erläutere jeweils die Wechselwirkungen zwischen Methan-Molekülen (CH_4) und zwischen Ammoniak-Molekülen (NH_3). Erkläre den Einfluss dieser Wechselwirkungen auf die jeweilige Siedetemperatur.

A3 Stelle einen allgemeinen Zusammenhang zwischen der Siedetemperatur eines Stoffes und den Wechselwirkungen zwischen den Molekülen dieses Stoffes her und formuliere einen Merksatz.

A4 Erkläre unter Berücksichtigung der molaren Massen, dass die Siedetemperatur innerhalb der Wasserstoff-Verbindungen der VII. Hauptgruppe von HCl nach HI zunimmt.

M4 Kristalle züchten

In Lösungen von Zucker, Salz und anderen Stoffen lassen sich Kristalle züchten. Das Vorgehen ist dabei immer sehr ähnlich. Man erhitzt zunächst destilliertes Wasser und löst darin das Salz, aus dem die Kristalle hergestellt werden sollen. Dieses Salz wird solange zugegeben, bis die Lösung gesättigt ist. Man dekantiert dann die Flüssigkeit in ein sehr sauberes Gefäß, das keine Kratzer aufweist. In die Mitte des Gefäßes werden mehrere Wollfäden gehängt. Nach 2 – 3 Tagen können an den Wollfäden kleine Kristalle entnommen werden (**B5**).

B5 Züchten eines Impfkristalls

Die übrige Salzlösung filtriert man durch einen Kaffeefilter und hängt an einen Nylonfaden den schönsten der entnommenen kleinen Kristalle, den sogenannten Impfkristall, für ein weiteres Kristallwachstum in das Filtrat.

A1 Erkläre, dass folgende Maßnahmen für das Gelingen des Kristallzüchtens wichtig sind:
a) destilliertes Wasser
b) warmes Wasser
c) Dekantieren in ein Gefäß ohne Kratzer
d) zuerst ein Wollfaden
e) dann ein Nylonfaden

A2 Erläutere den Begriff: „gesättigte Lösung" und gib eine Definition für die Löslichkeit an.

A3 Begründe, dass beim Züchten eines Kochsalzkristalls ein Schritt ausgelassen werden kann.

Basiswissen Kapitel 8

W Elektronenpaarbindung und LEWIS-Schreibweise

Der Zusammenhalt zwischen zwei Atomen in einem Molekül erfolgt durch eine gemeinsame **Elektronenpaarbindung**. Je nach Anzahl der gemeinsamen, **bindenden Elektronenpaare** liegt eine Einfach-, Doppel- oder Dreifachbindung vor. Nicht an einer Bindung beteiligte Elektronenpaare werden als **nichtbindende** oder **freie Elektronenpaare** bezeichnet.

Durch die gemeinsamen Elektronen der Elektronenpaarbindung und die weiteren nicht an einer Bindung beteiligten Außenelektronen besitzt jedes Atom im Molekül die stabile Edelgaskonfiguration desjenigen Edelgases, das in der gleichen Periode des PSE steht.

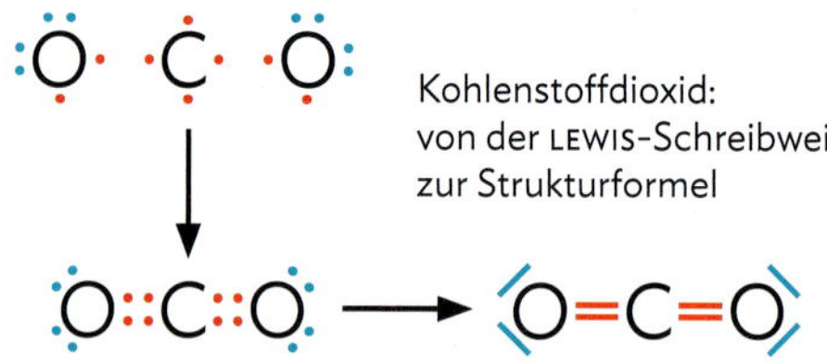

Kohlenstoffdioxid: von der LEWIS-Schreibweise zur Strukturformel

In der **LEWIS-Schreibweise** werden der Atomkern und die inneren Schalen als Elementsymbol dargestellt. Die Außenelektronen werden durch Punkte und die Elektronenpaare durch Striche um die Elementsymbole herum gezeichnet.

Bei Molekülen kommt die **Strukturformel** zum Einsatz: Dabei werden die bindenden Elektronenpaare als Striche zwischen die Elementsymbole und die freien Elektronenpaare als Striche um die Elementsymbole herum angeordnet.

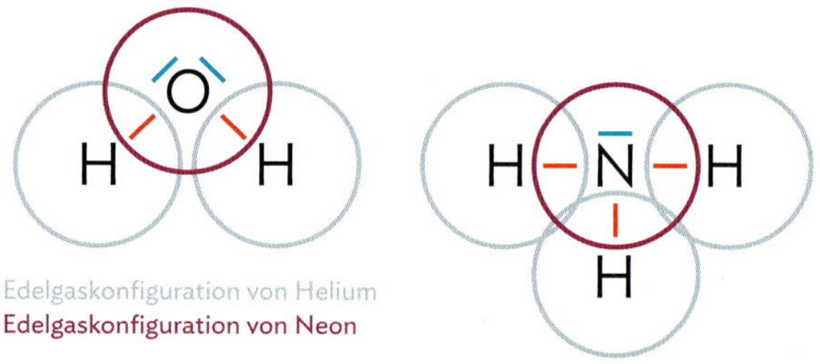

Strukturformeln von Wasser und Ammoniak: Elektronenpaare, die einem Atom zugeordnet werden, sind jeweils eingekreist.

W Elektronenpaarabstoßungsmodell (EPA-Modell) und Molekülstruktur

Das **Elektronenpaarabstoßungsmodell** (**EPA-Modell**) beschreibt den räumlichen Bau einfacher Moleküle. Ein Atom in einem Molekül ist nach der Edelgasregel von vier Elektronenpaaren umgeben, die aufgrund ihrer negativen Ladung den größtmöglichen Abstand zueinander haben. Von diesem zentralen Atom ausgehend bildet sich oft eine **Tetraederstruktur** mit einem **Tetraederwinkel** von jeweils 109,5 °.

Im EPA-Modell haben nichtbindende Elektronenpaare einen größeren Raumbedarf als bindende Elektronenpaare, Mehrfachbindungen werden formal wie Einfachverbindungen behandelt. Dadurch ergeben sich neben Tetraedern auch **trigonal planare**, **lineare**, **pyramidale** und **gewinkelte** Molekülstrukturen.

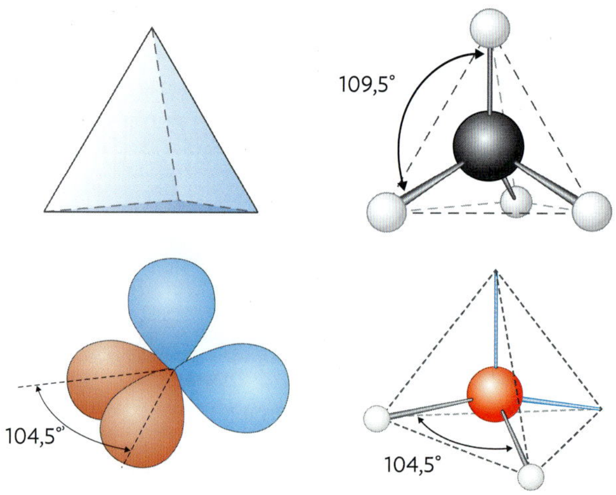

W Polare und unpolare Elektronenpaarbindungen

Atome verschiedener Elemente ziehen gemeinsame bindende Elektronenpaare unterschiedlich stark an. Die **Elektronegativität** ist ein Maß für die Stärke eines Atoms in einem Molekül, bindende Elektronenpaare an sich zu ziehen. Je größer die **Elektronegativitätsdifferenz** zwischen zwei miteinander verbundenen Atomen ist, desto mehr sind die Bindungselektronen zum elektronegativeren Atom verschoben: Die Bindung ist **polar**. Die Bindungspartner erhalten eine **negative** und eine **positive Teilladung**. Bei Atomen des gleichen Elements oder bei Atomen mit ähnlicher Elektronegativität liegt eine **unpolare Elektronenpaarbindung** vor.

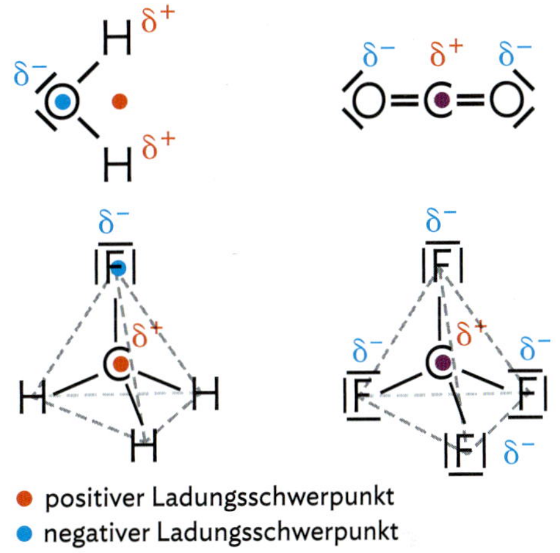

W Zwischenmolekulare Wechselwirkungen

VAN-DER-WAALS-**Wechselwirkungen** beschreiben die Wechselwirkungen zwischen Dipolen. **Permanente Dipole** sind Moleküle mit polaren Elektronenpaarbindungen und dauerhaft räumlich getrennten **Ladungsschwerpunkten**. **Temporäre Dipole** bilden sich aufgrund kurzfristiger, ungleicher Verteilungen von Elektronen in Molekülen mit unpolaren Elektronenpaarbindungen.

Die Wechselwirkungen zwischen temporären Dipolen sind schwächer als die Wechselwirkungen zwischen permanenten Dipolen.

Wasserstoffbrücken (**H-Brücken**) sind zwischenmolekulare Wechselwirkungen zwischen einem stark positiv polarisierten Wasserstoff-Atom und dem nichtbindenden Elektronenpaar eines stark negativ polarisierten Sauerstoff-, Stickstoff- oder Fluor-Atoms.

Wasserstoffbrücken sind stärker als VAN-DER-WAALS-Wechselwirkungen und bestimmen die besonderen Eigenschaften von Wasser.

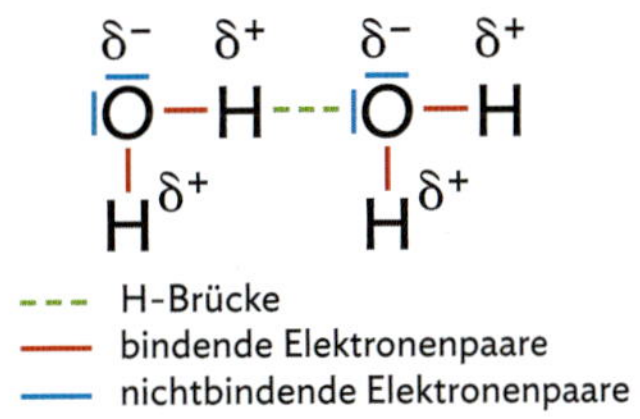

W Wasser als Lösemittel

Beim Lösen eines Salzes in Wasser bilden Wasser-Moleküle eine **Hydrathülle** um die Ionen. Zwischen den Teilladungen der Atome in den Wasser-Molekülen und den Ionen des Salzes kommt es zu **Ionen-Dipol-Wechselwirkungen**. Beim Lösevorgang muss Gitterenergie aufgewendet werden und **Hydratationsenergie** wird frei. Ist die Gitterenergie kleiner als die Hydratationsenergie, ist der Lösevorgang exotherm und die Lösung erwärmt sich aufgrund der frei werdenden **Löseenergie**.

Ist die Gitterenergie größer als die Hydratationsenergie, ist der Lösevorgang endotherm und die Lösung kühlt sich ab.

Die Temperatur beeinflusst bei vielen Stoffen ihre Löslichkeit in Wasser. Bei den meisten löslichen Feststoffen nimmt die Löslichkeit mit Temperaturerhöhung zu. Im Gegensatz dazu wird die Löslichkeit von Gasen geringer, je wärmer das Wasser ist, in dem die Gase gelöst vorliegen.

Ziel erreicht?

Überprüfung

Hast du das Ziel dieses Kapitels erreicht? Löse die entsprechenden Aufgaben. Ein Arbeitsblatt findest du unter QR-/Mediencode 05037-23. Bewerte dich mithilfe der Tabelle rechts unten. Die Lösungen zu den Aufgaben stehen auf Seite 472 und 473.

05037-23

Moleküle als Strukturformeln schreiben

A1 Erkläre folgende Schreibweisen für das Brom-Molekül:

Br_2 :B̤̈r· ·B̤̈r: |B̄r – B̄r|

A2 Erläutere am Beispiel von Iodwasserstoff (Molekül aus einem Atom Wasserstoff und einem Atom Iod) die Vorgehensweise, um von der Molekülformel zur Strukturformel zu gelangen.

A3 Begründe mithilfe der Edelgasregel, dass die zweiatomigen Moleküle Fluor (F_2), Sauerstoff (O_2) und Stickstoff (N_2) eine unterschiedliche Anzahl an bindenden Elektronenpaaren besitzen.

A4 Stelle eine Strukturformel für das Blausäure-Molekül (HCN) auf und prüfe die Gültigkeit der Edelgasregel für alle Atome des Moleküls.

Den räumlichen Bau von Molekülen bestimmen

B1 Gib für die vier gasförmigen Stoffe Chlormonofluorid ClF, Sauerstoffdifluorid OF_2, Phosphortrifluorid PF_3 und Siliciumtetrafluorid SiF_4 die Strukturformeln an. Beschreibe den räumlichen Bau ihrer Moleküle.

B2 Begründe den unterschiedlichen Bau der dreiatomigen Moleküle Wasser (H_2O) und Kohlenstoffdioxid (CO_2).

Die Dipoleigenschaften eines Moleküls ermitteln und daraus die Wechselwirkungen zwischen den Molekülen ableiten.

C1 Entscheide begründet, ob die folgenden Bindungen polar oder unpolar sind: H–Br, C–S, O–H.

C2 Die Stoffe mit folgenden Molekülformeln sind gegeben: H_2, Br_2, HBr, HF und CF_4

a) Bestimme die Dipoleigenschaften dieser Moleküle.
b) Bestimme für jeden dieser Stoffe die Wechselwirkungen, die sich zwischen den jeweiligen Molekülen dieser Stoffe bilden und erkläre jeweils, wie sie zustande kommen.

C3 Skizziere die Strukturformeln zweier Fluorwasserstoff-Moleküle und zeichne eine Wasserstoffbrücke zwischen ihnen ein.

Anhand der zwischenmolekularen Wechselwirkungen Stoffeigenschaften vorhersagen

D1 Entscheide und begründe, ob ein dünner Strahl des giftigen Lösemittels Tetrachlormethan (CCl_4) von einem elektrisch aufgeladenen Luftballon abgelenkt werden kann.

D2 Ordne die Stoffe aus **C2** (H_2, Br_2, HBr, HF und CF_4) begründet nach ihrer Siedetemperatur.

Die besonderen Eigenschaften des Wassers erklären

E1 Ein See friert immer von oben nach unten zu. Das restliche Wasser im See, welches nicht gefriert, hat eine Temperatur von ca. 4 °C. Begründe.

E2 Ein Trinkbecher lässt sich bis zu einer bestimmten Höhe über den Rand hinaus mit Wasser füllen. Erkläre dieses Phänomen und beschreibe, wodurch der Becher schließlich zum Überlaufen gebracht wird.

E3 Dringt Wasser in das Innere eines Steins ein, kann der Stein im Winter zerspringen. Erkläre diese Beobachtung.

Lösevorgänge mithilfe von Energiediagrammen und auf Teilchenebene beschreiben und Aussagen zur Löslichkeit treffen

F1 Wasser-Moleküle können sowohl positiv als auch negativ geladene Teilchen umhüllen. Zeichne ein Kation und ein Anion mit jeweils vier umgebenden Wasser-Molekülen.

F2 Beschreibe das untenstehende Energiediagramm zum Lösevorgang von Kaliumchlorid. Gib an, ob sich das Salz exotherm oder endotherm löst.

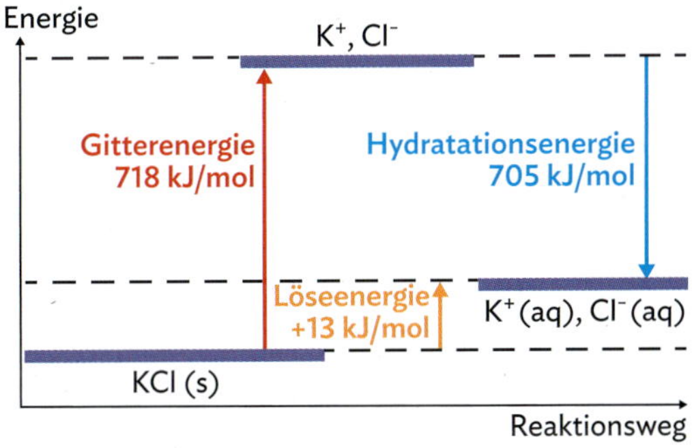

F3 Begründe, dass das Wasser in einem Aquarium für die darin lebenden Fische nicht zu warm werden darf.

Auswertung

Vergleiche deine Antworten mit den Lösungen auf Seite 472 und 473 und kreuze auf dem Arbeitsblatt an.

	Ich kann ...	ja	nein	lies nach auf Seite
A	Moleküle als Strukturformeln schreiben.			268 - 271
B	den räumlichen Bau von Molekülen bestimmen.			274, 275
C	die Dipoleigenschaften eines Moleküls ermitteln und daraus die Wechselwirkungen zwischen den Molekülen ableiten.			280 - 286
D	anhand der zwischenmolekularen Wechselwirkungen Stoffeigenschaften vorhersagen.			280 - 286
E	die besonderen Eigenschaften des Wassers erklären.			286, 287
F	Lösevorgänge mithilfe von Energiediagrammen und auf Teilchenebene beschreiben und Aussagen zur Löslichkeit treffen.			290, 291

9 Saure und alkalische Lösungen

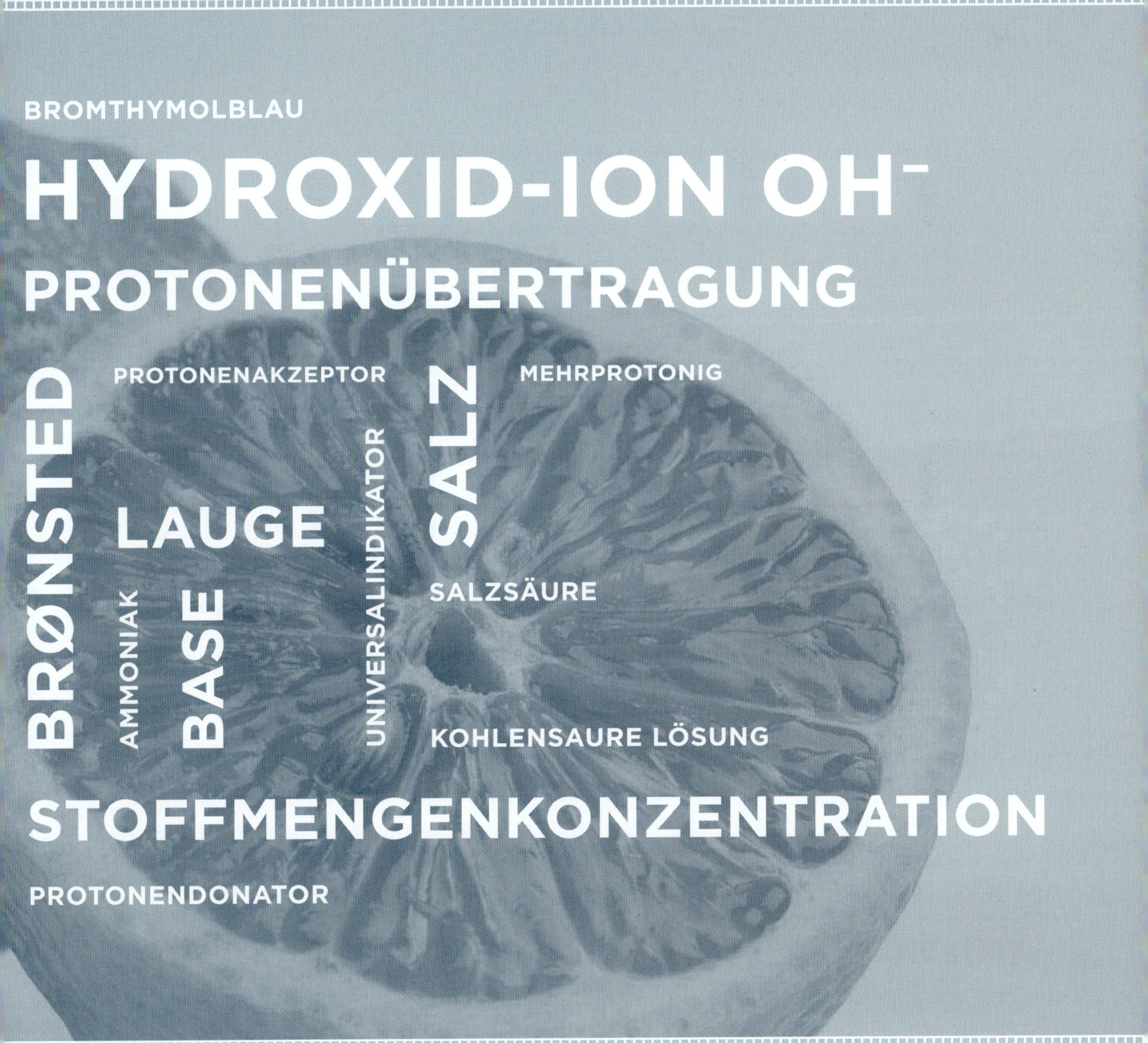
BROMTHYMOLBLAU
HYDROXID-ION OH⁻
PROTONENÜBERTRAGUNG
PROTONENAKZEPTOR
MEHRPROTONIG
BRØNSTED
LAUGE
UNIVERSALINDIKATOR
SALZ
SALZSÄURE
AMMONIAK
BASE
KOHLENSAURE LÖSUNG
STOFFMENGENKONZENTRATION
PROTONENDONATOR

Startklar?

Selbsteinschätzung

Schätze dich selbst ein: Wie gut sind deine Kenntnisse in den Bereichen A bis E? Kreuze auf dem Arbeitsblatt unter QR-/Mediencode 05037-24 an!

05037-24

	Ich kann ...	prima	ganz gut	es fällt mir schwer
A	wässrige Lösungen experimentell in saure, neutrale und alkalische Lösungen unterteilen.			
B	die Eigenschaften von Wasser auf Teilchenebene beschreiben.			
C	Strukturformeln von Molekülen formulieren und den räumlichen Bau der Moleküle beschreiben.			
D	die elektrische Leitfähigkeit von Flüssigkeiten untersuchen und erklären.			
E	mit der Größengleichung $M = \frac{m}{n}$ umgehen und Berechnungen der beteiligten Größen durchführen.			

Überprüfung

Liegst du richtig? Bearbeite die folgenden Aufgaben zu jedem Bereich.

Wässrige Lösungen experimentell in saure, neutrale und alkalische Lösungen unterteilen.

A1 Blaukrautsaft kann als Indikator eingesetzt werden. Er ändert seine Farbe, je nachdem, ob es sich um eine saure, neutrale oder alkalische Lösung handelt.

Ordne die Begriffe sauer, neutral und alkalisch der Farbskala zu.

Die Eigenschaften von Wasser auf Teilchenebene beschreiben

B1 Formuliere die Strukturformel eines Wasser-Moleküls und erläutere, dass es sich dabei um ein Dipol-Molekül handelt. Zeichne die entsprechenden Teilladungen ein.

B2 Beim Lösen von Kaliumbromid bilden sich Kalium- und Bromid-Ionen, die jeweils von Wasser-Molekülen umgeben sind.

a) Zeichne mithilfe von Formeln ein Kalium- und ein Bromid-Ion mit einer Hülle aus jeweils vier Wasser-Molekülen.
b) Gib die Art der Wechselwirkung zwischen den Ionen des Salzes und den Wasser-Molekülen sowie zwischen den Wasser-Molekülen an.

Strukturformeln von Molekülen formulieren und den räumlichen Bau der Moleküle nennen

C1 Formuliere die Strukturformeln zu den Molekülen der folgenden Stoffe und benenne deren räumlichen Bau.

a) Chlorwasserstoff
b) Methan
c) Kohlenstoffdioxid
d) Ammoniak

Die elektrische Leitfähigkeit von Flüssigkeiten untersuchen und erklären

D1 Beschreibe die Voraussetzungen auf Teilchenebene dafür, dass ein Stoff elektrisch leitfähig ist und nenne die Teilchen, die in elektrisch leitfähigen Lösungen vorliegen.

D2 Drei farblose Flüssigkeiten werden mittels eines Leitfähigkeitsprüfers untersucht. Bei den Flüssigkeiten handelt es sich um Leitungswasser, destilliertes Wasser und Kochsalzlösung.

Beschreibe die zu erwartenden Versuchsergebnisse und begründe deine Aussagen.

D3 Ein weißer Stoff ist weder im festen noch im geschmolzenen Zustand elektrisch leitfähig. Gibt man diesen Feststoff in destilliertes Wasser, entsteht eine wässrige Lösung, die elektrisch leitfähig ist. Ziehe anhand der genannten Eigenschaften Rückschlüsse auf den Aufbau des weißen Feststoffes.

Mit der Größengleichung $M = \frac{m}{n}$ umgehen und Berechnungen der beteiligten Größen durchführen

E1 Berechne die Stoffmenge n, die einem Liter Wasser entspricht. Die Dichte von Wasser beträgt ρ(Wasser) = 1 g/mL

E2 Es wird eine Stoffportion von 5 mol Natriumhydroxid benötigt. Berechne die Masse an Natriumhydroxid m(NaOH), die hierfür abgewogen werden muss.

E3 5 g Zitronensäure $C_6H_8O_7$ werden in Wasser gelöst. Berechne die Stoffmenge der Zitronensäure.

Auswertung

Hast du dich richtig eingeschätzt? Vergleiche deine Antworten mit den Lösungen auf Seite 474. Gib dir jeweils die entsprechende Punktzahl und trage sie auf dem Arbeitsblatt ein.

	Ich kann ...	prima	ganz gut	mit Hilfe	lies nach auf Seite
A	wässrige Lösungen experimentell in saure, neutrale und alkalische Lösungen unterteilen.	2	1	-	35
B	die Eigenschaften von Wasser auf Teilchenebene beschreiben.	8 - 6	5 - 4	3 - 2	286, 287, 290
C	Strukturformeln von Molekülen formulieren und den räumlichen Bau der Moleküle nennen.	4	3	2	271, 274, 275
D	die elektrische Leitfähigkeit von Flüssigkeiten untersuchen und erklären.	9 - 8	7 - 5	4 - 2	65, 216
E	mit der Größengleichung $M = \frac{m}{n}$ umgehen und Berechnungen der beteiligten Größen durchführen.	6 - 5	4 - 3	2	250, 251

Saure Lösungen

Die sauersten Gewässer der Erde sind einige Kraterseen von Vulkanen wie in Costa Rica oder in Indonesien. Aus dem Vulkanschlot eines indonesischen Kratersees entweicht unter anderem das Gas Schwefeldioxid. Baden im See ist hier strengstens verboten. Warum ist das Gewässer derart sauer? Was bedeutet „sauer“ in der Chemie?

LV1 Bildung von Salzsäure aus Chlorwasserstoff

2 5 6 7

PROBLEM

Salzsäure ist eine Grundchemikalie in der Industrie. Woher kommt der Name?

DURCHFÜHRUNG

Zur Herstellung von Chlorwasserstoffgas wird eine Apparatur gemäß **B1** aufgebaut.

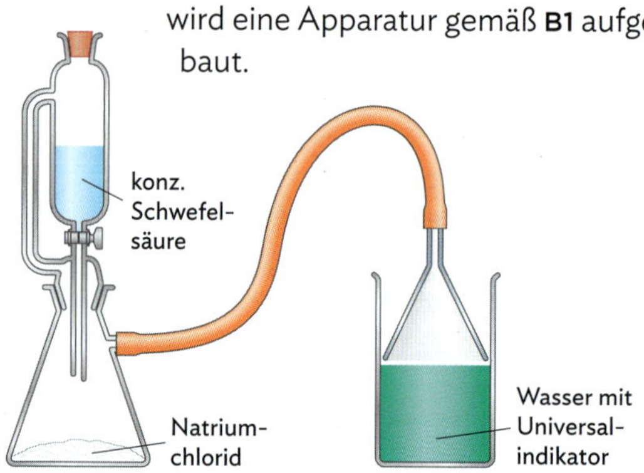

B1 Versuchsaufbau zu **LV1**

Das entstehende Chlorwasserstoffgas (HCl, GHS 5 | 6) wird über den Trichter auf die Oberfläche des mit Universalindikatorlösung (GHS 2 | 7) versetzten Wassers im Becherglas geleitet. Die elektrische Leitfähigkeit der Flüssigkeit im Becherglas wird vor und nach dem Versuch getestet.

AUSWERTUNG

a) Beschreibe die Farbigkeit der Lösung über den Verlauf des Experiments.

b) Formuliere basierend auf deinen Beobachtungen eine Aussage zur Löslichkeit von Chlorwasserstoff.

c) Deute die Ergebnisse der Leitfähigkeitsmessungen in **LV1** hinsichtlich der Art der Teilchen, die in sauren Lösungen vorliegen.

ENTSORGUNG G1

V2 Eigenschaften von sauren Lösungen

PROBLEM

Säuren sind in unserem Alltag allgegenwärtig. Wir nutzen sie in Reinigungsmitteln für Küche und Bad, nehmen sie mit Lebensmitteln wie Früchten, Essig oder kohlensäurehaltigen Getränken zu uns. Welche Gemeinsamkeiten haben die wässrigen Lösungen der Säuren?

DURCHFÜHRUNG

a) Fülle in ein Reagenzglas je 5 mL verdünnte Lösungen von Salzsäure (GHS 5), Essigsäure, Milchsäure (je GHS 5) und Citronensäure (GHS 7). Prüfe die Lösungen zunächst auf ihre elektrische Leitfähigkeit und dann mit Universalindikatorpapier.
Hinweis: Saure Lösungen färben Universalindikator rot bis gelb.

b) Teste die Reaktionen der Lösungen aus **V2** mit jeweils zwei Spatelspitzen Magnesiumgries (GHS 2).

c) Wiederhole die Reaktion von verdünnter Salzsäure mit Magnesium in einem Reagenzglas mit seitlichem Schlauchansatz. Fange das entstehende Gas in einem kleinen Reagenzglas pneumatisch auf und führe die Knallgasprobe durch.

AUSWERTUNG

a) Notiere deine Beobachtungen aus **V2a** und **b** in einer Tabelle und vergleiche die Reaktionen miteinander.

b) Benenne das in **V2c** entstehende Gas und begründe.

c) Formuliere ein Reaktionsschema für die Reaktion von Salzsäure mit Magnesium.

d) Leite aus den Beobachtungen bei **V2a-c** allgemeine Aussagen über saure Lösungen ab.

ENTSORGUNG G1

LV3 Lösen von Nichtmetalloxiden in Wasser

PROBLEM

Das Wasser des Plöckensteinsees im Böhmerwald ist aufgrund des sauren Regens ebenfalls sauer. Verantwortlich dafür ist unter anderem das in der Luft befindliche Gas Schwefeldioxid. Wie verhalten sich Nichtmetalloxide beim Lösen in Wasser?

DURCHFÜHRUNG

Eine Spatelspitze Schwefel (GHS 7) wird in einem Verbrennungslöffel entzündet und in einen Erlenmeyerkolben gehalten, der mit ca. 20 mL von mit Universalindikatorlösung (GHS 2 | 7) versetztem Wasser gefüllt ist. Nach der Verbrennung wird der Erlenmeyerkolben mit einem Stopfen verschlossen und das Wasser mit dem entstandenen Verbrennungsgas durch vorsichtiges Schütteln vermischt.

AUSWERTUNG

a) Formuliere die Reaktionsgleichung der Verbrennungsreaktion.
Hinweis: Bei der Verbrennung von Schwefel entsteht hauptsächlich Schwefeldioxid (GHS 5 | 6).

b) Beschreibe die Änderung der Indikatorfarbe während des Versuchs. Triff eine Aussage über die Lösung im Erlenmeyerkolben nach dem Schütteln.

c) Wasser und das Nichtmetalloxid Schwefeldioxid bilden beim Schütteln schweflige Säure H_2SO_3 (GHS 5 | 7). Formuliere die Reaktionsgleichung.

d) Plane ein Experiment, in dem man aus dem Nichtmetall Kohlenstoff „Sprudelwasser“ herstellen kann.

ENTSORGUNG G1

Oxonium-Ionen in sauren Lösungen

Zitronensaft, Essig, Joghurt und viele andere Lebensmittel haben eines gemein: Sie schmecken sauer und enthalten Säuren. Auch im Magensaft ist Säure enthalten. Sie unterstützt die Zersetzung der Nahrung. Kann man die Säure des Magensafts auch im Labor herstellen und was bewirkt den sauren Charakter?

Tropft man konzentrierte Schwefelsäure auf Natriumchlorid (Kochsalz), bildet sich gasförmiger Chlorwasserstoff. Leitet man diesen auf Wasser, löst sich das Gas und es entsteht eine saure Lösung, die Universalindikator rot färbt (vgl. Info, **LV1**). Man bezeichnet sie aufgrund dieser Herstellung als **Salzsäure**. Welche Teilchen sind für die Säurewirkung saurer Lösungen wie der Salzsäure verantwortlich?

Chlorwasserstoff-Moleküle HCl bestehen jeweils aus einem Wasserstoff-Atom und einem Chlor-Atom, die durch eine polare Elektronenpaarbindung miteinander verknüpft sind. Dabei trägt das Wasserstoff-Atom eine positive und das Chlor-Atom eine negative Teilladung. Bei der Reaktion mit den permanenten Dipolen der Wasser-Moleküle wird jeweils ein Proton von einem Chlorwasserstoff-Molekül auf ein Wasser-Molekül übertragen. Die Protonen binden dabei an die Sauerstoff-Atome mit negativer Teilladung. Es bilden sich **Oxonium-Ionen H_3O^+** und Chlorid-Ionen Cl^-. Diese Ionen sind verantwortlich für die elektrische Leitfähigkeit der Salzsäure.

Info

Mit Universalindikator in Lösung oder auf Papier kann man saure und alkalische Lösungen nachweisen.

Saure Lösungen färben Universalindikator gelb bis rot.

> Bei der Reaktion von gasförmigem Chlorwasserstoff mit Wasser entsteht eine saure Lösung, die man Salzsäure nennt. Oxonium-Ionen H_3O^+ sind verantwortlich für das typische Verhalten von Salzsäure und von anderen sauren Lösungen.

In der Salzsäure sind sowohl die Oxonium-Ionen als auch die Chlorid-Ionen von Hydrathüllen umgeben. Dies wird auch in der Gesamtgleichung zur Reaktion von Chlorwasserstoffgas mit Wasser durch den Zusatz (aq) berücksichtigt:

$$H_2O\,(l) + HCl\,(g) \longrightarrow H_3O^+\,(aq) + Cl^-\,(aq)$$

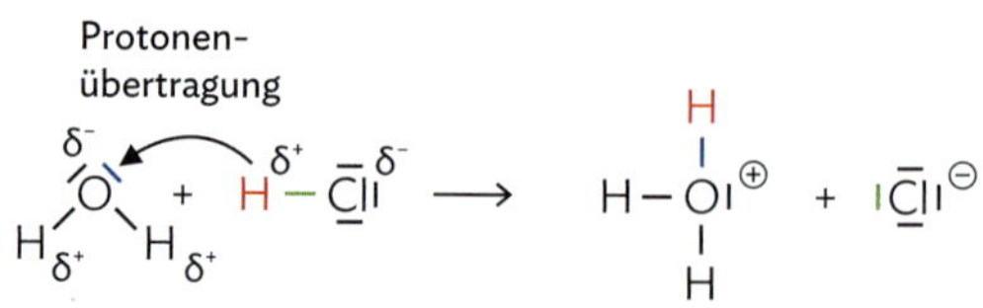

B1 Citronensäure $C_6H_8O_7$ ist ein weißer Feststoff. Die verbreitete Fruchtsäure kommt z. B. in Zitronen und Orangen vor.

Gemeinsame Eigenschaften saurer Lösungen

Säuren sind vielfältig: Zitronensaft enthält Zitronensäure (**B1**), Essig Essigsäure, Joghurt Milchsäure. Für das Immunsystem des Körpers ist Ascorbinsäure (Vitamin C) wichtig, zur Verdauung die Salzsäure im Magensaft. Säuren werden in zahlreichen Reinigungsmitteln eingesetzt und in der Industrie spielen sie bei vielen Synthesen eine wichtige Rolle.

In ihren verschiedenen Eigenschaften, z. B. dem Aggregatzustand, dem Geruch und der Dichte können sich Säuren in reiner Form stark unterscheiden. So sind die Citronensäure und die Ascorbinsäure als Reinstoffe bei Raumtemperatur fest, während die Milchsäure flüssig ist. Trotz der scheinbaren Unterschiede haben die sauren Lösungen dieser Alltagssäuren vieles gemeinsam.

Lösungen von Milchsäure und Citronensäure oder verdünnte Salzsäure und verdünnte Essigsäure färben Universalindikatorlösung gelb bis rot, sie sind sauer. Testet man die elektrische Leitfähigkeit, stellt man fest, dass alle Lösungen den elektrischen Strom leiten (**V2a**). U. a. sind die Oxonium-Ionen für die elektrische Leitfähigkeit verantwortlich. Bei Zugabe unedler Metalle kommt es zu unterschiedlich starken Reaktionen. Dabei bildet sich immer ein farbloses Gas (**V2b**, **B2**). Besonders heftig ist die Reaktion von verdünnter Salzsäure mit Magnesium, das nach einiger Zeit nicht mehr zu sehen ist. Das entstehende Gas lässt sich mit der Knallgasprobe als Wasserstoff nachweisen (**V2c**). Wird die Lösung eingedampft, bleibt ein salzartiger Feststoff zurück: Magnesiumchlorid. Salzsäure und Magnesium reagieren zu Wasserstoff und Magnesiumchlorid.

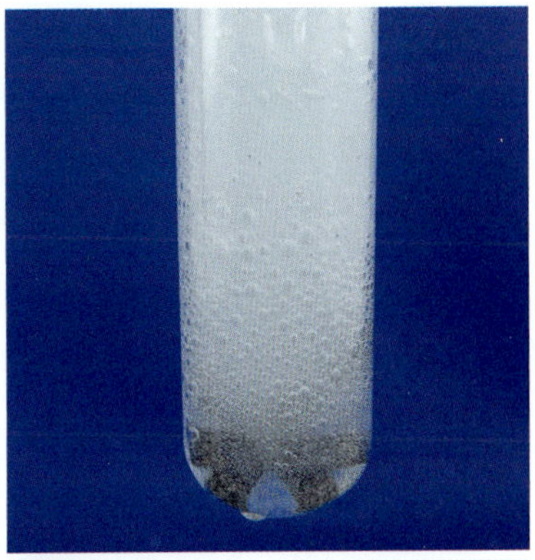

B2 Reaktion von Magnesium mit Salzsäure

Saure Lösungen reagieren im Allgemeinen mit unedlen Metallen unter Bildung von Wasserstoff und einem gelösten Salz.

Säuren bilden mit Wasser saure Lösungen. Saure Lösungen
- färben Universalindikator gelb bis rot,
- leiten den elektrischen Strom,
- reagieren mit unedlen Metallen zu Wasserstoff und einem gelösten Salz und
- enthalten Oxonium-Ionen H_3O^+.

„Ohne Wasser nicht sauer“

Reine Säuren zeigen nicht die typischen Eigenschaften saurer Lösungen. Beispielsweise verfärbt feste Citronensäure trockenes Universalindikatorpapier nicht. In Wasser gelöste Citronensäure bewirkt dagegen eine Verfärbung des Universalindikatorpapiers nach Orangerot. Ähnliches lässt sich beim Überprüfen des Reaktionsverhaltens gegenüber unedlen Metallen beobachten: Nur eine wässrige Lösung der Citronensäure bildet mit unedlen Metallen Wasserstoff. Wasser spielt also bei der Entfaltung der Säureeigenschaften eine bedeutende Rolle.

AUFGABE

A1 Nenne die Salze, die übrig bleiben, wenn man die Lösungen nach der Reaktion von Salzsäure mit a) Zink und b) Eisen eindampft.

Reaktionen von Oxonium-Ionen

Saure Lösungen reagieren mit Metallen unter Bildung von Wasserstoff. Auf diese Weise kann Salzsäure ein Stück Magnesium komplett zersetzen (**V2c**, S. 309, **B1**). Wie verläuft diese Reaktion auf Teilchenebene?

In einer Redoxreaktion gibt jeweils ein Magnesium-Atom zwei Elektronen ab, die von zwei Oxonium-Ionen aufgenommen werden. Dabei entstehen je ein Magnesium-Ion, ein Wasserstoff-Molekül und zwei Wasser-Moleküle.

$$Mg + 2\ H_3O^+ + 2\ Cl^- \longrightarrow Mg^{2+} + H_2 + 2\ Cl^- + 2\ H_2O$$

Das Chlorid-Ion Cl^- entsteht durch das Einleiten von Chlorwasserstoff in Wasser. Es gehört zu den **Säurerest-Ionen** (vgl. Info, **B4**).

Info

Säurerest-Ionen sind diejenigen Anionen, die sich neben den positiv geladenen Oxonium-Ionen bei der Reaktion von Säuren mit Wasser bilden.

Beim Eindampfen der Lösung lagern sich diese Säurerest-Ionen Cl^- mit den Metall-Ionen Mg^{2+} zu einem Ionengitter zusammen und bilden das Salz Magnesiumchlorid $MgCl_2$. Da die Säurerest-Ionen an der Reaktion selbst nicht beteiligt sind, kann man verkürzt schreiben:

$$Mg\ (s) + 2\ H_3O^+\ (aq) \longrightarrow Mg^{2+}\ (aq) + H_2\ (g) + 2\ H_2O\ (l)$$

Dies gilt für alle Reaktionen von Magnesium mit sauren Lösungen.

Reaktionen von Nichtmetalloxiden mit Wasser

B3 Verbrennung von Schwefel über mit Universalindikator versetztem Wasser

Werden Nichtmetalle an der Luft verbrannt, entstehen Nichtmetalloxide. So verbrennt Schwefel unter Bildung von Schwefeldioxid SO_2. Hat dieses Kontakt mit Wasser, das mit Universalindikatorlösung versetzt ist, verändert sich die Farbe der Lösung von Grün nach Rot (**LV3**, **B3**). Diese Farbveränderung zeigt an, dass sich eine saure Lösung gebildet hat. Jeweils ein Schwefeldioxid-Molekül SO_2 bildet mit einem Wasser-Molekül H_2O ein Molekül der **schwefligen Säure** H_2SO_3. Dieses reagiert mit einem weiteren Wasser-Molekül zu einem Oxonium-Ion H_3O^+ und einem Hydrogensulfit-Ion HSO_3^-.

Auch andere Nichtmetalloxide reagieren mit Wasser zu Säuren, die dann verdünnt saure Lösungen bilden. Reagiert Schwefeltrioxid SO_3 mit Wasser, bildet sich Schwefelsäure H_2SO_4, bei der Reaktion von Stickstoffdioxid NO_2 mit Wasser entsteht u. a. Salpetersäure HNO_3.

Bei der Reaktion von Nichtmetalloxiden mit Wasser bilden sich Säuren bzw. saure Lösungen.

Einprotonige und mehrprotonige Säuren

Vergleicht man die Formeln verschiedener Säuren, fällt auf, dass sie sich teilweise in der Zahl der Wasserstoff-Atome unterscheiden. Gibt man **Salpetersäure** HNO_3, die Ausgangsstoff für die Herstellung von Düngemitteln ist, in Wasser, so kann jedes Salpetersäure-Molekül ein Proton abgeben. Die Salpetersäure zählt daher zu den **einprotonigen Säuren**.

$$HNO_3\ (l) + H_2O\ (l) \longrightarrow H_3O^+\ (aq) + NO_3^-\ (aq)$$

In Wasser bildet sie Oxonium-Ionen und als Säurerest-Ionen die Nitrat-Ionen NO_3^-. Mehratomige Ionen wie H_3O^+ und NO_3^- nennt man auch **Molekül-Ionen**.

Säuren, die bei der Reaktion mit Wasser mehrere Protonen abspalten können, nennt man **mehrprotonige** Säuren. **Schwefelsäure** H_2SO_4, die man auch durch die Verwendung im Blei-Akku von Autos kennt, ist eine zweiprotonige Säure. Jedes Schwefelsäure-Molekül kann zwei Protonen abspalten:

$$H_2SO_4\ (l) + 2\ H_2O\ (l) \longrightarrow 2\ H_3O^+\ (aq) + SO_4^{2-}\ (aq)$$

Phosphorsäure H_3PO_4, die auch in Cola enthalten ist, ist eine dreiprotonige Säure. Jedes Phosphorsäure-Molekül kann drei Protonen abspalten:

$$H_3PO_4\ (l) + 3\ H_2O\ (l) \longrightarrow 3\ H_3O^+\ (aq) + PO_4^{3-}\ (aq)$$

Die Reaktion einer Säure mit Wasser wird allgemein wie folgt formuliert:

Säure + Wasser ⟶ Oxonium-Ion + Säurerest-Ion

Name des Säurerest-Ions	Formel
Chlorid-Ion	Cl^-
Nitrat-Ion	NO_3^-
Carbonat-Ion	CO_3^{2-}
Hydrogencarbonat-Ion	HCO_3^-
Sulfit-Ion	SO_3^{2-}
Hydrogensulfit-Ion	HSO_3^-
Sulfat-Ion	SO_4^{2-}
Hydrogensulfat-Ion	HSO_4^-
Phosphat-Ion	PO_4^{3-}
Hydrogenphosphat-Ion	HPO_4^{2-}
Dihydrogenphosphat-Ion	$H_2PO_4^-$

B4 Namen und Formeln einiger Säurerest-Ionen

AUFGABE

A1 Formuliere die Reaktionsgleichung zur Zersetzung von Zink durch Salzsäure.

A2 Nenne die Salze, die bei folgenden Reaktionen entstehen:

a) verdünnte Schwefelsäure mit Magnesium

b) verdünnte Salpetersäure mit Lithium

Formuliere Reaktionsschemata und Reaktionsgleichungen für die Bildung dieser Salze.

A3 Teile folgende Säuren in einprotonige und mehrprotonige Säuren ein: Schweflige Säure H_2SO_3, Kohlensäure H_2CO_3, Bromwasserstoffsäure HBr, salpetrige Säure HNO_2 und Kieselsäure H_4SiO_4.

A4 Recherchiere die Namen der Säuren, die zu den in **B4** aufgeführten Säurerest-Ionen gehören.

FACHBEGRIFFE

Salzsäure, Oxonium-Ion H_3O^+, Säurerest-Ion, Molekül-Ion, einprotonig, mehrprotonig, schweflige Säure, Salpetersäure, Schwefelsäure, Phosphorsäure

Alkalische Lösungen

Die Laugenbrezel ist ein traditionelles Laugengebäck. Die typische dunkelbraune Farbe, den besonderen Geschmack und nicht zuletzt auch ihren Namen verdankt die Brezel der Natronlauge, in die sie vor dem Backen getaucht wird. Die Lauge überzieht dabei das Gebäck nur oberflächlich. Wir dürfen die Laugenbrezel unbesorgt verzehren, müssen aber bei der Verwendung von Natronlauge sehr vorsichtig sein. Warum?

V1 Eigenschaften gelöster Hydroxide

2 5 7

PROBLEM

Beim Umgang mit Rohrreiniger muss man besonders vorsichtig sein und Hautkontakt unbedingt vermeiden. Welche gefährlichen Substanzen enthält Rohrreiniger?

DURCHFÜHRUNG

a) Gib etwas festen Abflussreiniger (GHS 5) auf ein Uhrglas und sortiere **mit einer Pinzette** die verschiedenen Bestandteile auseinander. Löse anschließend kleine Proben der Bestandteile in etwas Wasser und teste die Lösungen mit Universalindikatorlösung (GHS 2 | 7).

b) Fülle drei Reagenzgläser mit je ca. 2 mL Wasser und füge 2-3 Tropfen Universalindikatorlösung hinzu. Gib in ein Reagenzglas ein Plätzchen Natriumhydroxid (GHS 5), in das zweite eine Spatelspitze Calciumhydroxid (GHS 5 | 7) und in das dritte eine Spatelspitze Aluminiumhydroxid und schüttle vorsichtig. Teste anschließend die elektrische Leitfähigkeit der Lösungen.

AUSWERTUNG

a) Benenne den Hauptbestandteil des Abflussreinigers und beschreibe die in **V1b** durch die gelösten Hydroxide hervorgerufene Farbänderung des Universalindikators.

b) Formuliere basierend auf deinen Beobachtungen eine allgemeine Aussage zur Löslichkeit von Hydroxiden in Wasser.

ENTSORGUNG G1

V2 Reaktion von unedlen Metallen und Metalloxiden mit Wasser

PROBLEM

Bei Laugen handelt es sich um alkalische Lösungen. Wie kann man diese herstellen?

DURCHFÜHRUNG

a) Führe die Reaktion von Calcium mit Wasser entsprechend der Skizze in **B1** durch, indem du **mit der Pinzette** ein Stück Calcium (GHS 2) ins Reagenzglas gibst und es danach schnell verschließt. Prüfe das entstandene Gas mit der Knallgasprobe und teste die entstandene Lösung mit Universalindikatorlösung (GHS 2 | 7).

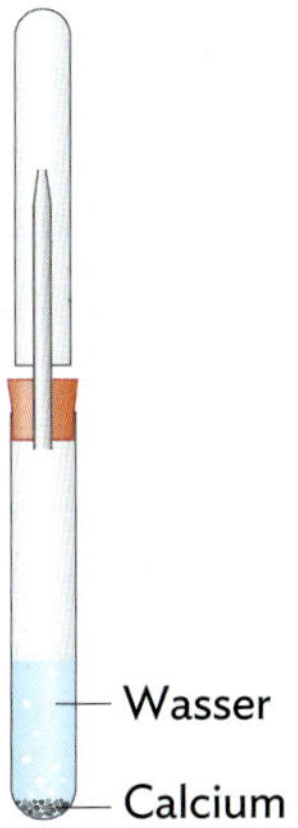

B1 Versuchsaufbau zu **V2a**

b) Gib eine Spatelspitze Calciumoxid (GHS 5 | 7) in ein Reagenzglas mit Wasser und teste die Lösung mit Universalindikatorlösung.

AUSWERTUNG

a) Leite aus den Beobachtungen die Teilchen ab, die in den beiden Versuchen entstanden sind.

b) Erinnere dich an die Reaktion der Erdalkalimetalle mit Wasser und formuliere eine Reaktionsgleichung zu **V2a**.

c) Formuliere eine allgemeine Aussage darüber, wie sich Laugen herstellen lassen.

ENTSORGUNG G1

V3 Der Ammoniak-Springbrunnen

PROBLEM

Wenn man sich beim Friseur die Haare färben lässt, deutet ein eigentümlicher Geruch auf die Anwesenheit des leicht flüchtigen Ammoniaks in der Haarfarbe hin. Kann auch mithilfe dieser Substanz eine Lauge gebildet werden?

DURCHFÜHRUNG

Von der Lehrkraft erhältst du eine mit Ammoniakgas (GHS 5 | 6 | 9) befüllte, mit einem Stopfen verschlossene 50 mL Spritze. Zuvor wurde schon ein Loch mit einem heißen Nagel in den Stempel geschmolzen (Spritzenvorbereitung, Gasentwicklung und Makromaßstab unter QR-/Mediencode 05037-25).

05037-25

Fülle ein 250 oder 400 mL Becherglas zur Hälfte mit Wasser, gib einige Tropfen Universalindikatorlösung (GHS 2 | 7) hinzu und verrühre. Schiebe den Nagel durch den Spritzenstempel, entferne den Verschluss von der Spritze und halte sie mit der Öffnung in die wässrige Indikatorlösung (**B2**).

AUSWERTUNG

a) Beschreibe deine Beobachtungen nach Eintauchen der Spritze.

b) Erkläre die Beobachtungen bezüglich der Farbänderung und der Änderung des Wasserpegels.

c) Beantworte die eingangs gestellte Problemfrage.

ENTSORGUNG G1

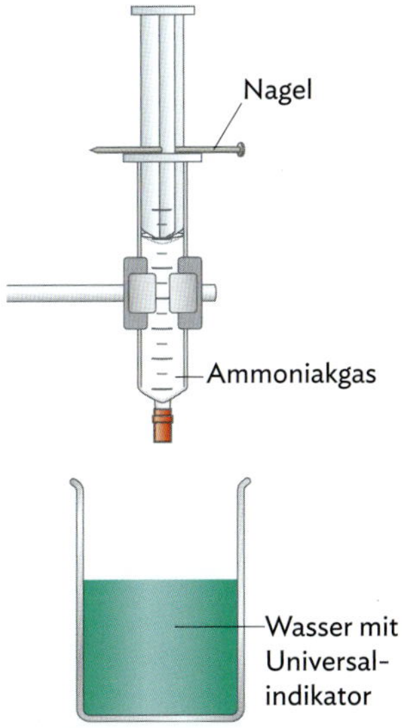

B2 Versuchsaufbau zu **V3**

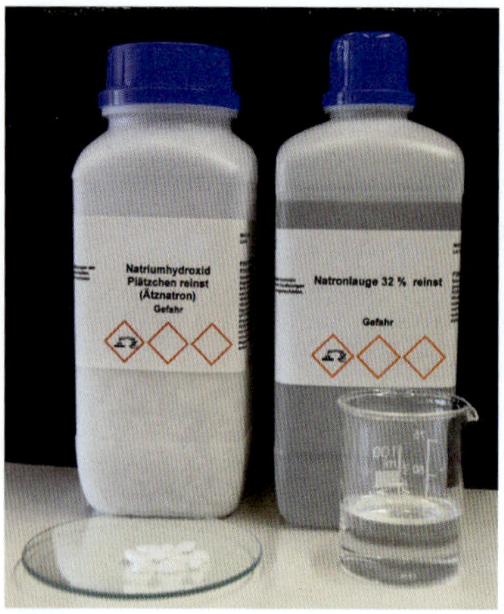

B1 Natriumhydroxidplätzchen und Natronlauge

Natriumhydroxid und seine Eigenschaften

Wenn im Haushalt der Abfluss verstopft ist, können Abflussreiniger helfen. Auf deren Verpackung findet sich stets der Warnhinweis „ätzend". Ätzende Stoffe greifen Oberflächen an und zerstören lebende Gewebe. Darum muss man bei Experimenten mit ätzenden Stoffen stets Schutzbrille tragen und jeglichen Hautkontakt vermeiden.

Der wichtigste Bestandteil, auf den sich der Hinweis bezieht, ist **Natriumhydroxid** NaOH. Es handelt sich um einen weißen Feststoff, der üblicherweise zu Plätzchen gepresst ist (**B1**). Die wässrige, farblose Lösung von Natriumhydroxid färbt Universalindikator blau (**V1**). Man nennt sie **Natronlauge**.

Metallhydroxide bilden alkalische Lösungen

Andere Metallhydroxide sind teilweise schlechter in Wasser löslich und ergeben mit Universalindikatorlösung eine grüne bis blaue Färbung (**V1b**). Wie bei der Natronlauge entstehen auch hier alkalische Lösungen, die man allgemein als **Laugen** bezeichnet. Alle alkalischen Lösungen leiten den elektrischen Strom gut (**V1b**). Verantwortlich dafür sind vor allem die einfach negativ geladenen **Hydroxid-Ionen** mit der Formel $\mathbf{OH^-}$.

$$NaOH\ (s) \xrightarrow{\text{in Wasser}} Na^+\ (aq) + OH^-\ (aq)$$

Hydroxid-Ionen gehören zu den Molekül-Ionen. Im Hydroxid-Ion trägt das gebundene Sauerstoff-Atom eine einfache negative Ladung. Nach den Oxonium-Ionen haben die Hydroxid-Ionen die höchste Leitfähigkeit unter den Ionen.

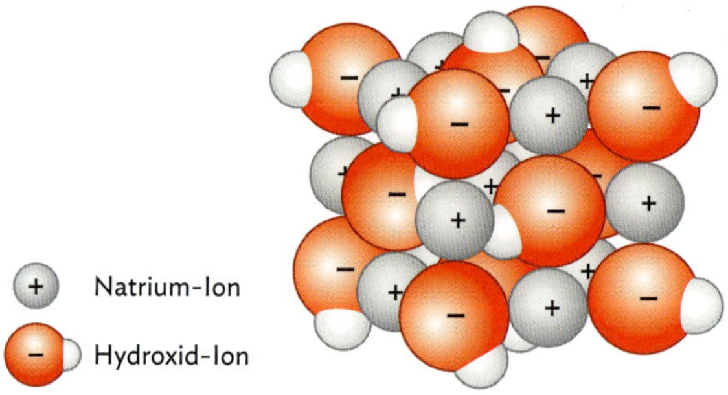

B2 Ionengitter von Natriumhydroxid im Kugelpackungsmodell

Gemeinsam mit den Metall-Ionen (z. B. Na^+, Ca^{2+}, Al^{3+}) liegen Hydroxid-Ionen im festen Zustand in einem stabilen Ionengitter vor (**B2**). Je nach Ladung des Metall-Ions sind unterschiedlich viele Hydroxid-Ionen im Gitter gebunden. Im festen Zustand sind die Ladungen nicht beweglich, feste Metallhydroxide leiten den elektrischen Strom nicht.

Dagegen sind die Ionen in geschmolzenem Natriumhydroxid oder in der Natronlauge beweglich, sodass Stromleitung erfolgen kann.

Metallhydroxide sind Salze. Sie enthalten einfach negativ geladene Hydroxid-Ionen der Formel OH^- und Metall-Ionen. Ihre wässrigen, alkalischen Lösungen nennt man Laugen.

Laugen aus unedlen Metallen oder Metalloxiden

Gibt man unedle Metalle oder deren Oxide in Wasser, bilden sich Lösungen, die Universalindikator blau färben. Es entstehen alkalische Lösungen (**V2**), in denen Hydroxid-Ionen enthalten sind, z. B.:

$$Ca\ (s) + 2\ H_2O\ (l) \longrightarrow Ca^{2+}\ (aq) + 2\ OH^-\ (aq) + H_2\ (g)$$

bzw.

$$CaO\ (s) + H_2O\ (l) \longrightarrow Ca^{2+}\ (aq) + 2\ OH^-\ (aq)$$

Laugen lassen sich herstellen, indem man unedle Metalle oder deren Oxide mit Wasser reagieren lässt.

Auch Ammoniaklösung ist eine Lauge

Ammoniak ist ein stechend riechendes Gas, das z. B. beim Zersetzen des mit dem Urin ausgeschiedenen Harnstoffs freigesetzt wird. Die Molekülformel von Ammoniak lautet NH_3.

Ammoniak reagiert mit Wasser zu einer farblosen Lösung, die Universalindikator blau färbt. Es bildet sich eine alkalische Lösung. Die darin befindlichen Hydroxid-Ionen werden bei der Reaktion von Ammoniak mit Wasser erst gebildet (vgl. Info).

$$NH_3\ (g) + H_2O\ (l) \longrightarrow NH_4^+\ (aq) + OH^-\ (aq)$$

Zusätzlich entstehen **Ammonium-Ionen NH_4^+**. Die entstehende Lösung nennt man Ammoniumhydroxidlösung oder einfach Ammoniakwasser. Ammoniak hat eine extrem hohe Wasserlöslichkeit. Bei 20 °C kann ein Liter Wasser 520 Liter Ammoniak lösen. In einem geschlossenen System kann bei diesem Lösevorgang ein Unterdruck entstehen, der schlagartig Wasser in das Gefäß saugt (**B3**). Dieser Effekt wird beim Springbrunnenversuch genutzt (**V3**).

Durch die Reaktion von Ammoniak mit Wasser entsteht die Lauge Ammoniakwasser, die neben Hydroxid-Ionen auch Ammonium-Ionen enthält.

B3 Ergebnis des Ammoniak-Springbrunnens als Spritzenversuch (links) und im Makromaßstab

Info

Jede Lauge bzw. alkalische Lösung enthält Hydroxid-Ionen. Diese sind entweder in den zu lösenden Stoffen bereits enthalten oder werden in Wasser erst gebildet.

AUFGABEN

A1 Erläutere den Unterschied zwischen Natriumhydroxid und Natronlauge.

A2 Erkläre verschiedene Sicherheitsmaßnahmen beim Experimentieren mit Laugen.

A3 Vergleiche unter Verwendung der Fachsprache die Prozesse beim Lösen von Natriumhydroxid und Ammoniak in Wasser.

FACHBEGRIFFE

Natriumhydroxid, Natronlauge, Lauge, Hydroxid-Ion OH^-, Ammoniak, Ammonium-Ion NH_4^+

Saure und alkalische Lösungen nachweisen

Die Farbe von Hortensien deutet darauf hin, wie sauer oder alkalisch ein Boden ist, auf dem sie wachsen (**B1**). Die unterschiedlichen Farben von Rotkraut und Blaukraut entstehen je nach Zubereitungsart mit sauren oder eher alkalischen Lebensmitteln.

Manche farbigen Stoffe eignen sich für den Einsatz als Indikatoren (lat. *indicare*: anzeigen). Damit kann man bestimmen, ob eine Lösung sauer, neutral oder alkalisch ist. Je nach Art des Indikators hat dieser im sauren, neutralen und alkalischen Bereich eine andere Farbe.

B1 Hortensien in Sommergarten

So geht's

1. Informiere dich über die Färbung verschiedener Indikatoren in sauren, neutralen oder alkalischen Lösungen (**B2**), z. B.:
   - Rotkohlsaft zeigt im stark sauren Bereich eine Rotfärbung, im Neutralen eine violette Farbe und im stark alkalischen Bereich eine Gelbfärbung.
   - Thymolphthalein ist im neutralen und sauren Bereich farblos, im Alkalischen zeigt dieser Indikator eine Blaufärbung.
2. Wähle für dein chemisches Problem den passenden Indikator aus. Es kann mehrere Möglichkeiten geben.
   Z. B.: Du willst testen, ob eine saure Lösung vorliegt. Da Thymolphthalein nur in alkalischer Lösung eine Färbung zeigt, ist es schlechter geeignet als u. a. Universalindikator oder Bromthymolblau.
3. Gib wenige Tropfen des ausgewählten Indikators in die zu untersuchende Lösung und notiere die Farbe der Lösung. Findet eine chemische Reaktion statt, so notiere dir außerdem die Farbe der Lösung nach der Reaktion. Vergleiche die beobachtete(n) Farbe(n) mit **B2** und ziehe daraus Rückschlüsse darüber, ob deine Lösung alkalisch, sauer oder neutral vorliegt.

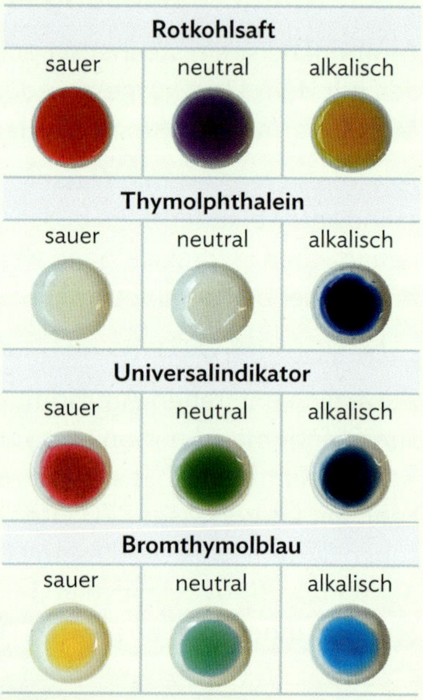

B2 Farben verschiedener Indikatoren

AUFGABEN

A1 In drei Gefäßen befinden sich Seifenlösung, destilliertes Wasser und Essig. Gib drei verschiedene Indikatoren an, mit denen man herausfinden kann, welche Lösung sich in welchem Gefäß befindet. Benenne jeweils die Farbe des Indikators in der entsprechenden Lösung.

A2 Beurteile die Wahl des Indikators für die folgenden chemischen Experimente und nenne eine sinnvolle Alternative:
  a) Thymolphthalein für die Reaktion von Lithium mit Wasser
  b) Thymolphthalein für die Herstellung von Salzsäure aus Chlorwasserstoff (S. 308)

Die Reinigung von Mehrwegflaschen

Mehrwegflaschen aus Kunststoff und aus Glas gehören zu den umweltfreundlichsten Verpackungen für Getränke. Sie können zwischen 25- und 50-mal wiederbefüllt werden. Das spart Energie und Rohstoffe. Wie werden die Flaschen nach dem jeweiligen Gebrauch gereinigt?

Nach der Verwendung sind Pfandflaschen in der Regel stark verunreinigt. Obstsaftflaschen enthalten sichtbare Getränkereste, Apfelschorlen hinterlassen in Kunststoffflaschen unangenehme Gerüche. Bakterien und Pilze finden auf Getränkeresten einen idealen Nährboden.

Vor dem Wiederbefüllen müssen die Pfandflaschen also gründlich gereinigt werden, damit das frische Getränk schmeckt, nicht vorzeitig verdirbt oder gar Krankheiten überträgt.

Wenn die leeren Flaschen beim Händler abgegeben sind, werden sie von großen Getränke-Logistikunternehmen so vorsortiert, dass in eine Mineralwasserflasche auch nur wieder Mineralwasser abgefüllt wird.

Zusätzlich wird vor der Reinigung der Flaschen mit einem Geruchssensor geprüft, ob sich andere Getränke in der Flasche befanden. Eine Mineralwasserflasche aus Kunststoff, in der sich jemand eine Apfelschorle gemixt hat, wird z. B. aussortiert, da einige Gerüche in das Flaschenmaterial eindringen und bei einer Folgenutzung irritieren.

B1 Dosieranlage für Natronlauge bei der Mehrwegflaschenreinigung

Auch stark verunreinigte Flaschen werden aussortiert. Zur anschließenden Reinigung der Flaschen wird heiße Natronlauge genutzt.
Natronlauge hat eine stark keimtötende Wirkung, wodurch Schimmelpilze und Bakterien absterben. Handelt es sich um eine Milchflasche oder wurde mit dem Mund aus der Flasche getrunken, sind diese Flaschen auch mit wasserunlöslichen Fetten verunreinigt. Diese werden durch die Natronlauge zersetzt, wobei wasserlösliche Verbindungen entstehen.

Nach der Hauptreinigung werden die Flaschen in einem zusätzlichen Reinigungsschritt mit Wasserstoffperoxid H_2O_2 desinfiziert. Zuletzt wird mit Trinkwasser gespült und die Flaschen können neu befüllt werden.

AUFGABEN

A1 Stelle die Prozessschritte zwischen Nutzung und erneuter Nutzung einer Mehrwegflasche in einer Grafik dar.

A2 Plane Experimente, mit denen man die reinigende Wirkung von Natronlauge bei der Reinigung von Pfandflaschen nachstellen kann.

A3 Vergleiche den Einsatz von Einweg- und Mehrwegpfandflaschen unter dem Aspekt der Nachhaltigkeit.

Säure-Base-Reaktionen

Säuren und Basen bzw. deren wässrige Lösungen begegnen uns im Alltag immer wieder, sei es als Bestandteil von Reinigungsmitteln oder bei der Zubereitung von Speisen. Selbst im menschlichen Körper spielen Säuren und Basen bzw. deren Lösungen eine wichtige Rolle. Was genau ist eine Säure bzw. eine Base?

V1 Reaktion von Ammoniak und Chlorwasserstoff

5 6 7 9

PROBLEM

Chlorwasserstoff bildet in Wasser eine saure Lösung. Ammoniak bildet in Wasser eine alkalische Lösung. Können beiden Gase auch direkt miteinander reagieren?

DURCHFÜHRUNG

a) Das aus der konzentrierten Salzsäure (GHS 5 | 7) entweichende Gas (GHS 5 | 6) wird im Abzug in eine Spritze (10 mL) aufgezogen. Die zweite Spritze (10 mL) wird genauso mit dem aus der konzentrierten Ammoniaklösung (GHS 5 | 7 | 9) entweichenden Gas (GHS 5 | 6 | 9) gefüllt.

b) Führe die Kanülen, die du von deiner Lehrkraft erhalten hast, weit in ein Reagenzglas ein und leite beide Gase langsam aus der Spritze ein. Verschließe das Reagenzglas mit einem Stopfen.

c) Gib in das Reagenzglas ca. 5 mL destilliertes Wasser. Verschließe es und schüttle.

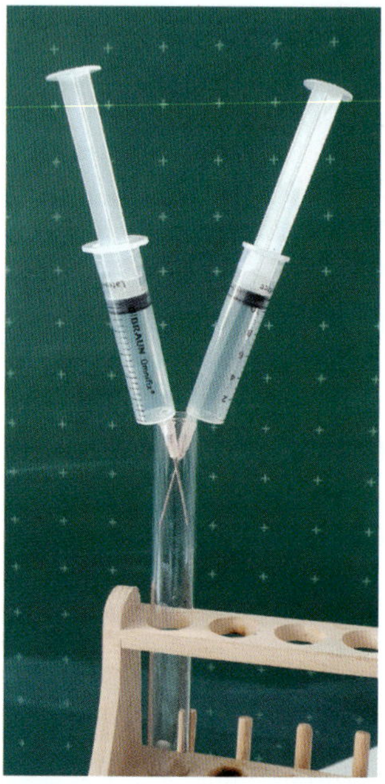

B1 Versuchsaufbau zu V1b

d) Untersuche die Lösung mithilfe eines Leitfähigkeitsprüfers auf elektrische Leitfähigkeit.

e) Gib wenige Tropfen Silbernitratlösung (GHS 5 | 9) in die Lösung.

(Ausführliche Versuchsanleitung unter QR-/Mediencode 05037-26.)

05037-26

AUSWERTUNG

a) Vergleiche das Aussehen der Edukte und des Produkts in **V1a** und **V1b**.

b) Formuliere die Strukturformeln für die Moleküle in den verwendeten Gasen.

c) Nenne die Teilchen, die in elektrisch leitfähigen Lösungen vorliegen.

d) Silbernitratlösung dient als Nachweisreagenz für Halogenid-Ionen. Erkläre die Beobachtung in **V1e**.

e) Formuliere eine Reaktionsgleichung zu der in **V1b** ablaufenden Reaktion.

ENTSORGUNG G4

V2 Neutralisation

PROBLEM

Geschirrspülmittel erzeugt eine Waschlauge. Welche Funktion hat aber der Klarspüler?

DURCHFÜHRUNG

a) Fülle ein 50 mL Becherglas mit Wasser und gib 2-3 Tropfen Universalindikatorlösung (GHS 2 | 7) hinzu.

b) Löse eine Spatelspitze Maschinengeschirrspülpulver (GHS 7) in der Lösung und fülle anschließend ein Reagenzglas zweifingerbreit mit dieser Lauge.

c) Fülle wenige Milliliter Klarspüler (GHS 7) in ein weiteres Becherglas ab und gib 1-2 Tropfen Universalindikatorlösung hinzu.

d) Gib tropfenweise Klarspülerlösung in das Reagenzglas mit der Geschirrspülmittellösung.

AUSWERTUNG

a) Notiere deine Beobachtungen in einer Tabelle.

b) Schließe aus den Färbungen des Indikators auf die vorkommenden Teilchen in den Lösungen.

c) Plane ein vergleichbares Experiment unter Verwendung von verdünnter Natronlauge und verdünnter Salzsäure (je GHS 5) und führe es nach Absprache mit der Lehrkraft durch.

d) Leite aus dem Versuch die Funktion von Klarspüler beim Geschirrspülen ab.

ENTSORGUNG G1

V3 Antazida – Arzneimittel gegen Sodbrennen

PROBLEM

Wie wirkt ein Arzneimittel gegen Sodbrennen und säurebedingte Magenschmerzen?

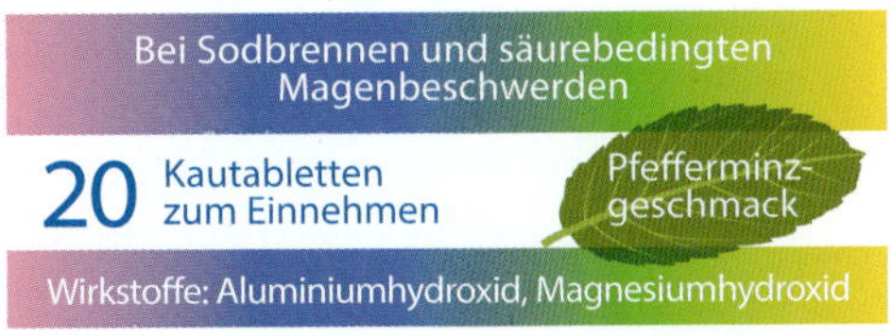

B2 Arzneimittelverpackung eines Antazidums

DURCHFÜHRUNG

Verreibe eine halbe Kautablette gegen Sodbrennen in einem Mörser und verteile das Pulver auf zwei Reagenzgläser. Gib in ein weiteres Reagenzglas ca. 10 mL verdünnte Salzsäure (c = 0,1 mol/L, GHS 5) sowie 2 Tropfen Universalindikatorlösung (GHS 2 | 7). Die Hälfte dieser Lösung wird zu einer der Pulverproben gegeben. Die andere Probe wird mit ca. 5 mL Wasser und 2 Tropfen Universalindikatorlösung versehen.

AUSWERTUNG

Formuliere anhand deiner Beobachtungen Schlussfolgerungen zur Wirkungsweise des untersuchten Medikaments gegen säurebedingte Magenschmerzen.

ENTSORGUNG G1

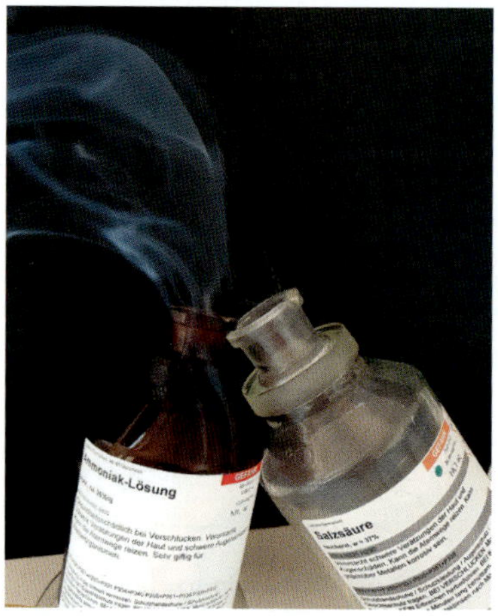

B1 Rauchbildung beim Annähern zweier Flaschen mit konzentrierter Ammoniak- und Chlorwasserstofflösung

Protonenübertragungsreaktion

Nähert man die Flaschenöffnungen einer konzentrierten Ammoniaklösung und einer konzentrierten Chlorwasserstofflösung (Salzsäure) einander, bildet sich darüber ein weißer Rauch (**B1**).

Aus den entsprechenden Lösungen entweichen die farblosen Gase Ammoniak und Chlorwasserstoff, die bei Kontakt im Gasraum zwischen den Flaschenöffnungen einen weißen Feststoff bilden. Es handelt sich dabei um das Salz Ammoniumchlorid (vgl. Info). Löst man dieses Salz in Wasser, lassen sich die vorhandenen Chlorid-Ionen durch Zugabe von Silbernitratlösung als weißer Niederschlag von Silberchlorid nachweisen (**V1e**).

Die Entstehung von Chlorid-Ionen bei der Reaktion von Ammoniak mit Chlorwasserstoff lässt sich damit erklären, dass Chlorwasserstoff-Moleküle Protonen H^+ abgeben. Die Protonen wiederum werden von Ammoniak-Molekülen aufgenommen und es entstehen Ammonium-Ionen NH_4^+.

$$NH_3\,(g) + HCl\,(g) \longrightarrow NH_4Cl\,(s)$$

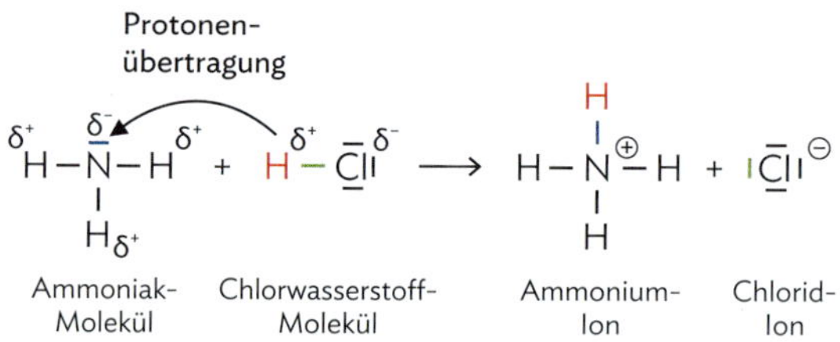

Der Säure-Base-Begriff nach BRØNSTED

Diese Art der Protonenübertragungsreaktion definierte der dänische Chemiker JOHANNES NICOLAUS **BRØNSTED** 1923 als **Säure-Base-Reaktion. Säuren** sind nach dieser Auffassung Stoffe, deren Teilchen bei einer chemischen Reaktion Protonen abgeben. Man spricht vom **Protonendonator**. Im obigen Beispiel ist dies das Chlorwasserstoff-Molekül mit seiner polaren Bindung.

Stoffe, deren Teilchen bei bei einer chemischen Reaktion Protonen aufnehmen, bezeichnet man nach BRØNSTED als **Base** bzw. **Protonenakzeptor** (vgl. Info). Im obigen Fall nimmt ein Ammoniak-Molekül ein Proton auf, da es am Stickstoff-Atom über ein freies Elektronenpaar verfügt.

An dem beschriebenen Beispiel (**V1**) wird deutlich, dass eine Protonenübertragung auch ohne die Beteiligung von Wasser-Molekülen stattfinden kann.

Nach der Definition von BRØNSTED sind Säure-Base-Reaktionen Protonenübertragungsreaktionen. Säuren sind dabei Protonendonatoren und Basen Protonenakzeptoren.

Info

Ammoniumchlorid wird auch als Salmiak bezeichnet. Salmiak-Lutschpastillen enthalten bis zu 7,99 % Prozent des Salzes. Salmiak wird eine desinfizierende und schleimlösende Wirkung zugeschrieben. Aufgrund seines Geschmacks wird Salmiak z. B. Lakritz beigemengt.

Info

Die Begriffe Lauge und Base werden häufig synonym verwendet. Der Laugenbegriff ist historisch gesehen der ältere. Eine Lauge ist eine alkalische Lösung. Der Basenbegriff bezieht sich dagegen auf die Protonenakzeptoreigenschaft der Base-Teilchen. Es gilt: Alle Laugen sind Basen, aber nicht alle Basen sind Laugen.

Wie bei Redoxreaktionen gilt hier das **Donator-Akzeptor-Prinzip**:

Reaktionstyp	Säure-Base-Reaktion	Redoxreaktion
übertragenes Teilchen	Proton (p^+, H^+)	Elektron (e^-)
Donator	Säure	Reduktionsmittel
Akzeptor	Base	Oxidationsmittel

B2 Donator-Akzeptor-Prinzip bei der Säure-Base- und der Redoxreaktion

Die Bildung von sauren und alkalischen Lösungen als Säure-Base-Reaktion nach BRØNSTED

Mit der Säure-Base-Reaktion nach BRØNSTED kann man auch die Bildung saurer und alkalischer Lösungen erklären (**B3**). Die Herstellung von Salzsäure durch Einleiten von Chlorwasserstoff in Wasser (S. 308) kann nach BRØNSTED ebenfalls als Säure-Base-Reaktion aufgefasst werden.

$$H_2O\,(l) + HCl\,(g) \longrightarrow H_3O^+\,(aq) + Cl^-\,(aq)$$

Base Säure

Chlorwasserstoff-Moleküle fungieren auch in dieser Reaktion als Säure (Protonendonator), während Wasser-Moleküle als Base (Protonenakzeptor) wirken.

Betrachtet man die Bildung einer alkalischen Lösung durch Einleiten von Ammoniak in Wasser (S. 315) nach BRØNSTED, so fungieren Ammoniak-Moleküle wiederum als Base (Protonenakzeptor).

$$H_2O\,(l) + NH_3\,(g) \longrightarrow OH^-\,(aq) + NH_4^+\,(aq)$$

Säure Base

Im Gegensatz zu der zuvor betrachteten Säure-Base-Reaktion wirken die Wasser-Moleküle hier jedoch als Säure (Protonendonator). Wasser-Moleküle können also in Abhängigkeit vom Reaktionspartner Protonen aufnehmen oder abgeben.

Stoffe und deren Teilchen, die sowohl als Säure als auch als Base wirken können, bezeichnet man als **Ampholyte** (griech. *amphis*: auf beiden Seiten, *lysis*: Lösung).

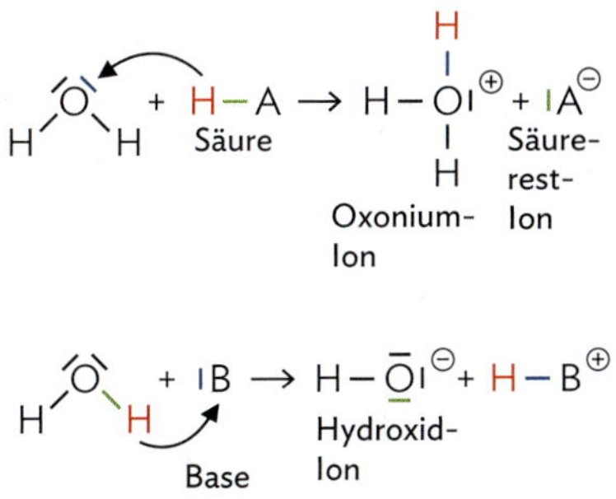

B3 Bildung einer sauren (oben) und einer alkalischen Lösung (unten)

Info
Anstatt die einzelnen Ionen, die bei der Reaktion der Säure bzw. Base mit Wasser entstehen, anzugeben, wird oft nur die Formel der Säure bzw. Base mit der Abkürzung (aq) versehen formuliert.

Salzsäure $H_3O^+\,(aq) + Cl^-\,(aq)$ } $HCl\,(aq)$

Ammoniaklösung $NH_4^+\,(aq) + OH^-\,(aq)$ } $NH_3\,(aq)$

AUFGABEN

A1 Methan (CH_4) bildet in Wasser im Gegensatz zu Chlorwasserstoff keine saure Lösung. Vergleiche die vorliegenden Elektronenpaarbindungen und stelle eine begründete Hypothese auf.

A2 Bei Schwefelsäure H_2SO_4 handelt es sich um eine zweiprotonige Säure. Sie bildet in Wasser zwei Arten von Anionen. Formuliere hierzu die Reaktionsgleichungen.

B4 Wässrige Universalindikatorlösung nach Zugabe von Geschirrspülmittelpulver (links) bzw. Klarspüler (rechts)

B5 Farbwechsel des Universalindikators bei einer Neutralisation

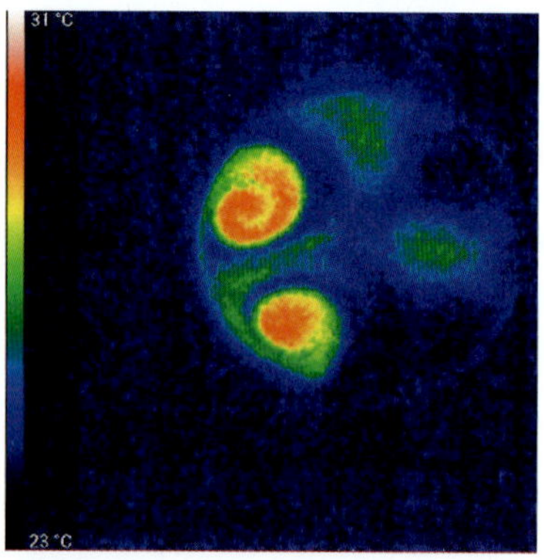

B6 Eine Neutralisation in einer Petrischale mittels einer Wärmebildkamera beobachtet

Die Neutralisationsreaktion

Zur Entfernung von am Geschirr anhaftenden fetthaltigen Speiseresten verwendet man in Spülmaschinen eine alkalische Spülmittellösung. Vor dem Trockengang wird mit einer sauren Klarspülerlösung nachgespült (**B4**). So werden unschöne Flecken und ein seifiger Geschmack aufgrund von Rückständen der verwendeten Base auf dem Spülgut vermieden. Was passiert dabei aus chemischer Sicht?

Tropft man zu einer mit Universalindikator versehenen Salzsäure Natronlauge, so verfärbt sich die Lösung von Rot über Gelb zu Grün, bis sie schließlich eine blaue Farbe annimmt. Dieses Farbenspiel kann man in umgekehrter Reihenfolge beobachten, wenn man zu einer mit Universalindikator versehenen Natronlauge Salzsäure gibt (**B5**). Es findet jeweils eine **Neutralisation** der Lösung statt. Ebenso verhält es sich beim Geschirrspülen in der Spülmaschine oder beim Vermischen von Spülmittellösung und Klarspülerlösung im Labor (**V2**): Die alkalische Spülmittellösung wird durch Zugabe der sauren Klarspülerlösung neutralisiert.

Die für saure bzw. alkalische Lösungen charakteristischen Oxonium- bzw. Hydroxid-Ionen müssen dieser Beobachtung nach miteinander reagieren, sodass zeitweise eine neutrale Lösung entsteht. Diese Neutralisation der Lösung lässt sich mit einer Protonenübertragungsreaktion erklären:

Es findet eine Protonenübertragung von Oxonium-Ionen auf Hydroxid-Ionen statt. Bei dieser exothermen Reaktion (**B6**) bilden sich somit Wasser-Moleküle.

$$OH^- (aq) + H_3O^+ (aq) \longrightarrow 2\,H_2O\,(l)$$

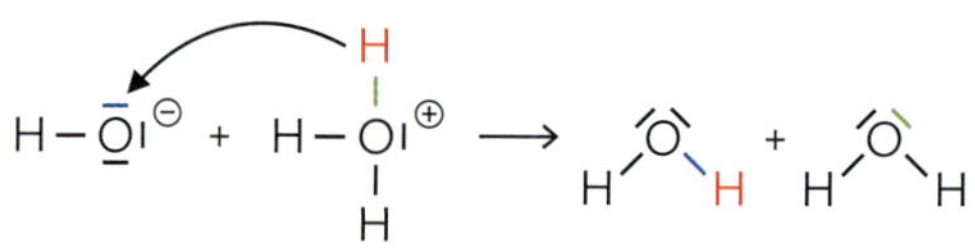

Eine neutrale Lösung entsteht nur, wenn die Stoffmengen der Hydroxid- und Oxonium-Ionen gleich groß sind.

> Bei einer Neutralisation reagieren gleiche Stoffmengen Oxonium-Ionen und Hydroxid-Ionen miteinander zu Wasser-Molekülen.

Herstellung von Salzen

Bisher wurden nur die für saure und alkalische Lösungen charakteristischen Ionen betrachtet und die Säurerest- bzw. Baserest-Ionen vernachlässigt. Nach der Neutralisation von Salzsäure mit Natronlauge liegen in der Lösung neben Wasser-Molekülen auch Natrium-Ionen und Chlorid-Ionen vor.

Dampft man die Lösung ein, erhält man einen weißen, kristallinen Feststoff, bei dem es sich um Natriumchlorid handelt.

$$H_3O^+ (aq) + Cl^- (aq) + Na^+ (aq) + OH^- (aq) \longrightarrow 2\,H_2O\,(l) + \underbrace{Cl^- (aq) + Na^+ (aq)}_{NaCl}$$

Neutralisationen werden auch zur großtechnischen Herstellung von Salzen genutzt. So wird z. B. durch Einleiten von Ammoniak oder Ammoniaklösung in eine wässrige Salpetersäurelösung Ammoniumnitrat NH_4NO_3 im Tonnenmaßstab hergestellt.

$$\underbrace{H_3O^+ (aq) + NO_3^- (aq)}_{\text{verdünnte Salpetersäure}} + \underbrace{NH_4^+ (aq) + OH^- (aq)}_{\text{Ammoniaklösung}} \longrightarrow 2\,H_2O\,(l) + \underbrace{NO_3^- (aq) + NH_4^+ (aq)}_{NH_4NO_3}$$

Das gut wasserlösliche Ammoniumnitrat wird aufgrund seines hohen Stickstoffgehalts als Düngemittel eingesetzt.

Salze können durch Neutralisation hergestellt werden.

Auch im menschlichen Körper spielen Neutralisationen eine wichtige Rolle. So neutralisieren Bestandteile der Magenschleimhaut den sauren Magensaft und schützen damit das Gewebe der Magenwände. Bei übermäßiger Säureproduktion im Magen kommen Arzneimittel zum Einsatz, die diese Funktion übernehmen und als Base reagieren (**V3**).

AUFGABEN

A1 Drucke das Arbeitsblatt unter QR-/Mediencode 05037-27 aus. Sortiere und ergänze stöchiometrisch die Abbildungen A bis C (**B7**), sodass die Bilderfolge das Vorgehen auf Teilchenebene widerspiegelt.

05037-27

A2 Kaliumfluorid soll mittels einer Neutralisation hergestellt werden. Formuliere hierzu eine Reaktionsgleichung und benenne die Ausgangsstoffe.

A3 Ammoniak wird in eine wässrige Schwefelsäurelösung eingeleitet. Benenne die zwei möglichen Salze, die entstehen können.

A4 Ein Wirkstoff, der in Arzneimitteln gegen säurebedingte Magenschmerzen eingesetzt wird, ist Magnesiumhydroxid. Formuliere eine Reaktionsgleichung zur Wirkungsweise von Magnesiumhydroxid. Stelle eine begründete Hypothese auf, die erklärt, dass man anstelle des schwerlöslichen Magnesiumhydroxids nicht Natriumhydroxid einsetzt.

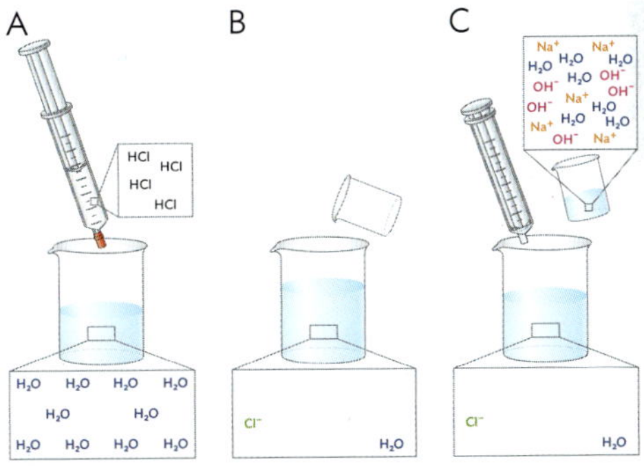

B7 Schematische Darstellung zu **A1**: Chlorwasserstoff wird in eine wässrige Lösung eingeleitet und Natronlauge hinzugegeben.

FACHBEGRIFFE

Säure-Base-Begriff nach BRØNSTED, Protonendonator, Protonenakzeptor, Donator-Akzeptor-Prinzip, Ampholyt, Neutralisation

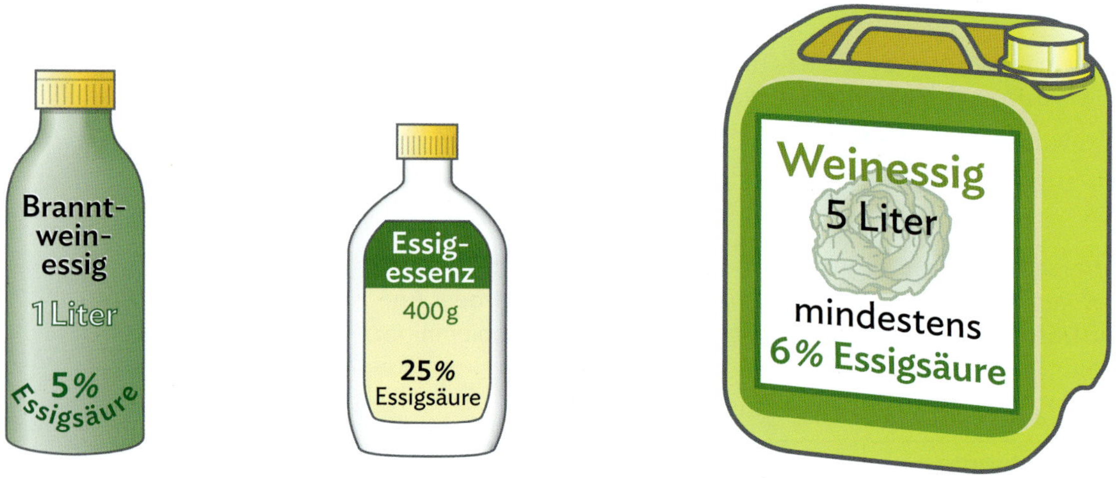

Stoffmengenkonzentrationen messen

In unserem Alltag finden wir zahlreiche saure Lösungen, wie z. B. Essig und Essigessenz. Auf den Verpackungen dieser Alltagsprodukte ist jeweils der Gehalt an Essigsäure angegeben. Was ist mit dieser Angabe gemeint? Wie können wir diesen Säuregehalt im Labor überprüfen oder einen unbekannten Säuregehalt selbst bestimmen? Geht man bei alkalischen Lösungen ähnlich vor?

V1 Versuche zur Farbmischung

GHS 2, 5, 7

PROBLEM

Mit dem Wasserfarbkasten kann man durch Vermischen verschiedenfarbiger Farbstoffsuspensionen unterschiedliche Farbnuancen herstellen. Was passiert, wenn man verschiedenfarbige Indikatorlösungen miteinander vermischt?

DURCHFÜHRUNG

a) Stelle mithilfe eines Wasserfarbkastens in jeweils einem Erlenmeyerkolben eine gelbe und eine blaue Farbstoffsuspension her. Mische die beiden Suspensionen in vier Reagenzgläsern in unterschiedlichen Volumenverhältnissen.

b) Führe denselben Versuch mit verdünnter Salzsäure (c = 1 mol/L, GHS 5) und Natronlauge (c = 1 mol/L, GHS 5), die vorher mit wenigen Tropfen des Indikators Bromthymolblau (Lösung GHS 2 | 7) angefärbt wurden, durch.

c) Versuche, durch Mischen der Salzsäurelösung und der Natronlauge eine neutrale Lösung herzustellen.

AUSWERTUNG

a) Notiere die beobachteten Farben aus **V1a**, **b** und **c** und vergleiche sie miteinander. Erkläre die Unterschiede.

b) Erläutere mithilfe deiner Ergebnisse aus **V1c** die Vorgehensweise, um aus einer sauren und einer alkalischen Lösungen eine neutrale Lösungen herzustellen.

ENTSORGUNG A, G1

V2 Titration einer Brezellauge

PROBLEM

Damit das leckere Laugengebäck seine schöne braune Farbe und den typischen Laugengeschmack erhält, verwendet der Bäcker Natronlauge. Welche Konzentration hat diese nicht ganz ungefährliche Lösung?

DURCHFÜHRUNG

a) Führe eine Titration von 10 mL Brezellauge (Natronlauge, GHS 5) mit der Maßlösung Salzsäure HCl (aq) (c = 1 mol/L, GHS 5) und dem Indikator Bromthymolblau (GHS 2 | 7) im Makromaßstab (**FM** Eine Titration durchführen S. 330) durch.

b) Wiederhole die Titration aus **V2a** im Mikromaßstab. Verwende als Bürette eine 20 mL Spritze ohne Stempel mit 3-Wege-Hahn (**B1**) und als Vorlage ein Schnappdeckelglas oder ein kleines Becherglas. Mit dem 3-Wege-Hahn kannst du die Auslaufgeschwindigkeit der Maßlösung einstellen.

AUSWERTUNG

a) Informiere dich auf S. 331 über die Auswertung einer Titration. Werte beide Titrationen unter Angabe der Reaktionsgleichung aus.

b) Vergleiche die Ergebnisse beider Varianten miteinander und beurteile die Genauigkeit der Ergebnisse.

ENTSORGUNG A, G1

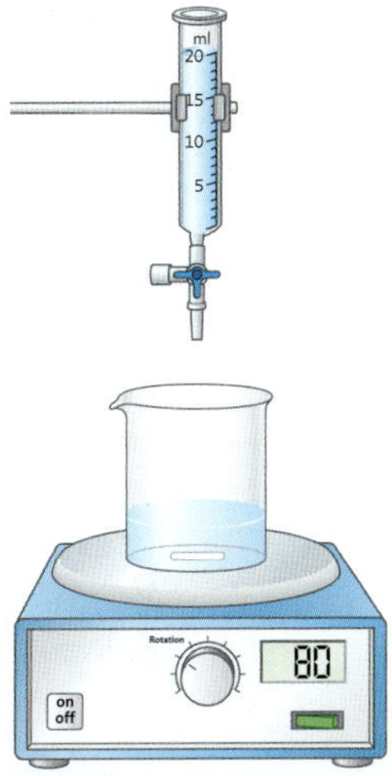

B1 Versuchsaufbau zu **V2b** (Mikromaßstab)

V3 Eigenschaften verdünnter Salzsäure

PROBLEM

In unserem Alltag kommen viele saure Lösungen wie etwa Cola, Zitronensaft oder Essig vor. Sie unterscheiden sich z. B. in ihrem pH-Wert, der ein Maß dafür ist, wie sauer diese Lösungen sind. Was sind die Eigenschaften von sauren Lösungen mit unterschiedlichen pH-Werten?

DURCHFÜHRUNG

Kennzeichne drei Reagenzgläser mit der Beschriftung RG 1, RG 2 und RG 3. Gib mit einer Pipette 10 mL verdünnte Salzsäure (c = 1 mol/L, GHS 5) in RG 1 und füge 2 Tropfen Universalindikatorlösung (GHS 2 | 7) zu. Fülle RG 2 und RG 3 mit jeweils 9 mL destilliertem Wasser und versetze sie ebenfalls mit 2 Tropfen Indikatorlösung. Entnimm mit einer 1 mL Spritze oder einer Pipette 1 mL der Salzsäurelösung aus RG 1 und gib sie in RG 2. Verschließe RG 2 mit einem Stopfen und schüttle. Gib anschließend 1 mL aus RG 2 in RG 3, welches du ebenfalls verschließt und schüttelst.

Ermittle die pH-Werte und die elektrische Leitfähigkeit der Lösungen in RG 1, 2 und 3.

AUSWERTUNG

a) Ermittle den Faktor, um den die Lösungen in RG 2 und 3 jeweils verdünnt wurden.

b) Notiere die pH-Werte und die unterschiedliche Leitfähigkeit der Lösungen in RG 1, 2 und 3 in einer gemeinsamen Tabelle und beschreibe erkennbare Trends.

c) Erläutere den Zusammenhang zwischen pH-Wert und elektrischer Leitfähigkeit der Lösungen mit Bezug zur Teilchenebene. Formuliere dazu einen „je ... desto“-Satz.

ENTSORGUNG G1

B1 Farbnuancen beim Mischen von Wasserfarben

Der *p*H-Wert und die *p*H-Skala

Vermengt man gelbe und blaue Farbstoffsuspension aus dem Wasserfarbkasten miteinander, so erhält man leicht die grüne Mischfarbe (**V1a**, **B1**). Funktioniert das auch beim Mischen von mit Indikator gefärbten sauren und alkalischen Lösungen?

Verdünnte Salzsäure ist eine saure Lösung, die den Indikator Bromthymolblau gelb färbt. Natronlauge ist eine alkalische Lösung, welche diesen Indikator blau färbt (**B2**). Mischt man exakt gleiche Volumenteile von Salzsäure und Natronlauge so kann es gelingen, ebenfalls die Mischfarbe Grün zu erzeugen (**V1b**). Einfach ist dies jedoch nicht.

B2 Gelbe und blaue Bromthymolblaulösung

Grün deutet bei Verwendung von Bromthymolblau auf eine neutrale Lösung hin (**B3**).

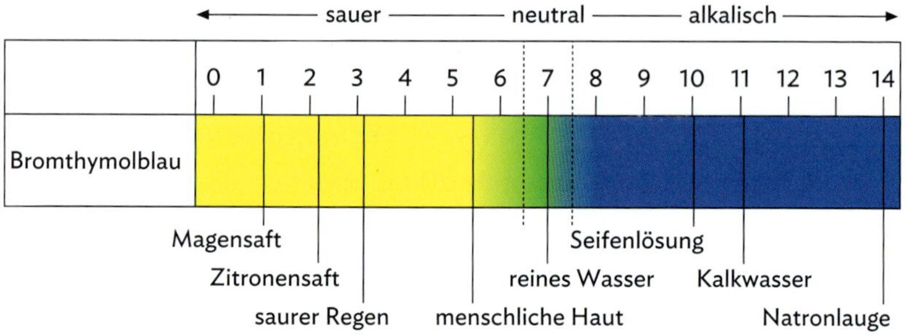

B3 Farben des Indikators Bromthymolblau

Alternativ zu Indikatoren kann man im Labor auch *p*H-Papier einsetzen, das bei Kontakt mit einer Probe eine Färbung annimmt. Diese kann man einem Zahlenwert, dem ***p*H-Wert**, zuordnen, wenn man die Verfärbung des *p*H-Papiers mit der Farbskala auf der Packung vergleicht (**B4**). Das Papier ist mit einem Gemisch verschiedener Indikatoren versetzt, das eine recht feine Abstufung erlaubt .

Der *p*H-Wert ist ein Maß dafür, wie sauer oder alkalisch eine Lösung ist oder ob eine neutrale Lösung vorliegt. Die *p*H-Skala enthält Werte zwischen *p*H = 0 und *p*H = 14. Lösungen mit *p*H-Werten unter 7 sind sauer, Lösungen über 7 sind alkalisch. Eine Lösung mit *p*H = 7 ist neutral.

Der *p*H-Wert ist ein Maß dafür, wie sauer oder alkalisch eine Lösung ist oder ob eine neutrale Lösung vorliegt:
- saure Lösungen: *p*H-Bereich 0-6
- neutrale Lösungen: *p*H = 7
- alkalische Lösungen: *p*H-Bereich 8-14

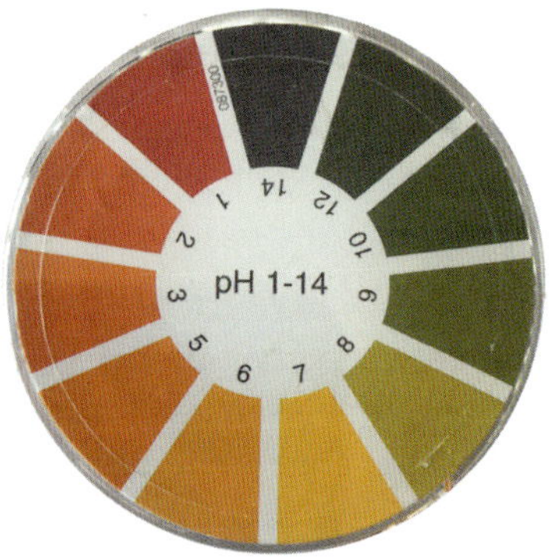

B4 Farbskala für Universalindiktorpapier

Um aus einer sauren und einer alkalischen Lösung eine neutrale Lösung herstellen zu können, müssen ganz bestimmte Voraussetzungen erfüllt werden. Welche sind dies?

Die Stoffmengenkonzentration

Bei den Versuchen zum Mischen einer sauren und einer alkalischen Lösung, die mit Bromthymolblau versetzt sind, ist es gar nicht so einfach, eine grüne Färbung zu erhalten (**V1b**). Offensichtlich spielt neben dem Volumen noch eine weitere Größe eine wichtige Rolle.

Entscheidend ist die Anzahl der Oxonium-Ionen in der sauren Lösung und die Anzahl der Hydroxid-Ionen in der alkalischen Lösung. Um eine neutrale Lösung zu erhalten, muss eine bestimmte Anzahl an Oxonium-Ionen mit der gleichen Anzahl an Hydroxid-Ionen zu Wasser-Molekülen reagieren (vgl. S. 322). 10 mL Salzsäure werden also nur dann durch 10 mL Natronlauge neutralisiert, wenn in der Salzsäure genau gleich viele Oxonium-Ionen vorliegen wie Hydroxid-Ionen in der Natronlauge. Beide Lösungen müssen also gleich viele Teilchen pro Volumeneinheit enthalten, d. h. die gleiche Konzentration an Teilchen aufweisen. Für die Teilchenzahl verwendet man die Angabe der Stoffmenge n in Mol. Der Quotient aus Stoffmenge n und dem Volumen V der Lösung ist die **Stoffmengenkonzentration *c***.

Info
Beim chemischen Rechnen ist die folgende Beziehung zwischen der Stoffmengenkonzentration c, der Stoffmenge n des gelösten Stoffes und dem Volumen V der Lösung wichtig:
$c = \frac{n}{V}$ in mol/L

Daraus kann abgeleitet werden:
$n = c \cdot V$ in mol $\quad V = \frac{n}{c}$ in L

Die Stoffmengenkonzentration c ist der Quotient aus der Stoffmenge n des gelösten Stoffes und dem Gesamtvolumen V einer Lösung: $c = \frac{n}{V}$ mit der Einheit mol/L.

Die Titration

In der Pharmazie und in der Lebensmittelchemie ist es oft notwendig, die Konzentration von Lösungen zu bestimmen. Dies gelingt durch eine **Titration** (**B5**, vgl. **FM** S. 330). So wird z. B. in der Lebensmittelindustrie der Säuregehalt von Essig durch Titration bestimmt. Gibt die Kennzeichnung einen bestimmten Gehalt an Säure an, ist der Hersteller gesetzlich verpflichtet, diese Angaben genau zu erfüllen.

B5 Methode der Titration

Um die Konzentration einer sauren bzw. alkalischen Lösung unbekannter Konzentration, der **Probelösung**, zu bestimmen, tropft man so viel alkalische bzw. saure Lösung bekannter Konzentration, die **Maßlösung**, zu, bis sich die Farbe des zugesetzten Indikators ändert (**V2**). Damit ist der **Äquivalenzpunkt** (lat. *aequus*: gleich) erreicht und die Neutralisation abgeschlossen. Am Äquivalenzpunkt liegen gleiche Stoffmengen n an Hydroxid-Ionen und Oxonium-Ionen vor.

Am Äquivalenzpunkt einer Titration gilt: $n(H_3O^+) = n(OH^-)$

AUFGABE

A1 Ordne einen pH-Wert bzw. -Bereich zu: Magensaft, Cola, Seifenlösung, Leitungswasser, Orangensaft.

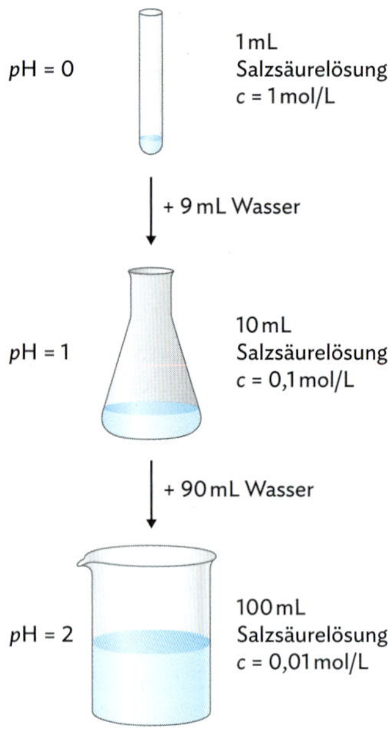

B6 Der *p*H-Wert einer Lösung hängt von ihrer Verdünnung ab.

Konzentration und *p*H-Wert

Saure und alkalische Lösungen leiten den elektrischen Strom, da sie bewegliche Ladungsträger enthalten. In sauren Lösungen sind vor allem die Oxonium-Ionen H_3O^+ und in alkalischen Lösungen die Hydroxid-Ionen OH^- für die elektrische Leitfähigkeit verantwortlich.

Verdünnt man Salzsäure, nimmt die elektrische Leitfähigkeit ab. Grund dafür ist die Abnahme der Konzentration und damit der Anzahl an Ionen pro Volumen. Testet man den *p*H-Wert einer Salzsäure mit der Ausgangskonzentration c = 1 mol/L und verdünnt die Lösung jeweils zweimal um den Faktor 10, stellt man bei der Messung mit einer *p*H-Elektrode fest, dass der *p*H-Wert von *p*H = 0 auf *p*H = 1 und schließlich auf *p*H = 2 ansteigt (**V3**, **B6**). Würde man umgekehrt Natronlauge mit einem *p*H-Wert von 14 um den Faktor 10 verdünnen, würde der *p*H-Wert auf 13 sinken.

Je saurer eine Lösung ist, desto niedriger ist ihr *p*H-Wert und umso höher ist die Konzentration der darin enthaltenen H_3O^+-Ionen und damit die elektrische Leitfähigkeit. Je alkalischer eine Lösung ist, desto höher ist der *p*H-Wert und umso höher ist die Konzentration der darin enthaltenen OH^--Ionen und damit die elektrische Leitfähigkeit.

AUFGABEN

A1 Salzsäure mit dem *p*H-Wert von 2 soll auf *p*H = 4 verdünnt werden. Erläutere deine Vorgehensweise und gib den Faktor an, um den verdünnt werden muss.

A2 In 0,5 L Natronlauge sind 2 mol Natriumhydroxid gelöst. Berechne die Stoffmengenkonzentration der Natronlauge.

A3 Es soll ein Liter Kalilauge (Kaliumhydroxidlösung) mit der Stoffmengenkonzentration c = 1 mol/L hergestellt werden. Ermittle die Menge an zu lösendem Kaliumhydroxid in Gramm.

A4 Eine Flasche einer Kalilauge mit unleserlichem Etikett ist aufgetaucht. Um die Konzentration zu bestimmen, titriert man 20 mL der Kalilauge mit Salzsäurelösung (c = 0,1 mol/L), wobei man 9 mL der Salzsäurelösung verbraucht. Informiere dich auf S. 331 über das Auswerten einer Titration. Formuliere anschließend die Reaktionsgleichung und berechne die Konzentration.

A5 Begründe, welches Ergebnis du erwartest, wenn du **V1b** (S. 324) mit gleichen Volumina und gleichen Konzentrationen an verdünnter Salzsäure und Calciumhydroxidlösung wiederholst.

FACHBEGRIFFE

*p*H-Wert, Stoffmengenkonzentration, Titration, Probelösung, Maßlösung, Äquivalenzpunkt

pH-Werte im menschlichen Körper

In den verschiedenen Bereichen des menschlichen Körpers werden unterschiedliche pH-Werte gemessen. Konstante pH-Werte sind wichtig, um ein gutes Funktionieren der inneren Organe zu ermöglichen. Was sollte man darüber wissen?

Die menschliche Haut ist zu keinem späteren Zeitpunkt so alkalisch und so gesund wie direkt nach der Geburt. Im Laufe des Lebens wird der pH-Wert der äußeren Hautschicht leicht sauer, die Haut baut einen „Säureschutzmantel" auf. Bis heute gehen viele davon aus, dass dieser die Ansiedelung von Bakterien auf der Haut verhindert. Der „Säuerschutzmantel" könne durch alkalisch wirkende Seifen und Kernseifen beschädigt werden. Viele Hautkrankheiten und Allergien werden darauf zurückgeführt. Als angeblich schonende Alternative werden „pH-hautneutrale" Seifen und Cremes angeboten. Dem Verbraucher wird vermittelt, dass er nur durch diese Produkte den Säureschutzmantel der Haut erhalten kann. Seit einigen Jahrzehnten nehmen allerdings Allergieerkrankungen stark zu. Als eine mögliche Ursache werden nun diese pH-hautneutralen Pflegeprodukte und die „Übersäuerung" der Haut angeführt. Es gibt Hinweise darauf, dass tatsächlich ein bestimmter Eiweißstoff im Schweiß bakterientötend wirkt. Die Flüssigkeiten, die beim Schwitzen aus den Hautporen hervortreten, haben einen pH-Wert von ca. 5. Der basische Zustand der Haut von Babys wird als der natürliche, gesunde und erstrebenswerte Zustand angesehen. Die früher üblichen Kernseifen werden nun als „basische Hautpflegemittel" und als allergievorbeugend vermarktet.

Der Magensaft in unserem Magen hat einen pH-Wert von ca. 1. Er wird von Salzsäure verursacht, die für die Eiweißverdauung notwendig ist. In unserem Magen gibt es eine Schutzschicht, die diese sehr hohe Säurekonzentration tolerieren kann. Manche Menschen leiden unter Sodbrennen. Dabei wandert Magensäure in die Speiseröhre ohne schützende Schicht, was Schmerzen verursacht. Dagegen kann man Antazida einnehmen. Antazida enthalten Wirkstoffe, die zwar die Magensäure neutralisieren, aber die natürliche und wichtige Säureproduktion nicht beeinflussen.

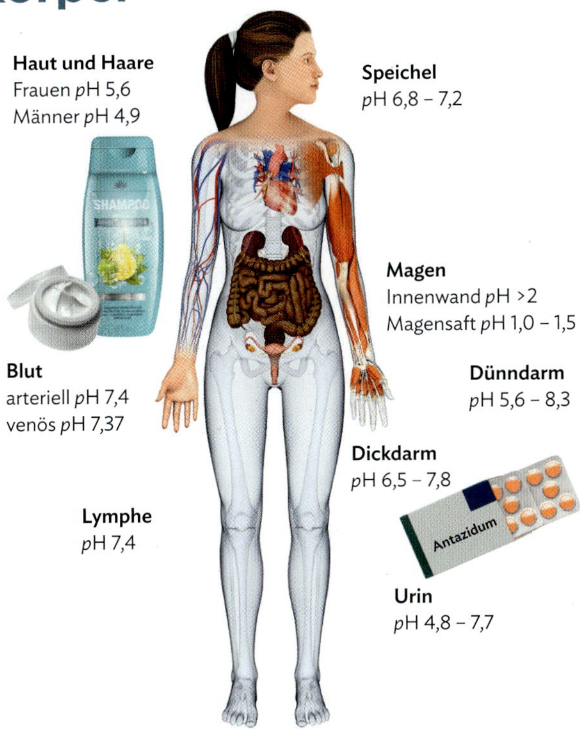

B1 pH-Werte des menschlichen Körpers

Wenn man nach einer langen Pause wieder anfängt zu trainieren oder wenn man die Sportart wechselt, kann es passieren, dass man am nächsten Tag von einem „Muskelkater" geärgert wird. Lange Zeit nahm man an, dass „Muskelkater" durch den Aufbau von Milchsäure im Muskel hervorgerufen wird. Heute weiß man, dass kleine Muskelfaserrisse die Ursache für den „Muskelkater" sind.

AUFGABE

A1 Maaloxan® ist ein säurebindendes Arzneimittel (Antazidum), das bei Sodbrennen und säurebedingten Magenbeschwerden eingesetzt werden kann. Recherchiere den darin enthaltenen Wirkstoff. Beschreibe dessen Wirkung auch unter Angabe einer Reaktionsgleichung.

Eine Säure-Base-Titration durchführen

Die Säure-Base-Titration ist ein Verfahren zur Bestimmung der Stoffmengenkonzentration einer alkalischen oder sauren Lösung. Dabei wird eine Lauge unbekannter Konzentration mit einer Säurelösung bekannter Konzentration oder eine Säurelösung unbekannter Konzentration mit einer Lauge bekannter Konzentration titriert.

Die Reaktion zwischen einer sauren und einer alkalischen Lösung verläuft sehr rasch. Am „Ende" dieser Neutralisationsreaktion haben die Oxonium-Ionen H_3O^+ der Säurelösung mit allen Hydroxid-Ionen OH^- der Lauge zu Wasser-Molekülen H_2O reagiert. Dieses „Ende" wird durch den Farbumschlag eines Indikators ziemlich genau angezeigt.

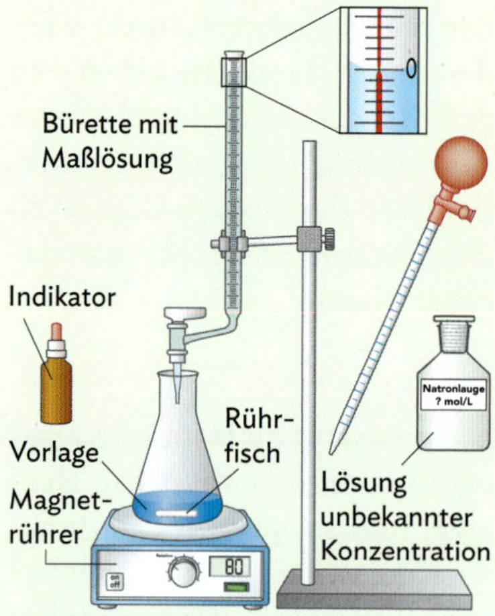

B1 Aufbau einer Säure-Base-Titration

So geht's

1. Fülle die Lösung bekannter Konzentration, die **Maßlösung**, z. B. Salzsäure der Konzentration c = 0,1 mol/L (GHS 5) in eine Bürette. Lasse nun so viel der Säurelösung aus der Bürette in ein Gefäß ab, dass der mittlere Flüssigkeitsstand bei 0 mL mit dem Knick des Farbstreifens in der Bürette übereinstimmt (**B1**).
2. Gib ein genau abgemessenes Volumen der Lösung unbekannter Konzentration, hier die zu titrierende Lauge, z. B. 20 mL Natronlauge (GHS 5), in einen Weithals-Erlenmeyerkolben. Dies ist die **Vorlage**. Verwende dazu eine Messpipette mit Peleusball (**B1**).
3. Gib in die Lauge einen Indikator (vgl. Info), der anzeigt, wann die Titration beendet bzw. der **Äquivalenzpunkt** (vgl. Info) erreicht ist. Gib nun einen Rührfisch in den Weithals-Erlenmeyerkolben und stelle diesen auf den Magnetrührer. Dann wird der Magnetrührer eingeschaltet, sodass der Rührfisch gleichmäßig rührt.
4. Gib nun tropfenweise Säurelösung aus der Bürette in die Lauge. Tropfe solange Säurelösung zu, bis der Farbumschlag des Indikators gerade bestehen bleibt.
5. Lies das verbrauchte Volumen an Salzsäure an der Bürette ab und notiere es.
6. Wiederhole die Titration noch zweimal und berechne aus den drei Messwerten den Mittelwert des verbrauchten Volumens, der für die Auswertung der Titration benötigt wird.

Info

Für diese Titration eignet sich Bromthymolblaulösung (GHS 2 | 7) als Indikator. Die Farbe dieses Indikators schlägt am Äquivalenzpunkt von Blau über Grün nach Gelb um (vgl. S. 326).

Info

Der Äquivalenzpunkt ist erreicht, wenn die Stoffmenge der zugegebenen Oxonium-Ionen einer Säurelösung gleich der Stoffmenge der Hydroxid-Ionen in der titrierten Lauge ist.

AUFGABE

A1 Führe eine Titration von 20 mL Natronlauge der Konzentration c = 0,1 mol/L mit Salzsäure, c = 0,1 mol/L, durch. Vergleiche den erhaltenen Mittelwert mit dem theoretisch zu erwartenden Wert von 20 mL für das verbrauchte Volumen an Salzsäure.

Eine Säure-Base-Titration auswerten

Mit dem experimentell bestimmten Mittelwert des Verbrauchs an Lösung bekannter Konzentration (Maßlösung), kann man die Konzentration der Probelösung rechnerisch bestimmen.

So geht's

1. Stelle eine vereinfachte Reaktionsgleichung für die Stoffumsetzung auf (vgl. Info S. 321). Bei der Titration einer Natronlauge unbekannter Konzentration mit Salzsäure bekannter Konzentration ist dies die Reaktion von Natronlauge mit Salzsäure:

$$NaOH\ (aq) + HCl\ (aq) \longrightarrow Na^+\ (aq) + Cl^-\ (aq) + H_2O\ (l)$$

2. Lies das Stoffmengenverhältnis von Base zu Säure ab:

$n(NaOH) : n(HCl) = 1 : 1$

Danach ist $n(NaOH) = n(HCl)$.

3. Formuliere diese Stoffmengenbeziehung gemäß der Gleichung $n = c \cdot V$ um (vgl. Info):

$c(NaOH) \cdot V(NaOH) = c(HCl) \cdot V(HCl)$

4. Forme die Größengleichung nach der Stoffmengenkonzentration der Lösung unbekannter Konzentration um, hier nach der Konzentration der Natronlauge:

$$c(NaOH) = \frac{c(HCl) \cdot V(HCl)}{V(NaOH)}$$

5. Setze die bekannten Werte ein und berechne die Stoffmengenkonzentration der unbekannten Lösung, hier der Natronlauge.

Beispiel:

Für die Titration von 20 mL Natronlauge unbekannter Konzentration wurden 10 mL Salzsäure mit der Konzentration $c = 0{,}1$ mol/L verbraucht. Berechne die Konzentration der Natronlauge.

Lösung:

$$c(NaOH) = \frac{c(HCl) \cdot V(HCl)}{V(NaOH)} = \frac{0{,}1\ \text{mol/L} \cdot 10\ \text{mL}}{20\ \text{mL}} = 0{,}05\ \text{mol/L}$$

Die Konzentration der Natronlauge ist $c(NaOH) = 0{,}05$ mol/L.

Info

Beziehungen zwischen molarer Masse M, Stoffmenge n und Masse m:

$M = \frac{m}{n}$ bzw.

$m = M \cdot n$ und $n = \frac{m}{M}$

Beziehungen zwischen Stoffmengenkonzentration c, Stoffmenge n und Volumen V:

$c = \frac{n}{V}$ bzw.

$n = c \cdot V$

Info

Berechnung der Masse m eines Stoffs aus der Stoffmengenkonzentration c:

mit $n = \frac{m}{M}$ und $n = c \cdot V$ gilt

$\frac{m}{M} = c \cdot V$

Bei der Berechnung der Masse von Salzsäure bei einer Titration von Salzsäure mit Natronlauge gilt danach:

$\frac{m(HCl)}{M(HCl)} = c(NaOH) \cdot V(NaOH)$

bzw.

$m(HCl) = M(HCl) \cdot c(NaOH) \cdot V(NaOH)$

AUFGABE

A1 Bei einer Titration von 15 mL Salzsäure unbekannter Konzentration werden 25 mL Natronlauge der Konzentration $c = 0{,}05$ mol/L verbraucht. Berechne die Konzentration der Salzsäure.

Kohlenstoff-Atomkreislauf

„Der Klimawandel ist da." Mit Schlagzeilen dieser Art werden wir von den Medien seit geraumer Zeit auf die Veränderungen des Klimas und die daraus resultierenden Folgen aufmerksam gemacht. Eine wichtige Rolle spielen dabei kohlenstoffhaltige Verbindungen und deren Umwandlungen, welche in der Atmosphäre, den Meeren und an Land in Form von Kreislaufprozessen stattfinden. Was genau geschieht beim Kohlenstoff-Atomkreislauf und wie beeinflussen die Menschen diesen Prozess?

V1 Löslichkeit von Kohlenstoffdioxid in Wasser

GHS 2, GHS 4, GHS 7, Schutzbrille

PROBLEM

Kohlenstoffdioxid ist u. a. ein Produkt von Zellatmung und Verbrennung und gelangt dadurch in die Atmosphäre. Zum Teil wird es von den Meeren wieder aufgenommen. Um Vorgänge im Kohlenstoff-Atomkreislauf zwischen der Atmosphäre und den Meeren zu verstehen, muss die Wasserlöslichkeit von Kohlenstoffdioxid untersucht werden.

DURCHFÜHRUNG

Befülle ⅔ einer dünnwandigen 0,5 L Plastikflasche mit destilliertem Wasser und gib dann 4-6 Tropfen Universalindikatorlösung (GHS 2 | 7) dazu. Leite anschließend Kohlenstoffdioxid (GHS 4) in das Wasser. Verschließe die Flasche sofort und schüttle sie für ca. 10 s.

AUSWERTUNG

a) Fertige eine Skizze des Versuchsaufbaus an und beschreibe deine Beobachtungen.

b) Formuliere eine Hypothese zum Verbleib des Kohlenstoffdioxids während des Versuchs.

c) Formuliere eine Reaktionsgleichung, die die Veränderung in der Lösung erklärt.

d) Meere werden als Kohlenstoffdioxidsenken bezeichnet. Informiere dich im Zusammenhang mit dem Klima über den Begriff der „Senke" und nimm anhand deiner Versuchsbeobachtungen Stellung zu dieser Bezeichnung.

ENTSORGUNG A

V2 Temperaturabhängigkeit der Löslichkeit von CO_2

PROBLEM

Mit zunehmender Klimaerwärmung ändert sich die Menge an Kohlenstoffdioxid, die von den Meeren aus der Atmosphäre aufgenommen wird. Wie beeinflusst die Temperatur die Wasserlöslichkeit von Kohlenstoffdioxid?

DURCHFÜHRUNG

Fülle 100 mL gekühltes, mit Kohlenstoffdioxid gesättigtes Wasser („Sprudelwasser“) in ein Becherglas und miss den *p*H-Wert mit einer *p*H-Elektrode. Stelle das Becherglas auf das Drahtnetz eines Dreifußes. Kontrolliere mit einem Thermometer die Temperatur der Lösung, während du sie mit dem Brenner auf ca. 80 °C erhitzt. Bestimme anschließend erneut den *p*H-Wert.

AUSWERTUNG

a) Stelle vor Versuchsbeginn anhand deines Wissens über die Löslichkeit von Gasen eine Hypothese zur Temperaturabhängigkeit der Löslichkeit von Kohlenstoffdioxid in Wasser auf.

b) Fasse deine Beobachtungen zu **V2** tabellarisch zusammen.

c) Formuliere eine Je-desto-Beziehung.

d) Erkläre das Löslichkeitsverhalten von Kohlenstoffdioxid in Wasser in Abhängigkeit von der Temperatur mithilfe deiner Beobachtungen bezüglich des *p*H-Wertes.

ENTSORGUNG A

V3 Reaktion von Kalk mit Salzsäure

PROBLEM

Im Meer wird Calciumcarbonat (Kalk) von Organismen wie Muscheln und Korallen gebildet. Was geschieht mit dem Calciumcarbonat bei zunehmender Versauerung der Meere?

DURCHFÜHRUNG

Gib einen Spatel Calciumcarbonat $CaCO_3$ (z. B. aus Muscheln) in ein Reagenzglas und versetze es mit 5 mL verdünnter Salzsäure (GHS 5). Das entstehende Gas wird über ein Glasrohr in ein zweites Reagenzglas mit Kalkwasser (w < 1 %, GHS 5) eingeleitet.

B1 Tote (links) und lebendige Korallen (rechts). Die Farben rechts sind auf eingelagerte Algen zurückzuführen, die in Symbiose mit den Korallen leben.

AUSWERTUNG

a) Erkläre deine Beobachtungen und benenne das entstehende Gas.

b) Formuliere für die Reaktion von Salzsäurelösung mit Calciumcarbonat die Reaktionsgleichung.

c) Erläutere die Folgen der zunehmenden Versauerung der Meere für die Meeresorganismen, die auf Calciumcarbonat angewiesen sind. Berücksichtige dabei auch **B1**.

d) Diskutiere anhand von **V2** und **V3** den Einfluss zunehmender CO_2-Emissionen und der Erderwärmung auf die Vorgänge in den Meeren.

ENTSORGUNG G1

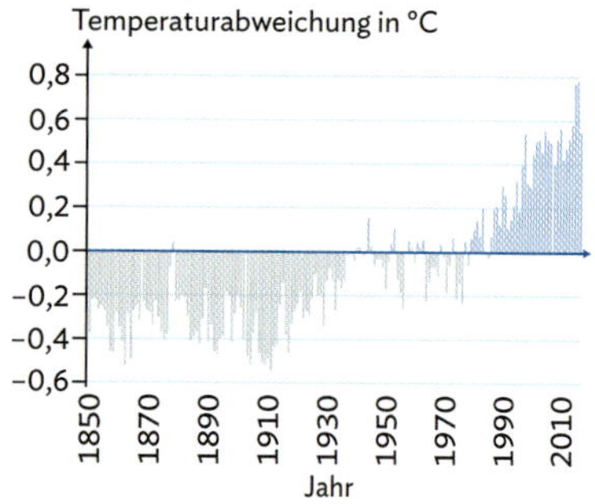

B1 Globale Änderung der Lufttemperatur. Die Nulllinie entspricht dem globalen Temperaturdurchschnitt zwischen 1961 bis 1990 und liegt bei 14 °C. (Quelle: Met Office Hadley Centre, 2018)

Problematik des Klimawandels

Die voranschreitende globale Erwärmung hängt unmittelbar mit der Verbrennung der fossilen Energieträger Kohle, Erdgas und Erdöl zusammen. Seit der industriellen Revolution Mitte des 19. Jahrhunderts wurden dadurch 440 Milliarden Tonnen des Treibhausgases Kohlenstoffdioxid in die **Atmosphäre** freigesetzt. Die Folge ist ein deutlicher Anstieg der globalen Jahresmittelwerte der bodennahen Lufttemperatur (**B1**). Die Temperaturerhöhung führt durch das Schmelzen der polaren Eiskappen zu einer Erhöhung des Meeresspiegels und damit zu Veränderungen für die menschliche Zivilisation, die Tier- und die Pflanzenwelt. Kohlenstoffdioxid ist ein Bestandteil des **Kohlenstoff-Atomkreislaufs** (**B2**), der aus mehreren Teilkreisläufen zusammengesetzt ist. Einer der Teilkreisläufe behandelt die natürliche Umwandlung des gebundenen Kohlenstoffs durch Lebewesen in Form von Atmung und Fotosynthese.

Atmung und Fotosynthese

Auf natürlichem Weg gelangt Kohlenstoffdioxid als Stoffwechselprodukt der Zellatmung in die Atmosphäre. Bei der Fotosynthese nehmen Pflanzen für ihr Wachstum Kohlenstoffdioxid und Wasser auf und bilden Traubenzucker und Sauerstoff.

$$6\,CO_2\,(g) + 6\,H_2O\,(l) \longrightarrow C_6H_{12}O_6\,(s) + 6\,O_2\,(g) \qquad |\ \text{endotherm}$$

Natürliche Prozesse halten sich nahezu die Waage, doch seit der Industrialisierung in den vergangenen zwei Jahrhunderten ist es zu einem enormen Anstieg von Kohlenstoffdioxid in der Atmosphäre gekommen.

Kohlenstoffverbindungen werden durch Verbrennung, Zellatmung und Fotosynthese ineinander umgewandelt.

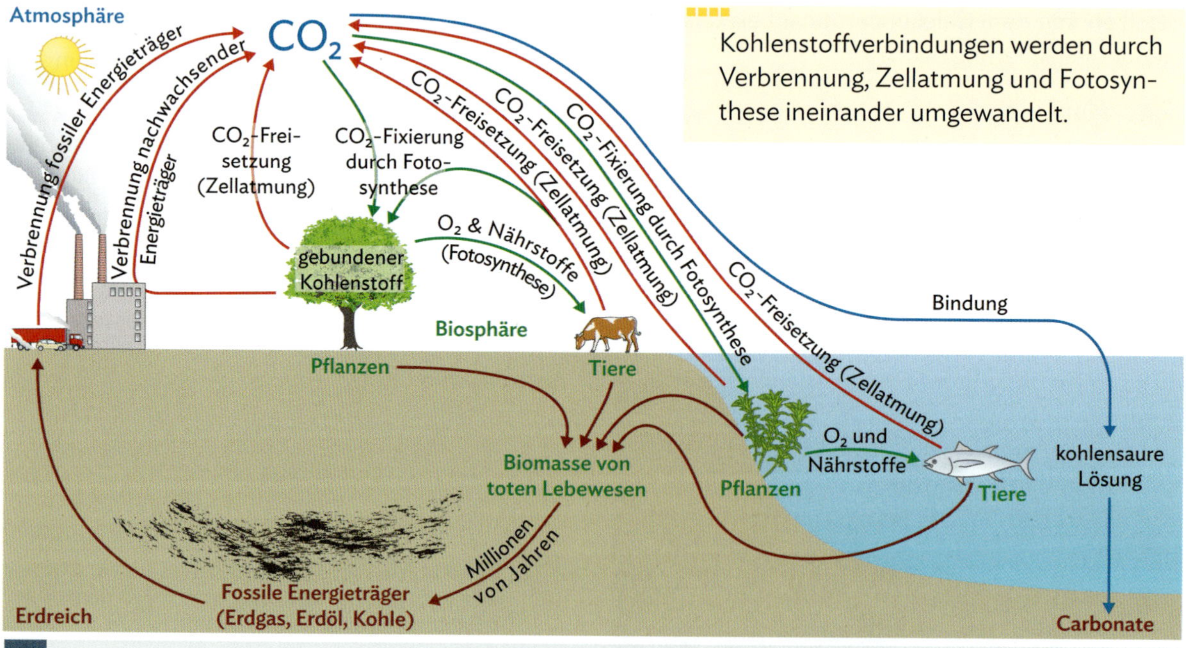

B2 Entstehung und Abbau von Kohlenstoffdioxid: Der Kohlenstoff-Atomkreislauf

Kohlenstoffspeicher

Über 99 % der Masse des Kohlenstoffvorkommens befindet sich als Sedimentgestein in der äußeren Hülle der Erde. Die **Biosphäre** (Pflanzen und Tiere) und die Atmosphäre sind die kleinsten **Kohlenstoffspeicher**. Die Meere können fünfzigmal mehr Kohlenstoff speichern als die Atmosphäre und ungefähr zwanzigmal mehr als die Biosphäre. Hierbei spielt die Wasserlöslichkeit des Kohlenstoffdioxids eine bedeutende Rolle.

Wasserlöslichkeit von Kohlenstoffdioxid

Versetzt man destilliertes Wasser mit Universalindikatorlösung und leitet Kohlenstoffdioxid in das Wasser, so stellt man eine Verfärbung der Lösung fest (**V1**), die einem zunehmend sauren pH-Wert entspricht. Ursache dafür sind die Oxonium-Ionen H_3O^+. Sie bilden sich in einer Säure-Base-Reaktion von Wasser mit **Kohlensäure** H_2CO_3, die bei der Reaktion des eingeleiteten Kohlenstoffdioxids mit Wasser entsteht.

$$H_2O + CO_2 \longrightarrow H_2CO_3$$

Jeweils ein Kohlensäure-Molekül reagiert mit einem Wasser-Molekül zu einem Hydrogencarbonat-Ion und einem Oxonium-Ion.

$$H_2CO_3 + H_2O \longrightarrow \underbrace{HCO_3^- + H_3O^+}_{\text{kohlensaure Lösung}}$$

In Gegenwart von Hydroxid-Ionen reagieren die Hydrogencarbonat-Ionen weiter zu Carbonat-Ionen und Wasser-Molekülen.

$$HCO_3^- + OH^- \longrightarrow CO_3^{2-} + H_2O$$

Bei der Löslichkeit von Kohlenstoffdioxid in Wasser spielt neben dem Druck die Temperatur eine wichtige Rolle. Erhitzt man mit Kohlenstoffdioxid gesättigtes Wasser, kann man ein Aufsteigen von Gasbläschen und eine Zunahme des *p*H-Wertes beobachten (**V2**). Kohlensäure zerfällt bei Temperaturerhöhung wieder zu Wasser und Kohlenstoffdioxid. Dessen Löslichkeit ist in warmem Wasser schlechter, sodass es schließlich entweicht (vgl. Exkurs: Kohlensäure auf S. 337).

Kohlenstoffdioxid reagiert mit Wasser zu Kohlensäure, die instabil ist und schnell eine kohlensaure Lösung bildet.

AUFGABEN

A1 Erläutere mithilfe von **B2** a) die Entstehung und den Abbau von Kohlenstoffdioxid und b) die Auswirkungen des menschlichen Einflusses auf den Kohlenstoff-Atomkreislauf.

A2 Recherchiere die Prognosen für die Änderung der durchschnittlichen Lufttemperatur für die kommenden Jahrzehnte.

B3 An der Wasseroberfläche findet ein permanenter Kohlenstoffdioxidaustausch statt.

Vorgänge in den Ozeanen

Die Ozeane bedecken mehr als zwei Drittel der Erdoberfläche. An der Wasseroberfläche findet ein Kohlenstoffdioxidaustausch statt, bei dem ein Teil des atmosphärischen Kohlenstoffdioxids aufgenommen wird (**B2** S. 334, **B3**). Man nennt Ozeane daher auch **Kohlenstoffdioxidsenken**. Etwas mehr als 30 % des vom Menschen freigesetzten Kohlenstoffdioxids werden auf diese Weise aufgenommen. Ohne diesen Kohlenstoffspeicher würde die Klimaerwärmung sehr viel schneller und intensiver voranschreiten, mit dramatischen Folgen.

Steigt in der Atmosphäre die Konzentration an Kohlenstoffdioxid an, reagiert auch ein größerer Anteil mit Wasser. Die Versauerung der Ozeane nimmt dadurch stark zu (vgl. Info).

Die Versauerung der Ozeane und Meere beeinflusst unmittelbar darin lebende Organismen, deren Skelett oder Gehäuse aus Kalk besteht, da der Aufbau der Kalkschicht beeinträchtigt wird. Im Modellversuch (**V3**) bei der Reaktion von Kalk mit verdünnter Salzsäure wird die Freisetzung von Kohlenstoffdioxid simuliert. Da das Chlorid-Ion selbst nicht an der Reaktion teilnimmt, gilt die verkürzte Schreibweise:

$$CaCO_3\,(s) + 2\,H_3O^+\,(aq) \longrightarrow Ca^{2+}\,(aq) + CO_2\,(g) + 3\,H_2O\,(l)$$

Bei zunehmender Temperatur der Atmosphäre durch den Treibhauseffekt steigt auch die Wassertemperatur in den Ozeanen und die Löslichkeit von Kohlenstoffdioxid nimmt wieder ab.

Info

Meerwasser ist grundsätzlich alkalisch. Es wird durch die Versauerung nicht sauer, sondern weniger alkalisch.

In Ozeanen wird ein Teil des Kohlenstoffdioxids der Atmosphäre gelöst. Die Folge ist eine Versauerung der Gewässer, die u. a. von der Temperatur und dem CO_2-Gehalt der Atmosphäre abhängt.

Kohlenstoff-Atomkreislauf als Kreisprozess

Neben den Prozessen im Meer und den natürlichen Umwandlungen durch die Lebewesen (= Biosphäre), findet ein geologischer Atomkreislauf in der äußeren Hülle der Erde (= **Lithosphäre**) statt. Bei diesem Teilkreislauf erfolgt die Verwitterung von Carbonatsedimenten. Dieser Teilkreislauf ist durch den Austausch von Kohlenstoffdioxid mit den anderen Teilkreisläufen verknüpft. In der Lithosphäre kommt Kohlenstoff auch in organischen Verbindungen wie Kohle, Erdöl und Erdgas vor sowie in elementarer Form als Graphit oder Diamant.

Die Wechselbeziehung der Teilkreisläufe ist im Kohlenstoff-Atomkreislauf in **B2**, S. 334 dargestellt.

Der Kohlenstoff-Atomkreislauf ist aus mehreren Teilkreisläufen zusammengesetzt, die miteinander in einer Wechselbeziehung stehen.

Kohlenstoff-Atomkreislauf und Kalkwasserprobe

Mit der Kenntnis über den Kohlenstoff-Atomkreislauf kann man nun u. a. das Prinzip der Kalkwasserprobe erklären. Kohlenstoffdioxid bildet in Wasser die **kohlensaure Lösung** (vgl. Exkurs: Kohlensäure). Diese reagiert mit der alkalischen Calciumhydroxidlösung unter Bildung von schwerlöslichem Calciumcarbonat (Kalk):

$$Ca^{2+} (aq) + 2\,OH^- (aq) + H_3O^+ (aq) + HCO_3^- (aq) \longrightarrow CaCO_3 (s) + 3\,H_2O (l)$$

Damit das schwerlösliche Salz ausfällt, muss genügend gelöstes Calciumhydroxid vorhanden sein.

EK Kohlensäure

Kohlensäure H_2CO_3 ist eine zweiprotonige Säure, d. h. die Moleküle der Kohlensäure können bis zu zwei Protonen abgeben. Ob Hydrogencarbonat-Ionen HCO_3^- oder Carbonat-Ionen CO_3^{2-} gebildet werden, hängt vom Reaktionspartner (der Base) ab.

In Wasser bildet Kohlensäure vorwiegend Hydrogencarbonat-Ionen, während in Gegenwart von Hydroxid-Ionen vorwiegend Carbonat-Ionen gebildet werden.

Eine weitere Besonderheit der Kohlensäure ist, dass sie als Reinstoff instabil ist und unter Alltagsgegebenheiten zu Kohlenstoffdioxid und Wasser zerfällt. Dieses Phänomen lässt sich beim Öffnen von kohlensäurehaltigen Getränkeflaschen wahrnehmen. Bei den aufsteigenden Gasblasen handelt es sich um entweichendes Kohlenstoffdioxid (**B4**). Wird unter hohem Druck Kohlenstoffdioxid in Wasser eingeleitet, löst sich dieses. Ein Teil der Kohlenstoffdioxid-Moleküle reagiert mit Wasser-Molekülen zu Kohlensäure-Molekülen (**B5**), und in der Folge zu Oxonium- und Hydrogencarbonat-Ionen (kohlensaure Lösung) weiter.

$$H_2CO_3 (aq) \longrightarrow CO_2 (aq) + H_2O (l)$$
$$CO_2 (aq) \longrightarrow CO_2 (g)$$

B4 Der Zerfall der Kohlensäure

$$CO_2 (g) \longrightarrow CO_2 (aq)$$
$$CO_2 (aq) + H_2O (l) \longrightarrow H_2CO_3 (aq)$$

B5 Die Bildung der Kohlensäure

AUFGABEN

A1 Erkläre die Tatsache, dass im Ozean an den Polen ein höherer Anteil an Kohlenstoffdioxid gelöst ist und die Versauerung hier stärker als in tropischen Meeren ist.

A2 Erläutere den Zusammenhang zwischen dem natürlichen biologischen Teilkreislauf und den Vorgängen in den Ozeanen.

A3 Vergleiche Prozesse aus der Biosphäre mit den Versuchen auf S. 332 und 333.

A4 Erläutere die Folgen des Klimawandels mithilfe einer Internetrecherche.

FACHBEGRIFFE

Atmosphäre, Kohlenstoff-Atomkreislauf, Kohlenstoffspeicher, Kohlenstoffdioxidsenke, Biosphäre, Lithosphäre, Kohlensäure, kohlensaure Lösung

Zum Üben und Weiterdenken

A1 Die untenstehende Abbildung A zeigt die Reaktion eines Gasgemischs aus Chlor und Wasserstoff, welches mittels elektrischer Energie (Piezozünder) aktiviert wurde. Bei der explosiven Reaktion fliegt der Spritzenstempel weg, sodass anschließend ein angefeuchtetes Universalindikatorpapier in den Spritzenkörper gehalten werden kann (B).

A

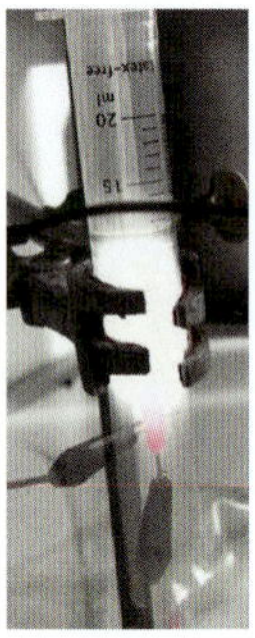

B

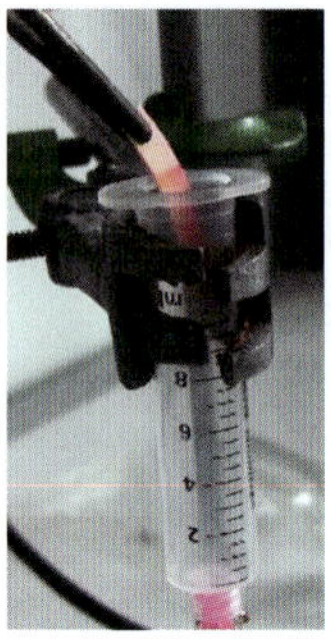

a) Deute die Beobachtung in B.

b) Formuliere die Reaktionsgleichung für die in A stattfindende Reaktion.

c) Der Versuch wird wiederholt, jedoch hält man anschließend ein trockenes Universalindikatorpapier in den Spritzenkörper. Nenne die zu erwartende Beobachtung und begründe diese.

A2 Die Tabelle zeigt das Ergebnis einer Versuchsreihe, bei der die elektrische Leitfähigkeit der Feststoffe, der Schmelzen und der wässrige Lösungen der Stoffe Lithiumchlorid LiCl und Zitronensäure $C_6H_8O_7$ untersucht wurde.

Stoff	elektrische Leitfähigkeit von		
	Feststoff	Schmelze	Lösung
LiCl	X	✓	✓
$C_6H_8O_7$	X	X	✓

a) Erkläre die Ergebnisse auf Teilchenebene.

b) Zitronensäure schmilzt deutlich schneller als Lithiumchlorid. Begründe diese Tatsache.

A3 Skizziere den im folgenden Zeitungsausschnitt beschriebenen Sachverhalt auf Teilchenebene mithilfe von Strukturformeln.

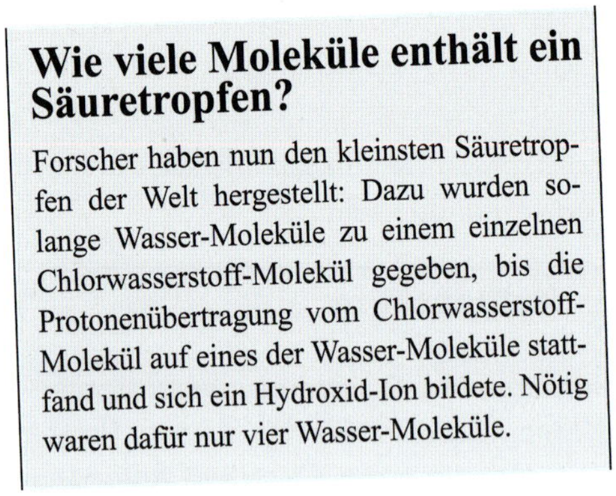

Wie viele Moleküle enthält ein Säuretropfen?

Forscher haben nun den kleinsten Säuretropfen der Welt hergestellt: Dazu wurden solange Wasser-Moleküle zu einem einzelnen Chlorwasserstoff-Molekül gegeben, bis die Protonenübertragung vom Chlorwasserstoff-Molekül auf eines der Wasser-Moleküle stattfand und sich ein Hydroxid-Ion bildete. Nötig waren dafür nur vier Wasser-Moleküle.

A4 Wähle aus der folgenden Auswahl den geeignetsten Indikator aus. Gib jeweils den pH-Bereich und die Farbe des Indikators nach Zugabe der zu untersuchenden Stoffprobe an.

sauer neutral alkalisch

Bromthymolblau

Thymolphthalein

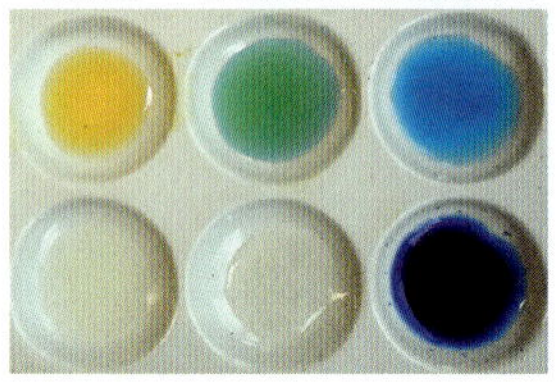

a) saurer Regen in der Regentonne

b) Waschlauge aus der Waschmaschine

c) Salatdressing aus Essig und Öl

d) wässrige Lösung von Rohrreiniger

e) Zitronensaft

f) Zuckerwasser

A5 Gibt man wenige Tropfen Silbernitratlösung Ag^{+} (aq) + NO_3^{-} (aq) in eine Natriumchloridlösung, fällt ein weißer Feststoff aus (vgl. S. 508). Dieser Feststoff entsteht auch bei der Einleitung von Chlorwasserstoff in eine Silbernitratlösung. Benenne den weißen Feststoff und formuliere die Reaktionsgleichungen zu beiden beschriebenen Reaktionen.

A6 In einer großen Petrischale sind drei kleinere Petrischalen platziert. In Petrischale A befindet sich Natriumbromid, in Schale B destilliertes Wasser und in Schale C Universalindikatorlösung. Auf das Natriumbromid wird Phosphorsäure getropft und die große Petrischale anschließend mit dem Deckel verschlossen. Es entsteht ein gasförmiges Produkt. Nach und nach färbt sich die Universalindikatorlösung orange.

a) Formuliere eine Hypothese, um die Färbung des Universalindikators zu erklären.

b) Beschreibe eine weitere Untersuchungsmöglichkeit, die mit der Lösung in B durchgeführt werden kann, um die aufgestellte Hypothese zu bekräftigen.

c) Formuliere mithilfe von **B4** auf S. 311 und der aufgestellten Hypothese eine Reaktionsgleichung zu der in A ablaufenden Reaktion und benenne die Produkte.

A7 Kaliumsulfat und Diammoniumhydrogenphosphat sind Salze, die in Düngemitteln verwendet werden. Formuliere deren Verhältnisformeln sowie Neutralisationsreaktionen zu deren Herstellung und kennzeichne die BRØNSTED-Säuren bzw. -Basen.

A8 Magnesiumhydroxid $Mg(OH)_2$ und Magnesiumcarbonat $MgCO_3$ werden in Arzneimitteln gegen säurebedingte Magenschmerzen eingesetzt. Die Wirkung der Salze wird deutlich, wenn man die sie jeweils zu einer mit Universalindikator versetzten Salzsäure gibt.

a) Formuliere jeweils die zu erwartenden Beobachtungen und die Reaktionsgleichungen und benenne den Reaktionstyp.

b) Begründe anhand einer Reaktionsgleichung, bei welchem der Salze ein vermehrtes Aufstoßen zu erwarten ist.

A9 In 2 L verdünnter Salzsäure sind 3,65 g Chlorwasserstoff gelöst. Berechne die Stoffmengenkonzentration *c* der Salzsäurelösung.

A10 Bei einer Titration von 25 mL Salzsäurelösung werden 20 mL Natronlauge der Stoffmengenkonzentration c = 0,1 mol/L verbraucht.

a) Stelle für die Reaktion von Natronlauge mit verdünnter Salzsäure eine Reaktionsgleichung auf.

b) Berechne die Stoffmengenkonzentration *c* der Salzsäure.

A11 Die Masse von Natriumhydroxid in 10 g „Rohrfrei" soll bestimmt werden. Dafür werden 10 g „Rohrfrei" in 100 mL Wasser gegeben und solange gerührt, bis sich das „Rohrfrei" vollständig gelöst hat. 20 mL dieser Lösung werden in einem Erlenmeyerkolben mit Wasser auf 50 mL aufgefüllt. Nach der Zugabe einiger Tropfen Bromthymolblaulösung wird die blaue Lösung mit verdünnter Salzsäure, c = 1 mol/L, bis zum Farbwechsel nach Gelb titriert. Dabei werden 27 mL der verdünnten Salzsäure verbraucht. Berechne die Stoffmenge *n* und die Masse *m* an Natriumhydroxid in 10 g „Rohrfrei".

A12 Eine Kalilauge der Konzentration c = 0,5 mol/L soll hergestellt werden. Berechne die Masse *m* von Kaliumhydroxid, die dazu in 1 L Wasser gelöst werden muss.

A13 a) Im südlichen Polarmeer ist der Kohlenstoffdioxidgehalt größer als im Karibischen Meer. Erkläre diese Tatsache.

b) Diskutiere mögliche Ursachen dafür, dass im Tiefenwasser des Nordatlantiks der Kohlenstoffdioxidgehalt in der Regel deutlich höher ist als an der Oberfläche.

M1 Der Einfluss von Säuren und Laugen auf Augen

Im Labor ist stets eine Schutzbrille zu tragen. Welche Auswirkungen ätzende Chemikalien auf ungeschützte Augen haben, untersuchte das Experiment in **B1** (rechts), in dem drei Schweineaugen mit verdünnter und konzentrierter Säure und mit konzentrierter Lauge behandelt wurden.

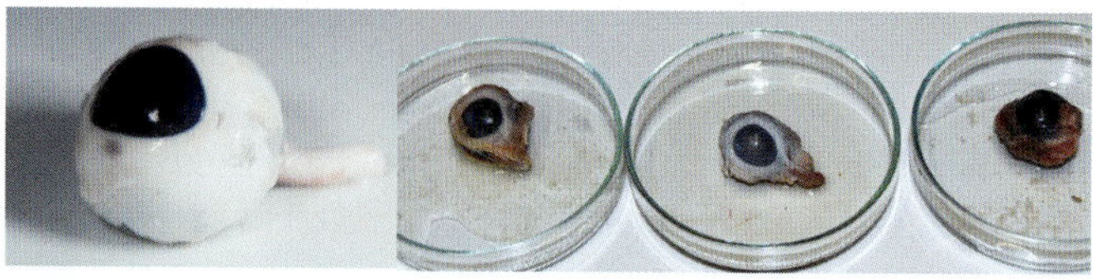

B1 Schweineaugen ohne Behandlung (links) und nach Behandlung mit Säure bzw. Lauge (rechts)

A1 Das menschliche Auge enthält eine Vielzahl verschiedener Eiweiße (Proteine). Recherchiere in diesem Zusammenhang den Begriff der Säure- und Lauge-Denaturierung.

A2 Beim Verfahren der Titration nutzt man Neutralisationsreaktionen, um die Stoffmengenkonzentration z. B. der Oxonium-Ionen in einer sauren Lösung zu ermitteln. Begründe, ob es sinnvoll ist, eine saure Lösung, die man ins Auge bekommen hat, mithilfe einer alkalischen Lösung zu neutralisieren.

A3 Chemielabore müssen über sogenannte Augenduschen verfügen. Erkläre, dass diese Einrichtung sinnvoll ist und nenne ein Anwendungsbeispiel.

A4 Auch Textilien können je nach Zusammensetzung empfindlich gegenüber sauren Lösungen sein. Plane in diesem Zusammenhang ein Experiment, das zeigt, dass man bei Arbeiten im Labor neben der Schutzbrille auch einen Schutzkittel tragen sollte.

M2 Kohlenstoff-Atomkreislauf im Becherglas

Das Löslichkeitsverhalten von Kohlenstoffdioxid im Kohlenstoff-Atomkreislauf hängt von verschiedenen Faktoren ab. In einem Experiment **B2** wird Kohlenstoffdioxid in Kalkwasser eingeleitet. Diese Reaktion ist als Kalkwasserprobe bekannt, bei der entstehendes Calciumcarbonat eine Trübung bewirkt (1, Reaktionsgleichung vgl. S. 337).

B2 Schritte (1) und (2) des Experiments

Bei weiterem Einleiten von Kohlenstoffdioxid verschwindet die Trübung wieder (2). Dabei entstehen Hydrogencarbonat-Ionen. Erhitzt man diese Lösung, beobachtet man erneut eine Trübung.

A1 Formuliere für die Reaktion (2) eine Reaktionsgleichung und erläutere, inwiefern sich dieser Prozess auf den *p*H-Wert auswirken kann.

A2 Erläutere die Abhängigkeit der Wasserlöslichkeit des Calciumcarbonats von der Temperatur.

A3 Um den CO_2-Anstieg in der Atmosphäre zu verringern, sind verschiedene Maßnahmen denkbar. Unter anderem gibt es Überlegungen, ob das Einblasen von Kohlenstoffdioxid in große Tiefen des Meeres sinnvoll ist. Erläutere die möglichen Vor- und Nachteile dieser Methode.

M3 Gleiche Konzentrationen – unterschiedliche Leitfähigkeit

Bei der Untersuchung von sauren und alkalischen Lösungen fällt deren besonders hohe elektrische Leitfähigkeit auf. Vergleicht man die elektrische Leitfähigkeit von Kochsalzlösungen mit unterschiedlichen Konzentrationen an Natriumchlorid, so ist nicht verwunderlich, dass sich mit der Verdopplung der Salzkonzentration auch die Leitfähigkeit der Lösung verdoppelt. Vergleicht man gleichkonzentrierte Lösungen unterschiedlicher Salze (z. B. NaCl, KCl, LiCl), so variiert die Leitfähigkeit leicht. Dies lässt sich über die unterschiedliche Ionenbeweglichkeit der hydratisierten Ionen erklären.

Der Vergleich gleich konzentrierter Lösungen an Chlorwasserstoff und Natriumchlorid macht jedoch deutlich, dass die Leifähigkeit der Salzsäure mehr als dreimal so hoch ist wie die Leitfähigkeit einer Kochsalzlösung. Die Leitfähigkeit einer Natronlauge ist ca. doppelt so hoch wie die der Kochsalzlösung gleicher Konzentration.

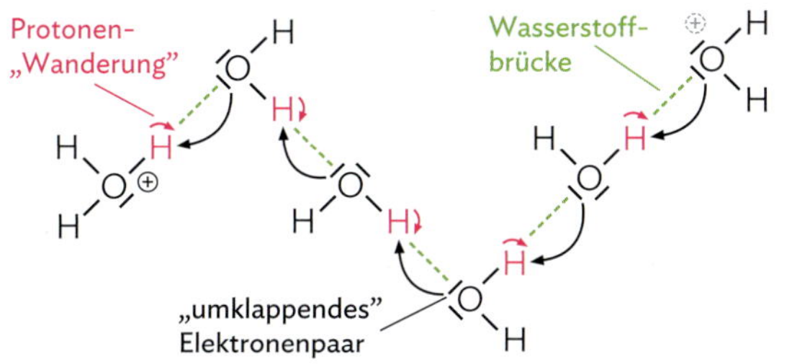

B3 Schema zur hohen Leitfähigkeit saurer Lösungen

Die besonders gute Leitfähigkeit von sauren und alkalischen Lösungen kann zu deren Konzentrationsbestimmung mittels Titration genutzt werden. Statt einen Indikator zuzugeben, misst man die Leitfähigkeit der Probelösung.

B4 zeigt die Messergebnisse einer Salzsäurelösung (V(HCl) = 10 mL). Als Maßlösung wurde Natronlauge der Konzentration c(NaOH) = 0,1 mol/L verwendet.

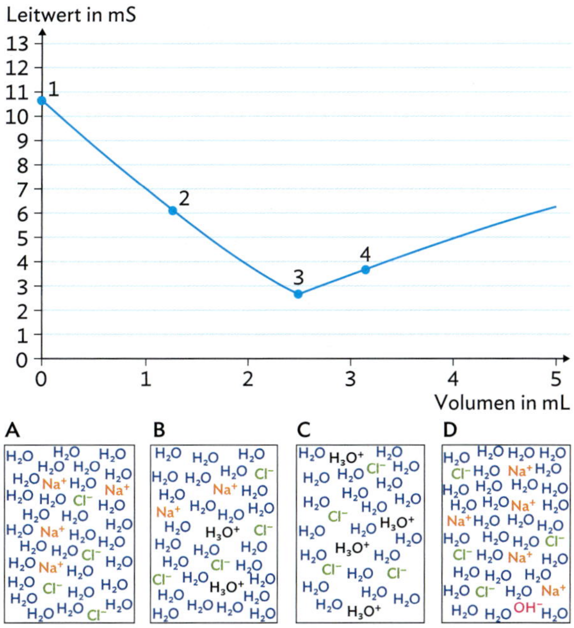

B4 Ergebnis der Leitfähigkeitstitration von Salzsäurelösung (oben) und zugehörige Teilchendarstellungen (rechts).

A1 Begründe die beschriebene Abhängigkeit der Leitfähigkeit von der Konzentration einer Salzlösung.

A2 Erkläre anhand von **B3**, worauf die sehr gute Leitfähigkeit einer sauren Lösung zurückzuführen ist.

A3 Erstelle eine zu **B3** vergleichbare Darstellung für eine alkalische Lösung und begründe die beschriebene Leitfähigkeit.

A4 Ordne die Teilchendarstellungen A bis D den Messpunkten 1 bis 4 in B4 zu.

A5 Überprüfe die Folgende Aussage auf Richtigkeit und passe sie gegebenenfalls an. „Die Anzahl der Ionen in der Probe bleibt während der Titration immer gleich."

A6 Erkläre die Veränderung der Leitfähigkeit im Verlauf der Titration.

A7 Berechne die Konzentration der Salzsäurelösung.

Basiswissen Kapitel 9

W Eigenschaften und Bildung saurer und alkalischer Lösungen

Saure Lösungen

- färben **Universalindikator** gelb bis rot,
- leiten den elektrischen Strom,
- reagieren mit unedlen Metallen zu Wasserstoff und einem gelösten Salz und
- enthalten **Oxonium-Ionen H_3O^+**.

Wässrige Lösungen von **Säuren** gehören zu den sauren Lösungen z. B. die wässrige Lösung der Schwefelsäure:

$H_2SO_4\ (l) + 2\ H_2O\ (l) \longrightarrow 2\ H_3O^+\ (aq) + SO_4^{2-}\ (aq)$

Saure Lösungen entstehen auch bei der Reaktion von Nichtmetalloxiden mit Wasser z. B. die kohlensaure Lösung:

$CO_2\ (aq) + H_2O\ (l) \longrightarrow H_2CO_3\ (aq)$

$H_2CO_3\ (aq) + H_2O\ (l) \longrightarrow H_3O^+\ (aq) + HCO_3^-\ (aq)$

Alkalische Lösungen

- färben Universalindikator grün bis blau,
- leiten den elektrischen Strom und
- enthalten **Hydroxid-Ionen OH^-**.

Diese sind entweder in den zu lösenden Stoffen bereits enthalten oder werden in Wasser erst gebildet.

Löst man Metallhydroxide in Wasser, so entstehen alkalische Lösungen, die man allgemein als **Laugen** bezeichnet.

Alkalische Lösungen bilden sich auch bei der Reaktion von unedlen Metallen und deren Oxiden mit Wasser z. B:

$Ca\ (s) + 2\ H_2O\ (l) \longrightarrow Ca^{2+}\ (aq) + 2\ OH^-\ (aq) + H_2\ (g)$

$CaO\ (s) + H_2O\ (l) \longrightarrow Ca^{2+}\ (aq) + 2\ OH^-\ (aq)$

W Der Säure-Base-Begriff nach BRØNSTED

Nach der Definition von BRØNSTED sind **Säuren** Stoffe, deren Teilchen bei einer chemischen Reaktion Protonen abgeben. Man nennt sie **Protonendonatoren**.

Stoffe, deren Teilchen bei einer chemischen Reaktion Protonen aufnehmen, bezeichnet man als **Basen** bzw. **Protonenakzeptoren**.

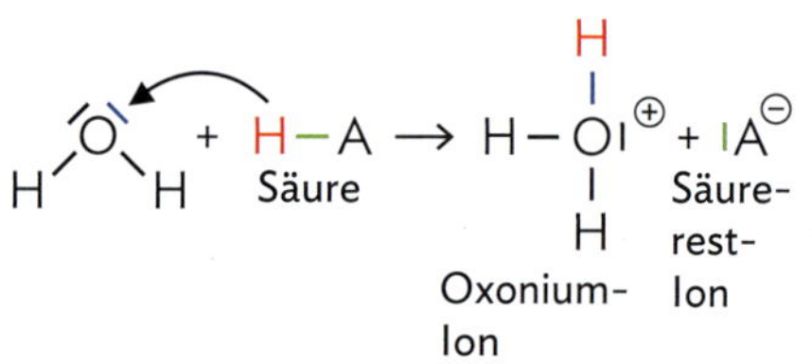

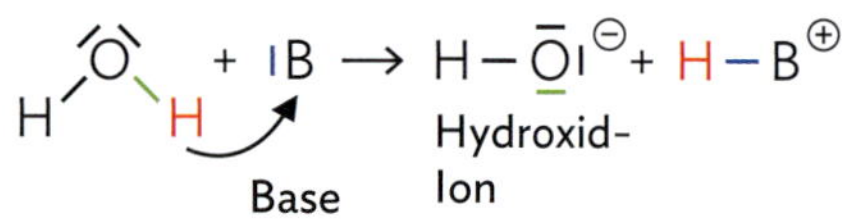

Säure-Base-Reaktionen sind **Protonenübertragungsreaktionen**.

Ampholyte sind Stoffe und deren Teilchen, die sowohl als Säure als auch als Base wirken können. Zum Beispiel ist Wasser ein Ampholyt. Wasser-Moleküle können in Abhängigkeit vom Reaktionspartner Protonen aufnehmen oder abgeben:

$H_2O\ (l) + HCl\ (g) \longrightarrow H_3O^+\ (aq) + Cl^-\ (aq)$

Base Säure

$H_2O\ (l) + NH_3\ (g) \longrightarrow OH^-\ (aq) + NH_4^+\ (aq)$

Säure Base

W Neutralisation

Bei einer **Neutralisation** reagieren gleiche Stoffmengen Oxonium-Ionen und Hydroxid-Ionen miteinander zu Wasser-Molekülen.

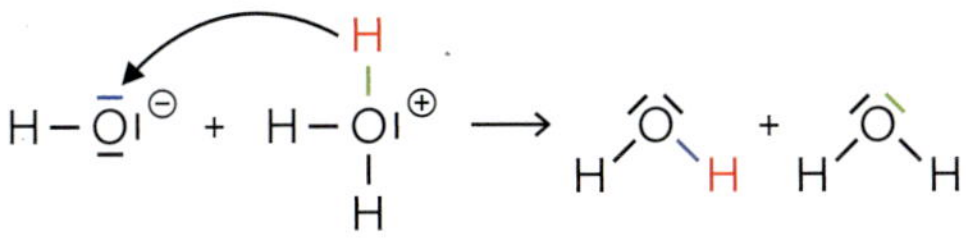

Salze können durch Neutralisation hergestellt werden z. B.:

$$H_3O^+ (aq) + Cl^- (aq) + Na^+ (aq) + OH^- (aq) \longrightarrow 2\,H_2O (l) + \underbrace{Cl^- (aq) + Na^+ (aq)}_{NaCl}$$

W Der *p*H-Wert

Der ***p*H-Wert** ist ein Maß dafür, wie sauer oder alkalisch eine Lösung ist oder ob eine neutrale Lösung vorliegt.

Die *p*H-Skala enthält Werte zwischen *p*H = 0 und *p*H = 14.

Lösungen mit *p*H-Werten unter 7 sind sauer, Lösungen mit *p*H-Werten über 7 sind alkalisch. Eine Lösung mit *p*H = 7 ist neutral.

Je saurer eine Lösung ist, desto niedriger ist ihr *p*H-Wert und umso höher ist die Konzentration der darin enthaltenen H_3O^+-Ionen und damit die elektrische Leitfähigkeit.

Je alkalischer eine Lösung ist, desto höher ist der *p*H-Wert und umso höher ist die Konzentration der darin enthaltenen OH^--Ionen und damit die elektrische Leitfähigkeit.

W Die Stoffmengenkonzentration *c*

Die **Stoffmengenkonzentration *c*** ist der Quotient aus der Stoffmenge *n* des gelösten Stoffes und dem Gesamtvolumen *V* einer Lösung:

$$c = \frac{n}{V} \qquad \text{Einheit: mol/L}$$

Aus der Formel für die Stoffmengenkonzentration kann abgeleitet werden:

$$n = c \cdot V \qquad \text{Einheit: mol}$$

$$V = \frac{n}{c} \qquad \text{Einheit: L}$$

W Der Kohlenstoff-Atomkreislauf

Kohlenstoffdioxid gelangt durch die Verbrennung fossiler Energieträger und die Zellatmung von Lebenwesen in die Atmosphäre.

Pflanzen wandeln Kohlenstoffdioxid zu Traubenzucker und Sauerstoff um (Fotosynthese).

Kohlenstoffdioxid reagiert mit Wasser zu **Kohlensäure**, die instabil ist und schnell eine **kohlensaure Lösung** bildet. Die kohlensaure Lösung reagiert bei zunehmender Temperatur wieder zu Kohlenstoffdioxid und Wasser.

Die Ozeane dienen als **Kohlenstoffdioxidsenken**, die das Kohlenstoffdioxid aus der Atmosphäre speichern.

Durch die steigende Konzentration an Kohlenstoffdioxid in der Atmosphäre kommt es zu einer zunehmenden **Versauerung** der Meere.

Der **Kohlenstoff-Atomkreislauf** ist aus mehreren Teilkreisläufen zusammengesetzt, die miteinander in einer Wechselbeziehung stehen.

Ziel erreicht?

Überprüfung

Hast du das Ziel dieses Kapitels erreicht? Löse die entsprechenden Aufgaben. Ein Arbeitsblatt findest du unter QR-/Mediencode 05037-28. Bewerte dich mithilfe der Tabelle rechts unten. Die Lösungen zu den Aufgaben stehen auf Seite 475.

05037-28

Eigenschaften von Säuren und Basen angeben

A1 Kreuze in der folgenden Übersicht die für Säuren bzw. Basen zutreffenden Eigenschaften bzw. Merkmale an.

Säuren	Basen
☐ sind Protonen-Donatoren.	☐ sind Protonen-Akzeptoren.
☐ bilden in wässrigen Lösungen Oxonium-Ionen.	☐ bilden in wässrigen Lösungen Hydroxid-Ionen.
☐ färben alle Indikatoren rot.	☐ färben alle Indikatoren blau.
☐ lösen Kalkstein.	☐ zersetzen Haare.
☐ reagieren mit edlen Metallen.	☐ sind als wässrige Lösung elektrisch leitfähig.
☐ wirken auf der Haut ätzend.	☐ sind generell nicht ätzend.

Reaktionsgleichungen für die Reaktion von Säuren und Basen entwickeln

B1 Das Gas Bromwasserstoff (HBr) wird in Wasser geleitet, in dem sich Universalindikator befindet. Dabei tritt eine Farbänderung von Grün nach Rot auf.

a) Formuliere die Reaktionsgleichung für die Reaktion von Bromwasserstoff mit Wasser mithilfe von Strukturformeln.
b) Kennzeichne Säure und Base.
c) Benenne alle Reaktionsprodukte.

B2 Bromwasserstoff (HBr) reagiert mit Ammoniak zu einem Feststoff.

a) Formuliere die Reaktionsgleichung für die Reaktion von Bromwasserstoff mit Ammoniak mithilfe von Strukturformeln.
b) Kennzeichne Säure und Base.
c) Benenne das feste Reaktionsprodukt.

B3 In einem KIPP'schen Gasentwickler stellt man Wasserstoff durch die Reaktion von Zink mit verdünnter Salzsäure her.

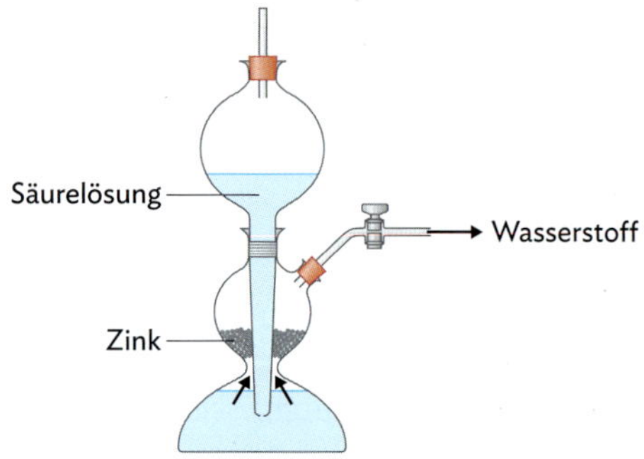

a) Entwickle die Reaktionsgleichung für die Reaktion im KIPP'schen Gasentwickler.
b) Wenn man Zink durch Silber ersetzt, läuft keine Reaktion ab. Begründe.

Fachsprachlich exakt formulieren

C1 Berichtige die Fehler in folgenden Aussagen.

a) Bei der Reaktion von Natrium mit Wasser entstehen Kalkwasser und Wasserstoff.
b) Schwefeldioxid und Wasser reagieren zu Schwefelsäure.
c) Thymolphthalein eignet sich zum Nachweis von sauren Lösungen.

C2 Ergänze den jeweiligen Fachbegriff.

a) Das Wasser-Molekül kann ein Proton anlagern und wird zum ....
b) Das Wasser-Molekül kann ein Proton abspalten und wird zum ....
c) Der ... ist eine Zahlenangabe zur Kennzeichnung von sauren, alkalischen und neutralen Lösungen.

Berechnungen zur Stoffmengenkonzentration und Titration durchführen

D1 Berechne die Stoffmengenkonzentration einer Kaliumhydroxidlösung (Kalilauge), die durch Lösen von 0,05 mol Kaliumhydroxid in 2 L Wasser hergestellt wurde.

D2 Ein Gefäß mit unleserlichem Etikett ist aufgetaucht, auf dem gerade noch das Wort „Essig" zu erkennen ist. Du machst dich daran herauszufinden, welche Konzentration der Essig (Essigsäurelösung) hat und führst eine Titration mit 20 mL dieser Flüssigkeit durch.

Als Maßlösung verwendest du Natronlauge mit einer Konzentration von c = 2 mol/L. Nach Zugabe von 12 mL Natronlauge schlägt der zugesetzte Indikator Thymolphthalein von Farblos nach Blau um.

Im Folgenden ist die Reaktionsgleichung angegeben:

$$CH_3COOH\ (aq) + NaOH\ (aq) \longrightarrow CH_3COO^-\ (aq) + Na^+\ (aq) + H_2O\ (l)$$

Berechne die Stoffmengenkonzentration der Essigsäurelösung, damit das Etikett wieder vollständig beschriftet werden kann.

D3 Erkläre die Bedeutung des Äquivalenzpunktes zur Berechnung der Stoffmengenkonzentration.

Reaktionsgleichungen zur Kohlensäure und ihren Salzen aufstellen

E1 Beim ersten Öffnen einer Mineralwasserflasche hört man ein Zischen und kann beobachten, dass Gasbläschen aufsteigen.

a) Beschreibe einen Versuch, mit dem man nachweisen kann, um welches Gas es sich dabei handelt und formuliere für diese Nachweisreaktion eine Reaktionsgleichung.

b) Erläutere anhand einer Reaktionsgleichung, wie es zur Bildung der Gasbläschen beim Öffnen einer Mineralwasserflasche kommt.

E2 Kalkablagerungen im Bad lassen sich mithilfe von säurehaltigen Reinigungsmitteln beseitigen. Dabei ist eine Gasentwicklung zu beobachten.

a) Stelle eine Reaktionsgleichung für die Beseitigung von Kalk mithilfe von Salzsäure auf.

b) Benenne das entstehende Gas.

Auswertung

Vergleiche deine Antworten mit den Lösungen auf Seite 475 und kreuze auf dem Arbeitsblatt an.

	Ich kann ...	ja	nein	lies nach auf Seite
A	Eigenschaften von Säuren und Basen angeben.			309, 314
B	Reaktionsgleichungen für die Reaktion von Säuren und Basen entwickeln.			310 - 315
C	fachsprachlich exakt formulieren.			310 - 337
D	Berechnungen zur Stoffmengenkonzentration und Titration durchführen			327, 331
E	Reaktionsgleichungen zur Kohlensäure und ihren Salzen aufstellen.			335, 337

10 Organische Chemie und Kohlenwasserstoffe

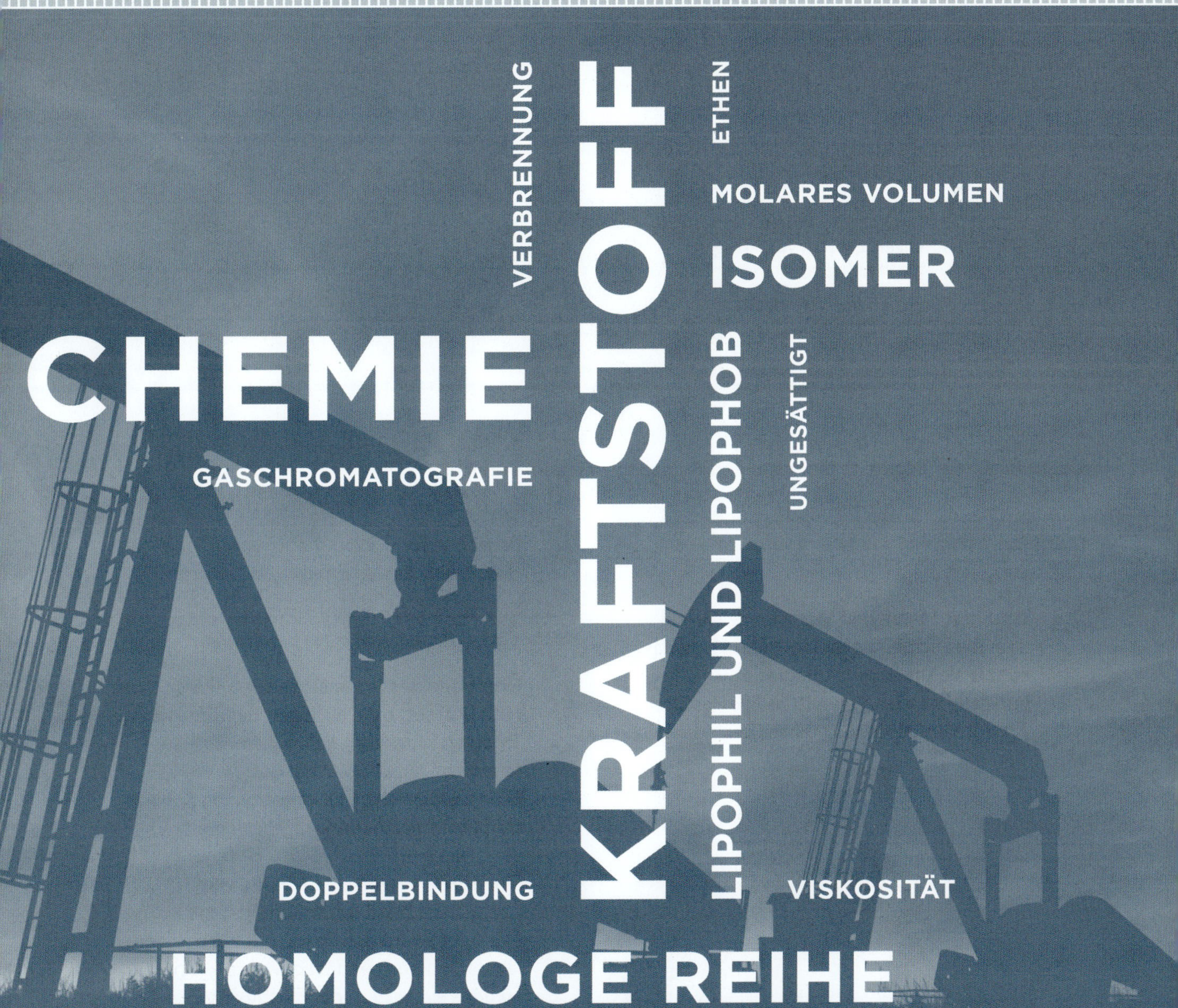
VERBRENNUNG
KRAFTSTOFF
ETHEN
MOLARES VOLUMEN
ISOMER
CHEMIE
LIPOPHIL UND LIPOPHOB
UNGESÄTTIGT
GASCHROMATOGRAFIE
DOPPELBINDUNG
VISKOSITÄT
HOMOLOGE REIHE

Startklar?

Selbsteinschätzung

Schätze dich selbst ein: Wie gut sind deine Kenntnisse in den Bereichen A bis E?
Kreuze auf dem Arbeitsblatt unter QR-/Mediencode 05037-29 an!

05037-29

	Ich kann …	prima	ganz gut	es fällt mir schwer
A	die molare Masse und das molare Volumen einer Verbindung bestimmen.			
B	Nachweisreaktionen von Gasen beschreiben.			
C	Molekülformeln als Strukturformeln schreiben.			
D	anhand von VAN-DER-WAALS-Wechselwirkungen und Wasserstoffbrücken Stoffeigenschaften vorhersagen.			
E	die Destillation als Trennverfahren beschreiben.			

Überprüfung

Liegst du richtig? Bearbeite die folgenden Aufgaben zu jedem Bereich.

Die molare Masse und das molare Volumen einer Verbindung bestimmen

A1 Volumen, Masse und Stoffmenge stehen über die Dichte, die molare Masse und das molare Volumen in mathematischer Beziehung zueinander. Vervollständige das Dreieck zur Verdeutlichung dieser Beziehungen.

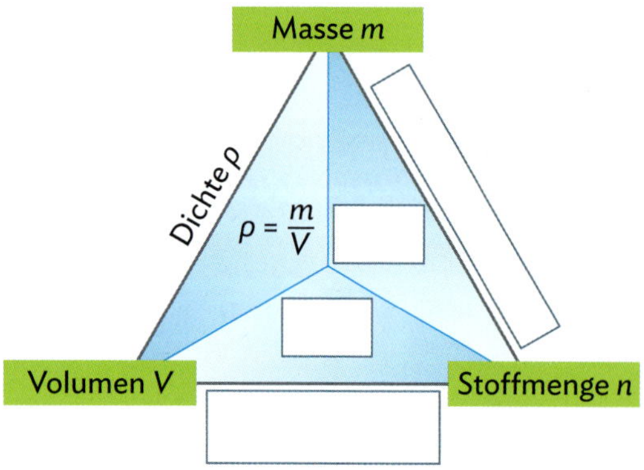

A2 Berechne für 0,3 mol Kohlenstoffdioxid die Masse und das Volumen.

Nachweisreaktionen von Gasen beschreiben

B1 Übertrage den untenstehenden Text in dein Heft und setze die richtigen Begriffe ein: *Trübung, Sauerstoff, Aufleuchten, Kalkwasserprobe, Calciumhydroxid (Kalkwasser), Glimmspanprobe, Calciumcarbonat, Kohlenstoffdioxid, Natriumhydrogencarbonat*

Eine frisch hergestellte Lösung von ________ wird dekantiert. In diese klare Flüssigkeit wird das Gas ________ eingeleitet. Den positiven Nachweis erkennt man an der ________ der Flüssigkeit. Es entsteht die schwerlösliche Verbindung ______. Diesen Nachweis nennt man ________.

Molekülformeln als Strukturformeln schreiben

C1 Erkläre die Unterschiede zwischen einer Molekül- und einer Strukturformel.

C2 Ermittle die Strukturformeln für die Verbindungen CF_4, CS_2, CH_3Cl und O_2.

Anhand von VAN-DER-WAALS-Wechselwirkungen und Wasserstoffbrücken Stoffeigenschaften vorhersagen

D1 Berechne die Elektronegativitätsdifferenzen und schätze die Polarität der Bindung ab ($\Delta EN \leq 0{,}4$ = unpolar, $\Delta EN > 0{,}4$ = polar).

C–C	ΔEN(C–C) = EN(C) – EN(C) =
O–H	
C–H	
Cl–C	

D2 Zwischen Wasser-Molekülen (H_2O) wirken H-Brücken, zwischen Heptan-Molekülen (C_7H_{16}) gibt es nur VAN-DER-WAALS-Wechselwirkungen. Erkläre mithilfe dieser Wechselwirkungen und der Raumstruktur dieser Moleküle, welcher der beiden Stoffe die höhere Siedetemperatur besitzt.

Die Destillation als Trennverfahren beschreiben

E1 Ordne folgende Sätze in der richtigen Reihenfolge den Buchstaben der Abbildung zu.

Dampf kondensiert im Kühler.		
Das Thermometer misst die Siedetemperatur des Dampfes oberhalb der Flüssigkeit.		
Der niedrig siedende Bestandteil tropft in die Vorlage.		
Der Brenner erhitzt das Gemisch bis zum Sieden.	*1*	*D*
Im Kühler nutzt man das Gegenstromprinzip.		
Bestandteile mit höheren Siedetemperaturen bleiben im Kolben zurück.		

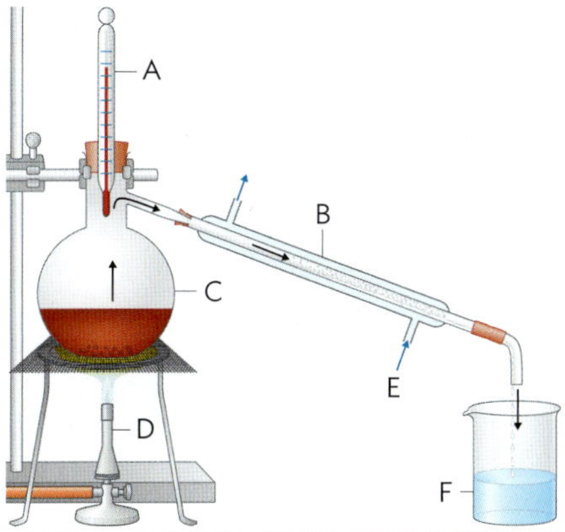

Auswertung

Hast du dich richtig eingeschätzt? Vergleiche deine Antworten mit den Lösungen auf Seite 476. Gib dir jeweils die entsprechende Punktzahl und trage sie auf dem Arbeitsblatt ein.

	Ich kann ...	prima	ganz gut	mit Hilfe	lies nach auf Seite
A	die molare Masse und das molare Volumen einer Verbindung bestimmen.	11 - 9	8 - 6	5 - 3	250 - 254
B	Nachweisreaktionen von Gasen beschreiben.	5	4 - 3	2	128, 337
C	Molekülformeln als Strukturformeln schreiben.	12 - 9	8 - 6	5 - 3	271
D	anhand von VAN-DER-WAALS-Wechselwirkungen und Wasserstoffbrücken Stoffeigenschaften vorhersagen.	10 - 8	7 - 5	4 - 2	280 - 286
E	die Destillation als Trennverfahren beschreiben.	5	4 - 3	2	48

Organische Chemie – organische Stoffe

Immer häufiger wird vieles mit dem Begriff „organisch“ oder englisch „organic“ beworben. Nicht nur im Bioladen, auch im Supermarkt gibt es „organische“ Lebensmittel, „organischen“ Blumendünger und auch Kleidung aus „rein organischen“ Materialien. Es gibt sogar Geschäfte, die ausschließlich organische Produkte im Angebot haben. Was ist in diesen Fällen mit dem Begriff gemeint? Und was versteht man in den Naturwissenschaften unter „organischer Chemie“?

M1 Der Beginn der organischen Chemie

Um das Jahr 1807 prägte der schwedische Chemiker JÖNS JAKOB BERZELIUS erstmals den Begriff „organische Chemie“. „Organisch“ waren nach BERZELIUS alle Stoffe, die von Pflanzen oder Tieren stammen, also beispielsweise Blut, Urin und Holz. Sie kommen aus der „belebten“ Natur und zu ihrer Herstellung war seiner Meinung nach die geheimnisvolle Lebenskraft „vis vitalis“ nötig. Alle anderen Stoffe wie z. B. Steine, Luft und Salz stammen aus der unbelebten Natur und wurden als „anorganische Stoffe“ bezeichnet.

Am 22. Februar 1828 schrieb der damals erst 27-jährige FRIEDRICH WÖHLER an BERZELIUS: *„Ich kann Harnstoff machen, ohne dazu Nieren oder überhaupt ein Thier, sey es Mensch oder Hund, nöthig zu haben. ... Vielleicht erinnern Sie sich noch der Versuche, die ich in der glücklichen Zeit, als ich noch bei Ihnen arbeitete, anstellte, wo ich fand, daß immer, wenn man Cyansäure mit Ammoniak zu verbinden sucht, eine krystallisirte Substanz entsteht, ... Das cyansaure Ammoniak ist Harnstoff.“*

WÖHLER war es gelungen, aus anorganischen Stoffen den organischen Stoff Harnstoff herzustellen. Damit war die gängige Vis-Vitalis-Theorie entkräftet. Noch heute unterscheidet man aufgrund dieser historischen Bezüge die organische von der anorganischen Chemie.

Die fossilen Energieträger Erdöl, Erdgas und Kohle zählt man ebenfalls zu den organischen Stoffen. Sie sind zwar die Ausgangsstoffe für viele synthetische Produkte, aber pflanzlichen, also organischen Ursprungs.

AUSWERTUNG

a) Beschreibe BERZELIUS Auffassung von der geheimnisvollen Lebenskraft „vis vitalis".

b) Recherchiere die wichtigsten Stationen im Leben von FRIEDRICH WÖHLER bis zu seiner Entdeckung der Harnstoffsynthese.

c) Zähle drei organische Stoffe auf, die du täglich mit der Nahrung aufnimmst.

d) Ordne folgende Stoffe den organischen bzw. anorganischen Stoffen zu: Kohlenstoffdioxid, Glucose, Harnstoff, Kohlensäure, Kohlenstoffmonooxid, Methan.

e) Recherchiere, aus welchen Atomen Stärke-Moleküle und Insulin-Moleküle bestehen.

V2 Zersetzung von Harnstoff

5 6 9

PROBLEM

WÖHLER gelang es, Harnstoff zu synthetisieren. Entstehen bei dessen Zerlegung auch wieder anorganische Stoffe?

DURCHFÜHRUNG

Erhitze eine Spatelspitze Harnstoff CH_4N_2O im Reagenzglas in einer nichtleuchtenden Brennerflamme. Halte an die Öffnung des Reagenzglases ein Stück angefeuchtetes *p*H-Papier.

AUSWERTUNG

a) Gib den *p*H-Wert und die Färbung an, die das *p*H-Papier annimmt.

b) Bei **V2** entsteht unter anderem das Gas Ammoniak NH_3, welches die Färbung des feuchten *p*H-Papiers verursacht. Erläutere anhand einer Reaktionsgleichung.

c) Diskutiere den anderen organischen Stoff, der beim Erhitzen von Harnstoff mit Wasser entsteht.

ENTSORGUNG G3

LV3 Eigenschaften ausgewählter organischer Stoffe des Alltags

2 7

PROBLEM

Verbrennt man Holz oder Benzin, lässt sich unter anderem Kohlenstoffdioxid nachweisen. Welche Elemente liegen in organischen Stoffen gebunden vor?

DURCHFÜHRUNG

a) In je einem Reagenzglas wird vorsichtig Zucker, Mehl bzw. Puddingpulver erhitzt.

b) Mit einer Tiegelzange wird vorsichtig ein kleines Stück (2 x 2 cm) Lebensmittelfolie (PE-Folie) in eine Flamme gehalten.

c) Drei Emser Pastillen® werden auf einer feuerfesten Unterlage auf ein Sandhäufchen gelegt, mit ca. 10 mL Brennspiritus (GHS 2 | 7) beträufelt und entzündet.

AUSWERTUNG

a) Notiere die Beobachtungen bei **LV3a** bis **c**.

b) In allen drei Versuchen ist eine ähnliche Beobachtung festzustellen. Gib diese an und schlussfolgere daraus auf ein Element, das in allen Edukten gebunden vorhanden sein muss.

c) In **LV3a** schlägt sich nach dem Erhitzen eine farblose Flüssigkeit am Reagenzglas nieder. Stelle eine Vermutung darüber auf, um welchen Stoff es sich handelt. Schlage eine Nachweismöglichkeit vor.

ENTSORGUNG R, G3

B1 FRIEDRICH WÖHLER (1800 bis 1882) und die Strukturformel von Harnstoff

Die organische Chemie und organische Stoffe

Schon vor Jahrtausenden nutzten die Menschen viele Stoffe aus ihrer Umwelt wie Steine, Holz, Fasern und Knochen zur Herstellung von Werkzeugen. Andere Stoffe aus der Natur verwendeten sie als Baustoffe, Nahrung, Arzneimittel oder zur Herstellung von Kleidung.

Seit dem 19. Jahrhundert teilte man diese Stoffe aus der Natur in **anorganische Stoffe** und **organische Stoffe** ein. Die anorganischen Stoffe kommen in der unbelebten Natur vor, von den organischen Stoffen nahm man an, dass sie nur in Lebewesen durch das Wirken einer verborgenen „Lebenskraft", der „vis vitalis", entstehen. Obwohl die chemischen Kenntnisse der damaligen Wissenschaftler immer umfangreicher wurden, konnte man die Stoffe von Pflanzen und Tieren, die man nutzte, nicht im Labor herstellen. Als Erstem gelang dann FRIEDRICH WÖHLER (**B1**) im Jahr 1828 die Synthese eines organischen Stoffs aus anorganischen Stoffen: Er stellte Harnstoff aus Silbercyanat und Ammoniumchlorid über das Zwischenprodukt Ammoniumcyanat her.

Die Bezeichnung „**organische Chemie**" wurde von JÖNS JAKOB BERZELIUS im Jahr 1807 in Abgrenzung zu der Chemie der anorganischen Verbindungen eingeführt.

Info

Die Oxide Kohlenstoffdioxid CO_2 und Kohlenstoffmonooxid CO, die Carbide (z. B. Calciumcarbid CaC_2), die Kohlensäure H_2CO_3 sowie die Salze der Kohlensäure, die Carbonate und die Hydrogencarbonate, zählt man nicht zu den organischen Stoffen.

Heute definiert man organische Verbindungen als Verbindungen des Kohlenstoffs: Außer Kohlenstoff enthalten sie nur wenige weitere Elemente in gebundener Form, am häufigsten Wasserstoff. Die einfachsten organischen Verbindungen sind daher die **Kohlenwasserstoffe**. In ihren Molekülen sind ausschließlich Kohlenstoff-Atome und Wasserstoff-Atome über Elektronenpaarbindungen miteinander verknüpft.

Kohlenwasserstoffe sind Verbindungen, in denen die Elemente Kohlenstoff und Wasserstoff gebunden sind.

B2 Eine „verkohlte" Scheibe Toast

Die Nachweise von Kohlenstoff und Wasserstoff als gebundene Elemente in organischen Stoffen

Jeder kennt das schwarze, „verkohlte" Toast, das ungenießbar wird und zerbröselt, wenn man mal nicht aufgepasst hat (**B2**). Auch wenn man andere organische Stoffe wie z. B. Zucker, Mehl und Puddingpulver verbrennt, beobachtet man ein schwarzes Reaktionsprodukt (**LV3a**). Dies weist auf das Vorhandensein von gebundenem Kohlenstoff in allen diesen Verbindungen hin.

Während und nach dem Erhitzen organischer Stoffe kondensiert an der Reagenzglaswand auch eine farblose Flüssigkeit. Testet man diese Flüssigkeit mit Watesmo-Papier, färbt es sich blau, bei der Flüssigkeit handelt es sich um Wasser. Die Wasserstoff-Atome in den Wasser-Molekülen müssen aus den organischen Stoffen stammen.

Organische Stoffe in und für Lebewesen

Alle Lebewesen sind u. a. aus organischen Stoffen aufgebaut. Dazu zählen die großen Gruppen der **Kohlenhydrate**, **Eiweiße** und **Fette**. Diese Stoffe bestehen aus Molekülen, in denen Kohlenstoff-, Wasserstoff-, Sauerstoff- und zum Teil auch Stickstoff-, Schwefel- und Phosphor-Atome gebunden sind.
Kohlenhydrate, Fette und Eiweiße sind nicht nur am Aufbau von Organismen beteiligt, sondern auch wichtige, energiereiche Nährstoffe für Menschen und Tiere.
Die mit der Nahrung aufgenommenen Eiweiße werden im Körper in sogenannte körpereigene Eiweiße umgebaut. Diese bilden dann Muskeleiweiß oder sind wichtige Enzyme (Biokatalysatoren). Fette liefern doppelt so viel Energie wie Eiweiße und Kohlenhydrate. Einige Fettbestandteile sind lebensnotwendig und werden daher als essenzielle Fettsäuren bezeichnet.

B3 Organische und anorganische Stoffe im Federmäppchen

Die Vielfalt der organischen Stoffe

Heute kennt man mehrere Millionen verschiedener organischer Stoffe, im Gegensatz dazu aber nur einige Hunderttausend anorganische Stoffe. Die Vielfalt der organischen Verbindungen ist durch den Bau des Kohlenstoff-Atoms erklärbar. Er ermöglicht die unterschiedlichsten Verknüpfungen zwischen Kohlenstoff-Atomen untereinander und zwischen Kohlenstoff-Atomen und anderen Atomen.
Organische Stoffe werden nicht nur als Nähr- und Brennstoffe eingesetzt, sondern sind auch notwendige Ausgangsstoffe für die Herstellung von Kunst- und Farbstoffen sowie von Medikamenten und Textilien.

Eine gute Möglichkeit, die Vielfalt der organischen Verbindungen systematisch und übersichtlich einzuteilen, ist, die Stoffe nach ihrer elementaren Zusammensetzung zu ordnen. Einen Teil der organischen Stoffklassen zeigt die Anordnung in **B4**.

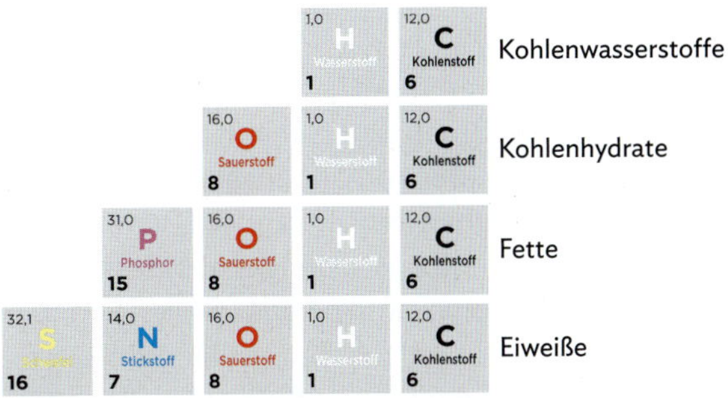

B4 Elemente in den Molekülen von Kohlenwasserstoffen und von den Hauptnährstoffen

AUFGABEN

A1 Die in **B3** abgebildeten Gegenstände finden sich in vielen Federmäppchen. Entscheide, ob die Stoffe, aus denen diese Gegenstände bestehen, dem Bereich der anorganischen oder dem der organischen Chemie zugeordnet werden können.

A2 Nenne je ein Beispiel für die Untergruppen der organischen Verbindungen in **B4**.

FACHBEGRIFFE

organische Chemie, organischer Stoff, anorganischer Stoff, Kohlenwasserstoffe, Kohlenhydrate, Fette, Eiweiße

Das Gas aus dem Laborbrenner

Methan, Propan und Butan sind organische Stoffe, die uns im Alltag meist in ihrem gasförmigen Zustand begegnen. Mit diesen Gasen werden beispielsweise Gasgrills oder die Brenner im Labor betrieben. Wie unterscheiden sie sich?

V1 Eigenschaften von Brennergas

PROBLEM

In der Schule kommen unterschiedliche Brennergase zum Einsatz. Bei Vorhandensein einer Erdgasleitung ist Methan der verwendete Brennstoff. Andere Schulen nutzen Propangas aus Gasflaschen, die man vom Camping oder Grillen kennt. Es gibt auch kleine Gaskartuschen mit aufgesetztem Brenner, die ein Gemisch aus Butan und Propan enthalten. Welche typischen Stoffeigenschaften besitzt das Brennergas an eurer Schule?

DURCHFÜHRUNG

Fange das Brennergas in einer wassergefüllten Wanne mit einem Reagenzglas pneumatisch auf und verschließe es mit einem Stopfen. Befestige das Reagenzglas leicht schräg, im Falle von Methan (GHS 2 | 4) mit der Öffnung nach oben und im Falle von Propan bzw. Butan (je GHS 2 | 4) mit der Öffnung nach unten, an einem Stativ. Entferne den Stopfen und entzünde das austretende Gas sofort mit einem Stabfeuerzeug.

AUSWERTUNG

a) Benenne Stoffeigenschaften des Brennergases, die aus **V1** abgeleitet werden können.

b) Begründe, dass das Reagenzglas je nach Brennergas mit der Öffnung nach unten bzw. oben am Stativ angebracht werden muss.

c) Leite aus der Beobachtung, dass die Brennergase verlustfrei „unter Wasser" aufgefangen werden können, eine gemeinsame Stoffeigenschaft von Methan, Propan und Butan ab.

d) Vergleiche die Beobachtungen zur Flammenfarbe aus **V1** mit der rauschenden Flamme eines Laborbrenners. Begründe, wieso sich die Flammen unterscheiden.

ENTSORGUNG –

V2 Chemische Zusammensetzung eines Brennergases

PROBLEM

Methan, Propan und Butan haben auf den ersten Blick vergleichbare Eigenschaften. Um sie erklären zu können, benötigen wir Erkenntnisse über deren chemische Zusammensetzung. Wie kann man diese am Beispiel eines dieser Gase untersuchen?

DURCHFÜHRUNG

a) Baue die Versuchsapparatur wie in **B1** zusammen. Entzünde den Gasbrenner (GHS 2 | 4) und stelle eine nicht leuchtende, nicht rauschende Flamme ein. Stelle den Gasbrenner unter den Trichter und sauge die Verbrennungsgase mithilfe der Wasserstrahlpumpe einige Minuten durch die Apparatur.

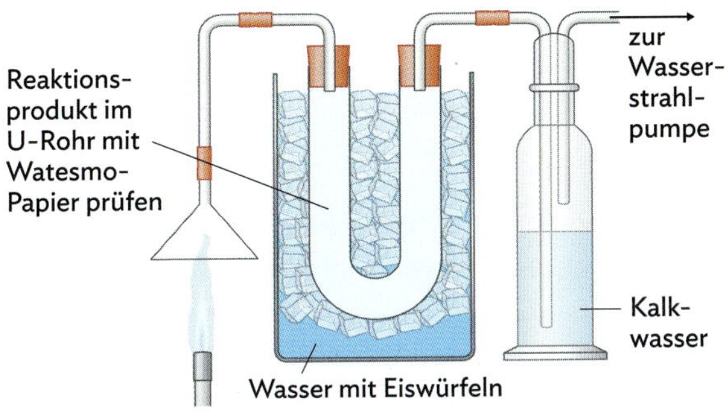

B1 Versuchsaufbau zu **V2**

b) Bestimme die Dichte des Gases mithilfe einer 50 mL Spritze und einer Waage (Versuchsanleitung unter QR-/Mediencode 05037-30).

05037-30

AUSWERTUNG

a) Notiere die Versuchsbeobachtungen von **V2a** und benenne die Reaktionsprodukte der Verbrennung.

b) Begründe, aus welchen chemischen Elementen das Verbrennungsgas aufgebaut ist.

c) Ermittle aus der in **V2b** bestimmten Dichte mithilfe des molaren Volumens 24,5 L die Molekülmasse von Methan, Propan oder Butan.

d) Stelle mithilfe des PSE die Molekülformel von Methan auf (Molekülmasse m = 16 u).

ENTSORGUNG –

V3 Untersuchung von Flüssiggas

PROBLEM

Feuerzeuggas ist ein Gemisch aus Propan und Butan. Durch die transparente Hülle mancher Feuerzeuge sieht man, dass das Gemisch im Inneren flüssig ist. Woran liegt das?

DURCHFÜHRUNG

a) Befülle eine 20 mL Spritze mithilfe einer Nachfüllkartusche mit Feuerzeuggas und verschließe die Spritze mit einem Stopfen. Die Kartusche muss dazu senkrecht, mit der Öffnung nach oben gehalten werden. Halte den Stopfen fest und drücke das Gas mit dem Spritzenstempel zusammen.

b) Fülle 3 mL „flüssiges Feuerzeuggas" in ein Reagenzglas. Dazu muss die Nachfüllkartusche mit der Öffnung nach unten über das Reagenzglas gehalten werden. Messe mit einem Thermofühler die Temperatur des Flüssiggases. Entzünde das Gas an der Reagenzglasöffnung und erwärme das Flüssiggas im Reagenzglas anschließend vorsichtig mit der Hand.

AUSWERTUNG

a) Fertige eine Skizze an, die die Beobachtungen beim Zusammendrücken von Feuerzeuggas in der Spritze auf Teilchenebene erklärt.

b) Beschreibe deine Beobachtungen aus **V3b** und begründe, dass sich die Flamme durch Erwärmen des Reagenzglases verändert.

ENTSORGUNG –

Eigenschaften und chemische Zusammensetzung von Methan, Propan und Butan

Methan, Propan und Butan liegen bei Raumtemperatur und einem Druck von 1 bar gasförmig vor. Sie sind farblos, sehr wenig wasserlöslich und brennbar (**V1**). Ihre Gemeinsamkeiten und Unterschiede können bei der Untersuchung der chemischen Zusammensetzung erklärt werden.

Verbrennt man Methan, Propan oder Butan, entstehen die Verbrennungsprodukte Kohlenstoffdioxid CO_2 und Wasser H_2O (**V2a**). Die Moleküle dieser Reinstoffe könnten demzufolge aus den Elementen Kohlenstoff, Sauerstoff und Wasserstoff aufgebaut sein.

Den Hinweis für die tatsächliche Zusammensetzung der Moleküle liefern die Molekülmassen. Hat man die Dichte experimentell bestimmt, lässt sich daraus die Molekülmasse der Verbindung berechnen (**V2b**). Zwischen der Dichte ρ (in g/L) eines Gases und der molaren Masse M (in g/mol) seiner Moleküle besteht über das **molare Volumen V_m** ein proportionaler Zusammenhang (vgl. Info):

Info

$$M = \frac{m}{n}, \quad \rho = \frac{m}{V}, \quad V_m = \frac{V}{n}$$

$\mathbf{M = V_m \cdot \rho}$ mit V_m = 24,5 L/mol bei 25 °C und 1 bar

Für Methan ergibt sich mit einer Dichte von 0,656 g/L eine molare Masse von ca. 16 g/mol. Ein einzelnes Methan-Molekül hat also eine Molekülmasse von 16 u. Dies entspricht bereits der Masse eines einzelnen Sauerstoff-Atoms. Da aus den Verbrennungsprodukten abgeleitet werden kann, dass Methan-Moleküle die Elemente Kohlenstoff und Wasserstoff enthalten, lässt sich Sauerstoff als ein weiterer Bestandteil von Methan-Molekülen ausschließen. Er stammt aus der Umgebungsluft.

Subtrahiert man die Atommasse 12 u eines Kohlenstoff-Atoms von der Gesamtmasse eines Methan-Moleküls, bleibt eine Masse von 4 u übrig. Daraus kann man schließen, dass das Methan-Molekül zusätzlich vier Wasserstoff-Atome mit einer Atommasse von jeweils 1 u enthält. Die Molekülformel des Methans ist damit CH_4 (**V2**).

Auch im molekularen Aufbau der Stoffe Propan und Butan ist Sauerstoff nicht vorhanden (**B1**). Bei allen drei Verbindungen handelt es sich um **Kohlenwasserstoffe**. Ihre Moleküle haben eine geringe Molekülmasse. Die drei Stoffe liegen bei Standardbedingungen als Gase vor.

	Molekülmasse in u	Molekülformel
Methan	16	CH_4
Propan	44	C_3H_8
Butan	58	C_4H_{10}

B1 Methan, Propan und Butan sind Kohlenwasserstoffe.

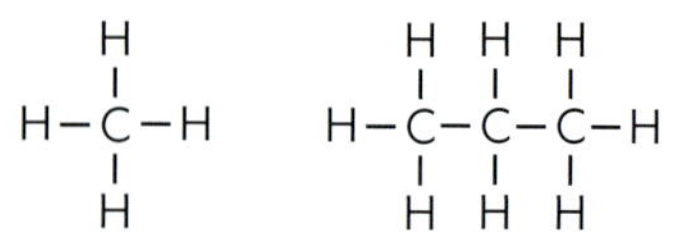

B2 Strukturformeln von Methan und Propan

Bei der Verbrennung von Methan, Propan und Butan bilden sich Kohlenstoffdioxid und Wasser. Die Moleküle dieser Kohlenwasserstoffe sind jeweils aus den Elementen Kohlenstoff und Wasserstoff aufgebaut.

Molekülstrukturen

In den Molekülen von Kohlenwasserstoffen sind Kohlenstoff-Atome über Elektronenpaarbindungen mit Wasserstoff-Atomen und weiteren Kohlenstoff-Atomen verknüpft. Ein Kohlenstoff-Atom hat vier Außenelektronen. Um die Edelgasregel zu erfüllen, benötigt es vier weitere Elektronen. Diese erhält es z. B. durch die Ausbildung von je einer Elektronenpaarbindung zu vier Bindungspartnern (**B2**).

Im Methan-Molekül ist das zentrale Kohlenstoff-Atom über vier Einfachbindungen an insgesamt vier Wasserstoff-Atome gebunden. Da sich die bindenden Elektronenpaare gegenseitig abstoßen und im größtmöglichen Abstand anordnen, bildet das Methan-Molekül gemäß des EPA-Modells die Struktur eines Tetraeders mit einem Bindungswinkel von 109,5° (vgl. S. 274). Im Propan-Molekül ergibt sich durch die Elektronenpaarabstoßung eine zickzackartige Anordnung (**B3**).

In den Methan-, Propan- und Butan-Molekülen sind die Kohlenstoff-Atome in Form eines Tetraeders mit vier Bindungspartnern über Elektronenpaarbindungen verknüpft.

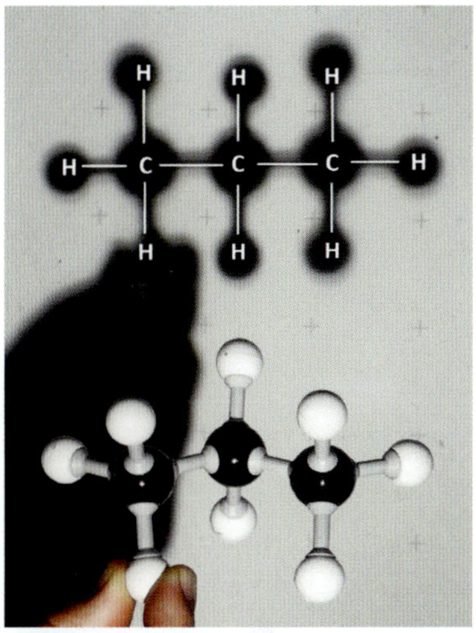

B3 Kugelstabmodell des Propan-Moleküls. Das Schattenbild spiegelt die zweidimensionale Strukturformel wider.

Gleich und doch verschieden

Im Butan-Molekül mit vier Kohlenstoff-Atomen gibt es verschiedene Möglichkeiten, wie die einzelnen Atome angeordnet sein können (**B4**). Stoffe, deren Moleküle die gleiche Molekülformel, aber eine unterschiedliche Strukturformel (Anordnung der Atome im Molekül) aufweisen, werden als **Isomere** bezeichnet. Mit einer unterschiedlichen Verknüpfung der Atome im Molekül verändert sich auch dessen Oberfläche. Isobutan-Moleküle bilden im Vergleich zu *n*-Butan-Molekülen aufgrund einer verringerten Oberfläche untereinander weniger starke VAN-DER-WAALS-Wechselwirkungen aus. Die Isomere unterscheiden sich deshalb in ihren Stoffeigenschaften wie z. B. der Siedetemperatur.

Moleküle von Isomeren unterscheiden sich trotz gleicher Anzahl an gleichartigen Atomen (gleiche Molekülformeln) in der Anordnung der Atome (verschiedene Strukturformeln). Isomere haben unterschiedliche Eigenschaften.

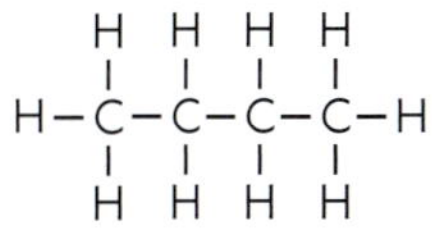

unverzweigt: *n*-Butan

Siedetemperatur: -0,5 °C

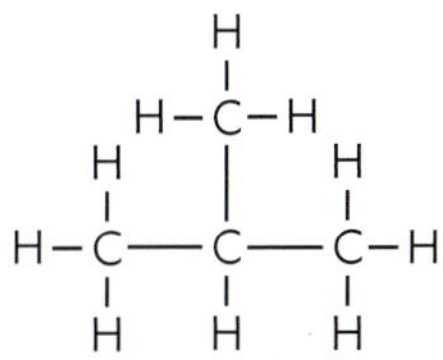

verzweigt: Isobutan

Siedetemperatur: -11,7 °C

B4 Strukturformeln der Isomere des Butan-Moleküls und ihre Siedetemperaturen

AUFGABEN

A1 Recherchiere das Vorkommen von Methan in der Natur.

A2 Ein Kohlenwasserstoff-Molekül besitzt die Molekülmasse von 30 u. Leite mithilfe von **B1** und **B2** die Strukturformel für diesen Kohlenwasserstoff ab und recherchiere seinen Namen.

Verwendung von Propan und Butan als Flüssiggas

Propan und n-Butan besitzen mit -42,1 °C und -0,5 °C vergleichsweise niedrige Siedetemperaturen und liegen bei Raumtemperatur in der Regel gasförmig vor. Im Feuerzeug oder einer Gaskartusche sind diese Stoffe jedoch flüssig. Woran liegt das?

Komprimiert man Feuerzeuggas mit einer Spritze, bilden sich an der Innenwand kleine Tropfen, das Gas liegt als Flüssigkeit vor (**V3a**), man spricht von **Flüssiggas**. In Folge des verringerten Volumens sinkt der Molekülabstand und die zwischenmolekularen Anziehungskräfte werden wirksam. Löst man den Spritzenstempel, kehrt das Flüssiggas in den gasförmigen Zustand zurück (**V3a**), da die Molekülabstände größer werden und die Teilchengeschwindigkeiten zunehmen (**B5**).

B5 Feuerzeuggas beim Komprimieren auf Stoff- und Teilchenebene.

Temperatur in °C	Dichte in g/L
-42,1	581 (Flüssigkeit)
0	2,011 (Gas)
15	1,911 (Gas)

B6 Dichten von Propan bei 1,013 bar

Flüssiggas entzieht der Umgebung beim Verdampfen eine große Wärmemenge. Dies ist dadurch zu erklären, dass die eng aneinander liegenden Moleküle ihre gegenseitigen Anziehungskräfte überwinden müssen, um sich über ein größeres Raumvolumen zu verteilen. Wird dem Flüssiggas wie bei **V3b** zusätzlich thermische Energie zugeführt, wird der Prozess des Verdampfens beschleunigt. Druck und Temperatur (**B6**) beeinflussen damit wesentlich die Dichte der gasförmigen Kohlenwasserstoffe.

> Feuerzeuggas liegt bei Raumtemperatur flüssig vor, wenn es unter hohem Druck steht. Wird der Druck verringert, entzieht das Flüssiggas der Umgebung thermische Energie.

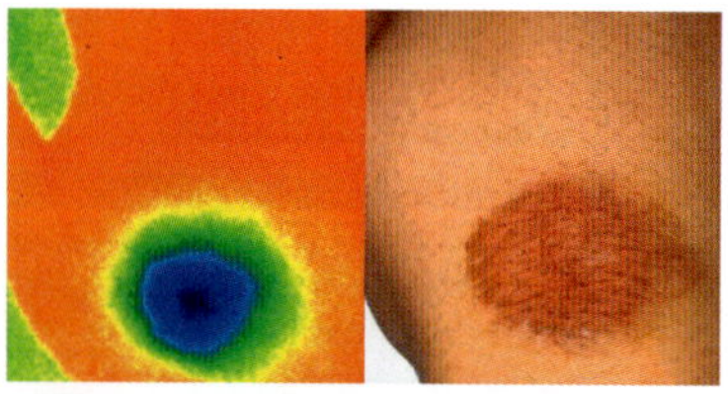

B7 Wärmebild und Foto einer Kälteverbrennung

Dies merkt man z. B. auch, wenn man beim Nachfüllen eines Feuerzeugs etwas Gas auf die Haut bekommt. Wird der Haut durch das verdampfende Flüssiggas zu viel Wärme entzogen, kann es zu Kälteverbrennungen kommen (**B7**). Den Kühlungseffekt nutzt man aber bei Kältesprays zur Behandlung von Sportverletzungen.

Analyse von Brennergas mittels Gaschromatografie

Feuerzeuggas ist kein Reinstoff, sondern ein Gemisch verschiedener gasförmiger Kohlenwasserstoffe. Mit dem Verfahren der **Gaschromatografie** ist man in der Lage, die einzelnen Reinstoffe des Stoffgemisches anhand ihrer unterschiedlichen Stoffeigenschaften zu trennen.

Dabei wird das zu untersuchende Gasgemisch in einer komplexen Apparatur durch ein dünnes beheiztes Rohr (Trennsäule) geleitet. Das Rohr ist im Inneren mit Substanzen beschichtet, die die einzelnen Reinstoffe des Stoffgemisches je nach Stoffeigenschaft unterschiedlich stark zurückhalten. Dadurch wandern die einzelnen Stoffe mit ungleicher Geschwindigkeit durch die Trennsäule (**B8**).

Die Reinstoffe verlassen die Trennsäule in zeitlichem Abstand zueinander und werden dabei von einem Detektor erfasst. Dieser erzeugt beim Durchströmen der Stoffe ein elektrisches Signal, das durch einen Computer in einem **Chromatogramm** dargestellt wird. Wenn eine Gruppe von Reinstoff-Teilchen den Detektor passiert, wird ein Kurvenausschlag (Peak) sichtbar. Aus dem Chromatogramm lässt sich die Anzahl der Stoffkomponenten ableiten. Liegen entsprechende Referenzwerte vor, kann man die einzelnen Stoffe des Gemischs identifizieren.

Das Chromatogramm von Feuerzeuggas zeigt drei Peaks (**B9**). Propan und Butan unterscheiden sich in ihrer Moleküloberfläche. Die Wechselwirkungen zu den Teilchen der Trennsäule sind aufgrund der unterschiedlichen Oberflächen unterschiedlich stark.

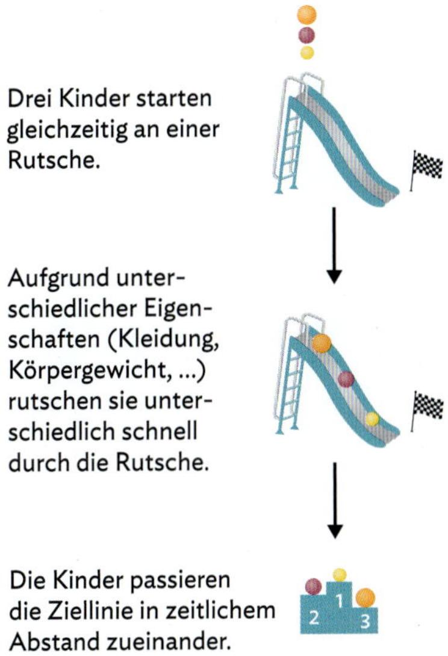

B8 Modellhafte Betrachtung des Trennprinzips bei einer Gaschromatografie

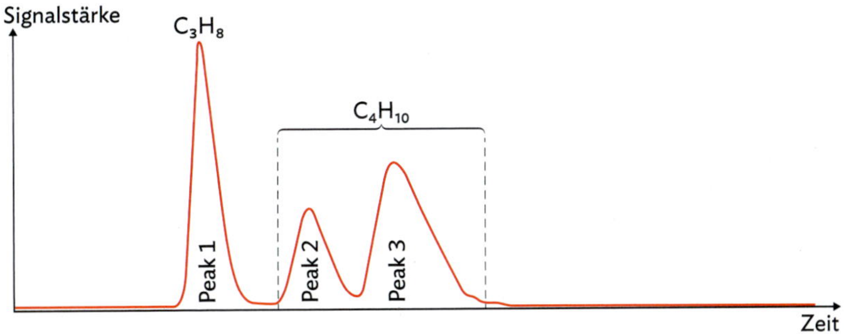

B9 Chromatogramm von Feuerzeuggas

Gasförmige Kohlenwasserstoffe durchlaufen je nach Molekülstruktur eine Trennsäule bei der Gaschromatografie unterschiedlich schnell. Aus der Anzahl der Peaks in einem Chromatogramm lässt sich die Anzahl der Stoffkomponenten eines analysierten Gasgemisches ableiten.

AUFGABEN

A1 Begründe, dass es gefährlich ist, wenn Propan- oder Butangas unkontrolliert aus einem Behälter austritt. Leite entsprechende Sicherheitsregeln zum Umgang ab.

A2 Gib mithilfe des abgebildeten Chromatogramms (**B9**) die Strukturformeln der Stoffkomponenten von Feuerzeuggas an.

FACHBEGRIFFE

molares Volumen V_m, Kohlenwasserstoffe, Isomere, Gaschromatografie, Chromatogramm, Flüssiggas

Homologe Reihe und Eigenschaften der Alkane

Tochter, Mutter, Großmutter und so weiter: Sie alle gehören zu der gleichen Familie. Methan, Ethan, Propan, Butan und so weiter: Auch in der Familie der sogenannten Alkane gibt es eine Art Stammbaum. Woran kann man die Verwandtschaft innerhalb der Alkane erkennen? Was ist gleich, worin liegen die Unterschiede?

V1 Eigenschaften flüssiger Alkane

GHS 2 | 7 | 8 | 9

PROBLEM

Bei den „Familienangehörigen“ Methan, Propan und Butan nimmt die Zahl der Kohlenstoff-Atome in den Molekülen immer weiter zu. Wie unterscheiden sich ihre Eigenschaften?

DURCHFÜHRUNG

a) Gib 2 mL Heptan C_7H_{16} (GHS 2 | 7 | 8 | 9) in eine Porzellanschale. Halte einen entzündeten Holzspan darüber. Lösche das Feuer mittels Drahtnetz. Wiederhole **V1a** mit Dodecan $C_{12}H_{26}$ (GHS 8) und flüssigem Paraffin (u. a. Hexadecan $C_{16}H_{34}$, GHS 8). Erhitze zuvor im Wasserbad.

b) Verbinde zwei Stative mit einer Schnur und hänge drei Filterpapiere daran. Tropfe zeitgleich 1 mL der in **V1a** untersuchten Stoffe auf je ein Papier.

c) Pipettiere in drei Reagenzgläser 2 mL Heptan und gibt dann etwas Speiseöl und Wasser dazu. Wiederhole den Versuch mit Dodecan und Paraffin.

AUSWERTUNG

a) Zeichne die Strukturformeln der untersuchten Stoffe aus **V1a**.

b) Vergleiche die Flammen von **V1a** mit einer Brennerflamme und benenne die Verbrennungsprodukte.

c) Beschreibe deine Beobachtungen zur Entflammbarkeit der Stoffe in **V1a** und stelle einen Zusammenhang zu **V1b** her.

d) Ordne mithilfe von **V1b** den Stoffen die Siedetemperaturen 216 °C, 98 °C und > 220 °C zu. Erkläre deine Zuordnung mithilfe der Molekülstruktur.

e) Finde bei **V1c** eine gemeinsame Eigenschaft des jeweiligen Lösemittels und der sich darin lösenden Stoffe und formuliere einen Merksatz.

ENTSORGUNG G3

M2 Isomere bauen und benennen

Hexan-Moleküle haben die Formel C_6H_{14}. Zu dieser Molekülformel findet man jedoch viele verschiedene Strukturformeln. Wie kann man diese eindeutig benennen?

Baue mit dem Molekülbaukasten alle möglichen Strukturformeln für Hexan. Drehe die einzelnen Bestandteile deiner Moleküle in sich und um die eigenen Achsen und überprüfe, ob sich deine Modelle doppeln.

AUSWERTUNG

a) Vergleiche deine Moleküle mit den in **B1** dargestellten Molekülen.

b) Formuliere Regeln für die Benennung dieser Moleküle, indem du das dargestellte Molekül mit dem angegebenen Namen vergleichst. *Hinweis:* Betrachte für die Benennung u. a. jeweils die längste „Kette" aus C-Atomen.

c) Benenne anhand deiner aufgestellten Regeln das letzte Isomer von Hexan in **B1**.

$CH_3-CH_2-CH_2-CH_2-CH_2-CH_3$ *n*-Hexan

$CH_3-CH(CH_3)-CH_2-CH_2-CH_3$ 2-Methylpentan

$CH_3-CH_2-CH(CH_3)-CH_2-CH_3$ 3-Methylpentan

$CH_3-C(CH_3)_2-CH_2-CH_3$ 2,2-Dimethylbutan

$CH_3-CH(CH_3)-CH(CH_3)-CH_3$?

B1 Isomere des Hexans und ihre Bezeichnungen

LV3 Bromierung von Heptan

PROBLEM

Ein Gemisch von Heptan und Brom reagiert erst unter besonderen Bedingungen. Wie kommt es zur Reaktion und welches Produkt entsteht dabei?

DURCHFÜHRUNG

10 mL Bromwasser (GHS 7) werden hergestellt (QR-/Mediencode 05037-31) und mit 10 mL Heptan (GHS 2 | 7 | 8 | 9) im Scheidetrichter ausgeschüttelt. In zwei dreiteilige Petrischalen werden jeweils in ein Abteil (1) 3 mL der Heptan-Brom-Phase pipettiert. In das nächste Abteil (2) werden je 3 mL ammoniakalische Silbernitratlösung (GHS 5 | 9) und in das letzte Segment (3) je 3 mL Wasser (schwach alkalisch) mit wenigen Tropfen Universalindikator (GHS 2 | 7) gegeben (**B2**). Beide Petrischalen werden mit einem Deckel verschlossen. Eine davon wird dunkel abgedeckt und die andere davon mit hellem Licht (z. B. LED-Taschenlampe) bestrahlt.

05037-31

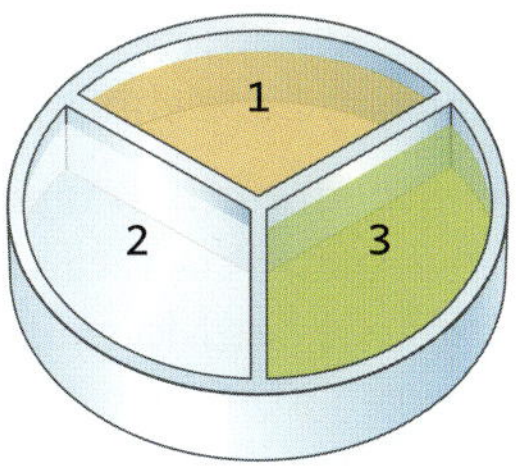

B2 Versuchsaufbau zu **LV3**

AUSWERTUNG

a) Nenne den Auslöser für die Reaktion.

b) Fasse deine Beobachtungen zu **LV3** tabellarisch zusammen.

c) Erläutere die Aussagen, die man aus der Farbänderung des Universalindikators und dem Niederschlag in der Silbernitratlösung über das Produkt schlussfolgern kann.
Hinweis: Silbernitratlösung dient dem Nachweis von Halogenid-Ionen.

ENTSORGUNG G2, G4

Die homologe Reihe der Alkane

Die Familie der **Alkane** ist groß und vielseitig. Durch die Verknüpfung von Kohlenstoff- und Wasserstoff-Atomen über Einfachbindungen entstehen unterschiedliche Verbindungen, die man in vielen Alltagsprodukten findet. Sowohl in Kosmetika als auch in Werkstoffen müssen diese klar gekennzeichnet sein. Wie ist es möglich, die unterschiedlichsten Alkane eindeutig zu benennen?

Ordnet man die einfachen Kohlenwasserstoffe Methan, Ethan, Propan und Butan nach aufsteigender Zahl an Kohlenstoff-Atomen an, ist die so gebildete Reihe dadurch gekennzeichnet, dass jedes weitere Alkan immer eine CH_2-Gruppe mehr aufweist, als das vorherige. Diese Abfolge an Molekülen lässt sich beliebig fortsetzen und wird als **homologe Reihe** bezeichnet (vgl. Info, **B1**).

Info
Der Begriff „homolog" stammt aus dem Griechischen für *homos* = gleich und *logos* = Stoff.

Name	Molekülformel	Halbstrukturformel	Siedetemperatur in °C
Methan	CH_4	CH_4	-161,5
Ethan	C_2H_6	CH_3-CH_3	-88,6
Propan	C_3H_8	$CH_3-CH_2-CH_3$	-42,1
n-Butan	C_4H_{10}	$CH_3-(CH_2)_2-CH_3$	-0,5
n-Pentan	C_5H_{12}	$CH_3-(CH_2)_3-CH_3$	36,1
n-Hexan	C_6H_{14}	$CH_3-(CH_2)_4-CH_3$	68,7
n-Heptan	C_7H_{16}	$CH_3-(CH_2)_5-CH_3$	98,4
n-Octan	C_8H_{18}	$CH_3-(CH_2)_6-CH_3$	125,6
n-Nonan	C_9H_{20}	$CH_3-(CH_2)_7-CH_3$	150,8
n-Decan	$C_{10}H_{22}$	$CH_3-(CH_2)_8-CH_3$	174,1

B1 Homologe Reihe der Alkane

Die Vorsilben Meth-, Eth-, Prop-, und But- bei den Namen der entsprechenden Alkane sind historisch bedingt. Alle weiteren Namen werden aus dem griechischen Zahlwort für die Anzahl der Kohlenstoff-Atome abgeleitet und erhalten die Endung -an. Unverzweigte Alkane werden als *n*-Alkane (*n* für normal) bezeichnet.

Da das Zeichnen der Strukturformel sehr aufwendig sein kann, gibt es eine Möglichkeit der vereinfachten Darstellung, die **Halbstrukturformel**. Sie fasst einzelne Teile des Moleküls zusammen. Die Art der Verknüpfungen zwischen den Kohlenstoff-Atomen muss aber trotzdem klar erkennbar bleiben (**B2**).

C_5H_{12}

Molekülformel

$CH_3-CH_2-CH_2-CH_2-CH_3$

oder

$CH_3-(CH_2)_3-CH_3$

Halbstrukturformel

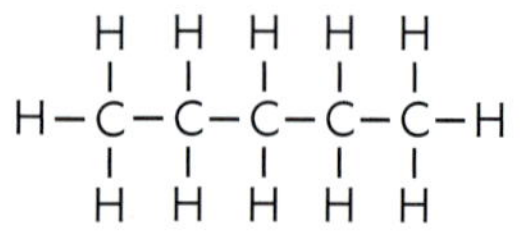

Strukturformel

B2 Unterschiedliche Schreibweisen der Formel von *n*-Pentan

Alle Vertreter der homologen Reihe der Alkane sind durch die Endung –an gekennzeichnet und haben die allgemeine Molekülformel C_nH_{2n+2}. Zwischen den Atomen liegen Einfachbindungen vor.

Isomere

Von der Grundstruktur der homologen Reihe lassen sich alle anderen Verbindungen ableiten. So können z. B. an eine Kette weitere Seitenketten gebunden sein, die als **Alkyl-Gruppen** bezeichnet werden. Von Hexan sind fünf verschiedene Isomere denkbar. Dazu zählen das unverzweigte *n*-Hexan und vier weitere verzweigte Isohexane. Die Benennung erfolgt nach eindeutigen Regeln (**FM** S. 367). Beim 2,3-Dimethylbutan (**M2**, **B3**) z. B. ist die längste unverzweigte Kohlenstoff-Kette das Butan mit vier C-Atomen. Am zweiten und dritten C-Atom sitzt jeweils ein CH_3-Rest, der als Methyl-Rest bezeichnet wird. Aufgrund seiner Molekülformel C_6H_{14} handelt es sich insgesamt um das Alkan Hexan.

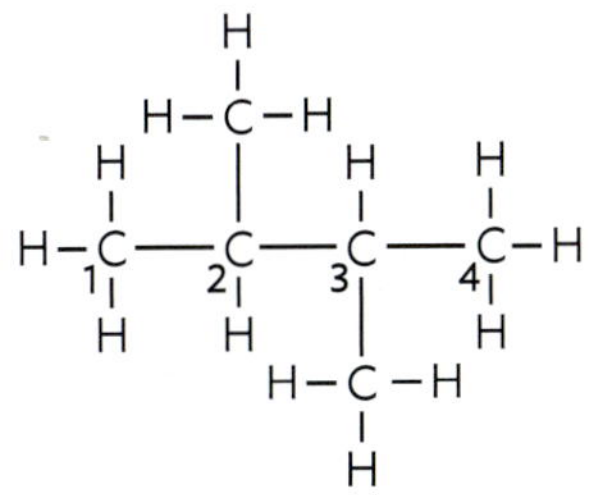

B3 Strukturformel von 2,3-Dimethylbutan

Verbrennungsreaktionen der Alkane

Viele Alkane werden als Brennstoffe genutzt. Während bei der Verbrennung im Gasbrenner kein Rauch aufsteigt, verursacht der Brand eines Öltankers (**B4**) eine heftig rußende Flamme. Welche Produkte entstehen bei der Verbrennung von Alkanen?

B4 Heftig rußende Flamme bei einem Öltankerunglück vor Genua in Italien

Bei der Verbrennung von Propan im Gasbrenner mit geöffneter Luftzufuhr kann man die Verbrennungsprodukte Kohlenstoffdioxid und Wasser nachweisen (vgl. S. 356). Es handelt sich um eine **vollständige Verbrennung**.

$$C_3H_8\,(g) + 5\,O_2\,(g) \longrightarrow 3\,CO_2\,(g) + 4\,H_2O\,(g) \qquad |\ \text{exotherm}$$

Schließt man am Gasbrenner die Luftzufuhr, ändert die Flamme ihre Farbe von Blau zu Gelb. Die Flamme von Heptan (C_7H_{16}) ist ebenfalls gelb und man beobachtet eine leichte Rußentwicklung. Bei der Verbrennung von Dodecan ($C_{12}H_{26}$) nimmt die Rußentwicklung zu und beim Paraffin (u. a. $C_{16}H_{34}$) bleibt sogar eine schwarze Schicht im Tiegel zurück (**V1a**). Zur vollständigen Verbrennung von Paraffin ist eine große Stoffmenge an Sauerstoff nötig. Reicht diese nicht aus, findet eine **unvollständige Verbrennung** statt, bei der zusätzlich Kohlenstoffmonooxid und Kohlenstoff in Form von Ruß entstehen. Das Verhältnis der Produkte ist von der Sauerstoffzufuhr abhängig.

Bei einer vollständigen Verbrennung von Alkanen ist genügend Sauerstoff vorhanden und es entstehen ausschließlich die Produkte Kohlenstoffdioxid und Wasser.

AUFGABEN

A1 Formuliere die Reaktionsgleichung für die vollständige Verbrennung von a) Heptan und b) Nonan.

A2 Stelle alle möglichen Strukturformeln von a) Pentan und b) Heptan auf. Markiere unter den Isomeren jeweils das *n*-Alkan.

Die Struktur bestimmt die Eigenschaften

Wachsflecken auf der Kleidung sind nur schwer zu entfernen, es sei denn man verwendet Waschbenzin, eine Mischung aus verschiedenen Alkanen. Beim Umgang mit Waschbenzin ist aber Vorsicht geboten, da es sehr leicht entflammbar ist.

Während sich Heptan schon entzündet, wenn die Flamme die Flüssigkeit noch gar nicht berührt, muss flüssiges Paraffin sogar leicht erwärmt werden, um seine Flammtemperatur zu erreichen (**V1a**). Das liegt daran, dass bei Heptan ein größerer Anteil des Stoffes schon unterhalb der Siedetemperatur in die Gasphase übergeht, d. h. verdunstet (**V1b**). Erst wenn sich über dem Stoff ein Gas-Luft-Gemisch gebildet hat, kann sich dieses entzünden. Damit ein Stoff vom flüssigen in den gasförmigen Zustand übergehen kann, müssen die Anziehungskräfte zwischen den Teilchen überwunden werden.

Die Moleküle der Alkane enthalten unpolare C–C- und nahezu unpolare C–H-Bindungen. Aufgrund der kurzfristigen ungleichen Verteilung von Elektronen bilden sich VAN-DER-WAALS-Wechselwirkungen zwischen diesen temporären Dipolen aus (S. 283). Da die Wahrscheinlichkeit für einen temporären Dipol mit zunehmender Elektronenzahl und Oberfläche der Moleküle steigt, nehmen auch die Wechselwirkungen zu (**B5**). Dies zeigt sich u. a. bei den Siedetemperaturen: *n*-Heptan, dessen Moleküle mit je sieben C-Atomen relativ kurzkettig sind, siedet bereits bei 98 °C; *n*-Dodecan ($C_{12}H_{26}$) siedet erst bei 216 °C und für das flüssige Paraffin, bei dem es sich um ein Gemisch verschiedener Alkane aus langkettigen Molekülen mit 14-16 C-Atomen handelt, ist eine Temperatur von mindestens 220 °C notwendig.

_n_-Heptan
Siedetemperatur: 98 °C

_n_-Dodecan
Siedetemperatur: 216 °C

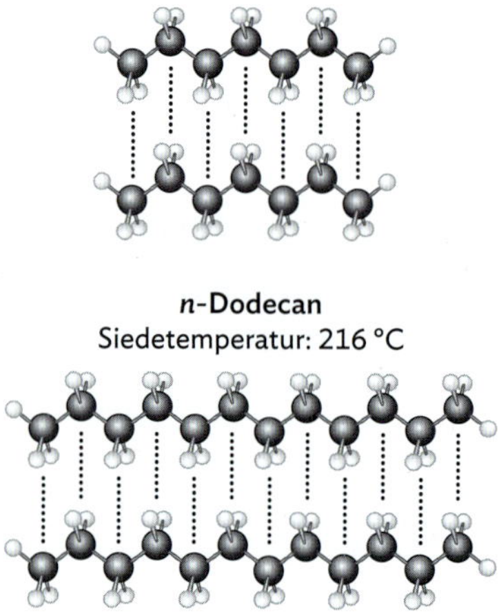

B5 Vergleich der Wechselwirkungen zwischen *n*-Heptan- und *n*-Dodecan-Molekülen.

> Je langkettiger die Moleküle eines Alkans sind, desto mehr Wechselwirkungen können sich zwischen ihnen ausbilden und desto höher ist z. B. die Siedetemperatur des Alkans.

Alkane als Lösemittel

Alkane sind hervorragende Lösemittel für Wachse, Fette und andere Alkane. Wasser lösen sie jedoch nicht (**V1c**). Während es sich bei den Molekülen der Alkane, Wachse und Fette um temporäre Dipole handelt, liegen bei Wasser-Molekülen permanente Dipole vor. Die VAN-DER-WAALS-Wechselwirkungen zwischen permanenten Dipolen sind jedoch wesentlich stärker. Mischt man z. B. Heptan mit Wasser, so sind die Anziehungskräfte zwischen den Wasser-Molekülen, auch aufgrund der sich bildenden Wasserstoffbrücken, so stark, dass sich die Heptan-Moleküle nicht dazwischen platzieren können.

Um das Löseverhalten von Stoffen zu beschreiben, bezieht man sich in der Regel auf ihr Verhalten gegenüber Wasser. Stoffe, die sich gut in Wasser lösen, werden als **hydrophil** (= wasserliebend) bezeichnet. Stoffe, die sich nicht in Wasser lösen lassen, sind **hydrophob** (= wassermeidend). Alkane zählen zu den hydrophoben Stoffen. Da sie jedoch Fette und fettähnliche Stoffe lösen, werden sie auch als **lipophil** (= fettliebend) bezeichnet, Wasser dagegen ist **lipophob** (= fettmeidend). Es gibt wenige Stoffe, wie zum Beispiel Seife, die sowohl lipophile als auch hydrophile Stoffe lösen können.

Je ähnlicher Stoffe in Bezug auf die Wechselwirkungen zwischen ihren Teilchen sind, desto besser lösen sie sich ineinander. Wasserlösliche Stoffe werden als hydrophil, fettliebende Stoffe als lipophil bezeichnet.

Die Viskosität

Lässt man je eine Metallkugel in je einem Gefäß mit *n*-Heptan und Paraffin absinken, so sinkt die in Paraffin befindliche Kugel langsamer als die Kugel in *n*-Heptan. Das unterschiedlich schnelle Absinken der Kugeln ist auf die unterschiedliche Zähflüssigkeit dieser Stoffe zurückzuführen. Ein Maß für die Zähflüssigkeit ist die **Viskosität**.

Paraffin ist also zähflüssiger und hat somit die größere Viskosität. Alkane mit kurzen Kohlenstoff-Ketten in den Molekülen sind dünnflüssiger als Alkane mit langen Kohlenstoff-Ketten in den Molekülen. Auch hier sind die mit wachsender Kettenlänge zunehmend auftretenden VAN-DER-WAALS-Wechselwirkungen die Ursache der beobachteten Stoffeigenschaft: Langkettige Moleküle ziehen sich untereinander stärker an und können daher nur schwer aneinander vorbeigleiten, die Flüssigkeiten werden zähflüssiger.

B6 Alkane mit langkettigen Molekülen werden aufgrund ihrer hohen Viskosität auch bei erhöhten Temperaturen als Schmiermittel in Motoren eingesetzt.

Die Viskosität ist ein Maß für die Zähflüssigkeit eines Stoffes. Sie nimmt innerhalb der homologen Reihe der Alkane mit zunehmender Kettenlänge zu.

Ab *n*-Heptadecan ($C_{17}H_{36}$) ist die Anziehung zwischen den Molekülen so stark, dass diese Alkane fest sind.

AUFGABEN

A1 Ordne die Stoffe *n*-Butan, Isobutan und Propan begründet nach steigender Siedetemperatur.

A2 Beurteile die Möglichkeit, Fettflecken mit Wasser bzw. Heptan aus der Kleidung zu entfernen.

A3 Erläutere, dass Hexan bei Raumtemperatur flüssig und Dodecan zähflüssig ist.

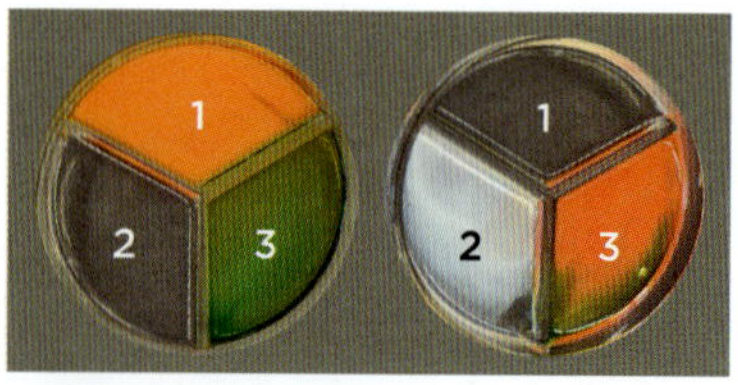

B7 LV3 vor (links) und nach der Reaktion (rechts)

Die Bromierung von Heptan

Wird Brom zu Heptan gegeben, bleibt die braune Farbe des Broms zunächst erhalten. Wird das Gemisch intensiv belichtet, verschwindet die Färbung (**LV3**, **B7-1**). Dabei entsteht ein weißer Nebel, in der Silbernitratlösung im benachbarten Schalendrittel bildet sich ein weißgelblicher Niederschlag (**B7-2**), der als Nachweis für Bromid-Ionen gilt. Der Universalindikator im letzten Segment färbt sich rot (**B7-3**) und zeigt eine saure Lösung an. Das gasförmige Produkt hat sich folglich in den beiden anderen Schalendritteln gelöst. Wie Chlorwasserstoff bildet auch Bromwasserstoff an feuchter Luft weißen Nebel und reagiert mit Wasser zu einer sauren Lösung. Bromwasserstoff-Moleküle bilden mit Wasser-Molekülen Oxonium- und Bromid-Ionen:

$$HBr\ (g) + H_2O\ (l) \longrightarrow H_3O^+\ (aq) + Br^-\ (aq)$$

Das Verschwinden der Färbung resultiert aus der Reaktion des Broms mit Heptan. Dabei entstehen Bromheptan und Bromwasserstoff:

$$C_7H_{16}\ (l) + Br_2\ (l) \xrightarrow{\text{Licht}} C_7H_{15}Br\ (l) + HBr\ (g)$$

Da hier ein Brom-Atom ein Wasserstoff-Atom ersetzt, spricht man von einer **Substitution** (lat. *substituere*: ersetzen, austauschen).

Andere Alkane reagieren ähnlich. Dabei können Wasserstoff-Atome an verschiedenen Stellen ersetzt werden, z. T. mehrfach. Als Austauschpartner kommen weitere Halogene und Atomgruppen in Betracht.

> Eine chemische Reaktion, bei der Atome oder Atomgruppen an einem Molekül durch andere Atome oder Atomgruppen ersetzt werden, nennt man Substitution.

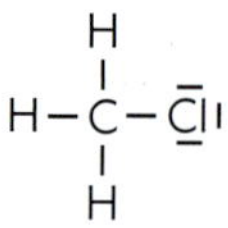

Chlormethan

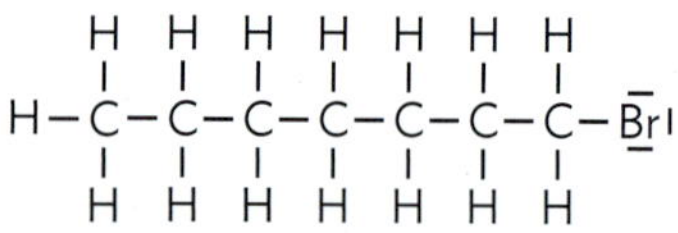

1-Bromheptan

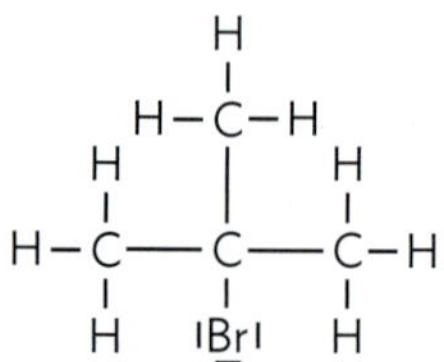

2-Brom-2-methylpropan

B8 Benennung verschiedener Halogenalkane

Die Familie der **Halogenalkane** umfasst eine große Anzahl an Substitutionsprodukten. Auch sie können eindeutig benannt werden, das Halogen-Atom wird dabei nach IUPAC wie eine Seitenkette behandelt (**B8**).

Halogenalkane wurden früher zur Entfettung, als Treibmittel in Sprays, als Feuerlösch- oder Kältemittel eingesetzt. Viele Halogenalkane sind giftig und krebserregend. Außerdem bauen sie die schützende Ozonschicht ab. Deshalb geht ihr Einsatz heute zurück.

FACHBEGRIFFE

Alkane, homologe Reihe, Halbstrukturformel, Alkyl-Gruppe, vollständige und unvollständige Verbrennung, hydrophil, hydrophob, lipophil, lipophob, Viskosität, Substitution, Halogenalkane

AUFGABEN

A1 Stelle folgende Strukturformeln auf: 2-Iodoctan, 2,3-Dichlorbutan, 5-Chlor-2-methylpentan.

A2 Formuliere die Reaktionsgleichung für die Bildung von Chlormethan.

A3 Recherchiere die Begriffe FCKW und Ozonschicht und ihren Zusammenhang.

Kohlenwasserstoffe nach IUPAC-Regeln benennen

Die IUPAC (International Union of Pure and Applied Chemistry) will die Kommunikation über Chemie weltweit durch eine einheitliche Sprache erleichtern. Daher hat sie Regeln zu einer schrittweisen Benennung aufgestellt. Wie ermittelt man den IUPAC-Namen eines Alkans?

So geht's

1. Ermittle den Stammnamen der Verbindung.
   - Bestimme die längste nicht verzweigte Kette aus Kohlenstoff-Atomen. Diese muss nicht waagerecht angeordnet sein. Sie erhält die Vorsilbe aus der homologen Reihe und die Endung –an. Unverzweigte Alkane erhalten die Bezeichnung *n*–, z. B. *n*-Octan.
2. Benenne die Seitenketten (Alkyl-Gruppen) nach der Anzahl der Kohlenstoff-Atome.
   - Die Bezeichnung entspricht der des Alkans mit der gleichen Anzahl an Kohlenstoff-Atomen. Die Endsilbe lautet –yl statt –an, z. B. methyl-, ethyl-, propyl- usw.
3. Nummeriere die Kohlenstoff-Atome der längsten Kette und kennzeichne damit die Position der Alkyl-Gruppen.
   - Beginne an dem Ende der längsten Kette, an dem sich eine möglichst kleine Zahl für die Position der ersten Seitenkette ergibt. Benenne die Lage der Seitenketten durch die Nummern der Kohlenstoff-Atome, an denen sich die Alkyl-Gruppe befindet.
4. Gib die Anzahl durch die Zahlwörter di-, tri-, tetra-, penta-, hexa-, usw. an, wenn eine Alkyl-Gruppe mehrfach vorhanden ist.
5. Ordne verschiedene Alkyl-Gruppen alphabetisch.

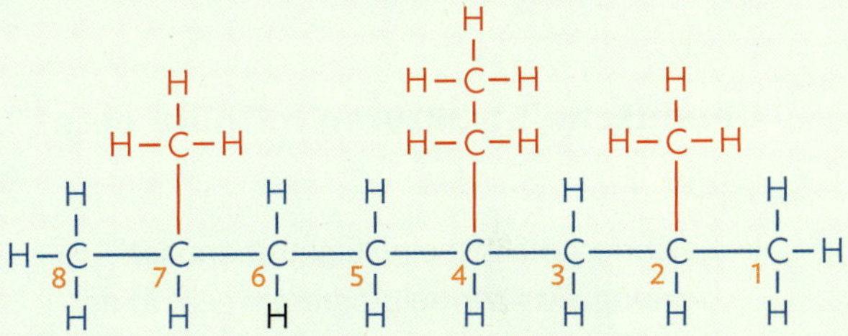

1. 4-Ethyl-2,7-dimethyloctan
2. 4-Ethyl-2,7-dimethyloctan
3. 4-Ethyl-2,7-dimethyloctan
4. 4-Ethyl-2,7-dimethyloctan
5. 4-Ethyl-2,7-dimethyloctan
   nicht 2,7-Dimethyl-4-ethyloctan

AUFGABEN

A1 Benenne folgende Alkane:

a) 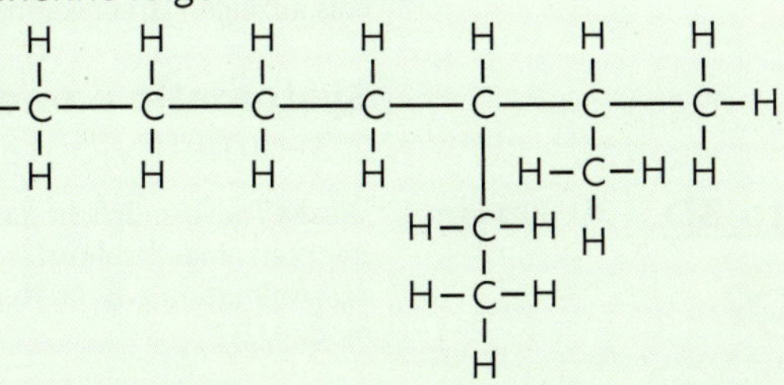

b) 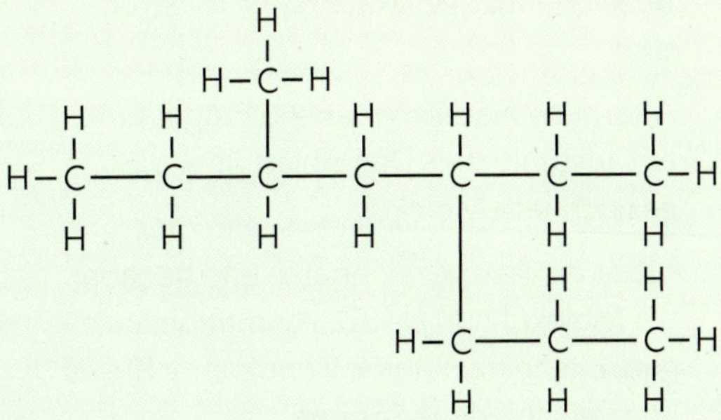

A2 Zeichne die Strukturformel von a) 2,3-Dimethylpentan und b) 5-Butyl-2,5-dimethyl-4-propyldecan.

Chemische Strukturen digital zeichnen

Die Vielfalt an organischen Verbindungen ist groß. Immer wieder stößt man bei der Benennung von Strukturformeln auf Probleme. Gerade bei komplexen Formeln fällt es schwer, sich den räumlichen Bau des dargestellten Moleküls vorzustellen. Computerprogramme können hier weiterhelfen. Sie dienen neben Recherchezwecken auch der Veranschaulichung von Molekülen z. B. in 3D-Modellen. Die wichtigsten Grundfunktionen der verschiedenen Programme sind im Wesentlichen identisch. Wie erstellt man die chemische Struktur eines Alkan-Moleküls?

Chemische Strukturen mithilfe eines Computerprogramms zeichnen

So geht's

1. Zeichne zunächst eine Elektronenpaarbindung. Das Formelprogramm geht in der Regel automatisch davon aus, dass zwei Kohlenstoff-Atome miteinander verknüpft werden sollen.

   Erweitere das Molekül nun um vier weitere C–C-Elektronenpaarbindungen.

2. Manche Computerprogramme ergänzen beim Zeichnen automatisch Wasserstoff-Atome im Molekül. Ist dies nicht der Fall, musst du nicht alle Wasserstoff-Atome im Molekül einzeln hinzufügen.

   Betätige die „clean structure“-Funktion. Neben der Korrektur der räumlichen Darstellung werden fehlende Wasserstoff-Atome ergänzt.

3. Wähle im Menü unter „Tools“ die Funktion zur Benennung des gezeichneten Moleküls aus. Diese verbirgt sich z. B. hinter der Bezeichnung „generate name for structure“.

   Alternativ erstellen manche Programme ein ausführliches Datenblatt über das gezeichnete Molekül.

4. Lasse dir dein gezeichnetes und benanntes Molekül nun als 3D-Animation anzeigen. Drehe das Molekül und betrachte es von verschiedenen Seiten.

Symbolbeispiele	Bezeichnung	Beschreibung
	Elektronenpaarbindung	Mit diesem Tool erstellst du eine Elektronenpaarbindung. Durch Doppelklick erhältst du eine Doppelbindung. 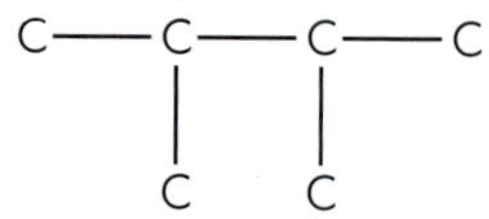
	„clean structure“	Hier werden die Atome eines Moleküls räumlich korrekt angeordnet und ggf. fehlende Wasserstoff-Atome ergänzt. 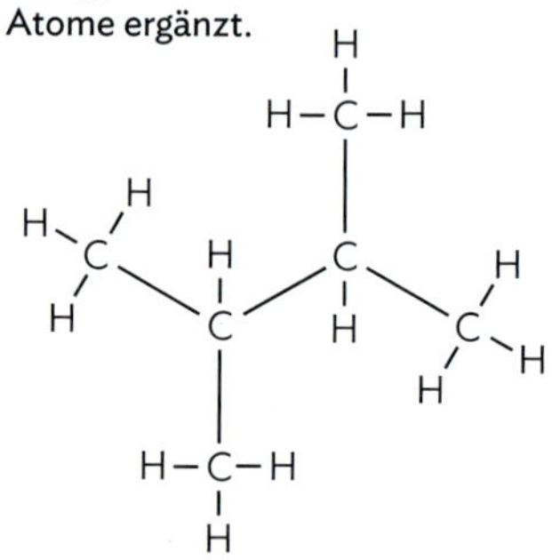
Tools ⌄	Struktur benennen	Im Menü der Computerprogramme findet sich häufig unter der Bezeichnung „Tools“ eine Funktion, mithilfe derer man die sich den Namen eines gezeichneten Moleküls anzeigen lassen kann, z. B.: **Systematic name** 2,3-dimethylbutane
2D to 3D	3D-Anzeige	Dieses Tool ermöglicht das Betrachten einer Strukturformel als 3D-Animation z. B. im Kugelstabmodell (**B2**).

B1 Schritte zur chemischen Struktur

Programme rund um chemische Strukturformeln gibt es viele. Sie sind für Desktop-PCs, Tablets und teilweise auch auf dem Smartphone verfügbar. Einfache Varianten lassen sich ohne Installation direkt im Internet-Browser abrufen. Unter QR-/Mediencode 05037-32 findest du passende Vorschläge.

05037-32

Informationen aus Moleküldarstellungen herauslesen

Häufig wird zur dreidimensionalen Darstellung von organischen Molekülen das Kugelstabmodell verwendet. Die als verschiedenfarbige Kugeln dargestellten Atome sind über Stäbe, die die Elektronenpaarbindungen symbolisieren, miteinander verbunden (**B2**). Bindungswinkel lassen sich in dem übersichtlichen Modell besonders gut herauslesen. Da aber die unterschiedlichen Atomgrößen häufig kaum berücksichtigt sind, lassen sich keine genauen Aussagen über die äußere räumliche Gestalt treffen. Hierfür muss eine andere Moleküldarstellung gewählt werden.

Im Kalottenmodell werden die Atome raumfüllend, gemäß ihrer relativen Größen und Bindungslängen zueinander dargestellt (**B2**).

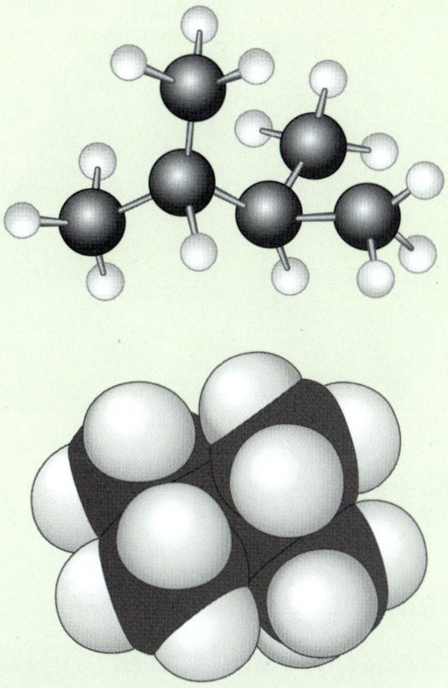

B2 Kugelstabmodell (oben) und Kalottenmodell (unten) des 2,3-Dimethylbutan-Moleküls

So geht's

Moleküle lassen sich in den meisten Programmen dreidimensional in verschiedenen Modelltypen darstellen. Du kannst dabei im Menü zwischen den Modellen „Wireframe“ (Drahtgittermodell), „Stick“ (Stabmodell), „Ball and Stick“ (Kugelstabmodell) und „Spacefill“ bzw. „van der Waals Spheres“ (Kalottenmodell) wählen. Verwende eine der letzten beiden Optionen, um einen Eindruck von der äußeren räumlichen Gestalt deines gezeichneten Moleküls zu bekommen.

AUFGABEN

A1 Benenne die Halbstrukturformeln in a), b) und c). Nutze dabei das Strukturformelprogramm wie folgt als Hilfestellung: Übertrage die Halbstrukturformeln in der abgebildeten Anordnung in das Programm und führe die „clean structure“-Funktion aus. Kontrolliere anschließend deine Benennung mithilfe des Programms.

a)
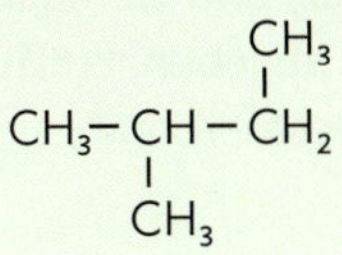

b)
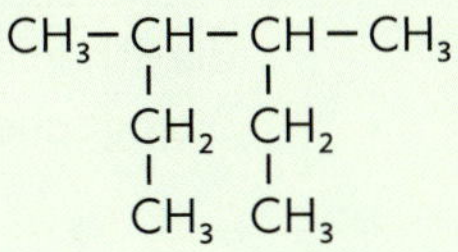

c)
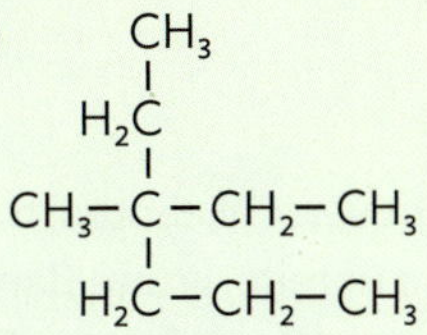

A2 Zeichne mithilfe eines Strukturformelprogramms 2,3-Dimethylpentan, 2-Ethyl-3-methylpentan und 3,3,4-Trimethylhexan und kontrolliere deine Lösungen mithilfe des Programms.

A3 Die drei Isomere des Pentans sieden jeweils bei 36,1 °C, 27,9 °C und 9,5 °C. Zeichne die Strukturformeln dieser Isomere mit dem Strukturformelprogramm und benenne diese. Ordne den Isomeren unter Zuhilfenahme einer 3D-Darstellung des Kalottenmodells ihre jeweilige Siedetemperatur zu und begründe.

Ethen und die Alkene

Bananen, Avocados, Ananas und Tomaten werden unreif gepflückt, damit sie bei Transport und Lagerung nicht schimmeln. Für den Verkauf werden sie dann mit dem Gas Ethen künstlich nachgereift. So wird selbst die grüne Banane gelb und die grüne Tomate rot. Ethen ist ein Vertreter der Kohlenwasserstoffe, aber kein Alkan. Es gehört zur Stoffklasse der Alkene. Wie ist dieses Reifungsgas chemisch aufgebaut und wie ist seine Wirkung zu erklären?

V1 Reifung von Bananen mit Ethen

PROBLEM

„Bananen nicht neben Äpfeln lagern" lautet ein Haushaltstrick. Das Gas Ethen, auch Ethylen genannt, beschleunigt die Reifung von Früchten und Gemüse. Wird es auch von Obst und Gemüse selbst abgegeben?

DURCHFÜHRUNG

Gib in drei gasdicht verschließbare, transparente Beutel jeweils eine unreife, grüne Banane. Gib in einen der drei Beutel 40 mL Ethen (GHS 2 | 4 | 7) und in einen zweiten Beutel einen reifen Apfel. Eine vierte unreife Banane wird offen gelagert (**B1**). Beobachte die Veränderungen der Bananen über mehrere Tage.

AUSWERTUNG

a) Begründe deine Beobachtungen.

b) Plane einen Versuch, der zeigt, dass auch reife Bananen Ethen abgeben.

c) Recherchiere weitere Obst- und Gemüsesorten, die Ethen als Reifungsgas abgeben. Erkläre die biologische Bedeutung dieses Vorgangs.

B1 Versuchsaufbau zu **V1**

ENTSORGUNG –

M2 Kugelstabmodelle von Ethen bis Buten

Wie sind die Moleküle der drei Alkene Ethen (C_2H_4), Propen (C_3H_6) und Buten (C_4H_8) aufgebaut und wie unterscheiden sie sich von den Alkanen?

Entnimm aus dem Molekülbaukasten die laut Molekülformeln benötigten Kugeln für die Kohlenstoff- und Wasserstoff-Atome sowie die benötigte Anzahl an Stäbchen (Ethen 6, Propen 8, Buten 10), die die jeweiligen Elektronenpaarbindungen symbolisieren.

Baue nun alle angegebenen Moleküle unter Berücksichtigung der Isomere des Butens. Beachte die Edelgasregel und den räumlichen Bau nach dem Elektronenpaarabstoßungsmodell (EPA-Modell).

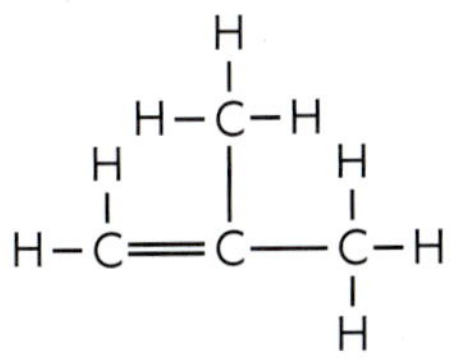

B2 Buten-Isomer

AUSWERTUNG

a) Vergleiche Ethen und Ethan in ihrem Aufbau.

b) Lege die kettenförmigen Molekül-Modelle der Alkene in eine Reihenfolge, die einer homologen Reihe entspricht. Schreibe deren Halbstrukturformeln und die allgemeine Molekülformel der Alkene auf.

c) Benenne das in **B2** abgebildete Isomer des Butens.

d) Die Doppelbindung kann an verschiedenen Stellen des Moleküls sitzen. Sie ist im Gegensatz zu einer Einfachbindung nicht frei drehbar, was zu weiteren Buten-Isomeren führt. Zeichne die Strukturformeln dieser Isomere.

V3 Nachweis von Doppelbindungen mit Iod

PROBLEM

Ungesättigte Fettsäuren sind Fettbestandteile mit einer oder mehreren Doppelbindungen in den Molekülen. Sie sind für unsere Ernährung wichtig. Ihr Gehalt in einem Fett kann durch eine Nachweismethode, der Iodzahl-Bestimmung, ermittelt werden. Wie kann Iod allgemein zum Nachweis von Doppelbindungen genutzt werden?

DURCHFÜHRUNG

Stelle eine Iod-Stärke-Lösung her: Gib zu ca. 5 mL heißem, reinem Wasser eine kleine Spatelspitze lösliche Stärke. Schüttle die Lösung, bis sich die Stärke vollständig gelöst hat. Gib einen Tropfen Iodlösung, z. B. als Lugol'sche Lösung (GHS 8) oder Betaisodona-Lösung, hinzu. Iod und Stärke zeigen zusammen eine blauviolette Färbung.

Gib nun diese Iod-Stärke-Lösung zu einem flüssigen Alken (z. B. Ölsäure), setze einen Stopfen auf und schüttle, bis eine Veränderung sichtbar wird.

AUSWERTUNG

a) Beschreibe und begründe deine Beobachtungen.

b) Ölsäure ist eine ungesättigte Fettsäure. Den Gehalt an ungesättigten Fettsäuren gibt man mit der Iodzahl an, die aussagt, wie viel Gramm Iod von 100 g Fett bzw. Fettsäuren gebunden werden können. Reine Ölsäure hat die Iodzahl 88,9. Erkläre diese Zahl.

c) Auf ähnliche Weise reagiert Ethen (C_2H_4) mit Brom. Bei dieser Reaktion bricht die Doppelbindung auf. Dabei entstehen Einfachbindungen und nur ein einziges Reaktionsprodukt. Stelle eine Reaktionsgleichung mithilfe von Strukturformeln für die Reaktion von Ethen mit Brom auf.

ENTSORGUNG G4

Das Reifungsgas Ethen

Ethen ist ein farbloses, süßlich riechendes Gas mit einer Siedetemperatur von von –103,7 °C. Es. Es wird von Pflanzen hergestellt und wirkt als Pflanzenhormon auf viele Entwicklungsprozesse ein, wie z. B. die Reifung von Früchten, die Blütenbildung oder den Laubfall. Durch Begasen mit Ethen können daher unreife Früchte wie Bananen zum Reifen angeregt werden (**V1**). Wie unterscheidet sich der Aufbau des Ethen-Moleküls vom Aufbau des entsprechenden Alkan-Moleküls, dem Ethan?

Im Ethan-Molekül sind die Kohlenstoff-Atome über vier Einfachbindungen an jeweils ein Kohlenstoff-Atom und drei Wasserstoff-Atome gebunden. Im Ethen-Molekül wird der stabile Edelgaszustand bei den beiden Kohlenstoff-Atomen dadurch erreicht, dass sie untereinander zwei Elektronenpaarbindungen ausbilden (**M2a**). Da die beiden C-Atome zum Erreichen der Vierbindigkeit nicht die maximale Anzahl an Nachbaratomen binden, bezeichnet man Ethen auch als einen **ungesättigten Kohlenwasserstoff** (vgl. Info). Ethen gehört zur Stoffklasse der **Alkene**.

Aufgrund des EPA-Modells bildet das Ethan-Molekül die Struktur eines doppelten Tetraeders mit Bindungswinkeln von 109,5° aus. Im Ethen-Molekül wird die **Doppelbindung** gemäß des EPA-Modells formal wie eine Einfachbindung behandelt. Durch die Elektronenpaarabstoßung ergibt sich eine planare Struktur mit Bindungswinkeln von ca. 120° (**B1**).

Das Ethen-Molekül enthält eine Kohlenstoff-Kohlenstoff-Doppelbindung (C=C-Doppelbindung). Seine Atome liegen in einer Ebene. Ethen gehört zur Stoffklasse der Alkene.

Info

Kohlenwasserstoffe teilt man in gesättigte und ungesättigte Kohlenwasserstoffe ein. Gesättigte Kohlenwasserstoffe werden als Alkane bezeichnet. Deren Moleküle haben nur Einfachbindungen. Die Moleküle ungesättigter Kohlenwasserstoffe verfügen über eine oder mehrere Mehrfachbindungen. Bei den Molekülen der Alkene sind es Doppelbindungen, bei den Molekülen der Alkine Dreifachbindungen.

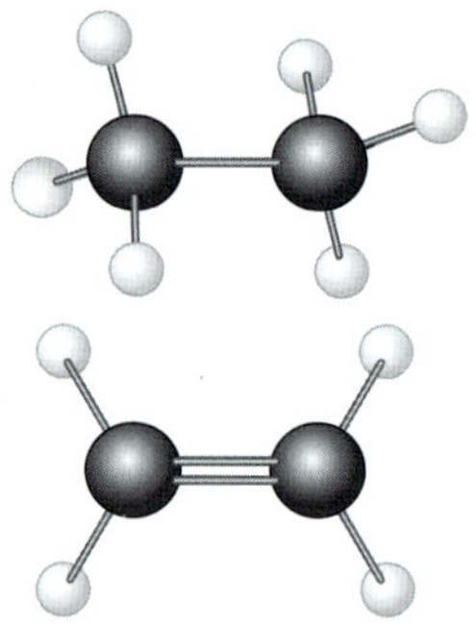

B1 Räumlicher Bau der Moleküle von Ethan (oben) und Ethen (unten)

Homologe Reihe der Alkene

Die Namen aller Alkene enden auf die Silbe -en. Deren Moleküle enthalten mindestens eine C=C-Doppelbindung.

Auch für die ungesättigten Kohlenwasserstoffverbindungen können homologe Reihen aufgestellt werden. Formal betrachtet unterscheiden sich die Alkene in dieser Reihe durch eine CH_2-Gruppe im Molekül (**B2**). Alkene mit einer Doppelbindung im Molekül haben die allgemeine Molekülformel C_nH_{2n} (**M2b**).

Wie bei den Alkanen ergibt sich der Grundname einer ungesättigten Verbindung mit verzweigten Kohlenstoff-Ketten aus der längsten Hauptkette, die die Doppelbindung enthält. Im Beispiel des verzweigten Buten-Moleküls (**M2c**) besteht die längste Kohlenstoff-Kette mit der Doppelbindung aus drei Kohlenstoff-Atomen. Der IUPAC-Name dieses Buten-Isomers ist also 2-Methylpropen.

Name	Halbstrukturformel	Molekülformel
Ethen	CH_2=CH_2	C_2H_4
Propen	CH_2=CH-CH_3	C_3H_6
n-But-1-en	CH_2=CH-CH_2-CH_3	C_4H_8
n-Pent-1-en	CH_2=CH-$(CH_2)_2$-CH_3	C_5H_{10}
n-Hex-1-en	CH_2=CH-$(CH_2)_3$-CH_3	C_6H_{12}
n-Hept-1-en	CH_2=CH-$(CH_2)_4$-CH_3	C_7H_{14}
n-Oct-1-en	CH_2=CH-$(CH_2)_5$-CH_3	C_8H_{16}
n-Non-1-en	CH_2=CH-$(CH_2)_6$-CH_3	C_9H_{18}
n-Dec-1-en	CH_2=CH-$(CH_2)_7$-CH_3	$C_{10}H_{20}$

B2 Homologe Reihe der Alkene

Zusätzlich ist bei der Benennung noch die Lage der Doppelbindung im Molekül zu berücksichtigen. Dazu wird die Nummerierung der Kohlenstoff-Atome so gewählt, dass die Ziffer für die Lage der Doppelbindung möglichst klein ist (**B3**).

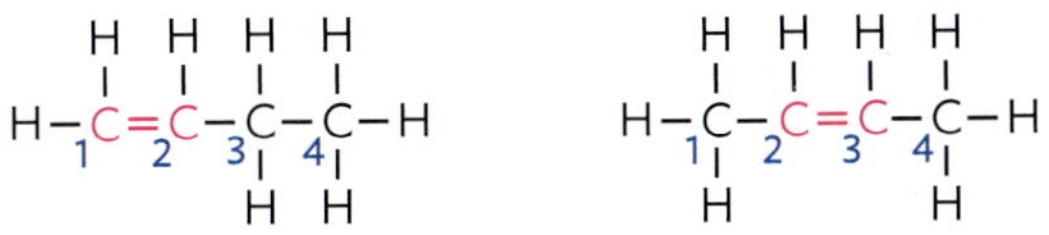

B3 Strukturformeln der unverzweigten Buten-Moleküle *n*-But-1-en (links) und *n*-But-2-en (rechts)

Weitere Isomere des Butens

Einfachbindungen sind frei drehbar. Sobald jedoch eine Doppelbindung vorliegt, besteht um die Bindungsachse zwischen den beiden Kohlenstoff-Atomen keine freie Drehbarkeit mehr.

Bei einer C=C-Doppelbindung kann es bei den an diesen Kohlenstoff-Atomen anhängenden Atomen oder Atomgruppen, den sogenannten **Substituenten**, zu zwei möglichen Anordnungen kommen. Stehen identische oder vergleichbare Substituenten auf

- der gleichen Seite der C=C-Doppelbindung, heißt die Anordnung *cis* oder (*Z*) (zusammen).
- unterschiedlichen Seiten der C=C-Doppelbindung, heißt die Anordnung *trans* oder (*E*) (entgegengesetzt).

Bei *n*-But-2-en (**B4**) stehen beide CH_3-Gruppen einmal auf der gleichen Seite und einmal auf unterschiedlichen Seiten der C=C-Doppelbindung (**M2d**).

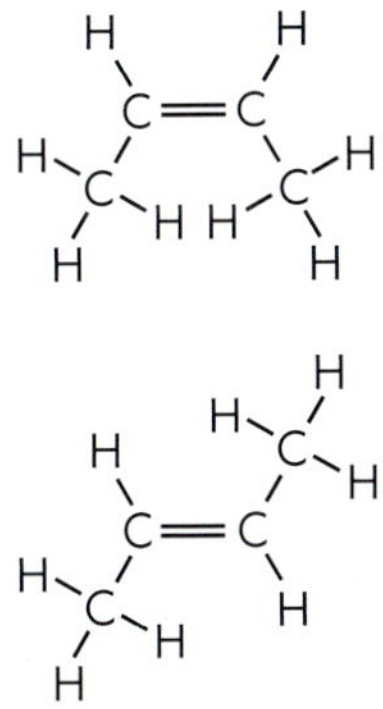

B4 Strukturformeln der beiden Isomere von *n*-But-2-en in *cis*- bzw. (*Z*)-Anordnung (oben) und *trans*- bzw. (*E*)-Anordnung (unten)

***cis/trans*- bzw. (*Z*)/(*E*)-Isomerie** bezeichnet die unterschiedliche räumliche Anordnung von Atomen in einem Molekül, die auf der fehlenden Drehbarkeit um eine C=C-Doppelbindung beruht.

Die *cis/trans*-Isomere unterscheiden sich in einigen spezifischen Eigenschaften wie z. B. den Siedetemperaturen. Während die Siedetemperatur von *trans*-But-2-en bei –106 °C liegt, siedet *cis*-But-2-en bereits bei –139 °C.

AUFGABEN

A1 Stelle die Molekülformeln von Kohlenwasserstoffen auf,
a) deren Moleküle vier Kohlenstoff-Atome enthalten.
b) deren Moleküle vier Wasserstoff-Atome enthalten.

A2 Zeichne die Strukturformeln der *cis/trans*-Isomere des *n*-Pent-2-ens.

Addition an die Doppelbindung

Gibt man eine Iod-Stärke-Lösung zu einer ungesättigten Verbindung (z. B. Ölsäure), so kann man eine Entfärbung der Lösung beobachten (**V3**). Diese Entfärbung gelingt auch mit anderen ungesättigten Kohlenwasserstoffen und zum Beispiel in braunen Bromdämpfen oder einer Bromlösung (**B5**, **B6**). Anders als bei einer Substitution an Alkanen (S. 366) erfolgt die Entfärbung ohne starke Lichtquelle. Diese Reaktion dient zum Nachweis von Doppelbindungen.

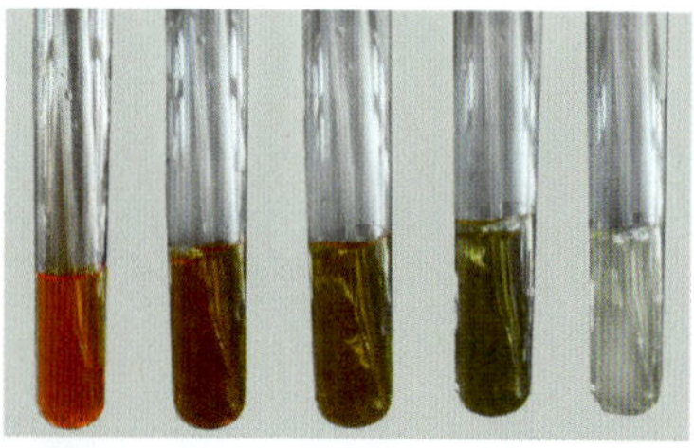

B5 Nachweis ungesättigter Kohlenwasserstoffe mit Bromwasser

Eine C=C-Doppelbindung ist reaktionsfähiger als eine C-C-Einfachbindung. Die Doppelbindung ist dabei in der Lage, zwei weitere Atome oder Atomgruppen zu binden. Eine solche Reaktion wird als **Addition** bezeichnet.

Bei der Reaktion von Ethen mit Brom entsteht als einziges Reaktionsprodukt 1,2-Dibromethan.

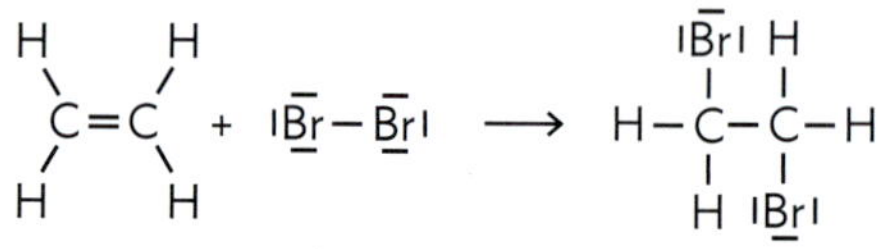

B6 Addition von Brom an Ethen unter Verwendung von Strukturformeln

Bindet ein Molekül unter Aufspaltung einer Doppelbindung andere Atome oder Atomgruppen, spricht man von einer Addition.

Neben Iod, Brom und Chlor können auch andere Moleküle addiert werden. Bei der Addition von Chlorwasserstoff an Ethen entsteht als Reaktionsprodukt Chlorethan. Die Addition von Wasserstoff führt zu Ethan, die von Wasser zu Ethanol. Ethen und seine Additionsprodukte sind wichtige Grundchemikalien für weitere Synthesen in der chemischen Industrie. Ethen wird deshalb großtechnisch durch Cracken (S. 380) gewonnen.

AUFGABEN

A1 Erstelle die Reaktionsgleichungen für die Reaktion von Propen
a) mit Wasserstoff (Hydrierung),
b) mit Chlorwasserstoff.
Verwende dazu Strukturformeln.

A2 Es gibt Verbindungen mit mehreren Doppelbindungen. Eine davon ist Buta-1,3-dien, die zur Herstellung von synthetischem Gummi verwendet wird. Zeichne ihre Strukturformel.

A3 Recherchiere den Vorgang und den Zweck der Fetthärtung. Nenne Lebensmittel, die gehärtete Fette enthalten.

FACHBEGRIFFE

Ethen, ungesättigte Kohlenwasserstoffe, Alkene, Doppelbindung, Substituent, *cis*/*trans*-Isomerie, (*Z*)/(*E*)-Isomerie, Addition

Polyethen – ein vielseitiger Kunststoff

Bei Polyethen handelt es sich um einen sehr häufig verwendeten Kunststoff. Folien, Rohre und Plastikverpackungen wie Tüten, Flaschen und Kanister bestehen aus diesem Kohlenwasserstoff, auch unter dem Namen Polyethylen bekannt. Man erkennt den Kunststoff am Kurzzeichen PE auf einem Produkt. Durch diese Kennzeichnung kann der Werkstoff sortenrein recycelt werden.
Wie wird Polyethen hergestellt?

Das Edukt für die Herstellung von Polyethen ist Ethen. Unter Verwendung eines Katalysators oder bei hohem Druck werden Doppelbindungen in Einfachbindungen überführt und es entstehen Moleküle mit sehr langen Ketten aus Kohlenstoff-Atomen. Obwohl auch das Produkt die Endung -en trägt, enthalten die Polyethen-Moleküle keine Doppelbindungen.
Die Vorsilbe Poly- bedeutet „viele". Eine Reaktion, bei der aus vielen identischen kleinen Grundbausteinen sehr große Moleküle erzeugt werden, nennt man Polymerisation (**B2**). Einige der wichtigsten Kunststoffe wie Polyethen (PE), Polypropen (PP) und Plexiglas (PMMA) werden in Polymerisationsreaktionen gebildet.

Polyethen PE wird durch Polymerisation von gasförmigem Ethen hergestellt. Im Hochdruckverfahren erhält man Weich-Polyethen, im Niederdruckverfahren Hart-Polyethen. Bei beiden Verfahren entsteht PE zunächst als zähe Flüssigkeit. Wenn im Niederdruckverfahren bestimmte Katalysatoren eingesetzt werden, bildet sich Polyethen in Form fester Körner.
Dieses Granulat kann dann geschmolzen und in beliebige Formen, wie z. B. PE-Folie, gebracht werden. Dazu wird die Schmelze mit kalter Druckluft aufgeblasen (**B1**).

Um Kunststoffe wiederverwerten zu können, werden sie gekennzeichnet. Hart-Polyethen erhält das Kurzzeichen PE-HD oder HDPE, Weich-Polyethen PE-LD oder LDPE (**B3**).

B1 Herstellung einer Folie aus Polyethen

B3 Kennzeichnung von PE

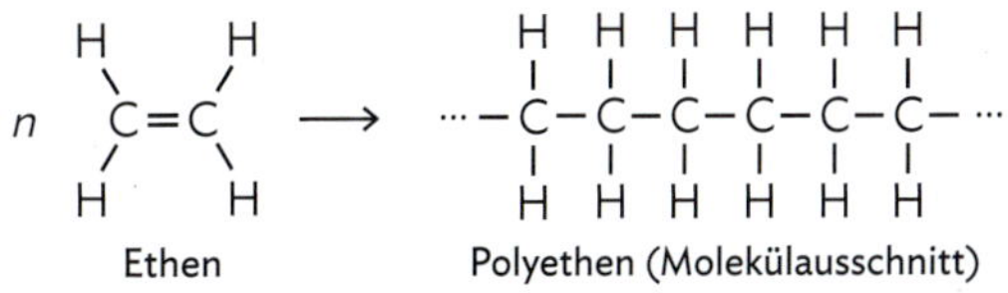

B2 Reaktionsgleichung zur Polymerisation von Ethen zu Polyethen (*n* bedeutet viele)

AUFGABE

A1 Recherchiere Unterschiede zwischen Weich-Polyethen (low-density PE) und Hart-Polyethen (high-density PE) sowie mögliche Anwendungen.

Erdöl – vom Rohstoff zum Kraftstoff

Gefördertes Erdöl ist Ausgangsstoff für die Herstellung von Motorenbenzin und Dieselkraftstoff. Diese Brennstoffe werden im Straßen-, Schienen- und Schiffsverkehr eingesetzt. Welche chemischen Prozesse sind notwendig, um den wertvollen Rohstoff Erdöl in hochleistungsfähige Kraftstoffe umzuwandeln?

V1 Fraktionierte Destillation von künstlichem Rohöl

PROBLEM

Rohöl wird aus Erdöl gewonnen und ist ein Gemisch verschiedener Kohlenwasserstoffe. Wie kann man sie voneinander trennen?

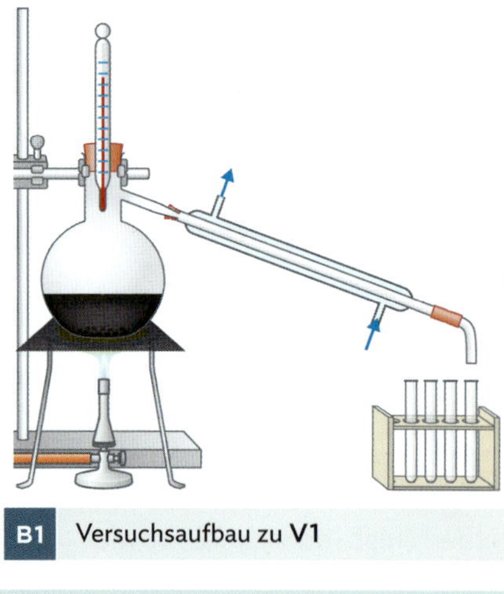

B1 Versuchsaufbau zu **V1**

DURCHFÜHRUNG

Gib in den Kolben 100 mL künstliches Rohöl (GHS 2 | 7 | 8 | 9) und einige Siedesteinchen. Stelle dann die Wasserkühlung an. Erwärme nun das Edukt vorsichtig. Erhöhe langsam die Temperatur und verfolge sie am Thermometer. Fange das Destillat in mehreren Reagenzgläsern auf.
Dabei werden die Gläser bei ca. 80 °C, 150 °C, 200 °C und 250 °C ausgetauscht und sofort verschlossen. Beende die Destillation, sobald das Destillat gelb wird. **Unbedingt weiter kühlen!**

AUSWERTUNG

a) Beschreibe das Verfahren der Destillation.

b) Begründe den Austausch der Reagenzgläser bei Erreichen einer bestimmten Temperatur.

c) Unter dem Begriff Fraktion versteht man ein Destillat mit einem bestimmten Siedebereich. Ein Reinstoff hat im Gegensatz dazu eine definierte Siedetemperatur. Erkläre den Unterschied.

ENTSORGUNG G3

LV2 Katalytisches Cracken von Paraffin

PROBLEM

Nicht alle Produkte in den Rohölfraktionen werden von der Industrie benötigt. Wie kann man sie in andere Kohlenwasserstoffe umwandeln?

DURCHFÜHRUNG

2-3 mL flüssiges Paraffin (GHS 8) und zwei Spatellöffel Perlkatalysator werden in ein schwer schmelzbares Reagenzglas gefüllt. Das Reagenzglas wird mit einem durchbohrten Stopfen verschlossen, durch den ein langes gebogenes Glasrohr (Destillierbrücke) gesteckt wurde. Dieses führt in ein Reagenzglas mit Stopfen und seitlichem Ansatz, das in einem Eis-Salz-Wasser-Gemisch gekühlt wird. Der seitliche Ansatz wird mit einer Pipette mit Rückschlagsicherung versehen, der Perlkatalysator erhitzt und das flüssige Paraffin zum Sieden gebracht. Man erhitzt so lange, bis sich ca. 1 mL Kondensat gebildet hat. Entweichende Dämpfe werden an der Glasspitze entzündet. Ein Teil des Destillats wird mit einem Holzspan entzündet, ein weiterer mit Bromwasser (GHS 7) versetzt und geschüttelt.

AUSWERTUNG

a) Vergleiche das Kondensat mit dem flüssigen Paraffin auf Farbunterschiede, Brennbarkeit und Entfärbung von Bromwasser.

b) Benenne mögliche Alkane, die bei Raumtemperatur an der Glasspitze verbrannt sein könnten.

c) Recherchiere die Übersetzung des englischen Wortes „to crack“ und begründe die Bezeichnung Cracken für dieses Verfahren.

ENTSORGUNG G3, G4

V3 Explosion in der Filmdose

PROBLEM

Um einen Motor anzutreiben, muss das Benzin-Luft-Gemisch durch Zündung im Zylinder zu einer kontrollierten Explosion gebracht werden. Welche Voraussetzungen müssen erfüllt sein?

DURCHFÜHRUNG

Baue aus einem Feuerzeug den Piezozünder aus und biege das seitliche Kabel in Richtung des Metallstiftes. Bohre z. B. mit einer heißen, aufgebogenen Büroklammer ein Loch in den Boden der Dose, sodass der vordere Metallteil des Piezozünders gerade hindurchpasst. In geringem Abstand dazu kannst du durch ein zweites, kleineres Loch das seitliche Kabel in die Filmdose führen. Platziere das kleine Kabel so zur Metallfläche, dass beim Betätigen des Zünders ein Funke überspringt. Fixiere den Zünder mit Klebstoff an der Filmdose und verschließe so die Löcher im Boden. Lass den Klebstoff trocknen.

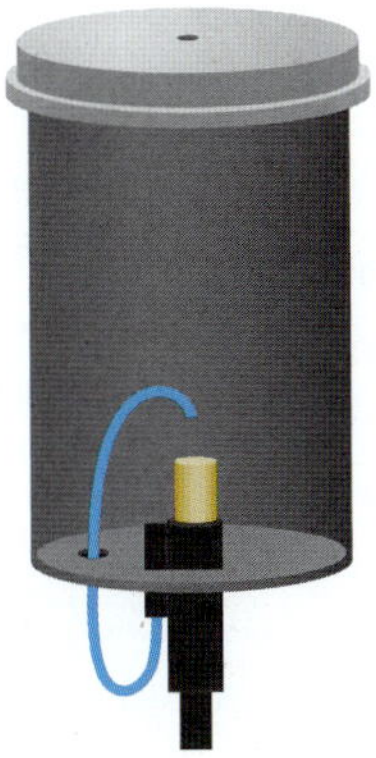

B2 Versuchsaufbau zu **V3**

Gib 2-4 Tropfen n-Heptan (GHS 2 | 7 | 8 | 9) in die Filmdose, verschließe sie schnell mit dem Schnappdeckel und schüttle sie in der warmen Hand. Betätige nach einigen Sekunden den Piezozünder. **Halte dabei die Dose weg vom Ohr (Knall) und so in der Hand, dass der weggeschleuderte Deckel eine freie Flugbahn hat.**

AUSWERTUNG

a) Stelle die Reaktionsgleichung für die Verbrennung von n-Heptan mit Sauerstoff auf.

b) Beschreibe die Voraussetzungen, die zum Absprengen des Deckels führen.

b) Stelle einen Zusammenhang zwischen diesem Versuch und den Vorgängen im Motor her.

ENTSORGUNG –

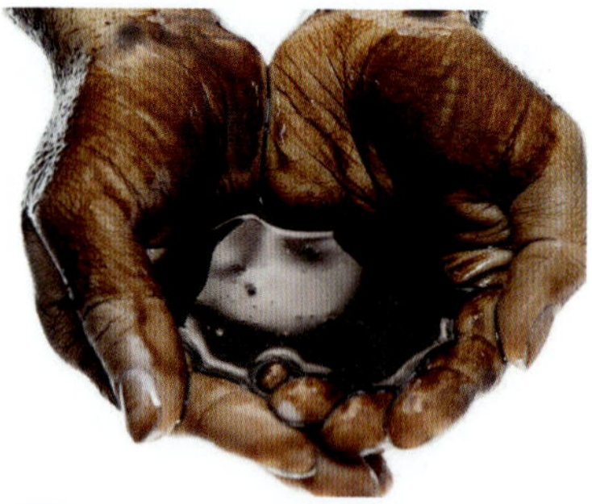

B1 Der fossile Rohstoff Erdöl

Erdgas und Erdöl

Es hat Millionen von Jahren gedauert, bis unsere heutigen **fossilen Brennstoffe** entstanden sind. Kleinstlebewesen im Meer wie Plankton und Algen sanken nach ihrem Tod auf den Meeresboden ab. Es bildete sich sauerstoffarmer Faulschlamm, der von Sand, Kies und Gesteinen bedeckt wurde. Unter dem Einfluss von zunehmendem Druck und zunehmender Temperatur wurden chemische Prozesse ausgelöst, die zur Bildung von Erdgas und **Erdöl** (B1) führten.

Erdgas und Erdöl gehören zu den fossilen Brennstoffen. Sie haben sich in Millionen Jahren aus abgestorbenen Pflanzen und Tieren tief unter der Oberfläche der Erde gebildet.

Fraktionierte Destillation

Rohöl ist von Sand, Wasser und Salz gereinigtes Erdöl. Es ist ein Gemisch hauptsächlich aus Alkanen und anderen Kohlenwasserstoffen. Wie kann man diese Kohlenwasserstoffe voneinander trennen?

Im Labor lässt sich Rohöl in kleinem Maßstab bei langsamer Temperaturerhöhung destillieren. Dabei macht man sich die verschiedenen Siedetemperaturen der Bestandteile zunutze. Die Destillate eines bestimmten Siedebereichs nennt man **Fraktionen**. Sie werden nacheinander in verschiedene Gefäße gefüllt (V1). Man spricht daher von der fraktionierten Destillation.

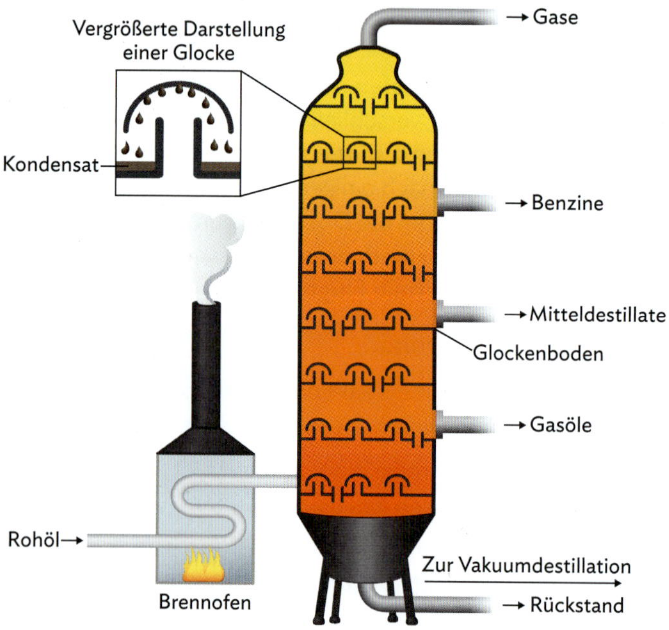

B2 Destillationskolonne unter Normaldruck p = 1,013 bar

Die industrielle Aufbereitung von Rohöl findet in einer **Raffinerie** statt. Die turmartige Destillationsanlage wird als Destillationskolonne (B2) bezeichnet. Sie besitzt mehrere Stockwerke. Die Verflüssigung der zunächst gasförmigen Produkte kann so in den verschiedenen Etagen der Apparatur stattfinden, den sogenannten Glockenböden. Sie haben ihren Namen von den glockenförmigen Durchlässen im Boden. Das Rohöl wird in einem Röhrenofen schnell auf ca. 400 °C erhitzt. Dabei verdampft der größte Teil des Rohöls. Der heiße Dampf wird dann von unten in die Destillationskolonne eingeleitet und steigt durch die glockenförmigen Öffnungen in den Böden nach oben. Auf diesem Weg kühlt sich der Dampf ab. Nach und nach kondensieren die verschiedenen Bestandteile.

Unten kondensieren die Kohlenwasserstoffe mit hohen Siedetemperaturen. Weiter oben kondensieren dann auch die Kohlenwasserstoffe mit niedrigeren Siedetemperaturen. An der Spitze der Kolonne werden schließlich die gasförmigen Kohlenwasserstoffe wie Methan, Ethan, Propan und Butan aufgefangen.

Der Prozess der fraktionierten Destillation trennt Rohöl in verschiedene Fraktionen mit bestimmten Siedebereichen auf.

Zusammensetzung der Fraktionen

Die Destillate einzelner Böden bilden die verschiedenen Rohölfraktionen von Alkanen und anderen Kohlenwasserstoffen (**B3**):

Fraktionen	Anzahl C-Atome	Siedetemperaturen	Anwendung
Gase	1-4	< 30 °C	Brenngas, Synthesegas
Benzine	5-8	30-150 °C	Leichtbenzin, Lösemittel
Mitteldestillate	9-15	150-250 °C	Kerosin, Petroleum
Gasöle	16-22	250-350 °C	Heizöl, Dieselkraftstoff
Rückstand	> 22	> 350 °C	Schmieröle, Paraffine, Bitumen

B3 Zusammensetzung der Rohölfraktionen nach der fraktionierten Destillation

Der Rückstand wird in einem speziellen Verfahren der **Vakuumdestillation** weiterverarbeitet. Bei Unterdruck werden auch diese Kohlenwasserstoffe des Rückstands gasförmig und in leichte und schwere Schmieröle, Paraffine und Bitumen aufgetrennt. Allerdings passen die anfallenden Rohölfraktionen nicht zum Bedarf der chemischen Industrie (**B4**). Aus den Destillationskolonnen kommt viel zu viel Schweröl und viel zu wenig dringend benötigter Kraftstoff. Es mussten also weitere Verfahren entwickelt werden, um diese langkettigen Kohlenwasserstoff-Moleküle kurzkettiger zu machen.

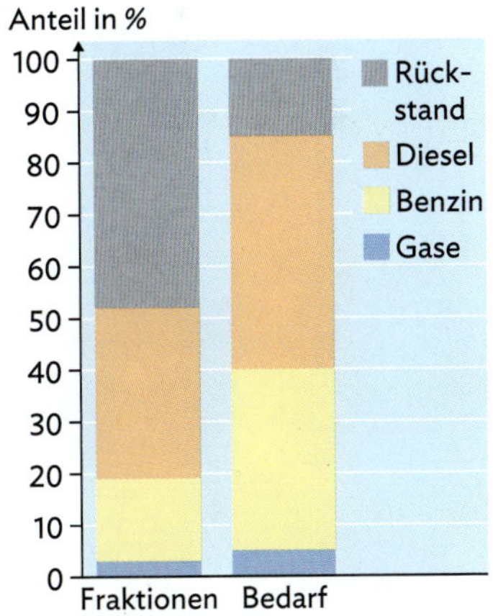

B4 Gemittelte Anteile anfallender Rohölfraktionen und deren chemischer Bedarf

AUFGABEN

A1 Erdöl wird auch als „schwarzes Gold" bezeichnet. Erkläre.

A2 Diskutiere, wie die Moleküle langkettiger Alkane reagieren, wenn die Alkane anstatt bei Unterdruck bei 1,013 bar stärker erhitzt werden.

A3 Recherchiere nach weiteren chemischen Produkten neben den Kraftstoffen, die aus Erdöl hergestellt werden.

Cracken

Wie lassen sich die Mengen an benötigten Benzinen und Mitteldestillaten erhöhen?

Erhitzt man z. B. feste und gesättigte Kohlenwasserstoffe mit Molekülen längerer Kettenlänge und nutzt dabei einen Katalysator, erhält man flüssige und gasförmige Produkte mit Molekülen kürzerer Kettenlänge. Die Entfärbung von Bromwasser zeigt die Anwesenheit ungesättigter Kohlenwasserstoffe (**LV2**). Mit diesem als **Cracken** (englisch für spalten, brechen) bezeichneten Verfahren werden Schweröle und Paraffine industriell verarbeitet.

Beim thermischen Cracken erfolgt der Prozess bei höheren Temperaturen bis 800 °C. Beim katalytischen Cracken leitet man die Dämpfe mit bis zu 500 °C über einen Katalysator. In einem Crack-Reaktor wirbeln die Katalysatorperlen umher. An den Oberflächen dieser Perlen werden die langkettigen Kohlenwasserstoff-Moleküle chemisch gespalten. Die Katalysatorperlen werden im Verlauf des Crack-Prozesses mit einer Rußschicht überzogen. Dieser Ruß wird in einem Regenerator verbrannt, damit die Perlen wieder einsatzbereit sind.

Cracken ist ein Verfahren zur Stoffumwandlung, bei dem langkettige in kurzkettige Kohlenwasserstoff-Moleküle gespalten werden.

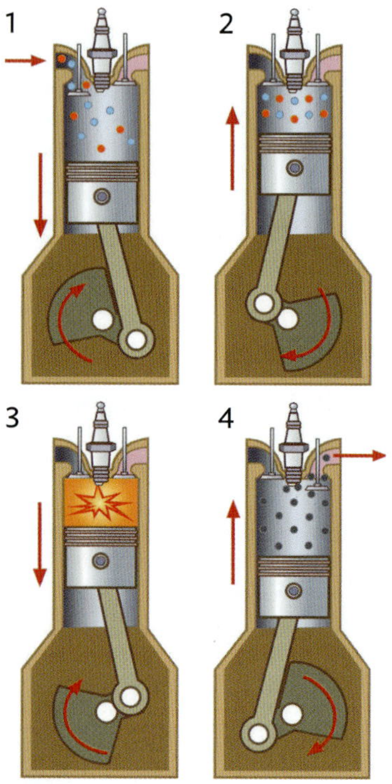

B5 Viertakt-Prinzip

Verbrennungsmotor

Kraftstoffe werden in Verbrennungsmotoren zum Antrieb von Fahrzeugen, Schiffen oder Flugzeugen verbrannt. Dabei sind **Ottomotoren**, die nach dem sogenannten Viertakt-Prinzip (**B5**) arbeiten, weit verbreitet.

Takt 1 (Ansaugen): Über das Einlassventil kann Brennstoff von oben in den Brennraum des Zylinders gelangen. Beim Ansaugen des Benzin-Luftgemisches bewegt sich der Kolben nach unten.

Takt 2 (Verdichten): Durch das Drehen der Kurbelwelle bewegt sich der Kolben anschließend wieder nach oben. Dadurch verdichtet und erwärmt sich das Gasgemisch.

Takt 3 (Arbeiten): Im Augenblick der größten Verdichtung wird das Gasgemisch durch die Zündkerze gezündet. Durch die Explosion wird der Kolben nach unten gedrückt. Dabei wird chemische Energie in Bewegungsenergie und thermische Energie umgewandelt. Dies zeigt auch ein Experiment mit einer Plastikdose (**V3**), wobei anstelle der Beschleunigung eines Kolbens ein Plastikdeckel abgesprengt wird.

Takt 4 (Ausstoßen): Über das Auslassventil können die Abgase aus dem Brennraum ausgestoßen werden.

Um eine gleichmäßige Energieumwandlung zu erreichen, verbindet man mehrere Zylinder miteinander.

Flüssige Kraftstoffe

Im Ottomotor kommt Ottokraftstoff zum Einsatz. Dabei handelt es sich um Motorenbenzin. Dieselmotoren benötigen Dieselkraftstoff.

Bis zum Verkauf wird Benzin durch verschiedene Verfahren aufbereitet. Dadurch werden die Verbrennungseigenschaften und der Korrosionsschutz optimiert. Zum einen wird Benzin entschwefelt, um zu vermeiden, dass bei der Verbrennung umweltschädigendes Schwefeldioxid entsteht. Zum anderen werden beim Reformieren kettenförmige Alkan-Moleküle unter Einwirken von Platin-Katalysatoren auf 500 °C erhitzt und in verzweigte, ungesättigte und ringförmige Moleküle (**B6**) umgewandelt.

Unter **Klopffestigkeit** versteht man die Eigenschaft eines Kraftstoffes, in einem Ottomotor nicht unkontrolliert durch Selbstentzündung (dem „Klopfen") zu verbrennen. Die **Octanzahl** (ROZ Researched, d. h. erforschte, Octanzahl) ist eine Kennzahl für die Klopffestigkeit bei Ottokraftstoffen. Sie ist für einen Zahlenwert von 0 bis 100 definiert. Am häufigsten kommen an Tankstellen die ROZ 95 und 98 vor. Dem klopffesten 2,2,4-Trimethylpentan (Isooctan) wird die Octanzahl 100 zugeordnet, dem klopffreudigen *n*-Heptan die Octanzahl 0. Ein Gemisch aus beiden Komponenten zu Anteilen von 95 % Isooctan und 5 % *n*-Heptan wäre ein Benzin mit der Bezeichnung Super 95. Im Allgemeinen werden hohe Octanzahlen durch einen hohen Anteil an Kohlenwasserstoffen mit verzweigten und ringförmigen Molekülen wie Isooctan und Benzol erreicht.

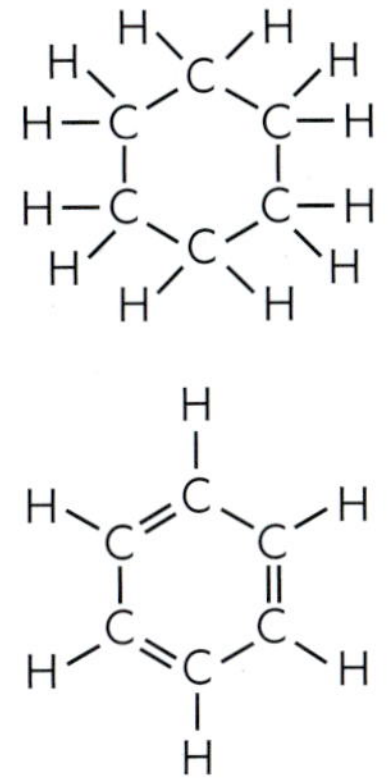

B6 Beispiele für ringförmige Kohlenwasserstoff-Moleküle: Cyclohexan (oben) und Benzol (unten)

Je höher die Octanzahl, desto größer ist die Klopffestigkeit von Benzin. Verzweigte und ringförmige Moleküle erhöhen die Octanzahl.

Biokraftstoffe sollen das Autofahren ressourcenschonender machen und fossile Brennstoffe nach und nach ersetzen. Aus Biomasse gewonnener Alkohol, sogenannter **Bioethanol**, wird dem Benzin hinzugefügt. Die Kennzeichnung E10 steht für bis zu 10 % Volumenanteil Bioethanol im Benzin und B7 für 7 % **Biodiesel** im Dieselkraftstoff.

AUFGABEN

A1 Erläutere mithilfe von Reaktionsgleichungen am Beispiel der Zerlegung von *n*-Hexadecan $C_{16}H_{34}$, dass beim Cracken Ruß und Moleküle mit Doppelbindungen entstehen können.

A2 Informiere dich über die Funktionsweise des Dieselmotors und vergleiche ihn tabellarisch mit dem Ottomotor.

A3 Suche an einer Tanksäule nach den Gefahrenpiktogrammen für Otto- und Dieselkraftstoff und nenne deren Bedeutung.

FACHBEGRIFFE

Fossile Brennstoffe, Erdöl, Rohöl, Fraktion, Raffinerie, Vakuumdestillation, Cracken, Ottomotor, Klopffestigkeit, Octanzahl, Bioethanol

Die Qual der Wahl – Kraftstoffe im Vergleich

Steigendes Umweltbewusstsein in der Bevölkerung hat zu der Einsicht geführt, dass Erdöl sparsam eingesetzt werden muss. Motorenbenzin und Dieselkraftstoff wird deshalb Biokraftstoff zugemischt. Je nach Ausstattung können Verbrennungsmotoren auch mit Methan oder Propan und Butan betrieben werden. Alternativ nutzen Autos mit Brennstoffzellentechnik Wasserstoff als Kraftstoff. Worin liegen die Vor- und Nachteile der einzelnen Kraftstoffe?

LV1 Kraftstoffexplosion in der Chipsdose

2 7 8 9

PROBLEM

Wie weit ein Auto mit einer Tankfüllung fahren kann, hängt maßgeblich vom Energiegehalt des Kraftstoffs ab. Heptan und Ethanol sind geeignete, energiereiche chemische Verbindungen. Welcher der beiden Flüssigkraftstoffe hat den höheren Energiegehalt?

DURCHFÜHRUNG

Mithilfe einer Schere wird 2 cm vom Boden entfernt ein kleines Loch mit 5 mm Durchmesser in eine Chipsdose geschnitten. Anschließend werden mit einer Pipette 7 Tropfen Ethanol (GHS 2 | 7) in die Chipsdose gegeben und diese mit einem Deckel verschlossen. Das zuvor angebrachte Zündloch wird mit einem Finger verschlossen und die Chipsdose mehrmals hin und her geschwenkt, damit das Ethanol im Inneren der Dose verdampfen kann. Die Chipsdose wird auf eine feuerfeste Unterlage gestellt und die Flamme eines Stabfeuerzeugs in die Nähe des Zündlochs gehalten. Der Versuch wird mit 7 Tropfen Heptan (GHS 2 | 7 | 8 | 9) wiederholt.

AUSWERTUNG

a) Vergleiche deine Beobachtungen zu dem Versuch mit Ethanol und mit Heptan.

b) Stelle anhand deiner Beobachtungen eine Vermutung auf, welcher der beiden Kraftstoffe den höheren Energiehalt besitzt.

c) Beschreibe das Kriterium, das du für die Einschätzung des Energiegehalts angelegt hast.

ENTSORGUNG Flüssigkeitsreste im Abzug verdampfen lassen.

V2 Bestimmung des Energiegehalts einer Kraftstoffportion

PROBLEM

Eine genaue Beurteilung des Energiegehalts von Ethanol im Vergleich zu Heptan ist anhand von **V1** nicht möglich. Wie kann der Energiegehalt einer Kraftstoffportion exakt bestimmt werden?

DURCHFÜHRUNG

Baue die Versuchsapparatur gemäß **B1** auf. Fülle genau 100 mL Wasser in die Getränkedose und bestimme die Anfangstemperatur T_0. Fülle Ethanol (GHS 2 | 7) bzw. Heptan (GHS 2 | 7 | 8 | 9) in ein Verbrennungslämpchen und wiege dieses. Stelle das Lämpchen unter die Getränkedose und befestige dahinter ein Stück Aluminiumfolie als Windschutz. Achte auf einen sicheren Stand des Lämpchens. Entzünde das Lämpchen und miss jede Minute die Temperatur des Wassers in der Dose. Mische das Wasser vor jeder Messung mit dem Drahtrührer durch. Lösche das Lämpchen nach 5 Minuten. Erfasse die Temperatur in der Abkühlphase in 5 weiteren Messungen im Abstand von je einer Minute. Wiege anschließend den abgekühlten Brenner erneut. **Verbrennungslämpchen während der Brenn- und Abkühlphase unter keinen Umständen bewegen!**

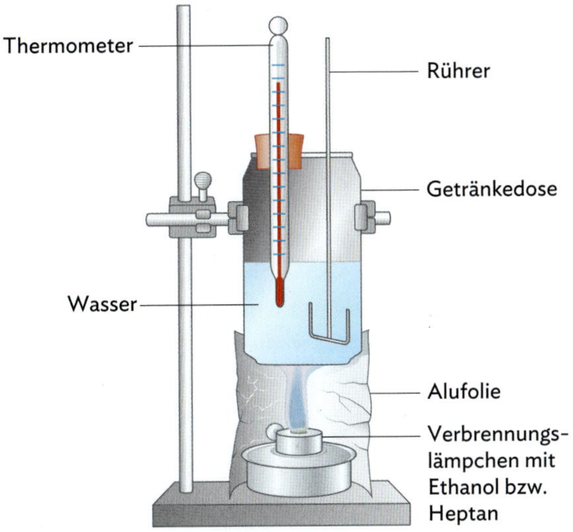

B1 Versuchsaufbau zu **V2**

AUSWERTUNG

a) Zeichne mithilfe der ermittelten Werte ein Temperatur-Zeit-Diagramm (**B2**).

b) Bestimme die Temperaturdifferenz ΔT des Wassers, die sich aus der maximal erreichten Temperatur T_{max} und der Anfangstemperatur T_0 ergibt. Da die Getränkedose nicht isoliert ist und deshalb während des Versuchs stetig Wärme an die Umgebung abgibt, muss dies bei der Bestimmung von T_{max} berücksichtigt werden. Grafisch kann dies gelöst werden, indem man die Abkühlgerade des Graphen zur y-Achse hin verlängert. Auf der Verlängerungsgeraden kann zum Zeitpunkt des Reaktionsstarts T_{max} abgelesen werden (**B2**).

c) Die vom Wasser in der Getränkedose aufgenommene Wärmemenge Q entspricht in etwa der bei der Verbrennung freigewordenen Energie. Ermittle diese Wärmemenge anhand der Formel $Q = 419\ J/°C \cdot \Delta T$.

d) Ermittle den Betrag der freigewordenen Energie bezogen auf die Masse des verbrannten Ethanols bzw. Heptans in J/g (Heizwert) und vergleiche mit Tabellenwerten. Diskutiere mögliche Fehlerquellen bei der Versuchsdurchführung.

ENTSORGUNG A, R, G1, G2

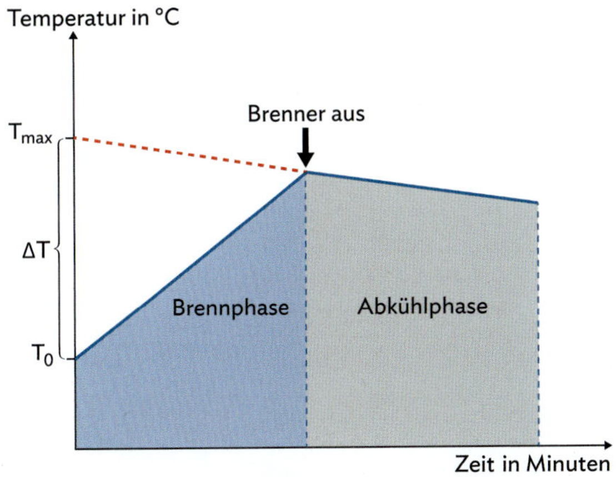

B2 Temperatur-Zeit-Diagramm

Kraftstoffangebot im Überblick

Damit chemische Verbindungen als Kraftstoffe verwendet werden können, müssen diese zum einen leicht verfügbar sein und zum anderen einen hohen Energiegehalt in Form von chemischer Energie aufweisen (**V1**). Neben den bekannten Kraftstoffen Benzin und Diesel erfüllen auch andere Stoffe diese Kriterien. Ethanol ist hierfür ein Beispiel. Im Jahr 2011 wurde Benzin mit 10 % Bioethanolanteil (E10) an Deutschlands Tankstellen mit dem Ziel, fossiles Erdöl einzusparen, neu eingeführt.

Info
Je nach Ausrüstung können Ottomotoren auch mit Benzin mit 85 % Bioenthanolanteil (E85) oder sogar mit 100 % Bioethanol (E100) betrieben werden.

Verbrennungsmotoren können auch mit Kraftstoffen betrieben werden, die, im Gegensatz zu Benzin, Diesel oder Ethanol, bei Raumtemperatur und 1 bar gasförmig vorliegen. Ein uns bereits als Feuerzeuggas bekanntes Stoffgemisch aus Propan und Butan kann an Tankstellen als Flüssiggas unter dem Namen *liquified petroleum gas* (LPG) getankt werden. Ein weiteres Beispiel ist Erdgas, das hauptsächlich aus Methan besteht. An der Tankstelle findet man es je nach Lager- bzw. Transportform als *compressed natural gas* (CNG) oder *liquified natural gas* (LNG).

Auch Wasserstoff (H_2) kann als Kraftstoff verwendet werden. Allerdings kommt in wasserstoffbetriebenen Autos in der Regel kein klassischer Verbrennungsmotor zum Einsatz. Diese Autos besitzen eine Brennstoffzelle, die elektrischen Strom erzeugt, der wiederum einen Elektromotor antreibt. Die Kennzeichnung der einzelnen Kraftstoffe ist europaweit einheitlich geregelt (**B1**).

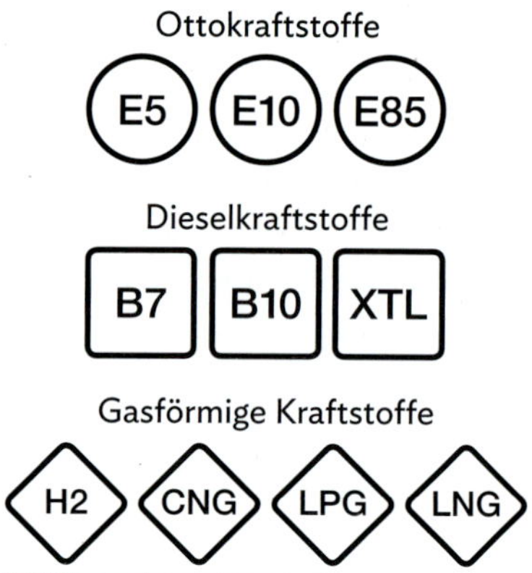

B1 Symbole der europaweiten Kraftstoffkennzeichnung

Vergleich der Kraftstoffe als Energieträger

Wer sich ein neues Auto zulegt, steht vor der Qual der Wahl, auf welche Antriebstechnologie und damit, auf welche Kraftstoffsorte er setzen soll. Ein wesentliches Entscheidungskriterium (neben den Kraftstoffkosten) ist die Frage, wie weit man mit einem entsprechenden Auto mit einer Tankfüllung fahren kann. Die Reichweite hängt wesentlich vom Energiegehalt des Kraftstoffes ab.

Ein Maß für den Energiegehalt eines Kraftstoffes ist der **Heizwert**. Er gibt an, wie viel Energie bei einer vollständigen Verbrennung von 1 g Kraftstoff frei wird (**V2**). Bei der Verbrennung von organischen Kraftstoffen oder Wasserstoff entsteht als Reaktionsprodukt immer auch Wasser. Bei der Bestimmung des Heizwerts wird davon ausgegangen, dass das Wasser gasförmig mit dem Abgas in die Umgebung abgeleitet wird. Der Heizwert wird, bezogen auf die Masse einer Kraftstoffportion, in J/g angegeben (**B2**).

Stoff	Heizwert in kJ/g	Dichte in g/cm³
Holz	15	0,50
Ethanol	26	0,80
Heizöl	41	0,85
Benzin	45	0,80
Diesel	38	0,85
Erdgas	44	0,0008
Propan	46,6	0,0019 (15 °C)
Butan	45,7	0,0025 (15 °C)
Wasserstoff	119,9	0,00008 (15 °C)

B2 Heizwerte und Dichten (bei 20 °C bzw. 15 °C und 1 bar) verschiedener Stoffe im Vergleich

Ein Maß für den Energiegehalt eines Kraftstoffes ist der Heizwert. Er ist der Quotient aus der bei vollständiger Verbrennung freiwerdenden Energie und der Masse des Kraftstoffes.

Bestimmt man den Heizwert experimentell (**V2**), wird ersichtlich, dass Ethanol im Vergleich zu Heptan (Bestandteil des Benzins) bei ähnlicher Dichte einen geringeren Heizwert aufweist. Ein mit Ethanol betriebenes Auto muss deshalb bei gleicher Tankgröße und gleicher Effizienz des Verbrennungsmotors öfter die Tankstelle aufsuchen, als ein mit Benzin betriebenes Auto. Wasserstoff hingegen besitzt einen hohen Heizwert, nimmt jedoch bei Standardbedingungen ein sehr großes Volumen ein. Das Gas muss an der Tankstelle unter hohem Druck gelagert und getankt werden, um eine möglichst große Stoffmenge des Gases in den Tank des Autos zu bekommen.

Kraftstoffe und klimaschädliche Emission

Bei der vollständigen Verbrennung von organischen Kraftstoffen entsteht neben Wasserdampf auch Kohlenstoffdioxid. Beide Gase wirken als Treibhausgase. Vor allem durch die Verbrennung von fossilen Energieträgern wird viel Kohlenstoffdioxid in die Atmosphäre freigesetzt, wodurch der anthropogene Treibhauseffekt verursacht wird. Für Autos gibt es deshalb festgelegte Grenzwerte beim erlaubten Kohlenstoffdioxidausstoß. Um diese Grenzwerte einzuhalten, darf der Verbrauch an Kraftstoff nicht zu hoch sein. Der Einsatz von effizienten Verbrennungsmotoren (**B3**) ist deshalb besonders wichtig. Zwar entsteht bei der Verwendung von Wasserstoff mit Wasserdampf auch ein Treibhausgas, jedoch ist sein Anteil vernachlässigbar.

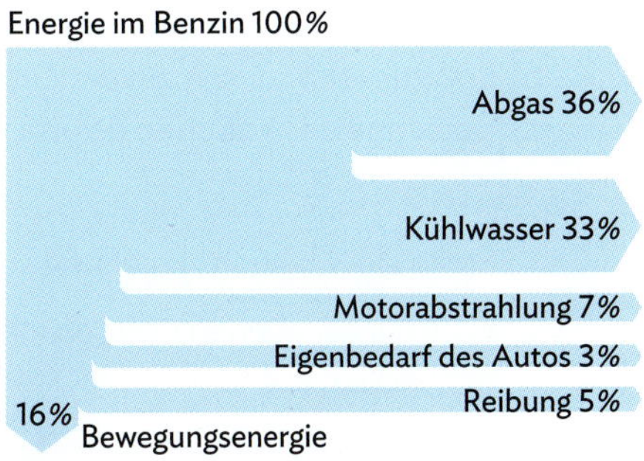

B3 Energiebilanz eines Fahrzeugs mit Verbrennungsmotor

Kraftstoffe aus regenerativen Rohstoffquellen

Pflanzen stellen durch den Prozess der Fotosynthese mithilfe von Sonnenlicht energiereiche chemische Verbindungen wie Zucker oder Stärke her. Dabei nehmen sie Kohlenstoffdioxid aus der Atmosphäre auf. Neben Bioethanol (vgl. S. 405) kann auch Methan aus Pflanzen gewonnen werden. Es entsteht in Biogasanlagen durch Zersetzung der Biomasse durch Mikroorganismen. Biodiesel ist ein Fettsäuremethylester (vgl. S. 450), der aus pflanzlichen oder tierischen Fetten und Ölen und Methanol hergestellt wird.

AUFGABE

A1 Erkläre, dass der Kraftstoffverbrauch beim Fahren mit Bioethanol um ca. 30 % höher ist als bei Verwendung des herkömmlichen Benzins.

A2 Erläutere, wie sich die Verwendung von Kraftstoffen aus regenerativen Rohstoffquellen auf den Treibhauseffekt auswirkt.

A3 Erstelle eine Concept-Map zum Thema „Kraftstoffe im Vergleich".

FACHBEGRIFFE

Biodiesel, E85, E100, *liquified petroleum gas, compressed natural gas, liquified natural gas*, Heizwert

Den Stoffumsatz einer Reaktion berechnen

Mithilfe chemischer Berechnungen kann man die Mengen der Edukte und Produkte, die bei einer chemischen Reaktion umgesetzt werden, ermitteln. Wie hilft uns das, den Kraftstoffverbrauch und den Kohlenstoffdioxidausstoß eines Autos zu berechnen, was vor allem aus Sicht des Umweltschutzes von wachsendem Interesse ist?

Der Grenzwert für den Kohlenstoffdioxidausstoß für PKW soll bei 95 g pro km liegen.
Ein bestimmter PKW verbraucht auf 100 km fünf Liter Benzin. Vereinfachend wird angenommen, dass Benzin aus reinem Isooctan (C_8H_{18}, Dichte der Flüssigkeit ρ = 690 g/L) besteht.

a) Berechne den Verbrauch an Isooctan in Gramm pro Kilometer.
b) Ermittle rechnerisch, ob der Grenzwert für den Kohlenstoffdioxidausstoß überschritten wird.
c) Berechne das Volumen des entstehenden Kohlenstoffdioxidgases.

So geht's

1. Stelle die Reaktionsgleichung auf.
2. Liste die gegebenen und gesuchten Größen auf.
3. Berechne die Masse des Stoffes, dessen Dichte und Volumen du kennst.
4. Berechne die Stoffmenge dieses Stoffes mithilfe der Masse und der molaren Masse.
5. Entnimm der Reaktionsgleichung die Koeffizienten der beteiligten Stoffe und bilde das Zahlenverhältnis der Stoffmengen. Löse anschließend nach der Stoffmenge des gesuchten Stoffes auf.
6. Berechne die Masse des gesuchten Stoffes.
7. Multipliziere die Stoffmenge mit dem molaren Volumen V_m z. B. bei 25 °C und 1 bar, um das gesuchte Volumen zu erhalten.

	1. Reaktionsgleichung	$2\ C_8H_{18} + 25\ O_2 \longrightarrow 16\ CO_2 + 18\ H_2O$
	2. gegebene und gesuchte Größen	Gegeben: $V(C_8H_{18})$ = 5 L $\rho(C_8H_{18})$ = 690 g/L $M(C_8H_{18})$ = 114 g/mol $M(CO_2)$ = 44 g/mol Gesucht: a) $m(C_8H_{18})$ b) $m(CO_2)$ c) $V(CO_2)$
a)	**3. Masse (des Edukts)**	$m(C_8H_{18}) = \rho(C_8H_{18}) \cdot V(C_8H_{18})$ $m(C_8H_{18})$ = 690 g/L · 5 L = 3450 g (pro 100 km) Pro Kilometer werden 34,5 g Isooctan verbraucht.
	4. Stoffmenge (des Edukts)	$n(C_8H_{18}) = \frac{m(C_8H_{18})}{M(C_8H_{18})} = \frac{34{,}5\ g}{114\ g/mol} = 0{,}30\ mol$
	5. Stoffmenge (des Produkts)	$\frac{n(CO_2)}{n(C_8H_{18})} = \frac{16\ mol}{2\ mol}$ $n(CO_2) = 8 \cdot n(C_8H_{18}) = 8 \cdot 0{,}30\ mol = 2{,}4\ mol$
b)	**6. Masse (des Produkts)**	$m(CO_2) = n(CO_2) \cdot M(CO_2) = 2{,}4\ mol \cdot 44\ \frac{g}{mol} = 106\ g$ Auf einer Strecke von einem Kilometer erzeugt der PKW etwa 106 g Kohlenstoffdioxid, der Grenzwert wird überschritten.
c)	**7. Gasvolumen**	$V(CO_2) = V_m \cdot n(CO_2) = 24{,}5\ \frac{L}{mol} \cdot 2{,}4\ mol = 58{,}8\ L$ Es entstehen 58,8 L Kohlenstoffdioxidgas.

AUFGABE

A1 Ein Hersteller gibt einen Kraftstoffverbrauch von 5 kg Erdgas (Methan) auf 100 km an. Berechne das Volumen und die Masse des auf einer Strecke von einem Kilometer ausgestoßenen Kohlenstoffdioxids.

Im Internet recherchieren

Der zunehmend spürbare Klimawandel hat zu einer Diskussion um die Mobilität der Zukunft geführt. Stehen mit Benzin oder Diesel betriebene Autos vor dem Aus? Gehört den Elektroautos mit Wasserstoff-Brennstoffzelle die Zukunft oder setzen sich stattdessen Elektroautos mit Akku durch? Damit man sich eine eigene Meinung bilden kann, ist es unerlässlich, sich sorgfältig zu informieren. Das Internet bietet einen schnellen Zugriff auf benötigte Informationen, eine gezielte Internetrecherche ist oft schwierig. Es gibt aber einige Regeln zum Finden und Bewerten von Informationen, an denen man sich orientieren kann.

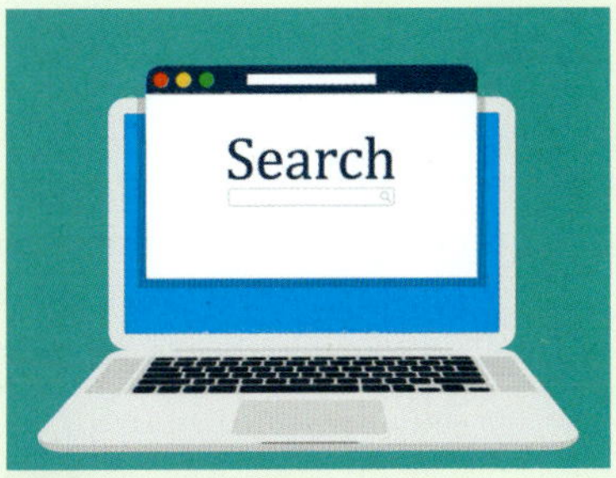

B1 Suchmaschine zur Internetrecherche

So geht's

Informationen suchen

1. Schreibe dir eine konkrete Recherche-Frage auf und formuliere daraufhin sinnvolle Suchbegriffe. Bilde mit den Suchbegriffen Wortgruppen, die die Recherche-Fragen passend umschreiben.
2. Gib die gesuchte Wortgruppe in das Suchfeld einer Suchmaschine ein. Beachte bei deiner Recherche die nebenstehenden Tipps. Schaue mindestens die ersten 10 Treffer an.
3. Dokumentiere deine Suchergebnisse. Speichere dazu den jeweiligen Ausschnitt einer Website z. B. als PDF. Alternativ kannst du ein Lesezeichen im Browser setzen. Wichtig ist die Angabe des Links und des Datums des letzten Zugriffs.

Die Qualität der Informationen bewerten

1. Identität und Referenz: Wem gehört die Seite und wer ist der Verfasser der Information? Informationen findest du im Impressum der Website. Dort erfährst du auch, ob es sich beim Inhaber der Internetseite um eine Privatperson, eine Bildungs- bzw. Forschungseinrichtung, eine Firma oder um eine Zeitung handelt.
2. Objektivität: Stimmt das, was dort steht? Kann die Information durch weitere, unabhängige Quellen bestätigt werden?
3. Aktualität: Suche auf der Internetseite nach einem Datum. Wenn die Informationen sehr alt sind, suche nach aktuelleren Informationen.

Tipp

- Suchst du nach einer Wortfolge, setze sie in Anführungszeichen, z. B.: *„Erntedank im Autotank“*
- Ist die Bedeutung eines einzelnen Begriffs unklar, setze „define:“ ohne Leerzeichen vor den Suchbegriff, z. B.: *define:Akkumulator*
- Die Verwendung von Alternativen wie *startpage.com*, die keine Daten zum Nutzungsverhalten weiterleiten, lohnt sich. Damit werden die Suchergebnisse weniger stark z. B. anhand deiner privaten Interessen gefiltert.
- Alle Informationen werden in großen Rechenzentren gespeichert. Suchmaschinen wie *ecosia.org* gleichen einen Teil der dabei verursachten CO_2-Emissionen z. B. durch Aufforstungsmaßnahmen aus.
- Metasuchmaschinen wie *metager.de* leiten deine Suchanfrage an mehrere Suchmaschinen weiter.
- Meldest du dich bei einer Bibliothek an, hast du Zugriff auf die dort lizenzierten e-Books, e-journals und Datenbanken.

AUFGABEN

A1 Sammle in einer Internetrecherche zum Thema „Automobilität der Zukunft“ Argumente für bzw. gegen den Einsatz verschiedener Kraftstoffe bzw. Antriebskonzepte. Besuche dazu mindestens drei unterschiedliche Internetseiten.

A2 Stelle deine Ergebnisse unter Angabe der Quellen dar und begründe deine Quellenwahl.

Zum Üben und Weiterdenken

A1 Die Bestimmung der Masse von 100 mL einer gasförmigen Kohlenwasserstoffverbindung ergibt den Wert m = 114 mg bei einer Temperatur von 25 °C und einem Druck von 1 bar.

a) Bestimme die molare Masse M.

b) Stelle eine mögliche Molekülformel auf und zeichne zu dieser Molekülformel die passende Strukturformel.

c) Benenne die Verbindung und eine dazugehörige Nachweisreaktion.

d) Berechne das Sauerstoffvolumen für die vollständige Verbrennung von 100 g dieses Kohlenwasserstoffs. Formuliere dazu die Reaktionsgleichung.

A2 Zeichne die Strukturformeln folgender Alkane: 1,2-Dimethylpropan, 2-Ethyl-3-methylpentan, 2-Methyl-2-propylbutan.

Diese Verbindungen wurden falsch benannt. Erkenne den jeweiligen Fehler und benenne sie richtig. Nutze anschließend ein Strukturformelprogramm und kontrolliere deine Benennung.

A3 Ordne Siedetemperaturen und Stoffe einander zu und begründe deine Zuordnung.

Siedetemperaturen (in °C):
–11,7 / 9,0 / 27,8 / 99,0 / 100,0 / 125,6

Stoffe: 2,2,4-Trimethylpentan, 2-Methylbutan, 2,2-Dimethylpropan, 2-Methylpropan, Wasser, *n*-Octan.

A4 Die Gase Propan und Propen werden jeweils in einem Standzylinder mit Brom versetzt. Beschreibe und begründe die zu erwartenden Beobachtungen im Dunkeln und bei Belichtung mit einer starken Lichtquelle.

A5 Stelle die Strukturformeln der vier möglichen Isomere des Dibrompropans auf und benenne die Verbindungen.

A6 In einer Porzellanschale werden 5 g *n*-Hexan entzündet. Unmittelbar nach dem Entzünden wird ein Gefäß mit einem Volumen von 5 L über die Porzellanschale gestülpt, sodass die Verbrennung nach Verbrauchen des Luftsauerstoffs (Sauerstoffanteil 20 %) im Inneren des Gefäßes stoppt.

Berechne die Masse des *n*-Hexans nach dem Verbrennungsvorgang unter der Annahme, dass ausschließlich die Verbrennungsprodukte CO_2 und H_2O entstehen und der Sauerstoff vollständig verbraucht wird.

A7 Begründe, wodurch bei der fraktionierten Destillation eine erhöhte Reinheit der einzelnen Fraktionen erreicht wird.

A8 Erläutere, wie die Klopffestigkeit von Benzin erhöht werden kann.

A9 Ein gasförmiges Gemisch aus den Isomeren *n*-Pentan, 2-Methylbutan und 2,2-Dimethylpropan wird im Gaschromatografen analysiert. Zeichne ein mögliches Chromatogramm und beschrifte die einzelnen Peaks.

A10 Zähle die gasförmigen Kraftstoffe für Kraftfahrzeuge auf, die zu den folgenden Symbolen gehören, und recherchiere Vor- und Nachteile im Hinblick auf den Energieverbrauch (Heizwert) und die Auswirkungen auf die Umwelt.

Gasförmige Kraftstoffe

A11 Kohlenstoffverbindungen sind immer organische Verbindungen. Beurteile diese Aussage.

A12 Benenne die beiden Verbindungen a) und b). Wende dazu die IUPAC-Regeln an.

a)

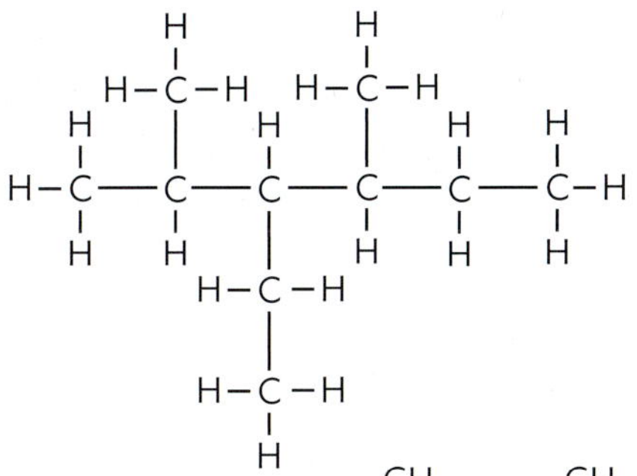

b)

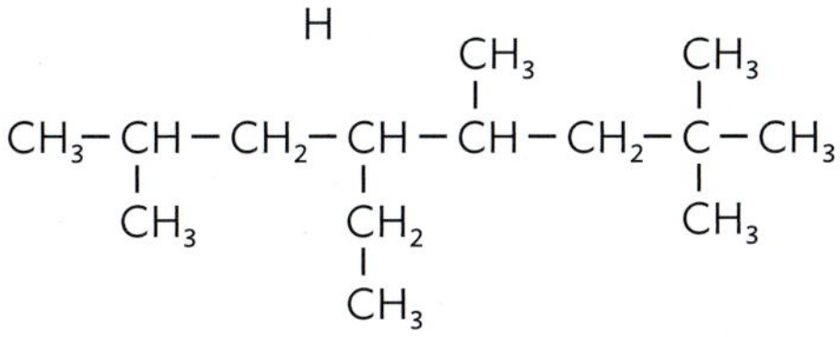

A13 Entwickle die Halbstrukturformeln für 3-Ethyl-2,4,6,6-tetramethyloctan und 2,3,4-Trimethylhexan.

A14 Übernimm die richtigen Aussagen aus der Tabelle in dein Heft und korrigiere falsche Aussagen.

Aussage	wahr	falsch
Alkane und Alkene verbrennen in Gegenwart von Sauerstoff O_2 vollständig zu Wasser H_2O und Kohlenstoffmonooxid CO.		
Bei der unvollständigen Verbrennung von Alkanen und Alkenen entstehen außer Kohlenstoffdioxid CO_2 und Wasser H_2O noch Kohlenstoffmonooxid CO oder Kohlenstoff C (als Ruß).		
Genau wie die Alkane sind Alkene gut bzw. sehr gut in Wasser löslich.		
Die Viskosität von Kohlenwasserstoffen nimmt mit zunehmender Länge der Kohlenstoff-Kette der Moleküle ab.		

A15 Recherchiere, wofür die größten Mengen an Ethen in der Industrie verwendet werden.

A16 Die Tabelle zeigt die Schmelz- und Siedetemperaturen unverzweigter Alkane.

Formel	Name	Schmelztemperatur in °C	Siedetemperatur in °C
C_4H_{10}	*n*-Butan	−138,2	−0,5
C_5H_{12}	*n*-Pentan	−129,7	36,1
C_6H_{14}	*n*-Hexan	−95,3	68,7
C_7H_{16}	*n*-Heptan	−90,5	98,4
C_8H_{18}	*n*-Octan	−56,7	125,6
C_9H_{20}	*n*-Nonan	−53,5	150,8
$C_{10}H_{22}$	*n*-Decan	−29,6	174,1
$C_{11}H_{24}$	*n*-Undecan	−26,0	196,0
$C_{12}H_{26}$	*n*-Dodecan	−10,0	216,2
$C_{13}H_{28}$	*n*-Tridecan	−6,0	235,0
$C_{14}H_{30}$	*n*-Tetradecan	5,5	253,6
$C_{15}H_{32}$	*n*-Pentadecan	9,0	270,0

a) Leite für jedes Alkan den bei Raumtemperatur (25 °C) herrschenden Aggregatzustand aus den Werten ab.

b) Begründe die Zunahme der Schmelz- und Siedetemperatur von Alkanen mit zunehmender Kettenlänge der Moleküle.

A17 Mineralöle sind die durch Destillation von Erdöl hergestellten Öle, die aus verschiedenen gesättigten und ungesättigten Kohlenwasserstoffen bestehen. Im Alltag sind mit Mineralölen vor allem Kraftstoffe wie Benzin, Diesel, Kerosin und Heizöl gemeint.

a) Gib ein geeignetes Lösemittel für mit Mineralöl verschmutze Kleidung an. Begründe deine Entscheidung.

b) Plane ein Experiment, mit dem du nachweisen kannst, dass Mineralöl auch ungesättigte Kohlenwasserstoffe enthält.

A18 Die beiden Bilder zeigen Ethen (links) und Ethan (rechts) beim Verbrennen. Beschreibe den Unterschied der Flammen und werte die abgebildete Beobachtung aus.

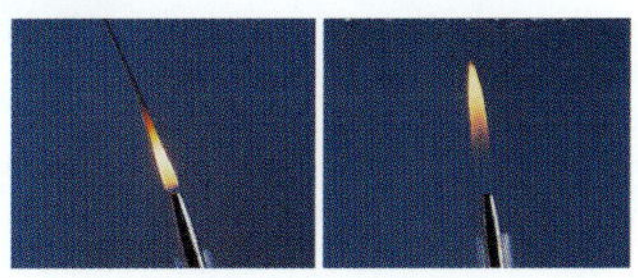

M1 Von Kettenöl, Schmierfett, Vaseline und Paraffinen

Um das Rosten und Quietschen einer Fahrradkette zu verhindern, wird diese geölt (**B1**). Damit ist das Fahren leiser und leichter, da weniger Kraft beim Treten nötig ist. Schmieröle aus fossilen Rohstoffen (= Mineralöle) bestehen im Wesentlichen aus gesättigten Kohlenwasserstoffen. Je länger die Kohlenstoff-Ketten in den Molekülen der Kohlenwasserstoffe sind, desto zähflüssiger sind die Mineralöle. Bei Mineral- bzw. Schmierfetten sind viele Moleküle mit langen Kohlenstoff-Ketten enthalten.

A1 Begründe die schlechte Eignung von Heptan als Schmierstoff für eine Fahrradkette.

A2 Erkläre die unterschiedliche Viskosität von Schmieröl und Schmierfett.

A3 Beurteile die Eignung von Margarine oder Butter als Schmierstoff für eine Fahrradkette.

B1 Geölte und verrostete Fahrradkette

M2 Weitere Einsatzmöglichkeiten des Strukturformelprogramms

Bei Mannschaftssportarten wie z. B. Basketball sind Computermodelle wichtige Analyseinstrumente für Trainer oder Kommentatoren. Um möglichst genau festzustellen, in welchen Bereichen des Spielfeldes sich ein Spieler oft und in welchen weniger oft aufhält, kann man die einzelnen Aufenthaltsorte durch eine sogenannte Heatmap sichtbar machen.

In der Hülle von Molekülen befinden sich, ähnlich der sich über das Basketballfeld bewegenden Spieler, bewegliche Elektronen. Je nachdem, welche Elemente im Molekül vorkommen, sind diese Elektronen nicht gleichmäßig über die Hülle verteilt.

Durch ein chemisches Formelprogramm kann man sich anzeigen lassen, an welchen Stellen im Molekül sich die Elektronen am häufigsten aufhalten. Das Programm ermittelt dafür das elektrostatische Potenzial der Molekülhülle (engl. molecular electrostatic potential, MEP) und erstellt eine Potenzialkarte. Diese Funktion findet man meist in der Menürubrik „calculations". Damit hilft das Programm dabei, anhand des Molekülaufbaus Aussagen über bestimmte Stoffeigenschaften zu treffen.

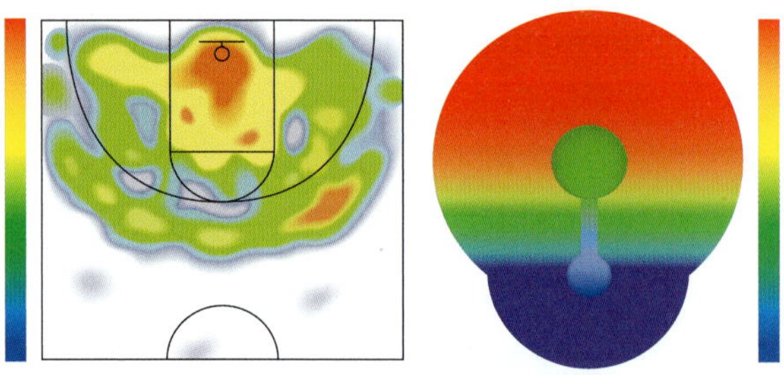

B2 Spieleraktivitätsbild und Potenzialkarte im Vergleich. In den roten Bereichen sind die Aufenthaltswahrscheinlichkeiten für Spieler bzw. Elektronen besonders hoch.

A1 Vergleiche beide Heatmap-Modelle in **B2**.

A2 Erstelle mithilfe eines Strukturformelprogramms ein Wasser- und ein Difluormethan-Molekül. Vergleiche sie anhand ihrer Geometrie und der Potenzialkarten der Molekülhüllen und begründe das Ergebnis.

A3 Stelle aufgrund deiner Kenntnis der Stoffeigenschaften der Alkane eine Hypothese auf, wie die Potenzialkarte eines Methan-Moleküls aussehen müsste.

M3 Alkine

Alkine sind reaktionsfreudige, ungesättigte Kohlenwasserstoffe, die in ihrer Kohlenstoff-Kette mindestens eine C≡C-Dreifachbindung enthalten. Sie kommen im Erdöl und Erdgas nur in sehr geringen Mengen vor. In Pflanzen und auch einigen Tieren gibt es Alkine, die wichtige Lebensvorgänge steuern. Der Stoff Ichthyotherol wird aus Hautabsonderungen des Baumsteigerfrosches gewonnen, der dieses Gift auch zu Abwehr benutzt. Es wird von Indianern in Südamerika als Pfeilgift verwendet.

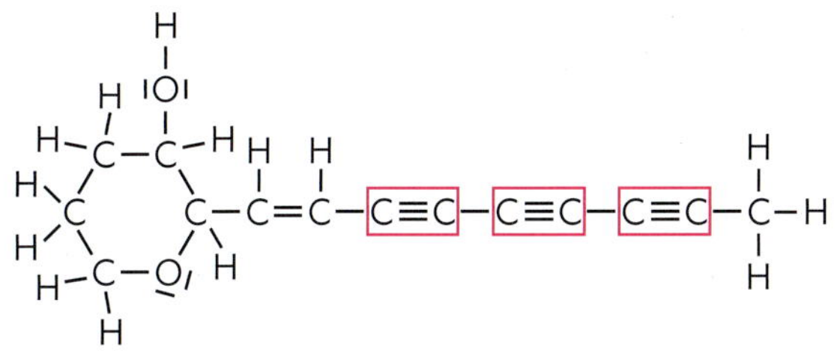

B3 Strukturformel des Ichthyotherol-Moleküls

A1 Das Gas Ethin, auch als Acetylen bezeichnet, wird zum autogenen Schweißen und Schneiden verwendet. Es ist das einfachste Alkin und besitzt die Molekülformel C_2H_2. Baue es mit dem Molekülbaukasten nach und beachte dabei die Edelgasregel und den räumlichen Bau nach dem EPA-Modell. Bezeichne den Winkel zwischen der C≡C-Dreifachbindung und der C–H-Bindung und die dazugehörige Molekülstruktur.

A2 Die Alkine bilden eine homologe Reihe mit der Endung -in. Sie beginnt mit der Verbindung Ethin. Formuliere die allgemeine Molekülformel, nenne die ersten sechs Mitglieder der homologen Reihe und zeichne deren Halbstrukturformeln.

M4 Fossile und erneuerbare Energieträger

Derzeit werden in Deutschland als wichtigste Energieträger Erdöl, Erdgas und Kohle genutzt. Da diese Stoffe im Laufe von Millionen von Jahren entstanden sind, werden sie fossile oder nicht erneuerbare Energieträger genannt. Im Gegensatz dazu werden nachwachsende Stoffe (z. B. Raps, Holz, Hanf, Mais und Zuckerrohr) oder immer von neuem nutzbare Medien (z. B. Wind, Wasser und Gezeiten, Sonnenstrahlung und Erdwärme) als erneuerbare oder regenerative Energieträger bezeichnet.

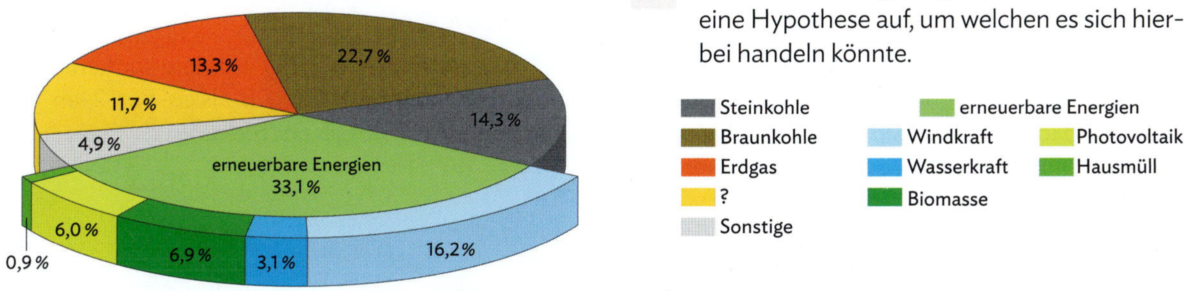

B4 Prozentualer Anteil unterschiedlicher Energieträger an der Stromerzeugung in Deutschland (Quelle: AGEB e.V. 2018)

A1 Beschreibe **B4**. Nenne je drei fossile und erneuerbare Energieträger und deren Anteil an der Stromerzeugung.

A2 Recherchiere Informationen (**FM**, S. 387) zu Verfügbarkeit, Umweltbelastung, Nachhaltigkeit und Energieeffizienz von je drei fossilen und erneuerbaren Energieträgern. Fasse deine Ergebnisse tabellarisch zusammen.

A3 In **B4** ist ein Energieträger unbeschriftet. Stelle eine Hypothese auf, um welchen es sich hierbei handeln könnte.

Basiswissen Kapitel 10

W Zusammensetzung und Struktur von Kohlenwasserstoffen

Organische Stoffe sind Verbindungen, in denen die Elemente Kohlenstoff und Wasserstoff gebunden sind. Die **gesättigten Kohlenwasserstoffe (Alkane)** haben die allgemeine Molekülformel C_nH_{2n+2}.

In ihren Molekülen, z. B. dem Ethan-Molekül, sind die Kohlenstoff-Atome in Form eines **Tetraeders** mit vier Bindungspartnern über Einfachbindungen und mit Bindungswinkeln von jeweils 109,5° verknüpft.

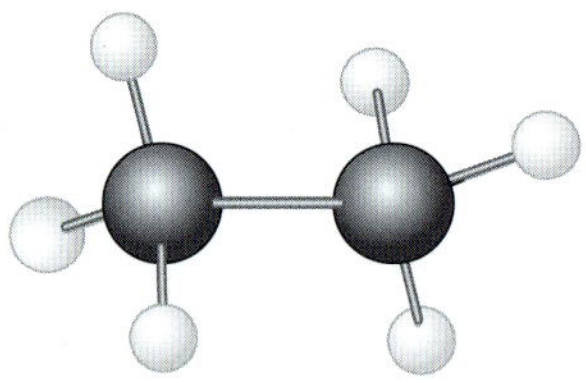

Die Moleküle **ungesättigter Kohlenwasserstoffe** verfügen über eine oder mehrere Mehrfachbindungen. Dazu gehört die Stoffklasse der **Alkene** mit der allgemeinen Molekülformel C_nH_{2n}.

Ihre Moleküle enthalten C=C-Doppelbindungen. Dadurch ergibt sich z. B. beim Ethen-Molekül eine **planare Struktur** mit Bindungswinkeln von jeweils ca. 120°.

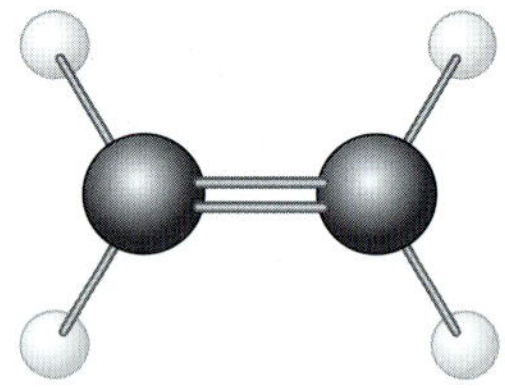

W Homologe Reihe und Isomere

Eine **homologe Reihe** lässt sich über eine allgemeine Molekülformel darstellen. Die Reihe ist nach aufsteigender Zahl an Kohlenstoff-Atomen angeordnet, wobei jedes Molekül eines Vertreters immer eine CH_2-Gruppe mehr aufweist, als das vorherige.

Z. B. bilden die Alkane eine homologe Reihe:

n-Butan	C_4H_{10}	$CH_3-(CH_2)_2-CH_3$
n-Pentan	C_5H_{12}	$CH_3-(CH_2)_3-CH_3$
n-Hexan	C_6H_{14}	$CH_3-(CH_2)_4-CH_3$
Alkan	$\mathbf{C_nH_{2n+2}}$	$\mathbf{CH_3-(CH_2)_{n-2}-CH_3}$

Stoffe, die die gleiche Molekülformel (Anzahl an gleichartigen Atomen im Molekül), aber eine unterschiedliche Strukturformel (Anordnung der Atome im Molekül) aufweisen, werden als **Isomere** bezeichnet.

Zum Beispiel werden beim Butan die beiden Stoffe *n*-Butan mit unverzweigten Molekülen und Isobutan mit verzweigten Molekülen unterschieden.

Mit der Zunahme an C-Atomen im Molekül steigt auch die Anzahl an möglichen Strukturformeln. Deshalb wurden international einheitliche Empfehlungen zur Benennung chemischer Verbindungen aufgestellt, die **IUPAC-Regeln**.

Aus dem Stammnamen (längste nicht verzweigte C-Kette), den Seitenketten (z. B. Alkyl-Reste) bzw. Substituenten (z. B. Halogen-Atome), deren Anzahl, Position und alphabetische Anordnung wird der Verbindungsname ermittelt. So erhält zum Beispiel das Isobutan den IUPAC-Namen 2-Methylpropan.

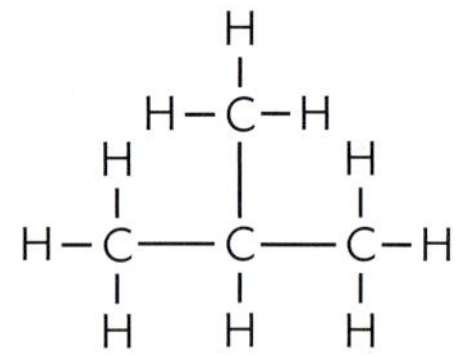

Auch ***cis*/*trans***- bzw. ***(Z)*/*(E)***-Isomere können eindeutig benannt werden, z. B. als *cis*-But-2-en (links) und *trans*-But-2-en (rechts).

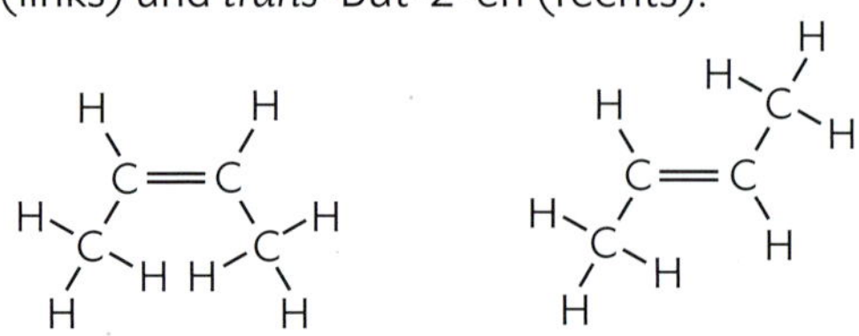

W Eigenschaften von Kohlenwasserstoffen

Die Moleküle der Kohlenwasserstoffe enthalten unpolare Bindungen. Wegen der kurzfristigen ungleichen Verteilung von Elektronen bilden sich temporäre Dipole aus. Diese ziehen sich aufgrund von **VAN-DER-WAALS-Wechselwirkungen** an.

Da die Wahrscheinlichkeit für einen temporären Dipol mit zunehmender Elektronenzahl und Oberfläche der Moleküle steigt, nehmen auch die Wechselwirkungen mit der Molekülgröße zu.

Aus diesem Grund steigen Siedetemperatur und Viskosität (Zähflüssigkeit) innerhalb der homologen Reihen der Alkane und Alkene an.

Alkane und Alkene lassen sich nicht in Wasser lösen, sind also **hydrophob** (= wassermeidend).

Da sie jedoch Fette und fettähnliche Stoffe lösen, werden sie auch als **lipophil** (= fettliebend) bezeichnet.

Bei einer **vollständigen Verbrennung** von Kohlenwasserstoffen entstehen ausschließlich die Produkte Kohlenstoffdioxid und Wasser. Reicht die Stoffmenge an Sauerstoff für eine vollständige Verbrennung nicht aus, findet eine **unvollständige Verbrennung** statt, bei der zusätzlich Kohlenstoffmonooxid und Kohlenstoff gebildet werden.

W Substitution und Addition

Eine chemische Reaktion, bei der Atome oder Atomgruppen durch andere Atome oder Atomgruppen ersetzt werden, nennt man **Substitution**, z. B.:

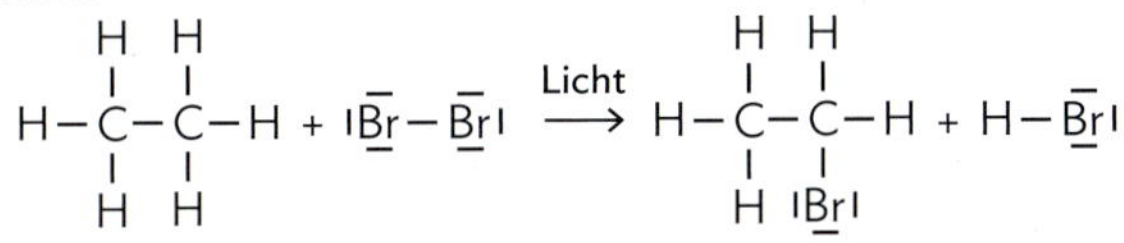

Eine chemische Reaktion, bei der ein Molekül unter Aufspaltung einer Doppelbindung andere Atome oder Atomgruppen bindet, nennt man **Addition**, z. B.:

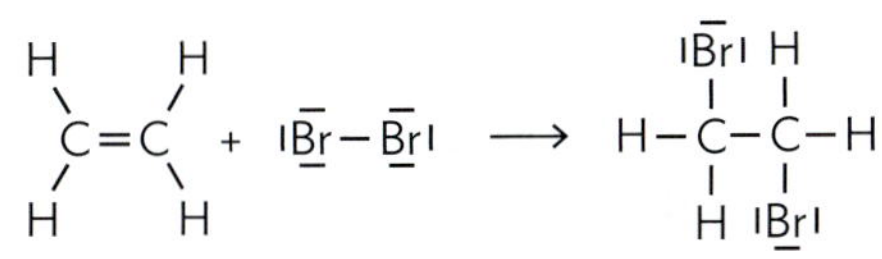

W Kraftstoffe – Herstellung und Vergleich

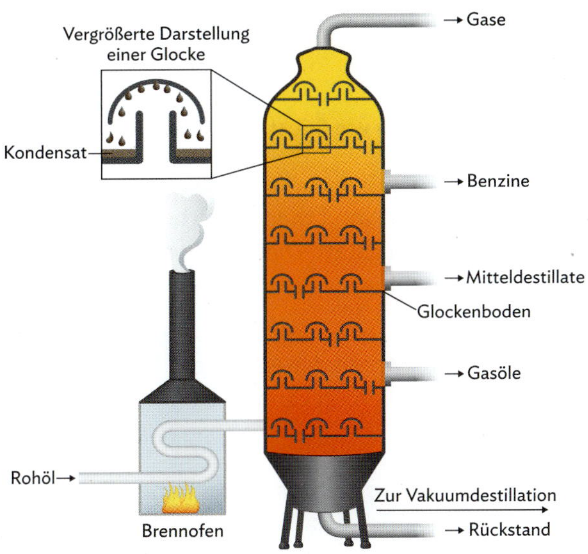

Rohöl (gereinigtes Erdöl) ist ein Gemisch aus Alkanen und anderen Kohlenwasserstoffen. Die industrielle Trennung des Gemisches findet in einer Raffinerie durch **fraktionierte Destillation** statt. Rohöl wird in verschiedene Fraktionen mit bestimmten Siedebereichen aufgetrennt. Beim anschließenden **Cracken** werden langkettige in kurzkettige Kohlenwasserstoff-Moleküle gespalten, um den hohen Bedarf an Benzinen und Mitteldestillaten zu decken. Bis zum Verkauf werden die **Kraftstoffe** durch verschiedene Verfahren aufbereitet und optimiert.

Es werden Motorenbenzin und Dieselkraftstoff unterschieden. Ihnen wird Bioethanol oder Biodiesel zugesetzt, um fossile Brennstoffe einzusparen.

Ziel erreicht?

Überprüfung

Hast du das Ziel dieses Kapitels erreicht? Löse die entsprechenden Aufgaben. Ein Arbeitsblatt findest du unter QR-/Mediencode 05037-33. Bewerte dich mithilfe der Tabelle rechts unten. Die Lösungen zu den Aufgaben stehen auf Seite 476 und 477.

05037-33

Kohlenwasserstoffe benennen und deren Strukturformeln u. a. mithilfe eines Programms aufstellen

A1 Gib die Molekülformeln und die Halbstrukturformeln der *n*-Alkane an, deren Moleküle ein, zwei, drei, vier bzw. fünf Kohlenstoff-Atome besitzen. Benenne die Verbindungen.

A2 Die folgenden Verbindungen sind Isomere von verschiedenen *n*-Alkanen:

- 2,2,4-Trimethylpentan
- 3,4-Diethyl-2-methylheptan
- 2,2-Dimethylpropan

a) Stelle die Halbstrukturformeln dieser Verbindungen auf.

b) Ordne den einzelnen Verbindungen jeweils das zugehörige isomere *n*-Alkan zu.

A3 Erstelle die Strukturformel zu folgender 3D-Moleküldarstellung im Kugelstabmodell. Nutze dazu auch ein Strukturformelprogramm und überprüfe dein Ergebnis.

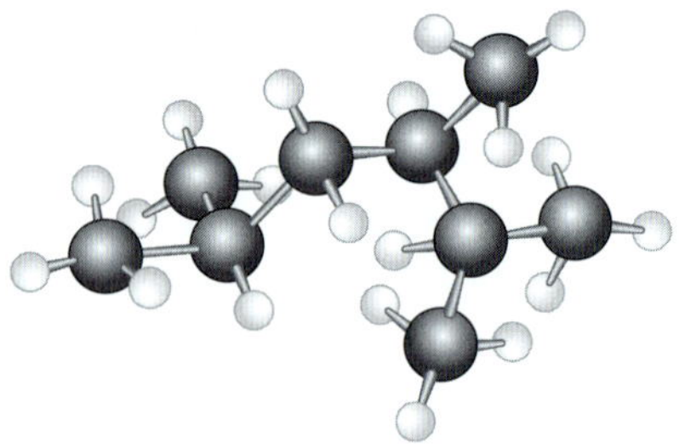

A4 Beschreibe den Bau eines Methan-Moleküls mithilfe des Kugelstabmodells.

A5 Gib Gemeinsamkeiten und Unterschiede von Isomeren einer Verbindung an einem selbstgewählten Beispiel an.

Aufgrund von Struktur und Wechselwirkung Eigenschaften vorhersagen

B1 *n*-Octan und 2,2,4-Trimethylpentan besitzen dieselbe Molekülmasse von 114,2 u, unterscheiden sich aber in ihrer Flammtemperatur. Begründe auf Teilchenebene und argumentiere mit zwischenmolekularen Wechselwirkungen.

B2 Ordne den einzelnen Alkanen durch Verbinden die passende Siedetemperatur zu und begründe.

n-Butan	−42,1 °C
Methan	−11,7 °C
n-Pentan	−0,5 °C
Propan	36,1 °C
Isobutan	−161,5 °C

B3 Eine Probe Kochsalz wird in verschiedene Lösemittel gegeben: Wasser, Pentan, Hexen und Benzin. Begründe die zu erwartenden Beobachtungen.

Typische Reaktionen wie Substitution und Addition erklären

C1 Die Reaktion von Ethan mit Brom findet im Standzylinder statt. Die Reaktion wird mit hellem Licht aus einer starken Lichtquelle ausgelöst.

a) Erkläre, woran der Ablauf der Reaktion erkannt werden kann.

b) Formuliere eine Reaktionsgleichung.

c) Nenne zwei Nachweisreaktionen für das Produkt Bromwasserstoff und erläutere die zu erwartenden Beobachtungen.

C2 Doppelbindungen in Alkenen lassen sich u. a. durch eine Addition von Brom nachweisen. Stelle die Reaktionsgleichung mit Strukturformeln für den Nachweis der Doppelbindung im But-2-en-Molekül auf. Benenne das Reaktionsprodukt.

C3 Vergleiche die Reaktionstypen Substitution und Addition.

Kraftstoffe vergleichen sowie deren Herstellung kennen

D1 Bei der Rohöldestillation erhält man – je nach Zusammensetzung des eingesetzten Erdöls – oft nur ca. 20 % Benzine und einen relativ großen Anteil an Schwerölen. Der Bedarf an Benzinen und Dieselkraftstoff ist aber höher. Benenne und erkläre ein Verfahren zu Erhöhung dieser Anteile.

D2 Nenne die Kraftstoffe, die sich hinter den folgenden Bezeichnungen verbergen: B7, E5, E10, CNG, LPG, LNG, H2.

D3 Nenne zwei Kriterien, die chemische Verbindungen erfüllen müssen, um als Kraftstoffe verwendet werden zu können.

Verbrennungsreaktionen auswerten und Stoffumsätze berechnen

E1 Ein verwunderter Autofahrer fragt: „Ist es möglich, dass mein Auto pro Kilometer 140 g Kohlenstoffdioxid ausstößt, obwohl es nur 45 g Benzin (Isooctan, C_8H_{18}) verbraucht?“

a) Entwickle die Reaktionsgleichung für die vollständige Verbrennung von Isooctan.

b) Überprüfe anhand einer Berechnung, ob die genannte Angabe zum Kohlenstoffdioxidausstoß korrekt ist.

E2 Ein Papprohr hat einen Volumeninhalt von 1,8 Litern. Darin soll ein Gemisch von Propan und Sauerstoff zur Explosion gebracht werden.

a) Formuliere die Reaktionsgleichung für die Verbrennung von Propan.

b) Berechne die Volumina an Propan und an Sauerstoff, die man einfüllen muss, um ein optimal reagierendes Gemisch zu erhalten.

Hinweis: Bitte nicht nachahmen, da diese Menge zu einer sehr lauten und starken Explosion führen würde.

Auswertung

Vergleiche deine Antworten mit den Lösungen auf Seite 476 und 477 und kreuze auf dem Arbeitsblatt an.

	Ich kann ...	ja	nein	lies nach auf Seite
A	Kohlenwasserstoffe benennen und deren Strukturformeln u. a. mithilfe eines Programms aufstellen.			367 - 369
B	Aufgrund von Struktur und Wechselwirkung Eigenschaften vorhersagen.			357, 364, 365
C	typische Reaktionen wie Substitution und Addition erklären.			366, 374
D	Kraftstoffe vergleichen sowie deren Herstellung kennen.			378 - 381, 384
E	Verbrennungsreaktionen auswerten und Stoffumsätze berechnen.			386

11 Alkohole, Aldehyde und Ketone

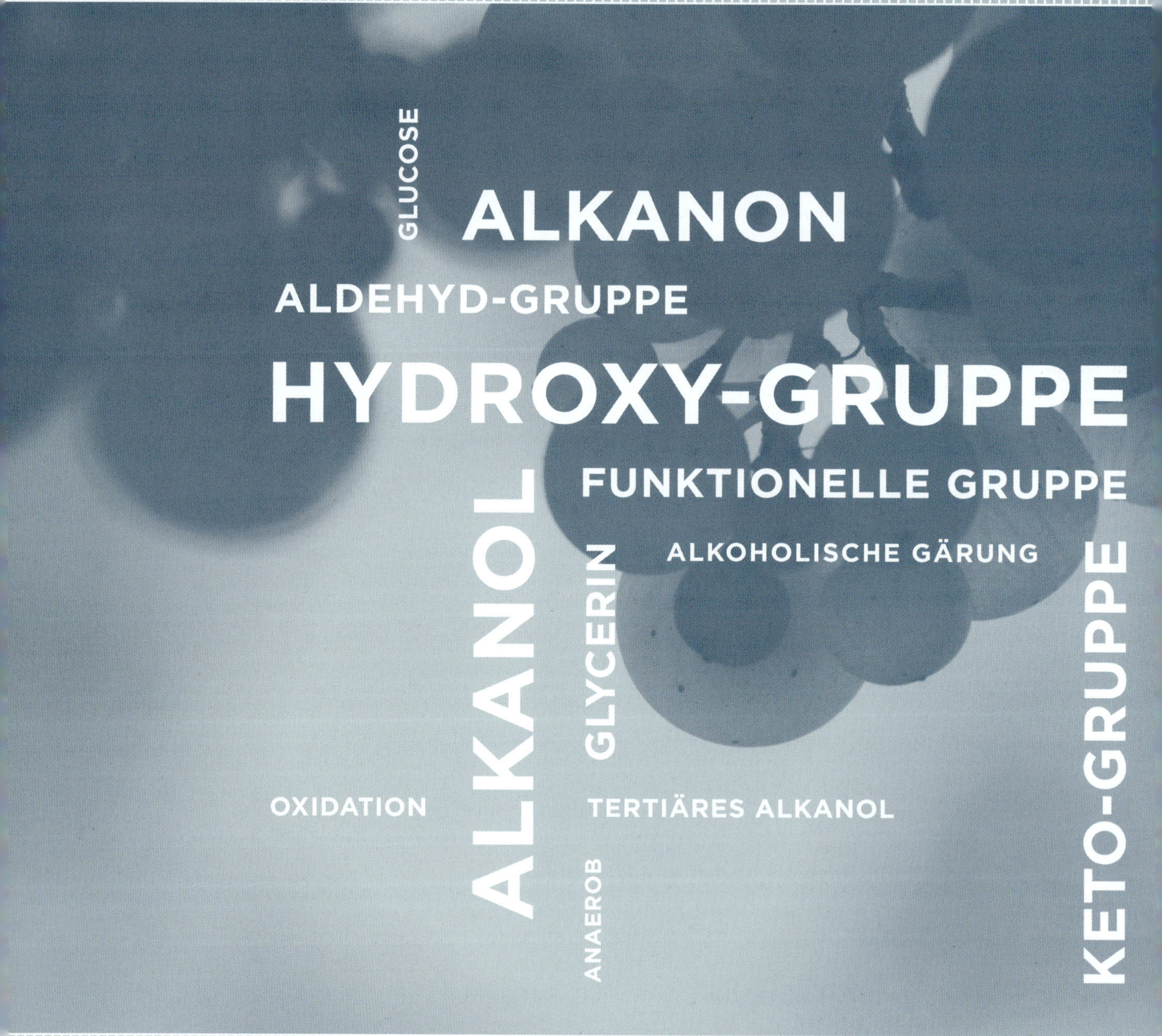

BIOETHANOL
SEKUNDÄRES ALKANOL
ACETON
ETHANOL
BENEDICT-PROBE
PRIMÄRES ALKANOL
MEHRWERTIGER ALKOHOL
OXIDATIONSZAHL
OXIDATIONSPRODUKT
METHANOL
GLYKOL
TOLLENS-PROBE
ALKANAL

Startklar?

Selbsteinschätzung

Schätze dich selbst ein: Wie gut sind deine Kenntnisse in den Bereichen A bis D? Kreuze auf dem Arbeitsblatt unter QR-/Mediencode 05037-34 an!

05037-34

	Ich kann ...	prima	ganz gut	es fällt mir schwer
A	Kohlenwasserstoffe nach den IUPAC-Regeln benennen.			
B	Strukturformeln für Kohlenwasserstoff-Moleküle darstellen und anwenden.			
C	Eigenschaften von Alkanen beschreiben und mithilfe ihrer Strukturmerkmale erklären.			
D	Experimente zum charakteristischen Nachweis von wichtigen Stoffen nennen und anwenden.			

Überprüfung

Liegst du richtig? Bearbeite die folgenden Aufgaben zu jedem Bereich.

Kohlenwasserstoffe nach den IUPAC-Regeln benennen

A1 Gib an, welche der folgenden Aussagen richtig beziehungsweise falsch sind und verbessere die falschen Aussagen.

a) Seitenketten bezeichnet man als Alken-Gruppen.

b) Die waagerecht angeordnete Kohlenstoff-Kette gibt den Stammnamen an.

c) Ist eine Alkyl-Gruppe mehrfach vorhanden, wird die Anzahl durch die Zahlwörter di-, tri-, tetra- usw. angegeben.

A2 Zeichne die Strukturformel von 2-Ethyl-2-methylbutan. Untersuche, ob der Name den IUPAC-Regeln entspricht und gib gegebenenfalls den richtigen Namen an. Überprüfe deine Antwort mithilfe eines Programms zum Zeichnen chemischer Strukturen.

A3 Benenne folgende Moleküle nach IUPAC.

a)

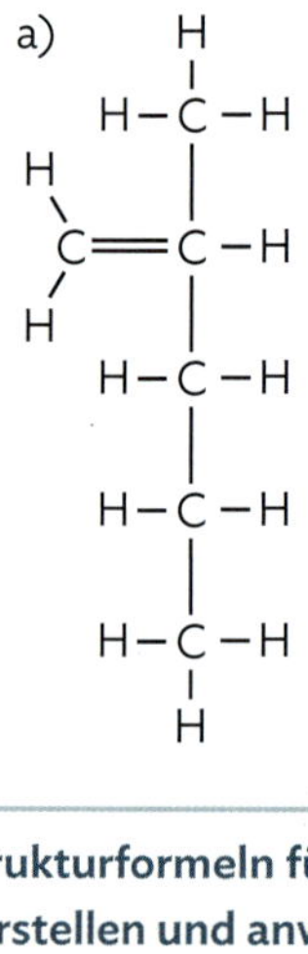

b)

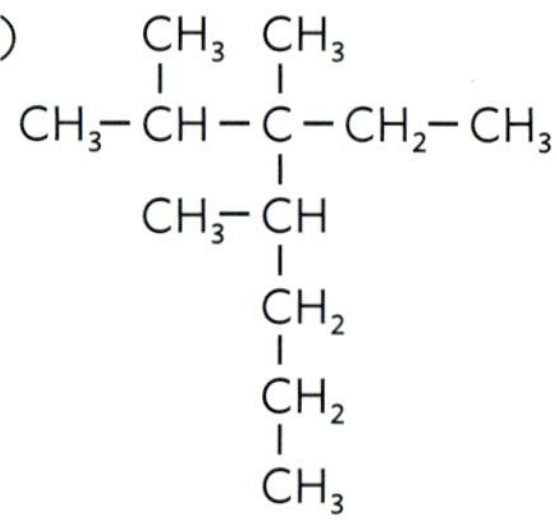

Strukturformeln für Kohlenwasserstoff-Moleküle darstellen und anwenden

B1 Gib die Molekülformel und die Halbstrukturformel für 4-Ethyl-3,5-dimethyl-6-propyldecan an.

B2 Finde jeweils den Fehler in den folgenden Formeln. Begründe deine Entscheidung und korrigiere die Fehler entsprechend.

a) C_5H_{14}

b) $CH_5–CH_2–CH{=}CH$

c) 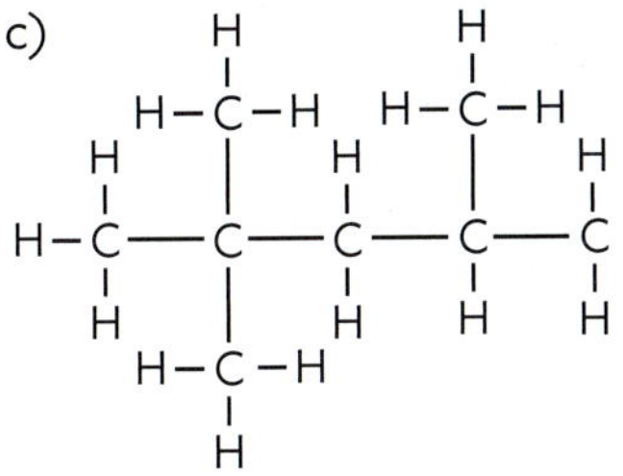

Eigenschaften von Alkanen beschreiben und mithilfe ihrer Strukturmerkmale erklären

C1 Kreuze die zutreffenden Aussagen zu folgendem Sachverhalt an. Die Siedetemperaturen der Glieder einer homologen Reihe steigen

- ☐ mit zunehmender Kettenlänge der Moleküle.
- ☐ mit zunehmender molekularer Masse der Moleküle.
- ☐ mit abnehmender Anzahl an Wasserstoff-Atomen in den Molekülen.

C2 Ordne die folgenden Verbindungen nach ihren Siedetemperaturen und begründe deine Entscheidung:

a) *n*-Butan

b) *n*-Pentan

c) 2-Methylbutan

C3 Pentan löst sich in Heptan, jedoch nicht in Wasser. Erläutere diesen Sachverhalt.

Experimente zum charakteristischen Nachweis von wichtigen Stoffen nennen und anwenden

D1 Zur Untersuchung der Verbrennungsprodukte von Methan werden die Verbrennungsgase eines Gasbrenners aufgefangen und in ein U-Rohr geleitet, das durch Eiswasser gekühlt wird. Man beobachtet, dass im U-Rohr eine farblose Flüssigkeit kondensiert. Ein weiteres, gasförmiges Reaktionsprodukt passiert das U-Rohr und wird mit einer Spritze aufgefangen. Beschreibe je einen Versuch zum charakteristischen Nachweis der Flüssigkeit und des Gases.

D2 Beschreibe Nachweisverfahren für Wasserstoff und Sauerstoff. Formuliere für den Wasserstoffnachweis eine Reaktionsgleichung.

Auswertung

Hast du dich richtig eingeschätzt? Vergleiche deine Antworten mit den Lösungen auf Seite 478.
Gib dir jeweils die entsprechende Punktzahl und trage sie auf dem Arbeitsblatt ein.

	Ich kann ...	prima	ganz gut	mit Hilfe	lies nach auf Seite
A	Kohlenwasserstoffe nach den IUPAC-Regeln benennen.	9 - 8	7 - 5	4 - 2	367 - 369
B	Strukturformeln für Kohlenwasserstoff-Moleküle darstellen und anwenden.	7 - 6	5 - 4	3 - 2	362, 367
C	Eigenschaften von Alkanen beschreiben und mithilfe ihrer Strukturmerkmale erklären.	9 - 8	7 - 5	4 - 2	357, 364, 365
D	Experimente zum charakteristischen Nachweis von wichtigen Stoffen nennen und anwenden.	7 - 6	5 - 4	3 - 2	125, 128, 165, 352

Trinkalkohol – Ethanol

Bier, Wein und Sekt ... Genussmittel, die vielen Menschen beim Wort „Alkohol" in den Sinn kommen. In der Chemie spricht man vom Ethanol, im Alltag hört man die Bezeichnung „Trinkalkohol". Ethanol ist auch in vielen Industrieprodukten und als Bestandteil von Kraftstoff an Tankstellen zu finden. Wie wird Ethanol hergestellt?

V1 Die alkoholische Gärung

PROBLEM

„Fahruntüchtig wegen des Verzehrs von überreifen Bananen". Kann der Zucker in Bananen zur Bildung von Ethanol führen?

DURCHFÜHRUNG

a) Löse in einem 250 mL Erlenmeyerkolben 10 g Glucose in 100 mL Wasser und gib unter Rühren 3 g zerkleinerte Bäckerhefe oder 1 g Trockenhefe hinzu. Verschließe das Gefäß mit einem durchbohrten Stopfen mit Gärröhrchen. Fülle dieses mit Kalkwasser (w < 1 %) und lass den Ansatz für eine Woche an einem warmen Ort ruhen.

b) Destilliere 4 mL Ansatz aus **V1a** mittels einer Mikrodestillationsapparatur (QR-/Mediencode 05037-03). Untersuche auf Geruch und Brennbarkeit.

05037-03

AUSWERTUNG

a) Vergleiche das Aussehen des Ansatzes und des Kalkwassers aus **V1a** zu Versuchsbeginn und nach Ablauf einer Woche. Benenne das bei der Gärung entstandene Produkt, das mittels Kalkwasser nachgewiesen werden kann.

b) Notiere die Ergebnisse aus **V1b** und beurteile den Erfolg deiner Trinkalkoholherstellung.

c) Die alkoholische Gärung findet ohne Sauerstoff statt. Erläutere die Rolle des Kalkwassers und begründe, dass der Erlenmeyerkolben nicht mit einem gewöhnlichen Stopfen verschlossen oder gar offen stehen gelassen werden kann.

d) Plane und realisiere ein Experiment zur Untersuchung der Verbrennungsprodukte des Destillats mithilfe von Watesmo-Papier und Kalkwasser. Benenne die Verbrennungsprodukte.

ENTSORGUNG A

LV2 Aufbau und Struktur des Ethanol-Moleküls

PROBLEM

Welche Elemente sind neben Kohlenstoff und Wasserstoff noch am Aufbau des Ethanol-Moleküls beteiligt?

DURCHFÜHRUNG

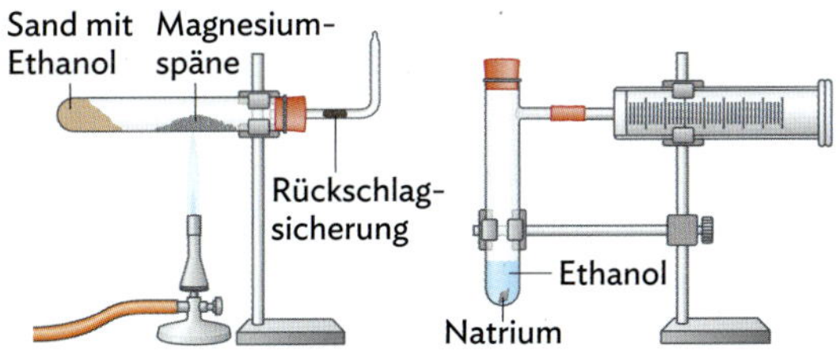

B1 Versuchsaufbauten zu **LV2a** und **LV2b**

a) Ethanol (GHS 2 | 7) wird wie in **B1** (links) erhitzt, bis es verdampft. Anschließend werden die Magnesiumspäne (GHS 2) bis zum Glühen erhitzt. Dabei sollte der Sand hin und wieder erhitzt und das an der Glasspitze austretende Gas entzündet werden. Nach dem Versuch werden die Späne mit feuchtem Universalindikatorpapier untersucht.

b) Ein linsengroßes, entrindetes Stück Natrium (GHS 2 | 5) wird gemäß **B1** (rechts) in 5 mL Ethanol gegeben. Das aufgefangene Gas wird mit der Knallgasprobe untersucht. Nach der Reaktion wird die Leitfähigkeit der Lösung geprüft und mit der Leitfähigkeit von Ethanol verglichen. Anschließend wird die Lösung in einer schwarzen Abdampfschale vorsichtig auf einer Heizplatte im Abzug eingedampft.

AUSWERTUNG

a) Notiere alle Beobachtungen aus **LV2a** und stelle eine Vermutung auf, welches Atom zusätzlich im Ethanol-Molekül gebunden ist.

b) Notiere alle Beobachtungen aus **LV2b** und vergleiche diese Reaktion mit der Reaktion von Natrium mit Wasser (vgl. S. 173).

c) Ethanol besitzt eine molare Masse von 46 g/mol. Bestimme mithilfe der Erkenntnisse aus **LV2** und des Namens Ethanol die Molekülformel und zeichne eine mögliche Strukturformel.

ENTSORGUNG R, G3, Natriumreste unter Paraffin aufbewahren

V3 Mischbarkeit von Ethanol

PROBLEM

„Enthält 27,7 Vol.-% Alkohol, ätherische Öle des Thymians, Eukalyptusöl …“ Weshalb beinhalten Hustensäfte, die selbst Kindern verabreicht werden dürfen, Alkohol?

DURCHFÜHRUNG

Fülle zwei Reagenzgläser mit je 1 mL Ethanol (GHS 2 | 7) und gib in das eine Reagenzglas zusätzlich 1 mL Speiseöl und in das andere 1 mL Wasser. Mische in einem dritten Reagenzglas 1 mL Wasser mit 1 mL Speiseöl. Verschließe alle Reagenzgläser mit Stopfen und schüttle vorsichtig.

AUSWERTUNG

a) Beschreibe deine Beobachtungen und ordne den Gemischen die Begriffe *homogen* und *heterogen* zu.

b) Begründe, dass Ethanol oft auch als „universelles Lösemittel“ eingesetzt wird.

c) Recherchiere neben Medikamenten weitere Bereiche, in denen die Mischbarkeit von Ethanol eine große Rolle spielt.

ENTSORGUNG A, G3

Aufbau des Ethanol-Moleküls

Verbrennt man **Ethanol**, lassen sich die Verbrennungsprodukte Wasser mit Watesmo-Papier bzw. Kohlenstoffdioxid mit der Kalkwasserprobe nachweisen (**LV1**, Auswertung **d**). Ethanol-Moleküle enthalten demnach die Elemente Kohlenstoff und Wasserstoff. Stammt der Sauerstoffanteil des Produkts Kohlenstoffdioxid aus der Umgebungsluft oder ist Sauerstoff bereits in Ethanol enthalten?

B1 Bei der Reaktion hat sich weißes Magnesiumoxid abgeschieden.

Erhitzt man Magnesiumspäne in Anwesenheit von verdampfendem Ethanol, so glühen diese stark auf und es bildet sich weißer Rauch, der sich letztlich als Feststoff am Reagenzglas und auf den Spänen absetzt (**B1**, **LV2a**). Es handelt sich hierbei um Magnesiumoxid (Magnesia), das bei der Reaktion des Ethanoldampfes mit den Magnesiumspänen entsteht. Diese Reaktion findet in Abwesenheit von Sauerstoff statt, da durch das anfängliche Verdampfen des Ethanols der Sauerstoff im Reagenzglas verdrängt wurde. Somit müssen in Ethanol-Molekülen zusätzlich zu den Kohlenstoff- und Wasserstoff-Atomen auch Sauerstoff-Atome enthalten sein.

Am Reagenzglas unter den Magnesiumspänen erkennt man schwarze Ablagerungen (**LV2a**). Hierbei handelt es sich um Kohlenstoff. Bei dieser Reaktion entweicht außerdem über die Glasspitze ein brennbares Gas (**LV2a**), bei dem es sich um Wasserstoff handelt.
Ethanol-Moleküle haben die Formel C_2H_6O. Diese Molekülformel bestätigt die molare Masse von 46 g/mol, die man experimentell für Ethanol-Moleküle erhält.

> Ethanol-Moleküle enthalten neben Kohlenstoff- und Wasserstoff-Atomen auch Sauerstoff-Atome. Die Molekülformel lautet C_2H_6O.

B2 Reaktion von Natrium mit Wasser (oben) und Reaktion von Natrium mit Ethanol (unten). Der Indikator Thymolphthalein färbt sich jeweils blau.

Struktur des Ethanol-Moleküls

Gibt man ein entrindetes Stück Natrium in Ethanol, so bildet sich ein Gas und man kann das langsame Verschwinden des Natriums beobachten. Mithilfe der Knallgasprobe kann dieses Gas eindeutig als Wasserstoff identifiziert werden. Die entstandene Lösung leitet den elektrischen Strom, während in reinem Ethanol keine elektrische Leitfähigkeit festzustellen ist.

Beim Eindampfen dieser Lösung bleibt ein weißer, salzartiger Feststoff zurück (**LV2b**). Dieser bildet mit Wasser eine alkalische Lösung.

Demnach haben die Reaktion von Natrium mit Ethanol und die Reaktion von Natrium mit Wasser (**B2**) die Bildung von Wasserstoff und die Bildung einer Base gemeinsam. Wie hilft diese Information bei der Aufklärung der korrekten Strukturformel des Moleküls?

Baut man ein Molekül mit der Formel C_2H_6O mit einem Molekülbaukasten, erhält man zwei möglichen Anordnungen der Atome und zwei unterschiedliche Strukturformeln A und B (**B3**). In Struktur A liegt eine sogenannte **Hydroxy-Gruppe (OH-Gruppe)** vor, die an einen Ethyl-Rest bindet. In Struktur B ist das Sauerstoff-Atom zentral an zwei Methyl-Gruppen gekoppelt.

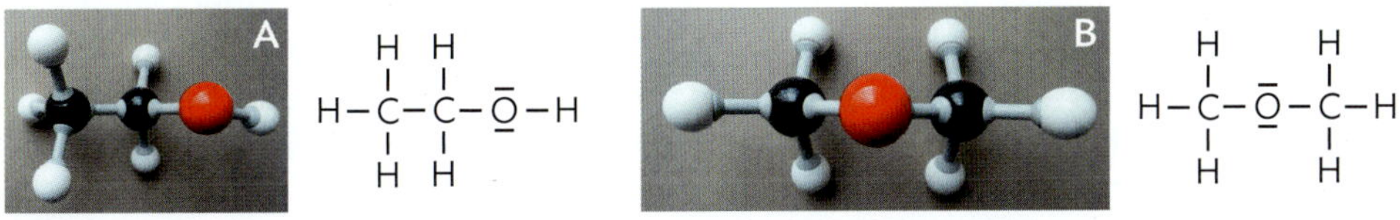

B3 Für die Formel C_2H_6O ergeben sich die zwei möglichen Strukturformeln A und B.

Die ähnliche Reaktion mit Natrium (**LV2b**) und die Löslichkeit von Ethanol in Wasser (**V3**) lassen darauf schließen, dass das Ethanol-Molekül eine zum Wasser-Molekül ähnliche Struktur aufweist. Daher kann Struktur B ausgeschlossen werden, denn diese enthält keine O-H-Bindung. Die Hydroxy-Gruppe erhält in der Molekülformel von Ethanol eine Sonderstellung und wird an den Ethyl-Rest angehängt: Man schreibt $\mathbf{C_2H_5OH}$. Die Hydroxy-Gruppe bezeichnet man als die **funktionelle Gruppe** der Stoffklasse der Alkohole.

Info

Als eine funktionelle Gruppe wird ein charakteristischer Molekülteil eines Moleküls, der die Eigenschaften und Reaktionen des Stoffes/der Stoffgruppe maßgeblich bestimmt, bezeichnet.

Das Ethanol-Molekül ist aus einem Ethyl-Rest und einer Hydroxy-Gruppe (OH-Gruppe) zusammengesetzt. Die OH-Gruppe erhält in der Molekülformel eine Sonderstellung und man schreibt C_2H_5OH.

Bei dem weißen Feststoff, der beim Eindampfen der Lösung aus **LV2b** übrig bleibt, handelt es sich um das Salz Natriumethanolat C_2H_5ONa, das aus Natrium-Ionen Na^+ und Ethanolat-Ionen $C_2H_5O^-$ besteht. Diese Ionen sind auch für die Leitfähigkeit der Lösung verantwortlich.

$$2\,C_2H_5OH\,(l) + 2\,Na\,(s) \longrightarrow 2\,C_2H_5ONa\,(s) + H_2\,(g)$$

AUFGABEN

A1 Formuliere für die Reaktion von Ethanol mit Magnesium (**LV2a**) eine Reaktionsgleichung.

A2 Bei dem Molekül B (**B3**) handelt es sich um den Stoff Dimethylether, der eine Siedetemperatur von −24,8 °C besitzt. Recherchiere die Siedetemperatur von Ethanol, vergleiche sie mit der Siedetemperatur von Dimethylether und erkläre den Unterschied anhand des unterschiedlichen Molekülaufbaus. Überlege, welche zwischenmolekularen Wechselwirkungen möglich sind.

B4 Wandmalereien berichten vom Weinanbau im alten Ägypten.

Herstellung von Ethanol

Im Mittelalter begann man den Tag gerne mit einer Biersuppe. Die Anfänge des Alkoholkonsums reichen jedoch viel weiter zurück (**B4**). Forscher gehen davon aus, dass bereits in der Mittelsteinzeit Alkohol als Gärungsprodukt überreifer Früchte entdeckt wurde.

Im Labor lässt sich der Trinkalkohol Ethanol mithilfe einer Glucoselösung (Traubenzucker, $C_6H_{12}O_6$) und Hefen durch **alkoholische Gärung** herstellen. Da es sich bei der Gärung um einen **anaeroben** Vorgang, also eine Reaktion in Abwesenheit von Sauerstoff, handelt, muss der Gäransatz luftdicht verschlossen werden. Hierfür wird meist ein mit z. B. Kalkwasser gefülltes Gärröhrchen verwendet. Bei der alkoholischen Gärung kommt es zügig zu einer Gasbildung. Daher wäre ein gewöhnlicher Stopfen aufgrund des erzeugten Überdrucks zum Verschließen ungeeignet. Das entstehende Gas trübt das Kalkwasser im Gärröhrchen, es handelt sich also um Kohlenstoffdioxid (**V1a**).

B5 Verbrennung von Ethanol

Hefen sind Mikroorganismen, die die alkoholische Gärung ermöglichen. Sie befinden sich auch auf der Schale von Obst. Durch kleine Risse oder Insekteneinstichstellen gelangen sie in das Innere der Frucht und bewirken auch hier die alkoholische Gärung.

$$\underset{\text{Glucose}}{C_6H_{12}O_6\,(s)} \xrightarrow[\text{anaerobe Bedingungen}]{\text{Hefezellen}} \underset{\text{Ethanol}}{2\,C_2H_5OH\,(l)} + \underset{\text{Kohlenstoffdioxid}}{2\,CO_2\,(g)}$$

Die Konzentration des Ethanols ist im Gäransatz sehr gering, denn Hefezellen sterben bei einem Alkoholgehalt von etwa 18 % ab. Durch Destillation des Gäransatzes kann der Alkoholgehalt weiter erhöht werden. So werden Spirituosen hergestellt („Schnapsbrennen"). Das Destillat hat einen typischen Alkoholgeruch und brennt mit blauer Flamme (**V1b**, **B5**).

Neben der alkoholischen Gärung existieren für Ethanol weitere Herstellungsmethoden, da Ethanol als wertvolles industrielles Lösemittel für Öle, Harze, viele Farbstoffe und Duftstoffe in Kosmetika benötigt wird. Ethanol kann beispielsweise durch die Addition von Wasser an Ethen bei hohen Temperaturen und hohem Druck synthetisiert werden.

$$C_2H_4\,(g) + H_2O\,(g) \longrightarrow C_2H_5OH\,(g)$$

Dieser Industriealkohol (Spiritus) wird **vergällt**, also durch Zusätze ungenießbar gemacht. Diese Vergällungsmittel haben meist eine ähnliche Siedetemperatur wie Ethanol und können so nur sehr schwer durch Destillation entfernt werden. Laut Gesetz muss Trinkalkohol stets durch alkoholische Gärung hergestellt werden.

Trinkalkohol muss durch Vergärung aus Glucose hergestellt werden. Industriell hergestellter Alkohol wird vergällt, damit er nicht als Trinkalkohol missbraucht werden kann.

Eigenschaften und Verwendung von Ethanol

Ethanol lässt sich in jedem Verhältnis mit Wasser mischen. Selbst Hustensaft, der zudem ätherische Öle enthält, bildet ein homogenes Gemisch (**V3**). Wie kann man diese Eigenschaften erklären?

Das Ethanol-Molekül besitzt dank der Hydroxy-Gruppe eine polare Elektronenpaarbindung und die Bindungen im Ethyl-Rest sind unpolar (**B6**). Zwischen Wasser-Molekülen und den Hydroxy-Gruppen der Ethanol-Moleküle bilden sich H-Brücken aus, zwischen den Ethyl-Resten der Ethanol-Moleküle und Kohlenwasserstoff-Ketten von Öl- oder Alkan-Molekülen (z. B. Pentan) sind Wechselwirkungen zwischen temporären Dipolen für die Löslichkeit verantwortlich. Aufgrund der Wasserstoffbrückenbildung zwischen den polaren Hydroxy-Gruppen hat Ethanol mit 78 °C eine relativ hohe Siedetemperatur.

Ethanol ist aufgrund der Struktur seiner Moleküle in hydrophilen und in lipophilen Lösemitteln löslich. Wegen starker Wechselwirkungen der polaren Hydroxy-Gruppen hat Ethanol eine vergleichsweise hohe Siedetemperatur.

Ethanol wird z. B. in Medikamenten, Kosmetika, Lacken oder Reinigungsmitteln als Lösemittel verwendet, in Thermometern ersetzt es das giftige Quecksilber. Dank seiner keimtötenden Wirkung wird es auch zur Desinfektion und Konservierung eingesetzt.

Bioethanol als regenerativer Kraftstoff

Bioethanol wird als nachwachsender Energieträger aus zucker- und stärkehaltigen Pflanzen wie Weizen und Zuckerrüben hergestellt. Die für deren Anbau nur begrenzt zur Verfügung stehenden Anbauflächen, ökologische Bedenken und die Problematik, für die menschliche Ernährung geeignete Pflanzen zur Gewinnung von Kraftstoffen zu verwenden, führen dazu, dass zunehmend die Nutzung von Pflanzenabfällen wie Stroh oder von nicht essbaren Pflanzen angestrebt wird. Dabei werden nicht zur Bioethanolgewinnung verwendbare Pflanzenbestandteile wie Fasern, Eiweiße und Fette u. a. zu Futter- und Düngemitteln verarbeitet.

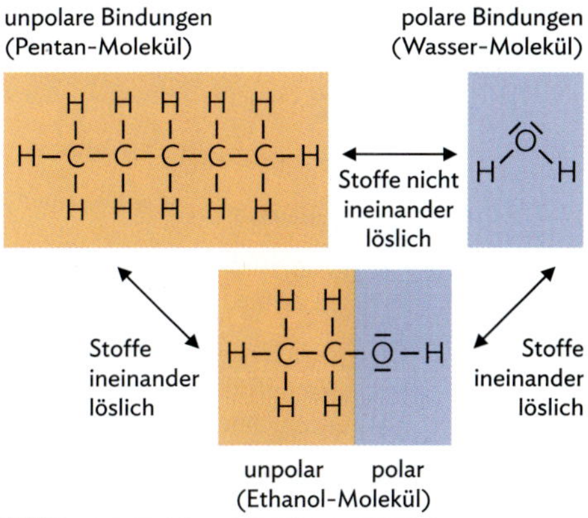

B6 Struktur-Eigenschafts-Beziehung bei der Löslichkeit von Ethanol.

STECKBRIEF

Ethanol
- Molekülformel: C_2H_5OH
- Siedetemperatur: 78 °C
- Schmelztemperatur: -114 °C
- Dichte: 0,79 g/cm³
- Flammpunkt: 12 °C

AUFGABEN

A1 Erläutere die Ausbildung von H-Brücken zwischen Ethanol- und Wasser-Molekülen mithilfe der Strukturformeln.

A2 Erkläre den Einsatz von Ethanol zum Entfernen von Kleberesten oder Schrift von wasserfesten Stiften.

A3 Recherchiere die Verwendung von Bioethanol als Kraftstoff in anderen Ländern.

Alkoholismus und seine Folgen

Alkohol trinken, im Anschluss auf den Roller setzen und nach Hause fahren. Alkoholbedingt ereignen sich viele tragische Verkehrsunfälle oft mit tödlichem Ausgang (vgl. Info).

Erhöhter Alkoholkonsum enthemmt und lässt vieles fälschlicherweise einfacher erscheinen. Man nimmt nicht mehr alles um einen herum bewusst wahr und Informationen können nicht mehr richtig verarbeitet werden. Geräusche werden leiser und werden nicht mehr so gut gedeutet und somit erkannt. Die Aufnahme der Informationen von den Augen im Sehzentrum des Gehirns ist merklich eingeschränkt – es kommt zu einem Tunnelblick (**B7**). Die Bewegungskontrolle, die Konzentrationsfähigkeit und die Reaktionsgeschwindigkeit verringern sich: es dauert viel länger, bis Informationen vom Sinnesorgan im Gehirn verarbeitet werden und sinnvoll gehandelt werden kann. Dies bleibt vor allem im Straßenverkehr nicht ohne Folgen: Man erkennt die Kurve oder den Fußgänger zu spät und reagiert damit viel zu langsam, was zu schlimmen Unfällen mit Verletzungen oder Todesfolge führen kann.

Info

Alkohol in Zahlen:

- 1. Alkoholkonsum mit 14,9 Jahren
- 1. Alkoholrausch mit 16,4 Jahren
- Eine Person trinkt durchschnittlich pro Jahr 9,6 L reinen Alkohol.
- Schätzungsweise sterben täglich 202 Personen in Folge riskanten Alkoholkonsums.

Es handelt sich bei den Werten um Durchschnittswerte in Deutschland. (Quelle: www.kenn-dein-limit.info/alkohol-in-zahlen, 01.08.2019)

All diese Veränderungen werden durch die sofortige Wirkung des Alkohols auf das Nervensystem und vor allem das Gehirn hervorgerufen. Jeder Rausch führt zu Störungen bei der Übertragung zwischen den Gehirnzellen. Langfristig führt dies unter anderem zur Beeinträchtigung der Gedächtnisleistung sowie des Urteilsvermögens und zum Absterben von Gehirnzellen.

B7 Tunnelblick nach zu viel Alkohol

Doch auch in anderen Organen werden durch Alkohol langfristige Schäden hervorgerufen. Hierzu werden unter anderem Kreislaufstörungen, Fettablagerungen und Fettleber (**B8**), Schrumpfen der Nieren und Leber (Leberzirrhose), Entzündung der Schleimhäute von Magen und Darm, Blutungen, Potenzprobleme sowie Herzschwäche gezählt. Nervenentzündungen, die Zittern, Schmerzen, Taubheitsgefühl oder Lähmungserscheinungen hervorrufen, erschweren zusätzlich den Alltag. Dies führt zur schnellen Ermüdung und verminderten Leistungsfähigkeit und letztlich auch zu einer geringeren Lebenserwartung.

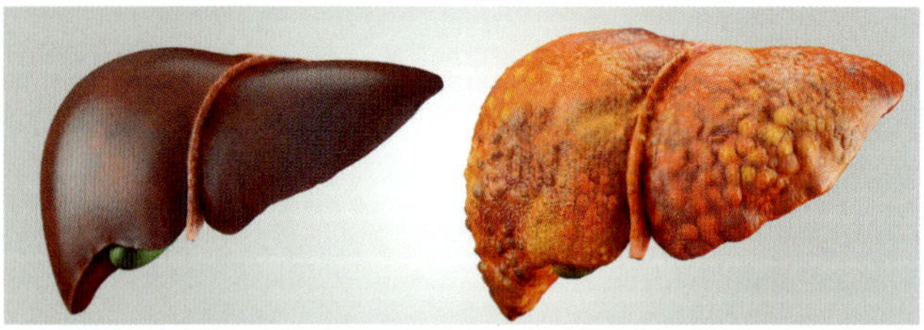

B8 Gesunde Leber (links) und die Leber eines Alkoholikers (rechts) im Vergleich.

Alkohol ist kein Problemlöser

Oft greifen Menschen in Konflikten und bei Problemen zu Alkohol. Die Erfahrung, dass dabei die belastende Situation für „eine Zeitlang vergessen" werden kann und man sich „locker" fühlt, bewirkt oft einen weiteren Konsum von Alkohol. Da nach wiederholtem Gebrauch die erhoffte Wirkung nachlassen oder ganz ausbleiben kann, benötigt der oder die Betroffene eine immer höhere Dosis: eine Spirale hat begonnen, die letztlich in eine Alkoholsuchterkrankung führen kann.

Auch häusliche Gewalt, Missbrauch und Mangel an Zuwendung können Ursachen für den Einstieg in eine Alkoholsucht sein. Ebenso wird oft versucht, fehlende Beliebtheit und Unsicherheit mit Alkoholkonsum zu überspielen.

Verhängnisvoll ist hierbei, dass der Übergang vom Alkoholgenuss zum Alkoholmissbrauch fließend ist. Alkoholiker schämen sich oft für ihren Alkoholkonsum und verheimlichen ihn daher. Sie vernachlässigen andere Interessen zugunsten des Trinkens und lassen in Bereichen wie beispielsweise dem Beruf nach oder ziehen sich immer mehr zurück. Ohne Alkohol sind sie unruhig und leiden unter Schlafstörungen.

Alkoholismus ist eine Krankheit. Mit familiärer, ärztlicher und psychosozialer Hilfe können Betroffene beim Ausstieg aus der Sucht unterstützt werden. Die Beratung in Suchtberatungsstellen ist kostenlos und diskret.

Alkoholismus kann schwerwiegende körperliche und psychische Folgen haben. Alkohol darf niemals als Problemlöser eingesetzt werden!

Die Blutalkoholkonzentration

Bereits geringe Mengen an Alkohol wirken sich negativ auf den Körper aus (**B9**). Gerade im Straßenverkehr kann dies fatale Folgen haben (vgl. Info), daher gelten für die **Blutalkoholkonzentration** (BAK) strenge Regeln, deren Einhaltung mit Alkoholkontrollen der Polizei überprüft wird. Die BAK wird in Promille (‰) gemessen. Bei 1 ‰ enthält 1 L Blut 1 mL reinen Alkohol.

Blutalkoholgehalt in ‰	Erscheinungen
0,3	erste Gangstörungen
0,6	verlängerte Reaktionszeit
0,8	Fahr- und Verkehrsuntüchtigkeit
1,0	Mäßiger Rausch, torkelnder Gang
2,0	Bewusstsein stark eingetrübt
4,0	Tod durch Alkoholvergiftung

B9 Stadien der Alkoholvergiftung

Info

Trinkt ein Junge mit einem Körpergewicht von 70 kg nur drei kleine Gläser Bier, kann dies bereits zu einer Blutalkoholkonzentration von 0,7 ‰ führen. Mit dieser Blutalkoholkonzentration ist der Junge definitiv fahruntüchtig und wird zu einer Gefahr für andere und sich selbst.

AUFGABEN

A1 Recherchiere den Begriff „Promillegrenze im Straßenverkehr“.

A2 Informiere dich über Beratungsstellen in deiner Nähe.

FACHBEGRIFFE

Ethanol, Hydroxy-Gruppe (OH-Gruppe), C_2H_5OH, funktionelle Gruppe, alkoholische Gärung, anaerob, vergällt, Bioethanol, Blutalkoholkonzentration

Alkanole und mehrwertige Alkohole

„Zwei Menschen erblinden, ein weiterer stirbt an selbstgebranntem Schnaps.“ Tragische Meldungen wie diese sind leider kein Einzelfall. Beim Schnapsbrennen entstehen neben Ethanol Methanol und sogenannte Fuselöle, die die Gesundheit gefährden, sofern man sie nicht fachkundig aus dem Destillat entfernt. Was sind Fuselöle und wie helfen uns Alkohole im Winter beim Enteisen der Autoscheiben?

V1 Löslichkeit einiger Fuselöle

PROBLEM

Schnaps mit Fuselölen ist für uns nicht erkennbar, es handelt sich um ein homogenes Gemisch. Wie kann man die verschiedenen Fuselöle unterscheiden?

DURCHFÜHRUNG

a) Bedecke die Böden von drei Porzellanschalen mit Methylenblau (GHS 7) gefärbtem Wasser und die Böden von drei Schalen mit durch Paprikapulver gefärbtes Heptan (GHS 2 | 7 | 8 | 9). Löse je fünf Tropfen Ethanol (GHS 2 | 7), Propan-1-ol (GHS 2 | 5 | 7) und Butan-2-ol (GHS 2 | 7) in beiden Lösemitteln.

b) Fülle drei Spritzen mit je 1 mL gefärbtem Wasser und drei weitere Spritzen mit je 1 mL gefärbtem Heptan, gib jeweils 0,5 mL eines Alkanols aus **V1a** hinzu und schüttle.

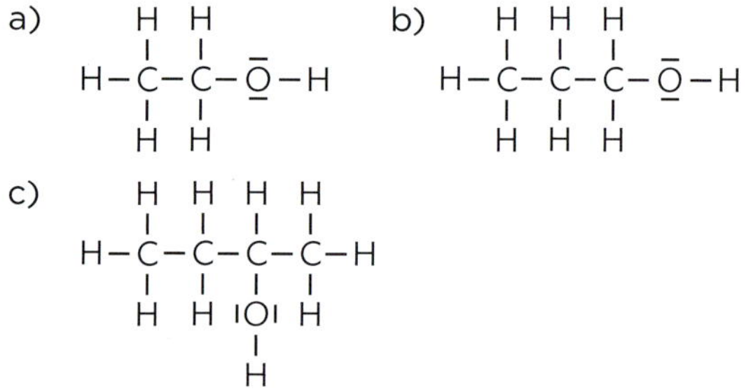

B1 Strukturformeln von a) Ethanol, b) Propan-1-ol und c) Butan-2-ol

AUSWERTUNG

a) Beschreibe und vergleiche die Löslichkeit der Alkanole in **V1a** und **b** in Wasser bzw. Heptan.

b) Stelle eine Hypothese für den Zusammenhang zwischen den drei Strukturen in **B1** und der Löslichkeit dieser Stoffe in Wasser bzw. Heptan auf.

ENTSORGUNG G3

V2 Alkohole als Frostschutzmittel

PROBLEM

Im Winter sind Autoscheiben oft von einer Eisschicht bedeckt. Diese kann mühsam durch einen Eiskratzer oder alternativ mit einem Enteiser-Spray entfernt werden. Wie funktioniert ein solches Spray?

DURCHFÜHRUNG

Stelle in einem Becherglas zunächst ein Kältebad aus Eis, Wasser und Viehsalz her und überwache die Temperatur mit einem Thermometer. Fülle ein Reagenzglas 2 cm hoch mit Wasser, ein zweites Reagenzglas mit 1 cm Wasser und 1 cm Ethan-1,2-diol (GHS 7 | 8) und ein drittes Reagenzglas mit 1 cm Wasser und 1 cm Propan-1,2,3-triol. Vermische jeweils gut und stelle die Reagenzgläser für einige Minuten in das Kältebad.

AUSWERTUNG

a) Vergleiche den Inhalt der Reagenzgläser nach etwa 10 Minuten im Kältebad.

b) Vergleiche die Molekülstrukturen von Ethan-1,2-diol und Propan-1,2,3-triol (**B2**) und begründe das Löslichkeitsverhalten dieser Stoffe.

c) Informiere dich über die Zusammensetzung von Enteiser-Sprays und stelle eine These zur Verhinderung der Eisbildung auf.

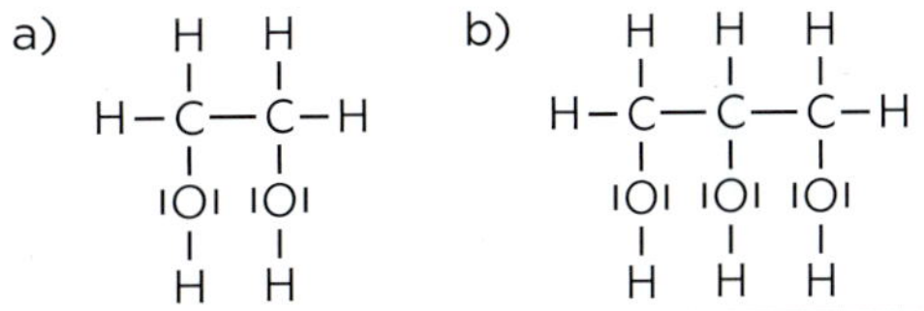

B2 Strukturformeln von a) Ethan-1,2-diol (Glycol) und b) Propan-1,2,3-triol (Glycerin)

ENTSORGUNG G3

V3 Viskosität ein- und mehrwertiger Alkohole

PROBLEM

Honig ist zähflüssiger als Wasser und bei den Alkanen nimmt die Viskosität entlang der homologen Reihe zu. Welche Tendenzen zeigen sich bei der Stoffklasse der Alkohole?

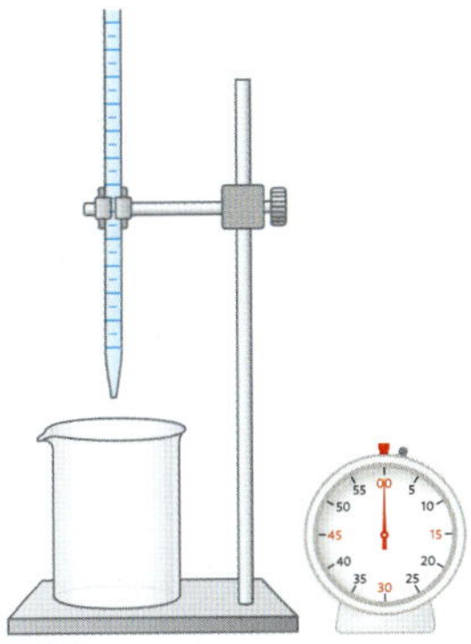

B3 Versuchsaufbau zu **V3**.

DURCHFÜHRUNG

Untersuche die Viskosität der folgenden Alkohole: Ethanol (GHS 2 | 7), Propan-1-ol (GHS 2 | 5 | 7), Butan-1-ol (GHS 2 | 5 | 7), Octan-1-ol (GHS 7), Ethan-1,2-diol (GHS 7 | 8) und Propan-1,2,3-triol. Befülle hierzu mittels Pipettierhilfe jeweils eine 10 mL Maßpipette bis zur Nullmarke mit einem der Alkohole und spanne sie senkrecht in ein Stativ ein (**B3**). Lasse den Inhalt nun in ein Becherglas ausfließen und stoppe die Zeit bis zum Überschreiten der 8 mL Marke. Wiederhole den Versuch mindestens einmal pro Alkohol und achte auf das senkrechte Einspannen der Pipette.

AUSWERTUNG

a) Stelle deine Messergebnisse tabellarisch dar.

b) Formuliere eine Vermutung für den Verlauf der Viskosität entlang der homologen Reihe der Alkanole und belege sie mithilfe der Messergebnisse und deines Wissens über zwischenmolekulare Wechselwirkungen.

c) Erläutere die Messergebnisse von Ethan-1,2-diol und Propan-1,2,3-triol anhand der Molekülstruktur (**B2**).

ENTSORGUNG G3

Homologe Reihe und Nomenklatur der Alkanole

Alkohole sind organische Stoffe, deren Moleküle mindestens eine Hydroxy-Gruppe enthalten. Wird in einem Alkan-Molekül (z. B. Ethan) ein Wasserstoff-Atom formal durch eine Hydroxy-Gruppe ersetzt, so erhält man ein **Alkanol**-Molekül (hier: Ethanol), dessen Name auf -ol endet. Die Stoffklasse der Alkanole bildet analog zu den Alkanen eine homologe Reihe (**B1**), deren Mitglieder sich jeweils um eine CH_2-Gruppe unterscheiden. Im Laufe der Zeit haben sich Trivialnamen für Alkanole angesammelt, wie z. B. „Weingeist" für Ethanol. Dieser bildet das zweite Glied der homologen Reihe der Alkanole.

Name (Trivialnamen)	Molekülformel	Halbstrukturformel	Siedetemperatur
Methanol (Holzgeist, Methylalkohol	CH_3OH	CH_3–OH	64,7 °C
Ethanol (Weingeist, Ethylalkohol)	C_2H_5OH	CH_3–CH_2–OH	78,4 °C
Propan-1-ol (*n*-Propanol, Propylalkohol)	C_3H_7OH	CH_3–$(CH_2)_2$–OH	97,2 °C

B1 Auflistung der ersten drei Glieder der homologen Reihe der Alkanole

Einwertige Alkanole, deren Moleküle nur eine OH-Gruppe besitzen, haben die allgemeine Molekülformel $C_nH_{2n+1}OH$.

Isomere Alkanole

Für die Molekülformel C_4H_9OH findet man wie bei dem entsprechenden Alkan C_4H_{10} (vgl. S. 357) verschiedene Isomere (**B2**). Diese unterscheiden sich in der Stellung der Hydroxy-Gruppe und somit in ihrer Strukturformel. Die Position der Hydroxy-Gruppe wird durch die Ziffer vor der Silbe -ol angegeben. Die Ziffer gibt innerhalb der längsten Kohlenstoff-Kette die Nummer des C-Atoms an, das die Hydroxy-Gruppe trägt. Die Nummerierung der Kohlenstoff-Kette erfolgt so, dass diese Ziffer möglichst klein ist. Butan-1-ol, Butan-2-ol und 2-Methylpropan-2-ol sind drei der vier Isomere. Je nach Anzahl der C–C-Bindungen des C-Atoms, an welches die Hydroxy-Gruppe bindet, bezeichnet man das Alkanol als **primäres**, **sekundäres** oder **tertiäres Alkanol**. Nur das primäre Butan-1-ol (*n*-Butanol) gehört der homologen Reihe an.

Bei einem primären Alkanol bindet das C-Atom mit der OH-Gruppe an ein weiteres C-Atom, bei einem sekundären Alkanol an zwei weitere C-Atome und bei einem tertiären Alkanol an drei weitere C-Atome.

Butan-1-ol

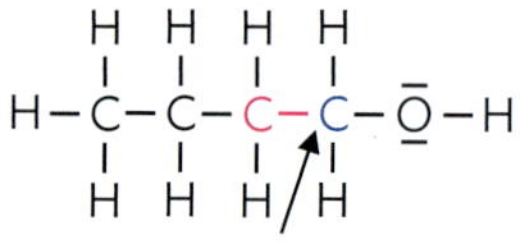

primäres C-Atom

primäres Alkanol

Siedetemperatur: 117,7 °C

Butan-2-ol

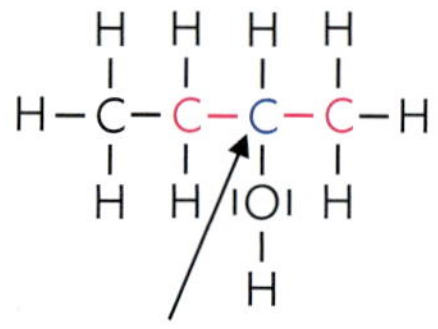

sekundäres C-Atom

sekundäres Alkanol

Siedetemperatur: 99,5 °C

2-Methylpropan-2-ol

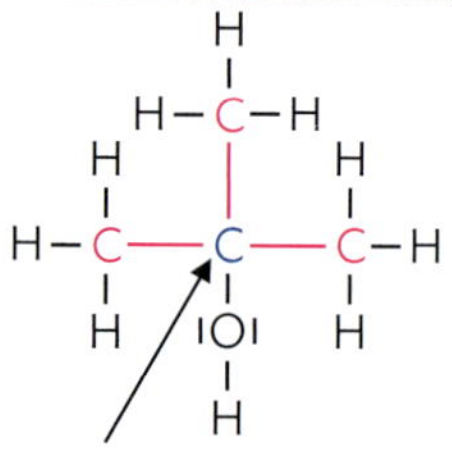

tertiäres C-Atom

tertiäres Alkanol

Siedetemperatur: 82,5 °C

B2 Drei Isomere des Butanols im Überblick

Eigenschaften einwertiger Alkanole

Beim Vergleich der Siedetemperaturen von Methanol, Ethanol und Propan-1-ol fällt auf, dass diese nicht nur entlang der homologen Reihe ansteigen (**B1**), sondern auch wesentlich höhere Werte als Alkane aufweisen, deren Moleküle eine ähnliche Masse besitzen. Beispielsweise hat Ethan (*M* = 30 g/mol) mit −88,6 °C eine deutlich niedrigere Siedetemperatur als Methanol (32 g/mol) mit 64,7 °C. Der Grund hierfür sind die polaren Hydroxy-Gruppen. Diese bilden untereinander Wasserstoffbrücken aus (**B3**), die wiederum die Anziehung zwischen den Molekülen und somit die Siedetemperatur erhöhen. Der Anstieg der Siedetemperaturen entlang der homologen Reihe erfolgt, da mit zunehmender Kettenlänge und damit größerer Molekülmasse die Wechselwirkungen zwischen temporären Dipolen der unpolaren Alkyl-Reste zunehmen. Aus demselben Grund steigt auch die Viskosität entlang der homologen Reihe (**V3**).

Bei der Oberfläche spielt auch der Grad der Verzweigung eine Rolle (**B2**). Durch die Verzweigung können die Moleküle in 2-Methylpropan-2-ol weniger stark miteinander wechselwirken als die Moleküle in Butan-1-ol. Auch die nicht endständig gebundene OH-Gruppe in den Molekülen des Butan-2-ols bewirkt eine verglichen mit Butan-1-ol niedrigere Siedetemperatur.

Für die Löslichkeit in Wasser bzw. Heptan lassen sich Tendenzen entlang der homologen Reihe erkennen (**V1**, **B4**). Die Wasserlöslichkeit der Alkanole beruht auf den OH-Gruppen, die mit Wasser-Molekülen H-Brücken ausbilden. Die unpolaren Alkyl-Reste wechselwirken mit den Heptan-Molekülen. Alkanole kurzkettiger Moleküle sind somit in hydrophilen und lipophilen Lösemitteln löslich. Mit zunehmender Kettenlänge der Moleküle steigt die Löslichkeit der Alkanole im lipophilen Heptan und die Wasserlöslichkeit sinkt.

Entlang der homologen Reihe steigen Siedetemperatur und Viskosität sowie die Löslichkeit in lipophilen Stoffen wie Heptan. Die Löslichkeit in Wasser nimmt ab.

AUFGABEN

A1 Benenne das Molekül in **B5**.

A2 Butanol besitzt insgesamt vier Isomere. Zeichne die Strukturformel des in **B2** noch fehlenden Isomers und benenne es nach IUPAC. Erläutere, ob es sich hierbei um ein primäres, sekundäres oder tertiäres Alkanol handelt.

A3 Zeichne alle Isomere von Pentanol, benenne sie und gib an, ob es sich um primäre, sekundäre oder tertiäre Alkanole handelt.

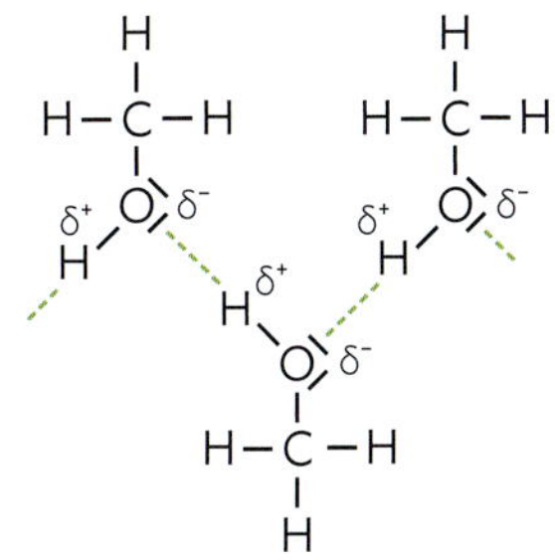

B3 Wasserstoffbrücken zwischen Methanol-Molekülen

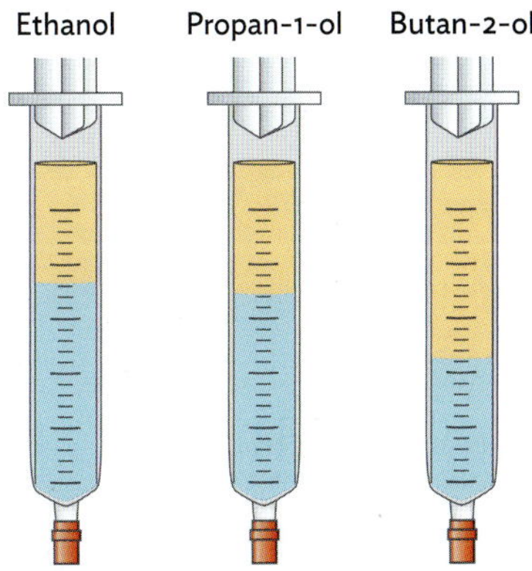

B4 Wasserlöslichkeit verschiedener Alkanole im Vergleich (orange – ungelöstes Alkanol; blau – Wasser mit gelöstem Alkanol)

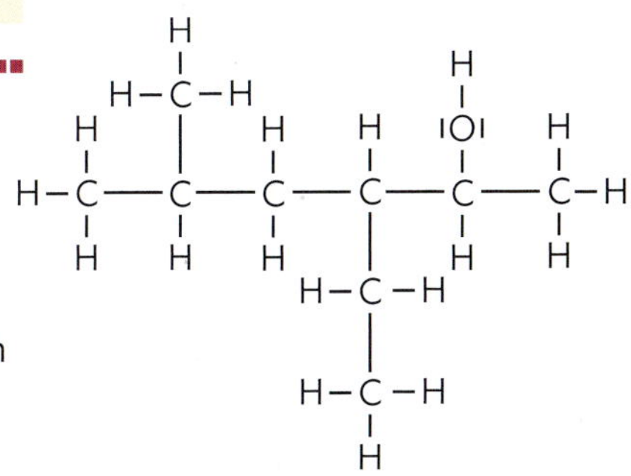

B5 Strukturformel des Moleküls für A1

Mehrwertige Alkohole

Enthält ein Molekül mehr als eine Hydroxy-Gruppe, so spricht man von einem **mehrwertigen Alkohol**. Ein Alkohol mit zwei OH-Gruppen wird als **zweiwertiger** Alkohol bezeichnet (z. B. Ethan-1,2-diol, Trivialname: **Glykol**). Besitzt er drei OH-Gruppen, so handelt es sich um einen **dreiwertigen** Alkohol (z. B. Propan-1,2,3-triol, Trivialname: **Glycerin**) usw. Da Moleküle, die an einem C-Atom mehr als eine Hydroxy-Gruppe tragen, nicht stabil sind, bindet ein C-Atom maximal eine Hydroxy-Gruppe (ERLENMEYER-Regel).

Für die Benennung eines mehrwertigen Alkohols bestimmt man die Hauptkette, d. h. die längste Kohlenstoff-Kette und benennt sie gemäß der homologen Reihe der Alkane. Weiterhin müssen die Anzahl der Hydroxy-Gruppen sowie deren Positionen ermittelt werden. Die Anzahl der Hydroxy-Gruppen wird durch die entsprechenden griechischen Silben (-di, -tri, -tetra, usw.) angegeben. Die C-Atome der Hauptkette erhalten dabei möglichst niedrige Positionsziffern. Für das Molekül in **B6** ergibt sich folgende Benennung:

Propan	-	1,2	-	di	ol
Hauptkette		Positionen der OH-Gruppen		Anzahl der OH-Gruppen	Endung der Alkohole

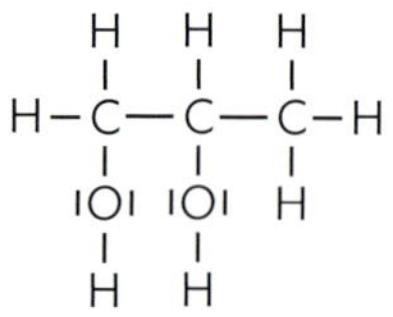

B6 Bei Propan-1,2-diol handelt es sich um einen zweiwertigen Alkohol.

> Mehrwertige Alkohole besitzen mehr als eine Hydroxy-Gruppe im Molekül. Jedes C-Atom kann maximal eine OH-Gruppe binden.

Eigenschaften mehrwertiger Alkohole

Mehrwertige Alkohole schmecken süßlich. Darauf weist die Silbe „gly-" in einigen Trivialnamen mehrwertiger Alkohole hin (griech. *glykos*: süß).

Mehrwertige Alkohole haben im Vergleich zu den entsprechenden einwertigen Alkanolen deutlich höhere Siedetemperaturen (**B7**). Dies liegt an den zusätzlichen Hydroxy-Gruppen. Je mehr Hydroxy-Gruppen ein Molekül aufweist, desto stärker werden die zwischenmolekularen Wechselwirkungen durch zusätzliche Wasserstoffbrücken. Damit steigen die Siedetemperaturen.

Einwertiger Alkanol	Mehrwertiger Alkohol
Ethanol: 78 °C	Ethan-1,2-diol: 198 °C
Propan-1-ol: 97 °C	Propan-1,2,3-triol: 290 °C

B7 Siedetemperaturen von einwertigen Alkanolen und den entsprechenden mehrwertigen Alkoholen im Vergleich

Lagert man reines Wasser in einem Kältebad, so gefriert es nach nur wenigen Minuten. Mischt man dieses Wasser jedoch mit Glykol bzw. Glycerin, so bleiben die Gemische jeweils flüssig (**V2**). Die mehrwertigen Alkohole erniedrigen die Schmelztemperatur von Wasser. Ihre Moleküle bilden mit den Wasser-Molekülen Wasserstoffbrücken aus, was die Entstehung von Eiskristallen verhindert.

Bei Glykol und Glycerin handelt es sich weiterhin um sehr ölige, zähflüssige Stoffe, da die Viskosität ebenfalls mit zusätzlichen OH-Gruppen in den Molekülen steigt (**V3**).

Vorkommen und Verwendung von Alkoholen

Wird die Destillation eines Gäransatzes nicht fachgerecht durchgeführt, so kann das Destillat unter anderem das sehr giftige Methanol enthalten. Auch sind Fälle von „gepanschtem Alkohol" bekannt, bei denen Getränke mit Methanol gestreckt (verdünnt) wurden. Wird das Methanol im Körper verstoffwechselt, so kann es zu Übelkeit, Erbrechen, Erblinden und sogar zum Tod kommen. Da Ethanol im Körper schneller als Methanol verstoffwechselt wird, kann eine Methanolvergiftung durch Verabreichen von Ethanol behandelt werden. Dabei soll ein Großteil des Methanols unverstoffwechselt ausgeschieden werden.

Für die Kunststoffindustrie ist Methanol ein wichtiger Ausgangsstoff und aufgrund geringerer Emissionswerte als Kraftstoff und Benzinersatz interessant. Methanol wird häufig als Lösemittel für Lacke, Farben, Harze usw. verwendet.

Das giftige Glykol wird nicht nur als Frostschutzmittel (**B8**), sondern auch bei der Produktion von Druck- und Stempelfarben oder Wachsen und Kunststoffen wie PET verwendet. Glycerin ist hingegen ungiftig und in kleinen Mengen im Blut enthalten. Dank dieses natürlichen Frostschutzes schaffen es beispielsweise viele Insektenarten auch bei sehr tiefen Temperaturen zu überleben. Aufgrund seiner guten Wasserlöslichkeit wird Glycerin häufig Cremes oder Zahnpasta zugesetzt. Durch die wasserziehende Eigenschaft sorgt es für ausreichend Feuchtigkeit in den Produkten. 1847 wurde aus Glycerin das erste Mal der Sprengstoff Nitroglycerin synthetisiert. Allerdings wies er eine sehr hohe Schlag- und Stoßempfindlichkeit auf, was zu vielen Unfällen und schließlich zu einer Weiterentwicklung zu Dynamit führte.

Der fünfwertige Alkohol **Xylitol** wird Kaugummis häufig als Zuckerersatz beigefügt (**B9**). Er ist in verschiedenen Früchten, Gemüsesorten und in Rinden bestimmter Holzarten enthalten. Da er den Blutzuckerspiegel nur geringfügig beeinflusst, wird er zudem als Zuckerersatzstoff für Diabetiker verwendet.

B8 Flugzeugenteisung mit einem Glykol-Wasser-Gemisch

B9 Zuckerfreie Kaugummis enthalten häufig den mehrwertigen Alkohol Xylitol (Pentan-1,2,3,4,5-pentol), oft auch Xylit genannt.

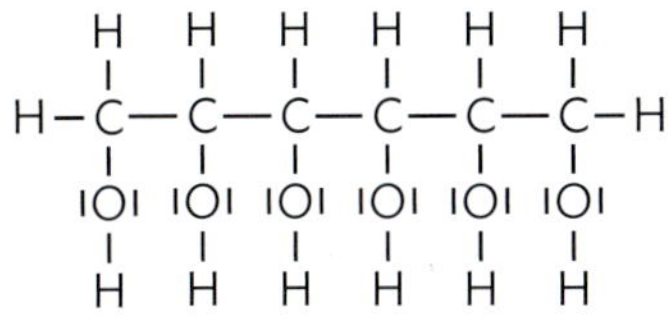

B10 Strukturformel von Sorbitol

AUFGABEN

A1 Benenne Sorbitol nach IUPAC (**B10**). Recherchiere weiterhin das Vorkommen und die Verwendung von Sorbitol.

A2 Zeichne die Strukturformel von 2,2-Dimethylpropan-1,3-diol. Erkläre, um welche Art von Alkohol es sich hierbei handelt.

A3 Flüssiges Paraffin ist ein Gemisch aus verschiedenen Alkanen langkettiger Moleküle. Es besitzt eine ähnliche Viskosität wie Glycerin. Plane ein Experiment, mit dem flüssiges Paraffin und Glycerin voneinander unterschieden werden können.

FACHBEGRIFFE

Alkanol, primärer Alkanol, sekundärer Alkanol, tertiärer Alkanol, mehrwertige Alkohole, Glykol, Glycerin, Xylitol.

Oxidationsprodukte der Alkohole

Reine Alkohole werden nicht unbedingt als wohlriechend empfunden. In der Natur sind aber Duftstoffe bekannt, die den Alkoholen sehr ähnlich sind und auch als Lebensmittelzusatz oder im Parfüm verwendet werden. Diese Stoffe duften z. B. nach Vanille, Zimt oder Himbeere. Können sie aus Alkoholen hergestellt werden?

V1 Reaktion von Alkanolen mit Kupferoxid

2 5 7 9

PROBLEM

Schmuckstücke oder Münzen aus Kupfer laufen mit der Zeit an. Um diese wieder blank zu bekommen, wird Zahnpasta oder Holzasche empfohlen. Funktioniert die Reinigung auch mit Alkohol?

DURCHFÜHRUNG

a) Fülle einen Erlenmeyerkolben etwa 3 cm hoch mit Propan-1-ol (GHS 2 | 5 | 7). Erhitze ein etwa 10 cm langes Stück Kupferblech in der Brennerflamme, bis es glüht. Betrachte es außerhalb der Flamme, erhitze es erneut zum Glühen und tauche es dann in das Alkanol. Wiederhole das Glühen und Eintauchen mehrere Male und führe eine Geruchsprobe durch Zufächeln durch. **Achtung: Das Blech kann sich entzünden, verwende eine Pinzette!**

b) Wiederhole den Versuch mit Propan-2-ol (GHS 2 | 7).

AUSWERTUNG

a) Beschreibe die Beobachtungen am Blech beim Erhitzen und beim Eintauchen in den Alkanol.

b) Beim Erhitzen in der Brennerflamme bildet sich auf dem Blech mit Luftsauerstoff Kupfer(II)-oxid (GHS 7 | 9). Formuliere eine Reaktionsgleichung.

c) Mit einem Alkan anstelle eines Alkanols gelingt dieser Versuch nicht. Vergleiche die Strukturformeln von Propan-1-ol und Propan-2-ol miteinander und kennzeichne die funktionelle Gruppe, die jeweils an der Reaktion beteiligt ist.

d) Vergleiche die Reaktion des Kupfers in der Flamme mit der Reaktion nach dem Eintauchen in das Reagenzglas. Beschreibe die Funktion des Alkanols im Vergleich zum Sauerstoff aus der Luft unter Verwendung von Fachbegriffen.

ENTSORGUNG G3

V2 Nachweise von Aldehyden

GHS 2 | 5 | 7 | 9

PROBLEM

Aldehyde sind die Oxidationsprodukte primärer Alkanole und können mit spezifischen Nachweismethoden von diesen unterschieden werden. Verhalten sie sich anders als die Oxidationsprodukte sekundärer Alkanole?

DURCHFÜHRUNG

Führe die TOLLENS-Probe und die BENEDICT-Probe mit Propan-1-ol (GHS 2 | 5 | 7), Propanon (Aceton, GHS 2 | 7), Propanal (GHS 2 | 5 | 7) und Glucose (Traubenzucker) durch.

a) TOLLENS-Probe: Mische in einem Reagenzglas etwa 3 mL Silbernitratlösung (c = 0,05 mol/L, GHS 7 | 9) mit einigen Tropfen Ammoniaklösung (10 %, GHS 5 | 7 | 9). Es bildet sich ein schwarzbrauner Niederschlag. Tropfe nun so lange Ammoniaklösung zu, bis sich der Niederschlag wieder gelöst hat. Versetze die zu untersuchende Probe mit einigen Tropfen dieser Lösung (TOLLENS-Reagenz) und erhitze im Wasserbad auf ca. 70 °C, ohne zu schütteln.

b) BENEDICT-Probe: Gib 2-3 mL der zu untersuchenden Substanz in ein Reagenzglas und versetze sie mit den gleichen Mengen an BENEDICT-Reagenz (QR-/Mediencode 05037-35). Erwärme im siedenden Wasserbad und beobachte.

05037-35

AUSWERTUNG

a) Aldehyde können mit der TOLLENS- und der BENEDICT-Probe nachgewiesen werden. Begründe, welche der zu untersuchenden Substanzen Aldehyde enthalten.

b) Erläutere, dass die TOLLENS-Probe auch Silberspiegelprobe genannt wird. Entscheide, ob Silber-Ionen in Gegenwart von Aldehyd-Molekülen oxidiert oder reduziert werden und schließe daraus auf die Art der Reaktion, die ein vorliegender Aldehyd dabei eingeht.

c) Bei der BENEDICT-Probe bildet sich schwerlösliches Kupfer(I)-oxid. Vergleiche die Funktion der Kupfer(II)-Ionen mit der Funktion der Silber-Ionen bei der TOLLENS-Probe.

ENTSORGUNG G2, G3

V3 Eigenschaften von Glucose

GHS 2 | 7 | 8 | 9

PROBLEM

Die TOLLENS-Probe zeigt, dass es sich bei Glucose um einen Aldehyd handelt. Wie und warum unterscheidet sich das Löseverhalten von Glucose mit der Löslichkeit anderer Aldehyde?

DURCHFÜHRUNG

Gib in zwei Reagenzgläser je eine Spatelspitze Glucose. Füge etwa 3 mL Wasser bzw. Heptan (GHS 2 | 7 | 8 | 9) hinzu und schüttle. Wiederhole den Versuch mit Propanal (GHS 2 | 5 | 7) und Hexanal (GHS 2 | 7).

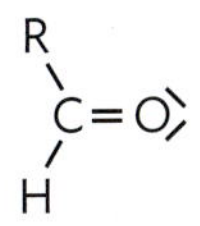

B1 Funktionelle Gruppe der Aldehyde

AUSWERTUNG

a) Entscheide, ob Glucose eher hydrophil oder lipophil ist und nenne mögliche zwischenmolekulare Wechselwirkungen.

b) Begründe mithilfe von **B1** die Löslichkeit von Propanal (C_3H_6O) und Hexanal ($C_6H_{12}O$) in Wasser bzw. Heptan.
Hinweis: R = Alkyl-Rest = Alkyl-Gruppe = C_nH_{2n+1} oder anderer Kohlenwasserstoff-Rest tw. mit weiteren funktionellen Gruppen.

c) Stelle eine mögliche Strukturformel von Glucose ($C_6H_{12}O_6$) auf und begründe mögliche Unterschiede zur Löslichkeit in **b)**.

ENTSORGUNG A, G3

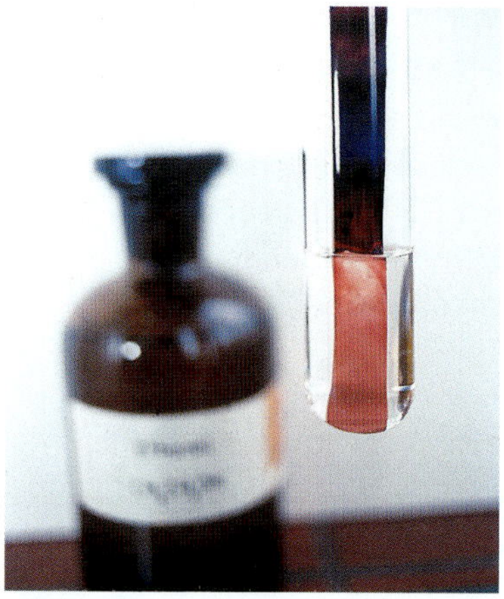

B1 Kupferoxid wird durch Alkohole zu Kupfer reduziert.

Oxidation primärer Alkanole

Viele Alkohole sind an der Luft und im menschlichen Körper nicht auf Dauer beständig.

Wenn man heißes Kupfer(II)-oxid in das primäre Alkanol Propan-1-ol taucht, glänzt die Oberfläche des Blechs rotbraun, was auf die Bildung von elementarem Kupfer schließen lässt (**V1a**, **B1**): Die Kupfer(II)-Ionen des Kupfer(II)-oxids wurden zu Kupfer-Atomen reduziert und der primäre Alkohol muss oxidiert worden sein. Das Oxidationsprodukt kann mit der **TOLLENS**- und der **BENEDICT-Probe** als **Aldehyd** nachgewiesen werden, während die Nachweise mit dem Ausgangstoff Propan-1-ol negativ verlaufen (**V2**, vgl. **FM**).

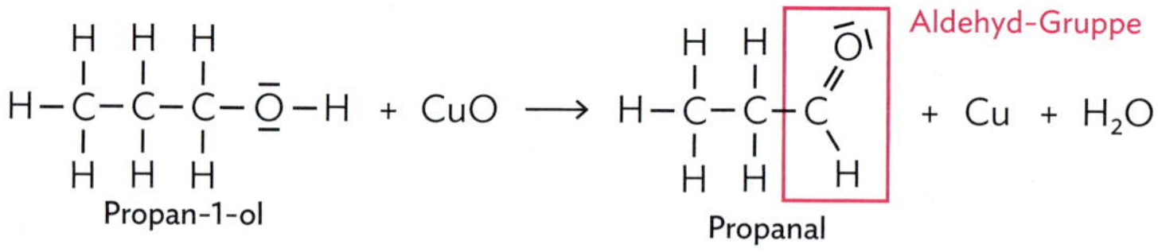

Die Stoffklasse der Alkanale

Propanal ist also das Oxidationsprodukt von Propan-1-ol und gehört zur Stoffklasse der **Alkanale**. Diese nennt man auch Aldehyde, da sie aus einem Alkohol durch Abspaltung von zwei Wasserstoff-Atomen (Dehydrierung) entstehen. Die Moleküle der Alkanale bestehen aus einem Alkyl-Rest und der **Aldehyd-Gruppe –CHO**. Die **C=O-Gruppe** nennt man **Carbonyl-Gruppe**.

Die Alkanale bilden eine homologe Reihe (**B2**), bei der sich benachbarte Glieder nur durch eine CH_2-Gruppe unterscheiden. Der Name wird aus dem Namen der entsprechenden Alkane und der Endung -al gebildet. Die ersten beiden Vertreter Methanal und Ethanal sind als krebserregend eingestuft und werden z. B. für die Kunststoffherstellung verwendet, Propanal ist eine farblose Flüssigkeit mit stechendem Geruch und wird z. B. bei der Herstellung von Arzneimitteln eingesetzt.

Da es sich bei der Carbonyl-Gruppe um einen permanenten Dipol handelt, liegen die Siedetemperaturen der Alkanale zwischen denen der entsprechenden Alkane und Alkanole. Mit zunehmender Kettenlänge nehmen die Wechselwirkungen zwischen den temporären Dipolen der Alkyl-Ketten zu, was eine höhere Siedetemperatur und eine schlechtere Wasserlöslichkeit zur Folge hat, während die Löslichkeit in lipophilen Lösemitteln wie z. B. Heptan zunimmt (**V3**).

Alkanale sind die Oxidationsprodukte primärer Alkanole und tragen die polare Aldehyd-Gruppe –CHO. Da Alkanal-Moleküle untereinander keine H-Brücken ausbilden, ist die Siedetemperatur der Alkanale niedriger als die der entsprechenden Alkanole; sie nimmt jedoch mit steigender Kettenlänge zu.

Name des Alkanals	Molekülformel	Siedetemperatur in °C
Methanal	HCHO	-19,0
Ethanal	CH_3CHO	20,2
Propanal	C_2H_5CHO	48,8
Butanal	C_3H_7CHO	74,8
Pentanal	C_4H_9CHO	103,7
Hexanal	$C_5H_{11}CHO$	129,0
Heptanal	$C_6H_{13}CHO$	152,8

B2 Homologe Reihe der Alkanale

FM Nachweise von Aldehyden

Aldehyde können mit der TOLLENS- und der BENEDICT-Probe nachgewiesen werden. Auch Lebensmittelproben wie Fruchtsäfte können mit diesen Nachweisen untersucht werden, denn viele der Geschmacks- und Duftstoffe sind Aldehyde. Wie führt man die Nachweise durch?

So geht's

1. TOLLENS-Probe
Versetze die zu untersuchende Lösung mit TOLLENS-Reagenz und erhitze im Wasserbad auf ca. 70 °C. Scheidet sich während des Erhitzens an der Innenwand des Reagenzglases ein silberner Belag ab, so verläuft die TOLLENS-Probe positiv: Die zu untersuchende Substanz ist ein Aldehyd.

Hinweis: Bei dem silbernen Belag, dem Silberspiegel, handelt sich um elementares Silber. Im TOLLENS-Reagenz sind gelöste Silber-Ionen enthalten, die Aldehyd-Moleküle oxidieren können. Die Silber-Ionen werden dabei selbst zu Silber-Atomen reduziert.

2. BENEDICT-Probe
Versetze die zu untersuchende Lösung mit BENEDICT-Reagenz und erhitze im siedenden Wasserbad. Bildet sich während der Reaktion ein rotbrauner Niederschlag, so verläuft die BENEDICT-Probe positiv: Die zu untersuchende Substanz ist ein Aldehyd.

Hinweis: Der rotbraune Niederschlag besteht aus Kupfer(I)-oxid. Die im BENEDICT-Reagenz enthaltenen Kupfer(II)-Ionen werden folglich durch einen Aldehyd reduziert, der Aldehyd wird oxidiert.

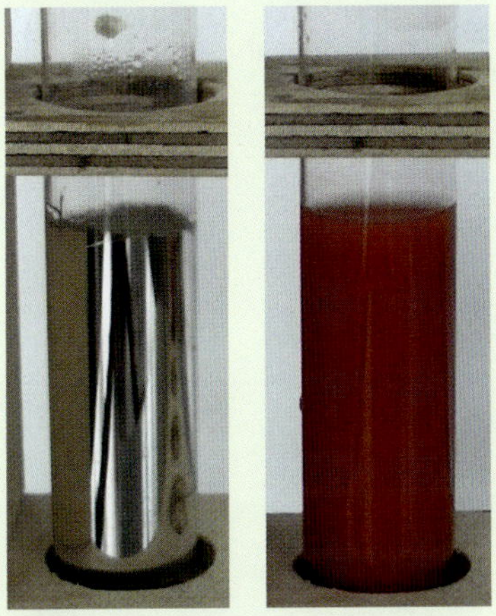

B3 Positive TOLLENS-Probe (links) und positive BENEDICT-Probe (rechts) mit Glucose

AUFGABEN

A1 Formuliere eine Reaktionsgleichung für die Umsetzung von 2-Methylbutan-1-ol mit Kupfer(II)-oxid zu 2-Methylbutanal.

A2 Zeichne ein Diagramm mit den Siedetemperaturen der Alkanale aus **B2**. Recherchiere die Siedetemperaturen der entsprechenden Alkanole und trage sie in das gleiche Diagramm ein. Vergleiche und erläutere die beiden Verläufe und nenne die zwischenmolekularen Kräfte, die jeweils wirken.

A3 Erläutere die Löslichkeit von Methanal und Hexanal in Wasser bzw. Heptan.

A4 Übertrage die Strukturformel eines Glucose-Moleküls (links) und eines Vanillin-Moleküls (rechts) aus **B4** in dein Heft. Markiere und benenne die funktionellen Gruppen.

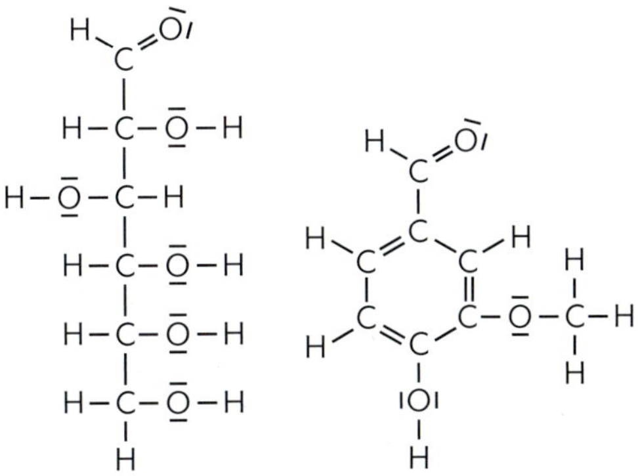

B4 Strukturformeln zu **A4**

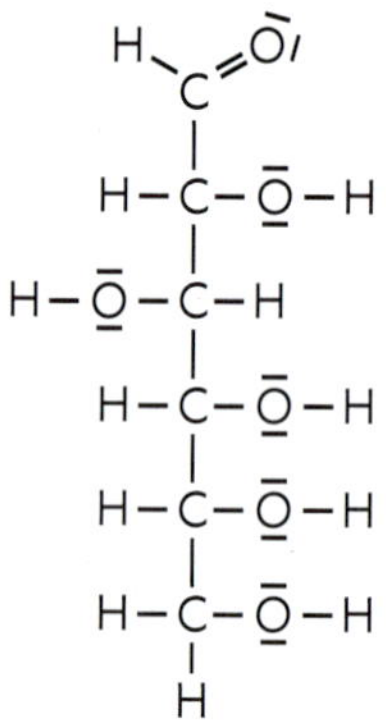

B5 Strukturformel von Glucose

Glucose – ein reduzierender Zucker

Glucose ist ein weißer, süß schmeckender Feststoff, den Pflanzen durch Fotosynthese herstellen und als Energiespeicher nutzen. Durch die TOLLENS- und die BENEDICT-Probe kann nachgewiesen werden, dass es sich bei Glucose-Molekülen um Aldehyde handelt. Im Gegensatz zu Hexanal, einem Aldehyd mit Molekülen gleicher Kettenlänge, löst sich Glucose gut in Wasser (**V3**). Ursache dafür sind die fünf polaren Hydroxy-Gruppen im Glucose-Molekül (**B5**).

Die Stoffklasse der Alkanone

Der sekundäre Alkanol Propan-2-ol lässt sich ebenfalls mit Kupfer(II)-oxid oxidieren, wobei das Blech wieder die kupferne Farbe annimmt (**V1b**). Auch hier werden Kupfer(II)-Ionen zu Kupfer-Atomen reduziert, doch die BENEDICT- bzw. TOLLENS-Probe für das Reaktionsprodukt ist jeweils negativ.

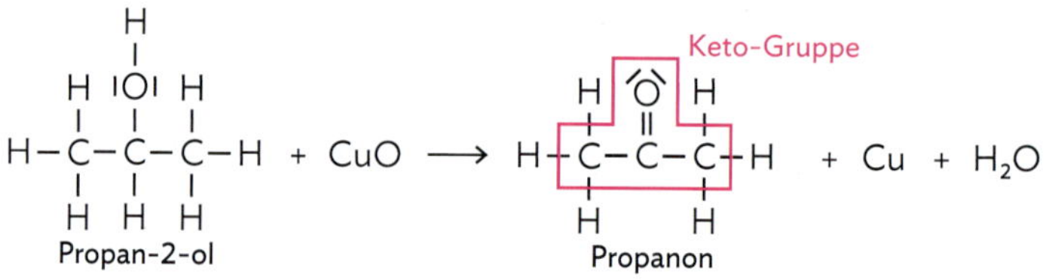

Bei der Oxidation von Propan-2-ol entsteht eine Verbindung mit einer Carbonyl-Gruppe, die im Gegensatz zu den Aldehyden an zwei Alkyl-Reste, hier zwei Methyl-Reste, gebunden ist (**B6**). Diese funktionelle Gruppe nennt man **Keto-Gruppe**, die Oxidationsprodukte von sekundären Alkanolen heißen **Alkanone** oder **Ketone**. Bei Alkanonen mit mehr als drei C-Atomen muss die Position der Carbonyl-Gruppe im Namen angegeben werden, z. B. Pentan-2-on.

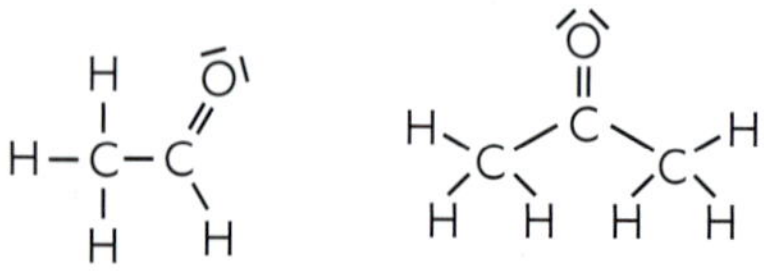

B6 Ethanal mit Aldehyd-Gruppe (links) und Propanon mit Keto-Gruppe (rechts)

Wie die Aldehyde besitzen Alkanone eine niedrigere Siedetemperatur als die entsprechenden Alkanole. Das einfachste Alkanon ist Propanon, das auch **Aceton** genannt wird. Es wird als Löse- und Extraktionsmittel für viele Stoffe wie Harze, Fette und Öle, Klebstoffe und Lacke verwendet.

Alkanone enthalten eine nicht endständige Carbonyl-Gruppe >C=O, die an zwei C-Atome gebunden ist (Keto-Gruppe).

FACHBEGRIFFE

Aldehyd, Alkanal, Aldehyd-Gruppe –CHO, Carbonyl-Gruppe >C=O, BENEDICT-Probe, TOLLENS-Probe, Alkanone, Keto-Gruppe, Aceton

AUFGABEN

A1 Zeichne die Strukturformeln der ersten fünf Glieder der homologen Reihe der Alkanone und benenne sie.

A2 a) Erläutere die schlechte Löslichkeit von Glucose in Heptan.
b) Benenne die Wechselwirkungen zwischen Glucose-Molekülen.
c) Erläutere, dass Glucose ein Polyhydroxyaldehyd ist.

Oxidationszahlen in organischen Verbindungen bestimmen

Die Oxidationszahl eines in einem Molekül gebundenen Atoms zeigt die Ladung, die das Atom hätte, wenn die Bindungselektronen dem elektronegativeren Bindungspartner zugerechnet werden. Die Bestimmung von Oxidationszahlen bei Redoxreaktionen hilft, die Oxidation und die Reduktion nachzuvollziehen.
Für organische Verbindungen ermittelt man die Oxidationszahlen der Atome in einem Molekül anhand der Strukturformel.

So geht's

Bestimme die Oxidationszahlen aller Atome im Ethanol-Molekül.

1. Zeichne die Strukturformel von Ethanol.
2. Ordne für alle Bindungen im Molekül die Bindungselektronen jeweils dem Bindungspartner mit dem höheren Elektronegativitätswert zu.
3. Sind die Elektronegativitätswerte zwischen zwei Atomen gleich, teile das Bindungselektronenpaar auf, jedem Atom wird somit ein Elektron zugerechnet.
4. Zähle die Elektronen, die ein Atom umgeben. Vergleiche diese Anzahl mit der Anzahl an Außenelektronen im ungeladenen (elementaren) Zustand des Atoms. Die Differenz aus der Zahl der Außenelektronen des Atoms im Element und der Zahl der Außenelektronen im ungeladenen Atom der Verbindung entspricht der Oxidationszahl (**B2**).

Elementsymbol	Elektronen des Atoms		Oxidationszahl
	im Element	in der Verbindung	
H	1	0	+I
O	6	8	-II
$_1$C	4	5	-I
$_2$C	4	7	-III

B2 Elektronen- und Oxidationszahlen der Atome des Ethanol-Moleküls

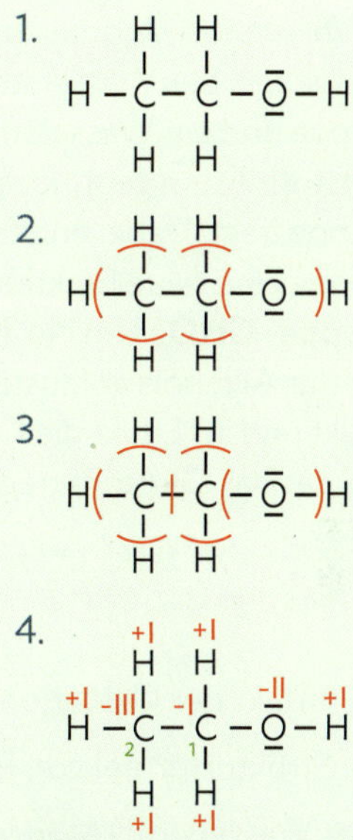

B1 Schrittfolge zur Bestimmung der Oxidationszahlen im Ethanol-Molekül

AUFGABE

A1 Bestimme die Oxidationszahlen aller Atome in den Molekülen folgender organischer Verbindungen nach der angegebenen Schrittfolge:
a) Methylpropan
b) Propan-2-ol
c) 2-Methylbutan-1-ol
d) Propan-1,2,3-triol
e) Methanal

Oxidationsprodukte von Alkoholen vorhersagen und ermitteln

Die Oxidation von Alkoholen führt zu Produkten verschiedener Stoffklassen. Welche **funktionelle Gruppe** die Moleküle der entstehenden Verbindung tragen, hängt davon ab, ob man einen **primären**, **sekundären** oder **tertiären Alkohol** einsetzt.
Lässt man einen **primären Alkohol** mit einem Oxidationsmittel wie Kupfer(II)-oxid CuO reagieren, wird der primäre Alkohol zum **Aldehyd** oxidiert und die Kupfer-Ionen Cu^{2+} des Kupfer(II)-oxids werden zu Kupfer-Atomen reduziert (**B1**). Formal werden hierbei zwei Wasserstoff-Atome aus dem Alkohol-Molekül abgespalten: das Wasserstoff-Atom der Hydroxy-Gruppe und ein Wasserstoff-Atom, das an das Kohlenstoff-Atom gebunden war, das die Hydroxy-Gruppe trägt. Dabei entsteht aus der Hydroxy-Gruppe eine neue funktionelle Gruppe, die **Aldehyd-Gruppe -CHO**. Um die Teilgleichung für die Oxidation des Alkohols aufzustellen, bestimmt man im Produkt und im Edukt die Oxidationszahl des C-Atoms, das das O-Atom trägt.

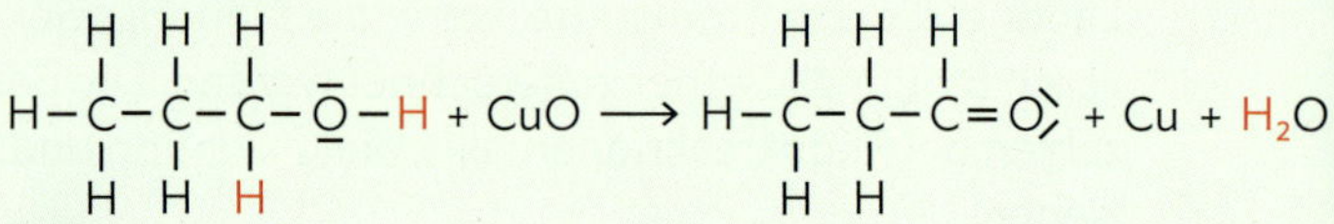

B1 Reaktion von Propan-1-ol zu Propanal

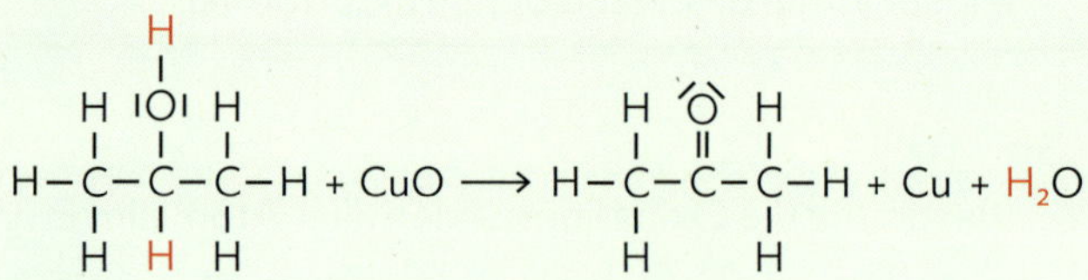

B2 Reaktion von Propan-2-ol zu Propanon

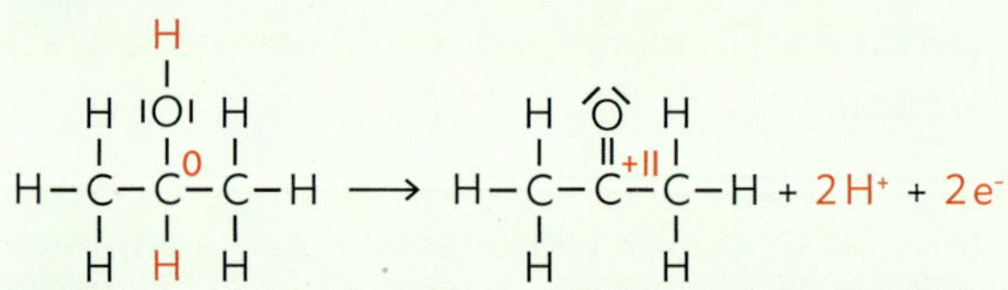

B3 Teilgleichung: Oxidation von Propan-2-ol zu Propanon

So geht's

Ermittle das Produkt der Oxidation des sekundären Alkohols Propan-2-ol.

1. Zeichne die Strukturformel von Propan-2-ol (**B2**).
2. Markiere das Wasserstoff-Atom der Hydroxy-Gruppe und ein Wasserstoff-Atom des Kohlenstoff-Atoms, das die Hydroxy-Gruppe trägt, farbig (**B2**).
3. Spalte diese beiden Wasserstoff-Atome formal ab und entwickle eine Strukturformel für das Reaktionsprodukt (**B2**).
4. Bestimme im Edukt- und im Produkt-Molekül jeweils die Oxidationszahl des Kohlenstoff-Atoms am Sauerstoff-Atom (**B3**).
5. Formuliere die Teilgleichung für die Oxidation von Propan-2-ol (**B3**).
6. Benenne die funktionelle Gruppe des Produkts und die entsprechende Verbindung (Info).

Info

Primäre Alkohole reagieren zu Aldehyden mit endständiger Carbonyl-Gruppe im Molekül (a).
Sekundäre Alkohole reagieren zu Ketonen. Bei Ketonen ist die Carbonyl-Gruppe innerhalb der Kohlenstoff-Kette enthalten (b).

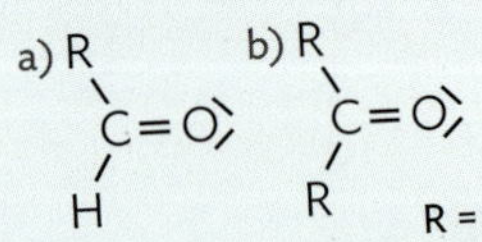

R = Alkyl-Rest

AUFGABE

A1 Ermittle die Produkte für die Oxidation a) von Butan-1-ol und b) von Butan-2-ol. Nutze die Schrittfolge. Benenne jeweils das Produkt und die funktionelle Gruppe im Produkt-Molekül.

Katerfrühstück – Giftigkeit von Ethanol und seinen Oxidationsprodukten

Bei übermäßigem Genuss von alkoholischen Getränken kann es zu unangenehmen Nebenwirkungen wie Kopfschmerzen, Übelkeit oder Schwindel kommen. Was ist die Ursache dieser Symptome, die auch als „Kater" bekannt sind?

B1 „Kater" nach übermäßigem Alkoholgenuss

Der Abbau des Trinkalkohols Ethanol findet in der Leber statt. Dabei wird Ethanol mithilfe des Enzyms Alkohol-Dehydrogenase (ADH) zu Acetaldehyd (Ethanal) abgebaut (**B2**). Ethanal ist wie Ethanol ein Zellgift und beeinflusst die Informationsübertragung im zentralen Nervensystem. Zudem hat es eine schädigende Wirkung auf Leber und Herz und ist als krebserregend eingestuft.
Acetaldehyd wird anschließend durch das Enzym Aldehyd-Dehydrogenase (ALDH) zu Essigsäure (Ethansäure) umgewandelt (**B2**). Essigsäure ist unter anderem mitverantwortlich für den üblen Geruch der „Fahne", da sie mit Ethanol über die Atemluft abgegeben wird.
Essigsäure wird nun mithilfe von Sauerstoff zu Kohlenstoffdioxid und Wasser umgesetzt.
Bei diesen Abbaureaktionen von Ethanol in der Leber handelt es sich um Redoxreaktionen. Hierbei wird Ethanol im Körper über die Zwischenprodukte Acetaldehyd und Essigsäure zu Kohlenstoffdioxid und Wasser oxidiert.

Hauptsächliche Ursache für die Kopfschmerzen und ein auftretendes Durstgefühl ist ein durch den Alkohol entstandener körperlicher Wasserentzug mit darin gelösten Vitaminen und Mineralstoffen. Auch spielen in alkoholischen Getränken weitere Stoffe wie Fuselöle eine Rolle.

Um den Elektrolytverlust wieder auszugleichen, wächst am nächsten Morgen das Verlangen nach salzhaltigen Speisen.
Der „Kater" ist also nach übermäßigem Alkoholgenuss sowohl das Ergebnis von Ethanol selbst als auch das Ergebnis seiner Oxidationsprodukte.

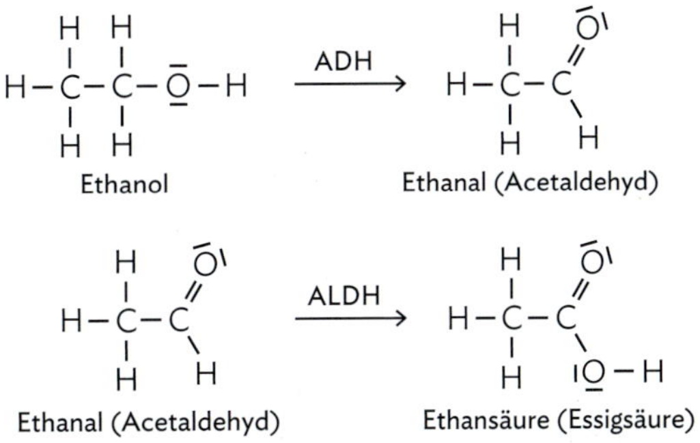

B2 Alkoholabbau in der Leber

AUFGABEN

A1 Gib die Oxidationszahlen aller Kohlenstoff-Atome im Ethanol-, im Ethanal- und im Ethansäure-Molekül an und begründe Veränderungen.

A2 Erläutere die Bezeichnungen der Enzyme ADH und ALDH mithilfe von Recherche.

Zum Üben und Weiterdenken

A1 Viele Medikamente und Reinigungsmittel enthalten Alkohole (z. B. Ethanol oder Isopropanol). Suche auf mindestens drei Etiketten der im Haushalt vorhandenen Medikamente und Reinigungsmittel nach den darin enthaltenen Alkoholen. Führe die Verwendung des jeweiligen Alkohols auf dessen Eigenschaften zurück. Übernimm dazu die folgende Tabelle in dein Heft.

Name des Produkts	Name des Alkohols	Alkohol-gehalt in %	genutzte Eigen-schaft

A2 Gegeben ist der Stoff 4-Ethyl-2,2,5-trimethyl-1,1,3,6-nonantetraol.

a) Zeichne die Strukturformel.

b) Erläutere mithilfe der Strukturformel, dass dieser Stoff nicht existieren kann.

A3 a) Beschreibe das Löslichkeitsverhalten von Pentan-1-ol in Heptan bzw. in Wasser und begründe mithilfe von Fachbegriffen.

b) Erläutere das veränderte Löslichkeitsverhalten, wenn statt Pentan-1-ol nun Pentan-1,2,4-triol verwendet und in Heptan oder Wasser gegeben wird.

A4 Zeichne mithilfe eines Programms für chemische Strukturen die Strukturformel eines vierwertigen Alkohols und benenne diesen nach IUPAC.

A5 Propan-1-ol hat eine Siedetemperatur von 97 °C, die Siedetemperatur von Propanal liegt bei 49 °C. Erkläre die höhere Siedetemperatur von Propan-1-ol im Vergleich zu Propanal.

A6 In den beiden Laboren a) und b) befinden sich drei Flaschen ohne Etikett, die jeweils mit einer farblosen Flüssigkeit gefüllt sind. Man weiß, dass es sich bei den Chemikalien um

a) Pentan, Ethanol und Ethanal bzw.

b) Propan-1-ol, 2-Methylpropan-2-ol und Propanal handelt.

Plane für beide Fälle ein Experiment, mit dem der Inhalt jeder der drei Flaschen identifiziert werden kann. Beschreibe das experimentelle Vorgehen und die Beobachtungen, die du für beide Versuchsreihen erwartest.

A7 Gib begründet an, welche der folgenden Aussage(n) richtig ist (sind). Je länger die Molekül-Kette eines Alkanols ist,

a) desto höher ist die Viskosität des Alkanols, da zunehmende zwischenmolekulare Wechselwirkungen herrschen.

b) desto niedriger sind die Wechselwirkungen zwischen den Molekülen des Alkanols und damit seine Viskosität.

c) desto höher ist die Viskosität des Alkanols, da abnehmende zwischenmolekulare Wechselwirkungen herrschen.

d) desto höher sind die Wechselwirkungen zwischen den Molekülen des Alkanols und desto geringer ist die Viskosität des Alkanols.

A8 Propan-1-ol reagiert mit Natrium.

a) Benenne das organische Reaktionsprodukt.

b) Entwickle für diese Reaktion die Reaktionsgleichung mit Strukturformeln.

c) Ermittle alle Oxidationszahlen.

d) Kennzeichne Oxidation und Reduktion.

A9 Tertiäre Alkohole lassen sich weder zum Aldehyd, noch zum Keton oxidieren. Begründe diesen Sachverhalt anhand der Strukturformel eines selbst gewählten Beispiels für einen tertiären Alkohol.

A10 Ermittle alle Oxidationszahlen in den Verbindungen Propanal, Propanon und Propan-1-ol.

A11 Gegeben sind die Strukturformeln der beiden Verbindungen Glucose (links) und Sorbitol (rechts).

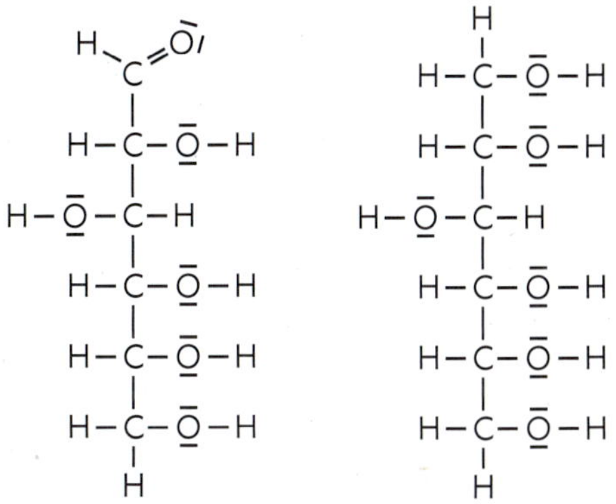

a) Vergleiche die beiden Molekülstrukturen.

b) Schlage eine Möglichkeit vor, beide Stoffe experimentell zu unterscheiden.

c) Benenne Glucose nach IUPAC-Regeln. Beachte dabei, dass die Stoffklasse mit der höheren Oxidationsstufe im Verbindungsnamen am Ende steht.

A12 Formuliere eine Reaktionsgleichung für die Reaktion von Kupfer(II)-oxid mit Butan-1-ol. Vergleiche die Siedetemperatur von Butan-1-ol mit der des Reaktionsprodukts.

A13 Zeichne Strukturformeln aller Isomere mit der Molekülformel $C_5H_{10}O$ und benenne sie.

A14 Vergleiche die Strukturformeln der beiden Verbindungen Pentan-2,3-diol und 2-Hydroxypentan-3-on.

A15 In einigen Nagellackentfernern ist Aceton enthalten. Erläutere, weshalb sich Aceton für diese Anwendung eignet.

A16 Bewerte die Aussage: „Aldehyde haben eine niedrigere Siedetemperatur als Alkohole".

A17 Salze lösen sich unterschiedlich gut in unterschiedlich hydrophilen Lösemitteln. Die Abbildung zeigt das Ergebnis eines Versuchs, bei dem die gleiche Menge an Kupfer(II)-chlorid in Methanol (links) und in Hexan-1-ol (rechts) gelöst wurde.

a) Beschreibe die Polarität eines Methanol-Moleküls und eines Hexan-1-ol-Moleküls.

b) Erkläre die unterschiedliche Löslichkeit von Kupfer(II)-chlorid in Methanol und in Hexan-1-ol.

A18 Die Reaktivität der Alkanole gegenüber Natrium nimmt mit zunehmender Länge der Alkyl-Gruppe ihrer Moleküle ab. Begründe.

A19 Aldehyde und Ketone sind Oxidationsprodukte von Alkoholen. Gegeben ist die Molekülformel C_3H_6O.

a) Entwickle mithilfe eines Programms für chemische Strukturen aus der Molekülformel die Strukturformel eines Aldehyds und eines Ketons.

b) Benenne beide Verbindungen und kontrolliere deine Benennung mithilfe des Programms.

c) Gib die Namen und Formeln der Alkohole an, aus denen der Aldehyd bzw. das Keton entstanden ist.

M1 Bioethanol

Die Erdölvorräte werden immer knapper, sodass nach nachwachsenden Alternativen gesucht werden muss. Eine davon ist Bioethanol.

A1 Recherchiere die Herstellung von Bioethanol aus Getreide und Zuckerrüben und beschreibe die einzelnen Schritte mithilfe von **B1**.

A2 Entwickle für die Herstellung von Bioethanol ein Reaktionsschema.

A3 In Weinkellern wurden während der alkoholischen Gärung oft brennende Kerzen als Warnsignal aufgestellt. Sind sie plötzlich erloschen, wusste der Winzer, dass er den Weinkeller verlassen sollte. Finde eine Erklärung für diese Warnmethode.

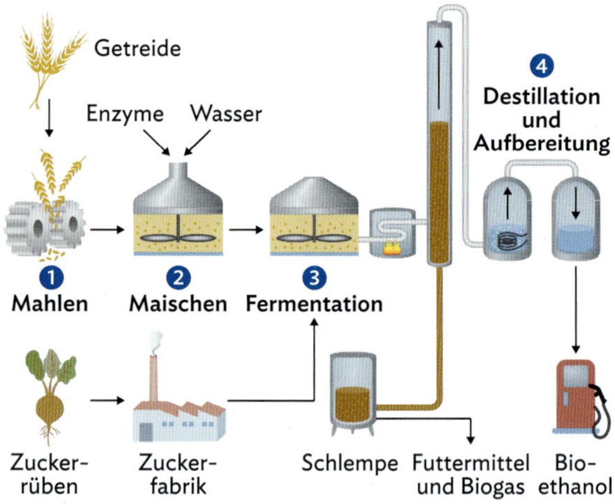

B1 Herstellungsprozess von Bioethanol

M2 Ethanol als Extraktionsmittel

Die E-Nummern E 140 und E 141 stehen für natürliche, grüne Lebensmittelfarbstoffe, die sogenannten Chlorophylle. Sie gelten als gesundheitlich unbedenklich. Sie werden durch Extraktion aus verschiedenen Grünpflanzen wie insbesondere Brennnessel und Spinat gewonnen. Dazu werden frische Blätter der Pflanzen zerkleinert und anschließend fein zermahlen. Zu diesem Blattbrei wird ein geeignetes Lösemittel gegeben, in dem sich das Chlorophyll löst, nicht jedoch die übrigen Blattbestandteile. Bei der anschließenden Filtration werden die unlöslichen Bestandteile vom Chlorophyllextrakt abgetrennt. Das Extrakt wird anschließend gereinigt und das Lösemittel durch Destillation entfernt.

B2 Die Extrakte von Chlorophyll in Wasser, Ethanol und Hexan

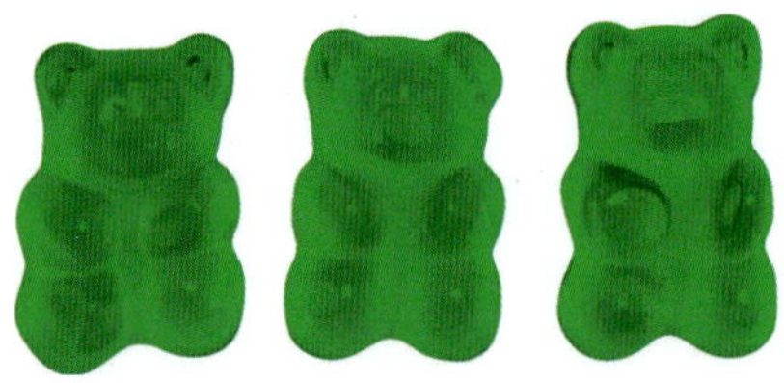

B3 Mit Chlorophyll (E141) angefärbte Gummibärchen

A1 Stelle den Prozess der Extraktion von Chlorophyll in einem Schema dar.

A2 Beschreibe anhand von **B2** die Löslichkeit von Chlorophyll in den Lösemitteln Wasser, Ethanol und Heptan.

A3 Recherchiere die Strukturformel von Chlorophyll und erläutere die Polarität des Moleküls anhand seiner Struktur.

A4 Begründe die unterschiedliche Löslichkeit von Chlorophyll in Wasser, Ethanol und Hexan.

M3 Kirchenfenster im Weinglas

Schwenkt man Wein mit einem hohen Alkoholgehalt im Weinglas, so bilden sich beim Hinabfließen tränenförmige Schlieren, die an Kirchenfenster erinnern. Aufgrund der unterschiedlichen Siedetemperaturen von Ethanol und Wasser, die im Wein enthalten sind, verdampft nur ein Teil des Ethanols an der Glaswand. Dies erhöht die Oberflächenspannung und führt zu der Bildung der „Kirchenfenster".

A1 Erstelle eine Tabelle mit Eigenschaften, in denen sich Ethanol und Wasser ähneln bzw. unterscheiden.

A2 Finde eine Erklärung dafür, dass man früher das im Wein enthaltene Glycerin für diesen Effekt verantwortlich gemacht hat.

A3 Recherchiere nach dem Marangoni-Effekt und erkläre ihn mit eigenen Worten.

B4 Schlieren beim Schwenken im Weinglas

M4 Cyclohexanon

Eines der industriell am meisten hergestellten Ketone ist Cyclohexanon. Dabei handelt es sich um ein ringförmiges Keton, das sich vom Cyclohexan ableitet (**B5**). Cyclohexanon kann großtechnisch durch eine katalysierte Oxidation von Cyclohexan mit Luftsauerstoff hergestellt werden, wobei als Nebenprodukte Wasser und Cyclohexanol entstehen. Das so gewonnene Keton-Alkohol-Gemisch kann destilliert werden, um das reine Cyclohexanon zu erhalten.

Etwa die Hälfte dieses Öls wird jedoch als Gemisch mit Salpetersäure HNO_3 weiterverarbeitet, wobei das Cyclohexanol zunächst zu Cyclohexanon oxidiert wird. In diesem Oxidationsschritt entstehen salpetrige Säure HNO_2 und Wasser.

Im Labormaßstab wird Cyclohexanon in saurer Lösung durch Oxidation von Cyclohexanol mit Chrom(VI)-oxid CrO_3 hergestellt. Dabei entstehen Cr^{3+}-Salze.

Mehrere Millionen Tonnen Cyclohexanon werden jährlich zu dem Kunststoff Nylon weiterverarbeitet.

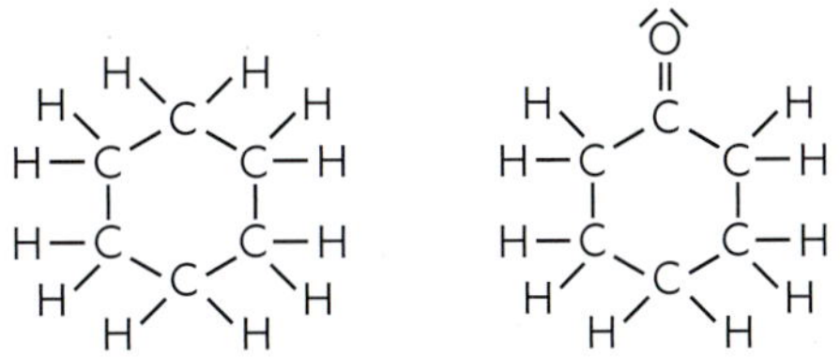

B5 Strukturformel der Moleküle von Cyclohexan (links) und Cyclohexanon (rechts)

A1 Formuliere jeweils eine Reaktionsgleichung für die Bildung von Cyclohexanon aus Cyclohexan und Sauerstoff bzw. aus Cyclohexanol und Salpetersäure.

A2 Zeige, dass es sich bei den Reaktionen aus **A1** um Redoxreaktionen handelt.

A3 Nenne Vor- und Nachteile des Industrie- bzw. des Laborverfahrens.

A4 Recherchiere die Stoffe, zu denen Cyclohexanon umgewandelt wird, bevor daraus Kunststoffe entstehen.

Basiswissen Kapitel 11

W Ethanol

Ethanol-Moleküle haben die Formel C_2H_6O und sind aus einem Ethyl-Rest und einer **Hydroxy-Gruppe** (**OH-Gruppe**) zusammengesetzt. Die OH-Gruppe bestimmt maßgeblich die Eigenschaften von Ethanol. Sie erhält daher in der Molekülformel eine Sonderstellung: Man schreibt C_2H_5OH.

Die Hydroxy-Gruppe enthält eine **polare** Elektronenpaarbindung, während die Bindungen im Ethyl-Rest **unpolar** sind. Aufgrund dieser Strukturmerkmale ist Ethanol in **hydrophilen** und in **lipophilen** Stoffen löslich.

Zwischen den polaren Hydroxy-Gruppen der Ethanol-Moleküle bilden sich **Wasserstoffbrücken**. Deshalb hat Ethanol eine vergleichsweise hohe Siedetemperatur (78 °C).

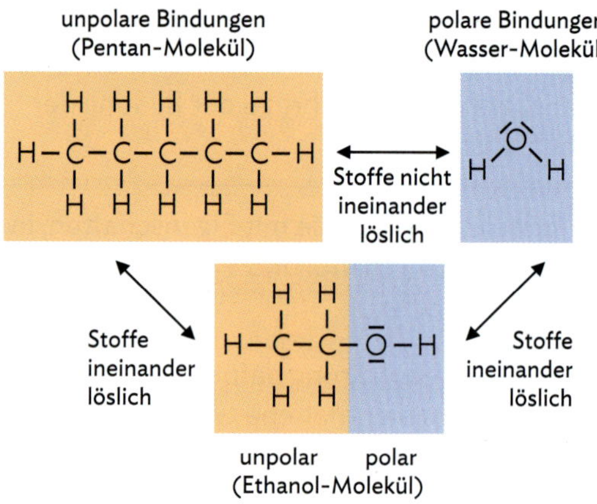

W Alkanole und mehrwertige Alkohole

Alkohole bilden eine Stoffklasse, deren Moleküle mindestens eine Hydroxy-Gruppe aufweisen. Die **Hydroxy-Gruppe** ist das gemeinsame Strukturmerkmal der Alkohole und wird daher als deren **funktionelle Gruppe** bezeichnet.

Alkohole, die sich von den Alkanen ableiten lassen, nennt man **Alkanole**. **Einwertige** Alkanole, deren Moleküle nur eine Hydroxy-Gruppe besitzen, haben die allgemeine Molekülformel $C_nH_{2n+1}OH$ und bilden ähnlich wie die Stoffklasse der Alkane eine **homologe Reihe**.

Innerhalb der homologen Reihe nehmen die Siedetemperatur und die Viskosität mit zunehmender Kettenlänge der Alkanol-Moleküle zu, da die Wechselwirkungen zwischen den temporären Dipolen der Alkyl-Reste mit deren Länge stärker werden.

Bei einem **primären** Alkanol bindet das C-Atom mit der OH-Gruppe an ein weiteres C-Atom, bei einem **sekundären** Alkanol an zwei weitere und bei einem **tertiären** Alkanol an drei weitere C-Atome.

Die polare Hydroxy-Gruppe bewirkt bei kurzkettigen Alkanol-Molekülen durch Bildung von Wasserstoffbrücken mit Wasser-Molekülen die Löslichkeit in Wasser. Mit steigender Anzahl der Kohlenstoff-Atome nimmt der Einfluss der Alkyl-Kette auf die Löslichkeit zu: Die Löslichkeit in Wasser nimmt ab.

A: Ethanol

B: Propan-1-ol

C: Butan-1-ol

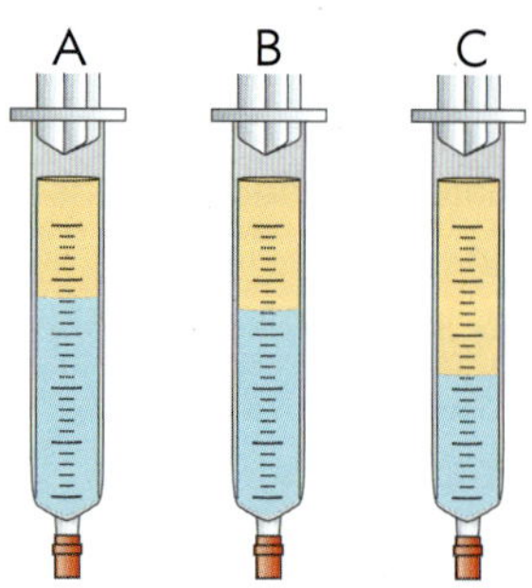

Mehrwertige Alkohole besitzen mehr als eine Hydroxy-Gruppe im Molekül. Mit jeder weiteren Hydroxy-Gruppe erhöht sich die Anzahl möglicher H-Brücken zu benachbarten Molekülen. Dies führt zu einer besseren Wasserlöslichkeit und einer höheren Siedetemperatur dieser Alkohole.

W Alkanale und Alkanone

Aldehyde sind die Oxidationsprodukte primärer Alkohole. Aldehyde, die durch Oxidation von Alkanolen entstehen, heißen **Alkanale**. Alkanale bestehen aus einem Alkyl-Rest und einer **endständigen Aldehyd-Gruppe (–CHO)**. In dieser funktionellen Gruppe ist ein Wasserstoff-Atom an eine polare **Carbonyl-Gruppe** (**>C=O**) gebunden.

Da Alkanal-Moleküle untereinander keine H-Brücken ausbilden, sind die Siedetemperaturen der Alkanale niedriger, als die Siedetemperaturen der entsprechenden Alkanole; sie nehmen jedoch mit steigender Kettenlänge der Moleküle zu.

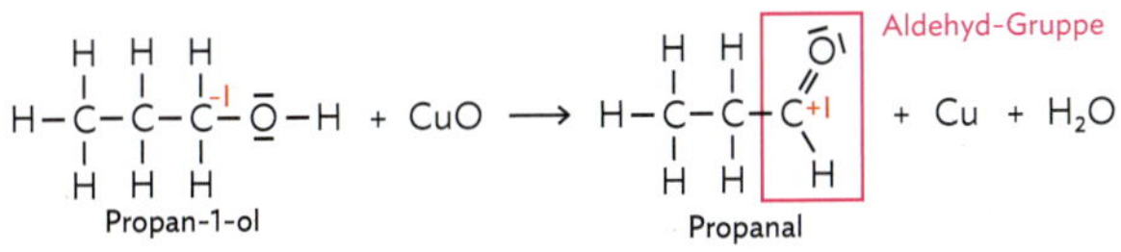

Ketone sind die Oxidationsprodukte sekundärer Alkohole. Ketone, die durch Oxidation von sekundären Alkanolen entstehen, bezeichnet man als **Alkanone**. Alkanone enthalten eine **nicht endständige Carbonyl-Gruppe**, die an zwei C-Atome gebunden ist (Keto-Gruppe).

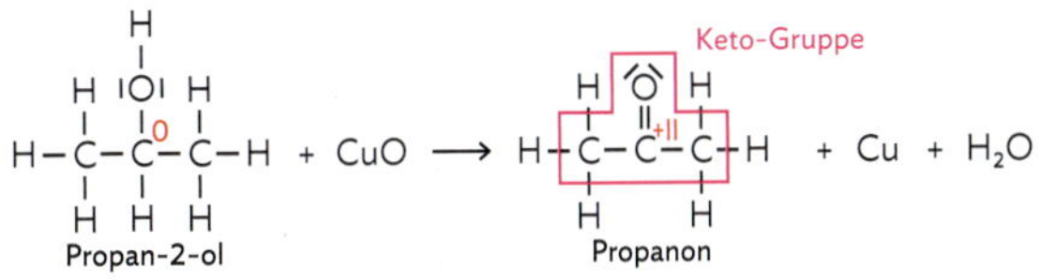

Das einfachste Keton ist **Aceton** bzw. Propanon, welches vielseitig als Löse- und Extraktionsmittel eingesetzt wird.

W Nachweise von Aldehyden

Wichtige Nachweisverfahren für Aldehyde sind die **TOLLENS**- und die **BENEDICT-Probe**.

Bildet sich bei Durchführung der TOLLENS-Probe an der Innenwand des Reagenzglases ein **silberner Belag**, handelt es sich bei der zu untersuchenden Substanz um einen Aldehyd.

Entsteht bei der Durchführung der BENEDICT-Probe ein **rotbrauner Niederschlag**, ist die zu untersuchende Substanz ebenfalls ein Aldehyd.

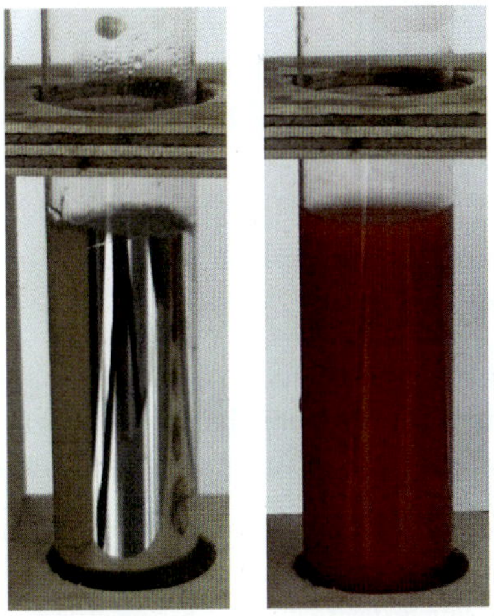

W Alkoholismus

Alkoholismus ist eine Krankheit. Der Übergang vom Alkoholgenuss zum Alkoholmissbrauch und zur psychischen und körperlichen Alkoholabhängigkeit ist oft fließend. Schwerwiegende Organschäden, psychische Erkrankungen, Fehlverhalten im Straßenverkehr können u. a. Folgen einer Alkoholsucht sein. Alkohol ist kein Problemlöser. Mit familiärer, ärztlicher und psycho-sozialer Hilfe können Betroffene beim Ausstieg aus der Sucht Unterstützung erfahren.

Ziel erreicht?

Überprüfung

Hast du das Ziel dieses Kapitels erreicht? Löse die entsprechenden Aufgaben. Ein Arbeitsblatt findest du unter QR-/Mediencode 05037-36. Bewerte dich mithilfe der Tabelle rechts unten. Die Lösungen zu den Aufgaben stehen auf Seite 478 und 479.

05037-36

Stoffeigenschaften aus Molekülstrukturen ableiten und bewerten

A1 Obwohl es sich bei Butan-1,2,3,4-tetraol (Trivialname: Erythrit), Butan-1-ol und 2-Methylpropan-2-ol jeweils um Alkohole handelt, besitzen sie unterschiedliche Eigenschaften.

a) Zeichne die Halbstrukturformeln der drei Alkohole und ordne ihnen die passende Siedetemperatur zu: 83 °C, 118 °C, 330 °C.

b) Begründe die unterschiedlichen Siedetemperaturen anhand der Molekülstrukturen.

c) Benenne zwei weitere Eigenschaften, in denen sich die drei Alkohole unterscheiden.

Die Verwendung der Alkanole und Alkanone aufgrund ihrer Eigenschaften erläutern

B1 Ordne den Verwendungsmöglichkeiten von Ethanol jeweils die Eigenschaften zu, die man für die jeweilige Anwendung ausnutzt.

Verwendung Ethanol	Eigenschaft Ethanol
1. Kraftstoff	a) berauschend
2. Desinfektionsmittel	b) brennbar
3. in Medikamenten	c) antibakteriell
4. in Parfüm	d) lipophil
5. Haushaltsreiniger	e) hydrophil
6. Brennspiritus	
7. Getränk	

B2 Isopropanol (Propan-2-ol) wird in vielen kosmetischen Produkten als Lösemittel und in der Industrie zur Herstellung von Aceton (Propanon) verwendet.

a) Stelle die Reaktionsgleichung für die Reaktion von Propan-2-ol mit Kupfer(II)-oxid zu Propanon auf.

b) Begründe die Verwendung von Aceton als Lösemittel.

Die Nomenklaturregeln auf die Stoffklasse der Alkanole und Alkanale anwenden

C1 Benenne die folgenden Verbindungen nach IUPAC und überprüfe die Namen mithilfe eines Programms.

a)
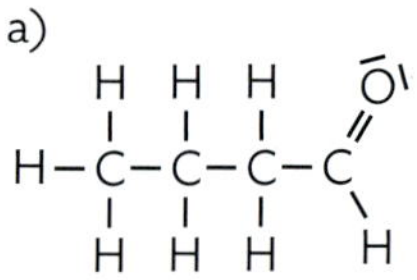

b)
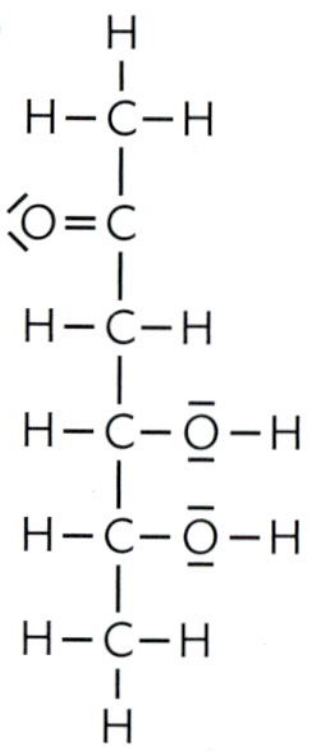

c)
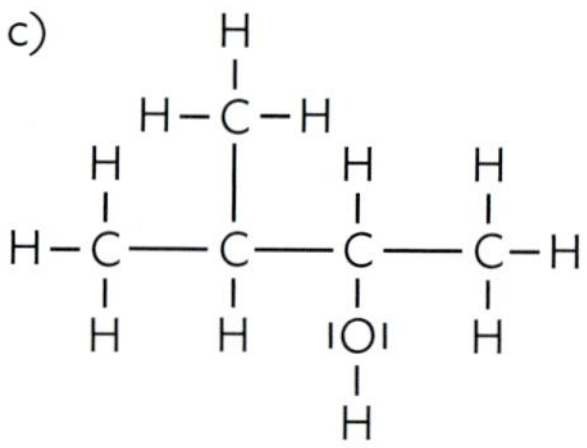

C2 Zeichne Strukturformeln der folgenden Verbindungen inklusive aller freien Elektronenpaare:

a) Propan-2-ol

b) 3-Hydroxybutan-2-on

c) 2-Methylbutanal

Organische Kohlenstoffverbindungen mithilfe von Strukturelementen ordnen

D1 a) Gib die funktionellen Gruppen der folgenden Verbindungen an und benenne die zwischenmolekularen Kräfte, die sie untereinander ausbilden können:

- Butanal
- Hexan-1,2-diol
- 3-Methylpentan-2-on

b) Zeichne die Strukturformeln der drei Moleküle u. a. mithilfe eines Programms und bestimme jeweils alle Oxidationszahlen.

c) Vergleiche die Oxidationszahlen der Kohlenstoff-Atome, die an der funktionellen Gruppe beteiligt sind bzw. an die die funktionelle Gruppe binden, miteinander.

Nachweisverfahren für die Stoffklasse der Alkanale beschreiben und anwenden

E1 Beschreibe die Durchführung der TOLLENS-Probe und nenne die Beobachtungen, die man bei einem positiven Nachweis machen kann.

E2 Nenne Gemeinsamkeiten und Unterschiede zwischen der TOLLENS-Probe und der BENEDICT-Probe. Vergleiche dabei die Beobachtungen und die Reaktionsprodukte.

Die Zugehörigkeit von Glucose sowohl zu der Stoffklasse der Alkanole als auch der Alkanale begründen

F1 Benenne die Art und Anzahl aller funktionellen Gruppen des Glucose-Moleküls.

F2 Begründe die gute Wasserlöslichkeit von Glucose.

Die Oxidation von Alkanolen mit Reaktionsgleichungen darstellen

G1 Formuliere für die Oxidation von Butan-1-ol bzw. Butan-2-ol mit Kupfer(II)-oxid jeweils die Reaktionsgleichung und benenne die Reaktionsprodukte.

Auswertung

Vergleiche deine Antworten mit den Lösungen auf Seite 478 und 479 und kreuze auf dem Arbeitsblatt an.

	Ich kann ...	ja	nein	lies nach auf Seite
A	Stoffeigenschaften aus Molekülstrukturen ableiten und bewerten.			411, 412
B	die Verwendung der Alkanole und Alkanone aufgrund ihrer Eigenschaften erläutern.			405, 418
C	die Nomenklaturregeln auf die Stoffklasse der Alkanole und Alkanale anwenden.			410, 412, 416, 418
D	organische Kohlenstoffverbindungen mithilfe von Strukturelementen ordnen.			405 - 420
E	Nachweisverfahren für die Stoffklasse der Alkanale beschreiben und anwenden.			417
F	die Zugehörigkeit von Glucose sowohl zu der Stoffklasse der Alkanole als auch der Alkanale begründen.			418
G	die Oxidation von Alkanolen mit Reaktionsgleichungen darstellen.			416 - 420

12 Carbonsäuren und Ester

WACHS
ETHANSÄURE
POLYESTER
ESTER
POLYMILCHSÄURE
ALKANSÄUREALKYLESTER
EISESSIG
ESSIGSÄURE
KONSERVIERUNGSSTOFF
OXALSÄURE
MILCHSÄURE
FRUCHTESTER
LÖSEMITTEL
AROMASTOFF
WEINESSIG
POLYKONDENSATION

Startklar?

Selbsteinschätzung

Schätze dich selbst ein: Wie gut sind deine Kenntnisse in den Bereichen A bis D? Kreuze auf dem Arbeitsblatt unter QR-/Mediencode 05037-37 an!

05037-37

	Ich kann ...	prima	ganz gut	es fällt mir schwer
A	saure Lösungen und deren Eigenschaften beschreiben.			
B	organische Moleküle anhand ihrer funktionellen Gruppen unterscheiden und charakterisieren.			
C	Eigenschaften organischer Moleküle mithilfe ihrer zwischenmolekularen Wechselwirkungen erklären.			
D	Merkmale von Redoxreaktionen nennen und anwenden.			

Überprüfung

Liegst du richtig? Bearbeite die folgenden Aufgaben zu jedem Bereich.

Saure Lösungen und deren Eigenschaften beschreiben

A1 Erläutere anhand der Reaktion mit Magnesium eine typische Eigenschaft von Säuren und formuliere die Reaktionsgleichung für eine solche Reaktion.

A2 Definiere die folgenden Begriffe:

a) Oxonium-Ion
b) *p*H-Wert
c) Indikator
d) Neutralisation

Organische Moleküle anhand ihrer funktionellen Gruppen unterscheiden und charakterisieren

B1 Zeichne die funktionellen Gruppen der Alkanole, der Alkanale und der Alkanone.

B2 Gegeben sind die Strukturformeln der organischen Verbindungen a) und b). Kennzeichne und benenne jeweils die funktionellen Gruppen.

a)
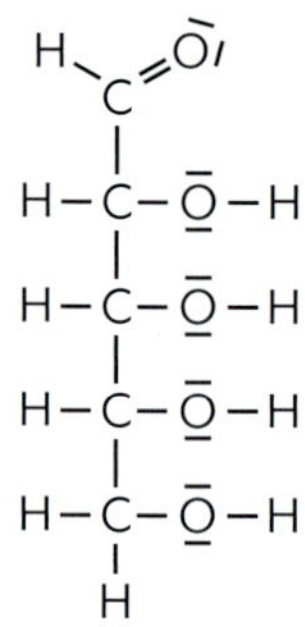

b)
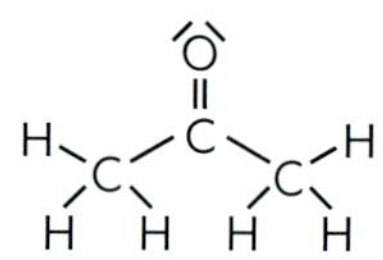

Eigenschaften organischer Moleküle mithilfe ihrer zwischenmolekularen Wechselwirkungen erklären

C1 Ethanol ist sehr gut wasserlöslich, während es beim Vermischen von Wasser mit Heptan zur Phasenbildung kommt. Erläutere diese Beobachtungen.

C2 Das Diagramm zeigt die Siedetemperaturen der Vertreter verschiedener organischer Stoffklassen in Abhängigkeit von der Molekülmasse.

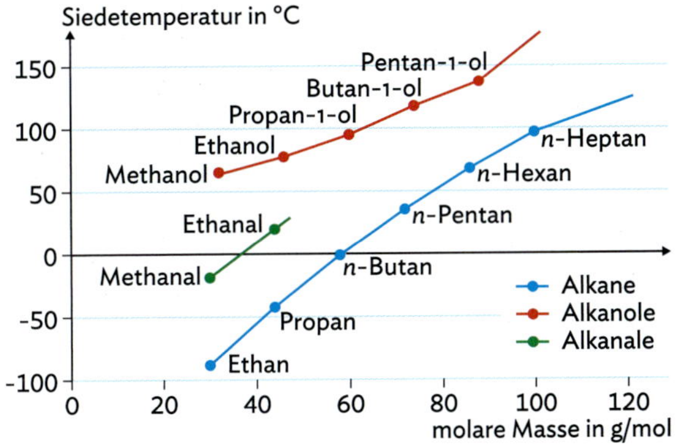

Erkläre mithilfe der auftretenden zwischenmolekularen Wechselwirkungen die unterschiedlichen Siedetemperaturen

a) innerhalb einer Stoffklasse.
b) von Ethan, Methanal und Methanol.

C3 Übertrage den rechts stehenden Lückentext in dein Heft und vervollständige ihn mit folgenden Begriffen:

ab, zu, Polarität, VAN-DER-WAALS*-Wechselwirkungen, Wasserstoffbrücken*

Die Siedetemperatur der Alkanole und Alkanale nimmt mit zunehmender Kettenlänge der Moleküle ________. Für beide homologen Reihen gilt: Mit zunehmender Kettenlänge der Moleküle kommen die ________ zwischen den Molekülen deutlicher zum Tragen. Alkohole haben eine wesentlich höhere Siedetemperatur als entsprechende Alkanale, da deren Moleküle untereinander ________ ausbilden. Die Wasserlöslichkeit der Alkanole nimmt mit zunehmender Kettenlänge der Moleküle ________. Es gilt: Mit Zunahme der Kettenlänge der Moleküle nimmt der Einfluss der funktionellen Gruppe auf die ________ des gesamten Moleküls ________.

Merkmale von Redoxreaktionen nennen und anwenden

D1 Propan-1-ol kann zum entsprechenden Aldehyd oxidiert werden.

a) Gib die Strukturformeln von Propan-1-ol und des Oxidationsprodukts an und benenne sie.
b) Erläutere an diesem Beispiel, dass bei der Reaktion vom Alkanol zum Aldehyd eine Oxidation abläuft.

Auswertung

Hast du dich richtig eingeschätzt? Vergleiche deine Antworten mit den Lösungen auf Seite 478. Gib dir jeweils die entsprechende Punktzahl und trage sie auf dem Arbeitsblatt ein.

	Ich kann ...	prima	ganz gut	mit Hilfe	lies nach auf Seite
A	saure Lösungen und deren Eigenschaften beschreiben.	8 - 6	5 - 4	3 - 2	308 - 310, 316, 322, 326
B	organische Moleküle anhand ihrer funktionellen Gruppen unterscheiden und charakterisieren.	7 - 6	5 - 4	3 - 2	410, 416, 418
C	Eigenschaften organischer Moleküle mithilfe ihrer zwischenmolekularen Wechselwirkungen erklären.	14 - 11	10 - 8	7 - 3	364, 365, 405 - 416
D	Merkmale von Redoxreaktionen nennen und anwenden.	6 - 5	4 - 3	2	416 - 420

Essigsäure

Kleopatra wettete angeblich mit einem römischen Feldherrn, dass sie eine Mahlzeit im Wert von zehn Millionen Sesterzen verzehren könne. Sie gewann die Wette, indem sie wertvolle Perlen in ein Gefäß mit Essig warf. Die Perlen lösten sich darin auf und die Königin trank daraufhin die entstandene Lösung. Auch heute ist Essig aus der Küche nicht mehr wegzudenken. Welche chemischen Vorgänge führten zum Wettgewinn?

LV1 Eigenschaften von Essig und Essigsäure

2 5

PROBLEM

Speiseessig und Essigessenz werden z. B. für Salatsoßen verwendet, Essigessenz ist außerdem ein beliebtes Reinigungsmittel. Zeigen diese Flüssigkeiten typische Eigenschaften saurer Lösungen? Welche Unterschiede haben reine Essigsäure und Essigsäurelösung?

DURCHFÜHRUNG

a) Fülle zwei kleine Bechergläser mit je 20 mL Speiseessig (GHS 5) und Essigessenz (GHS 5). Bestimme den *p*H-Wert und die elektrische Leitfähigkeit der zwei Lösungen mit *p*H-Papier und einem Leitfähigkeitsmessgerät.

b) Ebenso wird die Leitfähigkeit von reiner Essigsäure (Eisessig, GHS 2 | 5) und verdünnter Essigsäure (c = 1 mol/L, GHS 5) bestimmt.

AUSWERTUNG

a) Erfasse tabellarisch die gemessenen *p*H-Werte und die Leitfähigkeitswerte der Lösungen und beschreibe erkennbare Tendenzen.

b) Finde eine mögliche Erklärung für die Unterschiede im *p*H-Wert. Berücksichtige dabei die Teilchen, die in sauren Lösungen vorkommen.

c) Stelle eine begründete Vermutung über die Verfärbung eines *p*H-Papiers, die sich bei einem Test der beiden Lösungen aus **LV1b** ergeben wird, auf.

ENTSORGUNG G1

V2 Reaktion von Essigsäure mit Calciumhydroxid

PROBLEM

Calciumhydroxid ist als Lebensmittelzusatzstoff „E 526“ zugelassen und wird als Säureregulator u. a. in der Trinkwasseraufbereitung und bei der Behandlung von Kakaorohmassen und Muskatnüssen verwendet. Was passiert bei der Zugabe von Essigsäure zu Calciumhydroxid?

DURCHFÜHRUNG

Gib in ein Reagenzglas eine kleine Spatelspitze Calciumhydroxid (GHS 5 | 7) und füge 4 mL verdünnte Essigsäure (c = 1 mol/L, GHS 5) hinzu. Dampfe das entstandene Produkt ein.

AUSWERTUNG

a) Beschreibe deine Versuchsbeobachtungen vor und nach dem Eindampfen und ordne das Reaktionsprodukt der Reaktion von Essigsäure mit Calciumhydroxid begründet einer Stoffklasse zu.

b) **B1** zeigt die Strukturformel des Essigsäure-Moleküls. Essigsäure zählt zu den einprotonigen Säuren. Überlege dir anhand der Polarität der Bindungen, welches der vier H-Atome als Proton abgespalten werden kann. Notiere die Formel des Säurerest-Ions, das sich dann bildet.

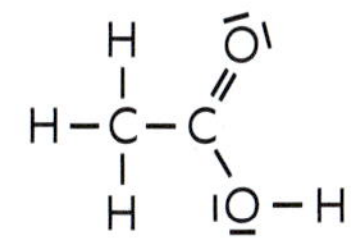

B1 Strukturformel des Essigsäure-Moleküls

c) Entwickle eine Reaktionsgleichung für die Reaktion von Essigsäure mit Calciumhydroxid.

Hinweis: Es bilden sich zwei Produkte. Das zweite Produkt kann man mit Watesmo-Papier nachweisen.

ENTSORGUNG R

V3 Essigsäure und Salzsäure gleicher Konzentration

PROBLEM

Viele Haushaltsreiniger enthalten Essigsäure. Warum gibt es keine Haushaltsreiniger mit Salzsäure?

DURCHFÜHRUNG

Gib in zwei Reagenzgläser je ca. 2 cm hoch verdünnte Salzsäure und in drei weitere Reagenzgläser je ca. 2 cm hoch verdünnte Essigsäure (je c = 1 mol/L, GHS 5). Führe mit beiden Lösungen folgende Versuche durch:

a) Halte mit einer Pinzette ein Stück pH-Papier in das Reagenzglas.

b) Gib in ein Reagenzglas ein ca. 3 cm langes Stück Magnesiumband (GHS 2). Weise das Produkt mit einem geeigneten Nachweis nach.

c) Gib in ein Reagenzglas eine Spatelspitze Kalk (Calciumcarbonat, $CaCO_3$). Weise auch hier das Produkt entsprechend nach.

AUSWERTUNG

a) Fasse die Ergebnisse von **V3** tabellarisch zusammen.

b) Benenne anhand deiner Beobachtungen die bei den vier Reaktionen entstandenen Gase.

c) Formuliere die Reaktionsgleichungen von Salzsäure und verdünnter Essigsäure mit Magnesium bzw. Kalk und begründe, dass sich auch verdünnte Essigsäure wie eine saure Lösung verhält.

d) Vergleiche die Heftigkeit der Reaktionen unter Berücksichtigung der pH-Werte.

e) Kleopatras Perlen bestanden zum Großteil aus Calciumcarbonat. Erkläre mithilfe von **V3**, dass sie ihre Wette aus dem Kapiteleinstieg gewinnen konnte.

ENTSORGUNG G1

Essigsäure in Alltagsprodukten

Für den sauren Geschmack in Lebensmitteln wie eingelegten Gurken, Mixed Pickles oder Bismarckheringen sorgt **Essigsäure**. Auch Haushaltsprodukte wie Essigessenz und Essigreiniger enthalten Essigsäure. Essig ist eine ca. 5 %ige wässrige Lösung von Essigsäure. Speiseessig und Essigsäure enthaltende Haushaltsprodukte haben nicht nur einen niedrigen *p*H-Wert und sind somit sauer, sondern sie leiten auch sehr gut den elektrischen Strom (**LV1a**). Das deutet darauf hin, dass die Lösungen u. a. Oxonium-Ionen H_3O^+ als geladene Teilchen enthalten müssen.

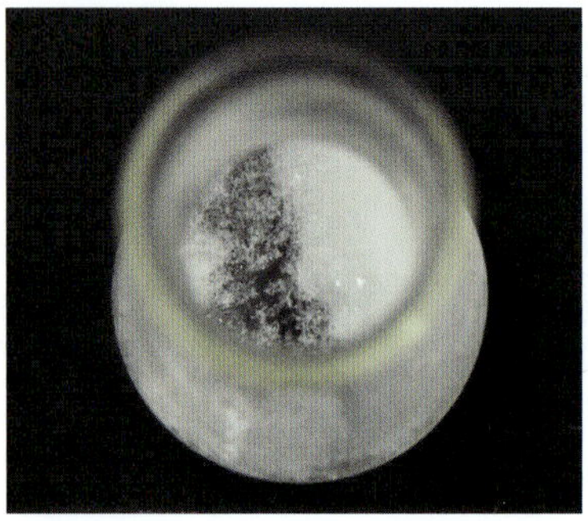

B1 Eisessig ist die Bezeichnung für reine Essigsäure (99-100 %). Essigsäure erstarrt bei einer Temperatur von unter 16 °C.

Wässrige Lösungen der Essigsäure

Reine Säuren zeigen nicht das typische Verhalten von sauren Lösungen: Misst man die elektrische Leitfähigkeit von reiner Essigsäure (**Eisessig**, **B1**), so stellt man nur minimale Werte fest. Dagegen weist verdünnter Eisessig deutlich höhere Leitfähigkeitswerte auf (**LV1b**). Das bedeutet, dass die reine Essigsäure praktisch keine Ionen enthält.

Bei Wasserzugabe kommt es zur Ionenbildung durch Protonenübertragung in einer Säure-Base-Reaktion, wie es für Säuren charakteristisch ist (vgl. S. 321). Essigsäure wirkt als Protonendonator, Wasser als Protonenakzeptor (Base). Es entstehen Oxonium-Ionen und Säurerest-Ionen.

Erst beim Verdünnen von reiner Essigsäure mit Wasser werden in einer Säure-Base-Reaktion die in sauren Lösungen enthaltenen Oxonium-Ionen sowie Säurerest-Ionen gebildet.

Struktur des Essigsäure-Moleküls

Essigsäure ist der Trivialname für die **Ethansäure**. Sie enthält eine Methyl-Gruppe ($-CH_3$) und eine **Carboxy-Gruppe –COOH**, die wiederum aus einer Carbonyl- ($\rangle C{=}O$) und einer Hydroxy-Gruppe (–OH) zusammengesetzt ist (**B2**). Als chemische Formel verwendet man daher für die Essigsäure die Molekülformel CH_3COOH.

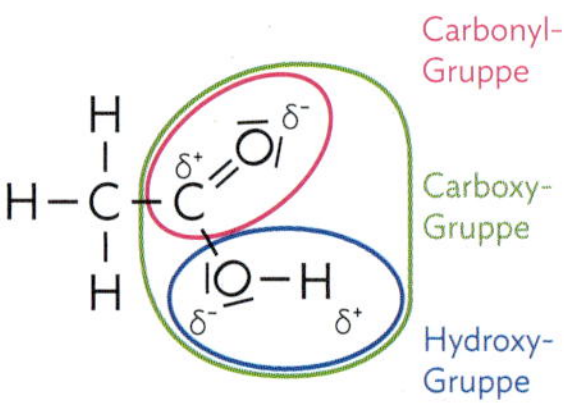

B2 Strukturformel des Essigsäure-Moleküls

Nur die OH-Gruppe der Carboxy-Gruppe besitzt ein ausreichend stark polarisiertes H-Atom, sodass in einer Säure-Base-Reaktion ein Proton abgespalten werden kann (**B2**). Bei der Abspaltung dieses Protons entsteht ein Säurerest-Ion, das nach IUPAC als **Ethanoat-** und trivial als **Acetat-Ion** (CH_3COO^-) bezeichnet wird:

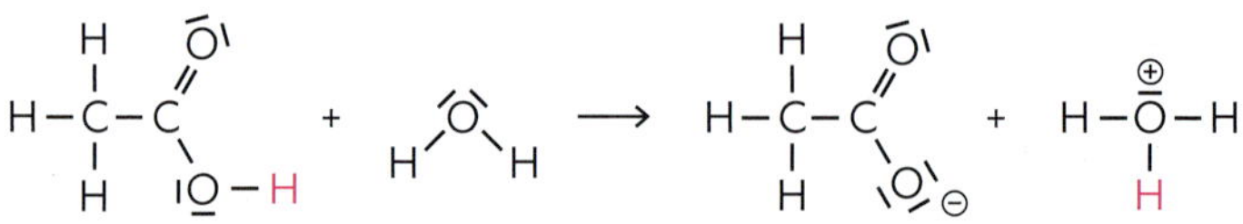

Vergleich von Essigsäure und Salzsäure

Essigsäurehaltige Reinigungsmittel werden zur Entfernung kalkhaltiger Rückstände angewendet. Auf Oberflächen, die unedle Metalle enthalten, oder auf Marmor (Kalk) soll man diese jedoch nicht benutzen.

Lösungen von Essigsäure zeigen typische Reaktionen saurer Lösungen wie z. B. der Salzsäure. Dazu gehören die Farbreaktion mit Universalindikatorpapier (**B3**), die Reaktion mit Metalloxiden oder Metallhydroxiden (**V2**), die Wasserstoff-Freisetzung mit unedlen Metallen und die Kohlenstoffdioxid-Freisetzung mit Calciumcarbonat (**V3**, **B3**) jeweils unter Bildung eines in Wasser löslichen Salzes, dem sogenannten **Ethanoat** bzw. **Acetat**. Die essigsauren Reinigungsmittel können also Kalkreste genauso durch Reaktion auflösen wie unedle Metalle.

B3 Verdünnte Essigsäure färbt Universalindikatorpapier orange, verdünnte Salzsäure färbt Universalindikatorpapier rot (links). Reaktion von Essigsäure mit Calciumcarbonat (rechts).

$$2\,CH_3COOH\,(aq) + Ca(OH)_2\,(s) \longrightarrow \underbrace{Ca^{2+}\,(aq) + 2\,CH_3COO^-\,(aq)}_{\text{Calciumethanoat}} + 2\,H_2O\,(l)$$

$$2\,CH_3COOH\,(aq) + Mg\,(s) \longrightarrow \underbrace{Mg^{2+}\,(aq) + 2\,CH_3COO^-\,(aq)}_{\text{Magnesiumethanoat}} + H_2\,(g)$$

$$2\,CH_3COOH\,(aq) + CaCO_3\,(s) \longrightarrow \underbrace{Ca^{2+}\,(aq) + 2\,CH_3COO^-\,(aq)}_{\text{Calciumethanoat}} + CO_2\,(g) + H_2O\,(l)$$

Damit lässt sich auch Kleopatras Trick erklären: Perlen bestehen aus Perlmutt, das 95 % Calciumcarbonat enthält. Die Perlen lösten sich im Essig, den die Königin trinken konnte (**V3**, **B3**).

Eine Essigsäurelösung zeigt ähnlich wie Salzsäure alle Eigenschaften einer sauren Lösung. Die Salze der Essigsäure sind Ethanoate (Acetate).

Herstellung und Verwendung der Essigsäure

Essig entsteht, wenn man Wein an der Luft stehen lässt. Essigsäurebakterien oxidieren den im Wein enthaltenen Alkohol zu **Weinessig**. Dieses Verfahren wird neben anderen chemischen Verfahren auch großtechnisch genutzt.

Neben dem Einsatz als Säuerungsmittel in Form von Essig oder als Entkalker im Haushalt dient die Säure u. a. als Konservierungsmittel (E 260, vgl. S. 445). Auch zur Produktion von Kunststoffen (z. B. Celluloseacetat) wird Essigsäure verwendet.

AUFGABEN

A1 Erkläre den Unterschied von Eisessig und Weinessig.

A2 Früher enthielt Essgeschirr oft einen hohen Anteil des unedlen Metalls Blei. Erläutere, dass solche Gefäße für essighaltige Speisen ungeeignet sind.

FACHBEGRIFFE

Essigsäure, Ethansäure, Eisessig, Carboxy-Gruppe –COOH, Ethanoat(-Ion), Acetat(-Ion), Weinessig

Carbonsäuren

Rhabarber gilt aufgrund seines hohen Gehalts an Mineralstoffen als gesundes Gemüse. Für den leicht säuerlichen Geschmack von Rhabarberprodukten sind hauptsächlich die Oxalsäure und ihre Salze, die Oxalate, verantwortlich. Es wird empfohlen, Rhabarberkompott zusammen mit Milchprodukten wie Sahne oder Vanilleeis zu verzehren. Wie ist das zu erklären? Die Oxalsäure gehört neben anderen Säuren wie etwa der Ameisensäure, der Milchsäure oder der Citronensäure zu den Carbonsäuren. Was haben diese Säuren gemeinsam? Worin unterscheiden sie sich?

V1 Säuren aus Alkanolen

GHS 2 | 5 | 7

PROBLEM

Aus Wein kann man würzigen Weinessig herstellen. Die Chemie dahinter: Das primäre Alkanol Ethanol im Wein wird zur Essigsäure oxidiert. Ist dies auch mit sekundären oder tertiären Alkanolen möglich?

DURCHFÜHRUNG

Gib mit einer Pipette in eine dreigeteilte Petrischale je 2 mL Kaliumpermanganatlösung $KMnO_4$ (aq) (c = 0,01 mol/L) und je 2 mL Natronlauge NaOH (aq) (c = 1 mol/L, GHS 5). Gib in ein Schalendrittel zusätzlich 5 Tropfen Propan-1-ol (GHS 2 | 5 | 7), in das zweite Drittel 5 Tropfen Propan-2-ol (GHS 2 | 7) und in das letzte Drittel 5 Tropfen 2-Methylpropan-2-ol (GHS 2 | 7).

AUSWERTUNG

a) Zeichne die Strukturformeln der bei **V1** verwendeten Alkanole und gib jeweils an, ob es sich um ein primäres, sekundäres oder tertiäres Alkanol handelt.

b) Alkalische Kaliumpermanganatlösung ändert ihre Farbe, wenn sie reduziert wird. Vergleiche die Farben der drei Lösungen und stelle Vermutungen über die Vorgänge an, die in den jeweiligen Schalendritteln ablaufen.

c) Erläutere mithilfe der Versuchsbeobachtungen eine Methode, primäre, sekundäre und tertiäre Alkanole voneinander zu unterscheiden.

ENTSORGUNG G2

V2 Reaktion von Kalk mit Citronensäure

PROBLEM

Citronensäure hat im Haushalt eine besondere Bedeutung als Reinigungsmittel. So kann man Kalkrückstände in Badezimmer und Küche kalt oder lauwarm damit entfernen. Warum ist die Citronensäure dafür so gut geeignet und was läuft beim Entfernen der Kalkrückstände ab?

DURCHFÜHRUNG

Baue die Versuchsapparatur gemäß **B1** auf. Löse zwei Spatel Citronensäure ($C_6H_8O_7$, GHS 7) in ca. 40 mL Wasser und befülle den Tropftrichter ca. 3 cm hoch mit Citronensäurelösung. Gib in das Reagenzglas mit Gasableitungsrohr zwei Spatel Calciumcarbonat ($CaCO_3$, Kalk) und tauche dieses in ein Reagenzglas, das mit Kalkwasser ($Ca(OH)_2$ (aq), $w < 1\,\%$) gefüllt ist. Setze den Tropftrichter auf das Reagenzglas und lasse langsam Citronensäurelösung auf das Kalkpulver tropfen.

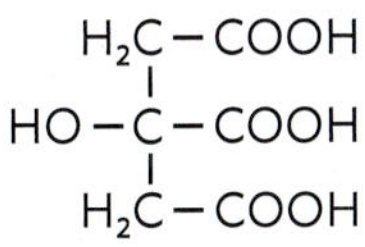

B2 Halbstrukturformel des Citronensäure-Moleküls

AUSWERTUNG

a) Schließe aus deinen Beobachtungen der Reaktionen am Reagenzglasboden und im Kalkwasser auf die Art des Gases, welches bei der Reaktion entsteht.

b) Stelle mithilfe von **B2** eine Reaktionsgleichung für die chemische Reaktion auf, die bei der Kalkentfernung abläuft.

c) Erläutere anhand der Reaktionsgleichung den der Reaktion zugrunde liegenden Reaktionstyp.

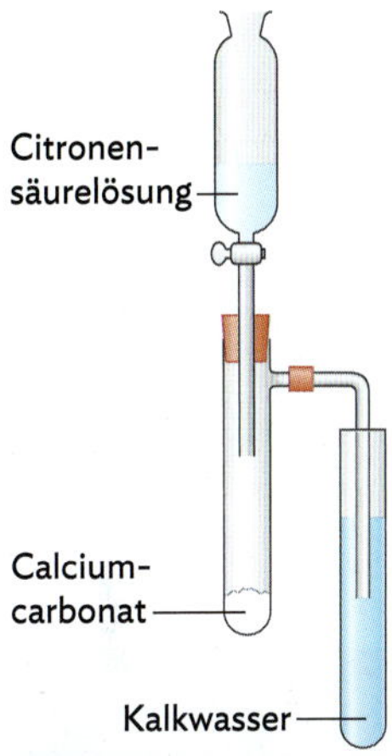

B1 Versuchsaufbau zu **V2**

ENTSORGUNG A

V3 Nachweis von Oxalsäure mit Calciumchlorid

PROBLEM

Die im Rhabarber enthaltene Oxalsäure kann gesundheitsschädlich sein und ist eine Ursache für die Bildung von Nierensteinen. Woran liegt das?

DURCHFÜHRUNG

a) Stelle in einem Becherglas eine gesättigte Calciumchloridlösung (GHS 7) her. Löse in einem Reagenzglas eine Spatelspitze Oxalsäure ($C_2H_2O_4$, GHS 5 | 7). Gib mit einer Pipette einige Tropfen der gesättigten Calciumchloridlösung in die Oxalsäurelösung.

b) Wiederhole den Versuch mit Rhabarbersaft anstelle von Oxalsäurelösung.

AUSWERTUNG

HOOC – COOH

B3 Halbstrukturformel des Oxalsäure-Moleküls

a) Entwickle ausgehend von der Formel in **B3** die Reaktionsgleichung unter Angabe der Aggregatzustände.

b) Erläutere mithilfe deiner Versuchsergebnisse die Empfehlung, Rhabarberprodukte mit Milchprodukten zu kombinieren, die reich an Calcium-Ionen sind.

c) Recherchiere die Zusammensetzung von Nierensteinen und beschreibe eine Möglichkeit, diese zu vermeiden.

ENTSORGUNG A

Die homologe Reihe der Alkansäuren

Der Biss einer Ameise, der Griff an ein Brennnesselblatt (**B1**) oder das Nesselgift einer Qualle, die einen beim Schwimmen im Meer streift, können sehr schmerzhaft sein und Hautrötungen hervorrufen. Schuld daran ist die ätzende **Ameisensäure**, die wie die Essigsäure (Ethansäure) ein Vertreter der **Alkansäuren** ist. Als Alkansäuren werden organische Verbindungen bezeichnet, deren Moleküle aus einer Alkyl-Gruppe und einer Carboxy-Gruppe –COOH als funktionelle Gruppe aufgebaut sind (**B2**).

B1 Ameisen produzieren Ameisensäure, Brennnesseln enthalten ebenfalls Ameisensäure und Propionsäure entsteht beim Reifeprozess von Emmentaler Käse.

Alkansäuren haben die allgemeine Molekülformel $C_nH_{2n+1}COOH$ und die Carboxy-Gruppe –COOH als funktionelle Gruppe.

Benennung: Name des Alkans + Endung „-säure“

Name (Trivialname)	Molekülformel	Halbstrukturformel	Siedetemperatur in °C
Methansäure (Ameisensäure)	HCOOH	HCOOH	100,8
Ethansäure (Essigsäure)	CH_3COOH	$CH_3–COOH$	118,1
Propansäure (Propionsäure)	C_2H_5COOH	$CH_3–CH_2–COOH$	141,5
Butansäure (Buttersäure)	C_3H_7COOH	$CH_3–(CH_2)_2–COOH$	163,7
Pentansäure (Valeriansäure)	C_4H_9COOH	$CH_3–(CH_2)_3–COOH$	186,0

B2 Auflistung der ersten fünf Glieder der homologen Reihe der Alkansäuren

Der Trivialname vieler Alkansäuren weist auf ihr Vorkommen in der Natur hin. **Buttersäure** entsteht z. B. beim Ranzigwerden von Fetten und verursacht u. a. den unangenehmen Geruch von Schweiß. **Propionsäure** entsteht bei der Reifung mancher Käsesorten (**B1**).

Die Löslichkeit von Alkansäuren

Die Löslichkeit der Alkansäuren nimmt mit steigender Länge der Alkyl-Gruppe ihrer Moleküle in hydrophilen Lösemitteln wie Wasser ab, in lipophilen Lösemitteln wie Benzin nimmt sie zu. Die ersten vier Vertreter der homologen Reihe, Methansäure, Ethansäure, Propansäure und Butansäure, sind in Wasser gut löslich. Die anderen Alkansäuren bilden mit Wasser zwei Phasen. Ähnlich wie bei der Löslichkeit der Alkanole, ist auch hier die abnehmende Wasserlöslichkeit auf die zunehmende Länge der unpolaren Alkyl-Gruppe in den Molekülen zurückzuführen.

Bei Alkansäuren mit kürzerer Alkyl-Gruppe überwiegt der Einfluss der polaren Carboxy-Gruppe. Zwischen der Carboxy-Gruppe und den Wasser-Molekülen bilden sich Wasserstoffbrücken aus (vgl. Info).

Die Löslichkeit der Alkansäuren nimmt mit zunehmender Länge der Alkyl-Gruppe in den Molekülen in hydrophilen Lösemitteln ab und in lipophilen Lösemitteln zu.

Info

Da die Carboxy-Gruppe einer Alkansäure mit Wasser zu H_3O^+-Ionen und einer Carboxylat-Gruppe ($-COO^-$) reagieren kann, liegen zwischen dem entstandenen Anion und Wasser-Molekülen Ionen-Dipol-Wechselwirkungen vor.

Die Siedetemperaturen von Alkansäuren

Die Siedetemperaturen der Alkansäuren liegen im Vergleich zu denen der Alkanole mit Molekülen ähnlicher Molekülmasse deutlich höher. Ursache dafür ist die polare Carboxy-Gruppe der Moleküle, die über Wasserstoffbrücken mit einer weiteren Carboxy-Gruppe eines anderen Alkansäure-Moleküls sogenannte **Dimere** (lat. di: zwei) bilden kann. Es entsteht ein Molekülverband aus zwei Einheiten (**B2**), der als Verband eine größere Molekülmasse und somit stärkere zwischenmolekulare Wechselwirkungen aufweist.

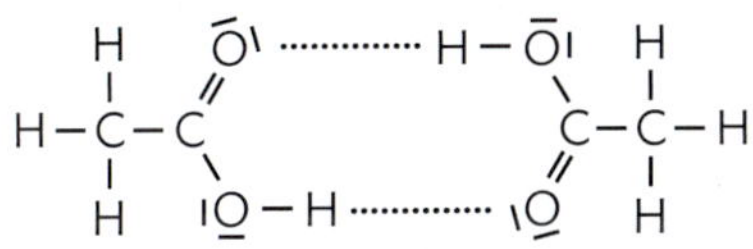

B3 Dimer-Bildung zwischen Essigsäure-Molekülen über Wasserstoffbrücken

Info

Die Dimer-Bildung erklärt die gute Löslichlichkeit von Ethansäure in Alkanen mit Molekülen kurzer Kettenlänge: Dimere wirken als Ganzes unpolar und bilden mit den temporären Dipolen ihrer Alkyl-Reste Wechselwirkungen mit den Alkan-Molekülen aus.

Mit zunehmender Länge der Alkyl-Gruppe in den Molekülen der Alkansäuren steigen auch die Siedetemperaturen innerhalb der homologen Reihe (**B2**), da zusätzlich zu der Wirkung der polaren Carboxy-Gruppen auch die Wechselwirkungen zwischen den temporären Dipolen der größer werdenden Alkyl-Gruppen zunehmen.

Mit zunehmender Kettenlänge nimmt der Einfluss der VAN-DER-WAALS-Wechselwirkungen zu: Die Siedetemperatur steigt.

AUFGABEN

A1 Zeichne die Strukturformeln von Ameisensäure, Propionsäure und Buttersäure auch mithilfe eines Programms.

A2 Führe die homologe Reihe der Alkansäuren (**B2**) bis zur Decansäure fort und gib jeweils die Halbstrukturformel (z. B. $CH_3-(CH_2)_2-COOH$) an.

A3 Mischt man Ameisensäure mit Benzin, kommt es zur Phasenbildung. Erläutere diese Beobachtung.

B4 Kaliumpermanganat wird durch Propan-1-ol zu gelbem Mangandioxid (Braunstein) reduziert, Propan-2-ol reduziert Kaliumpermanganat zu grünen Manganat(VI)-Verbindungen, tertiäres Butanol reagiert unter diesen Bedingungen nicht.

Vom Alkanol zur Alkansäure

Alkansäuren sind überall in der Natur und im Alltag zu finden. Wie kann man diese Säuren gewinnen?

Reagiert ein primäres Alkanol wie Propan-1-ol mit Kaliumpermanganat ($KMnO_4$) in alkalischer Lösung, ändert sich die Farbe der Lösung von Lila zu Gelb (**V1**, **B4**). Das Permanganat wird zu Braunstein (Mangan(IV)-oxid) reduziert. Gleichzeitig wird Propan-1-ol zum Aldehyd (Propanal) und weiter bis zur entsprechenden Alkansäure (Propansäure) oxidiert (**B4**). Die Oxidationszahl des Kohlenstoff-Atoms der jeweiligen funktionellen Gruppe erhöht sich dabei von –I über +I zu +III.

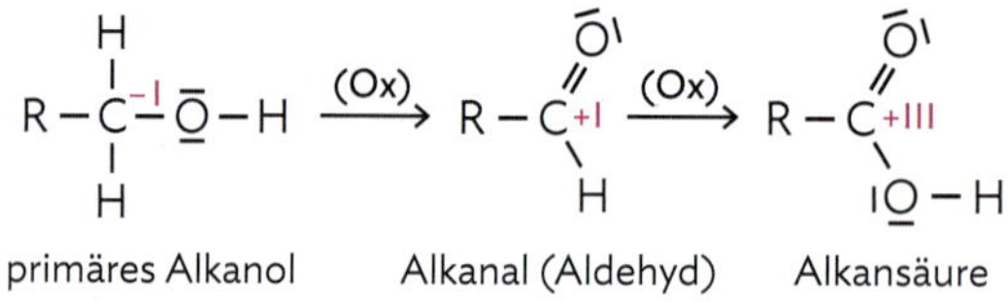

Ox = Oxidation
R = Alkyl-Rest

Ein sekundäres Alkanol wie Propan-2-ol reagiert mit Kaliumpermanganat in alkalischer Lösung unter Bildung einer grünen Lösung (**V1**). Propan-2-ol wird dabei zum entsprechenden Alkanon (Keton) Propanon oxidiert, die Oxidationszahl des jeweiligen Kohlenstoff-Atoms erhöht sich von 0 auf +II. Kaliumpermanganat wird zu grünen Mangan(VI)-Verbindungen reduziert (**B4**). Tertiäre Alkanole wie 2-Methylpropan-2-ol (tertiäres Butanol) können durch Kaliumpermanganat nicht oxidiert werden und führen keine Farbänderung der Lösung herbei (**V1**, **B4**).

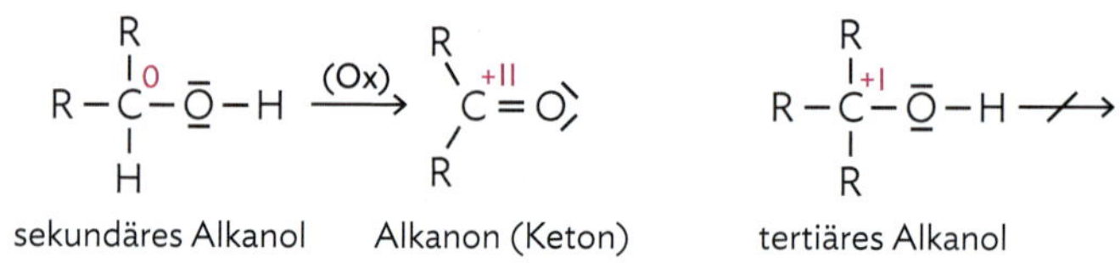

Alkansäuren entstehen bei der Oxidation eines primären Alkanols durch Oxidationsmittel wie Kaliumpermanganat über das entsprechende Alkanal. Sekundäre Alkanole werden zum jeweiligen Alkanon oxidiert, während tertiäre Alkanole nicht oxidiert werden können.

Info

Alkansäuren bestehen aus einer Carboxy-Gruppe und einem Alkyl-Rest. Liegen bei einer organischen Verbindung eine oder mehrere Carboxy-Gruppen vor (z. B. Citronensäure), spricht man auch von Carbonsäuren.

Carbonsäuren in Lebensmitteln

Milchsäure, **Citronensäure** und **Oxalsäure** sind **Carbonsäuren** (vgl. Info), die in vielen Lebensmitteln zu finden sind. Ihre Moleküle sind dadurch gekennzeichnet, dass sie nicht nur eine funktionelle Gruppe haben. Neben weiteren Carboxy-Gruppen können auch Hydroxy-Gruppen vorhanden sein (**B5**).

Milchsäure – eine Hydroxycarbonsäure

Milchsäure ($C_3H_6O_3$, 2-Hydroxy-Propansäure) entsteht bei der Herstellung von Sauerkraut und beim Sauerwerden von Milch. Sie ist daher in vielen Milchprodukten wie z. B. Käse enthalten. Die Moleküle der Milchsäure besitzen eine Hydroxy- und eine Carboxy-Gruppe (**B5**).

Citronensäure – eine Hydroxytricarbonsäure

Citronensäure ($C_6H_8O_7$, 2-Hydroxypropan-1,2,3-tricarbonsäure) ist die am häufigsten in Pflanzen vorkommende Carbonsäure. Ihre Moleküle weisen eine Hydroxy- und drei Carboxy-Gruppen auf (**B5**).

Citronensäure bildet in einer Reaktion mit Wasser Oxonium- und Säurerest-Ionen. Diese Citronensäurelösung kann Kalkrückstände entfernen, indem die Oxonium-Ionen mit Calciumcarbonat $CaCO_3$ zu Kohlenstoffdioxid CO_2 und Wasser H_2O reagieren (vgl. Reaktionsgleichung S. 336).

$$\begin{array}{c} H_2C-COOH \\ | \\ HO-C-COOH\,(s) \\ | \\ H_2C-COOH \end{array} + H_2O\,(l) \longrightarrow \begin{array}{c} H_2C-COO^{\ominus} \\ | \\ HO-C-COOH\,(aq) \\ | \\ H_2C-COOH \end{array} + H_3O^+\,(aq)$$

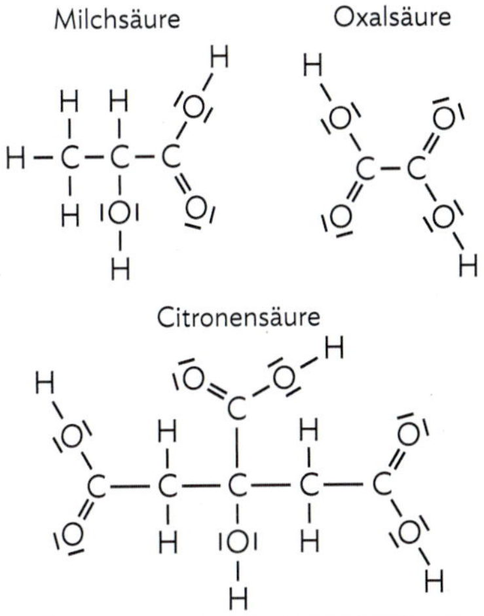

B5 Strukturformeln von Carbonsäure-Molekülen

Oxalsäure – eine Dicarbonsäure

Bei der Oxalsäure ($C_2H_2O_4$, Ethandisäure) tragen die Oxalsäure-Moleküle je zwei Carboxy-Gruppen (**B5**). Gibt man Calciumchloridlösung zu verdünnter Oxalsäure, fällt ein weißer, schwerlöslicher Niederschlag aus (**V3**). Es handelt sich um das Salz Calciumoxalat.

Für den säuerlichen Geschmack von Rhabarber, Sauerampfer und Stachelbeeren ist die Oxalsäure verantwortlich, größere Mengen an Oxalsäure sind giftig (vgl. Info). Milchprodukte sind reich an Calcium-Ionen und können deshalb den Mangel an Calcium-Ionen, der bei übermäßigem Verzehr von Oxalsäure haltigen Nahrungsmitteln (z. B. Spinat) entsteht, wieder ausgleichen.

Info

Calcium-Ionen sind u. a. für unseren Knochenaufbau essenziell. Oxalsäure entzieht dem Körper diese Ionen, indem die Oxalat- mit den Calcium-Ionen schwerlösliches Calciumoxalat bilden. Reichert sich dieses im Körper an, können Nierensteine entstehen.

AUFGABEN

A1 Ethanol wird in der Leber enzymatisch über einen Aldehyd bis zu einer Alkansäure oxidiert. Formuliere die Strukturformeln dieser Produkte, benenne die Moleküle und bestimme die Oxidationszahl des C-Atoms der jeweiligen funktionellen Gruppe.

A2 Formuliere die Reaktionsgleichung für die Reaktion von Milchsäure mit Wasser.

A3 Entwickle einen Versuch, mit dem man nachweisen kann, dass auch Spinat Oxalsäure enthält.

FACHBEGRIFFE

Alkansäure, Ameisensäure, Buttersäure, Propionsäure, Dimer, Carbonsäure, Milchsäure, Citronensäure, Oxalsäure

Fettsäuren

Auf den Verpackungen vieler pflanzlicher Öle wird häufig mit dem Hinweis „reich an ungesättigten Fettsäuren" geworben. Gesättigte Fettsäuren finden sich vor allem als Bestandteil tierischer Fette wie Butter und Schmalz oder fester, pflanzlicher Fette wie z. B. Kokosfett. Was bedeutet der Begriff „ungesättigte Fettsäure" und sind gesättigte Fettsäuren etwa ungesund?

Alkansäuren, deren Moleküle sehr lange Alkyl-Gruppen tragen, bezeichnet man als Fettsäuren, da sie neben Glycerin wichtige Bausteine von Fetten sind. Weisen die langen Alkyl-Gruppen der Fettsäure-Moleküle nur C–C-Einfachbindungen auf, dann handelt es sich um gesättigte Fettsäuren. Moleküle ungesättigter Fettsäuren enthalten neben C–C-Einfachbindungen mindestens eine C=C-Doppelbindung. Bei den ungesättigten Fettsäuren unterscheidet man zwischen einfach ungesättigten Fettsäuren mit nur einer Doppelbindung und mehrfach ungesättigten Fettsäuren mit zwei oder mehr Doppelbindungen im Alkyl-Rest. Mehrfach ungesättigte Fettsäuren sind essenziell, d. h. sie müssen mit der Nahrung zugeführt werden, da der Körper sie nicht selbst herstellen kann. Pflanzliche Nahrungsmittel wie Raps- und Leinöl, Oliven und Nüsse sind besonders reich an ungesättigten Fettsäuren (**B1**, **B2**).

B1 Fettsäuren sind Bestandteile von Fetten und Ölen.

Fett	gesättigte Fettsäuren		ungesättigte Fettsäuren		
	Palmitinsäure $C_{15}H_{31}COOH$	Stearinsäure $C_{17}H_{35}COOH$	Ölsäure $C_{17}H_{33}COOH$	Linolsäure $C_{17}H_{31}COOH$	Linolensäure $C_{17}H_{29}COOH$
Butter	23-26	10-13	30-40	4-5	1-2
Schweineschmalz	28-30	12-18	41-48	6-7	-
Kokosfett	4-10	1-5	2-10	0-2	-
Olivenöl	5-15	1-4	69-84	4-12	-
Rapsöl	0-1	0	20-38	10-15	8-9
Leinöl	4-7	2-5	9-38	3-43	56-58

B2 Massenanteil einiger gesättigter und ungesättigter Fettsäuren in %

Nahrungsmittel mit einem hohen Anteil an ungesättigten Fettsäuren gelten als besonders gesund, da diese wichtige Bestandteile von Zellen sind und Herz-Kreislauf-Erkrankungen vorbeugen können. Gesättigte Fettsäuren sind schlechter verdaulich und können bei übermäßigem Verzehr solche Erkrankungen verursachen.

AUFGABEN

A1 Erkläre den strukturellen Unterschied zwischen gesättigten und ungesättigten Fettsäure-Molekülen. Gib jeweils zwei Beispiele an.

A2 „Pflanzliche Fette und Öle sind gesünder als tierische Fette." Beurteile diese Aussage mithilfe der Tabelle **B2**.

Konservierungsstoffe

Organische Säuren und ihre Salze werden oft gezielt Lebensmitteln zugesetzt, um sie länger haltbar zu machen. Das Lebensmittelgesetz regelt genau Art und Menge des zugesetzten Stoffes. Die Zusatzstoffe müssen durch den Stoffnamen oder ihre sogenannte E-Nummer auf der Verpackung gekennzeichnet sein.

Durch den Zusatz organischer Säuren werden viele Lebensmittel länger haltbar gemacht. Damit sich auf Brot kein Schimmel bildet, wird oft Sorbinsäure (2,4-Hexadiensäure) (**B1**) zugesetzt, die im Körper vollständig abgebaut wird. Zu sauren Lebensmitteln wie Fleischsalat oder Fischkonserven gibt man Benzoesäure (**B2**). Bei beiden Säuren handelt es sich um Konservierungsstoffe, die verhindern, dass durch Schimmelpilze oder Bakterien giftige Stoffe in diesen Lebensmitteln entstehen.

Man nutzt solche Zusatzstoffe aber auch zum Erhalt der Farbe eines Lebensmittels. Viele Lebensmittel, wie z. B. Apfelmus, verändern an der Luft ihre Farbe und bekommen ein unappetitliches Aussehen. Dies ist auf eine Reaktion zwischen dem Luftsauerstoff und bestimmten Inhaltsstoffen im Apfelmus zurückzuführen. Durch den Zusatz von „Antioxidantien", wie z. B. Ascorbinsäure (Vitamin C), kann die Bildung dieser Oxidationsprodukte verhindert werden.

B1 Organische Säuren wie Sorbinsäure (2,4-Hexadiensäure) hemmen das Wachstum von Schimmelpilzen in Brot.

Erfrischungsgetränken wie Limonaden oder Fruchtsaftgetränken werden oft Citronensäure, Weinsäure oder Äpfelsäure zugesetzt, damit sie saurer schmecken und besonders erfrischend wirken.

Alle diese Zusatzstoffe in Lebensmitteln müssen gekennzeichnet sein oder als E-Nummern auf der Verpackung angegeben werden. Jede E-Nummer steht für einen anderen Lebensmittelzusatzstoff (**B3**).

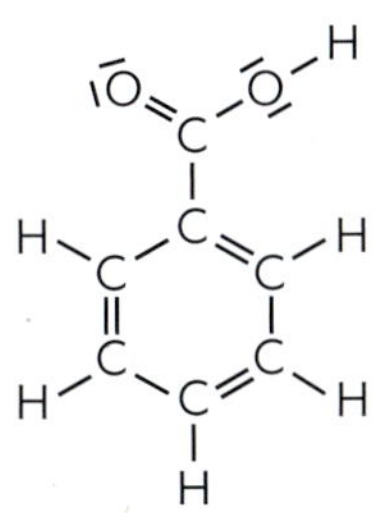

B2 Benzoesäure

E-Nummer	Name der Säure
E 200	Sorbinsäure
E 210	Benzoesäure
E 260	Essigsäure
E 270	Milchsäure
E 296	Äpfelsäure
E 300	Ascorbinsäure
E 330	Citronensäure
E 334	Weinsäure

B3 E-Nummern von Lebensmittelzusatzstoffen

AUFGABEN

A1 Suche auf Lebensmittelverpackungen nach E-Nummern und recherchiere, welcher Zusatzstoff sich dahinter verbirgt.

A2 Erläutere, dass für den Zusatz von Konservierungsstoffen im Lebensmittelgesetz Höchstwerte festgelegt sind.

Ester

Aromen verleihen unseren Lebensmitteln ihren typischen Geschmack und Geruch. Natürliche Aromastoffe stammen aus Pflanzen oder werden von Lebewesen produziert. Einige Vertreter der Aromastoffe finden als Lösemittel Verwendung oder sind Ausgangsprodukte für Kunststoffe. Was sind diese Stoffe aus chemischer Sicht und wie kann man sie herstellen?

V1 Herstellung von Aromastoffen

2 5 7

PROBLEM

Zum Backen von Kuchen und zur Verfeinerung von Pralinen werden vielerlei Aromen angeboten. Lassen sich diese auch im Labor herstellen?

DURCHFÜHRUNG

Stelle in je einem Reagenzglas folgende Gemische her: **a)** 2 mL Ethansäure (GHS 2 | 5) und 2 mL Ethanol (GHS 2 | 7), **b)** 2 mL Ethansäure und 2 mL Pentan-1-ol (GHS 2 | 7) sowie **c)** 2 mL Propansäure (GHS 2 | 5 | 7) und 2 mL Ethanol.

Nimm vorsichtig eine Geruchsprobe. Lass von der Lehrkraft je 2 Tropfen konzentrierte Schwefelsäure (GHS 5) zu den drei Ansätzen geben und verschließe sie vorsichtig. Erwärme die Gemische für ca. 10 min bei 80 °C in einem Wasserbad und überführe den Inhalt der Reagenzgläser in je ein Becherglas mit kaltem Wasser. Überprüfe den Geruch erneut.

AUSWERTUNG

a) Beschreibe den Geruch der Reagenzglasinhalte jeweils vor und nach der Reaktion.

b) Recherchiere die Wasserlöslichkeit der verwendeten Säuren und Alkohole und beschreibe die Wasserlöslichkeit der Reagenzglasinhalte nach der Reaktion.

c) Leite aus den Beobachtungen von **V1** begründet zwei gemeinsame Stoffeigenschaften der Reaktionsprodukte der drei Reaktionen ab.

d) Zeichne jeweils die Strukturformeln der Edukte und markiere ihre funktionellen Gruppen. Stelle anhand deiner Beobachtungen eine Vermutung über die Veränderungen der Gruppen während der Reaktion an.

ENTSORGUNG G1

V2 Ester als Lösemittel

PROBLEM

Eine kurze Unaufmerksamkeit und schon ist der Klebstoff verschüttet. Mit Wasser lässt er sich nicht entfernen. Welche Eigenschaften muss ein geeignetes Lösemittel aufweisen?

DURCHFÜHRUNG

a) Tropfe etwas Klebstoff (z. B. Alleskleber, GHS 2 | 7) auf ein Uhrglas und lass diesen trocknen. Gib mit einer Pipette auf den angetrockneten Klebstofffleck einige Tropfen Ethansäureethylester (GHS 2 | 7). Nimm jeweils vorsichtig eine Geruchsprobe des Klebstoffs und des Ethansäureethylesters.

b) Gib in ein Reagenzglas eine Spatelspitze Natriumchlorid, in ein zweites Reagenzglas etwas Kerzenwachs und in ein drittes Reagenzglas etwas Speisefett. Füge in jedes Reagenzglas 2 mL Ethansäureethylester hinzu, verschließe es und schüttle vorsichtig. Wiederhole den Versuch mit Wasser anstelle von Ethansäureethylester.

AUSWERTUNG

a) Schließe aus der Geruchsprobe in **V1a** und **V2a** auf das Produkt, das sich in **V1a** gebildet hat.

b) Erkläre die Funktion von Ethansäureethylester in Klebstoff.

c) Notiere deine Beobachtungen bei **V2b** in einer Tabelle.

d) Die Moleküle von Ethansäureethylester haben folgende Strukturformel:

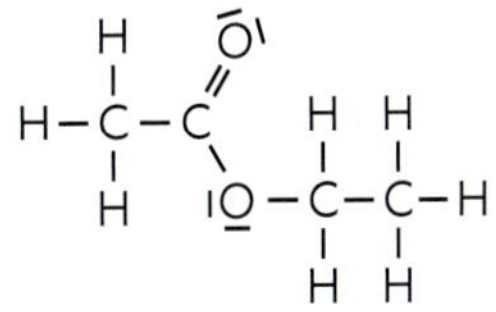

Ordne der Strukturformel den Ethansäure- und den Ethyl-Anteil zu.

e) Erläutere anhand der Strukturformel und der Beobachtungen aus **V2b** das Löslichkeitsverhalten von Ethansäureethylester.

ENTSORGUNG A, G3

V3 Herstellung eines Kunststoffs aus Citronensäure

PROBLEM

Biologisch abbaubare Kunststoffe sind aus ökologischer Sicht von großer Bedeutung. Lassen sich solche Kunststoffe aus alltäglichen Chemikalien synthetisieren?

DURCHFÜHRUNG

Gib 2,0 g Citronensäure (GHS 7) und 0,4 g (0,3 mL) Glycerin in ein trockenes Reagenzglas und vermische die Stoffe mit einem Holzstab. Erhitze das Gemisch über der nicht leuchtenden Flamme unter vorsichtigem Schütteln langsam und lass es ca. 2 Minuten lang sieden (**Das Gemisch wird dabei leicht gelblich, darf sich aber nicht dunkel verfärben!**). Versuche nach kurzem Abkühlen mithilfe des Holzstabs, Fäden zu ziehen.

AUSWERTUNG

a) Vergleiche die Beschaffenheit des Anfangsgemischs mit der des Endprodukts.

b) Recherchiere und zeichne die Strukturformeln von Citronensäure und Glycerin und kennzeichne die funktionellen Gruppen.

c) Stelle anhand deiner Vorkenntnisse aus **V1** und **V2** eine Vermutung über die stattgefundene Reaktion auf, die das veränderte Fließverhalten des Endprodukts erklärt.

d) Bei **V3** wird ein biologisch abbaubarer Kunststoff hergestellt. Recherchiere im Internet nach weiteren biologisch abbaubaren Kunststoffen und benenne ihre Gemeinsamkeiten.

ENTSORGUNG R

B1 Orangenöl aus Orangenschalen gewonnen

Ester – Vorkommen und Herstellung

Das Öffnen einer Tube Klebstoff, das Schälen einer Banane oder Orange, aber auch die Verwendung künstlicher Aromen zum Backen wird durch unseren Geruchssinn schnell und als sehr angenehm wahrgenommen. Die Aromastoffe aus Orangen (**B1**) oder Minze kann man direkt aus den Pflanzen gewinnen. Bei vielen anderen Aromen werden ein oder mehrere künstliche Aromastoffe kombiniert. Was haben diese Aromastoffe gemeinsam und wie kann man sie herstellen?

Erhitzt man ein Gemisch aus Ethansäure und Ethanol, entsteht nach kurzer Zeit eine farblose Flüssigkeit, deren Geruch an Klebstoff erinnert (**V1**). Beim Reaktionsprodukt handelt es sich um den **Ethansäureethylester** (= **Essigsäureethylester**), der zur Stoffklasse der **Alkansäurealkylester** gehört. Verkürzt spricht man von **Estern**.

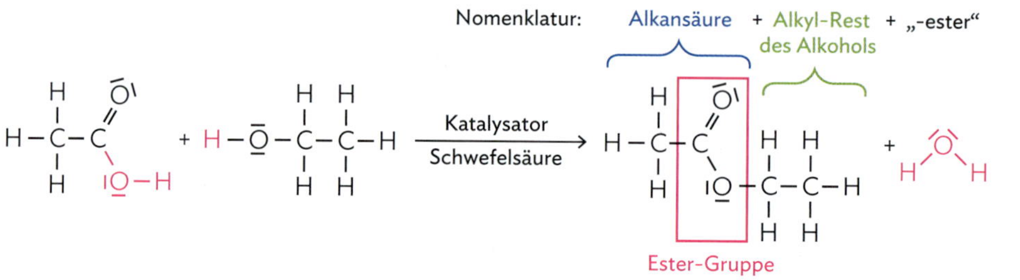

Ethansäure (aq) + Ethanol (l) ⟶ Ethansäureethylester (l) + Wasser (l)

Aus der Carboxy-Gruppe –COOH eines Ethansäure-Moleküls und der Hydroxy-Gruppe –OH eines Ethanol-Moleküls ist die funktionelle Gruppe im Ethansäureethylester-Molekül entstanden, die **Ester-Gruppe –COO–**. Da bei dieser Reaktion zwei Moleküle zu einer neuen Verbindung unter Abspaltung eines kleinen Moleküls, hier Wasser, reagieren, nennt man eine solche Reaktion auch **Kondensation**. Durch Kombination verschiedener Carbonsäuren und Alkohole lassen sich viele unterschiedliche Ester herstellen, die jeweils einen charakteristischen Geruch aufweisen (**V1**, **B2**). Ester zählen daher, ebenso wie die Aldehyde (S. 414), zu den Aromastoffen.

Ester entstehen in einer Kondensationsreaktion von Carbonsäuren mit Alkoholen unter Abspaltung von Wasser.

Alkansäure	Alkanol	Alkansäurealkylester	Aroma
Methansäure	Ethanol	Methansäureethylester	Rum
Ethansäure	Pentanol	Ethansäurepentylester	Banane
Ethansäure	Octanol	Ethansäureoctylester	Orange
Propansäure	Ethanol	Propansäureethylester	Eisbonbon
Butansäure	Ethanol	Butansäureethylester	Ananas

B2 Zusammensetzung und Aromen verschiedener Ester

Eigenschaften und Struktur

Ester und Wasser bilden zwei Phasen (V1). Mit Essigsäureethylester kann man Alleskleber, Wachse und Fette lösen, er ist aber nicht als Lösemittel für Kochsalz geeignet (V2). Woran liegt das?

Kurzkettige Alkansäuren und kurzkettige Alkanole sind in Wasser löslich, die daraus gebildeten Ester jedoch nur sehr gering. Die Ester-Gruppe ist weniger polar als die stark polaren Hydroxy- und Carboxy-Gruppen der Edukte. Die starke Ionenbindung zwischen den Natrium- und Chlorid-Ionen des Kochsalzes verhindert dessen Löslichkeit in Estern (V2). Letztlich entscheidet der Einfluss der Alkyl-Reste über die Löslichkeit. Gibt man Ester in Wasser, entstehen zwei Phasen, wobei der Ester wegen seiner geringeren Dichte oben aufliegt. Ester sind aufgrund ihres lipophilen Charakters gut löslich in lipophilen Lösemitteln wie Benzin und eignen sich als Lösemittel für lipophile Substanzen wie Nagellack, Klebstoff, Fett und Wachs (V2).

Untereinander bilden Ester-Moleküle im Gegensatz zu Alkansäure- und Alkohol-Molekülen keine Wasserstoffbrücken aus. Zwischen den Ester-Gruppen benachbarter Ester-Moleküle wirken VAN-DER-WAALS-Wechselwirkungen (B3). Die Siedetemperatur des Ethansäureethylesters ist mit 77 °C wegen dieser vergleichsweise schwächeren Wechselwirkungen deutlich niedriger als die Siedetemperatur der Ethansäure mit 118 °C.

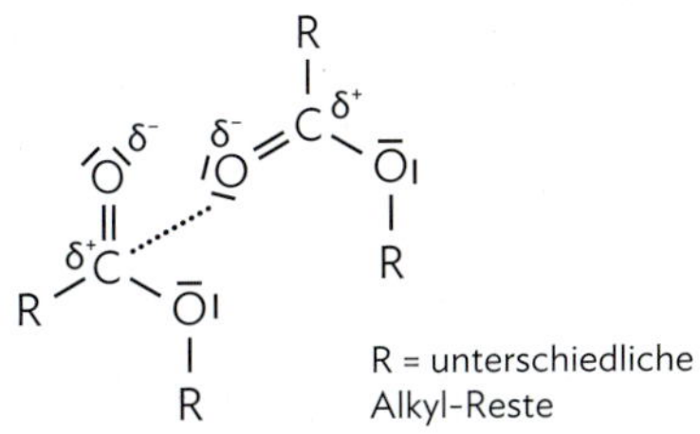

B3 Wechselwirkungen zwischen Ester-Molekülen

Aufgrund ihrer gering polaren Ester-Gruppe bilden Ester-Moleküle untereinander nur VAN-DER-WAALS-Wechselwirkungen zwischen permanenten Dipolen aus. Sie haben daher vergleichsweise niedrige Siedetemperaturen und lösen sich gut in lipophilen Lösemitteln.

Neben ihrer Verwendung als Aromastoffe werden Ester z. B. als Lösemittel in Klebstoffen eingesetzt. Diese bestehen aus einem z. B. in Ethansäureethylester gelösten Kunststoff. Verdunstet das Lösemittel, bleibt der Kunststoff zwischen den zu verklebenden Flächen übrig.

AUFGABEN

A1 Entwickle unter Verwendung von Strukturformeln die Reaktionsgleichungen für die Reaktionen von a) Ethansäure und Butan-1-ol, b) Methansäure und Pentan-1-ol, c) Butansäure und Propan-1-ol. Benenne die jeweiligen Ester.

A2 Zeichne die Halbstrukturformeln von Pentansäureethylester und Ethansäurepentylester. Vergleiche den Aufbau.

A3 Begründe die unterschiedlichen Siedetemperaturen in B4.

Verbindung	molare Masse in g/mol	Siedetemperatur in °C
C_3H_7COOH	88	163
C_4H_9OH	74	118
$CH_3COOC_2H_5$	88	77
C_6H_{14}	86	69

B4 Molare Massen und Siedetemperaturen im Vergleich

B5 Das Aroma in Gummibärchen kommt von Fruchtestern, Wachse an der Oberfläche schützen die Süßigkeit vor dem Austrocknen.

Info

Natürliche Fettsäuren bestehen meist aus einer geradzahligen, unverzweigten Kohlenstoff-Kette, die mindestens vier Kohlenstoff-Atome enthält.

Verwendung von Estern

Die Vielfalt der Ester ist durch die Länge ihrer Alkyl-Reste und die Menge an Ester-Gruppen gekennzeichnet. Als **Fruchtester** bezeichnet man Ester mit kurzen Alkyl-Gruppen (bis zu fünf C-Atome) in den Molekülen. Der Name leitet sich von ihrem fruchtigen Geruch ab, den wir aufgrund der niedrigen Siedetemperaturen und damit verbundenen Flüchtigkeit wahrnehmen. Sie finden daher als Aromastoffe Verwendung (**B5**). Bei längeren Alkyl-Gruppen spricht man von **Wachsen**. Durch Wachse schützen sich manche Pflanzen vor Austrocknung. Holzoberflächen schützt man durch das Wachsen vor eindringender Feuchtigkeit. Die Wasser-Moleküle können die hydrophobe Esterschicht nicht durchdringen.

Fette und Öle sind die wichtigsten natürlichen Ester. Ihre Moleküle bestehen aus **Fettsäure**-Resten (vgl. Info) als langkettige Alkansäure-Komponenten und einem Glycerin-Rest als Alkohol-Komponente (vgl. S. 412). Da Glycerin (Propan-1,2,3-triol) ein dreiwertiger Alkohol ist, enthält jedes Fett-Molekül drei Ester-Gruppen, an die meist unterschiedliche Fettsäure-Reste gebunden sind (**B6**).

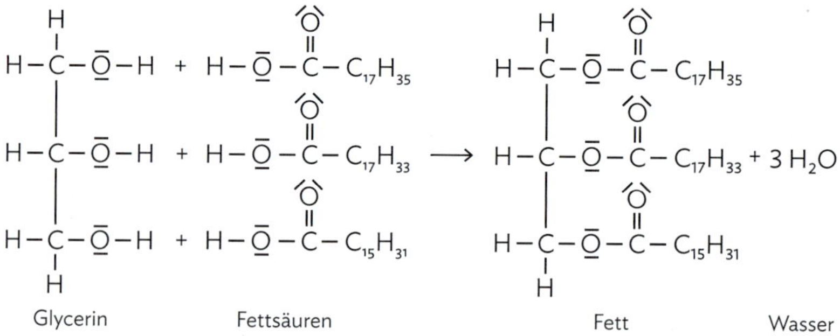

B6 Bildung eines Fettes aus Glycerin und Fettsäuren

Ester mit kurz- bzw. langkettigen Alkyl-Gruppen sind Fruchtester bzw. Wachse. Bei Estern, die aus Glycerin und langkettigen Fettsäuren gebildet werden, handelt es sich um Öle oder Fette.

Kunststoffe aus Estern

Erhitzt man Glycerin (**B6**) und Citronensäure (**B7**) miteinander, entsteht ein zähflüssiger Stoff, der lange Fäden zieht (**V3**). Glycerin weist drei Hydroxy-Gruppen, Citronensäure drei Carboxy-Gruppen auf. Bei der Reaktion der Edukte bilden sich Ester-Gruppen: Jedes Glycerin-Molekül kann mit drei Citronensäure-Molekülen reagieren und umgekehrt. Es entsteht ein großes Molekül-Netzwerk (**B8**), das die zähflüssigen Eigenschaften des entstandenen Stoffes erklärt. Da die Kondensationsreaktion an vielen Stellen stattfindet, spricht man von einer **Polykondensation** (griech. poly: viel). Das Reaktionsprodukt ist der Kunststoff **Polyester**.

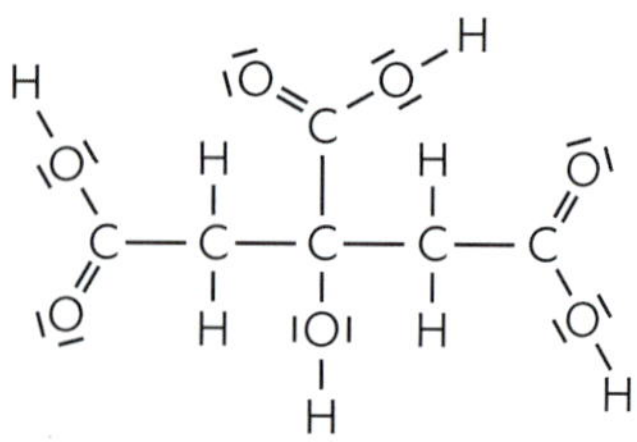

B7 Citronensäure (2-Hydroxypropan-1,2,3-tricarbonsäure)

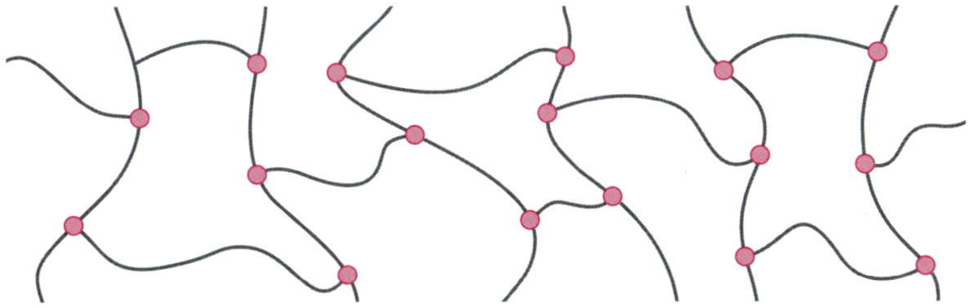

B8 Ausschnitt eines Molekül-Netzwerks (schematische Darstellung)

Die Herstellung **biologisch abbaubarer** Polyester ist von außerordentlicher Bedeutung aus Sicht des Umweltschutzes. Diese Ester können bei Zugabe von Wasser wieder in die Edukte Alkansäure und Alkohol zerlegt werden. Die Rückreaktion heißt **Hydrolyse**. Zahlreiche biologisch abbaubare Polyester haben heute in unseren Alltag Einzug erhalten. Beispielsweise zählt die **Polymilchsäure** (**B9**), auch PLA (Polyactid) genannt, zu den biologisch abbaubaren Polyestern. Polymilchsäure findet in der Medizin Anwendung, wo sie in Form von selbstauflösenden Operationsfäden, Implantaten oder Schrauben eingesetzt wird. Dadurch ist keine erneute Operation zur Entfernung mehr nötig.

Stoffe mit mindestens zwei funktionellen Gruppen in Form einer Hydroxy- und einer Carboxy-Gruppe bilden durch eine Polykondensationsreaktion einen Polyester mit hoher Zähflüssigkeit.

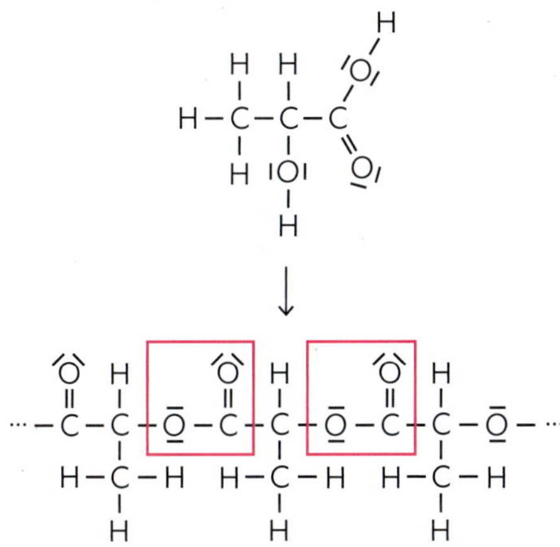

B9 Milchsäure reagiert zur Polymilchsäure.

AUFGABEN

A1 Fiona behauptet: „Öl ist nicht immer ein Ester. Es kann auch aus einer anderen Stoffklasse sein". Nimm dazu Stellung.

A2 Erkläre die Tatsache, dass sich Fette nicht in Wasser lösen, anhand ihrer chemischen Struktur.

A3 Lebensmittel enthalten oft Zusatzstoffe, die mit E-Nummern gekennzeichnet sind. Recherchiere die Verbindungen und deren Verwendung hinter folgenden E-Nummern und ordne sie einer Stoffklasse zu: E 214, E 215, E 218 und E 219.

A4 Zeichne die Strukturformeln der Edukte aus **B6** und des Moleküls aus **B7** in dein Heft und markiere die reaktionsfähigen funktionellen Gruppen.

A5 Fette mit ungesättigten Fettsäure-Resten gelten als gesünder als Fette mit gesättigten Fettsäure-Resten. Informiere dich über die Unterschiede dieser Fette bezüglich der Struktur der Fettsäuren.

FACHBEGRIFFE

Ethansäureethylester, Essigsäureethylester, Alkansäurealkylester, Ester, Ester-Gruppe -COO-, Kondensation, Fruchtester, Wachse, Fettsäure, Polykondensation, Polyester, biologisch abbaubar, Hydrolyse, Polymilchsäure

Zum Üben und Weiterdenken

A1 Beschreibe mithilfe des untenstehenden Bilderrätsels Kleopatras Wette und erläutere, dass sie die Wette gewinnen konnte. Formuliere eine entsprechende Reaktionsgleichung.

A2 Reine Essigsäure leitet den elektrischen Strom nicht, Speiseessig dagegen schon. Erkläre diese Tatsache.

A3 Reine Essigsäure ist brennbar, Essigessenz dagegen nicht.

a) Begründe den Unterschied.
b) Mit Watesmo-Papier und der Kalkwasserprobe kann man die bei der Verbrennung gebildeten Reaktionsprodukte nachweisen. Formuliere die Reaktionsgleichung der vollständigen Verbrennung unter Angabe von Strukturformeln.
c) Bestätige durch Ermittlung der Oxidationszahlen, dass es sich bei dieser Reaktion um eine Redoxreaktion handelt.

A4 Ameisensäure (Methansäure) hat eine Siedetemperatur von 100 °C, Methanol eine Siedetemperatur von 65 °C.

a) Zeichne die Strukturformeln beider Moleküle und kennzeichne und benenne jeweils die funktionellen Gruppen.
b) Beschreibe die Wechselwirkungen, die zwischen den Methansäure-Molekülen und diejenigen, die zwischen den Methanol-Molekülen auftreten.
c) Erläutere mithilfe von b) die Unterschiede in der Siedetemperatur dieser Stoffe.

A5 Gegeben ist der Reinstoff Buttersäure (Butansäure). Stelle eine Hypothese wichtiger Eigenschaften auf und begründe sie.

A6 Formuliere die Strukturformel von Pentansäure u. a. mithilfe eines Programms und bewerte die Löslichkeit dieser Alkansäure in Wasser und Benzin.

A7 In Handwärmern findet man Natriumacetat-Trihydrat. Das hierzu nötige Salz Natriumacetat lässt sich z. B. durch eine Neutralisationsreaktion herstellen.

a) Überlege dir, aus welchen Edukten Natriumacetat hergestellt werden kann.
b) Formuliere die Reaktionsgleichung einer Neutralisation zur Bildung von Natriumacetat.
c) Recherchiere die Funktionsweise eines Handwärmer auf Natriumacetat-Trihydrat-Basis.

A8 Milchsäure heißt mit systematischem Namen 2-Hydroxy-Propansäure.

a) Zeichne die Strukturformel eines Milchsäure-Moleküls und kennzeichne und benenne die funktionellen Gruppen, die das Molekül aufweist.
b) Begründe, dass Milchsäure in jedem Verhältnis mit Wasser mischbar ist.
c) Um den Milchsäuregehalt in Lebensmitteln zu bestimmen, wird mit Natronlauge als Maßlösung titriert. Formuliere die Reaktionsgleichung für die Reaktion von Milchsäure mit Natronlauge.

A9 Entkalker enthalten oft Ameisensäure (Methansäure). Formuliere die Reaktionsgleichung für die Reaktion von Ameisensäure mit Kalk (Calciumcarbonat).

A10 In drei Bechergläsern befinden sich jeweils farblose Flüssigkeiten. Dabei handelt es sich um ein primäres, ein sekundäres und ein tertiäres Alkanol.

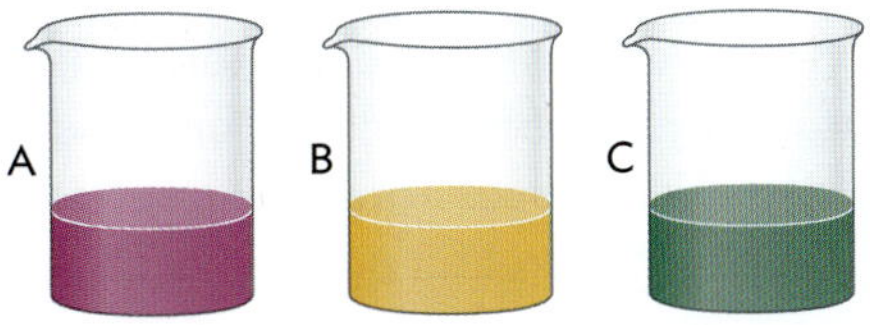

a) Beschreibe und erläutere das Experiment, das hier durchgeführt wurde, um die drei Alkanole voneinander zu unterscheiden.
b) Ordne jedem Becherglas A, B und C einen der drei untersuchten Alkanole zu und begründe deine Zuordnung.

A11 Übertrage die Tabelle in dein Heft und kreuze an, welche Merkmale auf anorganische Säuren bzw. Carbonsäuren zutreffen.

Merkmal	anorganische Säuren	Carbonsäuren
sind Protonendonatoren		
reagieren mit ▪ unedlen Metallen ▪ Laugen ▪ Kalk		
färben Indikatoren		
sind Oxidationsprodukte von Aldehyden		
bilden Säurerest-Anionen und Protonen		

A12 Rumaroma enthält einen Ester, der aus Methansäure und Ethanol hergestellt wird. Formuliere die Reaktionsgleichung für die Bildung dieses Esters und gib die Strukturformel des Esters mithilfe eines Programms an.

A13 Formuliere die Reaktionsgleichung für die Bildung folgender Ester:

a) Methansäurebutylester
b) Butansäuremethylester

A14 Übertrage die Tabelle in dein Heft und vervollständige sie.

Name	Molekülformel	Halbstrukturformel	Strukturformel
Glycerin			
			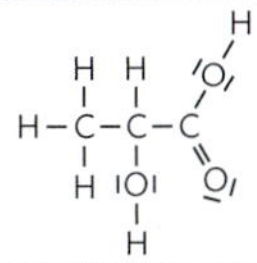
	$C_2H_2O_4$		
			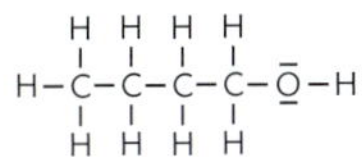

A15

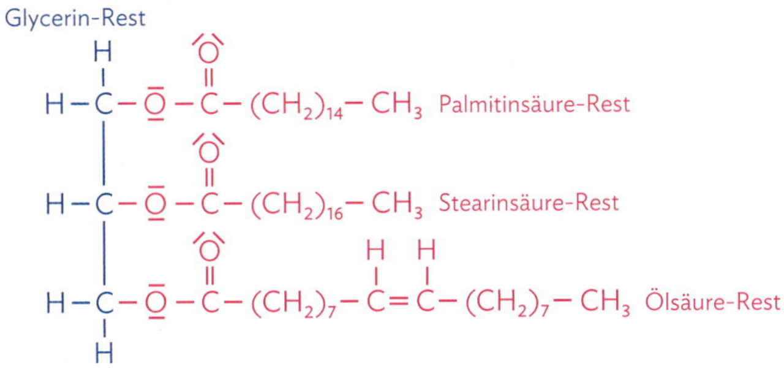

In einem Fett-Molekül kann die Anordnung der Fettsäure-Reste variieren. Oben ist eine mögliche Kombination dargestellt.

a) Nenne die maximale Anzahl unterschiedlicher Fett-Moleküle, die aus einem Glycerin-Rest und den drei verschiedenen Fettsäure-Resten konstruiert werden können. Alle drei Fettsäure-Reste sollen dabei verwendet werden.
b) Zeichne die Moleküle der fehlenden Fette mit dem Ölsäure-Rest in der Mitte.

M1 Propionsäure als Konservierungsstoff

Reine Propionsäure (Propansäure) ist eine klare Flüssigkeit mit stechendem Geruch. Die Dämpfe bilden mit Luft leicht brennbare Gemische. In Verdünnung mit Wasser wirkt sie reizend auf Schleimhäute, Augen und Atemwege.

B1 Brot macht sie haltbarer und im Käse sorgt sie für Löcher: die Propionsäure.

Propionsäure wird vor allem als Konservierungsstoff (E 280) eingesetzt. Wegen ihres unangenehmen Geschmacks nutzt man v. a. die Salze der Propionsäure, die Propionate (E 281 – E 283), etwa um abgepacktes Brot haltbar zu machen.

Propionsäure lässt sich technisch aus der Reaktion von Ethen, Kohlenstoffmonooxid und Wasser gewinnen. Verschiedene Bakterien stellen Propionsäure unter Luftausschluss und Bildung von Kohlenstoffdioxid aus Traubenzucker her. Die Gasfreisetzung sorgt für die Löcher im Käse (**B1**).

A1 Zeichne die Strukturformel der Propionsäure und ermittle alle Oxidationszahlen.

A2 Begründe die Farbe eines Universalindikators in reiner Propionsäure bzw. in einer wässrigen Lösung der Propionsäure.

A3 Formuliere die Reaktionsgleichung für die technische Herstellung von Propionsäure.

A4 Die Bezeichnung E 282 wird für das Salz Calciumpropionat verwendet. Es lässt sich durch Neutralisation herstellen. Formuliere eine Reaktionsgleichung.

A5 Formuliere die Reaktionsgleichung für die vollständige Verbrennung von Propionsäure.

M2 Oxalsäure in Lebensmitteln

Lebensmittel	Oxalsäure in mg / 100 g
Apfel	0,5
Aprikose	6,8
Erdbeere	16,0
Himbeere	16,0
Kirsche	7,2
Bohnen, grün	44
Knollensellerie	6,8
Mangold	650
Möhre	6,1
Rhabarber	460
Rote Beete	181
Spinat	442

B2 Oxalsäure in Lebensmitteln

A1 Nenne Lebensmittel, die besonders viel Oxalsäure enthalten (**B2**) und erkläre, warum sie der Gesundheit schaden kann.

A2 Zeichne die Strukturformel eines Oxalsäure-Moleküls und kennzeichne die funktionellen Gruppen.

A3 Mit Calciumchloridlösung kann man Oxalsäure nachweisen. Formuliere eine Reaktionsgleichung und benenne die Reaktionsprodukte.

A4 Der Oxalsäuregehalt in Lebensmitteln kann durch Titration mit Natronlauge bestimmt werden. Benenne die Reaktionsprodukte.

M3 Vanille und Vanillin

„Vanille“ ist die weltweit beliebteste Geschmacksrichtung, nicht nur bei Pudding und Speiseeis, sondern auch bei Arzneimitteln, Tabakwaren und Parfüms.

Das natürliche Vanillearoma wird aus der Kapselfrucht einer Kletterorchidee (**B3**) gewonnen. Der Anbau der Pflanze ist sehr aufwändig. Die Frucht muss per Hand gepflückt und mühsam verarbeitet werden. Das natürliche Vanillearoma kann schließlich in Form der schwarzen Vanilleschote (**B3**) oder als Extrakt gekauft werden. Für die Extraktion wird Ethanol verwendet. Aufgrund von Rückständen der Vanilleschote ist der Vanilleextrakt grauschwarz gefärbt.

Das natürliche Vanillearoma besteht aus etwa 40 verschiedenen Duft- und Aromastoffen, wovon Vanillin (**B4**) die Hauptkomponente ist. Vanillin ist aber in den Früchten bzw. Vanilleschoten nur zu etwa 3 bis 4 % enthalten und wird daher meist synthetisch hergestellt. Aufgrund kostengünstiger Syntheseverfahren ist natürliches Vanillin heute 50- bis 200-mal teurer als naturidentisches Vanillin.

Vanillin ist eine farblose, kristalline Substanz (**B3**), die z. B. in Schokoladen, Süß- und Backwaren verarbeitet wird. Häufig wird Vanillin in Form von Vanillinzucker angeboten, da es sein ganzes Aroma erst in Verbindung mit Zucker entfaltet. Der Bedarf an Vanillin liegt heute bei etwa 15 000 t pro Jahr.

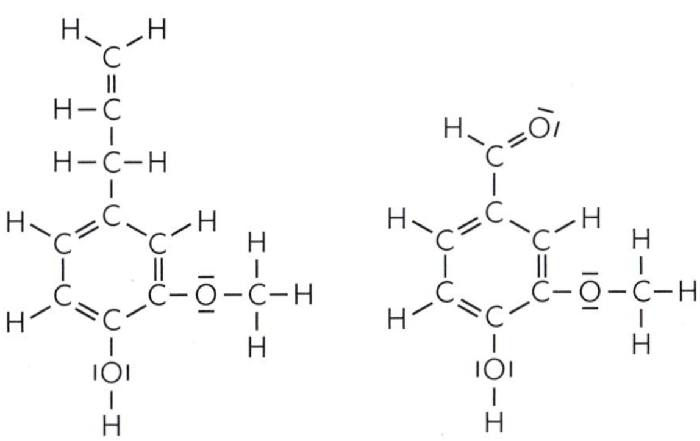

B4 Strukturformel des Eugenol- (links) und des Vanillin-Moleküls (rechts)

B3 Vanilleblüte (oben) und Vanillin (unten) mit Vanilleschoten

Aus dem in Gewürznelkenöl enthaltenen Eugenol (**B4**) lässt sich Vanillin synthetisch herstellen.

A1 Vergleiche Vanille und Vanillin.

A2 Nenne anhand der Informationen aus dem Text Vorteile naturidentischer gegenüber natürlichen Aromastoffen am Beispiel von Vanillin und Vanille.

A3 Beschreibe eine Möglichkeit, Eugenol und Vanillin experimentell zu unterscheiden. Benenne hierfür diejenige funktionelle Gruppe, anhand derer die beiden Moleküle unterschieden werden können (**B4**).

A4 Berechne anhand der Informationen aus dem Text die Masse an Vanillin, die man aus einem Kilogramm Vanilleschoten durch Extraktion mit Ethanol gewinnen kann.

Basiswissen Kapitel 12

W Essigsäure

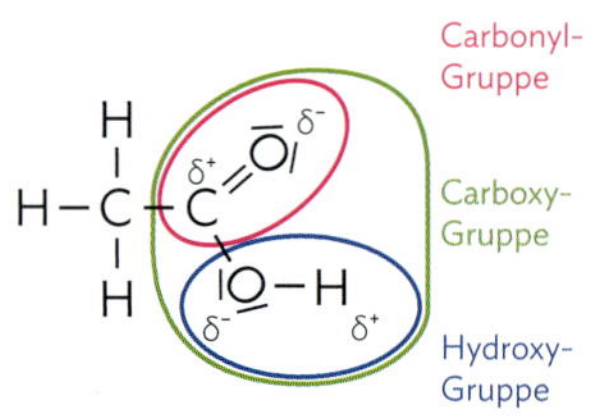

Essig ist eine Lösung von **Essigsäure** in Wasser. Die Moleküle der Essigsäure sind aus einer Methyl-Gruppe und einer **Carboxy-Gruppe** aufgebaut. Da die Moleküle als Grundgerüst zwei Kohlenstoff-Atome enthalten, werden diese als **Ethansäure-Moleküle** bezeichnet. Eine saure Lösung entsteht erst beim Verdünnen mit Wasser in einer Säure-Base-Reaktion mit Wasser-Molekülen. Von den Carboxy-Gruppen der Ethansäure-Moleküle gehen dabei Protonen auf Wasser-Moleküle über. Es entstehen Oxonium-und Säurerest-Ionen.

Wässrige Lösungen der Ethansäure zeigen die typischen Eigenschaften saurer Lösungen. Sie färben Indikatoren charakteristisch, leiten den elektrischen Strom, reagieren mit Metalloxiden bzw. Metallhydroxiden und setzen in der Reaktion mit unedlen Metallen Wasserstoff und mit Calciumcarbonat Kohlenstoffdioxid frei. Dabei werden jeweils die Salze der Ethansäure, sogenannte **Ethanoate** (**Acetate**), gebildet.

$$2\,CH_3COOH\,(aq) + CaCO_3\,(s) \longrightarrow \underbrace{Ca^{2+}\,(aq) + 2\,CH_3COO^-\,(aq)}_{\text{Calciumethanoat}} + CO_2\,(g) + H_2O\,(l)$$

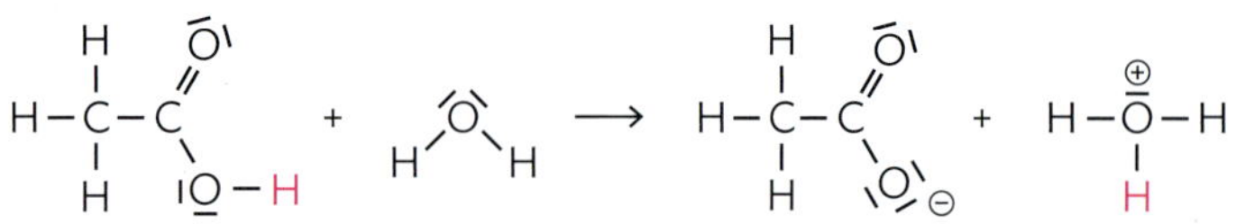

Ethanoat-Ion Oxonium-Ion

W Carbonsäuren

Zur Stoffklasse der **Carbonsäuren** gehören alle organischen Stoffe, deren Moleküle mindestens eine Carboxy-Gruppe als funktionelle Gruppe enthalten. Die Moleküle von **Alkansäuren** sind aus je einem Alkyl-Rest und einer Carboxy-Gruppe aufgebaut und bilden eine homologe Reihe. Sie haben die allgemeine Molekülformel $C_nH_{2n+1}COOH$. Viele Alkansäuren werden mit ihrem **Trivialnamen** benannt (z. B.: Methansäure als Ameisensäure).

Die Löslichkeit der Alkansäuren nimmt mit zunehmender Länge der Alkyl-Gruppe in den Molekülen in hydrophilen Lösemitteln ab und in lipophilen Lösemitteln zu.

Bei Alkansäuren mit kürzerer Alkyl-Gruppe in den Molekülen überwiegt der Einfluss der polaren Carboxy-Gruppe. Zwischen den Carboxy-Gruppen der Säure-Moleküle und den Wasser-Molekülen bilden sich Wasserstoffbrücken aus. Bei kurzkettigen Alkansäuren entstehen **Dimere**, die über Wasserstoffbrücken zwischen den Carboxy-Gruppen stabilisiert werden.

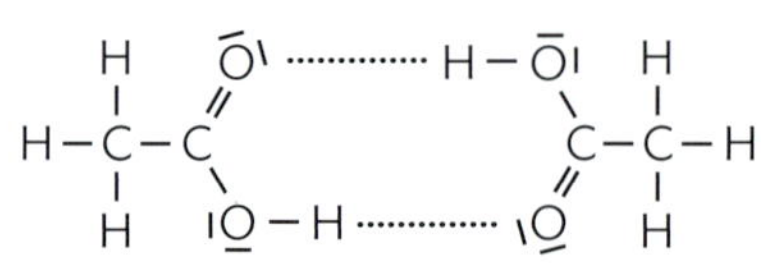

W Carbonsäuren mit mehreren funktionellen Gruppen

Carbonsäuren können in ihren Molekülstrukturen neben einer Carboxy-Gruppe weitere Carboxy-Gruppen oder andere funktionelle Gruppen wie z. B. Hydroxy-Gruppen aufweisen.

Zu den **Hydroxycarbonsäuren** zählen Milchsäure und Citronensäure. Eine wichtige **Dicarbonsäure** ist die Oxalsäure, deren Moleküle aus zwei Carboxy-Gruppen zusammengesetzt sind.

Alkansäuren, deren Moleküle lange Alkyl-Reste tragen, bezeichnet man als **Fettsäuren**. Enthalten die Alkyl-Reste von Fettsäure-Molekülen eine oder mehrere Doppelbindungen, so sind sie **ungesättigt**.

Milchsäure

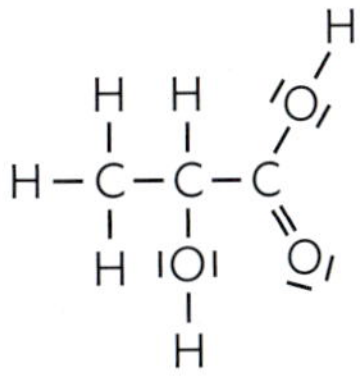

Oxalsäure

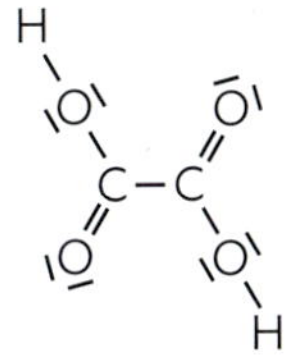

Citronensäure

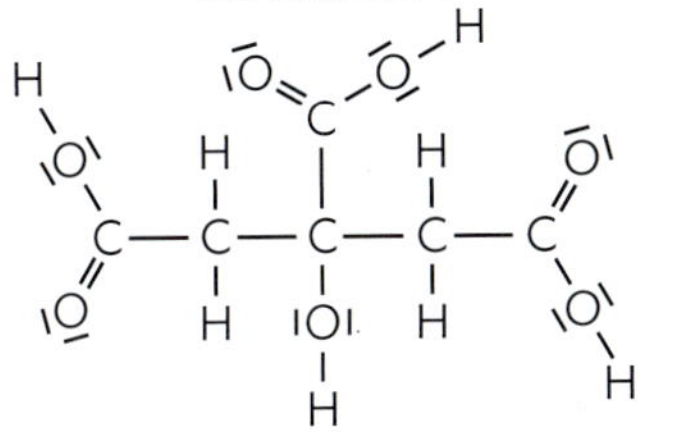

W Vom Alkanol zur Alkansäure

Alkansäuren entstehen bei der Oxidation eines primären Alkanols durch Oxidationsmittel über das entsprechende Alkanal. Sekundäre Alkanole werden zum jeweiligen Alkanon oxidiert, während tertiäre Alkanole nicht oxidiert werden können.

Bei der Oxidation erhöht sich die Oxidationszahl des Kohlenstoff-Atoms der jeweiligen funktionellen Gruppe.

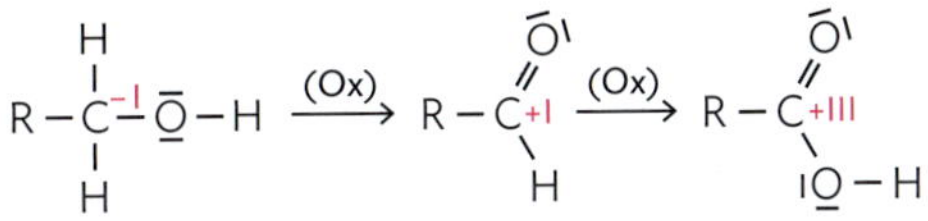

primäres Alkanol — Alkanal (Aldehyd) — Alkansäure

Ox = Oxidation
R = Alkyl-Rest

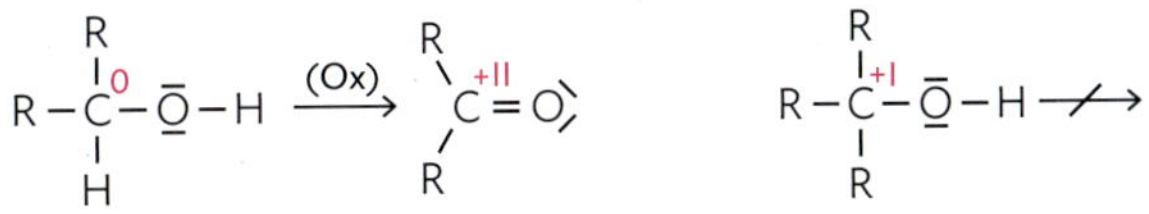

sekundäres Alkanol — Alkanon (Keton) — tertiäres Alkanol

W Ester

Alkansäurealkylester entstehen in einer **Kondensationsreaktion** von Alkansäuren und Alkanolen unter **Abspaltung von Wasser** und Bildung der **Ester-Gruppe** als funktionelle Gruppe. Aufgrund ihrer gering polaren Ester-Gruppe bilden Ester-Moleküle nur schwache Wechselwirkungen zwischen den permanenten Dipolen der Ester-Gruppen aus.

Sie haben daher niedrige Siedetemperaturen und lösen sich gut in lipophilen Lösemitteln. Ester mit kurzkettigen Molekülen finden in **Fruchtaromen**, Ester mit langkettigen Molekülen als Wachse Verwendung. **Öle** bzw. **Fette** sind Ester aus **Glycerin** und **Fettsäuren**.

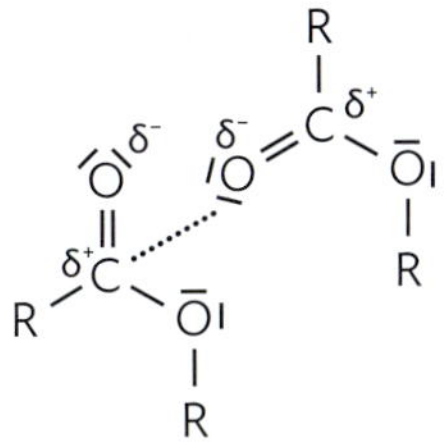

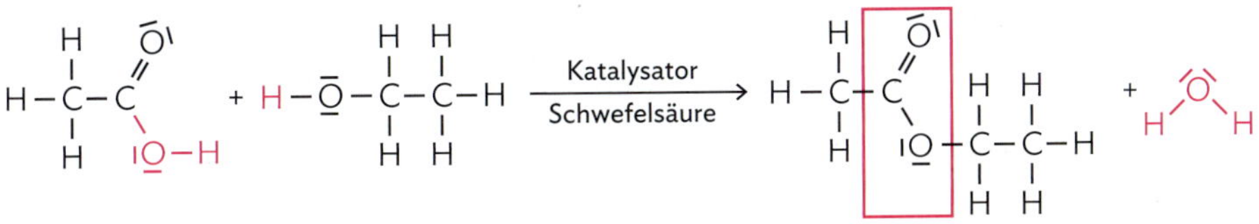

Ester-Gruppe

Ziel erreicht?

Überprüfung

Hast du das Ziel dieses Kapitels erreicht? Löse die entsprechenden Aufgaben. Ein Arbeitsblatt findest du unter QR-/Mediencode 05037-38. Bewerte dich mithilfe der Tabelle rechts unten. Die Lösungen zu den Aufgaben stehen auf Seite 480 und 481.

05037-38

Eigenschaften und Verwendung der Essigsäure nennen und beschreiben

A1 Die Abbildung zeigt die Flaschen eines Speiseessigs und von Essigessenz.

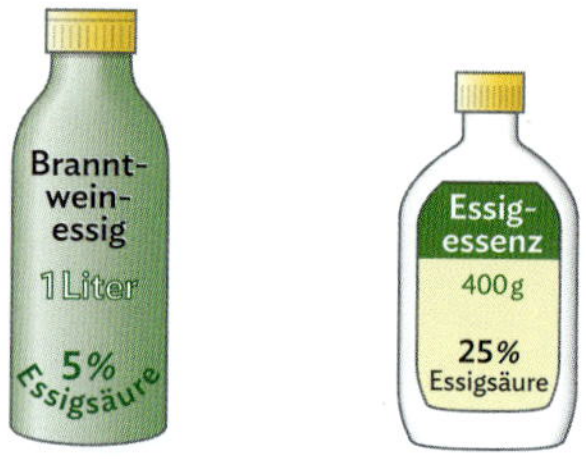

a) Beschreibe die Zusammensetzung von Branntweinessig und Essigessenz unter Verwendung von Fachbegriffen und erkläre Unterschiede.
b) Erläutere je anhand eines konkreten Beispiels, dass beide Produkte im Haushalt Verwendung finden.

Carbonsäuren aufgrund ihrer Strukturmerkmale charakterisieren

B1 Zeichne diejenige funktionelle Gruppe, die alle Carbonsäuren gemeinsam haben und beschreibe, aus welchen funktionellen Untereinheiten sie aufgebaut ist.

B2 Innerhalb der homologen Reihe der Alkansäuren nimmt die Wasserlöslichkeit von Methansäure bis zur Decansäure ab, die Löslichkeit in Benzin nimmt hingegen zu. Begründe diese Beobachtungen.

B3 Begründe, dass Ethansäure eine höhere Siedetemperatur als Ethanol hat.

B4 Ameisensäure reagiert mit Wasser zu einer sauren Lösung.

a) Stelle die Reaktionsgleichung auf.
b) Vergleiche die Ionen einer sauren Lösung von Ameisensäure mit den Ionen der Salzsäure.

Die Oxidation organischer Moleküle mithilfe von Strukturformeln und Oxidationszahlen darstellen

C1 Wenn man Wein zu lange offen stehen lässt, ist er nicht mehr genießbar und schmeckt sauer.

a) Begründe diesen Vorgang unter Verwendung von Fachbegriffen.
b) Gib Strukturformeln und Namen des Edukts, des Produkts und möglicher Zwischenprodukte der Reaktion an, die durch den obigen Vorgang beschrieben wird.

C2 Die farblosen Stoffproben der beiden Flüssigkeiten Propan-1-ol und Propan-2-ol wurden vertauscht.

A

B

a) Beschreibe die in A dargestellte Möglichkeit, die beiden Stoffe experimentell zu unterscheiden.
b) Erläutere, unter welchen Voraussetzungen auch Experiment B für eine Unterscheidung geeignet ist.

C3 Butan-1-ol und Butan-2-ol unterscheiden sich formal nur in der Position ihrer Hydroxy-Gruppe. Beide Moleküle sollen oxidiert werden. Gib die Strukturformeln der beiden Alkanole und der Oxidationsprodukte an und benenne diese. Formuliere jeweils die Oxidationszahlen derjenigen Kohlenstoff-Atome, an die die entsprechende funktionelle Gruppe gebunden ist.

Die Bildung von Estern mithilfe von Reaktionsgleichungen beschreiben

D1 Zeichne die Strukturformel des Alkansäureesters aus 2-Methylbutansäure und Butan-2-ol u. a. mithilfe eines Programms.

D2 Die Moleküle eines nach Birne riechenden Esters haben die folgende Strukturformel:

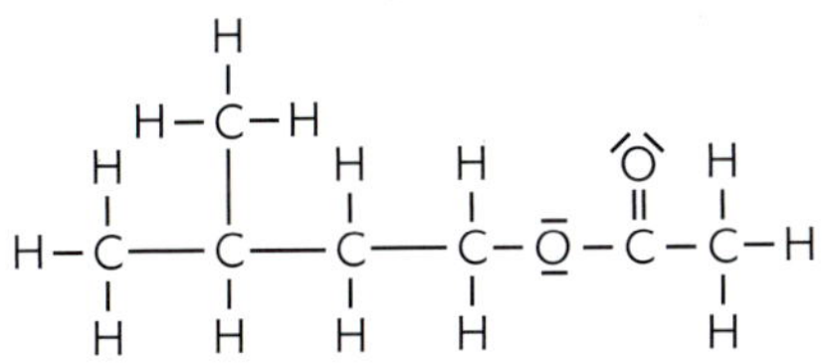

Benenne die Edukte, aus denen dieser Ester hergestellt wurde und zeichne deren Halbstrukturformeln.

D3 Propansäure wird mit Butan-1-ol verestert.

a) Formuliere die Reaktionsgleichung unter Verwendung von Strukturformeln mit allen bindenden und nichtbindenden Elektronenpaaren.

b) Erläutere die Bildung von Wasser-Molekülen bei dieser Reaktion.

Eigenschaften von Estern anhand ihrer Eigenschaften auf Teilchenebene begründen

E1 Benenne die Eigenschaft, auf der die im Text angedeuteten Verwendungen von Essigsäureethylester beruhen. Erkläre sie auf Teilchenebene.

Essigsäureethylester löst sich kaum in Wasser. In Ethanol oder Propanon (Aceton) ist Essigsäureethylester dagegen sehr gut löslich. Essigsäureethylester ist ein gutes Lösemittel für Öle, Fette, Lacke und Kunstharze. Die Dämpfe der nach Nagellackentferner oder Klebstoff riechenden Flüssigkeit reizen Atemwege und Augen und sind wie die Flüssigkeit brennbar.

E2 Erkläre auf Teilchenebene, wovon es abhängt, ob Wachse und Fette bei Zimmertemperatur fest oder flüssig sind.

Auswertung

Vergleiche deine Antworten mit den Lösungen auf Seite 480 und 481 und kreuze auf dem Arbeitsblatt an.

	Ich kann ...	ja	nein	lies nach auf Seite
A	Eigenschaften und Verwendung der Essigsäure nennen und beschreiben.			436, 437
B	Carbonsäuren aufgrund ihrer Strukturmerkmale charakterisieren.			436, 440, 441
C	die Oxidation organischer Moleküle mithilfe von Strukturformeln und Oxidationszahlen darstellen.			442
D	die Bildung von Estern mithilfe von Reaktionsgleichungen beschreiben.			448
E	Eigenschaften von Estern anhand ihrer Eigenschaften auf Teilchenebene begründen.			449

Aufgabe	Lösung	Punkte
A1	B: Brenner, C: Tiegelzange	/ 2
A2	Dreifuß, Drahtnetz, Becherglas, Brenner, Feuerzeug / Streichhölzer, Thermometer	/ 3
A3	a) Lösung B): *Begründung:* Ein Messzylinder besitzt eine genauere Millimeter-Skala zur Messung des Volumens von Flüssigkeiten. b) Lösung B): *Begründung:* Eine Petrischale zerspringt beim Erhitzen. Die Abdampfschale ist hitzebeständig. Nur Gefäße mit Rundungen dürfen direkt erhitzt werden. c) Lösung B): Die Masse des Becherglases ist auf der Waage ablesbar. Durch Betätigen der Tara-Funktion wird die Waage auf Null gestellt, um nur die Masse des Zuckers zu messen.	/ 6
B1	Schließen der Luftzufuhr (b), Anzünden des Streichholzes (c), Öffnen des Gashahnes (a)	/ 3
B2	a) *Falsch:* Ein Baumwolltuch ist selbst brennbar. Brennbare Gegenstände sind außer Reichweite des Brenners zu lagern. b) *Falsch:* Auch Brillenträger tragen grundsätzlich beim Experimentieren geeignete Schutzbrillen (sogenannte Überbrillen). c) *Falsch:* Lange Haare werden mit einem Haargummi am Hinterkopf zusammengebunden. d) *Falsch:* Die Spitze des inneren Flammenkegels der nicht leuchtenden Brennerflamme ist am heißesten (ca. 1200 °C).	/ 4
C1	a) Hautätzend, schwere Augenschädigung: GHS 5  b) Entzündbare Stoffe: GHS 2  c) Explosive Stoffe: GHS 1  d) Akute Toxizität: GHS 6 	/ 2
C2	a) Hohes Gesundheitsrisiko! Es entsteht eine gefährliche Stichflamme! Nicht ausprobieren! b) Es kann eine sehr schmerzhafte Verätzung der Haut eintreten. c) Es entsteht explosionsartig eine Stichflamme, die schwere Brandverletzungen zur Folge haben kann. d) Folge ist eine Wasserverschmutzung, die eine erhebliche Schädigung der Wasserorganismen verursacht.	/ 4
D1	Fragestellung (f), Hypothese (c), Chemikalienliste und Laborgeräte (a), Durchführung (b), Beobachtung (e), Erklärung (d)	/ 3

Aufgabe	Lösung
A1	z. B.: saure, alkalische oder neutrale Lösung (Indikator Blaukrautsaft), Siedetemperatur/Schmelztemperatur (Thermometer), Magnetismus (Magnet), elektrische Leitfähigkeit (Leitfähigkeitsmessgerät), Dichte (Waage und Messzylinder)
A2	Blaukraut zeigt als Indikator durch seine Farbe an wie sauer bzw. alkalisch eine Lösung ist. rötliche Färbung: saure Lösung, violette Färbung: neutrale Lösung
B1	a) fest $\xrightleftharpoons[\text{erstarren (2)}]{\text{schmelzen (1)}}$ flüssig $\xrightleftharpoons[\text{kondensieren (4)}]{\text{sieden (3)}}$ gasförmig $\xrightleftharpoons[\text{sublimieren (5)}]{\text{resublimieren (6)}}$ fest b) Die Wasser-Teilchen bewegen sich immer schneller und überwinden aufgrund ihrer höheren Geschwindigkeit die Anziehungskräfte. Sie entfernen sich voneinander und nehmen einen größeren Raum ein.
B2	Je höher die Temperatur ist, desto größer ist die Diffusionsgeschwindigkeit der Teilchen. Die Inhaltsstoffe des Tees vermischen sich schneller mit dem Lösemittel Wasser.
C1	A: klarer Apfelsaft – Lösung, B: trüber Apfelsaft – Suspension (Modelldarstellung auf Teilchenebene siehe jeweils auf S. 47)
C2	Trinkalkohol hat eine niedrigere Siedetemperatur und verdampft zuerst. Das Destillat bildet folglich ein Gemisch mit einem höheren Anteil an Trinkalkohol. Durch die Gegenläufigkeit von Dampf und Kühlwasser ist die Kühlwirkung größer als bei gleicher Fließrichtung (Gegenstromprinzip). Der Temperaturunterschied zwischen Dampf und Kühlwasser ist auf der Gesamtkontaktfläche des Kühlers ähnlich.
D1	Ein Atom besteht hauptsächlich aus einer leeren Hülle und einem vergleichsweise sehr kleinen und kompakten Kern, der positiv geladen ist und fast die gesamte Masse des Atoms enthält. Der größte Teil eines Atoms ist überwiegend leerer Raum und enthält nur die fast masselosen Elektronen. Sehr schnelle, positiv geladene α-Teilchen durchqueren daher nahezu ungehindert das Atom. Nur sehr wenige α-Teilchen treffen auf den kleinen Kern und werden aufgrund ihrer Ladung vom positiv geladenen Atomkern abgelenkt.

E1

Elementarteilchen	Proton	Neutron	Elektron
Ladung in Elementarladungen	+1	0	-1
Masse	1 u	1 u	0,0005 u

Aufgabe	Lösung
E2	a) Eisen Fe, b) Silber Ag, c) Gold Au, d) Kohlenstoff C
F1	Metalle: Kupfer, Aluminium Salze: Kochsalz, Bittersalz Molekulare Stoffe: Wasser, Kohlenstoffdioxid
F2	Metalle: Metallgitter aus Atomen Salze: Ionengitter aus positiv geladenen Kationen und negativ geladenen Anionen
F3	Die Kationen und Anionen, aus denen ein Salz aufgebaut ist, sind in einer wässrigen Lösung frei beweglich und verteilen sich zwischen den ungeladenen Wasser-Molekülen. Kationen sind positiv geladene Teilchen, Anionen sind negativ geladene Teilchen. Bewegen sich gleich geladene Ladungsträger (zum Beispiel negativ geladene Anionen) in die gleiche Richtung, kann dieser elektrische Strom mit einem Leitfähigkeitsmessgerät festgestellt werden.

Aufgabe	Lösung	Punkte
A1	Tabelle siehe unten	/ 4

Eigenschaften	Zucker	Kochsalz
farblose Kristalle	X	X
wasserlöslich	X	X
schmilzt beim Erwärmen im Reagenzglas	X	–
Lösung leitet den elektrischen Strom	–	X

B1 a) schmelzen, b) erstarren, c) verdunsten, d) kondensieren — / 4

B2 a) gasförmig, b) fest, c) fest, d) gasförmig — / 4

B3 Bild A – fest: Die Teilchen üben eine starke Anziehung aufeinander aus. Sie sind daher eng beieinander und schwingen nur wenig an ihrem Platz. Durch den festen Zusammenhalt haben die Teilchen eine regelmäßige Anordnung.
Bild B – flüssig: Die Anziehungskräfte reichen nicht mehr aus, um die Teilchen an ihrem Platz zu halten. Sie können sich aneinander vorbei bewegen. Der Abstand der Teilchen zueinander ist ein wenig größer und sie bewegen sich schneller.
Bild C – gasförmig: Die Teilchen sind so schnell, dass sie nicht mehr zusammenhalten und einen noch größeren Abstand zueinander einnehmen. Sie verteilen sich gleichmäßig im gesamten zur Verfügung stehenden Raum und stoßen nur ab und zu aufeinander. — / 6

C1 a) Elementarteilchen sind: Protonen, Neutronen und Elektronen. Der Atomkern, der fast die gesamte Masse des Atoms vereint, enthält die positiv geladenen Protonen und die ungeladenen Neutronen. In der Atomhülle finden sich die negativ geladenen und fast masselosen Elektronen.
b) Beim RUTHERFORDschen Streuversuch wurden Gold-Atome mit sehr schnell fliegenden und positiv geladenen Teilchen (α-Strahlung) beschossen. Nur sehr wenige α-Teilchen wurden abgelenkt. Die sehr geringe Zahl an abgelenkten Teilchen erklärt sich dadurch, dass die positiv geladenen Teilchen auf einen sehr kleinen, kompakten und positiv geladenen Atomkern gestoßen waren. Der größte Teil der α-Teilchen passierte die vergleichsweise sehr große und nahezu leere Atomhülle ungehindert. — / 6

C2 — / 3

	Proton	Neutron	Elektron
Symbol	p^+	n	e^-
Elementarladung	+1	0	-1
Masse in u	1	1	0,0005

D1 **Metalle**: Eigenschaften: elektrische Leitfähigkeit, Wärmeleitfähigkeit, Verformbarkeit, metallischer Glanz; Teilchen: Atome (im festen Zustand in einem Metallgitter)
Salze: Eigenschaften: Härte, Sprödigkeit, hohe Schmelztemperaturen; Teilchen: Kationen und Anionen (in einem Ionengitter)
Molekulare Stoffe: Eigenschaften: niedrige Schmelztemperaturen (im Vergleich zu Metallen und Salzen); Teilchen: Moleküle — / 6

D2 Ein Kation ist ein positiv geladenes Teilchen, das aus einem Atom durch Abgabe eines oder mehrerer Elektronen entsteht. Ein Anion ist ein negativ geladenes Teilchen, das aus einem Atom durch Aufnahme von einem oder mehreren Elektronen entsteht. — / 4

D3 Salze sind aus positiv geladenen Kationen und negativ geladenen Anionen aufgebaut. Das zahlenmäßige Verhältnis von Kationen zu Anionen wird durch die Ionengruppe bzw. Verhältnisformel angegeben. Moleküle sind die Teilchen molekularer Stoffe und bestehen aus zwei oder mehreren miteinander verknüpften Atomen. Die Molekülformel gibt die genaue zahlenmäßige Zusammensetzung eines Moleküls an. — / 6

Aufgabe	Lösung
A1	a) Stoffumwandlung b) Energieumwandlung
A2	a) Nein, das Wachs ändert nur seinen Aggregatzustand. b) Ja, aus Zucker entsteht der neue Stoff Karamell. c) Ja, es entsteht ein neuer Stoff, der die Milch sauer werden lässt (Milchsäure). d) Ja, ein neuer Stoff (Silbersulfid) ist entstanden, erkennbar an der Farbveränderung. e) Nein, nur das Volumen der Luft verändert sich (Ausdehnung).
A3	a) Eisen (s) + Schwefel (s) ⟶ Eisensulfid (s); b) Schwefel (s) + Sauerstoff (g) ⟶ Schwefeldioxid (g)
B1	Bei der Reaktion entstehen aus den Eisen-Atomen des Metallgitters zweifach positiv geladene Eisen-Kationen. Aus den Schwefel-Atomen bilden sich zweifach negativ geladene Sulfid-Anionen. Kationen und Anionen ordnen sich in einem regelmäßigen Ionengitter an (siehe S. 82 unten).
B2	Quecksilberoxid (s) ⟶ Quecksilber (l) + Sauerstoff (g)
C1	Elemente (keine Zerlegung in andere Reinstoffe möglich): Eisen, Schwefel; Verbindungen (Zerlegung in Elemente möglich): Kohlenstoffdioxid, Natriumchlorid; Brausepulver: Gemisch verschiedener Reinstoffe
C2	Wasser ist eine Verbindung. *Begründung:* Wasser kann durch eine chemische Reaktion in die Elemente Wasserstoff und Sauerstoff zerlegt werden.
C3	Gemische können durch physikalische Trennverfahren in verschiedene Reinstoffe getrennt werden, Verbindungen nicht. Reinstoffe, die aus Verbindungen bestehen, können nur durch chemische Reaktionen in andere Reinstoffe zerlegt werden.
C4	Die Elemente Quecksilber und Schwefel können nicht in ein anderes Element umgewandelt werden. Durch eine chemische Reaktion kann aus ihnen die Verbindung Quecksilbersulfid entstehen.
D1	a) exotherme Reaktion: Energie wird vom reagierenden System abgegeben. b) endotherme Reaktion: Energie wird vom reagierenden System aufgenommen. c) Die Aktivierungsenergie ist die Energie, die zugeführt werden muss, um Edukte für eine chemische Reaktion in einen reaktionsfähigen Zustand zu bringen.
D2	a) exotherme Reaktion, z. B.: Zink (s) + Schwefel (s) ⟶ Zinksulfid (s) b) endotherme Reaktion z. B.: Silbersulfid (s) ⟶ Silber (s) + Schwefel (s)
D3	Um die Edukte Eisen und Schwefel in einen reaktionsfähigen Zustand zu bringen, muss zu Beginn der chemischen Reaktion dem reagierenden System die Aktivierungsenergie zugeführt werden.
E1	a) Masse (Kupfersulfid): 8,66 g (Gesetz von der Erhaltung der Masse) b) Das Massenverhältnis des Kupfers (6,92 g) zum Schwefel (1,74 g) beträgt 4 zu 1. Ein Kupfer-Atom (63,5 u) hat ungefähr die doppelte Masse eines Schwefel-Atoms (32,1 u). Dieses Verhältnis gilt auch für die entstehenden Ionen. Folglich reagieren Kupfer-Ionen mit Sulfid-Ionen im Verhältnis 2 zu 1 und bilden die Ionengruppe $(Cu^{+})_2S^{2-}$ bzw. die Verhältnisformel Cu_2S.
F1	Natriumchlorid: NaCl, Calciumphosphid: Ca_3P_2, Aluminiumsulfid: Al_2S_3
F2	Schwefeltrioxid: SO_3, Heptaschwefeldioxid: S_7O_2
F3	Wird die Verbindung durch Reaktion von einem Metall mit einem Nichtmetall gebildet, so liegt eine Verhältnisformel vor: $AlCl_3$: Aluminiumchlorid; MgS: Magnesiumsulfid; ZnO: Zinkoxid. Wird die Verbindung durch Reaktion von einem Nichtmetall mit einem Nichtmetall gebildet, so liegt eine Molekülformel vor: N_2O_5: Distickstoffpentaoxid; SO_2: Schwefeldioxid.

Aufgabe | Lösung | Punkte

A1 (/ 2)

Selbständiges Weiterglühen nach dem Erhitzen (Aktivierungsenergie) deutet auf eine exotherme Reaktion unter Energieabgabe hin. Die Farbveränderung stellt einen Hinweis auf die Bildung eines anderen Stoffes (Eisensulfid) mit blaugrauen Kristallen dar.

A2 (/ 9)

a) Kohlenstoff (s) + Sauerstoff (g) ⟶ Kohlenstoffdioxid (g) | exotherm
b) Kupfersulfat-Pentahydrat (s) ⟶ Kupfersulfat (s) + Wasser (g) | endotherm
c) Zink (s) + Schwefel (s) ⟶ Zinksulfid (s) | exotherm

B1 (/ 3)

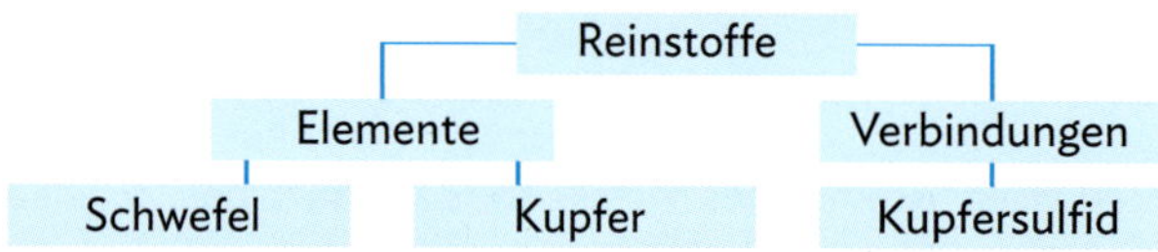

B2 (/ 5)

Element: Eisen, Sauerstoff (beide Stoffe lassen sich nicht in andere Reinstoffe zerlegen)
Verbindung: Wasser (Zerlegung in die Elemente Wasserstoff und Sauerstoff möglich), Silbersulfid (Zerlegung in die Elemente Silber und Schwefel möglich), Kohlenstoffdioxid (Zerlegung in die Elemente Kohlenstoff und Sauerstoff möglich)

B3 (/ 6)

Aussage	richtig	falsch
Kohlenstoff ist ein Element, das nur aus Kohlenstoff-Atomen besteht.	X Teilchenebene	
Das Element Schwefel ist ein gelber Feststoff.	X Stoffebene	
Kupfersulfid ist ein Element.		X Stoffebene
Kupfer-Atome sind rotbraun.		X Teilchenebene

Berichtigung:
Der Reinstoff Kupfersulfid lässt sich durch eine chemische Reaktion in die Reinstoffe Kupfer und Schwefel zerlegen: Kupfersulfid ist eine Verbindung.
Farbe ist eine Stoffeigenschaft. Bei der Beschreibung von Kupfer-Atomen handelt es sich um die Teilchenebene. Einzelne Atome haben keine Farbe.

C1 (/ 6)

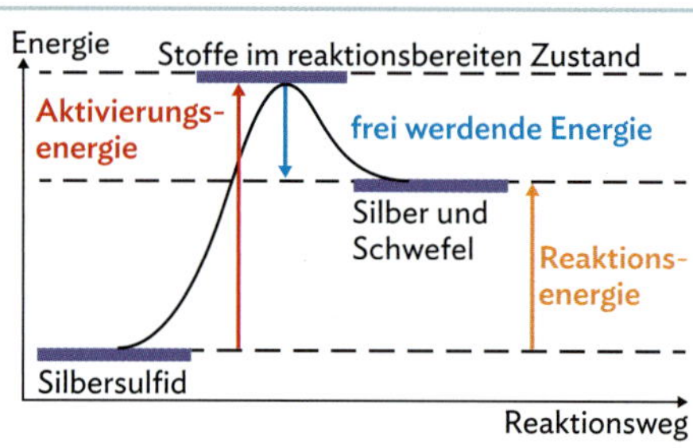

C2 (/ 5)

a) Um die Edukte Metall und Schwefel in einen reaktionsfähigen Zustand zu bringen, muss Aktivierungsenergie zugeführt werden.

b)

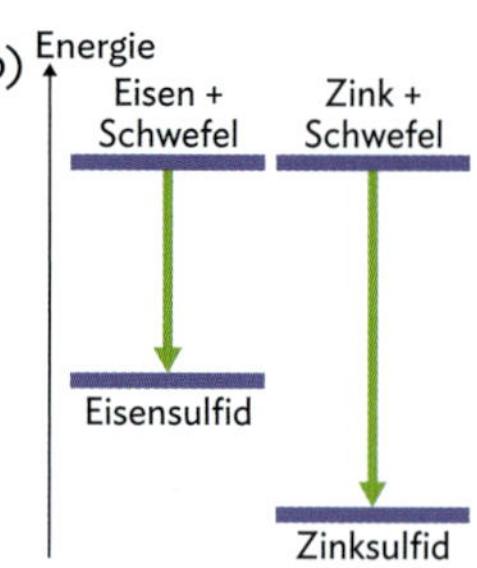

D1 (/ 3)

Teilchenverhältnis:
$Mg^{2+} : Br^{-} = 1 : 2$

Massenverhältnis:
$Mg^{2+} : Br^{-} = 24{,}3 : 159{,}8 \; (79{,}9 \cdot 2)$
$= 1 : 6{,}5 \; (3{,}2 \cdot 2)$

Aufgabe	Lösung
A1	Natrium (s) + Sauerstoff (g) ⟶ Natriumoxid (s); $4\ Na\ (s) + O_2\ (g) \longrightarrow 2\ Na_2O\ (s)$
A2	a) $4\ Fe\ (s) + 3\ O_2\ (g) \longrightarrow 2\ Fe_2O_3\ (s)$ b) $2\ Mg\ (s) + O_2\ (g) \longrightarrow 2\ MgO\ (s)$ c) $2\ C\ (s) + O_2\ (g) \longrightarrow 2\ CO\ (g)$
A3	Eisennagel ⟶ Eisenwolle ⟶ Eisenpulver ⟶ Eisen-Nanopartikel: Der Zerteilungsgrad nimmt in dieser Reihenfolge zu. Mit der Zunahme des Zerteilungsgrads wird die Oberfläche immer größer, an der die chemische Reaktion mit Sauerstoff ablaufen kann.
B1	blau: N_2 (78,08 %); rot: O_2 (20,95 %); grün: Edelgase (0,932 %); gelb: CO_2 (0,038 %)
B2	Nachweis von Sauerstoff: Ein glimmender Span wird in das zu untersuchende Gas gehalten. Bei Anwesenheit von Sauerstoff glüht der Span hell auf. Sauerstoff unterhält eine Verbrennung. Nachweis von Kohlenstoffdioxid: In eine klare wässrige Lösung von Calciumhydroxid (Kalkwasser) wird das zu untersuchende Gas eingeleitet. Handelt es sich um das Gas Kohlenstoffdioxid, bildet sich ein weißer Feststoff und die Lösung wird trüb.
B3	a) Sonnenstrahlung wird an der Erdoberfläche in Wärmestrahlung umgewandelt und von der Erde wieder abgegeben. Natürlich vorkommende Treibhausgase (z. B. Wasserdampf, Kohlenstoffdioxid) verhindern einen Teil der Wärmerückstrahlung in den Weltraum. b) Durch die Verbrennung von Kohle, Erdöl, Erdgas usw. sowie z. B. die Rodung von Wäldern erhöht sich die Konzentration der Treibhausgase (z. B. Kohlenstoffdioxid). Die Atmosphäre speichert folglich zu viel Wärme. Dadurch steigt die durchschnittliche Temperatur an.
B4	Pflanzen: Kohlenstoffdioxid (für die Fotosynthese); Pflanzen und Tiere: Sauerstoff (für die Zellatmung)
C1	a) Abdecken: Entzug von Sauerstoff, b) „Löschen“ mit Wasser: Kühlung unter die Flammtemperatur
C2	Eine weitere Zuführung von Sauerstoff zur Unterhaltung einer Verbrennung wird vermieden.
C3	a) Wegnahme des Brennstoffs, b) Entzug von Sauerstoff, c) Kühlung
C4	a) Wasser verdampft explosionsartig und verteilt brennende Fetttröpfchen in der weiteren Umgebung. Es droht eine weitere Ausbreitung des Brandes. b) Metalle können mit Wasser reagieren. Sie entziehen dem Wasser den gebundenen Sauerstoff, sodass brennbarer Wasserstoff entsteht.
D1	Oxidation: chemische Reaktion von Stoffen mit Sauerstoff unter Bildung von Oxiden Reduktion: chemische Reaktion, bei der Oxiden Sauerstoff entzogen wird
D2	$FeO\ (s) + Mg\ (s) \longrightarrow Fe\ (s) + MgO\ (s)$ Vom Eisenoxid geht in einer Sauerstoffübertragungsreaktion gebundener Sauerstoff auf Magnesium über. Oxidation und Reduktion laufen gleichzeitig ab.
D3	Oxidation / Reduktion: a) $2\ Mg + CO_2 \longrightarrow 2\ MgO + C$; b) $CuO + Zn \longrightarrow Cu + ZnO$; c) $2\ Al + Fe_2O_3 \longrightarrow Al_2O_3 + 2\ Fe$
D4	Mögliche Reduktionsmittel sind Magnesium und Aluminium. Beide Metalle haben eine höhere Affinität zu Sauerstoff als Zink. Magnesium besitzt im Vergleich zu Aluminium ein noch größeres Reduktionsvermögen. $3\ ZnO\ (s) + 2\ Al\ (s) \longrightarrow 3\ Zn\ (s) + Al_2O_3\ (s)$ $ZnO\ (s) + Mg\ (s) \longrightarrow MgO\ (s) + Zn\ (s)$
E1	An dem Prozess der Roheisenherstellung sind folgende Stoffe beteiligt: Eisenerz (z. B.: Fe_2O_3), Koks (Kohlenstoff, C), Kohlenstoffdioxid (CO_2), Kohlenstoffmonooxid (CO).
E2	$C\ (s) + CO_2\ (g) \longrightarrow 2\ CO\ (g)$ $Fe_2O_3\ (s) + 3\ CO\ (g) \longrightarrow 2\ Fe\ (s) + 3\ CO_2\ (g)$

LÖSUNGEN

Aufgabe	Lösung	Punkte

A1 Elemente stehen im PSE. Sie sind nicht chemisch zerlegbar: Zink, Helium, Phosphor. Verbindungen sind chemisch zerlegbar (z. B. in Elemente): Natron, Kohlenstoffmonooxid. — / 5

A2 Eine Verbindung ist ein Reinstoff und besteht aus nur einer Stoffteilchensorte. Stoffgemische bestehen aus mindestens zwei Reinstoffen. — / 2

A3

Stoffgemisch	Beispiel	Stoffebene	Teilchenebene
Nebel	Wasser in Luft	heterogen flüssig in gasförmig	
Lösung	Zuckerlösung	homogen z. B. fest in flüssig	
Rauch	Ruß in Luft	heterogen fest in gasförmig	

/ 9

B1 **Metalle aus Atomen**: Messing, Aluminium / **molekulare Stoffe aus Molekülen**: Wasser, Distickstoffmonooxid, Sauerstoff / **Salze aus Ionengruppen**: Silbersulfid — / 6

B2

Metalle	molekulare Stoffe	Salze
leiten den elektrischen Strom im festen Zustand, duktil	(...) in allen (...) Aggregatzuständen (...), (...) niedrige Schmelztemperaturen	spröde, leiten (...) Strom im gelösten Zustand, hohe Schmelztemperaturen

/ 3

B3

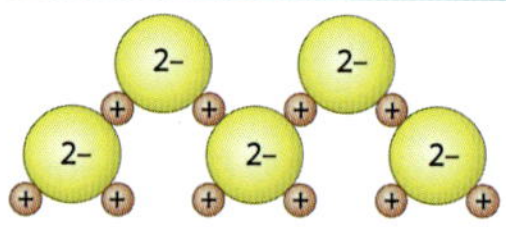

Kupfer(I)-sulfid

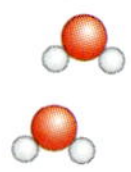
Wasser

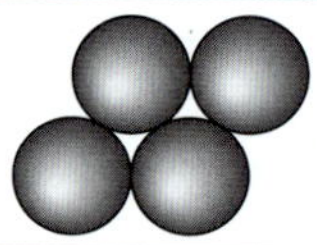
Magnesium

/ 3

C1

a) Beim Streuversuch durchquerten positiv geladene α-Teilchen nahezu ungehindert das Atom und nur wenige Teilchen wurden aufgrund ihrer Ladung abgelenkt. Daraus schloss man, dass ein Atom hauptsächlich aus einer Hülle besteht, die die fast masselosen Elektronen enthält, und einem sehr kleinen, kompakten, positiv geladenen Kern. — / 4

b)

Elementarteilchen (Symbol)	Proton (p^+)	Neutron (n)	Elektron (e^-)
Elementarladung	+1	0	-1
Masse	1 u	1 u	0,0005 u

/ 3

C2

Element	Ordnungszahl	Anzahl Protonen	Anzahl Neutronen
Fluor	9	9	10
Gold	79	79	118
Kohlenstoff	6	6	6
Helium	2	2	2

/ 6

D1

a) $2\ C\ (s) + O_2\ (g) \longrightarrow 2\ CO\ (g)$

b) $2\ HgO\ (s) \longrightarrow 2\ Hg\ (l) + O_2\ (g)$

c) $CuO\ (s) + Fe\ (s) \longrightarrow Cu\ (s) + FeO\ (s)$

/ 6

D2

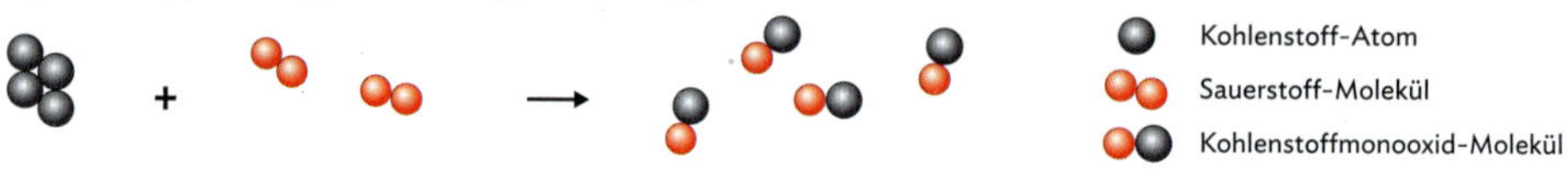

/ 3

D3

a) links: endotherm / mittig: stark exotherm / rechts: exotherm; für die Zuordnung der restlichen Begriffe siehe auch S. 90

b) links: z. B. $2\ Ag_2O\ (s) \longrightarrow 4\ Ag\ (s) + O_2\ (g)$ / mittig: z. B. $2\ Mg\ (s) + O_2\ (g) \longrightarrow 2\ MgO\ (s)$ / rechts: z. B. $2\ Cu\ (s) + O_2\ (g) \longrightarrow 2\ CuO\ (s)$

/ 6

Aufgabe	Lösung
A1	a) Falsch: Ein Katalysator erniedrigt die Aktivierungsenergie einer Reaktion, verändert aber nicht die Reaktionsenergie, da die Differenz der chemischen Energie zwischen Edukt(en) und Produkt(en) gleich bleibt. b) Diese Aussage ist richtig. c) Falsch: Knallgas kann auch mithilfe eines Katalysators ohne Zündquelle zur Reaktion gebracht werden.
B1	a), c) und d) sind richtig. b) Die Masse war nur historisch ein Ordnungskriterium. e) Die Anzahl der Elektronen kann sich durch die Bildung von Ionen verändern.
B2	Alkalimetalle sind weich, mit einem Messer schneidbar, verfügen über eine sehr gute elektrische Leitfähigkeit, besitzen eine sehr geringe Dichte und schwimmen auf Wasser. Sie sind unedel und reagieren mit Luftsauerstoff zu Oxiden und mit Wasser zu Hydroxiden.
B3	H und Li: a) (H 1 und Li 2 Stufen), c) (H 1 und Li 3 Protonen), e) (1 Außenelektron) F und Cl: a) (F 2 und Cl 3 Stufen), b) (17 – 9 = 8), e) (7 Außenelektronen) K und Ge: b) (32 - 19 = 13)
C1	a) II. Hauptgruppe, da die höchste Energiestufe (n = 3) mit 2 Elektronen besetzt ist. b) VIII. Hauptgruppe, da die höchste Energiestufe (n = 3) mit 8 Elektronen besetzt ist. Das Magnesium-Atom (a) hat eine geringere erste Ionisierungsenergie als das Argon-Atom (b). Innerhalb einer Periode (hier n = 3) steigen die ersten Ionisierungsenergien an.

C2

Aspekt	Kern-Hülle-Modell	Energiestufenmodell	Schalenmodell
Anzahl der Protonen	ja	nein	ja
Anzahl der Elektronen	ja	ja	ja
Energiegehalt der Elektronen	nein	ja	ja
Aufteilung in Atomkern und Atomhülle	ja	nein	ja
Anzahl der Außenelektronen	nein	ja	ja

C3

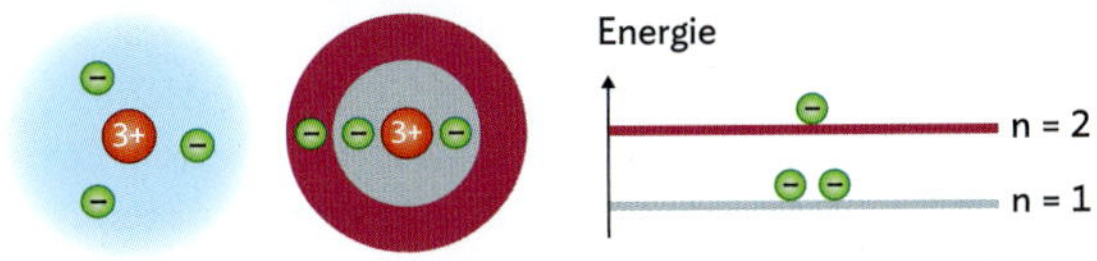

Kern-Hülle-Modell (links), Schalenmodell (mittig) und Energiestufenmodell (rechts) eines Lithium-Atoms.

D1 Mg^{2+}, Br^- und Ar sind mit acht Außenelektronen stabil.
Al^{2+}, Kr^+ und S^+ sind mit einem, sieben bzw. einem Außenelektron „instabil“.

D2 Al^{3+}, Kr (Edelgas) und Sr^{2+}.

D3

	Elementsymbol	EK des Atoms	Stabiles Ion	EK des Ions	Edelgas mit derselben EK
a)	Li	$1^2 2^1$	Li^+	1^2	He
b)	Al	$1^2 2^8 3^3$	Al^{3+}	$1^2 2^8$	Ne
c)	Cl	$1^2 2^8 3^7$	Cl^-	$1^2 2^8 3^8$	Ar
d)	Ca	$1^2 2^8 3^8 4^2$	Ca^{2+}	$1^2 2^8 3^8$	Ar
e)	Xe	$1^2 2^8 3^{18} 4^{18} 5^8$	–	–	Xe

Aufgabe	Lösung
E1	Die Aussage ist korrekt. Bewegliche Ladungsträger sind Elektronen und Ionen, z. B. als Elektronengas in Metallen und frei bewegliche Ionen in Salzlösungen oder Salzschmelzen.
E2	Die Bewegungen der Elektronen werden durch die nun stärkeren Schwingungen der Atomrümpfe gestört. Sie kommen dadurch langsamer voran.
E3	Bei *Druckeinwirkung* werden die *Atomrümpfe* aneinander vorbeigeschoben. Da das *Elektronengas* wie eine Art *Klebstoff* zwischen ihnen wirkt, findet auch in der neuen Anordnung keine *Abstoßung* statt und das Metallstück bleibt als Ganzes erhalten.

Aufgabe	Lösung	Punkte
A1	Ein Kochsalzkristall besteht aus einfach positiv geladenen Natrium-Ionen Na^+ und einfach negativ geladenen Chlorid-Ionen Cl^-, die in einem Verhältnis von 1 : 1 abwechselnd in einem regelmäßigem Gitter, dem Ionengitter, angeordnet sind.	/ 3
A2	Salze sind hart, spröde und besitzen hohe Schmelztemperaturen. Salze leiten den elektrischen Strom nicht, Salzlösungen dagegen schon.	/ 3
B1	a) Mg_3N_2 b) Na_2S c) CaO d) FeI_3 e) $AlCl_3$	/ 5
B2	a) Natriumbromid b) Magnesiumchlorid c) Eisen(II)-oxid d) Kaliumoxid e) Aluminiumsulfid	/ 5
C1	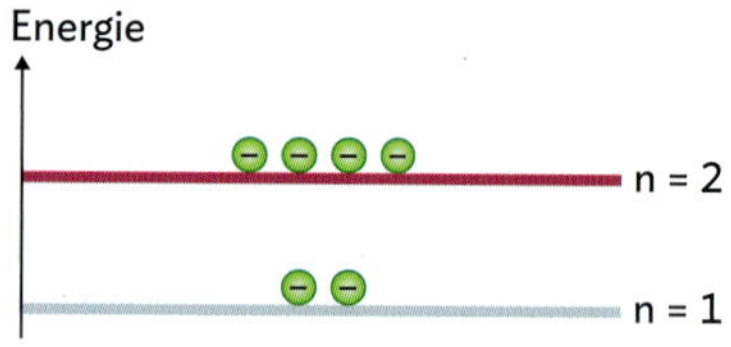 Das Diagramm zeigt die Ionisierungsenergien für ein Atom, das sechs Elektronen besitzt. Es handelt sich um das Element Kohlenstoff.	/ 2
C2	Das 5. und das 6. Elektron eines Kohlenstoff-Atoms liegen auf der innersten, der K-Schale. Sie befinden sich daher näher am Kern und werden stärker von diesem angezogen als die ersten vier Elektronen, die sich auf der äußersten, der L-Schale, befinden. Durch die stärkere Anziehung wird nach Abspaltung des 4. Elektrons ein größerer Energiebetrag benötigt, um diese Elektronen aus dem Atom abzuspalten.	/ 2
C3	a) $1^2\,2^8\,3^1$ b) $1^2\,2^8\,3^3$ c) $1^2\,2^8\,3^7$ d) $1^2\,2^8\,3^8$	/ 4
D1	Ein Kalium-Atom besitzt ein Elektron in der äußersten, der N-Schale. Wird dieses Außenelektron bei der Bildung eines K^+-Ions abgespalten, weist das K^+-Ion die gleiche Elektronenfiguration wie das Edelgas-Atom Argon auf und ist daher besonders stabil. Ein K^{2+}-Ion hätte sieben Elektronen in der M-Schale und damit keine Edelgaskonfiguration.	/ 3
D2	Die Aussage ist falsch. Nimmt ein Brom-Atom ein Elektron auf, entsteht ein Bromid-Ion mit der Edelgaskonfiguration eines Krypton-Atoms. Die Anzahl der Protonen im Kern (Brom bzw. Bromid-Ion: 35) verändert sich bei der Aufnahme des Elektrons nicht.	/ 2
D3	Sauerstoff-Atome z. B. weisen auf der äußersten, der L-Schale, sechs Elektronen auf. Durch Aufnahme von je zwei Elektronen wird die Elektronenkonfiguration der Edelgas-Atome von Neon erreicht: es entstehen zweifach negativ geladene Oxid-Anionen O^{2-}.	/ 2
E1	a) Reduktionsmittel b) Reduktion c) Oxidationsmittel d) Oxidation	/ 4
E2	a) Aluminium kann z. B. zur Reduktion von Eisen(III)-oxid eingesetzt werden. b) Silber ist ein edleres Metall als Eisen. Sein Reduktionsvermögen reicht nicht aus, um Eisen(III)-oxid zu reduzieren.	/ 2
E3	Reduktion (CuO → Cu) $2\,CuO\,(s) + C\,(s) \longrightarrow 2\,Cu\,(s) + CO_2\,(g)$ Oxidation (C → CO_2) Reduktionsmittel: C Oxidationsmittel: CuO	/ 3

Aufgabe	Lösung
A1	Calcium-Atome geben jeweils zwei Elektronen ab. Gesamtgleichung: $Ca\ (s) + Br_2\ (l) \longrightarrow CaBr_2\ (s)$ Elektronenabgabe: $Ca \longrightarrow Ca^{2+} + 2\ e^-$, Elektronenaufnahme: $Br_2 + 2\ e^- \longrightarrow 2\ Br^-$
B1	Im Ionengitter sind Kationen von Anionen umgeben und umgekehrt. Durch elektrostatische Anziehungskräfte zwischen den unterschiedlich geladenen Ionen entsteht ein starker Zusammenhalt.
B2	Oxid-Ionen (rot) haben die Koordinationszahl 8, Lithium-Ionen (grau) die Koordinationszahl 4. Die Struktur des Ionengitters von Lithiumoxid ähnelt derjenigen des Calciumfluorid-Gitters. Im Unterschied zum Calciumfluorid-Gitter sind im Lithiumoxid-Gitter die Kationen tetraedrisch von den Anionen und die Anionen würfelförmig (kubisch) von den Kationen umgeben.
C1	Siehe **B3** auf S. 217
C2	Salzkristalle leiten den elektrischen Strom nicht, da die Ionen feste Gitterplätze einnehmen. Salzlösungen oder -schmelzen enthalten frei bewegliche Ionen und sind daher elektrisch leitfähig.
C3	a) Bromid-Ionen sind kleiner als Iodid-Ionen. Der Abstand zwischen Bromid-Ionen und Kalium-Ionen ist geringer als zwischen Iodid-Ionen und Kalium-Ionen. Beim Kaliumbromid ist daher die Anziehung stärker und die Schmelztemperatur höher als beim Kaliumiodid. b) Natrium-Ionen sind kleiner als Kalium-Ionen, somit hat Natriumbromid die höhere Schmelztemperatur (Begründung analog zu a)).
D1	a) $Mg + H_2O \longrightarrow MgO + H_2$ b) $CuO + Zn \longrightarrow Cu + ZnO$ c) $2\ Na + FeO \longrightarrow Na_2O + Fe$
D2	a) $\overset{+II}{Cu}\overset{-II}{S}$, $\overset{0}{Al}$, $\overset{0}{Cu}$, $\overset{+III}{Al_2}\overset{-II}{S_3}$. Da sich die Oxidationszahlen der Atomsorten Al und Cu bei der Reaktion verändert haben, handelt es sich um eine Redoxreaktion. b) $Al \longrightarrow Al^{3+} + 3\ e^-$; Oxidation, da sich die Oxidationszahl erhöht. $Cu^{2+} + 2\ e^- \longrightarrow Cu$; Reduktion, da sich die Oxidationszahl erniedrigt.
E1	Becherglas, Spannungsquelle, Kabel, Pluspol, Minuspol, Anode, Kathode und Zinkiodidlösung.
E2	Lückenfüller: *Redox, zerlegt, Plus, oxidiert, Minus, reduziert, festes Kupfer, gasförmiges Chlor*
E3	**E1**: $Zn^{2+}\ (aq) + 2\ I^-\ (aq) \longrightarrow Zn\ (s) + I_2\ (aq)$ **E2**: $Cu^{2+}\ (aq) + 2\ Cl^-\ (aq) \longrightarrow Cu\ (s) + Cl_2\ (g)$
F1	Die Elektronenabgabe (Oxidation) erfolgt durch den Elektronendonator und die Elektronenaufnahme (Reduktion) durch den Elektronenakzeptor. Ein Stoff, der einen anderen Stoff reduziert, ist ein Reduktionsmittel. Einen Stoff, der einen anderen Stoff oxidiert, nennt man Oxidationsmittel.
F2	a) Magnesium und Aluminium: Es handelt sich um unedlere Metalle als Zink. Ihr Bestreben, als Elektronendonatoren zu wirken, ist größer als beim edleren Zink. Die Zink-Ionen im Zinkoxid werden durch die Atome der unedleren Metalle zu Zink-Atomen reduziert. b) $Mg\ (s) + ZnO\ (s) \longrightarrow MgO\ (s) + Zn\ (s)$; $2\ Al\ (s) + 3\ ZnO\ (s) \longrightarrow Al_2O_3\ (s) + 3\ Zn\ (s)$ c) Kupfer(II)-sulfat $CuSO_4$, Silbernitrat $AgNO_3$ (siehe **V2** auf S. 225)
G1	▪ Zwei Bechergläser, Kabel, Krokodilklemmen, Voltmeter, mit Kaliumchloridlösung getränktes Filterpapier, Silberblech, Silbernitratlösung, Kupferblech, Kupfer(II)-sulfatlösung ▪ Skizze analog **B6** auf S. 229 ▪ Ox.: $Cu \longrightarrow Cu^{2+} + 2\ e^-$; Red.: $Ag^+ + e^- \longrightarrow Ag$; Gesamt: $Cu\ (s) + 2\ Ag^+\ (aq) \longrightarrow Cu^{2+}\ (aq) + 2\ Ag\ (s)$
G2	Eine Elektrolyse ist eine durch elektrische Spannung erzwungene Redoxreaktion. Die Redoxreaktionen in galvanischen Zellen laufen freiwillig ab. Sie bilden somit die Umkehrung zu Elektrolysen.

Aufgabe	Lösung	Punkte
A1	Einfüllen kleiner Portionen Salz mittels eines kleinen Spatels z. B. in ein kl. Becherglas unter Verwendung der Tara-Funktion einer Waage mit mind. 2 Nachkommastellen.	/ 3
A2	(siehe Tabelle unten)	/ 6
A3	Wasserstoff hat eine sehr geringe Masse, sodass man nicht fein genug abwiegen könnte.	/ 2
B1	B = A/C und C = A/B	/ 2
B2	m = 86 · 0,2 = 17,2 und n = 5/16 = 0,3125	/ 2
B3	a) 2x + 3x = 5x und 2x/4y = 0,5x/y b) Der zweite Rechentyp passt (Einheit Dichte: g/L).	/ 3
C1	NaCl, FeS, CuO: In diesen Verbindungen sind Ionen (Na^+, Cl^-, Fe^{2+}, S^{2-}, Cu^{2+}, O^{2-}) enthalten.	/ 5
C2	H_2O: 2 Wasserstoff-Atome, 1 Sauerstoff-Atom | H_2O_2: 2 Wasserstoff-Atome, 2 Sauerstoff-Atome | O_2: 2 Sauerstoff-Atome | CO_2: 1 Kohlenstoff-Atom, 2 Sauerstoff-Atome | P_2O_5: 2 Phosphor-Atome, 5 Sauerstoff-Atome	/ 5
C3	Verhältnisformel: Zusammensetzung der großen Zahl an Ionengruppen eines Salzes. Molekülformel: Zusammensetzung eines einzelnen Moleküls.	/ 2
D1	a) Die Masse an Kupfer(II)-sulfid entspricht immer der Summe der Massen von Kupfer und Schwefel, da das Gesetz von der Erhaltung der Masse gilt.	/ 1
	b) *m*(Kupfer)/*m*(Schwefel) = 4	/ 1
	c) 1,8 g Kupfer reagieren mit 0,45 g Schwefel, es bilden sich 2,25 g Kupfer(II)-sulfid.	/ 2
E1	Die Reaktion von Kohlenstoff und Sauerstoff zu Kohlenstoffmonooxid und die Reaktion von Eisen(III)-oxid und Kohlenstoffmonooxid zu Kohlenstoffdioxid und Eisen.	/ 2
E2	Cu (s) + S (s) ⟶ CuS (s)	/ 1
E3	1. Formulierung eines Reaktionsschemas, 2. Ersetzen der Stoffnamen durch Formeln (z. B. Verhältnisformeln), 3. Ausgleichen der Atombilanz ohne Änderung der Formeln.	/ 3

A2:

Tätigkeit	Sinnvoll?	Grund
... passende Wägegenauigkeit	✓	Feinheit der Einwaage passend zur Zielmasse
... Esslöffels	—	Schwierige Handhabung bei kleinen Substanzmengen
portionsweises Einwiegen ...	✓	Abfüllen überschüssiger Mengen wird verhindert.
... Tara-Funktion ...	✓	Erspart Rechenschritte beim Aufaddieren der Einwaage auf die Eigenmasse des Gefäßes
... kleinen Reagenzglases ...	—	Kleiner Durchmesser erschwert Befüllen.
Arbeiten im Abzug	—	Schwefel ist kein Gefahrstoff.

Aufgabe	Lösung
A1	2 mol Magnesium enthalten 2 · 6,022 · 10^{23} Magnesium-Atome. 1 mol Sauerstoff enthält 1 · 6,022 · 10^{23} Sauerstoff-Moleküle.
B1	*m*(1 N) = 14 u, $M(N_2)$ = 2 ·14 g/mol = 28 g/mol; *m*(1 O) = 16 u, $M(O_2)$ = 2 ·16 g/mol = 32 g/mol; $M(CO_2)$ = 1 · M(C) + 2 · M(O) = 1 · 12 g/mol + 2 · 16 g/mol = 44 g/mol

Aufgabe	Lösung
B2	$M(NaCl) = 1 \cdot M(Na) + 1 \cdot M(Cl) = 1 \cdot 23{,}0\ g/mol + 1 \cdot 35{,}5\ g/mol = 58{,}5\ g/mol$; $M(C_6H_{12}O_6) = 6 \cdot M(C) + 12 \cdot M(H) + 6 \cdot M(O) = 6 \cdot 12\ g/mol + 12 \cdot 1\ g/mol + 6 \cdot 16\ g/mol = 180\ g/mol$
C1 | C2	$n(H_2O) = \frac{m(1\ L\ H_2O)}{M(H_2O)} = \frac{1000\ g}{18\ g/mol} = 55{,}56\ mol$; $m(Mg) = n(Mg) \cdot M(Mg) = 5\ mol \cdot 24{,}3\ g/mol = 121{,}5\ g$
C3	$M = \frac{m}{n} = \frac{1539\ g}{18\ mol} = 85{,}5\ g/mol$; es handelt sich um Rubidium Rb.
D1	Im gasförmigen Zustand bewegen sich die Moleküle sehr schnell und haben einen großen Abstand zueinander. Dadurch überwinden sie die gegenseitigen Anziehungskräfte und verteilen sich über ein größeres Raumvolumen. Hinweis zur Zeichnung: z. B. 3 Sauerstoff-Moleküle () und 3 Kohlenstoffdioxid-Moleküle () nehmen das gleiche würfelförmige Raumvolumen ein.
D2	$2\ H_2O\ (l) \longrightarrow 2\ H_2\ (g) + O_2\ (g)$; $V(5\ H_2) = 5 \cdot 24{,}5\ L = 122{,}5\ L$; $V(2{,}5\ O_2) = 2{,}5 \cdot 24{,}5\ L = 61{,}25\ L$
D3	1 % entspricht 1 Liter; $n = \frac{1\ L}{24{,}5\ L/mol} \approx 0{,}04\ mol$
D4	$2\ H_2O_2\ (l) \longrightarrow 2\ H_2O\ (l) + O_2\ (g)$; $n(H_2O_2) = \frac{m(H_2O_2)}{M(H_2O_2)} = \frac{34\ g}{34\ g/mol} = 1\ mol$; $V(0{,}5\ O_2) = 0{,}5 \cdot 24{,}5\ L = 12{,}25\ L$
D5	$n = \frac{50\ mL}{24\,500\ mL} \approx 0{,}002\ mol$; $M = \frac{0{,}008\ g}{0{,}002\ mol} = 4\ g/mol$; Das gesuchte Edelgas ist Helium.
E1	$2\ Cu\ (s) + O_2\ (g) \longrightarrow 2\ CuO\ (s)$; $n(Cu) = \frac{m(Cu)}{M(Cu)} = \frac{8{,}2\ g}{63{,}5\ g/\ mol} \approx 0{,}13\ mol$ $m(O_2) = M(O_2) \cdot n(O_2) = 32\ g/mol \cdot 0{,}065\ mol = 2{,}08\ g$
E2	$Al_2O_3\ (s) + 3\ Mg\ (s) \longrightarrow 2\ Al\ (s) + 3\ MgO\ (s)$; $n(Al) = \frac{m(Al)}{M(Al)} = \frac{1\,000\,000\ g}{27{,}0\ g/\ mol} \approx 37\,037\ mol$ $m(Al_2O_3) = M(Al_2O_3) \cdot n(Al_2O_3) = 102\ g/mol \cdot 18\,518{,}5\ mol = 1\,888\,887\ g \approx 1{,}9\ t$
E3	a) $n(Na) = \frac{m(Na)}{M(Na)} = \frac{1\ g}{23{,}0\ g/\ mol} \approx 0{,}043\ mol$; $m(H_2O) = M(H_2O) \cdot n(H_2O) = 18\ g/mol \cdot 0{,}043\ mol = 0{,}774\ g$ b) $n(Na) = 2 \cdot n(H_2)$; $V(H_2) = 0{,}0215\ mol \cdot 24{,}5\ mol/L \approx 0{,}53\ L$
E4	$Ag_2S\ (s) \longrightarrow 2\ Ag\ (s) + S\ (s)$; $n(Ag_2S) = \frac{m(Ag_2S)}{M(Ag_2S)} = \frac{74{,}7\ g}{247{,}9\ g/\ mol} \approx 0{,}3\ mol$ $n(Ag) = 2 \cdot n(Ag_2S)$; $m(Ag) = M(Ag) \cdot n(Ag) = 107{,}9\ g/mol \cdot 0{,}6\ mol = 64{,}74\ g$
E5	a) (siehe Tabelle unten) b) Lösung mittels Dreisatz: 111,6 g Eisen erhält man aus 54 g Aluminium, 1 g Eisen erhält man aus $\frac{54}{111{,}6}$ g Aluminium, 1000 g Eisen erhält man aus $\frac{1000 \cdot 54}{111{,}6}$ g = 483,87 g Aluminium. c) Lösung mittels Dreisatz: 111,6 g Eisen erhält man aus 159,6 g Eisen(III)-oxid, 1 g Eisen erhält man aus $\frac{159{,}6}{111{,}6}$ g Eisen(III)-oxid und 2000 g Eisen erhält man aus $\frac{2000 \cdot 159{,}6}{111{,}6}$ g = 2860,22 g Eisen(III)-oxid und aus 2 · 483,87 g = 967,74 g Aluminium. Gesamtmasse ≈ 3,8 kg

E5 a)

Fe_2O_3 (s)	+	2 Al (s)	$\longrightarrow$	2 Fe (l)	+	Al_2O_3 (s)
1 Ionengruppe Eisen(III)-oxid		2 Aluminium-Atome		2 Eisen-Atome		1 Ionengruppe Aluminiumoxid
$1 \cdot 6{,}022 \cdot 10^{23}$		$2 \cdot 6{,}022 \cdot 10^{23}$		$2 \cdot 6{,}022 \cdot 10^{23}$		$1 \cdot 6{,}022 \cdot 10^{23}$
1 mol		2 mol		2 mol		1 mol
159,6 g		2 mol · 27 g/mol = 54 g		2 mol · 55,8 g/mol = 111,6 g		102 g

Aufgabe	Lösung	Punkte
A1	a) gasförmig: Die Teilchen bewegen sich sehr schnell und überwinden die Anziehungskräfte. Sie verteilen sich über ein großes Raumvolumen und können zusammenstoßen.	/ 3
	b) flüssig: Die Teilchen sind ungeordnet und bewegen sich dicht aneinander vorbei, da noch Anziehungskräfte wirken. Ihre Richtung wechselt und es gibt oft Stöße.	/ 3
	c) fest: Die Teilchen befinden sich aufgrund der hohen Anziehungskräfte geordnet nebeneinander und schwingen an ihren Plätzen.	/ 3
B1	Helium (He): 2 Elektronen, 2 Protonen, 2 Neutronen Phosphor (P): 15 Elektronen, 15 Protonen, 16 Neutronen Sauerstoff (O): 8 Elektronen, 8 Protonen, 8 Neutronen	/ 6
B2	Im Kern-Hülle-Modell (links) wird die gesamte, undifferenzierte Elektronenhülle mit einer Momentaufnahme der 16 Elektronen dargestellt, im Schalenmodell (rechts) sind 2, 8 und 6 Elektronen auf die K-, L- und M-Schale, verteilt. In beiden Modellen wird der Atomkern als rote Scheibe mit der Angabe der Protonenzahl gezeigt. Das Schalenmodell hat gegenüber dem Kern-Hülle-Modell den Vorteil, dass die Energiestufen der Elektronen und damit auch die Anzahl der Außenelektronen deutlich werden.	/ 5
B3	a) richtig, b) falsch: Die Anzahl der Außenelektronen ist innerhalb einer Hauptgruppe gleich. c) falsch: Ein Ion besitzt dann eine Edelgaskonfiguration, wenn es genauso viele Elektronen wie ein Edelgas-Atom besitzt. d) richtig	/ 4
C1	Eine Ionenverbindung (= ionische Verbindung) liegt vor, wenn sich ein Metall- und ein Nichtmetall-Element verbinden: Li_2S Lithiumsulfid und CaF_2 Calciumfluorid. Eine Molekülverbindung (= molekulare Verbindung) liegt vor, wenn sich zwei Nichtmetall-Elemente verbinden: HCl Chlorwasserstoff, CO_2 Kohlenstoffdioxid und Br_2 Brom.	/ 9
D1	a) trifft zu bei NaCl und $CaCl_2$: Na^+- und Ca^{2+}-Ionen haben fast denselben Radius aber unterschiedliche Ladungen. Die Gitterenergie ist größer, je höher die Ladung der Ionen und dadurch die Anziehungskräfte sind. b) trifft zu bei CaO und MgO sowie bei NaCl und NaI: Das Ca^{2+}-Ion ist größer als das Mg^{2+}-Ion. Ebenso ist das I^--Ion größer als das Cl^--Ion. Die kleineren Ionen können sich näher kommen als die größeren, was zu einer stärkeren Anziehung und höheren Gitterenergie führt.	/ 6
D2	Energie: Einheit Joule (J), Stoffmenge: Einheit Mol (mol)	/ 4

Aufgabe	Lösung
A1	Die Molekülformel Br_2 zeigt die Zusammensetzung des Brom-Moleküls aus zwei Atomen. Bei der LEWIS-Schreibweise steht das Elementsymbol für den Kern und die inneren Schalen, die Außenelektronen werden als Punkte deutlich gemacht. Durch die Verknüpfung zweier Brom-Atome entsteht die Strukturformel, wobei Elektronenpaare durch einen Strich symbolisiert werden.
A2	Schritte von der Molekülformel HI zur Strukturformel von Iodwasserstoff (Wasserstoffiodid): 1) Elementsymbole werden entsprechend der Verknüpfung angeordnet und alle Außenelektronen als Punkte um die Symbole gestellt. 2) Je zwei Elektronen bilden ein Elektronenpaar. Das bindende und die nichtbindenden Elektronenpaare werden als Striche gezeichnet. 3) Die Edelgasregel wird für beide Atome überprüft. 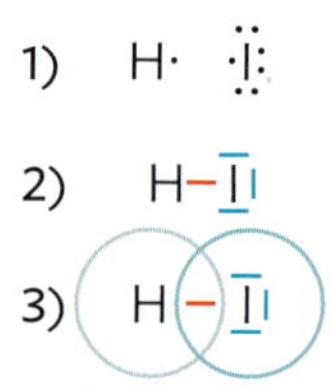
A3	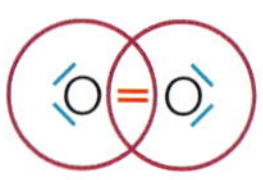 Mit formal acht Außenelektronen erreichen alle Atome die Edelgaskonfiguration von Neon (rot) nur über unterschiedliche Anzahlen bindender Elektronenpaare (vgl. O_2).

Aufgabe	Lösung
A4	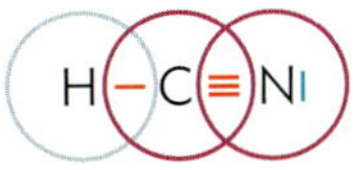 Mit formal acht Außenelektronen erreichen das Kohlenstoff-Atom und das Stickstoff-Atom die Edelgaskonfiguration von Neon (rot). Das Wasserstoff-Atom hat mit zwei Außenelektronen die Edelgaskonfiguration von Helium (grau).
B1	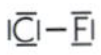 gewinkelt 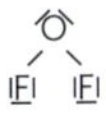 pyramidal 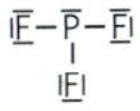 tetraedrisch 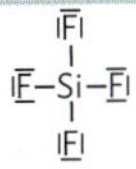
B2	H_2O: Das zentrale Sauerstoff-Atom ist mit zwei Einfachbindungen mit den Wasserstoff-Atomen verbunden und besitzt zwei freie Elektronenpaare. Die vier Elektronenpaare bilden einen Tetraeder, das Wasser-Molekül ist gewinkelt. CO_2: Das zentrale Kohlenstoff-Atom ist über zwei Doppelbindungen an die Sauerstoff-Atome gebunden. Im EPA-Modell werden Doppelbindungen wie Einfachbindungen behandelt. Bei einem maximalen Abstand der Bindungen liegt ein lineares Molekül vor.
C1	$\Delta EN(Br{-}H) = 2{,}8 - 2{,}1 = 0{,}7$; $\Delta EN(O{-}H) = 3{,}5 - 2{,}1 = 1{,}4$; $\Delta EN(C{-}S) = EN(C) - EN(S) = 2{,}5 - 2{,}5 = 0$ $\Delta EN > 0{,}4 \longrightarrow$ polar $\Delta EN \leq 0{,}4 \longrightarrow$ unpolar
C2	a) H_2 und Br_2 sind unpolar. Zwei gleiche Atome sind mit $\Delta EN = 0$ über eine unpolare Elektronenpaarbindung verbunden. HBr und HF sind polar. Sie besitzen mit $\Delta EN = 0{,}7$ bzw. 1,9 polare Bindungen und haben einen positiven und negativen Ladungsschwerpunkt. CF_4 hat mit $\Delta EN = 1{,}5$ vier polare Bindungen. Aufgrund der Tetraeder-Struktur fallen die Ladungsschwerpunkte aufeinander. Das Molekül ist kein permanenter Dipol. b) Die Moleküle H_2, Br_2 und CF_4 bilden temporäre Dipole aus. Zwischen ihnen kommt es zu schwachen VAN-DER-WAALS-Wechselwirkungen. HBr-Moleküle sind permanente Dipole, die stärkere VAN-DER-WAALS-Wechselwirkungen ausbilden. Zwischen dem stark positiv polarisierten H-Atom und einem nichtbindenden Elektronenpaar des stark negativ polarisierten F-Atoms zweier HF-Moleküle bildet sich eine noch stärkere Wasserstoffbrücke aus.
C3	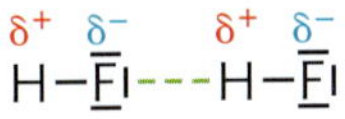
D1	Ein geladener Luftballon lenkt einen flüssigen Strahl Tetrachlormethan (CCl_4) nicht ab, obwohl aufgrund der Elektronegativitätsdifferenz $\Delta EN(Cl{-}C) = 0{,}5$ polare Bindungen vorliegen. Durch die Tetraederstruktur des Moleküls fallen die Ladungsschwerpunkte übereinander: kein permanenter Dipol
D2	Siedetemperaturen bei 1,013 bar: H_2 -252 °C, CF_4 -128 °C, HBr -66 °C, HF 19,5 °C und Br_2 59 °C. Zwar führen stärkere Wechselwirkungen zu höheren Siedetemperaturen (siehe **C2b**), jedoch hängt die Siedetemperatur auch von der Molekülmasse ab (z. B. $m(Br_2) = 160$ u, $m(H_2) = 2$ u).
E1	Die kalte Luft kühlt zunächst die obere Wasserschicht ab, das Wasser gefriert. Da Eis aufgrund seiner geringeren Dichte auf dem Wasser schwimmt, wirkt es als isolierende Schicht. Zudem müsste sich das unter der Eisdecke befindliche Wasser beim Gefrieren ausdehnen können.
E2	Moleküle werden an der Oberfläche nach innen gezogen, sodass sich die Wasseroberfläche wölbt. Erst wenn die Schwerkraft größer ist, als die nach innen wirkenden Kräfte, läuft das Wasser über den Becherrand. Das kann durch einen einzigen Tropfen ausgelöst werden.
E3	Der Stein zerspringt, da sich das Wasser in den Ritzen beim Gefrieren ausdehnt.
F1	Siehe **B1** auf S. 290
F2	Endothermer Lösevorgang: Um die Kalium- und die Chlorid-Ionen aus dem Kristallgitter zu lösen, muss zunächst Gitterenergie aufgewendet werden. Beim Bilden der Hydrathülle wird Hydratationsenergie frei. Da die Gitterenergie bei Kaliumchlorid größer ist als die Hydratationsenergie, wird dem Wasser die fehlende Energie in Form von thermischer Energie entzogen, die Lösung kühlt sich ab.
F3	Die Löslichkeit von Gasen (z. B. Sauerstoff) ist in warmem Wasser geringer. Wird Wasser in einem Aquarium zu warm, können die Fische ersticken, weil zu wenig gelöster Sauerstoff vorliegt.

Aufgabe	Lösung	Punkte
A1	von links nach rechts: sauer, neutral, alkalisch	/ 2
B1	Ein Wasser-Molekül enthält polare Elektronenpaarbindungen und aufgrund des gewinkelten Baus (vgl. EPA-Modell) fallen die Ladungsschwerpunkte der Teilladungen nicht aufeinander. 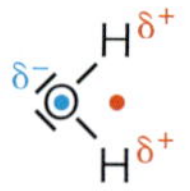 • positiver Ladungsschwerpunkt • negativer Ladungsschwerpunkt	/ 4
B2	a) 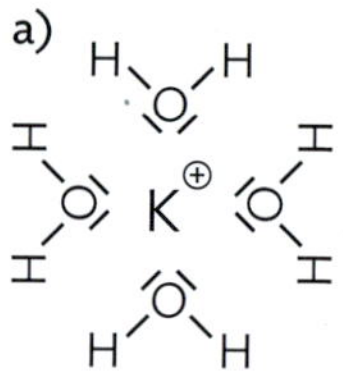 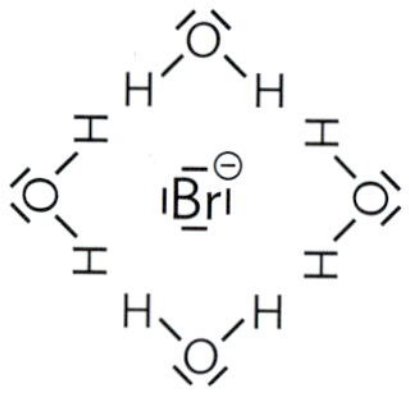 b) ▪ Ionen-Dipol-Wechselwirkungen ▪ Wasserstoffbrücken	/ 4
C1	a) b) c) d) 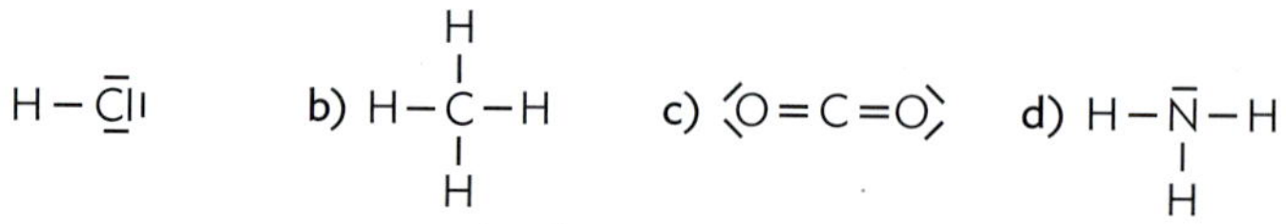 a) – b) tetraedrisch c) linear d) pyramidal	/ 4
D1	Es müssen bewegliche Ladungsträger vorliegen. In Lösungen sind dies Ionen (Kationen und Anionen).	/ 2
D2	Kochsalzlösung und Leitungswasser werden aufgrund der in den Lösungen vorliegenden Ionen eine elektrische Leitfähigkeit aufweisen. Die Leitfähigkeit der Kochsalzlösung wird höher sein als die des Leitungswassers, da in Leitungswasser vergleichsweise weniger Ionen vorliegen. Destilliertes Wasser wird keine Leitfähigkeit aufweisen, da keine Ionen vorliegen.	/ 3
D3	Da die Schmelze des weißen Stoffes nicht leitfähig ist, kann er nicht aus Ionen aufgebaut sein. Auch kann es sich nicht um ein Metall handeln, da Metalle bereits im festen Zustand elektrisch leitfähig sind. Da sich der Stoff in Wasser löst, müssen Wasser-Moleküle mit dem ebenfalls aus Molekülen aufgebauten Stoff wechselwirken können. Es liegt daher nahe, dass der weiße Stoff aus Dipol-Molekülen aufgebaut ist. Beim Lösevorgang muss eine chemische Reaktion ablaufen, in der Ionen gebildet werden, da die Lösung wiederum elektrisch leitfähig ist.	/ 4
E1	$\rho = \frac{m}{V}$; $m(\text{Wasser}) = \rho(\text{Wasser}) \cdot V(\text{Wasser}) = 1\,\frac{\text{g}}{\text{mL}} \cdot 1000\text{ mL} = 1000\text{ g}$ $M = \frac{m}{n}$; $n(\text{Wasser}) = \frac{m(\text{Wasser})}{M(\text{Wasser})} = \frac{1000\text{ g}}{18\text{ g/mol}} = 55{,}6\text{ mol}$	/ 2
E2	$M = \frac{m}{n}$; $m(\text{NaOH}) = n(\text{NaOH}) \cdot M(\text{NaOH}) = 5\text{ mol} \cdot 40\text{ g/mol} = 200\text{ g}$	/ 2
E3	$M = \frac{m}{n}$; $n(\text{Citronensäure}) = \frac{m(\text{Citronensäure})}{M(\text{Citronensäure})} = \frac{5\text{ g}}{192\text{ g/mol}} = 0{,}026\text{ mol}$ *Hinweis*: Zur Bestimmung der molaren Masse in den Aufgaben **E1** bis **E3** vgl. auch S. 250.	/ 2

Aufgabe	Lösung
A1	**Säuren** ☒ sind Protonen-Donatoren. ☒ bilden in wässrigen Lösungen Oxonium-Ionen. ☐ färben alle Indikatoren rot. ☒ lösen Kalkstein. ☐ reagieren mit edlen Metallen. ☒ wirken auf der Haut ätzend. **Basen** ☒ sind Protonen-Akzeptoren. ☒ bilden in wässrigen Lösungen Hydroxid-Ionen. ☐ färben alle Indikatoren blau. ☒ zersetzen Haare. ☒ sind als wässrige Lösung elektrisch leitfähig. ☐ sind generell nicht ätzend.
B1 | B2	a) b) c) 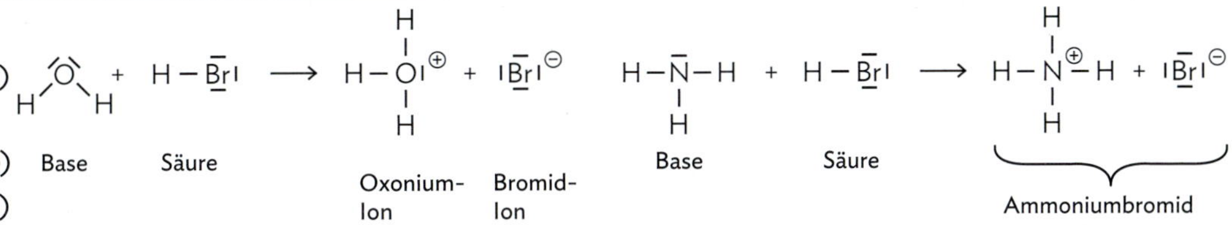
B3	a) $Zn (s) + 2 H_3O^+ (aq) + 2 Cl^- (aq) \longrightarrow Zn^{2+} (aq) + H_2 (g) + 2 Cl^- (aq) + 2 H_2O (l)$ b) Säuren reagieren nur mit unedlen Metallen unter Bildung von Wasserstoff. Silber ist ein edles Metall und reagiert deshalb nicht mit verdünnter Salzsäure.
C1	a) Bei der Reaktion von Natrium mit Wasser entstehen Natronlauge und Wasserstoff. b) Schwefeldioxid und Wasser reagieren zu schwefliger Säure. c) Thymolphthalein eignet sich zum Nachweis von alkalischen Lösungen.
C2	a) Das Wasser-Molekül kann ein Proton anlagern und wird zum Oxonium-Ion. b) Das Wasser-Molekül kann ein Proton abspalten und wird zum Hydroxid-Ion. c) Der pH-Wert ist eine Zahlenangabe zur Kennzeichnung von sauren, alkalischen und neutralen Lösungen.
D1	$c = \frac{n}{V} = \frac{0{,}05\ mol}{2\ L} = 0{,}025\ mol/L$
D2	Die Reaktionsgleichung zeigt, dass gilt: $n(CH_3COOH) = n(NaOH)$ Die Stoffmengenkonzentration der Essigsäurelösung beträgt also: $c(CH_3\,COOH) = \frac{c(NaOH) \cdot V(NaOH)}{V(CH_3COOH)} = \frac{2\ mol/L \cdot 0{,}012 L}{0{,}02\ L} = 1{,}2\ mol/L$
D3	Am Äquivalenzpunkt liegen gleiche Stoffmengen an Hydroxid- und Oxonium-Ionen vor. Ist die Stoffmengenkonzentration z. B. der Hydroxid-Ionen einer Lösung unbekannt, hilft der Äquivalenzpunkt einer Titration mit einer Lösung bekannter Stoffmengenkonzentration an Oxonium-Ionen dabei, die unbekannte Stoffmengenkonzentration zu ermitteln.
E1	a) Nachweis: Leitet man das Gas Kohlenstoffdioxid in Kalkwasser (Calciumhydroxidlösung) ein, bildet sich ein weißer Niederschlag (Calciumcarbonat). $Ca^{2+} (aq) + 2 OH^- (aq) + CO_2 (g) \longrightarrow CaCO_3 (s) + H_2O (l)$ b) Die im Mineralwasser enthaltene Kohlensäure ist als Reinstoff instabil und zerfällt bei Temperaturerhöhung zu Wasser und Kohlenstoffdioxid, welches beim Öffnen der Mineralwasserflasche entweicht. $H_2CO_3 (aq) \longrightarrow CO_2 (aq) + H_2O (l)$ $CO_2 (aq) \longrightarrow CO_2 (g)$
E2	a) $CaCO_3 (s) + 2 H_3O^+ (aq) + 2 Cl^- (aq) \longrightarrow Ca^{2+} (aq) + 2 Cl^- (aq) + CO_2 (g) + 3 H_2O (l)$ b) Bei dem entstehenden Gas handelt es sich um Kohlenstoffdioxid.

<table>
<tr><th>Aufgabe</th><th>Lösung</th><th>Punkte</th></tr>
<tr><td>A1</td><td>vgl. S. 253</td><td>/ 6</td></tr>
<tr><td>A2</td><td>$M(CO_2) = 1 \cdot M(C) + 2 \cdot M(O) = 1 \cdot 12\ g/mol + 2 \cdot 16\ g/mol = 44\ g/mol$
$m(CO_2) = M(CO_2) \cdot n(CO_2) = 44\ g/mol \cdot 0{,}3\ mol = 13{,}2\ g$
$V(CO_2) = Vm \cdot n(CO_2) = 24{,}5\ L/mol \cdot 0{,}3\ mol = 7{,}35\ L$ (bei 25 °C und 1 bar)</td><td>/ 5</td></tr>
<tr><td>B1</td><td>Reihenfolge der Begriffe: Calciumhydroxid (Kalkwasser), Kohlenstoffdioxid, Trübung, Calciumcarbonat, Kalkwasserprobe</td><td>/ 5</td></tr>
<tr><td>C1</td><td>Bei der Molekülformel werden nur die Anzahlen aller Atome in einem Molekül berücksichtigt, während in der Strukturformel auch alle freien und bindenden Elektronenpaare dargestellt sind, sodass zusätzlich Aussagen über die Anordnung möglich sind.</td><td>/ 4</td></tr>
<tr><td>C2</td><td>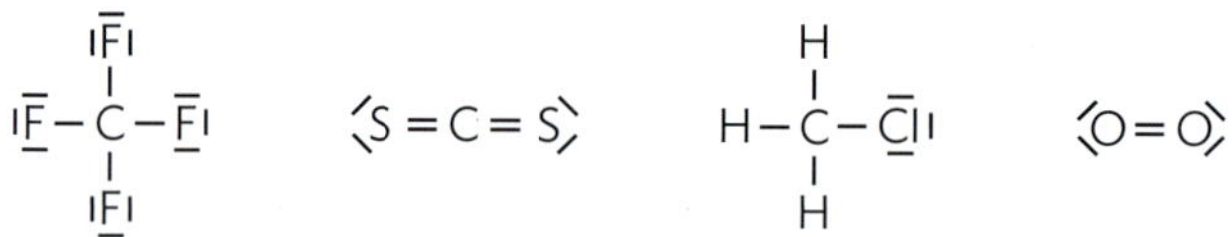</td><td>/ 8</td></tr>
<tr><td>D1</td><td>
<table>
<tr><td>C–C</td><td>ΔEN(C–C) = EN(C) - EN(C) = 2,5 - 2,5 = 0</td><td>unpolar</td></tr>
<tr><td>O–H</td><td>ΔEN(O–H) = EN(O) - EN(H) = 3,5 - 2,1 = 1,4</td><td>polar</td></tr>
<tr><td>C–H</td><td>ΔEN(C–H) = EN(C) - EN(H) = 2,5 - 2,1 = 0,4</td><td>unpolar</td></tr>
<tr><td>Cl–C</td><td>ΔEN(Cl–C) = EN(Cl) - EN(C) = 3,0 - 2,5 = 0,5</td><td>polar</td></tr>
</table>
</td><td>/ 4</td></tr>
<tr><td>D2</td><td>Methan-Moleküle sind unpolar. Ihre sehr schwachen Ladungsschwerpunkte fallen zusammen. Sie bilden zwischen temporären Dipolen Wechselwirkungen aus. Diese sind viel schwächer als die H-Brücken, die sich zwischen den permanenten Dipolen der Wasser-Moleküle ausbilden. Die Stärke der zwischenmolekularen Wechselwirkungen beeinflusst die Siedetemperatur des Stoffes. Da Molekülmasse und Moleküloberfläche vergleichbar sind, hat Wasser eindeutig die höhere Siedetemperatur als Methan (-161,5 °C).</td><td>/ 6</td></tr>
<tr><td>E1</td><td>Von oben nach unten: 4 B – 2 A – 5 F – 1 D – 3 E – 6 C
Hinweis: Die Reihenfolge der Sätze E und B bzw. F und C kann getauscht werden.</td><td>/ 5</td></tr>
</table>

<table>
<tr><th>Aufgabe</th><th>Lösung</th></tr>
<tr><td>A1</td><td>
<table>
<tr><th>Bezeichnung</th><th>Molekülformel</th><th>Halbstrukturformel</th></tr>
<tr><td>Methan</td><td>CH_4</td><td>CH_4</td></tr>
<tr><td>Ethan</td><td>C_2H_6</td><td>$CH_3–CH_3$</td></tr>
<tr><td>Propan</td><td>C_3H_8</td><td>$CH_3–CH_2–CH_3$</td></tr>
<tr><td>n-Butan</td><td>C_4H_{10}</td><td>$CH_3–(CH_2)_2–CH_3$</td></tr>
<tr><td>n-Pentan</td><td>C_5H_{12}</td><td>$CH_3–(CH_2)_3–CH_3$</td></tr>
</table>
</td></tr>
<tr><td>A2</td><td>a) 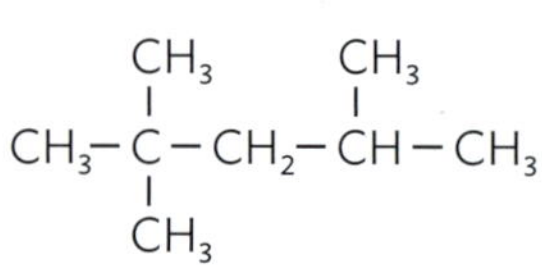 2,2,4-Trimethylpentan 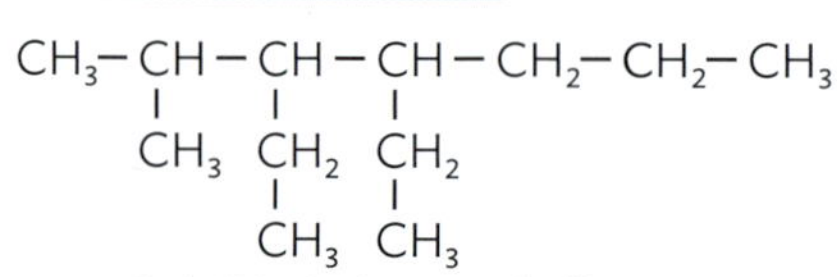 3,4-Diethyl-2-methylheptan 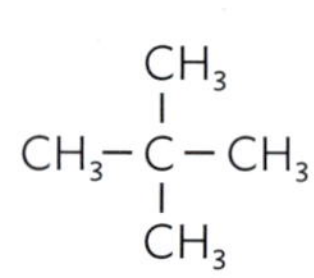 2,2-Dimethylpropan
b) Isomer des Octans — Isomer des Dodecans — Isomer des Pentans</td></tr>
</table>

Aufgabe	Lösung
A3 | A4	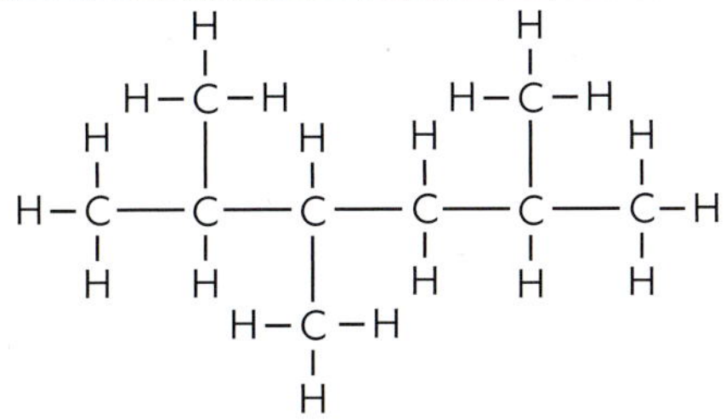 Im Methan-Molekül ist das zentrale Kohlenstoff-Atom über vier Einfachbindungen an insgesamt vier Wasserstoff-Atome gebunden. Es ergibt sich die Struktur eines Tetraeders (Bindungswinkel: 109,5°).
A5	z. B. Butan: Gemeinsamkeiten – gleiche Molekülformel (C_4H_{10}), gleiche Molekülmasse (58 u) Unterschiede – Anordnung der Atome im Molekül (*n*-Butan: unverzweigt, Isobutan: verzweigt), Eigenschaften wie z. B. die Siedetemperatur (*n*-Butan: -0,5 °C, Isobutan: -11,7 °C)
B1	Mit einer unterschiedlichen Verknüpfung der Atome im Molekül verändert sich auch dessen Oberfläche. Aufgrund einer verringerten Moleküloberfläche des 2,2,4-Trimethylpentans im Vergleich zum *n*-Octan sind die VAN-DER-WAALS-Wechselwirkungen weniger stark ausgeprägt. 2,2,4-Trimethylpentan verdunstet deshalb schneller und besitzt eine geringere Flammtemperatur.
B2	Methan (-161,5 °C), Propan (-42,1 °C), Isobutan (-11,7 °C), *n*-Butan (0,5 °C), *n*-Pentan (36,1 °C). Die Stärke der zwischenmolekularen Wechselwirkungen steigt mit zunehmender Moleküloberfläche.
B3	Wasser-Moleküle lösen die Ionen aus dem Gitter über starke Ionen-Dipol-Wechselwirkungen. Die Moleküle von Stoffen wie Pentan, Hexen und Gemische wie Benzin verfügen über unpolare Bindungen und bilden nur temporäre Dipole aus. Die VAN-DER-WAALS-Wechselwirkungen reichen nicht aus, um die elektrostatischen Anziehungskräfte der Ionen im Gitter zu überwinden.
C1	a) Der Ablauf der Reaktion ist an der spontanen Entfärbung des Gasgemisches zu sehen. b) $C_2H_6 + Br_2 \longrightarrow C_2H_5Br + HBr$ c) Bromwasserstoff bildet mit Silbernitratlösung einen weißgelblichen Niederschlag von Silberbromid. Ein Indikator zeigt durch Farbänderung eine saure Lösung an.
C2	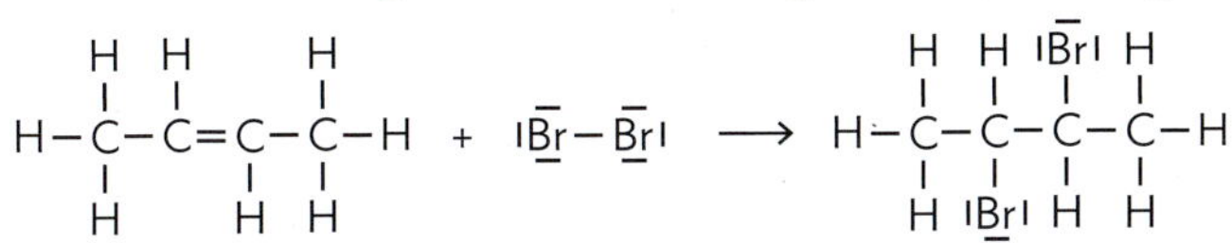 Produkt: 2,3-Dibrombutan
C3	Bei der Substitution werden Atome oder Atomgruppen durch andere Atome oder Atomgruppen ersetzt. Bei der Addition werden sie unter Aufspaltung der Doppelbindung hinzugefügt (addiert).
D1	Benzine sind kurzkettige Kohlenwasserstoff-Moleküle. Diese erhält man durch Spaltung von langkettigen Molekülen mithilfe eines Verfahren zur Stoffumwandlung, das als Cracken bezeichnet wird.
D2	B7: Dieselkraftstoff mit 7 % Biodiesel; E5/E10: Benzin mit 5/10 % Bioethanol; CNG: komprimiertes Erdgas/Methan; LPG: flüssiges Propan-Butan-Gemisch; LNG: flüssiges Erdgas/Methan; H_2: Wasserstoffgas
D3	Kraftstoffe müssen leicht verfügbar sein, brennbar sein und einen hohen Energiehalt aufweisen.
E1	a) $2\ C_8H_{18} + 25\ O_2 \longrightarrow 16\ CO_2 + 18\ H_2O$ b) $n(C_8H_{18}) = \frac{m(C_8H_{18})}{M(C_8H_{18})} = \frac{45\ g}{114\ g/mol} = 0{,}39\ mol$; $\frac{n(CO_2)}{n(C_8H_{18})} = \frac{16\ mol}{2\ mol} = 8$ $n(CO_2) = 8 \cdot n(C_8H_{18}) = 3{,}12\ mol$; $m(CO_2) = n(CO_2) \cdot M(CO_2) = 3{,}12\ mol \cdot 44\ \frac{g}{mol} = 137{,}28\ g \approx 140\ g$ ✓
E2	a) $C_3H_8 + 5\ O_2 \longrightarrow 3\ CO_2 + 4\ H_2O$ b) Da die Gasvolumina gleich den Stoffmengen sind, benötigt man für eine vollständige Verbrennung einen Anteil Propan und fünf Anteile Sauerstoff. Das Gesamtvolumen von 1,8 Litern wird also in sechs Anteile dividiert: 1,8 L : 6 = 0,3 L. 0,3 L Propan reagiert mit 1,5 L Sauerstoff.

Aufgabe	Lösung	Punkte
A1	a) richtig wäre: Alkyl-Gruppen; b) richtig wäre: die längste nicht verzweigte Kette aus Kohlenstoff-Atomen; c) Diese Aussage ist richtig.	/ 5
A2	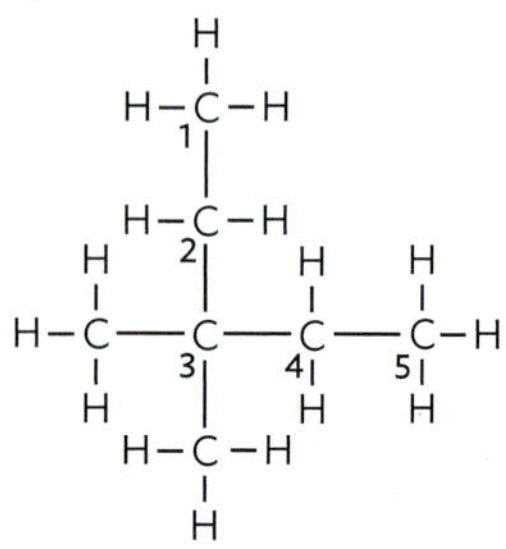 Die Ermittlung der längsten unverzweigten Kohlenstoff-Kette führt zum Stammnamen Pentan. Daher lautet die korrekte Bezeichnung 3,3-Dimethylpentan.	/ 2
A3	a) 2-Methylpent-1-en, b) 3-Ethyl-2,3,4-trimethylheptan	/ 2
B1	Molekülformel: $C_{17}H_{36}$ Halbstrukturformel: 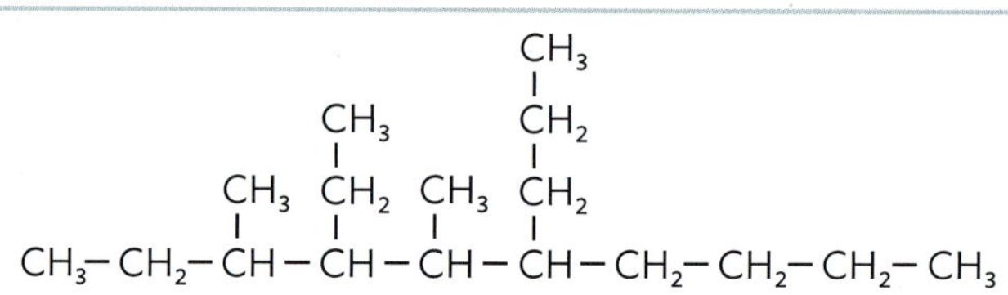	/ 4
B2	a) Die Formel enthält zu viele H-Atome. Möglich wären z. B. C_5H_{12} (Pentan), C_5H_{10} (Penten). b) Ein Kohlenstoff-Atom bildet vier Elektronenpaarbindungen aus: $CH_3–CH_2–CH=CH_2$. c) Beim C-Atom C_5 der längsten unverzweigten Kohlenstoff-Kette fehlt eine Elektronenpaarbindung zu einem weiteren H-Atom: $–CH_3$ statt $–CH_2$.	/ 3
C1	Die ersten beiden Aussagen sind richtig.	/ 2
C2	*n*-Butan (-0,5 °C), 2-Methylbutan (27,8 °C), *n*-Pentan (36,1 °C). Butan-Moleküle haben die kleinste Masse und Oberfläche und daher die schwächsten zwischenmolekularen Wechselwirkungen. 2-Methylbutan und *n*-Pentan sind Isomere: verzweigte Isomere haben eine geringere Oberfläche und folglich niedrigere Siedetemperaturen.	/ 3
C3	Pentan ist hydrophob und die H-Brücken zwischen den Wasser-Molekülen so stark, dass sich Pentan-Moleküle nicht dazwischen platzieren können. Pentan und Heptan sind lipophil. Zwischen ihren Molekülen bilden sich Wechselwirkungen zwischen temporären Dipolen aus.	/ 4
D1	Nachweis von Wasser: Prüfung der Flüssigkeit mit Watesmo-Papier. Nachweis von Kohlenstoffdioxid: Einleiten des Gases in Kalkwasser.	/ 4
D2	Ein mit Wasserstoffgas gefülltes Reagenzglas wird vorsichtig an die Flamme eines Bunsenbrenners gehalten (Knallgasprobe). $2\ H_2\ (g) + O_2\ (g) \longrightarrow 2\ H_2O\ (g)$ In ein mit Sauerstoffgas gefülltes Reagenzglas führt man einen glimmenden Holzspan ein (Glimmspanprobe).	/ 3

Aufgabe	Lösung
A1	a) 2-Methylpropan-2-ol 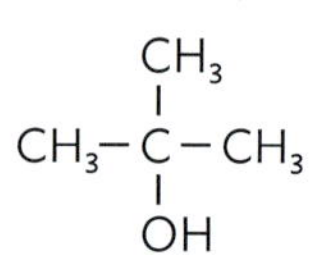 83 °C Butan-1-ol 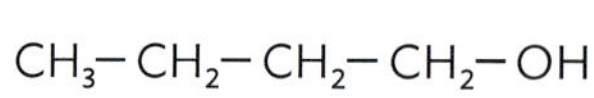 118 °C Butan-1,2,3,4-tetraol 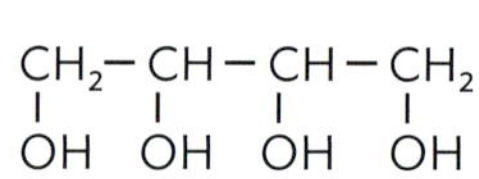 330 °C

Aufgabe	Lösung
A1	b) Die Verzweigung beim 2-Methylpropan-2-ol-Molekül führt zu geringeren Wechselwirkungen unter den Molekülen als beim isomeren Butan-1-ol-Molekül. Zwischen Butan-1,2,3,4-tetraol-Molekülen wirken die stärkeren H-Brücken. c) Löslichkeit, Viskosität.
B1	Kraftstoff, Brennspiritus: brennbar; Desinfektionsmittel: antibakteriell; in Medikamenten, in Parfüm: hydrophil; Haushaltsreiniger: lipophil; Getränk: berauschend
B2	a) vgl. S. 418 b) Die polare Doppelbindung zwischen dem C-Atom und dem O-Atom der Carbonyl-Gruppe sorgt für einen permanenten Dipol-Molekülanteil. Mit den beiden unpolaren Methyl-Gruppen im Molekül ist Aceton daher für hydrophile und lipophile Stoffe als Lösemittel geeignet.
C1	a) Butanal b) 4,5-Dihydroxyhexan-2-on c) 3-Methylbutan-2-ol
C2	a) 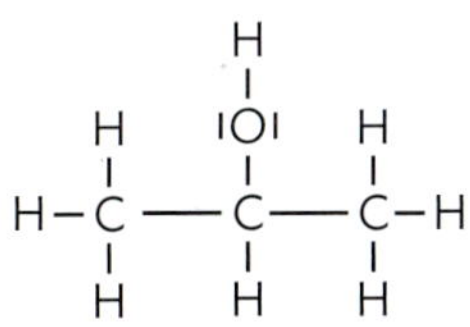 b) 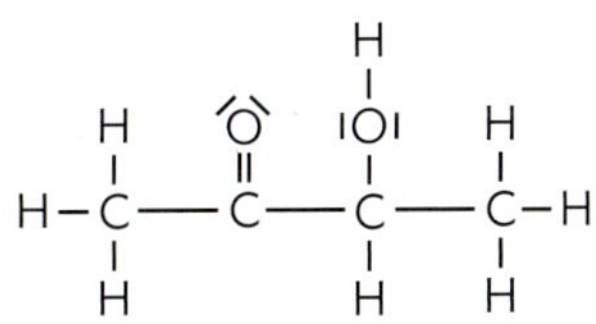 c) 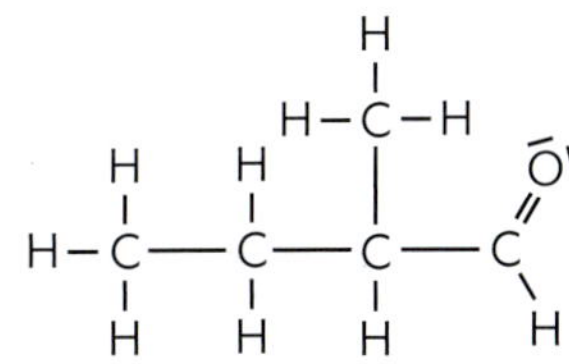
D1	a) Butanal: Aldehyd-Gruppe – Wechselwirkungen zw. permanenten Dipolen Hexan-1,2-diol: zwei Hydroxy-Gruppen – H-Brücken 3-Methylpentan-2-on: Keto-Gruppe – Wechselwirkungen zw. permanenten Dipolen b) Butanal 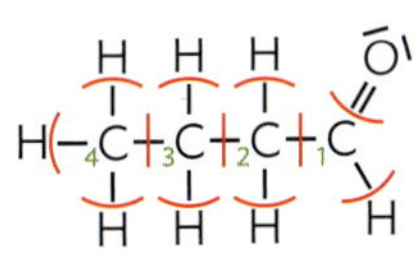 H: +I, O: -II, $_{1}$C: +I, $_{2}$C/$_{3}$C: -II, $_{4}$C: -II Hexan-1-2-diol 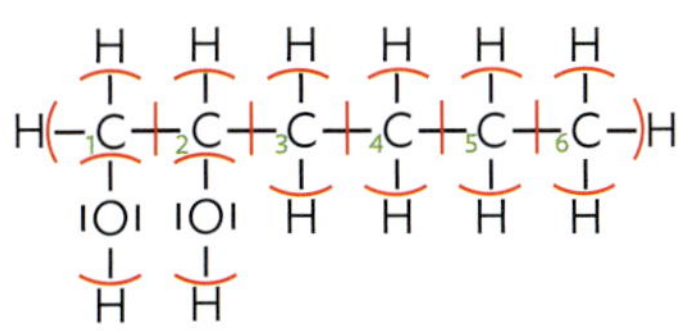 H: +I, O: -II, $_{1}$C: -I, $_{2}$C: 0, $_{3}$C bis $_{5}$C : -II, $_{6}$C: -III 3-Methylpentan-2-on 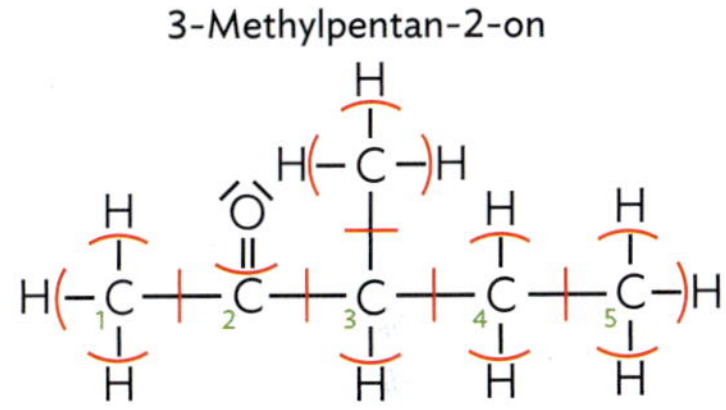 H: +I, O: -II, C/$_{1}$C/$_{5}$C: -III, $_{2}$C: +II, $_{3}$C: -I, $_{4}$C: -II c) Hydroxy-Gruppe: C_1-Atom –I, C_2-Atom 0; Aldehyd-Gruppe: +I; Keto-Gruppe: +II
E1	Die Probe wird mit ammoniakalischer Silbernitratlösung versetzt und im Wasserbad auf ca. 70 °C erhitzt. Bei einem positiven Nachweis beobachtet man die Bildung eines silbernen Belags.
E2	In beiden Fällen werden in einer Redoxreaktion Aldehyd-Moleküle oxidiert. Bei der TOLLENS-Probe werden Silber-Ionen zu Silber-Atomen (Bildung eines Silberspiegels), bei der BENEDICT-Probe Kupfer(II)- zu Kupfer(I)-Ionen reduziert (rotbrauner Niederschlag).
F1	Eine Aldehyd-Gruppe, fünf Hydroxy-Gruppen
F2	Ursache für die gute Wasserlöslichkeit sind die fünf polaren Hydroxy-Gruppen, die mit Wasser-Molekülen H-Brücken ausbilden.
G1	Butan-1-ol: $C_4H_9OH + CuO \longrightarrow C_3H_7CHO + Cu + H_2O$ (Produkt = Butanal) Butan-2-ol: $C_4H_9OH + CuO \longrightarrow CH_3COC_2H_5 + Cu + H_2O$ (Produkt = Butan-2-on)

Aufgabe	Lösung	Punkte
A1	Wässrige Lösungen von Säuren gehören zu den sauren Lösungen, enthalten Oxonium-Ionen und reagieren mit unedlen Metallen zu Wasserstoff und einem gelösten Salz. $Mg (s) + 2\ H_3O^+ (aq) + 2\ Cl^- (aq) \longrightarrow Mg^{2+} (aq) + H_2 (g) + 2\ Cl^- (aq) + 2\ H_2O (l)$	/ 4
A2	a) Oxonium-Ionen H_3O^+ entstehen, wenn Protonen auf Wasser-Moleküle übertragen werden. Sie sind verantwortlich für das typische Verhalten saurer Lösungen. b) Der *p*H-Wert ist ein Zahlenwert, der angibt, wie sauer (0 – 6) oder alkalisch (8 – 14) eine Lösung ist oder ob eine neutrale Lösung (7) vorliegt. c) Ein Indikator ist ein Stoff, der durch Farbänderung anzeigt, ob eine Lösung sauer, alkalisch oder neutral ist. d) Bei einer Neutralisation reagieren gleiche Stoffmengen Oxonium- und Hydroxid-Ionen miteinander zu Wasser-Molekülen.	/ 4
B1	Alkanole: –Ō–H Alkanale: 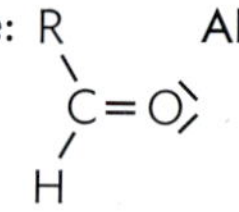 Alkanone: 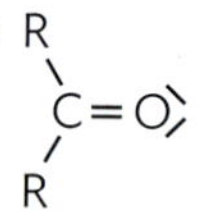	/ 3
B2	a) 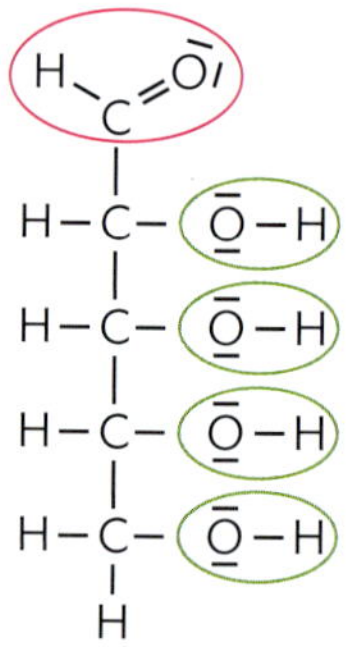 Aldehyd-Gruppe Hydroxy-Gruppe b) 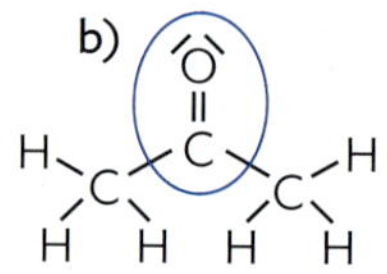 Carbonyl-Gruppe bzw. mit eingekreisten benachbarten C-Atomen Keto-Gruppe	/ 4
C1	Ethanol-Moleküle sind aus einer polaren Hydroxy- und einer unpolaren Ethyl-Gruppe zusammengesetzt und daher in hydrophilen und lipophilen Lösemitteln löslich. Mischt man Heptan mit Wasser, sind die H-Brücken zwischen den Wasser-Molekülen so stark, dass sich die Heptan-Moleküle nicht dazwischen platzieren können.	/ 4
C2	a) Je langkettiger die Moleküle einer homologen Reihe sind, desto stärker werden die zwischenmolekularen Wechselwirkungen aufgrund der größeren Oberfläche. b) Die drei Moleküle haben ähnliche Molekülmassen, unterscheiden sich jedoch in den zwischenmolekularen Wechselwirkungen (Ethan: temporäre Dipole, Methanal: permanenten Dipole, Methanol: H-Brücken).	/ 4
C3	*zu, zwischenmolekularen Wechselwirkungen, Wasserstoffbrücken, ab, Polarität, ab*	/ 6
D1	a) 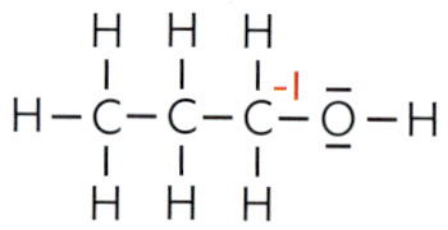 Propan-1-ol 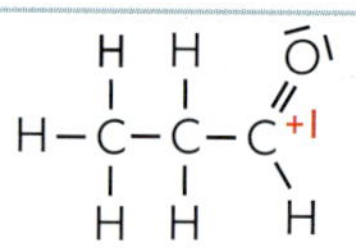 Propanal b) Redoxreaktion = Erhöhung der Oxidationszahl	/ 6

Aufgabe	Lösung
A1	a) Branntweinessig und Essigessenz sind jeweils wässrige Lösungen von Essigsäure. Ein Liter Branntweinessig enthält 50 mL Essigsäure, während 400 g Essigessenz 100 g Essigsäure enthalten. b) Branntweinessig: Einlegen von sauren Lebensmittel, z. B. Gurken; Essigessenz: Entfernung von Kalkrückständen an Armaturen

Aufgabe	Lösung
B1	Die Carboxy-Gruppe –COOH ist aus einer Carbonyl- (>C=O) und einer Hydroxy-Gruppe (–OH) zusammengesetzt (vgl. **B2** auf S. 436)
B2	Mit Zunahme der Kettenlänge nimmt der Einfluss der polaren Carboxy-Gruppe auf das Löslichkeitsverhalten einer Carbonsäure ab (⟶ H-Brücken), der Einfluss der unpolaren Alkyl-Gruppe nimmt zu (⟶ Wechselwirkungen zwischen temporären Dipolen).
B3	Die Carboxy-Gruppe eines Ethansäure-Moleküls kann über H-Brücken mit der Carboxy-Gruppe eines anderen Essigsäure-Moleküls Dimere bilden. Diese besitzen eine größere Oberfläche bzw. Masse als Ethanol-Moleküle, was stärkere zwischenmolekulare Wechselwirkungen bewirkt.
B4	a) $HCOOH\ (l) + H_2O\ (l) \longrightarrow HCOO^-\ (aq) + H_3O^+\ (aq)$ b) In beiden Fällen werden Oxonium-Ionen H_3O^+ gebildet, die Säurerest-Ionen sind jedoch unterschiedlich ($HCOO^-$ bei der Ameisensäure und Cl^- bei der Salzsäure).
C1	a) Essigsäurebakterien oxidieren das im Wein vorhandene Ethanol zu Essigsäure (Ethansäure). b) Edukt Ethanol: 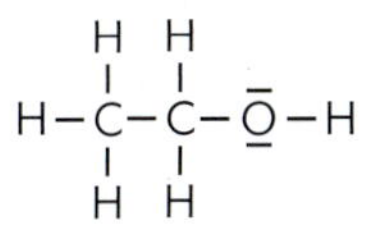 Zwischenprodukt Ethanal: 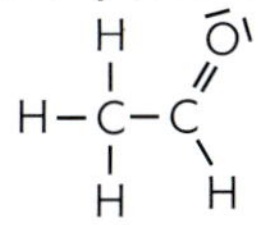 Produkt Ethansäure: 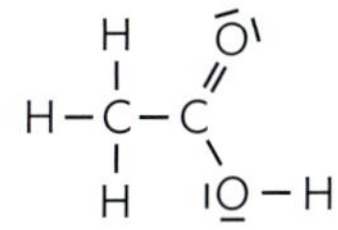
C2	a) Zu Propan-1-ol und Propan-2-ol wird Kaliumpermanganatlösung gegeben. Mit Propan-1-ol entsteht gelbes Mangan(IV)-oxid (links oben), mit Propan-2-ol grüne Mangan(VI)-Verbindungen (rechts oben). Propan-1-ol wird dabei zu Propansäure, Propan-2-ol zu Propan-2-on oxidiert. b) Nur bei einer Oxidation von Propan-1-ol zu Propanal, z. B. mit Kupfer(II)-oxid, lässt sich das Oxidationsprodukt mit der TOLLENS-Probe nachweisen.
C3	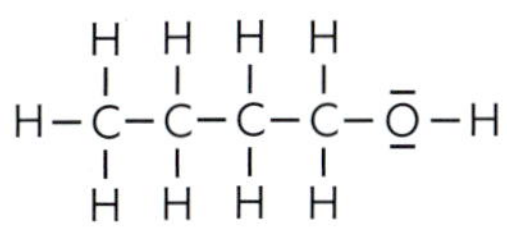 Butan-1-ol 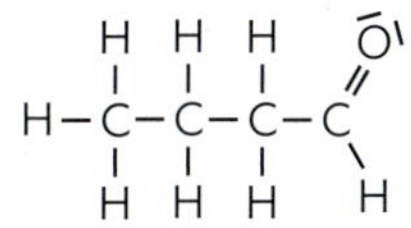 Butanal 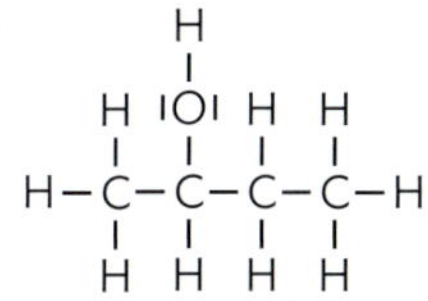 Butan-2-ol 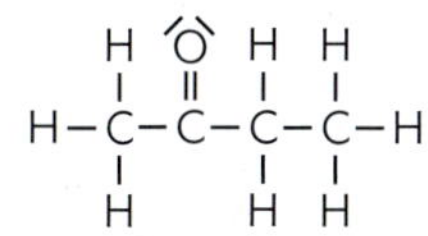 Butan-2-on
D1 | D2	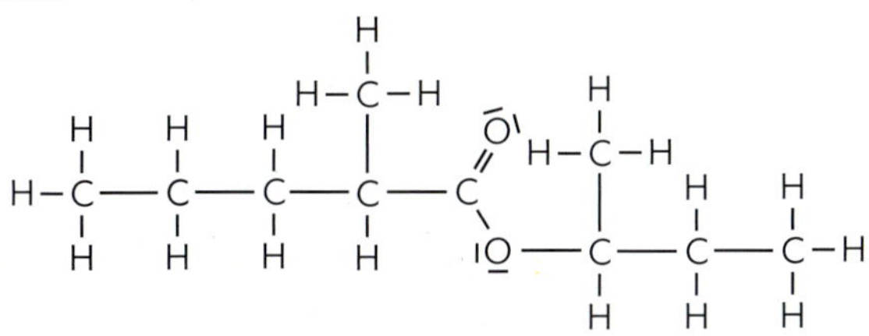 Ethansäure $CH_3{-}COOH$ 3-Methylbutanol $CH_3{-}CH(CH_3){-}CH_2{-}CH_2{-}OH$
D3	a) 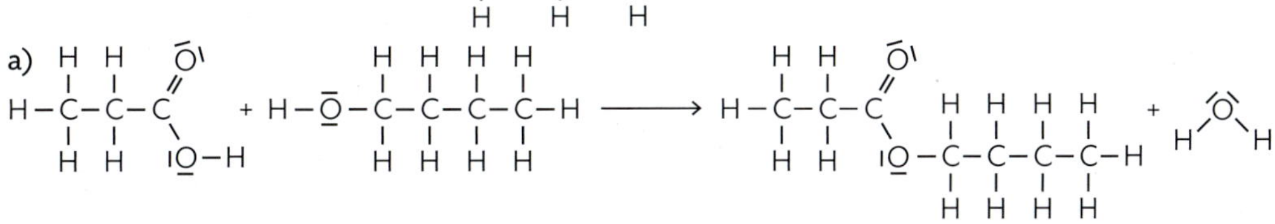 b) Durch die Verbindung des Säure- und des Alkohol-Moleküls zu einem Ester-Molekül wird ein Wasser-Molekül abgespalten (Kondensation), das sich aus der OH-Gruppe der Säure und dem H-Atom der OH-Gruppe des Alkohols zusammensetzt.
E1	Löslichkeitsverhalten: Aufgrund der nur gering polaren Ester-Gruppe überwiegt der Einfluss der unpolaren Alkyl-Reste. Der Essigsäureethylester ist lipophil. Niedrige Siedetemperatur: Es bilden sich ausschließlich VAN-DER-WAALS-Wechselwirkungen zwischen den Ester-Molekülen.
E2	Je längerkettig die Alkyl-Gruppen bei Wachsen bzw. die Fettsäure-Reste bei Fetten oder Ölen sind, desto größer sind Wechselwirkungen zwischen den temporären Dipolen dieser Molekülteile und desto höher sind die Schmelztemperaturen.

GHS - Das international gültige System zur Bezeichnung von Gefahrstoffen

Es gibt viele verschiedene Länder auf der Welt, die alle mit Gefahrstoffen arbeiten und mit diesen untereinander Handel treiben. Um weltweit sichere Handhabung, Transport und Entsorgung zu gewährleisten, wurde das international gültige GHS-System ins Leben gerufen. Inzwischen sind die GHS-Angaben auf allen Chemikalienverpackungen Pflicht, die in den Verkauf gebracht werden, egal ob es Reinstoffe sind oder ob es sich um Stoffgemische handelt.
Eine Pflicht zur Umettiketierung von dem zuvor in Deutschland gültigen System existiert nicht. Es dürfen jedoch nicht beide Systeme auf ein und derselben Verpackung verwendet werden.

Die Gefahrstoffkennzeichnungen erfolgen über Piktogramme, ein Signalwort sowie über H- und P Sätze, die über die Gefahren (Hazards) und Sicherheitsmaßnahmen (Precautions) Auskunft geben, wobei letztere ebenfalls über Piktogramme erfolgen können.

Piktogramme

GHS 1
Instabile explosive Stoffe und Gemische
Explosive Stoffe/Gemische und Erzeugnisse mit Explosivstoff
Selbstzersetzliche Stoffe und Gemische
Organische Peroxide

GHS 2
Entzündbare Gase/Aerosole/Flüssigkeiten/Feststoffe
Selbstzersetzliche Stoffe und Gemische
Pyrophore Flüssigkeiten/Feststoffe
Selbsterhitzungsfähige Stoffe und Gemische
Stoffe und Gemische, die bei Berührung mit Wasser entzündbare Gase abgeben
Organische Peroxide

GHS 3
Oxidierende Gase/Flüssigkeiten/Feststoffe

GHS 4
Gase unter Druck: verdichtete Gase/verflüssigte Gase/tiefgekühlt verflüssigte Gase/gelöste Gase

GHS 5
Auf Metalle korrosiv wirkend
Hautätzend
Schwere Augenschädigung

GHS 6
Akute Toxizität (oral, dermal, inhalativ)

GHS 7
Akute Toxizität (oral, dermal, inhalativ)
Reizung der Haut
Augenreizung
Sensibilisierung der Haut
Spezifische Zielorgan-Toxizität (einmalige Exposition)
Atemwegsreizung
Narkotisierende Wirkungen

GHS 8
Sensibilisierung der Atemwege
Keimzellmutagenität
Karzinogenität
Reproduktionstoxizität
Spezifische Zielorgan-Toxizität (einmalige Exposition)
Spezifische Zielorgan-Toxizität (wiederholte Exposition)
Aspirationsgefahr

GHS 9
Gewässergefährdend
— akut gewässergefährdend
— chronisch gewässergefährdend

Signalwörter

Die oben angegebenen Piktogramme werden mit Signalwörtern unterstützt, die eine relative Abstufung der von dem Stoff/der Mixtur ausgehenden Gefahr angeben sollen. Diese Wörter können jedoch auch ohne Piktogramm auftauchen:
Achtung warnt vor weniger schwerwiegenden Gefahrenkategorien, z. B. gesundheitsschädlich.
Gefahr warnt vor schwerwiegenden Gefahrenkategorien, z. B. giftig.

Hazard-Statements (H-Sätze, Gefahrensätze)

Die Gefahrsätze besitzen einen Code, der bereits bei den R- und S-Sätzen Verwendung fand. So sind jegliche H-Sätze mit dem Buchstaben H und einer dreistelligen Nummer versehen, wobei die erste Ziffer den Typ der Gefahr angibt. Sätze, die mit H2 beginnen, beziehen sich somit auf physikalische Gefahren (Explosionen, Feuergefahr etc.), Sätze, die mit H3 beginnen, auf gesundheitliche Gefahren (giftig, krebserregend etc.) und Sätze, die mit H4 beginnen, bezeichnen Umweltgefahren.

Precautionary-Statements (P-Sätze, Sicherheitssätze)

Ähnlich wie bei den Hazard-Statements findet sich auch hier ein dreistelliger Code. Die erste Ziffer gibt dabei an, um was für einen Typ dieser Sicherheitssätze es sich handelt.
Beginnend mit P1(Allgemeines) sind generelle Angaben, beginnend mit P2(Prävention) sind Sätze, die Vorbeugung und Vermeidung von Gefahren beschreiben. P3(Reaktion)-Sätze beschreiben Vorgehensweisen, wie auf bestehende Gefahren zu reagieren ist (Metallbrände mit Sand löschen). P4(Aufbewahrung)-Sätze bezeichnen Maßnahmen zur sicheren Lagerung und P5(Entsorgung)-Sätze beschreiben Maßnahmen zur Entsorgung. Kombinationen der H- bzw. P-Sätze werden durch ein Plus-Zeichen angegeben (z. B. P402 + P404).

Gebotszeichen

Schutzbrille

Schutzhandschuhe

Abzug

Lüftungsmaßnahmen

Liste der Hazard-Statements (Gefahrsätze)

H200 Instabil, explosiv.
H201 Explosiv, Gefahr der Massenexplosion.
H202 Explosiv, große Gefahr durch Splitter, Spreng- und Wurfstücke.
H203 Explosiv, Gefahr durch Feuer, Luftdruck oder Splitter, Spreng- und Wurfstücke.
H204 Gefahr durch Splitter, Spreng- und Wurfstücke.
H205 Gefahr der Massenexplosion bei Feuer.

H220 Extrem entzündbares Gas.
H221 Entzündbares Gas.
H222 Extrem entzündbares Aerosol.
H223 Entzündbares Aerosol.
H224 Flüssigkeit und Dampf extrem entzündbar.
H225 Flüssigkeit und Dampf leicht entzündbar.
H226 Flüssigkeit und Dampf entzündbar.
H228 Entzündbarer Feststoff.

H240 Erwärmung kann Explosion verursachen.
H241 Erwärmung kann Brand oder Explosion verursachen.
H242 Erwärmung kann Brand verursachen.
H250 Entzündet sich in Berührung mit Luft von selbst.
H251 Selbsterhitzungsfähig; kann in Brand geraten.
H252 In großen Mengen selbsterhitzungsfähig; kann in Brand geraten.

H260 In Berührung mit Wasser entstehen entzündbare Gase, die sich spontan entzünden können.
H261 In Berührung mit Wasser entstehen entzündbare Gase.

H270 Kann Brand verursachen oder verstärken; Oxidationsmittel.
H271 Kann Brand oder Explosion verursachen; starkes Oxidationsmittel.
H272 Kann Brand verstärken; Oxidationsmittel.

H280 Enthält Gas unter Druck; kann bei Erwärmung explodieren.
H281 Enthält tiefkaltes Gas; kann Kälteverbrennungen oder verletzungen verursachen.

H290 Kann gegenüber Metallen korrosiv sein.

H300 Lebensgefahr bei Verschlucken.
H301 Giftig bei Verschlucken.
H302 Gesundheitsschädlich bei Verschlucken.
H304 Kann bei Verschlucken und Eindringen in die Atemwege tödlich sein.

H310 Lebensgefahr bei Hautkontakt.
H311 Giftig bei Hautkontakt.
H312 Gesundheitsschädlich bei Hautkontakt.
H314 Verursacht schwere Verätzungen der Haut und schwere Augenschäden.
H315 Verursacht Hautreizungen.
H317 Kann allergische Hautreaktionen verursachen.
H318 Verursacht schwere Augenschäden.
H319 Verursacht schwere Augenreizung.

H330 Lebensgefahr bei Einatmen.
H331 Giftig bei Einatmen.
H332 Gesundheitsschädlich bei Einatmen.
H334 Kann bei Einatmen Allergie, asthmaartige Symptome oder Atembeschwerden verursachen.
H335 Kann die Atemwege reizen.
H336 Kann Schläfrigkeit und Benommenheit verursachen.

H340 Kann genetische Defekte verursachen *<Expositionsweg angeben, sofern schlüssig belegt ist, dass diese Gefahr bei keinem anderen Expositionsweg besteht>*.
H341 Kann vermutlich genetische Defekte verursachen *<Expositionsweg angeben, sofern schlüssig belegt ist, dass diese Gefahr bei keinem anderen Expositionsweg besteht>*.
H350 Kann Krebs erzeugen *<Expositionsweg angeben, sofern schlüssig belegt ist, dass diese Gefahr bei keinem anderen Expositionsweg besteht>*.
H351 Kann vermutlich Krebs erzeugen *<Expositionsweg angeben, sofern schlüssig belegt ist, dass diese Gefahr bei keinem anderen Expositionsweg besteht>*.

H360 Kann die Fruchtbarkeit beeinträchtigen oder das Kind im Mutterleib schädigen *<konkrete Wirkung angeben, sofern bekannt> <Expositionsweg angeben, sofern schlüssig belegt ist, dass diese Gefahr bei keinem anderen Expositionsweg besteht>*.
H361 Kann vermutlich die Fruchtbarkeit beeinträchtigen oder das Kind im Mutterleib schädigen *<konkrete Wirkung angeben, sofern bekannt> <Expositionsweg angeben, sofern schlüssig belegt ist, dass diese Gefahr bei keinem anderen Expositionsweg besteht>*.
H362 Kann Säuglinge über die Muttermilch schädigen.

H370 Schädigt die Organe *<oder alle betroffenen Organe nennen, sofern bekannt> <Expositionsweg angeben, sofern schlüssig belegt ist, dass diese Gefahr bei keinem anderen Expositionsweg besteht>*.
H371 Kann die Organe schädigen *<oder alle betroffenen Organe nennen, sofern bekannt> <Expositionsweg angeben, sofern schlüssig belegt ist, dass diese Gefahr bei keinem anderen Expositionsweg besteht>*.
H372 Schädigt die Organe *<alle betroffenen Organe nennen, sofern bekannt> bei längerer oder wiederholter Exposition <Expositionsweg angeben, sofern schlüssig belegt ist, dass diese Gefahr bei keinem anderen Expositionsweg besteht>*.
H373 Kann die Organe schädigen *<alle betroffenen Organe nennen, sofern bekannt> bei längerer oder wiederholter Exposition <Expositionsweg angeben, sofern schlüssig belegt ist, dass diese Gefahr bei keinem anderen Expositionsweg besteht>*.

H400 Sehr giftig für Wasserorganismen.

H410 Sehr giftig für Wasserorganismen, mit langfristiger Wirkung.
H411 Giftig für Wasserorganismen, mit langfristiger Wirkung.
H412 Schädlich für Wasserorganismen, mit langfristiger Wirkung.
H413 Kann für Wasserorganismen schädlich sein, mit langfristiger Wirkung.

EUH-Sätze (Ergänzende Gefahrenmerkmale und Kennzeichnungselemente)

EUH001 In trockenem Zustand explosiv.
EUH006 Mit und ohne Luft explosionsfähig.
EUH014 Reagiert heftig mit Wasser.
EUH018 Kann bei Verwendung explosionsfähige / entzündbare Dampf /Luft-Gemische bilden.
EUH019 Kann explosionsfähige Peroxide bilden.
EUH044 Explosionsgefahr bei Erhitzen unter Einschluss.
EUH029 Entwickelt bei Berührung mit Wasser giftige Gase.
EUH031 Entwickelt bei Berührung mit Säure giftige Gase.
EUH032 Entwickelt bei Berührung mit Säure sehr giftige Gase.
EUH066 Wiederholter Kontakt kann zu spröder oder rissiger Haut führen.
EUH070 Giftig bei Berührung mit den Augen.
EUH071 Wirkt ätzend auf die Atemwege.
EUH059 Die Ozonschicht schädigend.
EUH201 Enthält Blei. Nicht für den Anstrich von Gegenständen verwenden, die von Kindern gekaut oder gelutscht werden könnten.
EUH201A Achtung! Enthält Blei.
EUH202 Cyanacrylat. Gefahr. Klebt innerhalb von Sekunden Haut und Augenlider zusammen. Darf nicht in die Hände von Kindern gelangen.
EUH203 Enthält Chrom(VI). Kann allergische Reaktionen hervorrufen.
EUH204 Enthält Isocyanate. Kann allergische Reaktionen hervorrufen.
EUH205 Enthält epoxidhaltige Verbindungen. Kann allergische Reaktionen hervorrufen.
EUH206 Achtung! Nicht zusammen mit anderen Produkten verwenden, da gefährliche Gase (Chlor) freigesetzt werden können.
EUH207 Achtung! Enthält Cadmium. Bei der Verwendung entstehen gefährliche Dämpfe. Hinweise des Herstellers beachten. Sicherheitsanweisungen einhalten.
EUH208 Enthält (Name des sensibilisie-

renden Stoffes). Kann allergische Reaktionen hervorrufen.

EUH209 Kann bei Verwendung leicht entzündbar werden.

EUH209A Kann bei Verwendung entzündbar werden.

EUH210 Sicherheitsdatenblatt auf Anfrage erhältlich.

EUH401 Zur Vermeidung von Risiken für Mensch und Umwelt die Gebrauchsanleitung einhalten.

Liste der Precautionary-Statements (Sicherheitssätze)

P101 Ist ärztlicher Rat erforderlich, Verpackung oder Kennzeichnungsettikett bereithalten.
P102 Darf nicht in die Hände von Kindern gelangen.
P103 Vor Gebrauch Kennzeichnungsetikett lesen.

P201 Vor Gebrauch besondere Anweisungen einholen.
P202 Vor Gebrauch alle Sicherheitshinweise lesen und verstehen.

P210 Von Hitze/Funken/offener Flamme/heißen Oberflächen fernhalten. Nicht rauchen.
P211 Nicht gegen offene Flamme oder andere Zündquelle sprühen.

P220 Von Kleidung/.../brennbaren Materialien fernhalten/entfernt aufbewahren.
P221 Mischen mit brennbaren Stoffen/... unbedingt vermeiden.
P222 Kontakt mit Luft nicht zulassen.
P223 Kontakt mit Wasser wegen heftiger Reaktion und möglichem Aufflammen unbedingt verhindern.

P230 Feucht halten mit ...
P231 Unter inertem Gas handhaben.
P232 Vor Feuchtigkeit schützen.
P233 Behälter dicht verschlossen halten.
P234 Nur im Originalbehälter aufbewahren.
P235 Kühl halten.

P240 Behälter und zu befüllende Anlage erden.
P241 Explosionsgeschützte elektrische Betriebsmittel/ Lüftungsanlagen/ Beleuchtung/... verwenden.
P242 Nur funkenfreies Werkzeug verwenden.
P243 Maßnahmen gegen elektrostatische Aufladung treffen.
P244 Druckminderer frei von Fett und Öl halten.

P250 Nicht schleifen/stoßen/.../reiben
P251 Behälter steht unter Druck: Nicht durchstechen oder verbrennen, auch nicht nach der Verwendung.

P260 Staub/Rauch/Gas/Dampf/Aerosol nicht einatmen.
P261 Einatmen von Staub/Rauch/Gas/Dampf/ Aerosol vermeiden.
P262 Nicht in die Augen, auf die Haut oder auf die Kleidung gelangen lassen.
P263 Kontakt während der Schwangerschaft/und der Stillzeit vermeiden.
P264 Nach Gebrauch ... gründlich waschen.

P270 Bei Gebrauch nicht essen, trinken oder rauchen.
P271 Nur im Freien oder in gut belüfteten Räumen verwenden.
P272 Kontaminierte Arbeitskleidung nicht außerhalb des Arbeitsplatzes tragen.
P273 Freisetzung in die Umwelt vermeiden.

P280 Schutzhandschuhe/Schutzkleidung/Augenschutz/Gesichtsschutz tragen.
P281 Vorgeschriebene persönliche Schutzausrüstung verwenden.
P282 Schutzhandschuhe/Gesichtsschild/Augenschutz mit Kälteisolierung tragen.
P283 Schwer entflammbare/flammhemmende Kleidung tragen.
P284 Atemschutz tragen.
P285 Bei unzureichender Lüftung Atemschutz tragen.

P301 BEI VERSCHLUCKEN:
P302 BEI BERÜHRUNG MIT DER HAUT:
P303 BEI BERÜHRUNG MIT DER HAUT (oder dem Haar):
P304 BEI EINATMEN:
P305 BEI KONTAKT MIT DEN AUGEN:
P306 BEI KONTAMINIERTER KLEIDUNG:
P307 Bei Exposition:
P308 Bei Exposition oder falls betroffen:
P309 Bei Exposition oder Unwohlsein:
P310 Sofort GIFTINFORMATIONS-ZENTRUM oder Arzt anrufen.
P311 GIFTINFORMATIONS-ZENTRUM oder Arzt anrufen.
P312 Bei Unwohlsein GIFTINFORMATIONS-ZENTRUM oder Arzt anrufen.
P313 Ärztlichen Rat einholen/ärztliche Hilfe hinzuziehen.
P314 Bei Unwohlsein ärztlichen Rat einholen/ärztliche Hilfe hinzuziehen.
P315 Sofort ärztlichen Rat einholen/ärztliche Hilfe hinzuziehen.

P320 Besondere Behandlung dringend erforderlich (siehe ... auf diesem Kennzeichnungsetikett).
P321 Besondere Behandlung (siehe ... auf diesem Kennzeichnungsetikett).
P322 Gezielte Maßnahmen (siehe ... auf diesem Kennzeichnungsetikett).

P330 Mund ausspülen.
P331 KEIN Erbrechen herbeiführen.
P332 Bei Hautreizung:
P333 Bei Hautreizung oder -ausschlag:
P334 In kaltes Wasser tauchen/nassen Verband anlegen.
P335 Lose Partikel von der Haut abbürsten.
P336 Vereiste Bereiche mit lauwarmem Wasser auftauen. Betroffenen Bereich nicht reiben.
P337 Bei anhaltender Augenreizung:
P338 Eventuell vorhandene Kontaktlinsen nach Möglichkeit entfernen. Weiter ausspülen.

P340 Die betroffene Person an die frische Luft bringen und in einer Position ruhigstellen, die das Atmen erleichtert.
P341 Bei Atembeschwerden an die frische Luft bringen und in einer Position ruhigstellen, die das Atmen erleichtert.
P342 Bei Symptomen der Atemwege:

P350 Behutsam mit viel Wasser und Seife waschen.
P351 Einige Minuten lang behutsam mit Wasser ausspülen.
P352 Mit viel Wasser und Seife waschen.
P353 Haut mit Wasser abwaschen/duschen.

P360 Kontaminierte Kleidung und Haut sofort mit viel Wasser waschen und danach Kleidung ausziehen.
P361 Alle kontaminierten Kleidungsstücke sofort ausziehen.
P362 Kontaminierte Kleidung ausziehen und vor erneutem Tragen waschen.
P363 Kontaminierte Kleidung vor erneutem Tragen waschen.

P370 Bei Brand:
P371 Bei Großbrand und großen Mengen:
P372 Explosionsgefahr bei Brand.
P373 KEINE Brandbekämpfung, wenn das Feuer explosive Stoffe/ Gemische/Erzeugnisse erreicht.
P374 Brandbekämpfung mit üblichen Vorsichtsmaßnahmen aus angemessener Entfernung.
P375 Wegen Explosionsgefahr Brand aus der Entfernung bekämpfen.
P376 Undichtigkeit beseitigen, wenn gefahrlos möglich.
P377 Brand von ausströmendem Gas: Nicht löschen, bis Undichtigkeit gefahrlos beseitigt werden kann.
P378 ... zum Löschen verwenden.

P380 Umgebung räumen.
P381 Alle Zündquellen entfernen, wenn gefahrlos möglich.

P390 Verschüttete Mengen aufnehmen, um Materialschäden zu vermeiden.
P391 Verschüttete Mengen aufnehmen.

P401 ... aufbewahren.
P402 An einem trockenen Ort aufbewahren.
P403 An einem gut belüfteten Ort aufbewahren.
P404 In einem geschlossenen Behälter aufbewahren.
P405 Unter Verschluss aufbewahren.
P406 In korrosionsbeständigem/ ... Behälter mit korrosionsbeständiger Auskleidung aufbewahren.
P407 Luftspalt zwischen Stapeln/Paletten lassen.

P410 Vor Sonnenbestrahlung schützen.
P411 Bei Temperaturen von nicht mehr als ... °C/... aufbewahren.
P412 Nicht Temperaturen von mehr als 50 °C aussetzen.
P413 Schüttgut in Mengen von mehr als ... kg bei Temperaturen von nicht mehr als ... °C aufbewahren.

P420 Von anderen Materialien entfernt aufbewahren.
P422 Inhalt in/unter ... aufbewahren.
P 501 Inhalt/Behälter ... zuführen.

Entsorgung von Gefahrstoffabfällen

Nach einem Experiment hat man neben den Reaktionsprodukten häufig auch noch Reste der Edukte vorliegen. Selbst wenn nur einer dieser Stoffe zu den Gefahrstoffen gehört, darf der Abfall nicht einfach in den Ausguss oder in die Restmülltonne gegeben werden. Diese Abfälle werden in speziell gekennzeichneten Behältern gesammelt und müssen von Entsorgungsunternehmen abgeholt werden.
Aus Umwelt- und Kostengründen sollte die Entstehung unnötiger Gefahrstoffabfälle vermieden werden.

B1 Fässer zum Sammeln von Gefahrstoffabfällen

So geht's Auf den VERSUCHE UND MATERIAL-Seiten in diesem Buch werden bei jedem Versuch entsprechende Entsorgungshinweise in Form von Kürzeln gegeben. Die folgende Übersicht erklärt deren Bedeutung:

A: Ausguss
Ungefährliche und wasserlösliche Stoffe dürfen über den Ausguss dem kommunalen Abwassernetz zugeführt werden.
Beispiele: Zucker, Natriumchloridlösung, Rotkohlsaft, Backpulver, Lebensmittel wie Milch oder Tee

R: Restmüll
Unproblematische und ungefährliche Feststoffe werden im Restmüll entsorgt.
Beispiele: Filterpapier, Indikatorpapier, Sand, Aluminiumfolie

G1: Gefäß für saure und alkalische Lösungen
In diesem Gefäß werden saure und alkalische Lösungen gesammelt. Bevor der Behälter vollständig gefüllt ist, muss der Inhalt von der Lehrkraft neutralisiert werden.
Beispiele: Salzsäure, Natronlauge

G2: Gefäß für giftige anorganische Stoffe
Gifte und umweltschädliche Chemikalien, z. B. Schwermetallsalze und deren Lösungen, werden in Gefäß 2 gesammelt, das alkalisch gehalten werden muss.
Beispiele: Kupfersulfat, Kupfersulfid, Zinksulfid, Zinkoxid

G3: Gefäß für halogenfreie organische Stoffe
In diesem Gefäß werden wasserlösliche und wasserunlösliche organische Stoffe gesammelt, die keine Halogene enthalten.
Beispiele: Brennspiritus, Octan, Benzin

G4: Gefäß für halogenhaltige organische Stoffe
Organische Verbindungen, die Halogene enthalten, werden in Gefäß 4 bis zur endgültigen Entsorgung durch ein Unternehmen aufbewahrt.
Beispiele: Bromheptan, Polyvinylchlorid (PVC)

2-Methylpropan-2-ol, **$C_4H_{10}O$** GEFAHR G3
H225, H332, H319, H335
P210, P305+P351+P338, P403+P233

Abflussreiniger, vgl. Natriumhydroxid

Aceton, vgl. Propanon

Aktivkohle, **C**
(kein gefährlicher Stoff nach GHS)

Aluminium (Blech, Folie), **Al**
(kein gefährlicher Stoff nach GHS)

Aluminium (Grieß, Pulver, phlegmatisiert), **Al** ACHTUNG G2
H228, H261
P210, P370+P378, P402+P404

Aluminiumhydroxid, **$Al(OH)_3$** G1
(kein gefährlicher Stoff nach GHS)

Ammoniak (gasförmig), **NH_3** ** GEFAHR
H221, H280, H331, H314, H400, EUH071
P210, P260, P280, P273, P304+P340, P303+P361+P353, P305+P351+P338, P315, P377, P381, P405, P403

Ammoniak (wässrige Lösung), **NH_3** GEFAHR G1
H290, H314, H335, H400
P260, P273, P280, P301+P330+P331, P303+P361+P353, P305+P351+P338

Ammoniumchlorid, **NH_4Cl** ACHTUNG G2
H302, H319
P305+P351+P338

Ammoniumnitrat, **NH_4NO_3** ACHTUNG G2
H272, H319
P210, P220, P280, P305+P351+P338, P370+P378

Bariumsulfat, **$BaSO_4$** G2
(kein gefährlicher Stoff nach GHS)

Brennspiritus, vgl. Ethanol

Bromthymolblau-Indikatorlösung, vgl. Ethanol

Bromwasser, w ≤ 4 %, **Br_2 (aq)** * ACHTUNG G1
H315, H332
P261, P280, P312

Bromwasserstoffsäure, **HBr** GEFAHR G1
H314, H335
P260, P280 P303+P361+P353, P304+P340+P310, P305+P351+P338

Butan-1-ol, **C_4H_9OH** GEFAHR G3
H226, H302, H318, H315, H335, H336
P210, P280, P302+P352, P304+P340, P305+P351+P338, P313

Butan-2-ol, **C_4H_9OH** ACHTUNG G3
H226, H319, H335, H336
P210, P304+P340, P305+P351+P338

Calcium, **Ca** ** GEFAHR
H261, EUH014
P223, P232, P501, P402+P404

Calciumacetat, **$Ca(CH_3COO)_2$** G1
(kein gefährlicher Stoff nach GHS)

Calciumcarbonat, **$CaCO_3$**
(kein gefährlicher Stoff nach GHS)

Calciumchlorid, wasserfrei, **$CaCl_2$** ACHTUNG G2
H319
P305+P351+P338

Calciumcitrat, **$Ca_3(C_6H_5O_7)_2$**
(kein gefährlicher Stoff nach GHS)

Calciumhydroxid, **$Ca(OH)_2$** GEFAHR G1
H315, H318, H335
P280, P305+P351+P338

Calciumhydroxidlösung, w < 1 %, **$Ca(OH)_2$*** G1
(kein gefährlicher Stoff nach GHS)

Calciumoxalat, **CaC_2O_4** ACHTUNG G1
H302, H312
P280

Calciumoxid, **CaO** GEFAHR G1
H315, H318, H335
P261, P280, P305+P351+P338

Chlor, **Cl_2** GEFAHR
H270, H280, H330, H315, H319, H335, H400, EUH071
P260, P220, P280, P244, P273, P304+P340, P305+P351+P338, P332+P313, P370+P376, P302+P352, P315, P405, P403

Chlorwasserstoff, **HCl** ** GEFAHR
H331, H314, H280, EUH071
P260, P280, P304+P340, P303+P361+P353, P305+P351+P338, P315, P405, P403

Citronensäure, **$C_6H_8O_7 \cdot H_2O$** ACHTUNG
H319
P260, P305+P351+P338, P337+P313

Eisen (Blech, Nagel, Wolle), **Fe**
(kein gefährlicher Stoff nach GHS)

Eisen (Pulver), **Fe** ACHTUNG
H228
P370+P378

Eisen(II)-sulfat, **$FeSO_4$**
H302, H319, H315
P305+P351+P338

Eisen(II)-sulfid, **FeS**
EUH031

Eisenoxid, **FeO, Fe_2O_3, Fe_3O_4**
(kein gefährlicher Stoff nach GHS)

Essigsäure, vgl. Ethansäure

Essigsäure, c = 1 mol/L, **CH_3COOH (aq)** *
(kein gefährlicher Stoff nach GHS)

Essigsäure, w = 25 %, **CH_3COOH (aq)** *
H314
P260, P280, P303+P361+P353,
P305+P351+P338

Essigsäure, w = 5 %, **CH_3COOH (aq)***
(kein gefährlicher Stoff nach GHS)

Ethan, **C_2H_6**
H220, H280
P210, P377, P381, P403

Ethan-1,2-diol, **$C_2H_6O_2$**
H302, H373,
P301+P312+P330

Ethanol, **C_2H_5OH**
H225, H319
P210, P240, P305+P351+P338,
P403+P233

Ethansäure, **CH_3COOH**
H226, H290, H314
P210, P280, P301+P330+P331,
P305+P351+P338, P308+P310

Ethansäureethylester, **$C_4H_8O_2$**
H225, H319, H336, EUH066
P210, P233, P240,P305+P351+P338,
P403+P235

Ethansäurepropylester, **$C_5H_{10}O_2$**
H225, H319, H336, EUH066
P210, P261, P303+P361+P353,
P305+P351+P338, P405, P501

Ethen, **C_2H_4**
H220, H280, H336
P210, P260, P304+P340, P315,
P377, P381, P405, P403

Ethin, **C_2H_2**
H220, H230, H280
P202, P210, P377, P381, P403

Glucose, **$C_6H_{12}O_6$**
(kein gefährlicher Stoff nach GHS)

Glycerin, **$C_3H_8O_3$**
(kein gefährlicher Stoff nach GHS)

Harnstoff, **CH_4N_2O**
(kein gefährlicher Stoff nach GHS)

Helium, **He**
H280
P403

Hexanal, **$C_6H_{12}O$**
H226, H315, H319
P210, P260, P302+P352,
P305+P351+P338

Iod, **I_2****
H312+H332, H315, H319,
H335, H372, H400
P273, P302+P352, P305+P351+P338, P314

Kalium, **K** **
H260, H314, EUH014
P223, P231+P232, P280,
P305+P351+P338, P370+P378, P422

Kaliumaluminiumsulfat, **$KAl(SO_4)_2$**
(kein gefährlicher Stoff nach GHS)

Kaliumchlorid, **KCl**
(kein gefährlicher Stoff nach GHS)

Kaliumhexacyanoferrat(III), **$K_3[Fe(CN)_6]$**
(kein gefährlicher Stoff nach GHS)

Kaliumhydroxid, **KOH**
H290, H302, H314
P280, P301+P330+P331,
P305+P351+P338, P308+P310

Kaliumnatriumtartrat, **$KNaC_4H_6O_6$**
(kein gefährlicher Stoff nach GHS)

Kaliumnitrat, **KNO_3**
H272
P210, P221

Kaliumpermanganat, **$KMnO_4$****
H272, H302, H314, H410
P221, P273, P301+P330+P331,
P305+P351+P338, P308+P310

Kaliumpermanganatlösung,
c = 0,01 mol/L, **$KMNO_4$ (aq)** *, **
H412
P273

Kalkwasser, vgl. Calciumhydroxidlösung, w < 1 %

Kohle, Kohlenstoff, **C**
(kein gefährlicher Stoff nach GHS)

Kohlenstoffdioxid (Gasflasche), **CO_2**
H280
P403

Kohlenstoffdioxid (Reaktionsprodukt), **CO_2**
(kein gefährlicher Stoff nach GHS)

künstliches Rohöl
GEFAHR
H225, H304, H351, H411
P210, P233, P273, P280,
P303+P361+P353, P370+P378, P501

Kupfer (Blech, Stück, Draht, Nagel), **Cu**
(kein gefährlicher Stoff nach GHS)

Kupfer (Pulver), **Cu**
ACHTUNG
H228, H410
P210, P273, P501

Kupfer(II)-chlorid, **$CuCl_2$**
GEFAHR
H302+H312, H315, H318, H410
P273, P280, P305+P351+P338

Kupfer(II)-sulfat, wasserfrei, **$CuSO_4$**
ACHTUNG
H302, H315, H319, H410
P273, P302+P352, P305+P351+P338

Kupfer(II)-sulfat-Pentahydrat,
$CuSO_4 \cdot 5\,H_2O$
GEFAHR
H302, H318, H410
P273, P280, P305+P351+P338, P313

Kupferoxid, **Cu_2O, CuO**
GEFAHR
H302, H410
P260, P273

Kupfersulfid, **Cu_2S, CuS**
(kein gefährlicher Stoff nach GHS)

Lithium, **Li** **
GEFAHR
H260, H314, EUH014
P223, P231+P232, P280,
P305+P351+P338, P370+P378, P422

Lithiumbromid, **LiBr**
ACHTUNG
H302, H315, H317, H319
P280, P305+P351+P338

Lithiumchlorid, **LiCl**
ACHTUNG
H302, H315, H319
P302+P352, P305+P351+P338

Lithiumhydroxid, **LiOH**
GEFAHR
H301, H314
P280, P301+P330+P331,
P305+P351+P338, P309+P310

Lugol'sche Lösung
ACHTUNG
H373
P260, P314

Magnesium (Band), **Mg** **
GEFAHR
H228
P210, P370+P378

Magnesium (Kompakt), **Mg**
(kein gefährlicher Stoff nach GHS)

Magnesium (Pulver, phlegmatisiert), **Mg** **
GEFAHR
H228, H251, H261
P210, P231+P232, P280,
P370+P378, P420, P501

Magnesiumacetat, **$Mg(CH_3COO)_2$**
(kein gefährlicher Stoff nach GHS)

Magnesiumchlorid, **$MgCl_2$**
(kein gefährlicher Stoff nach GHS)

Magnesiumhydroxid, **$Mg(OH)_2$**
(kein gefährlicher Stoff nach GHS)

Magnesiumiodid, **MgI_2**
(kein gefährlicher Stoff nach GHS)

Magnesiumoxid, **MgO**
(kein gefährlicher Stoff nach GHS)

Magnesiumsulfat, **$MgSO_4$**
(kein gefährlicher Stoff nach GHS)

Mangan(II)-chlorid, **$MnCl_2$**
GEFAHR
H301, H411
P273, P309+P310

Methan, **CH_4**
GEFAHR
H220, H280
P210, P377, P381, P403

Methylenblau, **$C_{16}H_{18}ClN_3S$**
ACHTUNG
H302
P301+P312+P330

Milchsäure, **$C_3H_6O_3$**
GEFAHR
H315, H318
P280, P305+P351+P338

Natrium, **Na** **
GEFAHR
H260, H314, EUH014
P223, P231+P232, P280,
P305+P351+P338, P370+P378, P422

Natriumacetat, **CH_3COONa**
(kein gefährlicher Stoff nach GHS)

Natriumbromid, **NaBr**
(kein gefährlicher Stoff nach GHS)

Natriumcarbonat, **Na_2CO_3**
ACHTUNG
H319
P260, P305+P351+P338

Natriumchlorid, **NaCl**
(kein gefährlicher Stoff nach GHS)

Natriumcitrat, **$Na_3C_6H_5O_7$**
(kein gefährlicher Stoff nach GHS)

Natriumethanolat, **C_2H_5ONa**
H228, H251, H314, EUH014
P210, P235+P410, P280, P303+P361+P353, P304+P340+P310, P305+P351+P338
GEFAHR

Natriumhydrogencarbonat, **$NaHCO_3$**
(kein gefährlicher Stoff nach GHS)

Natriumhydroxid, **NaOH**
H290, H314
P280, P301+P330+P331, P305+P351+P338, P308+P310
GEFAHR

Natronlauge, c = 1 mol/L, **NaOH (aq)**
H290, H314
P280, P301+P330+P331, P305+P351+P338, P308+P310
GEFAHR

n-Butan, **C_4H_{10}**
H220, H280
P210, P377, P381, P403
GEFAHR

n-Decan, **$C_{10}H_{22}$**
H226, H304, EUH066
P210, P301+P330+P331
GEFAHR

n-Dodecan, **$C_{12}H_{26}$**
H304
P301+P310, P331
GEFAHR

n-Heptan, **C_7H_{16}**
H225, H304, H315, H336, H410
P210, P240, P273, P301+P330+P331, P302+P352, P403+P233
GEFAHR

n-Hexadecan, **$C_{16}H_{34}$**
H304, EUH066
P301+P310, P331
GEFAHR

n-Octan, **C_8H_{18}**
H225, H304, H315, H336, H411, H225, H304, H315, H336, H410
P210, P273, P301+P330+P331, P302+P352
GEFAHR

Octan-1-ol, **$C_8H_{17}OH$**
H319, H412
P273, P305+P351+P338
ACHTUNG

Ölsäure, **$C_{18}H_{34}O_2$**
(kein gefährlicher Stoff nach GHS)

Oxalsäure, **$C_2H_2O_4$**
H302, H312, H318
P280, P305+P351+P338
GEFAHR

Palladium (Kompakt), **Pd**
(kein gefährlicher Stoff nach GHS)

Pentan-1-ol, **$C_5H_{11}OH$**
H226, H315, H318, H332, H335
P210, P260, P302+P352, P312
GEFAHR

Platin (Kompakt), **Pt**
(kein gefährlicher Stoff nach GHS)

Propan, **C_3H_8**
H220, H280
P210, P377, P381, P403
GEFAHR

Propan-1,2,3-triol, vgl. Glycerin

Propan-1-ol, **C_3H_7OH**
H225, H318, H336
P210, P240, P280, P305+P351+P338, P313, P403+P233
GEFAHR

Propan-2-ol, **C_3H_7OH**
H225, H319, H336
P210, P233, P240, P305+P351+P338, P403+P235
GEFAHR

Propanal, **C_3H_6O**
H225, H302+H332, H315, H318, H335
P210, P261, P280,P304+P340+P312, P305+P351+P338, P310, P403+P235
GEFAHR

Propanon, **C_3H_6O**
H225, H319, H336, EUH066
P210, P240, P305+P351+P338, P403+P233
GEFAHR

Propansäure, **C_2H_5COOH**
H226, H314, H335
P210, P280, P301+P330+P331, P305+P351+P338, P308+P310
GEFAHR

Propionsäureethylester, **$C_5H_{10}O_2$**
H225
P210, P260, P262, P403+P233
GEFAHR

Salzsäure (konz.), **HCl (aq)**
H290, H314, H335
P260, P280, P303+P361+P353, P304+P340+P310, P305+P351+P338
GEFAHR

Salzsäure, c = 0,1 mol/L, **HCl (aq)**
(kein gefährlicher Stoff nach GHS)

Salzsäure, c = 1 mol/L, **HCl (aq)**
H290
ACHTUNG

Sauerstoff (Gasflasche), **O_2**
H270, H280
P244, P220, P370+P376, P403
GEFAHR

Schwefel, **S**
H315
ACHTUNG

Schwefeldioxid, **SO_2**
GEFAHR
H331, H314, H280, EUH071
P260, P280, P304+P340, P303+P361+P353, P305+P351+P338, P315, P405, P403

Schwefelsäure (konz.), **H_2SO_4 (aq)**
ACHTUNG
H290, H314
P280, P301+P330+P331, P305+P351+P338, P308+P310

schweflige Säure, **H_2SO_3**
GEFAHR
H314, H332
P260, P280, P303+P361+P353, P305+P351+P338, P310

schweflige Säure, w = 10 %, **H_2SO_3 (aq)** *
GEFAHR
H314, H332
P260, P280, P303+P361+P353, P310, P305+P351+P338

Silber, **Ag**
(kein gefährlicher Stoff nach GHS)

Silberbromid, **AgBr**
ACHTUNG
H410
P273, P391, P501

Silbernitrat, **$AgNO_3$**
GEFAHR
H272, H290, H314, H410
P210, P220, P260, P280, P305+P351+P338, P370+P378, P308+P310

Silbernitratlösung, c = 0,05 mol/L, **$AgNO_3$ (aq)***
ACHTUNG
H315, H412
P273, P280

Silberoxid, **Ag_2O**
GEFAHR
H272, H314, EUH044
P210, P301+P330+P331, P305+P351+P338, P309+P310

Silbersulfid, **Ag_2S**
(kein gefährlicher Stoff nach GHS)

Stickstoff (Gasflasche), **N_2**
ACHTUNG
H280
P403

Strontiumchlorid, **$SrCl_2$**
GEFAHR
H315, H318, H335
P261, P280, P305+P351+P338

Thymolphthalein, **$C_{28}H_{30}O_4$**
(kein gefährlicher Stoff nach GHS)

Universalindikatorlösung
GEFAHR
H225, H319
P210, P280, P305+P351+P338, P337+P313

Wasserstoff, **H_2**
GEFAHR
H220, H280
P210, P377, P381, P403

Wasserstoff (Gasflasche), **H_2**
GEFAHR
H220, H280
P210, P377, P381, P403

Zink (Kompakt), **Zn**
(kein gefährlicher Stoff nach GHS)

Zink (stabilisiertes Pulver), **Zn**
ACHTUNG
H410
P273

Zinkiodid, **ZnI_2**
GEFAHR
H314, H410
P260, P301+P330+P331, P303+P361+P353, P305+P351+P338, P405, P501

Zinksulfat, **ZnSO**
GEFAHR
H302, H318, H410
P273, P280, P305+P351+P338, P313

Zinksulfid, **ZnS**
EUH031

Die Daten sind überwiegend den Angaben namhafter Chemikalienanbieter entnommen. Daten für Stoffgemische, zu denen keine offiziellen Datenblätter vorlagen, wurden mit dem GisChem-Gemischrechner der BG RCI – Berufsgenossenschaft Rohstoffe und chemische Industrie bestimmt. Grundsätzlich sind die P-Sätze der Kategorien „dringend empfohlen" und „empfohlen" angegeben. Bei einigen Stoffen waren keine P-Sätze verfügbar. Sollten Herstellerangaben vorliegen, sind diese vorzuziehen.

Haftungshinweis: Die Chemikalienliste wurde sorgfältig geprüft. Da sich Verordnungen zur Kennzeichnung ändern und Fehler nie ganz ausgeschlossen werden können, übernehmen der Verlag und die Autoren keine Haftung für Folgen veralteter oder fehlerhafter Einträge.

* mit dem GisChem-Gemischrechner berechnet (www.gischem.de)

** gesonderte Entsorgung notwendig

A

Addition: Unter Aufspaltung einer Doppelbindung werden andere Atome oder Atomgruppen gebunden (addiert).

Affinität zu Sauerstoff: Bestreben eines Stoffes, sich mit Sauerstoff zu einem Oxid zu verbinden.

Aggregatzustand: Der Aggregatzustand gibt an, ob ein Stoff fest, flüssig oder gasförmig vorliegt. Symbole: s (fest), l (flüssig), g (gasförmig).

Aktivierungsenergie: Energie, die zunächst zugeführt werden muss, damit eine chemische Reaktion abläuft. Sie ist nötig, um die Edukte in den reaktionsfähigen Zustand zu bringen.

Aldehyde: Organische Stoffklasse, deren Moleküle mindestens eine Aldehyd-Gruppe (–CHO) als funktionelle Gruppe enthalten.

Alkalimetalle: Elementfamilie unedler, weicher Leichtmetalle, bestehend aus den Elementen der I. Hauptgruppe (Ausnahme: Wasserstoff).

alkalische Lösung: Ätzende Lösung, die Hydroxid-Ionen OH^- enthält und durch Blaufärbung des Indikators Thymolphthalein nachgewiesen wird (z. B. Natronlauge).

Alkanale: Organische Stoffklasse, deren Moleküle jeweils aus einer Aldehyd-Gruppe (–CHO) und einem Alkyl-Rest bestehen.

Alkane: Organische Stoffklasse, bei deren Molekülen zwischen den C- und H-Atomen nur Einfachbindungen vorliegen. Die allgemeine Molekülformel lautet C_nH_{2n+2}.

Alkanole: Alkohole, die sich von den Alkanen ableiten. Die Hydroxy-Gruppe (–OH) ist hierbei an einen Alkyl-Rest gebunden.

Alkanone: Organische Stoffklasse, deren Moleküle aus einer Carbonyl-Gruppe (>C=O) und zwei Alkyl-Resten bestehen.

Alkansäurealkylester: Ester, die durch Reaktion einer Alkansäure und eines Alkohols durch Abspaltung von Wasser gebildet wurden.

Alkansäuren: Carbonsäuren, die sich von den Alkanen ableiten. Die Carboxy-Gruppe (–COOH) ist hierbei an einen Alkyl-Rest gebunden.

Alkene: Ungesättigte Kohlenwasserstoffe, deren Moleküle mindestens eine C=C-Doppelbindung enthalten. Alkene mit einer Doppelbindung im Molekül haben die allgemeine Molekülformel C_nH_{2n}.

alkoholische Gärung: Anaerober Prozess der Bildung von Ethanol und Kohlenstoffdioxid aus einer Glucoselösung. Die Reaktion wird durch Enzyme von Hefezellen katalysiert.

Alkyl-Gruppe: Seitenkette einer organischen Verbindung, die nur aus Kohlenstoff-und Wasserstoff-Atomen besteht. Dem Alkan-Rest mit der Endung -yl fehlt ein H-Atom C_nH_{2n+1}, z. B. $-CH_3$ Methyl-, $-CH_2-CH_3$ Ethyl-.

Ampholyte: Stoffe, deren Teilchen je nach Reaktionspartner als Protonen-Donator oder als Protonen-Akzeptor wirken können (Beispiele: Wasser, Ammoniak).

anaerob: Griechisch für „nicht auf Sauerstoff angewiesen"; anaerobe Reaktionen laufen ohne Beteiligung von Sauerstoff ab (z. B. alkoholische Gärung).

Analyse: 1) Zerlegung einer chemischen Verbindung in die Elemente. 2) Bestimmung der Art und der Menge der Bestandteile eines Stoffes oder Stoffgemisches.

Anion: Negativ geladenes Ion (Beispiel: Chlorid-Anion Cl^-), das aus einem Atom durch die Aufnahme eines oder mehrerer Elektronen entsteht.

Anode: Pluspol bei der Elektrolyse, Minuspol bei der galvanischen Zelle. An der Anode findet stets die Oxidation statt.

anorganischer Stoff: Alle Stoffe, deren Moleküle keine Kohlenstoff-Atome enthalten, mit Ausnahme einiger einfacher Verbindungen wie die Kohlenstoffoxide oder die Kohlensäure und deren Salze, die Hydrogencarbonate und Carbonate.

Äquivalenzpunkt: Zeigt das Ende der Titration an. Am Äquivalenzpunkt (lat. aequus) liegen gleiche Stoffmengen *n* an Hydroxid- und Oxonium-Ionen vor: $n(OH^-) = n(H_3O^+)$.

Atom: Aus Elementarteilchen aufgebaut: Die Elektronen bilden die Atomhülle, die Protonen und Neutronen den Atomkern.

Atomhülle: Bereich des Atoms um den Atomkern, der die Elektronen eines Atoms enthält.

Atomkern: Positiv geladenes Zentrum eines Atoms, das die Nukleonen, d. h. die Protonen und die Neutronen, enthält und den überwiegenden Teil der Masse des Atoms ausmacht.

Atommasse *m*, atomare Masseneinheit u: Masse eines Atoms. Wird in der Masseneinheit 1 u angegeben. Man kann den Zahlenwert der mittleren Atommasse in u aus dem Periodensystem der Elemente ablesen.

Atomrümpfe: Sind positiv geladen und bestehen aus dem Atomkern und den inneren Schalen von Metall-Atomen. In einem Metall besetzen Atomrümpfe die Gitterplätze eines regelmäßigen, dreidimensionalen Gitters und sind vom Elektronengas umgeben.

Außenelektron: Elektron (Valenzelektron), das sich auf der der höchsten Energiestufe bzw. auf der äußersten Schale (Außenschale, Valenzschale) befindet.

B

Base nach BRØNSTED: BRØNSTED definierte Basen als Protonen-Akzeptoren, d. h. Stoffe, deren Teilchen Protonen aufnehmen können.

Bindungswinkel: Der Winkel in einem Molekül, der von einem Atom und zwei seiner Nachbaratome gebildet wird.

Brennstoffe: Können fest (z. B. Holz), flüssig (z. B. Brennspiritus) oder gasförmig (z. B. Erdgas) sein. Vor der Verbrennung entstehen durch Erhitzen der flüssigen und festen Brennstoffe häufig brennbare Gase (Ausnahme: z. B. Metalle).

BROWNsche Bewegung: Regellose Bewegung mikroskopisch kleiner Teilchen in einer Flüssigkeit oder einem Gas, verursacht durch die Eigenbewegung der kleinen Teilchen.

C

chemische Energie: Energie, die in einer chemischen Verbindung gespeichert ist. Bei deren Verbrennung kann die chemische Energie freigesetzt und in eine andere Energieform umgewandelt werden.

chemische Formel: siehe Formel

chemische Reaktion: Vorgang, bei dem aus Ausgangsstoffen (Edukte) neue Stoffe (Endstoffe, Produkte) mit anderen Eigenschaften entstehen. Jede chemische Reaktion ist von einer Energieumwandlung begleitet.

***cis/trans*-Isomerie:** Unterschiedliche räumliche Anordnung von Atomen in einem Molekül, die auf der fehlenden Drehbarkeit um eine C=C-Doppelbindung beruht.

Cracken: Verfahren zur Stoffumwandlung, bei dem langkettige in kurzkettige Kohlenwasserstoff-Moleküle gespalten werden.

D

DANIELL-Element: Galvanische Zelle aus einer Kupferhalbzelle mit einer Kupferelektrode und einer Kupfersalzlösung als Elektrolyt und aus einer Zink-Halbzelle mit einer Zinkelektrode und einer Zinksalzlösung als Elektrolyt.

Dekantieren: Trennverfahren, bei dem man durch Abgießen eine Flüssigkeit von einem festen Bodensatz trennt.

Destillieren: Trennverfahren, bei dem Stoffe aufgrund ihrer unterschiedlichen Siedetemperatur getrennt werden.

Dichte: Charakteristische Stoffeigenschaft, die von der Temperatur und vor allem bei Gasen vom Druck abhängt. Die Dichte ρ („Rho“) ist der Quotient aus Masse m und Volumen V.

Dichteanomalie des Wassers: Bei Wasser nimmt die Dichte unterhalb von 4 °C ab, da sich aufgrund der Wasserstoffbrücken im Feststoff (Eis) ein regelmäßiges Molekülgitter ausbildet.

Diffusion: Vorgang, bei dem sich Teilchen aufgrund der BROWNschen Bewegung ausbreiten.

Dimer: Molekülverband aus zwei (lateinisch di = zwei) identischen Einheiten. Es entsteht, wenn kurzkettige Carbonsäure-Moleküle zwischen ihren Carboxy-Gruppen zwei Wasserstoffbrücken ausbilden.

Donator-Akzeptor-Prinzip: Das Prinzip findet Anwendung bei Säure-Base-Reaktionen und Redoxreaktionen. In beiden Fällen werden bestimmte Teilchen (Protonen bzw. Elektronen) übertragen, d. h. es gibt jeweils einen Reaktionspartner, der das Teilchen abgibt (Donator), während der andere dieses Teilchen aufnimmt (Akzeptor).

Doppelbindung: Elektronenpaarbindung aus zwei Elektronenpaaren.

Dreifachbindung: Elektronenpaarbindung aus drei Elektronenpaaren.

Duktilität: Eigenschaft eines Werkstoffs, sich bei mechanischer Beanspruchung plastisch zu verformen, bevor er bricht oder reißt.

E

Edelgase: Elementfamilie der VIII. Hauptgruppe. Edelgase sind inert (reaktionsträge) und ihre Atome besitzen die Edelgaskonfiguration.

Edelgaskonfiguration: Elektronenkonfiguration der Edelgas-Atome. Mit Ausnahme von Helium verfügen die Edelgas-Atome über acht Außenelektronen.

Edelgasregel: Atome und Ionen sind besonders stabil, wenn sie die Edelgaskonfiguration besitzen.

edles Metall (Edelmetall): Metalle, die reaktionsträge sind und in der Natur oft gediegen (elementar) vorkommen, zählen zu den edlen Metallen. Beispiele: Gold, Platin.

Edukt: Ausgangsstoff bei einer chemischen Reaktion, steht in einem Reaktionsschema bzw. in einer Reaktionsgleichung links des Reaktionspfeils.

Einfachbindung: Elektronenpaarbindung, die durch ein einziges Elektronenpaar gebildet wird.

einprotonige Säure: Einprotonige Säuren können je Säure-Molekül ein Proton an einen Reaktionspartner abgeben (Beispiele: HCl, CH_3COOH, HNO_3).

Elektrode: siehe Anode bzw. Kathode

Elektrolyse: Durch elektrische Spannung erzwungene Redoxreaktion, bei der eine Verbindung in ihre Elemente zerlegt wird.

Elektrolyt: Stoff, der den elektrischen Strom durch eine gerichtete Bewegung von Ionen leitet und so den Stromkreis zwischen Anode und Kathode schließt (z. B. Metallsalzlösung).

Elektron: Negativ geladene Elementarteilchen. Sie sind Bausteine der Atome und befinden sich in der Atomhülle.

Elektronegativität: Maß für die Stärke eines Atoms in einem Molekül, bindende Elektronenpaare an sich zu ziehen.

Elektronegativitätsdifferenz (ΔEN): Differenz zwischen den Elektronegativitätswerten zweier Bindungspartner in einem Molekül. Je größer dieser Wert ist, desto polarer ist die Bindung.

Elektronenakzeptor: Stoff, der in einer Redoxreaktion Elektronen aufnimmt und somit reduziert wird (= Oxidationsmittel).

Elektronendonator: Stoff, der in einer Redoxreaktion Elektronen abgibt und somit oxidiert wird (= Reduktionsmittel).

Elektronengas: Gesamtheit der Außenelektronen von Metall-Atomen in einem Metallgitter.

Elektronenkonfiguration: Verteilung der Elektronen auf die verschiedenen Energiestufen.

Elektronenpaar, bindendes: Zwei Elektronen, die sich in einem Molekül zwischen zwei Atomen aufhalten und diese miteinander verbinden (= Elektronenpaarbindung).

Elektronenpaarabstoßungsmodell (EPA-Modell): Dient zur Erklärung der räumlichen Struktur eines Moleküls. Aufgrund der gegenseitigen Abstoßung der Elektronenpaare eines Atoms ordnen sich diese im größtmöglichen Abstand zueinander an.

Elektronenpaarbindung: Atome in Molekülen werden durch gemeinsame Elektronenpaare zusammengehalten. Dadurch erreichen die Atome in Molekülen formal die stabile Edelgaskonfiguration.

Elektronenpaarbindung, polar: Die Bindungselektronen zwischen zwei Atomen sind zu einem der beiden Atome hin verschoben.

Elektronenpaarbindung, unpolar: Die Bindungselektronen zwischen zwei Atomen sind gleichmäßig zwischen den beiden Atomen verteilt.

Elektronenübertragung: Ein Stoff (Elektronendonator, Reduktionsmittel) gibt Elektronen ab und ein anderer Stoff (Elektronenakzeptor, Oxidationsmittel) nimmt diese Elektronen auf.

Elektronenübertragungsreaktion: siehe Redoxreaktion

Elektrostatische Anziehungskräfte: Anziehende Wechselwirkung zwischen positiv geladenen und negativ geladenen Teilchen.

Elementarteilchen: Teilchen, die kleiner als Atome sind. Dazu gehören die Bausteine der Atome: Protonen, Neutronen und Elektronen.

Elemente: Reinstoffe, die nicht mehr in andere Reinstoffe zerlegt werden können. Ein Element besteht aus Atomen mit derselben Protonenanzahl im Kern.

Elementfamilie: Chemisch ähnliche Elemente, die den jeweiligen Hauptgruppenelementen entsprechen.

Elementsymbol (Atomsymbol): Meist vom lateinischen oder griechischen Namen eines Stoffes abgeleiteter Buchstabe (oder mehrere Buchstaben), der die Atome eines Elements repräsentiert.

Endotherme Reaktion: Reaktion, bei der ständig Energie aus der Umgebung zugeführt werden muss.

Energiediagramm: Gibt den energetischen Verlauf einer Reaktion wieder.

Energiestufenmodell: Modell zur Veranschaulichung energetischer Unterschiede der Elektronen eines Atoms, die gemäß ihres Energiegehalts bestimmten Energiestufen zugeordnet werden.

Erdalkalimetalle: Elementfamilie der II. Hauptgruppe.

Erstarren: Bezeichnung des Übergangs eines Stoffes vom flüssigen in den festen Aggregatzustand.

Erz: Z. B. eine oxidische oder sulfidische Metallverbindung in der Erdkruste.

Ester: Organische Verbindungen, deren Moleküle eine oder mehrere Ester-Gruppen (–ROR–) enthalten. Ester entstehen durch die Reaktion von Carbonsäuren mit Alkoholen.

Exotherme Reaktion: Reaktion, bei der Energie an die Umgebung abgegeben wird.

Extrahieren: Trennverfahren, das auf der unterschiedlichen Löslichkeit von Stoffen in einem Lösemittel beruht.

F

Fettsäure: Monocarbonsäuren mit langen, meist unverzweigten Kohlenstoff-Ketten im Molekül.

Filtration: Trennverfahren, das auf den unterschiedlichen Partikelgrößen von Stoffen beruht.

Flammtemperatur: Bei der Flammtemperatur eines Brennstoffs lässt sich der Teil des Stoffes, der gasförmig ist, mit einer Flamme oder einem Funken entzünden.

Formeln: Kurzschreibweisen für Stoffe bzw. für die Stoffteilchen, aus denen diese Stoffe bestehen.

fossile Brennstoffe: Dazu gehören Kohle, Erdgas und Erdöl. Sie haben sich in Millionen Jahren aus abgestorbenen Pflanzen und Tieren tief unter der Oberfläche der Erde gebildet.

Fraktion: Destillat eines bestimmten Siedebereichs.

funktionelle Gruppe: Ein Atom oder eine Atomgruppe im Molekül, die die Eigenschaften der entsprechenden organischen Stoffklasse maßgeblich bestimmt.

G

galvanische Zelle: Heutige Batterien: In räumlich getrennten Halbzellen wird durch eine Redoxreaktion freiwillig chemische Energie in elektrische Energie umgewandelt.

Gaschromatografie: Analytisches Verfahren, mit dem ein Gasgemisch in seine einzelnen Reinstoffe aufgetrennt werden kann. Die Auswertung erfolgt in Form eines Chromatogramms.

gesättigte Kohlenwasserstoffe: Kohlenwasserstoffe, in denen alle Bindungen zwischen den Kohlenstoff-Atomen eines Moleküls Einfachbindungen sind (Alkane).

gesättigte Lösung: Lösung, die keine weiteren Mengen des gelösten Stoffes aufnehmen kann. Bei weiterer Zugabe des gelösten Stoffes bildet sich ein Bodensatz.

Gesetz der konstanten Massenverhältnisse: Elemente reagieren immer in einem ganz bestimmten (konstanten) Massenverhältnis zu einer Verbindung.

Gesetz von der Erhaltung der Masse: Bei chemischen Reaktionen im geschlossenen System bleibt die Gesamtmasse unverändert. Die Massen der Edukte entsprechen den Massen der Produkte.

gewinkelt: Räumliche Anordnung der Atome innerhalb eines Moleküls, bei der am Zentralatom zwei nichtbindende Elektronenpaare vorliegen (z. B. Wasser-Molekül).

Gitterenergie: Energie, die bei der Bildung eines Ionengitters frei wird und beim Schmelz- oder Lösevorgang aufgewendet werden muss.

Gittermodell: Die Ionen eines Ionengitters werden durch gleich große Kugeln dargestellt, die über Linien miteinander verbunden sind.

H

Halbmetalle: Gruppe von Elementen, die sowohl Eigenschaften von Metallen als auch von Nichtmetallen aufweisen.

Halbstrukturformel: Vereinfachte Darstellung der Strukturformel. Sie fasst Teile des Moleküls zusammen. Die Verknüpfung zwischen den Kohlenstoff-Atomen bleibt klar erkennbar (Beispiel: CH_3-$(CH_2)_3$-CH_3).

Halogene: Elementfamilie, die die Elemente der VII. Hauptgruppe umfasst. Halogene bestehen aus zweiatomigen Molekülen und sind äußerst reaktiv.

Hauptgruppe: Spalte im PSE. Es existieren acht Hauptgruppen, die mit römischen Ziffern gekennzeichnet sind.

H-Brücke: siehe Wasserstoffbrücke

Heizwert: Maß für den Energiegehalt eines (Kraft-)Stoffes. Er gibt an, wie viel Energie bei einer vollständigen Verbrennung von 1 g eines Stoffes frei wird (Einheit J/g).

heterogen: Stoffgemische, deren Bestandteile man mit dem Auge oder Mikroskop unterscheiden kann (uneinheitlich).

Hochofen: Großindustrielle Anlage, in der in einem kontinuierlichen Prozess aus Erz und Koks Roheisen hergestellt wird.

homogen: Stoffgemische, deren Bestandteile auch mit dem Mikroskop nicht unterscheidbar sind (einheitlich).

homologe Reihe: Gruppe von Verbindungen, deren Moleküle die gleichen Strukturmerkmale oder die gleiche funktionelle Gruppe besitzen. Die aufeinanderfolgenden Vertreter unterscheiden sich jeweils durch eine CH_2-Gruppe.

Hydratation: Lösevorgang eines Stoffes, z. B. eines Salzes, in Wasser. Dabei bilden die Wasser-Moleküle eine Hydrathülle um das vom Ionengitter abgetrennte Ion.

Hydratationsenergie: Energie, die bei der Bildung einer Hydrathülle freigesetzt wird.

Hydrathülle: Hülle aus Wasser-Molekülen, welche einen in Wasser gelösten Stoff umgibt.

hydrophil: Stoffe, die sich gut in Wasser lösen (wasserliebend).

hydrophob: Stoffe, die sich nicht gut in Wasser lösen (wassermeidend).

Hydroxid-Ionen (OH-): Einfach negativ geladene Molekül-Ionen. Hydratisierte Hydroxid-Ionen OH- (aq) liegen in allen alkalischen Lösungen vor.

I

Indikator: Ein Stoff, der durch Farbänderung anzeigen kann, ob eine Lösung sauer oder alkalisch ist (z. B. Thymolphthalein).

inert: Inerte Stoffe sind sehr reaktionsträge, z. B. Edelgase.

Ion: Elektrisch geladenes Teilchen, das sich jeweils aus einem Atom durch die Aufnahme oder Abgabe eines oder mehrerer Elektronen bildet.

Ionenbindung: Chemische Bindung, die im Ionengitter eines Salzes als Anziehungskraft zwischen Kationen und Anionen ungerichtet in alle Raumrichtungen wirkt und diese zusammenhält.

Ionen-Dipol-Wechselwirkungen: Wechselwirkungen zwischen den positiv und negativ geladenen Ionen und den positiv und negativ polarisierten Polen eines Dipols.

Ionengitter: Regelmäßige Anordnung von Kationen und Anionen eines Salzes in einem dreidimensionalen Gitter.

Ionengruppe: Baueinheit, aus denen ein Salz besteht. Sie gibt das zahlenmäßige Verhältnis von Kationen zu Anionen an und entspricht der Verhältnisformel eines Salzes.

Ionisierung: Aus ungeladenen Atomen entstehen geladene Ionen. Dies kann durch Abgabe oder Aufnahme von Elektronen erfolgen.

Ionisierungsenergie: Für die Abspaltung eines Elektrons aus einem Atom (= Ionisierung) erforderliche Energie.

Isomer: Moleküle mit gleicher Molekülformel, aber unterschiedlicher Anordnung bzw. Verknüpfung der Atome im Molekül. Isomere besitzen unterschiedliche chemische und physikalische Eigenschaften.

K

Katalysator: Stoff, der eine chemische Reaktion ermöglicht, die ohne Katalysator wegen einer hohen Aktivierungsenergie nicht oder langsam ablaufen würde. Der Katalysator liegt nach der Reaktion wieder unverändert vor.

Kathode: Minuspol bei der Elektrolyse, Pluspol bei der galvanischen Zelle. An der Kathode findet stets die Reduktion statt.

Kation: Positiv geladenes Ion, das aus einem Atom durch Abgabe eines oder mehrerer Elektronen entsteht (Beispiele: Natrium-Kation Na^+, Kupfer(II)-Kation Cu^{2+}).

Kern-Hülle-Modell: Modell, nach dem ein Atom aus einem sehr kleinen Atomkern besteht, in dem die gesamte positive Ladung und nahezu die gesamte Masse des Atoms konzentriert sind, und aus einer im Vergleich dazu viel größeren Hülle, in der sich die Elektronen befinden.

Kernladungszahl: Zahl der Protonen in einem Atomkern (= Ordnungszahl).

Keton: Organische Verbindungen, deren Moleküle mindestens eine Keto-Gruppe (–RCOR–) als funktionelle Gruppe enthalten.

Knallgas: Hochexplosives Gasgemisch von Wasserstoff und Sauerstoff mit einem Volumenanteil des Wasserstoffs zwischen 4 und 77 %.

Kohlensäure: Zweiprotonige Säure mit der Molekülformel H_2CO_3. Sie wird durch Einleiten von Kohlenstoffdioxid in Wasser gebildet und reagiert zu Oxonium- und Hydrogencarbonat-Ionen. Sie zerfällt leicht wieder zu Wasser und Kohlenstoffdioxid.

Kohlensaure Lösung: Kohlenstoffdioxid bildet in Wasser die kohlensaure Lösung. Sie enthält Oxonium- und Hydrogencarbonat-Ionen.

Kohlenstoff-Atomkreislauf: Kreislaufprozess, in dem die Kohlenstoffverbindungen und deren Umwandlungen in der Atmosphäre, den Meeren und an Land dargestellt sind.

Kohlenstoffdioxidsenke: Reservoir, das Kohlenstoffdioxid aufnimmt und somit der Atmosphäre entzieht (z. B. Ozeane, Wälder).

Kohlenstoffspeicher: Können eine bestimmte Menge Kohlenstoffdioxid aufnehmen und speichern. Die Lithosphäre enthält 99,8 % des auf der Erde vorkommenden Kohlenstoffs, hauptsächlich als Carbonat.

Kohlenwasserstoffe: Verbindungen aus den Elementen Kohlenstoff und Wasserstoff. Sie werden in gesättigte und ungesättigte Kohlenwasserstoffe eingeteilt.

Kondensation: 1) Übergang vom gasförmigen in den flüssigen Aggregatzustand. 2) Chemische Reaktion, bei der zwei Moleküle unter Abspaltung eines kleinen Moleküls (z. B. Wasser-Molekül) miteinander reagieren und sich verbinden (z. B. Esterbildung).

Koordinationszahl: Anzahl der entgegengesetzt geladenen Ionen an, die ein zentrales Ion umgeben.

Kristall: Festkörper mit gleichmäßigen Grenzflächen. Die Teilchen in einem Kristall sind in einem regelmäßigen räumlichen Gitter angeordnet. Bei den Teilchen kann es sich um Ionen (z. B. in Natriumchlorid), Atome (z. B. in Diamant) oder Moleküle (z. B. in Zucker) handeln.

Kugelpackungsmodell: Modell, bei dem die Ionen eines Ionengitters durch unterschiedlich große, dicht gepackte Kugeln dargestellt werden.

L

Ladungsschwerpunkt: Addiert man alle positiven oder negativen Teilladungen in einem Molekül, erhält man den positiven oder negativen Ladungsschwerpunkt des Moleküls.

Ladungszahl des Ions: rechte Hochzahl

Laugen: alkalische Lösungen

Leitfähigkeit, elektrische: Fähigkeit eines Stoffes, den elektrischen Strom zu leiten.

LEWIS-Schreibweise: Der Atomkern und die inneren Schalen werden als Elementsymbol dargestellt. Die Außenelektronen werden durch Punkte und die Elektronenpaare durch Striche um die Elementsymbole herum gezeichnet.

linear: Räumliche Gestalt eines Moleküls, bei der ein Atom und seine zwei Nachbaratome einen Bindungswinkel von 180° bilden.

lipophil: Stoffe, die sich in Fetten und fettähnlichen Stoffen lösen (fettliebend).

lipophob: Stoffe, die sich nicht in Fetten und fettähnlichen Stoffen lösen (fettmeidend).

Löseenergie: Gesamtenergieumsatz beim Lösevorgang, der sich aus der Gitterenergie und der Hydratationsenergie zusammensetzt.

Löslichkeit: Eigenschaft eines festen, flüssigen oder gasförmigen Stoffes, sich in einer geeigneten Flüssigkeit, dem Lösemittel, zu lösen.

M

Maßlösung: Saure oder alkalische Lösung mit bekannter Konzentration, die bei der Titration zur Bestimmung der Stoffmengenkonzentration einer unbekannten sauren oder alkalischen Lösung verwendet wird.

mehrprotonige Säure: Säuren, die je Säure-Molekül mehr als ein Proton an einen Reaktionspartner abgeben können (Beispiele: Schwefelsäure H_2SO_4, schweflige Säure H_2SO_3).

mehrwertige Alkohole: Alkohole, die mehr als eine Hydroxy-Gruppe besitzen.

Metall: Metalle sind eine Stoffklasse mit typisch metallischem Glanz, die elektrisch leitfähig und plastisch verformbar (duktil) sind. Metalle sind aus Atomen aufgebaut.

Metallbindung: Anziehungskräfte zwischen den positiv geladenen Atomrümpfen eines Metallgitters und dem dazwischen befindlichen Elektronengas, die das Metall zusammenhalten.

Metallgitter: Regelmäßiges, dreidimensionales Gitter, dessen Gitterplätze mit Metall-Atomen besetzt sind.

Mol: Einheit der Stoffmenge. Ein Mol ist die Stoffmenge eines Stoffs, die $6{,}022 \cdot 10^{23}$ Teilchen enthält.

molare Masse: Masse einer Stoffportion, welche die Stoffmenge ein Mol und damit $6{,}022 \cdot 10^{23}$ Teilchen enthält. Sie ist der Quotient aus der Masse und der Stoffmenge.

molares Volumen: Volumen, das ein Mol eines (idealen) Gases einnimmt. Bei 25 °C und 1 bar beträgt das molare Volumen V_m (Einheit L/mol) 24,5 L, bei 0 °C und 1,013 bar sind es 22,4 L.

Molekül: Ein aus zwei oder mehreren miteinander verbundenen Atomen zusammengesetzter Atomverband.

molekulare Stoffe: Stoffklasse, deren Vertreter aus Molekülen aufgebaut sind, z. B. Wasser H_2O, Kohlenstoffdioxid CO_2, Glucose $C_6H_{12}O_6$.

Molekülformel: Formel, die die genaue atomare Zusammensetzung eines Moleküls beschreibt, z. B. H_2, O_2, H_2O.

Molekülgitter: Moleküle, die sich im Feststoff in regelmäßiger Struktur anordnen, bilden ein Molekülgitter.

Molekül-Ion: Elektrisch geladenes Molekül, das aus zwei oder mehreren Atomen zusammengesetzt ist, die über Elektronenpaarbindungen miteinander verbunden sind (Beispiele: H_3O^+, OH^-, NO_3^-, SO_4^{2-}, PO_4^{3-}, NH_4^+).

N

neutral: Lösung, die weder sauer noch alkalisch ist ($pH = 7$) (z. B. Kochsalz- oder Zuckerlösungen).

Neutralisation: Exotherme, chemische Reaktion der Oxonium-Ionen einer sauren Lösung mit den Hydroxid-Ionen einer alkalischen Lösung zu Wasser-Molekülen.

Neutronen: Ungeladene Elementarteilchen, die sich im Atomkern befinden und die gleiche Masse $m(\text{n}) = 1\,\text{u}$ wie Protonen aufweisen.

Nichtmetalle: Elemente, die keine metallischen Eigenschaften haben. Sie können fest (Kohlenstoff), gasförmig (Sauerstoff) oder flüssig (Brom) sein. Nichtmetalle sind im Periodensystem auf der rechten Seite aufgeführt.

Nukleonen: Oberbegriff für die Elementarteilchen im Atomkern: Protonen und Neutronen.

O

Oberflächenspannung: Nach innen gerichtete Anziehungskraft auf die Teilchen einer Flüssigkeit. Die Oberflächenspannung des Wassers ist aufgrund der Wasserstoffbrücken besonders hoch.

Ordnungszahl: siehe Kernladungszahl

organische Chemie: umfasst alle organischen Stoffe.

organischer Stoff: Alle Stoffe, deren Moleküle Kohlenstoff-Atome enthalten, mit Ausnahme einiger einfacher Verbindungen wie die Kohlenstoffoxide oder die Kohlensäure und deren Salze, die Hydrogencarbonate und Carbonate. Außer Kohlenstoff enthalten organische Stoffe nur wenige weitere Elemente in gebundener Form, am häufigsten Wasserstoff.

Ottomotor: Verbrennungsmotor, in dem ein Gemisch aus Motorenbenzin und Luft komprimiert und anschließend durch Zündkerzen gezündet wird. Der Viertaktmotor ist die gebräuchliche Bauart.

Oxid: Sauerstoffverbindung eines Metalls oder Nichtmetalls. In einem Oxid liegen Oxid-Anionen O^{2-} vor.

Oxidation: Chemische Reaktion, bei der die Teilchen des reagierenden Stoffes Elektronen abgeben.

Oxidationsmittel: Stoff, der einen anderen Stoff oxidiert. Er wird dabei selbst reduziert.

Oxidationszahlen: Hilfsgrößen bei Redoxreaktionen. Ändern sich bei einer Reaktion die Oxidationszahlen, so handelt es sich um eine Redoxreaktion.

Oxonium-Ion (H_3O^+): Entstehen bei der Reaktion einer Säure mit Wasser. Dazu lagern sich Protonen an die partiell negativ geladenen Sauerstoff-Atome der Wasser-Moleküle an.

P

Periode: Eine Zeile im PSE

Periodensystem der Elemente (PSE): Ordnungssystem, in dem die Elementsymbole aller Elemente aufgelistet und jeweils mit Angaben zur Atommasse und zur Kernladungszahl versehen sind.

permanenter Dipol: Liegt vor, wenn in einem Molekül polare Elektronenpaarbindungen vorkommen und die dadurch auftretenden positiven und negativen Ladungsschwerpunkte nicht zusammenfallen.

pH-Wert: Maß dafür, wie sauer ($pH < 7$) oder alkalisch ($pH > 7$) eine Lösung ist oder ob eine neutrale ($pH = 7$) Lösung vorliegt. Die pH-Skala gibt Werte zwischen $pH = 0$ und 14 an.

Plumpudding-Modell: Modell zum Aufbau der Atome, nach dem die Elektronen wie Rosinen in einem Kuchenteig in einer positiv geladenen Umgebung verteilt sind.

primäres Alkanol: Alkanol, in dessen Molekülen das C-Atom mit der OH-Gruppe lediglich an ein weiteres C-Atom bindet (z. B. Butan-1-ol).

Probelösung: Lösung unbekannter Konzentration, deren Stoffmengenkonzentration mittels Titration bestimmt wird.

Produkt: Endstoff bei einer chemischen Reaktion, steht in einem Reaktionsschema bzw. in einer Reaktionsgleichung rechts des Reaktionspfeils.

Protonen: Positiv geladene Elementarteilchen, die zusammen mit den Neutronen den Atomkern bilden. Ein Proton hat die gleiche Masse wie ein Neutron: $m(\text{p}^+) = 1\,\text{u}$.

Protonenakzeptoren: Stoffe, deren Teilchen in einer chemischen Reaktion Protonen aufnehmen (siehe: Base nach BRØNSTED).

Protonendonatoren: Stoffe, deren Teilchen in einer chemischen Reaktion Protonen abgeben (siehe: Säure nach BRØNSTED).

pyramidal: Räumliche Anordnung der Atome innerhalb eines Moleküls, bei der am Zentralatom ein nichtbindendes Elektronenpaar vorliegt. Dieses nimmt einen größeren Raum ein als ein bindendes Elektronenpaar. Dadurch rücken die bindenden Elektronenpaare näher zusammen und der resultierende Bindungswinkel ist kleiner als der Tetraederwinkel.

R

Reaktionsenergie: Bei einer chemischen Reaktion abgegebene oder aufgenommene Energie.

Reaktionsgleichung: Kurzschreibweise für eine chemische Reaktion. Sie gibt die Edukte und Produkte einer Stoffumwandlung in Formelschreibweise wieder und ist international einheitlich. Die Reaktionsgleichung gibt auch an, welche Teilchen in welchem kleinstmöglichen Teilchen-Anzahlverhältnis miteinander reagieren bzw. entstehen.

Reaktionsschema (Wortgleichung): In einem Reaktionsschema werden nur die Namen der Edukte und der Produkte einer Reaktion, verbunden durch den Reaktionspfeil, angegeben und die Aggregatzustände der beteiligten Stoffe durch Symbole in Klammern angefügt.

Redoxreaktion: Chemische Reaktion, bei der eine Reduktion und eine Oxidation gleichzeitig ablaufen. Zwischen den reagierenden Teilchen werden Elektronen übertragen.

Redoxreihe der Metalle: Anordnung, in der Metalle nach ihrem Bestreben, Elektronen abzugeben, angeordnet sind.

Reduktion: Chemische Reaktion, bei der die Teilchen des reagierenden Stoffes Elektronen aufnehmen.

Reduktionsmittel: Stoff, der einen anderen Stoff reduziert. Er wird dabei selbst oxidiert.

Reinstoffe: Stoffe, die aus einer Teilchensorte bestehen.

Resublimieren: Direkter Übergang eines Stoffes vom gasförmigen in den festen Aggregatzustand.

Rosten: Langsame Oxidation, bei der Eisenoxide in Gegenwart von feuchter Luft gebildet werden.

S

Salze: Stoffklasse, deren Vertreter aus Kationen und Anionen aufgebaut sind. Das Anzahlverhältnis der Ionen in einem Salz ist durch die Verhältnisformel gegeben.

saure Lösung: Saure Lösungen enthalten Oxonium-Ionen H_3O^+ und färben Rotkohlindikator rot bis rotviolett. Ein Beispiel ist eine wässrige Citronensäurelösung.

Säure nach BRØNSTED: BRØNSTED definierte Säuren als Protonen-Donatoren, d. h. Stoffe, deren Teilchen Protonen abgeben können

Säurerest-Ionen: Negativ geladene Ionen, die sich bei der Reaktion einer Säure mit Wasser bilden. Außer den Säurerest-Ionen entstehen Oxonium-Ionen H_3O^+.

Schalenmodell: Modell zur Veranschaulichung der räumlichen Verteilung der Elektronen in der Hülle um den Atomkern. Nach diesem Modell existieren um den Atomkern verschiedene Schalen, die als Aufenthaltsraum für jeweils eine bestimmte Anzahl an Elektronen dienen.

Schmelztemperatur: Temperatur, bei der ein Reinstoff vom festen in den flüssigen Aggregatzustand übergeht.

Sedimentieren: Absetzen eines Feststoffs in einer Suspension.

sekundäres Alkanol: Alkanol, in dessen Molekülen das C-Atom mit der OH-Gruppe an zwei weitere C-Atome bindet (Beispiel: Butan-2-ol).

Selbstentzündung: Vorgang, bei dem der Brennstoff an der Luft ohne weiteres Zutun, also ohne Zündquelle, zu brennen beginnt. Dazu muss die Zündtemperatur des Brennstoffs erreicht werden.

Siedetemperatur: Temperatur, bei der ein Reinstoff vom flüssigen in den gasförmigen Aggregatzustand übergeht.

Stahl: Schmiedbare Legierung aus Eisen, die weniger als 2 % Kohlenstoff sowie weitere Zusätze enthält.

Stoff: In der Chemie bezeichnet man ein Material als Stoff. Aus einem Stoff können verschiedene Gegenstände hergestellt werden. Stoffe können in Reinstoffe und Stoffgemische unterteilt werden. Jeder Reinstoff hat für ihn charakteristische Stoffeigenschaften.

Stoffebene: Auf der Stoffebene beschreibt man alles mit den Sinnen Wahrnehmbare, z. B. Beobachtungen an Stoffen und Reaktionen.

Stoffeigenschaften: Charakteristische Merkmale von Stoffen wie Aggregatzustand, Dichte, Schmelztemperatur etc. Sie können zur Identifizierung eines Stoffes herangezogen werden.

Stoffgemische: Gemische bestehen aus mindestens zwei Reinstoffen. Ihre Eigenschaften sind vom Mischungsverhältnis der Komponenten abhängig.

Stoffklasse: Die Materie lässt sich in verschiedenen Stoffklassen aufteilen: die Salze, die Metalle, die molekularen Stoffe und die Edelgase.

Stoffmenge: Größe mit der Einheit Mol, die die Anzahl an Stoffteilchen in einer Stoffportion beschreibt.

Stoffmengenkonzentration: Quotient aus Stoffmenge n des gelösten Stoffes und dem Gesamtvolumen V einer Lösung: $c = n/V$ mit der Einheit mol/L.

Stoffteilchen: Baueinheiten, aus denen ein Stoff besteht. Sie sind entweder Atome, aus Atomen bestehende Moleküle oder aus Ionen zusammengesetzte Ionengruppen.

Stoffumwandlung: Kennzeichen einer chemischen Reaktion. Edukte wandeln sich in Produkte um.

Strukturformel: Formel eines Moleküls, bei der die bindenden Elektronenpaare als Striche zwischen die Elementsymbole und die freien Elektronenpaare als Striche um die Elementsymbole herum angeordnet werden.

Sublimieren: Direkter Übergang eines Stoffes vom festen in den gasförmigen Aggregatzustand.

Substitution: Chemische Reaktion, bei der Atome oder Atomgruppen an einem Molekül durch andere Atome oder Atomgruppen ersetzt werden.

Suspension: Heterogenes Stoffgemisch, bei dem der Hauptbestandteil flüssig ist und der Nebenbestandteil fest, z. B. trüber Apfelsaft, Malerfarbe.

Synthese: Bildung eines Stoffes aus den Elementen oder aus einfach aufgebauten Edukten.

T

Teilchenebene: Erklärung der Stoffe durch die Vorstellung der Existenz von Teilchen und Teilchenverbänden.

Teilchenzahl: Zahl an Teilchen einer Teilchensorte in einer Stoffportion.

Teilgleichung: Bei Elektronenübertragungsreaktionen kann die Elektronenabgabe (Oxidation) und die Elektronenaufnahme (Reduktion) getrennt in zwei Teilgleichungen formuliert werden.

Teilladung: Durch eine ungleiche Verteilung von Elektronen hervorgerufene unterschiedliche Ladung innerhalb eines Moleküls.

temporärer Dipol: Vorrübergehender Dipol, der durch kurzzeitige, ungleiche Verteilung von Elektronen in einem Molekül oder Atom entsteht.

tertiäres Alkanol: Alkanol, in dessen Molekülen das C-Atom mit der OH-Gruppe an drei weitere C-Atome bindet (Beispiel: 2-Methylpropan-2-ol).

Tetraeder: Geometrische Figur aus vier gleichseitigen Dreiecken.

Tetraederwinkel: Bindungswinkel von 109,5°, der in einem Molekül vorliegt, dessen räumliche Struktur der Form eines Tetraeders entspricht.

Thermit-Verfahren: Verfahren zur Herstellung kleiner Mengen Eisen aus Eisenoxid unter Verwendung eines unedlen Metalls als Reduktionsmittel.

Titration: Verfahren zur Bestimmung der Konzentration eines Stoffes, z. B. einer Säure oder einer Base, in einer Lösung.

Treibhauseffekt: Wirkung von Treibhausgasen (z. B. CO_2) aus der Atmosphäre auf die Temperatur am Boden durch Reflexion von Wärmestrahlung.

trigonal planar: Räumliche Anordnung der Atome innerhalb eines Moleküls, bei der am Zentralatom drei Elektronenpaare vorliegen. Diese liegen in einer Ebene und der Bindungswinkel zwischen dem Zentralatom und zwei Nachbaratomen beträgt jeweils 120°.

U

unedles Metall: Metalle, die sehr reaktionsfreudig sind und in der Natur nur gebunden vorkommen (Beispiele: Magnesium, Eisen).

ungesättigte Kohlenwasserstoffe: Kohlenwasserstoffe, die über eine oder mehrere Mehrfachbindungen verfügen.

unterkühlte Schmelze: Flüssigkeit, die unterhalb ihrer Schmelztemperatur noch flüssig ist und nicht in den festen Aggregatzustand übergeht.

unvollständige Verbrennung: Verbrennung von Kohlenwasserstoffen, bei der nicht genügend Sauerstoff vorhanden ist, sodass nicht nur Kohlenstoffdioxid und Wasser sondern auch Kohlenstoffmonooxid und Kohlenstoff entstehen.

V

Valenzelektron: siehe Außenelektron

VAN-DER-WAALS-Wechselwirkungen: Sammelbegriff für die anziehenden Wechselwirkungen zwischen permanenten und temporären Dipolen.

Verbindung: Reinstoff, der sich durch chemische Reaktionen in Elemente zerlegen lässt.

Verbrennung: Exotherme, chemische Reaktion mit Sauerstoff, bei der Wärme und Licht frei wird.

Verdampfen: Übergang eines Stoffes vom flüssigen zum gasförmigen Aggregatzustand im Bereich der Siedetemperatur.

Verdunsten: Langsamer Übergang eines Stoffes vom flüssigen zum gasförmigen Aggregatzustand unterhalb der Siedetemperatur.

Verhältnisformel: Formel, die in kleinstmöglichen ganzen Zahlen das Anzahlverhältnis der Anionen und Kationen in einem Salzkristall ausdrückt.

Viskosität: Maß für die Zähflüssigkeit eines Stoffes.

vollständige Verbrennung: Verbrennung von Kohlenwasserstoffen, bei der genügend Sauerstoff vorhanden ist und ausschließlich die Produkte Kohlenstoffdioxid und Wasser entstehen.

W

Wärmeleitfähigkeit: Eigenschaft eines Stoffes, thermische Energie weiterzuleiten.

Wasserstoffbrücke: Wechselwirkung zwischen einem stark positiv polarisierten Wasserstoff-Atom und dem nichtbindenden Elektronenpaar eines stark negativ polarisierten Sauerstoff-, Stickstoff- oder Fluor-Atoms.

Watesmo-Papier: Indikator, der durch Blaufärbung das Vorhandensein von Wasser anzeigt.

Wortgleichung: siehe Reaktionsschema

Z

(*Z*)/(*E*)-Isomerie: siehe *cis/trans*-Isomerie

Zentrifugation: Trennverfahren, bei dem die Bestandteile einer Suspension, einer Emulsion oder eines Gasgemisches unter Ausnutzung der Zentrifugalkraft aufgrund ihrer unterschiedlichen Dichte getrennt werden.

Zerteilungsgrad: Maß dafür, wie fein zerkleinert ein Stoff vorliegt. Je größer der Zerteilungsgrad, desto größer ist die Oberfläche eines Stoffes und desto reaktionsfreudiger ist er.

Zündtemperatur: Temperatur, bei der ein Brennstoff an der Luft ohne weiteres Zutun, also ohne Zündquelle, zu brennen beginnt.

STICHWORTVERZEICHNIS

AdobeStock / Africa Studio - S. 421; - / delbars - S. 306; - / telesh - S. 127; - / timages - S. 121 (2), 232; Alamy Stock Photo / EyeEM, Jasmin Awad - S. 80; - / Günter Lenz - S. 293; - / Sciencephotos - S. 209; akg-images / Francois Guénet, Berlin - S. 404; Fotoagentur AURA, Luzern - S. 146; Claudia Bohrmann-Linde, Wuppertal - S. 36, 128 (2), 145, 146, 165 (2), 246 (3), 252 (2), 272, 286, 292, 296, 316, 322, 338, 340 (2), 358, 508 (2); Piet Claasen, Bremen - S. 220, 232, 416; Frank Colberg, Rastatt - S. 134 (2); Daimler AG, Stuttgart - S. 162; Thomas Degner, Neuhofen - S. 318 (2), 320, 322 (4), 338 (2), 343; Anke Domrose, Meerbusch - S. 26, 32; dpa Picture-Alliance / Murray Becker, Frankfurt - S. 192; Dreamstime / Isselee - S. 285; Sandra Eberhardt, Tübingen - S. 442, 458, 509; Stefanie Faas, Straubenhardt - S. 222, 223, 226, 227 (2), 402; Fotolia / anghinet - S. 182; - / animaflora - S. 130; - / constantinos - S. 38; - / dalequedale - S. 110/111; - / Klaus Epperle - S. 137; - / Dmitry Ersler - S. 38; - / Fiedels - S. 66; - / FirmaV - S. 123; - / focusfinder - S. 286; - / Daniel Fuhr - S. 266; - / hjschneider - S. 210; - / iredding01 - S. 93; - / jozsitoeroe - S. 124; - / Karepa - S. 312; - / Light Impression - S. 137; - / Robert Neumann - S. 114; - / nikkytok - S. 41; - / Andy Nowack - S. 67; - / Juri Samsonov - S. 41; - / Gerhard Seybert - S. 152; - / smileus - S. 102; - / Stockphoto-graf - S. 40; - / Sudok1 - S. 131; - / vector_art - S. 455; - / volff - S. 20; - / v. poth - S. 337; - / Jan Will - S. 332; - / wkbilder - S. 406; Getty Images / dra_schwarz, München - S. 24; - / Omikron - S. 52; Getty Images Plus / DigitalVision, Martin Poole - S. 168; - / Dorling Kindersley - S. 329; - / Hemera, Ulrich Mueller - S. 302/303, 485; - / Hemera, Igor Terekhov - S. 62; - / iStockphoto, AlexPro9500 - S. 444; - / iStockphoto, alfonsmartin - S. 60; - / iStockphoto, amnachphoto - S. 71; - / iStockphoto, Andrey_Kuzmin - S. 336; - / iStockphoto, andriano_cz - S. 162; - / iStockphoto, Annasunny - S. 50; - / iStockphoto, April - S. 424; - / iStockphoto, aruba200 - S. 116; - / iStockphoto, Avosb - S. 14/15; - / iStockphoto, bajinda - S. 301; - / iStockphoto, Bebenjy - S. 370; - / iStockphoto, Katarzyna Bialasiewicz - S. 38, 249; - / iStockphoto, bizoo_n - S. 382; - / iStockphoto, bonchan - S. 53; - / iStockphoto, chris_29 - S. 71; - / iStockphoto, Dafinchi - S. 194; - / iStockphoto, Danilin - S. 44; - / iStockphoto, davidevison - S. 224; - / iStockphoto, Thomas Demarczyk - S. 64, 200/201, 210; - / iStockphoto, Alessandro DiNoia - S. 120; - / iStockphoto, Dmitry_Chulov - S. 148; - / iStockphoto, dusipuffi - S. 210; - / iStockphoto, eranicle - S. 406; - / iStockphoto, exopixel - S. 352; - / iStockphoto, farvatar - S. 174; - / iStockphoto, Karel Gallas - S. 138; - / iStockphoto, gjohnstonphoto - S. 76/77; - / iStockphoto, goinyk - S. 333; - / iStockphoto, grafvision - S. 182; - / iStockphoto, Graphic - S. 380; - / iStockphoto, HandmadePictures - S. 440; - / iStockphoto, hansenn - S. 440; - / iStockphoto, happy_lark - S. 191; - / iStockphoto, Ian_Redding - S. 340; - / iStockphoto, Irina Iglina - S. 375, 378; - / iStockphoto, IL21 - S. 425; - / iStockphoto, Illerlok_Xolms - S. 387; - / iStockphoto, imagehub88 - S. 329; - / iStockphoto, IraEfremova - S. 430/431; - / iStockphoto, ironstealth - S. 329; - / iStockphoto, janoon028 - S. 390; - / iStockphoto, jefunne - S. 295; - / iStockphoto, jgroup - S. 286; - / iStockphoto, joebelanger - S. 228; - / iStockphoto, JohnnyH5 - S. 390; - / iStockphoto, K_Thalhofer - S. 317; - / iStockphoto, karandaev - S. 452; - / iStockphoto, kichigin - S. 131; - / iStockphoto, Toni Laaveri - S. 320; - / iStockphoto, LeventKonuk - S. 365; - / iStockphoto, lfz - S. 288; - / iStockphoto, Makstorm - S. 452; - / iStockphoto, MarcelC - S. 194 ; - / iStockphoto, Suzana Marinkovic - S. 446; - / iStockphoto, javi Martin - S. 178; - / iStockphoto, matka_Wariatka - S. 448; - / iStockphoto, Daniel Mendler - S. 370; - / iStockphoto, MeretheRund - S. 140; - / iStockphoto, Mindklongdan - S. 168; - / iStockphoto, mipan - S. 41; - / iStockphoto, monkeybusinessimages - S. 190; - / iStockphoto, mythja - S. 62; - / iStockphoto, Nadezhola_Nesterova - S. 438; - / iStockphoto, Nahhan - S. 316; - / iStockphoto, Nataba - S. 440; - / iStockphoto, Nomadsoul1 - S. 233; - / iStockphoto, oatawa - S. 158/159; - / iStockphoto, patpitchaya - S. 266; - / iStockphoto, Phonix_a - S. 132; - / iStockphoto, Photosampler - S. 143; - / iStockphoto, Phuchit - S. 186; - / iStockphoto, PicLeidenschaft - S. 455; - / iStockphoto, Placebo365 - S. 333; - / iStockphoto, polo1011 - S. 454; - / iStockphoto, pulsar75 - S. 350; - / iStockphoto, Rawpixel - S. 278; - / iStockphoto, RobertoDavid - S. 120; - / iStockphoto, ronniechua - S. 346/347; - / iStockphoto, rysp - S. 434; - / iStockphoto, sage78 - S. 413; - / iStockphoto, Shaiith - S. 400; - / iStockphoto, Shironosov - S. 20; - / iStockphoto, Smileus - S. 86; - / iStockphoto, Stefan90 - S. 354; - / iStockphoto, Sthaporn - S. 22, 204; - / iStockphoto, Suntipab - S. 445; - / iStockphoto, ThitareeSarmkasat - S. 249; - / iStockphoto, Toa55 - S. 132; - / iStockphoto, ToppyBaker - S. 376; - / iStockphoto, turk_stock_photographer - S. 224; - / iStockphoto, undefined undefined - S. 327; - / iStockphoto, vchal - S. 262/263; - / iStockphoto, Vladdeep - S. 414; - / iStockphoto, Valentyn Volkov - S. 308; - / iStockphoto, vovan13 - S. 62; - / iStockphoto, Wavebreakmedia - S. 360; - / iStockphoto, webphotographer - S. 214; - / iStockphoto, wirepec - S. 88; - / iStockphoto, woottigon - S. 28/29; - / iStockphoto, Yayasya - S. 329; - / iStockphoto, yucelyilmaz - S. 376; - / iStockphoto, Zakharova_Natalia - S. 218; - / Monkey Business Images - S. 16, 242/243; - / moodboard - S. 266; - / PhotoObjects.net - S. 237; - / Purestock - S. 32, 316; - / Sjo - S. 135; - / View Stock - S. 32; - / Wavebreakmedia Ltd - S. 102; - / ZoonarRF - S. 93; Steffen Hell, Göttingen - S. 59 (3); Alina Hermann, Eichstätt - S. 508; Ernst Hollweck, Stephanskirchen - S. 94 (3); iStockphoto / 4FR - S. 408; - / ilbusca - S. 63; - / mattjeacock - S. 218; - / MvH - S. 396/397; - / SolStock - S. 408; Matthias Jachan, Berlin - S. 423, 424; Hans-Jürgen Jäger, Kaiserslautern - S. 22, 23, 24, 25, 35, 43, 45, 83 (5), 84,104, 116, 122, 140, 142, 146, 172, 173, 248, 249, 250 (3), 258 (2), 314, 315 (2) , 340, 366, 402 (2), 436, 437, 509; Thomas Kohn, Tettnang - S. 211 (2), 417 (2), 427 (2), 458, 508, 509 (2); Patrick Krollmann, Köln - S. 326 (2), 508, 509; Simone Kröger, Münster - S. 101, 205, 289, 508; Jochen Krüger, Bad Waldsee - S. 121, 326, 508; Klaus-Dieter Krüger, Friedland - S. 18 (2), 21, 37, 72, 82, 94, 96 (3), 104, 106 (2), 125 (2), 150 (3), 172 (2), 176 (6), 297, 304, 309, 310 (2), 357, 374, 403 (2), 437; Mauritius Images / Alamy Stock Photo, Dino Fracchia - S. 363; - / Alamy Stock Photo, Robert Grey - S. 102; - / Alamy Stock Photo, Shawn Hempel - S. 210 ; - / Alamy Stock Photo, History and Art Collection - S. 352; - / Alamy Stock Photo, Thomas Imo - S. 144; - / Alamy Stock Photo, Albert Karimov - S. 375; - / imageBROKER, Helmut Meyer zur Capellen - S. 105; - / Keystone, Christian Beutler - S. 124; - / Novarc, Hans P. Szyszka - S. 149 ; - / Old Visuals - S. 97; - / Prisma, Gerth Roland - S. 80; - / Science Source, LOC - S. 54; © Matthias Möhrenschlager - S. 358; obs / Bundesverband der deutschen Bioethanolwirtschaft e. V./fuel-identifiers.eu, ACEA u.a. - S. 384, 388; OKAPIA / Peter Reynolds, Frankfurt - S. 58; PantherMedia / WilliamTh - S. 61; Photocase / Niggl - S. 404; Pixabay / CC0 - S. 450; Ludger Remus, Köln - S. 147; Margit Schmidt, Ingolstadt - S. 42 (3); Ralf-Peter Schmitz, Wuppertal - S. 212; Klaus Schneiderhan, Aulendorf-Blönried - S. 46 (3), 52; Südtiroler Archäologiemuseum / www.iceman.it, Bozen - S. 149; Michael Tausch, Wuppertal - S. 51; www.images-of-elements.com/pse - S. 168; www.wikimedia.org / CC0 - S. 136 (5), 170, 375 (2); - / ChrisM, CC0 - S. 170; - / Crowell - S. 53

Einteilung der Stoffe

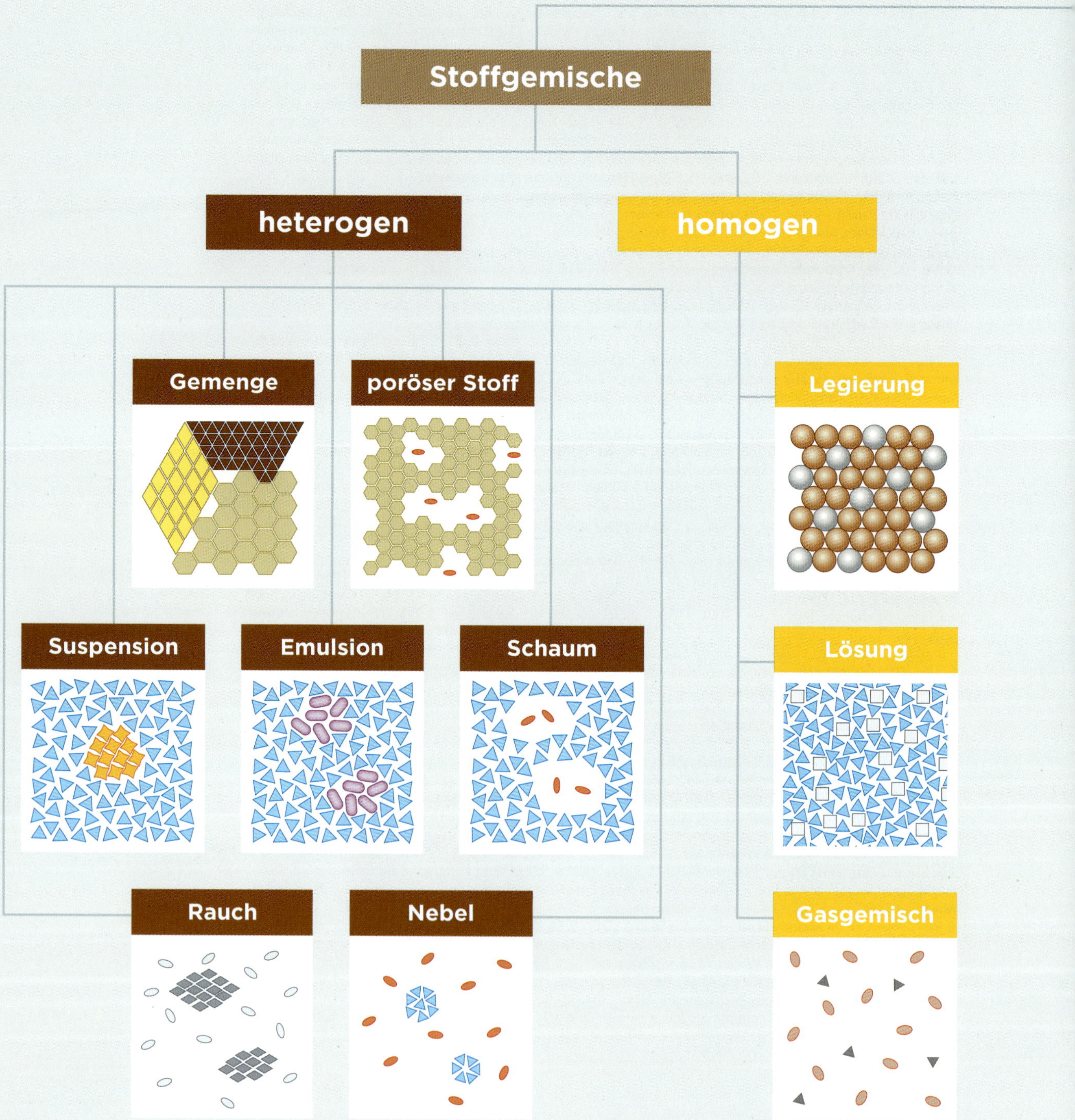

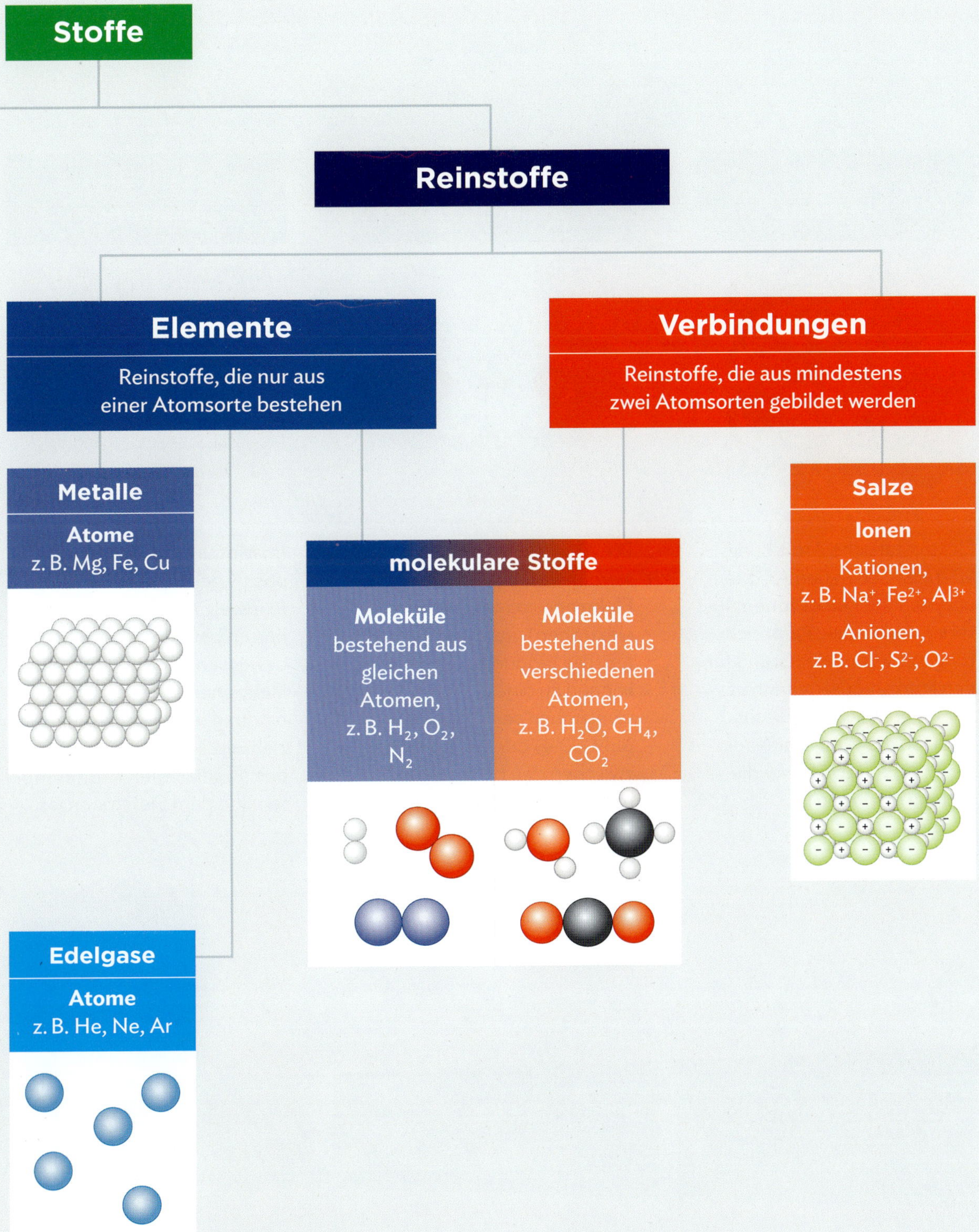
Stoffe
Reinstoffe
Elemente
Reinstoffe, die nur aus einer Atomsorte bestehen
Verbindungen
Reinstoffe, die aus mindestens zwei Atomsorten gebildet werden
Metalle
Atome
z. B. Mg, Fe, Cu
molekulare Stoffe
Moleküle bestehend aus gleichen Atomen, z. B. H_2, O_2, N_2
Moleküle bestehend aus verschiedenen Atomen, z. B. H_2O, CH_4, CO_2
Salze
Ionen
Kationen, z. B. Na^+, Fe^{2+}, Al^{3+}
Anionen, z. B. Cl^-, S^{2-}, O^{2-}
Edelgase
Atome
z. B. He, Ne, Ar

Chemische Bindungstypen

Ionenbindung

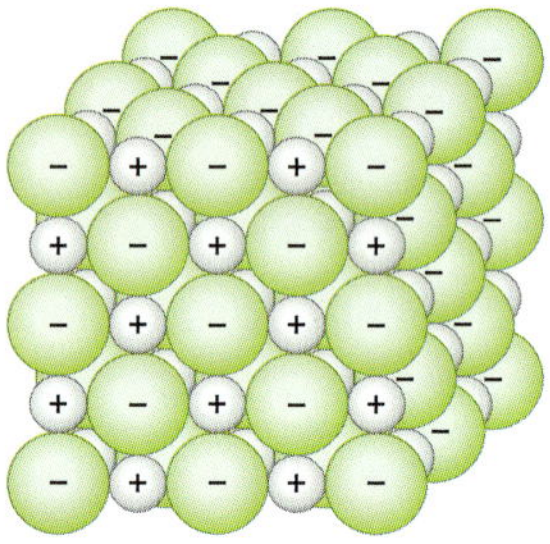

Elektrostatische Anziehungskräfte zwischen den Anionen und Kationen eines **Ionengitters** wirken in alle Raumrichtungen. Sie sind der Grund für den starken Zusammenhalt der Ionen im Gitter. Dieser ist umso größer, je kleiner die Ionen sind und je höher die Ladung der Ionen ist.

Elektronenpaarbindung

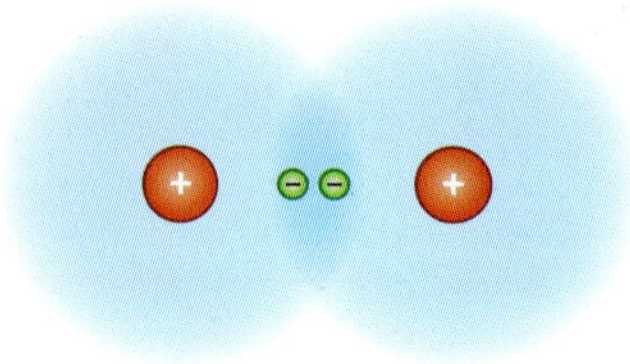

Die Atome in **Molekülen** werden durch **gemeinsame Elektronenpaare** (Bindungselektronen) zusammengehalten. Die Bindungselektronen können zu einem Atom hin verschoben sein (= **polar**, $\Delta EN > 0{,}4$) oder sich genau zwischen den beiden Atomen bevorzugt aufhalten (= **unpolar**, $\Delta EN \leq 0{,}4$).

Metallbindung

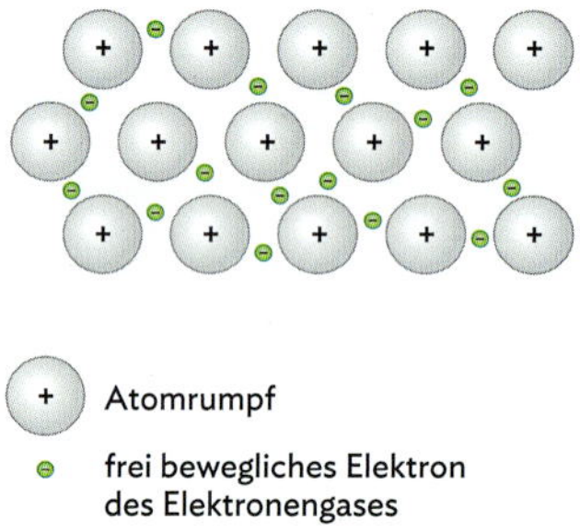

Im **Metallgitter** besetzen positiv geladene Atomrümpfe feste Gitterplätze. Um sie herum befinden sich die frei beweglichen Elektronen des Elektronengases. Die Metallbindung resultiert aus den Anziehungskräften zwischen den positiv geladenen Atomrümpfen und dem Elektronengas.

2 000 – 600

1 000 – 150

500 – 100

Zwischenmolekulare Wechselwirkungen

Wasserstoffbrücke (H-Brücke)

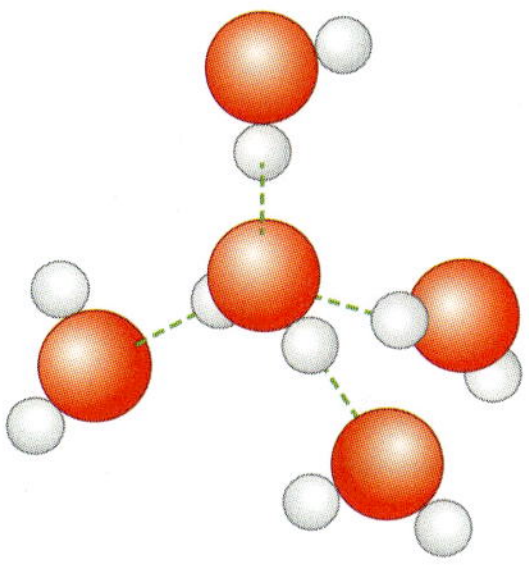

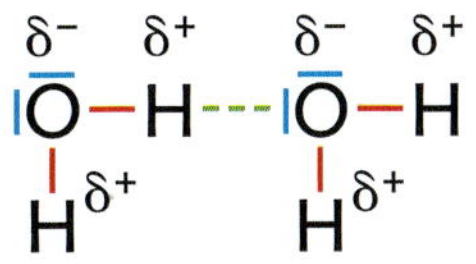

Wechselwirkung zwischen einem stark **positiv polarisierten Wasserstoff-Atom** und dem nichtbindenden Elektronenpaar eines stark **negativ polarisierten Sauerstoff-, Stickstoff-** oder **Fluor-Atoms**

VAN-DER-WAALS-Wechselwirkungen zwischen

permanenten Dipolen

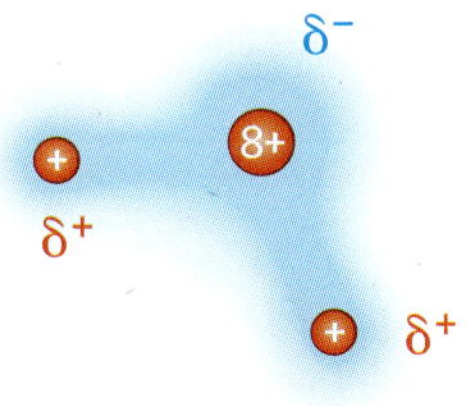

temporären Dipolen

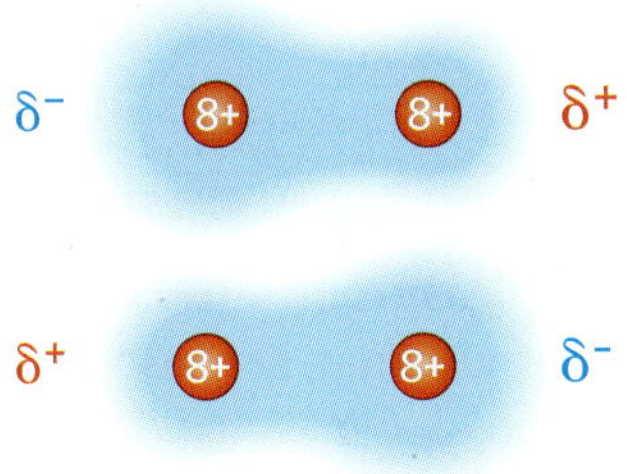

Anziehende Wechselwirkungen zwischen den Molekülen eines Stoffes durch ungleichnamige Partialladungen

Damit ein Molekül als **permanenter Dipol** vorliegt, muss das Molekül eine polare Elektronenpaarbindung aufweisen und die Ladungsschwerpunkte dürfen nicht zusammenfallen.

Sind in der Atomhülle kurzfristig Elektronen ungleich verteilt, liegen Moleküle als **temporäre Dipole** mit verschiedenen Partialladungen vor.

100 – 10 | 10 – 5 | 6 – 0,1

Energie der Bindung bzw. Wechselwirkung in kJ/mol

Nachweise anorganischer Stoffe und Ionen

Kohlenstoffdioxid

Kalkwasserprobe: Kalkwasser (Calciumhydroxidlösung) **trübt sich** nach dem Einleiten von Kohlenstoffdioxid.

Halogenid-Ionen

Niederschlag: Halogenid-Ionen (Bromid, Chlorid, Iodid) bilden in einer **Silbernitratlösung** unlösliches, weißes bis gelbliches Silberhalogenid.

AgCl | AgBr | AgI

Sauerstoff

Glimmspanprobe: Holzspan flammt auf.

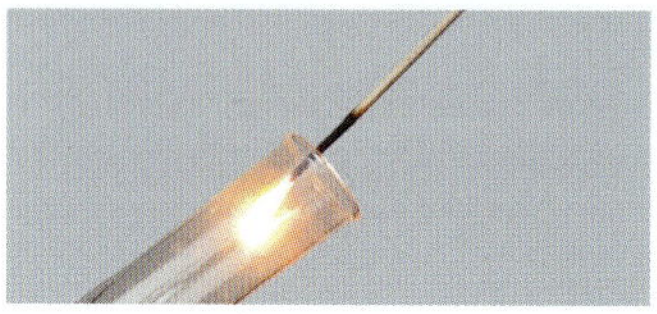

Wasserstoff

Knallgasprobe: Zu hören ist ein Pfeifen, Knall oder Plopp.

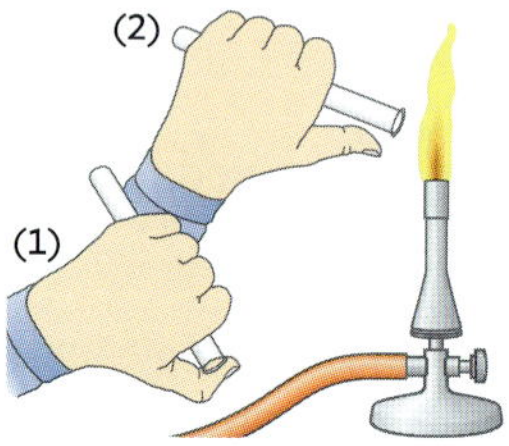

Oxonium- und Hydroxid-Ionen

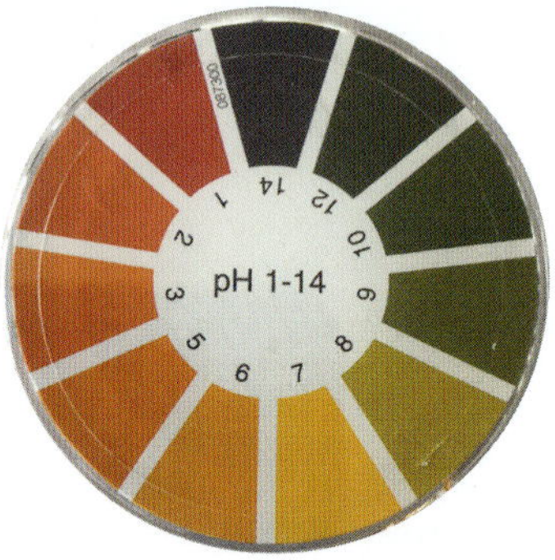

Farbänderung: Mit **Indikatoren** in flüssiger Form oder auf *p*H-Papier kann man feststellen, ob eine Lösung sauer, neutral oder alkalisch ist und die entsprechenden Oxonium- oder Hydroxid-Ionen enthalten muss.

Wasser

Blaufärbung: **Watesmo-Papier** färbt sich mit Wasser blau.

Metall-Ionen

Flammenfärbung: Bestimmte Metall-Ionen erzeugen atomartspezifische Flammenfärbungen.

Li^+ | Na^+ | K^+

Nachweise organischer Stoffklassen

Alkane

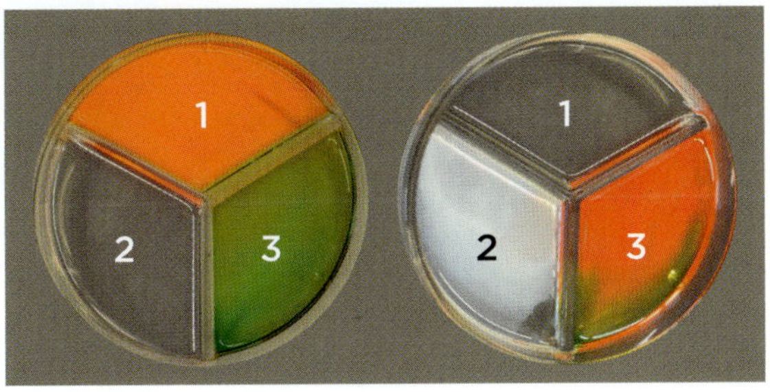

Entfärbung (1): Ein Wasserstoff-Atom in einem Alkan-Molekül wird bei **intensiver Belichtung** durch ein **Halogen-Atom** (z. B. Brom, Chlor) substituiert. Neben dem Halogenalkan wird Halogenwasserstoff gebildet, der in Lösung geht.

Niederschlag (2): Halogenwasserstoff bildet in Silbernitratlösung unlösliches Silberhalogenid.

Farbänderung (3): Der Indikator zeigt an, dass Oxonium-Ionen enthalten sind, die Lösung ist sauer.

Aldehyde

TOLLENS-Probe: Aldehyd-Moleküle reduzieren Silber-Ionen zu Silber-Atomen (**Silberspiegel**).

BENDEDICT-Probe: Aldehyd-Moleküle reduzieren Kupfer(II)-Ionen zu Kupfer(I)-Ionen (**rotbrauner Niederschlag**).

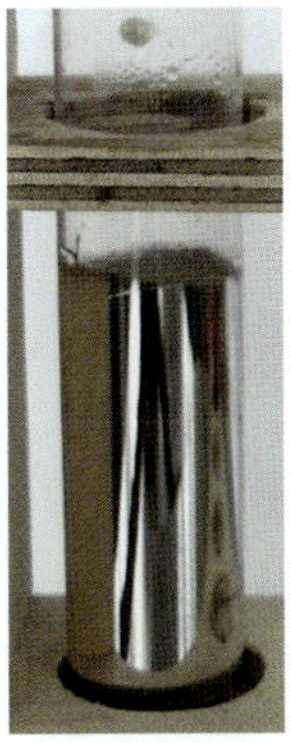

Mehrfachbindungen

Entfärbung: Doppelbindungen (z. B. Alkene) oder Dreifachbindungen (z. B. Alkine) addieren **Halogen-Atome** (z. B. Brom, Iod).

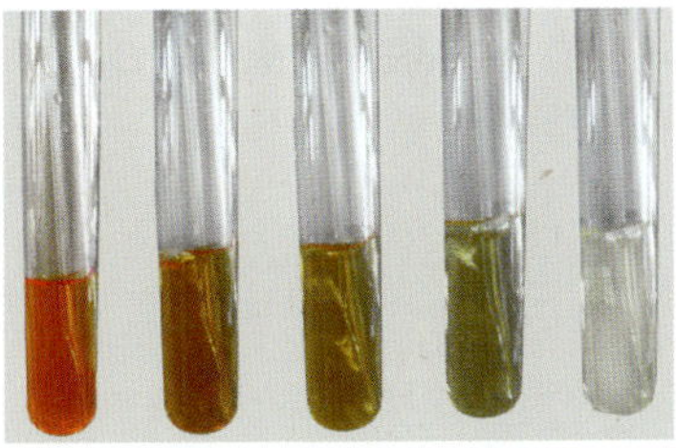

Primäre, sekundäre und tertiäre Alkanole

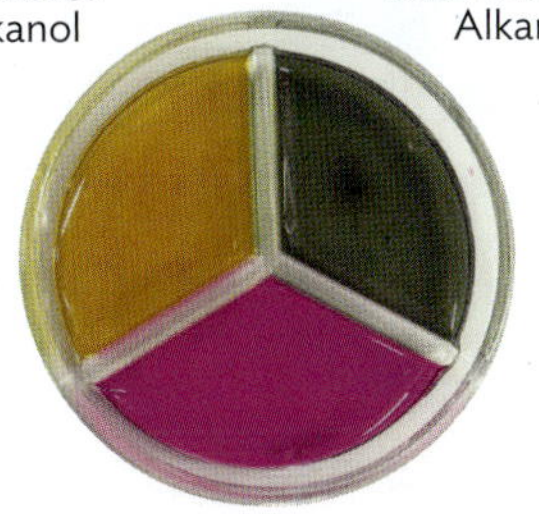

Farbänderung: Versetzt man **primäre** und **sekundäre** Alkanole mit alkalischer **Kaliumpermanganatlösung**, wird das Kaliumpermanganat reduziert und die Farbe der Lösung ändert sich abhängig vom verwendeten Alkanol. Bei **tertiären** Alkanolen findet keine Reaktion statt.

Stoffklassen der organischen Chemie

gesättigte Kohlenwasserstoffe: Alkane

- haben nur C–C-Einfachbindungen
- allgemeine Molekülformel: $\mathbf{C_nH_{2n+2}}$
- z. B.: Isomere des Butans C_4H_{10}

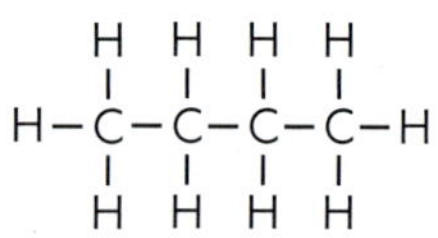

unverzweigt: *n*-Butan

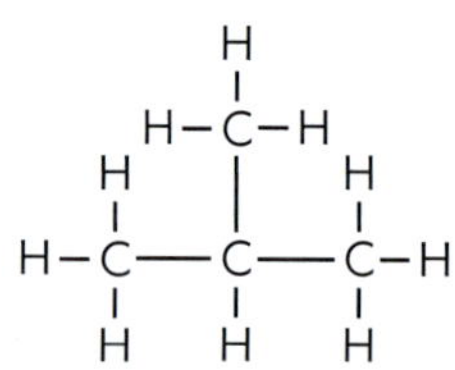

verzweigt: Isobutan
2-Methylpropan

ungesättigte Kohlenwasserstoffe: Alkene und Alkine

- zusätzlich eine oder mehrere Mehrfachbindungen
- Alkene: C=C-Doppelbindungen
- allgemeine Molekülformel für Alkene: $\mathbf{C_nH_{2n}}$
- z. B.: Isomere des Butens C_4H_8

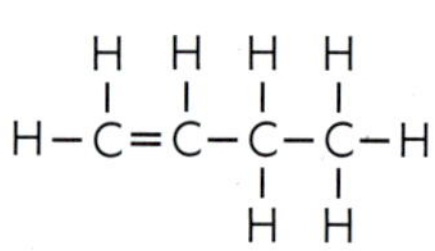

***n*-But-1-en**

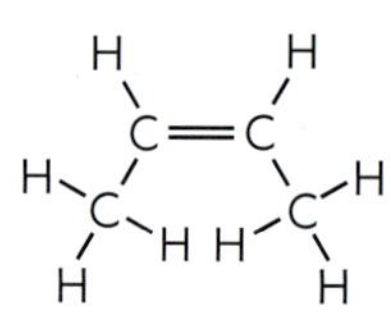

***n*-But-2-en**
***cis*-But-2-en** oder **(*Z*)-But-2-en**

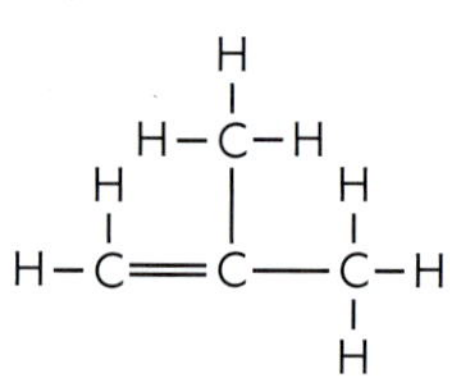

Isobuten
2-Methylpropen

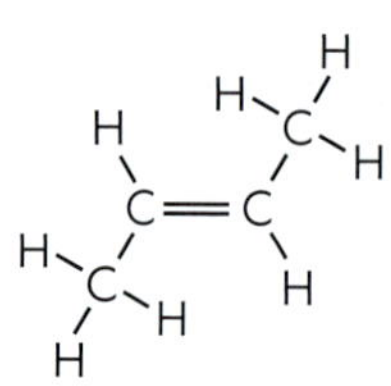

***n*-But-2-en**
***trans*-But-2-en** oder **(*E*)-But-2-en**

- Alkine: C≡C-Dreifachbindungen

Alkohole

- funktionelle Gruppe:
  Hydroxy-Gruppe / –OH

einwertige Alkohole

- Alkanole
- haben eine Hydroxy-Gruppe
- allgemeine Molekülformel: $\mathbf{C_nH_{2n+1}OH}$
- z. B.: Isomere des Butanols C_4H_9OH

Butan-1-ol (*n*-Butanol)

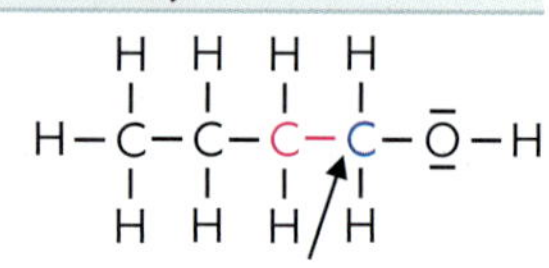

primäres Alkanol — primäres C-Atom

Butan-2-ol

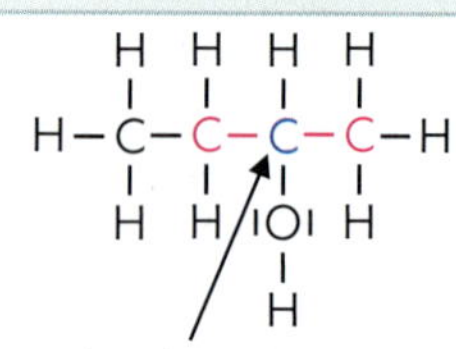

sekundäres Alkanol — sekundäres C-Atom

2-Methylpropan-2-ol

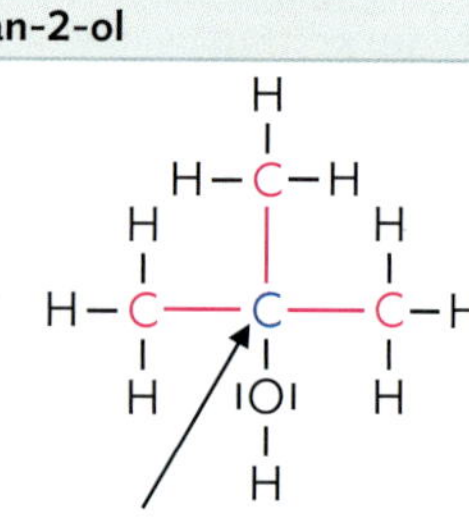

tertiäres Alkanol — tertiäres C-Atom

mehrwertige Alkohole

- mehr als eine Hydroxy-Gruppe
- z. B.: Glycerin (Propan-1,2,3-triol) als dreiwertiger Alkohol

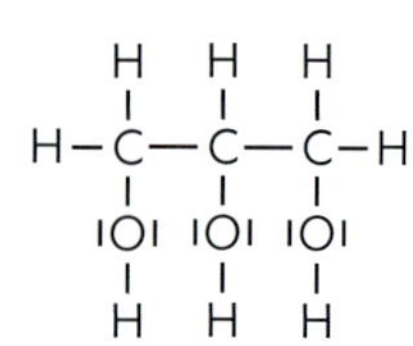

Aldehyde

- funktionelle Gruppe:
  Aldehyd-Gruppe / –CHO

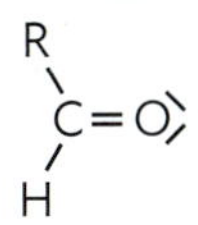

- R = Alkyl-Rest = C_nH_{2n+1} oder anderer Kohlenwasserstoff-Rest tw. mit weiteren funktionellen Gruppen

Alkanale

- haben eine Aldehyd-Gruppe
- allgemeine Molekülformel: $\mathbf{C_nH_{2n+1}CHO}$
- z. B.: Propanal C_2H_5CHO

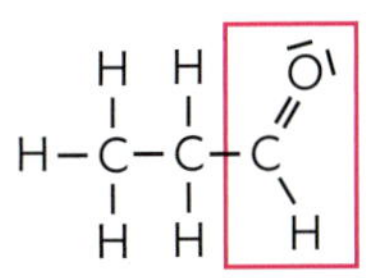

Ketone

- funktionelle Gruppe:
  Keto-Gruppe / –C–CO–C–

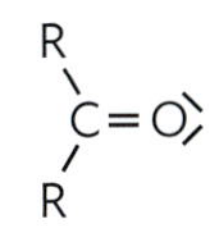

- R = Alkyl-Rest = C_nH_{2n+1} oder anderer Kohlenwasserstoff-Rest tw. mit weiteren funktionellen Gruppen

Alkanone

- haben eine Keto-Gruppe
- RCOR mit R = Alkyl-Rest = C_nH_{2n+1}
- z. B.: Propanon CH_3COCH_3

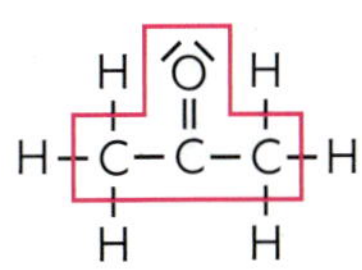

Carbonsäuren

- funktionelle Gruppe:
  Carboxy-Gruppe / –COOH

Alkansäuren

- haben eine endständige Carboxy-Gruppe
- allgemeine Molekülformel: $\mathbf{C_nH_{2n+1}COOH}$
- z. B.: Ethansäure C_2H_5COOH

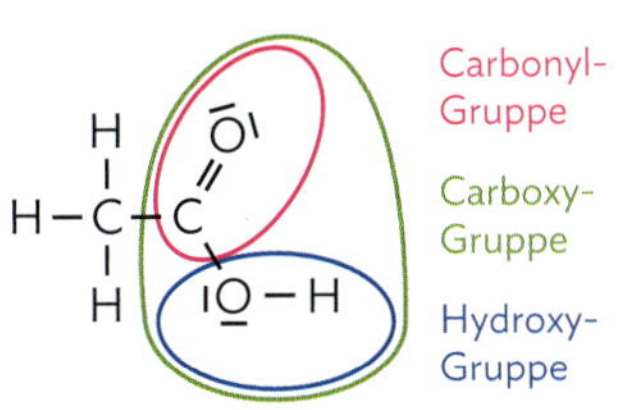

Ester

- funktionelle Gruppe:
  Ester-Gruppe / –COO–

Alkansäurealkylester

- aus der Reaktion einer Alkansäure mit einem Alkanol
- RCOOR mit R = Alkyl-Rest = C_nH_{2n+1}
- z. B.: Ethansäureethylester $CH_3COOC_2H_5$

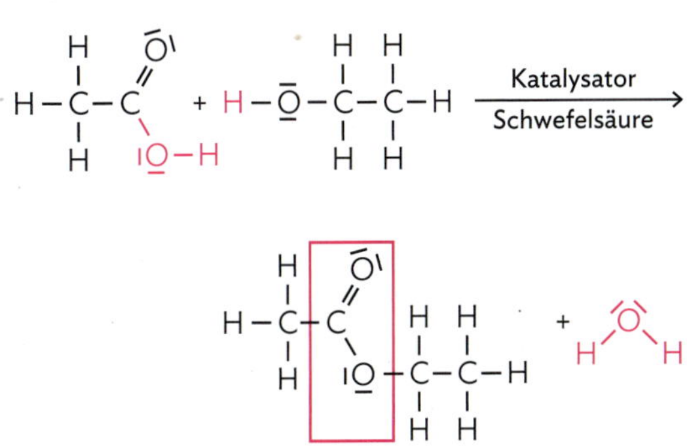

Periodensystem der Atome und Ionen

- Metall-Atom
- Nichtmetall-Atom
- Halbmetall-Atom
- Kation
- Anion

Periode	Hauptgruppen I	Hauptgruppen II	Nebengruppen III	IV	V	VI	VII	VII	
1	H								
2	Li Li^{+}	Be Be^{2+}							
3	Na Na^{+}	Mg Mg^{2+}							
4	K K^{+}	Ca Ca^{2+}	Sc Sc^{3+}	Ti Ti^{4+}	V V^{5+}	Cr Cr^{3+} Cr^{6+}	Mn Mn^{2+} Mn^{4+}	Fe Fe^{2+} Fe^{3+}	Co Co^{2+} Co^{3+}
5	Rb Rb^{+}	Sr Sr^{2+}	Y Y^{3+}	Zr Zr^{4+}	Nb Nb^{5+}	Mo Mo^{6+}	Tc Tc^{7+}	Ru Ru^{3+}	Rh Rh^{3+}
6	Cs Cs^{+}	Ba Ba^{2+}	La La^{3+}	Hf Hf^{4+}	Ta Ta^{5+}	W W^{6+}	Re Re^{7+}	Os Os^{4+} Os^{8+}	Ir Ir^{3+}

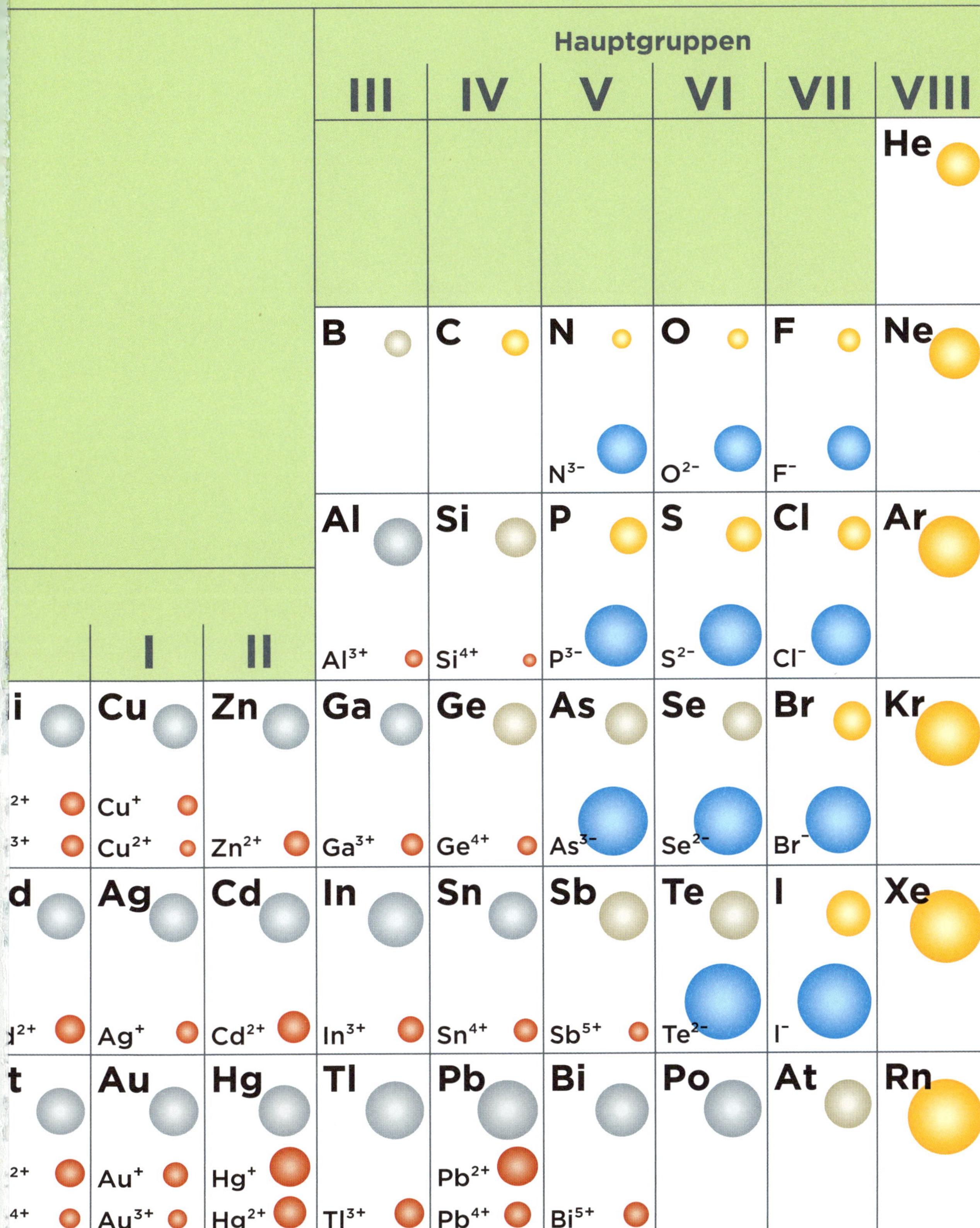
Hauptgruppen
III
IV
V
VI
VII
VIII
He
B
C
N
N3−
O
O2−
F
F−
Ne
Al
Al3+
Si
Si4+
P
P3−
S
S2−
Cl
Cl−
Ar
I
II
Cu
Cu+
Cu2+
Zn
Zn2+
Ga
Ga3+
Ge
Ge4+
As
As3−
Se
Se2−
Br
Br−
Kr
Ag
Ag+
Cd
Cd2+
In
In3+
Sn
Sn4+
Sb
Sb5+
Te
Te2−
I
I−
Xe
Au
Au+
Au3+
Hg
Hg+
Hg2+
Tl
Tl3+
Pb
Pb2+
Pb4+
Bi
Bi5+
Po
At
Rn

Periodensystem der Elemente (PSE)

Periode Schale	Hauptgruppen I	II
1 K	1,0 **H** Wasserstoff 1 2,1	
2 L	6,9 **Li** Lithium 3 1,0	9,0 **Be** Beryllium 4 1,5
3 M	23,0 **Na** Natrium 11 0,9	24,3 **Mg** Magnesium 12 1,2
4 N	39,1 **K** Kalium 19 0,8	40,1 **Ca** Calcium 20 1,0
5 O	85,5 **Rb** Rubidium 37 0,8	87,6 **Sr** Strontium 38 1,0
6 P	132,9 **Cs** Caesium 55 0,7	137,3 **Ba** Barium 56 0,9
7 Q	[223] **Fr*** Francium 87 0,7	226,0 **Ra*** Radium 88 0,9

mittlere Atommasse in u: 23,0
Elementsymbol: Na
Elementname: Natrium
Ordnungszahl: 11
Elektronegativität: 0,9

Nebengruppen

Periode	III	IV	V	VI	VII		VIII
4	45,0 **Sc** Scandium 21 1,3	47,9 **Ti** Titan 22 1,5	50,9 **V** Vanadium 23 1,6	52,0 **Cr** Chrom 24 1,6	54,9 **Mn** Mangan 25 1,5	55,8 **Fe** Eisen 26 1,8	58,9 **Co** Cobalt 27 1
5	88,9 **Y** Yttrium 39 1,3	91,2 **Zr** Zirconium 40 1,4	92,9 **Nb** Niob 41 1,6	95,9 **Mo** Molybdän 42 1,8	[98] **Tc*** Technetium 43 1,9	101,1 **Ru** Ruthenium 44 2,2	102,9 **Rh** Rhodium 45 2
6		178,5 **Hf** Hafnium 72 1,3	180,9 **Ta** Tantal 73 1,5	183,8 **W** Wolfram 74 1,7	186,2 **Re** Rhenium 75 1,9	190,2 **Os** Osmium 76 2,2	192,2 **Ir** Iridium 77 2
7		[261] **Rf*** Rutherfordium 104	[262] **Db*** Dubnium 105	[266] **Sg*** Seaborgium 106	[264] **Bh*** Bohrium 107	[277] **Hs*** Hassium 108	[268] **Mt*** Meitnerium 109

Lanthanoide 6. Periode

138,9 **La** Lanthan 57 1,1	140,1 **Ce** Cer 58 1,1	140,9 **Pr** Praseodym 59 1,1	144,2 **Nd** Neodym 60 1,2	[145] **Pm*** Promethium 61 1,2	150,4 **Sm** Samarium 62 1,
227,0 **Ac*** Actinium 89 1,1	232,0 **Th*** Thorium 90 1,1	231,0 **Pa*** Protactinium 91 1,5	238,0 **U*** Uran 92 1,7	[237] **Np*** Neptunium 93 1,3	[244] **Pu*** Plutonium 94 1,

Actinoide 7. Periode

* radioaktives Element

[Atommasse eines wichtigen Isotops]